# 气候动力学引论

（第三版）

李崇银　编著



气象出版社
China Meteorological Press

# 内容简介

本书是基于作者的有关研究工作和国内外一些新的研究成果综合写成的，目的在于对气候变化，尤其是短期气候变化的理论和动力学进行较为系统的论述，希望对我国气候动力学的研究和发展有所裨益。本书第三版中，在原第二版的第4章增加了“MJO的数值模拟”一节（包括5个小节），主要阐述了作者在这方面取得且得到国际同行高度重视和肯定的重要研究成果；在原第二版的第7章增加了“中太平洋 El Nino 事件”一节（包括5个小节），主要论述近些年大家都很关注的另外一种 El Nino 事件的特征和演变，以及它的影响；在原第二版的第11章也增加了一些关于年代际气候变化的新内容。希望通过各章的分析和论述，使读者既可以看到气候变化的复杂性和重要影响，又可以从一个新的高度认识气候及其变化，从而得到新的知识和结论，可以更好地为科学研究、教学和实际业务工作提供参考。

**图书在版编目(CIP)数据**

气候动力学引论/李崇银编著. —3版. —北京：气象出版社，2018.3(2021.10重印)

ISBN 978-7-5029-6723-9

Ⅰ.①气…　Ⅱ.①李…　Ⅲ.①气候学-动力学-研究　Ⅳ.①P46

中国版本图书馆CIP数据核字(2018)第011360号

Qihou Donglixue Yinlun

**气候动力学引论(第三版)**

李崇银　编著

---

**出版发行**：气象出版社

**地　　址**：北京市海淀区中关村南大街46号　　**邮政编码**：100081

**电　　话**：010-68407112(总编室)　010-68408042(发行部)

**网　　址**：http://www.qxcbs.com　　**E-mail**：qxcbs@cma.gov.cn

**责任编辑**：王萃萃　张　斌　李太宇　郭彩丽　　**终　　审**：吴晓鹏

**责任校对**：王丽梅　　**责任技编**：赵相宁

**封面设计**：博雅思企划

**印　　刷**：三河市君旺印务有限公司

**开　　本**：787 mm×1092 mm　1/16　　**印　　张**：33.75

**字　　数**：864千字

**版　　次**：2018年3月第3版　　**印　　次**：2021年10月第6次印刷

**定　　价**：160.00元

---

# 第三版前言

气候及其变化已成为重要的社会问题、经济问题和国际问题，近年来引起了全世界各国人民和政府的高度重视。分析研究气候变化特征和规律，探讨其物理和动力学机理，对气候变化进行数值模式的模拟试验和预测等，正在世界各国迅速开展。《气候动力学引论》第一版自 1995 年问世以来，之所以受到国内外读者的欢迎，正是大家关注气候变化的一种反映。该书（气象出版社 1995 年第一版，2000 年第二版）2009 年 12 月第二版已第四次印刷。本书第二版既保留了第一版的基本框架结构和主要内容，也增加了我们的一些新的研究成果，从而多年来一直受到大家的支持和欢迎。作为本书的编著者，非常感谢大家接受和喜欢这本书，同时也希望让它更为完善，包含更多新的科研成果、更具有使用和参考价值。因此，作者在原来第二版的基础上又增加了一些新内容，出版本书的第三版。

本书第三版中，在原第二版的第 4 章增加了“MJO 的数值模拟”一节（包括 5 个小节）。此节内容是近些年国际上十分重视，我们在这方面取得、且得到国际同行高度肯定的重要研究成果。同时，在原第二版的第 7 章增加了“中太平洋 El Nino事件”一节（包括 5 个小节），主要论述近些年大家都很关注的另外一种 El Nino事件的特征和演变，以及它的影响。在原第二版的第 11 章也增加了关于年代际气候变化的新内容。到目前为止，《气候动力学引论》全书的大部分内容主要是作者及其学生的研究结果，不少属于国内外的新成果，可以更好地为科学研究、教学和实际业务工作提供参考。

需要特别指出的是，人类活动使温室气体含量增加（特别是 $CO_2$ 含量的增加）所导致的气候变化是近些年来国际社会普遍关注的重要问题。由于内容很多，且有不少专著和论文可供参阅，因此本书未对相关问题作更多的讨论和介绍。

虽已经过各种校验，本书难免还会有不当之处，敬请各位同仁和读者指正。

李崇银

2017 年 12 月 16 日

# 第二版前言

《气候动力学引论》的出版受到国内外读者的欢迎，不少大学和研究所还把这本书作为博士生教材，对此作者深表感谢。因种种原因无法像一些海外华人学者所建议的那样将《气候动力学引论》译成英文，但进一步完善原书则是作者的心愿；而且最近几年气候动力学研究又有一些新的进展，包括作者和其学生们已取得的成果，需要介绍给读者并充实原书。因此，借再版之机，在保留原版主要结构的基础上，除修改了原书中个别印刷错误之外，更增加了一些新的内容。

本书第二版增加的内容包括：第 1 章中增加了有关国际气候变化及可预报性研究计划(CLIVAR)的内容；第 4 章增加了蒸发-风反馈以及基本气流影响大气季节内振荡的动力学分析；第 5 章增加了包络 Rossby 波孤立子理论；第 7 章增加了对 ENSO 的大气环流合成分析、冬季风异常激发 ENSO 的海气耦合模式(CGCM)的模拟结果、暖池次表层海温异常对激发产生 ENSO 的重要作用，以及大气季节内振荡激发 ENSO 的动力学；特别是在第二版新增加了第 11 章“十年及年代际气候变化”；并将原版的第 11 章和第 12 章分别改成新版的第 12 章和第 13 章。

虽经多次校改，难免还会有错误之处，敬请指正。

李崇银

2000 年 4 月 14 日

# 第一版前言

气候变化及其影响已越来越成为世界各国政府和科学家们关注的重大问题。为了弄清气候及其变化的规律和原因，科学家们在进行观测资料的统计和诊断分析的同时，已逐渐开展了对气候变化机理的动力学研究，并在大尺度大气动力学的基础上发展产生了一个新的学科——气候动力学。这样，当代气候研究已进入了一个新的时期，其特点就是在观测资料分析的基础上进行大量动力学机制的研究和数值模拟试验。气候及其变化受到多种因素的影响，远非大气系统运动的长期平均所能反映，而是大气、海洋、陆地(包括冰雪)和生态系统相互作用的结果，还要包括外空(主要是太阳)的影响。因此，关于气候变化的理论和动力学机制必须在大气科学、海洋学、地球物理学和生物学等多种学科相互渗透和结合的情况下，才能得到较深刻的认识。

本书是基于作者的有关研究工作和国内外一些新的研究成果综合写成的，目的在于对气候变化，尤其是短期气候变化的理论和动力学进行较为系统的论述，希望对我国气候动力学的研究和发展有所裨益，特别是对年轻学者起到促思考、助学习和指门路的作用。国外自 20 世纪 80 年代末以来已出版过关于气候动力学的专门论著，但未能反映出气候动力学是诊断分析与动力学理论紧密结合的学科本质。本书力求使资料的统计和诊断分析与动力学理论和数值模拟相结合，尽量让读者不仅知其然，还能知其所以然。不过本书还只是气候动力学的引论，有些问题尚难以给出或难以圆满地给出解答，有待继续深入研究。可喜的是，有关气候动力学和气候预测理论的研究得到了国家的重视和支持，正在有组织地顺利进行。可以相信，有关研究计划的实施和完成，必将对我国气候动力学和气候预测理论的发展起到重要作用。

全书共分 12 章，对气候变化的理论和动力学的有关问题作了较系统的论述。第 1 章，绪论，概括介绍气候变化的特征、影响及当代气候研究；第 2 章，气候系统，分别对气候各分系统及其基本特征进行讨论；第 3 章，大气辐射过程，概括介绍大气辐射过程、辐射气候以及云-辐射相互作用等；第 4 章，大气季节内振荡的动力学，既介绍了作为月、季气候变化重要因素的大气季节内振荡的活动和结构特征，又系统地讨论了它们的种种动力学机制；大气环流持续异常是导致短期气候异常的重要原因；在第 5 章和第 6 章，分别对造成大气环流持续异常的两个重要过程、阻塞形势和遥相关进行系统的动力学分析；第 7 章，海气相互作用，系统地对影响年际气候变化的 ENSO 循环进行理论和动力学分析；第 8 章，陆气相互作用，讨论土壤、植被对气候的影响以及陆气相互作用模式；第 9 章，系统讨论各种 GCM 以及对气候和气候变化的数值模拟；第 10 章，系统介绍各种简化的气候模式及其数值模拟结果；第 11 章，讨论气候的可预报性问题；第 12 章，人类活动与气候变化，概括讨论温室气体及其气候效应、“核冬天”和臭氧洞等问题。

总之，希望通过各章的分析和论述，使读者既可以看到气候变化的复杂性和重要影响，又可以从一个新的高度认识气候及其变化，从而得到新的知识和结论；当然也可以从中提出需要进一步研究的新问题。由于气候及其变化很复杂，涉及的学科面很广，本人学识有限，虽经一再努力，难免有不当或错误之处，恳请批评指正。

可以预料，未来 10～20 年有关气候变化及可预报性的研究将会取得突破性的进展，一些新的结果和新的问题必将同时提出，本书中提到的某些问题也会有更完善的结论。尤其是已在本书中初步论述的有关耦合气候系统的问题、不同时间尺度气候变化的相互作用和相互影响等定会得到系统的研究结果。因此，作为《气候动力学引论》，本书在进一步研究这些问题时仍不失其作用。

本书的出版得到以曾庆存院士为首席科学家的国家基础性重大项目“气候动力学和气候预测理论的研究”，以及中国科学院大气物理研究所大气科学和地球流体动力学数值模拟国家重点实验室的资助，作者表示衷心的感谢。同时，作者也感谢对本书的出版给予关心、支持和帮助的所有师长、同仁和朋友。

李崇银<br>1995 年 2 月 2 日于北京

# 目　录

# 1 绪论

气候，尤其是气候变化，对经济和社会发展造成的影响已成为当前各国政府和科学界十分关注的问题，因为全球范围内的一些气候异常给粮食和能源都造成了严峻的形势。例如，持续多年的非洲干旱使许多国家出现严重的粮食危机，甚至上百万人处于饥荒之中；即使在经济最发达的美国，在气候异常面前也只能"听天由命"。1972 年冬季的严寒加剧了当时的能源危机，给美国造成了巨大的经济损失；而 1988 年的干旱又造成了美国粮食减产 37%。因此，如何对气候的异常变化作出预报和预测，已成为一个迫切需要解决的重大科学问题。

宇宙万物总处于不停的运动和变化之中，这是唯物论的基本观点，气候也一样。因此，在一定意义上我们可以把气候变化视为极其自然的事情。或者说，千万年来气候就在自然地变化着，时而温暖，时而寒冷，时而出现洪涝，时而发生干旱。可是，近些年来人们逐渐地发现和意识到，除了气候的自然变化之外，人类活动也有形无形地引起全球气候和生态环境的改变，特别是工业生产和人类生活造成的大气中微量(温室)气体含量的急剧增加所引起的全球增暖、森林的大量砍伐和土地的不合理开发利用所造成的环境恶化，已经对人类的生存和发展带来直接威胁。因此，如何对人类活动造成的环境(包括气候)恶化作出正确估计，是又一个迫切需要解决的重大问题。

为了使读者首先对气候及其变化有一个基本的认识，以及有利于读者更好地阅读本书后面的章节，在这一章中，我们将概括地讨论气候变化的一些基本特征，分析气候与人类社会的关系，介绍当代气候学及其研究的一些基本特色。

## 1.1 气候变化

气候变化问题近年来引起了人们的普遍关注，因为它既同每个人的生活有关，又影响着整个人类社会的发展。要预测气候的变化，首先就需要认识气候变化及其规律。

### 1.1.1 气候变化及其时间尺度

一般所讲的某个地方的气候如何，是指该地区气候要素(温度、降水量、风等)的统计平均值，即较长时间观测资料的平均值。气候变化按经典定义就是相对于平均值的偏差。在不同时期，这种偏差也是变化的，仅用标准离差并不能完全反映气候变化的特征。也就是说，气候及气候变化有明显的动态特征，一个地方的气候不只是变化的，而且有各种不同时间尺度的变化特征。

归纳已有的研究结果，我们可以粗略地把气候变化按时间尺度分为六类，即短期气候变化,其时间尺度为月或季;中期气候变化,其时间尺度为几年(年际变化);长期气候变化,其时间尺度为几十年(年代际变化);超长期气候变化,其时间尺度为几百年(世纪际变化);历史时期气候变化,其时间尺度为千年;地质期气候变化,其时间尺度为万年或更长。由于有气候资料记载的时间不过几百年,对于气候变化的研究也就主要集中在前四个时间尺度,尤其是前三个时间尺度的变化。但是,为了深入认识气候的演变规律,探索气候变化的原因,历史时期和地质期的气候变化问题也是很值得研究的。当然,对于研究后三类时间尺度,特别是后两类时间尺度的气候变化,需要通过一些特殊的办法获得气候变化的信息。

本书后面各章中关于气候变化及其理论和动力学的分析主要是针对月、季和年际时间尺度(有时也统称为短期气候)的问题,也涉及部分长期趋势。为了对气候变化有较全面的了解,在本章中对超长期时间尺度的气候变化也作简略的讨论。

图 1.1.1 给出的是 1880 年以来北半球年平均温度变化的时间演变,它可以反映近百年来平均温度变化的时间演变。显然,北半球的年平均温度不仅有明显的年际变化,而且在某些年温度会持续偏高或持续偏低。例如,1920—1964 年期间北半球平均气温偏高,而在 1920 年之前北半球的平均温度明显偏低,非常清楚地反映了气候的年代际(几十年时间尺度)变化。另外,近百年来气温增加的趋势也很清楚。

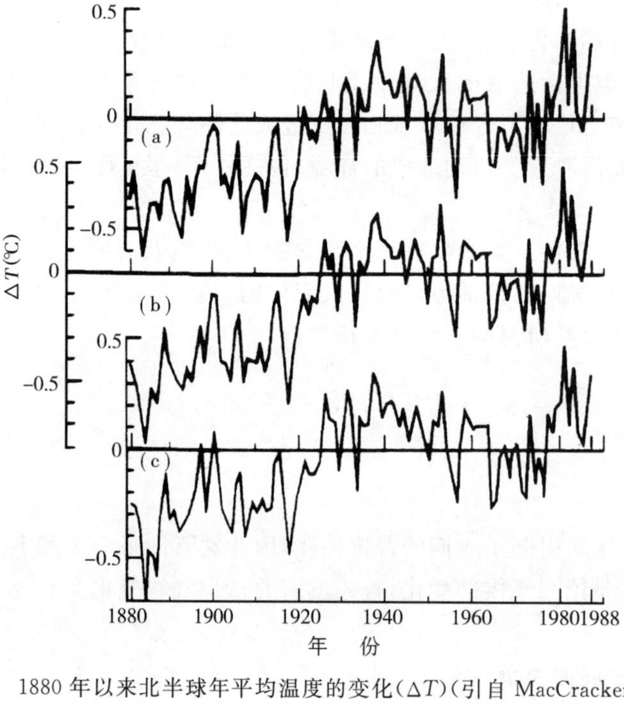


**图 1.1.1** 1880 年以来北半球年平均温度的变化(ΔT)(引自 MacCracken 等,1990)

(a)、(b)和(c)分别表示不同作者的结果

图 1.1.2 是近 1 000 年以来有关欧洲东部地区冬季平均温度的估计量的时间变化,极为清楚的特征是在 1300—1800 年期间出现了“小冰期”。小冰期现象的出现,是超长期(百年时间尺度)气候变化的明显反映。在过去 50 万年以来冰期和间冰期的交替出现(间隔为 10 万年左右)则清楚地反映了地质期气候变化的特征。最近的一次冰期发生在距今 2 万年前,当时加拿大和大部分欧亚地区北部都为冰雪所覆盖。由于海冰面积的扩大,当时的海面高度差不多

比现在低 80 m,足见当时气候的恶劣程度。图 1.1.3 给出的是根据氧同位素($\delta^{18}O$)测量推算的全球积冰的体积在过去 50 万年以来的时间演变,其中可清楚地看到冰期和间冰期的交替现象。

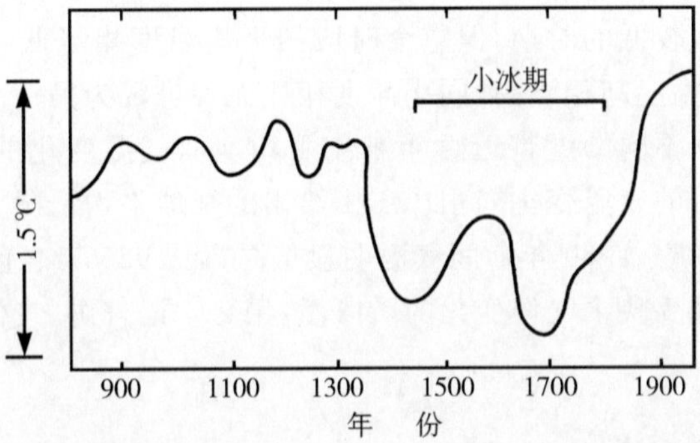


**图 1.1.2** 近 1 000 年来欧洲东部地区冬季平均温度的估计量的时间演变(引自 Lamb,1966)

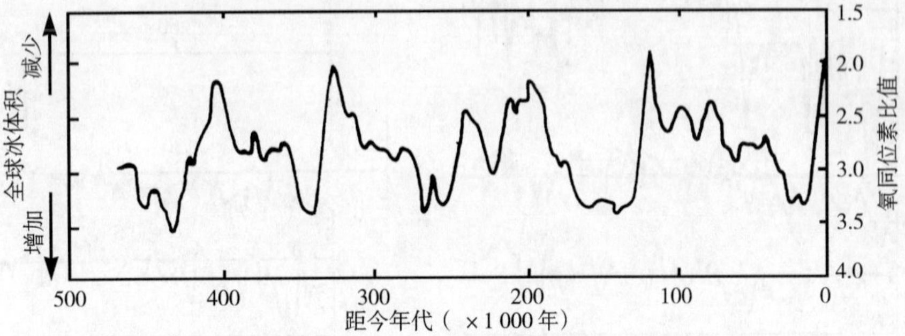


**图 1.1.3** 根据海洋浮游生物沉积物中氧同位素的比值所推算的 50 万年以来全球的冰体积量的变化(引自 Hays 等,1976)

顺便指出,由于上千年时间以前不可能有气候记录资料供使用,而研究发现一些物质的同位素含量的多少可间接地反映当时的气候情况。因为许多研究已经证明,空气较冷时,降雨中重同位素($\delta^{18}O$)的含量较少。这样,当大陆上冰的数量增加时(冰期),从海洋中蒸发出来的水蒸气中的重同位素含量就减少,而残留在当时海水中的重同位素含量就增多。这样,重同位素反映温度的信息可保留在海洋底部的有孔虫方解石介壳中;而且,若有孔虫介壳沉淀时的温度降低,则方解石的 $\delta^{18}O$ 含量就增加。因此,海底沉积物中重同位素($\delta^{18}O$)的比值较高就指示出寒冷的气候;相反,温度升高(冰盖融化的间冰期)将同轻同位素含量增加($\delta^{18}O$ 的比值较低)相联系。目前,分析海底沉积物钻芯中的同位素 $\delta^{18}O$ 的含量(比值)是推断古代地球气候状况及其变化的重要科学手段。

### 1.1.2 气候变化的阶段性

除了多时间尺度特征之外,阶段性是气候变化的又一特征。气候变化的阶段性同气候变化的时间尺度是紧密联系的,不同时间尺度的变化也就有不同的阶段性。1.1.1 节中我们曾讨论了在过去50万年的时间里,冰期和间冰期有交替出现的现象,这是气候变化阶段性的明显特征。因为冰期的寒冷气候与间冰期较温暖的气候是两种差别较大的状况,也可以认为气候变化分别处于不同的阶段;在冰期阶段气温普遍偏低,而在间冰期阶段气温普遍偏高。同样,近千年来的气候变化也有其阶段性,在1300—1800年间的小冰期,气温长时间偏低,尽管其间气温还有相对较高或较低的时期,但整个时段的平均温度相当低。而在小冰期前后的一段相当长的时期里,平均温度却相当高,同小冰期相比无疑可视为另一个气候变化阶段。

图1.1.4是南北半球不同纬度带近百年来年平均地面气温变化的演变曲线。图1.1.4a所示的北半球三个纬度带的气温变化同图1.1.1给出的全球平均情况大致相似。尤其是在北半球的中高纬度地区,1925—1960年期间气温明显偏高,而1925年之前的相当长时期里气温持续偏低。这同样清楚地反映了气候变化的阶段性,用数学语言讲,气候在这两个时期各处于不同的平衡态。

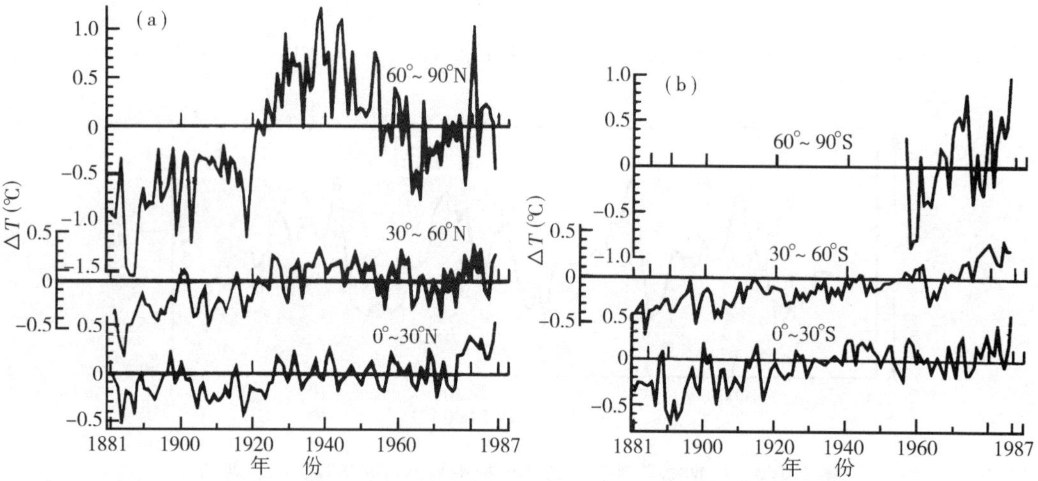


**图1.1.4** 近100年来北半球(a)和南半球(b)三个纬度带平均地面气温变化($\Delta T$)的时间演变(引自Vinnikov等,1990)

从上面的讨论可以清楚地看到,全球尺度的气候变化具有阶段性特征。同样,局地区域的气候变化也同样有阶段性。另外,不仅气温的变化如此,其他气候因子的变化亦然。图1.1.5是中国华北地区14个测站的平均汛期(6—8月)降水量距平的时间演变。显然,1953—1964年是华北的多雨时段,而1965—1975年及1980—1987年均为华北的少雨时段。

气候变化的阶段性也是气候的振荡特征,但这种振荡并不像正弦曲线那样有固定的周期,而是因不同的时间尺度有变化的周期;它也不是总在某一平均值附近振荡,而是存在一定的趋势,并且对于某些气候因子(如气温),其趋势性尤为明显。在图1.1.4中,无论北半球还是南半球,各个纬度带的地面气温在近百年来均有极清楚的上升趋势。参照图1.1.2,我们还可以认为自小冰期结束以来,全球气温有上升的趋势。对于这种全球增暖趋势,许多人认为是人类活动造成大气中$CO_2$含量增加的温室效应所引起的;也有一些人认为是气候超长期振荡的自然变化特征。这个问题的解答尚需进一步的深入研究,就已有的研究结果看,上述两种因素都有影响,温室效应可能加剧了气候自然变化的增温。

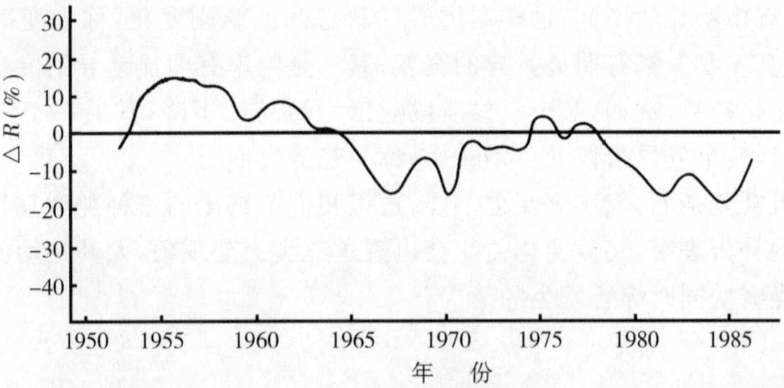


**图 1.1.5**　中国华北地区平均汛期(6—8 月)降水量距平(ΔR)的变化(5 年滑动平均结果)

### 1.1.3　气候突变特征

气候变化除多时间尺度特征和阶段性特征之外,突变也是其重要特征。尤其是从一个气候阶段变化到另一个气候阶段时,气候往往发生较为快速的剧烈变化,即突变。在图 1.1.3 中,冰期和间冰期之间的转换,尤其是由冰期向间冰期的变化有明显的突变特征。图 1.1.4 中 60°～90°N 纬度带气温的变化更明显地表现了突变的特征,20 世纪 20 年代初,那里的温度急剧升高。

根据气候突变的情况,我们可以把气候突变归并为三种类型(图 1.1.6),即均值突变、变率突变和趋势突变。从一个气候基本状态(以某一平均值表示)向另一个气候基本状态的急剧变化,就是均值突变。这类突变相对较多,影响也较大。两个气候状态(阶段)的平均值并无明

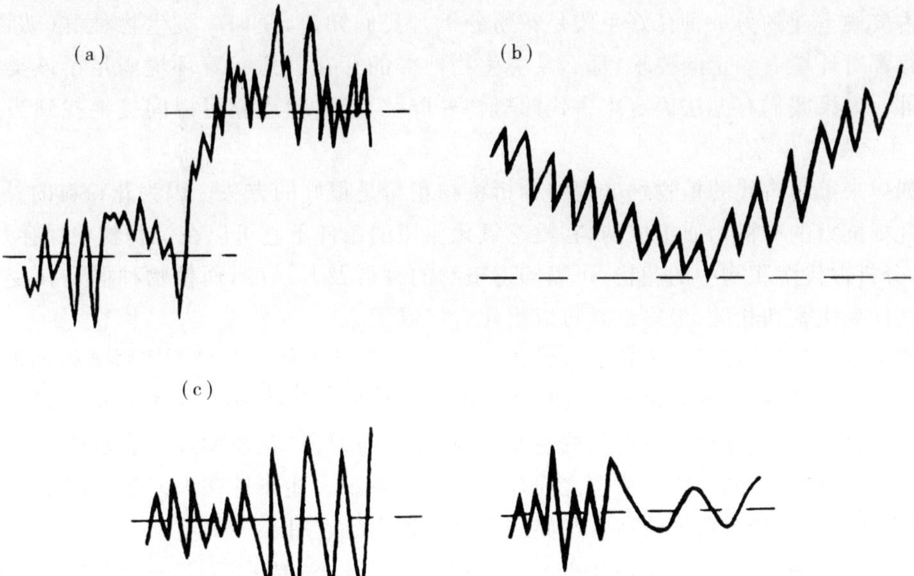


**图 1.1.6**　三类气候突变示意图
(a) 均值突变;(b) 趋势突变;(c) 变率突变

显差异，但其变率有极明显的不同，这样两类气候状态间的急剧变化，称为变率突变。变率突变包括两种情况，其一是振幅有明显差异的突变；其二是频率有明显差异的突变。两个气候阶段有完全相反的变化趋势，例如，某个气候阶段温度一致持续下降，其后一个气候阶段的温度一致持续上升，这样两个气候阶段的急剧转变，称为趋势突变。

气候变化是极其复杂的，气候突变也一样，这里我们归纳出的三种类型只是其最基本的特征。对实际资料的分析表明，气候变化往往会出现这三类突变现象，尤其是均值突变；但是，有时也可以看到几类突变同时综合发生的情况。

## 1.2 古气候及其变化

上一节在讨论气候变化的时间尺度时，我们已经指出气候变化有地质期时间尺度，表示万年时间的气候振荡。它所涉及的是古气候状况，同地质时代有密切关系，也可以认为是地质代气候。

### 1.2.1 古气候的重建(现)

现在的气候状况及其变化可以通过气候观测的记录资料来表现，而古气候及其变化只有通过其他非记录手段间接地推断出来，这首先就有一个重现古气候状况及其变化的问题。在1.1节中已经简单介绍了根据海底沉积物的钻探，分析氧同位素($\delta^{18}O$)的比值，从而推算地球上冰期活动的结果，较好地反映了冰期活动的情况，也给出了古代冷暖气候变化的粗略图像。

古气候重建的另一种良好手段是花粉分析。我们知道，任何一类生物种群(动物或植物)的生存都对环境有一定的要求，那么某类生物种群的存在就意味着环境满足了该类生物种群的条件。如果我们有办法确定出古代的植物种群及其演变，也就可以间接地找到当时的环境条件(主要是气候条件)。

如何来重建古代的植物种群呢？分析植物花粉是很好的方法。因为花粉粒的外壁是由具有非凡抵抗力的有机物质组成的，在没有氧化作用的条件下它可以在沉积物中保存几百万年。这样，分析古代沉积物中的花粉，可以知道植物的种群及其演变，而植物种群及其变化又同气候及气候变化密切相关，最终也就可以重建古气候了。

当然，用现代植被同其生长的气候条件作为参照，从古代植物种群资料来得到古气候有这样几个假定条件：由花粉确定的古代植物种群同现代植物种群一样，对相应的气候条件充分适应；气候变化是造成花粉记录变化的主要原因；在一定时段，花粉型及其显示的气候状况是相对稳定的；气候变量同一组花粉型之间存在线性关系。上述条件在大多数情况下是可以得到满足的，从而使花粉分析方法在古气候研究中得到广泛应用。

作为一个例子，图1.2.1给出的是台湾中部(23°52′N，120°55′E)一个海拔745 m的湖泊钻芯中的花粉剖面，并绘出了重建的植被示意图。图中的年代是根据$^{14}C$资料推断的，距今最长的时间超过5万年。因此，图1.2.1给出了最近一次冰期以来植被的变化和气候情况。可以看到，在花粉带的T时段，寒带植物成分明显偏大，暖温带植物成分少，且没有亚热带植物

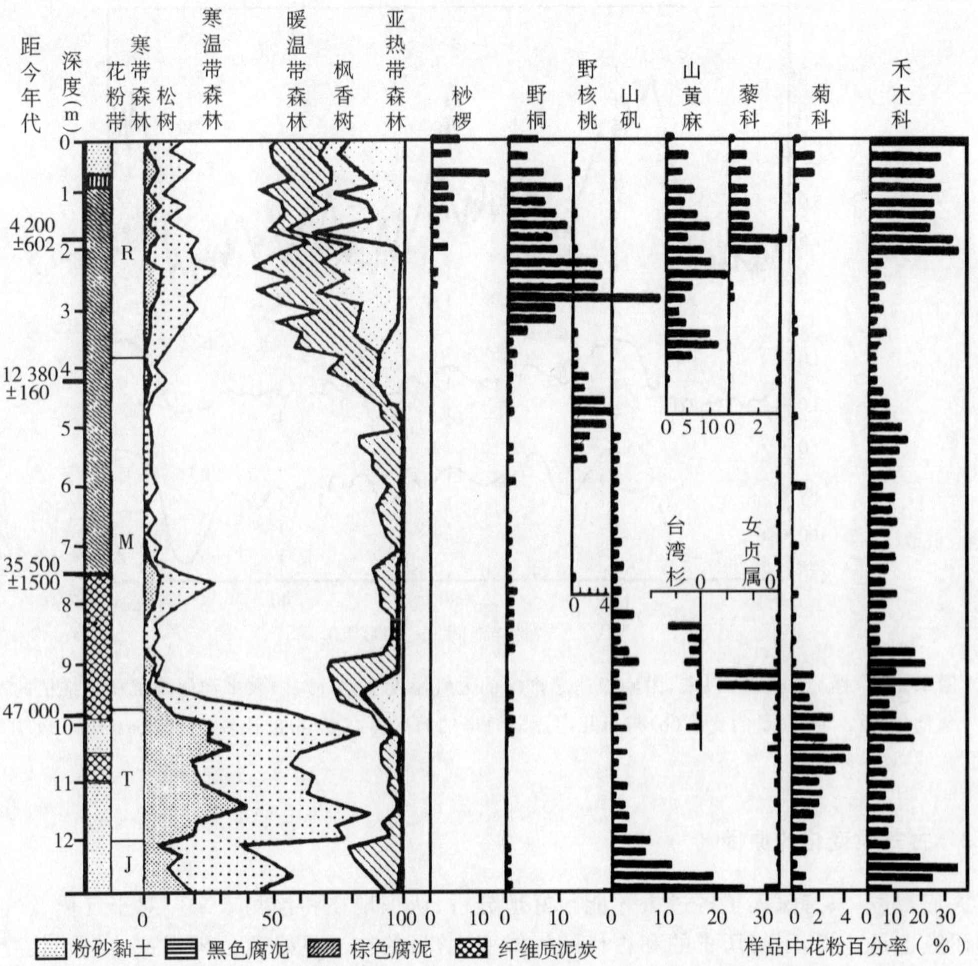


图 1.2.1　台湾中部日月潭湖泊钻芯花粉图(引自 Tsukada,1966)

成分,可见当时温度偏低;在花粉带的 M 时段,寒温带植物成分扩展明显,温度也偏低,而且在大约距今 35 000 年,寒带植物成分扩展,表明温度相当低;在 M 和 T 时段的交界期,不仅暖温带植物成分增多,还出现了亚热带植物成分,可见那时温带植物成分和亚热带植物成分增多,而且草本植物剧增,既反映了气候较温暖,也表明农业活动有所加强。

对古老的冰原进行取样,分析其冰芯样品中的放射性同位素氘的含量,同样可以得到古代大气温度的信息。图 1.2.2 分别给出了根据南极冰芯得到的过去 16 万年以来的大气温度变化、由太平洋深部沉积物钻芯($V_{19\sim30}$)得到的氧同位素($\delta^{18}O$)的比值以及根据新几内亚岛海岸线变动所反映的海平面高度的变化。可以看到,气温的升高(降低)同 $\delta^{18}O$ 比值的减小(增加)以及海平面的上升(下降)有相当好的对应关系。

另外,分析岩石标本,尤其是分析化石标本,还可以推断出远古时代冰期活动的情况,时间可达几十万或几百万年前。甚至地质学家已初步确定出在前寒武纪存在四个大冰期,即大约 660 百万～680 百万年前的 Valangin 冰期、大约 750 百万年前的 Sturtion 冰期、大约 950 百万年前的 Gnejso 冰期和大约 2 300 百万年前的 Huronian 冰期。

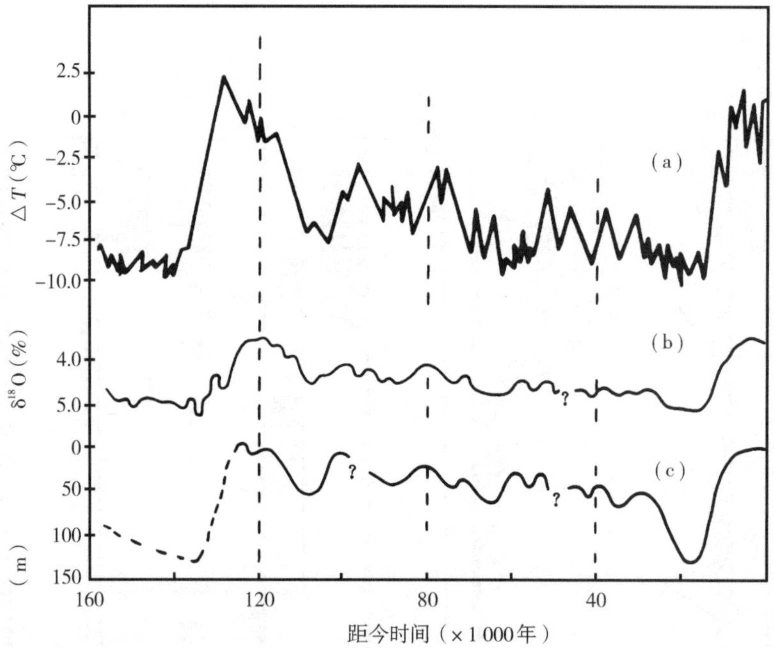


**图 1.2.2** 距今 16 万年以来,由南极冰芯推断的大气温度变化(a)、由太平洋深部沉积物推估的氧同位素($\delta^{18}O$)含量的比值(b)与新几内亚岛海岸的海平面高度(c)的比较(引自 Barrett,1991)

### 1.2.2 古气候变化的原因

人们常说,只有深入了解过去才能很好地分析、认识现在和预测未来。对于气候及气候变化的研究也是这样,了解历史的和古代的气候变化,目的在于更好地分析现在的气候状况和变化,并对未来气候的变化作出预测。

我们知道,地球大气的运动从根本上依赖于它所获得的太阳辐射能,因此,大气获得太阳辐射能的多少及其分布必然会引起地球气候的变化。影响地球大气获得辐射量多少的较长时期的因素主要有三个:其一是太阳活动(太阳黑子等),其影响的时间尺度为十几年到几百年,这方面的问题将在下一章作简要讨论。其二是地球轨道的变化。其三是太阳的胀缩,如果太阳表面辐射的热量大于其中心核聚变产生的热量,太阳将收缩,内部温度随之升高,太阳又处于平衡"燃烧"状态;如果太阳内部产生的热量比外部辐射的多,太阳就要膨胀,中心就要变冷,也要建立新的平衡。太阳的这种胀缩调整至少要几千万年,这在天文学上算是相当快的过程,但从人类的标准,这种调整的影响是十分遥远的,可以认为太阳处于平稳"燃烧"的状态。

因此,影响古气候变化的一个重要原因是地球轨道参数的变化。因为地球运行轨道参数的改变将引起地球获得的太阳辐射及其分布的明显差异,从而导致气候的变化。作为一个例子,这里以一个大气环流模式(IAP-AGCM)对 12.5 万年前和 11.5 万年前气候模拟的差异来说明地球轨道参数变化的影响。12.5 万年前和 11.5 万年前及现在的地球轨道参数如表 1.2.1 所示。同现在 7 月份的日射能量相比,12.5 万年前有较大的正偏差,而 11.5 万年前有较大的负偏差;而且 12.5 万年前和 11.5 万年前分别是最近一次间冰期内气候适宜期的开始和结束时期,其数值模拟结果比较有意义。

**表 1.2.1　计算日射能量的轨道参数**

| | 12.5 万年前 | 11.5 万年前 | 现 在 |
|---|---|---|---|
| 斜　角 | 23.798° | 22.405° | 23.447° |
| 偏心率 | 0.040 01 | 0.041 42 | 0.016 72 |
| 近日点经度 | 107.14° | 110.9° | 102.0° |

由于同现在的轨道参数不一样，入射的太阳辐射能量也就同现在有明显差异。图 1.2.3 是计算得到的与现在相比较的月平均入射太阳辐射的差异及其纬度分布，其数值是相当可观的。而图 1.2.3a 和 b 的比较更加显示了 12.5 万年前同 11.5 万年前之间的极大差异，因为对北半球而言，12.5 万年前夏(冬)半年要比现在多(少)得到能量，而 11.5 万年前夏(冬)半年要比现在少(多)得到能量。

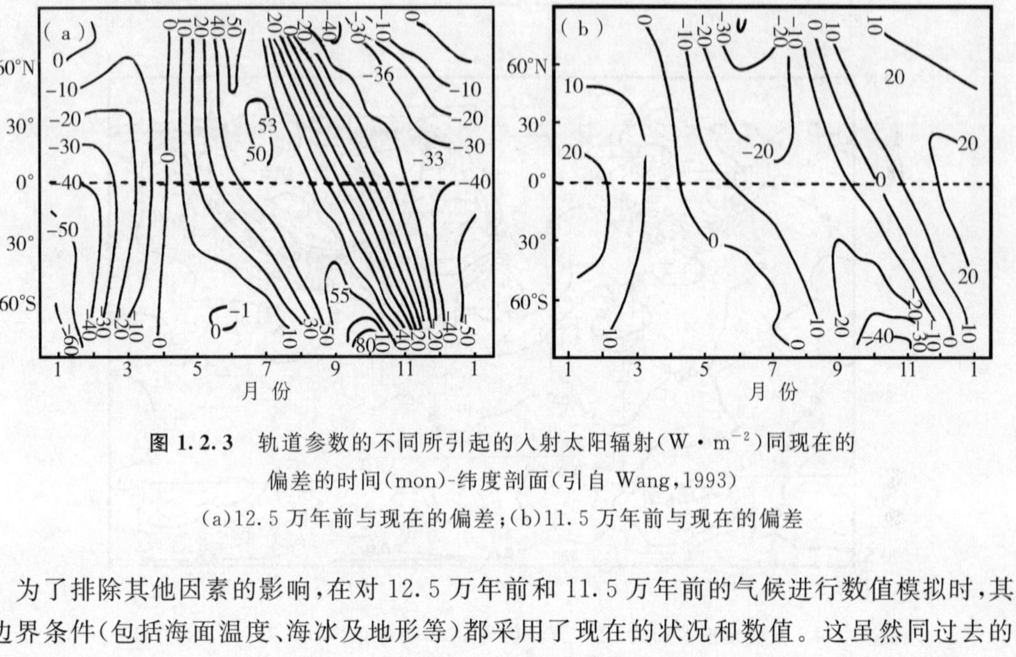


**图 1.2.3**　轨道参数的不同所引起的入射太阳辐射($W \cdot m^{-2}$)同现在的偏差的时间(mon)-纬度剖面(引自 Wang,1993)

(a)12.5 万年前与现在的偏差；(b)11.5 万年前与现在的偏差

为了排除其他因素的影响，在对 12.5 万年前和 11.5 万年前的气候进行数值模拟时，其地面边界条件(包括海面温度、海冰及地形等)都采用了现在的状况和数值。这虽然同过去的实际情况有明显差别，但在比较轨道参数的影响方面是较为有利的。图 1.2.4 给出了模拟得到的 12.5 万年前与 11.5 万年前之间 1 月和 7 月的地面温度差的分布。显然，12.5 万年前的夏季除亚洲南部和西非少部分地区外，全球普遍较 11.5 万年前偏暖，最暖的地方温度要高 18℃以上；而在冬季，有些地方 12.5 万年前偏暖，有些地方 12.5 万年前偏冷，最大差值超过 5℃。因此，地球轨道参数的变化对气候有明显影响，是古气候变化的重要原因之一。

除了地球轨道参数的变化之外，大气中 $CO_2$ 含量的变化被认为是古气候变化的另一重要原因。大气中 $CO_2$ 含量的增加虽然对入射太阳辐射影响不大，但它却可以把红外辐射截留在大气中，造成大气温度的增高，即产生所谓温室效应。关于人类活动造成大气中 $CO_2$ 含量的增加，从而对气候的可能影响，我们将在第 13 章给予专门讨论，这里只讨论古代大气中 $CO_2$ 含量的变化及其对气候变化的影响。

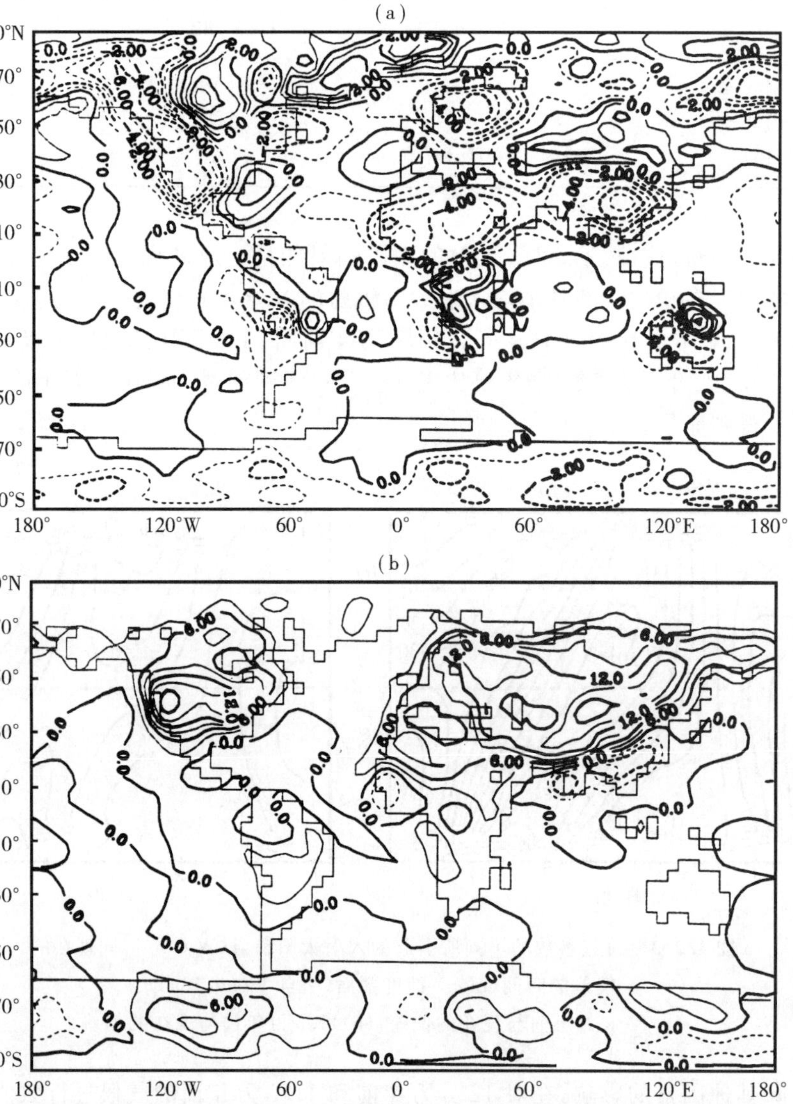


**图 1.2.4**　数值模拟得到的 12.5 万年前与 11.5 万年前之间 1 月(a)及 7 月(b)地面气温之差(℃)的全球分布(引自 Wang,1993)

图 1.2.5 是 16 万年以来大气中 $CO_2$ 含量的变化及其与地球极区气温变化的关系,其中 $CO_2$ 含量是根据南极东方站[俄]的冰核分析得到的,温度变化是根据氘的含量估算的。显然,在过去 16 万年的时间里,大气中 $CO_2$ 的含量和南极地区的温度都有极为清楚的变化,而且它们之间存在很好的相关关系。$CO_2$ 含量多的时期,南极地区温度增高;$CO_2$ 含量少的时期,南极地区温度降低。因此,人们就把 $CO_2$ 含量的改变(频繁的火山活动及造山运动是古代 $CO_2$ 含量增加的主要原因)作为古气候变化的重要因素之一。

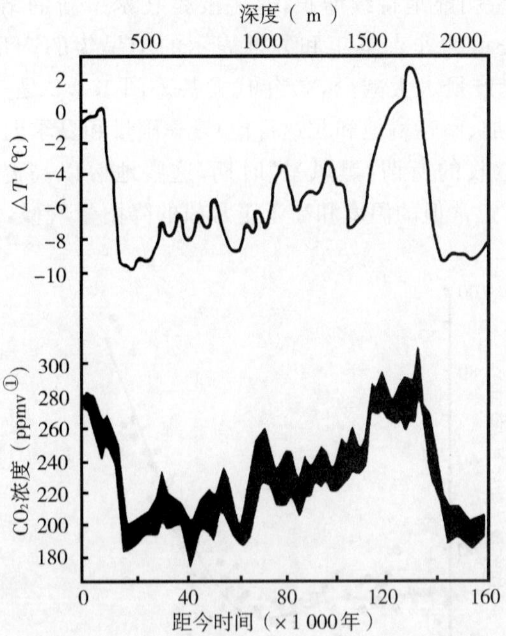


**图 1.2.5** 根据南极东方站[俄]冰核分析得到的 16 万年以来大气中 $CO_2$ 浓度及气温变化($\Delta T$)的时间演变(引自 Barnola 等,1987)

## 1.3 气候与人类社会

长期以来,气候以各种方式影响人类活动,成为人们所自然接受的“上帝的安排”。例如,气候及其变化决定了人们应当住在哪里、在什么地方种植什么、在什么地方及什么时候去狩猎、甚至什么时候穿戴什么等。根据格陵兰冰川岩心的分析所得到的气候信息,在气候温暖时期,由挪威到冰岛的移民较多,生活也很好,并有不少人迁往格陵兰。但是在寒冷时期,格陵兰的殖民地开始衰落,最后甚至被完全毁掉(Schneider,1976)。在我国西北地区,因气候变化造成的沙漠化所吞噬掉的古代繁华城市和大片良田的事实也是世人皆知的。即使在现代文明社会,气候的影响也仍然是巨大的,特别是气候灾害,例如 20 世纪以来亚洲和非洲大陆所出现的洪涝和干旱造成的饥荒和疾病已导致数百万人的死亡。在所谓“气候脆弱”区或“气候边缘”区,气候变化对人类社会的影响更为严重。

### 1.3.1 粮食生产与气候

民以食为先,粮食对人类的生存和人类社会的发展都有极为重要的意义,而粮食生产又在很大程度上依赖于气候状况。图 1.3.1 给出的是美国密苏里州平均玉米产量的长期趋势。自

① ppmv 表示 $10^{-6}$体积分数。

1950 年以后,平均英亩[①]产量明显地持续增长,这主要是技术革新的结果,同时气候也有相当大的影响。图中黑色圆点表示的非大旱年和方框表示的干旱年的产量相比较可以清楚地看到,在旱年,那里的平均玉米产量大大减少,30 年代尤甚。图 1.3.2 是美国五个主要产麦州(俄克拉何马、堪萨斯、内布拉斯加、南达科他和北达科他)夏季雨量和夏季温度的历史演变。可以看到,在 20 世纪 30 年代小麦歉收的所谓"黑风暴"时期,这些地区以高温和少雨为基本特征;在 1956 年以后的 15 年里,低于正常值的温度和高于正常值的降雨量气候,为这期间的小麦高产提供了重要条件。

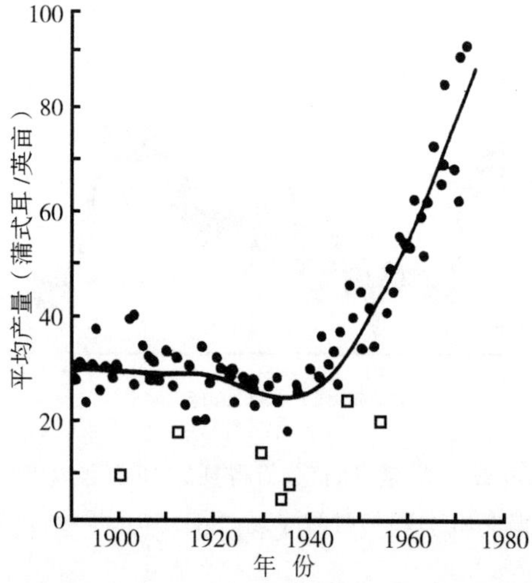


**图 1.3.1** 美国密苏里州平均玉米产量(蒲式耳/英亩)[①]的时间演变(引自 Decker,1974)

(图中黑圆点表示非大旱年,方框表示干旱年)

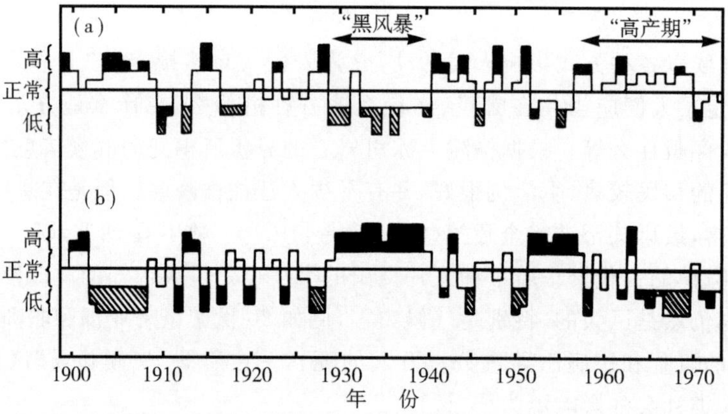


**图 1.3.2** 美国五个主要产麦州的夏季平均雨量(a)和夏季平均温度(b)的时间变化(引自 Gilman,1974)

(图中黑色区域表示高于正常值;阴影区表示低于正常值)

同样,中国的农作物产量同气候条件也有明显的关系,气候的年际变异或多年变化都将引起农作物产量发生相应的波动。图 1.3.3 是长江下游太湖平原水稻年景与 6—9 月雨量、7 月

---

① 1 蒲式耳=36.368 L(英制);1 英亩=4 074 m$^2$。在现行法定计量单位制中,蒲式耳和英亩都是非许用单位。

气温及1月份亚欧大陆与澳洲北部气压差之间的关系。这里，水稻年景（产量）是以指数来表示的，平均来讲，1.2左右为丰年，2.2左右为偏丰年，3.2左右为平年，4.2左右为偏歉年，5.2左右为歉年。其水稻产量指数的主要成分为广义的气候产量，有关技术进步和社会干扰等非环境因子已被过滤掉。亚欧大陆中高纬度（40°～60°N，40°～120°E）与澳洲北部（10°～20°S，110°～150°E）的气压差反映了全球大气环流系统的一种大调整。从图1.3.3可以清楚地看到，太湖平原的水稻年景同6—9月的降水呈显著负相关，而同7月气温和1月北南半球的气压差呈正相关。可见，太湖平原的水稻产量明显地受到气候变化的影响。

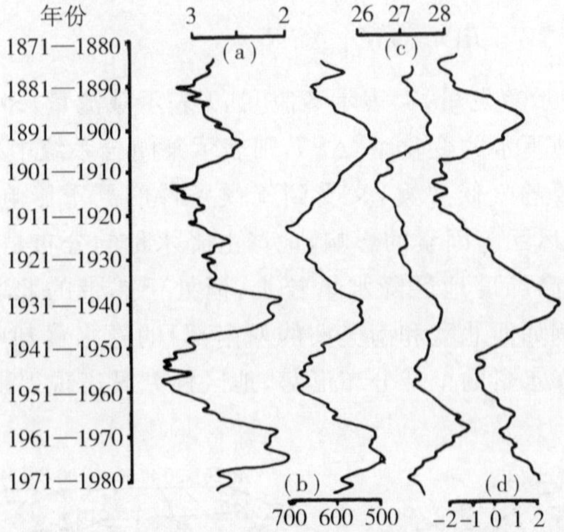


**图1.3.3**　太湖平原水稻年景(a)同6—9月雨量(b)、7月气温(c)以及1月亚欧大陆与澳洲北部的气压差(d)之间的演变关系（引自Wang和Zhang，1987）

气温条件一般对作物的生长影响较大，因为在一定的土壤湿度条件下，气温较高以及与此相伴的较好日照都有利于光合作用的进行，使农作物生长较好，农业产量也就高。图1.3.4是日本东北地区水稻产量与7—8月气温的关系。技术进步使水稻产量有明显上升的趋势，但高温年产量较高，而低温年产量较低的现象极为显著。可见同中国太湖平原相似，日本的水稻产量也同夏季气温变化有明显正相关。

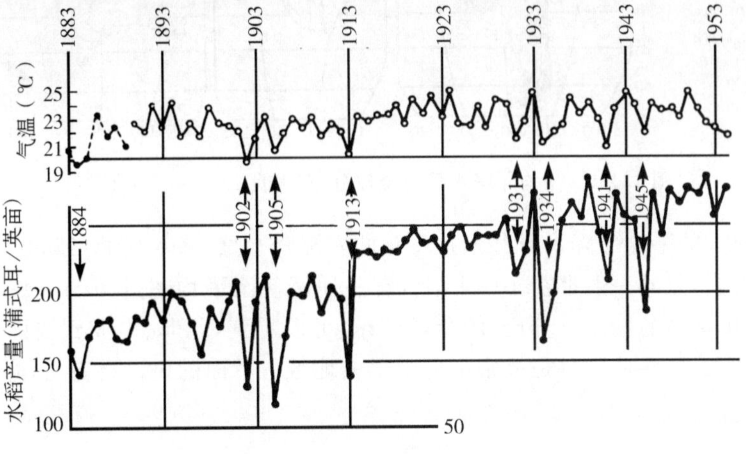


**图1.3.4**　日本东北地区水稻产量(蒲式耳/英亩)与7—8月气温的关系（引自Arakawa，1957）

### 1.3.2　水资源与气候

水是人类和地球上其他的生物不可缺少的。一方面,随着城市消耗、工业生产和文化娱乐活动对水的日益增加的需求,水已成为极为宝贵的资源,而且不少地方已出现了水资源的严重短缺。另一方面,水资源又极大地依赖于气候条件,因此,了解气候变化及其对水资源的影响,对于更好地开发和利用水资源具有重要的意义。

在地球陆地表面,水平衡方程可以写成

$$P=E+T+I+SW+RO+GW+\Delta ST \tag{1.3.1}$$

其中 $P$ 表示降水量,$E$ 表示蒸发量,$T$ 表示蒸腾量,$I$ 表示截流量,$RO$ 表示径流量,$SW$ 和 $GW$ 分别表示土壤中水分和地下水的变化率,$\Delta ST$ 则表示某闭合系统中剩余的水量。

降水量既是一个重要的气候要素,又受到气候条件的严重影响。由于海陆分布、太阳辐射、地球的旋转以及平均风系等因素的影响,地球上降水量的分布是极其不均匀的。虽然一般来讲热带地区雨量较多,高纬度地区降水量较少,但处于热带的北非和中亚地区降雨量却很少,而某些高纬度地区(例如西北欧和南美洲的西南部)的降水量却明显地比同纬度地区多很多。图 1.3.5 是平均年降水量的全球分布形势,地区性差异表现得十分清楚。

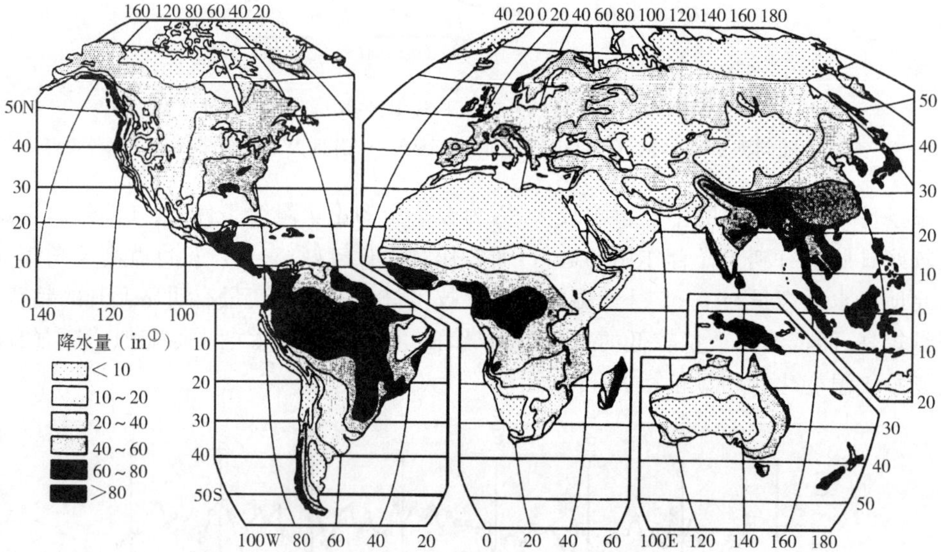


**图 1.3.5**　平均年降水量的全球分布(引自 Longwell,1969)

任何一个地方的平均年降水量并不是每年的实际降水量,降水量的年际变化是很明显的,而且各地并不相同,差异一般都在 10%以上,有些地区甚至平均超过 40%。图 1.3.6 是年降水量变率(相对正常值的偏差百分比)的全球分布,可以看到,北非、中亚到我国西北一带地区降水量的变率最大,这些地区也是最常出现干旱的地区。后面的讨论将表明,降水量的异常受

① 1 in(英寸)=2.54 cm。在现行法定计量单位中,英寸是非许用单位。

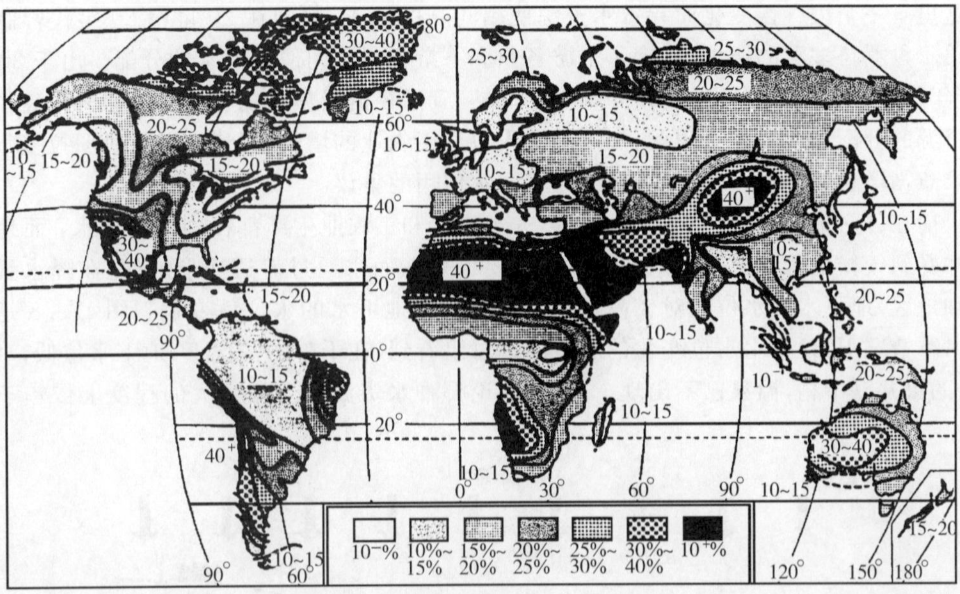


图 1.3.6 年降水量变率(%)的全球分布(引自 Strahler,1951)

到各种因素的影响,有内在气候原因(例如大气环流异常)也有其他因素(例如火山爆发及太阳活动等)的影响。

降水量虽然在水资源中有着极为重要的地位,但水平衡或水资源丰歉的地方和时间并不完全决定于降水量。图 1.3.7 是美国几个地区平均的水平衡情况,在得克萨斯州的埃尔帕索,全年都处于"缺水"状况,而在华盛顿州的西雅图和密歇根州的马斯基根,夏半年为"缺水期",冬半年为"余水"期。

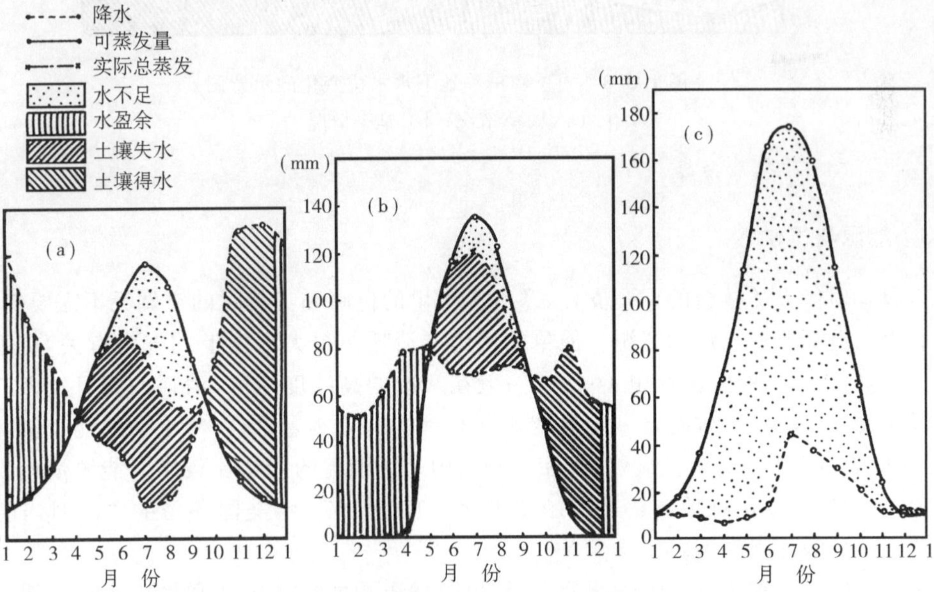


图 1.3.7 美国几个地区的水平衡(引自 Thornthwaite Associates,1963)

(a) 西雅图;(b) 马斯基根;(c) 埃尔帕索

这里有一个因气候变化而导致水资源使用问题的例子:美国在20世纪20年代曾制定了一个关于科罗拉多河的协议,规定了上游各州和下游各州之间使用河水的分配。由于20年代至30年代是科罗拉多河年径流量异常高的时期,到了径流量偏低的60年代,原来按高径流量对水资源的分配额就出现了问题;加之随着人口和工农业的增长,河流上游的科罗拉多州对水的需求急剧增长,就更加剧了上下游间关于河水使用的争议。

目前在许多地区,尤其是高纬度地区,人类生活和工农业生产都在利用地下水,而地下水也同样受到气候变化的影响。因为地下水主要也是地面水通过渗透而形成的,在降水量多的时期和地区,地下水的水位相对较高,当干旱出现时,地下水的水位就变低。图1.3.8是在雨季和旱季情况下,地下水水位变化的示意图。可以看到,在干旱的情况下,地下水位低,小溪断流,浅的水井已干枯,温泉已不出现。可见,无论哪种水资源都在相当大的程度上依赖于气候条件。

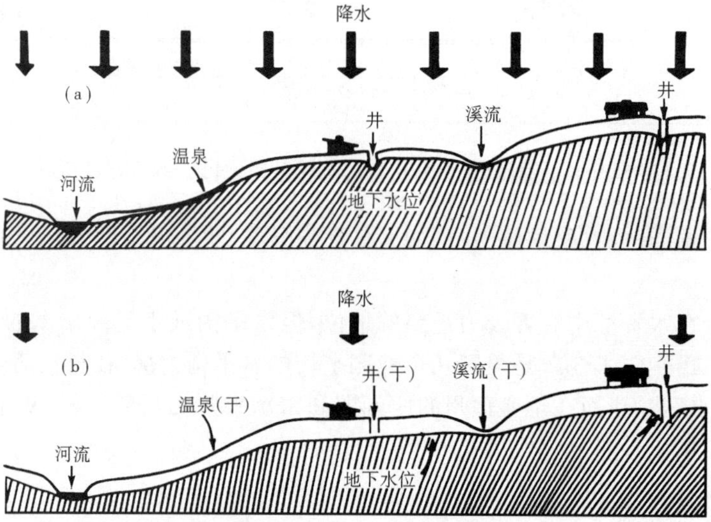


**图1.3.8** 雨季和旱季地下水水位变化的示意图
(a)雨季情况;(b)旱季情况

### 1.3.3 能源与气候

能源是现代人类社会的重要支柱,寒冷天气里的供暖和炎热时的空调无不需要消耗能源,工农业生产也都要求充足的能源。能量的使用或消耗在很大程度上同气候有关,在不同的气候带,人类生活对能源的消耗也不一样,一般在寒冷的高纬度地区,消耗的能量较多。美国国家海洋大气局(NOAA)曾将日平均温度65℉(18.3℃)定为基准,将年平均的能量消耗用加热量(℃·d)表示(图1.3.9)。显然,高纬度和高山地区消耗的能量比较多。能源消耗既与气候带有关,也与气候变化有关。1972—1973年和1973—1974年美国冬季的寒冷对当时的能源短缺起了明显的加剧作用。

天气气候不仅直接关系到能源的消耗,也同样影响能量的生产和供应系统。例如干旱的气候会威胁水力电的生产,风暴和冰雹是破坏供能设施的重要天气系统。因此,无论是能源消

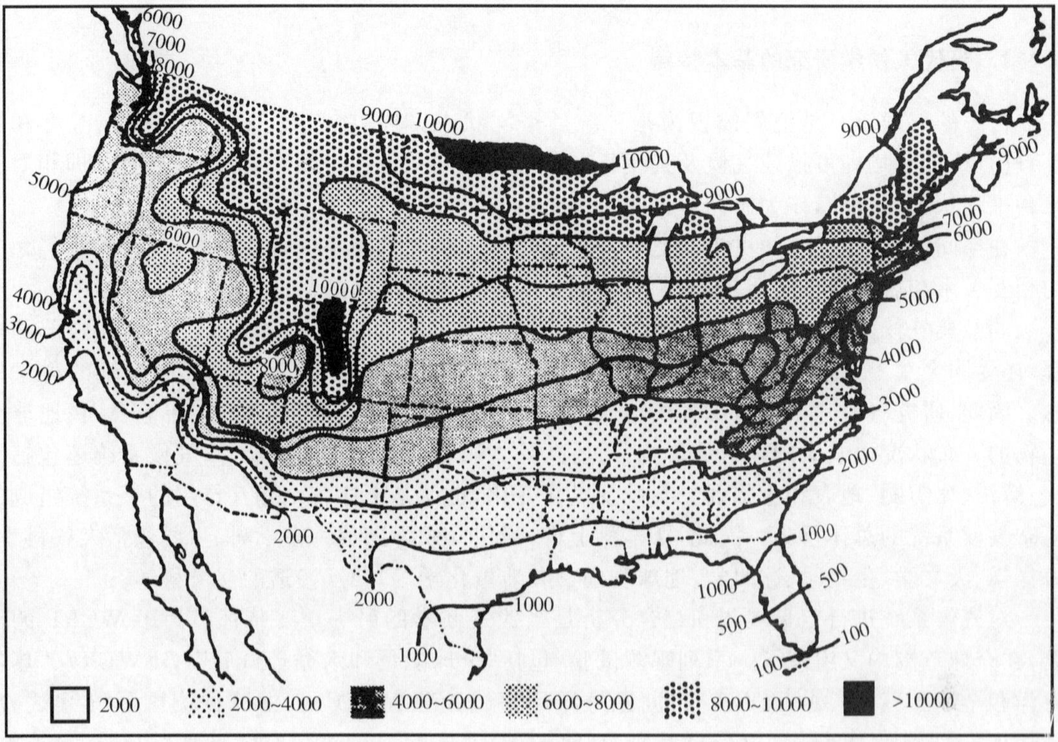


图 1.3.9 美国各州所需的平均年加热量(℃·d)(以日平均温度 65°F 为基准)

耗还是能量的生产和供应,都同气候及其变化密切相关。

目前,能源主要来自天然气、石油产品和煤的燃烧。一方面,它们的生产供应和消耗要依赖于天气气候变化的条件;另一方面,能源消耗所引起的环境变化(例如空气中 $CO_2$ 的含量增加)又会对气候造成影响。气候-能源问题是一个值得很好研究的课题,人类生活离不开能源,而现在使用能源的趋势如果继续下去,又有可能对气候造成严重的破坏。

## 1.4 当代气候研究

面对日益严重的气候问题,早在 20 世纪 70 年代国际上就召开了一系列有关会议,讨论了气候变化及其对策问题。1974 年世界气象组织(WMO)和国际科学联盟理事会(ICSU)组织的国际研讨会系统总结了当时气候科学的研究成果,并提出了需要进一步研究的问题。1979 年世界气候大会的重要结果之一是提出了制定“世界气候计划”(WCP)的建议。1984 年,WMO 和 ICSU 正式公布了“世界气候研究计划”(WCRP)。WCRP 是世界气候计划中的最重要部分,它的总目标是要确定气候的可预报程度以及人类活动对气候影响的可能程度。针对气候变化的三种不同的时间尺度,WCRP 分别提出了三个具体目标:首先是建立月至季度的气候异常的业务预报方法;第二是预测年际尺度的全球气候变化;第三是估计年代际尺度(几十年)的气候变化趋势,尤其是估计人类活动对气候的影响。

### 1.4.1 当代气候学研究的基本特点

传统的气候学只是把气候视为某种统计平均状态,对一些参数(如温度、气压、湿度和风等)进行统计平均即可描述气候及其变化。当代气候则把各种时间尺度的气候变化,即相对于某种平均状态的扰动,作为研究和预测的主要对象。

在空间域上,当代气候更为广泛地注意气候异常或气候距平的全球分布,尤其是它们之间的相互关系和影响,所谓"遥相关型"及其动力学理论便是突出的例证。

同经典气候主要讨论大气的变化不同,当代气候学认为气候变化不仅仅是大气内部的过程,还受同大气上下边界状况有直接关系的其他因子的影响,从而提出了气候系统的科学概念。因此,研究气候除了要考虑大气自身的运动外,还必须考虑海洋、冰雪、陆地表面、地球上生物的分布状况以及太阳辐射的影响。这样,除太阳辐射这个主要能源外,气候系统还包括大气、海洋、冰雪圈、地表和生物圈。气候及气候变化,也就是上述各个相互作用的子系统组成的复杂气候系统的总体行为。因此,从学科上讲,当代气候学已成为多学科(主要包括大气科学、海洋学、天文学、生物学、冰川学、地球物理学和地球化学等)相互渗透的交叉科学。

对气候系统进行定量观测和综合分析是当代气候学的另一重要特征。为了 WCRP 的需要,在全球范围内又组织了一系列观测试验,包括"全球能量和水循环试验"(GEWEX)、"热带海洋和全球大气"计划(TOGA)、"世界海洋环流试验"(WOCE)、"海冰预测国际气候试验"(SIPICE)、"国际卫星陆面气候学计划"(ISLSCP)、"国际卫星云气候学计划"(ISCCP)等等。上述各类观测试验具有国际性和综合性的特点,将对气候系统作全面的观测试验,寻找气候系统各成员之间的相互作用过程及其规律性。另外,为研究某些特殊现象和过程,还在某些地方组织了区域性的专门观测试验。可以想象,当代气候研究所用的资料是极其繁多而复杂的,除常规的气象观测资料外,还有大量卫星观测资料以及各类专门试验的资料。因此,在世界气候计划中专门设立了"世界气候资料计划"(WCDP),为气候研究系统收集和提供必要的资料。

为了定量地反映气候系统各成员间的各种相互作用,揭露气候变化的过程和动力学机制,大力开展气候动力学的理论研究,用比较完善的数值模式对气候及其变化进行广泛的数值模拟是当代气候研究的又一重要特征。用数值模式模拟气候及其变化已取得了令人鼓舞的成果,这可以说是当代气候研究具有突破性意义的进展。但是,由于气候系统的复杂性,在气候系统中的许多物理、化学以及生物学过程还没有完全搞清楚,因此数值模拟结果还有不少问题。例如用不同的模式来模拟大气中 $CO_2$ 含量加倍对气候的影响程度就存在不小的差别,难以给出一个较为确定的回答。类似这样的模式结果的"不确定性"在其他问题上也有反映。只有进一步深入研究气候系统中的各种过程及其相互作用、深入研究各类相互作用在数值模式中的参数化、深入研究模式的构造和计算格式的优化,气候数值模拟才能取得更加重大的成功。

### 1.4.2 三个时间尺度的气候变化问题

基于气候变化的特征以及气候系统中各成员的作用,WCRP 把气候变化主要归纳为三个时间尺度,即月和季时间尺度、年际时间尺度以及年代际时间尺度。当然还有更长时间尺度的气候变化,但要真正搞清上述三个时间尺度的气候变化,并能定量地对其进行预报和预测,肯定需要花费好几代人的努力才行。

大家知道，平均周期为 7 d 左右的大气长波活动是中期天气变化和预报的主要因素。对于月和季时间尺度的气候变化，大气环流的持续性异常或者盛行的天气系统则是其主要反映。因此，大气环流的持续性异常的发生及其规律和机制、一种异常型向另一种异常型间的转换，对月和季时间尺度的气候变化和预报都有重要意义，也是当代气候研究的重要内容。

已有的一系列研究表明，大气低频变化（也称低频振荡）同月和季时间尺度的气候变化有着密切关系。大气低频振荡是当代气候研究的重要对象。大气低频振荡并没有十分确定的振荡周期，是一种准周期振荡，包括准双周（10～20 d）振荡和季节内（30～60 d）振荡两类。前者在热带地区直接同季风的活跃和中断现象相联系，在中高纬度地区直接同阻塞形势的活动有关；后者可视为全球大气中低频（30～60 d）波的活动，尽管热带和中高纬度地区的 30～60 d 振荡有十分明显的差别（李崇银，1993）。

同研究天气变化基本上只需考虑大气内部的过程和系统不同，对于月和季的气候变化，除了全球范围的大气内部运动特性的初始条件之外，边界条件和外源强迫作用也有十分重要的影响。因此，对于短期气候变化的研究和预报，一方面要知道有关边界条件的情况，另一方面，又要有能很好地描写大气运动与边界条件相互关系的动力学模式。由于海洋过程比较缓慢，对于月和季时间尺度的气候变化，粗略地可以将海面温度和冰雪覆盖视为稳定少变的因素，但是对某些陆面-大气过程，云和辐射相互作用、地形的影响等必须给予很好的处理。

关于月和季时间尺度气候变化的预报，月平均或季节平均量没有很大的意义，而预报月和季平均气候量的距平值比较有用。利用气候模式所做的一些预报试验表明，经过努力，在未来十年内实现月和季气候距平的预报以至跨季度的预报都是完全有希望的。

人们对有关年际时间尺度气候变化的认识还比较粗浅，也不能像对月和季气候变化那样提出具体的距平预报，只能对比较强的气候异常进行预测，提出可能出现的倾向，例如降水量的偏多偏少、气温的偏高偏低等。因为要注意较强的气候异常，人们也就特别注意气候系统中的“强信号”，这就形成了当代气候研究的又一重要特征。

有关气候系统中的强信号，目前人们研究得比较多的是厄尔尼诺（El Nino）和南方涛动（SO），一般也把它们合称为 ENSO。ENSO 被视为大尺度海气相互作用，尤其是热带海气相互作用的突出反映。由于 ENSO 的平均准周期为 3～4 年，而 ENSO 将引起全球大气环流和气候的持续异常，所以，它是目前人们在进行年际气候预测时所必须考虑的因素。近来人们还发现，大气环流和气候异常，尤其是东亚冬季风的异常同 ENSO 有相互作用和相互影响的关系。可见，年际时间尺度的气候变化更能反映气候系统的总体行为。

除 ENSO 外，热带平流层中的准两年振荡（QBO）也是十分突出的年际变化现象。由于它的振荡周期较为确定（平均 27 个月），在气候预测上更为方便。近些年的研究表明，对流层大气环流及气候的变化也有极清楚的准两年周期变化现象，并同平流层的 QBO 有一定的联系。例如，资料分析已发现印度季风降雨量有准两年振荡现象（现在称其为 TBO），并同 QBO 有很好的相关关系，当处于 QBO 的东风位相期，印度季风雨偏少（Mukherjee 等，1985）；同时又发现大西洋风暴与 QBO 的关系也比较清楚，当处于 QBO 的西风位相时，大西洋风暴的数目相对较多（Shapiro，1982；Gray，1984）；中国东部地区的降水、西太平洋地区的副热带高压和台风活动都同 QBO 有一定的关系（李崇银、龙振夏，1992）。

既然年际气候变化是气候系统的总体行为，要研究年际气候变化并进行预测，必须研究设计一个能很好地描写海-气-陆(冰)相互作用的完整过程的复杂气候模式。它既包括精细的大气环流模式和大洋环流模式,还应有海冰变化及陆地积雪的演变方程,因此,是一个海-气-陆完全耦合模式。这是一个极其复杂的模式,在这里,海温等因子不再是稳定不变的边界条件,而是模式的预报量。

频繁的强烈火山爆发会给大气带来大量气溶胶粒子,特别是这些气溶胶会在平流层里存在相当长时间,并影响大气辐射过程,在一定程度上造成气候异常。因此,火山活动也被认为是可以造成年际气候变化的原因,正在被人们进行监测和研究。

关于年代际(10～100 年)时间尺度的气候变化,自 20 世纪 90 年代中期以来,已引起人们的高度重视。它除了作为年际变化及月-季变化的重要背景之外,目前主要用来估计人类活动在多大程度上影响未来的气候状态。因为自工业化以来全球大气中 $CO_2$ 的含量比工业革命前增加已近一半,预计到 2030—2050 年大气中 $CO_2$ 含量将比工业革命前增加 1 倍。同时大气中的甲烷($CH_4$)等其他温室气体的含量增加得更快。这些微量气体含量的迅速增加将改变大气中的辐射过程,增强温室效应,导致气候发生变化。近百年来不少观测资料已表明,全球气温有明显的持续上升,人们认为它正是 $CO_2$ 含量增加的结果。因此,各种温室气体,尤其是 $CO_2$ 含量加倍后对全球气候会产生多大的影响,必须给予很好的回答。

另外,由于森林的大量砍伐,尤其是热带雨林的大面积破坏,以及其他对土地资源的不合理开发使用,造成了生态环境的严重破坏,导致全球能量和水循环的改变,也将对气候变化带来影响。因此,生态环境对气候的反作用如何,也必须给予很好的回答。

在年代际气候变化的研究中,海洋的作用更为重要,这不仅包括全球海洋环流,还包括深层海洋环流状况的影响以及海洋在气候系统中对碳循环的作用。由于要研究温室气体的气候效应以及生态环境状况对气候的影响,因此大气化学和生物化学过程也成为必须考虑的问题。通过土壤、水、空气和生物群的作用,大气中的氮、氧和碳等化学元素像太阳辐射一样,成了直接的气候因子。

在此需特别指出,关于 $CO_2$ 等大气微量气体含量增加的温室效应,以及与此有关的全球增暖,尤其是它们的影响程度如何,目前仍是一个有待研究确定的问题。特别是还有一些学者认为,现阶段的全球增暖只是气候自然变化的表现。因此,要很好地回答这个层次的气候变化问题,有着更大的难度。气候模式不仅是完全耦合的海-气-陆(冰)综合系统,还包括深层海洋环流和海洋过程,也包括大气化学和生物化学过程。

### 1.4.3　气候变化及可预报性研究(CLIVAR)

WCRP 联合科学委员会(JSC)在其第 14 次会议(1993 年 3 月)上正式决定实施 CLIVAR 计划作为 WCRP 的一项新的重要科学活动。1995 年国际 CLIVAR 科学计划正式公布,它不仅包括大气,而且包括海洋、积冰、积雪以及其他陆面过程,它充分利用 TOGA 的科学成果,促进全球大气、海洋和陆面过程及其动力学的研究。

#### *1.4.3.1*　CLIVAR 的科学目标

CLIVAR 是 20 世纪末到 21 世纪初(1995—2010 年)的主要世界气候研究计划,它由三个分计划组成,即季节到年际时间尺度的气候变化及可预报性(CLIVAR-GOALS)、年代际到世纪时间尺度气候变化及可预报性(CLIVAR-DecCen)和气候系统对大气中增加的温室气体和气溶胶含量的响应(CLIVAR-ACC)。

经过一大批科学家的反复讨论,并根据已有研究成果和进展,CLIVAR的主要科学目标被确定为:

(1) 通过收集和分析观测资料,以及发展和应用耦合气候系统模式,揭露和了解反映季节、年际、年代际和世纪时间尺度的气候变化及可预报性的物理过程。

(2) 通过对有质量校订的古气候资料和仪器观测资料的综合处理,延长气候变化的记录,以便研究各种重要时间尺度的气候变化。

(3) 通过发展全球耦合预报模式,扩大季节到年际时间尺度气候预报的范围及提高预报精度。

(4) 了解和预报气候系统对温室气体和气溶胶增加的响应,并通过这些预报与观测的气候记录的比较,揭露人类活动对自然气候信号的影响程度。

#### *1.4.3.2* CLIVAR的重点研究领域

为了使CLIVAR这个跨世纪的重大国际计划顺利进行并获得很好结果,国际CLIVAR计划的科学指导组(SSG)又依据CLIVAR科学计划提出的目标和主要研究内容,组织起草了国际CLIVAR执行计划。国际CLIVAR执行计划将CLIVAR计划包括的三个计划(即CLIVAR-GOALS,CLIVAR-DecCen和CLIVAR-ACC)分解为数个子计划或重点研究领域,其具体如下:

(1) CLIVAR-GOALS

研究全球海洋-大气-陆面系统的季节到年际时间尺度的气候变化及预测问题。它将包括如下4个领域:

G1——ENSO预报的改进和扩展

- 将ENSO(模)研究和预测扩展到全球范围;
- 改进ENSO预测。

G2——亚澳季风系统的年际变化

- 探究和确定预测亚澳季风系统的可能程度;
- 明确边界强迫和内部动力过程在季风预测中的相对贡献(作用);
- 明确亚澳季风在全球气候系统预测,尤其是在ENSO预测中的作用。

G3——美洲季风系统的年际变化

- 研究描述、解释和模拟美洲暖季气候变化的基本控制模态。

G4——非洲气候系统的年际变化

- 提供一个强有力的科学支持体系,以利于有关国际或多国间了解和研究非洲季到年际气候变化的活动。

(2) CLIVAR-DecCen

研究10年到100年时间尺度气候变化及预测问题,特别突出海洋对气候变化的作用。它包括如下5个领域:

D1——北大西洋涛动

- 了解影响海洋变化的主要控制因子;

- 年代际变化振幅随时间增大的原因。

D2——太平洋和印度洋 10 年尺度气候变化

- 是什么样的海洋或大气条件造成了大尺度太平洋年代际变化型(包括 ENSO 和 PNA 模);
- 印度洋的年代际变化是否比较好描写;
- 印度洋年代际变化与热带/北太平洋模的关系。

D3——热带大西洋变化

- 跨赤道偶极子(SST)两个部分间的动力学关系;
- 偶极子模态与边界层物理过程的关系;
- 局地海气相互作用或遥相关影响。

D4——大西洋温盐环流

- 确定过去 10 到 100 年时间尺度变化的时空特征;
- 温盐环流(THC)对表面通量变化的敏感性;
- 了解 THC 改变的海洋动力过程;
- 估计基于 THC 影响而预测气候的程度。

D5——南大洋温盐环流

- 一些特殊水团形成及活动的机制;
- 环南极波的物理机制及其与低纬的联系;
- 冰-海-气耦合相互作用。

(3) CLIVAR-ACC

研究气候对人类活动所产生的温室气体和气溶胶含量增加的可能响应。包括如下 2 个领域:

A1——预测(人为)气候改变

- 改进模式,减少不确定性。

A2——(人为)气候改变的检测和属性

- 进行必要的相应观测;
- 研究参数化方法;
- 历史记录的分析研究。

国际 CLIVAR 计划是未来 15～20 年内国际上一个极为重要的科学计划,不仅有其重要的科学意义,而且整个计划中都包含有预测理论和方法的研究,因此又有极为重要的现实应用前景。也就是说,这个计划是理论与实际相结合的计划;同时,这个计划突出了各种耦合数值模式的重要性,但又十分重视资料分析和必要的观测试验。

### 1.4.4 观测要求

前面已经指出,对气候系统进行定量观测和综合分析是当代气候研究的重要特征之一。为了实现 WCRP 所规定的科学目标,必要的观测配合是绝对不可缺少的。上述三个时间尺度气候变化的特征及所涉及的气候系统的差异决定了它们对观测的要求也有些不同。

对于时间尺度为月和季的气候变化和预报问题,如下三方面的观测资料是十分需要的:

(1)现有的全球气象观测网,包括有全球覆盖的在赤道上空的地球静止卫星和连续观测的极地轨道卫星。卫星观测的全球海面温度资料更是极为重要的,因为它可以反映下边界强迫异常的情况;而且可望达到较高的测量精度(0.5 K)。

(2)气象卫星提供的云层观测资料的更精细的译释。ISCCP 的主要目的就是要得到 5 年完整的云气候学资料,对其变化进行统计估计,并对云量及与其相联系的辐射场有比较好的描写,进而在数值预报模式中应用。

(3)卫星观测的陆面过程资料的更精细译释,以便能定量地描写地面的热通量和水汽通量。

对于时间尺度为几年的气候变化和预测问题,除了上述观测及资料的加工外,还需加上热带地区上层海洋的热容量、海面应力和海面起伏的观测。这些观测除了可在有限区域的船舶站、浮标站和岛屿站进行外,环绕全球的卫星观测也是需要的,而且要求有较高的精度。同时,卫星提供的海冰覆盖资料也是很需要的。

对于年代际时间尺度的气候变化和预测问题,全球海面的观测都是需要的,而且需要观测海洋内部的温盐结构和运动。另外,通过卫星精确地测量辐射能量,并确定在大气顶的净能量输入和分布也是十分必要的。而且为了精确地得到大气顶的净辐射能,还需要测量和确定海面的能量通量和海洋内部的热量输送。

## 参考文献


李崇银,1993. 大气低频振荡:修订本[M]. 北京:气象出版社.

李崇银,龙振夏,1992. 准两年振荡及其对东亚大气环流和气候的影响[J]. 大气科学,**16**:167-176.

Arakawa H, 1957. Three great famines in Japan[J]. *Weather*, **12**: 211-217.

Barnola J M, Raynaud D, Korotkevich Y S, Loriws C, 1987. Vostok ice core: A 160 000 year record of atmospheric $CO_2$ [J]. *Nature*, **329**: 408-414.

Barrett P J, 1991. Antarctica and global climatic change: A geological perspective[M]. *Antarctica and Global Climate Change*, 35-50, London: Belhaven Press.

Decker W, 1974. *The Climate Impact of Variability in World Production*[C]. Prepared for the 1973 Annual meeting of the American Association for the Advancement of Science, San Francisco, 27 February, 1974, Reprinted in the *American Biology Tecker*, **36**: 534-540.

Gilman D, 1974. Paper presented at 140th meeting of the American Association for the Advancement of Science[C]. San Francisco, 27 February 1974.

Gray W M, 1984. Atlantic seasonal hurricane frequency, part I: El Nino and 30 mb quasi-biennial oscillation influences[J]. *Mon. Wea. Rev.*, **112**: 1649-1668.

Hays J D, Imbrie J, Shackleton M J, 1976. Variations in the earth's orbit: Pacemaker of ice ages[J]. *Science*, **194**: 1121-1132.

Lamb H H, 1966. *The Changing Climate*[M]. Selected papers, London: Methuen.

Longwell C R, 1969. *Physical Geology*[M]. New York: Wiley.

MacCracken M C, Budyko M I, Hecht A D, Izrael Y A, 1990. *Prospects for Future Climate*[M]. Lewis Publishers, Inc.

Mukherjee B K, Indira K, Reddy R S, Ramana M BH V, 1985. Quasi-biennial oscillation in stratospheric zonal wind and Indian summer monsoon[J]. *Mon Wea Rev*, **113**: 1421-1424.

Schneider S H, 1976. The genesis strategy. *Climate and Global Survival* [M]. New York and London: Plenum Press:419.

Shapiro L, 1982. Hurricane climate fluctuation, Part Ⅱ: Relation to large-scale circulation[J]. *Mon Wea Rev*, **110**: 1014-1023.

Strahler A N, 1951. *Physical Geography* :2st ed. [M]. New York: Wiley.

Thornthwaite Associates, 1963. Average climate water balance data of the continents[J]. *Publications in Climatology*, Vols. XVI and XVII, Centerton, N. J.

Tsukada M, 1966. Late pleistocene vegetation and climate in Taiwan[J]. *Anthropology*, **55**: 543-549.

Vinnikov K Y, Groisman P Y, Lugina K M, 1990. Empirical data on contemporary global climate changes (temperature and precipitation)[M]. *J Clim*, **3**: 662-667.

Wang Duo, Zhang Tan, 1987. Simulated analysis for 110 seasonal weather impacts on Yangtze Delta rice harvest yields[J]. *Agric Far Meteor*, **39**: 193-203.

Wang Huijun, 1993. A sensitivity study of IAP-AGCM to radiation changes: Climate simulation of 125 kyr and 115 kyr before present[J]. *Adv Atmos Sci*, **10**: 227-232.

WMO/ICSU, 1984. Scientific plan for world climate research programme[J]. *WCRP Publications Series*, No. 2. WMO/TD-No. 6.

WMO, ICSU, UNESCO, 1995. *CLIVAR—A Study on Climate Variability and Predictability—Science Plan*[M]. WCRP No. 89, WMO/TD No. 690, Geneva.

# 2 气候系统

气候系统的提出是气候学研究进入一个新阶段的重要标志之一。在这个意义上，人们不仅要研究大气内部过程对气候变化的影响，同时也要考虑海洋、冰雪、地表以及生物状况对气候变化的作用。即把气候变化视为包括大气、海洋、冰雪圈、陆地表面和生物圈组成的气候系统的总体行为。上述各子系统之间的各种物理、化学以及生物过程的相互作用，就决定了气候的长期平均状态以及各种时间尺度的变化。

1974 年由世界气象组织和国际科学联盟理事会联合召开的国际讨论会所提出的气候系统的概念可以用图 2.1.1 表示。它既包括了大气和海洋等子系统内部的各种过程，例如大气和海洋环流、大气中水的相变以及海洋中盐度的变化等，又反映了各个子系统间的相互作用，例如海气相互作用、陆气相互作用、冰-海相互作用、大气-冰雪相互作用以及气候（大气）-生物相互作用等等。越来越多的事实表明，上述各种相互作用过程对气候及其变化的影响是复杂的，也是十分重要的。

大气运动及气候的状态和变化都同太阳辐射有着非常重要的关系，特别是太阳辐射为大气和海洋的运动以至生物活动提供了最基本的能源。太阳活动等所引起的太阳辐射的改变也必然对地球气候及其变化发生重要影响。因此，气候系统还应包括天文因素（主要是太阳活动）在内。

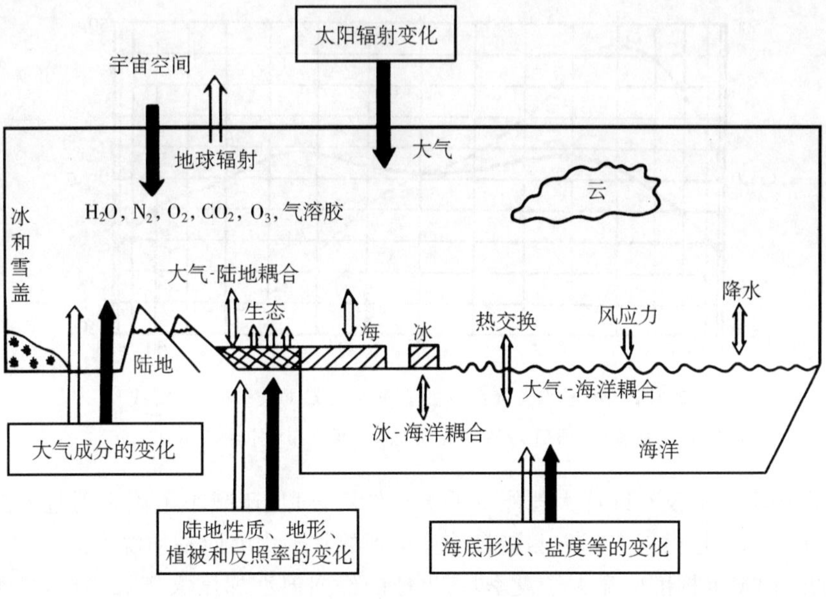


**图 2.1.1** 气候系统示意图

在这一章里,我们将对气候系统的一些主要部分作简要介绍,使读者对它们有一个概括的认识。各种过程(特别是相互作用过程)及其在气候形成和变化中的动力学机理,将在以后的一些章节中作深入的讨论。

## 2.1 大气

对于气候及气候变化来讲,大气是气候系统中最重要和最直接的部分。其他部分的作用和影响,往往通过与大气的相互作用导致大气状况的变化,进而实现对气候及其变化的影响。仅就大气系统而论,其中的物理、化学过程以及大气的运动都是极为复杂的。在这一节里只能就其基本特征,尤其是同气候联系较紧密的几个方面作些讨论。

### 2.1.1 大气环流

大范围的大气运动一般就被称为大气环流,它的主要状况(形势)往往决定着全球的或区域的天气和气候类型及其变化。尤其是气候的异常(例如大范围旱涝的发生)往往都同大气环流的某种持续异常有关。因此,大气环流形势的特征及其异常对认识和了解气候及气候变化是非常重要的。

大气系统通过吸收太阳短波辐射以及沿地面向上的感热和潜热输送而获得能量;同时,它还向宇宙空间放射长波辐射而失去能量。然而,因为地球的形状(曲率)和旋转特征,加上大气中主要吸收气体的分布特征,大气的净能量收支存在明显的纬度变化,在低纬度地区有能量的盈余,在高纬度地区有能量的亏损。为了维持大气的能量平衡,就需要有从低纬度向极地的能量输送。图 2.1.2 给出的是年平均大气系统的能量收入 $E_0$ 和向北能量输送 $E_t$ 的纬度分布。

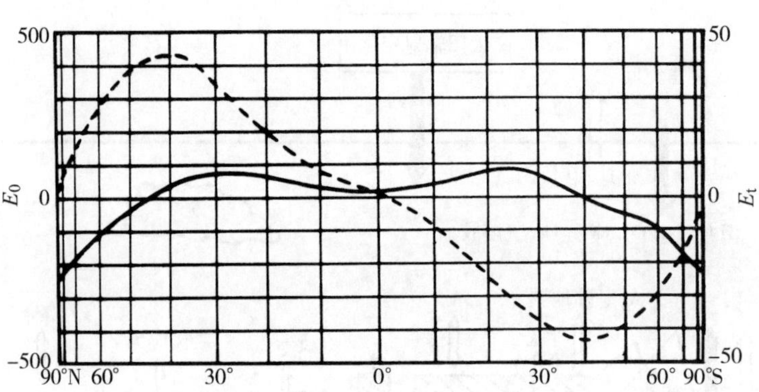


**图 2.1.2** 年平均大气系统的能量收入 $E_0$($W \cdot m^{-2}$)(实线)和向北能量输送 $E_t$($10^{14}$ W)(虚线)的纬度分布(引自 Sellers,1965)

能量的向极输送不仅对维持大气能量平衡有作用,而且还减小了因辐射过程造成的经向温度梯度。图 2.1.3 是根据实际观测资料计算得到的月平均纬向平均温度的分布。其基本特点是:冬季的经向温度梯度明显大于夏季,南半球的经向温度梯度大于北半球,夏季平流层在赤道附近地区温度最低,出现与对流层反向的温度梯度。图 2.1.3 所示的对流层大气温度在低纬度地区高于高纬度地区的特征，同大气加热场的平均分布特征一起正好构成了有利于有效位能向动能转换的形势（暖区加热，冷区冷却），有效位能将持续地转换成动能，并平衡摩擦引起的动能消耗，维持大气运动。

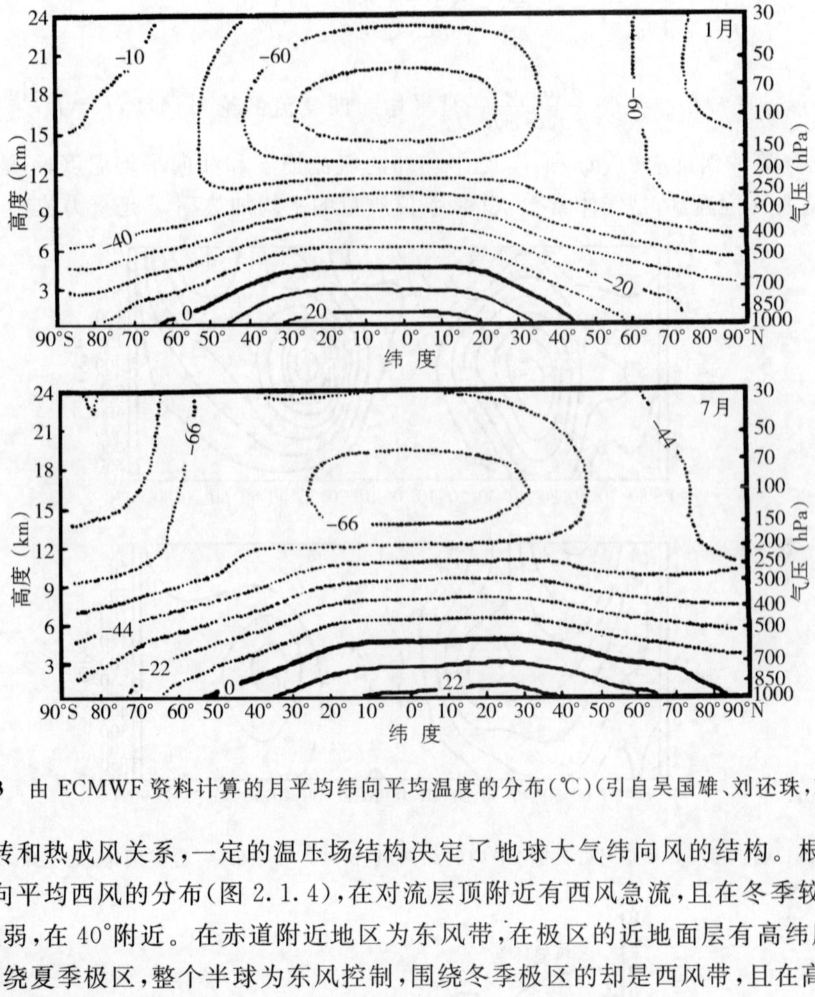


**图 2.1.3** 由 ECMWF 资料计算的月平均纬向平均温度的分布（℃）（引自吴国雄、刘还珠，1987）

由于地转和热成风关系，一定的温压场结构决定了地球大气纬向风的结构。根据观测资料得到的纬向平均西风的分布（图 2.1.4），在对流层顶附近有西风急流，且在冬季较强，在 30°附近；夏季较弱，在 40°附近。在赤道附近地区为东风带，在极区的近地面层有高纬度东风带。在平流层，围绕夏季极区，整个半球为东风控制，围绕冬季极区的却是西风带，且在高纬度地区存在强西风的极夜急流（中心在平流层中部）。

大气中的温度向两极和向上递减，而基于辐射平衡条件所计算的减温率要比实际情况大得多，因此，大气中应存在一种输送机制。经圈平面上的三圈环流，即 Hadley 环流、Ferrel 环流和极地环流（图 2.1.5），正是维持大气中的动量和热量等的平衡而形成的。当然，涡动输送的内部强迫和外源作用是经圈环流产生的动力学机制。这些问题，Kuo（1956）早有比较深刻的研究结果。将纬向平均的运动方程、连续方程和热力学方程写成如下形式

$$\mathscr{L}(u)=\zeta_0 v-\omega\frac{\partial u_0}{\partial p}-g\frac{\partial \tau_x}{\partial p}-\frac{\partial(\overline{u'v'}\cos^2\varphi)}{a\cos^2\varphi\partial\varphi}-\frac{\partial\overline{u'\omega'}}{\partial p} \tag{2.1.1}$$

$$\mathscr{L}(v)=-fu-\frac{\partial\phi}{a\partial\varphi} \tag{2.1.2}$$

$$\frac{\partial\phi}{\partial p}=-\frac{RT}{p} \tag{2.1.3}$$

$$\frac{\partial(v\cos\varphi)}{a\cos\varphi\partial\varphi}+\frac{\partial\omega}{\partial p}=0 \tag{2.1.4}$$

$$-\mathscr{L}\left(\frac{p}{R}\frac{\partial\phi}{\partial p}\right)+\frac{\partial T_0}{a\partial\varphi}v+\Gamma\omega=\frac{Q}{c_p}-\frac{\partial(\overline{T'v'}\cos\varphi)}{a\cos\varphi\partial\varphi}-\frac{\partial\overline{T'\omega'}}{\partial p} \tag{2.1.5}$$

这里算子 $\mathscr{L}=\frac{\partial}{\partial t}-\nabla^2$;$\zeta_0=f-\frac{\partial(u_0\cos\varphi)}{a\cos\varphi\partial\varphi}$是平均纬向气流的绝对涡度,$\Gamma=T\frac{\partial\lg\theta}{\partial p}$,$\tau_x=\rho v\frac{\partial u_0}{\partial z}$是平均纬向气流的涡旋应力,$u_0$ 和 $T_0$ 是平均纬向气流速度和纬向平均温度,$a$ 是地球半径,$\varphi$ 是纬度,$\theta$ 是大气位温,$R$ 是气体常数,$Q$ 是单位质量的平均加热率,$\phi$ 是重力位势。

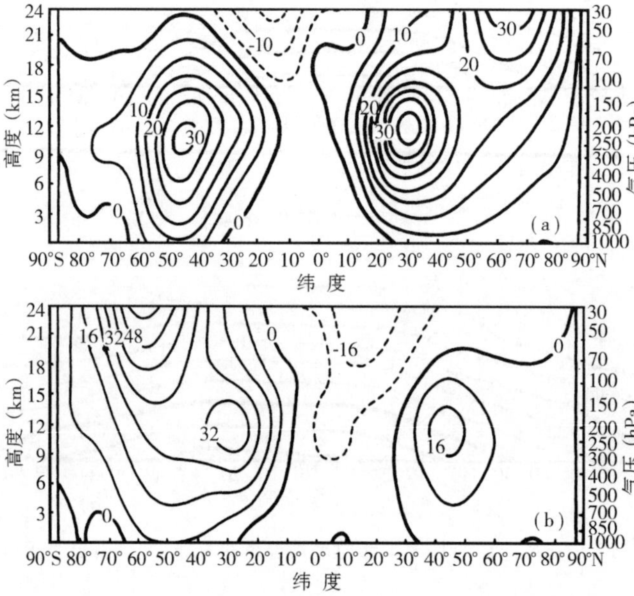


**图 2.1.4** 1月(a)和7月(b)纬向平均的纬向风($m \cdot s^{-1}$)分布(引自吴国雄、刘还珠,1987)

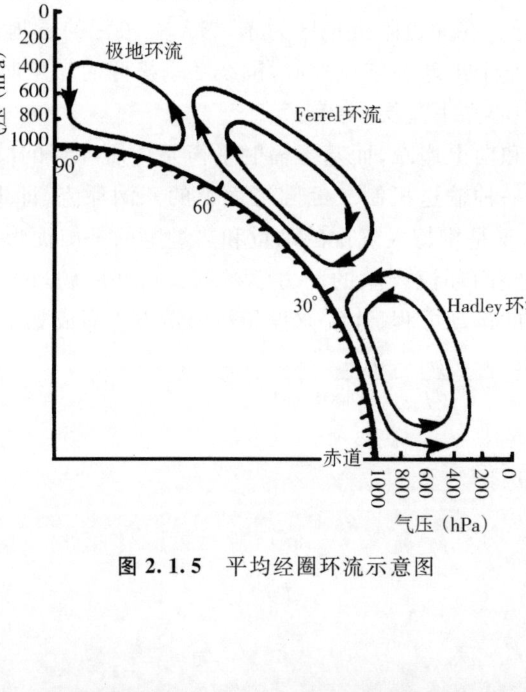


**图 2.1.5** 平均经圈环流示意图

根据连续方程(2.1.4),经圈平面上的流函数 $\psi$ 可由下式确定

$$\left.\begin{aligned} v&=\frac{1}{\cos\varphi}\frac{\partial\psi}{\partial p} \\ \omega&=-\frac{1}{a\cos\varphi}\frac{\partial\psi}{\partial\varphi}\end{aligned}\right\} \tag{2.1.6}$$

由方程(2.1.1)和(2.1.2)中消去 $u$,再根据热成风关系

$$\left(f+\frac{2\tan\varphi}{a}u_0\right)\frac{\partial u_0}{\partial p}=\frac{R}{p}\frac{\partial T_0}{a\partial\varphi} \tag{2.1.7}$$

我们可以得到关系式

$$A\frac{\partial\psi}{\partial p}+\frac{R}{a^2 p}\frac{\partial T_0}{\partial\eta}\frac{\partial\psi}{\partial\eta}=-\mathscr{L}\left(\frac{\partial\phi}{a\partial\eta}\right)+\frac{f}{\cos\varphi}\chi \tag{2.1.8}$$

其中 $A=\dfrac{f\zeta_0+\mathscr{L}^2}{\cos^2\varphi}$, $\eta=\sin\varphi$, 而 $\chi=g\dfrac{\partial\tau_x}{\partial p}+\dfrac{\partial(\overline{u'v'}\cos^2\varphi)}{a\cos^2\varphi\partial\varphi}+\dfrac{\partial\overline{u'\omega'}}{\partial p}$。最后,由式(2.1.5)和(2.1.8)消去 $\phi$,可以得到

$$\begin{aligned}&\frac{\partial}{\partial p}A\frac{\partial\psi}{\partial p}+\frac{2R}{a^2 p}\frac{\partial T_0}{\partial\eta}\frac{\partial^2\psi}{\partial\eta\partial p}+\frac{R}{a^2}\left(\frac{\partial}{\partial p}\frac{1}{p}\frac{\partial T_0}{\partial\eta}\right)\frac{\partial\psi}{\partial\eta}-\frac{R\Gamma}{a^2 p}\frac{\partial^2\psi}{\partial\eta^2}\\&=\frac{R}{ap}\frac{\partial H}{\partial\eta}+\frac{f}{\cos\varphi}\frac{\partial\chi}{\partial p}\end{aligned} \tag{2.1.9}$$

其中 $H=\dfrac{Q}{c_p}-\dfrac{\partial(\overline{T'v'}\cos\varphi)}{a\cos\varphi\partial\varphi}-\dfrac{\partial\overline{T'\omega'}}{\partial p}$。

在方程(2.1.9)中,$\partial H/\partial\eta$ 和 $\partial\chi/\partial p$ 表示两个强迫函数,分别为热力强迫(非绝热加热和涡旋热输送的辐合)和动力强迫(纬向角动量的涡旋输送和摩擦消耗的净辐合)。如果上述两类强迫都不存在,即没有涡动输送和外源作用,方程(2.1.9)右端为零,由于椭圆型方程不能在内点取极值,只能有 $\psi\equiv 0$。也就是说,在没有涡动输送和外源的作用下,将不会出现经圈环流。因此,平均经圈环流是在涡动输送和外源作用下产生的一种次级环流。

东西风带(包括急流)、平均经圈环流和准定常的槽脊是大气环流的主要成员。它们相互制约,相互作用,构成了一个整体,并存在内在统一关系。例如,大型涡旋在基本风系的形成和维持中起着重要作用,但反过来,大型涡旋又受基本风系的影响;西风强度既决定着大型扰动的尺度,又决定着它的移动,西风切变还决定着大气的动力稳定度和扰动的发展。认识大气环流的基本特征及大气环流的内在统一性,对于认识气候的形成和变化也是十分重要的(叶笃正、朱抱真,1958;叶笃正等,1988)。

### 2.1.2 大气成分

在近地面的 25～30 km 以内,大气是由一些固有气体及气溶胶组成的混合物。各种大气成分对气候的影响已越来越引起人们的注意。

大气中的氮和氧占了大气的绝大部分(约 99%),但这两种气体对于低层大气过程的影响很小,对于气候形成及变化来讲可以不考虑它们的作用。

水汽在大气中含量并不多,最多时只占某一空气样品容积的 4%。但是通过大气热力学过程,包括相变热能转换及辐射过程,水汽对天气和气候都有极重要的影响。水汽在大气中有较大的时空变化,但主要分布在对流层低层,随高度迅速减少,一般可用近似公式来描写其垂直分布,即

$$q(p)=q_s\left(\frac{p}{p_s}\right)^r \tag{2.1.10}$$

式中,$q(p)$是气压为 $p$ 的高度处的水汽混合比;$q_s$ 和 $p_s$ 分别是地面的水汽混合比和气压;$r$ 是一个经验常数,大致为 3.0～4.0,低纬地区小于高纬地区。水汽通过大气辐射过程影响天气气候,即水汽的辐射吸收和放射问题将在下一章中讨论。水汽,尤其是在低纬大气中的水汽,通过凝结释放潜热从而对大气加热的问题是极为重要的,后面有关 GCM 的介绍及一些理论分析中(例如热带大气低频振荡动力学)都将讨论到。

大气中的臭氧($O_3$)主要在 10～50 km 的高度区存在,其中以 20～28 km 层有最大含量,习惯上称其为臭氧层。臭氧在大气中的含量很少,如果把单位截面大气柱内臭氧含量订正到标准状况,其厚度(一般称为总含量)约在 0.25～0.45 cm,平均约为 0.347 cm。大气中臭氧的含量虽然不多,但却有极重要的作用,臭氧层对太阳紫外辐射的吸收不仅是导致平流层气温向上递增的根本原因,同时也对地球生物起着重要的保护作用,使其免遭太阳紫外线的伤害。一系列的研究已经表明,由于光化作用,30 km 以上的平流层一般是大气臭氧的源,而 30 km 以下的大气层中之所以能够保持着一定量的臭氧并有规律地分布和变化,正是大气环流对臭氧的动力输送的结果。一般来说,由于对流层上层和平流层低层的大气环流演变,在中高纬度地区的平流层低层有明显的垂直运动,而且所引起的空气交换总是把 25～30 km 处的臭氧注入到平流层低层和对流层,然后通过大气环流的输送作用造成各地臭氧总量及其垂直分布的差异和变化。近年来人们特别关注人类活动对臭氧层的破坏问题,尤其是所谓臭氧洞问题。这个问题将在最后一章里给予专门讨论。

大气中的另外一些微量气体,例如 $CO_2$、$CH_4$ 和 CFCs 等,因人类活动的影响其含量在迅速增加,通过温室效应引起地面大气温度升高。这是气候变化中一个十分重要的问题,在最后一章里,将专门讨论这些温室气体及其对气候的影响。

气溶胶是大气中的一种特殊成分,它是由直径为 0.001～10 $\mu$m 的固态或液态微粒组成的混合物,其来源主要有火山灰、工业及生活排放的烟尘、海面等的自然微粒等。虽然气溶胶的生命史只有几天到几星期,但由于它在大气中持续存在,目前人们已不怀疑气溶胶对气候的影响。大气中的气溶胶通过多种途径影响地气系统的辐射收支,从而影响气候。首先,由于气溶胶对太阳短波辐射和大气红外辐射都有散射和吸收作用,从而直接影响辐射收支(Mass 和 Portman,1989;Grassl,1988)。同时,由于气溶胶会改变云层的微物理性质(因为气溶胶会改变云的凝结核的数量、尺度和性质),影响云的辐射性质,尤其是云的反射率,从而间接影响辐射收支(Albrecht,1989;Wigley,1989)。目前的初步研究结果是,大气中气溶胶的增加将会使对流层大气温度有所降低,同温室气体有相反的影响。

### 2.1.3 大气与外界的相互作用

在讨论大气运动的基本规律时(或者在短期数值预报中),往往可以简单地将大气作为一个孤立系统处理,不考虑它同外界的相互作用。然而对于长期天气过程和气候变化来讲,必须考虑大气与外界的相互作用,甚至外界的强迫影响是最重要的因素。大气与外界的相互作用归纳起来主要是能量、动量和质量(物质)交换三方面。

在图 2.1.1 中,我们可以看到大气与外界的各种相互作用,主要包括海洋-大气相互作用、陆地-大气相互作用、海冰-大气相互作用和宇宙空间-大气相互作用。海洋-大气相互作用、海洋与大气间的感热、潜热和动量交换以及海洋和大气波动间耦合相互作用,都对气候的形成及气候变化有重要影响。陆地(包括海冰)与大气间的相互作用已越来越引起人们的注意,尤其是在考虑生态过程时,宇宙空间与大气间的能量交换,特别是大气对太阳辐射的反射和吸收、云和辐射的反馈等,对于气候和气候变化都是不能不考虑的问题。为了对上述相互作用及其对气候的影响有一个较清楚的认识,我们特别在本书中分设章节进行专门讨论。

## 2.2 大气运动基本方程组

有关大气运动的基本方程,在一些动力气象学教科书中已有比较全面的论述(李崇银等,1985;叶笃正等,1988)。但为了后面讨论方便,以及加深读者对气候动力学的认识,在这一节里我们将根据气候动力学的特点,概括介绍大气运动的基本方程组及其一些演化方程。

### 2.2.1 基本方程组及其滤波

选取球坐标系,大气的运动方程不难写成

$$\frac{\mathrm{d}u}{\mathrm{d}t}=\frac{uv}{a}\tan\varphi-\frac{uw}{a}+fv-f'w-\frac{1}{\rho a\cos\varphi}\frac{\partial p}{\partial\lambda}+F_{\lambda} \tag{2.2.1}$$

$$\frac{\mathrm{d}v}{\mathrm{d}t}=\frac{u^2}{a}\tan\varphi-\frac{vw}{a}-fu-\frac{1}{\rho a}\frac{\partial p}{\partial\varphi}+F_{\varphi} \tag{2.2.2}$$

$$\frac{\mathrm{d}w}{\mathrm{d}t}=\frac{u^2}{a}+\frac{v^2}{a}+f'u-\frac{1}{\rho}\frac{\partial p}{\partial z}-g+F_{z} \tag{2.2.3}$$

这里 $u=a\cos\varphi\mathrm{d}\lambda/\mathrm{d}t$,$v=a\mathrm{d}\varphi/\mathrm{d}t$,$w=\mathrm{d}z/\mathrm{d}t$,分别为纬向、经向和垂直速度分量;$a$ 是地球半径;$p$ 和 $\rho$ 分别是大气压力和密度;$f=2\Omega\sin\varphi$,是 Coriolis 参数;$f'=2\Omega\cos\varphi$,$\Omega$ 是地球自转角速度;$F_{\lambda}$、$F_{\varphi}$、$F_{z}$ 分别是纬向、经向和垂直方向的摩擦力。

由于 $\Omega=7.29\times10^{-5}\ \mathrm{s}^{-1}$,Coriolis 参数一般有 $f\approx10^{-4}\ \mathrm{s}^{-1}$(在中纬度地区)。对于同气候变化有关的大气大尺度运动来讲,水平运动尺度 $L\approx10^{6}$ m,厚度尺度 $H\approx10^{4}$ m,水平速度尺度 $U\approx10\ \mathrm{m\cdot s^{-1}}$,垂直速度尺度 $W\approx10^{-2}\ \mathrm{m\cdot s^{-1}}$,水平气压尺度 $\Delta p\approx10$ hPa,时间尺度 $T=L/U\approx10^{5}$ s。这样,不难得到方程(2.2.1)~(2.2.3)中各项的数量级如下:

$$\left\{\frac{\mathrm{d}u}{\mathrm{d}t},\frac{\mathrm{d}v}{\mathrm{d}t}\right\}\approx\frac{U^2}{L}\approx10^{-4}(\mathrm{m\cdot s^{-2}})$$

$$\left\{\frac{\mathrm{d}w}{\mathrm{d}t}\right\}\approx\frac{UW}{L}\approx10^{-7}(\mathrm{m\cdot s^{-2}})$$

$$\{fu,fv\}\approx10^{-3}(\mathrm{m\cdot s^{-2}})$$

$$\{f'w\}\approx10^{-6}(\mathrm{m\cdot s^{-2}})$$

$$\left\{\frac{uv}{a},\frac{u^2}{a},\cdots\right\}\approx10^{-5}(\mathrm{m\cdot s^{-2}})$$

$$\left\{\frac{1}{\rho}\frac{\partial p}{a\partial\varphi},\frac{1}{\rho}\frac{\partial p}{a\cos\varphi\partial\lambda}\right\}\approx10^{-3}(\mathrm{m\cdot s^{-2}})$$

$$\left\{\frac{1}{\rho}\frac{\partial p}{\partial z}\right\}\approx10(\mathrm{m\cdot s^{-2}})$$

$$\{g\}\approx10(\mathrm{m\cdot s^{-2}})$$

因此,由式(2.2.3)可见,对于大尺度大气运动来说,静力平衡是很好的近似关系,即

$$\frac{\partial p}{\partial z}=-\rho g \tag{2.2.4}$$

而对于大尺度水平运动,地转平衡关系也是较好的近似,即

$$\left.\begin{aligned}fv_{\mathrm{g}}&=\frac{1}{\rho}\frac{\partial p}{a\cos\varphi\partial\lambda}\\fu_{\mathrm{g}}&=-\frac{1}{\rho}\frac{\partial p}{a\partial\varphi}\end{aligned}\right\} \tag{2.2.5}$$

但是,在上述平衡情况下,大气运动将没有时间变化,因此,一般取更高一级的近似关系,其水平运动方程写成:

$$\frac{\mathrm{d}u}{\mathrm{d}t}=fv-\frac{1}{\rho}\frac{\partial p}{a\cos\varphi\partial\lambda} \tag{2.2.6}$$

$$\frac{\mathrm{d}v}{\mathrm{d}t}=-fu-\frac{1}{\rho}\frac{\partial p}{a\partial\varphi} \tag{2.2.7}$$

在不考虑水汽的情况下,大气运动一般应满足质量守恒原理,连续方程可写成

$$\frac{1}{\rho}\frac{\mathrm{d}\rho}{\mathrm{d}t}+\nabla\cdot\mathbf{V}=0 \tag{2.2.8}$$

其中$\nabla\cdot\mathbf{V}$是速度矢量场的三维散度。如果流体是不可压缩的(大气运动一般可认为如此),$\mathrm{d}\rho/\mathrm{d}t=0$,连续方程可写成

$$\nabla\cdot\mathbf{V}=\frac{\partial u}{a\cos\varphi\partial\lambda}+\frac{\partial v}{a\partial\varphi}+\frac{\partial w}{\partial z}=0 \tag{2.2.9}$$

在大气运动过程中,绝热和非绝热加热都对运动有重要影响,热力学方程是这种影响的数

学表达式，一般可写成

$$c_p\frac{\mathrm{d}T}{\mathrm{d}t}=Q+\frac{RT}{p}\frac{\mathrm{d}p}{\mathrm{d}t} \tag{2.2.10}$$

这里 $T$ 是大气温度，$c_p$ 是比定压热容，$R$ 是理想气体常数，$Q$ 是单位质量的净加热率。

另外，还有大气状态方程

$$p=\rho RT \tag{2.2.11}$$

这样，方程(2.2.4)、(2.2.6)、(2.2.7)、(2.2.9)、(2.2.10)和(2.2.11)就构成了描写大气大尺度运动的闭合方程组。

### 2.2.2 角动量和能量平衡方程

单位质量的大气绕地轴运动的绝对角动量可表示成

$$M=\Omega R_0^2\cos^2\varphi+uR_0\cos\varphi \tag{2.2.12}$$

这里 $R_0$ 是空气质点到地心的距离，近似地可认为 $R_0\approx a$。空气质点相对于地轴的绝对角动量的个别变化等于该空气质点对地轴的力矩，即

$$\frac{\mathrm{d}M}{\mathrm{d}t}=-\frac{\partial p\cos\varphi}{\rho\cos\varphi\partial\lambda}+\frac{R_0}{\rho}F_\lambda\cos\varphi \tag{2.2.13}$$

上式右端第一项是气压梯度力产生的力矩，第二项是地面摩擦力产生的力矩。对于单位体积的空气而言，仍然可以有表达式(2.2.13)，并且可以写成

$$\frac{\partial\rho M}{\partial t}=-\nabla\cdot(\rho M\boldsymbol{V})-\frac{\partial p}{\partial\lambda}-R_0\cos\varphi\frac{\partial\tau_{zx}}{\partial z} \tag{2.2.14}$$

这就是角动量平衡方程。它表明任何一个固定体积的空气块的绝对角动量的变化都是由三种物理过程引起的：其一是穿越边界的角动量输送；其二是东西方向气压差的作用；其三是地面摩擦应力的影响。我们知道，由于摩擦力的方向与风向相反，在东风带里，地面摩擦将加给大气一个自西向东的力矩，大气角动量增加，即大气从地球获得角动量；在西风带里，地面摩擦给大气一个自东向西的力矩，大气角动量减小，即大气将角动量交给地球。

如果我们分别引入单位质量空气的位(势)能 $\phi$、内能 $I$、潜热能 $LH$ 和动能 $K$ 的表达式：

$$\left.\begin{aligned}&\phi=gz\\&I=c_pT\\&LH=Lq\\&K=\frac{1}{2}(u^2+v^2+w^2)\end{aligned}\right\} \tag{2.2.15}$$

这里 $L$ 是凝结潜热，$q$ 是空气比湿。单位质量空气的总能量就为

$$E=K+\phi+I+LH \tag{2.2.16}$$

势能和内能的时间变化分别为

$$\frac{\mathrm{d}\phi}{\mathrm{d}t}=gw \tag{2.2.17}$$

$$\frac{\mathrm{d}I}{\mathrm{d}t}=Q-RT\nabla\cdot\mathbf{V} \tag{2.2.18}$$

一般习惯又称 $\phi+I$ 为总位能,并有

$$\frac{\mathrm{d}}{\mathrm{d}t}(\phi+I)=gw+Q-RT\nabla\cdot\mathbf{V} \tag{2.2.19}$$

对于大气运动的动能,由式(2.2.1)～(2.2.3)可得到

$$\frac{\mathrm{d}K}{\mathrm{d}t}=-gw-\frac{1}{\rho}\mathbf{V}\cdot\nabla p-\frac{1}{\rho}\mathbf{V}\cdot\nabla\cdot\boldsymbol{\tau} \tag{2.2.20}$$

再考虑到对于潜热能有

$$L\frac{\mathrm{d}q}{\mathrm{d}t}=L(e-c) \tag{2.2.21}$$

其中 $e$ 和 $c$ 分别是蒸发率和凝结率。这样,总能量的变化可写成

$$\frac{\mathrm{d}E}{\mathrm{d}t}=-\frac{1}{\rho}\nabla\cdot(p\mathbf{V})-\frac{1}{\rho}\mathbf{V}\cdot\nabla\cdot\boldsymbol{\tau}+L(e-c)+Q \tag{2.2.22}$$

### 2.2.3 时间平均和纬向平均的气候方程

在描写气候及气候变化时,往往要考虑某个气候要素的时间平均或纬向平均。本节就对此作简要讨论。

引入时间平均表达式

$$\overline{A}=\frac{1}{\tau}\int_0^{\tau}A\mathrm{d}t$$

其中若变量 $A$ 同其平均值 $\overline{A}$ 的偏差为 $A'$,那么应该有

$$\left.\begin{aligned}&A=\overline{A}+A'\\&\overline{A'}=0\end{aligned}\right\} \tag{2.2.23}$$

对于任何两个量 $A$ 和 $B$ 则有关系式

$$\overline{AB}=\overline{A}\,\overline{B}+\overline{A'B'} \tag{2.2.24}$$

这样,关于角动量、能量的各个平衡方程对时间取平均后可分别写成

$$\frac{\partial\overline{\rho M}}{\partial t}=-\nabla\cdot(\overline{M}\,\overline{\rho\mathbf{V}})-\nabla\cdot\overline{M'(\rho\mathbf{V})'}-\frac{\partial\overline{p}}{\partial\lambda}-R_0\cos\varphi\frac{\partial\overline{\tau}_{zx}}{\partial z} \tag{2.2.25}$$

$$\frac{\partial\overline{\rho\Phi}}{\partial t}=-\nabla\cdot(\overline{\Phi}\,\overline{\rho\mathbf{V}})+g\,\overline{\rho w} \tag{2.2.26}$$

$$\frac{\partial \overline{\rho I}}{\partial t}=-\nabla \cdot (\overline{I}\,\overline{\rho \mathbf{V}})-\nabla \cdot \overline{I'(\rho \mathbf{V})'}+\rho \overline{Q}-\overline{p\nabla \cdot \mathbf{V}} \tag{2.2.27}$$

$$\frac{\partial \overline{\rho K}}{\partial t}=-\nabla \cdot (\overline{K}\,\overline{\rho \mathbf{V}})-\nabla \cdot \overline{K'(\rho \mathbf{V})'}-\overline{\mathbf{V}\cdot \nabla p}-\overline{\mathbf{V}\cdot \nabla \cdot \tau}-g\,\overline{\rho w} \tag{2.2.28}$$

$$\frac{\partial \overline{\rho E}}{\partial t}=-\nabla \cdot (\overline{E}\,\overline{\rho \mathbf{V}})-\nabla \cdot \overline{E'(\rho \mathbf{V})'}-\nabla \cdot \overline{J}_c \tag{2.2.29}$$

$$\frac{\partial \overline{\rho q}}{\partial t}=-\nabla \cdot (\overline{q}\,\overline{\rho \mathbf{V}})-\nabla \cdot \overline{q'(\rho \mathbf{V})'}+\overline{e-c} \tag{2.2.30}$$

这里 $J_c$ 表示辐射通量、气压做功的机械能通量和摩擦应力的总和，即

$$J_c=F_{\mathrm{rad}}+p\mathbf{V}+\tau'\mathbf{V} \tag{2.2.31}$$

类似时间平均表达式，纬向平均的表达式可写成

$$[A]=\frac{1}{2\pi}\int_0^{2\pi} A\mathrm{d}\lambda \tag{2.2.32}$$

并且应有

$$\left.\begin{array}{l} A=[A]+A^* \\ [A^*]=0 \end{array}\right\} \tag{2.2.33}$$

这里 $A^*$ 是 $A$ 对其纬向平衡的偏差。

对于时间平均量的纬向平均，则在时间平衡方程上进行纬向平均运算即可。以角动量平衡方程为例。由(2.2.25)式便可求得如下表达式

$$\begin{aligned}\frac{\partial}{\partial t}[\overline{\rho M}]=&-\frac{\partial}{R_0\cos\varphi\partial\varphi}\{[\overline{M}][\overline{\rho v}]\cos\varphi\}-\frac{\partial}{\partial z}\{[\overline{M}][\overline{\rho W}]\}-\\ &\frac{\partial}{R_0\cos\varphi\partial\varphi}\{[\overline{M}^*(\overline{\rho v})^*]\cos\varphi\}-\frac{\partial}{\partial z}[\overline{M}^*(\overline{\rho w})^*]-\\ &\frac{\partial}{R_0\cos\varphi\partial\varphi}\{[\overline{M'(\rho v)'}]\cos\varphi\}-\frac{\partial}{\partial z}[\overline{M'(\rho w)'}]-\\ &\frac{\partial\overline{p}}{\partial\lambda}-R_0\cos\varphi\frac{\partial[\overline{\tau}_{zx}]}{\partial z}\end{aligned} \tag{2.2.34}$$

### 2.2.4 全球平均气候方程

对于全球大气的总体特征，往往用全球平均量来描写。对于全球大气平均的角动量和能量方程可分别表示成如下形式：

角动量方程

$$\frac{\partial}{\partial t}\iiint_V \overline{\rho M}\mathrm{d}V=\mathscr{T}+\mathscr{F} \tag{2.2.35}$$

其中$\mathscr{T}$是全球山脉对大气力矩的总和;而$\mathscr{F}$是地面摩擦对大气的总力矩,即

$$\mathscr{F}=\iint_{S}\tau_{zx}R_0\cos\varphi\mathrm{d}x\mathrm{d}y \tag{2.2.36}$$

动能方程

$$\frac{\partial}{\partial t}\iiint_{V}\overline{\rho K}\,\mathrm{dV}=-\iiint_{V}\overline{\left(u\frac{\partial p}{\partial x}+v\frac{\partial p}{\partial y}\right)}\mathrm{dV}+\mathscr{D}+\mathscr{K} \tag{2.2.37}$$

其中$\mathscr{D}=\iiint_{V}\overline{\tau\cdot\nabla\mathbf{V}}\mathrm{dV}$和$\mathscr{K}=\iint_{S}\overline{\tau_0\cdot\mathbf{V}_{\mathrm{h}}}\mathrm{d}x\mathrm{d}y$分别是湍流引起的大尺度运动的动能消耗和通过下边界的动能输送,而$\mathbf{V}_{\mathrm{h}}=(u,v)$。

大气总能量方程

$$\frac{\partial}{\partial t}\iiint_{V}\overline{\rho E}\mathrm{dV}=\iint_{T}\overline{F}_{\mathrm{rad}}\mathrm{d}x\mathrm{d}y+\iint_{S}(-\overline{F}_{\mathrm{rad}}+\overline{F}_{\mathrm{SH}}+\overline{F}_{\mathrm{LH}})\mathrm{d}x\mathrm{d}y+$$
$$\iint_{S}(p\mathbf{V}\cdot\boldsymbol{n})\mathrm{d}x\mathrm{d}y+\mathscr{K} \tag{2.2.38}$$

其中$F_{\mathrm{rad}}$,$F_{\mathrm{SH}}$和$F_{\mathrm{LH}}$分别是辐射、感热和潜热通量;积分号下的T和S分别表示在大气顶和地面的积分;而$F_{\mathrm{SH}}\approx-\rho K_{\mathrm{H}}\partial\overline{T}/\partial z$,$F_{\mathrm{LH}}\approx-\rho LK_w\partial q/\partial z$,$K_{\mathrm{H}}$和$K_{\mathrm{w}}$分别是热量和水汽的垂直交换系数。

水汽方程

$$\frac{\partial}{\partial t}\iiint_{V}\overline{\rho q}\mathrm{dV}=\iint_{S}\left(-\rho K_w\frac{\partial\overline{q}}{\partial z}-\overline{c}\right)\mathrm{d}x\mathrm{d}y \tag{2.2.39}$$

## 2.3 海洋

海洋在地球气候的形成和变化中的重要作用已越来越为人们所认识,被认为是地球气候系统的最重要的组成部分。20世纪80年代的研究结果清楚地表明,海洋-大气相互作用是气候变化问题的核心内容,对于几年到几十年时间尺度的气候变化及其预测,只有在充分了解大气和海洋的耦合相互作用及其动力学的基础上才可能解决。因此,在世界气候研究计划中特别制定了两个巨大的国际合作观测研究计划,即热带海洋和全球大气计划及世界海洋环流实验计划。这两个国际合作计划的实施将加深人们对海气相互作用的认识,从而对年际和年代际气候变化的规律和机理给出明确的答案。

### 2.3.1 海洋的基本特性及影响

从大气运动及其变化的角度而论,海洋具有以下三个重要特性:

(1) 地球表面约71%为海洋所覆盖,全球海洋吸收的太阳辐射量约占进入地球大气顶的

总太阳辐射量的70%左右。因此,海洋,尤其是热带海洋,是大气运动的重要能源。

(2) 海洋有着极大的热容量,相对于大气运动而言,海洋运动比较稳定,运动和变化比较缓慢。

(3) 海洋是地球大气系统中$CO_2$的最大的汇。

有关海洋对大气运动和气候变化的影响的研究已经相当多,归纳起来主要有这样四方面的影响或作用:

(1) 对地球大气系统热力平衡的影响。海洋吸收的约70%的太阳入射辐射,绝大部分(85%左右)被贮存在海洋表层(混合层)中。这些被贮存的能量将以潜热、长波辐射和感热交换的形式输送给大气,驱动大气的运动。因此,海洋热状况的变化以及海面蒸发的强度如何都将对大气运动的能量发生重要影响,从而引起气候的变化。

海洋并非静止的水体,它也有各种尺度的运动,海洋环流在地球大气系统的能量输送和平衡中也有重要作用。因为地球大气系统中低纬地区获得的净辐射能多于高纬地区,因此,要保持能量平衡,必须有能量从低纬地区向高纬地区输送。卫星资料的分析研究表明,全球平均有近70%的经向能量输送是由大气完成的,还有30%多的经向能量输送要由海洋来承担(Oort和Haar,1976)。而且在不同的纬度带,大气和海洋各自输送能量的相对值还有些不同。在0°~30°N的低纬度区域,海洋输送的能量要超过大气的输送,最大值在20°N附近,海洋的输送在那里达到了74%;但在30°N以外的区域,大气输送的能量超过海洋的输送,在50°N附近有最强的大气输送。这样,对地球大气系统的热量平衡来讲,在中低纬度将主要由海洋环流把低纬度的多余热量向较高纬度输送,在中纬度的50°N附近(那里有最强的西部边界流),通过海气间的强烈热交换,海洋把相当多的热量输送给大气,再由大气环流的特定形势和活动将能量向更高纬度输送。因此,海洋对热量的经向输送的强度及位置变化无疑将对全球气候的变化有重要影响。

(2) 对水汽循环的影响。大气中的水汽含量及其变化既是气候变化的表征之一,又会对气候产生重要影响。而大气中水汽量的绝大部分(86%)由海洋供给,海洋,尤其是低纬度海洋,是大气中水汽的主要源地。因此,不同的海洋状况通过蒸发和凝结过程将会对气候及其变化产生影响。

(3) 对大气运动的调谐作用。同海洋的热力学和动力学惯性相联系,海洋的运动和变化有明显的缓慢性和持续性。海洋的这种特性一方面使海洋有较强的"记忆"能力,可以把大气环流的变化通过海气相互作用把信息贮存于海洋中,然后再对大气运动产生作用;另一方面,海洋的热惯性使得海洋状况的变化有滞后效应,例如海洋对太阳辐射季节变化的响应要比陆地落后1个月左右;通过海气耦合作用还可以使较高频率的大气变化(扰动)减频,耦合波的频率变低后再作用于大气,就相当于大气中的较高频变化转而成为较低频的变化。

(4) 对温室效应的缓解作用。海洋,尤其是海洋环流,不仅减小了低纬大气的增热,使高纬大气加热,降水量亦发生相应的改变,而且由于海洋环流对热量的向极输送所引起的大气环流的变化,还使得大气对某些因素变化的敏感性降低。例如大气中$CO_2$含量增加的气候(温室)效应就因海洋的存在而被减弱。

### 2.3.2 海气耦合相互作用

海洋和大气都是旋转着的地球流体,虽然它们的物理和化学性质有很大差异,但其变化却有许多相关连的特征。图 2.3.1 是坎顿岛[美]附近地区空气温度、海面水温和降水量的时间演变情况。显然,虽然有一些小的不同,但气温和海温变化的总趋势是相当一致的,而且温度较高的时期一般也有较多的降水量。因此,海洋和大气状况在气候尺度内有着密切的、甚至是共生的关系,或者称为耦合相互作用关系。而且由于海洋有较强的"记忆"过去影响的能力,并且是大气运动的重要能源,海洋"事件"可能是大气长期的大尺度(气候)"事件"的前兆。

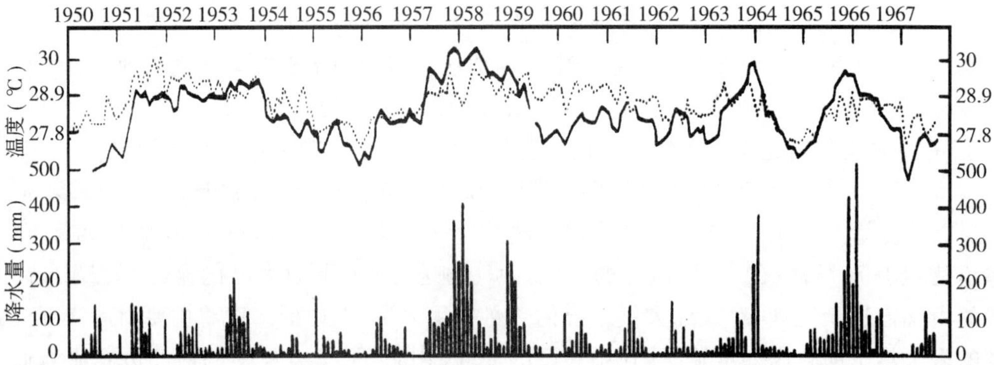


**图 2.3.1** 坎顿岛地区气温(点线)、海温(实线)和降水量的时间演变(引自 Bjerknes,1966)

海洋主要通过对潜热和感热的输送推动其上面的大气运动,而大气主要通过风应力将动量送给海洋,影响海洋环流。图 2.3.2 是风应力(动量)和潜热通量(因感热通量相对较小,可视潜热通量为总热通量)的全球分布。可以看到,除了在北半球的暖西部边界流区有主要的热通量中心外,赤道以外的热带区域是主要的热通量大值区。风应力的分布表明,除中纬度(50°纬带附近)地区,尤其是南半球中纬度地区之外,赤道以外的热带区域也有较大的数值。同时,对于不同的季节,热通量和风应力的分布有着明显的不同。可见,海洋和大气作为一个非线性耦合系统,其相互作用是极为复杂的,特别是海洋和大气间耦合的机制并没有搞得十分清楚,甚至较准确地估算海气间的热量和动量交换(输送)值也还有一定的困难。目前,还只能粗略地估计气候尺度的海气耦合。图 2.3.2 及其他研究结果已清楚地表明,热带海气相互作用有着更为突出的重要性。

尽管对影响海洋和大气耦合的实际物理过程还不是很清楚,但是,作为海气相互作用强信号的 ENSO 及其影响,已引起了人们的极大关注。El Nino 的发生及其对全球大范围天气气候异常的影响,是 20 世纪 80 年代十分重要的研究课题;而依据海气耦合系统的物理特征和相互反馈过程,ENSO 已被视为海气耦合系统的一类自身振荡现象。同时,因为 ENSO 是海气耦合相互作用的强信号,它也成为认识年际气候变化规律和预测年际气候变化的重要突破口。

**图 2.3.2** 潜热通量(kcal · $cm^{-2}$ · $mon^{-1}$)①和风应力($10^{-1}$dyn/$cm^2$)②的全球分布

(分别引自 Budyko,1955;Hellerman,1967)

(a) 1月份潜热通量;(b) 7月份潜热通量;(c) 1月份风应力;(d) 7月份风应力

## 2.3.3 “海洋气候”

气候本来是指大气运动的较长时间尺度的变化现象,但是,近来也出现了“海洋气候”的说法。这是因为海洋的运动和变化虽然比较弱,但也有时间演变过程;而且海洋年际变化的时空尺同大气中气候变化的时空尺度是相当的,各自的演变又有密切的联系。最能表现“海洋气候”特征的是海面水温(SST)和大洋环流,它们同大气环流和气候异常的关系也十分密切。

图 2.3.3 是赤道太平洋增暖期(El Nino)和冷水期(La Nina)的 SST 距平的分布,它清楚地反映了赤道太平洋海面水温年际变化的水平范围和振幅。1972 年增暖期,SST 正距平从南美沿岸一直伸展到日界线以西,最大正距平超过 6℃;而 1973 年的 SST 负距平区也有相似的范围,最大负距平超过 −3℃。同上述海面水温的异常相联系,海洋的热力结构也有明显的不同,在 El Nino 事件发生时,赤道东太平洋温跃层厚度增加,而西太平洋温跃层的厚度减小。并且海水的盐度也同 El Nino 事件有一定关系(Nagasaka,1979)。

赤道太平洋大面积的 SST 异常使得热带地区的主要大气环流系统跟着出现异常。例如,在增暖期,赤道附近的海温可以高于气温,水汽通量和降水在赤道附近地区大大增加,赤道辐合带(ITCZ)将靠近赤道;在增暖时期,Hadley 环流将明显增强,并将引起中纬度逆环流的变化;由于出现东西向海温梯度的变化,热带地区的主要降水区及 Walker 环流也将发生明显

① 1 cal=4.184 J。在现行法定计量单位中,cal 是非许用单位。

② 1 dyn=$10^{-5}$N。在现行法定计量单位中,dyn 是非许用单位。

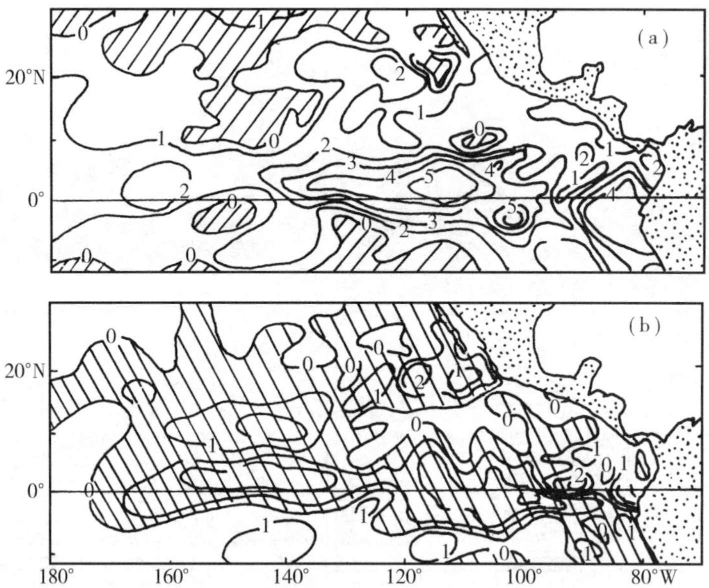


**图 2.3.3** 赤道太平洋增暖期(a,1972 年 El Nino)和冷水期(b,1973 年 La Nina)的海表水温距平(℃)
(斜线阴影区为负值)

异常。

大洋环流及其变化的重要性已越来越引起人们的重视。首先,大洋环流引起的海洋热量的向极输送,不仅对于海洋状况而且对于大气环流和气候也有明显的影响。1969 年 Manabe 和 Bryan 所做的数值模拟试验已清楚地给出了结果。他们采用了两个数值模式进行对比试验,在第一个试验中是用耦合海气模式(称为 O-A 模式),由一个大气环流模式和一个海洋环流模式组成,海洋环流模式中用显式方法描写海洋热量的输送效应;在第二个试验中所用的大气模式同第一个试验一样,但海洋却是一种"沼泽地海洋",没有海流及热容量(称为 S-A 模式)。

在 O-A 模式中,通过洋流向极的热量输送值可以同由观测资料所估计的输送值相比较,这种洋流的向极热量输送意味着在低纬度海洋获得热量而在高纬度海洋失去热量;同时低纬度大气被冷却,高纬度大气被加热。图 2.3.4 给出了 O-A 模式和 S-A 模式试验结果的纬向平均大气温差。热量平衡的分析表明,冰雪反馈作用使得高纬度大气增暖,但稳定的大气层结又阻止了热量向对流层高层的传送。在低纬度地区,由于湿对流的混合效应,大气的冷却被扩展到整个对流层。

在第 13 章里我们还将看到,大洋环流的存在及其热量的输送作用还将使大气中 $CO_2$ 含量增加的气候效应得到缓解。

大洋环流的时间变化既是"海洋气候"的重要部分,又对大气环流和气候变化有重要影响,尤其是大洋基本环流的改变对几十年到几百年时间尺度气候变化的影响。1990 年开始实施的世界海洋环流试验计划的一个重要目标就是通过实验观测和数值模拟,对大洋基本环流和决定大尺度环流系统的物理过程以及与基本环流相应的海洋温度和盐度的分布有定量的了解,从而将这些海洋变化因素作为缓慢变化的外界强迫,研究气候系统的敏感性。

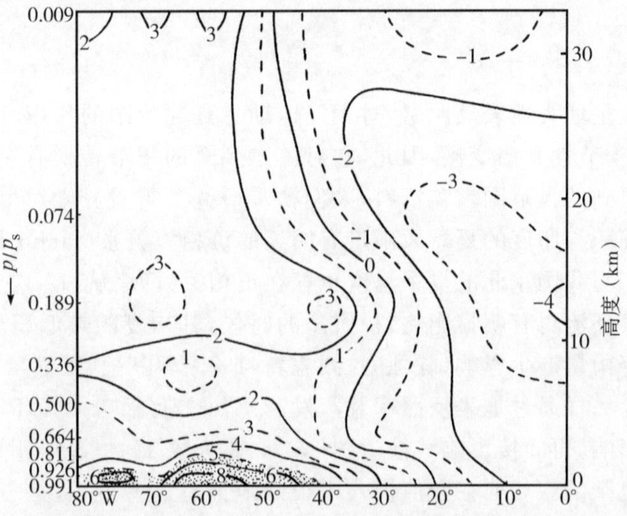


**图 2.3.4** O-A 模式和 S-A 模式试验得到的纬向平均大气温差(℃)的纬度-高度分布

(引自 Manabe 和 Bryan,1969)

## 2.4 陆地和冰雪圈

同海洋一样,陆地和冰雪圈也是大气运动的下边界,其状况及其变化都会对大气环流和气候产生极重要的影响;当然,大气环流和气候的变化也要对陆地和冰雪状况产生影响。这种相互作用过程比海气相互作用影响更显著。

陆地(不同的植被状况)和雪盖主要通过影响地表反照率以及土壤温度和湿度而对大气环流和气候变化起作用;大气环流和气候变化则主要通过云、降水和气温的变化对植被和雪盖状况起作用。图 2.4.1 是陆面状况与大气环流和气候间相互影响的示意图,有关内容的详细讨论将在陆气相互作用一章里进行。

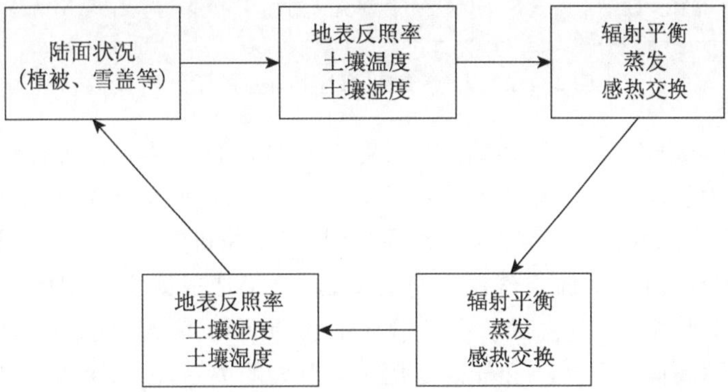


**图 2.4.1** 陆面状况与大气环流(气候)变化间相互作用示意图

### 2.4.1 冰雪的作用

冰雪的主要效应是增大地表反照率,对大气运动总是起冷源的作用,同时,由于在其消融时要吸收热量,可使季节性升温变慢,因此,它对由冬到夏的季节转换有一定的延缓作用。利用卫星探测等手段得到的大范围雪盖资料,人们初步研究了雪盖异常对气候的影响。例如欧亚大陆冬季的雪盖面积与印度的夏季风雨量有明显的负相关关系(Hahn 和 Shukla,1976)、北半球冬春的积雪面积与我国东北的夏季温度也存在负相关(符淙斌,1980)、青藏高原冬半年的积雪多少对东亚大气环流也有明显影响,积雪多的时候,其初夏的热低压环流就比较弱,从而也将对我国的夏季降雨量产生影响(陈烈庭、阎志新,1979;郭其蕴、王继琴,1986)。

海冰除了同雪盖一样通过地表反照率及蒸发和感热交换影响大气环流和气候之外,它还对海洋盐度等产生影响,再间接影响气候。图 2.4.2 是大气-海冰-海洋相互作用的示意图,其相互影响显然是很复杂的。如何在数值模式中很好地描写这些过程,是一个正在研究的重要问题。

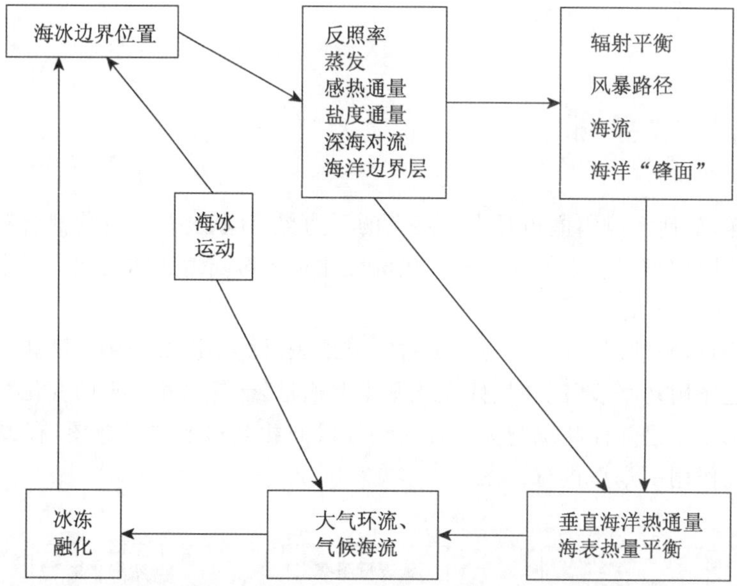


**图 2.4.2** 大气-海冰-海洋相互影响示意图

冰雪覆盖的区域由于反照率大大增加,反射掉大部分的入射辐射从而改变了地表的辐射平衡,对大气的热力和动力过程都产生重要影响。一般地,地面空气温度和高反照率冰雪覆盖间的相互作用可构成一种正反馈,即所谓冰雪-反照率反馈机制。当冰雪覆盖面积增大时,由于更多的辐射能被反射掉,地面空气温度将会降低,这又造成冰雪面积的扩展。图 2.4.3 是 1967—1975 年间北半球地面气温的 7 个月滑动平均的变化(降温)同北半球冰雪覆盖面积的关系。显然,冰雪覆盖同大气环流和气候变化有着重要的关系,冰雪覆盖也是气候系统的重要组成部分。

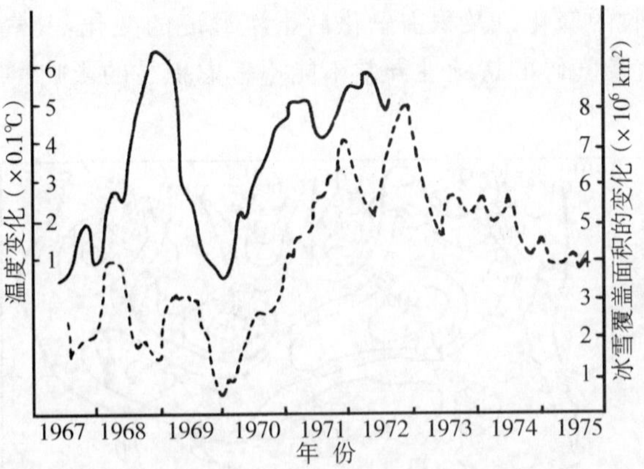


**图 2.4.3**　7 个月滑动平均的北半球地面气温下降（实线）和冰雪覆盖面积变化（虚线）间的关系（引自 Yamamoto 和 Iwashina，1975）

由于地球上的主要冰雪覆盖区都在南北两极和高纬度地区，因冰雪过程造成的气温下降也主要发生在高纬度及极地区域。其结果是在有较大冰雪面积的情况下，大气的经向温度梯度将增加，纬向西风亦将加强。用大气环流模式研究冰雪覆盖影响的数值模拟试验表明，当南北两个半球的极区冰雪面积增加之后，全球平均的纬向平均动能将增大，而涡旋动能将明显减小（图 2.4.4）；而且，季风环流也会被削弱。

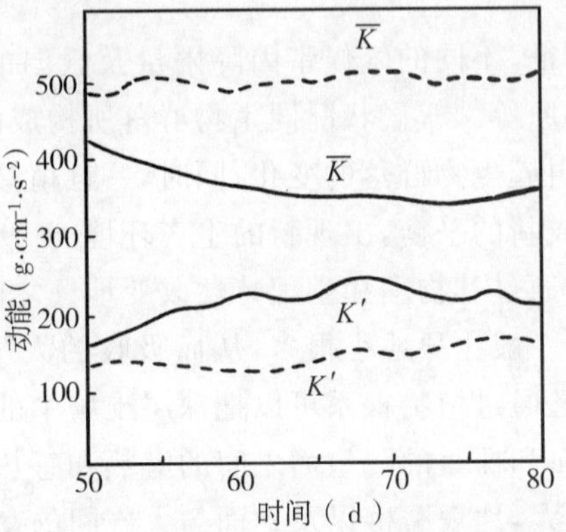


**图 2.4.4**　模拟的 7 月份全球平均纬向动能 $\overline{K}$ 和涡旋动能 $K'$（引自 Williams，1975）（实线为控制试验结果，虚线为增加雪盖后的试验结果）

积雪异常的气候效应，除了因其大的反照率造成积雪区与无雪区的净辐射差很大，地温和气温也相差很大，从而影响基本风系的强度和位置之外，积雪融化后将使土壤湿度增大，蒸发量也会加大，大气中的热量和水分平衡也会发生改变。而且积雪融化及其影响有一定的持续性。对观测资料的分析表明，欧亚大陆积雪异常的持续性虽比不上北太平洋的海温和北极极冰，但要比大气的内部变化（例如 700 hPa 流型）长得多，一般可达 3 个月或更长时间（Walsh 等，1982）。1976 年冬季，欧亚大陆中纬度地区雪盖面积较大；而 1977 年冬季则相反，雪盖面积较小。图 2.4.5 是 1977 年和 1978 年 7 月欧亚地区 500 hPa 和 1 000 hPa 厚度间的差值，可以看到在 40°～50°N 的中纬度地区，相对雪盖的不同情况，500 hPa 和1 000 hPa之间的厚度有大范围的负距平。更值得注意的是这种冬春季雪盖的异常，其影响却持续到了夏季。因此，积雪异常通过太阳辐射吸收的变化以及积雪融化后土壤湿度的变化,其气候效应可持续数月之久。因此,研究大气环流及气候的持续性异常不能不考虑积雪的影响。

图 2.4.5　1977 年(多雪年之后)与 1978 年(少雪年之后)的 7 月份欧亚大陆上空 500 hPa 和 1 000 hPa 之间厚度差(位势米)的分布(引自叶笃正等,1991)

## 2.4.2　植被的作用

植被是地表状况的重要特征,不同的气候带因降雨量及气温的不同而有各自相应的植被类型,如热带雨林、中纬度的草原等。气候状况同生物群落所构成的特定的生态环境处于一种可变的平衡状态,气候改变也引起生物群落的变化;同时,一旦植被发生了较大的变化,反过来也会导致气候的改变,从而达成新的平衡,出现新的生态环境。

植被变化对气候的影响是通过其物理和生理特性改变地气之间的能量和物质交换而实现的。有植被地区的地表反照率一般比裸地小很多,从而吸收的太阳辐射能就比较多;同时,植物冠部有较强的蒸腾能力,而且通过植物根系可以把深层土壤中的水分抽吸到叶茎上,用以维持蒸腾。因此,有植被的下垫面和裸露的下垫面之间的潜热和感热状况有明显的差异。另外,植被的存在还使地表粗糙度增大,地表摩擦以及地面与大气间的交换过程也会变化;植被对水分的滞留还可改变地表径流和地表水文过程,这些都会对气候变化起作用。

近年来人们都非常关心大面积森林减少对气候的影响,保护生态环境已成为越来越重要的问题。这里以中国的两个例子看一下植被对气候的重要影响。在云南西双版纳地区,1949 年的森林覆盖率达 69%,而到 20 世纪 80 年代初却只有 30%左右。森林的严重破坏引起了显著的气候恶化,由于植物蒸腾减少,空气的相对湿度下降了约 2%～3%;空气中水汽量的减少又不利于对流活动,因此年降水量少了近 60 mm;森林调节作用变小,使气温的年较差增大(张克映、张一平,1984)。图 2.4.6 是 1974—1976 年春夏季节在呼伦贝尔草原对开垦地和未开垦地(草原)所进行的近地面气候和土壤温湿状况的对比观测结果。开垦面积约为 6.4 $km^2$,同未开垦地相比,开垦后的地表粗糙度明显减小,近地面风速增大,土壤表层湿度减小,地面气温在白天明显增高。显然,草原垦荒造成了明显的气候影响,加剧了风蚀程度,导致沙化过程。

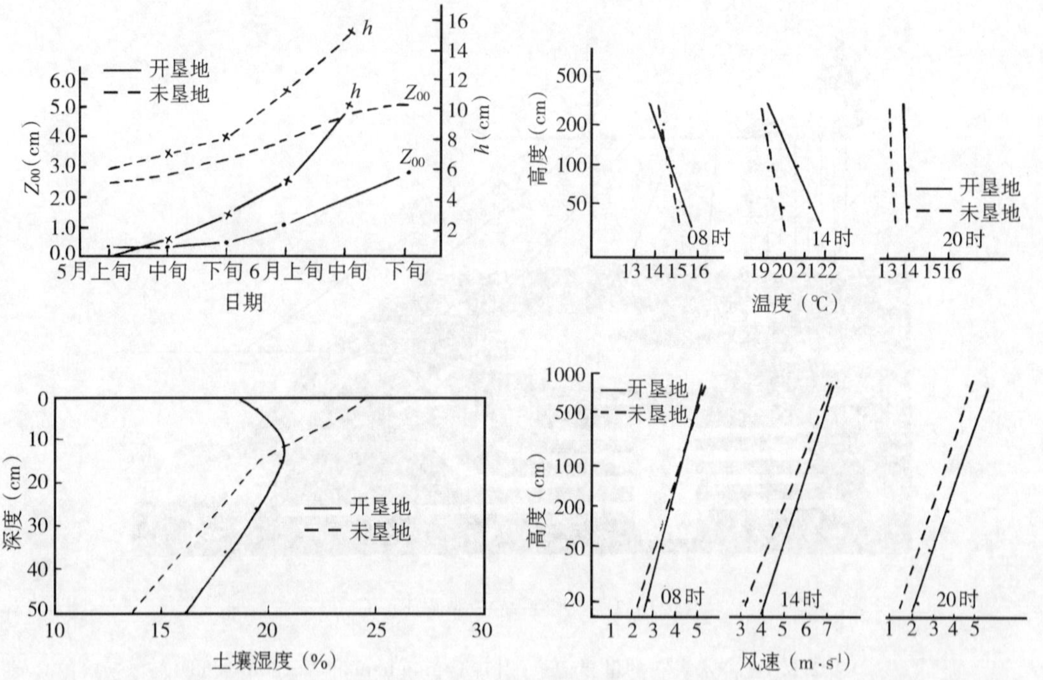


**图 2.4.6** 呼伦贝尔草原开垦地和未开垦地之间近地面大气和地表面状况的比较(引自马玉堂,1982)

## 2.5 水分及其循环

降雨量的多少是一个地区最为重要的气候条件。例如地球上年平均温度为 25℃的不同地区,可以有森林、草原或者沙漠之分,其最为重要的因素就是降雨量有差别。一个地区降雨量的多少又同其大气和土壤中的含水量有关,而大气中的水汽含量主要又来自海面蒸发。因此,水分循环是地球气候中极为重要的问题。

气候系统中水分的循环可以用图 2.5.1 来表示。其主要过程有凝结和降水、蒸发和蒸腾、径流、渗透和地下水四个方面。当然,大气中的水汽输送也是极其重要的,它可以用水汽方程较好地描写,并可以通过大气运动方程组的求解而较精确地计算出来。例如,关于时间平均的水汽方程如方程(2.2.30)所给出的,平均水汽量的时间变化包括辐合辐散以及蒸发率与降水率的差值。

凝结和降水包括若干微物理过程。对气候问题来说可以不去考虑各种微物理过程,就像在一些数值预报模式中那样,假定大气中相对湿度达到某一临界值(例如 90%)便认为有凝结和降水过程发生。凝结降水过程也是很复杂的,不同地区又有很大差异,简单的处理只能反映其基本特征。在图 1.3.5 中我们已经看到全球各地的年平均降水量存在很大差异;从表 2.5.1 给出的降水资料的世界记录我们更可以看到降水过程的复杂性和巨大差异。当然,巨大差异的出现受多种过程的影响,既有微观的也有宏观的,而且宏观过程(包括水汽输送、天气系统等)更为重要。

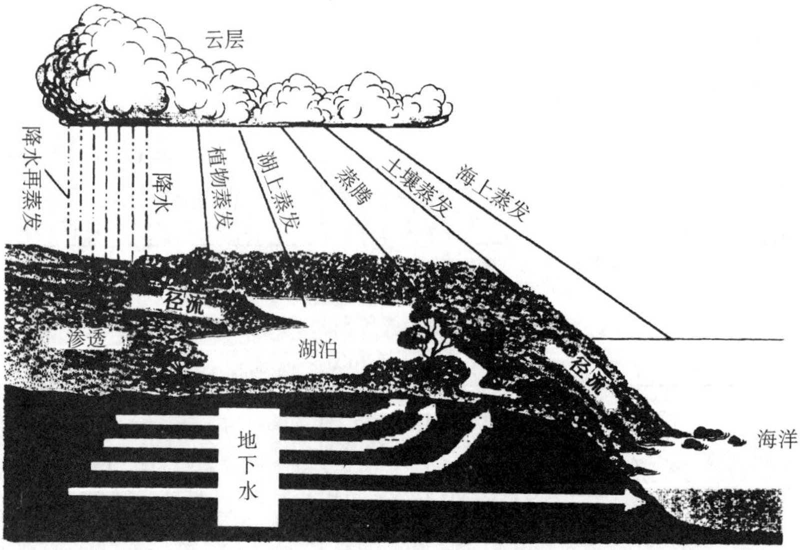


图 2.5.1 气候系统中水循环示意图

表 2.5.1 降水资料的世界记录(引自 Cunnigham 和 Vernon,1968)

| 记录项 | 观测站 | 总量 |
|---|---|---|
| 平均年降水量 | 怀厄莱阿莱峰[美] | 1 198.12 cm |
| 12 个月降水总量 | 乞拉朋齐[印](1860 年 8 月—1861 年 7 月) | 2 646.43 cm |
| 最大月降水量 | 乞拉朋齐[印](1861 年 7 月) | 929.89 cm |
| 最大 24 h 降水量 | 锡拉奥[留](1952 年 3 月 15—16 日) | 186.99 cm |
| 最少年平均降水量 | 阿里卡[智] | 0.05 cm |
| 最长无雨期 | 伊基克[智](1899—1913 年) | 14 年 |

相对而言,渗透和地下水过程在全球水循环中的重要性稍差一些,这里不对它作专门讨论。下面将分别对蒸发和径流作进一步分析。

### 2.5.1 蒸发

由液态或固态水变为蒸汽的过程就是蒸发。因为影响的因素比较多,例如大气中的水汽含量、温度和空气运动等,要较精确地估计蒸发-蒸腾率也是很困难的。

最先人们用表达式

$$E_0=(e_s-e)f(u) \tag{2.5.1}$$

来估计蒸发率,其中 $e_s$ 是蒸发表面的水汽压力,$e$ 是高于蒸发面的某处的水汽压力,$f(u)$是水平风速的函数。由于各个参数取值难于统一,根据式(2.5.1)估计出的蒸发率也就比较差。

1963 年,H. L. Penman 提出了一个计算蒸发率的公式,即

$$E=\frac{SH+\gamma E_d}{S+\gamma} \tag{2.5.2}$$

这里 $E$ 是蒸发率($mm\cdot d^{-1}$);$S$ 是在空气温度为 $T$ 处的饱和水汽压曲线对温度线的斜率($hPa\cdot K^{-1}$);$\gamma$ 是测湿常数,一般可取 $\gamma=0.27$;而 $E_d$ 是空气的干化能力,可表示成

$$E_d=0.35(1+u/100)(e_a-e_d) \tag{2.5.3}$$

其中 $u$ 是 2 m 高处的风速($mile\cdot d^{-1}$)①,$e_a$ 是温度为 $T$ 时的饱和水汽压,$e_d$ 是平均水汽压。若 $H$ 为辐射收支,则可以写成

$$H=R_a(1-r)[0.18+0.55(n/N)]-\sigma T^4(0.56-0.092\sqrt{e_d}[0.10+0.90(n/N)]) \tag{2.5.4}$$

其中 $R_a$ 是到达地球大气顶的太阳辐射;$r$ 是下垫面反射系数,可取 $r=0.05$;$n/N$ 是实际日照时数与可能日照时数之比;黑体发射通量密度 $\sigma T^4$ 中温度 $T$ 用绝对温度值(K)表示,$\sigma=5.67\times10^{-8}\ J\cdot m^{-2}\cdot s^{-1}\cdot K^{-4}$。

式(2.5.2)是对自由水面而论的。对于某一个地区的平均,可以引入一个经验系数 $b$,则

$$\overline{E}=bE \tag{2.5.5}$$

这里经验系数 $b$ 是空间和时间的函数,通常可取 $b=0.7$。

另外一种较常用的方法是估计可蒸发量(potential evapotranspiration),某处的月平均可蒸发量 $E_p$ 可表示成(单位为 $cm\cdot mon^{-1}$):

$$E_p=1.6(10T/I)^a \tag{2.5.6}$$

其中 $T$ 是月平均温度(℃);$I$ 是加热指数;$a$ 可以取作常数,也可认为是 $I$ 的函数。这里的加热指数 $I$ 是各月的指数 $i$ 的和,即

$$I=\sum_{1}^{12}i \tag{2.5.7}$$

而各月的指数 $i$ 同月平均温度有关,具体计算时可通过图表进行,这里不再介绍。

平均年蒸发量的全球分布如图 2.5.2 所示。可以清楚地看到,洋面上蒸发的水汽量最多,因而,海洋就成为全球水汽的主要来源。如果我们将图 2.5.2 同降水量分布图 1.3.5 进行比较,就可以发现热带海洋是水汽的主要源地,而中高纬度大陆地区是水汽的主要汇。通过大气运动(环流)将不断地把水汽由热带输送到中高纬度地区。图 2.5.3 是纬向平均湿度通量的经向剖面,水汽由热带地区向中高纬度地区的输送是明显的,且水汽通量也在热带地区最大。

大气所获得的能量中有 37.5%来自蒸发潜热;大气得到的 34.5%的太阳辐射,主要也是因水汽和云的吸收;而对于大气中 20%的来自地球表面的长波辐射,其绝大部分也是因水汽和云的红外吸收而得到的。因此,大气中的水汽及其输送对大气的能量获取和能量输送都有非常重要的作用。

---

① 1 mile(英里)=1.609 km。在现行法定计量单位中,mile 是非许用单位。

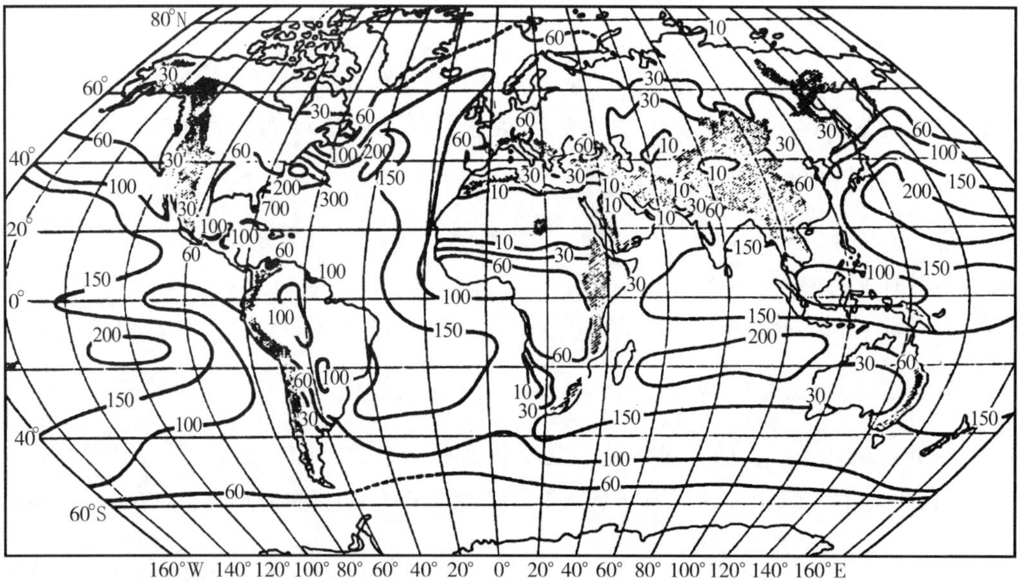


**图 2.5.2**　平均年蒸发量(cm)的全球分布(引自 Barry 和 Chorley,1970)

**图 2.5.3**　纬向平均的湿度通量(kg · $s^{-1}$)分布(引自 Peixoto 等,1981)

(图中正、负值分别表示向北和向南)

## 2.5.2　径流

任何一个地区的降水量都不可能完全变成径流,因为总有一部分水分被蒸发掉,还有一部分被渗透到土壤中,植被还要截留一部分,还有一部分成为某一地区贮存的水量。这样,径流量 $R_0$ 可以表示成

$$R_0 = P - (E + I + I_n \pm \Delta S) \tag{2.5.8}$$

其中 $P$ 是降水量，$E$ 是蒸发量，$I$ 是截留量，$I_n$ 是渗透量，$\Delta S$ 是贮存量。

对于某一地区来讲，径流量主要决定于降水量和蒸发量。根据河流所处的地理位置，一般可以将北半球的河流水系分为四类，即冰河水系——在雪和冰融化时得到最多水量，因此其流量在夏季最大而在冬季最小；海洋性降雨水系——全年有相近的入水量，但因冬季蒸发较少，故冬季有最大流量；热带降雨水系——在最强太阳辐射时期有最大流量，在最弱太阳辐射时期有最小流量；雪原水系——最大流量在春季(3—6 月)。

径流量的两个主要决定因素是降水量和蒸发量，前者可由观测得到，后者可根据前面的公式估计。同时，植被截留量和渗透到地下的量也有相当的影响，也需进行计算。植被截留量 $I$ 可以写成公式

$$I = a + bP^n \tag{2.5.9}$$

其中 $a$，$b$ 和指数 $n$ 都是经验常数；$P$ 是降水量，同 $I$ 一样可用 cm 作单位。对于不同的植被，$a$，$b$ 和 $n$ 有不同的数值，但差异不是很大，一般 $a$ 取值在 0.02～0.05 之间，$b$ 取值在 0.18～0.40 之间，$n$ 为 1.0 左右。

渗透量可用渗透率 $f_p$($\mathrm{cm \cdot h^{-1}}$ 或 $\mathrm{in \cdot h^{-1}}$)来表示，其公式可写成

$$f_p = f_c + (f_0 - f_c)e^{kt} \tag{2.5.10}$$

其中 $f_0$ 是最小常值渗透率；$f_c$ 是初始渗透率；$t$ 是时间(从开始降雨算起，单位为 h)；$k$ 是经验常数，与土壤性质有一定关系。一般地，在降雨初期渗透率比较大，但很快就会变小，最终趋于一个较小的常数。作为例子，图 2.5.4 给出了渗透率随时间变化的曲线，其中实线为土壤比较干的情况，虚线是土壤比较湿的情况。可以看到，在降雨开始后的大约半个小时之内，渗透率即可迅速降到很低的数值。

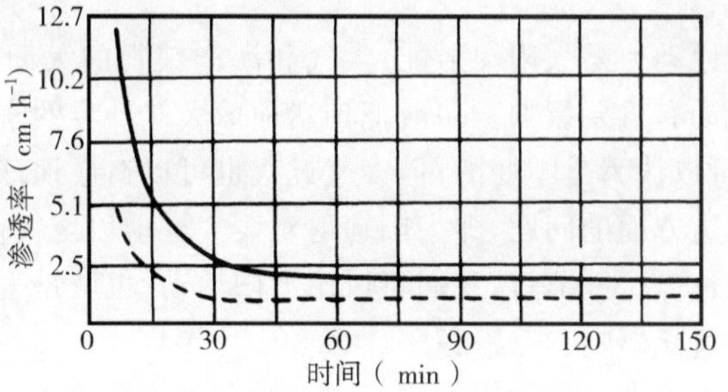


**图 2.5.4** 在亚砂土上渗透率随时间的变化

(实线和虚线分别为干亚砂土和湿亚砂土的情况)

由于某个地区的贮存水量是较难估计的，因而往往给估算径流量带来影响。然而对于某一水系来说，可以通过水文观测得到某水系的径流量，从而也就可以通过对蒸发量、渗透量和植被截留水量的估算，最后得到某条河流水系区域内的贮存水量。

### 2.5.3 人类活动对水循环的影响

人类的生活和生产都离不开水,而人类活动又从许多方面对水平衡和水循环产生重要的影响,因为降水量、蒸发、径流和渗透等会在不同程度上受到人类活动的干扰。归纳起来其影响主要有如下几方面:

(1) 植被的改变使水平衡和水循环发生变化,它包含着几种作用过程。其一是植被对降水量的截留,因为被截留下来的雨水或雪,有一部分会再掉到地面上,而有一部分会蒸发到大气中。这样,对某个地区的季节或年平均的水平衡来讲,这种过程的影响并不大。其二是植物的蒸腾作用,当植被改变后这种作用也将发生变化。其三是渗透率的影响,一般来说,植被将增加渗透率。其四是对积雪的贮存和遮蔽,这将明显影响径流。其五是植被增加了陆面的粗糙度,相当于减小了近地面的风速,从而影响水文过程。

(2) 人工融冰化雪。为了得到更多的水,在高寒地区,有些人会采用降低反照率的办法(例如在冰雪面上撒煤灰等)使获得的太阳辐射能增加,从而使冰雪更多地融化成水。

(3) 人为控制蒸发量。为了种种目的,人们采用遮盖或撒放化学物质的办法降低蒸发率。

(4) 城市化的影响。随着城市的发展,大量的生活和工业用水对河流径流和地下水状况产生很大的影响;另一方面,城市热岛等气候效应还将对水循环发生作用。

(5) 农业灌溉对水平衡和水循环的影响。灌溉地区与不灌溉地区相比,不仅径流和蒸发会发生明显变化,而且通过植被的变化也会影响水的平衡和循环。

## 2.6 太阳活动

大气和海洋运动的原动力是太阳辐射能,大气和海洋获得的太阳辐射能的多少必然对大气和海洋的状况及其运动有重要影响。一般把到达地球大气外界的直接太阳辐射能的总通量称为太阳常数,它一般可以认为是不变的;但大气过程也可以造成地球大气系统获得的太阳辐射能有各种变化。有关这方面的问题,即太阳辐射对大气运动以至气候变化的影响,将在后面(尤其是在第 3 章中)讨论。这一节里,我们将讨论太阳活动,也就是太阳常数变化及其他太阳活动效应对气候变化的可能影响。

早在公元前 28 年,中国古代科学家就注意到太阳表面经常有黑斑出现,其后将其称为太阳黑子。1843 年,德国天文学家 Schwabe 发现太阳黑子的出现有周期性。到 19 世纪的 70 年代至 80 年代,科学家们已发现太阳活动,尤其是太阳黑子的 11 年周期变化,同地球上的天气(例如印度季风和苏格兰的温度等)变化有一定联系。但是,由于我们对太阳活动还了解得不十分清楚,因此有关太阳活动同天气气候变化的联系也尚难十分肯定。

目前研究得比较多的是太阳黑子数与地球气候的关系,因此下面将主要讨论这方面的问题。首先,太阳黑子数有着极为清楚的时间变化,表明太阳活动时强时弱的特征十分突出。但尽管各年黑子数都不一样,黑子数变化的 11 年周期却明显存在。图 2.6.1 是 1610—1979 年期间年平均太阳黑子数的时间变化,其突出的特征就是 11 年周期变化比较清楚。同时,从图

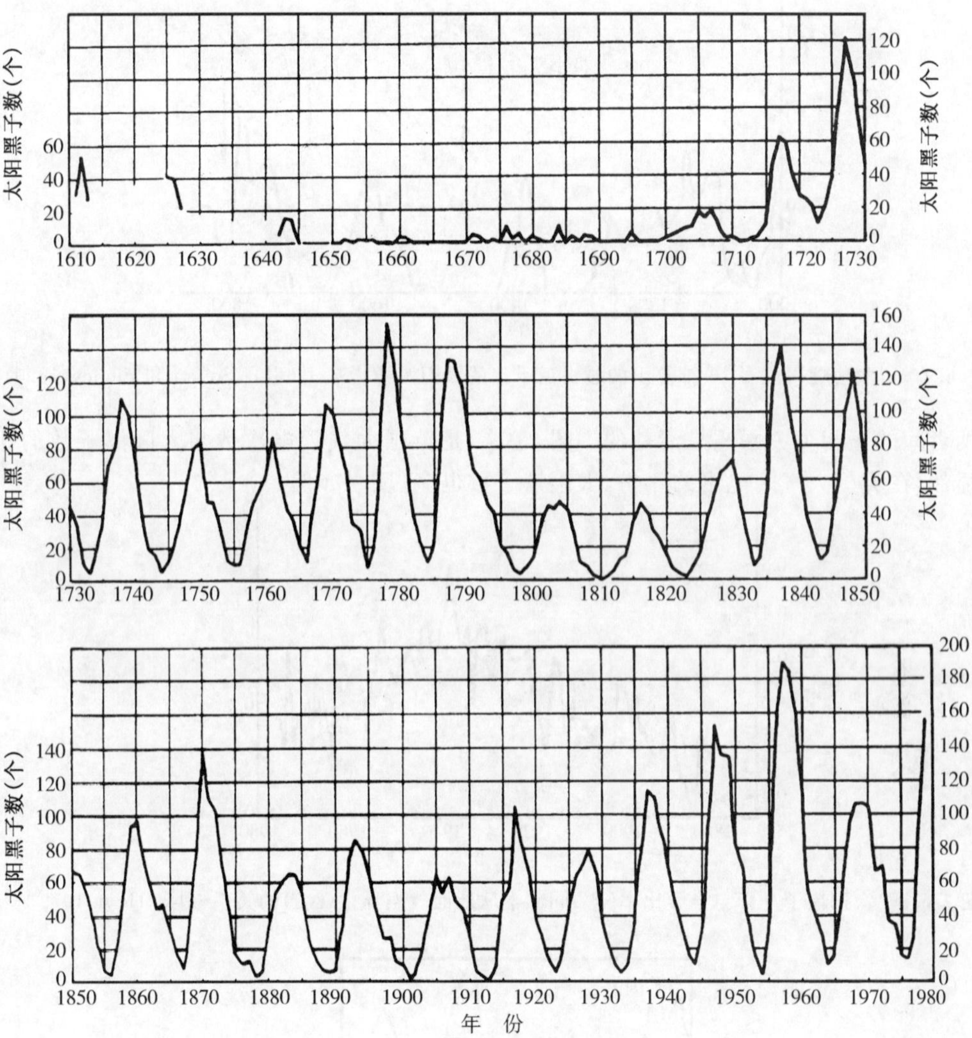


图 2.6.1 1610—1979 年间的年平均太阳黑子数的变化(引自 Newkirk,1982)

中还可以看到,在 1645—1715 年期间,太阳黑子数很少,太阳活动比较平静,被称为蒙德极小期(Maunder minimum);在 1795—1835 年期间太阳黑子数也比较少。因此,黑子数还存在着更长期的演变特征。图 2.6.2 是用放射性同位素 $^{14}C$ 资料推断的太阳黑子指数的时间变化,其中有几个时期里太阳黑子数很少,分别称为沃尔夫极小期(Wolf minimum)、斯波勒极小期(Sporer minimum)和蒙德极小期。由图 2.6.2 可以看到,黑子数的时间变化明显地存在一个较长的周期,大致为 150～250 年。

这里需要顺便谈一下用同位素 $^{14}C$ 反映太阳活动的问题。当太阳活动(黑子爆发)的时候,宇宙线将发生变化,从而使大气中被激发产生的放射性同位素 $^{14}C$ 的含量发生改变。这种放射性同位素的衰变期很长,它被生物吸收后会被存留下来,因此,分析树木年轮中 $^{14}C$ 的含量即可推断出太阳活动的情况。

一些资料分析已经表明,太阳黑子数的变化同地球气候变化有一定的联系。图 2.6.3 给出的是太阳黑子的全影和半影比率 $R_s$ 与北半球地面气温异常之间的关系,从长时间的变化趋

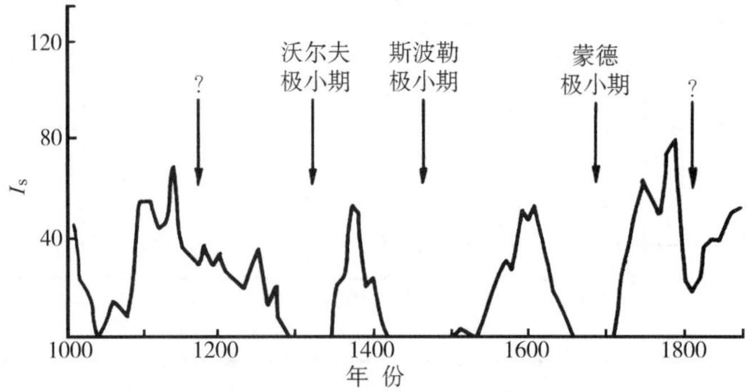


图 2.6.2 由放射性同位素$^{14}C$推算出的过去近千年的太阳黑子指数 $I_s$(引自 Sonett 和 Finney,1990)

势看,两者间的正相关关系还是清楚的。图 2.6.4 是英国大气闪电次数与太阳黑子数的相关关系,显然,在英国大气闪电多的年份,太阳黑子数也多;反之亦然。

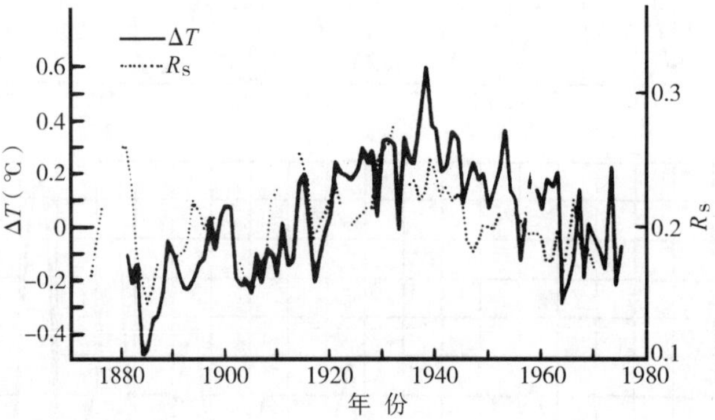


图 2.6.3 太阳黑子全影与半影比率($R_s$)同北半球地面气温异常(ΔT)的关系(引自 Hoyt,1979)

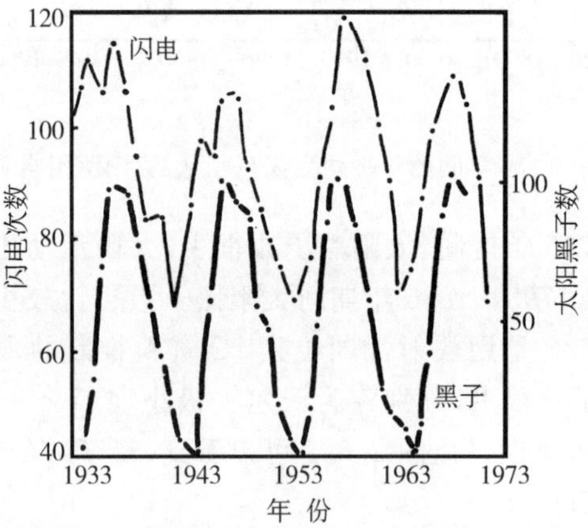


图 2.6.4 英国的大气闪电次数与太阳黑子数的关系(引自 Stringfellow,1974)

太阳活动(黑子数的变化)如何引起地球气候的变化呢?目前有两种尚不十分完善的解释,其一认为是太阳活动改变大气电场的结果,因为在太阳黑子高峰期,大气电离程度比较强,特别是在高纬度地区。在地球磁场作用下,大气电离在高纬度的增强可以导致高纬度直接经圈环流的加强,也使得中纬度 Ferrel 逆环流加强。这样,空气的南北交换将加强,大气活动中心都会明显偏强，全球的降水量亦可能偏多(Clayton，1923)。其二是太阳活动引起大气臭氧层变化的结果。大家知道，大气中的臭氧主要在 10～50 km 层存在，习惯上称为大气臭氧层，其中以 20～28 km 层具有最大含量。由于臭氧对太阳紫外辐射的强烈吸收才导致了平流层气温的向上递增，因此，臭氧对平流层大气的热状况起着决定性作用。臭氧主要是高层大气吸收太阳辐射使分子氧变为原子氧，再经光化学过程而生成的。其最基本的光化反应式是

$$O_2+h\nu(\lambda<24.59\ \mu m)\rightarrow O+O$$

$$O+O_2+M\rightarrow O_3+M$$

$$O_3+h\nu(\lambda<32\ \mu m)\rightarrow O_2+O$$

$$O_3+O^*\rightarrow 2O_2$$

这里 $h\nu$ 是光量子；$\lambda$ 是吸收光谱的波长；M 是能量和动量守恒所需的第三碰撞体，主要是氮分子($N_2$)；$O^*$ 是处于激发状态的氧原子。如果太阳活动使得到达高层大气(80 km 附近)的辐射能发生改变，大气臭氧层也将发生变化。图 2.6.5 是 Nimbus-4 号卫星测得的南半球中纬度地区，春季 2 hPa 上的臭氧混合比与太阳辐射加热率随经度的变化，它清楚地表明了臭氧量同太阳辐射加热的关系。高层大气热状态的改变又必然引起高层大气环流的变化，根据高层大气环流变化可通过行星波耦合作用而影响低层大气环流的观点(Charney 和 Drazin，1961)，太阳活动也就可以影响天气气候的变化。因此可以把太阳活动通过改变大气臭氧层而影响气候的过程粗略地表示成：太阳活动(黑子数变化)——→紫外辐射变化——→臭氧层变化——→中层和平流层热状况变化——→中层和平流层环流变化——→行星波异常——→对流层大气环流异常——→天气气候变化。

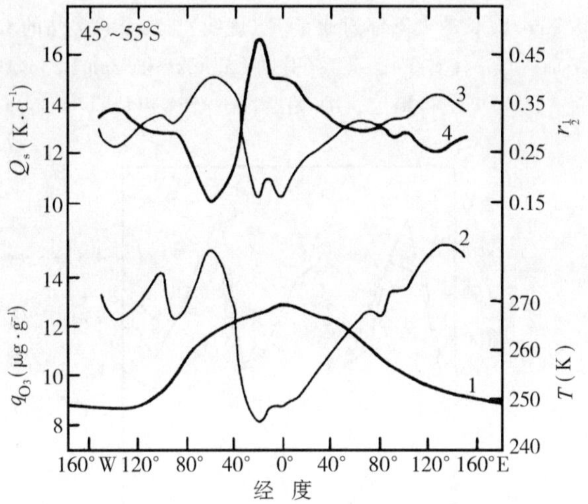


**图 2.6.5**　Nimbus-4 号卫星测量的南半球中纬度地区 2 hPa 上春季 $O_3$ 的混合比 $q_{O_3}$($\mu g\cdot g^{-1}$)及太阳辐射加热 $Q_s$($K\cdot d^{-1}$)的经度变化(引自 Ramanathan，1982)

无论是通过大气电离过程还是通过臭氧层的变化，太阳活动对地球气候的影响在一定程度上还依赖于其他因素(条件)，例如大气环流本身的状态。因为资料分析表明，每年的地面气压同太阳辐射通量间并没有明显的关系；但是如果考虑了平流层的准两年振荡(QBO)特征，

那么仅就 QBO 的西风位相年作统计,其相关却十分显著。图 2.6.6 是 10.7 cm 波长的太阳辐射通量的每年资料与三个北美站(得梅因[美]、帕斯[加]、雷索卢特[加])海平面气压在 QBO 西风位相年(1—2 月)资料的时间演变。它清楚地表明太阳辐射通量的变化与 QBO 西风位相年的海平面气压间有明显的正相关。在 QBO 的西风年,10.7 cm 波长的太阳辐射通量与(70°N,100°W)两处的气压差,以及与查尔斯顿[美]的地面气温间的关系如图 2.6.7 所示。可以看到,仅就 QBO 西风年而论,太阳辐射通量同南北气压差间的正相关以及同查尔斯顿气温间的负相关,都更加明显。

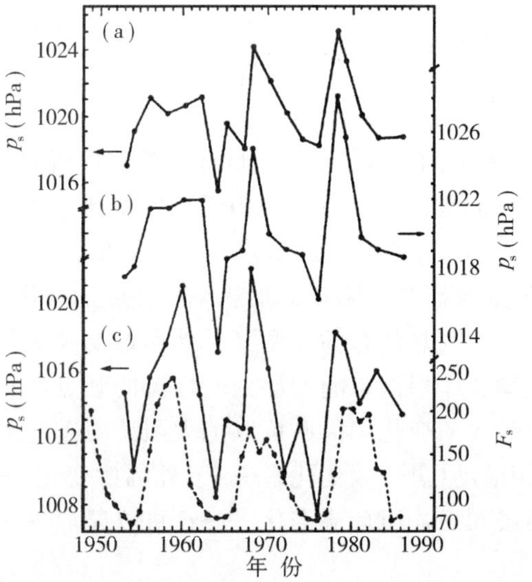


**图 2.6.6** 每年的 10.7 cm 波长的太阳辐射通量 $F_s$(虚线)与三个北美站的 QBO 西风年 1—2 月的海平面气压 $p_s$(实线)的关系(引自 Labitzke 和 Van Loon,1990)

(a) 得梅因;(b) 帕斯;(c) 雷索卢特

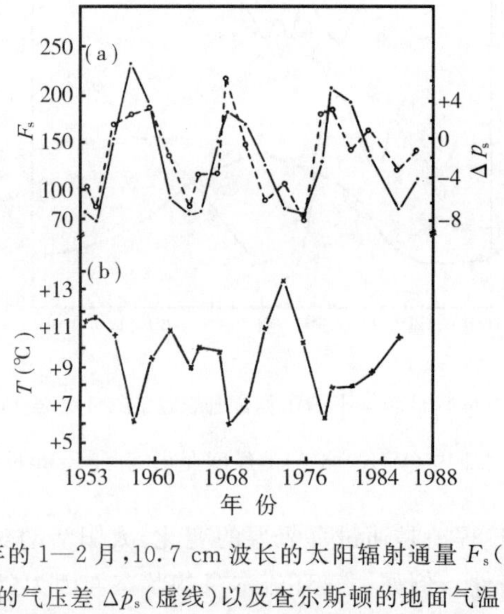


**图 2.6.7** 在 QBO 西风年的 1—2 月,10.7 cm 波长的太阳辐射通量 $F_s$(点线)与(70°N,100°W)和(20°N,60°W)两地的气压差 $\Delta p_s$(虚线)以及查尔斯顿的地面气温 $T$(实线)间的关系

(引自 Labitzke 和 Van Loon,1990)

太阳黑子数的增加往往会使宇宙线强度显著减小，而宇宙线通量的变化可引起高层大气中离子含量的改变，进而影响云的凝结核的变化，最后有可能影响降水过程(Dickinson, 1975)。这也是太阳黑子影响地球气候变化的可能途径。

另外，太阳磁场的22年周期变化也可能影响地球气候，并已有研究发现美国西部的干旱与太阳磁场的周期变化有一定联系。由于太阳风变化所引起的主要磁力线的改变会对高层大气环流有影响，亦可能影响到气候的变化。

总之，太阳及其活动对地球气候的形成和影响是很重要的，又是多方面的，但目前人们对其了解得还很不够。随着科学的进步，尤其是空间技术的发展，在21世纪里人们将会对太阳活动对地球气候影响的问题有越来越完善的解答。

## 2.7 火山爆发

火山活动是地球内部运动的一种表现，然而火山爆发所喷射出的物质可以到达平流层，并且可以在大气中存在1年或更长时间，从而会改变平流层的化学成分和影响地气系统的辐射收支。因此，火山爆发也被认为可能是气候变化的重要影响因素之一。这里说“可能”两字，是已有不少事实说明火山爆发对气候变化有影响，但问题又尚未研究得十分清楚。

火山爆发时把大量的熔浆喷射到大气中，特别是在平流层中形成火山灰云层，且能较长时间地维持在那里。例如，1982年3月28日—4月4日墨西哥东南部的埃尔奇冲(El Chichon)火山连续几次强烈爆发，其后在平流层观测到有火山灰云长期存在。图2.7.1给出的是在欧洲中部的加米施-帕滕基兴[德]用地面光雷达系统观测到的埃尔奇冲火山灰云层的情况，平流层低层长期存在的火山灰云被显示得极其清楚。对观测地区来讲，火山灰云的浓度和厚度也存在明显的时间变化。

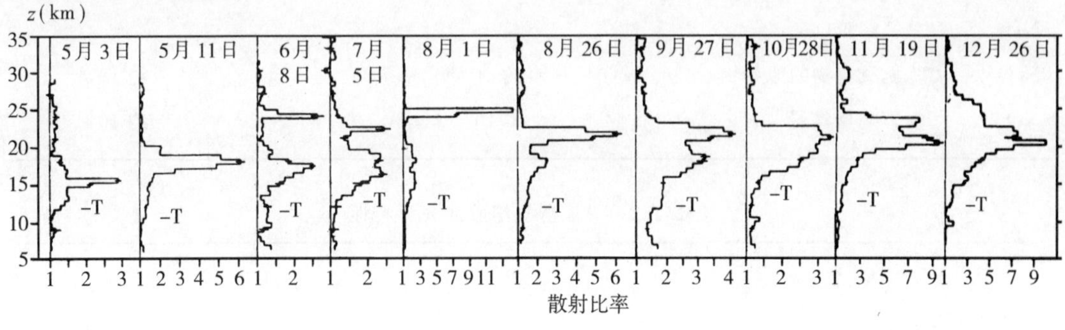


**图2.7.1** 1982年在加米施-帕滕基兴[德]观测到的埃尔奇冲火山爆发形成的气溶胶层

(引自Reiter等，1983)

(图中T表示对流层顶的位置)

火山爆发喷射到大气中的物质不仅直接影响大气的成分及其光学性质，而且还在大气中发生化学反应，影响大气的成分变化。表2.7.1是1980年爆发的圣海伦火山喷射物的组成情况，以及它们的基本作用和含量情况。很明显，火山爆发形成的平流层烟幕大大改变了平流层大气的成分，并且还导致平流层的化学过程异常。

由于火山灰云(烟幕)在平流层的存在,平流层气溶胶及其性质也发生明显改变。图 2.7.2 是埃尔奇冲火山爆发后平流层气溶胶消光系数的高度-时间剖面。火山爆发改变平流层气溶胶的性质是很清楚的。

根据气溶胶模式,应有

$$n(r)=A_r^a e^{-br^v} \tag{2.7.1}$$

其中 $A,a,b$ 和 $v$ 是参数;$n$ 是粒子数浓度;$r$ 是粒子半径。Lenoble 等(1982)给出的火山爆发对气溶胶参数的影响如表 2.7.2 所示,表中 $\omega_s^{eff}$ 和 $b_s^{eff}$ 分别是有效单向和后向散射系数;

**表 2.7.1** 圣海伦火山爆发(1980)喷射物的组成(引自 Kondratyev,1988)

| 成　分 | 基本作用 | 相对含量 | | |
|---|---|---|---|---|
| | | 环境空气 | 喷发处 | 平流层烟幕 |
| $H_2O$ | 形成云,$HO_x$ 化学反应 | $(3\sim5)\times10^{-6}$ | 约 $10^{-2}$ | 约 $10^{-4}$ |
| $SO_2$ | 硫酸盐气溶胶的原始物,消耗氢氧基 | 约 $5\times10^{-11}$ | | 约 $10^{-7}$ |
| $H_2S$ | | $10^{-9}$ | $10^{-5}$ | 约 $10^{-9}$ |
| COS | | $(1\sim5)\times10^{-10}$ | | 约 $10^{-9}$ |
| $CS_2$ | | $\leqslant10^{-12}$ | | $\leqslant10^{-10}$ |
| HCl | 臭氧的催化剂 | 约 $10^{-10}$ | | $\leqslant10^{-9}$ |
| $CH_3Cl$ | | 约 $10^{-10}$ | | 约 $10^{-9}$ |
| $CH_3Br$ | | 约 $10^{-11}$ | $10^{-5}$ | |
| S/Cl | | 约 0.1～1.0 | 1.0 | 1.0～100 |
| $CO_2$ | 大气红外辐射 | $3.6\times10^{-4}$ | | $3.6\times10^{-4}$ |
| CO | 氢氧基的示踪物 | 约 $10^{-8}$ | ? | 约 $10^{-7}$ |
| $NH_3$ | 气溶胶反应 | $\leqslant10^{-10}$ | | — |
| $N_2O$ | 氮氧化物的原始物 | 约 $10^{-7}$ | ? | 约 $10^{-7}$ |
| $NO_x$ | 影响臭氧层 | $\leqslant10^{-8}$ | | 约 $10^{-8}$ |

**表 2.7.2** 平流层气溶胶的光学特性

| 参数 / 气溶胶类型 | $a$ | $b$ | $v$ | $\omega_s^{eff}$ | $b_s^{eff}$ | $c_s=\tau_{IR}^{eff}/\tau_s^{eff}$ |
|---|---|---|---|---|---|---|
| 背景气溶胶 | 1.0 | 18 | 1.0 | 0.988 | 0.189 | 0.038 3 |
| 火山灰气溶胶 | 1.0 | 16 | 0.5 | 0.994 | 0.169 | 0.021 7 |

$\tau_{IR}^{eff}$ 和 $\tau_s^{eff}$ 分别是长波和短波辐射的有效光学厚度。

平流层气溶胶及其光学性质的变化必然影响大气中的辐射平衡,进而影响气候变化。图 2.7.3 被认为是北半球地面温度异常与火山爆发的关系图。在火山爆发频繁的 1830—1915 年间以及 1950 年之后,气温有偏低的趋势;而在少火山活动期间(1915—1950 年),气温明显偏高。一

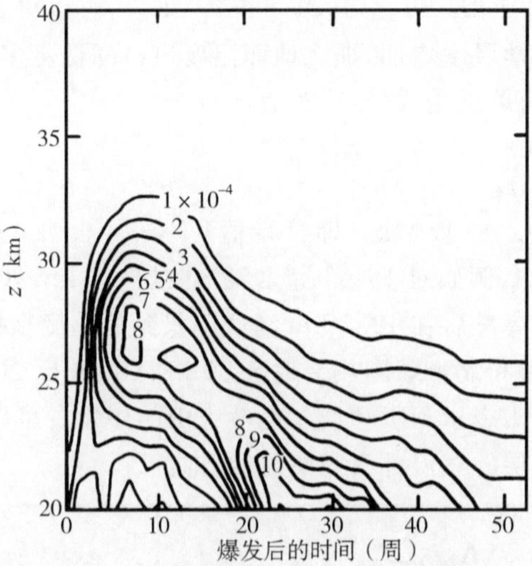


图 2.7.2 埃尔奇冲火山爆发后的平流层气溶胶消光系数廓线(引自 Thomas 等,1983)

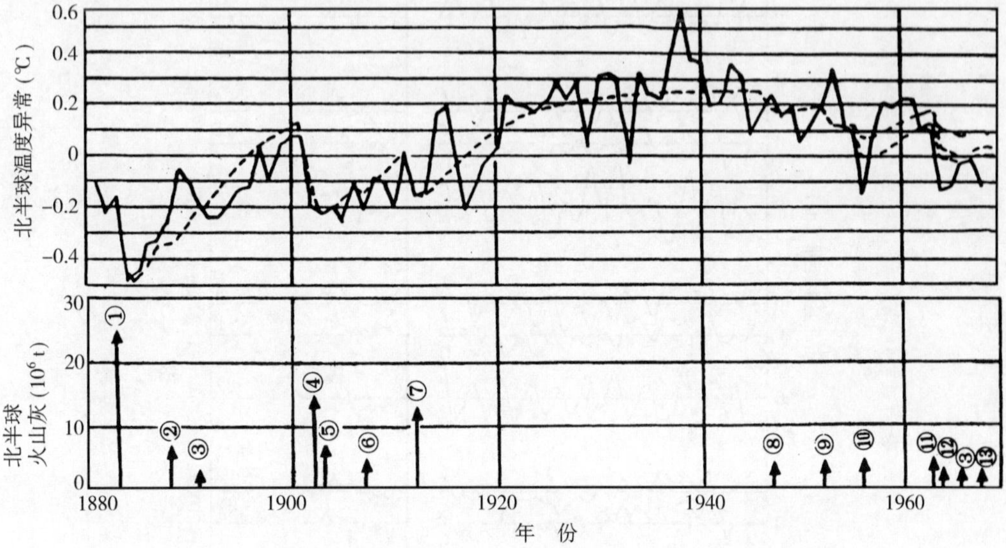


图 2.7.3 北半球气温异常与火山爆发的关系(引自 Kondratyev,1988)

(图中虚线是根据经验公式估计的火山爆发对地面温度的影响。①喀拉喀托火山[印尼];②磐梯山[日];③阿武火山[印尼];④培雷火山[马提],苏弗里耶尔火山[瓜德];⑤圣马丽亚[巴西];⑥什秋别利亚火山[前苏联];⑦卡特迈火山[美];⑧海克拉火山[冰];⑨斯珀火山[美];⑩别济米扬内火山[前苏联];⑪阿贡火山[印尼];⑫首尔寨(Surtsey);⑬费尔南迪纳岛[厄])

般认为,在火山爆发后,地面空气将变冷 0.5～1.0 K,然而有时却又观测不到这种变化。

平流层气溶胶变化引起的地面温度变化可用近似公式

$$\Delta T_s = \frac{S}{\mathrm{d}F/\mathrm{d}T_s}\left[1 - \frac{(1-R)/(1-AR) - \varepsilon\delta T_a^4/S}{1-\alpha}\right] \tag{2.7.2}$$

来估算,这里 $S$ 是太阳常数,$F$ 是射出长波辐射,$R$ 是近于 1.0 的常数,$A=0.3$ 是气溶胶不存在时的行星反照率;而 $\varepsilon=0.0816\ \tau_v$,$\alpha=0.1029\ \tau_v$。在正常平流层气溶胶情况下,$\tau_v=0.02$,

对于有 50%云量的条件,则有 $dF/dT_s=15\ W\cdot m^{-2}\cdot K^{-1}$,可以得到 $\Delta T_s\approx -0.7$ K。如果因火山爆发,平流层气溶胶光学厚度增加,那么地面温度也将降低更多。

平流层低层的温度可简单地用式(2.7.3)表示

$$T_a=214\frac{1+13.90\tau_v}{1+13.22\tau_v} \tag{2.7.3}$$

这里 $\tau_v$ 是气溶胶的光学厚度,一般情况(即背景值)下,$\tau_v=0.02$,这时 20 km 高度的温度为 214 K;气溶胶光学厚度增加,例如对于一个完全气溶胶层,20 km 处的温度可高达 225 K。这个数值与 1963 年阿贡火山爆发后在 19.5 km 高度测量到的温度很接近。

图 2.7.4 给出的是赤道和北半球副热带地区 50 hPa、30 hPa、20 hPa、和 10 hPa 高度上温度的时间变化曲线,图中箭头表示阿贡和埃尔奇冲火山的爆发。可以看到,在阿贡火山和埃尔奇冲火山爆发后,平流层低层的气温都有很明显的升高。

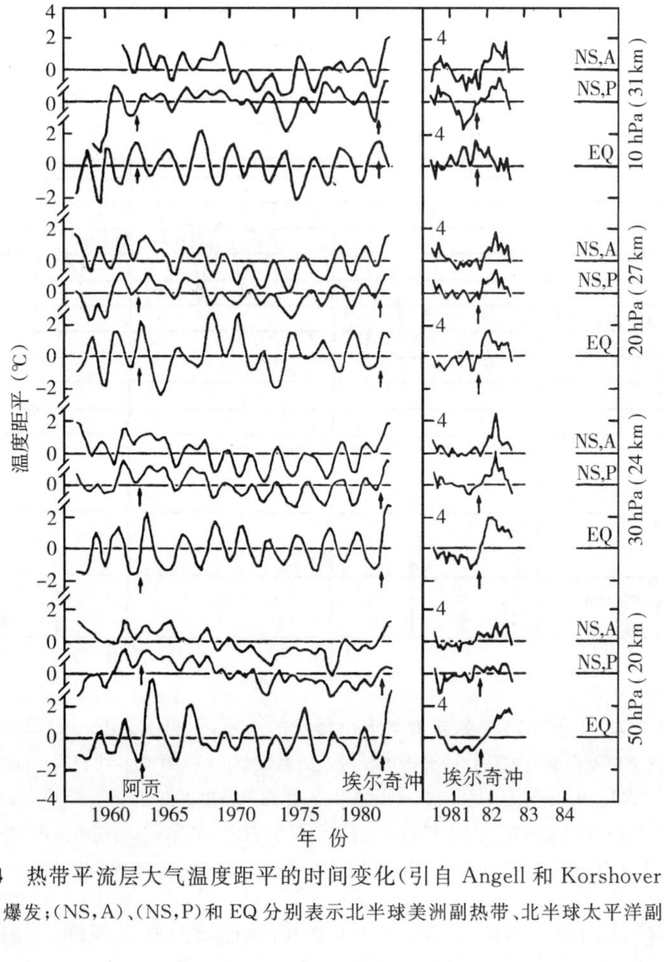


**图 2.7.4** 热带平流层大气温度距平的时间变化(引自 Angell 和 Korshover,1983)

(图中箭头表示火山爆发;(NS,A)、(NS,P)和 EQ 分别表示北半球美洲副热带、北半球太平洋副热带和赤道地区)

利用气候数值模式已经对火山爆发的可能气候影响进行过模拟试验。图 2.7.5 和图 2.7.6 是用 GFDL 的 18 层初始方程模式所做的试验结果,分别是半球平均地面温度和不同纬度纬向平均地面温度的时间演变。控制试验是对应一般平流层气溶胶的结果;“火山”试验则假定平流层有火山灰云层存在的情况。可以清楚地看到,在火山爆发情况下,数值模拟得到了较低的地面温度,而且在赤道和高纬度地区,火山爆发所引起的地面降温更明显一些。

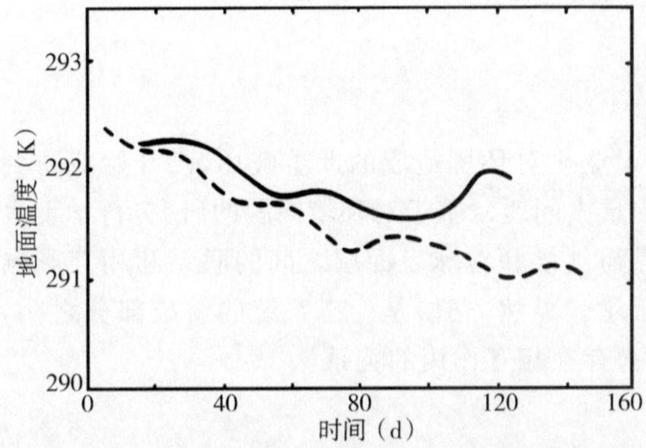


图 2.7.5　控制试验(实线)和"火山"试验(虚线)中半球平均地面温度的时间变化(引自 Hunt,1977)

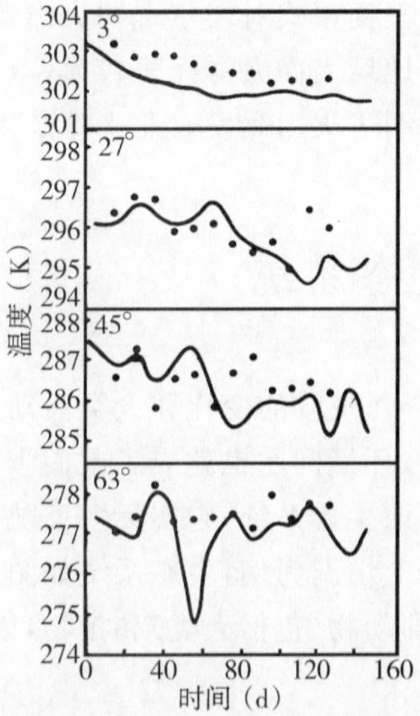


图 2.7.6　控制试验(点线)和"火山"试验(实线)得到的纬向平均地面温度的时间变化(引自 Hunt,1977)

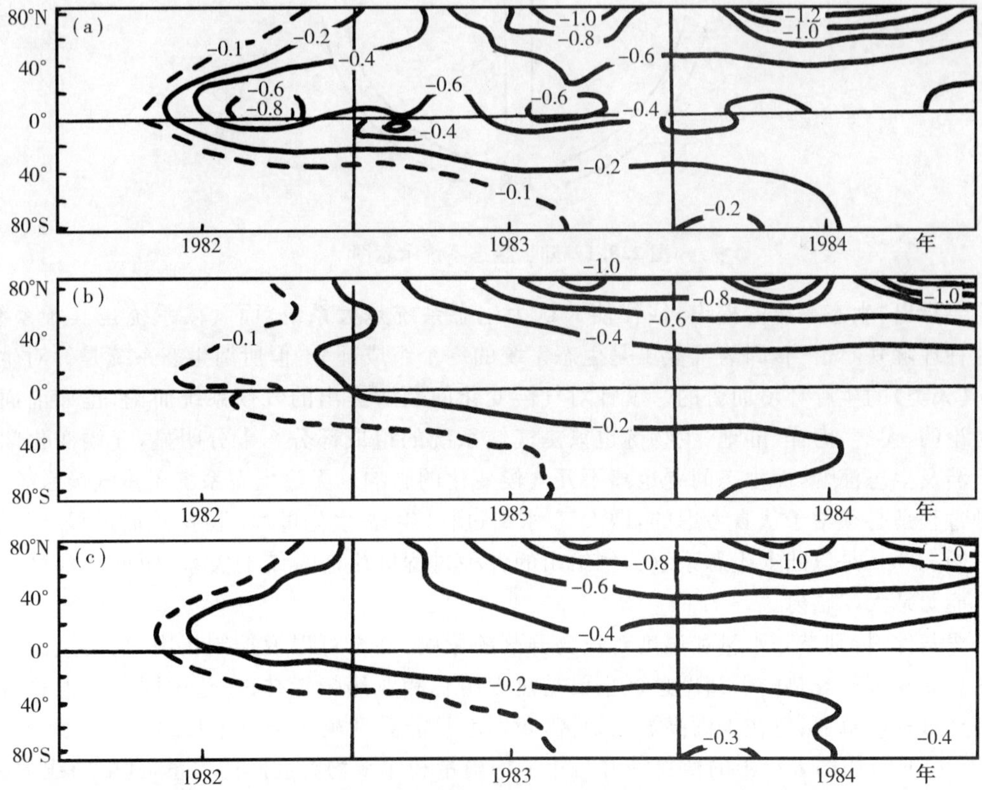


图 2.7.7　能量平衡计算得到的埃尔奇冲火山爆发后地面温度的变化情况(引自 Kondratyev,1988)

用能量平衡模式对埃尔奇冲火山爆发后引起的地面气温降低所做的计算结果如图2.7.7所示。由于地球表面海洋面积较大,全球平均的降温基本上类似于海洋上的情况。数值计算结果充分表明了火山爆发对北半球产生了比较大的影响,尤其是在中高纬度地区。

## 2.8 生态系统

近些年来,气候的变化和人类活动,特别是工业化对环境造成的严重破坏,已开始威胁到人类的生存,环境问题也就成了人们十分关心的重大问题。基于对环境问题的研究,科学上也就提出了所谓生态系统,它实际上反映了生物界与气候和地球表面层之间的联系和相互影响关系。以陆上情况为例,生态系统如图 2.8.1 所示。显然,气候是生态系统的组成部分之一,它同生物(即动物(包括人类)和植物)以及土壤都存在相互作用的关系。

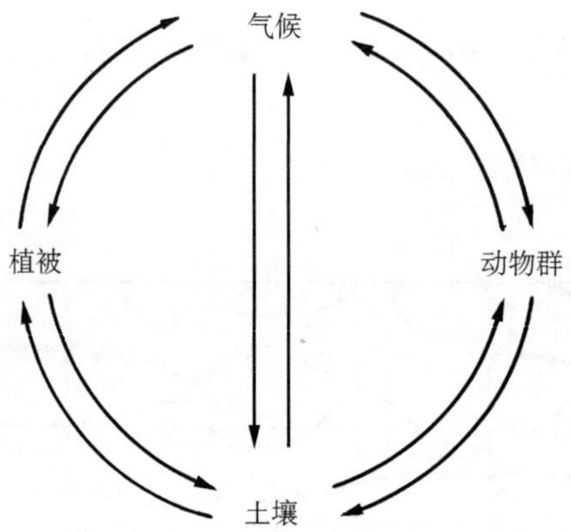


**图 2.8.1**　陆上生态系统示意图

需要指出,生态系统的提出,往往使人认为生态系统是大系统,而气候系统是其子系统。其实这种理解并不恰当,因为气候虽是生态系统的一个组成部分,但所谓生态系统是针对生物(尤其是人类)的生存环境而讲的。就针对气候变化问题所提出的气候系统而论,正如前面几节所讨论的,大气、海洋、陆地、生物等也只是气候系统的组成部分。十分明显,气候变化问题不能不涉及生态演变,而生态问题也离不开气候变化的影响。无论生态系统还是气候系统,这样几种过程是必须给予认真考虑的,即大气-水文过程、生物-生化过程、土壤-陆面过程、海洋过程等。图 2.8.2 是以陆上生态系统为例给出的各种过程同生态系统的关系,而推动各种过程的根本能源是太阳辐射。

气候条件,特别是降水量和温度对植物群落的影响,甚至可以说控制作用,是大家都比较了解的。在潮湿而炎热的低纬度地区主要是热带雨林和亚热带森林;在适中雨量区也总可以见到各种森林或草原;但在少雨高温的地区,我们就只能看到植物难以生长的沙漠。图 2.8.3 是 Miller(1965)用图表给出的植物种群与年平均雨量和年平均温度间的关系,其中斜线 $R_1$ 是森林与草原的分界线,$R_2$ 为草原与沙漠的分界线。可以看到,降雨量对植被种群比温度具有更大的影响。

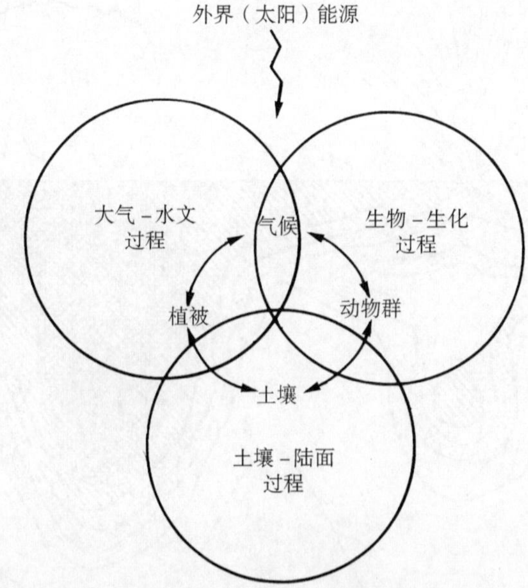


**图 2.8.2** 联系陆上生态系统的几种主要过程

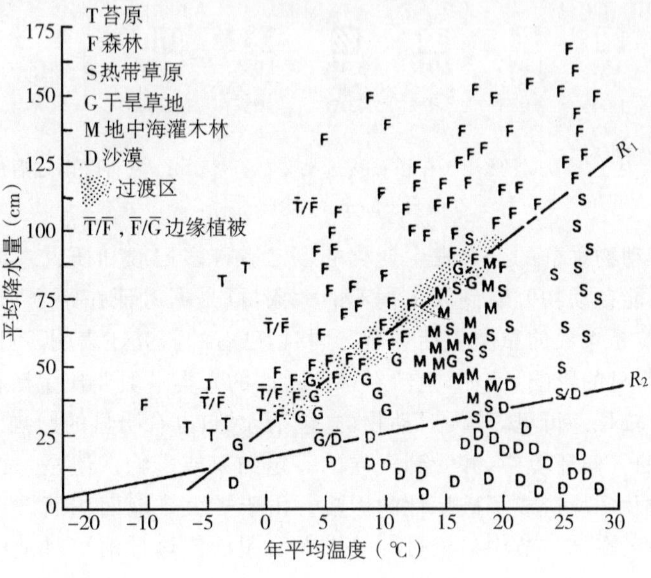


**图 2.8.3** 植被种群分布与年平均降水量($\overline{R}$)和年平均温度($\overline{T}$)的关系(引自 Miller,1965)

另一方面,植被通过蒸腾作用以及对土壤的"固水"作用,又对气候状态起着一定的影响。这些反馈作用正成为人们改造沙漠的一定科学依据。作用一个例子,图 2.8.4 给出了茜原和山茂柽一类植物对土壤湿度的影响。它表明在降了 25 mm 的雨之后,有植被地区的土壤湿度明显高于周围地区。植被的这种"固水"作用,不仅对土壤过程有重要意义,而且因土壤湿度的增加,还对气候有明显的作用。在第 8 章中我们将专门讨论土壤湿度对气候的反馈作用。

动物(包括人类)只能在一定的气候环境中生活,而且其生存所需的食物等也同气候环境有密切关系。在地球上,气候条件恶劣的地区不仅没有人烟,而且其他动物相对也比较少见。

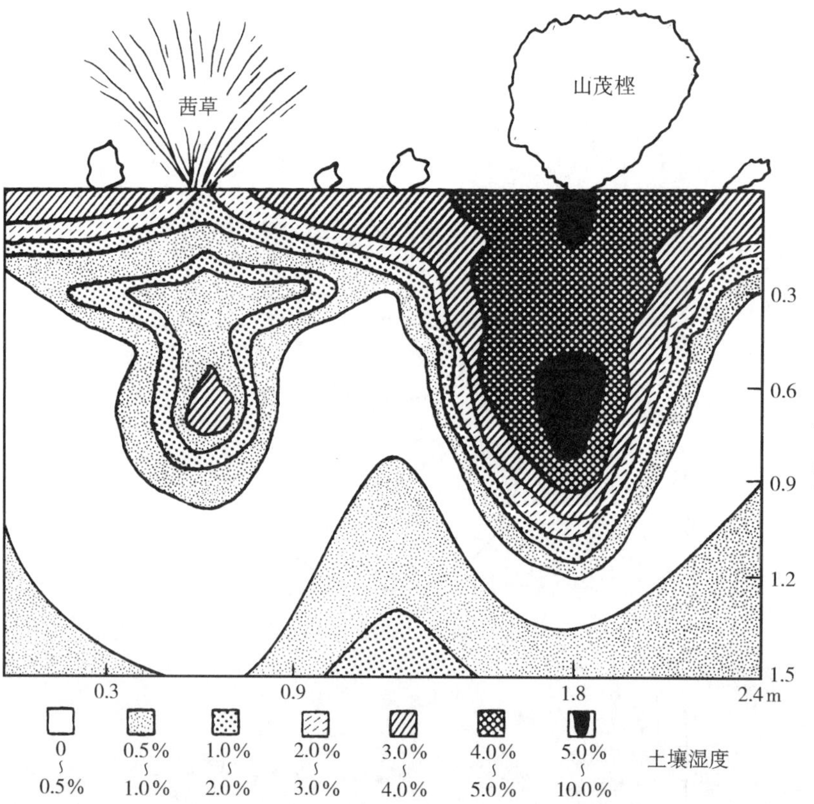


**图 2.8.4** 植被对土壤湿度的影响(在植被接近枯萎并有 25 mm 左右降雨之后的情况)
(引自 Specht,1958)

由于气候的改变,使得动物种群的分布发生变化的事已有许多记载和研究。例如目前除西双版纳地区之外,中国只能在动物园看到人工饲养的大象,可是据考证在距今 1 万多年以前,我国黄河中下游地区还曾是大象的重要生活场所。同时,已有的研究还表明,不同的气候条件使动物的体形等也受到明显的影响,例如,生活在寒冷地区的人类一般要比生活在热带地区的人类体形高大,平均寿命较长。可见,气候对动物群(包括人类)也有明显的影响。

人类生活在一定的气候环境中,并受到气候的一定约束或影响。但是,人类的活动,尤其是生产活动,也给气候及环境造成了破坏性的影响。由于扩大耕地面积而破坏植被所引起的区域性气候恶化,我们已在 2.4 节中讨论过。关于大面积砍伐热带雨林对全球气候的影响已引起了人们的普遍关注。有关研究表明,热带雨林减少后,全球的大气环流和气候都会发生严重的改变,尤其是热带和副热带地区的干旱现象尤为突出(Henderson-Sellers 和 Gornitz,1984;Dickinson 和 Henderson-Sellers,1988)。

大气中温室气体含量的逐年增加,是人类活动对气候起破坏性影响的重要方面,也是近几年世人极为关注的问题。虽然目前的研究结果表明,大气中 $CO_2$ 含量加倍后全球平均气温增加约 1.5~4.0℃,比原先计算的结果要低,但这种全球变暖总是使得气候趋向恶化,旱涝灾害增加,即人类自觉不自觉地给自己制造了麻烦和灾难。这方面的问题我们将在第 13 章里作专门论述。

大气过程在生态系统中的重要性还不仅因为大气运动是导致气候变化的直接原因,同时,大气在生态系统的氧循环、碳循环以及氮循环中都起着十分重要的作用。特别是氧循环中形成的臭氧层是保护生物界的"天然"屏障，而氧是生物生存的必需品。图 2.8.5 是生态系统中氧循环的示意图，大气在这里起着极为核心的作用。要维护生态平衡，气候条件是重要的，而保证氧循环等的正常进行也是十分必要的。

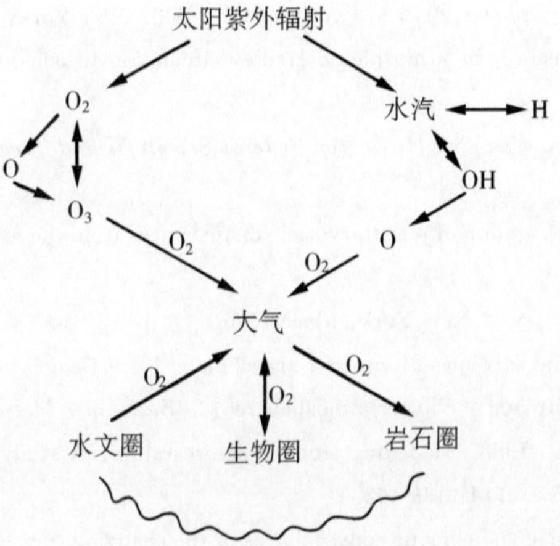


**图 2.8.5** 生态系统中氧循环示意图

生态系统中氧的循环、碳的循环和氮的循环，既同大气化学及光化学过程有关，又同生物化学过程有联系。上述化学过程所产生的 $O_3$ 及温室气体，例如 $CO_2$，$CH_4$，$N_2O$ 和 CFCs 等，将使它们在大气中的含量发生改变，从而导致地球气候的变化。因此，大气化学（包括光化学）过程和生物化学过程已引起了人们的极大注意，深入研究生化过程及其同生态环境（包括气候）的关系是尤其应该加强的方面。

本节的简单讨论已清楚地表明，生态系统同气候系统有着非常密切的关系。气候的恶化必然导致生态系统的恶化，生态环境的破坏又必然使气候异常；然而，它们并非一回事，也不能相互替代。为了更好地保护生态环境，也为了搞清气候变化的规律和减轻人类活动对气候的破坏性作用，需要同时研究生态系统和气候系统两方面的问题，以及它们之间相互影响的各种复杂关系和过程。

## 参考文献


陈烈庭，阎志新，1979．青藏高原冬春季积雪对大气环流和我国南方降水的影响//中长期水文气象预报文集（第一集）[M]．北京：科学出版社：185-194.

符淙斌，1980．北半球冬春冰雪面积变化与我国东北地区夏季低温的关系[J]．气象学报，**38**：187-192.

郭其蕴，王继琴，1986．青藏高原的积雪及其对东亚季风的影响[J]．高原气象，**5**：116-123.

李崇银等，1985．动力气象学概论[M]．北京：气象出版社.

马玉堂，1982．开垦地小气候的变化[J]．气象学报，**40**：356-360.

吴国雄，刘还珠，1987．全球大气环流时间平均统计图集[M]．北京：气象出版社.

叶笃正，李崇银，王必魁，1988．动力气象学[M]．北京：科学出版社.

叶笃正，曾庆存，郭裕福，1991. 当代气候研究[M]. 北京：气象出版社：1-10.

叶笃正，朱抱真，1958. 大气环流的若干基本问题[M]. 北京：科学出版社.

张克映，张一平，1984. 西双版纳森林采伐对地方气候的影响// 林业气象论文集[M]. 北京：气象出版社：14-23.

Albrecht B A, 1989. Aerosols, cloud microphysics and fractional cloudiness[J]. *Science*, **242**: 1227-1330.

Angell J, Korshover J, 1983. Comparison of stratospheric warmings following Agung and El Chichon. *Mon Wea Rev*, **111**: 2129-2135.

Barry R G, Chorley R J, 1970. *Atmospheric, Weather and Climate* [M]. New York: Holt, Rinehart and Winston.

Bjerknes J, 1966. A possible response of the atmospheric Hadley circulation to equatorial anomalies of ocean temperature [J]. *Tellus*, **18**: 820-829.

Budyko M, 1955. Heat balance atlas. *Clearing House for Federal Scientific and Technical Information*. US Dept. Commerce, No. TT63-13243.

Charney J G, Drazin P G, 1961. Propagation of planetary-scale disturbances from the lower into the upper atmosphere[J]. *J Geophys Res*, **66**: 83-109.

Clayton H H, 1923. *World Weather* [M]. New York: MacMillan.

Cunnigham G, Vernon J, 1968. Some extremes of weather and climate[J]. *J Geogr*, **66**: 530-535.

Dickinson R E, 1975. Solar variability and the lower atmospehere[J]. *Bull Amer Meteor Soc*, **56**: 1240-1248.

Dickinson R E, Henderson-Sellers A, 1988. Modelling tropical deforestation: A study of GCM land-surface parameterizations[J]. *Quart J Roy Meteor Soc*, **114**: 439-462.

Grassl H, 1988. What are the radiative and climatic consequences of the changing concentration of atmospheric aerosol particles[J]. *The Changing Atmosphere*:187-199. John Wiley and Sons Ltd.

Hahn D G, Shukla J, 1976. An apparent relationship between Eurasian snow cover and Indian monsoon rainfall[J]. *J Atmos Sci*, **33**: 2461-2463.

Hellerman S, 1967. An updated estimate of the wind stress on the world ocean[J]. *Mon Wea Rev*, **95**: 607-626.

Henderson-Sellers A, Gornitz V, 1984. Possible climatic impacts of land cover transformations, with particular emphasis on tropical deforestation[J]. *Clim Change*, **6**: 231-258.

Hoyt D V, 1979. Variations in sunspot structure and climate[J]. *Clim Change*, **2**: 79-91.

Hunt B G, 1977. A simulation of the possible consequences of volcanic eruption on the general circulation of the atmosphere [J]. *Mon Wea Rev*, **105**: 247-260.

Kondratyev K Y, 1988. *Climate Shocks* [M]. John Wiley & Sons.

Kuo H L, 1956. Forced and free meridional circulation in the atmosphere[J]. *J Meteor*, **13**: 561-568.

Labitzke K, Van Loon H, 1990. Associations between the 11-year solar cycle, the quasi-biennial oscillation in the atmosphere: A summary of recent work[J]. *The Earth's Climate and Variability of the Sun over Recent Millennia*:179-191, Royal Society.

Lenoble J, Tanre D, Deschamps P Y, Merman M, 1982. A simple method to compute the change in Earth-atmosphere radiative balance due to a stratospheric aerosol layer[J]. *J Atmos Sci*, **39**: 2565-2576.

Manabe S, Bryan K, 1969. Climate calculation with a combined ocean-atmosphere model[J]. *J Atmos Sci*, **26**: 786-789.

Mass C F, Portman D A, 1989. Major volcanic eruptions and climate: A critical evaluation[J]. *J Clim*, **2**: 566-593.

Miller A A, 1965. *Climatology* [M]. London: Mcthuen.

Nagasaka K, 1979. The oceanographic section along 137°E, The Kuroshio IV. *Proccedings of the Fourth CSK Symposium*: 313-320. Tokyo (1979).

Newkirk G A, 1982. The nature of solar variability. *Solar Variability, Weather and Climate*[M]. Washington, D. C.: National Academy Press:33047.

Oort A H, Vander-Haar T H, 1976. On the observed annual cycle in the ocean-atmosphere heat balance over the Northern Hemisphere[J]. *J Phys Oceanogr*, **6**: 781-799.

Peixoto J, Salstein D A, Rosen R D, 1981. Intra-annual variation in large-scale moisture fields[J]. *J Geophys Res*, **86**: 1255-1264.

Ramanathan V, 1982. Coupling through radiative and chemical processes. *Solar Variability, Weather, and Climate*[M]. Washington, D. C.: National Academy Press:83-91.

Reiter R, Jager H, Garmuth W, Funk W, 1983. The El Chichon cloud over Central Europe, observed by lidar at Garmisch-Partenkirchen during 1982[J]. *Geophys Res lett*, **10**: 1001-1004.

Sellers W D, 1965. *Physical Climatology*[M]. University Chicago Press.

Sonett C P, Finney S A, 1990. The spectrum of radio carbon. *The Earth's Climate and Variability of Sun over Recent Millennia*[M]. Royal Society:15-28.

Specht R L, 1958. Micro-environment (soil) of a natural plant community. *Arid Zone Research*, **XI**[M], UNESCO, 152-155.

Stringfellow M F, 1974. Lightning incident in Britain and the solar cycle[J]. *Nature*, **249**: 332-336.

Thomas C E, Jakosky B M, West R A, Sanders R W, 1983. Satellite limb-scanning thermal infrared observations of the El Chichon stratospheric aerosol: First results[J]. *Geophys Res Lett*, **10**: 997-1000.

Walsh J E, Tucek D R, Peterson M R, 1982. Seasonal snow cover and short-term climatic fluctuations over the United States[J]. *Mon Wea Rev*, **110**: 1474-1485.

Wigley T M L, 1989. Possible climate change due to $SO_2$ derived cloud condensation nuclei[J]. *Nature*, **339**: 365-367.

Williams J, 1975. The influence of snow cover on the atmospheric circulation and its role in climate change: An analysis based on results from the NCAR global circulation model[J]. *J Appl Meteor*, **14**: 137-152.

Yamamoto R T, Iwashina T, 1975. Change of the surface air temperature averaged over the Northern Hemisphere and large volcanic eruptions during the year 1951—1972[J]. *J Meteor Soc Japan*, **53**: 482-486.

# 3 大气辐射过程

地球气候系统某一状态的形成和变化，实际上是能量平衡及其改变的结果，而大气运动的最根本能量来自太阳辐射，地气系统本身又每时每刻在发射红外辐射能。因此，大气辐射历来被认为是气候研究的基础。例如，气候变化既同海洋、极冰和大陆地表的辐射和热状况有关，又受到大气中云和气溶胶等通过辐射过程的重要影响。

大气辐射早已成为一个专门的学科，许多科学家有过专门研究。例如 Kondratyev (1973) 有过系统的研究，Goody (1964) 对于辐射传输问题已做了严格的理论工作。要深入了解大气辐射问题，可参阅有关专门论著。为了使大家对大气辐射过程有个概括的了解，也为了后面讨论的需要，我们特以本章给出大气辐射问题的简要概述。

## 3.1 太阳短波辐射

太阳表面的温度一般都高于 6 000 K，按照 Planck 辐射定律，其辐射能量主要在波长小于 2～5 μm 的波长范围，只有约 0.4%的辐射能处在大于 5 μm 的波长范围。由于波长相对较短，一般就称为太阳短波辐射，或短波辐射。

### 3.1.1 太阳常数

所谓太阳常数，就是在平均日地距离情况下到达地球大气外界的直接太阳辐射能的总通量。

早期一般都通过测量大气中直接太阳辐射能量的廓线分布，外推出大气顶的太阳常数。由测量值 $S$ 外推太阳常数 $S_0$ 可以有两种方法。其一是基于公式

$$\lg S=\lg S_0+m\lg p \tag{3.1.1}$$

这里 $m$ 是大气质量；$p$ 是大气传输系数，可假定为常数。另外也可以把太阳辐射通量分为若干光谱段，即

$$\lg S = \lg \sum_i I_i A_i^m \tag{3.1.2}$$

其中 $I_i$ 和 $A_i^m$ 分别为第 $i$ 段光谱的太阳辐射通量及大气传输。

后来，人们亦通过卫星观测来确定太阳常数值。尽管大家都称其为太阳常数，但是不同研究者用不同方法所得的结果也有一些差异。目前一般认为太阳常数 $S_0$ 的值在 135.0～139.0 $\mathrm{mW\cdot cm^{-2}}$之间，常取成 $S_0=137.0\ \mathrm{mW\cdot cm^{-2}}$。表 3.1.1 给出了多年来一些研究者所得到

的太阳常数值。

太阳辐射能主要集中在 0.25～4.0 $\mu$m 的波长区域，一般在波长 0.275～4.67 $\mu$m 区间的太阳辐射能占总辐射能的 99%；而在波长 0.217～10.94 $\mu$m 区间的辐射能占总辐射能的 99.9%。表 3.1.2 是太阳辐射照度 $P_\lambda$（在中心波长为 $\lambda$ 的小区间内，单位波长的太阳辐射能通量）随波长的变化情况，其中 $D_\lambda$ 表示比波长 $\lambda$ 短的辐射能通量占太阳常数的百分比（太阳常数 $S_0$=135.3 mW·cm$^{-2}$）。

**表 3.1.1** 太阳常数（引自 Kondratyev，1972）

| 研究者 | 年份 | 太阳常数（mW·cm$^{-2}$） |
|---|---|---|
| Abbot | 1923—1952 | 135.2 |
| Linke | 1932 | 135.2 |
| Mulders | 1934—1935 | 135.9 |
| Nicolet | 1951 | 138.0 |
| Johnson | 1954 | 139.5 |
| Unsold | 1955 | 136.5 |
| Stair 和 Johnson | 1956 | 142.8 |
| Allen | 1958 | 138.6 |
| Gast | 1965 | 139.0 |
| Stair 和 Ellis | 1966 | 135.9 |
| Labs 和 Neckel | 1968 | 136.5 |
| Makarova 和 Kharitonov | 1970 | 138.0 |

### 3.1.2 太阳短波辐射的变化

太阳时刻都处于运动之中，太阳的活动必然引起太阳辐射能的变化，太阳常数也会因此而发生变化。太阳辐射光谱的末端部分往往随着太阳黑子数等太阳活动性指标有很大的变化，而这部分辐射的改变可以影响平流层的光化学过程，进而有可能对天气气候产生间接影响。因此，太阳活动一直受到人们的关注。对于太阳活动的特征，一般可用 Wolf 数（Wolf number）$N$ 来表示，它定义为

$$N=k(n+10r) \tag{3.1.3}$$

其中 $n$ 是太阳上的孤立黑子的数目，$r$ 是黑子的成群数目，$k$ 是经验常数。

图 3.1.1 是 Wolf 相对太阳黑子数与太阳常数的关系，如果说它们有关系的话，它们的关系也是很复杂的。但是，由于太阳黑子数有比较规律的 11 年周期变化，人们也就更注意太阳黑子数的变化对太阳常数变化，进而对气候变化的影响。这里需要指出，太阳黑子数不一定是太阳活动的一个非常好的指标，由于太阳黑子的记录已经有几百年的历史，人们也就常试图找到它们同天气气候的关系。

即使在太阳常数不变的情况下，由于地球是在以太阳为一个焦点的椭圆上绕太阳公转，这种公转周期虽在几亿年内没有显著变化，但其他轨道参数，例如偏心率、黄道倾角和二分点位

**表 3.1.2**　太阳辐射照度 $P_\lambda$(W·cm$^{-2}$·$\mu$m$^{-1}$)随波长的变化(引自 Thekackara 和 Drummond,1971)

| λ(μm) | $P_\lambda$ | $D_\lambda$ | λ(μm) | $P_\lambda$ | $D_\lambda$ | λ(μm) | $P_\lambda$ | $D_\lambda$ |
|---|---|---|---|---|---|---|---|---|
| 0.12 | 0.000 0$_1$ | 0.00$_+$ | 0.43 | 0.163 9 | 12.47 | 0.90 | 0.088 9 | 63.36 |
| 14 | 000 0$_+$ | 0.00$_1$ | 44 | 181 0 | 13.73 | 1.00 | 074 6 | 69.94 |
| 16 | 000 0$_2$ | 0.00$_1$ | 45 | 200 6 | 15.14 | 20 | 048 4 | 78.39 |
| 18 | 000 1 | 0.00$_2$ | 46 | 206 6 | 16.65 | 40 | 033 6 | 84.34 |
| 0.20 | 0.001 1 | 0.01 | 47 | 203 3 | 18.17 | 60 | 024 4 | 88.61 |
| 22 | 005 7 | 0.05 | 48 | 207 4 | 19.68 | 80 | 015 9 | 91.59 |
| 23 | 006 7 | 0.10 | 49 | 195 0 | 21.15 | 2.00 | 0.010 3 | 93.49 |
| 24 | 006 3 | 0.14 | 0.50 | 0.194 2 | 22.60 | 20 | 007 9 | 94.83 |
| 25 | 007 0 | 0.19 | 51 | 188 2 | 24.01 | 40 | 006 4 | 95.89 |
| 26 | 013 0 | 0.27 | 52 | 183 3 | 25.38 | 60 | 004 8 | 96.67 |
| 27 | 023 2 | 0.41 | 53 | 184 2 | 26.74 | 80 | 003 9 | 97.31 |
| 28 | 022 2 | 0.56 | 54 | 178 3 | 28.08 | 3.00 | 0.003 1 | 97.83 |
| 29 | 048 2 | 0.81 | 55 | 172 5 | 29.38 | 20 | 002 3 | 98.22 |
| 0.30 | 0.051 4 | 1.21 | 56 | 169 5 | 30.65 | 40 | 001 7 | 98.51 |
| 31 | 068 9 | 1.65 | 57 | 171 2 | 31.91 | 60 | 001 3 | 98.72 |
| 32 | 083 0 | 2.22 | 58 | 171 5 | 33.18 | 80 | 001 1 | 98.91 |
| 33 | 105 9 | 2.93 | 59 | 170 0 | 34.44 | 4.00 | 0.000 9 | 99.06 |
| 34 | 107 4 | 3.72 | 0.60 | 0.166 6 | 35.68 | 4.50 | 000 6 | 99.34 |
| 35 | 109 3 | 4.52 | 62 | 160 2 | 38.10 | 5.00 | 000 4 | 99.51 |
| 36 | 106 8 | 5.32 | 64 | 154 4 | 40.42 | 6.00 | 000 2 | 99.72 |
| 37 | 118 1 | 6.15 | 66 | 148 6 | 42.66 | 7.00 | 000 1 | 99.82 |
| 38 | 112 0 | 7.00 | 68 | 142 7 | 44.82 | 8.00 | 000 1 | 99.88 |
| 39 | 109 8 | 7.82 | 0.70 | 0.136 9 | 46.88 | 10.00 | 0.000 0$_3$ | 99.94 |
| 0.40 | 0.142 9 | 8.73 | 72 | 131 4 | 48.86 | 15.00 | 000 0$_+$ | 99.98 |
| 41 | 175 1 | 9.92 | 75 | 123 5 | 51.69 | 20.00 | 000 0$_+$ | 99.99 |
| 42 | 0.174 7 | 11.22 | 0.80 | 0.110 7 | 56.02 | 5.00 | 0.000 0$_+$ | 100.00 |

置有长期变化,也会改变地球上某个纬度上所得到的太阳辐射能。黄道倾角(平均为 23.5°)是季节形成的基本原因,它的改变必然影响到地球气候带的变化。如果倾角增大,则赤道到极地的年平均温度梯度将会减小,季节差异也会变化。由于地球扁圆度的影响,日-地系统的二分点及二至点会沿轨道进动,地球大气接受的太阳辐射的季节性变化会发生改变。

一些研究表明,轨道倾角一般在 22.08°～24.43°之间变化,平均周期为 41 000 年;偏心率在 0～0.052 之间变化,平均周期为 97 000 年;二分点沿轨道的进动,平均周期为21 000 年。

应当特别指出的是,轨道参数的变化并不影响太阳入射辐射总量和在两个半球上的同等分配。任一给定地点的全年辐射总量会随黄道倾角的改变而变化;偏心率以及二分点位置的变化会影响全年太阳入射辐射在“冬”“夏”两个半年内的分配。

一般把单位水平面积上接收到的太阳总辐射通量定义为日射,它依赖于太阳天顶角和日地距离,从而与地理纬度、地球自转及绕太阳运行的轨道参数有关。大气顶的日射可以写成如

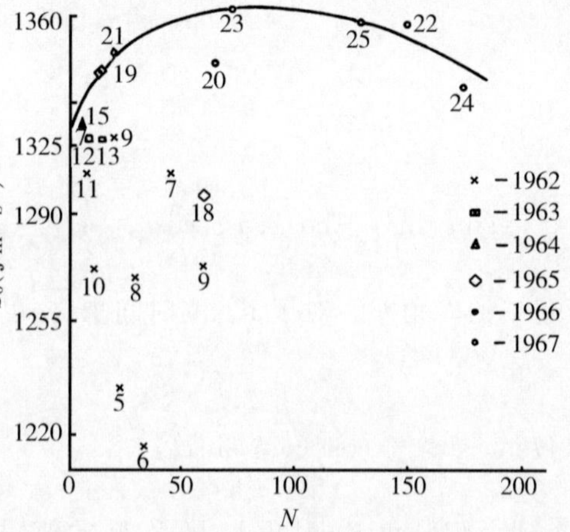


**图 3.1.1** Wolf 相对太阳黑子数($N$)与太阳常数($S_0$)的关系(引自 Kondratyev 和 Nikolsky,1970)

下公式:

$$I=S_0\cos\theta_0\left(\frac{D_m}{D}\right)^2 \tag{3.1.4}$$

其中 $S_0$ 是太阳常数,$\theta_0$ 是太阳天顶角,$(D_m/D)^2$ 是日地距离订正因子。

大气顶水平面上每天(24 h)接收的太阳总辐射通量密度(日射量)可表示成:

$$Q = S_0\left(\frac{D_m}{D}\right)^2\int_{t_r}^{t_s}\cos\theta_0\,dt \tag{3.1.5}$$

这里 $t$ 为时间,$t_r$ 和 $t_s$ 分别表示日出和日落的时间。而由天文学公式

$$\cos\theta_0=\sin\varphi\sin\delta_0+\cos\varphi\cos\delta_0\cos h \tag{3.1.6}$$

可以计算出任一时刻的太阳天顶角 $\theta_0$。上式中 $\varphi$ 是某观测点的地理纬度,$\delta_0$ 是太阳倾角,$h$ 是时角。上述各种参数间的关系可以从图 3.1.2 中看出。

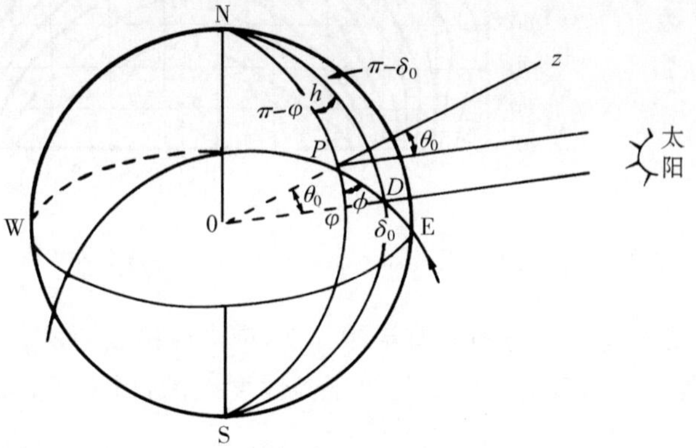


**图 3.1.2** 太阳天顶角 $\theta_0$、太阳倾角 $\delta_0$ 与地理纬度 $\varphi$、时角 $h$ 之间的关系

(图中 $\phi$ 为太阳的方位角)

由于地球的自转角速度 $\omega$ 可以表示为

$$\omega=\frac{\mathrm{d}h}{\mathrm{d}t} \tag{3.1.7}$$

(3.1.5)式则可写成

$$Q = S_0\left(\frac{D_{\mathrm{m}}}{D}\right)^2\int_{-H}^{H}(\sin\varphi\sin\delta_0+\cos\varphi\cos\delta_0\cos h)\frac{\mathrm{d}h}{\omega} \tag{3.1.8}$$

这里 $H$ 是日出(日落)至正午的时角差。对于1 d的时间来讲,可视 $\delta_0$ 为常数,积分(3.1.8)式可以有

$$Q=\frac{S_0}{\pi}\left(\frac{D_{\mathrm{m}}}{D}\right)^2(H\sin\varphi\sin\delta_0+\cos\varphi\cos\delta_0\sin H) \tag{3.1.9}$$

从天文年历中我们可以查到太阳倾角 $\delta_0$、时角差 $H$ 及 $D$ 的值,从而由(3.1.9)式可以计算出大气顶每天的总日射 $Q$ 的纬度分布及其随时间的变化。图3.1.3是大气顶日射的计算结果,其全球分布有以下特点:

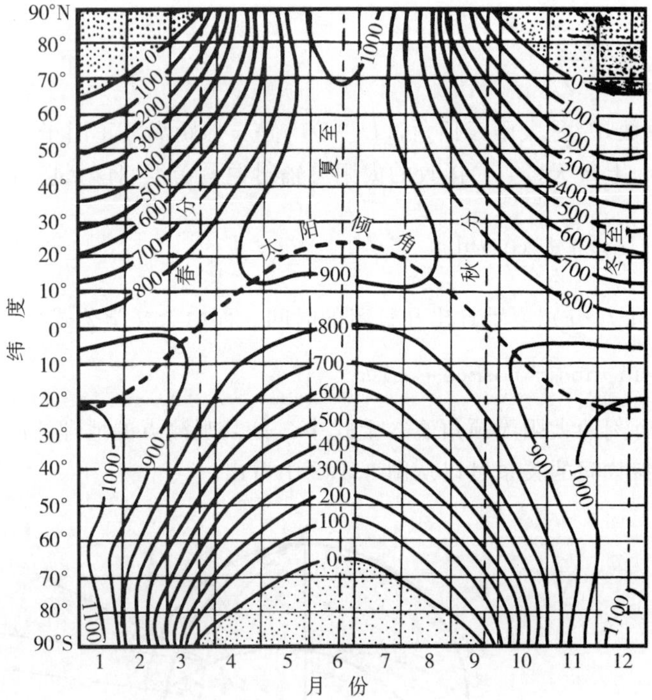


**图3.1.3** 大气顶日射(cal · cm$^{-2}$ · d$^{-1}$)的纬度分布及年变化(引自List,1968)

(1) 南、北半球日射分布略有不对称性,南半球接收的最大日射超过北半球;

(2) 低纬度地区日射的年变化小于高纬度地区,而全年日射总量是低纬度地区大于高纬度地区;

(3) 日射的纬度变化,无论南半球还是北半球均是冬季大于夏季。

大气顶日射量的全球分布和年变化的上述特征,在很大程度上决定了地球大气温度场的

基本形势和变化特征。

## 3.2　大气对太阳短波辐射的吸收

### 3.2.1　大气的吸收和发射概念

当有辐射能量入射到物质表面或在物质中传播时，它的全部或一部分能量给予物质的过程，叫做该物质对辐射能的吸收。吸收的强弱程度一般用吸收系数 $\alpha$ 来表示，它被定义为物质所吸收的入射辐射量占总入射辐射的百分比。

物质的发射或者称热发射，是指在一定温度下物体不断地向四周空间放射电磁辐射的过程。物体的这种放射辐射能的性质和本领，一般可以用比辐射率 $\varepsilon$ 来表示，它是波长 $\lambda$ 和温度 $T$ 的函数。

$$\varepsilon(\lambda,T)=\frac{I(\lambda,T)}{B(\lambda,T)} \tag{3.2.1}$$

这里 $I(\lambda,T)$ 是物体在温度 $T$ 和波长 $\lambda$ 的辐射率，$B(\lambda,T)$ 是黑体辐射率，它们的单位都是 $\mathrm{W\cdot m^{-2}\cdot \mu m^{-1}\cdot sr^{-1}}$。而 $B(\lambda,T)$ 可以写成

$$B(\lambda,T)=\frac{2hc}{\lambda^5(e^{hc/k\lambda T}-1)} \tag{3.2.2}$$

其中 $c$ 是光速；$k=1.380\ 6\times10^{-23}\ \mathrm{J\cdot K^{-1}}$，是 Boltzmann 常数；$h=6.626\ 2\times10^{-34}\ \mathrm{J\cdot s^{-1}}$，是 Planck 常数。

根据 Kirchhoff 辐射定律，在一定温度下，物体的比辐射率 $\varepsilon(\lambda,T)$ 和物体的吸收率 $\alpha(\lambda,T)$ 应该相等。即某物体发射某波长的辐射，也一定吸收某波长的辐射；而且吸收强时，发射也强。当然，Kirchhoff 定律也是大气中各种成分的吸收和放射辐射的一个基本性质。

大气成分吸收和发射辐射的另一基本性质是对波长的选择性，即大气吸收系数 $\alpha$ 随波长的不同而明显改变。根据光谱形成的能级跃迁原理，气体原子具有线型光谱，气体分子具有带状光谱。图 3.2.1 给出了大气的气体吸收光谱，图 3.2.1a 是 6 000 K 和 245 K 温度下的黑体辐射曲线，由于用归一化辐射能表示，两曲线所围成的面积分别对应于地球表面接收到的太阳短波辐射能及发射的红外（长波）辐射能，它们彼此相等；图 3.2.1b 和 c 分别是地面和 11 km 高空大气对太阳短波辐射的吸收曲线，从图中所注的大气成分可以大体知道大气中各种成分的吸收光谱的位置。可以看到，对于太阳短波辐射的吸收来说，大气中的主要吸收成分是臭氧和水汽。

对于波数为 $\upsilon$、强度为 $I_\upsilon$ 的入射辐射，通过 $\mathrm{d}S$ 的距离后，因在路径上有密度为 $\rho$ 的吸收介质的吸收而引起的强度改变应为

$$\mathrm{d}I_\upsilon=-I_\upsilon\rho k_\upsilon\mathrm{d}S \tag{3.2.3}$$

其中 $k_\upsilon$ 为介质的质量吸收系数。积分上式得

$$I_\upsilon = I_{\upsilon0}\,e^{-\int_0^l k_\upsilon\rho \mathrm{d}S} \tag{3.2.4}$$

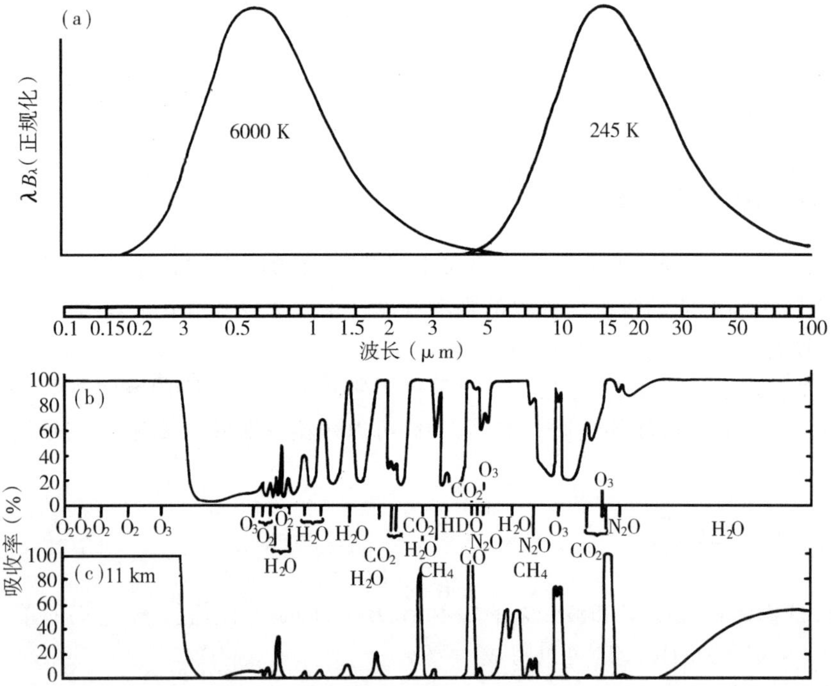


**图 3.2.1** 大气的吸收光谱特性(引自 Goody,1964)

或者写成

$$I(\upsilon,\tau)=I(\upsilon,0)\mathrm{e}^{-\tau(\upsilon,l)} \tag{3.2.5}$$

这里 $\tau$ 是光学厚度,即

$$\tau(\upsilon,l)=\int_0^l k_\upsilon\rho\mathrm{d}S \tag{3.2.6}$$

一般还进一步定义从 0 到 $\tau$ 路径上的光谱透过率 $T(\upsilon,\tau)$ 和光谱吸收率 $A(\upsilon,\tau)$ 分别为

$$T(\upsilon,\tau)=\frac{I(\upsilon,\tau)}{I(\upsilon,0)}=\mathrm{e}^{-\tau} \tag{3.2.7}$$

$$A(\upsilon,\tau)=\frac{I(\upsilon,0)-I(\upsilon,\tau)}{I(\upsilon,0)}=1-\mathrm{e}^{-\tau}=1-T(\upsilon,\tau) \tag{3.2.8}$$

在波数间隔 $\Delta\upsilon=\upsilon_2-\upsilon_1$ 范围的透过函数 $T_{\Delta\upsilon}(\tau)$ 和吸收函数 $A_{\Delta\upsilon}(\tau)$ 可分别写成

$$T_{\Delta\upsilon}(\tau)=\frac{\int_{\upsilon_1}^{\upsilon_2}I(\upsilon,\tau)\mathrm{d}\upsilon}{\int_{\upsilon_1}^{\upsilon_2}I(\upsilon,0)\mathrm{d}\upsilon} \tag{3.2.9}$$

$$A_{\Delta\upsilon}(\tau)=\frac{\int_{\upsilon_1}^{\upsilon_2}[I(\upsilon,0)-I(\upsilon,\tau)]\mathrm{d}\upsilon}{\int_{\upsilon_1}^{\upsilon_2}I(\upsilon,0)\mathrm{d}\upsilon} \tag{3.2.10}$$

在光谱间隔 $\Delta\upsilon$ 不太大的情况下，$I(\upsilon,0)$可视作常数，由(3.2.7)和(3.2.8)式，则有

$$T_{\Delta\upsilon}(\tau)=\frac{1}{\Delta\upsilon}\int_{\Delta\upsilon}T(\upsilon,\tau)\mathrm{d}\upsilon=\frac{1}{\Delta\upsilon}\int_{\Delta\upsilon}\mathrm{e}^{-\tau}\mathrm{d}\upsilon \tag{3.2.11}$$

$$A_{\Delta\upsilon}(\tau)=\frac{1}{\Delta\upsilon}\int_{\Delta\upsilon}A(\upsilon,\tau)\mathrm{d}\upsilon=\frac{1}{\Delta\upsilon}\int_{\Delta\upsilon}(1-\mathrm{e}^{-\tau})\mathrm{d}\upsilon \tag{3.2.12}$$

在实际应用中，往往可以将吸收光谱的结构加以简化，假定其为具有某种特殊线型的谱线结构，并用数学模式表示谱线的位置和强度。采用这种有假想结构的吸收带来对某一光谱间隔的大气吸收进行近似计算，就是所谓谱带模式方法。常用的谱带模式有规则(Elsasser)模式、统计模式和随机 Elsasser 模式等。

### 3.2.2 臭氧的吸收

臭氧对太阳短波辐射有很强的吸收作用，其中在紫外区域有哈特莱带(Hartley bands)和赫金斯带(Huggins bands)两个吸收带，在可见光区域有较弱的查普斯吸收带(Chappuis bands)。图 3.2.2 中的两条曲线分别表示在紫外和可见光谱区，臭氧吸收的太阳辐射随臭氧光程的变化。可以看到，对于查普斯带，其吸收几乎随臭氧含量成正比，表明了弱带特征；而两个紫外吸收带，很快近于饱和，表现了强吸收特征。

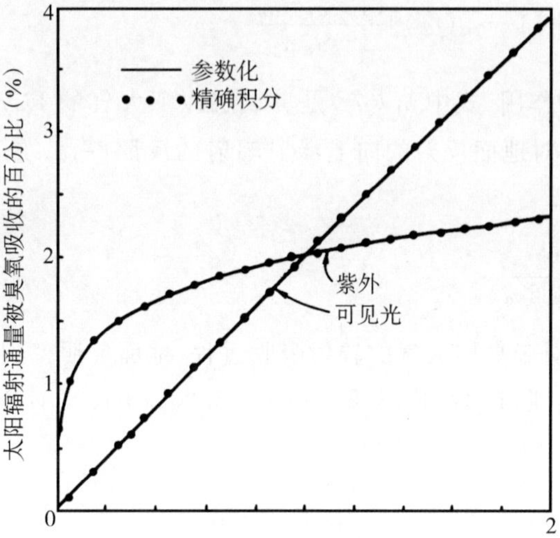


**图 3.2.2** 太阳短波辐射通量被臭氧吸收的百分比与臭氧含量的关系（引自 Lacis 和 Hansen，1974）

臭氧在紫外和可见光区域对太阳短波辐射的吸收率 $A_{ou}$ 和 $A_{ov}$ 可以用臭氧的光程($x$/cm)参数化分别表示成：

$$A_{ou}(x)=\frac{1.082x}{(1+138.6x)^{0.805}}+\frac{0.0658}{1+(103.6x)^3} \tag{3.2.13}$$

$$A_{ov}(x)=\frac{0.02118x}{1+0.042x+0.000323x^2} \tag{3.2.14}$$

而太阳辐射到达第 $i$ 层时的光程可表示为

$$x_i=u_i m_r \tag{3.2.15}$$

其中 $u_i$ 是第 $i$ 层以上垂直气柱内的臭氧含量;$m_r$ 是相对大气质量,即

$$m_r=\frac{35\mu_0}{(1224\mu_0^2+1)^{0.5}} \tag{3.2.16}$$

这里 $\mu_0$ 是太阳天顶角的余弦。

对臭氧吸收来说,除了直接太阳辐射,大气中的漫射辐射也有重要意义,应给予考虑。对于向上的漫射辐射,达到第 $i$ 层的臭氧光程为

$$x_i^*=u_i m_r+\bar{m}_r(u_t-u_i) \tag{3.2.17}$$

其中 $u_t$ 是反射层(地面或云顶)以上垂直气柱内的臭氧含量,$\bar{m}_r$ 可近似取常数 1.9。

令 $A_o=A_{ou}+A_{ov}$,在考虑了漫射辐射后,在第 $i$ 层的臭氧吸收可写成

$$A_{o,i}=\mu_0\{A_o(x_{i+1})-A_o(x_i)+\bar{\alpha}(\mu_0)[A_o(x_i^*)-A_o(x_{i+1}^*)]\} \tag{3.2.18}$$

这里反照率 $\bar{\alpha}(\mu_0)$ 包含了第 $i$ 层以下大气及下垫面(地表或云)的贡献,即

$$\bar{\alpha}(\mu_0)=\alpha_R(\mu_0)+[1-\alpha_R(\mu_0)]\frac{(1-\alpha_R^*)\alpha_g}{1-\alpha_R^*\alpha_g} \tag{3.2.19}$$

这里已考虑了多次反射的作用,式中 $\alpha_R(\mu_0)$ 是臭氧层以下大气的 Rayleigh 散射反照率,同天顶角有关;$\alpha_R^*$ 是散射大气对地面反射的向上漫射辐射的反照率;$\alpha_g$ 是下垫面反照率。一般有 $\alpha_R^*=0.144$,而

$$\alpha_R(\mu_0)=\frac{0.219}{1+0.816\mu_0} \tag{3.2.20}$$

一些研究已经表明,对于高层大气的辐射吸收过程,地面反照率同样具有重要性。只考虑太阳直接辐射的简单处理,即仅用(3.2.13)和(3.2.14)式来计算,只能得到比较粗糙的结果。

### 3.2.3　水汽的吸收

水汽对太阳辐射的吸收是太阳辐射加热大气的重要过程。由于水汽吸收主要发生在近红外波段,Rayleigh 散射可以忽略不考虑。但是由于水汽的吸收系数与波长的关系极大,又难于精确知道其关系,以及吸收系数又明显地受气压和温度的影响,因此,有关水汽吸收的问题也是很复杂的。

对整个太阳光谱而言,水汽的吸收率可用如下公式表示:

$$A_w = \frac{2.9y}{(1+141.5y)^{0.635}+5.925y} \tag{3.2.21}$$

其中 $y$ 是水汽的光程。由于单色吸收率是气压和温度的函数,并且对于不同的谱线有不同的关系,处理起来比较麻烦。目前一般将气压和温度的影响转嫁为对光学厚度或光程的影响,即对光程作气压和温度修正,而给出有效光程,其表达式可写成

$$y_e = y\left(\frac{p}{p_s}\right)^n\left(\frac{T_s}{T}\right)^{\frac{1}{2}} \tag{3.2.22}$$

这里 $p_s$ 和 $T_s$ 分别为标准气压和标准温度,$n$ 为 0.5~1.0 的常数。

同(3.2.18)式类似,晴空条件下水汽在第 $i$ 层对总太阳辐射的吸收率为

$$A_{w,i} = \mu_0\{A_w(y_{i+1}) - A_w(y_i) + \alpha_g[A_w(y_i^*) - A_w(y_{i+1}^*)]\} \tag{3.2.23}$$

其中

$$y_i = \frac{m_r}{g}\int_0^{p_i} q(p)\left(\frac{p}{p_s}\right)^n\left(\frac{T_s}{T}\right)^{\frac{1}{2}}\mathrm{d}p \tag{3.2.24}$$

$$y_i^* = \frac{m_r}{g}\int_0^{p_g} q(p)\left(\frac{p}{p_s}\right)^n\left(\frac{T_s}{T}\right)^{\frac{1}{2}}\mathrm{d}p + \frac{\overline{m}_r}{g}\int_{p_{i+1}}^{p_g} q(p)\left(\frac{p}{p_s}\right)^n\left(\frac{T_s}{T}\right)^{\frac{1}{2}}\mathrm{d}p \tag{3.2.25}$$

这里 $q(p)$是大气比湿的分布,$p_g$ 是地面气压,$g$ 是重力加速度,一般可取$\overline{m}_r=1.66$。

对于标准大气有典型中纬度冬季水汽廓线的情况,取太阳天顶角为 60°,地面反照率为 0.07,不同气压订正情况下的大气加热率如图 3.2.3 所示。显然,气压订正的影响还是比较明显的。

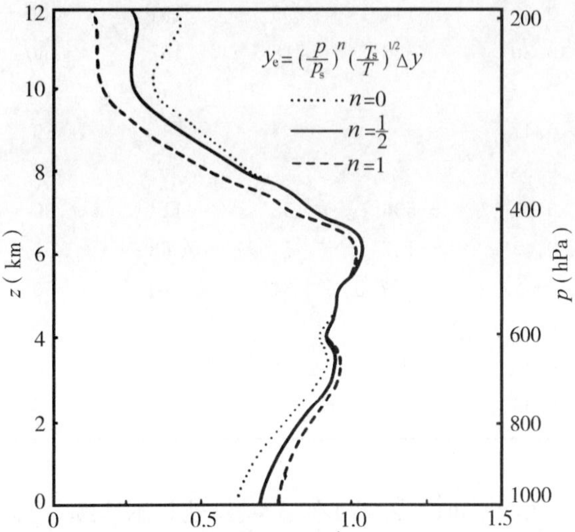


**图 3.2.3** 气压订正对晴空大气加热率的影响(引自 Lacis 和 Hansen,1974)

### 3.2.4 太阳短波辐射加热率

上面已给出了一些计算太阳短波辐射吸收的公式,根据实验测量还可以得到对总吸收的经验公式。例如对于水汽和 $CO_2$ 的吸收,Howard 和 Williams (1956) 就给出总吸收公式如下:

$$A = \int A_\upsilon \mathrm{d}\upsilon = cu^{\frac{1}{2}}(p+e)^k, \qquad A < A_c \tag{3.2.26}$$

和

$$A = \int A_\upsilon \mathrm{d}\upsilon = C + D\lg u + K\lg(p+e), \qquad A > A_c \tag{3.2.27}$$

这里 $u$ 是吸收气体的光程(对水汽单位为 $g \cdot cm^{-2}$;对于 $CO_2$ 为 atm-cm);$p$ 和 $e$ 分别是空气和吸收气体的分压力(mmHg)①;$A_c$ 是某一临界值,$A>(<)A_c$ 表示总吸收较大(小)的情况。上述表达式中 $c$、$k$、$C$、$D$ 和 $K$ 都是经验常数,表 3.2.1 给出了对于水汽和 $CO_2$ 吸收带的有关数值。

**表 3.2.1** 水汽和 $CO_2$ 吸收带的经验常数(引自 Liou,1980)

| 波长 ($\lambda/\mu$m) | $c$ | $k$ | $C$ | $D$ | $K$ | $A_c$ ($cm^{-1}$) | $\Delta\upsilon$ ($cm^{-1}$) | $x_0$ ($g \cdot cm^{-1}$) |
|---|---|---|---|---|---|---|---|---|
| 水汽: | | | | | | | | |
| 0.94 | 38 | 0.27 | −135 | 230 | 125 | 200 | 1 400 | 3.85 |
| 1.1 | 31 | 0.26 | −292 | 345 | 180 | 200 | 1 000 | 7.02 |
| 1.38 | 163 | 0.30 | 202 | 460 | 198 | 350 | 1 500 | 0.36 |
| 1.87 | 152 | 0.30 | 127 | 232 | 144 | 257 | 1 100 | 0.28 |
| 2.7 | 316 | 0.32 | 337 | 246 | 150 | 200 | 1 000 | 0.04 |
| 3.2 | 40.2 | 0.30 | −144 | 295 | 151 | 500 | 540 | 3.25 |
| 6.3 | 356 | 0.30 | 320 | 218 | 157 | 160 | 900 | 0.41 |
| $CO_2$: | | | | | | | | |
| 1.4 | 0.058 | 0.41 | — | — | — | 80 | 600 | |
| 1.6 | 0.063 | 0.38 | — | — | — | 80 | 550 | |
| 2.0 | 0.492 | 0.39 | −536 | 138 | 114 | 80 | 450 | |
| 2.7 | 3.15 | 0.43 | −137 | 77 | 68 | 50 | 320 | |
| 4.3 | — | — | 27.5 | 34 | 31.5 | 50 | 340 | |
| 4.8 | 0.12 | 0.37 | — | — | — | 60 | 180 | |
| 5.2 | 0.024 | 0.40 | — | — | — | 30 | 110 | |
| 15.0 | 3.16 | 0.44 | — | — | — | 55 | 250 | |

可以看到,表达式(3.2.26)和(3.2.27)在 $A=A_c$ 处并不连续,因此,也有人将其统一给出一个近似公式,即

① 1 mmHg=133.322 4 Pa。在现行法定计量单位中,mmHg 是非许用单位。

$$A = C + D\lg(x + x_0) \tag{3.2.28}$$

其中 $x = up^{\frac{K}{D}}$，$x_0 = 10^{-\frac{c}{D}}$。

由图 3.2.4 可以看到，在大气中高度为 $z$ 处，净辐射通量密度可以写成

$$F_\upsilon(z) = F_\upsilon^{\downarrow}(z) - F_\upsilon^{\uparrow}(z) \tag{3.2.29}$$

对于大气薄层 $\Delta z$，其净辐射通量密度则为

$$\Delta F_\upsilon(z) = F_\upsilon(z) - F_\upsilon(z+\Delta z) \tag{3.2.30}$$

而在通过 $\Delta z$ 层后出现净辐射通量差的原因在于 $\Delta z$ 层中大气的吸收作用。若用 $A_\upsilon(\Delta z)$ 表示薄层 $\Delta z$ 中大气在 $\upsilon$ 光谱带(中心频率为 $\upsilon$)的平均吸收，即 $A_\upsilon(\Delta z) = A/\Delta\upsilon$，则有关系式

$$\Delta F_\upsilon(z) = -[F_\upsilon^{\downarrow}(z+\Delta z) + F_\upsilon^{\uparrow}(z)]A_\upsilon(\Delta z) \tag{3.2.31}$$

注意，这里的讨论包括了反射和散射过程，否则图 3.2.4 中均不应出现 $F_\upsilon^{\uparrow}(z)$ 和 $F_\upsilon^{\uparrow}(z+\Delta z)$。

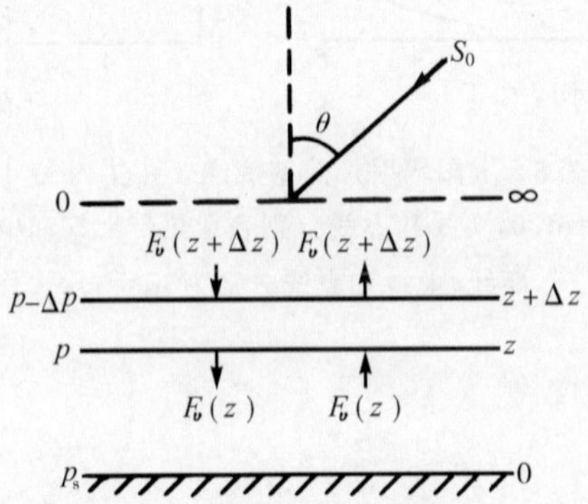


**图 3.2.4**　太阳短波辐射通量示意图

被薄层 $\Delta z$ 所吸收的辐射能量将使该层大气加热，即

$$\Delta F_\upsilon(z) = -\rho c_p \Delta z \frac{\partial T}{\partial t} \tag{3.2.32}$$

该气层的加热率

$$\frac{\partial T}{\partial t} = -\frac{1}{\rho c_p}\frac{\Delta F_\upsilon(z)}{\Delta z} = \frac{1}{\rho c_p}\frac{[F_\upsilon^{\downarrow}(z+\Delta z) + F_\upsilon^{\uparrow}(z)]A_\upsilon(\Delta z)}{\Delta z} \tag{3.2.33}$$

或者

$$\frac{\partial T}{\partial t} = -\frac{g}{c_p}\frac{\Delta F_\upsilon(p)}{\Delta p} \tag{3.2.34}$$

将太阳短波辐射分为 $N$ 个光谱间隔(带)，那么由于吸收太阳短波辐射造成的总加热率可写成

$$\frac{\partial T}{\partial t} = \sum_{j=1}^{N}\left(\frac{\partial T}{\partial t}\right)_j \tag{3.2.35}$$

对于不同地区以及不同的天顶角，0～30 km 大气的太阳短波辐射加热率廓线如图 3.2.5 所示。既考虑了水汽、$O_3$、$CO_2$ 和 $O_2$ 对太阳辐射的吸收，也考虑了地面反射和分子散射作用。对流层主要为水汽的吸收，热带地区水汽含量高，加热率也大，平流层主要是臭氧的吸收，加热率随高度增加。太阳天顶角对加热率有明显影响。

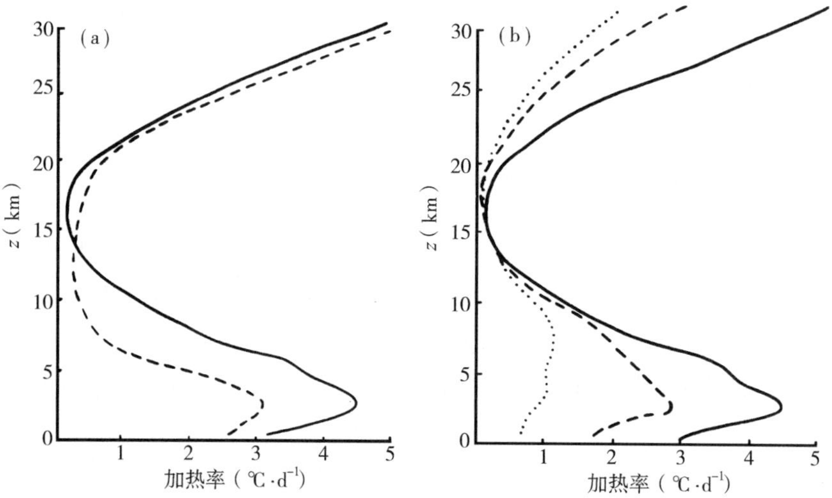


**图 3.2.5** 太阳辐射加热率廓线(引自 Liou,1980)

(a) $\alpha_s=0.15$,$\mu_0=\cos\theta=1.0$,实线和虚线分别表示热带大气和中纬度冬季大气的情况;

(b) 热带晴空大气,实线、虚线和点线分别为 $\mu_0=1.0$,0.6 及 0.2 的情况

# 3.3 地表辐射特性

在地气系统对太阳能的总吸收中,大气的吸收部分只占 25%左右,地球表面吸收了大部分太阳辐射能,在地气系统的能量平衡及气候的形成和变化中有极重要的作用。

## 3.3.1 地表反照率

地球表面能获得多少太阳辐射能,在很大程度上依赖于地表反照率。根据计算,在其他条件不变的情况下,地表反照率变化 0.01 所造成的系统能量输入的改变几乎等效于太阳常数变化 1%。足见地表反照率及其精确测定的重要性。

在气象学上通常关心的是某一区域内的平均反照率,其区域的尺度可以达到几百公里。这种区域(特别是在陆地上)往往可由几种特殊的地表拚组而成,其中的每一块具有各自的反照率和反照率变化特性。问题的关键在于得到区域的平均值,而且这个平均量还是某些参数(例如天顶角等)的函数。

由于地气系统的辐射吸收具有波长选择性,主要吸收发生在某些谱带。那么,在这些吸收谱带,地表的反照率如何更具特殊的意义。一般地,对于 300~400 nm、300~800 nm 及 0.8~2.0 μm 谱带的平均反照率是尤其重要的,因为它们分别对应地表反射辐射对臭氧吸收、Rayleigh 散射和水汽吸收有重要作用的谱区。不同的下垫面,其反照率随辐射波长的变化也很不一样,图 3.3.1 表明,绝大多数地表(雪例外)对紫外区的反照率只是对可见光区反照率的1/2到1/3;而对近红外区的反照率要比对可见光区的反照率高 2~3 倍。

在表 3.3.1~3.3.5 中,我们给出一些下垫面反照率的测量数据,供读者参考使用。

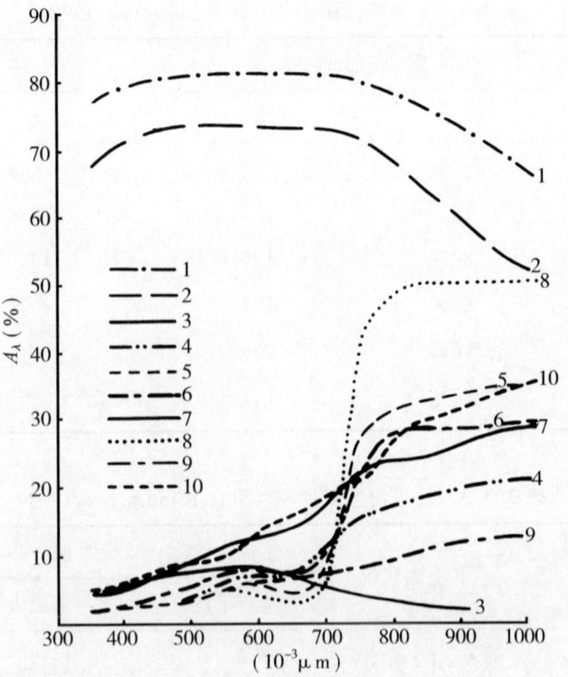


**图 3.3.1**　不同太阳高度角($r$)时不同自然下垫面的光谱反照率($A_\lambda$%)(引自 Kondratyev,1973)

(1:带冰盖的雪($r$=38°);2:大粒湿雪($r$=37°);3:湖泊水面($r$=56°);4:雪融后的土壤($r$=24°30′);

5:青玉米($r$=54°);6:高的绿玉米($r$=56°);7:黄玉米($r$=46°);

8:苏丹草($r$=52°);9:黑钙土($r$=40°);10:谷物禾苗($r$=35°))

**表 3.3.1**　不同植被的反照率(引自 Kondratyev,1972)

| 地表特征 | 反照率(%) | 太阳高度角(°) |
|---|---|---|
| 马铃薯: | | |
| 绿色植株高 40～50 cm,盖地 50% | 18 | 63 |
| 花期 | 16 | 71 |
| 花期结束 | 15 | 71 |
| 叶子开始枯萎 | 13 | 72 |
| 叶子已枯萎,盖地少于 50% | 11 | 71 |
| 玉米: | | |
| 植株高 15～20 cm,盖地 40%～50% | 16 | 69 |
| 植株高 40～50 cm,盖地 70%～75% | 18 | 70 |
| 植株高 140～200 cm,有绿玉米棒,盖地 80% | 20 | 70 |
| 植株高 200～250 cm,全部成熟 | 23 | 69 |
| 冬小麦: | | |
| 淡绿色 | 13 | 41.7 |
| 成熟期,黄色 | 17 | 41.7 |
| 完全成熟,浅黄色 | 21 | 41.7 |
| 绿色牧场,植株高 25 cm | 18 | 30 |
| 牧草枯萎 | 13 | 30 |

**表 3.3.2** 土壤反照率(引自 Kondratyev,1972)

| 土壤特征 | 整平的地面 | | 耕翻过的地面 | |
|---|---|---|---|---|
| | 干 | 湿 | 干 | 湿 |
| 黑土,黑灰色 | 13% | 8% | 8% | 4% |
| 浅栗钙土,灰色 | 18% | 10% | 14% | 6% |
| 栗钙土,灰红色 | 20% | 12% | 15% | 7% |
| 沙土,灰色 | 25% | 18% | 20% | 11% |
| 白沙土 | 40% | 20% | — | — |
| 发蓝的黏土 | 23% | 16% | — | — |

**表 3.3.3** 北极海冰反照率(引自 Kondratyev,1972)

| 下垫面特征 | 下垫面状况 | 反照率(%) | | |
|---|---|---|---|---|
| | | 平均 | 最大 | 最小 |
| 无雪近岸海冰 | 绿色,干(春天) | 45 | 50 | 40 |
| 正融化的近岸冰 | 灰色,湿 | 50 | 55 | 45 |
| 正融化的无雪大块冰 | 灰色,湿 | 56 | 67 | 49 |
| 结冰的融水洼 | 灰色 | 44 | 50 | 42 |

**表 3.3.4** 在北极第 4、6、7 漂浮站测得的雪面反照率(引自 Kondratyev,1972)

| 雪面特征 | 湿况和颜色 | 反照率(%) | | |
|---|---|---|---|---|
| | | 平均 | 最大 | 最小 |
| 刚下的雪 | 干,亮白,清洁 | 88 | 98 | 72 |
| 刚下的雪 | 湿,亮白 | 80 | 85 | 80 |
| 刚吹积的雪 | 干,清洁,疏松块 | 85 | 96 | 70 |
| 刚吹积的雪 | 湿,灰白 | 77 | 81 | 59 |
| 2~5 d 前下(吹)的雪 | 干,清洁 | 80 | 86 | 75 |
| 2~5 d 前下(吹)的雪 | 湿,灰白 | 75 | 80 | 56 |
| 压实的雪 | 干,清洁 | 77 | 80 | 66 |
| 压实的雪 | 湿,灰白 | 70 | 75 | 61 |
| 有晶纹的雪 | 湿 | 63 | 75 | 52 |
| 混有冰的雪 | 干,灰白 | 65 | 70 | 58 |
| 水浸泡的雪 | 浅绿 | 35 | — | 28 |

**表 3.3.5** 在晴空条件下,不同纬度处月平均水面反照率的年变化(引自 Kondratyev,1972)

| 纬度＼月 | 1 | 2 | 3 | 4 | 5 | 6 | 7 | 8 | 9 | 10 | 11 | 12 |
|---|---|---|---|---|---|---|---|---|---|---|---|---|
| 80° | — | — | 50 | 22 | 12 | 10 | 11 | 17 | 34 | — | — | — |
| 70° | — | 54 | 25 | 12 | 8 | 7 | 7 | 10 | 18 | 38 | — | — |
| 60° | 47 | 26 | 13 | 7 | 6 | 5 | 5 | 6 | 10 | 20 | 38 | 55 |
| 50° | 23 | 14 | 8 | 5 | 5 | 4 | 4 | 5 | 7 | 11 | 20 | 27 |
| 40° | 12 | 8 | 6 | 5 | 4 | 4 | 4 | 4 | 5 | 7 | 11 | 14 |
| 30° | 8 | 6 | 5 | 4 | 4 | 4 | 4 | 4 | 4 | 5 | 7 | 8 |
| 20° | 6 | 5 | 4 | 4 | 4 | 4 | 4 | 4 | 4 | 4 | 5 | 6 |
| 10° | 5 | 4 | 4 | 4 | 4 | 4 | 4 | 4 | 4 | 4 | 4 | 5 |
| 0° | 4 | 4 | 4 | 4 | 4 | 4 | 4 | 4 | 4 | 4 | 4 | 4 |

应该指出,地表反照率不仅同太阳高度角有关,而且也同天空云量有关。一般是太阳高度角越大,其反照率越小;天空云量越多,反照率越小。两者相比较,反照率随太阳高度角的增加而减小得更为明显。

假定对于某一给定的太阳天顶角 $\theta$,行星反照率为 $\alpha_0(\theta)$,大气对太阳辐射的反射率为 $\alpha_a(\theta)$,吸收率为 $A_a(\theta)$,大气对向上的漫射辐射的反射率为 $\alpha_a^*$,这样,在只考虑一次地面反射的情况下,可以有关系式

$$\alpha_0(\theta)=\alpha_a(\theta)+[1-\alpha_a(\theta)-A_a(\theta)]\alpha_g(\theta)(1-\alpha_a^*) \tag{3.3.1}$$

地表反照率 $\alpha_g$ 则可表示成

$$\alpha_g(\theta)=\frac{\alpha_0(\theta)-\alpha_a(\theta)}{[1-\alpha_a(\theta)-A_a(\theta)](1-\alpha_a^*)} \tag{3.3.2}$$

显然,行星反照率并不是地表反照率和大气反照率的简单相加。地表反照率有可能比行星反照率大很多,尤其是对雪面的情况。

(3.3.2)式表明地表反照率是太阳天顶角的函数,在大部分模式的精度范围内,可以认为不同类型的地表有相同的 $\alpha_g(\theta)$形式。如果已知在高太阳高度角时的反照率 $\alpha_{g1}$,可以简单地给出表达式

$$\alpha_g(\theta)=\alpha_{g1}+(1-\alpha_{g1})e^{-k(90^\circ-\theta)} \tag{3.3.3}$$

其中 $k$ 的量级为 0.1。图 3.3.2 给出了若干地表反照率与太阳高度角 $r$ 的关系,其中虚线是按(3.3.3)式计算的沙漠的反照率。显然,在太阳高度角不是很小的情况下,(3.3.3)式是一个很好的近似关系式。

通过卫星观测资料亦可计算出地表的反照率。表 3.3.6 是一些卫星资料的结果,可作为大范围地表反照率的参考数据。

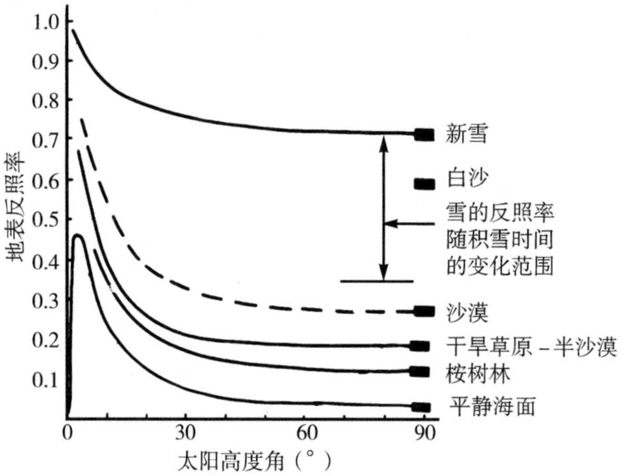


**图 3.3.2** 若干种地表的反照率与太阳高度角 $r$ 的关系 (引自 Paltridge 和 Platt,1976)

**表 3.3.6** 由卫星资料得到的地表反照率 (引自 Kondratyev,1972)

| 地 表 面 | 反照率(%) |
|---|---|
| 白色沙滩(美国新墨西哥州) | 60 |
| 沙地(山谷、平原和坡地) | 27 |
| 沙荒地 | 17 |
| 针叶林 | 12 |
| 湖泊(美国大盐湖) | 9 |
| 海面(墨西哥湾) | 9 |
| 海面(太平洋) | 7 |
| 陈雪覆盖数天的山边森林 | 59 |

## 3.3.2 云的反照率

大气中的云层在地气系统的辐射过程中有着极为重要的作用,后面将以一节的篇幅对其作专门讨论。为了本节论述的系统性,这里先讨论一下云的反照率问题。

飞机、气球和卫星的一系列观测表明,云的反照率既依赖于云的厚度、形状和太阳高度角,还同云的黑度和下垫面的反照率有关。表 3.3.7 给出了低云的反照率同地表类型及云况的关系;表 3.3.8 给出了层云和层积云的反照率与太阳高度角和云中含水量的关系。可以看到,云的反照率也有相当宽的变化范围。

**表 3.3.7** 各种下垫面情况下低云的反照率(%) (引自 Kondratyev,1972)

| 下 垫 面 | 云中冰晶量 | 云 量 | | | 无云情况 |
|---|---|---|---|---|---|
| | | 浓厚 | 中等 | 透光 | |
| 9~10 成冰 | 0 | 86 | 83 | 79 | 79 |
| 9~10 成冰 | 1 成 | 82 | 76 | 70 | 70 |
| 9~10 成冰 | 1~2 成 | 73 | 67 | 58 | 57 |
| 9~10 成冰 | 2~3 成 | 71 | 61 | 51 | 45 |
| 冻土带 | — | 61 | 46 | 30 | 17 |
| 水 面 | — | 58 | 45 | 25 | 8 |

表 3.3.8 层云和层积云的反照率(%)与太阳高度角、云的含水量及云厚的关系
(引自 Kondratyev,1972)

| 太阳高度角 | 云的总含水量($g \cdot m^{-2}$) | | | | 云厚(m) | | | | |
|---|---|---|---|---|---|---|---|---|---|
| | 0～20 | 20～40 | 60～80 | 130～170 | 120～210 | 190～340 | 340～440 | 500～600 | 600～760 |
| 10° | 64 | 74 | 81 | 87 | 62 | 72 | 76 | 82 | 85 |
| 20° | 56 | 68 | 75 | 81.5 | 60 | 70 | 75 | 80 | 83 |
| 30° | 51 | 64 | 71 | 78 | 56 | 66 | 75 | 78 | 82 |
| 40° | 46 | 64 | 69.5 | 77 | 52 | 60 | 73 | 74 | 81 |
| 50° | 43 | 64 | 68 | — | 47 | — | 70 | 70 | — |

根据卫星云图的亮度所确定的各种云的反照率如表 3.3.9 所示,表明云的反照率在 29%～92%之间,依情况而定。

### 3.3.3 地表的比辐射率和净辐射量

地球表面并不真正像黑体一样以地表温度向外放射红外辐射,为描写地表的放射本领及特征,一般用比辐射率来表征。所谓比辐射率就是地表的实际辐射通量同相等温度下的黑体辐射通量的比值。地表比辐射率将随表面特征和波长而改变,尤其是地表特征对比辐射率影响很大。

表 3.3.9 各类云(云盖面超过 80%)的平均反照率 (引自 Conover,1965)

| 云的种类 | 反照率(%) |
|---|---|
| 大而厚的积雨云 | 92 |
| 云顶在 6 km 以下的小积雨云 | 86 |
| 陆地上的淡积云 | 29 |
| 陆地上的积云和层积云 | 69 |
| 陆地上的层积云 | 68 |
| 海上的厚层云,云底高约 0.5 km | 64 |
| 海上的厚层积云 | 60 |
| 海上的薄层云 | 42 |
| 厚的卷层云,有降水 | 74 |
| 陆上卷云 | 36 |
| 陆上卷层云 | 32 |

表 3.3.10 给出的是各种物质的垂直比辐射率 $\varepsilon_g$,其值以湿雪表面最大(0.997),以石英表面最小(0.712)。在气象学中更有意义的是通量比辐射率 $\varepsilon'_g$,而不是垂直比辐射率。通量比辐射率由于扣除了地表的红外反射率 $R_I$,$\varepsilon'_g=1-R_I$,一般都比垂直比辐射率略小。例如在大气窗区(8～12 $\mu$m),水面的垂直比辐射率为 0.993,而通量比辐射率为 0.95。

表 3.3.10 不同物质表面在大气窗区的比辐射率(引自 Kondratyev,1972)

| 物 质 | 比辐射率($\varepsilon_g$) | 物 质 | 比辐射率($\varepsilon_g$) |
|---|---|---|---|
| 纯干砂 | 0.946 | 石英 | 0.712 |
| 纯湿砂 | 0.962 | 花岗岩 | 0.815 |
| 干砂壤 | 0.954 | 凹凸不平的花岗岩 | 0.898 |
| 湿砂壤 | 0.968 | 晶石矿场 | 0.870 |
| 干泥煤 | 0.970 | 黑曜岩 | 0.862 |
| 湿泥煤 | 0.983 | 凹凸不平的黑曜岩 | 0.837 |
| 草深的绿色草原 | 0.986 | 玄武岩 | 0.904 |
| 湿砂壤上的浅草原 | 0.975 | 凹凸不平的玄武岩 | 0.934 |
| 针叶林 | 0.971 | 纯橄榄岩 | 0.856 |
| 刚下的雪 | 0.986 | 凹凸不平的橄榄岩 | 0.892 |
| 干雪(-2.5℃) | 0.996 | 白云岩 | 0.929 |
| 污浊的雪 | 0.969 | 凹凸不平的白云岩 | 0.958 |
| 湿雪(0℃) | 0.997 | 白云岩砾石,0.5 cm 石块 | 0.959 |
| 冰 | 0.98 | 大粒石英砂 | 0.914 |
| 干净的水 | 0.993 | 浸湿的大粒石英砂 | 0.936 |
| 有油膜的水 | 0.972 | 干的粗糙土路 | 0.966 |

一些研究表明,地表比辐射率的变化对地面气温有明显影响。例如,在纯辐射平衡情况下,应有

$$(1-\alpha_g)F_s^{\downarrow}=\varepsilon_g(1-\varepsilon_a)\sigma T_g^4 \tag{3.3.4}$$

其中 $F_s^{\downarrow}$ 是到达地面的太阳短波辐射,$\varepsilon_a$ 是大气的比辐射率。如果原来的能量平衡导致地表温度约为 300 K,那么地表的比辐射率减小 0.01 时,为了维持平衡就要求 $T_g$ 上升 1.8 K。在考虑了地球和大气间的热量(感热和潜热)输送过程后,在其总能量平衡的情况下,$\varepsilon_g$ 改变 0.01 将引起 $T_g$ 变化 0.8 K。

在有云的情况下,直接太阳辐射会受到极大影响,漫射辐射有重要贡献。对某一给定时刻,即给定太阳天顶角 $\theta$,向下的太阳辐射通量 $F_s^{\downarrow}(\theta)$ 可以表示成

$$F_s^{\downarrow}(\theta)=S_0(1-\sum_i \alpha_{ci}c'_i)[1-A_w-\alpha_a(1-c^*)]\cos\theta \tag{3.3.5}$$

这里 $S_0$ 是太阳常数,$A_w$ 是水汽吸收,$\alpha_a$ 是晴空大气反照率,$\alpha_{ci}$是高度 $i$ 处的云及云上大气的反照率,$c'_i$ 是高度 $i$ 处的云量,$c^*$ 是观测到的总云量的积分值。日平均的向下太阳辐射通量为

$$F_s^{\downarrow}=\sum_{t_1}^{t_2}\frac{F_s^{\downarrow}(\theta)}{t} \tag{3.3.6}$$

其中 $t_1$ 和 $t_2$ 是日出和日落的时间,$t$ 是同求和时间步长有关的时间周期。

在晴空条件下，地表的向上长波辐射通量应为 $\varepsilon_g \sigma T_g^4$；因大气中水汽和 $CO_2$ 放射而到达地面的长波辐射通量，在不作精确计算的情况下可以由经验公式确定，因为有关系式

$$F_L^{\downarrow} = \sigma T_g^4 (a + b e^{1/2}) \tag{3.3.7}$$

其中 $e$ 是大气中的水汽压；$a$ 和 $b$ 均为经验常数，因地而异，一些地方可取$a=0.52$，$b=0.065$。或者直接用 $F_L^{\downarrow}$ 与 $T_g$ 的经验关系

$$F_L^{\downarrow} = 5.31 \times 10^{-14} T_g^6 \quad (\mathrm{mW \cdot cm^{-2}}) \tag{3.3.8}$$

考虑到云层的影响，向下长波辐射通量可简单表示成

$$F_{LT}^{\downarrow} = F_L^{\downarrow} + (1 - 0.7) \varepsilon_c \sigma T_c^4 c^* \tag{3.3.9}$$

这里 $\varepsilon_c$ 是云的比辐射率；$T_c$ 为云的温度，可由云高确定。

这样，在地表可以有辐射平衡关系式

$$F_s^{\downarrow} + F_{LT}^{\downarrow} = \varepsilon_g \sigma T_g^4 \tag{3.3.10}$$

其中 $F_s^{\downarrow}$ 和 $F_{LT}^{\downarrow}$ 可分别由式(3.3.6)和(3.3.9)计算得到。

## 3.4 晴空大气红外辐射传输

大气中的一些微量气体不仅对长波红外辐射有很强的吸收作用，而且以其温度向外发射红外辐射。某层大气通过辐射过程是变暖还是变冷，将取决于该层大气的净辐射通量的正负值。

### 3.4.1 大气红外辐射特性

对于红外辐射过程来说，大气中的水汽、$CO_2$ 和 $O_3$ 具有极大的作用。对于地球大气的红外辐射传输而言，水汽的重要吸收带是 6.3 μm 振转带和处于 20 μm～1 mm 之间的纯转动带。同时，在“大气窗区”和水汽的各转动谱线之间，水汽还具有明显的连续吸收，这种连续吸收被认为是 6.3 μm 带和纯转动带中强线的远翼吸收，以及大气中含量不多的双水分子的吸收造成的。水汽的辐射过程在对流层，尤其是在对流层下部起着主要的作用。

$CO_2$ 是大气中另一种重要的红外吸收气体，由于它的混合比不随高度变化，同时在对流层高层和平流层中水汽混合比很小，因此，$CO_2$ 对平流层的冷却起主要作用。$CO_2$ 的主要吸收带是 15 μm 带，其次还有 4.3 μm 和 2.7 μm 带。

$O_3$ 是大气中第三种重要的吸收气体，除了前面已提到的三个重要的在紫外及可见光区的强吸收带外，在红外区也有重要的 9.6 μm 带，以及 4.7 μm 和 14.1 μm 吸收带。

另外，大气中的 $N_2O$、$CH_4$ 以及 CO 等也都有各自的红外吸收带。表 3.4.1 给出了几种主要大气吸收气体的红外吸收带的中心波长及波数，从中我们可以知道各种主要红外吸收带的位置。

表 3.4.1　大气中的主要红外吸收气体及其吸收带 (引自 Paltridge 和 Platt,1976)

| 吸收气体 | 强吸收带 | | 弱吸收带 | |
|---|---|---|---|---|
| | 波长(μm) | 波数($cm^{-1}$) | 波长(μm) | 波数($cm^{-1}$) |
| 水汽($H_2O$) | 1.4 | 7 142 | 0.9 | 1 111 |
| | 1.9 | 5 263 | 1.1 | 9 091 |
| | 2.7 | 3 704 | | |
| | 6.3 | 5 787 | | |
| | 13～1 000 | | | |
| 二氧化碳($CO_2$) | 2.7 | 3 704 | 1.4 | 7 142 |
| | 4.3 | 2 320 | 1.6 | 6 250 |
| | 14.7 | 680 | 2.0 | 5 000 |
| | | | 5.0 | 2 000 |
| | | | 9.4 | 1 064 |
| | | | 10.4 | 962 |
| 臭氧($O_3$) | 4.7 | 2 128 | 3.3 | 3 030 |
| | 9.6 | 1 042 | 3.6 | 2 778 |
| | 14.1 | 709 | 5.7 | 1 754 |
| 一氧化二氮($N_2O$) | 4.5 | 2 222 | 3.9 | 2 564 |
| | 7.8 | 1 282 | 4.1 | 2 439 |
| | | | 9.6 | 1 042 |
| | | | 17.0 | 588 |
| 甲烷($CH_4$) | 3.3 | 3 030 | | |
| | 3.8 | 2 632 | | |
| | 7.7 | 1 299 | | |
| 一氧化碳(CO) | 4.7 | 2 128 | 2.3 | 4 348 |

### 3.4.2　谱带吸收模式

对于气象和气候应用来讲,并不要求确定吸收光谱的精细结构,往往只需知道在某一个光谱区间大气的总吸收如何,而且对光谱分辨率的要求也不高。这样,我们可将吸收光谱假定为某种特殊线型,其谱线位置和强度用简单的数学模型表示。利用这种假定结构的吸收带来近似计算某一光谱区间的大气气体的吸收,就是所谓的谱带模式法。

假定吸收带是由等强度($s$)、等半宽度($\alpha$)及等线距($d$)的无穷光谱线所组成,且其谱线为 Lorentz 线型。这样的谱带模式称其为规则模式,也叫 Elsasser 模式。在这种模式中,第 $i$ 条谱线在频率(或波数)$\upsilon$ 处的吸收系数为

$$k_i(\upsilon)=\frac{s}{\pi}\frac{\alpha}{(\upsilon-\upsilon_i)^2+\alpha^2} \tag{3.4.1}$$

其中 $\upsilon_i$ 是第 $i$ 条谱线的中心频率。所有谱线在 $\upsilon$ 处的总吸收系数可表示成

$$k(\upsilon)=\sum_i k_i(\upsilon) \tag{3.4.2}$$

或者写成

$$k(\upsilon)=\frac{s}{d}\frac{\sinh\beta}{\cosh\beta-\cos\delta} \tag{3.4.3}$$

这里 $\beta=2\pi\alpha/d$，$\delta=2\pi\upsilon/d$。整个谱带 $\Delta\upsilon$ 区间的吸收函数 $A_{\Delta\upsilon}$ 则为

$$A_{\Delta\upsilon}=\sinh\beta\int_0^y I_0(y)\mathrm{e}^{-y\cosh\beta}\mathrm{d}y \tag{3.4.4}$$

其中 $I_0$ 是零阶虚宗量 Bessel 函数，则

$$y=\frac{su}{d\sinh\beta} \tag{3.4.5}$$

$u$ 是光学路径，其表达式可写成

$$u=\int_0^L\rho\mathrm{d}l \tag{3.4.6}$$

这里 $\rho$ 是吸收物质的密度，$L$ 是光线所通过的介质的路程长度。

对于 Elsasser 积分，(3.4.4)式还可以进行简化，从而得到近似表达式：

(1) 弱线近似

当 $\beta$ 足够大的时候，(3.4.4)式可近似为

$$A_{\Delta\upsilon}=1-\mathrm{e}^{-\beta x} \tag{3.4.7}$$

其中 $x=su/2\pi\alpha$。弱线近似在 $\beta\geqslant1$ 时就可采用，该条件意味着谱线强烈地重叠，这对于压力较大的大气低层比较适合。

在吸收很小的时候，弱线近似还可进一步简化为

$$A_{\Delta\upsilon}=\beta x=su/d \tag{3.4.8}$$

表示一种线性吸收关系。

(2) 强线近似

当 $\beta$ 很小，$x$ 很大时，则有

$$A_{\Delta\upsilon}=\Phi\left(\frac{\beta^2x}{2}\right)^{\frac{1}{2}} \tag{3.4.9}$$

这里

$$\Phi(t)=\frac{2}{\sqrt{\pi}}\int_0^t\mathrm{e}^{-\zeta^2}\mathrm{d}\zeta \tag{3.4.10}$$

在气压不大的大气高层，谱线中心吸收比较完全，谱线较为稀疏，强线近似运用较多。

(3)不重叠线近似

强线近似和弱线近似取决于谱线中心处的吸收大小以及谱线的重叠程度。如果只要求谱线相互间不明显重叠，并不管谱线中心的吸收如何，则有所谓的不重叠线近似，这时(3.4.4)式可近似有

$$A_{\Delta\upsilon}=\beta x\mathrm{e}^{-x}[I_0(x)-I_1(x)] \tag{3.4.11}$$

这里 $I_1(x)$是一阶虚宗量的 Bessel 函数。

当吸收带中的谱线分布很不规则、强弱变化很大时,上述周期模式并不适用。用统计方法来描写有明显随机性谱线的模式,就是随机模式或统计模式。

在谱线强度服从 Poisson 分布,而谱线仍为 Lorentz 线型的情况下,吸收函数有如下形式

$$A_{\Delta\upsilon}=1-\mathrm{e}^{-\frac{s_0 u\alpha}{d(\alpha^2+s_0\alpha u/\pi)^{1/2}}}=1-\mathrm{e}^{\frac{\beta x_0}{1+2x_0}} \tag{3.4.12}$$

这里 $x_0=s_0u/2\pi\alpha$,$s_0$ 是平均谱线强度。当 $x_0\ll 1$ 时,有弱线近似

$$A_{\Delta\upsilon}=1-\mathrm{e}^{-\beta x_0} \tag{3.4.13}$$

当 $x_0\gg 1$ 时,有强线近似

$$A_{\Delta\upsilon}=1-\mathrm{e}^{-\left(\frac{1}{2}\beta^2 x_0\right)^{\frac{1}{2}}} \tag{3.4.14}$$

用谱带模式计算大气成分的吸收都需要谱带参数,它们需用分子光谱资料进行计算或由实验测定。表 3.4.2 给出的是大气中水汽、$CO_2$ 和 $O_3$ 在红外区的一些谱带参数值。

**表 3.4.2**　红外区域的一些谱带参数 (引自 Liou,1980)

| 吸收气体及吸收带 | 谱带间隔($cm^{-1}$) | $s/d$($cm^2\cdot g^{-1}$) | $\pi\alpha/d$ |
|---|---|---|---|
| 水汽-转动带 | 40～160 | 7 210.30 | 0.182 |
| | 160～280 | 6 024.80 | 0.094 |
| | 280～380 | 1 614.10 | 0.081 |
| | 380～500 | 139.03 | 0.080 |
| | 500～600 | 21.64 | 0.068 |
| | 600～720 | 2.919 | 0.060 |
| | 720～800 | 0.386 | 0.059 |
| | 800～900 | 0.071 5 | 0.067 |
| $CO_2$-15 μm 带 | 582～752 | 718.7 | 0.448 |
| $O_3$-9.6 μm 带 | 1 000.0～1 006.5 | $6.99\times10^2$ | 5.0 |
| | 1 006.5～1 013.0 | $1.40\times10^3$ | 5.0 |
| | 1 013.0～1 019.5 | $2.79\times10^3$ | 5.0 |
| | 1 019.5～1 026.0 | $4.66\times10^3$ | 5.5 |
| | 1 026.0～1 032.5 | $5.11\times10^3$ | 5.8 |
| | 1 032.5～1 039.0 | $3.72\times10^3$ | 8.0 |
| | 1 039.0～1 045.5 | $2.57\times10^3$ | 6.1 |
| | 1 045.5～1 052.0 | $6.05\times10^3$ | 8.4 |
| | 1 052.0～1 058.5 | $7.69\times10^3$ | 8.3 |
| | 1 058.5～1 065.0 | $2.79\times10^3$ | 6.7 |
| 水汽-6.3 μm 带 | 1 200～1 350 | 12.65 | 0.089 |
| | 1 350～1 450 | 134.4 | 0.230 |
| | 1 450～1 550 | 632.9 | 0.320 |
| | 1 550～1 650 | 331.2 | 0.296 |
| | 1 650～1 750 | 434.1 | 0.452 |
| | 1 750～1 850 | 136.0 | 0.359 |
| | 1 850～1 950 | 35.65 | 0.165 |
| | 1 950～2 050 | 9.015 | 0.104 |
| | 2 050～2 200 | 1.529 | 0.116 |

### 3.4.3 辐射传输方程

在处于局地热力学平衡(30 km 以下的大气层满足此条件)的平面平行大气中,红外辐射传输方程可以用下式表示

$$\mu \frac{\mathrm{d}I_\upsilon(\tau,\mu)}{\mathrm{d}\tau}=I_\upsilon(\tau,\upsilon)-B_\upsilon(T) \tag{3.4.15}$$

这里 $I_\upsilon$ 是在频率 $\upsilon$ 处的单色辐射强度;$B$ 是与频率 $\upsilon$ 和温度 $T$ 有关的 Planck 函数;$\tau$ 是介质的光学厚度;$\mu=\cos\theta$,$\theta$ 是传输方向与天顶的夹角。在某一高度处,向上和向下的辐射强度可以通过积分(3.4.15)式得到,并分别有

$$I_\upsilon(\tau,\mu) = I_\upsilon(\tau_s,\mu)\mathrm{e}^{-\frac{\tau_s-\tau}{\mu}}+\int_\tau^{\tau_s} B_\upsilon[T(\tau')]\mathrm{e}^{-\frac{\tau'-\tau}{\mu}}\frac{\mathrm{d}\tau'}{\mu} \tag{3.4.16}$$

$$I_\upsilon(\tau,-\mu) = I_\upsilon(0,-\mu)\mathrm{e}^{-\frac{\tau}{\mu}}+\int_0^{\tau} B_\upsilon[T(\tau')]\mathrm{e}^{-\frac{\tau-\tau'}{\mu}}\frac{\mathrm{d}\tau'}{\mu} \tag{3.4.17}$$

上式中 $\mathrm{d}\tau'=-k_\upsilon\rho\mathrm{d}z$。

如果把地球表面近似看成黑体,则其向上的红外辐射应为 $I_\upsilon(\tau_s,\mu)=B_\upsilon(T_g)$,这里 $T_g$ 是地表温度。由于在大气顶($\tau=0$)没有向下的红外辐射,则 $I_\upsilon(0,-\mu)=0$。即可得到

$$I_\upsilon(\tau,\mu) = B_\upsilon(T_g)\mathrm{e}^{-\frac{\tau_s-\tau}{\mu}}+\int_\tau^{\tau_s} B_\upsilon[T(\tau')]\mathrm{e}^{-\frac{\tau'-\tau}{\mu}}\frac{\mathrm{d}\tau'}{\mu} \tag{3.4.18}$$

$$I_\upsilon(\tau,-\mu) = \int_0^{\tau} B_\upsilon[T(\tau')]\mathrm{e}^{-\frac{\tau-\tau'}{\mu}}\frac{\mathrm{d}\tau'}{\mu} \tag{3.4.19}$$

因为 $T_\upsilon(\tau)=\mathrm{e}^{-\tau}$是透过率,而 $\mathrm{d}T_\upsilon(\tau)=-\mathrm{e}^{-\tau}\mathrm{d}\tau$,上两式亦可改写成

$$I_\upsilon(\tau,\mu) = B_\upsilon(T_g)T_\upsilon\left(\frac{\tau_s-\tau}{\mu}\right)-\int_\tau^{\tau_s} B_\upsilon[T(\tau')]\frac{\partial T_\upsilon\left(\frac{\tau'-\tau}{\mu}\right)}{\partial\tau'}\mathrm{d}\tau' \tag{3.4.20}$$

$$I_\upsilon(\tau,-\mu) = \int_\tau^{0} B_\upsilon[T(\tau')]\frac{\partial T\left(\frac{\tau-\tau'}{\mu}\right)}{\partial\tau'}\mathrm{d}\tau' \tag{3.4.21}$$

用辐射通量的形式,式(3.4.18)和(3.4.19)可写成向上通量 $F_\upsilon^{\uparrow}(\tau)$和向下通量$F_\upsilon^{\downarrow}(\tau)$的公式

$$F_\upsilon^{\uparrow}(\tau) = 2\pi B_\upsilon(T_g)\int_0^1 \mathrm{e}^{-(\tau_s-\tau)/\mu}\mu\,\mathrm{d}\mu+2\int_0^1\int_\tau^{\tau_s}\pi B_\upsilon[T(\tau')]\mathrm{e}^{-(\tau'-\tau)/\mu}\mathrm{d}\mu\mathrm{d}\tau' \tag{3.4.22}$$

$$F_\upsilon^{\downarrow}(\tau) = 2\int_0^1\int_\tau^0 \pi B_\upsilon[T(\tau')]\mathrm{e}^{-(\tau-\tau')/\mu}\mathrm{d}\mu\mathrm{d}\tau' \tag{3.4.23}$$

对于某光谱区间 $\Delta\upsilon$,其向上和向下的辐射通量密度则有

$$F_{\Delta\upsilon}^{\uparrow}(\tau) = \int_{\Delta\upsilon} F_\upsilon^{\uparrow}(\tau)\frac{\mathrm{d}\upsilon}{\Delta\upsilon}$$

$$= \pi B_{\Delta\upsilon}(T_g)T_{\Delta\upsilon}(\tau_s - \tau) - \int_{\tau}^{\tau_s} \pi B_{\Delta\upsilon}[T(\tau')] \frac{\partial T_{\Delta\upsilon}(\tau' - \tau)}{\partial \tau'} d\tau' \tag{3.4.24}$$

$$F_{\Delta\upsilon}^{\downarrow}(\tau) = \int_{\tau}^{0} \pi B_{\Delta\upsilon}[T(\tau')] \frac{\partial T_{\Delta\upsilon}(\tau - \tau')}{\partial \tau'} d\tau' \tag{3.4.25}$$

这里 $B_{\Delta\upsilon}$是在光谱区间 $\Delta\upsilon$ 中的平均 Planck 函数,$T_{\Delta\upsilon}$是光谱间隔 $\Delta\upsilon$ 中的平均通量透过率,也可称其为谱带通量透过率。

由于整层大气的垂直光学路径可定义为

$$u_s = \int_0^{\infty} \rho dz \tag{3.4.26}$$

相应的光学厚度为

$$\tau_s = \int_0^{u_s} k_{\upsilon} du \tag{3.4.27}$$

因此,写成光学路径的函数形式,其向上和向下的辐射通量密度分别为:

$$F_{\Delta\upsilon}^{\uparrow}(u) = \pi B_{\Delta\upsilon}(T_g)T_{\Delta\upsilon}(u - u') + \int_{u_s}^{u} \pi B_{\Delta\upsilon}[T(u')] \frac{\partial T_{\Delta\upsilon}(u' - u)}{\partial u'} du' \tag{3.4.28}$$

$$F_{\Delta\upsilon}^{\downarrow}(u) = \int_{u}^{0} \pi B_{\Delta\upsilon}[T(u')] \frac{\partial T_{\Delta\upsilon}(u - u')}{\partial u'} du' \tag{3.4.29}$$

在上面的讨论中,$T_{\Delta\upsilon}(u)$和 $T_{\Delta\upsilon}(u,\mu)$在形式上是类似的,但数值有别。一般考虑漫射因子,用 $1.66u$ 代替 $u$,即可用强度透过率公式 $T_{\Delta\upsilon}(u,\mu)$直接计算出 $T_{\Delta\upsilon}(u)$。这样,在已知光学厚度及温度分布的情况下,即可用(3.4.28)和(3.4.29)两式计算出各吸收带在大气中某层的向上和向下的辐射通量密度。

### 3.4.4 红外辐射冷却率

上面已讨论了计算大气中某一高度处在光谱间隔 $\Delta\upsilon$ 的向上和向下辐射通量密度的问题。那么对于整个红外辐射而论,假定有 $N$ 个吸收光谱带,即有 $N$ 个 $\Delta\upsilon$ 间隔,其总通量密度可分别写成

$$F^{\uparrow}(u) = \sum_{j=1}^{N} F_{\Delta\upsilon_j}^{\uparrow}(u) \tag{3.4.30}$$

$$F^{\downarrow}(u) = \sum_{j=1}^{N} F_{\Delta\upsilon_j}^{\downarrow}(u) \tag{3.4.31}$$

在大气中高度为 $z$ 处(该处相应有光学厚度 $u$)的净辐射通量密度应为

$$F(z) = F^{\uparrow}(z) - F^{\downarrow}(z) \tag{3.4.32}$$

而在厚度为 $\Delta z$ 的大气层中,单位时间单位面积上的净辐射能量损失(通量密度的散度)为

$$\Delta F = F(z + \Delta z) - F(z) \tag{3.4.33}$$

该层大气的辐射加热或冷却率可表示成

$$\left(\frac{\partial T}{\partial t}\right)_{\mathrm{IR}}=-\frac{1}{\rho c_p}\frac{\Delta F}{\Delta z}=\frac{g}{c_p}\frac{\Delta F}{\Delta p}=-\frac{q}{c_p}\frac{\Delta F}{\Delta u} \tag{3.4.34}$$

这里 $\rho$ 是空气密度，$c_p$ 是比定压热容，$g$ 是重力加速度，$q$ 是吸收气体的质量混合比，$\Delta p$ 和 $\Delta u$ 分别是大气层 $\Delta z$ 的气压差和光学厚度差。(3.4.34)式表明，如果 $\Delta F$ 为正，该气层有辐射能量辐散，气层将被冷却；如果 $\Delta F$ 为负，该气层有辐射能量辐合，气层将被加热。

图 3.4.1 是对不同吸收气体的不同吸收谱带计算得到的大气红外冷却率的廓线分布。可以看到，在 2 km 以下的大气低层，冷却主要由水汽连续吸收所引起，水汽转动带也有重要作用；在对流层中上层，冷却主要由水汽转动带引起；在 18～27 km，$O_3$ 对大气有很强的加热作用；在 30 km 以上的大气中，$CO_2$ 和 $O_3$ 的冷却率起着重要作用。

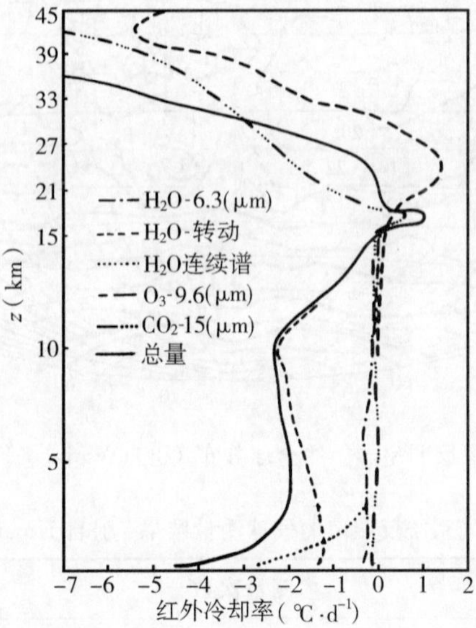


**图 3.4.1**　晴空热带大气红外加热(冷却)率 (引自 Liou,1980)

## 3.5　辐射气候

### 3.5.1　地气系统的反照率

地气系统对太阳短波辐射的吸收及分布对大气环流形势及其演变有决定性的作用，而地气系统的反照率，即行星反照率，又对地气系统获得多少太阳辐射能有重要影响。最初人们计算得到的地气系统对整个太阳辐射光谱的行星反照率，不同的研究者给出了不同的数值，一般为 0.34～0.40；实际上，在不同地方，地气系统的反照率并不一样，例如，极区的反照率一般比赤道地区高，陆地区域也比海洋上高。

通过卫星的辐射测量，可以得到较好的地气系统的反照率资料，尤其是它的分布。

图 3.5.1给出的是年平均地气系统反照率的全球分布。显然,高纬度地区,尤其是南极地区,有较大的行星反照率,赤道地区的行星反照率较小。但是,同样是赤道地区,非洲中部的行星反照率要比大西洋中部高得多。

无论是飞机、气球还是卫星的观测都表明,地气系统的反照率有明显的年变化。表 3.5.1 给出了一些气球测量的结果,反照率的时间变化是明显的,也是很复杂的。

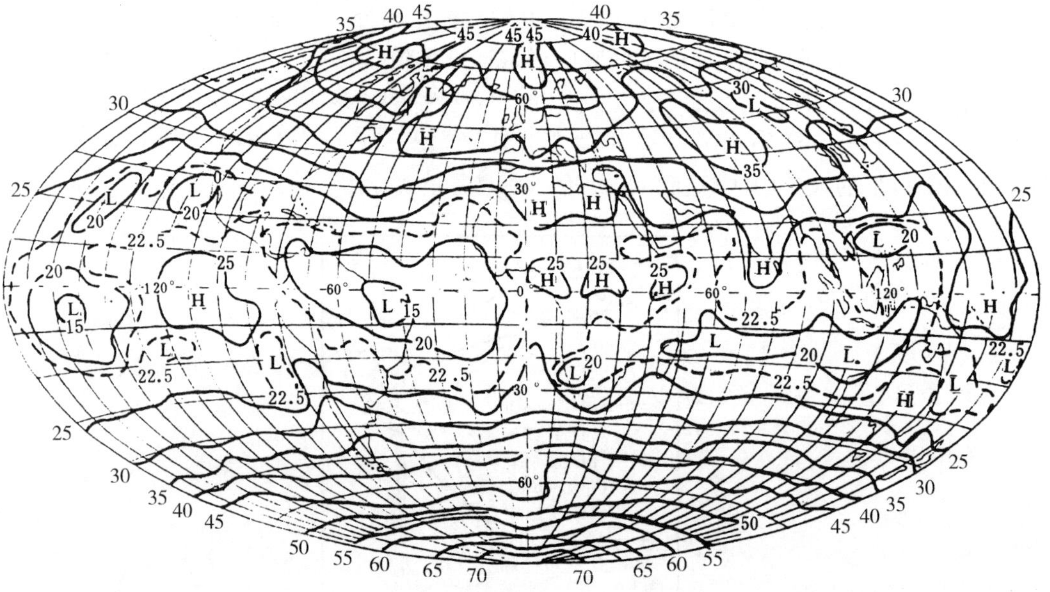


**图 3.5.1** 年平均行星反照率(%)的全球分布 (引自 Van der-Haar 和 Suomi,1970)

**表 3.5.1** 地气系统反照率的气球测量结果 (引自 Kondratyev,1972)

| 月 份 | 测量次数 | 反照率(%) |
|---|---|---|
| 5 月 | 2 | 21.5 |
| 6 月 | 3 | 34.0 |
| 7 月 | 3 | 20.0 |
| 11 月 | 1 | 21.0 |
| 11 月(有雪) | 1 | 62.0 |

### 3.5.2 地气系统的射出长波辐射(OLR)

地气系统的射出长波辐射反映地气系统的辐射热损失,因此,人们早就开始对其进行计算研究。后来,尤其是卫星出现之后,又有不少关于地气系统射出长波辐射的直接观测研究。图 3.5.2是地气系统射出长波辐射的纬度分布的一些计算和测量结果。可以看到,两个半球的副热带地区有最大的射出长波辐射值,高纬度地区射出长波辐射量比较小。北半球中高纬度地区的射出长波辐射明显比南半球中高纬度地区小一些,这是因为北半球的该纬度带多为陆地,温度相对较低的缘故。

地气系统射出长波辐射的全球分布如图 3.5.3 所示，其纬向不均匀性在赤道附近地区更为明显，南半球中高纬度地区的纬向均匀性较强。

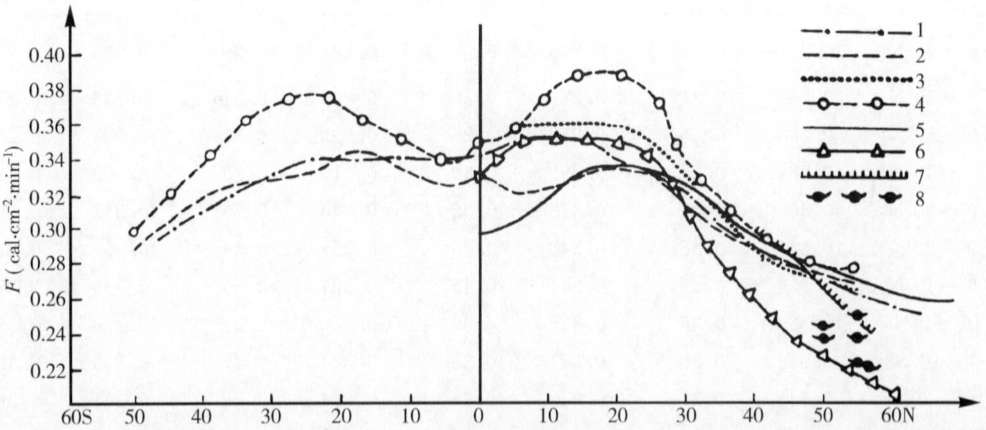


**图 3.5.2** 地气系统射出长波辐射的纬度分布（引自 Kondratyev,1972）

（1:计算结果，若干年的 1 月份平均值；2:Nimbus 卫星在 11 月至次年 1 月的测量值；3:计算结果，若干个冬季的平均；4:TIROS-4 卫星测量值，2—4 月平均；5:计算结果，若干年 12 月份的平均值；6:计算结果，若干年 1 月份的平均值；7:对 1 月份几天的计算结果；8:在 1 月份进行的感光计探空测量结果）

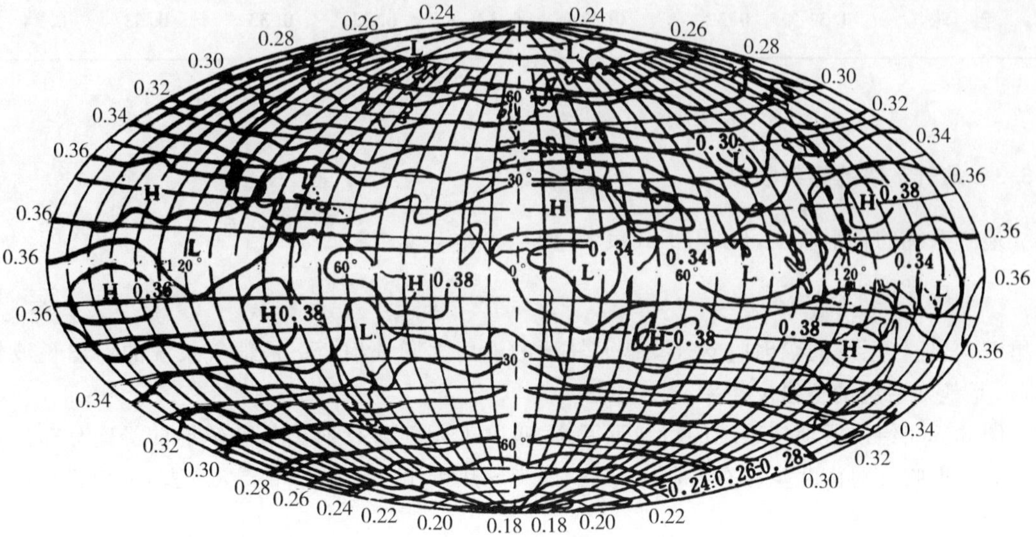


**图 3.5.3** 地气系统射出长波辐射($cal \cdot cm^{-2} \cdot min^{-1}$)的全球分布（引自 Kondratyev,1972）

地气系统射出长波辐射的计算值和测量值的比较及其随季节和纬度的变化，列在表 3.5.2中，两者还是相当接近的。

**表 3.5.2** 地气系统射出长波辐射(cal · cm$^{-2}$ · min$^{-1}$)(引自 Kondratyev,1972)

| 纬 度 | 冬 季 | | 春 季 | | 夏 季 | | 秋 季 | |
|---|---|---|---|---|---|---|---|---|
| | 计算 | 测量 | 计算 | 测量 | 计算 | 测量 | 计算 | 测量 |
| 80°～70°N | 0.231 | 0.20 | 0.249 | 0.24 | 0.285 | 0.29 | 0.255 | 0.25 |
| 70°～60°N | 0.262 | 0.24 | 0.279 | 0.26 | 0.294 | 0.31 | 0.276 | 0.27 |
| 60°～50°N | 0.268 | 0.26 | 0.282 | 0.28 | 0.299 | 0.33 | 0.284 | 0.30 |
| 50°～40°N | 0.282 | 0.27 | 0.293 | 0.30 | 0.315 | 0.35 | 0.303 | 0.33 |
| 40°～30°N | 0.300 | 0.31 | 0.313 | 0.32 | 0.340 | 0.36 | 0.313 | 0.35 |
| 30°～20°N | 0.341 | 0.35 | 0.348 | 0.36 | 0.358 | 0.36 | 0.357 | 0.37 |
| 20°～10°N | 0.354 | 0.37 | 0.344 | 0.42 | 0.321 | 0.35 | 0.339 | 0.37 |
| 10°～0°N | 0.339 | 0.36 | 0.335 | 0.36 | 0.320 | 0.34 | 0.329 | 0.37 |
| 0°～01°S | 0.342 | 0.36 | 0.341 | 0.36 | 0.344 | 0.37 | 0.339 | 0.39 |
| 10°～20°S | 0.345 | 0.37 | 0.342 | 0.36 | 0.344 | 0.38 | 0.341 | 0.39 |
| 20°～30°S | 0.345 | 0.36 | 0.335 | 0.36 | 0.325 | 0.36 | 0.332 | 0.37 |
| 30°～40°S | 0.329 | 0.34 | 0.315 | 0.34 | 0.305 | 0.33 | 0.315 | 0.35 |
| 40°～50°S | 0.309 | 0.32 | 0.295 | 0.30 | 0.272 | 0.29 | 0.300 | 0.32 |
| 50°～60°S | 0.291 | 0.30 | 0.279 | 0.27 | 0.271 | 0.26 | 0.275 | 0.30 |
| 60°～70°S | | 0.28 | | 0.23 | | 0.22 | | 0.27 |
| 70°～80°S | | 0.27 | | 0.20 | | 0.19 | | 0.23 |
| **全 球** | **0.32** | **0.32** | **0.32** | **0.33** | **0.33** | **0.33** | **0.33** | **0.34** |

### 3.5.3 地气系统的辐射收支

地气系统的辐射收支可以用下式表示,即

$$R_s = S_\infty(1-\alpha_p) - F_\infty \tag{3.5.1}$$

这里 $R_s$ 是地气系统的辐射收支,$S_\infty$ 是大气顶的入射太阳辐射,$F_\infty$ 是地气系统的射出长波辐射,$\alpha_p$ 是地气系统的行星反照率。

图 3.5.4 给出了地气系统的行星反照率、吸收太阳辐射和射出长波辐射的经向分布。可以看到辐射收支对南北半球有些不对称性,南半球热带比北半球热带要大一些,而南极地区又比北极地区小一些。

式(3.5.1)中的 $S_\infty$ 主要决定于太阳常数,而 $\alpha_p$、$F_\infty$ 和 $R_s$ 的计算值和测量值如表 3.5.3 所示。尽管计算和测量结果存在差异,但其随纬度的变化还是有一致的趋势。

地气系统辐射收支的年平均值的全球分布如图 3.5.5 所示,它是根据 1962—1965 年的卫星观测得到的。可以看到,大约在 40°N～40°S 的纬度带,平均来说,地气系统得到辐射能;而在两半球的更高纬度,平均来说,地气系统失去辐射能。

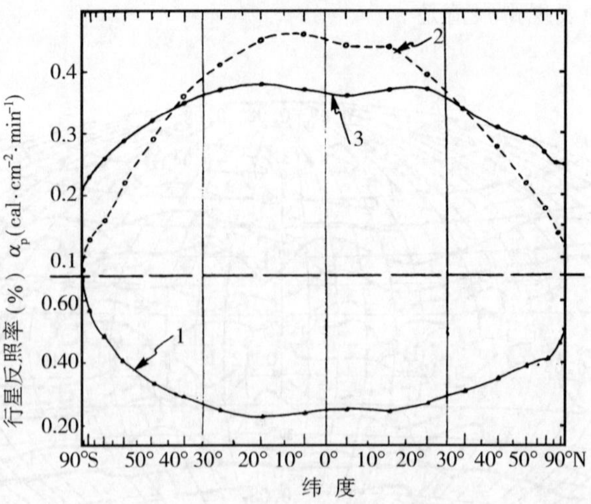


**图 3.5.4** 地气系统平均行星反照率(1)、吸收太阳辐射(2)和射出长波辐射(3)的经向分布（引自 Von der-Haar 和 Suomi,1970）

**表 3.5.3** 不同纬带地气系统辐射收支及其分量的年平均值（引自 Kondratyev,1972）

| 纬 度 | $\alpha_p$(%) | | $F_\infty$(cal·cm$^{-2}$·min$^{-1}$) | | $R_s$(cal·cm$^{-2}$·min$^{-1}$) | |
|---|---|---|---|---|---|---|
| | 计算值 | 测量值 | 计算值 | 测量值 | 计算值 | 测量值 |
| 80°～70°N | — | 44 | — | 0.24 | — | −0.10 |
| 70°～60°N | 43 | 40 | 0.27 | 0.27 | −0.09 | −0.07 |
| 60°～50°N | 40 | 36 | 0.29 | 0.29 | −0.06 | −0.05 |
| 50°～40°N | 37 | 32 | 0.30 | 0.31 | −0.02 | 0.00 |
| 40°～30°N | 35 | 27 | 0.32 | 0.34 | 0.01 | 0.02 |
| 30°～20°N | 33 | 24 | 0.34 | 0.38 | 0.03 | 0.04 |
| 20°～10°N | 32 | 20 | 0.35 | 0.38 | 0.04 | 0.09 |
| 10°～0°N | 33 | 20 | 0.34 | 0.38 | 0.06 | 0.11 |
| 0° | 33 | 20 | 0.34 | 0.38 | 0.06 | 0.10 |
| 0°～10°S | 33 | 20 | 0.34 | 0.37 | 0.06 | 0.10 |
| 10°～20°S | 33 | 20 | 0.34 | 0.38 | 0.05 | 0.08 |
| 20°～30°S | 33 | 23 | 0.33 | 0.38 | 0.04 | 0.06 |
| 30°～40°S | 35 | 27 | 0.31 | 0.34 | 0.02 | 0.03 |
| 40°～50°S | 38 | 32 | 0.29 | 0.31 | −0.02 | −0.01 |
| 50°～60°S | — | 36 | — | 0.29 | −0.05 | −0.06 |
| 60°～70°S | — | 70 | — | 0.27 | — | −0.09 |
| 70°～80°S | — | 45 | — | 0.23 | — | 0.11 |
| **全 球** | **35** | **29** | **0.32** | **0.33** | **−0.03** | **0.04** |

在一年之中，地气系统的辐射收支有着明显的变化，而这种变化是季节气候形成的基本原因。图 3.5.6 给出了春、夏、秋、冬四个季节里地气系统辐射收支的经向分布，辐射收支的振幅

及纬度分布的时间演变表现得很清楚。

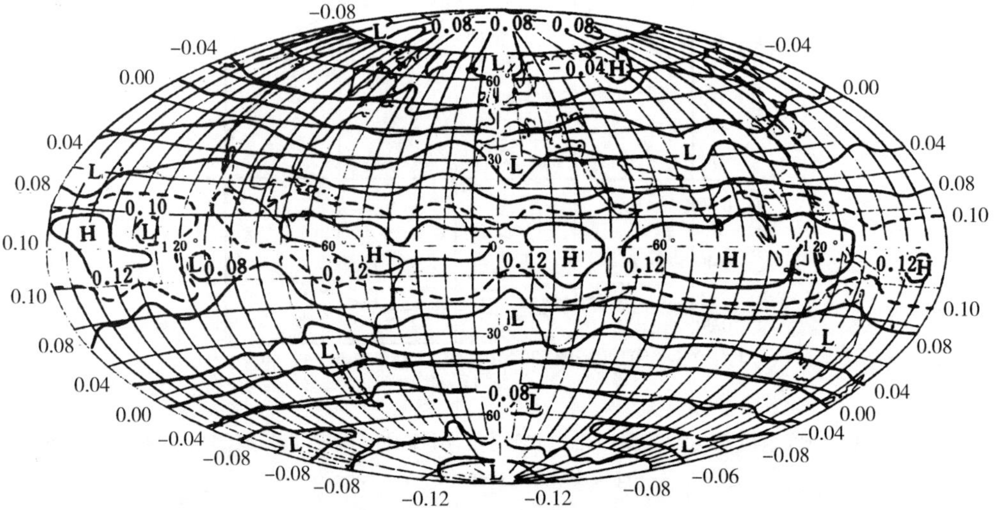

图 3.5.5 地气系统年平均辐射收支(cal · cm$^{-2}$ · min$^{-1}$)的全球分布 (引自 Von der-Haar 和 Suomi,1970)

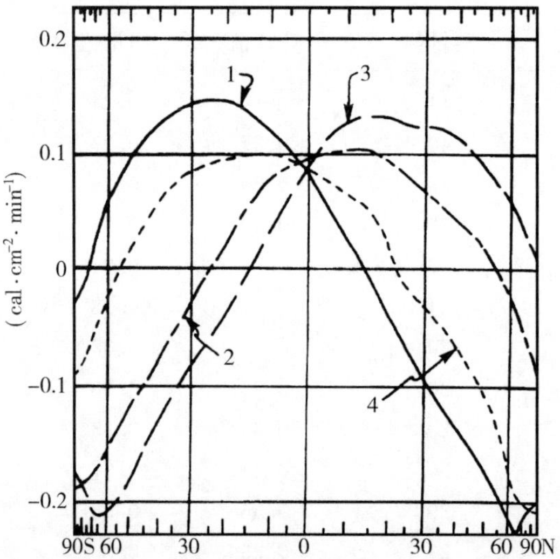


图 3.5.6 地气系统辐射收支(cal · cm$^{-2}$ · min$^{-1}$)在春季(1,实线)、夏季(2,点划线)、秋季(3,长虚线)和冬季(4,短虚线)的平均经向分布 (引自 Von der-Haar 和 Suomi,1970)

## 3.6 云-辐射相互作用

在气候变化,特别是在地气系统的辐射平衡中,云的影响都是重要因素。一般认为,云层在其中起着明显的调节作用。

首先,云的存在将改变地气系统对太阳短波辐射的反射,其平均效果是增加行星反照率,减少大气和地球表面所吸收的太阳短波辐射。这样，通过对太阳短波辐射的影响，云层起着降低地气系统温度的作用。另一方面，云层会强烈地吸收来自其下层大气和地面的长波辐射，也发射长波辐射，但由于云层的平均温度低于地面，所以，其结果是使大气顶的射出长波辐射减少。这样，通过对长波辐射的影响，云层有同温室气体相同的增温作用。由此可见，云层的净辐射效果取决于上述两种相反过程的比较，难于一概而论。尤其是云层对太阳辐射的反射以及对长波辐射的吸收，都同云层的高度、厚度、含水量和云结构等密切相关，而且这些物理量的空间和时间变化都很大，还受到各种大气物理、大气化学过程以及大气环流条件的制约。因此，云-辐射相互作用，或者说云-辐射-气候相互作用，是极其复杂的尚在大力进行研究的问题。这里只能给出一些初步的定性结果。

### 3.6.1 观测分析

云除了通过反射、吸收和发射辐射直接影响大气的热状况外，云层中的辐射不稳定性和潜热释放间的相互促进作用，对天气时间尺度及气候时间尺度过程都有影响。同射出长波辐射的减少相联系的云量增加，一般都同天气气候的某种变化相配合。图 3.6.1 是 1974—1977 年间夏季(6—8 月)射出长波辐射量相对平均量的偏差分布。各年夏季气候的差异在射出长波辐射场上有极明显的反映，尤其是同 1975 年 La Nina 事件和 1976 年 El Nino 事件相对应，OLR 场有极明显的差异，1975 年南亚地区 OLR 值偏低，赤道中太平洋地区 OLR 明显偏高；与之相反，1976 年 OLR 场有相反的异常出现。ENSO 通过导致云的异常而影响全球气候变化，无疑是极其重要的物理过程。

云层能对气候系统的非绝热加热场起“修改”和再分配作用，从而影响气候的变化。一般地，人们把这种影响归纳为如下基本过程：

(1)通过潜热释放、蒸发以及感热和角动量的再分配，形成动力过程和水文过程的耦合。

(2)通过对辐射的反射、吸收和放射形成大气中辐射和动力-水文过程间的耦合。

(3)大气降水和地面水文过程的耦合。

(4)辐射和地面湍流输送的改变引起的大气和地面间的耦合。

(5)通过改变热通量影响海洋表面的能量平衡。

(6)改变到达海面的可见光辐射的比例，海洋吸收的辐射随即改变。

(7)改变冰雪区的热平衡。

如果将气候系统表示成

$$L=L(x_1,x_2,\cdots,c,\cdots) \tag{3.6.1}$$

其中 $L$ 是气候变量族，它依赖于 $x_i$ 和云量 $c$。若不存在反馈作用，那么 $c$ 就是常数；若存在气候-云相互作用，$c$ 将是 $x_i$ 和 $L_i$ 的函数，即

$$c=c(L_i,x_i) \tag{3.6.2}$$

图 3.6.2 是气候-云相互作用的示意图，云(包括云高、云量和云的种类)可以影响气候，气候变化也可以影响云。

在相同纬带的不同地区，云状况的差异可造成加热廓线的明显不同，从而影响大气运动和

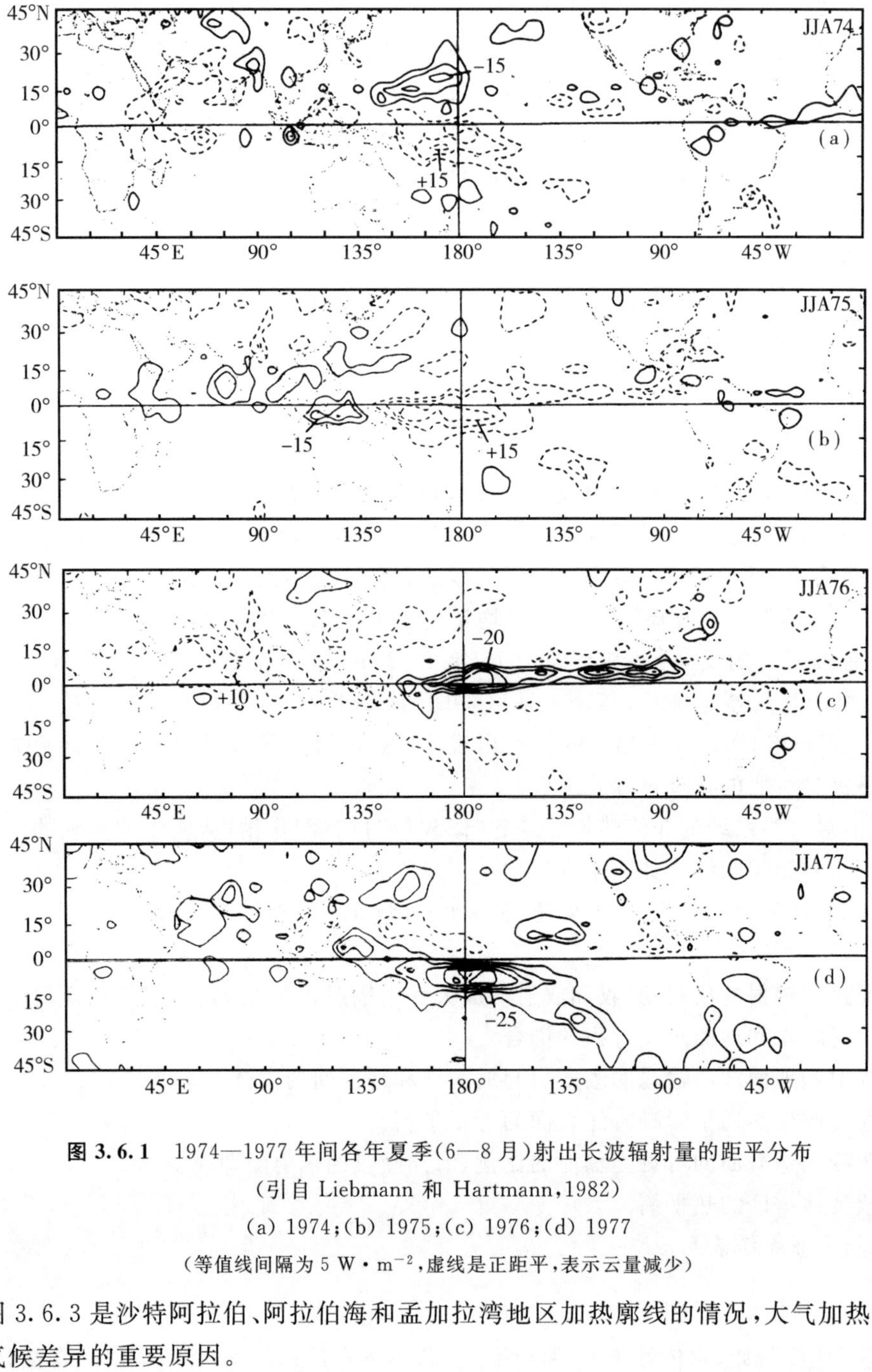


**图 3.6.1** 1974—1977 年间各年夏季(6—8 月)射出长波辐射量的距平分布
(引自 Liebmann 和 Hartmann,1982)
(a) 1974;(b) 1975;(c) 1976;(d) 1977
(等值线间隔为 5 W · m$^{-2}$,虚线是正距平,表示云量减少)

气候。图 3.6.3 是沙特阿拉伯、阿拉伯海和孟加拉湾地区加热廓线的情况,大气加热率的不同无疑是气候差异的重要原因。

### 3.6.2 理论研究结果

利用各种数值模式,对云-辐射相互作用或者云-气候相互作用进行数值计算和模拟,将能深入了解云的存在对气候变化的重要作用。当然,数值模拟本身是以观测资料的分析结果和实验数据为基础的。

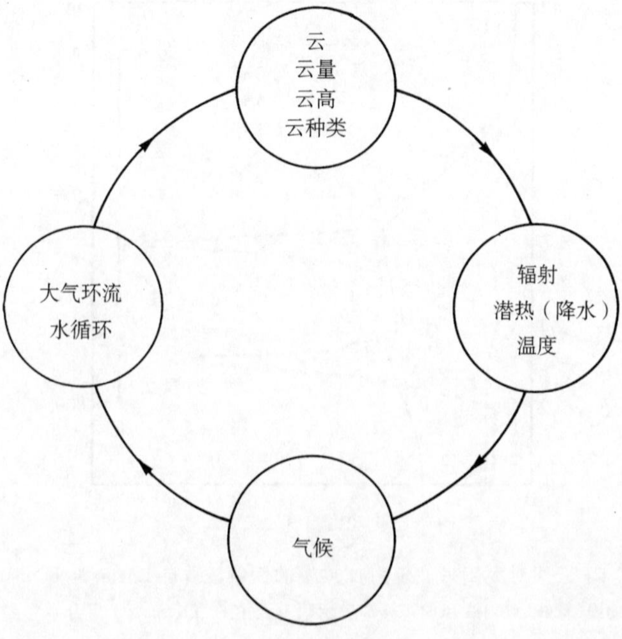


**图 3.6.2**　气候-云相互作用示意图

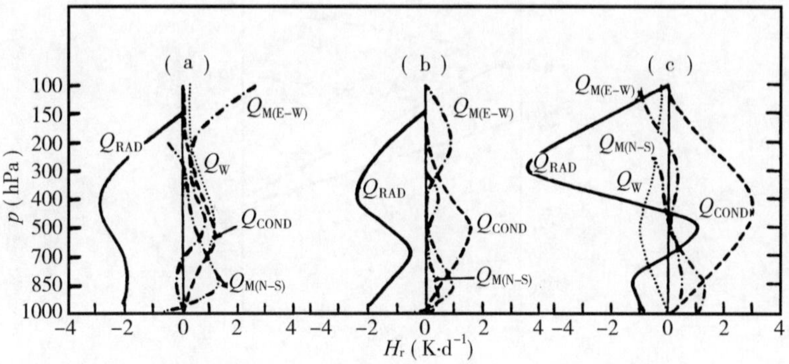


**图 3.6.3**　不同地区夏季(6—8 月)的加热廓线（引自 Webster,1981）

(a)沙特阿拉伯地区；(b)阿拉伯海地区；(c)孟加拉湾地区

（$Q_{RAD}$为辐射加热，$Q_{COND}$为对流凝结加热，$Q_{M(N-S)}$和 $Q_{M(E-W)}$分别是经向和纬向平均运动造成的热量辐合，$Q_W$ 是绝热运动造成的加热）

图 3.6.4 给出了大气中不同高度处的云层对于对流层加热率的影响。这时考虑了云层散射在水汽吸收太阳辐射计算中的作用，即云层散射将引起水汽有效光程的改变，其结果是使云层中的加热率极大地增加，而云层以下的加热率明显地减小。

用数值模式研究云-辐射过程对气候变化的影响，更可以看到云层的重要性。图 3.6.5 是地面平衡温度受云量影响的计算结果，计算针对 35°N 7 月份和 1 月份的情况，假定低云位于 913～854 hPa，中云位于 632～549 hPa，高云位于 391～301 hPa，它们的液态水含量分别是 140、140 和 20 g·m$^{-2}$。计算结果表明，无论冬、夏，中云和低云都使得地面气温降低，而高云使地面气温升高；低云的作用明显强于中云和高云。

在 $CO_2$ 含量加倍所造成的气候影响的计算中，如果引入云层的作用，其结果是地面气温

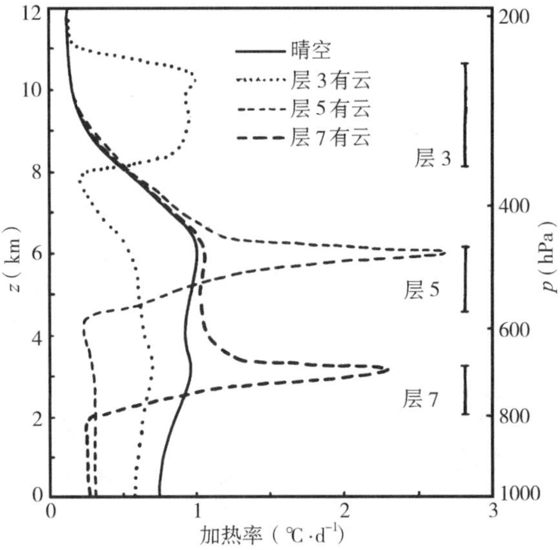


**图 3.6.4** 云层对太阳短波辐射加热率的影响(引自 Lacis 和 Hansen,1974)

(图中实线、点线、点划线和虚线分别表示晴空及第3、第5和第7层分别有云的情况)

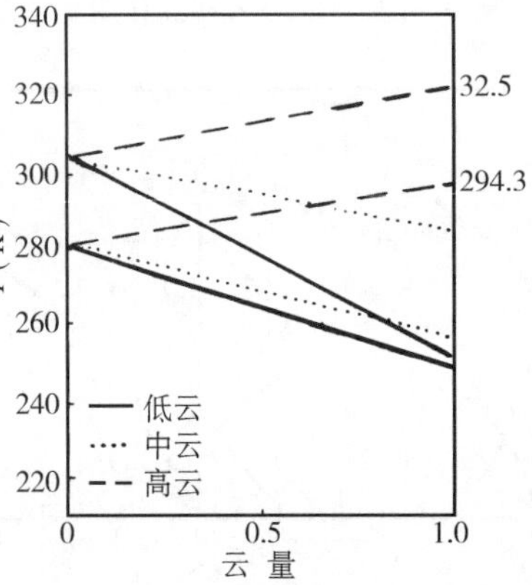


**图 3.6.5** 低云(实线)、高云(虚线)和中云(点线)云量对地面平衡温度的影响

(引自 Stephens 和 Webster,1984)

的增加值普遍减小 0.5~1.0℃。可见云层可减弱低层大气温度对 $CO_2$ 含量增加的响应。图 3.6.6中实线是晴空条件下 $CO_2$ 含量加倍后的增温廓线。其他曲线分别为有不同云层的结果。

在全球辐射收支的卫星观测和资料分析中,一个新的物理量——云-辐射强迫——被引进了。它被定义为晴空大气顶的射出辐射通量 $F_0$ 与阴天大气顶的射出辐射通量 $F_c$ 之差,即

$$c=F_0-F_c \tag{3.6.3}$$

当 $c>0$ 时,表明云层使地气系统加热;当 $c<0$ 时,云层使得地气系统冷却。如果某个区域里云层覆盖面积为 $b$,其区域平均的射出辐射通量为 $F_c$,而晴空部分和有云部分的辐射通量分别为 $F_0$ 和 $F_b$,那么

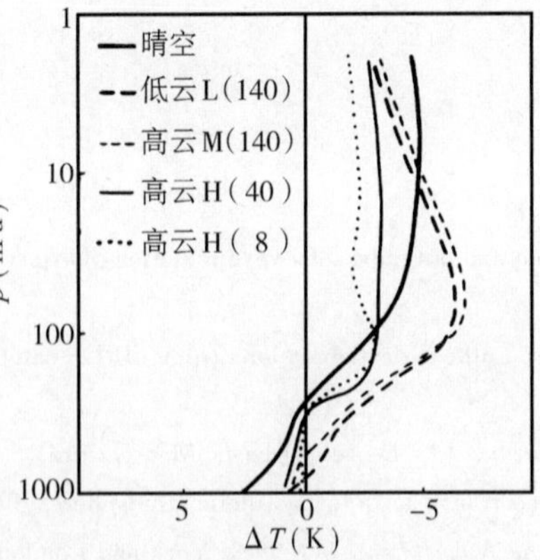


**图 3.6.6** 云层对 $CO_2$ 含量加倍引起的增温的影响(引自 Stephens 和 Webster,1984)

(括号中的数值为云的含水量,单位:g · m$^{-2}$)

$$F_c=(1-b)F_0+bF_b \tag{3.6.4}$$

这样则有

$$c=b(F_0-F_b) \tag{3.6.5}$$

显然,在无云情况下,$b=0$,则 $c=0$。

对于短波辐射和长波辐射,可以分别有其辐射强迫,净的云-辐射强迫应为云-长波辐射强迫 $c_L$ 和云-短波辐射强迫 $c_S$ 之和,即

$$c=c_L+c_S \tag{3.6.6}$$

根据美国 Nimbus-7 气象卫星对全球辐射收支的观测资料,地球大气的 $c_L$、$c_S$ 和 $c$ 的纬向平均值如图 3.6.7 所示。云-长波辐射强迫总为正值,冬季和夏季的极大值分别位于 9°S 和 9°N 附近。净的云-辐射强迫 $c$ 总是负值,其极大值总是在冬半球。

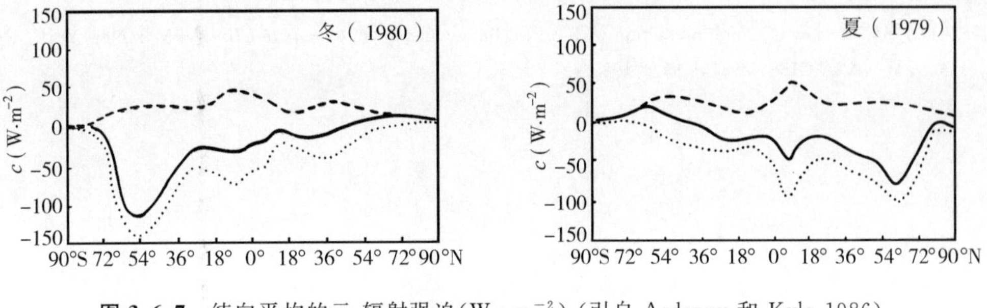


**图 3.6.7** 纬向平均的云-辐射强迫(W · m$^{-2}$)(引自 Ardanuy 和 Kyle,1986)

(实线、虚线和点线分别表示 $c$、$c_L$ 和 $c_S$)

初步研究表明,大气中 $CO_2$ 含量加倍所产生的辐射强迫 $c_{CO_2}$ 约为 3 W · m$^{-2}$,只有云-辐射强迫的 1/5。云层若有 10%的变化就相当于 $CO_2$ 含量加倍的增温效果,足见云层及其变化在气候变化中的重要地位。

# 参考文献


Ardanuy P E，Kyle H L，1986. El Nino and outgoing longwave radiation：Observations from Nimbus-7 ERB[J]. *Mon Wea Rev*，**114**：415-433.

Conover J H，1965. Cloud and terrestrial albedo determinations from TIROS satellite pictures[J]. *J Appl Meteor*，**4**：378-386.

Goody K M，1964. *Atmospheric Radiation*. 1. Theoretical Basis[M]. Oxford.

Howard J N，Wiliams D，1956. Infrared transmission of synthetic atmospheres[J]. *J Opt Soc Am*，**46**：186-190.

Kondratyev K Y，1969. *Radiation in the Atmosphere*[M]. New York and London：Academic Press.

Kondratyev K Y，1972. *Radiation Processes in the Atmosphere* [C]. WMO，No. 309，214pp.

Kondratyev K Y，1973. *Radiation Characteristics of the Atmosphere and the Earth's Surface* [M]. Amerind New Delhi：580.

Kondratyev K Y，Nikolsky G A，1970. Solar radiation and solar activity[J]. *Quart J Roy Meteor Soc*，**96**：509-522.

Lacis A A，Hansen J E，1974. A parameterization for the absorption of solar radiation in the earth's atmosphere[J]. *J Atmos Sci*，**31**：118-133.

Liebmann B，Hartmann D，1982. Interannual variation of outgoing IR and association with tropical circulation changes during 1974—1978[J]. *J Atmos Sci*，**39**：1153-1162.

Liou K N，1980. *An Introduction to Atmospheric Radiation*[M]. New York：Academic Press.

List R J，1968. *Smithsonian Meteorological Tables*：*6th ed*[M]. Washington，D. C.：Smithsonian Press：527.

Paltridge G W，Platt C M R，1976. *Radiative Processes in Meteorology and Climatology*[M]. Elsevier Scientific Publishing Company.

Stephens G L，Webster P J，1981. Clouds and climate：Sensitivity of simple systems[J]. *J Atmos Sci*，**38**：235-247.

Stephens G L，Webster P J，1984. Cloud decoupling of surface and upper radiation balances[J]. *J Atmos Sci*，**41**：681-686.

Theckackara M P，Drummond A J，1971. Standard values for the solar constant and its spectral components[J]. *Nature*，**229**：6-9.

Vonder-Haar T H，Suomi V E，1970. Satellite observation of the earth's radiation budget[J]. *Science*，**163**：No. 3868，667-669.

Webster P J，1981. Review of cloud interaction with other climate elements. *Clouds in Climate*[M]. New York：Report of workshop at NASA-GISS，2931，Oct.，1980.

# 4 大气季节内振荡的动力学

大气中的季节内振荡(intraseasonal oscillation),也称大气中的30～60 d振荡,由于它直接同长期天气变化和短期气候异常有着密切关系,又同El Nino的发生有一定的关系,近年来一直受到广大气象学家的重视,成为大气科学研究,尤其是气候变化研究的重要前沿课题之一。大气低频(主要是30～60 d振荡)动力学被视为气候动力学的重要组成部分。

大气中的季节内振荡最先是在热带发现的。根据1957—1967年在坎顿岛[美]的10年观测资料,Madden和Julian(1971)通过谱分析首先发现太平洋地区热带大气在风场和气压场的变化中存在40～50 d的周期性振荡现象,其后,他们又证明这种准周期低频振荡在全球热带大气中普遍存在(Madden和Julian,1972)。因此,也有人把热带大气季节内振荡称之为Madden和Julian波(振荡),或者MJO。

1979年在南亚地区进行的季风试验(MONEX)对于大气季节内振荡的研究起了重要作用。因为通过对MONEX资料的分析,Krishnamurti和Subrahmanyam(1982)以及Murakami等(1984)先后指出了南亚夏季风活动存在着明显的30～50 d振荡,并研究得到了这种低频振荡的一些基本活动规律。其后,有关热带大气30～60 d振荡的研究便蓬勃开展起来,不仅把30～60 d振荡作为大气运动的准周期变化现象,而且视其为大气运动的一类实体(系统),研究其结构特征和传播规律(Lau和Chan,1985,1986;Knutson和Weickmann,1987)。

中高纬度地区30～60 d大气振荡的存在,在Anderson和Rosen(1983)研究纬向平均西风角动量的向北输送时就已经指出。而我们的一系列研究不仅揭露了中高纬度地区30～60 d大气振荡的存在、结构特征和传播规律,而且还指出了它们同热带大气30～60 d振荡的联系及差别(李崇银,1990a,1991a,1991b)。本章先介绍有关30～60 d大气振荡的资料分析结果,以了解大气30～60 d振荡的结构和活动规律,然后就30～60 d大气振荡的动力学机制进行较为系统的讨论。

## 4.1 大气中的30～60 d低频振荡

### 4.1.1 热带大气的30～60 d振荡

国外有关热带大气30～60 d振荡的分析和研究都表示出了这种低频振荡具有明显的地域特征,在南亚季风区和赤道西太平洋地区有较强的热带大气30～60 d振荡的活动。为了进一步分析热带大气30～60 d振荡的活动,我们用ECMWF的资料(1980—1988年)计算了全球热带地区30～60 d大气振荡的动能。由动能的经度分布可以清楚地看到,在热带大气中30～60 d振荡的动能主要有以下4个大值区:赤道东太平洋地区(160°～100°W)动能最大,其次是南亚热带地区(50°～110°E)和赤道西太平洋地区(140°～160°E),在赤道东大西洋地区(20°W附近)也有相当强的扰动动能出现。也就是说,热带大气的30～60 d振荡在热带东太平洋地区、南亚热带地区、热带西太平洋地区和热带东大西洋地区相对比较强。尤其是在上述前三个地区,有比较稳定的大气30～60 d振荡的强烈活动。作为例子,图4.1.1给出了1981年1月以及1983年1月和7月平均的500 hPa上热带大气30～60 d振荡的动能经度分布,热带大气30～60 d振荡的上述地域特征在图中已反映得十分清楚。

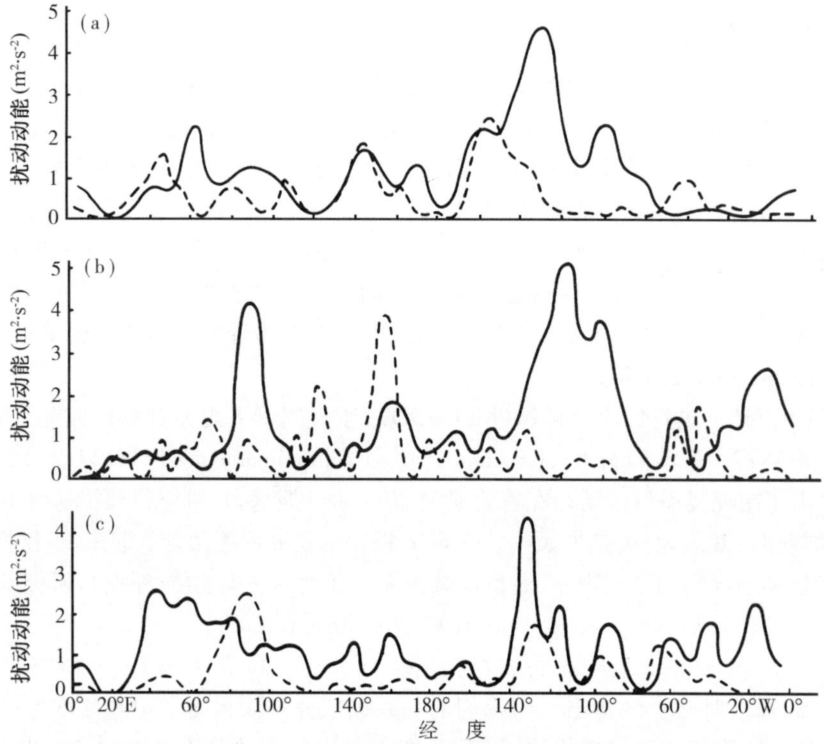


**图4.1.1**　1981年1月(a)以及1983年1月(b)和7月(c)平均的500 hPa上热带大气30～60 d振荡的扰动动能的经度分布
(实线和虚线分别表示在赤道和15°N的情况)

热带大气30～60 d振荡的活动所表现出的地域性特征,既同全球大气环流的总形势有关,也同热带大气30～60 d振荡的产生机制有关。后面我们将通过理论分析指出,积云对流加热的反馈(CISK)是激发产生热带大气30～60 d振荡的重要机制。大家知道,南亚季风区和热带西太平洋地区经常有较强的大范围积云对流的活动,这可能是这两个地区有较强的30～60 d振荡的原因。对于热带东太平洋地区有较强的30～60 d大气振荡,除了西太平洋地区的30～60 d振荡沿赤道东传的影响外,还可能同赤道东太平洋地区常出现较强的海表水温的变化有关。因为SST异常作为一种外强迫,容易在大气中激发出低频响应。另外,热带东太平洋地区的较强30～60 d大气振荡在对流层上层表现得尤为突出,太平洋上空洋中槽的活动,在一定程度上反映了北半球中高纬度环流演变的影响,对热带东太平洋30～60 d大气振荡也可能有重要作用。

用GWEⅢ-b资料,Murakami(1984)对850 hPa和200 hPa上30～40 d振荡的风场进行

了波谱分析，其结果如图 4.1.2 所示。可以看到，无论在对流层上层还是在对流层低层，热带大气 30～40 d 振荡在风场上主要表现为纬向风分量，同中高纬度地区纬向风分量和经向风分量有相近的振幅不同。热带大气 30～40 d 振荡又主要表现为纬向 1 波的扰动，虽然在 850 hPa 上 2 波和 3 波扰动也有所反映。上述有关风场的振荡波谱特征，可以说仅是静态的反映，即对某一时刻而言的。实际上，热带大气 30～40 d 振荡在其演变过程中，扰动的纬向尺度（波数）还会有所改变。图 4.1.3 给出的是热带大气 30～60 d 振荡的 200 hPa 纬向风在其 3 个不同振荡位相（阶段）时的经度分布。可以看到，30～60 d 振荡在第 4 振荡位相时主要表现为纬向 3 波扰动的形势，但是在整个 8 个位相时刻，30～60 d 振荡仍是以纬向 1 波扰动为主要形势特征。

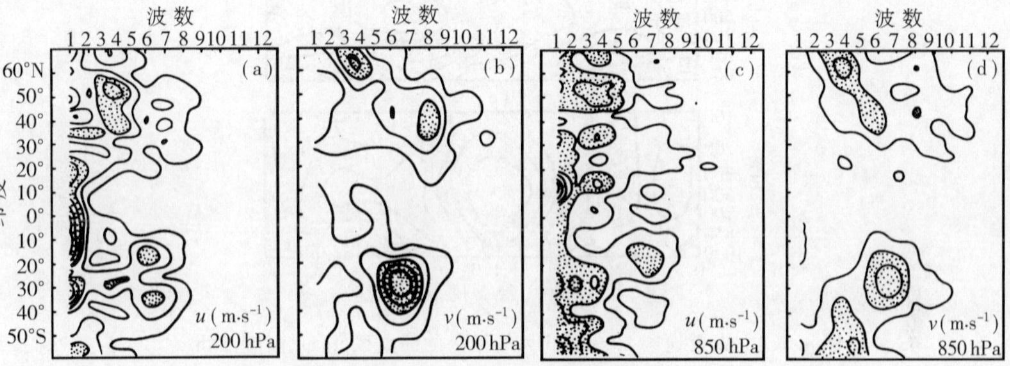


**图 4.1.2** 30～40 d 大气振荡的波谱振幅分布（引自 Murakami，1984）

（(a)、(b)图中曲线间隔为 0.5 m·s$^{-1}$，(c)、(d)图中曲线间隔为 0.25 m·s$^{-1}$）

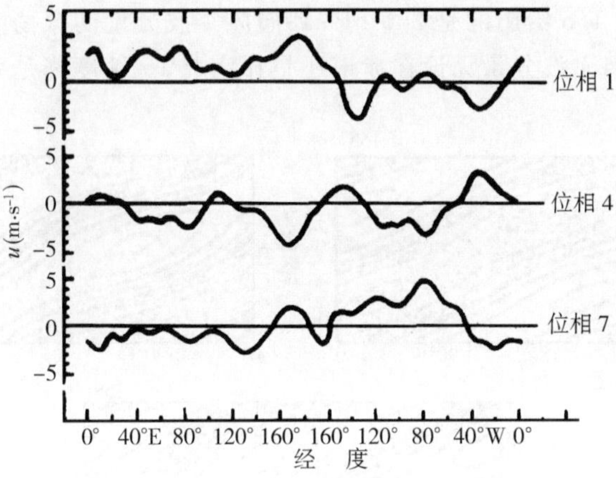


**图 4.1.3** 200 hPa 上 5°S～5°N 纬带平均的 30～60 d 带通滤波的纬向风在 3 个不同振荡位相的经度分布

热带大气 30～60 d 振荡在位势高度场上也有与风场类似的波谱特征，主要表现为纬向 1 波扰动形势，但纬向 2 波和 3 波的扰动有时也很明显。

根据 1979 年夏季资料分析得到了赤道地区纬向风 $u$、垂直速度 $\omega$ 和温度 $T$ 的高度-经度剖面，如图 4.1.4 所示。图中不仅清楚地显示了热带大气 30～60 d 振荡以纬向 1 波为主的特征，30～60 d 振荡的垂直结构更是表现得非常清楚。热带大气 30～60 d 振荡的纬向风扰动随高度明显西倾，以至对流层上层风场和对流层低层风场呈反相特征；在温度场上扰动也有明显西倾的结构，只是不及纬向风扰动那么典型；在垂直速度场上，30～60 d 振荡在对流层有上下一致的垂直运动，最大垂直速度位于对流层中层(400 hPa 附近)。

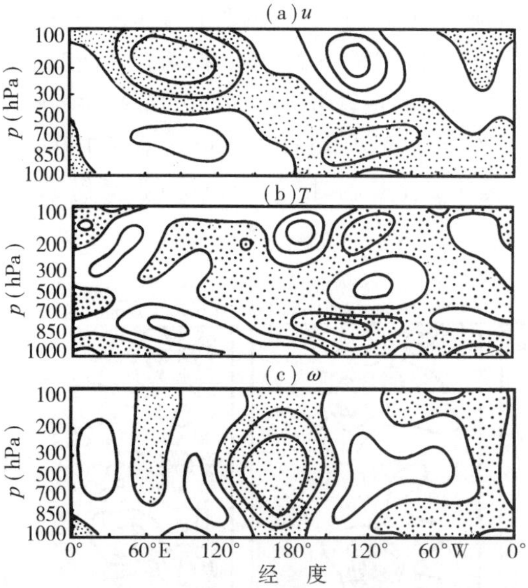


**图 4.1.4** 赤道地区 30～60 d 大气振荡的纬向风 $u$(a)、温度 $T$(b)和垂直速度 $\omega$(c)的高度-经度剖面(引自 Murakami 和 Nakazawa，1985)

(图中等值线间隔分别为 2.0 $m \cdot s^{-1}$、0.2℃和 $5\times10^{-5}$ $hPa \cdot s^{-1}$)

有关热带大气 30～60 d 振荡的一系列研究还表明，以纬向 1 波为主的这类振荡有沿赤道缓慢东移的特征。图 4.1.5 给出的是 200 hPa 纬向风 1 波分量的振荡阶段(时间)-经度剖面。可以看到，振荡的纬向风 1 波分量无论在赤道还是在南北 15°纬度都是系统地向东传播的。热

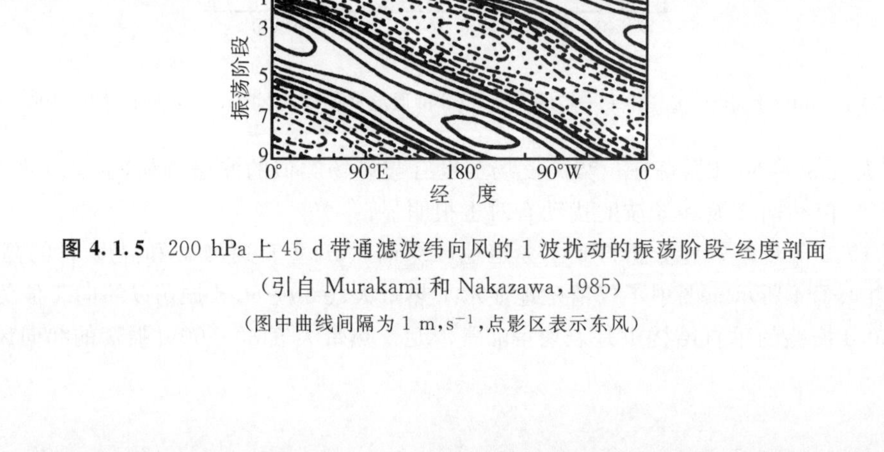


**图 4.1.5** 200 hPa 上 45 d 带通滤波纬向风的 1 波扰动的振荡阶段-经度剖面(引自 Murakami 和 Nakazawa，1985)

(图中曲线间隔为 1 $m,s^{-1}$，点影区表示东风)

带大气 30～60 d 振荡的纬向 1 波有明显东移，未作波谱分析的资料是否也可以同样反映出热带大气 30～60 d 振荡的东移特征呢？图 4.1.6 给出的是 200 hPa 上 30～60 d 带通滤波的纬向风在不同振荡位相沿 5°S 的经度分布。显然，从振荡位相由 1 到 8 的演变可以看出，纬向风的东传特征同样是很清楚的。

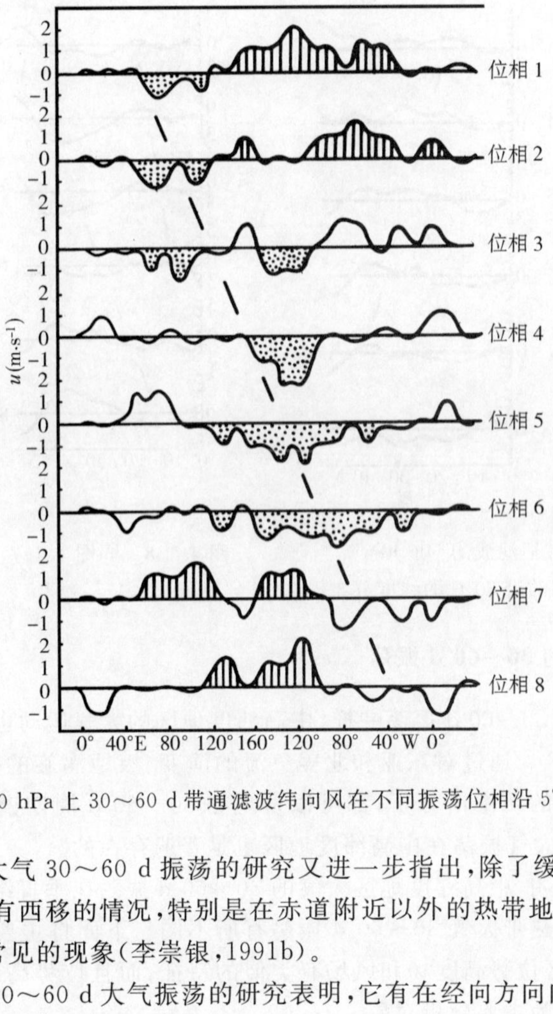


**图 4.1.6**　200 hPa 上 30～60 d 带通滤波纬向风在不同振荡位相沿 5°S 的经度分布

近年来有关热带大气 30～60 d 振荡的研究又进一步指出，除了缓慢地向东传播外，热带大气 30～60 d 振荡也有西移的情况，特别是在赤道附近以外的热带地区，热带大气 30～60 d 振荡的向西移动还是常见的现象(李崇银，1991b)。

关于南亚季风区 30～60 d 大气振荡的研究表明，它有在经向方向向北传播的特征。根据 ECMWF 资料的分析结果，全球热带大气中的 30～60 d 振荡并非都向北传播，在不同地区它们有不同的经向传播特征。图 4.1.7 是 500 hPa 上 30～60 d 振荡的纬向风沿80°E的纬度分布及其时间演变，位相 1 到位相 8 的演变清楚地表明，南亚地区 30～60 d 大气振荡在 30°N 以南是一致向北传播的，其结果同已有的研究完全相符。但是，在其他地区并不是这样。图 4.1.8 是 500 hPa 上 30～60 d 振荡的纬向风沿 130°E 的纬度分布及其时间演变。显然，在这里 30～60 d 振荡的经向传播在冬夏各有不同。在冬季，30～60 d 振荡在 30°N 以南基本上是向南传播的；在夏季，30～60 d 振荡在 15°N 以南向北传播，在 15°N 以北明显向南传播。可见，热带大气 30～60 d 振荡的经向传播有较明显的地域性，不同地区可以有不同的经向传播方向，并不都是向北传播；同时，在不同季节，某些地区又会有所不同。

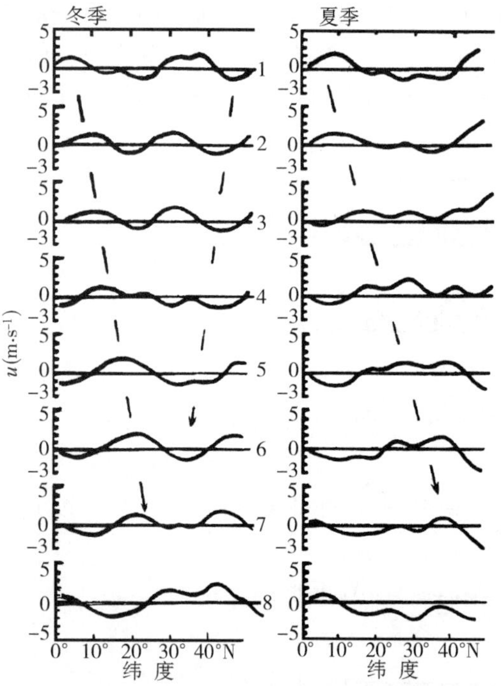


**图 4.1.7**　30～60 d 带通滤波的 500 hPa 纬向风 8 个不同振荡位相的沿 80°E 的纬度分布

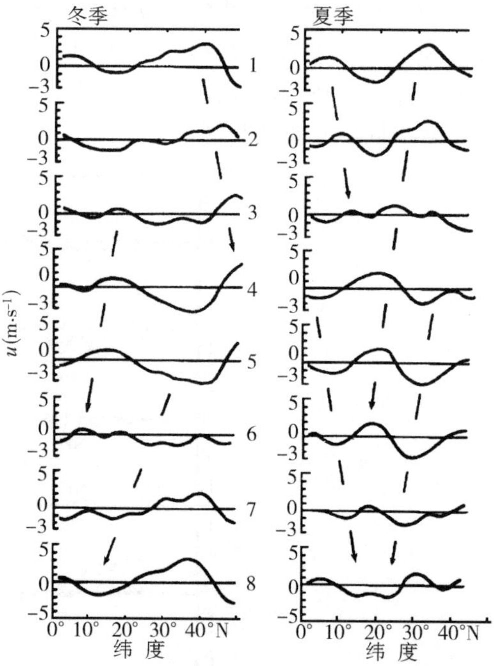


**图 4.1.8**　同图 4.1.7,但为沿 130°E 的情况

### 4.1.2　中高纬度大气的 30～60 d 振荡

同热带大气中存在 30～60 d 振荡一样,中高纬度地区的大气运动也有明显的 30～60 d 振荡,尤其是在高纬度地区。通过对东亚和北美急流的演变、极地涡旋的变化、东亚大槽的变化以及阿留申低压系统等的功率谱分析,都可以发现在 30～60 d 周期谱带存在着显著的谱峰(图略),说明 30～60 d 大气振荡在中高纬度地区也是普遍存在的。

观测资料的分析表明,中高纬度地区大气的 30～60 d 振荡在垂直结构、纬向尺度、纬向传播及时间演变方面都与热带大气 30～60 d 振荡有所不同。下面将主要针对这些不同进行讨论,由于在中高纬度地区位势高度场和风场有类似的特征,而且位势高度场的变化更明显,以下讨论就以位势高度场为主要分析对象。

图 4.1.9 和 4.1.10 分别给出了冬半年(11 月至次年 4 月)和夏半年(5—10 月)中高纬度地区 30～60 d 振荡的位势高度扰动。其中图 a 和图 b 分别是 55°～65°N 和 25°～35°N 的情况,分别反映高纬度和中纬度的 30～60 d 大气振荡。首先,从图中实线、虚线和点划线分别表示的 200、500 和 850 hPa 位势高度振幅的纬向分布,可以清楚地看到,对流层中上层和对流层低层的槽脊有着基本一致的分布,表现了中高纬度大气季节内振荡的正压垂直结构特征。只是在夏半年的东亚中纬度地区(60°～120°E),槽脊分布表现出对流层上层和下层反相的“斜压”结构,同热带大气 30～60 d 振荡类似。这是因为该地区夏季风比较强,大气运动具有类似热带大气的特征。

从图 4.1.9 和 4.1.10 还可以看到,在高纬度地区,30～60 d 大气振荡在位势高度场上主要表现为纬向波数 1～3,并且在冬半年以纬向 1 波和 2 波占优势,在夏半年以纬向 2 波和 3 波

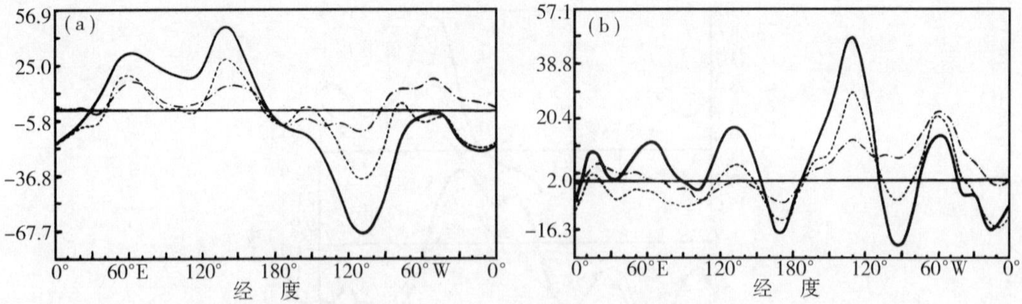


**图 4.1.9** 北半球冬半年中高纬度地区 30～60 d 带通滤波的位势高度在某一振荡位相时刻的经度分布

（图中实线、虚线和点划线分别表示 200、500 和 850 hPa 情况）

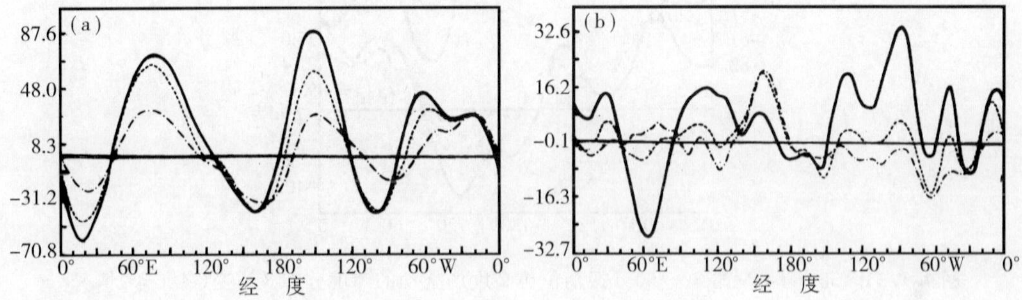


**图 4.1.10** 同图 4.1.9，但为夏半年的情况

更重要。对于中纬度地区的 30～60 d 大气振荡，在位势场上主要表现为纬向波数 3～4，这同图 4.1.2 所示的风场的波谱特征基本一致，在那里，中纬度地区的 30～60 d 振荡也以 3 波和 4 波为主要特征。

同热带大气 30～60 d 振荡主要为缓慢东移不同，中高纬度大气30～60 d 振荡主要表现为向西传播。在中纬度地区，30～60 d 大气振荡的纬向传播虽然规律性不很明显，但向西传播的特征还是很清楚的，尤其是在冬季(图略)。在高纬度地区。30～60 d 大气振荡的位势高度扰动在冬半年明显西移(图 4.1.11)，而在夏半年却表现为明显东移(图略)。同位势高度场扰动的纬向移动类似，中高纬度大气30～60 d 振荡在纬向风场上也主要为向西移动。图 4.1.12 是冬季沿 50°N 的 200 hPa 和 850 hPa 纬向风扰动分别在其第 2、4、6 和 8 振荡位相时的经度分布，纬向风扰动的向西移动在图中显示得也很清楚。

季节内振荡是全球大气运动的基本特征之一，它普遍存在于全球大气之中，但并非到处都一样，如上所述，有明显的地域特征。另外，时间演变的特征也很清楚，并且中高纬度大气的 30～60 d 振荡的时间演变特征与热带大气 30～60 d 振荡也不相同。

图 4.1.13a 和 b 分别给出了在(30°～50°N，80°～180°E)地区和(10°S～10°N，110°～180°E)地区 200 hPa 上 30～60 d 带通滤波的纬向风平方($u^2$)的时间变化。图 4.1.13a 实际上可以代表 200 hPa 上 30～60 d 振荡的动能在中高纬度地区的时间演变特征，图 4.1.13b 则可以代表 200 hPa 上热带大气 30～60 d 振荡动能的时间演变特征。在图 4.1.13a 上，虽然各年里 30～60 d 大气振荡有大小不同的动能，但最为明显的还是动能在冬半年显著地大于夏半年的年(季节)变化特征。换句话说，在中高纬度地区，30～60 d 大气振荡在冬半年要明显地强于

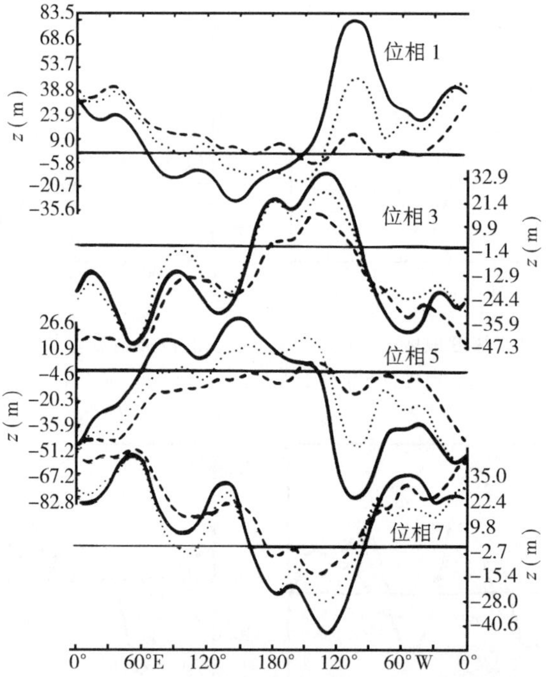


**图 4.1.11**　55°～65°N 的 30～60 d 振荡位势高度场扰动的纬度分布及演变(冬半年)情况

(图中实线、点线和虚线分别为 200、500 和 850 hPa 的情况)

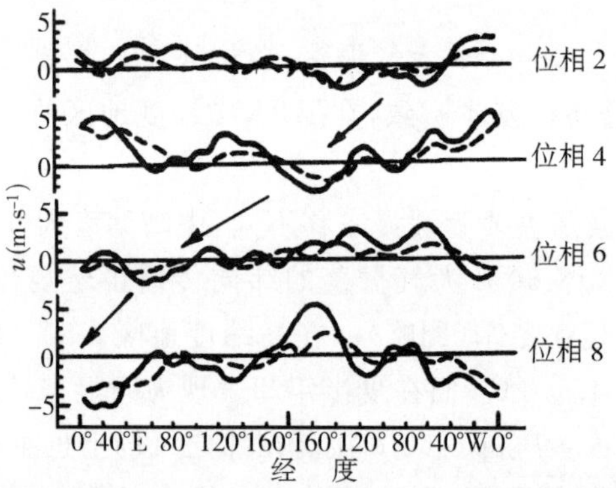


**图 4.1.12**　冬半年 200 hPa(实线)和 850 hPa(虚线)上

30～60 d 振荡的纬向风沿 50°N 的经度分布及演变

夏半年。与此相反,在图 4.1.13b 上,虽然一年之中 30～60 d 振荡的动能并不相同,然而最为明显的差异还是年际间的变化,例如在 1982 年春和 1986 年春夏有极清楚的动能极值。也就是说,在热带地区,30～60 d 大气振荡有极显著的年际变化,而年变化并不十分明显。

### 4.1.3　30～60 d 大气振荡的全球特征

热带和中高纬度地区都存在着 30～60 d 大气振荡,平均而论,在什么地区这种振荡显得更重要呢?要回答这个问题,还是从扰动动能的分析比较中来揭露其特征。图 4.1.14 中分别

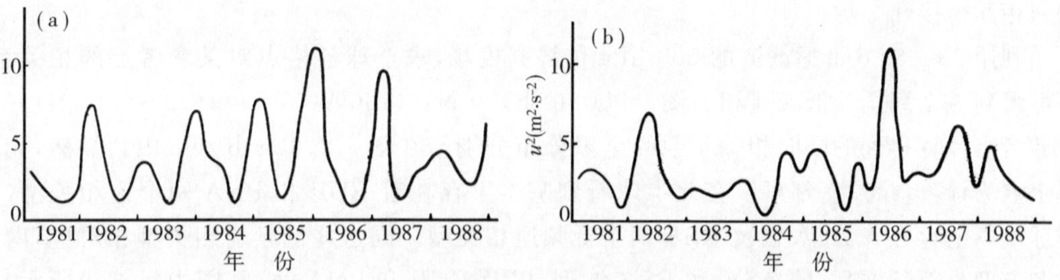


**图 4.1.13** 200 hPa 上 30～60 d 带通滤波的纬向风平方($u^2$)的时间演变
(a) (30°～50°N,80°E～180°)地区;(b) (10°S～10°N,110°E～180°)地区

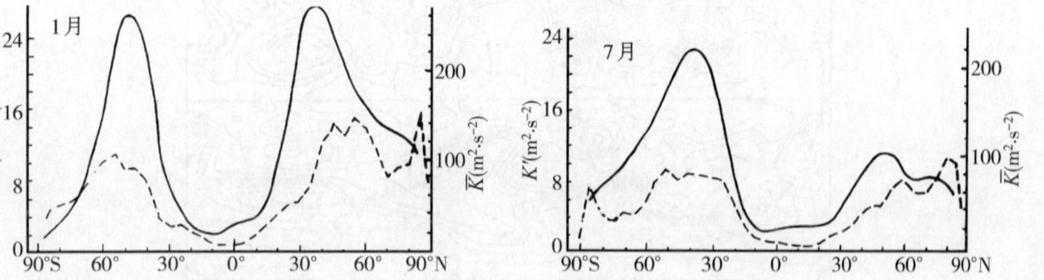


**图 4.1.14** 1 月份和 7 月份 500 hPa 纬向平均扰动动能的分布
(实线表示 1963～1973 年平均的总扰动动能($\overline{K}$);虚线为 1984 年的 30～60 d 振荡动能($K'$))

给出了 500 hPa 上 30～60 d 振荡动能以及多年平均的总扰动动能的纬向平均分布。图中两条曲线间距离的远近将表明 30～60 d 振荡动能占总扰动动能的比例大小。两曲线间的距离越小,则 30～60 d 振荡的动能占总扰动动能的比例越大,30～60 d 振荡也就越重要。因此,图 4.1.14 清楚地表明在热带地区和南北半球的高纬度地区 30～60 d 振荡动能相对很重要,是 30～60 d 大气振荡的最强活动带;中纬度地区 30～60 d 振荡动能的绝对值虽然最大,但在总扰动动能中占的比例并不大,相对来讲,中纬度地区(30°～50°纬带)并不是30～60 d 振荡的重要活动带。

在 30～60 d 振荡的月平均扰动动能的水平分布上(图略),我们不难发现,冬半球的振荡动能要强于夏半球;随着季节的变化,其动能大值区有向冬季极区偏移(5～10 个纬度)的趋势;在冬半球,振荡动能的分布更具有纬向不均匀性;在夏半球,动能的大值区有移向大陆的趋势。

有关研究已经指出,北半球大气的 30～60 d 振荡主要存在着两个低频遥相关型,即欧亚-太平洋型(EUP)和太平洋-北美型(PNA)。这种低频遥相关型及相应的低频波列的存在,对北半球 30～60 d 大气振荡的活动有重要的影响。分析南半球的 30～60 d 大气振荡,尤其是在低频相关场上,也可以发现两个主要的低频遥相关型,与其相对应,也有两个基本的低频波列。它们分别是澳洲-南非(ASA)波列和环南美洲(RSA)波列。特别有意思的是,上述 4 个低频波列可以相互衔接和相互影响,而且存在着三种形式。第一种形式是不跨赤道的 EUP 波列与 PNA 波列相互衔接和影响;以及 ASA 波列与 RSA 波列的相互衔接和影响。第二种方式是 EUP 波列跨赤道与 RSA 波列相互衔接和影响;PNA 波列跨赤道与 ASA 波列相互衔接和影响。第三种方式是 EUP 波列跨赤道与 ASA 波列相互衔接和影响;PNA 波列跨赤道与 RSA

波列相互衔接和影响。

利用 30～60 d 带通滤波的 500 hPa 位势高度场,求全球各格点对某参考点的相关系数,即可得到一系列全球低频遥相关图。以(140°E,20°N)、(160°W,5°S)和(70°W,45°N)三个点为参考点计算得到的同时相关系数的全球分布分别给在图 4.1.15a、b 和 c 中。显然,无论以哪个点为计算参考点,都可以在北半球看到基本上存在着 EUP 和 PNA 两个遥相关型,在南半球基本上存在着 ASA 以及 RSA 两个低频遥相关型。同这些低频遥相关型相对应,南北半球各有两个低频波列,即 ASA 和 RSA 波列,以及 EUP 和 PNA 波列(图中粗虚线所示)。并

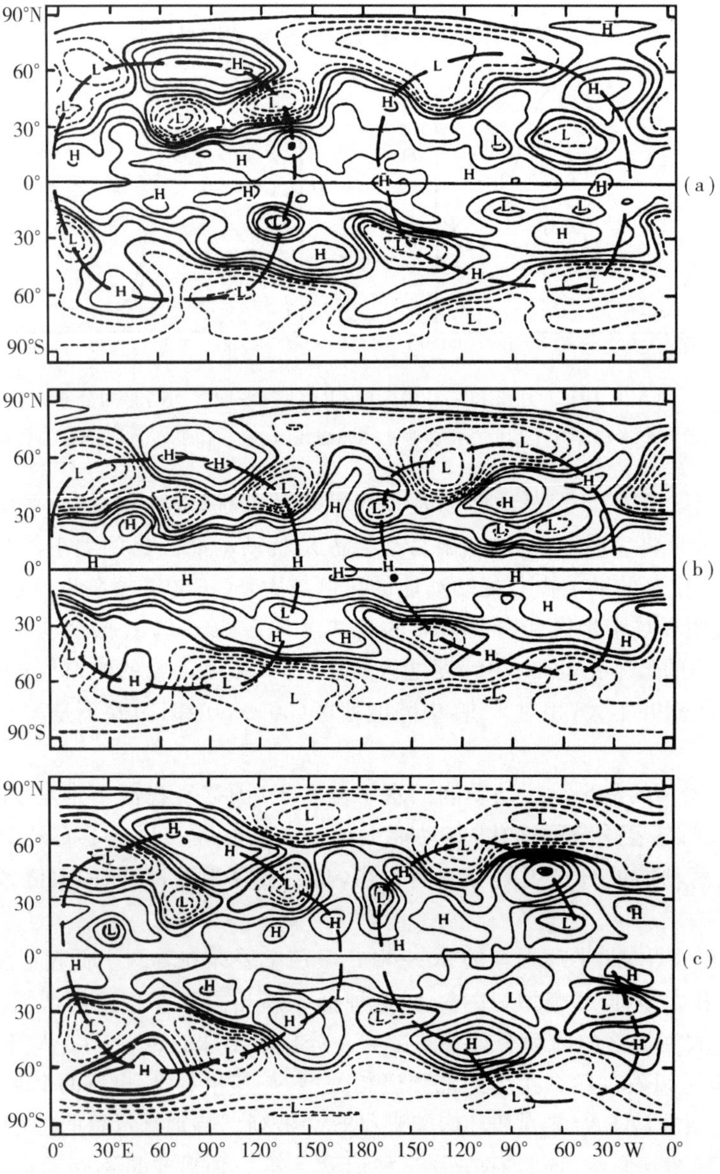


**图 4.1.15**　全球主要低频遥相关型(波列)

计算参考点为:(a) (140°E,20°N);(b) (160°W,5°N);(c) (70°W,45°N)

(虚线表示负相关,粗实线为相关零线,等值线依次为±0.2,±0.4,±0.6,±0.8,和±0.9)

且,这些低频波列存在着相互衔接和相互影响的关系。

在图 4.1.15 中,由于等值线间隔的关系,低频波列在赤道附近地区还不是很清楚。为了展现出低频波列的跨赤道特征,图 4.1.16 给出了在另外两个参考点计算的相关系数的分布。图 4.1.16a 和 b 分别是在参考点(115°E,45°N)计算的滞后 3 d 和 6 d 的相关系数;图 4.1.16c 和 d 分别是在参考点(150°W,40°N)计算的滞后 3 d 和 6 d 的相关系数。虽然图 4.1.16 中给出的是对不同参考点及不同滞后时间的相关形势,但却一致清楚地表明,对于中纬度地区的变化,赤道附近地区仍可以有比较大的低频相关系数,不少地区相关系数达到 0.6～0.8。特别是正负相关系数的中心组成了很明显的过赤道低频波列,而且这种过赤道低频波列在中太平洋及中大西洋地区尤为清楚。换句话说,30～60 d 大气振荡通过低频波列,即低频能量频散,而引起的两个半球间的跨赤道相互作用,主要发生在中太平洋及中大西洋地区,尤其是在中太平洋地区。

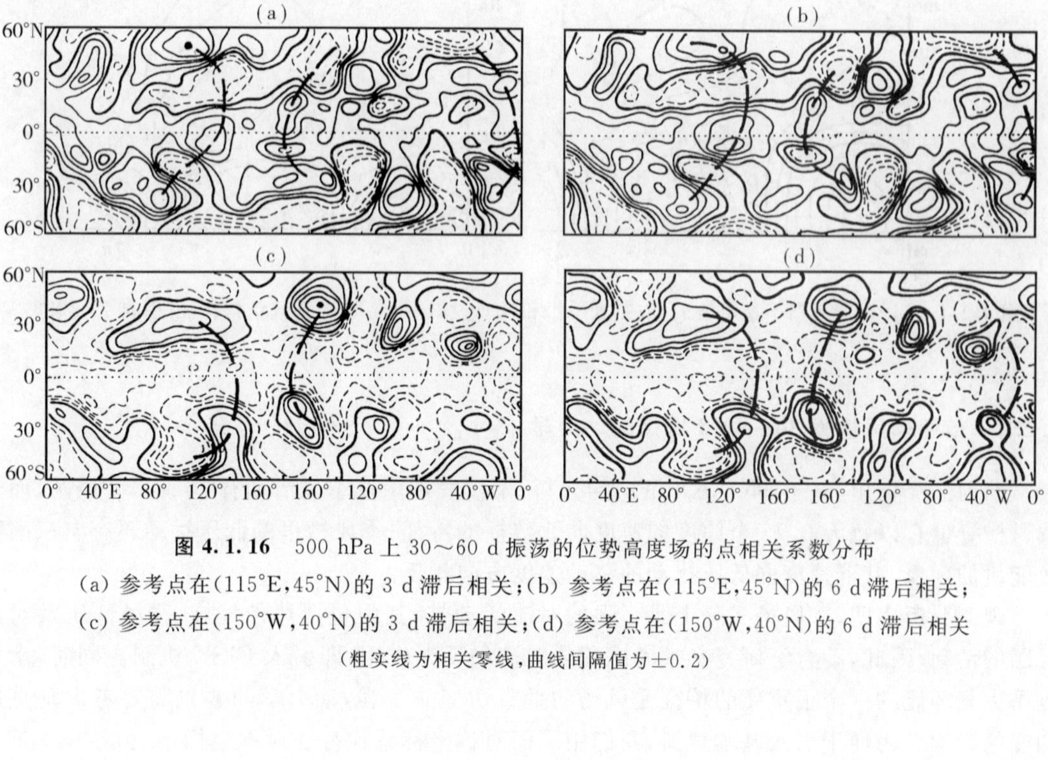


**图 4.1.16** 500 hPa 上 30～60 d 振荡的位势高度场的点相关系数分布

(a) 参考点在(115°E,45°N)的 3 d 滞后相关;(b) 参考点在(115°E,45°N)的 6 d 滞后相关;

(c) 参考点在(150°W,40°N)的 3 d 滞后相关;(d) 参考点在(150°W,40°N)的 6 d 滞后相关

(粗实线为相关零线,曲线间隔值为±0.2)

## 4.2 热带大气低频(30～60 d)振荡动力学

热带大气中水汽充沛,并经常处于条件不稳定状态,积云对流的活动极其频繁,积云对流加热的反馈也就成为控制热带大气运动的重要物理过程。但是,积云对流加热反馈对热带大气 30～60 d 振荡的激发作用并不是一下子就被人们所认识。为了从理论上说明热带大气 30～60 d 振荡的缓慢东移,Chang(1977)研究了有 Rayleigh 摩擦和 Newton 冷却的热带大气运动,认为大气的内重力波同低频振荡有关,而这种内重力波可受积云活动的影响。Dunkerton(1983)和 Stevens(1983)的研究则认为赤道附近地区大气运动的对称和非对称不稳定可能激发热带大气的低频振荡。

Charney 和 Eliassen(1964)提出的第二类条件不稳定(CISK)理论强调了 Ekman 抽吸的作用,也被称为 Ekman-CISK 理论;其后发展的波动-CISK 理论(Hayashi,1970;Lindzen,1974)较好地描述和解释了热带积云对流活动与大尺度环流间的重要反馈过程,以及它们相互促进而发展的本质。在对 CISK 机制作进一步研究时我们发现,在一定条件下,积云对流加热的反馈不仅可以激发产生常定型不稳定波(即经典 CISK),而且还能产生一种周期性变化的振荡型不稳定波,并可造成热带大气中的一些周期振荡现象(李崇银,1983)。图 4.2.1 是 CISK 振荡型不稳定波的风场和温度场结构特征。很清楚,它们同热带大气的 30～60 d 振荡有极为相似的垂直结构特征。因此,热带大气 30～60 d 振荡的动力学研究必须考虑 CISK 理论。

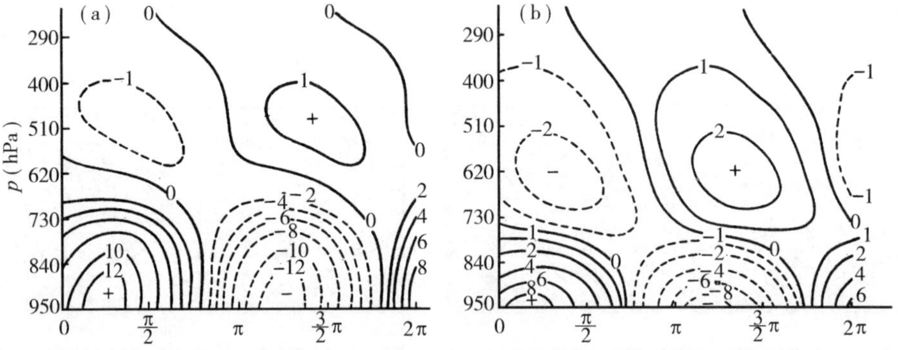


**图 4.2.1**　CISK 振荡型不稳定波的(a)温度(℃)和(b)风场($m \cdot s^{-1}$)的垂直结构特征(引自 Li,1988)

### 4.2.1　南亚季风槽脊 30～60 d 振荡的动力学

前面已经指出,基于 MONEX 资料的分析,不仅发现南亚季风活动有 30～60 d 振荡,而且季风槽脊也有以每天 0.75 个纬度的速度向北传播的特征;季风槽里的低压扰动还有向东南频散能量的现象,其群速度同低压扰动的移动速度方向相反。

观测分析表明,季风槽实际上是一强的对流活动带,其中包括热带气旋、季风低压及对流云团的活动,因此,动力学研究必须考虑积云对流的反馈作用,即引入 CISK 机制。同时,南亚夏季大气环流的一个很重要的特征是风场的垂直切变非常强,动力学问题也需要考虑垂直风切变的影响。为便于引入基本气流,我们用平面对称坐标系代替柱对称坐标系,由于风场有 $x$ 方向分量($u$)和 $y$ 方向分量($v$),在讨论基本气流($\bar{u}$ 和 $\bar{v}$)切变的影响时,可分别用对 $x$ 轴呈对称及对 $y$ 轴呈对称两种情况。对于前一种情况,控制方程可写成(李崇银,1985a):

$$\frac{\partial u}{\partial t}+\omega\frac{\mathrm{d}\bar{u}}{\mathrm{d}p}=fv \tag{4.2.1}$$

$$\frac{\partial \phi}{\partial y}=-fu \tag{4.2.2}$$

$$\frac{\partial \phi}{\partial p}=-\frac{RT}{p} \tag{4.2.3}$$

$$\frac{\partial v}{\partial y}+\frac{\partial \omega}{\partial p}=0 \tag{4.2.4}$$

$$\frac{\partial T}{\partial t}+v\frac{\partial \overline{T}}{\partial y}-\frac{pS}{R}\omega=\frac{Q}{c_p} \tag{4.2.5}$$

这里 $u$, $v$ 和 $\omega$ 分别为 $x$, $y$ 和 $p$ 方向的速度分量；$\phi$ 和 $T$ 分别是位势和温度；$S=-\frac{R}{p}\left(\frac{\partial \overline{T}}{\partial p}-\frac{R\overline{T}}{pc_p}\right)$为静力稳定度；$Q$ 是单位质量空气的对流凝结加热率；$c_p$ 是比定压热容。

在两层模式的情况下，仿照 J. G. Charney 等的参数化办法引入对流凝结加热，即取

$$Q_2=-\frac{\mu L}{2\triangle}(\overline{q}_{s3}-\overline{q}_{s1})(\omega_2+\frac{1}{2}\omega_4) \tag{4.2.6}$$

其中 $L$ 是蒸发潜热；$\overline{q}_s$ 是空气饱和比湿；△是垂直分层间隔，可取△=450 hPa；$\mu$ 是加热参数，其值可调节对流加热的强度。若基本气流随高度呈线性变化，即取 $\mathrm{d}\overline{u}/\mathrm{d}p$ 为常数，则由式(4.2.1)～(4.2.6)不难得到

$$\frac{\partial^2 \omega_2}{\partial y^2}+2\frac{\mathrm{d}\,\overline{u}}{\mathrm{d}p}\frac{f}{S_2\triangle}\frac{\partial}{\partial y}(\omega_3-\omega_1)+\frac{f^2}{S_2\triangle^2}(\omega_4-2\omega_2)=H\mu\frac{\partial^2}{\partial y^2}(\omega_2+\frac{1}{2}\omega_4) \tag{4.2.7}$$

式中 $H=\frac{RL}{2S_2p_2\triangle c_p}(\overline{q}_{s3}-\overline{q}_{s1})$为一大气状态参数，对于热带大气，一般可以近似取$H=1.1$。

一些分析研究已经表明，在季风低压和热带气旋中的垂直速度廓线是大体相似的，一般都在 300～400 hPa 高度有极大值。由此可取近似关系 $\omega_3-\omega_1\approx\frac{1}{2}(\omega_4-\omega_2)$。依据方程(4.2.4)可以引入流函数 $\psi$，并令 $\psi=\varphi e^{\sigma t}$，由式(4.2.7)便可得到方程

$$\frac{\partial^2 \psi}{\partial y^2}+\frac{\mathrm{d}\,\overline{u}}{\mathrm{d}p}\frac{f}{S_2\triangle}\frac{\partial}{\partial y}(\psi_4-\psi_2)+\frac{f^2}{S_2\triangle^2}(\psi_4-2\psi_2)=H\mu\frac{\partial^2}{\partial y^2}(\psi_2+\frac{1}{2}\psi_4) \tag{4.2.8}$$

由于边界层的摩擦作用，Ekman 抽吸造成的垂直运动可按 Charney 等的办法引入，即可得到关系式

$$\psi_4=\frac{K}{K+\sigma}\psi_2 \tag{4.2.9}$$

这里 $K$ 是边界层摩擦系数，对于热带大气边界层，一般可取 $K=1.72\times10^{-6}\,\mathrm{s}^{-1}$。

将式(4.2.9)代入式(4.2.8)，再令 $\psi_2=Ae^{ily}$，并考虑到一般有 $\sigma=\sigma_r+i\sigma_i$，我们不难求得波动的增长率($\sigma_r$)和频率($\sigma_i$)：

$$\sigma_r=\frac{[(3\mu H-2)l^2-\eta]K}{2[(1-\mu H)l^2+\eta]+l^2\varepsilon^2/[(1-\mu H)l^2+\eta]} \tag{4.2.10}$$

$$\sigma_i=-\frac{l\varepsilon\sigma_r}{(1-\mu H)l^2+\eta} \tag{4.2.11}$$

其中 $\eta=\frac{2f^2}{\triangle^2S_2}$，$\varepsilon=\frac{f}{\triangle S_2}\frac{\mathrm{d}\,\overline{u}}{\mathrm{d}p}$，$\varepsilon$ 是反映垂直切变基本气流影响的参数。

由(4.2.10)和(4.2.11)两式可以看到，当 $\varepsilon=0$ 时，有 $\sigma_i=0$。即在没有垂直切变基本气流

的情况下,对流凝结加热的反馈作用将只产生一种不传播的常定型 CISK。然而,若 $\varepsilon\neq0$,一般应有 $\sigma_i\neq0$,这时由于垂直切变基本气流的存在,积云对流加热可激发出一种移动型的 CISK 波,可称其为移动性 CISK 波。根据大气波动理论,由(4.2.11)式可以求得 CISK 波的相速度 $C_y$ 和群速度 $C_{gy}$ 的表达式:

$$C_y=-\frac{\sigma_i}{l}=\frac{\varepsilon\sigma_r}{(1-\mu H)l^2+\eta} \tag{4.2.12}$$

$$C_{gy}=-\frac{d\sigma_i}{dl}=C_y\left[1-\frac{2(1-\mu H)l^2}{(1-\mu H)l^2+\eta}\right]+\frac{l\varepsilon}{(1-\mu H)l^2+\eta}\frac{d\sigma_r}{dl} \tag{4.2.13}$$

根据 CISK 理论,当扰动得以发展得较强而成为热带气旋时,其增长率应为最大值,即近似有 $\left(\frac{d\sigma_r}{dl}\right)_{lc}\approx0$,因此可得到

$$C_y\approx\frac{f\sigma_r}{S_2\triangle[(1-\mu H)l^2+\eta]}\frac{d\bar{u}}{dp} \tag{4.2.14}$$

$$C_{gy}\approx C_y\left[1-\frac{2(1-\mu H)l^2}{(1-\mu H)l^2+\eta}\right] \tag{4.2.15}$$

考虑 $d\bar{v}/dp$ 的影响,用 $x$ 换 $y$,用纬向波数 $k$ 换经向波数 $l$,$u$ 和 $v$ 对换,即可类似地得到

$$C_x\approx-\frac{f\sigma_r}{S_2\triangle[(1-\mu H)k^2+\eta]}\frac{d\bar{v}}{dp} \tag{4.2.16}$$

$$C_{gx}\approx C_x\left[1-\frac{2(1-\mu H)k^2}{(1-\mu H)k^2+\eta}\right] \tag{4.2.17}$$

分析相速度和群速度的表达式(4.2.14)—(4.2.17),可以看到移动性 CISK 波的性质:

首先,在一般情况下有 $1<\frac{2(1-\mu H)l^2}{(1-\mu H)l^2+\eta}\left(或\frac{2(1-\mu H)k^2}{(1-\mu H)k^2+\eta}\right)<2$,因此,移动性 CISK 波的群速度 $C_g$ 要比相速度 $C$ 的值小,而两者的传播方向正好相反。在南亚夏季风期,一般都有 $\frac{d\bar{u}}{dp}\geqslant\frac{d\bar{v}}{dp}>0$,故在这里的 CISK 波基本上向西北方向传播;因为一般有 $1-\frac{2(1-\mu H)l^2}{(1-\mu H)l^2+\eta}<0$,故其能量将向东南方向频散。这些理论结果同 T. Murakami 的资料分析结果基本相似。

对于南亚夏季风期的大气基本状态,在垂直切变基本气流作用下,积云对流加热所激发的移动性 CISK 波,将有每天 0.6 纬度左右的经向移动速度,其振荡周期可在 34～50 d(依加热强度和扰动的空间尺度而变)。这些结果同观测到的南亚夏季风槽脊的活动相当类似。因此可以认为,移动性 CISK 波可能是驱动南亚夏季风槽脊活动的机制,同时也表明了积云对流加热反馈对热带大气季节内振荡的激发作用。

### 4.2.2　CISK-Kelvin 波理论

上一节的讨论已经指出,热带大气中,尤其是在赤道附近地区,30～60 d 振荡主要表现为以10 m·s$^{-1}$左右的速度缓慢东移。因此,关于热带大气 30～60 d 振荡的动力学研究人们自

然也就想到热带大气中东传的Kelvin波；同时，要考虑积云对流的反馈作用，并使Kelvin波的移速由一般情况下的50 m·s$^{-1}$左右减小到同实际观测的30～60 d振荡的移速大致相当，波动-CISK机制也就必须引入。Lau和Peng(1987)提出的"可动性"波动-CISK("mobile" wave-CISK)以及其后Takahashi(1987)、Chang和Lim(1988)的进一步研究都是针对在CISK作用下Kelvin波的活动。因此，为讨论方便，可称其为CISK-Kelvin波理论。

为便于给出CISK-Kelvin波的基本特性，采用最简单的模式进行讨论。类似公式(4.2.1)中的讨论，在有对流加热反馈存在的情况下，描写热带大气Kelvin波活动的方程组可简单写成

$$\frac{\partial u}{\partial t}=-\frac{\partial \phi}{\partial x} \tag{4.2.18}$$

$$\frac{\partial u}{\partial x}+\frac{\partial w}{\partial z}=0 \tag{4.2.19}$$

$$\frac{\partial}{\partial t}\frac{\partial \phi}{\partial z}+N^2 w=N^2 \eta w_B \tag{4.2.20}$$

这里$\eta$是对流凝结加热参数，$w_B$是边界层顶的垂直速度，其他符号取一般气象意义。

由方程(4.2.18)和(4.2.19)中消去$u$；取$w$和$\phi$有形如

$$A=\overline{A}(z)e^{i(kx-\sigma t)}$$

的波动解；在最简单的两层模式(模式分层见图4.2.2)情况下，可得差分方程：

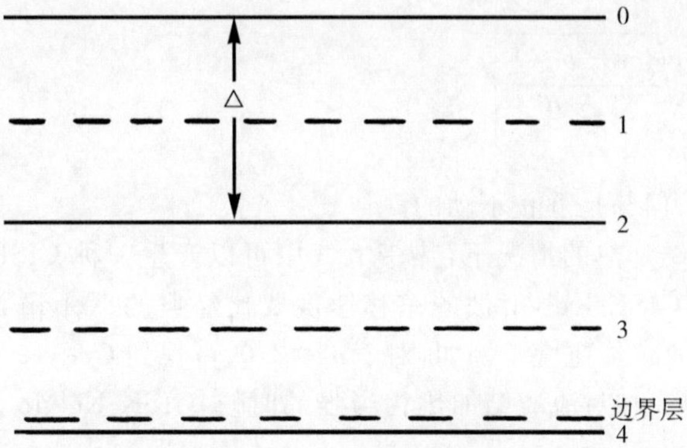


图4.2.2　两层模式分层

$$-i\sigma\frac{\overline{\phi}_1-\overline{\phi}_3}{\Delta z}+N^2\overline{w}_2=N^2\eta_2\overline{w}_B \tag{4.2.21}$$

$$-i\sigma\frac{\overline{w}_0-\overline{w}_2}{\Delta z}=k^2\overline{\phi}_1 \tag{4.2.22}$$

$$-i\sigma\frac{\overline{w}_2-\overline{w}_4}{\Delta z}=k^2\overline{\phi}_3 \tag{4.2.23}$$

假定在模式大气顶的垂直速度为零，即$\overline{w}_0=0$，边界层顶即为模式大气底，$\overline{w}_4=\overline{w}_B$。同时，观测表明热带对流层低层的垂直速度一般有近乎线性的垂直分布，故可简单地取

$\overline{w}_B = b\overline{w_2}$,其中 $b$ 为小于 1 的正的常数。这样,由式(4.2.21)—(4.2.23)即可得到关系式

$$\sigma^2 = k^2 N^2 (\Delta z)^2 \frac{1-b\eta_2}{2-b} \tag{4.2.24}$$

其中 $\Delta z$ 是垂直分层间隔,在这里可取 $\Delta z = 7$ km。

在没有对流凝结加热的情况下,$\eta_2 = 0$,由式(4.2.24)可得到

$$C_x = \frac{\sigma}{k} = \frac{N(\Delta N)}{\sqrt{2-b}} \tag{4.2.25}$$

一般情况下有 $N = 10^{-2}$ $s^{-1}$,$b = 0.4$,则有 $C_x \approx 55$ m · $s^{-1}$。这是一种稳定的东传的热带大气 Kelvin 波。

当有积云对流加热时,若加热强度不大,可有 $1 - b\eta_2 > 0$,由(4.2.24)式应有

$$\left.\begin{aligned} &\sigma_r = kN\Delta z\sqrt{\frac{1-b\eta_2}{2-b}} \\ &\sigma_i = 0 \\ &C_x = N\Delta z\sqrt{\frac{1-b\eta_2}{2-b}} \end{aligned}\right\} \tag{4.2.26}$$

显然,这种情况下,波动是稳定的且向东移,但移动速度比经典的热带大气 Kelvin 波慢。

在有较强的积云对流加热的情况下,$1 - b\eta_2 < 0$,由(4.2.24)式将得到

$$\left.\begin{aligned} &\sigma_r = 0 \\ &\sigma_i = KN\Delta z\sqrt{\frac{|1-b\eta_2|}{2-b}} \\ &C_x = 0 \end{aligned}\right\} \tag{4.2.27}$$

可见,波动是不稳定的,但却是静止不动的。

这样,在有对流凝结加热的情况下,热带大气中可以产生一种 CISK-Kelvin 波,在中等强度加热的情况下,这种 CISK-Kelvin 波的东移速度要比经典的 Kelvin 波慢得多,比较接近热带大气 30～60 d 振荡的东传速度。例如,对于 $\eta_2 = 2.0$,可得到 $C_x \approx 19$ m · $s^{-1}$;对于 $\eta_2 = 2.3$,可得到 $C_x \approx 12$ m · $s^{-1}$。在对流凝结加热相当强的时候,CISK-Kelvin 波可以出现不稳定,但这时波动却是静止的。

上面的讨论虽然是在极简单的两层模式情况下进行的,但不仅 CISK-Kelvin 波的缓慢东移很清楚,而且其他基本性质也同多层模式的结果相当一致。例如,当 CISK-Kelvin 波东移时,扰动是稳定的($\sigma_i = 0$);而不稳定的 CISK-Kelvin 波却又是静止的($C_x = 0$)。图 4.2.3 给出的是 3 层模式的结果(5 层模式有类似情况),显然,对于宽广的加热参数范围,东移的扰动($C_x > 0$)都是稳定的($\sigma_i = 0$);不稳定发展的扰动($\sigma_i > 0$)却都是静止的($C_x = 0$)。只有在极窄的加热参数范围,才存在既东移又不稳定的 CISK-Kelvin 波。

上述分析表明,对于 CISK-Kelvin 波来讲,单个垂直模的 CISK 模式难于得到既东移又不稳定的波动解。考虑不同垂直模间的相互作用,将可以产生不移定的移动性CISK-Kelvin 波。如果各个垂直模的水平结构可以用浅水方程系统描写,则有控制方程

$$\frac{\partial u_i}{\partial t} = \frac{\partial \phi_i}{\partial x} = 0 \tag{4.2.28}$$

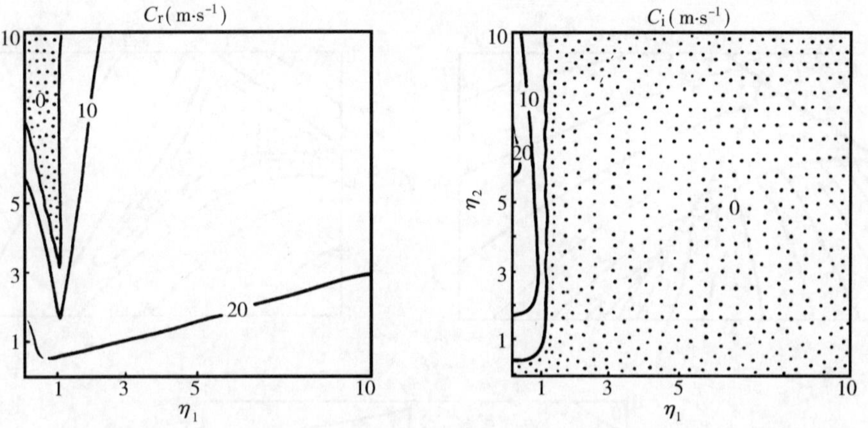


**图 4.2.3**　3 层模式得到的 CISK-Kelvin 波的位相速度的实部 $C_r$ 和虚部 $C_i$（引自 Takahashi，1987）

$$\frac{\partial \phi_i}{\partial t}+C_i^2\frac{\partial u_i}{\partial x}=\sum_{j=1}^{m}K_{ij}\frac{\partial u_j}{\partial x} \tag{4.2.29}$$

$$\beta y u_i+\frac{\partial \phi_i}{\partial y}=0 \tag{4.2.30}$$

这里 $C_i^2=gh_i$，$h_i$ 是垂直模的有效厚度；$i=1,2,\cdots,m$，$m$ 是垂直模的个数；方程(4.2.29)的右端表示对流凝结加热。

令方程(4.2.28)—(4.2.30)中的变量有形如 $e^{i(kx-\sigma t)}$ 的波动解，可以得到如下频率关系：

$$\sum_{j=1}^{m}\left\{\delta_{ij}\left(C_i^2-\frac{\sigma^2}{k^2}\right)-K_{ij}\right\}=0 \tag{4.2.31}$$

其中 $\delta_{ij}$ 是 Kronecker $\delta$ 函数，$\frac{\sigma}{k}=C=C_r+iC_i$。因为 $K_{ij}$ 可以由加热及其分布确定，故总可以求得方程(4.2.31)的特征值 $C$。

假定 $\eta$ 是归一化加热参数，即

$$\int_0^{p_s}\eta(p)\mathrm{d}p=1$$

归一化的加热廓线可表示成

$$\eta_i=\frac{\xi_i}{\sum_j \xi_j \Delta p}$$

其中 $\Delta p$ 是模式层的厚度，$\xi_i$ 是未归一化的加热廓线。

取 $m=5$，假定大气顶和大气底的加热为零，即 $\xi_{1\,000}=\xi_0=0$，当 800 hPa 上的加热为 $\xi_{800}=1$ 时，不难看到加热垂直分布对 CISK-Kelvin 波的影响。图 4.2.4 分别给出了 $\xi_{200}=0$ 及 $\xi_{200}=1$ 时 CISK-Kelvin 波的 $C_r$ 和 $C_i$ 随 400 hPa 和 600 hPa 的加热值的变化。显然，这里有两类 CISK 模存在。当加热主要是在对流层低层时，CISK 模是静止的；当对流层中层加热比较强时，CISK 模变成移动性的，其移动速度在 15 m · $s^{-1}$（若 $\xi_{600}>\xi_{400}$）～30 m · $s^{-1}$（若 $\xi_{400}>\xi_{600}$）之间，可见对流凝

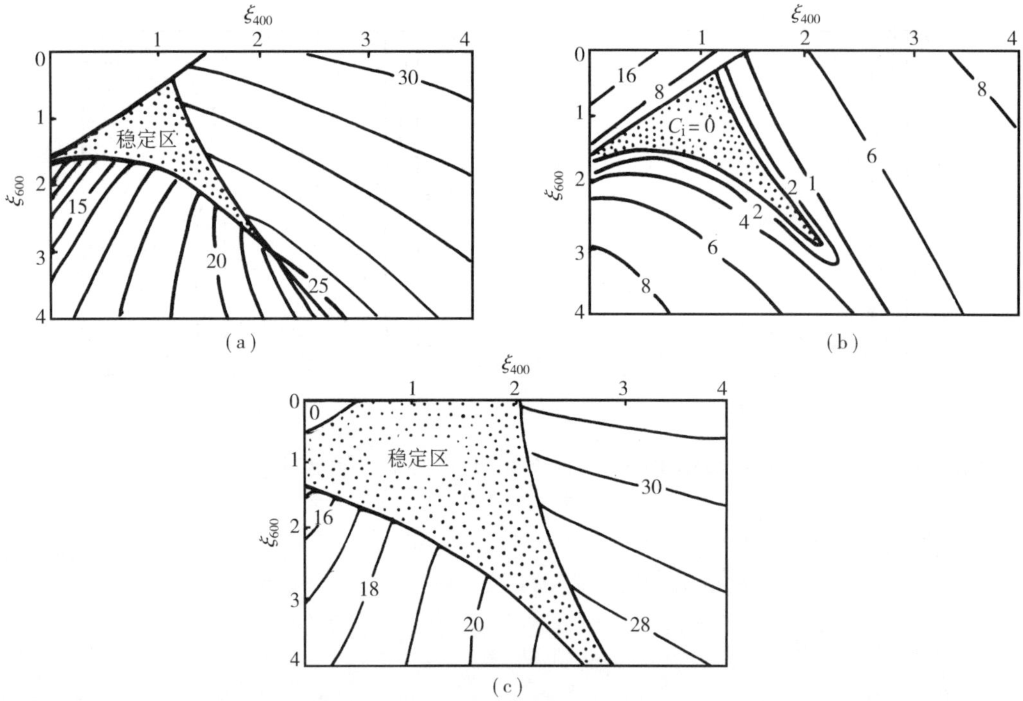


**图 4.2.4**　有垂直模相互作用时 CISK-Kelvin 波与加热廓线的关系(引自 Chang 和 Lim,1988)

(a) $\xi_{200}=0$ 时 CISK-Kelvin 波的 $C_r(\mathrm{m \cdot s^{-1}})$;(b) $\xi_{200}=0$ 时 CISK-Kelvin 波的 $C_i(\mathrm{m \cdot s^{-1}})$;(c) $\xi_{200}=1$ 时 CISK-Kelvin 波的 $C_r(\mathrm{m \cdot s^{-1}})$

结加热的最大值层越低,CISK 模移动越慢。比较 $C_r$ 和 $C_i$ 可以看到,虽然同加热廓线有关,通过内部模之间的相互作用,既移动又不稳定的 CISK-Kelvin 波总是可以产生的,其移速也比经典 Kelvin 波慢。

图 4.2.5 分别给出了 CISK-Kelvin 波和自由 Kelvin 波的垂直环流。其中图 4.2.5a 和 4.2.5b 分别是快速移动和慢速移动的 CISK-Kelvin 波;图 4.2.5c 是静止的 CISK-Kelvin 波;图 d 是自由 Kelvin 波。可以看到,对于静止波,加热区的垂直环流是东西对称的,对应于较低的最大加热层;移动性 CISK-Kelvin 波,加热区的垂直环流是西面较东面弱,而且东面环流深厚。图 4.2.5b 和 4.2.5d 所示的模虽有相同的东移速度,但 CISK-Kelvin 波有更深厚的垂直结构。因此,积云对流加热的反馈,以及垂直模间的相互作用,不仅减慢了 CISK-Kelvin 波的移动速度,也改变了波的结构特征。

积云对流加热反馈对于激发热带大气 30～60 d 振荡的重要性,在 Lau 和 Peng(1987)的数值模拟中已有清楚的结论。只有 CISK 型大气内部加热才能激发出缓慢东移($19\ \mathrm{m \cdot s^{-1}}$)的 30～60 d 振荡模,热带大气中的 30～60 d 振荡正是由于被有选择地增幅的 CISK-Kelvin 波所驱动。图 4.2.6 的模拟结果表明,在没有大气内部 CISK 型加热的情况下,虽然也有 Kelvin 波及 Rossby 波两种响应,但它们都很快随时间被削弱了(图 4.2.6a);在有 CISK 型加热时,东传的响应一直存在,而且具有 30 d 左右的周期性振荡(图 4.2.6b)。同时,当 SST 沿赤道有不均匀分布时,例如 SST 呈纬向 1 波分布,其峰值和谷值分别位于经度 270°和 90°地区,在高 SST 地区 Kelvin 波的响应有所加强(图 4.2.6c)。这是因为模式中假定了加热强度与最低层的温度(也就是与 SST)成正

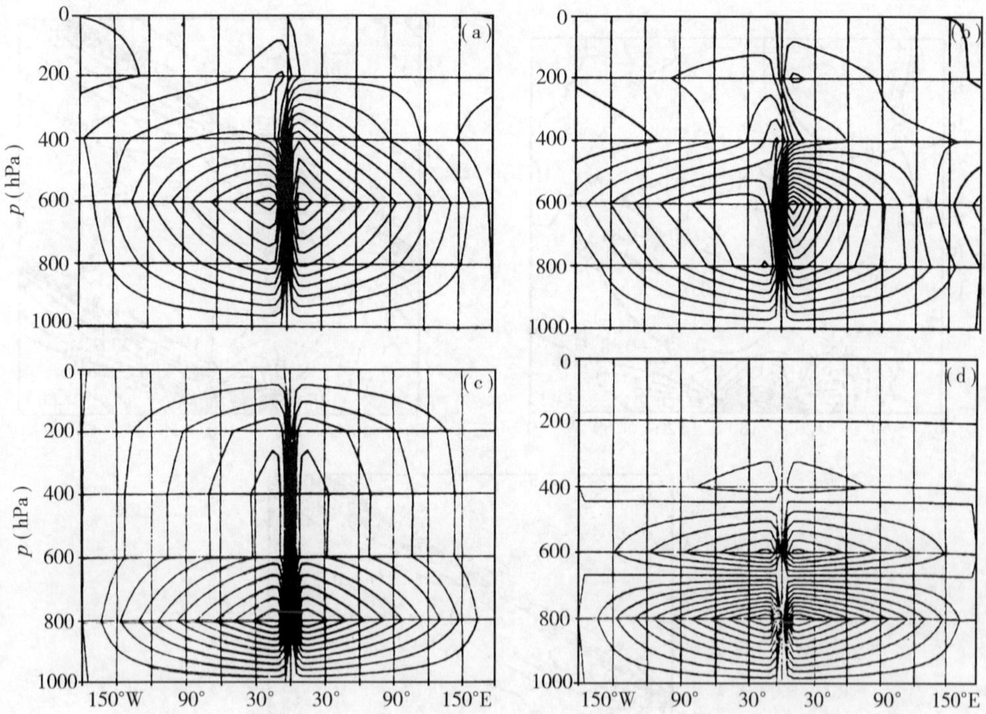


**图 4.2.5** CISK-Kelvin 波的垂直环流剖面及自由 Kelvin 波的垂直环流剖面

(a) 快速 CISK 模(最大加热在 400 hPa);(b) 慢速 CISK 模(最大加热在 600 hPa);

(c) 静止 CISK 模(最大加热在 800 hPa);(d)自由 Kelvin 波(东移速度与 b 相同为 16 m·s$^{-1}$)

比,SST 越高,凝结加热也就越强。

### 4.2.3 CISK-Rossby 波理论

从上面的讨论可以清楚地看到,CISK-Kelvin 波理论能对热带大气 30~60 d 振荡的缓慢东移给予较好的动力学理论解释。但是,热带大气季节内振荡的资料分析表明,它不只向东传播,也有西传的情况,特别是在赤道以外的热带大气中,30~60 d 振荡的西移还是非常明显的(Chen 和 Xie,1988)。另外,热带大气 30~60 d 振荡同中高纬度大气30~60 d 振荡一起构成全球低频波列,表明热带大气 30~60 d 振荡具有能量频散性。但是CISK-Kelvin波只有东移或静止特征,又是一种非频散波,难于用 CISK-Kelvin 波理论对热带大气 30~60 d 振荡给予完满解释。可能热带大气中还存在另外一种激发 30~60 d 振荡的动力学机制,这里就讨论这种机制。

根据热带大气 30~60 d 振荡具有行星尺度特征,而热带大气的行星尺度运动有准地转的性质(李崇银,1985b),可以把水平运动方程和连续方程简单地写成

$$\frac{\partial u}{\partial t} - fv + \frac{\partial \phi}{\partial x} = 0 \tag{4.2.32}$$

$$fu + \frac{\partial \phi}{\partial y} = 0 \tag{4.2.33}$$

$$\frac{\partial u}{\partial x} + \frac{\partial v}{\partial y} + \frac{\partial w}{\partial z} = 0 \tag{4.2.34}$$

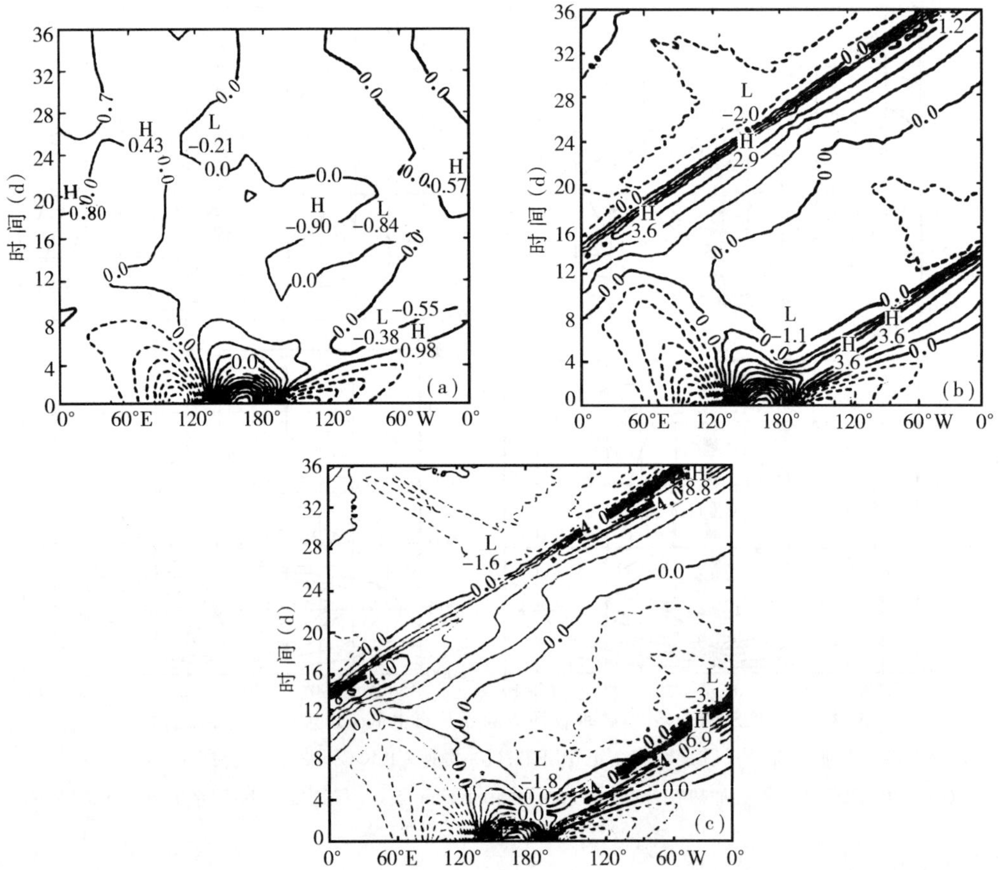


**图 4.2.6**　沿赤道 300 hPa 纬向风($\mathrm{m \cdot s^{-1}}$)的时间-经度剖面(引自 Lau 和 Peng,1987)

(a) 无 CISK 型内部加热情况;(b) 有 CISK 型内部加热情况;(c) 同(b),但 SST 有纬向 1 波分布

考虑到积云对流反馈(CISK 机制)对热带大气 30～60 d 振荡的作用,热力学方程写成

$$\frac{\partial}{\partial t}\frac{\partial \phi}{\partial z}+N^2 w=N^2 \eta(z) w_{\mathrm{B}} \tag{4.2.35}$$

它同式(4.2.20)有相同的形式。

由方程(4.2.32)～(4.2.35)经过一些不难的演算,可求得谐波扰动的频率 $\sigma_{\mathrm{r}}$ 和增长率 $\sigma_{\mathrm{i}}$ 分别为

$$\sigma_{\mathrm{r}}=-\frac{\beta a_1 a_2 k}{a_2^2+4a_1^2 m^2/f_0^2} \tag{4.2.36}$$

$$\sigma_{\mathrm{i}}=-\frac{2\beta a_1 m}{f_0 a_2}\sigma_{\mathrm{r}} \tag{4.2.37}$$

其中

$$a_1=N^2(\Delta z)^2(1-b\eta_2)$$

$$a_2=2f_0+N^2(\Delta z)^2 m^2(1-b\eta_2)$$

这里 $\Delta z$ 是两层模式的垂直分层厚度，$\Delta z=7$ km；$m$ 和 $k$ 分别是经向和纬向波数。

扰动的相速度和群速度可由(4.2.36)式求得，它们分别为

$$C_x=\frac{\sigma_r}{k}=-\frac{\beta a_1 a_2}{a_2^2+4a_1^2m^2/f_0^2} \tag{4.2.38}$$

$$C_y=\frac{\sigma_r}{m}=-\frac{\beta a_1 a_2 k}{a_2^2m+4a_1^2m^3/f_0^2} \tag{4.2.39}$$

$$C_{gx}=\frac{\partial\sigma_r}{\partial k}=C_x \tag{4.2.40}$$

$$C_{gx}=\frac{\partial\sigma_r}{\partial m}=-\frac{2kmf_0^2\beta^2 a_1[a_2^2f_0^2+(2\beta a_1 m)^2-2a_2(a_2f_0^2+2a_1\beta^2)]}{\beta[a_2^2f_0^2+(2\beta m a_1)^2]^2} \tag{4.2.41}$$

显然，这里得到了一种既有 $\beta$ 效应又有 CISK 机制的热带大气波动，为便于讨论，将其称为 CISK-Rossby 波。下面分析这种 CISK-Rossby 波的基本性质。

首先，由(4.2.36)和(4.2.37)式可得到

$$\sigma_i=\frac{2km\beta^2 a_1^2}{f_0(a_2^2+4a_1^2m^2/f_0^2)} \tag{4.2.42}$$

可见扰动的稳定性将取决于扰动的水平结构。有关热带大气 30～60 d 振荡的资料分析表明，其扰动在水平面上的结构主要表现为导式波特征，即常有 $km>0$。因此，这种 CISK-Rossby 波经常会处于不稳定状态。

其次，由(4.2.38)式可以看到，CISK-Rossby 波同经典的西移的热带大气 Rossby 波不同，当对流凝结加热较弱时($1-b\eta_2>0$)，它仍向西移动($C_x<0$)，但当对流凝结加热较强时($1-b\eta_2<0$)，CISK-Rossby 波可以向东传播($C_x>0$)。

第三，CISK 波在 $y$ 方向有明显的频散性，而在 $x$ 方向无频散性。这与实际分析的在热带地区低频波列几乎与赤道呈垂直，其能量主要在经向上频散的结果非常一致。

依据热带大气参数，可以求出热带大气中 CISK-Rossby 波纬向移动速度的性质。图 4.2.7 给出的是不同对流加热强度($\eta_2$)情况下波动的纬向移速与扰动经向尺度的关系。可以清楚地看到，在没有对流凝结加热或者其强度较弱时，无论在哪个纬度，扰动都是西移的，同经典的热带 Rossby 波相似。但是，当对流凝结加热比较强时，经向尺度很大的扰动可以向东传播；适中强度的对流凝结加热(例如 $\eta_2=1.5\sim2.0$)，对应经向尺度范围相当广阔的 CISK-Rossby 波都可以向东传播。图 4.2.8 是 CISK-Rossby 波纬向移速随加热强度和纬度的变化情况。可见，在热带大气中对流凝结加热的可能强度范围($\eta_2=1.5\sim4.5$)内，CISK-Rossby 波既可以东传又可以西移；而且在相当大的参数范围内，可以得到其东移速度为 10 m·s$^{-1}$左右，接近实际大气中热带 30～60 d 振荡的东移速度。

上面的讨论表明，在积云对流加热的反馈作用下，热带大气中可以产生一种 CISK-Rossby 波，这种波既可以西移也可以向东传播，并且在相当大的参数范围内，其东移速度接近热带大气 30～60 d 振荡东移的平均速度；同时，CISK-Rossby 波是一种频散波，其能量频散规律与热带大气低频波列所反映的特征相当一致；另外，这种 CISK-Rossby 波又常处于稳定发展状态。因此，可以认为，CISK-Rossby 波也是热带大气中 30～60 d 振荡的重要激发和驱动机制。

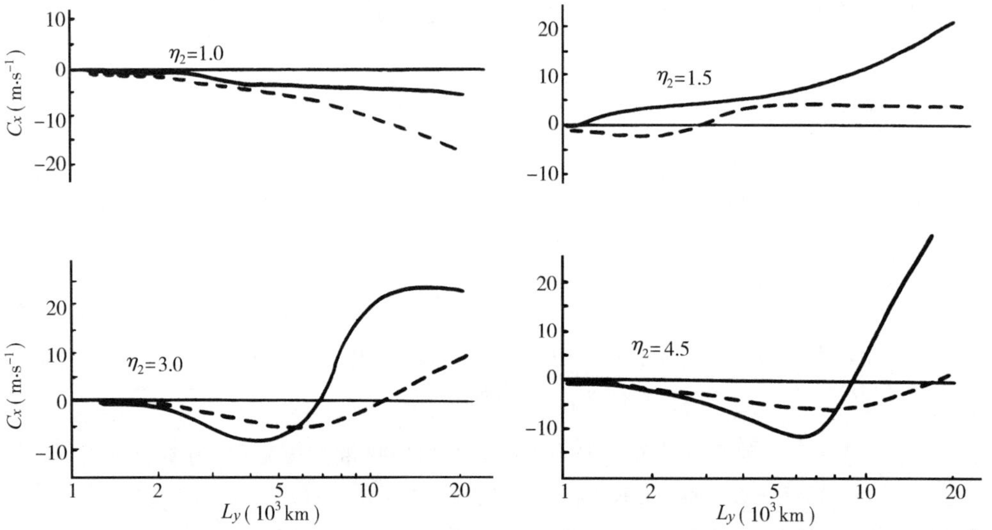


**图 4.2.7**　不同对流凝结加热强度下,CISK-Rossby 波纬向移速与其经向尺度的关系(引自李崇银,1990b)

(虚线和实线分别为 10°N 和 20°N 的情况)

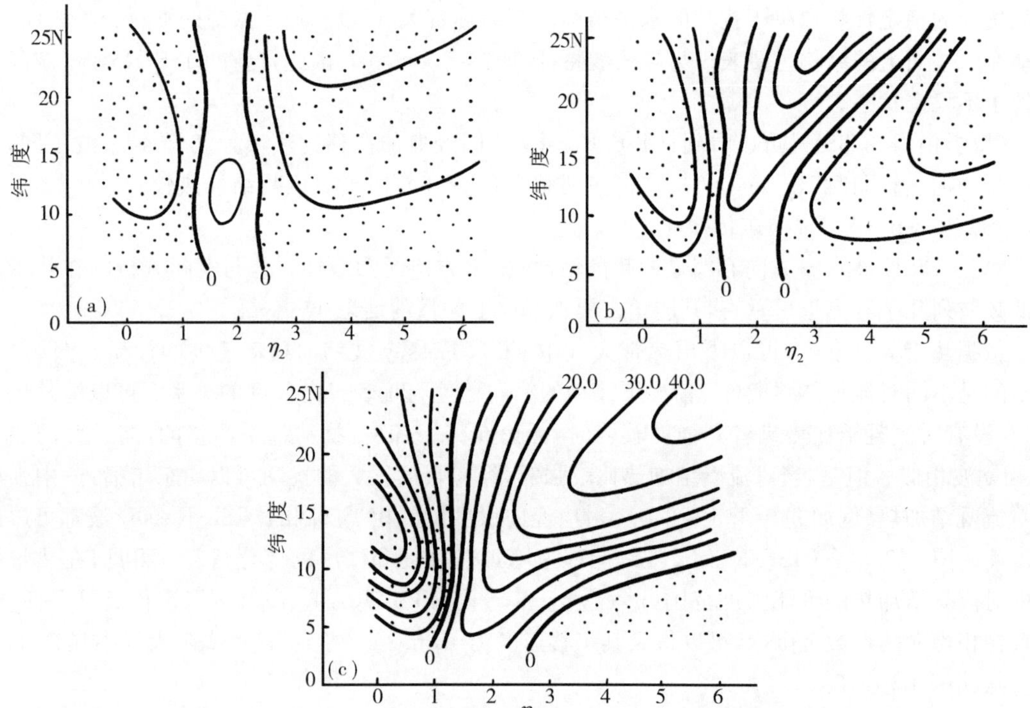


**图 4.2.8**　CISK-Rossby 波的东西向移速(m · s$^{-1}$)随加热强度和纬度的变化(引自李崇银,1990b)

(a) 经向尺度为 4 000 km;(b) 经向尺度为 8 000 km;(c) 经向尺度为 20 000 km

(图中除已标出的数值外,其余等值线间隔为 4 m · s$^{-1}$,阴影区表示负的 $C_x$(西移))

为了便于得到解析解，上面引入的近似使其结果难于在赤道附近地区适用。那么在赤道附近地区是否也存在 CISK-Rossby 波呢？为研究这个问题，我们把控制方程(4.2.32)～(4.2.35)改写在赤道 $\beta$ 平面上，即

$$\frac{\partial u}{\partial t}-\beta yv=-\frac{\partial \phi}{\partial x} \tag{4.2.43}$$

$$\beta yu=-\frac{\partial \phi}{\partial y} \tag{4.2.44}$$

$$\frac{\partial u}{\partial x}+\frac{\partial v}{\partial y}+\frac{\partial w}{\partial z}=0 \tag{4.2.45}$$

$$\frac{\partial}{\partial t}\frac{\partial \phi}{\partial z}+N^2 w=N^2 \eta w_{\mathrm{B}} \tag{4.2.46}$$

由(4.2.43)～(4.2.45)三个方程消去 $u$ 和 $v$，可以得到关于变量 $w$ 和 $\phi$ 的方程如下：

$$\frac{\partial}{\partial t}\left(\frac{\partial}{\partial y}-\frac{2}{y}\right)\frac{\partial \phi}{\partial y}+\beta\frac{\partial \phi}{\partial x}+\beta^2 y^2\frac{\partial w}{\partial z}=0 \tag{4.2.47}$$

令方程(4.2.46)和(4.2.47)有如下波动解，

$$(\phi,w)=(\overline{\phi},W)\mathrm{e}^{\mathrm{i}(kx-\sigma t)} \tag{4.2.48}$$

取简单两层模式(模式分层亦如图 4.2.2)，可得方程组：

$$-\mathrm{i}\sigma\frac{\overline{\phi}_1-\overline{\phi}_3}{\Delta z}+N^2 W_2=N^2\eta_2 W_{\mathrm{B}} \tag{4.2.49}$$

$$-\mathrm{i}\sigma\left(\frac{2}{y}-\frac{\mathrm{d}}{\mathrm{d}y}\right)\frac{\mathrm{d}\overline{\phi}_1}{\mathrm{d}y}+\beta^2 y^2\frac{W_0-W_2}{\Delta z}+\mathrm{i}k\beta\overline{\phi}_1=0 \tag{4.2.50}$$

$$-\mathrm{i}\sigma\left(\frac{2}{y}-\frac{\mathrm{d}}{\mathrm{d}y}\right)\frac{\mathrm{d}\overline{\phi}_3}{\mathrm{d}y}+\beta^2 y^2\frac{W_2-W_{\mathrm{B}}}{\Delta z}+\mathrm{i}k\beta\overline{\phi}_3=0 \tag{4.2.51}$$

假定模式大气顶垂直速度为零，即 $W_0=0$；边界层顶即为模式大气底，而且边界层顶的垂直速度可用 $W_2$ 表示成 $W_{\mathrm{B}}=bW_2$，一般 $b$ 为小于 1 的正常数。这样由式(4.2.49)～(4.2.51)可以得到关于 $W_2$ 的单一方程

$$y^2\frac{\mathrm{d}^2 W_2}{\mathrm{d}y^2}-2y\frac{\mathrm{d}W_2}{\mathrm{d}y}-\left[\frac{(2-b)\beta^2}{C_1^2(1-b\eta_2)}y^4+\frac{\beta k}{\sigma}y^2\right]W_2=0 \tag{4.2.52}$$

这里 $C_1^2=N^2(\Delta z)^2$，为大气重力波的移速。对于方程(4.2.52)，其边界条件是

$$\lim_{|y|\to\infty}W_2=0 \tag{4.2.53}$$

为了求解方程(4.2.52)，需作变量替换，令

$$\left.\begin{aligned}\zeta&=\frac{\sqrt{2-b}}{C_2}y^2\\W_2&=\zeta^{\frac{1}{4}}\omega_2\end{aligned}\right\}\tag{4.2.54}$$

其中 $C_2=\sqrt{1-b\eta_2}C_1$。那么方程(4.2.52)及边界条件(4.2.53)可分别变成

$$\frac{\mathrm{d}^2\omega_2}{\mathrm{d}\zeta^2}-\left(\frac{5}{16}\zeta^{-2}+\frac{kC_2}{4\sqrt{2\sigma}}\zeta^{-1}+\frac{1}{4}\right)\omega_2=0\tag{4.2.55}$$

$$\omega_2\big|_{\zeta\to\infty}=0\tag{4.2.56}$$

或者将它们写成 Whittaketer 方程(王竹溪、郭敦仁,1979;Liu 和 Wang,1990):

$$\left.\begin{aligned}&\frac{\mathrm{d}^2\omega_2}{\mathrm{d}\zeta^2}+\left[-\frac{1}{4}+\frac{l}{\zeta}+\frac{\frac{1}{4}-\mu^2}{\zeta^2}\right]\omega_2=0\\&\omega_2\big|_{\zeta\to\infty}=0\end{aligned}\right\}\tag{4.2.57}$$

其中 $l=-\dfrac{kC_2}{4\sqrt{2-b\sigma}}$,$\mu^2=\dfrac{9}{16}$。

再令

$$\omega_2=\mathrm{e}^{-\frac{\zeta}{2}}\zeta^{\mu+\frac{1}{2}}P\tag{4.2.58}$$

方程(4.2.57)可转化为求解如下 Kummer 方程的特征值问题:

$$\left.\begin{aligned}&\zeta\frac{\mathrm{d}^2P}{\mathrm{d}\zeta^2}+(2\mu+1-\zeta)\frac{\mathrm{d}P}{\mathrm{d}\zeta}-\left(\mu+\frac{1}{2}-l\right)P=0\\&P\big|_{\zeta\to\infty}=\mathrm{O}(\zeta^m)\end{aligned}\right\}\tag{4.2.59}$$

方程(4.2.59)的特征值为

$$\mu+\frac{1}{2}-l=-m,\qquad m=0,1,2,\cdots\tag{4.2.60}$$

相应的特征函数为

$$P=A_mS_m^{2\mu}(\zeta)=A_m\cdot\frac{(2\mu+1)_m}{m!}K(-m,2\mu+1,\zeta)\tag{4.2.61}$$

这里 $A_m$ 是一个特定常数,$S_m^{2\mu}$ 是 Sonine 多项式,$K(-m,2\mu+1,\zeta)$是 Kummer 函数;$(2\mu+1)_m$ 为 Gauss 表示符,它定义为

$$(2\mu+1)_m=(2\mu+1)(2\mu+2)\cdots(2\mu+m)=\frac{\Gamma(2\mu+m)}{\Gamma(2\mu+1)}\tag{4.2.62}$$

并且有 $(2\mu+1)_0=1$。

对于一般情况,取 $\mu=-3/4$,由(4.2.60)式则可得到

$$-\frac{1}{4}+\frac{kC_2}{4\sqrt{2-b\sigma}}=-m\tag{4.2.63}$$

其频率关系可表示成

$$\sigma=\frac{kC_2}{\sqrt{2-b(1-4m)}},\qquad m=0,1,2,\cdots \tag{4.2.64}$$

当 $m=0$ 时，即有

$$\sigma=\frac{kC_2}{\sqrt{2-b}} \tag{4.2.65}$$

这是东传的 Kelvin 型波动，因 $C_2$ 中包含了 CISK 机制，故可称其为 CISK-Kelvin 波。当 $m\neq0$ 时，显然有 CISK-Rossby 波，它一般是西传的。

由(4.2.60)式可将特征函数写成

$$W_2^m(y)=A_m\frac{\left(-\frac{1}{2}\right)_m}{m!}\mathrm{e}^{\frac{-y^2\sqrt{2-b\beta}}{2C_2}}K\left(-m,-\frac{1}{2},\frac{\sqrt{2-b\beta}}{C_2}y^2\right)$$

取 $L_0=(\sqrt{2-b}C_2/2\beta)^{1/2}$，上式变成

$$W_2^m(y)=A_m\frac{\left(-\frac{1}{2}\right)_m}{m!}\mathrm{e}^{-\frac{1}{2}\left(\frac{y}{L_o}\right)^2}K\left(-m,-\frac{1}{2},\left(\frac{y}{L_o}\right)^2\right) \tag{4.2.66}$$

$m=0$ 的 CISK-Kelvin 模和 $m=1$ 的 CISK-Rossby 模的经向结构如图 4.2.9 所示。可见 CISK-Kelvin 模也有振幅在赤道最大，结构对赤道呈南北对称的特征；CISK-Rossby 模也对赤道呈对称，但极值出现在赤道两边。

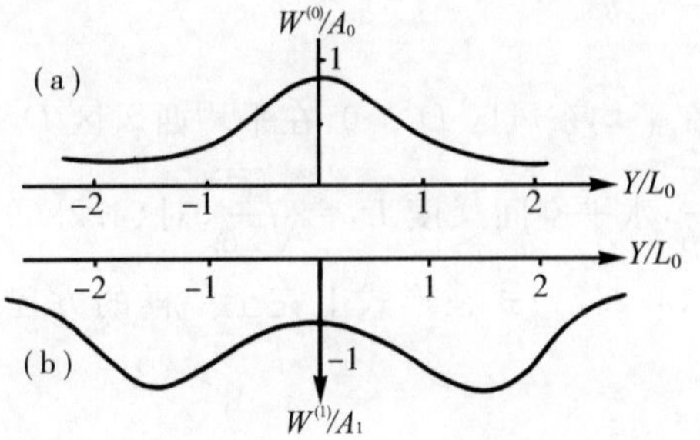


**图 4.2.9**　赤道附近地区 CISK-Kelvin 波($m=0$)和 CISK-Rossby 波($m=1$)的经向结构
(a) CISK-Kelvin 波；(b) CISK-Rossby 波

对于 CISK-Kelvin 波和 CISK-Rossby 波，它们的周期可分别写成

$$T_{\mathrm{K}}=\frac{\sqrt{2-b}L}{\sqrt{1-b\eta_2}C_1} \tag{4.2.67}$$

$$T_{\mathrm{R}}=\frac{\sqrt{2-b}(4m-1)L}{\sqrt{1-b\eta_2}C_1} \tag{4.2.68}$$

其中 $L$ 为纬向波长。一般在热带大气中可认为 Kelvin 波的波长为 $3.2\times10^7$ m，Rossby 波的

波长为 $9.0\times10^6$ m。这样，对于热带大气的一般对流加热强度 $\eta_2\approx1.8\sim2.4$(Hayashi, 1970),可以发现 CISK-Kelvin 波的周期基本上是 15～70 d,而 CISK-Rossby 波的周期也基本上是 20～70 d(Li,1993) 。也就是说，通过积云对流加热反馈，在赤道附近地区也可以产生 CISK-Kelvin 波和 CISK-Rossby 波，而且它们在一般强度的对流凝结加热情况下，都属于低频波。当然在赤道附近地区，CISK-Kelvin 波一般是东传的，而 CISK-Rossby 波一般是西移的。

### 4.2.4 蒸发-风反馈机制

经过理论研究，Emanuel(1987)和 Neelin(1987)提出了热带大气季节内振荡的蒸发-风反馈机制。他们认为，赤道附近地区平均为东风，但对流凝结加热的作用将在对流层低层的对流区的东、西部分别强迫出东、西风响应场。这种东、西风响应场叠加在平均东风上，就造成了蒸发和加热的东-西不对称性。热源东部的加热强于西部，对流发展更为有利，这样，反馈过程也就有利于对流区的东移。同时，大气中对流加热的增强(尤其是在热源的东部)又更加强了热源东部的 Kelvin 波和东风响应。这种蒸发-风反馈机制对于在对流活动相对较弱的东太平洋冷水区维持 30～60 d 振荡及其东传有相当的意义。

在赤道 β 平面上，控制方程写成

$$\frac{\partial u}{\partial t}-\beta yv+\frac{\partial\phi}{\partial x}=0 \tag{4.2.69}$$

$$\beta yu+\frac{\partial\phi}{\partial y}=0 \tag{4.2.70}$$

$$\frac{\partial\phi}{\partial t}+C\left(\frac{\partial u}{\partial x}+\frac{\partial v}{\partial y}\right)=D_0u \tag{4.2.71}$$

这里 $D_0$ 是蒸发反馈因子，在平均东风区 $D_0>0$，在平均西风区 $D_0<0$。

取时间尺度 $T_0=\sqrt{\dfrac{1}{2C\beta}}$,水平空间尺度 $L_0=\sqrt{\dfrac{C}{2\beta}}$,对(4.2.69)～(4.2.71)式进行无量纲化，仍可得到与(4.2.69)～(4.2.71)式在形式上完全一样的方程，只是所有变量均是无量纲量，并且有

$$D_0C\sqrt{2C\beta}=D_0'$$

这里 $D_0'$ 被认为是有量纲的量。

令方程(4.2.69)～(4.2.71)有谐波解

$$(u,v,\phi)=[\hat{u}(y),\hat{v}(y),\hat{\phi}(y)]e^{i(kx-\sigma t)} \tag{4.2.72}$$

代入(4.2.69)～(4.2.71)式，即得

$$-i\sigma\hat{u}-\frac{1}{2}y\hat{v}+ik\hat{\phi}=0 \tag{4.2.73}$$

$$\frac{1}{2}y\hat{u}+\frac{\partial\hat{\phi}}{\partial y}=0 \tag{4.2.74}$$

$$-\mathrm{i}\sigma\hat{\phi}+\mathrm{i}k\hat{u}+\frac{\partial\hat{v}}{\partial y}=D_0\hat{u} \tag{4.2.75}$$

从方程(4.2.73)～(4.2.75)中消去$\hat{\phi}$和$\hat{u}$,得到关于$\hat{v}$的单一方程

$$\frac{\mathrm{d}^2\hat{v}}{\mathrm{d}y^2}+\frac{D_0 y}{2\mathrm{i}\sigma}\frac{\mathrm{d}\hat{v}}{\mathrm{d}y}-\left[\frac{k+\mathrm{i}D_0}{2\sigma}+\frac{1}{4}y^2\right]\hat{v}=0 \tag{4.2.76}$$

设

$$\hat{v}=B\mathrm{e}^{\mathrm{i}D_0 y^2/(8\sigma)} \tag{4.2.77}$$

代入(4.2.76)式即可得到方程

$$\frac{\mathrm{d}^2 B}{\mathrm{d}y^2}-\left[\frac{2k+\mathrm{i}D_0}{4\sigma}+\left(\frac{1}{4}-\frac{D_0^2}{16\sigma^2}\right)y^2\right]B=0 \tag{4.2.78}$$

再作变换,即令

$$y=\left(1-\frac{D_0^2}{4\sigma^2}\right)^{-\frac{1}{4}}Y \tag{4.2.79}$$

其中$Y$为新的坐标变量。这样方程(4.2.78)变成

$$\frac{\mathrm{d}^2 B}{\mathrm{d}Y^2}+\left[\left(1-\frac{D_0^2}{4\sigma^2}\right)^{-\frac{1}{2}}\left(-\frac{2k+\mathrm{i}D_0}{4\sigma}\right)-\frac{Y^2}{4}\right]B=0 \tag{4.2.80}$$

为了满足边界条件$Y(y)\to\pm\infty$时$B$有界的条件,按微分方程的原则,应该有关系式

$$2\left(1-\frac{D_0^2}{4\sigma^2}\right)^{-\frac{1}{2}}\left(-\frac{2k+\mathrm{i}D_0}{4\sigma}\right)=2n+1,\qquad n=0,1,2,\cdots$$

或者

$$(2k+\mathrm{i}D_0)^2=(2n+1)^2(4\sigma^2-D_0^2),\qquad n=0,1,2,\cdots \tag{4.2.81}$$

而方程(4.2.80)的解可写成

$$B(\xi)=A\mathrm{e}^{-\frac{1}{2}\xi^2}\mathrm{H}_n(\xi) \tag{4.2.82}$$

这里$\mathrm{H}_n$是Hermite多项式,$n$是同南北方向波数有关的参数;$A$可视为振幅;而

$$\xi=\frac{1}{2}Y$$

由(4.2.81)式可以得到

$$\sigma^2=\frac{(2k+\mathrm{i}D_0)^2}{4(2n+1)^2}+\frac{D_0^2}{4} \tag{4.2.83}$$

因$\sigma=\sigma_r+\mathrm{i}\sigma_i$,由(4.2.83)式不难得到

$$\sigma_i=\frac{D_0 k}{2(2n+1)^2\sigma_r} \tag{4.2.84}$$

$$\sigma_r = \frac{-1}{2(2n+1)}\sqrt{\frac{M+\sqrt{M^2+16D_0^2k^2}}{2}} \tag{4.2.85}$$

这里 $M=4k^2+D_0^2[(2n+1)^2-1]$，根号取负值是因为在没有蒸发-风反馈情况下($D_0=0$)，Kelvin 波($n=-1$)东移，$\sigma_r>0$；而 Rossby 波($n=1,2,\cdots$)西移，$\sigma_r<0$。

对于 Kelvin 波，无论平均流场是东风或西风，(4.2.85)式表明，$\sigma_r>0$。因此，由(4.2.84)式可知，在平均东风气流情况下($D_0>0$)，Kelvin 波是增长的($\sigma_i>0$)，而在平均西风气流情况下($D_0<0$)，Kelvin 波是衰减的($\sigma_i<0$)。可见，在蒸发-风反馈情况下可以使东传的 Kelvin 波不稳定发展，进而加强对流东部的潜热，扰动在东移过程中由于正反馈的支持，将不被削弱。

对于 Rossby 波，一般来讲 $\sigma_r<0$，波向西传，由(4.2.84)式可知，在平均东风区($D_0>0$)，Rossby 波将衰减($\sigma_i<0$)，而在平均西风区($D_0<0$)，Rossby 波将增幅发展($\sigma_i>0$)。

我们知道，热带大气季节内振荡的 CISK-Kelvin 波理论是基于通过积云对流加热(CISK 机制)使原来东传速度较快的 Kelvin 波变成缓慢东移的低频(30～60 d)波。从(4.2.85)式可以看到，无论在平均东风还是西风区，东传的 Kelvin 波都将被加速。因此，如果没有积云对流反馈(CISK)机制，单纯的蒸发-风反馈机制将不可能激发产生热带大气的 30～60 d 振荡。

在赤道 β 平面上，包括积云对流加热反馈和蒸发-风反馈机制的热带大气季节内振荡的控制方程可写成

$$\frac{\partial u}{\partial t}-\beta yv=-\frac{\partial\phi}{\partial x} \tag{4.2.86}$$

$$\beta yu=-\frac{\partial\phi}{\partial y} \tag{4.2.87}$$

$$\frac{\partial}{\partial t}\left(\frac{\partial\phi}{\partial z}\right)+N^2W=N^2\eta W_B-\alpha_0N^2u \tag{4.2.88}$$

方程(4.2.88)右端第一项表示对流加热作用，它正比于边界层顶的垂直速度 $W_B$ 及加热函数 $\eta$；右端第二项是蒸发-风反馈作用。其他符号具有一般气象意义。

在热带大气中，边界层顶的垂直速度可简单地用自由大气垂直速度代替，即可取 $W_B=bW$，其中 $b$ 是小于 1 的常数。取简单两层模式情况，其模式分层如图 4.2.2 所示，为方便起见，根据大气中速度场的分布特征，再取近似关系 $W_2=W_1-W_3$，$u_2=u_1-u_3=2\hat{u}$；令 $(\hat{u},\hat{v},\hat{\phi})=\frac{1}{2}[(u_1-u_3),(v_1-v_3),(\phi_1-\phi_3)]$，可以将方程(4.2.86)和(4.2.88)改写成如下形式：

$$\frac{\partial\hat{u}}{\partial t}-\beta y\hat{v}=-\frac{\partial\hat{\phi}}{\partial x} \tag{4.2.89}$$

$$\beta y\hat{u}=-\frac{\partial\hat{\phi}}{\partial y} \tag{4.2.90}$$

$$\frac{\partial\hat{\phi}}{\partial t}+C(1-b\eta_2)\left(\frac{\partial\hat{u}}{\partial x}+\frac{\partial\hat{v}}{\partial y}\right)=-D_0\hat{u} \tag{4.2.91}$$

其中 $C=\frac{\sqrt{2}}{2}N\triangle$，$\triangle$ 是模式垂直间隔，对于这里的模式大气，$C\approx50\ \mathrm{m\cdot s^{-1}}$。

根据已有研究分析，对于热带大气中的一般对流加热强度，$\eta_2 \approx 1.8 \sim 2.4$；而 $b$ 为 0.4 左右。这样，对于有积云对流加热反馈的情况，应有 $C_1 = C(1 - b\eta_2) \approx 10\ \mathrm{m \cdot s^{-1}}$，显示了积云对流加热对热带扰动的减速作用。

类似的做法，但取时间尺度 $T_1 = \sqrt{1/(2\beta C_1)}$，水平空间尺度 $L_1 = \sqrt{C_1/(2\beta)}$，同样对方程(4.2.89)～(4.2.91)进行无量纲化，然后进行类似的推导，最后得到有积云对流加热和蒸发-风反馈共同作用下的热带大气波动的增长率 $\sigma_i$ 和频率 $\sigma_r$ 的表达式分别为

$$\sigma_i = \frac{D_1 k}{2(m+1)^2 \sigma_r} \tag{4.2.92}$$

$$\sigma_r = \frac{-1}{2(2m+1)} \sqrt{\frac{4k^2 + G_1^2 + \sqrt{(4k^2 + G_1^2)^2 + 16k^2}}{2}} \tag{4.2.93}$$

其中 $D_1 = \dfrac{D_0}{C_1 \sqrt{2C_1 \beta}}$；$G_1^2 = D_1^2[(2m+1)^2 - 1]$，而 $k$ 和 $m$ 分别是 $x$ 方向和 $y$ 方向的扰动波数。

如果不考虑蒸发-风反馈的作用，$D_1 = 0$，$G_1 = 0$，这时的热带大气波动就是过去我们已经讨论过的 CISK-Kelvin 波和 CISK-Rossby 波，它们在现有模式下是稳定的($\sigma_i = 0$)，其移动速度大致为 $10\ \mathrm{m \cdot s^{-1}}$ 左右，与观测到的热带大气季节内振荡比较接近。

如果再考虑有蒸发-风反馈的存在，$D_1$ 与 $G_1$ 均不为零。这种情况下，CISK-Kelvin 波的东移速度不会受到影响，CISK-Rossby 波的西移速度会加快；但是，因为 CISK-Kelvin 波和 CISK-Rossby 波已都是移动比较缓慢的波动，仍然可以认为它们是驱动热带大气季节内振荡的主要动力学原因。由于蒸发-风反馈对波动不稳定性的影响，CISK-Kelvin 波和 CISK-Rossby 波都可以成为不稳定的发展波，例如对于东风气流情况($D_0 > 0$)CISK-Kelvin 波可以不稳定发展，对于西风气流情况($D_0 < 0$)，CISK-Rossby 波可以不稳定发展。

因此，在积云对流加热和蒸发-风反馈同时存在的情况下，不仅可以得到缓慢移动的热带大气 CISK-Kelvin 波和 CISK-Rossby 波，它们的周期接近季节内大气振荡；而且，CISK-Kelvin 波和 CISK-Rossby 波都可以出现不稳定。这样的 CISK-Kelvin 波和 CISK-Rossby 波可以更好地揭示实际大气季节内振荡在移动过程中并不明显减弱的特性。

这样看来，在热带大气中，特别是在近赤道地区，CISK 机制和蒸发-风反馈机制的共同作用将是产生热带大气 30～60 d 振荡的重要因素。由此既可以解释 30～60 d 振荡在赤道印度洋和赤道西太平洋地区的存在和移动，也可以解释这类振荡在赤道东太平洋地区的存在和东移。

## 4.3　大气基本态的不稳定激发

Charney(1947)和 Eady(1949)提出的大气斜压不稳定理论较好地解释了大气中天气尺度扰动的不稳定发展和气旋的生成，其后不稳定理论便成为大气动力学的重要组成部分，并用以说明许多大气环流过程的动力学机制。对于大气中存在的大振幅扰动以及长时间持续异常环流的发生，例如大气中的阻塞形势和季节内振荡，不稳定性理论是否也能给出一定的动力学解释呢？

### 4.3.1 三维基本气流的不稳定

基于三维基本气流的准地转斜压不稳定,Frederiksen(1982)得到了一种同大气中的风暴轴线密切联系的特有(生成气旋)的不稳定模,并认为三维基本气流的不稳定理论为了解阻塞环流和局地气旋的生成提供了很好的动力学基础,就像经典的纬向平均不稳定理论已对气旋尺度扰动的发展所能给予的动力学解释一样。其后,Simmons 等(1983)又用纬向变化气候基本态的正压不稳定,对大气中的主要遥相关型提出了一定的理论解释。在前面的讨论中我们已经指出,大气中存在着极其清楚的低频(30～60 d)遥相关型,并同一般的 PNA 和 EUP 遥相关型相一致,而且更显著。因此可以认为,三维基本气流的不稳定(包括斜压和正压不稳定)也是激发产生大气低频变化(包括阻塞形势——10～20 d 振荡和 30～60 d 振荡)的重要动力学机制之一。由于本节讨论的不稳定理论已包括了对阻塞形势的一种动力学解释,为了不重复,在下一章讨论阻塞形势的动力学机制时将不再进行分析。但我们在此先要指出,三维基本气流的不稳定是阻塞形势建立的重要动力学机制之一。

在这一节里,我们首先看一看对实际观测资料进行动力学分析所显示的三维基本气流的最不稳定模同阻塞形势和季节内振荡的关系,从而说明三维基本气流的不稳定对激发产生阻塞形势和 30～60 d 振荡的重要性。

一系列的研究都表明,1978—1979 年冬季北半球大气中有阻塞环流的强烈发展,也有 30～60 d 振荡的明显活动。因此,Frederiksen,J. S. 和 C. S. Frederiksen(1992)用了一个包括线性波动-CISK 的二层全球初始方程模式,对 1979 年 1 月平均环流状况(气候基本态)进行了分析研究。在模式中引入的积云对流参数化为

$$\overline{Q}=\left(\frac{p_s}{p}\right)^{\kappa}\frac{Q}{c_p}=-Q_F\,\overline{q}\nabla^2\chi \tag{4.3.1}$$

这里 $Q_F\,\overline{q}$是基本态的湿度参数化形式,其中 $Q_F$ 可写成

$$Q_F=m\eta(p)L\left(\frac{p_s}{p}\right)^{k}\frac{\Delta p}{c_p}$$

上述公式中$\overline{q}$是基本态在低层的比湿,$\chi$ 是在低层的扰动速度势,$L$ 是凝结潜热,$\kappa=R/c_p$,$p_s=$1 000 hPa,$\Delta p=250$ hPa,$\eta(p)$是加热分布函数,$m$ 是湿度效率因子。

两层初始方程模式的无因次形式可写成:

$$\begin{aligned}\frac{\partial\nabla^2\psi}{\partial t}=&-\mathrm{J}(\psi,\nabla^2\psi+2\mu+\frac{1}{2}h)-\mathrm{J}(\tau,\nabla^2\tau-\frac{1}{2}h)+\mathrm{J}(\chi,\nabla^2\chi)+\\&\nabla\cdot\left[(\nabla^2\tau-\frac{1}{2}h)\nabla\chi\right]+\nabla\cdot(\nabla^2\chi\nabla\tau)-\\&K\nabla^2(\psi-\tau)-K'\nabla^2\psi+F_\psi\end{aligned} \tag{4.3.2}$$

$$\frac{\partial\nabla^2\tau}{\partial t}=-\mathrm{J}(\psi,\nabla^2\tau-\frac{1}{2}h)-\mathrm{J}(\tau,\nabla^2\psi+2\mu+\frac{1}{2}h)+$$

$$\nabla\cdot\left[\left(\nabla^2\psi+2\mu+\frac{1}{2}h\right)\nabla\chi\right]+K\nabla^2(\psi-\tau)-$$

$$K'\nabla^6\tau+F_\tau \tag{4.3.3}$$

$$\frac{\partial\nabla^2\chi}{\partial t}=-\mathrm{J}\left(\chi,\nabla^2\psi+2\mu+\frac{1}{2}h\right)-\nabla\cdot\left[\left(\nabla^2\psi+2\mu+\frac{1}{2}h\right)\nabla\tau\right]-$$

$$\nabla\cdot\left[\left(\nabla^2\tau-\frac{1}{2}h\right)\nabla\psi\right]+\nabla^2[\nabla\psi\cdot\nabla\tau-\mathrm{J}(\psi,\chi)+\theta]-$$

$$K\nabla^2\chi-K'\nabla^6\chi+F_\chi \tag{4.3.4}$$

$$\frac{\partial\theta}{\partial t}=-\mathrm{J}(\psi,\theta)-\mathrm{J}(\tau,\sigma)+\nabla\cdot\sigma\nabla\chi-K'\nabla^4\theta+\overline{Q} \tag{4.3.5}$$

$$\frac{\partial\sigma}{\partial t}=-\mathrm{J}(\psi,\sigma)-\mathrm{J}(\tau,\theta)+\nabla\cdot\theta\nabla\chi-K'\nabla^4\sigma+F_\sigma \tag{4.3.6}$$

这里$\mathrm{J}(a,b)=\frac{\partial a\partial b}{\partial x\partial y}-\frac{\partial a\partial b}{\partial y\partial x}$，是 Jacobi 算子；$\psi+\tau$ 和 $\psi-\tau$ 分别是模式上层和低层的流函数；$\theta+\sigma$ 和 $\theta-\sigma$ 分别是模式上层和低层的位温；$\mu=\sin\varphi$，而 $\varphi$ 是纬度；$h=2\mu gH/RT_0$，而 $H$ 是地形高度，$T_0$ 是平均地面温度，$g$ 是重力加速度，$R$ 是气体常数；$K$ 是地面拖曳系数，$K'$是扩散系数，可分别取 $K=2.338\times10^{16}\ \mathrm{m}^4\cdot\mathrm{s}^{-1}$，$K'=8.39\times10^{-7}\ \mathrm{s}^{-1}$；$F_\psi$，$F_\tau$，$F_\chi$ 和 $F_\sigma$ 分别表示各种强迫函数，它们彼此应是相互匹配的。

为了对方程组(4.3.2)～(4.3.6)进行线性化，可以令各个变量有如下形式，即

$$A=\overline{A}+A' \tag{4.3.7}$$

其中 $\overline{A}$ 是基本状态量，$A'$是对基本场量的扰动，并假定有$\overline{A}\gg A'$。将形如(4.3.7)式的变量代入(4.3.2)～(4.3.6)式，可以得到扰动量满足的方程组为：

$$\frac{\partial\nabla^2\psi}{\partial t}=-\mathrm{J}(\overline{\psi},\nabla^2\psi)-\mathrm{J}\left(\psi,\nabla^2\overline{\psi}+2\mu+\frac{1}{2}h\right)-\mathrm{J}(\overline{\tau},\nabla^2\tau)-$$

$$\mathrm{J}\left(\tau,\nabla^2\overline{\tau}-\frac{1}{2}h\right)-\mathrm{J}(\overline{\chi},\nabla^2\chi)-\mathrm{J}(\chi,\nabla^2\overline{\chi})+$$

$$\nabla\cdot\left[\left(\nabla^2\overline{\tau}-\frac{1}{2}h\right)\nabla\chi\right]+\nabla\cdot(\nabla^2\tau\nabla\overline{\chi})+\nabla\cdot(\nabla^2\overline{\chi}\nabla\tau)+$$

$$\nabla\cdot(\nabla^2\chi\nabla\overline{\tau})-K_\mathrm{d}\nabla^2(\psi-\tau)-K'_\mathrm{d}\nabla^6\psi \tag{4.3.8}$$

$$\frac{\partial\nabla^2\tau}{\partial t}=-\mathrm{J}(\overline{\psi},\nabla^2\tau)-\mathrm{J}\left(\psi,\nabla^2\overline{\tau}-\frac{1}{2}h\right)-\mathrm{J}(\overline{\tau},\nabla^2\psi)-$$

$$\mathrm{J}\left(\tau,\nabla^2\overline{\psi}+2\mu+\frac{1}{2}h\right)+\nabla\cdot\left[\left(\nabla^2\overline{\psi}+2\mu+\frac{1}{2}h\right)\nabla\chi\right]+$$

$$\nabla\cdot(\nabla^2\psi\nabla\overline{\chi})+K_\mathrm{d}\nabla^2(\psi-\tau)-K'_\mathrm{d}\nabla^6\tau \tag{4.3.9}$$

$$\frac{\partial \nabla^2 \chi}{\partial t} = -\mathrm{J}(\bar{\chi}, \nabla^2 \psi) - \mathrm{J}(\chi, \nabla^2 \bar{\psi} + 2\mu + \frac{1}{2}h) +$$

$$\nabla \cdot \left[ (\nabla^2 \bar{\psi} + 2\mu + \frac{1}{2}h) \nabla \tau \right] - \nabla \cdot (\nabla^2 \psi \nabla \bar{\tau}) -$$

$$\nabla \cdot \left[ (\nabla^2 \bar{\tau} - \frac{1}{2}h) \nabla \psi \right] - \nabla \cdot (\nabla^2 \tau \nabla \bar{\psi}) +$$

$$\nabla^2 [\nabla \bar{\psi} \cdot \nabla \tau + \nabla \psi \cdot \nabla \bar{\tau} - \mathrm{J}(\bar{\psi}, \chi) - \mathrm{J}(\psi, \bar{\chi}) + \theta] -$$

$$K_{\mathrm{d}} \nabla^2 \chi - K'_{\mathrm{d}} \nabla^6 \chi \tag{4.3.10}$$

$$\frac{\partial \theta}{\partial t} = -\mathrm{J}(\bar{\psi}, \theta) - \mathrm{J}(\psi, \bar{\theta}) - \mathrm{J}(\bar{\tau}, \sigma) - \mathrm{J}(\tau, \bar{\sigma}) +$$

$$\nabla \cdot \bar{\sigma} \nabla \chi + \nabla \cdot \sigma \nabla \bar{\chi} - K'_{\mathrm{d}} \nabla^4 \theta \tag{4.3.11}$$

$$\frac{\partial \sigma}{\partial t} = -\mathrm{J}(\bar{\psi}, \sigma) - \mathrm{J}(\psi, \bar{\sigma}) - \mathrm{J}(\bar{\tau}, \theta) - \mathrm{J}(\tau, \bar{\theta}) +$$

$$\nabla \cdot \bar{\theta} \nabla \chi + \nabla \cdot \theta \nabla \bar{\chi} - K'_{\mathrm{d}} \nabla^4 \sigma \tag{4.3.12}$$

令方程组中扰动量作如下谱展开

$$f(\lambda, \mu, t) = \sum_m \sum_n f_{mn} Y_n{}^m \mathrm{e}^{-\mathrm{i}\omega t} + \mathrm{c.\,c.} \tag{4.3.13}$$

其中 $f$ 表示任一扰动场；$f_{mn}$ 是谱分量，一般有 $f_{-mn} \neq f^*_{mn}$，$f^*_{mn}$ 是 $f_{mn}$ 的复共轭；$Y^m_n$ 是谱调合函数；$m$ 是纬向波数；$n$ 是总波数；$\omega = \omega_{\mathrm{r}} + \mathrm{i}\omega_{\mathrm{i}}$，是复角频率；c. c. 项表示前一项的复共轭。在考虑 15 波截断的情况下，$m = -15, -14, \cdots, 0, \cdots, 14, 15$。

将(4.3.13)式代入方程(4.3.8)～(4.3.12)，可以得到一个特征值-特征向量方程为如下形式

$$-\mathrm{i}\omega \boldsymbol{X} = \boldsymbol{A}\boldsymbol{X} \tag{4.3.14}$$

其中 $\boldsymbol{X} = (\cdots, \psi_{mn}, \cdots, \tau_{mn}, \cdots, \chi_{mn}, \cdots, \theta_{mn}, \cdots, \sigma_{mn}, \cdots)^{\mathrm{T}}$，是由 5 个场变量的谱系数组成的列矢量，$\boldsymbol{A}$ 是系数矩阵。

根据 1979 年 1 月份的平均环流状况，其 300 hPa 和 700 hPa 纬向风场以及低层饱和比湿场分别如图 4.3.1,4.3.2 和 4.3.3 所示，求解特征值-特征函数问题(4.3.14)，可以得到 38 个最不稳定的本征模。这些最不稳定的本征模既有周期为 3～7 d 的气旋模，也有时间尺度(周期)分别为 10～20 d 和 30～60 d 的阻塞形势模和季节内振荡模，还有时间尺度大于 90 d 的准定常模。在图 4.3.4 中给出的是一个阻塞形势模(周期为 17 d)所对应的北半球扰动流函数场。显然，其经向偶极子型结构特征十分清楚，这种不稳定模很好地描写了中高纬度大气中阻塞环流的特征。图 4.3.5 和 4.3.6 分别给出了一个季节内振荡模(周期为 48 d)的全球扰动流函数场和速度势场的分布。很清楚，对于这种季节内振荡模，流函数场更明显地显示出全球低频波列的特征；而在速度势场上纬向 1 波特征也非常显著。

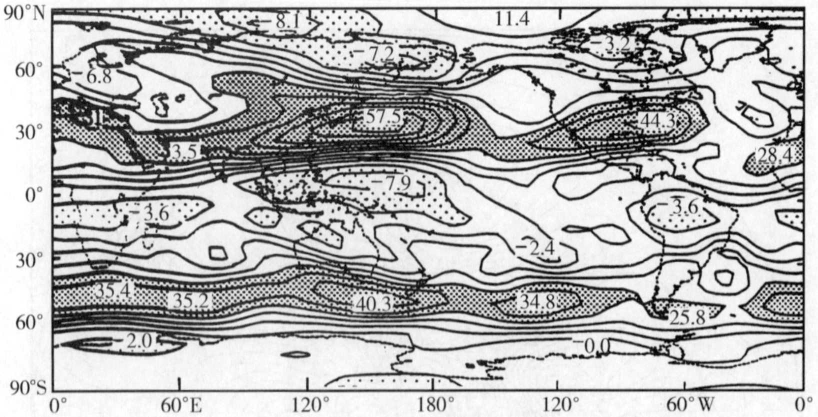


图 **4.3.1** 1979 年 1 月份平均全球 300 hPa 纬向风分布($m \cdot s^{-1}$)
(引自 Frederiksen, J. S. 和 C. S. Frederiksen, 1992)

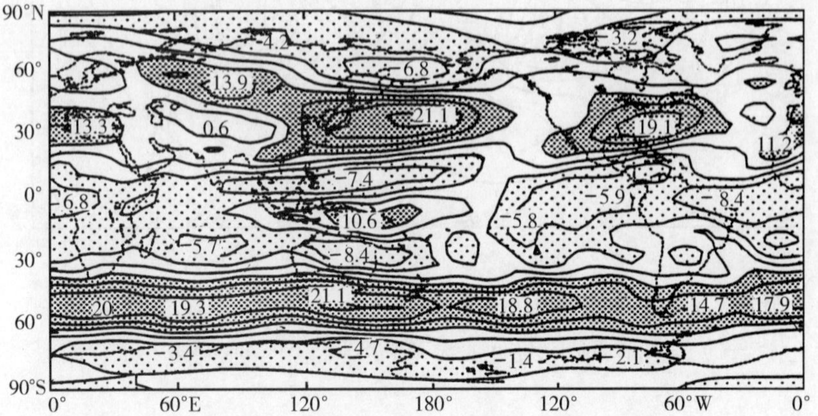


图 **4.3.2** 同图 4.3.1,但为 700 hPa 纬向风

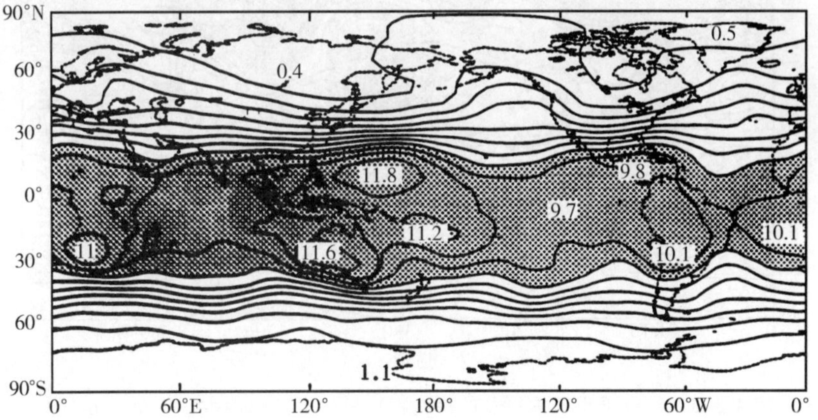


图 **4.3.3** 1979 年 1 月份平均全球 700 hPa 饱和比湿($g \cdot kg^{-1}$)分布
(引自 Frederiksen, J. S. 和 C. S. Frederiksen, 1992)

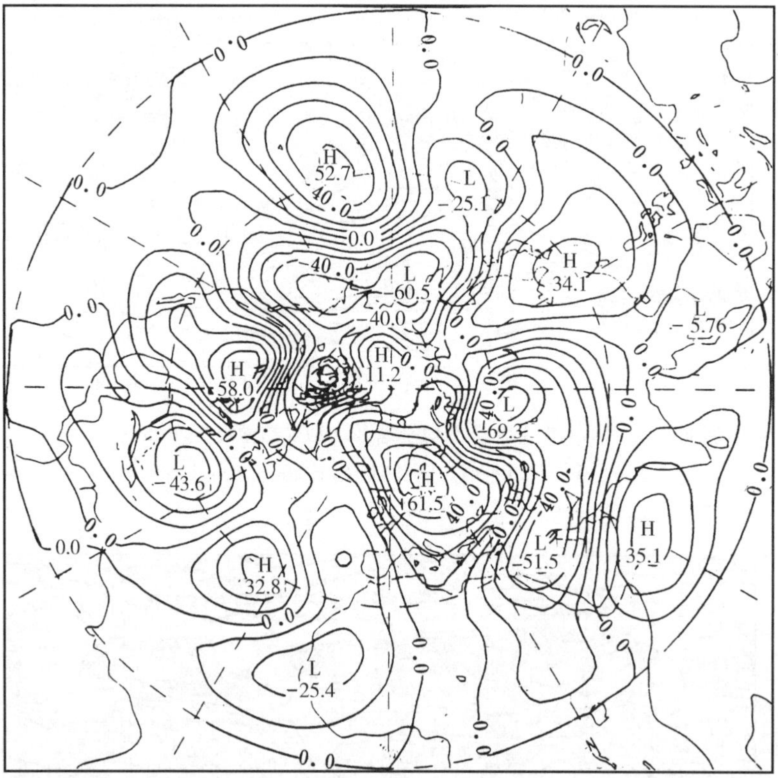


**图 4.3.4**　对应于阻塞形势的扰动特征模的平均流函数 $\psi$ 的北半球分布

(引自 Frederiksen, J. S. 和 C. S. Frederiksen, 1992)

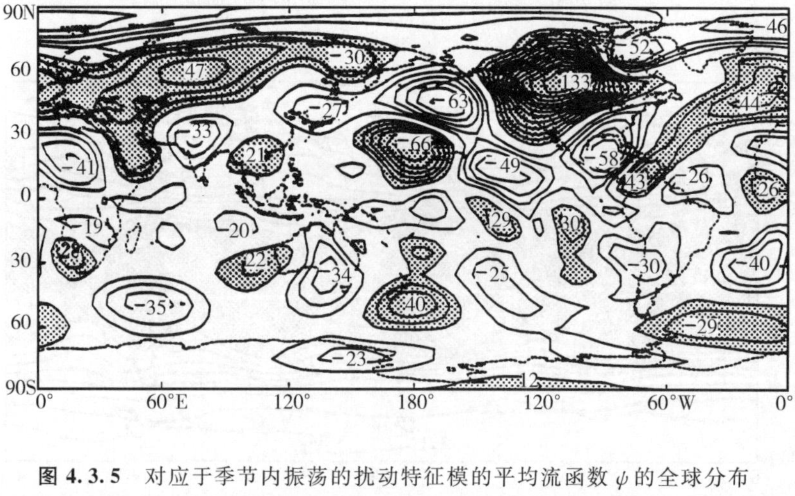


**图 4.3.5**　对应于季节内振荡的扰动特征模的平均流函数 $\psi$ 的全球分布

(引自 Frederiksen, J. S. 和 C. S. Frederiksen, 1992)

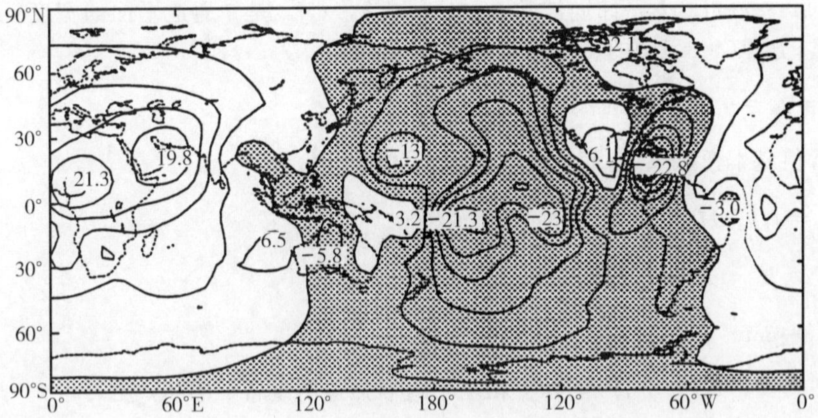


**图 4.3.6** 对应于季节内振荡的扰动特征模的速度势的全球分布

(引自 Frederiksen,J. S. 和 C. S. Frederiksen,1992)

从上述初始方程特征值不稳定模的分析结果,不仅可以找到分别对应于阻塞形势及季节内振荡的不稳定增长模,而且它们的全球结构分别同阻塞形势和季节内振荡的结构特征极为相似。因此可以认为,三维基本气流的不稳定是激发产生大气中低频变化(包括阻塞环流和季节内振荡)的重要动力学机制之一。上面所讨论的模式中既有正压不稳定,也有斜压不稳定。一般来讲,正压和斜压不稳定对于激发产生大气低频变化都有作用。但是考虑到阻塞系统和季节内振荡在中高纬度地区的结构特征,可以认为,时间平均基本气流的斜压不稳定对于产生阻塞环流有着更重要的作用;而时间平均基本气流的正压不稳定对于激发大气的季节内振荡有更重要的作用。

### 4.3.2 地形强迫 Rossby 波的不稳定

有人认为地球大气系统中存在两类季节内振荡,其一是热带地区同积云对流激发驱动的 Madden-Julian 波相联系的 50 d 振荡,另一种是非纬向气流与地形相互作用在中纬度大气中激发出的 40 d 振荡(Dickey 等,1991)。尽管这种提法并不全面,尤其是在中高纬度地区,外源强迫和大气非线性过程对于激发产生 30～60 d 大气振荡也是很重要的机制,但是强调地形作用的重要性也是有意义的。下面我们从一个侧面,即地形强迫 Rossby 波的不稳定,来分析地形作用对中高纬度地区 30～60 d 低频振荡的激发机理。

考虑到中高纬度地区 30～60 d 大气振荡具有正压垂直结构特征,我们可以用正压涡度方程来给予简单论述。有地形存在的情况下,控制方程可写成

$$\frac{\partial}{\partial t}\nabla^2\psi + \mathrm{J}\left(\psi, \nabla^2\psi + \beta y + f_0 + \frac{f_0 h}{\overline{H}}\right) = 0 \tag{4.3.15}$$

其中 $\psi$ 是流函数;$f_0$ 和 $\beta$ 分别是 Coriolis 参数及其随纬度的变化,均为常数;$h$ 为地形高度;$\overline{H}$ 为大气标高;$\mathrm{J}(a,b)=\frac{\partial a}{\partial x}\frac{\partial b}{\partial y}-\frac{\partial a}{\partial y}\frac{\partial b}{\partial x}$;$\nabla^2=\frac{\partial^2}{\partial x^2}+\frac{\partial^2}{\partial y^2}$。取 $\beta$ 通道模式,可将地形分布写成

$$h = h_0\cos\theta\sin my \tag{4.3.16}$$

其中 $\theta=kx$；$m=n\pi/L_y$；$k$ 是纬向波数；$n=\pm1,\pm2,\cdots$，$L_y$ 是 $\beta$ 通道平面的宽度。

很明显，方程(4.3.15)的特解可以写成

$$\psi=\psi_0=-\bar{u}y+A\cos\theta\sin my \tag{4.3.17}$$

式中 $\bar{u}$ 是常值基本西风风速，而

$$A=f_0h_0/\overline{H}(E^2-F^2)$$

$$E^2=k^2+m^2$$

$$F^2=\beta/\bar{u}$$

并且 $E^2-F^2\neq0$。式(4.3.17)实际上相当于地形强迫的定常 Rossby 波。

假定在地形强迫 Rossby 波上还叠加着大气扰动，那么流函数可写成

$$\psi=\psi_0+\psi'=-\bar{u}y+A\cos\theta\sin my+\psi' \tag{4.3.18}$$

将(4.3.18)式代入(4.3.15)式，可得到线性化方程

$$\left(\frac{\partial}{\partial t}+\bar{u}\frac{\partial}{\partial x}\right)\nabla^2\psi'+\beta\frac{\partial\psi'}{\partial x}-A\left[m\cos my\cos\theta\frac{\partial}{\partial x}+\right.$$
$$\left.k\sin my\sin\theta\frac{\partial}{\partial y}\right](\nabla^2\psi'+F^2\psi')=0 \tag{4.3.19}$$

设方程(4.3.19)的解为

$$\psi'=(P_o\sin my+P_1\sin2my\mathrm{e}^{i\theta})\mathrm{e}^{-i\lambda t}+\mathrm{c.c.} \tag{4.3.20}$$

其中 c.c. 表示它的前项的共轭；$P_0$，$P_1$ 表示波动振幅。将(4.3.20)式代入方程(4.3.19)，可得到如下代数方程：

$$\lambda^2-Qk\lambda-\frac{A^2k^2}{16(k^2+4m^2)}(-m^2+F^2)[-(4m^2+k^2)+F^2]=0 \tag{4.3.21}$$

其根不难得到

$$\lambda=\frac{1}{2}\left(kQ\pm k\sqrt{Q^2+A^2(-m^2+F^2)\frac{-(k^2+4m^2)+F^2}{4(k^2+4m^2)}}\right) \tag{4.3.22}$$

式中 $Q=\bar{u}-\beta/(k^2+4m^2)$。

(4.3.22)式表明，只有当基本西风风速、Rossby 波波数和地形高度满足条件

$$m^2<F^2<4m^2+k^2 \tag{4.3.23}$$

以及

$$A^2<A_c{}^2 \tag{4.3.24}$$

的时候，$\lambda$ 才为复数，这时地形强迫 Rossby 波才会出现不稳定。(4.3.24)式中

$$A_c=2|Q|\sqrt{\frac{4m^2+k^2}{(F^2-m^2)(k^2+m^2-F^2)}}$$

若将(4.3.24)式改写成

$$h_0^{\,2} > h_c^{\,2} \tag{4.3.25}$$

其中

$$h_c = \frac{2\overline{H}}{f_0}|Q|\sqrt{\frac{(4m^2+k^2)(E^2-F^2)}{F^2-m^2}}$$

这样,我们可以看到,除了西风风速和 Rossby 波波数需满足(4.3.23)式之外,地形高度也要达到一定高度,地形强迫 Rossby 波才能出现不稳定。

令 $\lambda=\sigma_r+i\sigma_i$,由(4.3.22)式即可得到

$$\sigma_r = \frac{kQ}{2} = \frac{k}{2}\left(\overline{u} - \frac{\beta}{k^2+m^2}\right) \tag{4.3.26}$$

以及

$$\sigma_i = \frac{k}{2}\sqrt{A^2(-m^2+F^2)\frac{4m^2+k^2-F^2}{4(k^2+4m^2)} - Q^2} \tag{4.3.27}$$

在一般情况下,可以取 $\overline{u}=10\ \mathrm{m\cdot s^{-1}}$,$n=1$ 和 $L_y=3\ 000\ \mathrm{km}$,我们即可由(4.3.26)式计算出不同纬度上不同纬向波数的地形强迫 Rossby 波的周期 $T=2\pi/\sigma_r$,其结果如表 4.3.1 所示。

**表 4.3.1**　地形强迫 Rossby 波的周期(d)随纬度和波数的变化(引自罗德海、李崇银,1992)

| 纬向波数 \ 纬度(°N) | 45° | 50° | 55° | 60° |
|---|---|---|---|---|
| 1 | 103 | 89 | 75 | 62 |
| 2 | 51 | 43 | 36 | 30 |
| 3 | 33 | 28 | 24 | 20 |
| 4 | 24 | 21 | 17 | 14 |

从表 4.3.1 可以清楚地看到,对于纬向 1 波,只有在 55°N 以北地区,其扰动周期才小于 75 d;对于纬向 2 波,在 45°～65°N 地区,其扰动周期都在 51～30 d 之间;对于纬向 3 波,只有在 45°～55°N 地区有利于形成周期为 33～24 d 左右的扰动。观测资料的分析表明,中高纬度地区的 30～60 d 振荡主要表现为纬向 2～3 波的扰动,这里的简单理论分析表明地形强迫的 Rossby 波在 2～3 纬向波数域也有 30～60 d 周期,两者大体一致。另外,我们早已指出,中高纬度地区大气环流演变以 30～40 d 振荡较为突出,而热带大气中其系统的振荡周期稍长,并认为这是大气中 30～60 d 低频振荡的纬度变化特征(李崇银、肖子牛,1990)。这种振荡周期随纬度增加而略有缩短的特征,在 Dickey 等(1991)有关温带 30～60 d 振荡的研究中也已指出。

强迫地形 Rossby 波的周期除了同波数和纬度有关外,还同基本西风风速有关。图 4.3.7

是在 60°N 处不同纬向波数扰动的周期随基本西风的变化。可以看到,对于纬向 1 波,基本西风越强,在大气中越容易形成低频振荡;对于纬向 2～3 波,基本气流越弱越容易形成 30～60 d 低频振荡。换句话说,这里的理论结果表明,对于西风较强的冬季,高纬度 30～60 d 大气振荡应主要为纬向 1～2 波控制,而对于西风较弱的夏季,30～60 d 振荡主要为纬向 2～3 波控制。对于中高纬度地区 30～60 d 振荡的观测资料分析也表明,其纬向波数也有类似的这种季节变化特征。

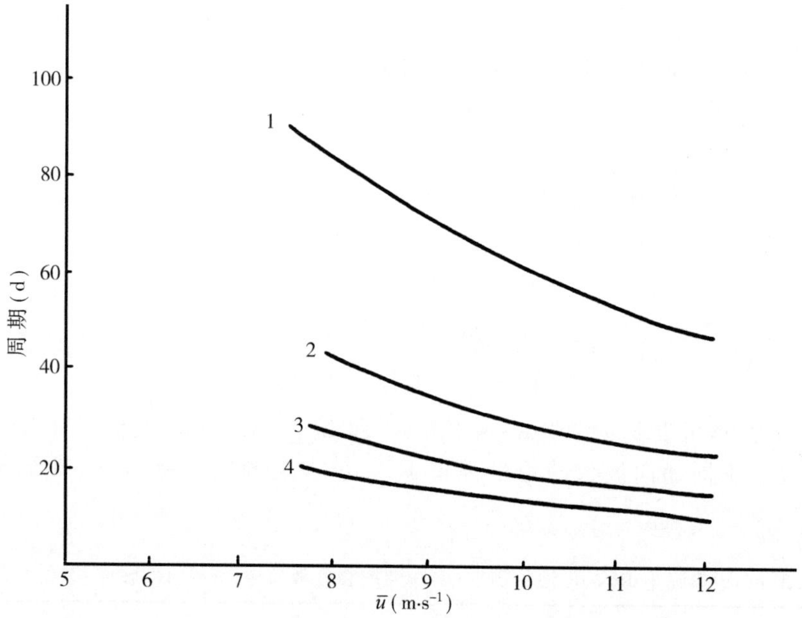


**图 4.3.7**　在 60°N 处不同纬向波数的地形 Rossby 波的周期随基本气流的变化

(引自罗德海、李崇银,1992)

上述理论分析表明,在一定条件下,地形强迫 Rossby 波可以出现不稳定,从而可以激发产生一定的大气扰动;在高纬度地区,地形强迫的纬向 1～2 波扰动容易形成 30～60 d 低频振荡,而在中高纬度地区,地形强迫的纬向 2～3 波扰动容易形成 30～60 d 低频振荡。因此可以认为,地形强迫 Rossby 波的不稳定可能是中高纬度大气30～60 d 低频振荡的重要激发机制之一。

### 4.3.3　基本气候态的影响

观测资料的分析清楚地表明,中高纬度大气30～60 d 振荡虽有年变化(冬季偏强,夏季偏弱),但在冬季和夏季都是明显存在的,尽管冬季和夏季的基本气候态有所不同。这似乎表明,一般大气基本气候态对于大气季节内振荡的激发产生并不十分敏感。

在一个考虑基本气流的局地正压不稳定性的理论模式中(杨大升、曹文忠,1995),无论取冬季或夏季型的基本流函数场,其最不稳定模都位于 30～60 d 周期的范围内。这说明通过正压不稳定过程,即使基本气流有明显差异,还是容易激发产生 30～60 d 大气振荡。但是,如果基本气流的纬度分布廓线都发生了改变,例如除中纬度存在急流外,在高纬度也出现西风急流的情况下,最不稳定模主要出现在 5～10 d 的周期范围内。即对于这样的特殊基本气流场,正压不稳定不容易激发产生 30～60 d 振荡。

在 4.4 节将要讨论的大气低频遥响应的数值模拟试验中，我们也发现有类似的结果。在关于大气对冬季黑潮区域海温升高的低频遥响应试验中，我们取了两个有明显差异的初始场(其 500 hPa 位势高度差如图 4.3.8 所示)分别进行试验。在冬季黑潮地区海温异常的强迫下，在热带和中高纬度大气中都有非常明显的低频遥响应，尽管初始气候基本态有很大区别。图 4.3.9 给出的是对于两个不同的初始气候基本态，热带大气 400 hPa 纬向风对冬季黑潮海温增暖响应结果的 30～60 d 带通滤波值的时间-经度剖面。很清楚，对于两个不同的初始基本气候态，都有极明显的 30～60 d 低频遥响应；而且 400 hPa 纬向风的低频响应形势有类似的基本特征，例如向东传播比较明显等。

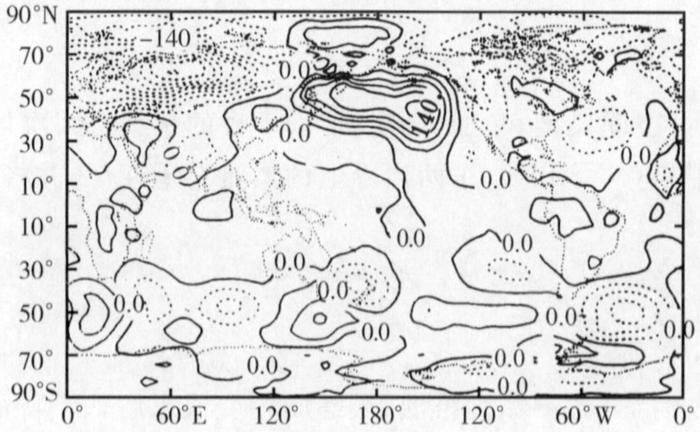


**图 4.3.8** 冬季黑潮海温异常的遥响应试验中两个初始场的 500 hPa 高度差

(等值线间隔为 35 m)

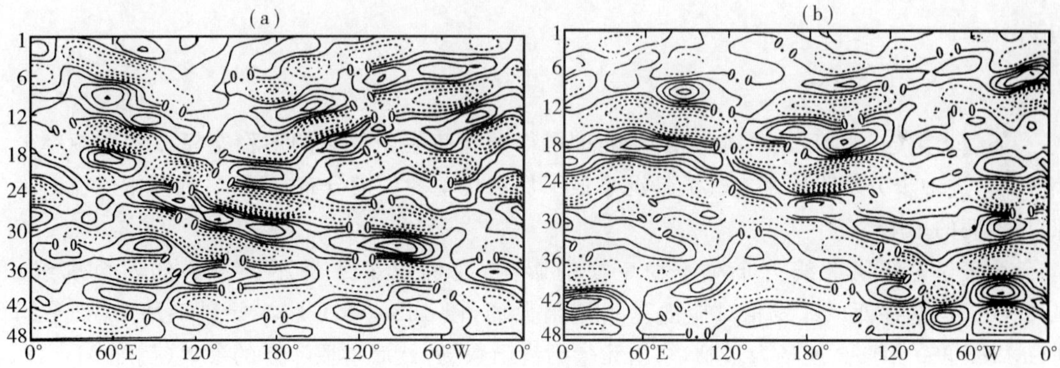


**图 4.3.9** 在不同初始场情况下，冬季黑潮海温异常所激发的热带大气(6°S～6°N) 400 hPa 纬向风遥响应的 30～60 d 带通滤波值的时间-经度剖面

(等值线间隔为 0.9 m · s$^{-1}$)

因此可以认为，30～60 d 振荡对于一般大气基本态并不很敏感；或者说一般的大气基本气候态具有有利于激发产生季节内振荡的特性。只有当大气环流的基本风带发生了明显变化时，这种特性才会改变。

但是，资料分析还指出冬季 30～60 d 振荡明显强于夏季，又说明基本气流对激发产生大气 30～60 d 振荡有相当重要的影响。这里将以一个简单动力学研究为基础，深入讨论基本气流对中高纬度大气30～60 d低频振荡的影响。

由于中高纬度大气低频振荡有典型的正压结构特征，水平尺度又主要表现为2～4波，因此，可以用正压准地转理论对其进行讨论。无量纲准地转扰动的正压涡度方程可写成

$$\frac{\partial}{\partial t}\nabla^2\psi+\mathrm{J}(\psi,\nabla^2\Psi)+\mathrm{J}(\Psi,\nabla\psi)+\beta\frac{\partial\psi}{\partial x}=-\alpha\nabla^2\psi-\kappa\nabla^6\psi \tag{4.3.28}$$

这里 $\psi(x,y,t)$ 是扰动流函数，$\Psi(x,y)$ 是基本气流的流函数；$\beta$，$\alpha$ 和 $\kappa$ 分别是无量纲的地转参量、摩擦系数和水平扩散系数，并有如下形式：

$$\begin{cases}\beta=\beta^* LT\\ \alpha=\alpha^* T\\ \kappa=\kappa^* L^{-4}T\end{cases} \tag{4.3.29}$$

其中 $L$ 和 $T$ 分别是特征空间尺度和时间尺度，带“ * ”号的量为有因次量。

取模式范围为带状(30°～80°N)，东西边界上的量具有周期性，并将扰动流函数展开成

$$\psi(x,y,t)=\sum_{n=1}^{N}\psi_n^0(t)C_n^0+\sum_{n=1}^{N}\sum_{m=-M}^{M}\psi_n^m(t)S_n^m \tag{4.4.30}$$

其中 $C_n^0$ 和 $S_n^m$ 是特征(基)函数。

根据基函数的正交性，经过一系列推演，最终问题变成求解如下特征值问题，

$$\frac{\mathrm{d}\boldsymbol{\Psi}}{\mathrm{d}t}=\boldsymbol{A\Psi} \tag{4.3.31}$$

其中 $\boldsymbol{\Psi}$ 是 $\{\psi_n^0(t)\}$ 和 $\{\psi_n^m(t)\}$ 组成的向量，$\boldsymbol{A}$ 是同 $\boldsymbol{\psi}_n^0$ 和 $\boldsymbol{\psi}_n^m$ 以及参数 $\beta$，$\alpha$ 和 $\kappa$ 有关的 $I\times I$ 阶复矩阵，而

$$I=N+2MN \tag{4.3.32}$$

通过求解(4.3.31)式的本征值问题，即可得到扰动流函数 $\psi$ 的不稳定模在各个频率上的增长率，进一步分析不同基本气流情况下最不稳定扰动的频谱分布，便可看到基本气流对大气低频振荡的影响。

为了讨论西风廓线分布对不稳定模的影响，我们取了4种不同形式的西风廓线(图4.3.10)，与这些西风廓线相对应的基本流函数场，以1980年1月1日到2月19日平均的ECMWF 300 hPa高度场为基础，求出无量纲流函数场；然后再取一定的参数(例如 $M=16$，$N=2$ 等)拟合出适合本节动力学理论分析的流函数场。由于计算中参数取值不同，所得到的流函数场及所对应的西风廓线就各不相同；但是它们都保留了1980年1月1日到2月19日300 hPa平均高度场的最大特征，即沿纬圈是明显的两槽两脊形势(图略)。

在4种不同的西风流场情况下，分别求解方程(4.3.31)可得到一系列不稳定模，它们的频谱分布给在图4.3.11中，对它们进行比较就可发现，西风廓线的分布形式对不稳定模有明显的影响，尤其是最不稳定模所在的频谱位置有较大的变化。

对于第1种情况(图4.3.11a)，在37°N附近有西风极大值，而随纬度却一致减小。在这种西风廓线下，最不稳定扰动集中出现在周期4～6 d的频谱带，30～60 d谱带没有不稳定模。

对于第2种情况，在61°N附近有最强西风，这种形式在实际大气中很难出现。由图

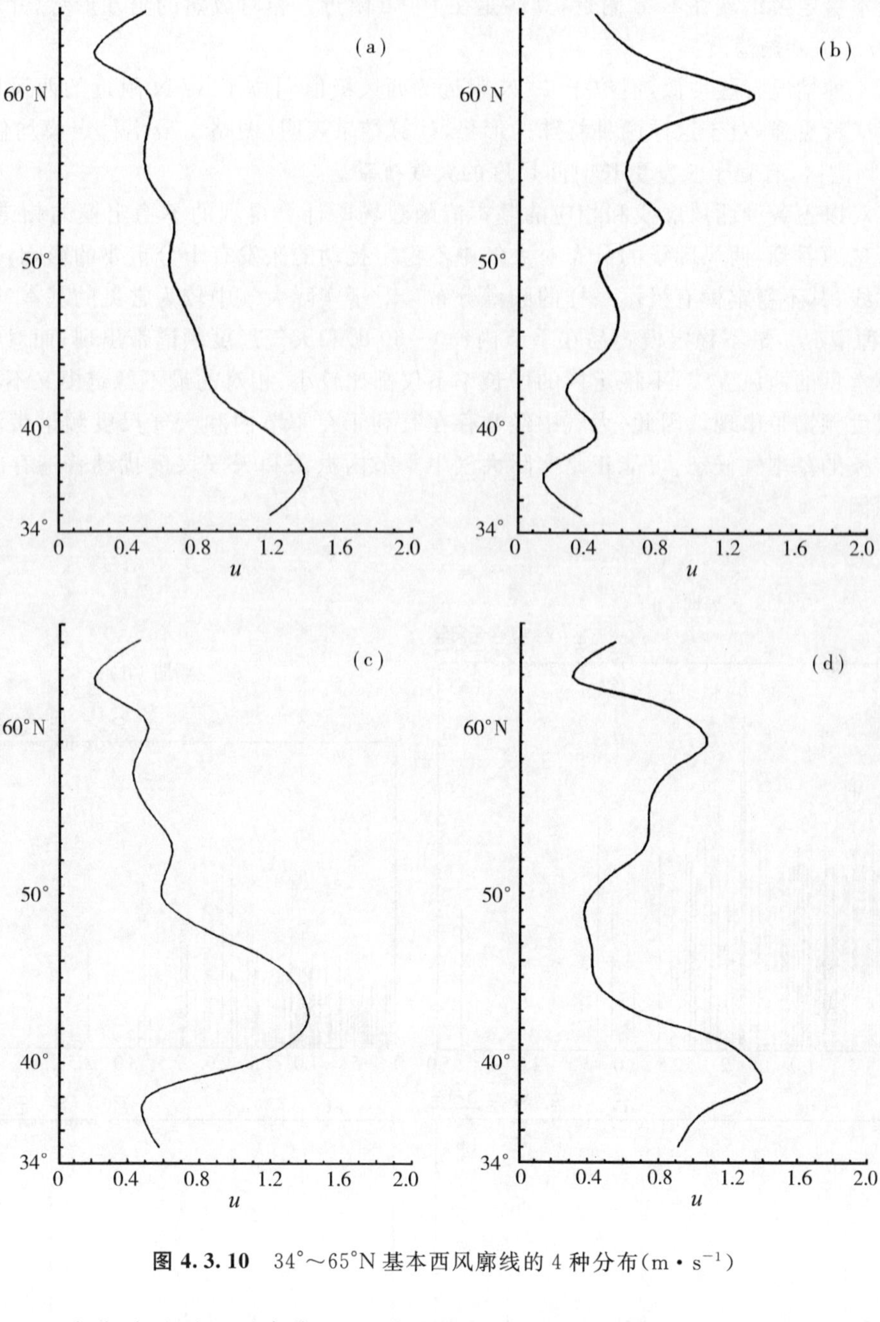


**图 4.3.10**　34°～65°N 基本西风廓线的 4 种分布（m • s$^{-1}$）

4.3.11b 可以看到，在这种西风廓线下，不稳定模的增长率普遍偏小，最不稳定模出现在约 1 d 周期频段，其次在 10～20 d 频段。

对于第 3 种情况，最强西风在 43°N 附近，向北缓慢减小，而向南减小很快。这是实际大气中较为常见的形势，图 4.3.11c 清楚地表明在 40 d 附近出现了最不稳定模，其次是在 6 d 附近，它们分别为季节内振荡模和天气尺度模。

对于第 4 种情况，除了在 39°N 附近有西风最大值之外，在 59°N 处还有一个西风极值，这也是实际大气中较常见的形势,尤其是已有阻塞存在的时候。图 4.3.11d 清楚地表明,在这种形势下最不稳定模出现在 40 d 附近,其次是在 100 d 附近。相对成熟的阻塞形势,并不再有利于激发 10～20 d 振荡波。

同第 4 种情况有些类似,但位于 59°N 附近的西风极值同位于 39°N 附近的西风极值有相同的强度或者更强,对于这样两种特殊的形势,计算结果表明(图略),最不稳定模均位于比 80 d 更长的频谱区,有利于激发更长时间尺度的大气扰动。

基于对以上各种西风廓线和相应的基本流函数场所计算得到的不稳定模的频谱分布,我们可以清楚地看到,西风廓线的分布对大气中不稳定扰动的激发有十分重要的影响,不同形势的西风廓线,其不稳定模有极不一样的频谱分布。对于实际大气中较为常见的基本气候态(第 3 和第 4 种情况),最不稳定模容易在季节内(30～60 d)和天气尺度频谱带出现;而对于实际大气中较不常见的西风廓线,不稳定模的增长率不仅都比较小,相对的最不稳定模又不在季节内和天气尺度频谱带出现。因此,大气中经常存在有利于在季节内和天气尺度频谱带激发产生最不稳定模的基本气候态,可能正是实际大气中季节内振荡和天气尺度扰动普遍存在的一个动力学原因。

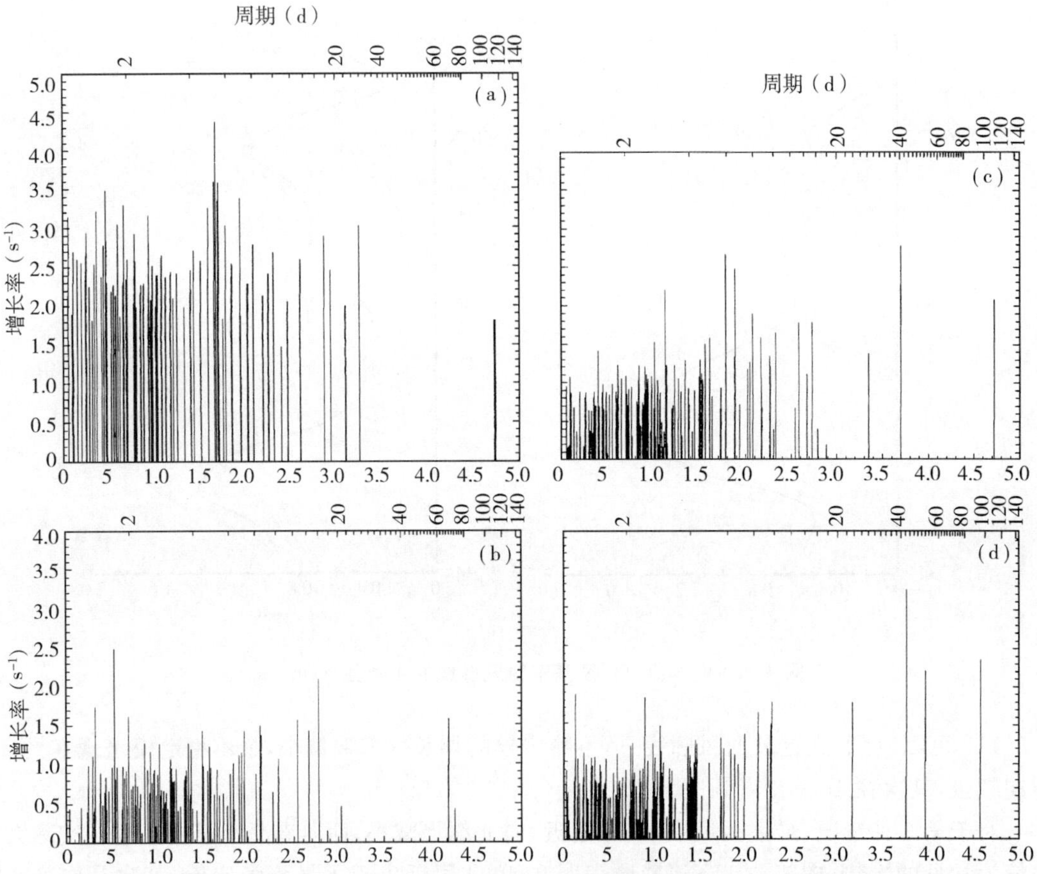


**图 4.3.11** 4 种不同基本西风分布情况下的不稳定模(扰动)的频谱分布

## 4.4 大气的低频响应

一些数值模拟试验(Shukla 和 Wallace,1983；Blackmon 等,1983)已经清楚地表明,大气对外源强迫,尤其是对热带海面温度异常,可以有极其明显的遥响应。例如,赤道东太平洋 SST 的异常不仅可以引起热带地区大气环流和天气气候的异常,而且会引起中高纬度地区大气环流和天气气候的异常。全球大气对 SST 异常的遥响应,将形成比较稳定的遥相关型,即北半球的欧亚-太平洋(EUP)型和太平洋-北美(PNA)型。图 4.4.1 是赤道东太平洋海面温度增高期间对流层中上部位势高度异常(响应)的形势分布示意图。图中的二维 Rossby 波列和 PNA 型都很清楚,显示了大气对赤道东太平洋 SST 异常响应的基本情况。

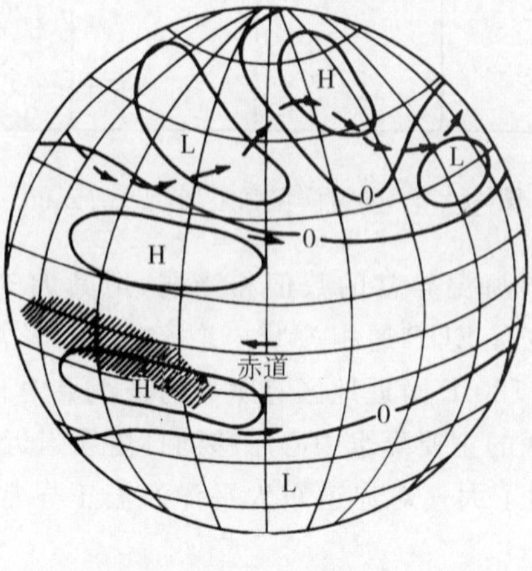


**图 4.4.1** 赤道东太平洋高海温期间对流层中上部位势高度异常的全球分布示意图
(引自 Horel 和 Wallace,1981)
(图中阴影区表示降水量增加)

人们虽然指出了大气对外源强迫有极明显的遥响应,并将导致较为稳定的遥相关(响应)型,但是,对于这种遥响应的主要特征并未进行深入的研究,尤其是它们的时间演变特征。另一方面,正如前面已经讨论的,全球大气具有极清楚的低频波列(遥相关)特征,而且这种低频遥相关同一般的主要遥相关型(例如 PNA 和 EUP),以及大气的遥响应型,都有着很类似的特征。也正是基于这种大气遥相关和遥响应特征,外源强迫才被认为是产生大气低频振荡的重要机制之一(Wallace 和 Blackmon,1983)。为了搞清大气对外源强迫遥响应的性质,以及大气遥响应同低频振荡的关系,我们利用中国科学院大气物理研究所的大气环流模式(IAP-AGCM)对外源强迫在大气中的遥响应进行了进一步的数值模拟研究(李崇银、肖子牛,1991；肖子牛、李崇银,1992;李崇银、龙振夏,1992),从大气遥响应的时间演变来分析研究其性质和活动规律,发现大气对外源强迫的响应主要是周期为 30～60 d 的低频遥响应,从而较为可靠地证明了外源强迫是激发产生大气 30～60 d 振荡的重要机制之一。

作为一则个例,下面分析讨论全球大气对赤道东太平洋 SST 正异常所产生的低频遥响应的情况。就这个问题进行了两个数值试验,其一是正常海温下数值积分 1 年的 GCM 结果,可称其为对照试验(CE)。在对照试验中,海温采用随时间变化的气候平均值。另一个试验为扰动试验(PE),将一个在赤道东太平洋地区有正异常的海温场(SSTA)加到原海温场上,然后作1年数值积分的结果,其中最大海温异常为1.8℃,异常存在时间为1月份和2月份的上半个月,海温异常的范围如图4.2.2所示。扰动试验与对照试验之差(SF=PE-CE)就是大气对赤道东太平洋海温异常增暖的响应场。

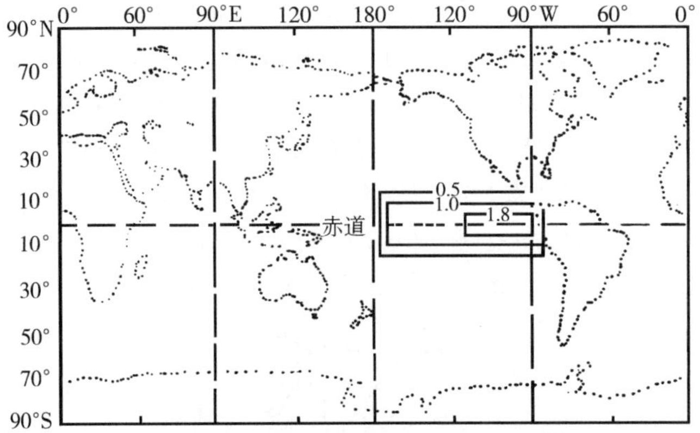


**图4.4.2** 异常海温强迫场(℃)的分布

虽然我们在试验中引入的海温异常的数值相当弱,但其大气响应场(SF)不仅出现了与PNA类似的遥相关型,而且也有EUP遥相关型。并且在降水异常的分布上,150°E赤道地区有明显的负距平中心,而赤道180°E附近地区有明显的正距平中心(图略),这同El Nino事件发生时原位于印度尼西亚地区的主要降水中心东移到日更线附近的观测结果十分一致。因此我们的GCM数值试验模拟出了大气对赤道东太平洋海温正异常的遥响应的基本特征,说明数值模拟资料是可靠的。

分析SF场的时间演变可以清楚地看到大气遥响应有着准周期变化现象。以500 hPa位势高度的响应为例,模拟的第3~5候的环流异常形势同第10~11候的环流异常形势大体相似,而第7~8候的环流异常却有同它们近乎相反的形势(图略),遥响应场的演变有35 d左右的准周期性。因此,为了进一步讨论响应场的性质,同时也为了同实际大气中的30~60 d振荡进行对比,下面的分析中也采用了30~60 d带通滤波的方法。

图4.4.3是400 hPa上热带地区(6°S~6°N)的大气响应纬向风的时间-经度剖面。其中图4.4.3a表示未经过30~60 d带通滤波的结果,东风和西风有交替变化的特征,而其演变有7~12候(30~60 d)的准周期性。经过30~60 d带通滤波之后(图4.4.3b),其响应风场的演变同滤波前相比有相当一致的特征;而滤波前的最大东、西风速分别为11 $m \cdot s^{-1}$和9 $m \cdot s^{-1}$,滤波后的最大东、西风速分别为7 $m \cdot s^{-1}$和8 $m \cdot s^{-1}$。因此可以认为,30~60 d振荡在热带大气的遥响应中占有主要成分。

热带大气对赤道东太平洋SST异常的响应主要是低频遥响应,中高纬度地区大气的响应如何呢?图4.4.4给出了带通滤波前后500 hPa位势高度响应沿66°N纬圈的时间-经度剖面。显然,无论进行带通滤波与否,500 hPa位势高度的响应场都有极其相似的时间演变形势,30~60 d准周期振荡现象很清楚;而且滤波前的位势高度响应的最大值分别为150 m和-210 m,带通滤波后的最大振幅为120 m。因此,同热带大气一样,中高纬度地区大气对赤道东太平洋SST异常的响应也主要是低频遥响应。

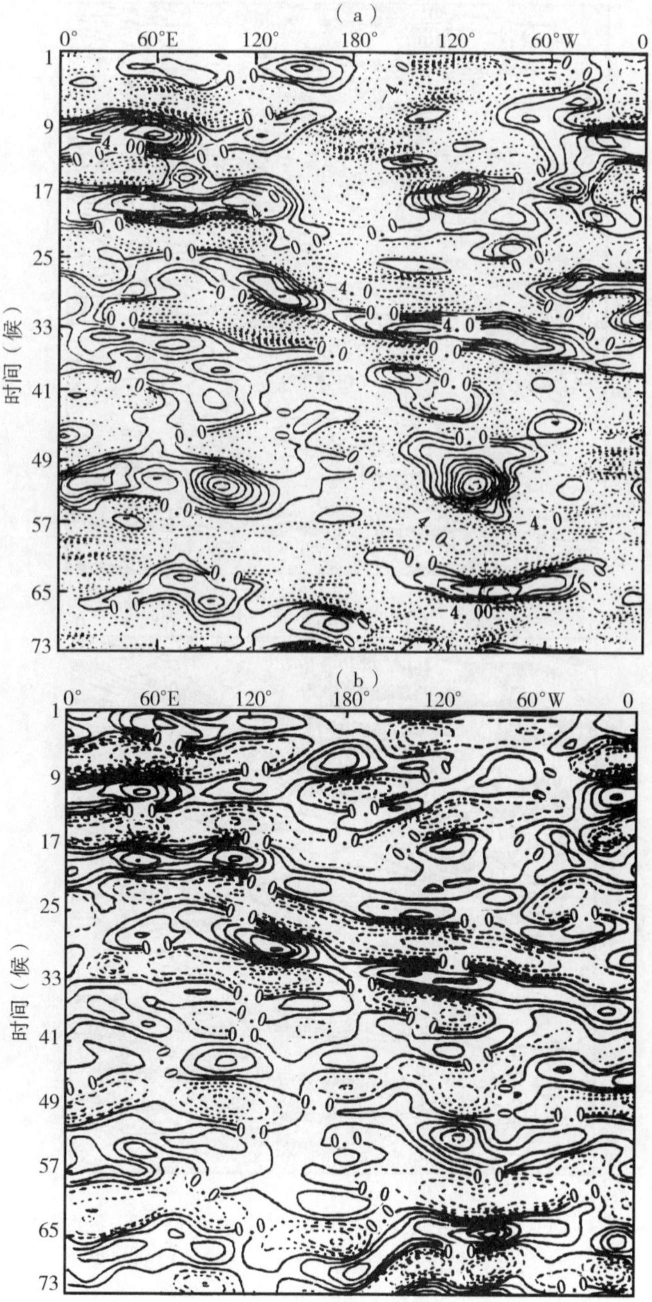


**图 4.4.3**　400 hPa 上在 6°S～6°N 纬带的大气响应纬向风的时间-经度剖面

(a) 未滤波的情况；(b) 30～60 d 带通滤波后的结果

（图中虚线表示东风，等值线间隔为 1 m · $s^{-1}$）

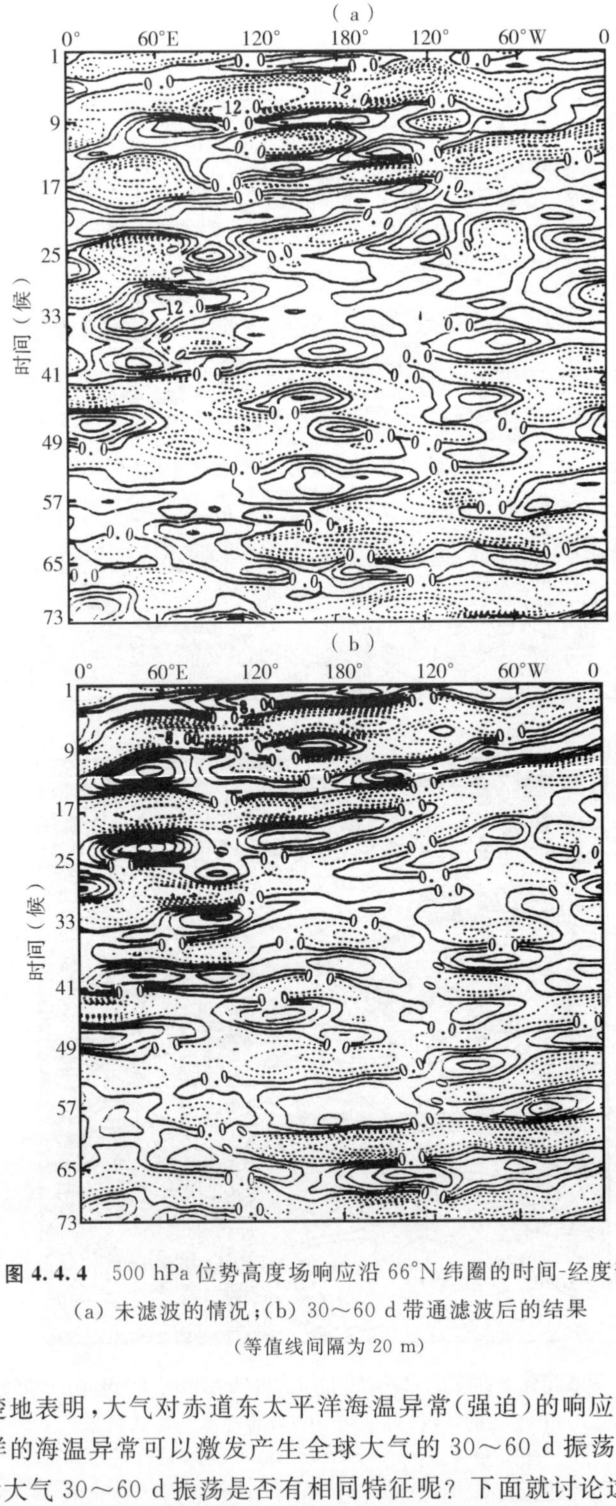


**图 4.4.4**　500 hPa 位势高度场响应沿 66°N 纬圈的时间-经度剖面

(a) 未滤波的情况；(b) 30～60 d 带通滤波后的结果

(等值线间隔为 20 m)

上述分析清楚地表明，大气对赤道东太平洋海温异常(强迫)的响应主要是低频遥响应，或者说赤道东太平洋的海温异常可以激发产生全球大气的 30～60 d 振荡。模式得到的 30～60 d 大气振荡同实际大气 30～60 d 振荡是否有相同特征呢？下面就讨论这个问题。

前面我们已经指出，热带大气的 30～60 d 振荡主要表现为缓慢东移，垂直结构为对流层上下层反相的"斜压"特征；中高纬度大气30～60 d 振荡则以西传为主，正压垂直结构特征十分清楚。数值模拟得到的低频遥响应的情况如何呢？从图 4.4.3b 所示的 400 hPa 纬向风响应沿 6°S～6°N 纬带的时间演变可以清楚地看到被激发出的热带大气 30～60 d 振荡也基本上是缓慢东移的。然而图 4.4.4b 给出的 500 hPa 位势高度响应沿 66°N 纬圈的时间演变却表明，在中高纬度大气中被激发出的 30～60 d 振荡主要表现为西移特征。图 4.4.5 给出的是 30～60 d 带通滤波的 1 月份 500 hPa 位势高度和海平面气压响应场沿 6°S 的经度分布，它表明赤道东太平洋海温异常在热带大气中激发出的 30～60 d 振荡具有对流层上层和低层反相的"斜压"垂直结构特征。中高纬度大气中被激发出的 30～60 d 振荡的结构如图 4.4.6 所示，对流层一致的正压特征十分清楚。

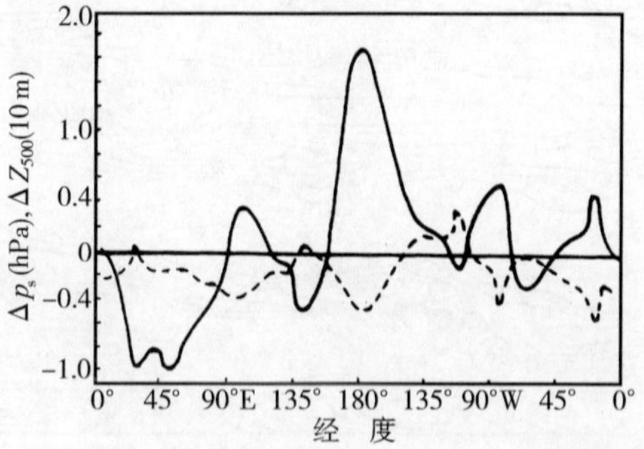


**图 4.4.5** 30～60 d 带通滤波的 1 月份 500 hPa 位势高度(虚线)和海平面气压(实线)响应场沿 6°S 的经度分布

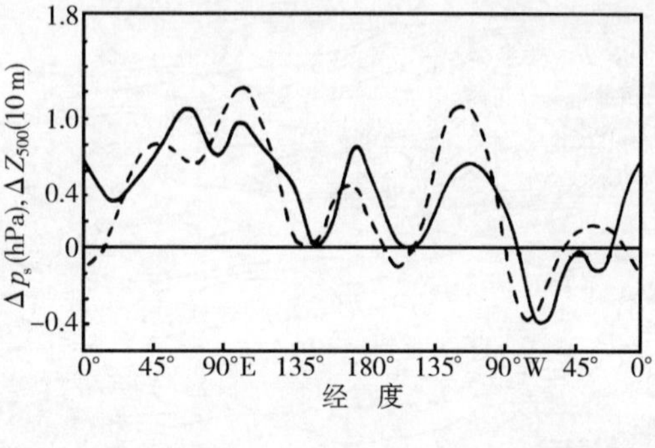


**图 4.4.6** 同图 4.4.5，但为沿 42°S 的经度分布

赤道东太平洋海温异常所激发产生的大气 30～60 d 振荡在结构上具有同实际大气 30～60 d 振荡相一致的特征。这进一步表明，作为外强迫的海温异常是激发产生 30～60 d 大气振荡的重要机制之一。

位于热带地区的外强迫(海温异常)可以在大气中引起明显的遥响应，激发产生 30～60 d 大气振荡。那么，位于中高纬度的强迫是否也有类似的作用呢？利用 IAP-AGCM 所做的亚洲寒潮异常的数值模拟试验表明，位于中高纬度地区的强迫源也同样可以在全球大气中引起低频遥响应，激发产生 30～60 d 大气振荡。

为了形成东亚寒潮异常的形势，在 IAP-AGCM 的 12 月份在亚洲北部地区(38°～66°N，70°～110°E)加进一个地面气压正异常和地面气温负异常的强迫源，并让它们维持 20 d 时间，将这种有强迫源的 7 个月的积分结果同对照试验的 7 个月数值积分结果之差视为大气对东亚寒潮异常的响应场。分析这种响应场的候平均时间序列，即可发现其低频响应特征。图 4.4.7 给出了热带大气对东亚寒潮异常所产生的纬向风响应的纬度-时间剖面。可以看到，无论在西太平洋还是在东大西洋地区热带大气的纬向风响应都有着极清楚的 30～60 d 低频振荡特征，而且低频振荡的跨赤道南北传播现象也非常明显。

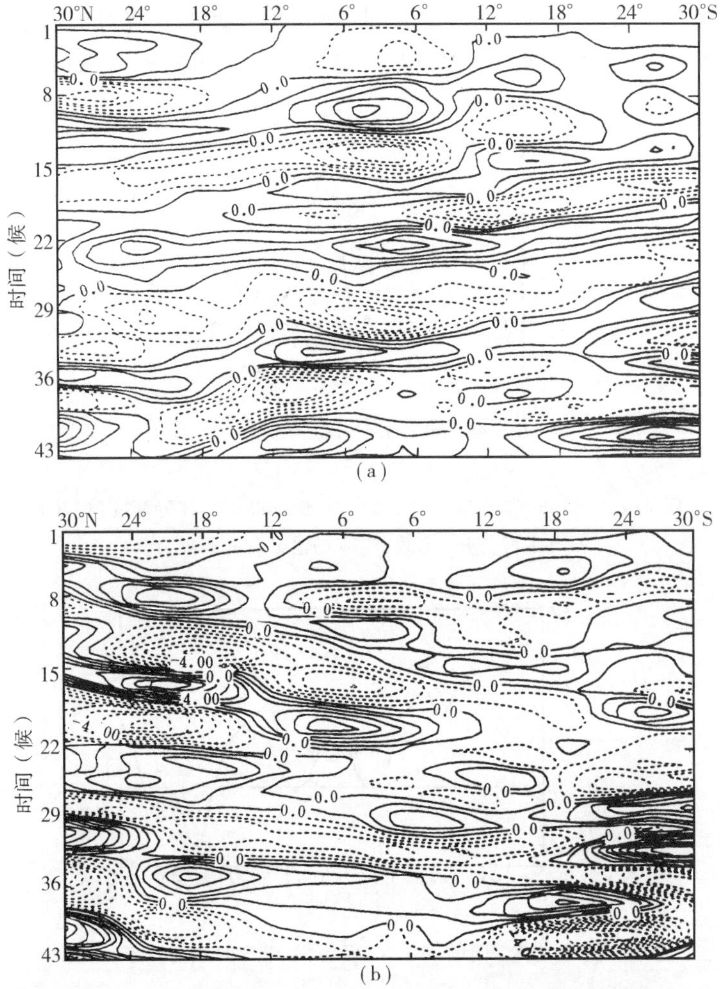


**图 4.4.7**　热带大气对东亚寒潮异常的纬向风响应的时间-纬度剖面

(a) 140°～160°E；(b) 0°～20°E

东亚寒潮异常不仅在北半球及赤道附近地区引起了极清楚的大气低频遥响应，同样也在南半球激发出了低频遥响应。图 4.4.8 是东亚寒潮异常所产生的澳大利亚北部地区的降水距平和纬向风距平的时间变化曲线。首先，南半球大气对东亚寒潮异常有很明显的遥响应，纬向风异常在 500 hPa 达到 3 $m \cdot s^{-1}$ 以上，降水异常达到 3 $mm \cdot d^{-1}$；同时无论降水或纬向风的时间演变都有 30～60 d 的准周期性。因此，南半球大气对于东亚寒潮异常也将产生低频遥响应。另外，分析大气因东亚寒潮异常所激发产生的 30～60 d 振荡的结构，也有热带地区表现为斜压结构而中高纬度地区表现为正压性的特征(图略)。

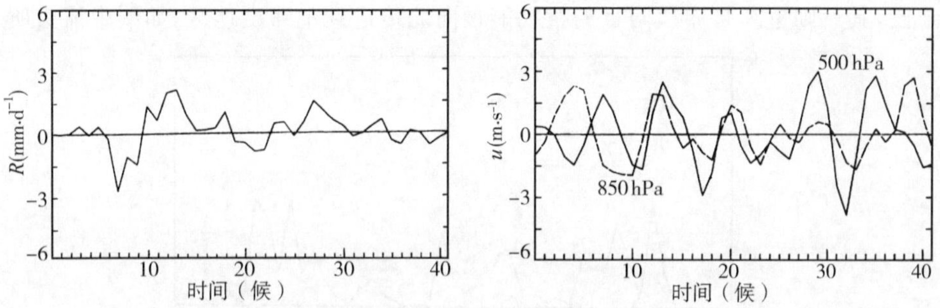


**图 4.4.8** 东亚寒潮异常在澳大利亚北部地区所引起的气象要素的变化

(a)（10°～26°S，125°～155°E）地区的降水距平；(b)（10°～14°S，135°～145°E）地区的纬向风

上述数值模拟试验的结果已清楚地表明，大气对外源强迫（无论其在热带还是在中高纬度地区）的响应主要是低频遥响应，并可在全球大气中激发产生 30～60 d 低频振荡。换句话也可以说，对于全球大气 30～60 d 振荡的产生来讲，外源强迫可认为是重要的动力学机制之一。

图 4.4.9 是东亚寒潮异常在第 1 候所激发出的 500 hPa 位势高度场的响应形势。可以看到，大气对中高纬度地区的强迫响应首先是向东南方向形成一个 Rossby 波列结构，这时在中高纬度地区强迫源的上游和下游都尚未出现明显的遥响应，而 Rossby 波列到达的热带地区却有明显的遥响应。到第 3 候，北半球中高纬度地区的遥响应便极清楚地反映出来，并形成类似 PNA 和 EUP 的波列结构。对于北半球乃至全球大气遥响应的发生来讲，通过 Rossby 波列首先将能量传送到热带地区，使热带大气首先被激发和产生异常无疑起着重要的作用。这种在热带地区被激发产生的异常（响应），相当于在热带大气中出现一个新的强迫源，它将在中高纬度地区引起较为强烈的响应，从而导致全球遥响应形势的形成。

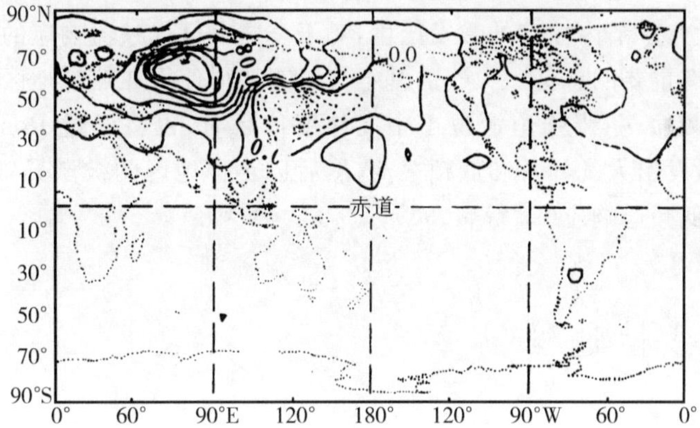


**图 4.4.9** 东亚寒潮异常所激发的 500 hPa 位势高度响应在第 1 候的平均形势

（图中虚线表示负值区，等值线间隔为 20 m）

对于冬季黑潮地区 SST 正异常（强迫）所做的数值模拟也同样表明，大气响应也主要首先在 Rossby 波列所到达的西太平洋热带地区，然后才在全球大气中出现遥响应形势（李崇银、龙振夏，1992）。图 4.4.10 是西太平洋不同纬度地区 850 hPa 响应场扰动动能的时间变化。首先，无论在什么纬度，动能变化都有准周期变化特征，其周期约为 40～70 d，可见大气对冬季黑潮地区 SST 异常的响应也具有低频特征。另外，中纬度地区的扰动动能先是向南传送到赤

道附近地区,其后则主要是赤道附近的扰动能量向北传送到中纬度地区,如图中箭头所示。

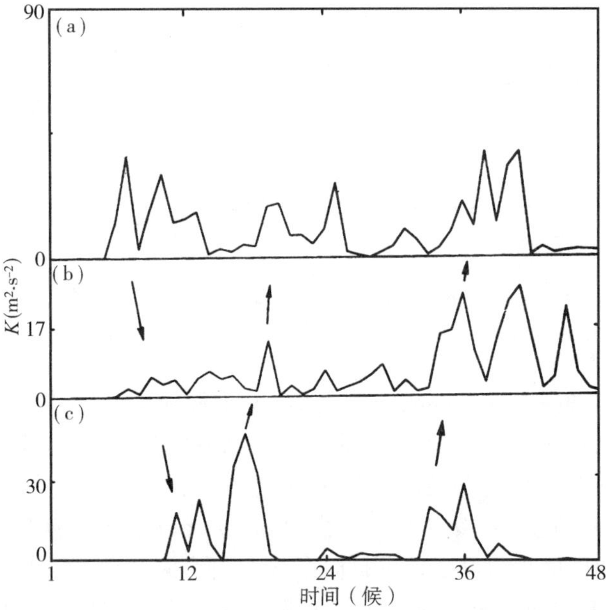


**图 4.4.10** 黑潮地区冬季 SST 异常所引起的西太平洋地区 850 hPa 响应场扰动动能的时间演变
(a) (30°N,125°～130°E)地区平均;(b) (18°～22°N,125°～130°E)地区平均;
(c) (2°N,135°～140°E)地区平均

上述数值试验清楚地表明,中高纬度地区的强迫源同样可以在全球大气中激发产生低频遥响应,而且首先在热带地区激发 30～60 d 振荡,然后才在全球大气中形成低频遥响应。因此可以认为,热带大气季节内振荡的激发产生,对于全球大气低频遥响应的产生以及全球大气季节内振荡的活动有重要的意义。大气的基本气候态特征使得在热带地区的扰动源最有利于引起全球范围的低频振荡;当强迫源位于中高纬度地区时,也将通过 Rossby 波列的能量输送,先在热带地区激发出大气异常和低频振荡,然后以热带地区的被激异常为新的扰源,继而在全球大气中形成低频遥响应(Li 等,1993)。

## 4.5 大气非线性过程

Wallace 和 Blackmon(1983)曾基于观测结果并结合一些理论研究把大气低频变化的起因(机制)归纳为 6 种,即:外源强迫;指数循环;不同气候基本态间的转换;长生命的闭合涡旋、孤立子和偶极子;波动相互作用;高频瞬变波的强迫激发。显然,除了外源强迫作用之外,其他 5 种机制都可以认为属于大气中的非线性相互作用,包括波动和基本气流间的相互作用、多平衡态及其转换、波与波之间的相互作用、瞬变波的强迫激发,以及强非线性的孤立子和偶极子的作用。

大气低频振荡包括 10～20 d 振荡和 30～60 d 振荡,对属于 10～20 d 振荡的大气阻塞流型的非线性动力学研究已进行得比较多,而关于大气 30～60 d 振荡的非线性动力学研究还正在深入进行。因此，我们将把一些非线性大气的动力学问题主要放到下一章里，用以研究阻塞形势的动力学机理。在这一节里，我们将主要讨论波和基本气流之间的相互作用。当然，波-流相互作用也是阻塞形势的非线性动力学机制之一，但在下一章里我们将不再作讨论。同样我们也要强调指出，在下一章讨论的非线性动力学问题，原则上也都可以用来分析大气季节内振荡的动力学机制，尤其是对于中高纬度地区的 30～60 d 大气振荡。

可以将线性化准地转位势涡度方程简单地写成

$$\left(\frac{\partial}{\partial t}+[u]\frac{\partial}{\partial x}\right)q+\frac{\partial \bar{q}}{\partial y}v=\mathscr{D} \tag{4.5.1}$$

这里 $q$ 是准地转位势涡度，即

$$q=\zeta_g+\frac{f}{S}\frac{\partial}{\partial p}\left(\frac{\partial \phi}{\partial p}\right) \tag{4.5.2}$$

而 $\bar{q}$ 为基本气流场的位势涡度；$\mathscr{D}$ 表示热力和机械强迫作用，也包括摩擦耗散；$S$ 是静力稳定度参数，定义为 $S=-\frac{1}{\rho\bar{\theta}}\frac{\partial\bar{\theta}}{\partial p}$，其中 $\bar{\theta}$ 是平均位温，$\rho$ 是空气密度；$\phi$ 是重力位势。

用 $q$ 乘以(4.5.1)式的两端，然后在 $x$ 方向求其对扰动波长的平均，便可得到

$$\frac{\partial}{\partial t}\left(\frac{1}{2}\overline{q^2}\right)+\frac{\partial \bar{q}}{\partial y}\overline{qv}=\overline{q\mathscr{D}} \tag{4.5.3}$$

这里带上横符号的量表示对纬向波长的平均。考虑(4.5.2)式以及地转关系和热成风关系，$\overline{qv}$ 可以写成

$$\begin{aligned}
\overline{qv}&=\overline{v\frac{\partial v}{\partial x}}-\overline{v\frac{\partial u}{\partial y}}+\overline{\frac{f}{S}\frac{\partial}{\partial p}\left(\frac{\partial \phi}{\partial p}\right)v}\\
&=\overline{\frac{\partial}{\partial x}\left(\frac{1}{2}v^2\right)}-\frac{\partial\overline{uv}}{\partial y}+\overline{u\frac{\partial v}{\partial y}}+\frac{\partial}{\partial p}\left(\frac{f}{S}\overline{v\frac{\partial \phi}{\partial p}}\right)-\frac{f}{S}\overline{\frac{\partial \phi}{\partial p}\frac{\partial v}{\partial p}}\\
&=\overline{\frac{\partial}{\partial x}\left(\frac{1}{2}v^2\right)}-\overline{\frac{\partial uv}{\partial y}}+\overline{\frac{u}{f}\frac{\partial}{\partial x}\frac{\partial \phi}{\partial y}}+\frac{\partial}{\partial p}\left(\frac{f}{S}\overline{v\frac{\partial \phi}{\partial p}}\right)-\overline{\frac{1}{\rho ST}\frac{\partial \phi}{\partial p}\frac{\partial T}{\partial x}}
\end{aligned}$$

再根据在 $x$ 方向取波长平均的性质，就有

$$\overline{qv}=-\frac{\partial}{\partial y}\overline{uv}+\frac{\partial}{\partial p}\left(\frac{f}{S}\overline{v\frac{\partial \phi}{\partial p}}\right) \tag{4.5.4}$$

我们知道，在$(y,p)$平面上已定义过一个向量 $\boldsymbol{E}$(Eliassen 和 Palm，1961)，即

$$\boldsymbol{E}=\left(-\overline{uv},f\,\overline{v\theta}\Big/\frac{\partial\bar{\theta}}{\partial p}\right)=\left(-\overline{uv},\frac{f}{S}\overline{v\frac{\partial \phi}{\partial p}}\right) \tag{4.5.5}$$

这就是 EP 通量矢。这样就有 $\nabla\cdot\boldsymbol{E}=\overline{qv}$，而再由(4.5.3)式便可得到

$$\nabla\cdot\boldsymbol{E}=\left[\overline{q\mathscr{D}}-\frac{\partial}{\partial t}\left(\frac{1}{2}\overline{q^2}\right)\right]\Big/\frac{\partial\bar{q}}{\partial y} \tag{4.5.6}$$

可见 EP 通量的辐合辐散直接同波动的非定常性和外源强迫有关，并可以直接反映动量通量和热量通量的辐合辐散对位势涡度场的影响。

在 $\partial\bar{q}/\partial y$ 不等于零的情况下，通常令

$$A=\frac{1}{2}\overline{q^2}\Big/\frac{\partial\bar{q}}{\partial y} \tag{4.5.7}$$

称为波作用量或波作用密度。这样还可以将(4.5.6)式写成

$$\frac{\partial A}{\partial t}+\nabla \cdot \boldsymbol{E}=\mathscr{D} \tag{4.5.8}$$

若无外源强迫作用,则有

$$\frac{\partial A}{\partial \mathrm{t}}+\nabla \cdot \boldsymbol{E}=0 \tag{4.5.9}$$

这就是波作用量守恒方程。由此还可得到波作用量 $A$ 和 EP 通量矢之间的如下关系:

$$\boldsymbol{E}=\boldsymbol{C}_{\mathrm{g}} \cdot A \tag{4.5.10}$$

其中 $\boldsymbol{C}_{\mathrm{g}}$ 是波的群速度矢量。因此,EP 通量也是波动能量传播的一种量度。

对于平均场,运动方程和热力学方程不难写成

$$\frac{\partial[u]}{\partial t}-f\overline{v^{*}}-\overline{F}=\nabla \cdot \boldsymbol{E} \tag{4.5.11}$$

$$\frac{\partial\bar{\theta}}{\partial t}+\overline{\omega^{*}}\frac{\partial\bar{\theta}}{\partial p}-\overline{Q}=0 \tag{4.5.12}$$

其中 $\overline{F}$ 和 $\overline{Q}$ 分别为摩擦耗散和非绝热加热作用;$\overline{v^{*}}$ 和$\overline{\omega^{*}}$ 称为余差(平均经圈)环流,分别表示成

$$\overline{v^{*}}=\bar{v}-\frac{\partial}{\partial p}\left(\overline{v\theta}\Big/\frac{\partial\bar{\theta}}{\partial p}\right) \tag{4.5.13}$$

$$\overline{\omega^{*}}=\bar{\omega}+\frac{\partial}{\partial y}\left(\overline{v\theta}\Big/\frac{\partial\bar{\theta}}{\partial p}\right) \tag{4.5.14}$$

由描写平均基本场变化的方程(4.5.11)和(4.5.12)可以看到,EP 通量的散度可认为是平均环流变化的源或强迫。结合连续方程,在无外源的情况下,即 $\overline{F}=\overline{Q}=0$,我们可以看到若 $\nabla \cdot \boldsymbol{E}=0$,则将有$\partial[u]/\partial t=\partial\bar{\theta}/\partial t=0$。也就是说,在无外强迫源的情况下,若 EP 通量散度等于零,那么基本气流不随时间变化,这就是所谓基本气流的无加速定理。相反,若 $\nabla \cdot \boldsymbol{E}>0$,则$\partial[u]/\partial t>0$,即 EP 通量辐散,西风基本气流将加速;若有 $\nabla \cdot \boldsymbol{E}<0$,则$\partial[u]/\partial t<0$,即 EP 通量辐合,西风基本气流要减速。因此,EP 通量散度能很好地反映平均流场的变化情况。

EP 通量的散度是波动的动量通量和热量通量场的综合特征,EP 通量散度对平均基本流场的影响,也就是波动通过其动量通量和热量通量而影响基本气流的表现。

近年来人们更加注意研究瞬变涡旋(波)对时间平均气流的作用,其结果更能反映高频瞬变波对低频振荡的重要激发作用。因为时间平均气流的特征在一定意义上可认为是低频振荡环流型的一种表现形式。

类似于取纬向平均的情况,变量 $A$ 的时间平均量用算子 $\overline{A}$,而偏差量用 $A'$表示,在略去垂直动量平流的情况下,时间平均的动量方程和位温方程可以写成

$$\overline{D}\,\bar{u}=f\,\bar{v}-\frac{\partial\bar{\phi}}{\partial x}-\frac{\partial\overline{u'u'}}{\partial x}-\frac{\partial\overline{u'v'}}{\partial y}+\overline{\mathscr{L}} \tag{4.5.15}$$

$$\overline{D}\,\bar{v}=-f\,\bar{u}-\frac{\partial\bar{\phi}}{\partial y}-\frac{\partial\overline{u'v'}}{\partial x}-\frac{\partial\overline{v'v'}}{\partial y}+\overline{\mathscr{U}} \tag{4.5.16}$$

$$\overline{D}\,\bar{\theta}=-\bar{\omega}\frac{\partial\bar{\theta}}{\partial p}-\frac{\partial\overline{u'\theta'}}{\partial x}-\frac{\partial\overline{v'\theta'}}{\partial y}-\frac{\partial\overline{\omega'\theta'}}{\partial p}+\overline{\mathscr{K}} \tag{4.5.17}$$

这里 $\overline{D}=\bar{u}\frac{\partial}{\partial x}+\bar{v}\frac{\partial}{\partial y}$;$\overline{\mathscr{L}}$,$\overline{\mathscr{U}}$ 和 $\overline{\mathscr{K}}$ 分别为小尺度扰动对 $\bar{u}$,$\bar{v}$ 和 $\bar{\theta}$ 的贡献。假定扰动近似水平无辐

散，则动量方程可以用涡度通量的形式写成

$$\overline{D}\overline{u}=f\overline{v}-\frac{\partial}{\partial x}(\overline{\phi}+K_0)+\overline{v'\zeta'}+\overline{\mathscr{L}} \tag{4.5.18}$$

$$\overline{D}\overline{v}=f\overline{u}-\frac{\partial}{\partial y}(\overline{\phi}+K_0)-\overline{v'\zeta'}+\overline{\mathscr{U}} \tag{4.5.19}$$

其中 $K_0=\frac{1}{2}\overline{(u'^2+v'^2)}$，为瞬变涡动动能。由(4.5.18)和(4.5.19)式不难求得关于平均气流的准地转涡度方程

$$\overline{D}\overline{\zeta}=-\beta\overline{v}-\nabla\cdot\overline{v'q'}+f\frac{\partial\tilde{\omega}}{\partial p}+\frac{\partial\overline{\mathscr{U}}}{\partial x}+\frac{\partial\overline{\mathscr{L}}}{\partial y} \tag{4.5.20}$$

式中 $q'$ 是准地转涡度，而

$$\tilde{\omega}=\omega+\nabla\cdot(\overline{v'\theta'}\Big/\frac{\partial\overline{\Theta}}{\partial p}) \tag{4.5.21}$$

这里 $\frac{\partial\overline{\Theta}}{\partial p}$ 是 $\frac{\partial\overline{\theta}}{\partial p}$ 的标准值。由方程(4.5.18)、(4.5.19)和(4.5.20)可以看到，瞬变涡旋的动量通量、涡度通量以及热量通量都对时间平均气流有重要影响。

图 4.5.1 给出的是冬季由于瞬变涡旋的水平热量通量和动量通量而施加于 300～700 hPa 气层的时间平均气流上的无辐散强迫流函数(上图)。将这些涡旋影响同 300～700 hPa 气层的时间平均气流的流函数(下图)相比较，不难发现，纬向平均的时间平均气流因受到水平涡旋动量通量的净局地作用而有所减速，并且时间平均波动的振幅也被削弱。

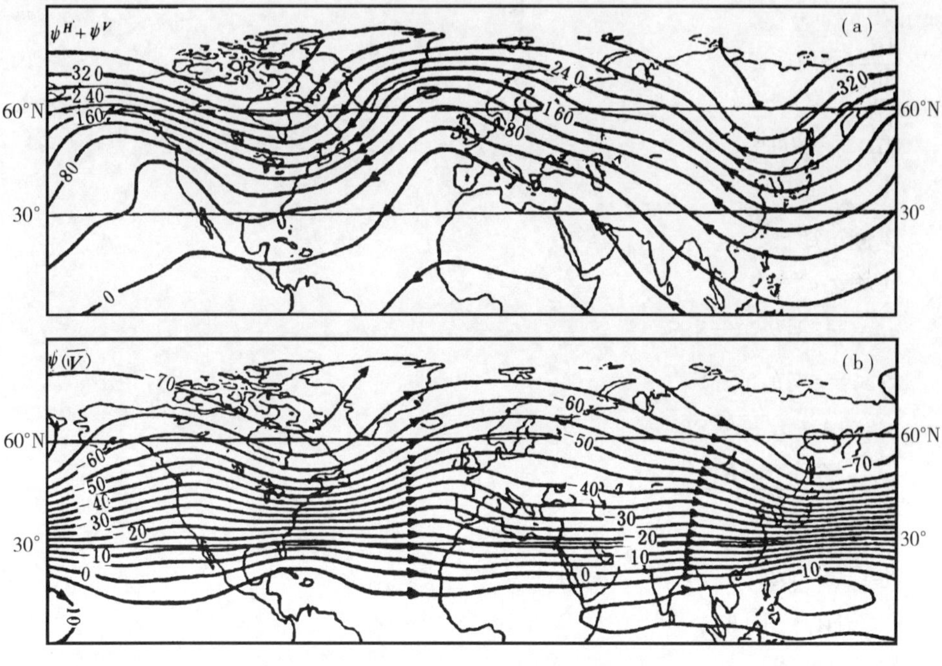


**图 4.5.1**　北半球冬季由于瞬变涡旋的水平热量和动量通量施加于 300～700 hPa 时间平均气流的无辐散强迫流函数(a. 单位：$m^2\cdot s^{-1}$)及北半球冬季 300～700 hPa 时间平均气流的流函数(b. 单位：$10^6\ m^2\cdot s^{-1}$)(引自 Holopainen，1983)

波动与基本气流,尤其是瞬变涡旋与时间平均气流间的相互作用还有很多问题有待研究,同时间平均气流密切联系的大气低频变化同瞬变波之间的相互影响,也将在这些研究中得到较清楚的认识。

波与波的共振相互作用已被证明可以产生阻塞形势。同样,在有外源强迫作用时,Rossby 波的共振相互作用也可以激发产生中高纬度大气季节内振荡(Luo 和 Li,1993)。考虑到中高纬度大气季节内振荡的正压结构特征,正压大气有强迫耗散的涡度方程可写成

$$\frac{\partial}{\partial t}\nabla^2\psi+\mathrm{J}(\psi,\nabla^2\psi)+\beta\frac{\partial\psi}{\partial x}=-f_0\frac{D_e}{2H}\nabla^2\psi-Q \tag{4.5.22}$$

这里 $\psi$ 是流函数;$\beta=2\omega_0\cos\varphi_0/a$,其中 $\varphi_0$ 是某地理纬度,$\omega_0$ 和 $a$ 分别是地球转动角速度和地球半径;$Q$ 表示外强迫源;$f_0$ 是 Coriolis 参数;$H$ 是大气平均厚度;$D_e$ 是 Ekman 层的厚度;算符 $\nabla^2=\frac{\partial^2}{\partial x^2}+\frac{\partial^2}{\partial y^2}$,$\mathrm{J}(a,b)=\frac{\partial a\partial b}{\partial x\partial y}-\frac{\partial b\partial a}{\partial x\partial y}$。

无量纲化方程(4.5.22),并考虑到运动过程缓慢而引入慢时间尺度,$T=\varepsilon t$;再令扰动流函数

$$\psi=A_1(T)\cos\theta_1+A_2(T)\cos\theta_2+A_3(T)\cos\theta_3 \tag{4.5.23}$$

这里 $A_i(T)$是振幅,相角 $\theta_i=k_ix+m_iy-\omega_it$,而 $i=1,2,3$。考虑三个 Rossby 波共振情况,即有条件 $\boldsymbol{K}_1+\boldsymbol{K}_2+\boldsymbol{K}_3=0$ 及 $\omega_1+\omega_2+\omega_3=0$。其中 $\boldsymbol{K}_i=k_i\boldsymbol{i}+m_i\boldsymbol{j}$,$\omega_i=\bar{u}k_i-\beta k_i/|\boldsymbol{K}_i|^2$。

经过一些推导不难得到如下方程:

$$\frac{\mathrm{d}a_1}{\mathrm{d}t}=-Ra_1-B_2B_3\mathrm{e}^{-2Rt}-\frac{b\sqrt{-S_2S_3}f(t)}{|\boldsymbol{K}_1|^2} \tag{4.5.24}$$

$$\frac{\mathrm{d}B_2}{\mathrm{d}t}=a_1B_3 \tag{4.5.25}$$

$$\frac{\mathrm{d}B_3}{\mathrm{d}t}=-a_1B_2 \tag{4.5.26}$$

其中

$$B_2=a_2\mathrm{e}^{Rt}$$

$$B_3=a_3\mathrm{e}^{Rt}$$

$$a_1=-\varepsilon A_1b\sqrt{-S_2S_3}$$

$$a_2=-\varepsilon A_2b\sqrt{S_1S_3}$$

$$a_3=\varepsilon A_3b\sqrt{-S_1S_2}$$

$$S_1=\frac{|\boldsymbol{K}_2|^2-|\boldsymbol{K}_3|^2}{|\boldsymbol{K}_1|^2}$$

$$S_2=\frac{|\boldsymbol{K}_3|^2-|\boldsymbol{K}_1|^2}{|\boldsymbol{K}_2|^2}$$

$$S_3=\frac{|\boldsymbol{K}_1|^2-|\boldsymbol{K}_2|^2}{|\boldsymbol{K}_3|^2}$$

$b=\frac{1}{2}(k_2\times m_3-k_3\times m_2)=\frac{1}{2}(k_3\times m_1-k_1\times m_3)=\frac{1}{2}(k_1\times m_2-k_2\times m_1)$ 而 $f(t)$为强迫函数,$R$ 为与 Reynolds 数有关的参数。由式(4.5.25)和(4.5.26)可见

$$B_2^2+B_3^2=B_{20}^2+B_{30}^2=C(\text{常数}) \tag{4.5.27}$$

这样可以定义

$$\left.\begin{aligned} B_2 &= C^{\frac{1}{2}}\sin\Theta(t) \\ B_3 &= C^{\frac{1}{2}}\cos\Theta(t) \\ a_1 &= \frac{\mathrm{d}\Theta}{\mathrm{d}t} \end{aligned}\right\} \tag{4.5.28}$$

代入(4.5.24)式，并令 $Z=2\Theta, G=-2b\sqrt{-S_2S_3}/|\boldsymbol{K}|^2$，即可得到方程

$$\ddot{Z}+R\dot{Z}+Ce^{-2Rt}\sin Z=Gf(t) \tag{4.5.29}$$

这是一个有强迫耗散的摆动方程，对于不同的外源强迫，可以求解得到振幅及相平面上的轨迹。

图 4.5.2 是令强迫函数 $f(t)=f_A\cos\Omega t$(其中 $f_A=0.08, \Omega=0.4$)情况下波振幅 $A$(a)和 $B$(b)的时间演变以及在$(\dot{Z},Z)$平面上的相轨迹。这里 $\Omega=0.4$ 相当于外源强迫有 18 d 周期。由图 4.5.2a 和 b 可以看到，扰动演变的主要周期为 16、28、39 和 76 d，也就是说，以 18 d 为周期的外强迫所激发的共振 Rossby 波主要具有 30～60 d 的振荡周期，其相轨迹为$(\dot{Z},Z)$平面上的极限环。如果改变外源强迫的周期(10～20 d 之内)，所求得的扰动振幅也主要具有 30～60 d 的振荡周期。

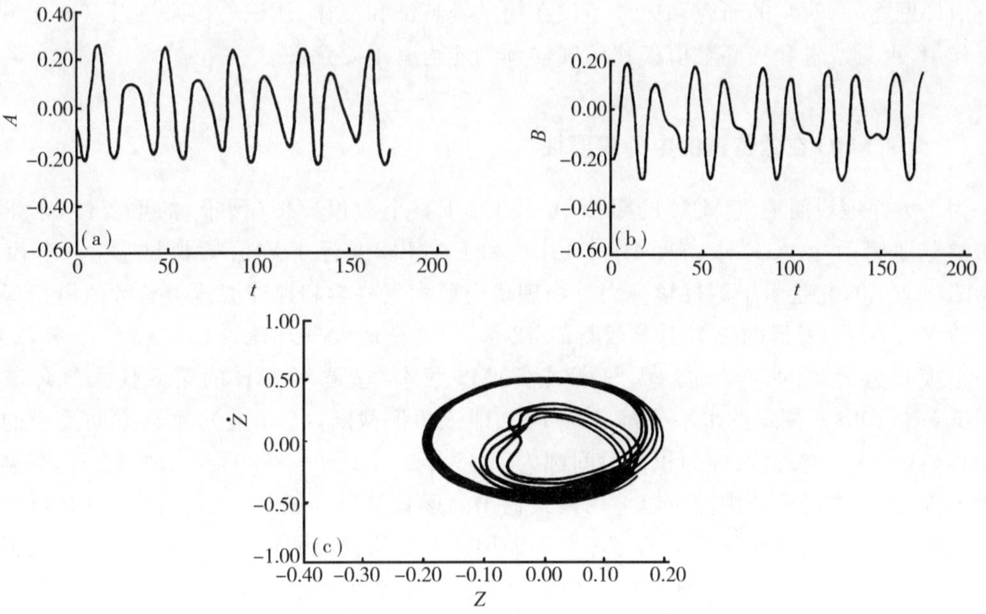


**图 4.5.2**　在外强迫源 $f=f_A\cos\Omega t, f_A=0.08, \Omega=0.4$(相当于 18 d 周期)情况下，波动振幅 $A$(a)和 $B$(b)随时间的演变，以及在$(\dot{Z},Z)$平面上的相轨迹

由这里的结果可以初步认为，在有约 10～20 d 周期性外源强迫下，非线性共振相互作用可以激发产生中高纬度 30～60 d 大气低频振荡。进一步研究也可以发现，10～20 d 振荡(中高纬度以阻塞形势的演变为特征)同大气季节内振荡存在着密切的关系。

## 4.6 MJO的数值模拟

近些年来,热带大气季节内振荡的数值模式研究更引起国际上的广泛重视,因为一些数值天气预报结果清楚地表明,模式描写(预报)大气季节内(30～60 d)振荡的情况如何,对预报效果有十分重要的影响。对5个动力延伸预报的分析表明,无论对3天还是十几天的预报,大气ISO的预报误差对整个预报起着重要作用(Hendon等, 2000)。NCEP的分析和预报也表明(Jones等, 2000),动力延伸预报的主要误差来自模式所得到的热带大气ISO比较弱,而且东传过快。在大气环流模式比较计划(AMIP)中,用各国15个GCM就大气ISO的模拟进行了比较(Slingo等,1996),其结果表明,虽然大多数模式能够反映大气季节内时间尺度的振荡信号,再现对流层上层速度势异常的向东传播。但严格来说,没有一个模式能够再现观测到的热带ISO的主要特征。目前大多数大气模式都低估了ISO的强度;不能再现ISO的季节性倾向,模拟倾向于较短的季节内振荡周期,30天以内的高频信号比观测有更强的功率谱;不能模拟出连续的东传特征。为何现有模式都不能很好模拟出热带大气ISO,大家从不同方面进行了一些研究,包括模式分辨率的影响、模式对流参数化方案的影响、云辐射方案的影响、海气交换的影响等。因此,热带大气ISO(特别是MJO)的数值模拟也就成为目前大气科学研究的国际前沿课题之一,对它的研究和成果不仅在揭示其特征和规律、认识气候系统及其变化方面有重要作用,也对改进和提高数值模式的气候预测能力有重要意义。

### 4.6.1 大气MJO在数值模拟中的重要性

为了更好地说明大气MJO的模拟(预报)对于整个数值模拟(预报)的重要性,李崇银等(2006)分别用两个AGCM(SAMIL-R42L9和CAM2)进行了数值模拟试验,一个模式是SAMIL-R42L9,它是由中国科学院大气物理研究所大气科学和地球流体力学数值模拟国家重点实验室(LASG)发展的一个菱形截断的42波、9层全球大气环流谱模式(Wang等,2004);另一个模式为美国NCAR通用大气模式CAM2版本,它是NCAR的第5代大气环流模式(Collins等,2003),模式的水平分辨率为T42(即三角形截断,42个波),垂直方向采用的是混合坐标,有26层。模拟试验的积分时间都为1978年1月1日—1989年12月31日,海温作为边界条件,使用该时段的观测海温。用模式输出的逐日结果和相对应的逐日NCEP再分析资料进行误差分析,研究气候模拟的好坏及其原因。在数值模拟研究中,一般都用模式模拟值与观测值的均方根误差来表示模拟的好坏程度,这里将计算和分析研究模式模拟的要素场与NCEP再分析资料的均方根误差分布,从而确定模式模拟的效果和问题。

从SAMIL-R42L9模式模拟的位势高度及风场与NCEP再分析的位势高度及风场间的均方根误差分布,以及模拟和NCEP资料经30～60天带通滤波后的均方根误差分布(表示对大气季节内振荡的模拟误差)的比较可以看到:两者有非常好的一致性,不仅偏差极大值带相当一致,而且极大值的中心位置也十分相近(图4.6.1)。对于850 hPa高度来讲,大气季节内振荡的模拟误差达到整个模拟误差的三分之一以上,而且模拟误差的分布基本一致。因此一定程度上可以认为,大气季节内振荡模拟的不准确是造成850 hPa高度模拟不准确的一个重要原因。

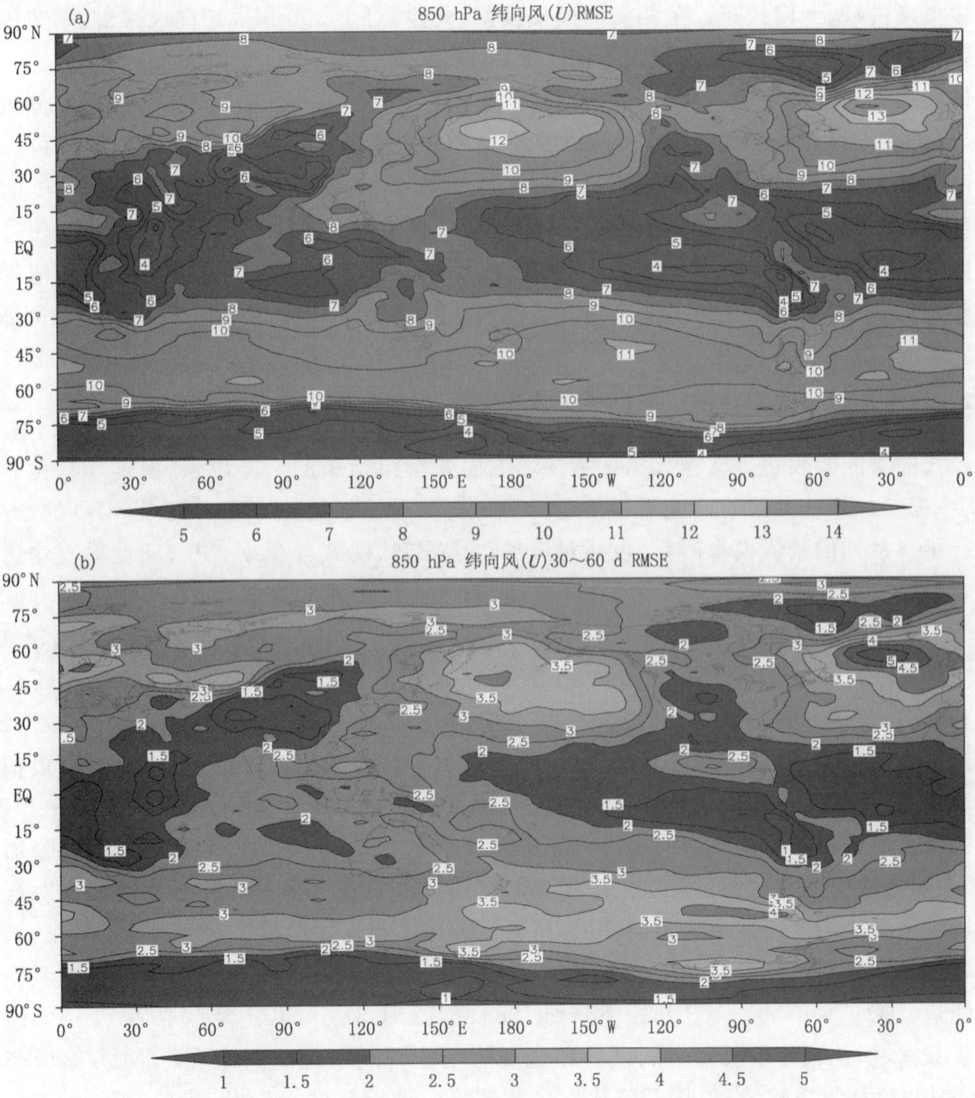


**图 4.6.1** 1978—1989 年 SAMIL-R42L9 模式模拟的未经滤波的(a)和季节内振荡(30～60 d 带通滤波)的(b)500 hPa 高度场的均方根误差(RMSE)(gpm)(引自李崇银等,2006)

分析 850 hPa 的风场,以及 500 hPa 高度场,也有同 850 hPa 高度场模拟相一致的结果。就全球分布看,对于 850 hPa 纬向风场及 500 hPa 高度场(图略),季节内振荡的模拟误差也占整个模拟误差的 1/3 以上。因此,用 SAMIL-R42L9 模式进行数值模拟,其大气季节内振荡模拟的不准确可认为是造成整个数值模拟不准确的极为重要的原因。

与分析 SAMIL-R42L9 的结果相类似,对 CAM2 的 12 年模拟结果与 NCEP 再分析资料也进行了误差分析(图略)。无论是对 500 hPa 高度场的均方根误差还是 850 hPa 纬向风的均方根误差,都与 SAMIL-R42L9 有相似的结果。对 500 hPa 高度来讲,大气季节内振荡的模拟误差达到整个模拟偏差的 1/3 以上,与 SAMIL-R42L9 的结果十分相近。但 CAM2 对 500

hPa 高度的模拟偏差要略为大于 SAMIL-R42L9 的模拟误差,但对 500 hPa 高度的季节内振荡的模拟来讲,两个模式有近乎相同的模拟误差;同样,对于 850 hPa 纬向风来讲,季节内振荡的模拟误差也占整个纬向风模拟误差的 1/3 以上。

前面的比较分析表明,大气季节内振荡的模拟好坏对整个大气环流的模拟有十分重要的作用,但还未能很好揭示大气 MJO 模拟的差异。分析大气季节内振荡动能的模拟可以讨论对热带地区大气 MJO 的模拟情况。从 SAMIL-R42L9 的模拟试验中任意选取 3 年的结果(1987—1989 年)来进行对比分析可以发现(图略),热带大气 MJO 动能的差值甚至超过了本来的数值,表明模式对热带大气 ISO 及 MJO 的模拟还存在相当大的误差;而且,差值场有明显的年变化和年际变化,也从另一个角度表明模式对热带 MJO 的模拟还存在相当的问题。

### 4.6.2 对流参数化方案对模拟的重要影响

模式的对流参数化方案被大家认为是影响模式模拟结果的重要因素,但是参数化方案对于 MJO 模拟的影响并没有研究得很清楚。为了揭示对流参数化方案对模拟 MJO 的影响,我们进行了一系列的数值模拟研究,包括对流参数化方案、模式分辨率、积云动量垂直输送等的影响,对有关问题有了较为深入的了解(Li 等,2007; 贾小龙和李崇银,2007;Jia 等,2008; Li 等,2009;贾小龙和李崇银,2009;Jia 等,2010; Ling 等,2009; Ling 和 Zhang, 2011; Ling, zhang 等,2013; Ling, Li 等,2013)。在数值模拟研究中,我们将 ZM(Zhang-McFarlane, 1995)对流参数化方案移植到 SAMIL-R42L9 中,与湿对流调整方案 MCA(Manabe 等,1965)一起进行模拟试验,通过结果的对比分析,便可揭示积云参数化方案的改变对 MJO 模拟的影响。MCA 方案假定不稳定层结产生的对流又使得层结变为中性,将对流产生的凝结和感热、潜热的垂直输送在对流调整后的最终状态中总计给出。ZM 方案为一个积云谱型质量通量方案,采用积云谱模型描述积云群对大尺度场的作用。由于该方案只描述云顶高度在对流层中层最小饱和湿静力能所在层之上的积云,所以该方案主要描写的是深对流的活动特征。

将上述两种对流参数化方案分别引入 SAMIL-R42L9 模式,模拟试验中都以观测海温为边界强迫,从 1978 年 1 月 1 日开始积分到 1989 年 12 月 31 日,共 12 年,取后 11 年的结果作为分析数据,作比较分析研究。从风场和速度势场的时间一经度剖面看, ZM 方案所产生的 MJO 的振幅很弱(图略)。使用时空谱对各物理量的谱特征进行分析,其在 10°S~10°N 平均的 850 hPa 纬向风和降水的时空谱可以看到(图 4.6.2),ZM 方案所模拟的 850 hPa 纬向风与 NCEP 资料和 MCA 方案的结果相比较,在季节内时间尺度上基本没有模拟出明显的谱能量,表明所模拟的大气 MJO 强度很弱;而且东传和西传谱能量的量值相当,因而未能表现出大气 MJO 的主要特征;而降水场的东传波动和西传波动的谱能量也基本相当,并且西传分量是在空间纬向 4 波上有最大的谱值,与 NCEP 资料和 MCA 方案的模拟结果相比较也有较大差距。

为得到一个整体上的传播图像,以 150°E 为参考点,用 30～60 d 滤波的热带地区(10°S~10°N)平均的 200 hPa 和 850 hPa 纬向风以及 200 hPa 速度势的时间序列同各自空间场作超前滞后回归分析,其结果可以很好表现 MJO 的传播特征。图 4.6.3 是所得到的从超前 30 d 到滞后 30 d 的回归结果(850 hPa 纬向风),NCEP 资料和 MCA 方案模拟的结果较好表现了 MJO 沿赤道的东传特征,尽管 MCA 方案模拟的结果还没有再现 MJO 东传在日界线附近的加速现象。然而 ZM 方案的模拟结果却基本没有表现出连续东传播的图像(170°E 以东还是

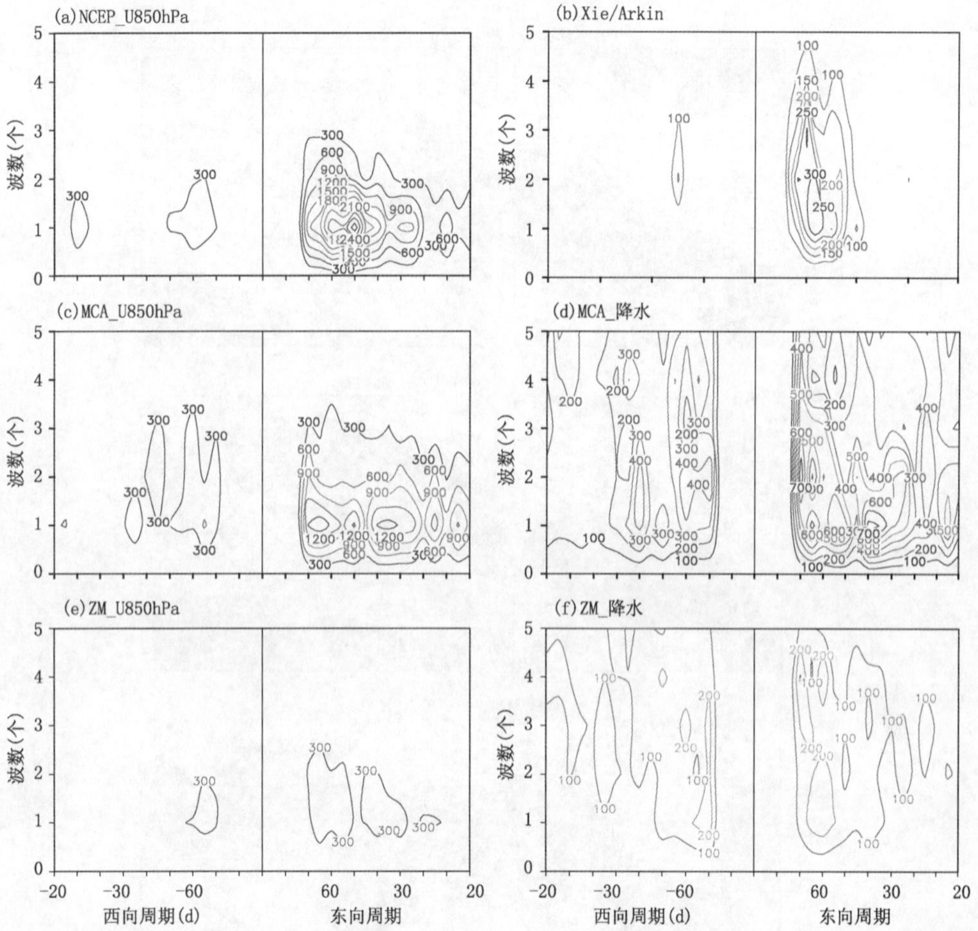


**图 4.6.2** 模拟的 850 hPa 纬向风(左)和降水(右)的平均时空谱与观测的比较(a, b 是 NCEP 的结果; c,d 和 e,f 是分别用 MCA 和 ZM 方案在 SAMIL-R42L9 模式中的结果(引自贾小龙、李崇银, 2007)

向西传的),而且振幅非常弱。

上述分析比较,以及用其他的物理量的比较分析结果都清楚表明,在用同样模式(例如 SAMIL－R42L9)的情况下,ZM 参数化方案所模拟的大气 MJO,无论在其强度、还是结构和传播方面都与 NCEP 资料以及用 MCA 方案所得到的模拟结果相比有较大差异。因此,数值模拟试验清楚地表明,模式的对流参数化方案对模拟大气 MJO 有重要的影响,必须在模式中采用较好的参数化方案,才能较好模拟出与观测基本一致的 MJO。

类似上面用 SAMIL-R42L9 模式的模拟,我们也使用美国 NCAR 的 CAM2 模式分别采取 ZM 和 Tiedtke(1989)对流参数化方案进行了试验。其结果与 SAMIL-R42L9 模式的结果有极为显著的差异,这里仅给出分别模拟的 MJO 时空谱和传播特征。图 4.6.4 给出了 CAM2 模式用 ZM 方案和 Tiedtke 方案分别模拟的 MJO 所对应的 200 hPa 和 850 hPa 纬向风以及降水的平均时空谱。CAM2 使用 ZM 对流方案模拟产生的时空谱表明,无论是 200 hPa、850 hPa 的纬向风还是降水在季节内时间尺度上的功率谱值都很弱,而且相对而言东传谱和西传谱的值量值相当,因而,在时间一经度剖面图上 ZM 方案模拟的热带 MJO 的振幅很弱,而且传播特征杂乱,缺乏传播上的连续性。Tiedtke 方案模拟的结果无论是纬向风还是降水在东传的季

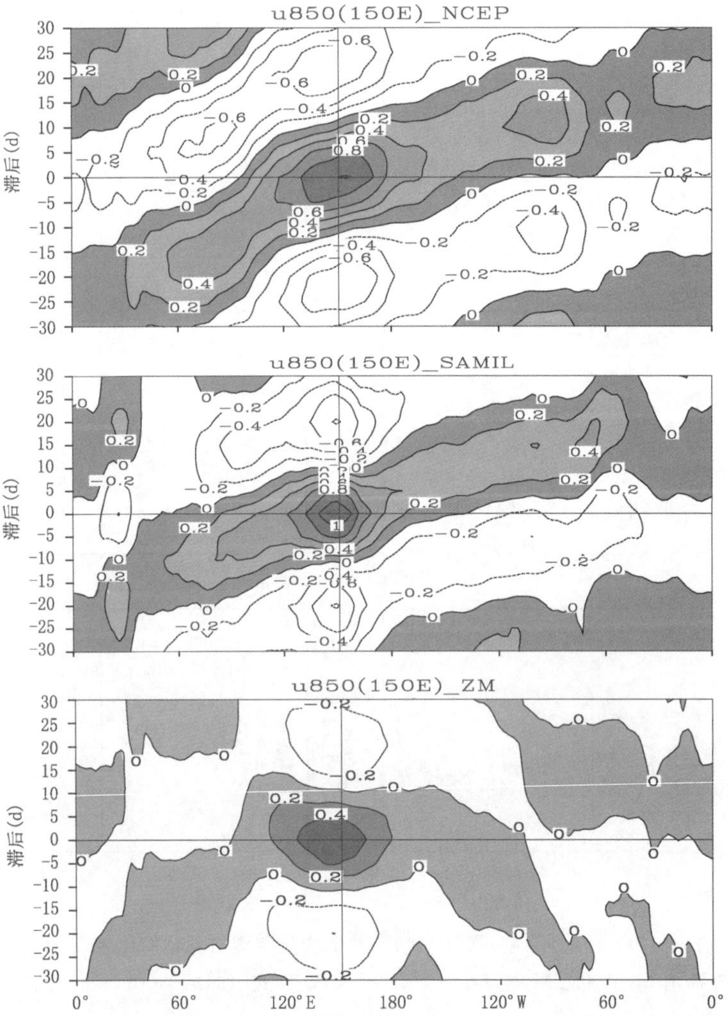


**图 4.6.3**　MCA 和 ZM 方案结果以 150°E 为参考点回归的 10°S～10°N 平均的 850 hPa 纬向风(m·s$^{-1}$)与观测资料的比较(引自贾小龙、李崇银，2007)

节内时间尺度上产生的谱值都要明显强于 ZM 方案的结果，典型的峰值周期为 70 d 和 45 d 左右，说明 Tiedtke 方案明显增强了 CAM2 模拟的热带 MJO 信号的强度；但是，注意到在西传分量上 Tiedtke 方案也产生了相对较强的谱能量，东西传播分量的谱能量的相对比值都明显小于 NCEP 资料结果和 SAMIL 模拟的结果。这些结果表明，CAM2 无论是用 ZM 对流参数化方案还是 Tiedtke 对流参数化方案都难于模拟出与 NCEP 资料相类似的大气 MJO 的基本特征，以及其强度和传播特性。同时，这里的结果也可以在一定程度上说明了为何大部分模式尚难模拟好大气 MJO 的原因，即模式的对流参数化方案没有能够很好描写实际大气的对流活动特征。

图 4.6.5 是 CAM2 所得到的从超前 30 d 到滞后 30 d 的回归结果。ZM 方案产生的无论是速度势还是纬向风的季节内振荡不仅振幅都比较弱，而且都没有表现出类似 NCEP 资料的明显的连续东传的特征。Tiedtke 方案回归得到的季节内扰动振幅比 ZM 方案要大一些，同时

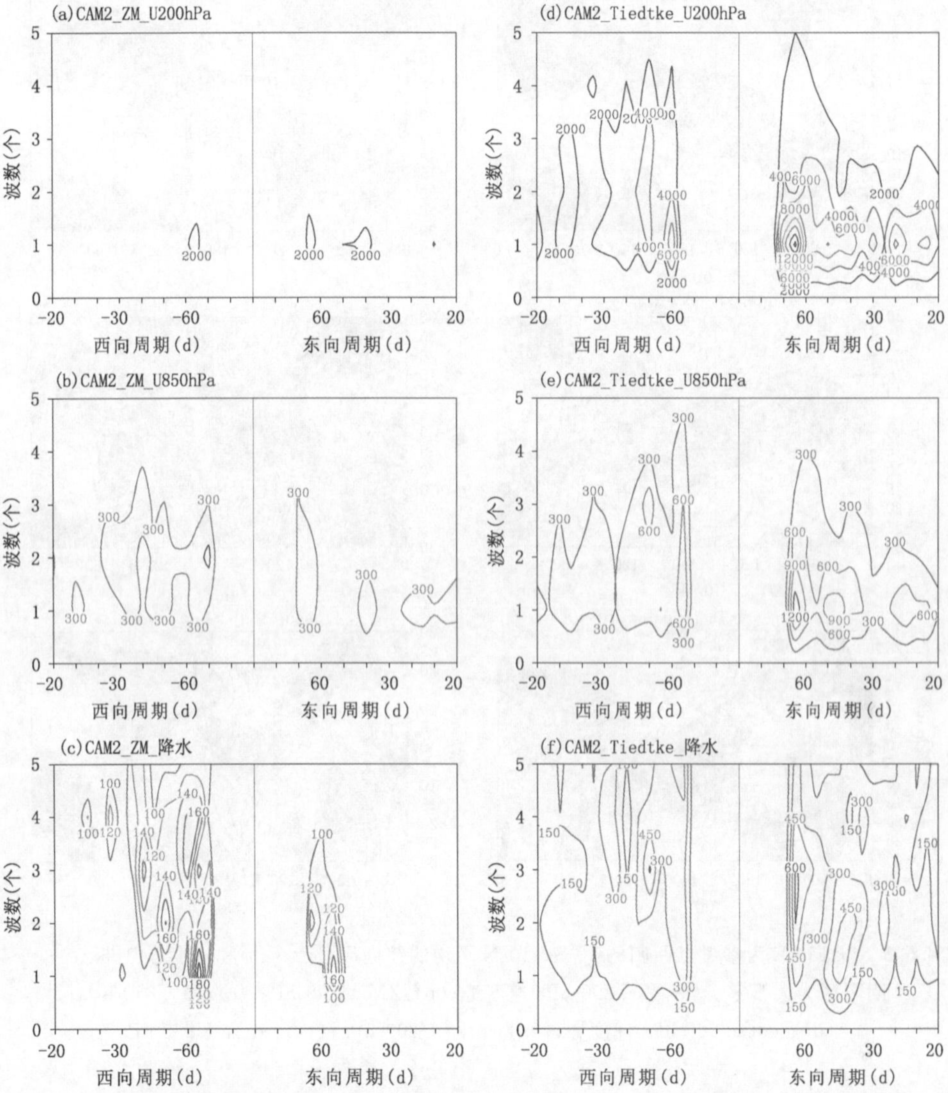


**图 4.6.4**　CAM2 模式使用 ZM 和 Tiedtke 方案所模拟的 10°S～10°N 平均的 200 hPa 和 850 hPa 纬向风及降水时空谱。(a)ZM U200;(b)ZM U850;(c)ZM 降水(d)Tiedtke U200;(e)Tiedtke U850;(f)Tiedtke 降水

传播特征也有所改善,但是 MJO 信号的东传仍然不够连续,比如 200 hPa 纬向风有从印度洋到西太平洋的传播,但没有得到连续传播进入西半球的图像。850 hPa 纬向风虽然得到了 150°E 以东的传播,但缺乏从印度洋到西太平洋的连续传播。因而较 ZM 方案而言,Tiedtke 方案模拟的热带 MJO 的强度和传播特征明显得到提高,但是在传播特征上仍然不够理想,整体而言产生的西传分量过强,使得传播方向缺乏连续和一致性。

十分显然,不同的模式,尤其是模式所用的对流参数化方案,在成功模拟大气 MJO 中起着重要的作用。要想对大气 MJO 进行很好的模拟或预报,首先就要在模式中采用合理的好对流参数化方案才行。

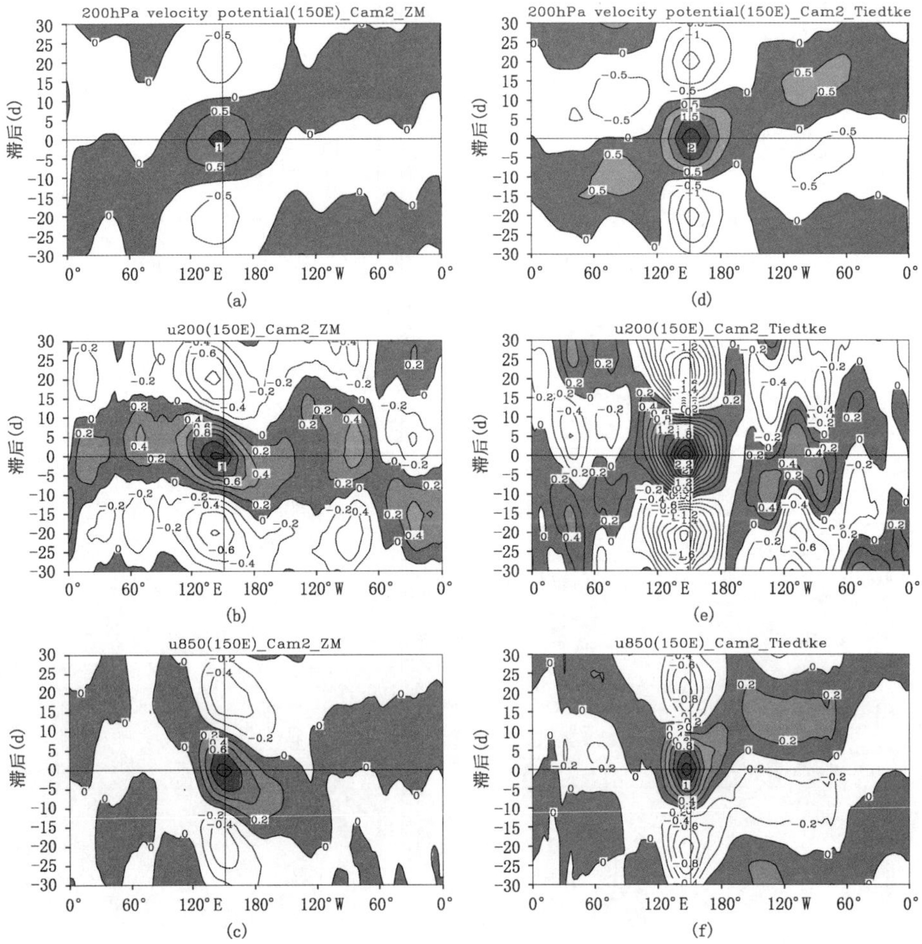


**图 4.6.5** 以 150°E 为参考点回归的 10°S～10°N 平均的纬向风($m \cdot s^{-1}$)和速度势($106\ m^2 \cdot s^{-2}$)，阴影区为大于零。(a)：ZM 200 hPa 速度势；(b)：ZM U200 hPa；(c)ZM U850 hPa；(d)Tiedtke 200 hPa 速度势；(e)Tiedtke U200 hPa；(f)Tiedtke U850 hPa

### 4.6.3 模式分辨率对热带大气 ISO 模拟的影响

Slingo 等(1996)对 15 个 GCM 模拟结果的比较认为，高分辨率的 GCM 对热带大气 ISO 的模拟不一定就比低分辨率的要好，因为 CNRM(The Center National de Recherches Meteorologiques )的三个分辨率的 GCM(T21，T42，T79) 模拟的热带 ISO 的强度随着分辨率的提高反而减弱。Silvio 和 Antonio(1996)分析了三种水平分辨率的大气模式 ECHAM3(T21，T42，T106)的模拟结果，同样显示提高水平分辨率实际上降低了对热带大气 ISO 的模拟能力。Inness 等(2001)分析了两种垂直分辨率的 Hadley 中心的大气环流模式(HadAM3)对热带大气 ISO 的模拟，表明垂直分辨率的提高有利于改善热带大气 ISO 的模拟。而对 CCM3 结果的分析也表明模式模拟的热带大气 ISO 对水平分辨率的变化(T42，T170，T239)并不十分敏感。这些不同的模式模拟结果表明，模式分辨率对热带大气 ISO 模拟的影响还存在一些不确定性，需要进一步深入研究。

用中国科学院大气物理研究所 SAMIL 模式的不同分辨率版本，即低分辨率的 R15L9，高水平分辨率的 R42L9 和高分辨率的 R42L26，对 MJO 的模拟结果进行了比较研究，模式都是以 MCA 方案为对流参数化方案。模拟结果清楚地表明不同分辨率的模式对 MJO 的模拟能力并没有因分辨率的变化而发生本质的改变，与 R42L9 相比，低水平分辨率的 R15L9 和提高垂直分辨率的 R42L26 都模拟出了较为合理的 MJO 的主要特征，虽然模式分辨率的变化对模拟的 MJO 的某些特征起到了一定的调制作用。比如，由于大气 MJO 的行星尺度特征，水平分辨率的降低(R51L9)并没有降低对 MJO 主要特征的模拟能力，反而使得高频扰动信号有所减弱，谱特征与观测结果更为接近。传播过程中的风、湿和散度等的结构也更为清晰。但垂直分辨率的提高(R42L26)使得降水场的谱值分布相对 R15L9 和 R42L9 而言更加集中在季节内尺度上，使得降水的空间分布更接近观测结果，因而季节内降水的空间分布也更为真实。

从 SAMIL-R15L9、SAMIL-R42L9 和 SAMIL-R42L26 所分别模拟的 30～60 天带通滤波的 10°S～10°N 平均的 850 hPa 纬向风和降水的时间一经度剖面(图 4.6.6)的比较可以看到，

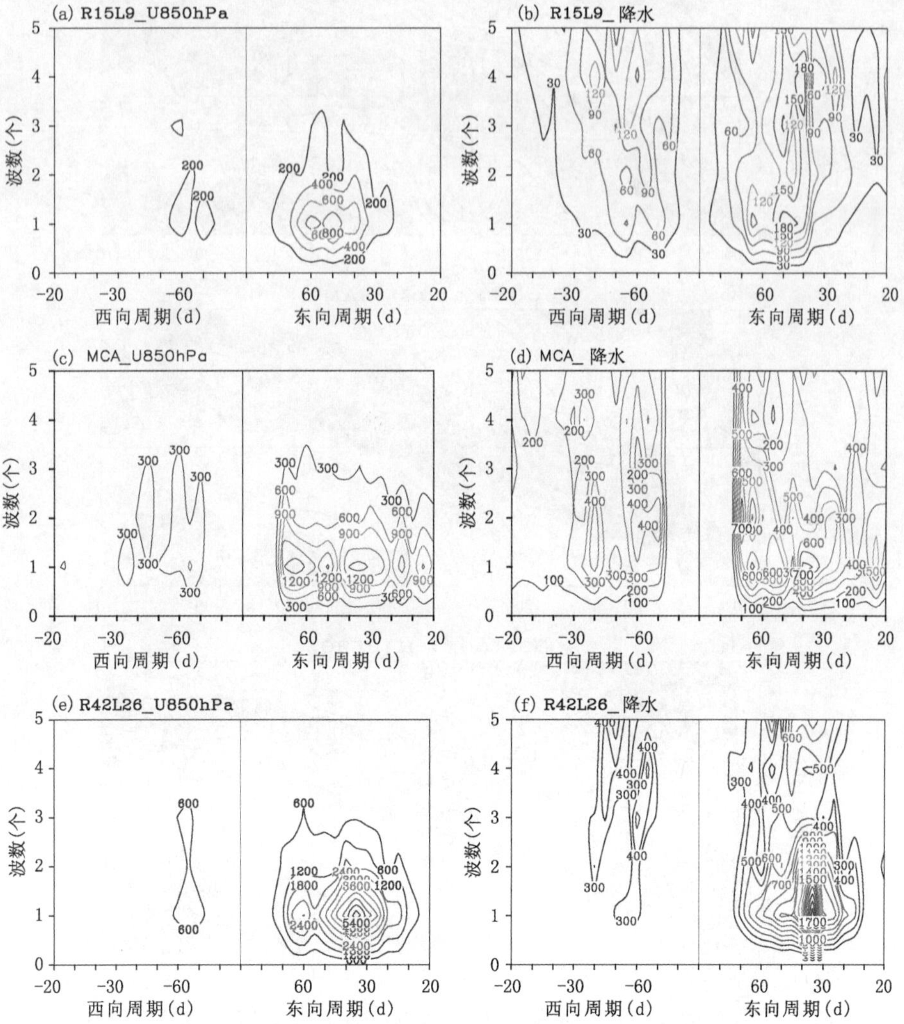


**图 4.6.6**　SAMIL-R15L9(上)、R42L9(中)和 R42L26(下)所模拟的 10°S～10°N 平均的 850 hPa 纬向风(左)和降水(右)的平均时空谱(引自 Jia 等，2008)

与 NCEP 资料的分析结果相比较,三种分辨率的模式都能基本上模拟出热带大气低频振荡(MJO)东传的特征;谱特征都能在季节内时间尺度有最强的东传功率谱值,相对而言西传分量的谱值非常弱。降水量的时空谱也大体相似,但高分辨率模式对季节内时间尺度降水特征的模拟有较为明显的改进。仔细对比分析可以发现,三种模式模拟的结果与 NCEP 资料相比在波数域上相对较为分散,其西传分量的谱值还略为偏强;R42L9 模式的模拟其模拟效果并不及 R15L9 模式,不仅谱峰较为分散,西传分量也较强。R42L26 模式所模拟的结果与 R42L9 模拟的结果相比较可以发现,模式垂直分辨率的提高对风场的模拟改进并不明显;但是对季节内降水有好的改进,主要谱带比较接近于实际观测结果。

三个不同分辨率模式模拟结果在 MJO 东传特征上的表现如图 4.6.7 所示。可以看到,数值模拟的纬向风都表现出了连续的向东传播的特征,周期大概为 40 天左右。相对目前很多模

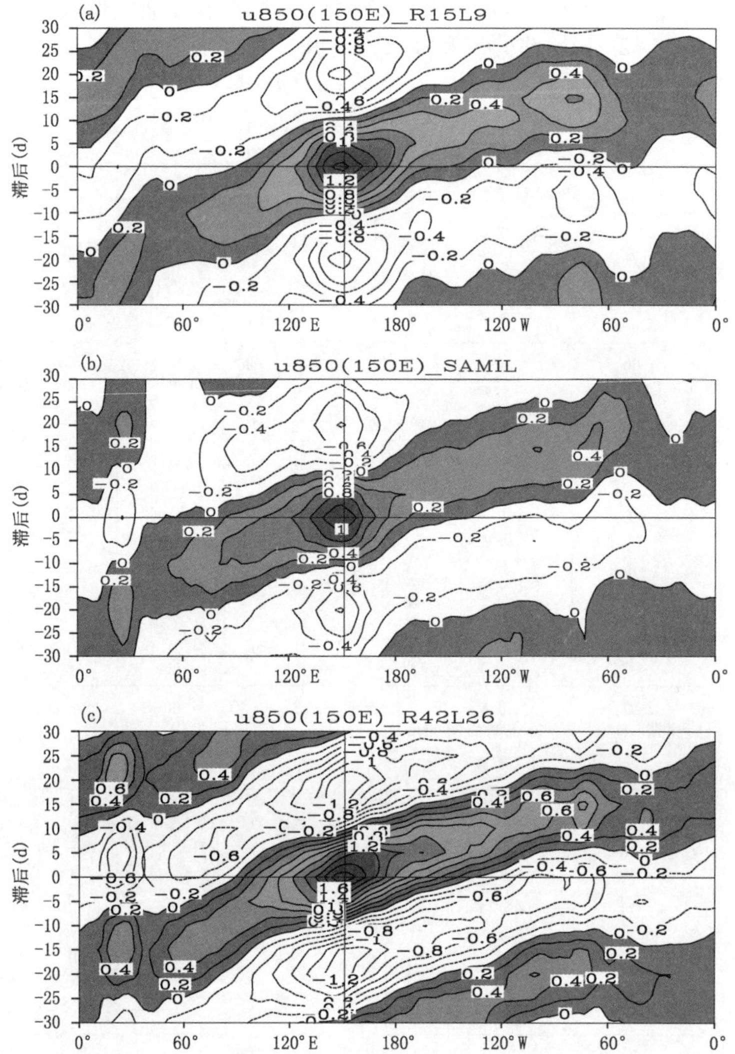


**图 4.6.7**　以(0,150°E)为参考点用 SAMI-R15L9(a)、R42L9(b)和 R42L26(c)模式分别模拟结果所回归的 10°S~10°N 平均的 850 hPa 纬向风(m · s$^{-1}$)时间一经度剖面图,阴影区为大于零(引自 Jia 等,2008)

式不能再现MJO在东西半球传播速度的差异而言，SAMIL模拟的MJO传播特征更为真实一些。而R15L9模式模拟的MJO的传播特征并没有因为分辨率的偏低而发生明显的变化，模拟结果比R42L9的结果还好，与观测更为接近。大家知道，MJO的垂直结构主要表现为上下反向的特征，也可以说类似1波的形势。模式的垂直分辨率只要能描写这种上下反向的结构特征，即使分辨率低一些也不会有太大的影响，这就是为何有了一定垂直分辨率后，提高模式垂直分辨率并未明显提高模拟大气MJO能力的原因。

很显然，上述模拟结果的分析表明，模式水平分辨率的改变对大气MJO的模拟并没有十分明显的影响，尤其是对风场的影响不大。这可能是因为MJO在空间上属于行星尺度系统，只要有足够的模式分辨率即可较好描写它；但是降水系统相对要小，所以模式水平分辨率、尤其是模式垂直分辨率的改变对降水场还有一些影响；模式分辨率的提高也未能起到改进模拟MJO传播特征的作用。

### 4.6.4 积云动量垂直输送的影响

积云对流是热带大气中最为重要的物理过程，而积云对流的活动除了能释放凝结潜热影响大气环流系统之外，它所引起的动量交换对大气环流系统也有重要影响。早在1973年，Houze等就用观测资料分析研究了积云对流引起的动量输送对大气角动量收支的贡献，发现其贡献在量级上同大尺度动量输送相当。在热带东风波的研究中，Stevens等(1977)也发现要得到真实的热带东风波的模拟，引入较大的积云摩擦是需要的。Helfand(1979)在对Hadley环流进行数值模拟研究时发现，利用Schneider和Lindzen(1976)的包含有积云摩擦的参数化方案后，冬季的Hadley环流明显增强，而且平均的经向风也更接近实际观测。李崇银等(1984)的模拟研究表明，积云的垂直动量输送作用在台风的形成和维持过程中可以起到类似Ekman抽吸的作用；并且积云对动量的垂直输送在热带辐合带的形成中也有重要作用(李崇银，1984)。后来的一些研究表明，积云动量垂直输送可以提高模式对平均环流场的模拟能力(Zhang和McFarlane 1995；Gregory和Rowntree 1997；Inness和Gregory，1997；Wu等，2007)，抑制热带地区深对流的发展，并减弱热带地区降水(Tung和Yanai，2002)。另一方面，Tiedtke(1989)利用ECWMF的业务预报模式结果，分析发现积云动量输送虽对辐散气流的影响很小，但提高了200 hPa旋转气流的模拟效果。但关于在GCM中引入积云动量垂直输送对模拟MJO的影响如何，研究还相当少。因此，我们需要搞清楚在模式参数化中积云动量输送对MJO的数值模拟有什么样的影响。在模拟试验中，所用的模式积云对流参数化Tiedtke方案中就有、无积云动量输两种情况，分别对两种情况进行长时间积分，积分过程中使用观测的SST，积分从1978年1月1日开始到1989年12月31日。取后11年的结果作为模式资料来进行分析，对比有、无积云动量输送的试验结果，可以揭示积云动量输送在模式模拟大气ISO中的实际作用。

图4.6.8分别是CAM2模式在有、无动量输送时模拟试验中所得到的850 hPa纬向风以及降水的平均时空谱。可以看到，与有动量输送的结果(图4.6.8 e，f)相比，无动量输送试验所得的谱特征(图4.6.8 b，c)有明显的提高，在有动量输送的试验中纬向风最强的谱峰都位于东传的73天周期上，并在30天以内也有较强的谱峰存在；同时相对而言，西传的季节内振荡的谱值也较强。而无动量输送试验中最强的谱峰在东传的52天周期，与观测结果更为接

近。另外,有动量输送试验中存在的周期小于 30 d 的几个谱峰在无动量输送试验中也消失了。因此,用 CAM2 的模拟试验表明,无动量输送的参数化格式所模拟 MJO 的特征要更为明显一些。

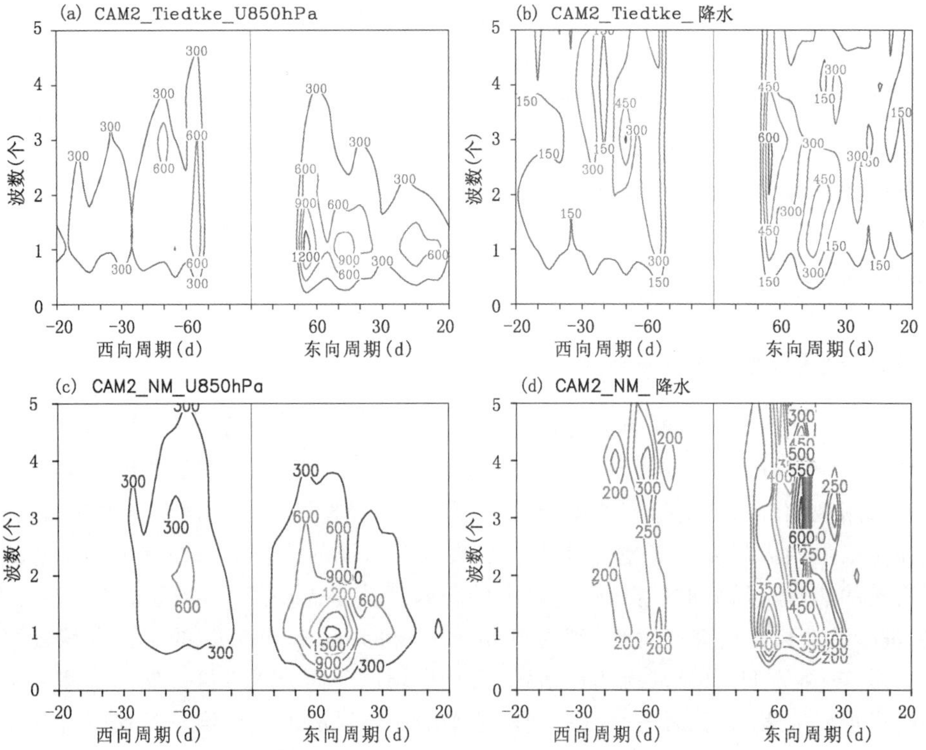


**图 4.6.8**　在 CAM2 模式中有、无动量输送试验得到的 850 hPa 纬向风(左)和降水(右)的平均时空谱。其中(c)、(d)表示无动量输送情况;(a)、(b)表示有动量输送情况

(引自 Ling 等,2009)

为了更好得到其模拟结果整体的传播图像,这里使用了线性回归的方法取西太平洋 150°E 为参考点,分别将带通滤波的 200 hPa 和 850 hPa 纬向风以及 200 hPa 速度势在 10°S～10°N 之间平均,得到三个时间序列;然后用三个时间序列分别作超前－滞后回归,其结果即可显示纬向转播的特征。图 4.6.9 是 850 hPa 的情况,与有动量输送试验相比,无动量输送试验最明显的一个不同特点就是模拟的纬向风都显示了连续的东传;并且,MJO 在西半球比东半球传播速度更快的特征也模拟出来了。

总之,通过数值模拟比较试验和分析可以看到,在 CAM2 模式用 Tiedtke 积云对流参数化方案时,大气 MJO 的模拟对于有、无积云动量输送有相当的敏感性。在引入了积云动量的垂直输送后,实际上降低了模式对 MJO 的模拟能力。而在无积云动量输送时却模拟出了与观测更为接近的 MJO 的频譜特征和连续东传特征,明显提高了对大气 MJO 的模拟能力。也就是说在模拟热带大气季节内振荡(包括 MJO)较好的模式中引入垂直动量输送会对大气非绝热加热产生明显影响;但是在模拟不好的模式中引入垂直动量输送则对大气非绝热加热的影响不明显。这表明模式中引入动量垂直输送对模式模拟热带大气季节内振荡(包括 MJO)

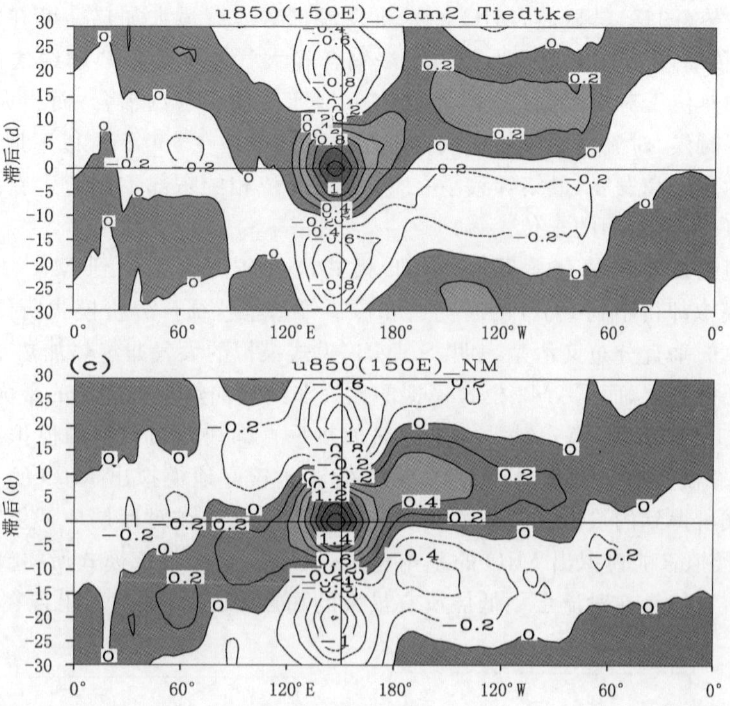


**图 4.6.9**　有(上)和无(下)动量输送模拟试验结果以 150°E 为参考点回归的 10°S～10°N 平均 850 hPa 纬向风(m · s$^{-1}$)的时间－经度剖面。阴影区表示其值大于零(引自 Ling 等, 2009)

的能力存在一定程度的影响,并且这种影响的强弱则取决于原始模式模拟热带大气季节内振荡的能力。

需要特别指出,MJO 的重要结构特征是对流层上下反向明显,而积云动量垂直输送的重要动力作用是使扰动(系统)在垂直方向均匀化。也就是说,积云动量垂直输送的作用并不有利于激发产生像 MJO 那样的系统。这也许就是在 CAM2 的参数化方案中存在积云动量垂直输送后反而模拟不好 MJO 的原因。但是,积云动量垂直输送是大气中实际存在的一种物理过程,模式中应该有描写这种过程的方案。因此,如何在 GCM 中既包含有积云动量垂直输送的作用,又能保证对 MJO 的很好模拟,还是一个需要深入研究的问题。

### 4.6.5　加热廓线对 MJO 的重要性

李崇银(1983)早就通过理论研究指出,对流凝结加热的垂直廓线对所激发大气扰动的结构和性质都有重要影响;当对流层中低层有最大加热时所激发出的不稳定模具有振荡的特性,有利于激发产生热带大气 30～60 d 振荡。因此,加热廓线与大气 MJO 的关系成为重要的研究课题,而通过数值模拟试验是研究这一问题的有效途径。

为了搞清垂直加热廓线对 MJO 的重要性,首先要知道与 MJO 相伴的热带大气实际加热场的情况。通过分析计算发现(Ling,2009),MJO 产生时,热带大气非绝热加热基本上处于中低层;当 MJO 发展起来并且开始向东传播的时候,大气非绝热加热的最大加热高度大约处于

400 hPa 附近;当 MJO 近于消亡的时候,大气非绝热加热廓的最大加热高度位于 300 hPa,并且在低层没有加热(图略)。显然,MJO 的发生发展都对应着最大加热高度在对流层中低层。通过分析 MJO 传播过程中对流层低层的水汽辐合和大气非绝热加热廓线之间的关系表明,当大气非绝热加热位于对流层低层时有利于在低层产生强的水汽辐合;而当大气非绝热加热位于对流层高层时候,对流层低层的水汽辐合基本上被限制在 850 hPa 以下地区,从而不利于该地区深对流的发生和发展,最终导致了在 MJO 活动位相的东部不能产生新的深对流,进而也就不利于 MJO 活动位相的东传。

前面数值模拟试验已清楚表明,SAMIL 模式能够较好模拟得到 MJO 的基本特征,而 CAM2 模式的模拟却得不到 MJO 的时空谱和传播等基本特征。分析模式所计算得到的热带大气非绝热加热的垂直分布又清楚表明,SAMIL 模式模拟的大气非绝热加热垂直廓线的最大加热位于对流层中下层,而 CAM2 模式模拟的大气非绝热加热垂直廓线的最大加热位于对流层上层(图 4.6.10)。可见,模式对大气非绝热加热垂直廓线分布特征的模拟好坏,对模式模拟 MJO 的能力有极其重要影响。SAMIL 模式能够比较好地模拟出 MJO 的基本特征,其重要原因是该模式所得到的热带大气非绝热加热的垂直廓线是在对流层中低层有最大的加热。而 CAM2 模式模拟未能模拟出 MJO 的基本特征,其重要原因是该模式所得到的热带大气非绝热加热的垂直廓线是在对流层中低层没有最大的加热,其最大加热却出现在对流层上层。

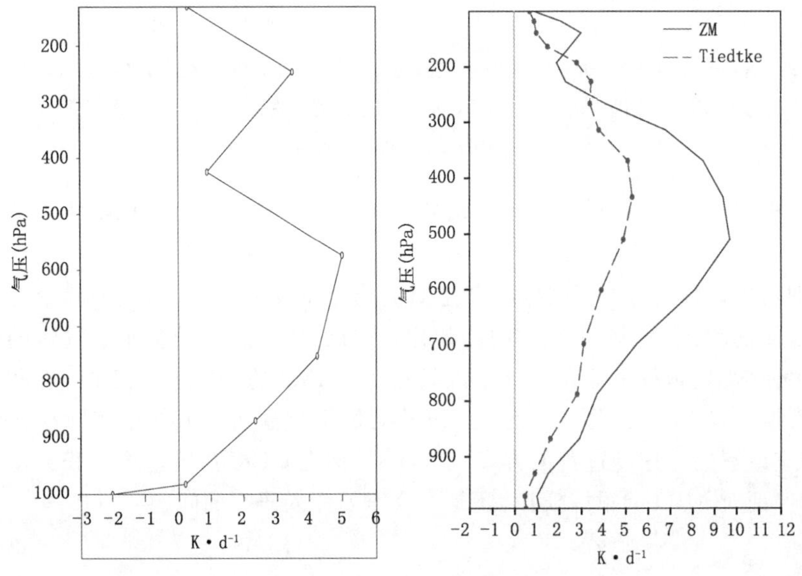


**图 4.6.10**　模式模拟的热带西太平洋地区 MJO 降水最大正位相对应的非绝热加热垂直廓线($K \cdot d^{-1}$)。左为 SAMIL-R42L9 用 MCA 方案模拟的结果,右为 CAM2 分别用 ZM 方案和 Tiedtke 方案模拟的结果

那么通过改变模式的加热垂直廓线(乘上一定的系数),通过敏感性数值模拟试验是否能进一步证实上述已有结论呢?对此,用 SAMIL 模式进行了三个敏感性试验,在热带地区引入图 4.6.11 所示的非绝热加热异常的修正,使其最大加热分别位于对流层高层、中层和低层的,并分别记为 HH 试验,MH 试验和 LH 试验。三个试验的积分过程都采用气候平均的 SST,先进行一年的控制积分,然后改变 20°S～20°N 非绝热加热的垂直分布,再进行 3 年试验积分。

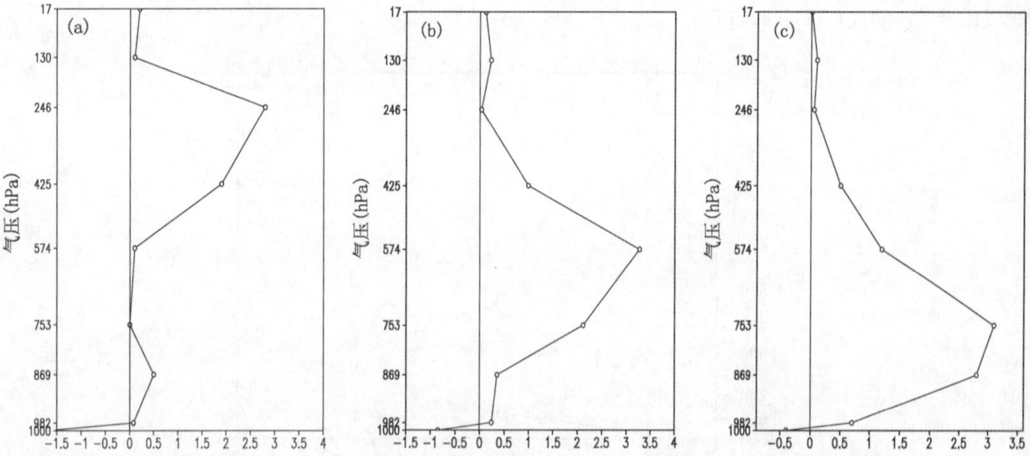

**图 4.6.11** HH 试验(a),MH 试验(b)和 LH 试(c)验所引入的赤道西太平洋大气加热(K·d$^{-1}$)垂直廓线修正形式(横坐标为加热强度)

图 4.6.12 是三个敏感性试验分别模拟得到的热带 850 hPa 纬向风的时空谱。对比三个试验的结果可以看出,HH 试验在季节内时间尺度上西传的谱能量明显强于东传的能量,说明当最大加热高度位于对流层高层模式难以产生东传的信号,而易于激发出明显的向西传播的扰动。对应 MH 试验,850 hPa 纬向风在季节内尺度上都有明显的谱值,而且东传谱值明显强于西传的谱值;LH 试验在季节内时间尺度上也有很强的向东传播的谱值特征,但是在小于 30 d的周期上也有相对较强的谱值。以上的结果表明当热带大气最大的加热层位于中低层,尤其是位于大气中层时,容易激发出与实际较为接近的 MJO。

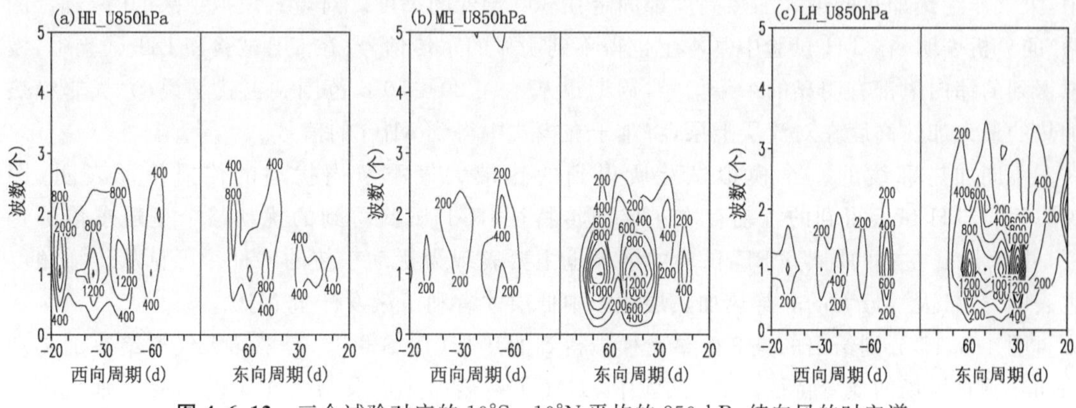

**图 4.6.12** 三个试验对应的 10°S～10°N 平均的 850 hPa 纬向风的时空谱

(a)为 HH 试验;(b)为 MH 试验;(c)为 LH 试验

将上述三个加热廓线修正方案引入模式后,在热带模式大气中确实能够使得平均非绝热加热有明显变化,图 4.6.13 就是模式模拟中对应在热带(15°S～15°N)地区平均的三个加热廓线的具体形式。TH(对应 HH)的最大加热在对流层高层,CT(对应 MH)和 BH(对应 LH)的最大加热在对流层中低层,而 BH 的最大加热层为最低。也就是说,敏感性试验清楚表明加热廓线修正方案的引入确实可以改变热带大气的非绝热加热廓线,而模式中非绝热加热廓线的改变极大地影响模式对大气 MJO 的模拟能力。当模式最大加热在对流层中低层,就能够较好模拟出大气 MJO 的基本特征。

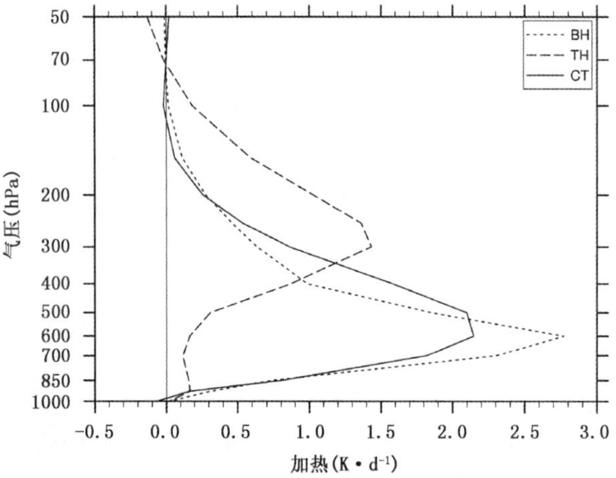


**图 4.6.13** 对应引入的三个修正廓线,模式得到的热带大气(15°S～15°N)平均非绝热加热廓线(K·$d^{-1}$)的三种分布特征(引自 Li 等,2009)

为进一步说明热带大气非绝热加热廓线对模式模拟 MJO 的重要作用,我们再次做了数值模拟试验,仍然采用对 MJO 有较好模拟能力的 SAMIL-R42L26 模式来进行。三个模拟试验分别为 CT 试验、TH 试验和 BH 试验,试验中,大气非绝热加热的极大值中心位于 150°E～180°地区;在 CT(控制)试验中,大气非绝热加热廓线的最大加热高度在 500～400 hPa;在 BH 试验中,大气非绝热加热廓线的最大加热高度基本上都固定在 600 hPa 的高度;而在 TH 试验中,大气非绝热加热的最大加热高度都固定在 300 hPa 的高度。对模式模拟结果的时空谱(图略)的分析表明,在 TH 试验中基本上也得不到明显的东传信号;在 CT 试验和 BH 试验中,模拟得到的纬向风都有明显的东传信号,周期也基本在 20～70 d 范围。也就是说,大气非绝热加热的最大加热高度在对流层上层,将难于在模式中得到 MJO 的信号。

不同加热廓线的三个模拟试验所得到的热带大气季节内扰动的传播特征表明(图 4.6.14),TH 试验得到的扰动存在一些西传特征;CT 试验得到的扰动整个呈现东传的特征,并有 45 d 左右的周期;BH 试验的结果也主要表现为扰动东传的特征。可见从传播角度也表明,热带大气最大的非绝热加热层位于中低层才有利于激发产生 MJO。

图 4.6.15 分别给出的是 3 个试验模拟得到的热带(10°S～10°N)平均大气非绝热加热和纬向一垂直风场的演变特征。CT 试验中,大气非绝热加热以及与之相关的纬向一垂直风场都有明显的东传特征,传播速度大约为 5.5 m·$s^{-1}$,周期大约为 40 d。大气环流场在最强加热地区表现为典型的深对流特征其最大高度可以达到 150 hPa,与之相关的纬向风场表现为上下反相的斜压结构特征。TH 试验中,热带大气季节内振荡的纬向一波上下反相的斜压结构没有很好地被模拟出来。加热区和冷却区以及与之相关的环流场的空间尺度都远远小于 CT 试验。所以在 TH 试验中,低层风场和上层风场之间没有很强的耦合关系,此外,在 TH 试验中大气非绝热加热场和纬向一垂直风场都没有东传的信号,可见 TH 试验不能模拟出热带大气季节内振荡的结构特征和东传的信号。BH 试验的结果和 CT 试验的结果相似,在 BH 试验中,大气非绝热加热与 CT 试验相比,被限制在更低并且更狭窄的高度之内,尽管这样,

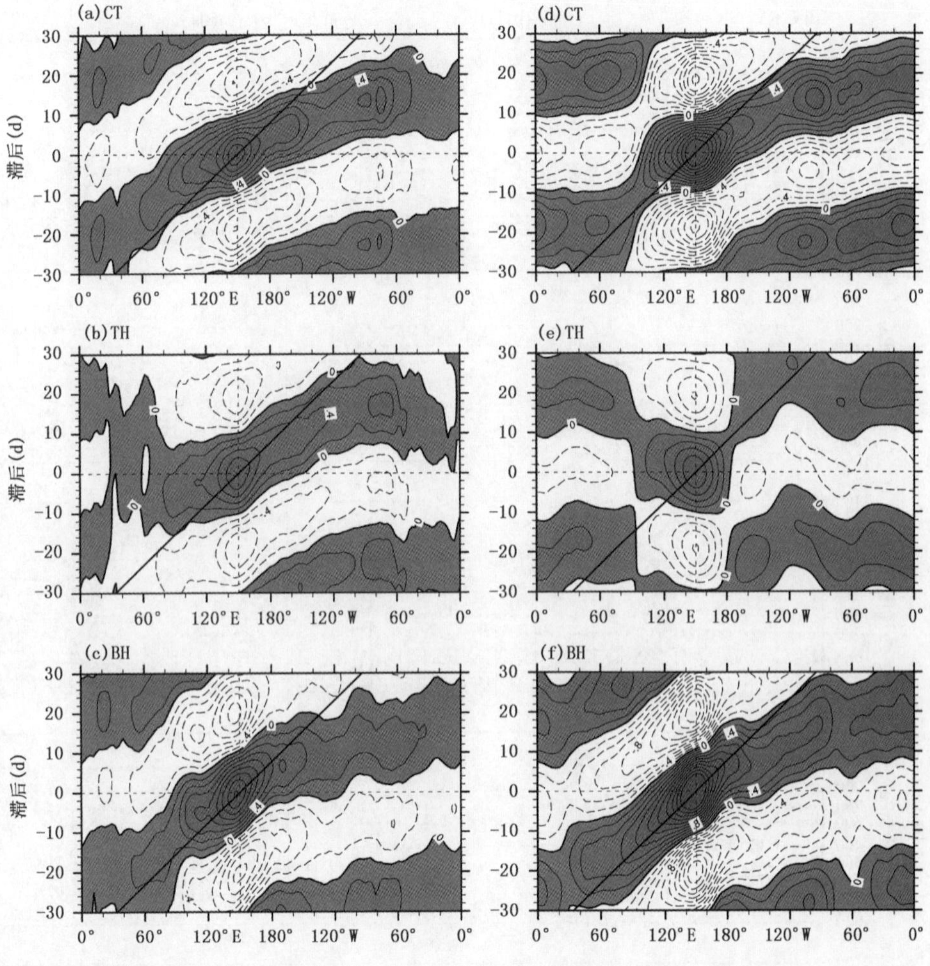


**图 4.6.14** 三个敏感性试验得到的以 150°E 为参考点回归的 10°S～10°N 平均 850 hPa(左)和 200 hPa(右)纬向风(m·s$^{-1}$)的时间－经度剖面(引自 Li 等，2009)

BH 试验中的模拟得到的深对流所引起的上升运动也可以达到对流层上层。特别是 BH 试验中大气非绝热加热场以及与之关的风场的传播速度比 CT 试验慢，更加接近于实际的热带大气季节内振荡的传播速度。这里的模拟试验结果与理论结果很一致，当模式中热带大气非绝热加热廓线的最大加热高度位于对流层低层时，有利于模式模拟出热带大气季节内振荡的东传特征，因为低层的加热可以在对流层低层产生很强的上升运动以及很强的水汽辐合，有利于深对流的产生和维持，使得模式可以模拟出 MJO 的传播特征。

用数值模式对 MJO 进行数值模拟(预报)是十分重要的问题，国际上也还在进行研究。本节展现的我们一系列数值模拟和讨论，对该问题给出了较为系统的清楚结果：MJO 的数值模拟(预报)效果极大地依赖于模式所用的对流参数化方案；而且模式能否很好描写(再现)热带大气非绝热加热廓线，是模拟好 MJO 的极其关键问题，只有当加热廓线在对流层中低层有最大加热时，模式才能得到同实际观测大体一致的 MJO 及其活动特征。这些模拟结果与我们过去从理论研究得到的结论相吻合，而且彼此得到应证。关于模式分辨率的影响问题，一系列模拟清楚表明，模式分辨率对 MJO 模拟的影响并不是很大，高分辨率模式只是对低频降水

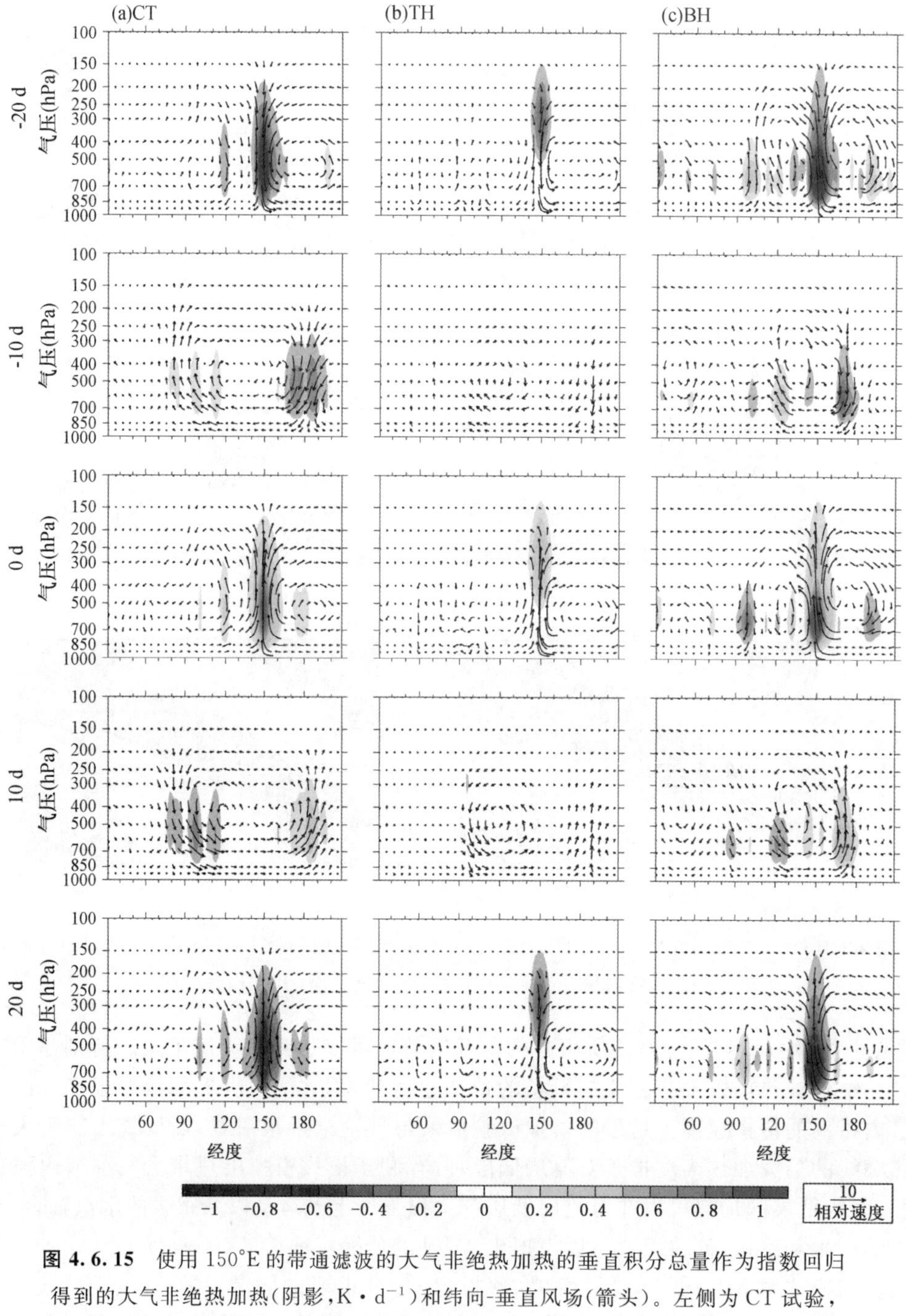


**图 4.6.15** 使用 150°E 的带通滤波的大气非绝热加热的垂直积分总量作为指数回归得到的大气非绝热加热(阴影,K · d$^{-1}$)和纬向-垂直风场(箭头)。左侧为 CT 试验，中间为 BH 试验,右侧为 TH 试验(引自 Li 等,2009)

有较为明显的影响。对于积云对流发生发展中的另一重要物理过程—动量垂直输送,数值试验也清楚表明积云动量的垂直输送对 MJO 的模拟有相当的影响,但不是简单的有或无问题,需要在数值模式的参数化中对该过程恰当地给予处理和描写。

# 参考文献


贾小龙，李崇银，2007. 热带大气季节内振荡数值模拟对积云对流参数化方案的敏感性[J]. 气象学报，**65**(6)：837-854.

贾小龙，李崇银，2009. 热带大气季节内振荡及其数值模拟[M]. 北京：气象出版社：236.

李崇银，1983. 第二类条件不稳定——振荡型对流[J]. 中国科学 *B* 辑：化学：857-865.

李崇银，1985a. 南亚季风槽脊和热带气旋活动与移动性 CISK 波[J]. 中国科学 *B* 辑：化学：668-675.

李崇银，1985b. 热带大气运动的特征[J]. 大气科学，**9**：356-376.

李崇银，1990a. 大气中的季节内振荡[J]. 大气科学，**14**：32-45.

李崇银，1990b. 赤道以外热带大气中 30～50 d 振荡的一个动力学研究[J]. 大气科学，**14**：83-92.

李崇银，1991a. 30～60 d 大气振荡的全球特征[J]. 大气科学，**15**：66-76.

李崇银，1991b. 大气低频振荡[M]. 北京：气象出版社.

李崇银，龙振夏，1992. 冬季黑潮增暖对我国东部汛期降水影响的数值模拟研究//气候变化若干问题研究[M]. 北京：科学出版社：145-156.

李崇银，肖子牛，1990. 从 500 hPa 环流变化看 30～50 d 大气低频振荡的活动//大气科学文集[M]. 北京：科学出版社：1-10.

李崇银，肖子牛，1991. 赤道东太平洋增暖对全球大气 30～60 d 振荡的激发[J]. 科学通报，**36**：1157-1160.

李崇银，1983. 对流凝结加热与不稳定波[J]. 大气科学，**7**：260-268.

李崇银，1984. 积云摩擦作用对热带辐合带生成和维持的作用[J]. 热带海洋，**2**：22-31.

李崇银，贾小龙，董敏，2006. 大气季节内振荡的数值模拟比较研究[J]. 气象学报，**64**：412-419.

李崇银，张铭，1984. 台风的数值模拟研究－积云动量输送的作用[J]. 气象学报，**42**(4)：466-474.

罗德海，李崇银，1992. 地形 Rossby 波的不稳定和中高纬度地区 30～60 d 低频振荡//气候变化若干问题研究[M]. 北京：科学出版社：82-85.

王竹溪，郭敦仁，1979. 特殊函数论[M]. 北京：科学出版社.

肖子牛，李崇银，1992. 大气对外源强迫的低频遥响应的数值模拟(I)——对赤道太平洋 SSTA 的响应[J]. 大气科学，**16**：707-717.

杨大升，曹文忠，1995. 中高纬度大气 30～60 d 低频振荡的一种可能动力学机制[J]. 大气科学，**19**：207-218.

叶笃正，李崇银，王必魁，1988. 动力气象学[M]. 北京：科学出版社.

叶笃正，朱抱真，1958. 大气环流的若干基本问题[M]. 北京：科学出版社.

Anderson J R, Rosen R D, 1983. The latitude-height structure of 40－50 day variations in atmospheric angular momentum [J]. *J Atmos Sci*, **40**: 1584-1591.

Blackmon M L, Geisler J E, Pitcher E J, 1983. A general circulation model study of January climate anomaly patterns associated with interannual variation of equatorial Pacific sea surface temperature[J]. *J Atmos Sci*, **40**: 1410-1425.

Chang C P, 1977. Viscous internal gravity waves and low-frequency oscillation in the tropics[J]. *J Atmos Sci*, **34**: 907-910.

Chang C P, Lim H, 1988. Kelvin wave-CISK: A possible mechanism for the 30－50 day oscillations[J]. *J Atmos Sci*, **44**: 950-972.

Charney J G, 1947. The dynamics of long waves in a baroclinic westerly current[J]. *J. Meteor.*, **4**: 135-162.

Charney J G, Eliassen A, 1964. On the growth of the hurricane depression[J]. *J Atmos Sci*, **21**: 68-75.

Chen Longxun, Xie An, 1988. Westward propagation low-frequency oscillation and its teleconnections in the Eastern Hemisphere[J]. *Acta Meteor Sinica*, **2**: 300-312.

Collins W D, et al. 2003. Description of the NCAR Community Atmosphere Model (CAM 2) [J]. NCAR Technical Notes: 189.

Dickey J O, Ghil M, Marcus S L, 1991. Extratropical aspects of the 40－50 day oscillation in length-of-day and atmospheric angular momentum[J]. *J Geophys Res*, **96**: 22643-22658.

Dunkerton T J, 1983. A nonsymmetric equatorial inertial instability[J]. *J Atmos Sci*, **40**: 807-813.

Eady E T, 1949. Long waves and cyclone waves[J]. *Tellus*, **1**: 33-52.

Eliassen A, Palm E, 1961. On the transfer of energy in mountain waves[J]. *Geophys Publ*, **22**(3): 1-23.

Emanuel K A, 1987. An air-sea interaction model of intraseasonal oscillations in the tropics[J]. *J Atmos Sci*, **44**: 2324-2340.

Frederiksen J S, 1982. A unified three-dimensional instability theory of the onset of blocking and cyclogenesis[J]. *J Atmos Sci*, **39**: 969-987.

Frederiksen J S, Frederiksen C S, 1992. Monsoon disturbances, intraseasonal oscillations teleconnection patterns, blocking and storm tracks of the global atmosphere during January 1979: Linear theory[J]. *J Atmos Sci*, **50**: 1349-1372.

Gregory D and Rowntree P R, 1997. Parametrization of momentum transport by convection. II: Tests in single—column and general circulation models [J]. *Q J Roy Meteor Soc*, **123**: 1153-1183.

Hayashi Y, 1970. A theory of large-scale equatorial waves generated by condensation heat and accelerating the zonal wind [J]. *J Meteor Soc Japan*, **48**: 140-179.

Helfand H M, 1979. Effect of Cumulus Friction on the Simulation of the January Hadley Circulation by the Glas Model of the General—Circulation [J]. *J Atmos Sci*, **36**: 1827-1843.

Hendon H H, Liebmann B, Newman M E, 2000. Medium range forecasts errors associated with active episodes of the Madden—Julian Oscillation [J]. *Mon Weather Rev*, **128**: 69-85.

Holopainen E O, 1983. Transient eddies in mid-latitudes: Observations and interpretation. *Large-Scale Dynamical Processes in the Atmosphere*[M]. London: Academic Press:201-233.

Horel J D, Wallace J M, 1981. Planetary scale atmospheric phenomena associated with the Southern Oscillation[J]. *Mon Wea Rev*, **129**: 813-829.

Houze R A, 1973. Climatological Study of Vertical Transports by Cumulus-Scale Convection [J]. *J Atmos Sci*, **30**: 1112-1123.

Inness P M and Gregory D, 1997. Aspects of the intraseasonal oscillation simulated by the Hadley Centre Atmosphere Model [J]. *Clim Dyn*, **13**: 441-458.

Inness P M, et al., 2001. Organization of tropical convection in a GCM with varying vertical resolution; implications for the simulation of the Madden-Julian Oscillation [J]. *Climate Dyn*, **17**: 777-793.

Jia X L, Li C Y, Zhou N F, et al., 2010. The MJO in an AGCM with three different cumulus parameterization schemes[J]. *Dyn Atmos Oceans*, **49**: 141-163.

Jia Xiaolong, Li Chongyin, Ling Jian, et al., 2008. Impacts of the GCM's resolution on the MJO simulation[J]. *Adv Atmos Sci*, **25**(1): 139-156.

Jones C, Waliser D E, Schemm J K, et al., 2000. Predication skill of the Madden-Julian Oscillation in dynamical extended range forecasts [J]. *Climate Dyn*, **16**: 273-289.

Knutson T R, Weickmann K M, 1987, 30—60 day atmospheric oscillation: Composite life cycles of convection and circulation anomalies[J]. *Mon Wea Rev*, **115**: 1407-1436.

Krishnamurti T N, Subrahmanyam D, 1982. The 30—50 day mode at 850 mb during MONEX[J]. *J Atmos Sci*, **39**: 2088-2095.

Lau K M, Peng L, 1987. Origin of low frequency (intraseasonal) oscillations in the tropical atmosphere, Part I. The basic theory[J]. *J Atmos Sci*, **44**: 950-972.

Lau K M, Chan P H, 1985. Aspects of the 40—50 day oscillation during the northern winter as inferred from outgoing longwave radiation[J]. *Mon Wea Rev*, **113**: 1889-1909.

Lau K M, Chan P H, 1986. Aspects of the 40—50 day oscillation during the northern summer as inferred from outgoing longwave radiation[J]. *Mon Wea Rev*, **114**: 1354-1367.

Li C Y, Jia X, Ling J, et al., 2009. Sensitivity of MJO simulations to diabatic heating profiles[J]. *Climate Dyn*, **32**(2): 167-187. Doi:10.1007/s00382-008-0455.

Li Chongyin, 1988. On the feedback role of tropical convection. *Tropical Rainfall Measurements*[M]. A. Deepak Publishing:141-146.

Li Chongyin, 1993. A further inquiry on the mechanism of 30—60 day oscillation in the tropical atmosphere[J]. *Adv Atmos Sci*, **10**: 41-53.

Li Chongyin, Ling Jian, Jia Xiaolong, et al. , 2007. Numerical simulation and comparison study of the atmospheric intraseasonal oscillation[J]. *Acta Meteorologica Sinica*, **21**: 1-8.

Li Chongyin, Long Zhenxia, Xiao Ziniu, 1993. On low-frequency remote responses in the atmosphere to external forcings and their influences on climate. *Climate Variability*[M]. Beijing: China Meteor Press:177-190.

Lindzen R S, 1974. Wave-CISK in the tropics[J]. *J Atmos Sci*, **31**: 156-179.

Ling J and Li C, 2014. Impact of convective momentum transport by deep convection on simulation of tropical intraseasonal oscillation[J]. *Journal of Ocean University of China*, **13** (5). Doi:10. 1007/s11802-014-2295-0.

Ling J, Li C, Zhou W, Jia X,2013. To Begin, or not to Begin? — A Case Study on MJO Initiation Problem[J]. *Theoretical and Applied Climatology*:1-11.

Ling J, Zhang C and Bechtold P,2013. Large-Scale Preconditions for MJO and non-MJO Convective Initiation over the Tropical Indian Ocean[J]. *J Atmos Sci*:2696-2712.

Ling J, Zhang C,2011. Structure evolution in heating profiles of the MJO in global reanlyses and TRMM retrievals[J]. *J Clim*, **24**:825-842.

Ling Jian, Li Chongyin, Jia Xiaolong, 2009. Impacts of cumulus momentum transport on MJO simulation[J]. *Adv Atmos Sci*, **26**(5): 864-876.

Liu Shikuo, Wang Jiyong, 1990. A baroclinic semi-geostrophic model using the wave-CISK theory and low-frequency oscillation[J]. *Acta Meteor Sinica*, **4**: 576-585.

Luo Dehai, Li Chongyin, 1993. The resonant interaction of forced Rossby waves and 30—60 day oscillation in extratropics. *Climate, Environment and Geophysical Fluid Dynamics*[M]. Beijing: China Meteor. Press:111-122.

Madden R D, Julian P, 1971. Detection of a 40—50 day oscillation in the zonal wind in the tropical Pacific[J]. *J Atmos Sci*, **28**: 702-708.

Madden R D, Julian P, 1972. Description of global scale circulation cells in the tropics with 40—50 day period[J]. *J Atmos Sci*, **29**: 1109-1123.

Manabe S, Smagorinsky J, Strikler R F,1965. Simulated climatology of general circulation model with a hydrologic cycle[J]. *Mon Wea Rev*, **93** (12):769-798.

Murakami M, 1984. 30—40 day global atmospheric changes during the northern summer 1979[R]. *GARP Special Report*, No. 44, 11-3-116.

Murakami T, Nakazawa T, 1985. Tropical 45 day oscillations during the 1979 northern hemisphere summer[J]. *J Atmos Sci*, **42**: 1107-1122.

Murakami T, Nakazawa T, He J, 1984. On the 40—50 day oscillations during the 1979 northern hemisphere summer, Part I: Phase propagation[J]. *J Meteor Soc Japan*, **62**: 440-468.

Neelin J D, 1987. Evaporation-wind feedback and low-frequency variability in the tropical atmosphere[J]. *J Atmos Sci*, **44**: 2341-2348.

Schneider E K and Lindzen R S, 1976. A discussion of the parameterization of momentum exchange by cumulus convection [J]. *J Geophys Res*, **81**:3158-3161.

Shukla J, Wallace J M, 1983. Numerical simulation of the atmospheric response to equatorial Pacific sea surface temperature anomalies[J]. *J Atmos Sci*, **40**: 1613-1630.

Silvio Gualdi, Antonio Navarra, Hans Von Storch,1996. Tropical intraseasonal oscillation in opearational analyses and in a family of general circulation models [J]. *J Atmos Sci*, **54**: 1185-1203.

Simmons A J, Wallace J M, Branstator G W, 1983. Borotropic wave propagation and instability and atmospheric teleconnection patterns[J]. *J Atmos Sci*, **40**: 1363-1392.

Slingo J M, Coauthers,1996. Intraseasonal oscillations in 15 atmospheric general circulation models: Results from an AMIP diagnostic subproject [J]. *Climate Dyn*, **13**: 325-357.

Stevens D E, Lindzen R S, Shapiro L J,1977. A new model of tropical waves incorporating momentum mixing by cumulus convection [J]. *Dyn Atmos Oceans*, **1**: 365-425.

Stevens D E, 1983. On symmetric stability and instability of zonal mean flow near the equator[J]. *J Atmos Sci*, **40**: 882-893.

Takahashi M, 1987. A theory of the slow phase speed of the intraseasonal oscillation using the wave-CISK[J]. *J Meteor Soc Japan*, **65**: 43-49.

Tiedtke M A, 1989. Comprehensive mass flux scheme for cumulus parameterization in large-scale models [J]. *Mon Wea Rev*, **117**: 1779-1800.

Tung W W and Yanai M, 2002. Convective momentum transport observed during the TOGA COARE IOP. Part II: Case studies [J]. *J Atoms Sci*, **59**: 2535-2549.

Wallace J M, Blackmon M L, 1983. Observations of low-frequency atmospheric variability. *Large-Scale Dynamical Processes in the Atmosphere* [M]. London: Academic Press: 55-91.

Wang Zaizhi, et al., 2004. Simulation of Asian monsoon seasonal variations with Climate model R42L9/LASG [J], *Advances Atmos Sci*, **21**: 879-889.

Wu X, Deng L, Song X, et al., 2007. Coupling of convective momentum transport with convective heating in global climate simulations[J]. *J Atoms Sci*, **64**: 1334-1349.

Zhang G J and McFarlane N A, 1995. Sensitivity of climate simulation to the parameterization of cumulus convection in the Canadian Climate Centre General Circulation Model [J]. *Atmos-Ocean*, **33**: 407-446.

# 5 大气环流持续异常(一)——阻塞形势的动力学机理

所谓大气环流持续异常是指那种对固定地点而言大气环流型持续期超过天气尺度变化的异常现象。就北半球大气而言,有三个地区出现持续异常的频次较高,它们分别位于北太平洋到阿留申南部、北大西洋到格陵兰东南部,以及前苏联北部。进一步的分析还发现,对于上述每一个区域,大多数持续异常个例都与某种基本距平型式的增强有关,而这种距平型又常同阻塞形势相联系(Dole,1986)。也就是说,大气中阻塞形势的出现是造成环流持续异常的重要原因之一。

中国气象学家早在20世纪60年代初就强调指出了北半球阻塞形势的重要性,"阻塞形势的建立和崩溃常常伴随着一次大范围(甚至整个北半球)环流型式的强烈转变。它的长时间维持,会带来大范围的气候反常现象"(叶笃正等,1962)。国外在70年代后期也开始重视阻塞形势的研究,因为1976年冬季北美出现了同阻塞形势的维持有关的极其寒冷的天气。这样,许多描述及模拟大气中阻塞过程的文章陆续面世。随着人们对阻塞形势及过程的了解,阻塞形势的动力学也就自然提到了研究的日程,因为需要知道阻塞形势建立的动力学机制,以改进对阻塞形势及持续异常天气(气候)的预报。

关于阻塞形势的动力学,一类是基于阻塞形势的全球特性,研究阻塞流型(低指数环流)和纬向(高指数)环流型之间的转换。大气多平衡态理论和共振理论(部分),属于这个范畴。另一类是突出阻塞形势的局地特征,研究阻塞高压和相应切断低压的形成机制。这方面可包括各种非线性理论,例如涡动对时间平均流的激发、孤立波和偶极子理论等。本章主要就多平衡态理论、共振理论、孤立波理论、偶极子理论,以及涡动对时间平流均流的激发等几个方面作概括性的分析讨论。

Benzi(1986)编辑了一本有关阻塞形势的专辑(已有中译本),包括观测资料的分析、理论研究和数值模拟等内容。但是动力学部分略显不足,读者可从本章的论述及其参考文献中得以补足。

## 5.1 多平衡态理论

Charney 和 Devore(1979)最先研究了大气环流的多(重)平衡态问题,并且把这种平衡态作为大气运动中阻塞型环流和纬向型环流存在和转换的理论基础和依据。

假定大气在有刚体边界的 $\beta$ 平面通道内作准地转运动;有地形存在,但地形高度比均质大气高度小得多,即有 $h_0/H_m \ll 1$;大气运动受到涡源的激发和摩擦的耗散作用。这样,正压位势涡度方程可写成

$$\frac{\partial}{\partial t}\nabla^2\psi+\mathrm{J}(\psi,\nabla^2\psi+\frac{f_0h_0}{H_\mathrm{m}}+\beta_0 y)=\alpha\nabla^2(\psi^*-\psi) \tag{5.1.1}$$

这里 $\psi$ 是流函数,$\alpha\nabla^2\psi^*$ 表示外源强迫作用,$-\alpha\nabla^2\psi$ 表示耗散。

利用特征空间尺度 $L_0$ 对 $x$ 和 $y$,特征时间 $f_0^{-1}$ 对 $t$,$L_0^2 f_0$ 对流函数 $\psi$ 和 $\psi^*$,$H_0$ 对 $h_\mathrm{B}$ 进行无量纲化,可得到

$$\frac{\partial}{\partial t}\nabla^2\psi+\mathrm{J}(\psi,\nabla^2\psi+h)+\beta_n\frac{\partial\psi}{\partial x}+\alpha_n(\nabla^2\psi-\nabla^2\psi^*)=0 \tag{5.1.2}$$

其中 $\beta_n=\beta_0 L_0/f_0$,$\alpha_n=\alpha/f_0$。对方程(5.1.2)中的变量取截谱展开,即

$$\left.\begin{aligned}\psi&=\psi_\mathrm{A}F_\mathrm{A}+\psi_\mathrm{K}F_\mathrm{K}+\psi_\mathrm{L}F_\mathrm{L}\\ h&=h_\mathrm{K}F_\mathrm{K}\\ \psi^*&=\psi_\mathrm{A}^*F_\mathrm{A}\end{aligned}\right\} \tag{5.1.3}$$

其中 $\psi_\mathrm{A},\psi_\mathrm{K},\cdots,\psi_\mathrm{A}^*$ 为无量纲谱系数。根据正交性分析,可取基函数为

$$\left.\begin{aligned}F_\mathrm{A}&=\sqrt{2}\cos y\\ F_\mathrm{K}&=2\cos nx\sin y\\ F_\mathrm{L}&=2\sin nx\sin y\end{aligned}\right\} \tag{5.1.4}$$

这样,经过一系列运算可得到(5.1.2)方程的常微分方程组

$$\left.\begin{aligned}\dot{\psi}_\mathrm{A}&=h_\mathrm{K1}\psi_\mathrm{L}-\alpha_n(\psi_\mathrm{A}-\psi_\mathrm{A}^*)\\ \dot{\psi}_\mathrm{K}&=-(\alpha_n\psi_\mathrm{A}-\beta_n)\psi_\mathrm{L}-\alpha_n\psi_\mathrm{K}\\ \dot{\psi}_\mathrm{L}&=(\alpha_n\psi_\mathrm{A}-\beta_n)\psi_\mathrm{K}-h_{\mathrm{K}n}\psi_\mathrm{A}-\alpha_n\psi_\mathrm{L}\end{aligned}\right\} \tag{5.1.5}$$

对于运动趋于定常态的情况,即对于 $\dot{\psi}_\mathrm{A}=\dot{\psi}_\mathrm{K}=\dot{\psi}_\mathrm{L}=0$,将有平衡关系

$$\left.\begin{aligned}h_\mathrm{K1}\psi_\mathrm{L}&=\alpha_n(\psi_\mathrm{A}-\psi_\mathrm{A}^*)\\ \alpha_n\psi_\mathrm{K}&=-(\alpha_n\psi_\mathrm{A}-\beta_n)\psi_\mathrm{L}\\ h_{\mathrm{K}n}\psi_\mathrm{A}&=(\alpha_n\psi_\mathrm{A}-\beta_n)\psi_\mathrm{K}-\alpha_n\psi_\mathrm{L}\end{aligned}\right\} \tag{5.1.6}$$

最后可得到关于 $\psi_\mathrm{A}$ 的单一方程如下:

$$h_\mathrm{K1}h_{\mathrm{K}n}\psi_\mathrm{A}+[(\alpha_n\psi_\mathrm{A}-\beta_n)^2+\alpha_n^2](\psi_\mathrm{A}-\psi_\mathrm{A}^*)=0 \tag{5.1.7}$$

这是一个 3 次方程,对于一定的参数,$\psi_\mathrm{A}$ 可以有三个定常解。

虽然方程(5.1.7)并不复杂,但它却可以描写在外源和地形作用下的非线性大气运动。其定常解也就相当于大气运动(环流)的一种准定常流型,或者称准平衡态。每一个平衡态都有其自身的稳定性,有天气和气候意义的应该是那些稳定的平衡态,以保证有足够的维持时间来产生某类天气过程。方程(5.1.7)的解可以用图 5.1.1 表示出来,显然,对于外源强迫 $\psi_\mathrm{A}^*$ 的一个可观范围,可以存在三个平衡解。若取参数 $b(\alpha_n,\psi_\mathrm{A})=\alpha_n\psi_\mathrm{A}-\beta_n$,那么在没有耗散的情况下,$\alpha_n=0$,对于参数 $b=0$,将有波分量 $\psi_\mathrm{K}$ 和 $\psi_\mathrm{L}$ 趋于零。这样,$\psi_\mathrm{A}=\beta_n/\alpha_n$ 是一个共振条件,在图 5.1.1 中两个近共振解由 $R_+$ 和 $R_-$ 分别标出。图 5.1.1 中 $Z$ 表示方程(5.1.7)的另外一个解,它近乎为零。

图 5.1.1 中所示的 $Z$ 和 $R_-$ 两个解的流函数场如图 5.1.2 所示,这里取了参数 $n=2$,$h_\mathrm{K}=0.2$,$\psi_\mathrm{A}^*=0.2$。图 5.1.2 中粗实线是流函数,细实线是地形高度,其阴影区表示负地形(代表"海洋")。显然,$K_-$ 波与地形同步(图 5.1.2a),而 $L_-$ 波落后地形 90°位相(图 5.1.2b)。可以

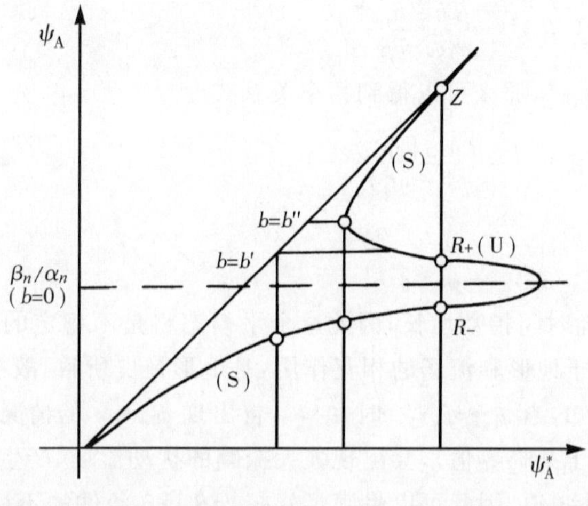


**图 5.1.1**　有强迫耗散及地形作用情况下，一个 3 波准地转系统中的多平衡态

(引自 Charney 和 Devore，1979)

认为，解 $Z$ 表示弱波状气流，而解 $R_-$ 是一种强经向型气流，即阻塞环流型。为什么这种大振幅的阻塞流型会发展起来呢？下面就给予简单分析。

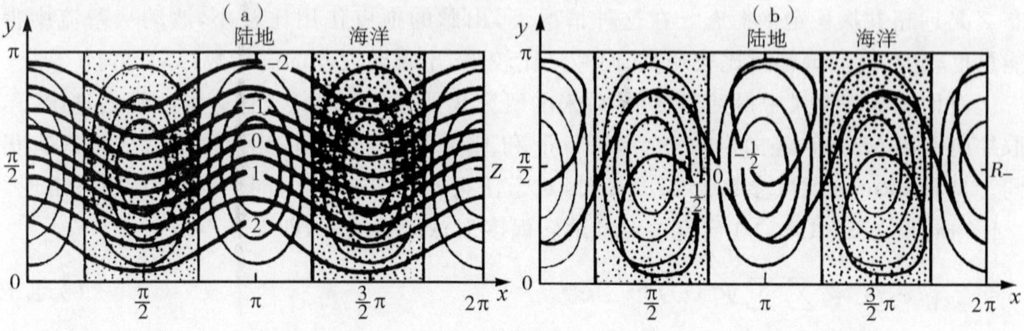


**图 5.1.2**　对应于图 5.1.1 中 $Z$ 平衡态的流型(a)及 $R_-$ 平衡态的流型(b)

(引自 Charney 和 Devore，1979)

在不考虑外源和耗散的情况下，方程(5.1.5)可以简化成

$$\left.\begin{aligned}\dot{\psi}_A &= h_K\psi_L\\ \dot{\psi}_K &= -b\psi_L\\ \dot{\psi}_L &= b\psi_K - h_K\psi_A\end{aligned}\right\}\tag{5.1.8}$$

当运动达到定常情况时，应有

$$\left.\begin{aligned}\psi_A &= C(\text{任意常数})\\ \psi_L &= 0\\ \psi_K &= \frac{h_K\psi_A}{b}\end{aligned}\right\}\tag{5.1.9}$$

将方程(5.1.2)对上列平衡态作线性化，可以得到如下方程

$$\ddot{\psi}_{\mathrm{L}}' + \left[(\alpha_n\overline{\psi}_{\mathrm{A}} - \beta_n)^2 - \frac{\beta_n h_{\mathrm{K1}} h_{\mathrm{K}n}}{\alpha_n\overline{\psi} - \beta_n}\right]\psi_{\mathrm{L}}' = 0 \tag{5.1.10}$$

如果设扰动流函数 $\psi_{\mathrm{L}}' \sim \mathrm{e}^{\sigma t}$，那么可以得到频率关系式

$$\sigma = (\alpha_n\overline{\psi}_{\mathrm{A}} - \beta_n)\sqrt{\frac{\beta_n h_{\mathrm{K1}} h_{\mathrm{K}n}}{(\alpha_n\overline{\psi}_{\mathrm{A}} - \beta_n)^3} - 1} \tag{5.1.11}$$

显然，当

$$(\beta_n h_{\mathrm{K1}} h_{\mathrm{K}n})^{\frac{1}{3}} > \alpha_n\overline{\psi}_{\mathrm{A}} - \beta_n > 0 \tag{5.1.12}$$

时，将有 $\sigma>0$，扰动将随时间指数增长，因此这个平衡态将是不稳定的。由于并不满足正压不稳定条件，它的产生在于地形和流场的相互作用，是地形拖曳所致，故被认为是地形性不稳定。

由方程(5.1.9)可知，当 $\psi_{\mathrm{A}} \approx \beta_n/\alpha_n$ 时，$b\approx 0$，将出现 $\psi_{\mathrm{K}} \to \infty$ 的情况。也就是说在接近共振的情况下(纬向西风趋于某临界值)，会出现强大振幅的扰动流场，产生类似阻塞的环流型。

地形无疑是定常外强迫，因此可以将满足 $\alpha_n\overline{\psi}_{\mathrm{A}} - \beta_n > 0$ 条件的不稳定称为超共振不稳定。然而条件(5.1.12)还表明，$\alpha_n\overline{\psi}_{\mathrm{A}} - \beta_n$ 还需小于一个正值 $(\beta_n h_{\mathrm{K1}} h_{\mathrm{K}n})^{1/3}$，故而也可以把满足条件(5.1.12)的不稳定称为微超共振不稳定。在图 5.1.1 中，平衡态 $R_-$ 接近于共振西风条件，在这种次共振的稳定平衡态条件下，波在跨越山脊处具有最大的拖曳作用，在地形影响下，波动便可由纬向基流提供能量，产生大振幅的扰动，出现低指数阻塞环流。图 5.1.1 中的另一个平衡态 $Z$ 是远超共振稳定平衡态。在这种情况下，山脉的拖曳作用比较小，波动从基流中得到的能量也较少，扰动振幅就比较弱，纬向基流比较强，出现弱波动的高指数纬向环流。

上面是在低谱模式中得到的结果，后来的研究表明，在模式中含有更多的模的情况下，例如取纬向模数 $M=15$，经向模数 $N=4$(Tung 和 Rosenthal，1985)，其结果同低谱模式有很大不同。当取 Ekman 耗散参数为 14.3 d 时，对于任意的外强迫 $\psi_{\mathrm{A}}^*$，都只有一个平衡态出现。

Legras 和 Ghil(1985)在研究中对准地转涡度取球函数展开，即

$$\psi(\varphi,t) = \sum^{L}\sum \Psi_l^m(t) P_l^m(\mu)\mathrm{e}^{\mathrm{i}m\varphi} \tag{5.1.13}$$

取 $L=9$，$m=25$，控制方程中将包括 132 个非线性相互作用项；地形分布仍只取 2 波地形，即

$$h = 4h_0\mu^2(1-\mu^2)\cos 2\varphi \tag{5.1.14}$$

外源强迫取形式

$$\psi^* = aP_1^0(\mu) + bP_3^0(\mu) \tag{5.1.15}$$

在不同的耗散情况下(耗散参数 $\alpha$ 取不同数值)，方程(5.1.1)的定常解如图 5.1.3 中曲线所示。当耗散很强($\alpha$ 值很大)时，没有多解出现；随着 $\alpha$ 值的逐渐减小，解的曲线出现马鞍型；当 $\alpha$ 减小到 1/6.4 d 时，定常解的曲线出现多解的可能区，但有多解可能的参数范围已被大大缩小。另外，当 $\alpha$ 的数值比较大时(耗散强)，解的稳定区比较宽，当耗散减弱到较为合理时，稳定解的参数范围也变得很小。从上述两个特性来看，对于较合理的弱耗散情况，多解的可能性比较小，即使出现了多解，也难以是稳定的。因此，当截取的模数增加后，低谱模式中出现多态平衡的可能性将大为减小。

同上面讨论所用的截谱方法一样，运用奇异摄动法也可以讨论多平衡态问题。在一定热源强迫的有 Ekman 摩擦的两层准地转模式中，在假定纬向尺度大于经向尺度、基本气流是斜压稳定的、扰动为缓慢波动的情况下(Qin 和 Zhu，1986)，研究结果表明，只有当摩擦系数非常大的时候(较一般值大 2 个量级)，才会出现三个解，其中有两个稳定解。在一般的摩擦系数条

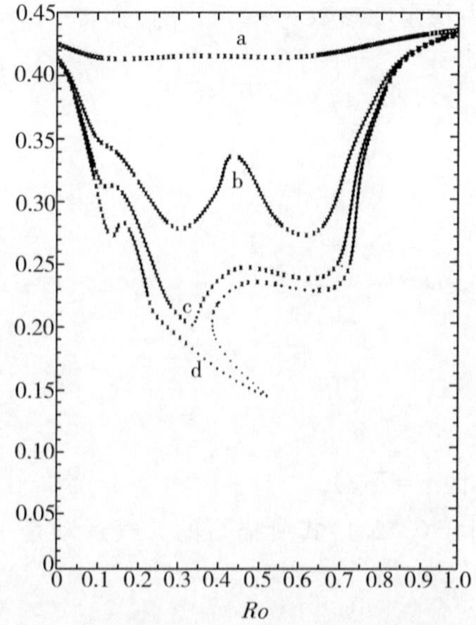


**图 5.1.3** 在不同耗散参数 $\alpha$ 的情况下,定常解与其位能 $E$ 和 Rossby 参数 $Ro$ 的关系

(a)$\alpha^{-1}=1.1$ d;(b)$\alpha^{-1}=3.3$ d;(c)$\alpha^{-1}=5.0$ d;(d)$\alpha^{-1}=6.7$ d

(图中×虚线的部分表示解是稳定的)

件下,解的曲线没有多解区。

因此,多平衡态问题还是一个有争议的问题,某些条件有待深入研究,但是,在非线性作用下会出现大振幅的平衡态却是比较可信的。

## 5.2 共振理论

大气阻塞形势的建立往往都是大尺度扰动在某些地区异常发展所至,或者说是大尺度波动急剧增幅的结果。但是,大尺度波动的这种异常发展难以用不稳定理论给予解释。因此,人们企图用物理学中波的共振概念来探索这一问题。在近共振情况下,较小的强迫将产生很大的响应,从而导致运动状态的巨大变化,同阻塞形势建立时大尺度扰动的异常发展有某些相似之处。

### 5.2.1 外源强迫下的线性共振

观测分析表明,同大尺度波动增幅相联系的阻塞形势在冬季条件下较易发生;平流层的爆发性增温总是同对流层阻塞形势的发生相伴随,但并非对流层的阻塞形势都对应有平流层的爆发性增温现象。为了研究上述问题,Tung 和 Lindzen(1979)提出了外源强迫下的线性共振概念,为阻塞形势的发生建立了一个共振理论。

在 $\beta$ 平面近似下,扰动的位势涡度方程可写成:

$$\left(\frac{\partial}{\partial t}+\overline{u}\frac{\partial}{\partial x}\right)\left[\nabla^2\phi'+\frac{f_0^2}{S}\left(\frac{\partial^2\phi'}{\partial\zeta^2}-\frac{\partial\phi'}{\partial\zeta}\right)\right]+\beta\frac{\partial\phi'}{\partial x}=0 \tag{5.2.1}$$

式中 $\phi'$ 是扰动位势;$S$ 是静力稳定度参数;$f=f_0+\beta y$;而 $\zeta=\ln(p_0/p)$,为垂直坐标。为了得到上述位势涡度方程,已假定

$$\left.\begin{aligned} u &= \bar{u}+u' \\ v &= v' \end{aligned}\right\} \tag{5.2.2}$$

并假定有地转关系

$$\left.\begin{aligned} \bar{u} &= -\frac{1}{f}\frac{\partial\bar{\phi}}{\partial y} \\ u' &= -\frac{1}{f}\frac{\partial\phi'}{\partial y} \\ v' &= \frac{1}{f}\frac{\partial\phi'}{\partial x} \end{aligned}\right\} \tag{5.2.3}$$

以及 $\bar{u}$ 仅是时间 $t$ 的函数。即 $\bar{u}=\bar{u}(t)$。

考虑地形和海陆分布对于(5.2.1)式所描写的大气运动是一种外源强迫,因此有下边界条件:

$$w=\bar{u}\frac{\partial h_B}{\partial x},\qquad \text{在 } \zeta=0 \text{ 处} \tag{5.2.4}$$

这里 $h_B$ 是地形高度,取其为单波形式,则

$$h_B(x,y)=h_0\mathrm{e}^{\mathrm{i}kx}\sin[l(y_p-y)] \tag{5.2.5}$$

这里 $h_0$ 是地形的振幅;$y_p$ 是北极边界的位置。注意,这里还应该改变垂直速度的定义,因为

$$\omega=-\frac{1}{gH}\frac{\partial\phi'}{\partial t}+\frac{1}{H}w \tag{5.2.6}$$

其中 $\omega\equiv\mathrm{d}\zeta/\mathrm{d}t$,$H$ 为大气标高。进而可以得到一个能量关系式

$$\left(\frac{\partial}{\partial t}+\bar{u}\frac{\partial}{\partial x}\right)\left(\frac{H}{S}\frac{\partial\phi'}{\partial\zeta}\right)-\frac{1}{g}\frac{\partial\phi'}{\partial t}=-w \tag{5.2.7}$$

最简单的初值问题可视为"开关"问题,因此,可以假定基本气流 $\bar{u}(t)=U\delta(t)$,$U$ 是一个正的常数,$\delta(t)$ 是单位步函数,即

$$\delta(t)=\begin{cases}1 & (t>0)\\ 0 & (t<0)\end{cases}$$

这样,方程(5.2.1)、(5.2.7)和边界条件(5.2.4)组成了一个初值问题的控制方程组。由于有外源强迫形式(5.2.5),方程组的解也可写成

$$\left.\begin{aligned} \phi' &= \psi(\zeta,t)\mathrm{e}^{\mathrm{i}kx}\sin[l(y_p-y)] \\ w &= W(\zeta,t)\mathrm{e}^{\mathrm{i}kx}\sin[l(y_p-y)] \end{aligned}\right\} \tag{5.2.8}$$

对于 $t<0$ 情况,其解为

$$W=0 \tag{5.2.9}$$

$$\psi=D\mathrm{e}^{\mathrm{i}kC_0t}\mathrm{e}^{\left[\frac{1}{2}-\left(\frac{1}{4}+\frac{S}{f_0^2}\frac{\beta}{C_0}+k^2+l^2\right)^{\frac{1}{2}}\right]\zeta} \tag{5.2.10}$$

其中

$$C_0=-\frac{\beta}{k^2+l^2+(1-\kappa)f_0^2/(gH)} \tag{5.2.11}$$

$$\kappa\equiv\frac{S}{gH} \tag{5.2.12}$$

式(5.2.9)和(5.2.10)描写的是没有强迫存在时的自由波,也可视为瞬变波。

因地形存在而产生的强迫波解分别为

$$w_f = \mathrm{i}kh_0U\delta(t)\mathrm{e}^{\mathrm{i}kx}\sin[l(y_\mathrm{p}-y)]\mathrm{e}^{\frac{\zeta}{2}-b_1\zeta} \tag{5.2.13}$$

其中

$$b_1 = \left\{\frac{1}{4}-\frac{S}{f_0^2}\left[\frac{\beta}{U}-(k^2+l^2)\right]\right\}^{\frac{1}{2}} \tag{5.2.14}$$

$$\phi_f' = \frac{-h_0\mathrm{e}^{\mathrm{i}kx}\sin[l(y_\mathrm{p}-y)]\mathrm{e}^{\frac{\zeta}{2}-b_1\zeta}}{\dfrac{H}{S}\left(\dfrac{1}{2}-b_1\right)} \tag{5.2.15}$$

将强迫波和瞬变波两部分合在一起,位势扰动场可表示成

$$\phi' = -h_0\mathrm{e}^{\mathrm{i}kx}\sin[l(y_\mathrm{p}-y)]\mathrm{e}^{\frac{\zeta}{2}}\frac{\mathrm{e}^{-b_1\zeta}-\mathrm{e}^{-\mathrm{i}kCt}\mathrm{e}^{-b_2\zeta}}{\dfrac{H}{S}\left(\dfrac{1}{2}-b_1\right)}+$$

$$D\mathrm{e}^{\mathrm{i}kx}\sin[l(y_\mathrm{p}-y)]\mathrm{e}^{-\mathrm{i}kCt}\mathrm{e}^{-b_2\zeta}\mathrm{e}^{\frac{\zeta}{2}} \tag{5.2.16}$$

这里 $C$ 是行波的相速,它满足频散公式

$$C-U=-\frac{\beta}{k^2+l^2+\dfrac{f_0^2}{S}\left(\dfrac{1}{4}-b_2^2\right)} \tag{5.2.17}$$

而

$$b_2 = \frac{1}{2}+\frac{S}{gH}\frac{C}{U-C}$$

可以看到,当

$$\left.\begin{aligned} & b_1 \to \frac{1}{2} \\ & b_2 \to b_1 \\ & C \to 0 \end{aligned}\right\} \tag{5.2.18}$$

时,将发生共振。这时,自由传播的行波相对于地形强迫变为静止,其位相与地形强迫波一致,同时其垂直结构也同强迫波相同。共振发生时,基本西风达到一定的临界值

$$U_\mathrm{r} = \frac{\beta}{k^2+l^2} \tag{5.2.19}$$

可称为“共振西风”。由式(5.2.17)可见,在共振发生时,行波的相速度削减到了零。

在式(5.2.18)的条件下,由式(5.2.16)可以得到共振时的位势表达式如下:

$$\phi' = \frac{-h_0\mathrm{e}^{\mathrm{i}kx}\sin[l(y_\mathrm{p}-y)]}{1+\dfrac{f_0}{gH(k^2+l^2)}}\left[\frac{S}{H}\zeta-\frac{\mathrm{i}kU_\mathrm{r}f_0^2}{(k^2+l^2)H}t\right]+D\mathrm{e}^{\mathrm{i}kx}\sin[l(y_\mathrm{p}-y)] \tag{5.2.20}$$

显然,对于现在这种均匀西风模式,共振解是正压的,扰动位势场只随高度线性变化;同时也随时间 $t$ 线性增长。

上面的讨论表明,有纬向波数 $k$ 和经向波数 $l$ 的 Rossby 波可以同静止强迫波发生共振,其条件是纬向风达到临界值

$$U_\mathrm{r}(k,l) = \frac{\beta}{k^2+l^2} = \frac{2a\Omega\cos^2\varphi}{N^2+M^2} \tag{5.2.21}$$

这里 $N$ 是沿纬圈的波动个数，$M$ 是沿经圈的波动个数。由“选择性原则”(5.2.21)式可以看到，它决定着哪一个波将最易于激发(易满足共振条件)。表 5.2.1 给出了不同波数情况下的共振西风强度。由于大气中的平均纬向西风一般多为 10～20 $\mathrm{m \cdot s^{-1}}$，因此，表 5.2.1 表明，较短的超长波($N=3,4$)较易于共振激发；而很长的超长波($N=1,2$)将难以得到共振激发，只有西风风速很大时才能达到临界条件。由式(5.2.20)还可以看到，共振情况下的强迫波的强度既与时间成正比，又与 $k^2+l^2$ 成正比。因此，这种很长的超长波一旦被共振激发，将会产生具有强大振幅的显著扰动。这样，在一定意义上，共振激发产生具有强大振幅的扰动就可以解释阻塞形势发生时的异常增幅现象。

**表 5.2.1**　由 $U_r=\alpha\Omega\sqrt{2}(N^2+M^2)$ 计算得到的共振风速值($\mathrm{m \cdot s^{-1}}$)

| $N$ \ $M$ | 0 | 1 | 2 | 3 | 4 |
|---|---|---|---|---|---|
| 1 | — | 155.1 | 77.6 | 11.4 | 9.7 |
| 2 | — | 51.7 | 38.8 | 17.2 | 13.7 |
| 3 | — | 24.5 | 21.2 | 27.4 | 19.4 |
| 4 | — | 14.1 | 12.9 | 42.3 | 25.9 |

有关阻塞形势的研究已经表明，对流层的阻塞形势多发生在较高波数($N=3,4,5$)的超长波情况下。有关平流层爆发性增暖的研究表明，爆发性增暖的发生直接同对流层行星尺度扰动的垂直上传有关。而理论分析已经表明，对流层顶对行星波的垂直上传起着重要的过滤作用，只有在冬季，较低波数($N=1,2$)的行星波才较容易传到平流层中。这样，较短波长的超长波虽然能容易被共振激发，并形成对流层中的阻塞形势，但它们难于传到平流层中导致爆发性增温。较长波长的超长波虽难于被共振激发，但一旦达到共振条件，它们既能在对流层中形成阻塞形势，又能上传到平流层引起爆发性增温，出现平流层爆发性增温与对流层阻塞同时发生的情况。

上面讨论的是有均匀基本西风气流的情况，对于比较接近实际大气的基本西风气流有切变的情况，$\bar{u}=\bar{u}(\zeta)$，同样可以得到共振解。有垂直切变时的共振解也随时间线性增长；但是与均匀基本气流情况时解随高度线性增加不同，有切变基本气流情况下的共振解随高度有较复杂的变化关系。更重要的是，不同于均匀基本气流时的正压解，在有垂直切变基本气流的情况下，共振解是内部截陷波，其全振幅随高度呈 $e^{\zeta/2}$ 变化，共振解在较高层次就更为重要。而较短波长的超长波($N=3,4$)不仅对对流层的风条件而且对平流层的风条件变化也很敏感。

### 5.2.2　非线性共振

阻塞形势是大气中扰动强烈发展的结果，线性小扰动方法已难以应用，需要考虑非线性问题。这里就讨论 3 波非线性共振的问题及其对阻塞形势的可能解释。

在 $\beta$ 平面上，无量纲准地转正压涡度方程可以写成

$$\frac{\partial}{\partial t}\nabla^2\psi+\mathrm{J}(\psi,\nabla^2\psi)+\beta\frac{\partial\psi}{\partial x}=0 \tag{5.2.22}$$

令流函数

$$\psi = \overline{\psi} + \psi' = -\overline{u}y + \psi' \tag{5.2.23}$$

代入式(5.2.22)即可得到

$$\frac{\partial}{\partial t}\nabla^2\psi' + \overline{u}\frac{\partial}{\partial x}\nabla^2\psi' + \beta\frac{\partial\psi'}{\partial x} + \mathrm{J}(\psi', \nabla^2\psi') = 0 \tag{5.2.24}$$

引入双时间尺度,即

$$\tau = t, \quad T = \varepsilon t$$

那么各个变量是两个时间尺度的函数,$F=F(x,y,T,\tau)$,并且

$$\frac{\partial F}{\partial t} = \frac{\partial F}{\partial \tau} + \frac{1}{\varepsilon}\frac{\partial F}{\partial T}$$

将扰动流函数作小参数展开,即

$$\psi' = \varepsilon\psi_1 + \varepsilon^2\psi_2 + \cdots \tag{5.2.25}$$

由式(5.2.24)可以分别得到:

$$O(\varepsilon):\left(\frac{\partial}{\partial \tau} + \overline{u}\frac{\partial}{\partial x}\right)\nabla^2\psi_1 + \beta\frac{\partial\psi_1}{\partial x} = 0 \tag{5.2.26}$$

$$O(\varepsilon^2):\left(\frac{\partial}{\partial \tau} + \overline{u}\frac{\partial}{\partial x}\right)\nabla^2\psi_2 + \beta\frac{\partial\psi_2}{\partial x} = -\frac{\partial}{\partial T}\nabla^2\psi_1 - \mathrm{J}(\psi_1, \nabla^2\psi_1) \tag{5.2.27}$$

……

取 3 波形式

$$\psi_1 = A_1(T)\cos\theta_1 + A_2(T)\cos\theta_2 + A_3(T)\cos\theta_3 \tag{5.2.28}$$

其中

$$\theta_j = k_j x + m_j y - \omega_j \tau, \qquad j = 1,2,3 \tag{5.2.29}$$

由式(5.2.6)可得频率关系式

$$\omega_j = k_j\left(\overline{u} - \frac{\beta}{K_j^2}\right) \tag{5.2.30}$$

这里 $K_j^2=k_j^2+m_j^2$,$K_j$ 为全波数。

将式(5.2.28)代入方程(5.2.27)右端,在共振条件下,即

$$\left.\begin{array}{l}\omega_1 + \omega_2 + \omega_3 = 0 \\ K_1 + K_2 + K_3 = 0\end{array}\right\} \tag{5.2.31}$$

可得 3 波共振的耦合方程

$$\left.\begin{array}{l}\dfrac{\mathrm{d}A_1}{\mathrm{d}T} = b_1 S_1 A_2^* A_3^* \\[2ex] \dfrac{\mathrm{d}A_2}{\mathrm{d}T} = b_2 S_2 A_1^* A_3^* \\[2ex] \dfrac{\mathrm{d}A_3}{\mathrm{d}T} = b_3 S_3 A_1^* A_2^*\end{array}\right\} \tag{5.2.32}$$

及与其共轭的方程

$$\left.\begin{array}{l}\dfrac{\mathrm{d}A_1^*}{\mathrm{d}T} = b_1 S_1 A_2 A_3 \\[2ex] \dfrac{\mathrm{d}A_2^*}{\mathrm{d}T} = b_2 S_2 A_1 A_3 \\[2ex] \dfrac{\mathrm{d}A_3^*}{\mathrm{d}T} = b_3 S_3 A_1 A_2\end{array}\right\} \tag{5.2.33}$$

其中

$$b_1 = k_3 m_2 - k_2 m_3, b_2 = k_1 m_3 - k_3 m_1, b_3 = k_2 m_1 - k_1 m_2$$

$$S_1 = (K_2^2 - K_3^2)/K_1^2, S_2 = (K_3^2 - K_1^2)/K_2^2, S_3 = (K_1^2 - K_2^2)/K_3^2$$

并且有 $b_1 = b_2 = b_3 = b$。

将式(5.2.32)依次乘以 $K_1^2 A_1^*$、$K_2^2 A_2^*$、$K_3^2 A_3^*$,将式(5.2.33)依次乘以 $K_1^2 A_1$、$K_2^2 A_2$、$K_3^2 A_3$,然后两式相加可得到

$$\frac{\mathrm{d}}{\mathrm{d}T}(K_1^2 A_1^2 + K_2^2 A_2^2 + K_3^2 A_3^2) = 0 \tag{5.2.34}$$

或者

$$K_1^2 A_1^2 + K_2^2 A_2^2 + K_3^2 A_3^2 = C_1 \tag{5.2.35}$$

这是3波能量守恒方程。类似地用 $K_1^4 A_1^*$、$K_2^4 A_2^*$、$K_3^4 A_3^*$ 依次乘以方程(5.2.32),用 $K_1^4 A_1$、$K_2^4 A_2$、$K_3^4 A_3$ 依次乘以方程(5.2.33),然后将其相加,可以有

$$\frac{\mathrm{d}}{\mathrm{d}T}(K_1^4 A_1^2 + K_2^4 A_2^2 + K_3^4 A_3^2) = 0 \tag{5.2.36}$$

或者

$$K_1^4 A_1^2 + K_2^4 A_2^2 + K_3^4 A_3^2 = C_2^2 \tag{5.2.37}$$

这是涡度拟能守恒方程。

由关系式(5.2.35)和(5.2.37)还可以进一步得到

$$\frac{1}{S_1}[A_1^2 - A_1^2(0)] = \frac{1}{S_2}[A_2^2 - A_2^2(0)] = \frac{1}{S_3}[A_3^2 - A_3^2(0)] = B(T) \tag{5.2.38}$$

这里 $A_j(0)$ 为 $A_j$ 在 $T=0$ 时的值。一般可以认为 $S_1^2 > S_2^2 > S_3^2$,并称与 $S_1^2$、$S_2^2$ 和 $S_3^2$ 相对应的波动分别为短波、中波和长波。那么(5.2.38)式表明,中间尺度扰动的能量变化的符号与长波和短波能量变化的符号相反。或者说,中间尺度波动的能量将同时传送给长、短波扰动,而长、短波扰动的能量同时传送给中间尺度扰动。这也就是最先由 Fjortoft(1953)得到的结果。

经过一系列推演(伍荣生,1979),可以得到如下关系式

$$\left.\begin{aligned} K_1^2 A_1^2 &= C_1 \frac{K_1 - K_3^2}{K_1^2 - K_3^2} C_n^2(bMT) \\ K_2^2 A_2^2 &= C_1 \frac{K_1 - K_3^2}{K_2^2 - K_3^2} S_n^2(bMT) \\ K_3^2 A_3^2 &= C_1 \frac{K_1^2 - h}{K_1^2 - K_3^2} d_n^2(bMT) \end{aligned}\right\} \tag{5.2.39}$$

其中

$$M^2 = \frac{C_1}{2K_1^2 K_2^2 K_3^2}(K_2^2 - K_3^2)(K_1^2 - h)$$

$$h = \frac{C_2^2}{C_1}$$

对于式(5.2.39),其椭圆函数的模 $k$ 为

$$k^2 = \frac{(K_1^2 - K_2^2)(h - K_3^2)}{(K_1^2 - h)(K_2^2 - K_3^2)} \tag{5.2.40}$$

由于没有考虑外源,波动的总能量是守恒的,但能量的传送却周而复始,出现不断的振荡现象。开始时长、短波扰动的能量同时供给中间尺度扰动,使其发展,当中间尺度扰动发展到

顶峰之后,便又将能量反过来传送给长、短波扰动,并且由椭圆函数 $d_n$ 的性质可知它总是大于零,即长波的能量不会减小到零,或者说长波能量只有一部分参加转化;而中间尺度扰动和短波扰动却不同,它们的能量将全部参加转化。

由椭圆函数的性质还可写出其周期,也就是能量转换的周期:

$$F \approx \frac{\pi}{bM}\left(1 + \frac{1}{4}k^2 + \cdots\right) \tag{5.2.41}$$

可以看到,能量转化的周期同 $b$ 和 $M$ 有关,前者描写共振波之间的结构特征,即波矢特征;后者描写初始状态(能量)。因此能量变化的振荡周期将依赖于共振波的波矢特性及初始状况。

通过进一步的研究,对于大气中常见的参数值,可以得到 2 波能量变化的周期大约在 15～45 d 的范围。也就是说,通过非线性 3 波共振,可以产生大气低频振荡,包括阻塞环流及 30～60 d 振荡。

大气中的中高纬度槽脊东移,有时可以发展成阻塞环流,有时却不能发展成强振幅扰动的阻塞流型,为什么呢?基于上述非线性共振理论,由于大气中存在地形及热源强迫波,如果移动性槽脊波的频率(波数)与地形波的频率(波数)满足共振条件,那么槽脊的振幅增大,频率变慢,可能发展成阻塞环流形势;但如果不能满足共振条件,槽脊的振幅和频率将不会有大的改变,也就不会形成阻塞形势。因此,共振理论可以对大气中阻塞形势的建立给出一定的动力学解释,从而共振也成为阻塞形势的动力学机制之一。

## 5.3 孤立波理论

在地球流体运动过程中,往往会出现一种生命史很长而结构持续稳定的大振幅孤立系统。人们用一种以定常速度移动却不改变波形的局地性扰动来描写这类系统,并将这类扰动称为孤立波,也叫 Rossby 孤立波。Long(1964)最早研究了有水平切变的基本气流中的 Rossby 孤立波。近些年来,利用非线性有限振幅情况下的 Rossby 孤立波模型来解释大气阻塞现象,已有不少研究,本节将对此作简要讨论。

在定常情况下,取 $\zeta = H_0 \lg(p_0/p)$ 为垂直坐标,无黏大气的准地转位势涡度守恒方程可以写成(Malguzzi 和 Malanotte-Rizzoli,1984):

$$\mathrm{J}(\psi, q) = 0 \tag{5.3.1}$$

这是一个用 Rossby 变形半径 $L_R$ 为水平空间尺度、以 $H_0$(标高)为垂直特征尺度的无量纲化方程。其中流函数 $\psi$ 可用纬向平均及其偏差两部分表示,即

$$\psi = \overline{\psi}(y, \zeta) + \psi'(x, y, \zeta) \tag{5.3.2}$$

其中

$$\lim_{|x| \to \infty} \psi' = 0 \tag{5.3.3}$$

同样,位势涡度 $q$ 也可写成

$$q = \overline{q} + q' \tag{5.3.4}$$

而

$$\left.\begin{aligned}\bar{q} &= \frac{\partial^2\bar{\psi}}{\partial y^2}+\frac{\partial^2\bar{\psi}}{\partial\zeta^2}-\frac{\partial\bar{\psi}}{\partial\zeta}+\beta y\\ q' &= \nabla^2\psi'+\frac{\partial^2\psi'}{\partial\zeta^2}-\frac{\partial\psi'}{\partial\zeta}\end{aligned}\right\}\tag{5.3.5}$$

与 $\bar{q}$ 相应的纬向平均风 $\bar{u}=\bar{u}(y,\zeta)=-\partial\bar{\psi}/\partial y$。

根据弱非线性理论,非线性现象在于高阶的影响。在现在的情况下,这种高阶影响可以有两种情况:其一是纬向偏差很小,即有 $\psi'\ll1$;其二是平均气流只有弱的经向切变。

由于 $\psi'\ll1$,位势涡度 $q$ 可以写成

$$q=\bar{q}+q'=F(\bar{\psi},\psi')=F(\bar{\psi})+\frac{\mathrm{d}F(\bar{\psi})}{\mathrm{d}\bar{\psi}}\psi'+\frac{1}{2}\frac{\mathrm{d}^2F(\bar{\psi})}{\mathrm{d}\bar{\psi}^2}\psi'^2+\cdots\tag{5.3.6}$$

根据上游边界条件(5.3.3),应有

$$\bar{q}=F(\bar{\psi})\tag{5.3.7}$$

则

$$q'=\sum_{n=1}^{\infty}\frac{\mathrm{d}^nF(\bar{\psi})}{\mathrm{d}\bar{\psi}^n}\frac{\psi'^n}{n!}\tag{5.3.8}$$

式(5.3.7)对 $y$ 微分可得

$$\frac{\partial\bar{q}}{\partial y}=\frac{\mathrm{d}F}{\mathrm{d}\bar{\psi}}\frac{\mathrm{d}\bar{\psi}}{\mathrm{d}y}=-\bar{u}\frac{\mathrm{d}F}{\mathrm{d}\bar{\psi}}\tag{5.3.9}$$

从而有

$$\frac{\mathrm{d}F}{\mathrm{d}\bar{\psi}}=-\frac{1}{\bar{u}}\frac{\partial\bar{q}}{\partial y}=-\frac{1}{\bar{u}}\left(\beta-\frac{\partial^2\bar{u}}{\partial y^2}-\frac{\partial^2\bar{u}}{\partial\zeta^2}+\frac{\partial\bar{u}}{\partial\zeta}\right)\tag{5.3.10}$$

其中 $\beta=\beta^*(L_R^2/U_0)$,$\beta^*$ 为有量纲的量,$U_0$ 是特征速度。由式(5.3.9)还可得到递推公式

$$\frac{\mathrm{d}^nF}{\mathrm{d}\bar{\psi}^n}=-\frac{1}{\bar{u}}\frac{\partial}{\partial y}\left(\frac{\mathrm{d}^{n-1}F}{\mathrm{d}\bar{\psi}^{n-1}}\right)\tag{5.3.11}$$

但如果平均风只是 $\zeta$ 的函数,那么当 $n>1$ 时即有 $\mathrm{d}^nF/\mathrm{d}\bar{\psi}^n=0$。

由式(5.3.5)和(5.3.11)可得到

$$\nabla^2\psi'+\frac{\partial^2\psi'}{\partial\zeta^2}-\frac{\partial\psi'}{\partial\zeta}=-\frac{\psi'}{\bar{u}}\frac{\partial\bar{q}}{\partial y}-\frac{1}{\bar{u}}\frac{\partial}{\partial y}\left(-\frac{1}{\bar{u}}\frac{\partial\bar{q}}{\partial y}\right)\frac{\psi'^2}{2}+O(\psi'^3)\tag{5.3.12}$$

因为 $\psi'\ll1$,那么可将 $\psi'$ 用 $\varepsilon\psi^*\mathrm{e}^{\zeta/2}$ 代替,其中 $\varepsilon\ll1$,而 $\psi^*=O(1)$。这样,式(5.3.12)可写成

$$\nabla^2\psi^*+\frac{\partial^2\psi^*}{\partial\zeta^2}-B\psi^*=\frac{\varepsilon}{2}Q\psi^{*2}+O(\varepsilon^2)\tag{5.3.13}$$

其中

$$Q=\frac{1}{\bar{u}}\frac{\partial}{\partial y}\left[\frac{1}{\bar{u}}\left(\beta-\frac{\partial^2\bar{u}}{\partial y^2}-\frac{\partial^2\bar{u}}{\partial\zeta^2}+\frac{\partial\bar{u}}{\partial\zeta}\right)\right]\mathrm{e}^{\zeta/2}\tag{5.3.14}$$

$$B=\frac{1}{4}-\frac{1}{\bar{u}}\left(\beta-\frac{\partial^2\bar{u}}{\partial y^2}-\frac{\partial^2\bar{u}}{\partial\zeta^2}+\frac{\partial\bar{u}}{\partial\zeta}\right)\tag{5.3.15}$$

将 $\psi^*$ 按小参数 $\varepsilon$ 展开,并分离变量,即

$$\psi^*=\psi^{(0)}+\varepsilon\psi^{(1)}+\cdots=A(x)\Phi(y,\zeta)+\varepsilon\psi^{(1)}+\cdots\tag{5.3.16}$$

把上式代入式(5.3.13),对于零阶问题,可得到

$$\frac{\partial^2 \Phi}{\partial y^2}+\frac{\partial^2 \Phi}{\partial \zeta^2}-B\Phi=-K\Phi \tag{5.3.17}$$

这是 Schrodinger 方程,其边界条件为

$$\Phi \to 0, \quad 当\ |y|,\zeta \to \infty \tag{5.3.18}$$

以及

$$\frac{\partial \Phi}{\partial \zeta}=\left(\frac{1}{\bar{u}}\frac{\partial \bar{u}}{\partial \zeta}-\frac{1}{2}\right)\Phi, \qquad 在下边界\ \zeta=0 \tag{5.3.19}$$

其中式(5.3.19)可由下边界的垂直速度 $w=0$ 推得。对特征值问题式(5.3.17)~(5.3.19)进行数值求解,可得其特征值 $K$ 和特征函数 $\Phi$。

对 $x$ 取延伸坐标,即令

$$X=\varepsilon^{\frac{1}{2}}x$$

其中 $X=O(1)$。如果方程(5.3.17)的特征值也是 $O(\varepsilon)$,即有 $K=\varepsilon K^{(1)}$,$K^{(1)}=O(1)$,那么根据方程(5.3.13)可以得到 $O(\varepsilon)$阶的非线性方程如下

$$\Phi\frac{\partial^2 A}{\partial X^2}-K^{(1)}\Phi A+\frac{\partial^2 \psi^{(1)}}{\partial y^2}+\frac{\partial^2 \psi^{(1)}}{\partial \zeta^2}-B\psi^{(1)}=\frac{Q}{2}\Phi^2 A^2 \tag{5.3.20}$$

通过对非线性问题(5.3.20)消除奇异项,可以得到 KdV 方程如下:

$$\frac{\partial^2 A}{\partial X^2}-K^{(1)}A+\frac{\delta}{2}A^2=0 \tag{5.3.21}$$

其中

$$\delta=-\frac{\int_{-\infty}^{\infty}\mathrm{d}y\int_0^{\infty}Q\Phi^3\,\mathrm{d}\zeta}{\int_{-\infty}^{\infty}\mathrm{d}y\int_0^{\infty}\Phi^2\,\mathrm{d}\zeta}$$

当 $K^{(1)}>0$ 时,方程(5.3.21)的解为

$$A(x)=\frac{3K^{(1)}}{\delta}\mathrm{sech}^2\left(\frac{\sqrt{K^{(1)}}}{2}X\right) \tag{5.3.22}$$

根据 $x=X/\sqrt{\varepsilon}$,$K=\varepsilon K^{(1)}$ 以及 $\psi'=\varepsilon\psi^* \mathrm{e}^{\zeta/2}$,可以得到弱非线性问题的一个前后一致的局地解

$$\psi'=\frac{3K}{\delta}\Phi(y,\zeta)\mathrm{e}^{\zeta/2}\,\mathrm{sech}^2\left(\frac{\sqrt{K}}{2}x\right) \tag{5.3.23}$$

下面根据中纬度的大气参数($\beta^*=1.5\times10^{-11}\ \mathrm{s}^{-1}\cdot\mathrm{m}^{-1}$,$|y_0|=2\ 750\ \mathrm{km}$,$L_R=1\ 000\ \mathrm{km}$,$U_0=0.1$,$u_0=45\ \mathrm{m}\cdot\mathrm{s}^{-1}$和 $H_0=8\ \mathrm{km}$)来分析解的结构特征,并且只注意几个最低阶模的情况。对于方程(5.3.17)~(5.3.19)所描写的系统,其第一特征模相当于一个线性定常 Rossby 波,对应的特征值 $K_1=-0.65$,它对于解(5.3.23)的纬向结构是不可接受的,因为解(5.3.23)要求 $K>0$;第二特征模所对应的特征值 $K_2=0.22$,垂直结构如图 5.3.1 所示。在高度 5.6 km 处,第二特征模的异常流函数形势如图 5.3.2 所示。一个反对称偶极子流型非常清楚,在节点北侧是反气旋环流,南侧是气旋性环流。最大的位势高度偏差约为100 m,同实际观测值有相同量级。这里所求得的第二特征模,无论是偶极子流型,还是垂直结构特征都同大气中观测到的阻塞形势有相当好的一致性。因此,Rossby 孤立波理论也是大气中阻塞形势的重要动力学依据。

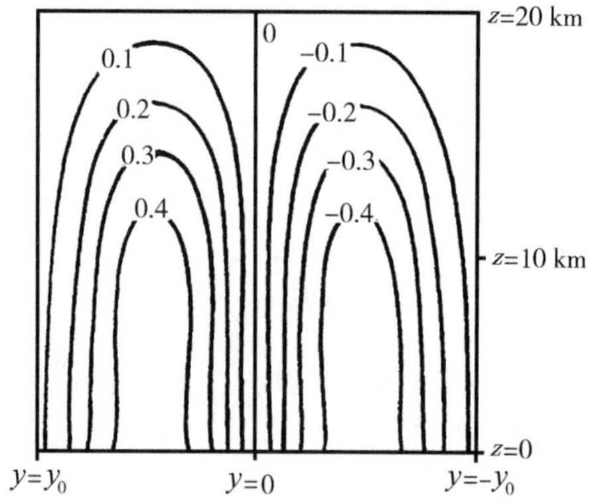


**图 5.3.1**　由方程(5.3.17)～(5.3.19)求得的第二特征模 $\Phi(y,\zeta)$

(引自 Malguzzi 和 Malanotte-Rizzoli,1984)

(图中 $|y_0|=2\ 750$ km,无量纲等值线间隔为 0.1)

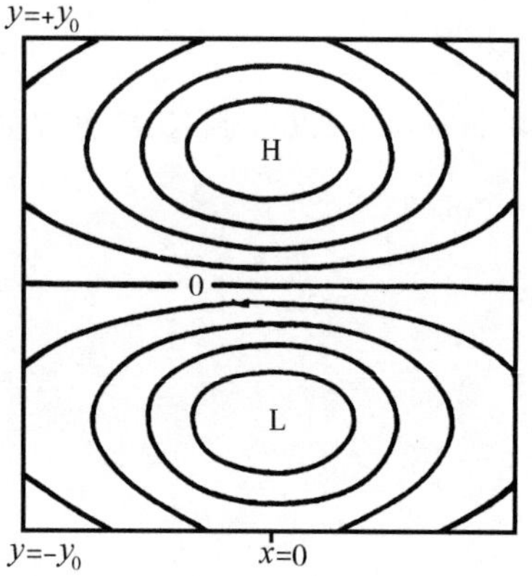


**图 5.3.2**　相应于图 5.3.1 所示特征模在 5.6 km 高度处的流函数偏差场 $\psi'$ 的分布

(引自 Malguzzi 和 Malanotte-Rizzoli,1984)

(图中无量纲等值线间隔为 0.1)

## 5.4　天气尺度涡旋的激发

叶笃正等有关阻塞形势的研究表明,无论什么地区(北大西洋、北太平洋及乌拉尔)阻塞高压的建立都可以从天气分析上分为不稳定发展型和南北扰动叠加型两类。前者是在较接近纬向的气流中发展出一个大振幅的高压脊,其发展过程总是同上游地区强烈的冷空气向南爆发相联系,上游低压槽不断加深,槽前有强的暖平流发展,最后导致阻塞高压的建立。后者是南、北两支波带中的高压脊由于移速不同而重叠于某经度位置,并发展成强大的高压脊。在关于阻高发展的局地条件的讨论中他们进一步指出,正涡度不断向脊的南段输送,负涡度不断向脊的北部输送,可导致阻高及相应的切断低压的形成;而这种类型的涡度输送的发生直接同地转偏差的局地分布有关。因此,阻塞形势的建立往往同天气尺度系统及其强发展有关。另外,阻塞流型建立后也并非定常,一方面它有极缓慢的移动(往往西退),另一方面它常有更替过程,即一斜压波动系统的通过可引起阻塞反气旋的减弱和随后的重新加强。

对阻塞形势中的气旋尺度波和超长波之间能量输送和转换的个例分析表明(Hansen 和 Chen,1982),从斜压气旋尺度波动向正压超长波动有较强的能量输送,特别是在大西洋阻塞环流中,这种能量输送过程可认为是强气旋的发展启动阻塞过程的重要例证。比较阻塞期和非阻塞期能量和涡度拟能的输送谱(Hansen 和 Sutera,1984),发现涡度拟能在两种情况下有明显差别。超长波(1~3 波)一般是向小尺度方向输送涡度拟能,但在阻塞过程中,涡度拟能会逆尺度地向超长波输送,这时涡度拟能从中间尺度波动的输出率增大,出现异常的能量和涡度拟能的串级现象。分析 GFDL 大气环流模式中的阻塞形势的演变也发现(Mahlamn,1980),涡动在维持阻塞环流形势中起着重要的作用。这里涡动是指对时间平均流的偏差,同地转偏差类似,都可以视为一系列天气尺度扰动。

Shutts(1986)对大西洋阻塞期间的涡动强迫作了个例分析。1983 年 2 月开始在北大西洋上空有一次阻塞形势发展过程,2 月 5 日在大西洋中部(30°W)有高压脊建立,2 月 6 日该脊向北伸展到冰岛。同这个高压脊的活动相对应,在挪威和苏格兰之间有一个气旋发展,高空冷槽则在 2 月 7 日南伸到达意大利,且出现切断冷涡。2 月 9 日和 10 日在(55°N,25°W)有一强的地面反气旋出现。由于位于纽芬兰附近的低压于 2 月 14 日强烈发展东移,2 月 14 日强风暴到达格陵兰南部时强度为 975 hPa,与其相应的高空槽明显沿经圈伸长;这时位于苏格兰和挪威南部之间的阻塞反气旋的海平面气压强度达到 1 030 hPa。2 月 15 日,中心位于格陵兰南部的低压中心有一低槽伸至中心在(40°N,30°W)附近的另一个低压,此时位于苏格兰北部的阻塞反气旋中心气压达到 1 037 hPa,2 月 17 日继续增强至 1 043 hPa。而 2 月 16 日在美国东海岸又有一个低压发展并缓慢移到大西洋中部。这种上游不断有低压发展、阻塞高压稳定维持的形势,一直保持到 2 月 22 日以后。

诊断分析首先使用了 Hoskins 等(1983)给出的准矢量 $\boldsymbol{E}=(\overline{v'^2}-\overline{u'^2},-\overline{u'v'})$。这个矢量的辐散就是涡动场施加于时间平均西风动量的强迫的量度;它的方向与 Rossby 波群速度矢量的方向有关,如果 $\boldsymbol{E}$ 与 $x$ 轴有一个交角 $\alpha$,那么群速度矢量与 $x$ 轴的交角就是 $2\alpha$。在球面气压坐标系中水平运动方程可写成

$$\frac{\partial u}{\partial t}+\frac{u}{a\cos\varphi}\frac{\partial u}{\partial \lambda}+\frac{v}{a}\frac{\partial u}{\partial \varphi}+\omega\frac{\partial u}{\partial p}-\frac{uv}{a}\tan\varphi-2\Omega\sin\varphi\cdot v+\frac{1}{a\cos\varphi}\frac{\partial \phi}{\partial \lambda}=0 \tag{5.4.1}$$

$$\frac{\partial v}{\partial t}+\frac{u}{a\cos\varphi}\frac{\partial v}{\partial \lambda}+\frac{v}{a}\frac{\partial v}{\partial \varphi}+\omega\frac{\partial v}{\partial p}+\frac{u^2}{a}\tan\varphi+2\Omega\sin\varphi\cdot u+\frac{1}{a}\frac{\partial \phi}{\partial \varphi}=0 \tag{5.4.2}$$

$$\frac{1}{a\cos\varphi}\left[\frac{\partial u}{\partial \lambda}+\frac{\partial}{\partial \varphi}(v\cos\varphi)\right]+\frac{\partial \omega}{\partial p}=0 \tag{5.4.3}$$

其中 $\phi$ 是重力位势,$\varphi$ 是纬度,$a$ 和 $\Omega$ 是地球的半径和旋转角速度。对于较长时间的平均来讲,时间变化项可趋于零,式(5.4.1)和(5.4.2)可变成:

$$\begin{aligned}&\mathbf{V}_{\mathrm{H}}\cdot\nabla\overline{u}+\omega\frac{\partial \overline{u}}{\partial p}-\frac{\overline{u}\,\overline{v}}{a}\tan\varphi-2\Omega\sin\varphi\cdot\overline{v}+\frac{1}{a\cos\varphi}\frac{\partial \overline{\phi}}{\partial \lambda}+\\&\frac{1}{a\cos^2\varphi}\left(\frac{\partial\,\overline{u'^2}}{\partial \lambda}\cos\varphi+\frac{\partial\,\overline{u'v'}\cos^2\varphi}{\partial \varphi}\right)+\frac{\partial\,\overline{u'\omega'}}{\partial p}=0\end{aligned} \tag{5.4.4}$$

$$\mathbf{V}_{\mathrm{H}}\cdot\nabla\overline{v}+\omega\frac{\partial \overline{v}}{\partial p}+\frac{\overline{u}^2}{a}\tan\varphi+2\Omega\sin\varphi\cdot\overline{u}+\frac{1}{a}\frac{\partial \overline{\phi}}{\partial \varphi}+$$

$$\frac{1}{a\cos\varphi}\frac{\partial\overline{u'v'}}{\partial\lambda}+\frac{1}{a}\frac{\partial\overline{v'^2}}{\partial\varphi}+\frac{\partial\overline{v'\omega'}}{\partial p}+(\overline{u'^2}-\overline{v'^2})\frac{\tan\varphi}{a}=0 \tag{5.4.5}$$

其中 $\boldsymbol{V}_{\rm H}=\bar{u}\boldsymbol{i}+\bar{v}\boldsymbol{j}$，带一横的量是时间平均量，带一撇的量是涡动量。

观测资料的分析表明，在方程(5.4.5)中引入地转关系是比较好的近似，但涡动项 $\frac{1}{a}\frac{\partial\overline{v'^2}}{\partial\varphi}$ 尽管很弱，却不能忽略。同时因为

$$\frac{1}{a}\frac{\partial\overline{v'^2}}{\partial\varphi}\boldsymbol{j}=\frac{1}{a}\frac{\partial\overline{v'^2}}{\partial\varphi}\boldsymbol{j}+\frac{\boldsymbol{i}}{a\cos\varphi}\frac{\partial\overline{v'^2}}{\partial\lambda}-\frac{\boldsymbol{i}}{a\cos\varphi}\frac{\partial\overline{v'^2}}{\partial\lambda}=\nabla_{\rm H}\overline{v'^2}-\frac{1}{a\cos\varphi}\frac{\partial\overline{v'^2}}{\partial\lambda}\boldsymbol{i}$$

这样，方程(5.4.4)和(5.4.5)可分别写成

$$\begin{aligned}&\boldsymbol{V}_{\rm H}\cdot\nabla\bar{u}+\omega\frac{\partial\bar{u}}{\partial p}-\frac{\bar{u}\,\bar{v}}{a}\tan\varphi-2\Omega\sin\varphi\cdot\bar{v}+\frac{\partial\overline{u'\omega'}}{\partial p}-\\&\frac{1}{a\cos^2\varphi}\left[\frac{\partial}{\partial\lambda}(\overline{v'^2}-\overline{u'^2})\cos\varphi-\frac{\partial}{\partial\varphi}(\overline{u'v'}\cos^2\varphi)\right]+\\&\frac{1}{a\cos\varphi}\frac{\partial}{\partial\lambda}(\bar{\phi}+\overline{v'^2})=0\end{aligned} \tag{5.4.6}$$

$$2\Omega\sin\varphi\cdot\bar{u}+\frac{1}{a}\frac{\partial}{\partial\varphi}(\bar{\phi}+\overline{v'^2})\approx 0 \tag{5.4.7}$$

在方程(5.4.6)中，纬向动量的涡动强迫可以写成

$$-\nabla\cdot\boldsymbol{E}+\frac{\partial\overline{u'\omega'}}{\partial p} \tag{5.4.8}$$

显然，$\boldsymbol{E}$ 的散度是对纬向平均动量的重要强迫。2 月 5—22 日期间 300 hPa 上 $\boldsymbol{E}$ 的高通滤波结果如图 5.4.1 中箭头所示。在阻塞地区有两个主要的涡动动量强迫区，其一是在急流分支的地区有 $\boldsymbol{E}$ 的明显辐合，表明那里的西风严重减速，另一个是在北支急流上有明显的辐散 $\boldsymbol{E}$ 场，表明那里西风将被加速。$\boldsymbol{E}$ 的强辐合区一般在阻塞西边，涡动通量向急流分支处的传播可使涡动沿经圈伸长，从而有利于气旋和反气旋偶极型流场的形成。

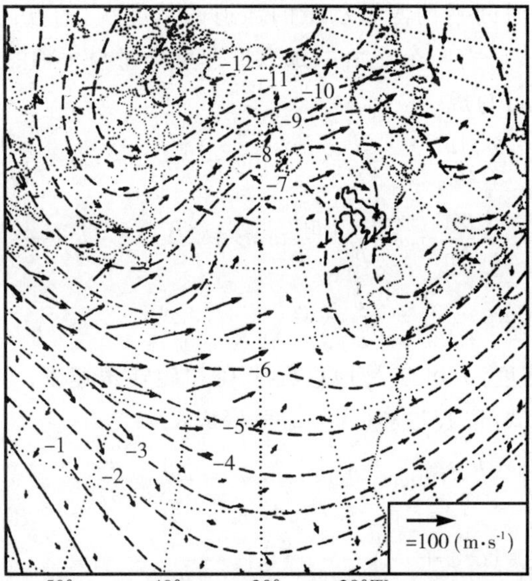


**图 5.4.1**　1983 年 3 月 5—22 日的平均 300 hPa 流函数场和高通滤波的 $\boldsymbol{E}$ 场(引自 Shutts,1986)

在绝热无黏性流体中,Ertel 位势涡度 $Q$ 是一个保守量。因此,在等熵面上分析 $Q$ 图时可以比较清楚地看到涡动强迫维持阻塞反气旋的情景。在等熵坐标情况下,Ertel 位势涡度的表达式为

$$Q=-(\zeta_\theta+f)\frac{1}{\theta}\frac{\partial\theta}{\partial p} \tag{5.4.9}$$

这里 $\zeta_\theta$ 是等熵面上的涡度,$\theta$ 是位温,$\frac{1}{\theta}\frac{\partial\theta}{\partial p}$即为静力稳定度。分析 2 月 12—16 日的 $Q$ 图演变就可以清楚地看到,在这期间有一次低 $Q$ 值带进入阻塞的过程发生。

在阻塞形势建立之前,有一个西北-东南向的高 $Q$ 舌存在,并逐渐向东北移动,于 2 月 13 日在 25°W 的地方变成狭窄带状。同时,在 45°～50°W 附近地区由于其上游有新的天气系统发展推动低 $Q$ 空气向北而导致 $Q$ 梯度变大。2 月 14 日,系统的发展使得低 $Q$ 区同副热带空气相连接,出现了从中大西洋伸向冰岛的长的低 $Q$ 舌;而前面位于 25°W 附近的高 $Q$ 舌已经消失。2 月 15 日阻塞高压发展最强,有一对强盛的南-北偶极环流型存在(图 5.4.1)。伴随这种环流场分布,在 Ertel 位势涡度场上有一狭窄的低 $Q$ 带从 30°N 附近一直向北伸展到格陵兰(图 5.4.2),并且进而向东卷入反气旋区域。在这个低 $Q$ 舌的西边有一个高 $Q$ 舌向南伸到 30°N 附近,并在 2 月 16 日形成切断。总之,高、低 $Q$ 场的演变都同这一地区低压系统和高压系统的发展以及最后建立起典型的偶极子型阻塞环流密切相连。

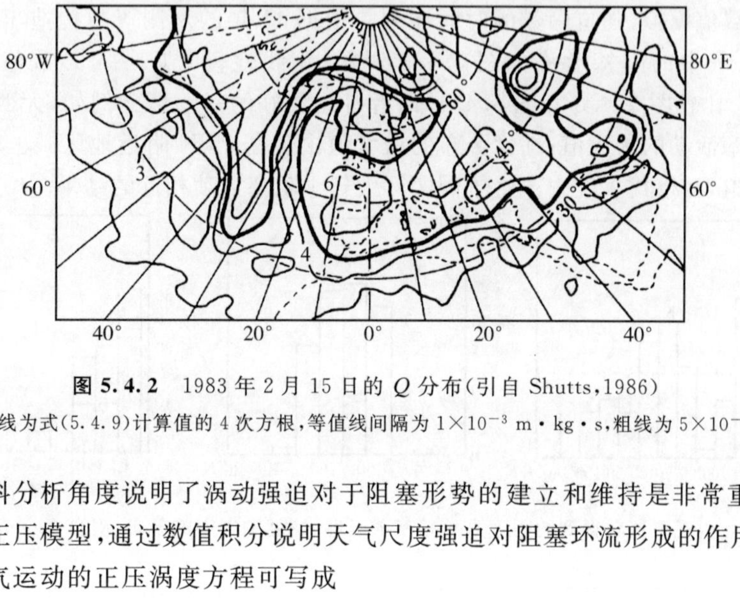


**图 5.4.2** 1983 年 2 月 15 日的 $Q$ 分布(引自 Shutts,1986)

(图中等值线为式(5.4.9)计算值的 4 次方根,等值线间隔为 $1\times10^{-3}$ m · kg · s,粗线为 $5\times10^{-3}$ 等值线)

上面从资料分析角度说明了涡动强迫对于阻塞形势的建立和维持是非常重要的,下面将用一个行星波正压模型,通过数值积分说明天气尺度强迫对阻塞环流形成的作用。

大尺度大气运动的正压涡度方程可写成

$$\frac{\partial}{\partial t}(\nabla^2-\lambda^2)\psi+J(\psi,\nabla^2\psi+2\Omega a^{-1}\sin\varphi)=k^2\nabla^4\psi \tag{5.4.10}$$

这里 $\psi$ 是流函数,$\lambda^{-1}$是变形半径,其他符号取一般气象意义;方程右端表示阻尼项。把流函数分解为行星尺度和天气尺度两部分,即

$$\psi=\psi_{\mathrm{p}}+\psi_{\mathrm{W}} \tag{5.4.11}$$

那么描写行星尺度运动的方程为:

$$\frac{\partial}{\partial t}(\nabla^2-\lambda^2)\psi_{\mathrm{p}}+J_{\mathrm{p}}(\psi_{\mathrm{p}},\nabla^2\psi_{\mathrm{p}}+2\Omega a^{-1}\sin\varphi)-k^2\nabla^4\psi_{\mathrm{p}}$$

$$= -J_{\mathrm{p}}(\psi_{\mathrm{p}}, \nabla^2 \psi_{\mathrm{W}}) - J_{\mathrm{p}}(\psi_{\mathrm{W}}, \nabla^2 \psi_{\mathrm{p}}) - J_{\mathrm{p}}(\psi_{\mathrm{W}}, \nabla^2 \psi_{\mathrm{W}}) \tag{5.4.12}$$

其中 $J$ 的下标 p 表示该 Jacobi 函数是在可分辨的行星气流上的投影。方程(5.4.12)的右端项表示行星尺度波动和天气尺度扰动间的相互作用,它们的和可定义为天气尺度扰动对行星尺度运动的强迫。由于这里的问题是讨论天气尺度强迫对阻塞环流(行星尺度波动)的作用,因此没有再写出关于 $\psi_{\mathrm{W}}$ 的控制方程。

把行星尺度流函数分为平均气流部分 $\overline{\psi}$ 及其偏差 $\psi'$,则有

$$\psi_{\mathrm{p}} = \overline{\psi} + \psi' \tag{5.4.13}$$

这里 $\overline{\psi} = -U_0 a \sin\varphi$,其对应的风廓线为 $\overline{U} = U_0 \cos\varphi$。为方便起见,再把 $\psi'$ 展开为球谐函数,即

$$\psi' = \frac{1}{2} \sum_{m=-M}^{M} \sum_{n=1}^{N} \Psi_{mn} \mathrm{P}_{m+2n-1}^{m} (\sin\varphi) \mathrm{e}^{\mathrm{i}m\tilde{\lambda}} \tag{5.4.14}$$

其中 P 为缔合 Legendre 多项式,$\tilde{\lambda}$ 为经度,这里只考虑了与赤道呈反对称的分量。假若 $m \leqslant 5, n \leqslant 5$ 为行星波,那么 $M = N = 5$。当然这样的选取有随意性。

将式(5.4.14)和(5.4.13)代入方程(5.4.12),进行方程的线性化(假定 $\overline{\psi} \gg \psi'$),则方程(5.4.12)的线性化形式则可写成关于展开系数的方程组:

$$\frac{\mathrm{d}}{\mathrm{d}t} \Psi_{mn} + \eta \Psi_{mn} = X_{mn} \tag{5.4.15}$$

这里系数 $\eta$ 包含了波动的传播及阻尼效应,$X_{mn}$ 是天气尺度波的强迫作用。

为了进行数值模拟,强迫函数的时间序列是根据 11 年的观测资料构造出的。对应于 11 年观测资料,大气中的阻塞形势如图 5.4.3 所示;用线性模式(5.4.15)数值模拟的结果如图 5.4.4所示。比较图 5.4.3 和图 5.4.4,两者有比较好的一致性。例如,大西洋和太平洋上都有明显的阻塞活动的最大值;纬度分布的最大值出现在 55°N 附近地区。也就是说,通过天气尺度波的强迫,在模式大气中产生了同实际大气中阻塞活动相近的结果。

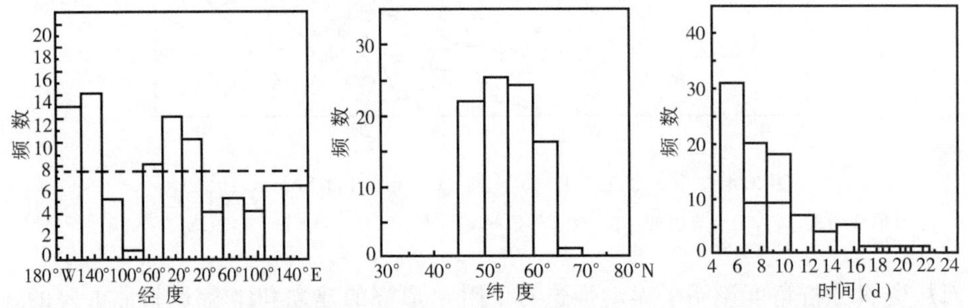


**图 5.4.3**　由观测资料得到的阻塞高压频率随经度、纬度和周期的分布(引自 Egger 等,1986)

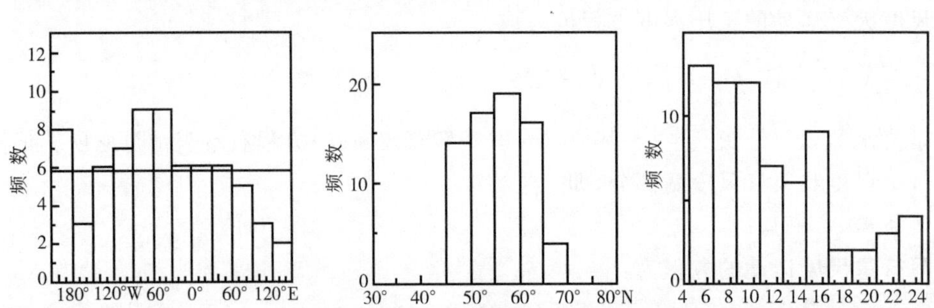


**图 5.4.4**　随机强迫线性模式中的阻塞高压频率随经度、纬度和周期的分布(引自 Egger 等,1986)

数值模拟不仅在阻塞高压活动的统计特征上取得了接近实况的结果，而且模拟得到的阻塞环流的空间结构也接近实况。图 5.4.5 给出的是模式中大西洋地区(0°E 附近)阻塞形势的建立过程。可以看到，随着美洲东岸低压槽的强烈发展东移，阻塞高压明显地在 0°E 附近建立起来；而且在阻塞后期，高压脊的西退也表现得很清楚。

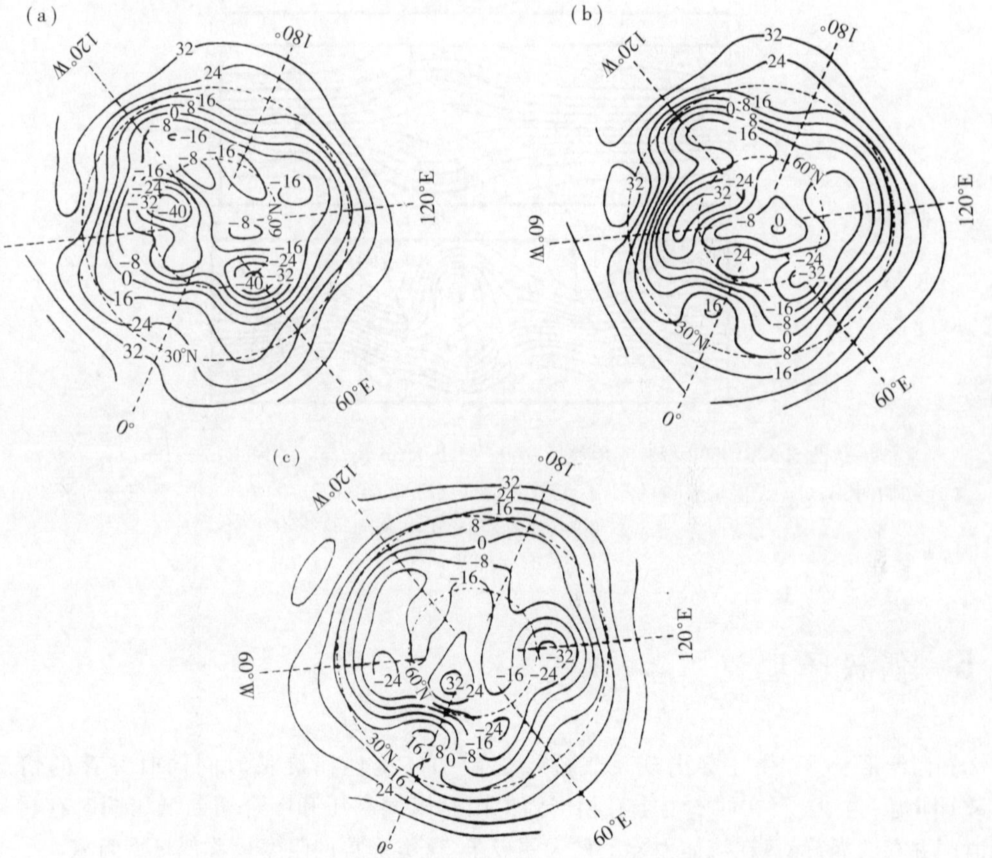


**图 5.4.5**　在随机强迫非线性模式中，一次大西洋阻塞高压建立的过程(引自 Egger 等，1986)
(a) 模式第 347 天；(b) 模式第 349 天；(c) 模式第 355 天

总之，天气尺度的随机强迫在线性和非线性的行星尺度流场中都模拟产生了同实况相当一致的阻塞流型。对于天气尺度涡旋(扰动)可以激发产生阻塞环流给出了有力的证据。

在斜压情况下，天气尺度的涡动强迫同样对阻塞形势的建立和维持起着重要作用。Malanotte-Rizzoli 和 Malguzzi(1987)在一个理想化试验中将线性拖曳和 Newton 冷却引入模式。由于两种耗散因子的存在，即使初始时刻有偶极型扰动存在，积分数天后这种偶极型环流也迅速减弱，只有当模式中加进一个对时间平均流的涡动强迫后，才会出现类似阻塞形势的流型维持。图 5.4.6a 是初始的 500 hPa 流函数场，显然存在一个初始偶极型扰动。图 5.4.6b 是在有耗散存在的情况下数值积分 10 d 的结果，可以看到初始时刻的偶极型扰动已被大大削弱。图 5.4.6c 是存在涡动强迫的情况下积分第 3～15 天的平均结果。显然，尽管有耗散因子的存在，涡动强迫作用却维持了极典型的阻塞流型存在。因此，无论在正压或斜压大气中，天气尺度涡动强迫对阻塞环流的建立和维持都是极为重要的。

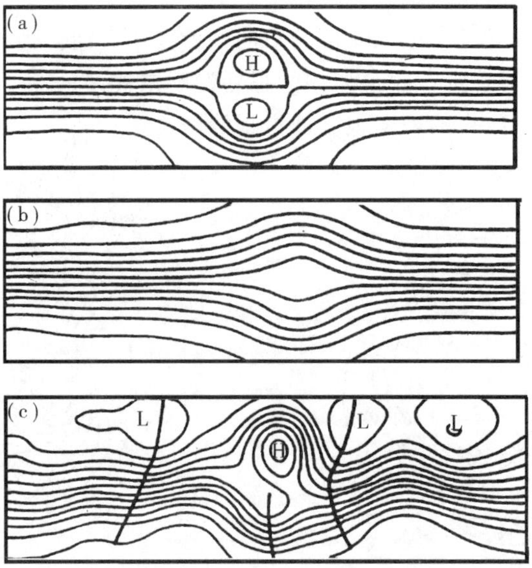


**图 5.4.6**　500 hPa 流函数场(引自 Malanotte-Rizzoli 和 Malguzzi,1987)
(a) 初始时刻;(b) 无涡动强迫的第 10 天积分结果;(c) 有涡动强迫的第 3～15 天积分的平均结果
(等值线间隔为 0.25(×100 m))

## 5.5　偶极子理论

在阻塞形势下,往往会出现反气旋性涡旋和气旋性涡旋长时间同时并存的情况。图 5.5.1 即是一个例子,在西欧上空有相当强的闭合阻塞高压和闭合切断低压同时存在。这种长时间并存的涡旋对,在流体力学上称为偶极子,这类形势的阻塞也称偶极型阻塞。

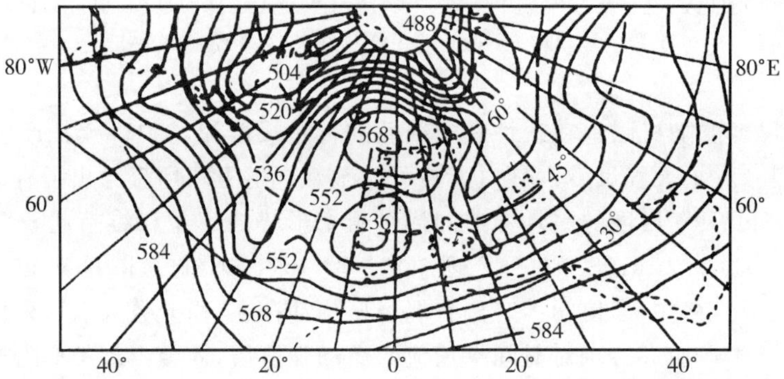


**图 5.5.1**　1983 年 2 月 15 日 12GMT 的 500 hPa 高度场(引自 Shutts,1986)

在极区附近,因为 $\beta$ 效应比较小,平均纬向气流及其斜压性都相对较弱,波状气流型不太容易形成,但却有利于闭合的气旋或反气旋环流的稳定存在。因此在高纬度和极区,孤立子和偶极子在大气环流中有重要意义。

在中纬度地区，波状环流占重要地位，要出现稳定的长生命史的涡旋性环流，必须有一些特别的条件。一般在两个大洋(大西洋和太平洋)的东部地区容易出现产生长生命涡环流的条件，因为在那里气候平均的纬向气流及其斜压性都较弱，而瞬变波的振幅可以发展到足够大，以致闭合环流可以经常看到。而且在那些地方，长生命的涡旋环流还常呈偶极子型式出现，即处于较高纬度的反气旋总是有一个在较低纬度的气旋相配合，如图 5.5.1 所示。

偶极型阻塞形势能否用偶极子理论给予合理的表示呢？下面以正压大气为例作简要讨论。

$\beta$ 平面的准地转位势涡度方程可以写成

$$\frac{\partial q}{\partial t}+\mathrm{J}(\psi,q)=\mathscr{F}+\mathscr{D} \tag{5.5.1}$$

其中 $\psi$ 是流函数；$\mathscr{F}$ 和 $\mathscr{D}$ 分别表示位势涡度的源和汇；$q$ 是准地转位势涡度，定义为

$$q=\nabla^2\psi+\beta y+f_0^2\frac{\partial}{\partial z}\left(\frac{1}{N^2}\frac{\partial\psi}{\partial z}\right) \tag{5.5.2}$$

这里 $f=f_0+\beta y$，$f_0$ 和 $\beta$ 为常数。

令

$$\psi=\overline{\psi}+\psi',\qquad q=\overline{q}+q' \tag{5.5.3}$$

即 $\psi$ 和 $q$ 均包括时间平均量($\overline{\psi}$ 和 $\overline{q}$)和瞬变涡旋量($\psi'$ 和 $q'$)两部分。对于时间平均量则有

$$\frac{\partial\overline{q}}{\partial t}+\mathrm{J}(\overline{\psi},\overline{q})=\overline{\mathscr{F}}-\overline{\mathscr{D}} \tag{5.5.4}$$

其中 $\overline{\mathscr{F}}$ 包含了涡动通量的散度项 $-\nabla\cdot\overline{\boldsymbol{v}'q'}$，即包含了涡动过程对平均气流的修正。

在定常情况下($\partial/\partial t=0$)，$\overline{\mathscr{F}}-\overline{\mathscr{D}}$ 应是很小的，可以表示成

$$\overline{\mathscr{F}}-\overline{\mathscr{D}}=\varepsilon\overline{G} \tag{5.5.5}$$

其中 $\varepsilon$ 是一个小参数，而 $\overline{G}=O(|\nabla\overline{\psi}|,|\nabla\overline{q}|)$。将 $\overline{\psi}$、$\overline{q}$ 和 $\overline{G}$ 场对 $\varepsilon$ 展开，对于 $\varepsilon$ 的零级近似可以得到

$$J(\psi_0,q_0)=0 \tag{5.5.6}$$

定常情况下，零级近似的准地转位势涡度为

$$q_0=q_0(\psi_0) \tag{5.5.7}$$

也就是说沿 $\psi_0$ 线，位势涡度必定为常数。由关系式(5.5.5)，在 $O(\varepsilon)$ 阶情况下，位势涡度的源和汇应满足一个积分平衡方程，即

$$\int_{\psi_0}\mathscr{F}_0\,\mathrm{d}x\mathrm{d}y=\int_{\psi_0}\mathscr{D}_0\,\mathrm{d}x\mathrm{d}y \tag{5.5.8}$$

对于流函数 $\psi_0$，总可以写成

$$\psi_0=\psi_\infty+\tilde{\psi} \tag{5.5.9}$$

这里 $\psi_\infty=-U(Z)y$，是远离孤立子结构地方的流函数；$U(Z)$ 是随高度变化的纬向气流；$\tilde{\psi}$ 是对纬向气流的偏差。类似地可以定义

$$q_0=q_\infty+\tilde{q} \tag{5.5.10}$$

其中远离涡旋处的位势涡度场为

$$q_\infty=\left\{\beta-f_0^2\frac{\partial}{\partial z}\left(\frac{1}{N^2}\frac{\partial U}{\partial z}\right)\right\}y \tag{5.5.11}$$

而同孤立结构相联系的位势涡度场偏差为

$$\tilde{q} = \nabla^2\tilde{\psi} + f_0^2 \frac{\partial}{\partial z}\left(\frac{1}{N^2}\frac{\partial\tilde{\psi}}{\partial z}\right) \tag{5.5.12}$$

假定扰动流函数有准正压结构,即

$$\tilde{\psi} = A(z)\tilde{\psi}(x,y) \tag{5.5.13}$$

式(5.5.12)即可写成

$$\tilde{q} = \nabla^2\tilde{\psi} - \tilde{k}^2\tilde{\psi} \tag{5.5.14}$$

其中

$$\tilde{k}^2 = -\frac{f_0^2}{A}\frac{\partial}{\partial z}\left(\frac{1}{N^2}\frac{\partial A}{\partial z}\right) = \frac{1}{L_R^2}$$

这里 $L_R$ 是同 $q$ 的异常有关的 Rossby 变形半径。

将式(5.5.9)代入式(5.5.12),则有

$$\begin{aligned}\tilde{q} &= \nabla^2(\psi_0 - \psi_\infty) + f_0^2\frac{\partial}{\partial z}\left[\frac{1}{N^2}\frac{\partial(\psi_0 - \psi_\infty)}{\partial z}\right] \\ &= \nabla^2\psi_0 + f_0^2\frac{\partial}{\partial z}\left(\frac{1}{N^2}\frac{\partial\psi_0}{\partial z}\right) - f_0^2\frac{\partial}{\partial z}\left(\frac{1}{N^2}\frac{\partial\psi_\infty}{\partial z}\right) \\ &= q_0 - \beta y + f_0^2\frac{\partial}{\partial z}\left(\frac{1}{N^2}\frac{\partial U}{\partial z}\right)\cdot y \\ &= q_0 - \frac{\partial q_\infty}{\partial y}\cdot y\end{aligned} \tag{5.5.15}$$

这样,由式(5.5.14)和(5.5.15)可以得到

$$q_0 - \frac{\partial q_\infty}{\partial y}y = \nabla^2\tilde{\psi} - \widetilde{k^2}\overline{\psi} \tag{5.5.16}$$

根据偶极子的结构特征,在偶极子内,$\psi$ 呈圆圈形;在偶极子之外,$\psi$ 呈开口状。因此,对 $q_0$ 进行适当的选择,关于 $\tilde{\psi}$ 的方程可写成

$$\nabla^2\tilde{\psi} - \widetilde{k^2}\tilde{\psi} + \frac{\partial q'_\infty}{\partial y}y = \alpha(\tilde{\psi} - Uy) \tag{5.5.17}$$

其中

$$\alpha = \alpha_1,\qquad \text{对于 } r < r_0$$

$$\alpha = \alpha_2,\qquad \text{对于 } r > r_0$$

这里 $r_0$ 是偶极子的有效半径。根据边界条件,即在很远的地方,应该有 $\tilde{\psi},\tilde{q}\to 0$,由式(5.5.17)可以得到

$$\alpha_2 = -\frac{1}{U}\frac{\partial q_\infty}{\partial y} \tag{5.5.18}$$

由式(5.5.17)可见,偶极子的内部解将依赖于 $\alpha_1 + \widetilde{k^2}$ 的符号。为了保证在 $r=0$ 处解有限,而在 $r=r_0$ 处速度是连续的,则要求有 $\alpha_1 + \widetilde{k^2} < 0$,也就是说需要有

$$\alpha_1 < -\widetilde{k^2} \tag{5.5.19}$$

选择适当的 $\alpha_1$ 和 $\alpha_2$,最后便可得到关于流函数的完整解如下:

$$
\left.\begin{aligned}
&\psi = U\left\{r_0\,\frac{K_1(kr)}{K_1(kr_0)} - r\right\}\sin\theta, \qquad \text{对于 } r > r_0 \\
&k^2 = \widetilde{k^2} + \alpha_2 \\
&\psi = U\,\frac{k^2}{K^2}\left\{r - r_0\,\frac{J_1(kr)}{J_1(kr_0)}\right\}\sin\theta, \qquad \text{对于 } r < r_0 \\
&K^2 = -(\widetilde{k^2} + \alpha_1)
\end{aligned}\right\} \tag{5.5.20}
$$

这里 $K_1(x)$和 $J_1(x)$分别是一阶 MacDonald 函数和一阶 Bessel 函数。

取参数$U=13.8\ \mathrm{m\cdot s^{-1}}$,$\beta=1.6\times10^{-11}\ \mathrm{m^{-1}\cdot s^{-1}}$,$L_R=845\ \mathrm{km}$,$\alpha_1=-3.9\times10^{-12}\ \mathrm{m^{-2}}$,$\partial q_\infty/\partial y=1.2\beta$。其偶极子解可由式(5.5.20)计算出来,如图 5.5.2 所示。可以看到,偶极子解在一定程度上较好地描写了偶极子阻塞形势。

上面是关于定常情况的结果。在非定常情况下,扰动方程可写成

$$
\left.\begin{aligned}
&\frac{\partial q'}{\partial t} + J(\psi_0, q') + J(\psi', q_0) = \mathscr{F}' - \mathscr{D}' \\
&q' = \nabla^2\psi' - \widetilde{k^2}\psi'
\end{aligned}\right\} \tag{5.5.21}
$$

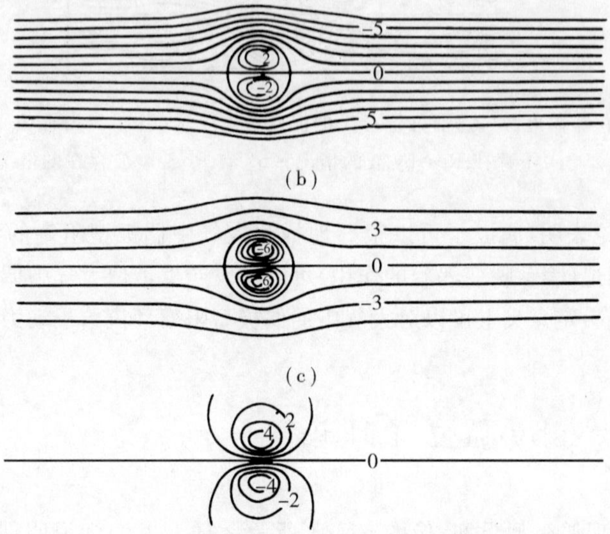


**图 5.5.2** 由式(5.5.20)计算得到的偶极子解(引自 Haines 和 Marshall,1987)

(a) 表示全部流函数($\psi$)形势;(b) 表示位势涡度($q$)的形势;(c) 表示扰动流函数($\widetilde{\psi}$)的形势

其中 $q'$和 $\psi'$分别为瞬变涡旋场的位势涡度和流函数。如果考虑瞬变涡旋的激发作用,则可以认为"源"是涡旋通量的散度产生的,即 $\overline{\mathscr{F}}=-\nabla\cdot\overline{\boldsymbol{v}'q'}$。因此,对于平均气流应有方程

$$
\frac{\partial\overline{q}}{\partial t} + J(\overline{\psi}, \overline{q}) = -\nabla\cdot\overline{\boldsymbol{v}'q'} - \overline{\mathscr{D}} \tag{5.5.22}
$$

这里

$$
\begin{aligned}
&\overline{\psi} = -Uy + \widetilde{\psi} \\
&\overline{q} = \frac{\partial q_\infty}{\partial y}y + \widetilde{q} \\
&\widetilde{q} = \nabla^2\widetilde{\psi} - \widetilde{k^2}\widetilde{\psi}
\end{aligned}
$$

对方程(5.5.21)和(5.5.22)进行数值积分,可以得到涡旋强迫下的解的形式。在数值计算时,如果$U$和$\partial q_\infty/\partial y$的选取满足条件:

$$\frac{1}{U}\frac{\partial q_\infty}{\partial y} < \frac{1}{L_R^2} \tag{5.5.23}$$

那么解中将不包含静止Rossby模。如果$U$和$\partial q_\infty/\partial y$的选择不满足条件(5.5.23),则解中将包含Rossby模。取$U=13.8\ \mathrm{m\cdot s^{-1}}$,$\partial q_\infty/\partial y=1.12\beta$,在$\nabla\cdot\overline{\boldsymbol{v}'q'}$强迫下积分第50天的共振流函数如图5.5.3a所示,这里没有Rossby波出现。取$U=13.8\ \mathrm{m\cdot s^{-1}}$,$\partial q_\infty/\partial y=1.81\beta$,在同样的强迫情况下,积分第75天的共振流函数场如图5.5.3b所示,这里是偶极子和Rossby波共存的情况。

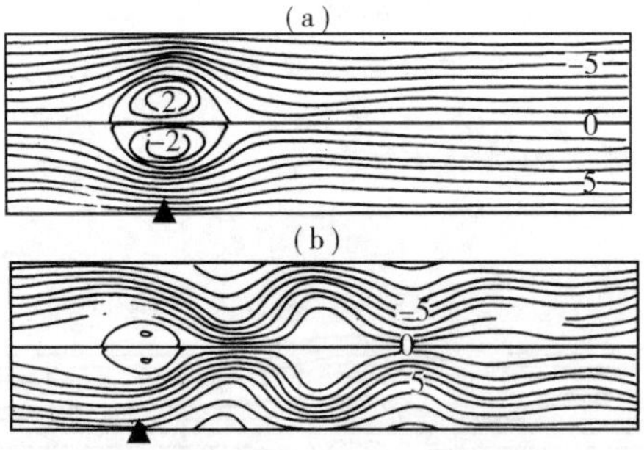


**图5.5.3** 位势涡度源(▲)所强迫产生的流函数响应场(引自Haines和Marshall,1987)
(a) 不存在Rossby波的情况;(b) 有Rossby波存在的情况

本节的分析讨论表明,偶极子可以很好地描写大气中偶极型阻塞的结构特征;在一定条件下,位势涡度源的强迫(表示瞬变涡旋的作用)可以激发产生类似大气中偶极型阻塞的环流形势。因此,偶极子理论在一定意义上可以对大气中的偶极型阻塞环流给予动力学解释。

## 5.6 包络Rossby孤立子理论

大气中常常出现偶极型阻塞,像图5.5.1所示一样。人们为说明偶极型阻塞的动力学机制,提供了偶极子或者Mondon理论。但一方面,Mondon解要求位涡与流函数呈线性关系,实际计算却表明在阻塞区位涡与流函数的线性关系并不存在;另一方面,对于KdV型Rossby孤立子,由于要满足长波近似,其偶极子结构必须限制在比较窄的β通道内,这又与偶极型阻塞有较大的经向尺度相矛盾。

罗德海和纪立人(1989)提出了包络Rossby孤立子理论,避免了上述问题,对偶极型阻塞的形成和维持都给出了较好的解释。

在正压大气中,β通道平面上无强迫辐散的无量纲涡度方程可以写成

$$\frac{\partial}{\partial t}(\nabla^2\psi - F\psi) + \mathrm{J}(\psi,\nabla^2\psi) + \beta\frac{\partial\psi}{\partial x} = 0 \tag{5.6.1}$$

其中$\psi$是无量纲流函数,$\nabla^2$是水平Laplace算子,$\mathrm{J}(a,b)$为Jacobi算子;$\beta=\beta_0(L^2/U)$,$F=(L/R_0)^2$,$U=10\ \mathrm{m\cdot s^{-1}}$和$L=1\ 000\ \mathrm{km}$,分别是水平风速和水平长度特征量,$R_0$是Rossby

变形半径。

在β通道内,流体运动满足的边界条件为

$$\frac{\partial \psi}{\partial x}=0,\quad \frac{\partial^2 \overline{\psi}}{\partial t \partial y}=0,\qquad 在\ y=0, L_y\ 处 \tag{5.6.2}$$

这里 $L_y$ 是 $\beta$ 通道的宽度,$\overline{\psi}=\overline{\psi}(y,t)$是流函数的纬向平均。

考虑到波振幅可视为是缓慢变化的,引入慢变的空间和时间变量如下:

$$T_1=\varepsilon t,\quad T_2=\varepsilon^2 t,\quad X_1=\varepsilon x,\quad X_2=\varepsilon^2 x \tag{5.6.3}$$

其中 ε 为小于 1 的小参数。

令方程(5.6.1)有如下形式的级数解:

$$\psi=-\overline{u}y+\sum_{n=1}^{\infty}\varepsilon^n \psi_n(x,y,t,x_1,x_2,T_1,T_2) \tag{5.6.4}$$

这里 $\overline{u}$ 是平均西风。将式(5.6.3)和式(5.6.4)代入式(5.6.1)可得到一系列方程(略)。利用边界条件,并设 $O(\varepsilon)$阶方程的解为

$$\psi_1=A(T_1,T_2,X_1,X_2)\varphi_1(y)\mathrm{e}^{ikx-\omega t}+\mathrm{c.c.} \tag{5.6.5}$$

其中 $A$ 是慢变的复振幅,$k$ 是 Rossby 波的纬向波数,$\omega$ 是线性 Rossby 波的圆频率,c. c. 是其前项的共轭;$\varphi_1(y)=\sqrt{2/L_y}\sin(my)$。而 $O(\varepsilon^2)$阶方程可得到

$$\left(\frac{\partial}{\partial t}+\overline{u}\frac{\partial}{\partial x}\right)(\nabla^2\psi_2-F\psi_2)+(\beta+F\overline{u})\frac{\partial \psi_2}{\partial x}=0 \tag{5.6.6}$$

其解是

$$\psi_2=\overline{\psi}_2(T_1,T_2,X_1,X_2,y) \tag{5.6.7}$$

而且不难得到

$$\overline{\psi}_2=-|A^2|\sum_{n=1}^{\infty}q_n g_n\cos\left(n+\frac{1}{2}\right)my \tag{5.6.8}$$

其中

$$q_n=\frac{4k^2 m}{L_y[\beta+F\overline{u}-(\overline{u}-c_1)(F+m^2/4)]}$$

$$g_n=\frac{8}{m\left[4-\left(n+\frac{1}{2}\right)^2\right]L_y}$$

$$c_1=\overline{u}-\frac{(\beta+F\overline{u})(m^2+F-k^2)}{(k^2+m^2+F)^2}$$

最后,可以得到非线性 Rossby 波所满足的非线性 Schrodinger 方程:

$$\mathrm{i}\frac{\partial A}{\partial T}+\lambda\frac{\partial^2 A}{\partial \zeta^2}+\delta|A|^2A=0 \tag{5.6.9}$$

其中

$$\zeta=\frac{1}{\varepsilon}(X_2-c_1T_2)=X_1-C_1T_1,\quad T=\varepsilon T_1$$

$$\lambda=\frac{[3(m^2+F)-k^2](\beta+F\overline{u})k}{(k^2+m^2+F)^3}$$

$$\delta=\frac{km\sum_{n=1}^{\infty}q_n g_n\left[k^2+m^2-m^2\left(n+\frac{1}{2}\right)^2\right]}{k^2+m^2+F}$$

对于方程(5.6.9),只有当 $\lambda\delta>0$ 时才有包络孤立子解,并可写成:

$$A = A_0 \operatorname{sech}\left(\sqrt{\frac{\delta}{2\lambda}}A_0\zeta\right)e^{i\frac{A_0^2\delta}{2}T} \tag{5.6.10}$$

其中 $A_0$ 为 $A$ 在 $(\zeta,T)=(0,0)$ 处的值;$\bar{u}=0.8$。

定义 $M_0=\varepsilon A_0$,对于纬向 1 波,当取 $M_0=1.0$ 时,在 55°N($\bar{u}=0.8$)和在 65°N($\bar{u}=0.6$)的包络 Rossby 孤立子的流场结构分别如图 5.6.1a 和 b 所示。可以看到,波数为 1 的包络 Rossby 孤立子具有南低北高的偶极型结构,在 55°N 地区孤立子的东西尺度长于南北尺度,而

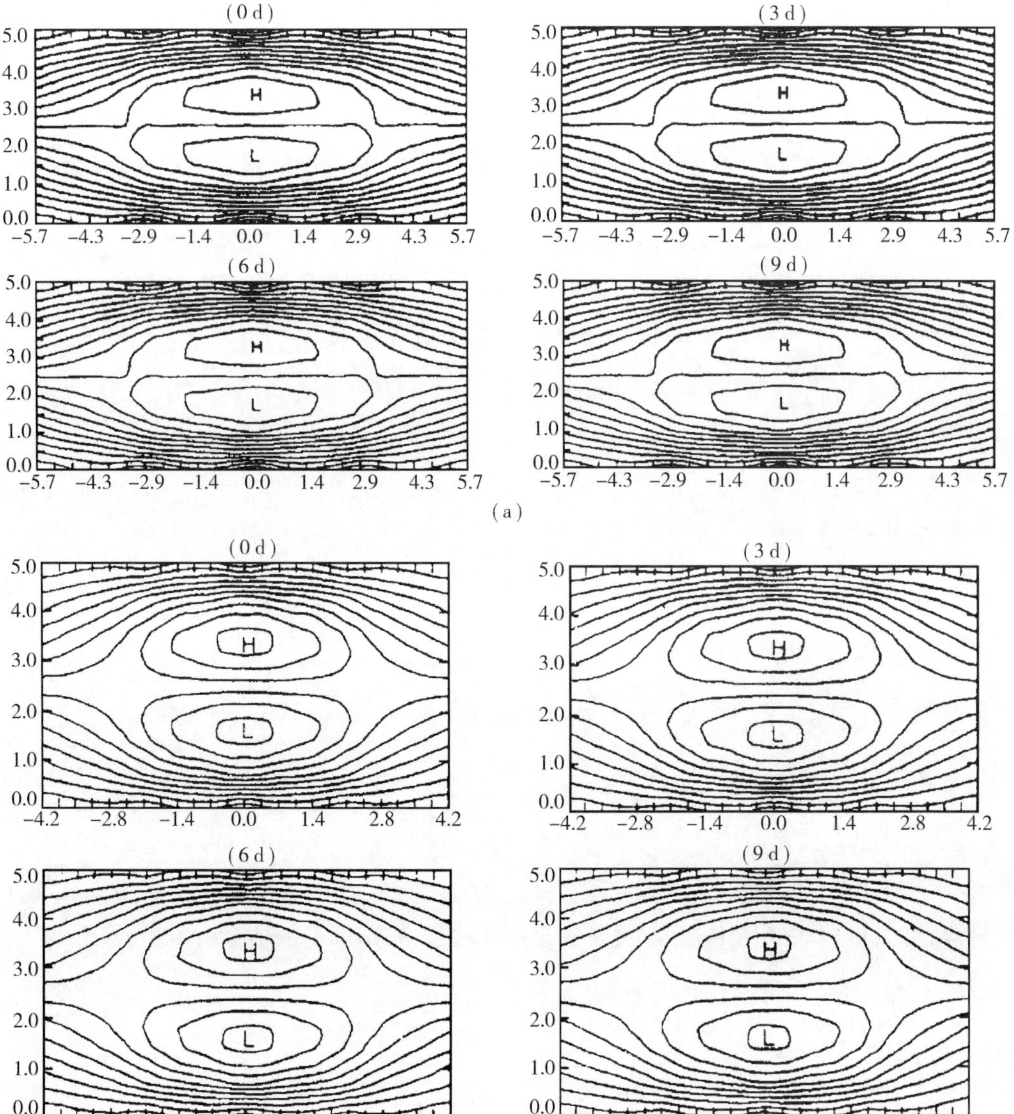


**图 5.6.1**　波数为 1 的包络 Rossby 孤立子的流场结构($M_0=1.0$,等值线间隔为 0.2)(引自罗德海,1999)

(a) 在 55°N 地区的流场($\bar{u}=0.8$);(b) 在 65°N 地区的流场($\bar{u}=0.6$)

(纵坐标和横坐标分别表示南北向和东西向无量纲尺度)

在 65°N 地区南北尺度已近于东西尺度，这些(包括一定的频散性)与实际观测到的偶极型阻塞比较接近。

# 参考文献


罗德海，纪立人，1989. 大气阻塞形成的一个理论[J]. 中国科学 *B* 辑:化学，**1**：111-121.

罗德海，1999. 大气中大尺度包络孤立子理论与阻塞环流[M]. 北京：气象出版社.

伍荣生，1979. 正压大气中波动共振与能量变化[J]. 中国科学，(2)：195-203.

叶笃正，陶诗言，朱抱真，杨鉴初，陈隆勋，1962. 北半球冬季阻塞形势的研究[M]. 北京：科学出版社.

Benzi R，1986. Anomalous atmospheric flow and blocking. *Advances in Geophysics* [M]，**29**：Academic Press.

Charney J G，Devore J G，1979. Multiple flow equilibria in the atmosphere and blocking [J]. *J Atmos Sci*，**36**：1205-1216.

Dole R M，1986. Persistent anomalies of the extratropical Northern Hemisphere winter time circulation：Structure [J]. *Mon Wea Rev*，**114**：178-207

Egger J，Wetz W，Muller G，1986. Forcing of planetary-scale blocking anticyclones by synoptic-scale eddies [J]. *Adv in Geophys*，**29**. Academic Press:183-198.

Fjortoft R，1953. On the changes in the spectral distribution of kinetic energy for two-dimensional，nondivergent flow [J]. *Tellus*，**5**：225-237.

Haines K，Marshall J，1987. Eddy-forced coherent structures as a prototype of atmospheric blocking [J]. *Quart J Roy Meteor Soc*，**113**：681-704.

Hansen A R，Chen T C，1982. Spectral energetics analysis of atmospheric blocking [J]. *Mon Wea Rev*，**110**：1146-1165.

Hansen A R，Sutera A，1984. A comparison of the spectral energy and enstrophy budgets of blocking versus non-blocking periods [J]. *Tellus*，**36**：52-63.

Hoskins B J，James I，White G，1983. The shape，propagation and mean flow interaction of large-scale weather systems [J]. *J Atmos Sci*，**40**：1595-1612.

Legras B，Ghil M，1985. Persistent anomalies，blocking and variations in atmospheric predictability [J]. *J Atmos Sci*，**44**：433-471.

Long R R，1964. Solitary waves in the westerlies [J]. *J Atmos Sci*，**21**：197-200.

Mahlman J D，1980. Structure and interpretation of blocking anticyclones as simulated in a GFDL general circulation model [C]. *Proc. 13th Stantead Seminar Bishops Univ.* :70-76. Lennoxville，Quebec，Canada，July 9-13，1979.

Malanotte-Rizzoli P，Malguzzi P，1987. Coherent structure in a baroclinic atmosphere，Part III：Block formation and eddy forcing [J]. *J Atmos Sci*，**44**：2493-2505.

Malguzzi P，Malanotte-Rizzoli P，1984. Nonlinear stationary Rossby waves on moniliform zonal winds and atmospheric blocking，Part I：The analytical theory [J]. *J Atmos Sci*，**41**：2620-2628.

Qin Jianchun，Zhu Baozhen，1986. A study on the excitation，establishment and transition of multiple equilibrium states produced by nearly resonant thermal forcing，Part I：Asymptotic solutions of multiple equilibrium states [J]. *Adv Atmos Sci*，**3**：277-288.

Shutts G T，1986. A case study of eddy forcing during an Atlantic blocking episode [J]. *Adv in Geophys*，**29**，Academic Press:135-162.

Tung K K，Lindzen R S，1979. A theory of stationary long waves，Part I：A simple theory of blocking [J]. *Mon Wea Rev*，**107**：714-734.

Tung K K，Rosenthal A T，1985. Theories of multiple equilibria—A critical reexamination，Part I：Barotropic models [J]. *J Atmos Sci*，**42**：2804-2819.

# 6 大气环流持续异常(二)——遥相关的动力学机理

地球大气本身也是一个统一体,某个地方的环流和天气的变化必然与其他地方的环流及天气有一定的联系。20 世纪 70 年代以来,有关大气环流演变遥相关问题的研究取得了极有意义的进展,人们对大气环流演变的认识显著加深了。

遥相关(teleconnection)一词在文献上出现始于 1969 年,Bjerknes 在分析赤道太平洋地区海温异常与东北太平洋西风带环流变化的关系时,发现 1957—1958 年冬季、1963—1964 年冬季以及 1965—1966 年冬季都存在明显相近的形势,并把这种远距离的大气环流变化间的相关称为遥相关。而事实上,大气运动存在遥相关的首次揭露可追溯到 1897 年,当时由 Hildebrandon 指出而后由 Walker 命名的所谓南方涛动(SO),正是东南太平洋地区气压变化与印度洋地区气压变化存在着密切的关系,也就是一种遥相关。

## 6.1 大气环流的遥相关

### 6.1.1 地面气压场的遥相关

南方涛动是地面气压年际变化的一种大范围东西向跷跷板形势,如图 6.1.1 所示,即当印度洋地区出现气压正距平时,东南太平洋及南美地区将有气压负距平;反之亦然。地面气压场的遥相关现象除南方涛动之外,还存在着南北方向的跷跷板现象。例如,在分析格陵兰和北大西洋地区的气压变化时,可以发现当格陵兰地区气压偏高时,北大西洋地区(主要是 30°～40°N 地区)气压一般都偏低;反之亦然。在北大西洋地区的这种南北向跷跷板现象就被称为北大西洋涛动,简称 NAO(Walker 和 Bliss,1932)。类似的南北向气压跷跷板现象在北太平洋地区也存在,即热带和副热带太平洋地区的气压偏高(低)时,东西伯利亚到加拿大一带地区的气压往往偏低(高)。这就是所谓北太平洋涛动,简称 NPO(Rogers,1981)。图 6.1.2 分别给出了北大西洋涛动和北太平洋涛动的示意图。比较图 6.1.2a 和图 6.1.2b 可以发现,NAO 和 NPO 之间还可能存在一定的关系,它们同时出现的机会比较少。

通过计算某一格点的气压与全球各个格点的气压间的相关系数,不仅可以揭露气压变化的遥相关,还可以反映遥相关形势,一般也称遥相关型。图 6.1.3 是用 45 个冬季月(1962 年 12 月至 1977 年 2 月)的气压资料,分别以(65°N,20°W)和(30°N,20°W)为基点的相关系数的分布。显然,NAO 的南北跷跷板式特征表现得十分清楚。类似地,以(65°N,170°E)和(25°N,165°E)两点为计算基点所得到的气压场的相关系数分布,可以很好地反映 NPO 的特征(图 6.1.4)。

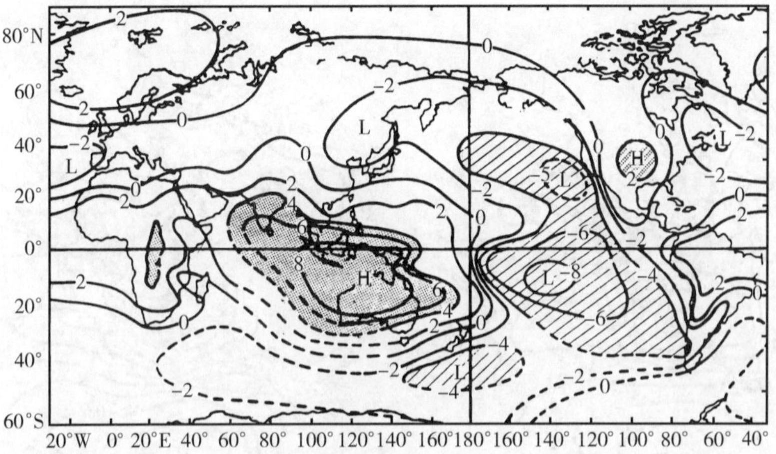


图 6.1.1 南方涛动形势图(与达尔文年平均海平面气压的相关)(引自 Trenberth 和 Shea,1987)

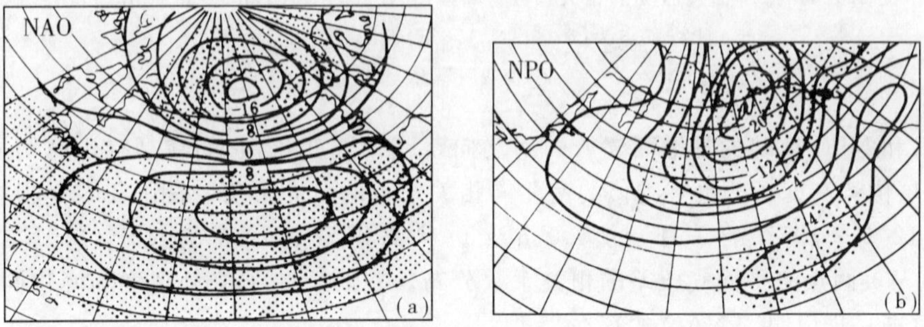


图 6.1.2 北大西洋涛动(a)和北太平洋涛动(b)示意图

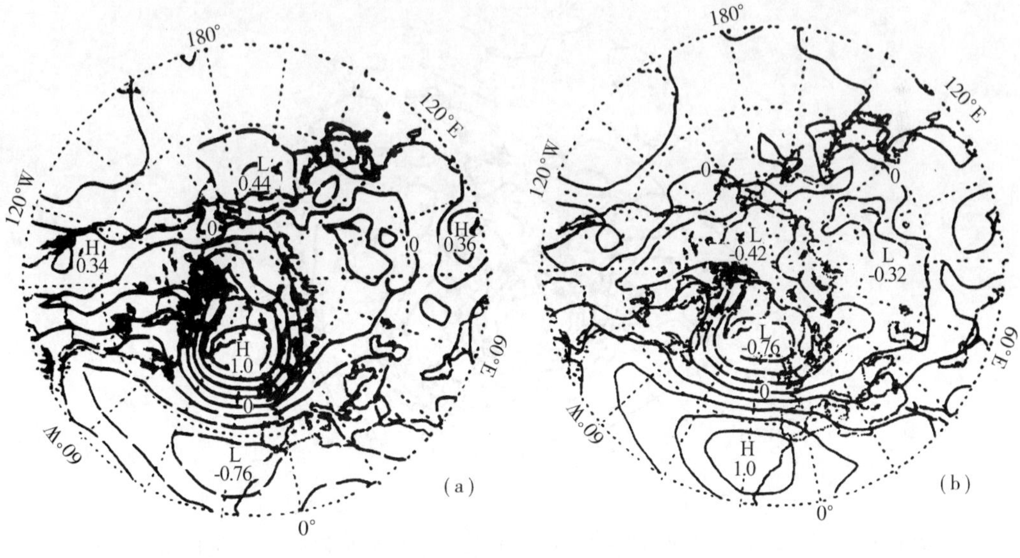


图 6.1.3 海平面气压场的相关系数分布——NAO(引自 Wallace 和 Gutzler,1981)

计算基点为(a)(65°N,20°W);(b)(30°N,20°W)

(等值线间隔为 0.2)

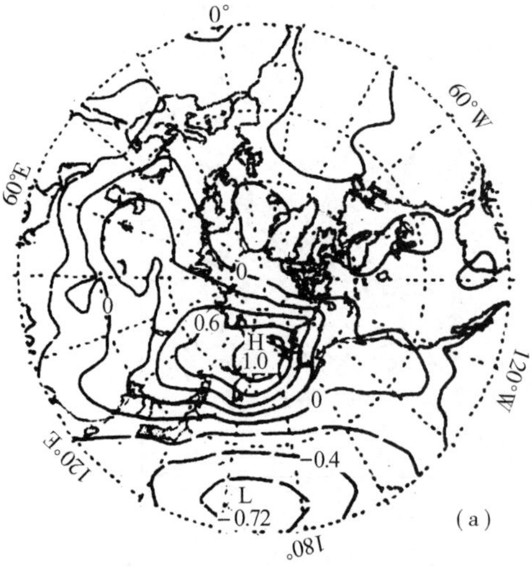


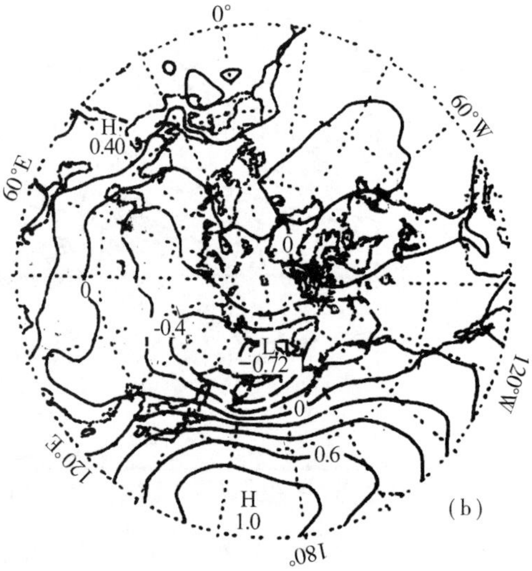


**图 6.1.4** 海平面气压场的相关系数分布——NPO(引自 Wallace 和 Gutzler,1981)
计算基点为(a)(65°N,170°E);(b)(25°N,165°E)
(等值线间隔为 0.2)

NAO 和 NPO 反映的是地面气压的南北向跷跷板式变化,它们在高空也有明显的反映,即在对流层位势高度场上也有类似的南北向相关系数的分布形势。图 6.1.5 是根据 45 个月(1962 年 12 月—1977 年 2 月)的 500 hPa 位势高度资料计算的对于(65°N,20°W)与(30°N,20°W)两点海平面气压差的相关系数分布。它既反映了位势高度场变化同地面的耦合关系,也进一步说明了 NAO 的存在。

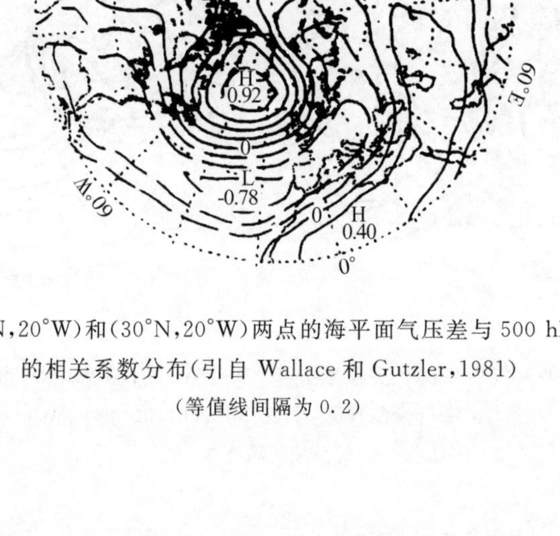


**图 6.1.5** (65°N,20°W)和(30°N,20°W)两点的海平面气压差与 500 hPa 位势高度间的相关系数分布(引自 Wallace 和 Gutzler,1981)
(等值线间隔为 0.2)

### 6.1.2 对流层大气环流的遥相关

相对于地面气压场来讲，对流层大气(例如 500 hPa)大气环流的遥相关型要复杂得多。根据多年资料的分析，Wallace 和 Gutzler(1981)发现北半球冬季 500 hPa 主要存在 5 个遥相关型。它们分别是太平洋-北美(PNA)型、欧亚(EU)型、西大西洋(WA)型、西太平洋(WP)型和东大西洋(EA)型。其后的许多工作都证实了上述遥相关型的存在，说明它们表现了大气环流变化的重要特征。其中尤以 PNA 型和 EU 型遥相关更具有重要意义，EU 遥相关型往往可延伸到太平洋，因此我们不妨称其为 EUP 遥相关型(过去我们曾将其称为 EAP 型)。

#### *6.1.2.1* 东大西洋遥相关(EA)

东大西洋遥相关型表明了副热带东大西洋、北大西洋及欧洲地区 500 hPa 位势高度变化的遥相关特征。图 6.1.6 是 EA 型遥相关的基本形势，其中粗虚线是相关系数中心的连线，也就是后面将要讨论的遥相关波列。一般地，若北大西洋地区有异常高的 500 hPa 高度，而副热带东大西洋和东欧地区 500 hPa 高度较低，则出现正 EA 型遥相关；反之，则出现负 EA 型遥相关。

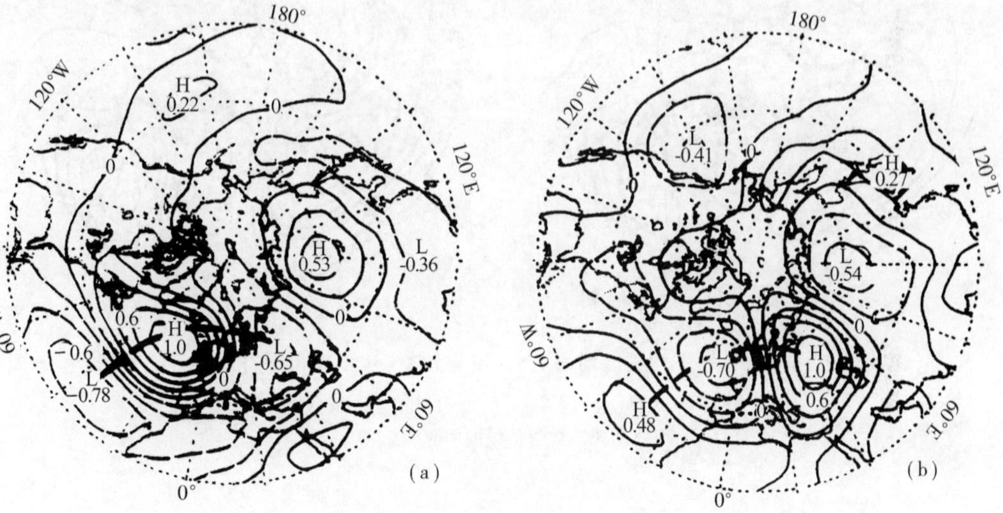


**图 6.1.6** 500 hPa 月平均高度场的 EA 型遥相关(引自 Wallace 和 Gutzler,1981)
计算基点为(a)(55°N,20°W);(b)(50°N,40°E)
(相关系数等值线间隔为 0.2)

上述正、负 EA 型遥相关反映在 500 hPa 形势场上有极明显的差异。对应于正 EA 型，500 hPa 上在东大西洋(20°W)有明显的高压脊，在黑海(40°E)一带高空槽很强。而对应于负 EA 型，将有相反的 500 hPa 形势，20°W 附近为高空槽控制，40°E 附近有高压脊存在。这种 500 hPa 形势的巨大差异对天气气候的影响也必然不同。可见，一种遥相关型所引起的天气气候变化会有所不同，但还须注意具体特征。在 6.1.3 节中我们要讨论的遥相关指数将可以解决这个问题。

### 6.1.2.2 太平洋-北美遥相关(PNA)

太平洋-北美遥相关表明了中东太平洋与北美大陆 500 hPa 环流形势变化的关系。这种遥相关关系早已为人们所注意,例如 Namias 在 1951 年已指出冬半年北太平洋(40°N,150°W)700 hPa 月平均高度同美国东部(35°N,75°W)700 hPa 月平均高度有很强的正相关;Klein(1952)认为在月平均图上,美国西部的槽(脊)有同美国东部的脊(槽)相伴出现的趋势。用多年 500 hPa 高度资料计算得到的 PNA 遥相关型的特征如图 6.1.7 所示。其中图 6.1.7a 基本反映了正 PNA 型,图 6.1.7b 基本反映了负 PNA 型。

在 500 hPa 形势图上,正 PNA 型遥相关对应着北美大陆西岸为强高空脊控制,北太平洋和北美东部都是高空槽控制区;负 PNA 型遥相关对应的形势不同,整个北美大陆为高空大槽控制,而北太平洋高压脊明显存在。

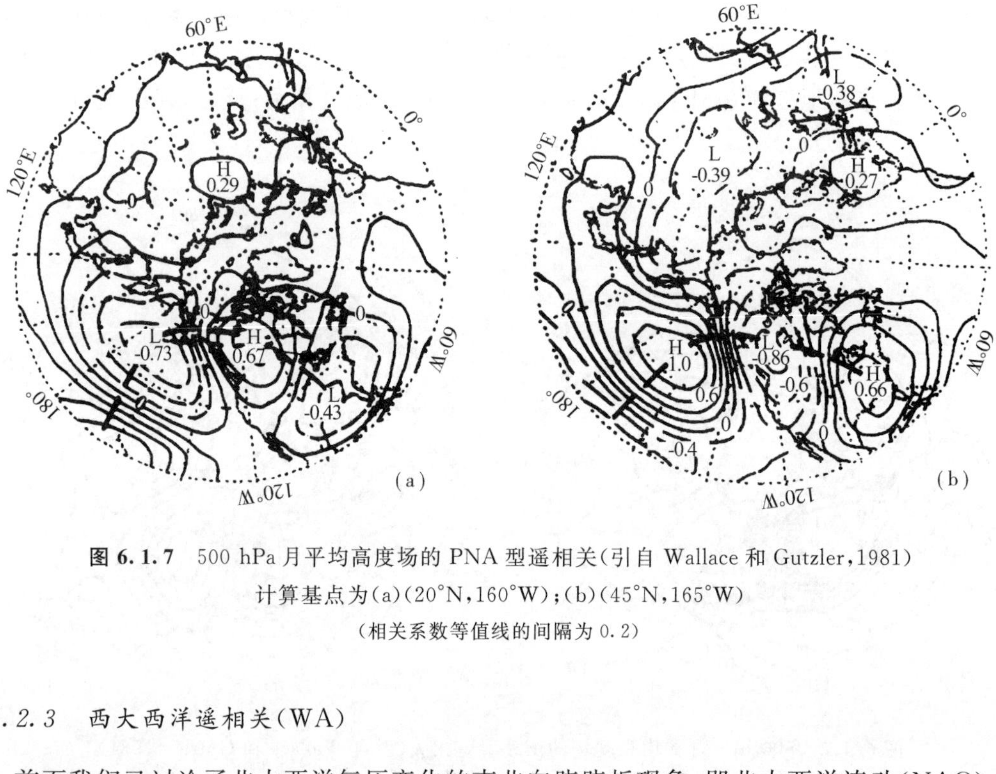


**图 6.1.7** 500 hPa 月平均高度场的 PNA 型遥相关(引自 Wallace 和 Gutzler,1981)

计算基点为(a)(20°N,160°W);(b)(45°N,165°W)

(相关系数等值线的间隔为 0.2)

### 6.1.2.3 西大西洋遥相关(WA)

前面我们已讨论了北大西洋气压变化的南北向跷跷板现象,即北大西洋涛动(NAO)。在 500 hPa 环流的演变中也有类似的形势,即在 60°~50°W 附近地区的热带和高纬度的 500 hPa 高度有明显负相关。同 NAO 的不同之处仅在于 WA 型遥相关同西欧地区 500 hPa 高度变化也有一定关系,如图 6.1.8 所示。

正的 WA 型在 500 hPa 上表现为弱的北美东岸大槽和弱的西大西洋急流;强烈发展的北美东岸大槽和强的西大西洋急流则对应着负 WA 型遥相关。

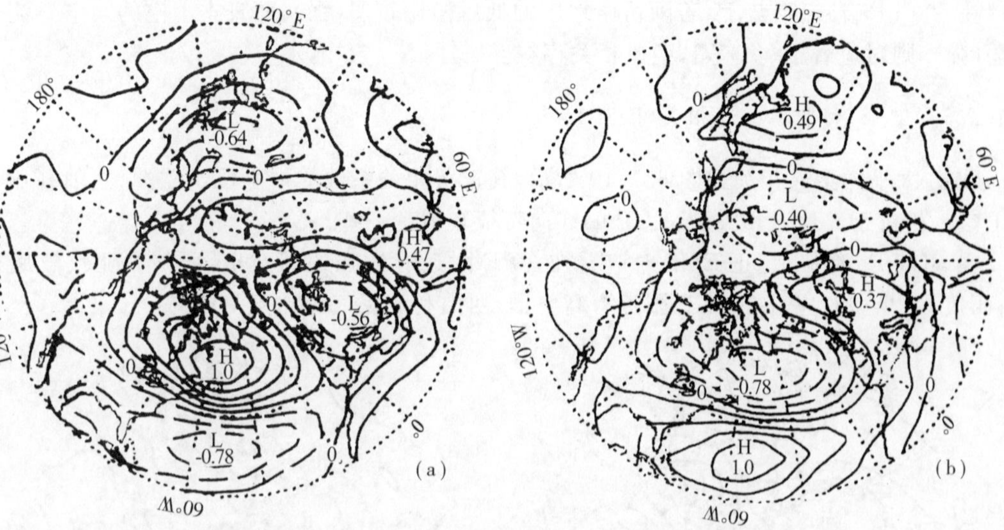


**图 6.1.8** 500 hPa 月平均高度场的 WA 型遥相关(引自 Wallace 和 Gutzler,1981)

计算基点为(a)(55°N,55°W);(b)(30°N,55°W)

(相关系数等值线的间隔为 0.2)

*6.1.2.4* 西太平洋遥相关(WP)

同样地,与地面气压的北太平洋涛动(NPO)相对应,在 500 hPa 高度的变化方面也有西太平洋遥相关(WP)。在 150°~160°E 附近,热带地区的 500 hPa 高度变化与中高纬度地区 500 hPa高度变化有明显的负相关,这就是 WP 型遥相关(图 6.1.9)。

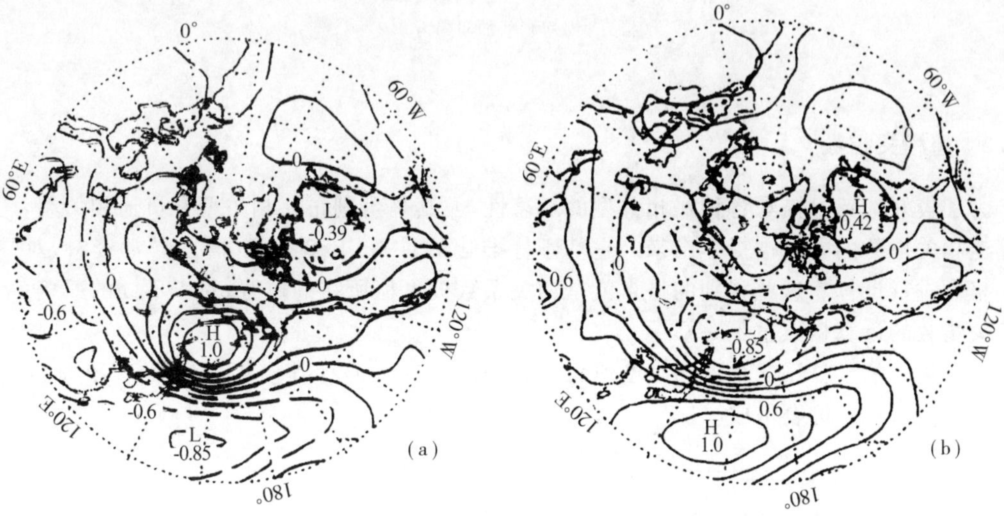


**图 6.1.9** 500 hPa 月平均高度场的 WP 型遥相关

计算基点为(a)(60°N,155°E);(b)(30°N,155°E)

(相关系数等值线的间隔为 0.2)

在 500 hPa 环流形势上,若阿留申地区的低压槽比较弱(强),而日本上空的高空急流也比较弱(强),则对应着正(负)WP 型遥相关存在。

*6.1.2.5*　欧亚-太平洋型遥相关(EUP)

欧亚-太平洋型遥相关如图 6.1.10 所示,其正负相关系数的中心位于欧洲、西伯利亚和日本上空。相对于其他遥相关型,EUP 的纬向特征较清楚一些。

在 500 hPa 形势上,正 EUP 对应着在 30°E 附近有较强的高空槽,西伯利亚反气旋比较强;而负 EUP 型对应着在 60°E 附近有高空槽,西伯利亚反气旋比正常偏弱。

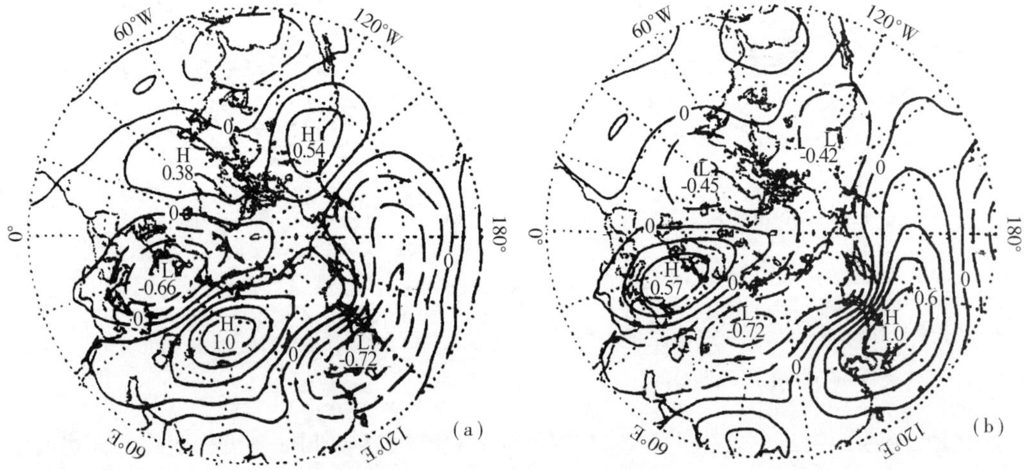


**图 6.1.10**　500 hPa 月平均高度场的 EUP 型遥相关(引自 Wallace 和 Gutzler,1981)
计算基点为(a)(55°N,75°E);(b)(40°N,145°E)
(相关系数等值线的间隔为 0.2)

### 6.1.3　遥相关指数

为了较好地定量描写各种遥相关型的显著性,尤其是辨别正遥相关型和负遥相关型,一种计算遥相关指数的方法被提了出来。它基于标准化的月平均 500 hPa 高度异常资料,对其特别的格点进行计算。这些特别的格点就是相关系数极大值所在的位置,对于不同的遥相关型,遥相关指数的计算格点也不一样。

令某格点的 500 hPa 月平均高度值为 $z(x,y,t)$,$\overline{z}(x,y)$为其多年平均值,那么标准化高度异常 $z^*(x,y,t)$可表示成

$$z^* = \frac{z-\overline{z}}{\sqrt{\dfrac{1}{I}\sum_1^I (z-\overline{z})^2}} \tag{6.1.1}$$

其中 $I$ 表示资料序列的数目。

这样,各种遥相关型的指数可分别写成:

$$\mathrm{EA}(I) = \frac{1}{2}z^*(55°\mathrm{N},20°\mathrm{W}) - \frac{1}{4}z^*(25°\mathrm{N},25°\mathrm{W}) - \frac{1}{4}z^*(50°\mathrm{N},40°\mathrm{E}) \tag{6.1.2}$$

$$\mathrm{PNA}(I)=\frac{1}{4}[z^{*}(20°\mathrm{N},160°\mathrm{W})-z^{*}(45°\mathrm{N},165°\mathrm{W})+ z^{*}(55°\mathrm{N},115°\mathrm{W})-z^{*}(30°\mathrm{N},85°\mathrm{W})] \quad (6.1.3)$$

$$\mathrm{WA}(I)=\frac{1}{2}[z^{*}(55°\mathrm{N},55°\mathrm{W})-z^{*}(30°\mathrm{N},55°\mathrm{W})] \quad (6.1.4)$$

$$\mathrm{WP}(I)=\frac{1}{2}[z^{*}(60°\mathrm{N},155°\mathrm{E})-z^{*}(30°\mathrm{N},155°\mathrm{E})] \quad (6.1.5)$$

$$\mathrm{EUP}(I)=-\frac{1}{4}z^{*}(55°\mathrm{N},20°\mathrm{E})+\frac{1}{2}z^{*}(55°\mathrm{N},75°\mathrm{E})-\frac{1}{4}z^{*}(40°\mathrm{N},145°\mathrm{E}) \quad (6.1.6)$$

注意,上述计算公式中的系数$\frac{1}{2}$和$\frac{1}{4}$为格点的权重系数。

由于上述各种遥相关型都是大气环流持续异常形势的反映,对于短期气候变化有重要的影响,因此,各种遥相关指数及其变化,已被作为短期气候分析和预报的一种有用参数。读者可以从美国气候分析中心出版的每月公报上找到上述5种遥相关型的遥相关指数。

### 6.1.4 夏半年大气环流的遥相关

上述北半球大气环流的各种遥相关型都是基于冬季观测资料分析计算得到的,但其后的一些分析研究表明,在北半球夏半年,上述各种遥相关型也仍然存在,只是不及冬季那么典型。随着季节的转换,基本风系在夏季向北推移,各种遥相关型的分布也略微向北移动了一些,有些遥相关型还与冬季的典型形势略有不同。

关于夏季北半球大气环流的遥相关,还须特别指出一点,即太平洋-日本波列问题。基于西太平洋地区云量和对流层环流的长期变化特征,Nitta在1986年(Nitta,1986;Nitta等,1986)指出太平洋-日本(PJ)涛动的存在;其后又进一步指出夏季北半球环流存在PJ波列,其遥相关形势如图6.1.11所示。并且认为这个遥相关波列的出现同赤道西太平洋地区的对流活动,以至同El Nino事件有密切关系(Nitta,1987)。

在研究我国东部旱涝发生的原因时,可以看到,它不仅与菲律宾周围的对流活动有关,而且也发现有从菲律宾经东亚到北美的波列,这个波列的活动直接与菲律宾周围的对流有关(黄荣辉、李维京,1988)。在菲律宾周围对流活动强的年份,强的副热带高压位于日本及我国江淮流域上空(500 hPa有高度正距平),我国江淮流域及日本高温少雨;而在鄂霍茨克海上空有500 hPa高度负距平出现。在菲律宾周围对流活动弱的年份,虽然也有PJ型波列存在,但正负距平的分布几乎相反,我国江淮及日本上空为负距平区控制,江淮流域往往降水量偏多。与资料分析结果相类似,对菲律宾地区对流加热异常响应的数值模拟试验也清楚地表明,大气中存在着PJ型波列,而且波列的正负距平分布与对流的强弱异常有关(黄荣辉、孙凤英,1992)。

大家知道,在大气遥相关研究的初始阶段,不少人曾把PNA遥相关型的产生归结于ENSO的影响。但随着研究的深入,就不再认为PNA型的出现是ENSO影响的结果,而认为是大气环流演变,尤其是低频振荡活动的自然表征。当然,El Nino事件的发生往往有利于大气环流产生PNA遥相关型。类似地,PJ型遥相关波列的出现也不能仅仅归结于菲律宾周围地区的对流活动,例如在第4章讨论的大气低频遥响应的数值模拟试验中,并没有专门试验菲律

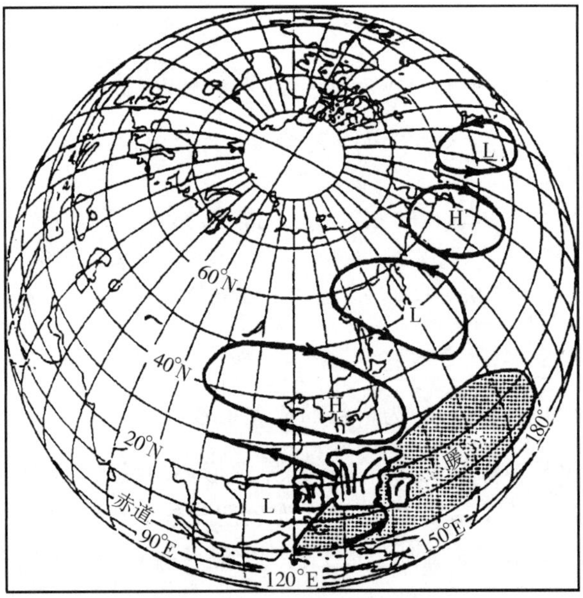


**图 6.1.11**　太平洋-日本(PJ)波列示意图(引自 Nitta,1987)

宾周围对流活动的异常影响,但在夏季也可以清楚地看到有类似 PJ 型波列的存在。Lau (1992)的分析研究也清楚地表明 PJ 波列的存在主要是大气环流的内在特性,在没有外强迫的影响下,仍可以有类似的遥相关(波列)。当然,菲律宾周围的对流异常对激发 PJ 波列也是有利的。

### 6.1.5　南半球大气环流的遥相关

南半球大气环流的遥相关形势同北半球有极明显的不同。在南半球,由正、负相关系数的中心所组成的波列结构不太清楚,而随着计算基点的改变将会出现不同的遥相关特征型。归纳起来,南半球 500 hPa 高度场的遥相关较常出现这样三种形势:一种为经向偶极、纬向狭长型遥相关(MD/ZE 型);另一种为 3(或 4)波型遥相关(W3)型;第三种为孤立异常型遥相关(IA 型)。一般来讲,在热带和副热带地区(基点)常表现为经向偶极、纬向狭长型遥相关(图 6.1.12);在 40°～50°S 附近地区(基点)常表现为 3～4 波遥相关型(图 6.1.13);而在高纬度地区,经向偶极、纬向狭长型遥相关又比较明显,有时也有孤立异常型遥相关出现(图 6.1.14)。

在相同纬度带的不同地区,所出现的遥相关型的特征也有所不同,表 6.1.1 给出的是南半球冬季 500 hPa 高度场遥相关型在不同地区出现的情况。它基本上反映了上面所分析的特征,但又略有不同。例如在 60°S 纬带,印度洋地区主要表现为经向偶极型遥相关,而南太平洋地区的 3 波型遥相关更明显。

同北半球的情况一样,南半球夏季的遥相关型与冬季情况基本类似,只是在冬季,遥相关型及其特征显得更为突出。

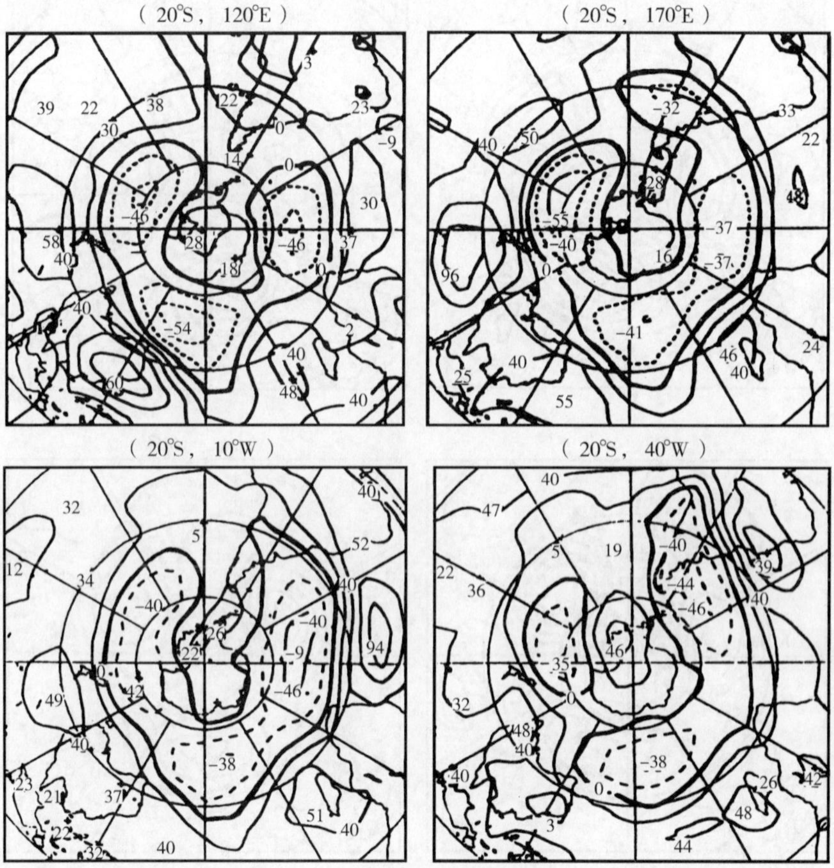


**图 6.1.12** 南半球 500 hPa 月平均高度场的遥相关形势(引自 Kousky 和 Bell,1992)
(相关系数间隔为 0.2,各图上面的数字表示计算的基点位置(沿 20°S))

**表 6.1.1** 南半球冬季 500 hPa 月平均高度场的遥相关型
(其中 MD/ZE 为经向偶极、纬向狭长型遥相关;W3 为 3～4 波型遥相关;IA 为孤立异常型遥相关)

| 地区<br>纬度 | 南大西洋 | 印度洋 | 西南太平洋 | 中一东太平洋 |
|---|---|---|---|---|
| 20° | MD/ZE | MD/ZE | MD/ZE | MD/ZE |
| 30° | MD/ZE | MD/ZE | MD/ZE | MD/ZE |
| 40° | W3 | W3 | MD/ZE | MD/ZE |
| 50° | W3 | W3 | W3 | W3(东太平洋不明显) |
| 60° | MD/ZE(西南部为 IA) | MD/ZE | W3 | W3 |
| 70°,80° | MD/ZE | MD/ZE | MD/ZE | IA |

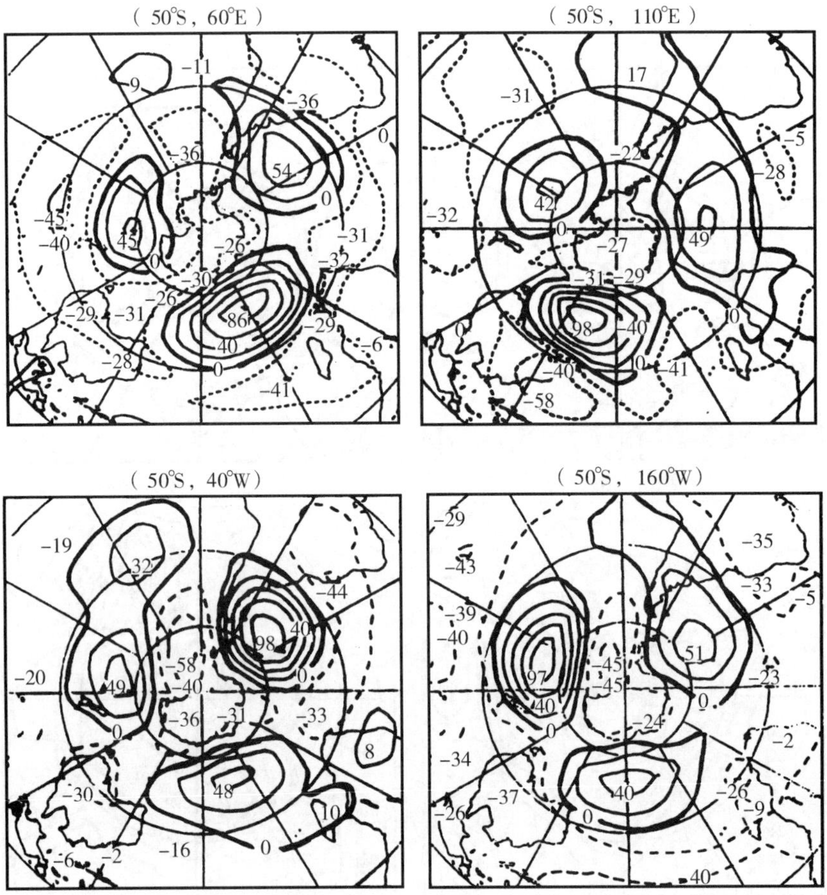


**图 6.1.13**　同图 6.1.12,但基点在 50°S 纬圈

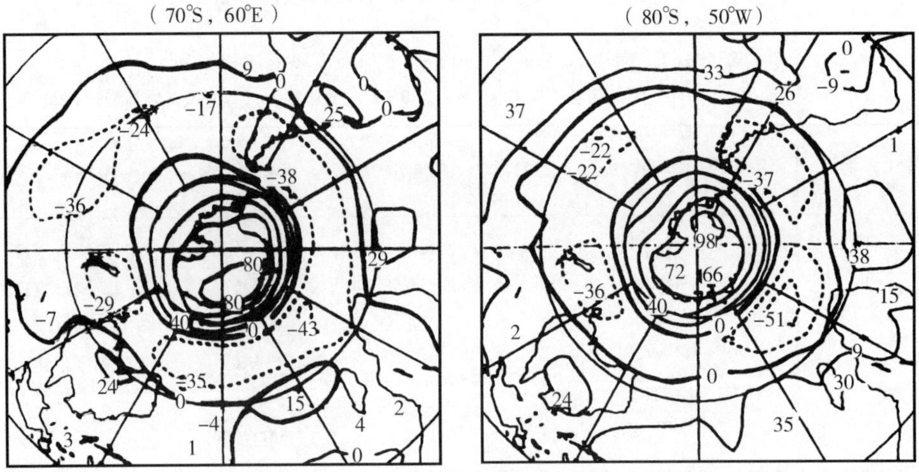


**图 6.1.14**　同图 6.1.12,但基点在(70°S,60°E)和(80°S,50°W)

# 6.2 大气对外源强迫的遥响应

上一节的讨论已经清楚地表明,大气环流的长时间演变存在着遥相关特征。那么大气环流变化为何会出现上述各种遥相关型呢?人们首先将对流层大气环流的遥相关型的产生归结为大气对地形和准定常热源的强迫响应。因为 Bjerknes(1966)早就指出过大气对外强迫(例如 SST 异常)可以产生一定的响应形势,地形和准定常热源将在大气中激发出遥响应。遥相关型也就被认为是遥响应的产物。

## 6.2.1 ENSO 与 PNA 型遥相关

基于一些资料分析,人们首先把 PNA 遥相关型同赤道东太平洋的 SST 异常(ENSO)联系起来(Horel 和 Wallace,1981),认为 PNA 遥相关型的出现就是大气对赤道东太平洋 SST 异常的响应。其后,数值模拟也证明了这种结论(Shukla 和 Wallace,1983),并且人们把这种遥响应归纳为图 4.4.1 所示的形势。

更多的分析研究又发现,PNA 遥相关型与 ENSO 的相关性并非很高。PNA 遥相关型是经常存在的,尤其是在北半球冬半年,然而 ENSO 却是好几年才发生一次,即没有赤道东太平洋 SST 的明显正异常,PNA 遥相关型却可以明显存在。因此,把 PNA 遥相关型的产生仅归结于 ENSO 的影响,无疑是不能完全令人信服的。一些理论分析和数值模拟结果也表明,没有 El Nino 事件的激发,PNA 遥相关型同样可以产生出来。例如,在用一个 GCM 对冬季黑潮地区 SST 正异常所进行的数值模拟研究中,大气对这种中纬度地区 SST 异常(外强迫)的响应是也出现了类似 PNA 型的环流异常(图 6.2.1)。

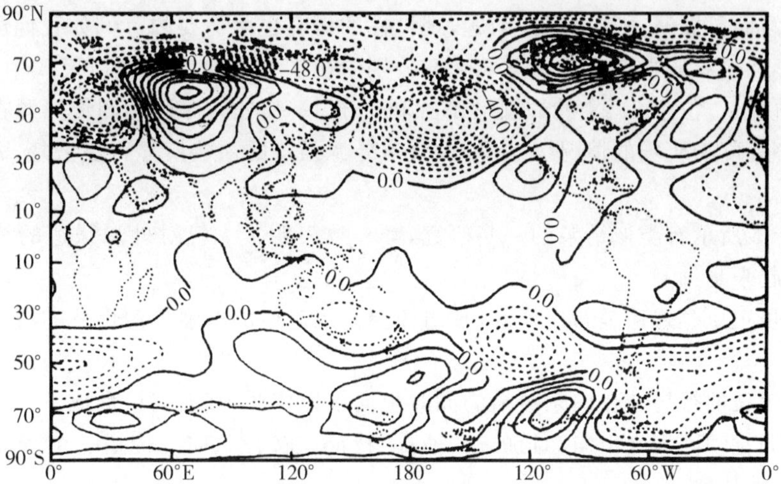


**图 6.2.1** 由冬季黑潮地区(20°～48°N,120°～140°E)SST 正异常(1.8℃)引起的 2 月份全球大气 500 hPa 高度响应的分布(引自李崇银、龙振夏,1992)

(等值线间隔为 12 m)

根据一系列分析研究和数值模拟试验的结果,可以认为,PNA遥相关型(其他遥相关型也一样)是大气环流演变的基本特性之一,它(们)的产生并不同El Nino事件有直接关系,没有El Nino的时候,它照样可以出现。但是,这并不等于说PNA遥相关型同ENSO一点关系也没有,在El Nino事件时期,往往有利于PNA遥相关型的发生。看来,El Nino可以激发产生PNA型遥响应,但它仅是因素之一,并非基本,更非唯一。

### 6.2.2 地形和定常热源的强迫响应

在考虑赤道东太平洋海温异常这种热带强迫源影响的同时,人们更加注意到大地形和定常热源这些中纬度外强迫的响应情况,并认为它们对形成大气遥相关型(波列)有更重要的作用。

分析GCM和线性模式对地形和热源的响应试验结果表明,它们之间虽不完全一致,但在定性和定量方面都是很相似的,而且都同等程度地接近于实际观测。因此,我们将用线性模式的结果来讨论大气对地形和热源强迫的遥响应问题。

图6.2.2给出了不同高度上由一个高分辨线性模式(垂直分辨率为1 km,经向分辨率为1个纬距)计算得到的定常行星波的位势高度场形势。大体上讲,这些形势同Van Loon等(1973)由观测资料得到的结果相当一致。用这个模式分别计算的地形强迫和定常热源强迫所产生的行星波形势如图6.2.3和图6.2.4所示。比较纯地形强迫结果的图6.2.3和6.2.2,我们可以看到两者几乎是一致的。这表明地形强迫对于气候定常波的形成是极其重要的,而热源强迫作用相对较小。

从图6.2.2~6.2.4我们可以看到,地形和定常热源以及它们的共同作用,都能在大气中激发产生行星波列,大气中遥相关型的产生也就同地形和定常热源的强迫有关。对于不同的基本态气流,地形和热源所引起的大气遥响应将会有不同的形势。可以初步认为,外源强迫和大气基本气流的相互作用,是产生各种遥相关型的根本原因。

上面讨论的大气响应是对于北半球的整个地形分布和定常热源的结果,可以便于同实际观测相比较;然而要搞清一些机理性问题,理论性的研究也是需要的。例如我们可以分析孤立的局地性地形和热源的强迫响应。图6.2.5分别给出了在一个5层斜压模式中,在北半球冬季纬向气流情况下,位于30°N处的圆形山脉和位于15°N处的深厚椭圆形热源在300 hPa上所产生的位势高度响应场的情况。这里,大气对外源强迫的遥响应显得更清楚,波列特征更为突出。

同图6.2.5所示有类似结果的一些研究,都一致表明了大气对外源强迫的线性响应的基本性质,归纳起来是:

(1)无论是正压模式还是斜压模式,在对流层高层产生的由强迫源出发的波列都是非常类似的;

(2)波长较长的行星波在向东传播的同时也向极地传播,其波列可形成一个不很典型的大圆,波长较短的扰动则表现出向赤道的被"捕捉"特征,在向东、向北传播一个较短的距离后便很快转而向赤道传播;

(3)热带地区的强迫有利于在中高纬度地区产生较大振幅的大气响应;

(4)对于中纬度的热力强迫来讲,热源的垂直分布对低层温度场起着决定性的作用。

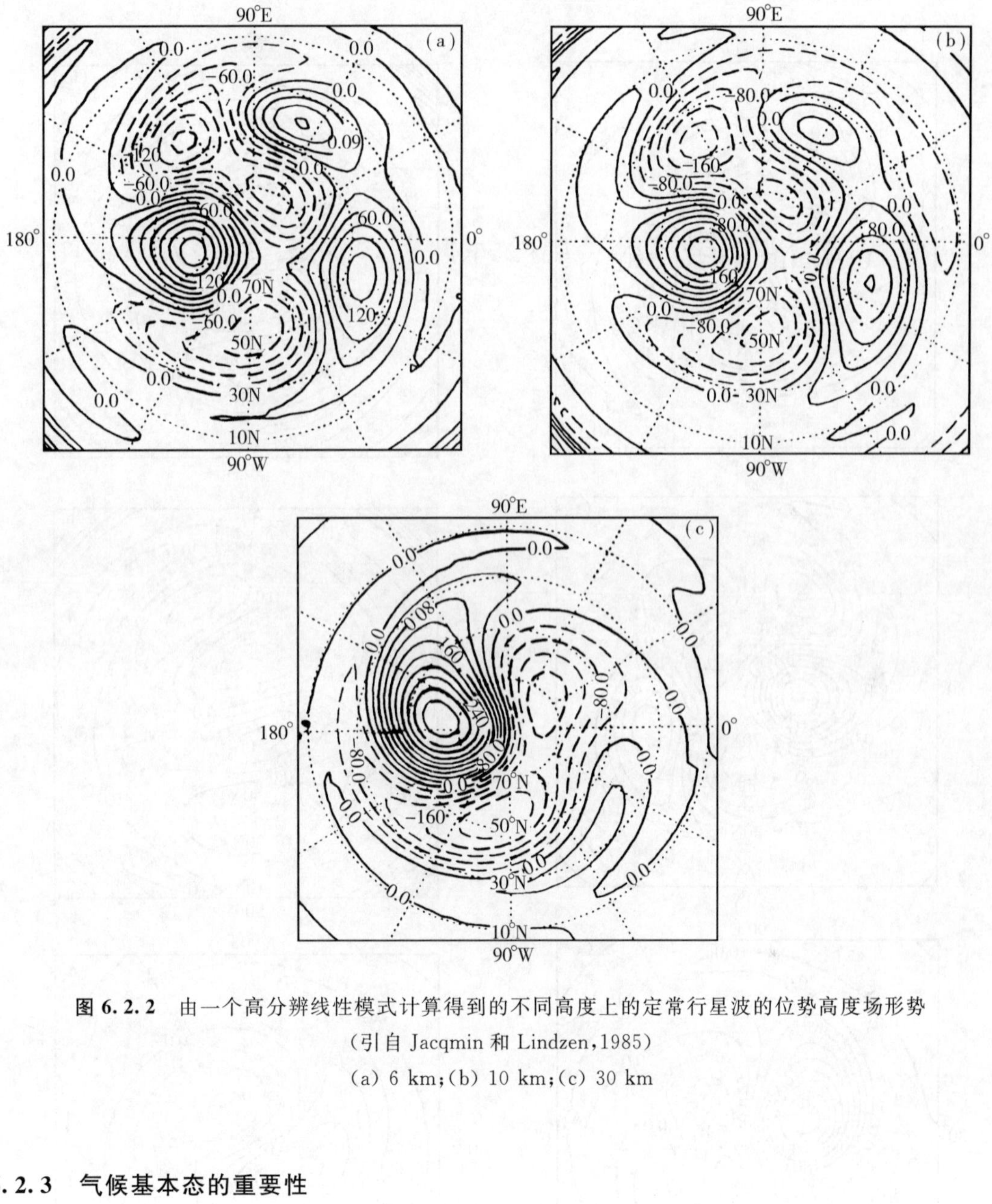


**图 6.2.2**　由一个高分辨线性模式计算得到的不同高度上的定常行星波的位势高度场形势

(引自 Jacqmin 和 Lindzen,1985)

(a) 6 km;(b) 10 km;(c) 30 km

### 6.2.3　气候基本态的重要性

大气对外源强迫可以产生极为清楚的遥响应,说明了外源强迫对于大气环流演变和气候变化的重要性。但是,正如前面已经指出的,大气中出现某种形势的遥响应,并不完全取决于外源强迫,气候基本态的情况也起着重要的作用。

一方面,一些数值模拟试验结果清楚地表明,低纬度的热源强迫会在中高纬度地区产生较强的大气环流的遥响应;而位于中高纬度地区的热源强迫在热带大气中却不能激发出强的响应(Webster,1982)。这似乎说明外源强迫对大气遥响应及大气环流变化是极其重要的,甚至外源的地理位置都有重要作用。但是另一方面,一些数值模拟研究又表明,遥响应的发生,特别是将出现什么形势的遥响应,大气的基本气候态(基本流场形势)也有重要的作用。低纬度

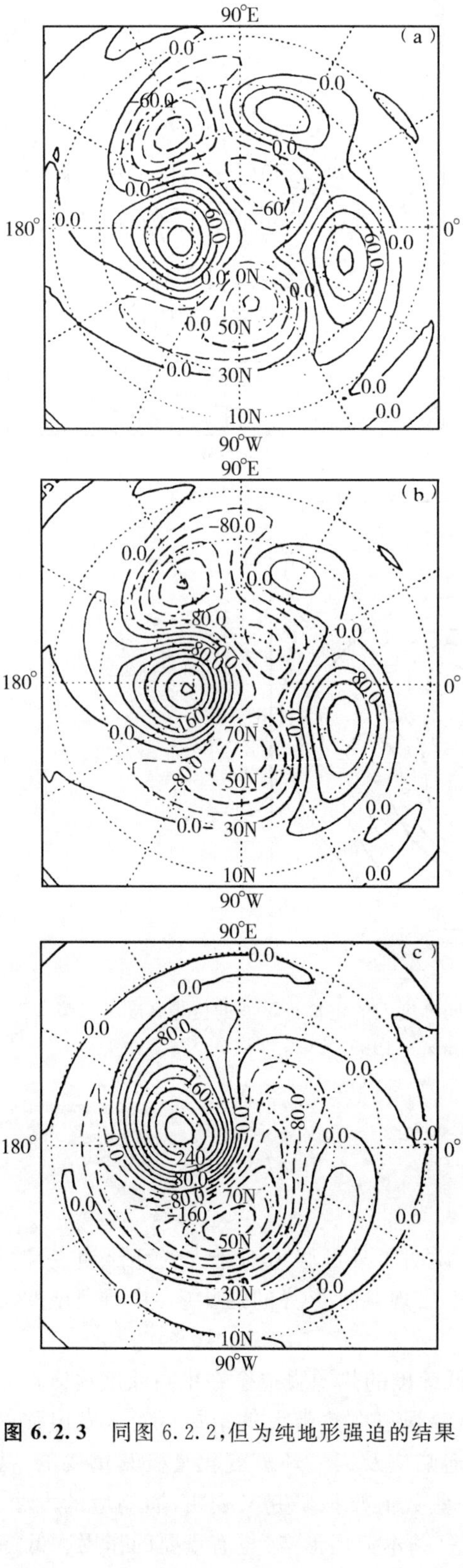


图 6.2.3　同图 6.2.2,但为纯地形强迫的结果

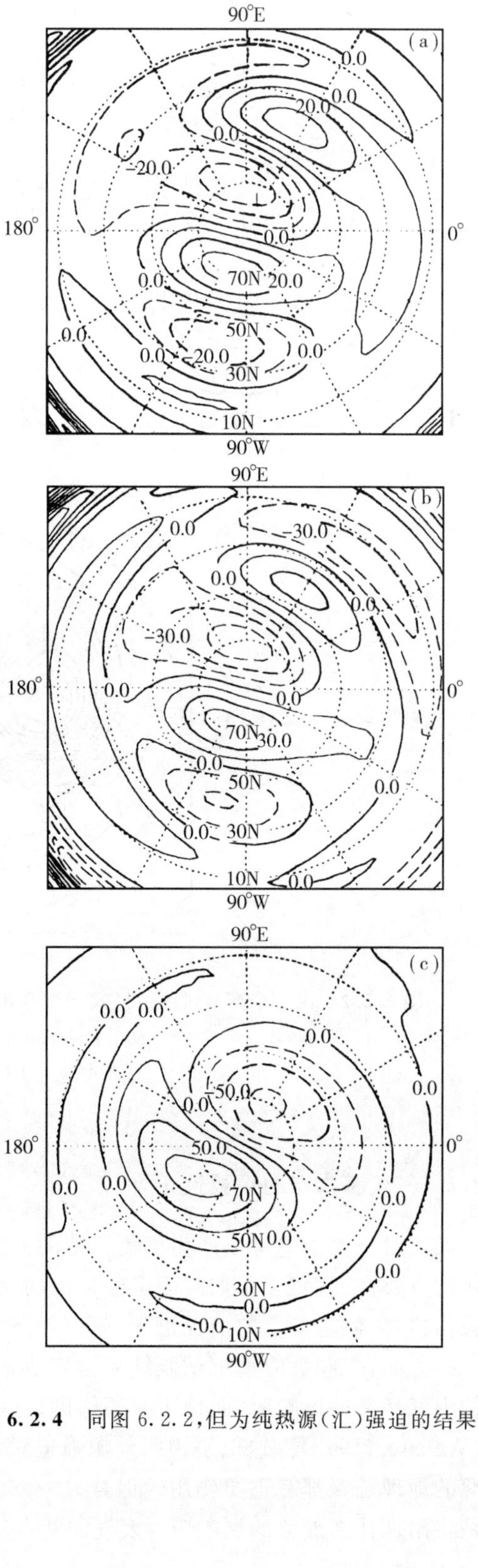


图 6.2.4　同图 6.2.2,但为纯热源(汇)强迫的结果

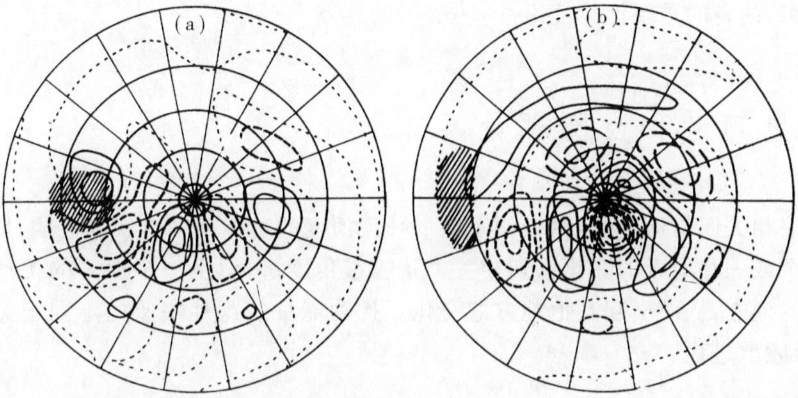


**图 6.2.5**　位于 30°N 的圆形山脉(a)和位于 15°N 的椭圆形热源(b)在北半球冬季纬向基本气流情况下所分别激发产生的 300 hPa 位势高度场的遥响应形势(引自 Hoskins 和 Karoly,1981)
(阴影区表示外强迫源)

热源可以在中纬度引起较强的遥响应,而中高纬度热源在低纬度地区却难以产生强的遥响应,这同大气基本风场的结构是有关系的,所以其本身就已包括了基本气候态的影响。图 6.2.6a 和 b 是在同一种基本气候态情况下,初始扰动中心分别位于(30°N,0°E)和(30°N,120°E)两处地方所计算得到的第 10 天的扰动流函数分布图。虽然初始时刻扰动流函数的形势相差甚远(图略),但是相同气候基本态的不稳定模最终导致了相当类似的遥响应。

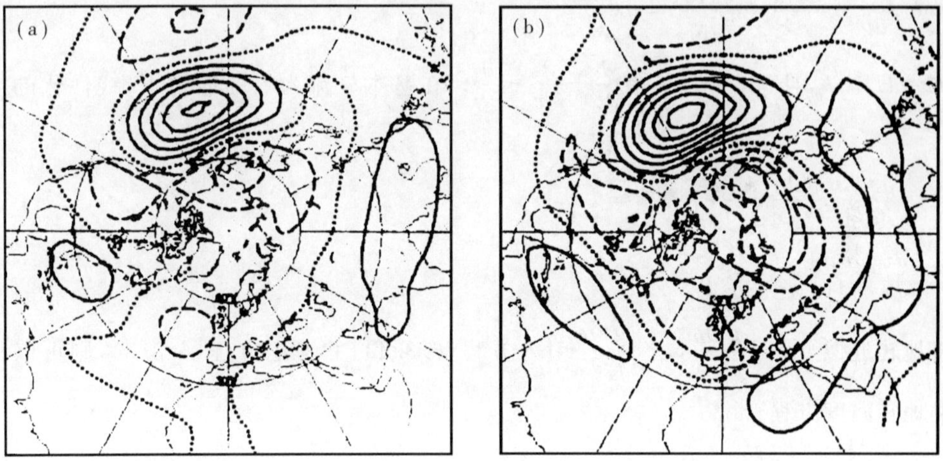


**图 6.2.6**　在同一气候基本态情况下,位于不同地方的扰源所引起的第 10 天的扰动流函数的分布形势(引自 Simmons 等,1983)

大气对外源强迫的遥响应本来就包含了两个方面,其一是外源强迫,包括外强迫的强度、位置和种类,也包括外强迫源的结构,它们对于所激发的大气响应形势都有影响。另外,既然是大气的响应,当然其响应的程度和性状就同大气的基本特征有密切关系,而这其中气候基本态是尤其重要的因素。外源强迫和基本气候态对于某种遥响应的产生都有重要的作用,既不能过分夸大外强迫的重要性,也不能片面强调基本气候态的作用。对于某种具体的遥响应或遥相关型来讲,两者的重要性可能有些差异。

# 6.3 能量频散和大圆理论

无论是遥相关还是遥响应,都表明了大气环流演变的这样一个事实和性质,即一个地方的变化同某一个或一些地方的变化密切相关。从能量角度讲,似乎一个地方的扰动动能被很快地传到了别的地方,从而引起其他地方的变化。扰动能量的这种快速的不同于运动本身的传播,就是能量频散过程。

### 6.3.1 长波能量频散概念

大气是一种频散介质,当大气中产生了某种扰动之后,其能量将以群速度向外传播,而一般来讲,群速度不等于(常大于)相速度时,可出现能量频散现象。Yeh(1949)最早从理论上研究了长波的能量频散,并用此较好地解释了西风带槽脊发展的所谓上游效应。

考虑均匀不可压缩的大气运动,并设其厚度为 $H$,运动方程组可写成

$$\frac{\mathrm{d}u}{\mathrm{d}t}-fv=-g\frac{\partial H}{\partial x} \tag{6.3.1}$$

$$\frac{\mathrm{d}v}{\mathrm{d}t}+fu=-g\frac{\partial H}{\partial y} \tag{6.3.2}$$

$$\frac{\partial H}{\partial t}+\frac{\partial Hu}{\partial x}+\frac{\partial Hv}{\partial y}=0 \tag{6.3.3}$$

其中 $H=H_0+h$,且 $H_0\gg h$;$\frac{\mathrm{d}}{\mathrm{d}t}=\frac{\partial}{\partial t}+\frac{\partial}{\partial x}+\frac{\partial}{\partial y}$。在基本气流为零的假定下,线性化的涡度方程为

$$\frac{\partial\zeta}{\partial t}+f\left(\frac{\partial u}{\partial x}+\frac{\partial v}{\partial y}\right)+\beta v=0 \tag{6.3.4}$$

这里 $\zeta=\frac{\partial v}{\partial x}-\frac{\partial u}{\partial y}$。

将地转近似 $u=-\frac{g}{f}\frac{\partial h}{\partial y}$,$v=\frac{g}{f}\frac{\partial h}{\partial x}$引入方程(6.3.4),并考虑方程(6.3.3),则可以得到线性化准地转涡度方程

$$(\nabla^2-\lambda^2)\frac{\partial h}{\partial t}+\beta\frac{\partial h}{\partial x}=0 \tag{6.3.5}$$

取波动解

$$h(x,y,t)=\eta_0\mathrm{e}^{\mathrm{i}(kx+ly-\omega t)} \tag{6.3.6}$$

由式(6.3.5)可得频率关系式

$$\omega=-\frac{\beta k}{(k^2+l^2)+\lambda^2} \tag{6.3.7}$$

这里 $\lambda^2=f^2/gH_0$,表示辐合辐散的作用。

由频率关系式(6.3.7),可以分别求解出大气长波的相速度 $C$ 为

$$C=\frac{\omega}{k}=-\frac{\beta}{(k^2+l^2)+\lambda^2} \tag{6.3.8}$$

这就是有散度作用下的 Rossby 波波速公式；以及群速度 $C_g$

$$C_g=\frac{\mathrm{d}\omega}{\mathrm{d}k}=\frac{(\beta L^2+2\lambda^2L^2C)/4\pi^2}{1+\lambda^2L^2/4\pi^2} \tag{6.3.9}$$

这里 $L$ 是纬向波长，$k=2\pi/L$。

比较式(6.3.8)和(6.3.9)，可以看到，一般来讲大气长波的群速度 $C_g$ 并不等于相速度 $C$，大气长波是一种频散波。对于无辐散的情况，$\lambda^2=0$，大气长波的相速度和群速度公式可分别写成

$$\left.\begin{aligned}C&=-\frac{\beta L^2}{4\pi^2}\\C_g&=\frac{\beta L^2}{4\pi^2}\end{aligned}\right\} \tag{6.3.10}$$

图 6.3.1 给出了大气中长波的相速度和群速度随波长变化的情况，其中$\bar{u}$是基本气流速度。显然，在无辐散运动中，$C_g$ 的最大值是无穷大，意味着在无辐散运动中，任意一个扰动的影响可以立即传送到无穷远的地方去；在有辐散的运动中，$|C_g|$ 的最大值是有限的，扰动的影响只传送到有限范围。但是，无论什么情况，$C_g$ 的值都大于 $C$，即扰动能量将快于扰动本身的传播，可以在扰动尚未到达的地方激发出新的扰动。

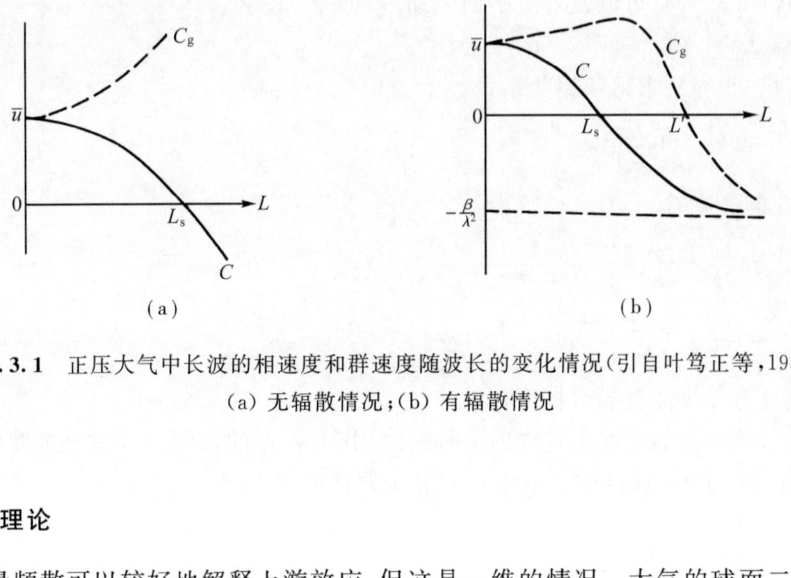


**图 6.3.1**　正压大气中长波的相速度和群速度随波长的变化情况(引自叶笃正等，1988)
(a) 无辐散情况；(b) 有辐散情况

### 6.3.2　大圆理论

长波能量频散可以较好地解释上游效应，但这是一维的情况。大气的球面二维运动更具普遍特征，Hoskins 和 Karoly(1981)考虑二维球面运动中大气行星波的能量频散特征，较好地对遥相关和遥响应的波列路径给予了理论解释。这里就讨论遥相关波列路径常呈所谓大圆的机理——大圆理论。

仍以正压大气运动为例，其线性无辐散涡度方程可以写成

$$\left(\frac{\partial}{\partial t}+\bar{u}_M\frac{\partial}{\partial x}\right)\left(\frac{\partial^2\psi}{\partial x^2}+\frac{\partial^2\psi}{\partial y^2}\right)+\beta_M\frac{\partial\psi}{\partial x}=0 \tag{6.3.11}$$

其中 $x$ 和 $y$ 是球坐标的 Mercator 投影，即

$$\left.\begin{aligned} x &= a\lambda \\ y &= a\ln\frac{1+\sin\varphi}{\cos\varphi} \end{aligned}\right\} \tag{6.3.12}$$

这里 $a$ 是地球半径,$\lambda$ 和 $\varphi$ 分别是经度和纬度;$\overline{u}_M$ 是纬向基本气流的 Mercator 投影,即

$$\overline{u}_M = \overline{u}/\cos\varphi \tag{6.3.13}$$

而 $\beta_M$ 是绝对涡度的经向梯度与 $\cos\varphi$ 的乘积,

$$\beta_M = \frac{2\Omega}{a}\cos^2\varphi - \frac{d}{dy}\left[\frac{1}{\cos^2\varphi}\frac{d}{dy}(\cos^2\varphi\,\overline{u}_M)\right] \tag{6.3.14}$$

另外,$x$ 和 $y$ 与 $\lambda$ 和 $\varphi$ 之间还有如下关系式:

$$\left.\begin{aligned} &\frac{1}{a\cos\varphi}\frac{\partial}{\partial\lambda} = \frac{1}{\cos\varphi}\frac{\partial}{\partial x} \\ &\frac{1}{a}\frac{\partial}{\partial\varphi} = \frac{1}{\cos\varphi}\frac{\partial}{\partial y} \\ &\nabla^2 = \frac{1}{\cos^2\varphi}\left(\frac{\partial^2}{\partial x^2}+\frac{\partial^2}{\partial y^2}\right) \\ &\cos\varphi = \mathrm{sech}\,\frac{y}{a} \\ &\sin\varphi = \tanh\frac{y}{a} \end{aligned}\right\} \tag{6.3.15}$$

对于方程(6.3.11),可以设其有平面波动解,即令

$$\psi = \psi_0 e^{i(kx+ly-\omega t)} \tag{6.3.16}$$

由方程(6.3.11)很容易求得频率关系式

$$\omega = \overline{u}_M k - \frac{\beta_M k}{k^2+l^2} \tag{6.3.17}$$

这种平面波的群速度 $\boldsymbol{C}_g=(C_{gx},C_{gy})$ 为

$$C_{gx} = \frac{\partial\omega}{\partial k} = \frac{\omega}{k} + \frac{2\beta_M k^2}{(k^2+l^2)^2} \tag{6.3.18}$$

$$C_{gy} = \frac{\partial\omega}{\partial l} = \frac{2\beta_M kl}{(k^2+l^2)^2} \tag{6.3.19}$$

显然,平面波具有二维能量频散特征。

按照定义,某种波的射线是这样的一种曲线,其上各点的切线就是波动能量传播(其速度为 $\boldsymbol{C}_g$)的方向。对于静止行星波($\omega=0$),波射线方程可写成

$$\frac{dy}{dx} = \frac{C_{gy}}{C_{gx}} = \frac{1}{k} \tag{6.3.20}$$

对某一种波而言,沿一射线应有 $k$ 为常数,并且有

$$k^2 + l^2 = K_s^2 \tag{6.3.21}$$

这里 $K_s$ 为静止波数。由式(6.3.17),对于静止行星波($\omega=0$),静止波数可由基本气流来确定,即

$$K_s = \left(\frac{\beta_M}{\overline{u}_M}\right)^{\frac{1}{2}} \tag{6.3.22}$$

这样,由式(6.3.18)和(6.3.19)可求得行星波群速度的大小为

$$C_g = 2\frac{k}{K_s}\bar{u}_M \tag{6.3.23}$$

这就是在 Mercator 投影情况下，静止行星波的能量传播速度。显然，在波数不变的情况下，基本气流的分布对行星波能量的传播起决定性作用。

为了得到在给定纬向波数和频率的情况下，波动振幅和位相的更确定的关系，令解为

$$\psi = P(y)e^{i(kx-\omega t)} \tag{6.3.24}$$

代入式(6.3.11)，可得到

$$\frac{d^2P}{dy^2} + \lambda_1^2 P = 0 \tag{6.3.25}$$

其中

$$\lambda_1^2 = \frac{K_s^2}{1-\omega/(k\bar{u}_M)} - k^2 \tag{6.3.26}$$

假定 $P(y)=be^{if(y)}$，由式(6.3.25)可求得通常的 WKBJ 近似解为

$$f(y) = \int^y \lambda_1(y)dy + \frac{1}{2i}\ln\lambda_1(y) \tag{6.3.27}$$

这正好规定了

$$\left|\frac{d\lambda_1^{-1}}{dy}\right| < 1 \tag{6.3.28}$$

否则将不能满足方程(6.3.25)。条件(6.3.28)表明，长度尺度 $\lambda_1^{-1}$ 是随 $y$ 缓慢变化的。这样，由式(6.3.24)和(6.3.27)，可将 $\psi$ 的近似表达式写成

$$\psi = \frac{b}{\lambda_1^{1/2}}e^{i\left(kx+\int^y\lambda_1 dy-\omega t\right)} \tag{6.3.29}$$

为了便于说明问题，我们讨论一个频率为零($\omega=0$)的向极地和向东传播的波。假定 $K_s$ 是纬度的减函数，在纬向波数 $k$ 固定的情况下，经向波数 $l$ 将随纬度减小。这样，由式(6.3.20)可见波射线将随波动的向东北方向传播而逐渐变得更接近纬向；同时，由式(6.3.29)还将看到，流函数的振幅将在向北传播中逐渐增大，因为经向波数 $\lambda_1$(即 $l$)是逐渐减小的。当 $\lambda_1=0$ 时，应有 $K_s=k$，在这个纬度上波射线将转向。按理，在转向纬度附近，WKBJ 的近似解(6.3.29)将是无效的，但其波形结构可等价于一个向赤道的射线解。随着波射线转向赤道方向，WKBJ 近似解又变得有效。如果有一个临界线 $y=y_c$ 存在，在那里$\bar{u}=0$，那么当接近临界线时，波射线将变为纬向，并且群速度将为零。

为了简便，考虑气流的角速度为常数的情况，其结果同真实纬向气流情况只有很小的差异。令$\bar{u}_M=a\tilde{\omega}$，其中$\tilde{\omega}$是一个常数，由式(6.3.14)可以得到

$$\beta_M = \frac{2\cos^2\varphi}{a}(\Omega+\tilde{\omega}) \tag{6.3.30}$$

而静止波数则变为

$$K_s = (\varepsilon a)^{-1}\cos\varphi \tag{6.3.31}$$

其中 $\varepsilon^2=\tilde{\omega}[2(\Omega+\tilde{\omega})]^{-1}$，这样，由方程(6.3.20)和(6.3.21)即可得到角速度为常数的气流情况下的波射线方程

$$\frac{dy}{dx} = \left(\frac{K_s^2}{k^2}-1\right)^{\frac{1}{2}} \tag{6.3.32}$$

将式(6.3.31)代入式(6.3.32),考虑到关系式$\frac{d\varphi}{d\lambda}=\frac{dy}{dx}\cos\varphi$,对方程(6.3.32)积分后便可得到波射线方程的另一形式

$$\tan\varphi = \tan\alpha\sin(\lambda-\lambda_0) \tag{6.3.33}$$

其中

$$\cos\alpha = \varepsilon ak \tag{6.3.34}$$

显然,方程(6.3.33)描写的是一个通过$\lambda=\lambda_0$,$\varphi=0$的大圆,并且当到达纬度$\alpha$时,有$K_s=k$。

由式(6.3.31)可以看到,每一条射线在球面转向点的波长正好是$\varepsilon$同该处旋转圆周长度的乘积;而由式(6.3.23)和(6.3.31)可以得到,在球面大圆路径上其能量传播的速度为$2\varepsilon ak(a\tilde{\omega})$,是一个与纬向波数成正比的常数。如果在赤道上基本气流速度近于15 m·s$^{-1}$,因$\tilde{\omega}/\Omega=1/30.875$,$\varepsilon\approx0.125$,那么可以求出纬向波数为1的大圆可达到83°纬度;能量传播速度为3.8 m·s$^{-1}$,由赤道地区传到转向点将需要31 d。对于纬向波数2,其大圆路径的转向点在76°纬度,能量传播较快,由赤道到转向点约需15.5 d。

取北半球冬季300 hPa气流场所对应的参数$\bar{u}_M$、$\beta_M$和$K_s$,假定扰源在15°N,各种波的波射线和振幅随纬度的变化如图6.3.2所示。波射线图清楚地表明,对于超长波(1~3波),射线向北向东形成大圆;扰动振幅随纬度增大,在高纬度达到极大值。对于较短波长的波,其射线在向东和向北传播一定距离之后,便转而向赤道传播;其振幅表现为在副热带有极大值。图6.3.3是扰源分别位于30°N和45°N时的波射线情况,可以看到超长波既有向东向极构成大圆的情况,又有直接向赤道地区传播的情况。

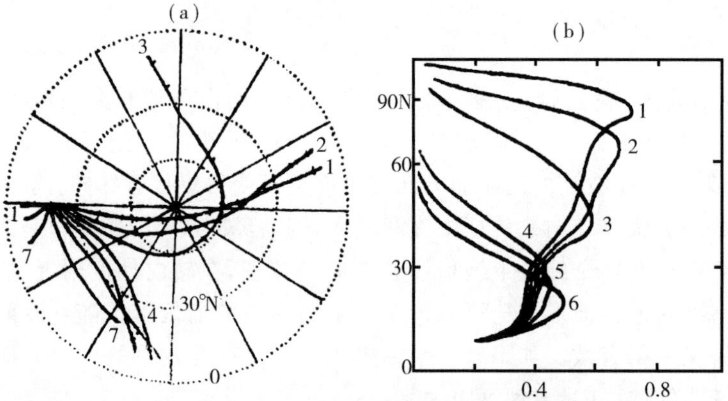


**图6.3.2**　北半球冬季300 hPa纬向气流情况下,15°N处扰源所激发的各种波的波射线(a)及其振幅随纬度的变化(b)(引自Hoskins和Karoly,1981)

(图中1,2,3等数字表示纬向波数)

如上所述,基于行星波在球面上的二维能量频散理论相当好地解释了大尺度扰动波列的大圆路径以及大气对热带、副热带强迫的响应在中高纬度地区的增幅现象。因此,它被认为是大气遥相关的重要理论基础之一。

在6.1节中我们讨论了北半球大气中的五种主要遥相关型,看来用大圆理论并不能完全对它们进行理论解释。波列特征比较清楚的PNA,EUP和EA型遥相关,用上述大圆理论进行理论解释较为合适,而对于WA和WP这类南北偶极型遥相关,大圆理论就较难给予理论

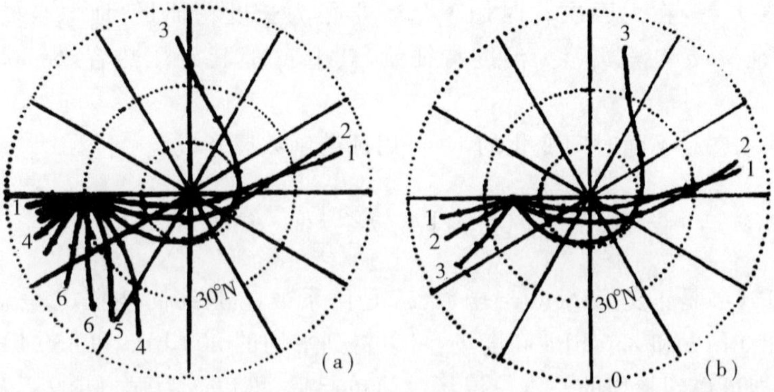


**图 6.3.3** 北半球冬季 300 hPa 纬向风条件下,位于 30°N(a)和 45°N(b)地方的扰源所激发的各种波的波射线(引自 Hoskins 和 Karoly,1981)

说明。北半球的海陆分布特征及相应的准定常热源(汇)的作用,对这类南北偶极型遥相关可能有重要影响。

南半球的遥相关特征同北半球有极其显著的差别,其波列结构特征相当不清楚。为什么两半球遥相关型差别如此明显,以及为何南半球遥相关型的波列结构不清楚?这些还是有待研究的理论问题。

## 6.4 时间平均基本气流的不稳定

大气运动系统的发展往往是从不强的扰动开始的,其发展过程同不稳定性有密切的联系。对于天气尺度系统的台风来讲,第二类条件不稳定是重要机制,扰动发展的能量来自积云对流加热;对于中纬度大气长波槽脊的发展来讲,正压和斜压不稳定是重要机制,扰动能量来自基本气流和有效位能的转换。对于时间演变比较缓慢的大气遥相关型(波列),大气运动的不稳定理论是否也可以提供动力学依据呢?介于空间尺度的广阔和时间尺度的缓慢,采用时间平均气流为对象研究扰动的稳定性更为恰当。

首先我们讨论三维时间平均气流的斜压不稳定。取简单的两层准地转球面模式,其控制方程可写成

$$\frac{\partial \nabla^2 \psi}{\partial t} = -\mathrm{J}(\psi, \nabla^2 \psi + 2\mu) - \mathrm{J}(\tau, \nabla^2 \tau) + F_{\psi} \tag{6.4.1}$$

$$\frac{\partial \nabla^2 \tau}{\partial t} = -\mathrm{J}(\psi, \nabla^2 \tau) - \mathrm{J}(\tau, \nabla^2 \psi + 2\mu) + \nabla \cdot 2\mu \nabla \chi + F_{\tau} \tag{6.4.2}$$

$$\frac{\partial \theta}{\partial t} = -\mathrm{J}(\psi, \theta) + \sigma \nabla^2 \chi + F_{\theta} \tag{6.4.3}$$

$$\nabla^2 \theta = \nabla \cdot 2\mu \nabla \tau \tag{6.4.4}$$

这里 $\psi=\frac{1}{2}(\psi_1+\psi_3)$,$\tau=\frac{1}{2}(\psi_1-\psi_3)$,其中 $\psi_1$ 和 $\psi_3$ 分别是对流层上层(300 hPa)和对流层低层(850 hPa)的流函数;$\theta$ 是平均位温;$\chi$ 是对流层低层的速度势;$\mu=\sin\varphi$,其中 $\varphi$ 是纬度;$\sigma$ 是静力稳定度参数,假定其为常数;非绝热加热、地形等的影响分别包括在因子 $F_{\psi}$、$F_{\tau}$ 和 $F_{\theta}$ 中。上

述方程是无因次方程，在无因次化时用了地球半径为长度特征量；地球自转角速度的倒数($\Omega^{-1}$)为时间特征量；$a^2\Omega^2/(bc_p)$为温度特征量，其中 $c_p$ 是比定压热容，$b=0.124$，为无因次常数。

假定大气基本态是不随时间变化的，并可用球谐函数展开成

$$\overline{\psi} = \overline{\psi}(\lambda,\mu) = -\mathrm{Re}\left\{\sum_{k=-\infty}^{\infty}\sum_{\upsilon=|k|}^{\infty}\psi_{k\upsilon}^{j}\mathrm{P}_{\upsilon}^{k}(\mu)\mathrm{e}^{\mathrm{i}k\lambda}\right\}, \qquad j = 1,3 \tag{6.4.5}$$

其中 $\lambda$ 是经度，$\mathrm{P}_{\upsilon}^{k}(\mu)$是正交 Legendre 函数，$\psi_{k\upsilon}^{j}$是谱系数，$k$ 是纬向波数，$\upsilon$ 是总波数。根据多年平均的冬季 300 hPa 和 850 hPa 高度场，可以得到平均的 300 hPa 和 850 hPa 流函数场，再由方程(6.4.4)即可得到平均的基本位温场。简单起见，可以认为强迫项 $F_{\psi}$、$F_{\tau}$ 和 $F_{\theta}$ 分别同基本场相平衡，即它们对扰动场将不起作用。

取扰动场在纬向上也呈波动，而且随时间是变化的，其展开式为

$$f(\lambda,\mu,t) = \mathrm{Re}\left\{\sum_{m=-\infty}^{\infty}\sum_{n=|m|}^{\infty}f_{mn}\mathrm{P}_{n}^{m}(\mu)\mathrm{e}^{\mathrm{i}(m\lambda-\omega t)}\right\} \tag{6.4.6}$$

这里 $f(\lambda,\mu,t)$是任一扰动场($\psi,\tau$ 或 $\theta$)，$m$ 是纬向扰动波数，$n$ 是扰动总波数，$\omega=\omega_{\mathrm{r}}+\mathrm{i}\omega_{\mathrm{i}}$ 是复角频率。

一般有

$$F(\lambda,\mu,t) = \overline{F}(\lambda,\mu) + f(\lambda,\mu,t) \tag{6.4.7}$$

将式(6.4.5)、(6.4.6)和(6.4.7)的表达式代入方程(6.4.1)～(6.4.3)，可以得到描写扰动的运动方程组。通过求解由扰动方程组所构成的特征值-特征函数问题，即可得到各个最不稳定模及其频率(周期)和结构(特征函数)。下面我们用最长周期的模态结构来同遥相关型(PNA)进行比较分析，用以说明基本气候态的不稳定对产生大气遥相关的重要作用。

图 6.4.1 给出了具有无限长周期的模态的扰动流函数，图 6.4.1a 是对流层上层的情况，图 6.4.1b 是对流层低层的情况。首先从对流层上层的形势看，在中高纬度地区，特别是在太平洋—北美地区，这里的不稳定模的流函数形势同观测到的 500 hPa 距平型相当近似，高-低-高波列结构很清楚，尽管不能期望简单的两层线性模式再现所观测到的所有细节。同时，观测研究还表明，1 000 hPa 上的距平型分布主要以太平洋-北美地区为显著，而500 hPa上的距平型可以扩大到更广的范围。图 6.4.1 给出的不稳定模的流函数分布也显示了相似的特征。

对同 PNA 型的建立有关的太平洋上空 500 hPa 大尺度距平场的时间演变的分析表明(Dole，1983)，距平中心在关键区(中心在(45°N，170°W))的最初发展很快，它主要同移动性系统的发展有关，这个系统一般来自中纬度日本附近地区，到达关键区后这个系统仍准静止地增强。发展着的距平系统有明显的偶极性质，因在关键区的南面往往有相反的距平中心出现，同时，发展的距平中心清楚地随高度西倾，表明斜压性对其发展有重要作用。随着距平系统在关键区的进一步发展，不仅中心加强，范围也向纬向方向扩展，但却很少有位相传播；并且其垂直结构转化为相当正压的特征。这时，一个成熟的太平洋-北美型已经建立。

将观测资料的分析同时间平均基本气流的不稳定理论结合起来，可以将 PNA 型的建立大致归纳为两个阶段：其一，通过三维基本气流的联合正压-斜压不稳定，一个位于太平洋-东亚地区的偶极型扰动在迅速东传过程中快速发展，它在初始阶段随高度明显西倾；当最大振幅中心传到中太平洋时，随着振幅的增加，扰动纬向尺度也增加，并通过非线性作用，扰动成为准

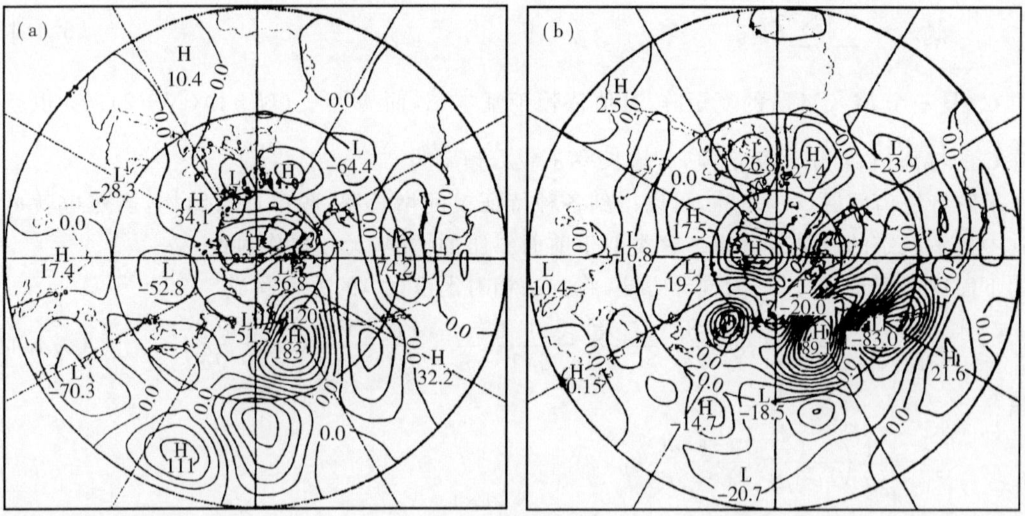


**图 6.4.1**　对应无限长周期的最不稳定模的扰动流函数分布(引自 Frederiksen,1983)

(a) 对流层高层;(b) 对流层低层

静止的相当正压系统,类似图 6.4.1 所示的模态。其二,通过正压过程作用,系统准静止地发展增幅,并出现频散特征,形成大振幅的典型太平洋-北美型。

一些研究表明,对于遥相关型这种全球尺度的距平异常(距平模)来讲,时间平均流的正压不稳定将起着更为重要的作用。因此,下面讨论时间平均流的正压不稳定问题。

将绝对涡度 $\xi$ 和相应流函数 $\psi$ 表示成

$$\left.\begin{aligned}\zeta &= \overline{\zeta}+\zeta' \\ \psi &= \overline{\psi}+\psi'\end{aligned}\right\} \tag{6.4.8}$$

在没有线性拖曳的情况下,扰动涡度方程可写成

$$\frac{\partial \zeta'}{\partial t}+\mathrm{J}(\overline{\psi},\zeta')+\mathrm{J}(\psi',\overline{\zeta})=-\eta\nabla^4\zeta' \tag{6.4.9}$$

这里 Jacobi 算子为

$$\mathrm{J}(\psi,\zeta)=\frac{1}{a^2\cos\varphi}\left(\frac{\partial\psi}{\partial\lambda}\frac{\partial\zeta}{\partial\varphi}-\frac{\partial\psi}{\partial\varphi}\frac{\partial\zeta}{\partial\lambda}\right) \tag{6.4.10}$$

其中 $a$ 是地球半径,$\eta$ 是水平扩散系数。

将扰动涡度用 $N$ 个正态模的组合表示,即

$$\zeta'=\mathrm{Re}\left\{\sum_{m=0}^{N}\sum_{n=m}^{N}\zeta_n^m \mathrm{P}_n^m(\sin\varphi)\mathrm{e}^{\mathrm{i}(m\lambda-\omega t)}\right\} \tag{6.4.11}$$

其中 $\mathrm{P}_n^m$ 仍是 Legendre 函数,$\zeta_n^m$ 是对扰动涡度的谱系数。同扰动涡度相对应的扰动流函数的表达式为

$$\psi'=\mathrm{Re}\left\{-a^2\sum_{m=0}^{N}\sum_{n=m}^{N}n^{-1}(n+1)^{-1}\zeta_n^m \mathrm{P}_n^m(\sin\varphi)\mathrm{e}^{\mathrm{i}(m\lambda-\omega t)}\right\} \tag{6.4.12}$$

将式(6.4.11)和(6.4.12)代入式(6.4.9),并用一个复球谐函数相乘,再进行球面积分,最后可得到如下形式的方程

$$\omega\zeta_n^m = \sum_{r=0}^{N}\sum_{s=r}^{N}\boldsymbol{C}_{ns}^{mr}\zeta_s^r \tag{6.4.13}$$

其中 $\boldsymbol{C}_{ns}^{mr}$ 是一个 $M\times M$ 阶的复矩阵，其值依赖于基本态，而 $M=\dfrac{1}{2}(N+1)(N+2)$。$\omega$ 也就是矩阵 $\boldsymbol{C}$ 的特征值；对于不稳定模，其增长率 $\sigma=\omega_{\mathrm{i}}$，频率为 $\omega_{\mathrm{r}}$。

求解特征值问题(6.4.13)，可以得到各种特征模的增长率、频率以及结构，当然也就可以对其中最不稳定的模进行分析。这类似于前面斜压的情况，无须再作讨论。

下面进行能量学分析，为推导方便，将扰动相对涡度($\zeta'$)的方程写成

$$\frac{\partial\zeta'}{\partial t} = -\frac{\overline{U}}{a(1-\mu^2)}\frac{\partial\zeta'}{\partial\lambda} - \frac{\overline{V}}{a}\frac{\partial\zeta'}{\partial\mu} - \frac{U'}{a(1-\mu^2)}\frac{\partial\overline{\zeta}}{\partial\lambda} - \frac{V'}{a}\left((2\Omega + \frac{\partial\overline{\zeta}}{\partial\mu}\right) \tag{6.4.14}$$

这里

$$\left.\begin{aligned} \zeta' &= \frac{1}{a}\left(\frac{1}{1-\mu^2}\frac{\partial V'}{\partial\lambda} - \frac{\partial U'}{\partial\mu}\right) \\ U' &= u'\cos\varphi = -\frac{1}{a}(1-\mu^2)\frac{\partial\psi'}{\partial\mu} \\ V' &= v'\cos\varphi = \frac{1}{a}\frac{\partial\psi'}{\partial\lambda} \\ \mu &= \sin\varphi \end{aligned}\right\} \tag{6.4.15}$$

而带一横的量为平均基本量，带一撇的量为扰动量。用 $\psi'$ 乘以方程(6.4.14)的两端，然后对全球进行积分(用变量上部长的横线表示)；因为

$$\overline{\psi'\frac{\partial\zeta'}{\partial t}} = \overline{\psi'\frac{\partial}{\partial t}\nabla^2\psi'} = \overline{-\nabla\psi'\cdot\frac{\partial}{\partial t}\nabla\psi'} = -\frac{\partial K}{\partial t}$$

这里 $K$ 为扰动动能。同时因有关系式

$$\overline{V'\psi'} = \overline{\psi'\frac{\partial\psi'}{\partial\lambda}} = 0$$

$$\frac{1}{1-\mu^2}\frac{\partial}{\partial\lambda}(U'\psi') + \frac{\partial}{\partial\mu}(V'\psi') = 0$$

可以得到动能方程

$$\frac{\partial K}{\partial t} = \overline{\frac{1}{1-\mu^2}(\overline{V}U' - \overline{U}V')\zeta'} \tag{6.4.16}$$

或者写成

$$\frac{\partial K}{\partial t} = K_x + K_y \tag{6.4.17}$$

其中

$$K_x = -\overline{\frac{1}{a}(u'^2 - v'^2)\left(\frac{1}{\cos\lambda}\frac{\partial\overline{u}}{\partial\lambda} - \overline{v}\tan\varphi\right)}$$

$$K_y = -\overline{\frac{1}{a}u'v'\left[\cos\varphi\frac{\partial}{\partial\varphi}\left(\frac{\overline{u}}{\cos\varphi}\right) + \frac{1}{\cos\varphi}\frac{\partial\overline{v}}{\partial\lambda}\right]}$$

令 $x=(a\cos\varphi)\lambda$，$y=a\varphi$，方程(6.4.17)还可以近似写成

$$\frac{\partial K}{\partial t} = -\overline{(u'^2 - v'^2)\frac{\partial\overline{u}}{\partial x}} - \overline{u'v'\frac{\partial\overline{u}}{\partial y}} \tag{6.4.18}$$

显然，扰动能量的变化不仅同基本气流的经向分布(右端第 2 项)有关，还同基本气流的纬

向不均匀性有关(右端第1项)。前者同动量的经向输送直接相关,相当于经典正压不稳定性;后者表明了基本气流的纬向梯度及扰动涡旋形状的影响,在合流区($\partial\overline{u}/\partial x>0$),纬向伸展涡旋($u'^2>v'^2$)将消耗扰动动能,而在分流区($\partial\overline{u}/\partial x<0$),纬向伸展涡旋($u'^2<v'^2$)将从基本气流取得能量。冬季的气候平均表明,在北太平洋和北大西洋的中部地区往往是分流区,扰动常在那里获得能量而发展,并常构成一定的波列结构。

用1月份平均的300 hPa气候场作为基本态,并取扰动为正态模形式

$$[A(\lambda,\varphi)\sin\omega_r t+B(\lambda,\varphi)\cos\omega_r t]e^{\sigma t} \tag{6.4.19}$$

其中$A$和$B$是分布函数,由其可定出初始扰动的位置和强度。对于一个周期($2\pi/\omega_r$)为45 d和e倍增时间($\sigma^{-1}$)为6.8 d的最快增长模,通过时间积分式(6.4.9),可以分析扰动场的演变情况。图6.4.2是上述最不稳定模在积分第178~200天期间的流函数形势。第178天和第200天近于完全相反的流函数分布,表明了这个不稳定模的准周期变化特征。在第178天图上,35°N的日界线附近的太平洋中部有一个很弱的正中心;其后这个中心缓慢向东移动,并明显发展(振幅增大),与此同时,原位于大西洋的呈纬向的扰动明显减弱。其后,中太平洋地区的正中心更加发展,并在其下游的北美和西大西洋出现负中心和正中心,形成明显波列;同时另一个负中心还在冰岛地区出现。第191天之后,太平洋中部的正中心开始减弱,到第200天则出现与第178天符号相反的形势。

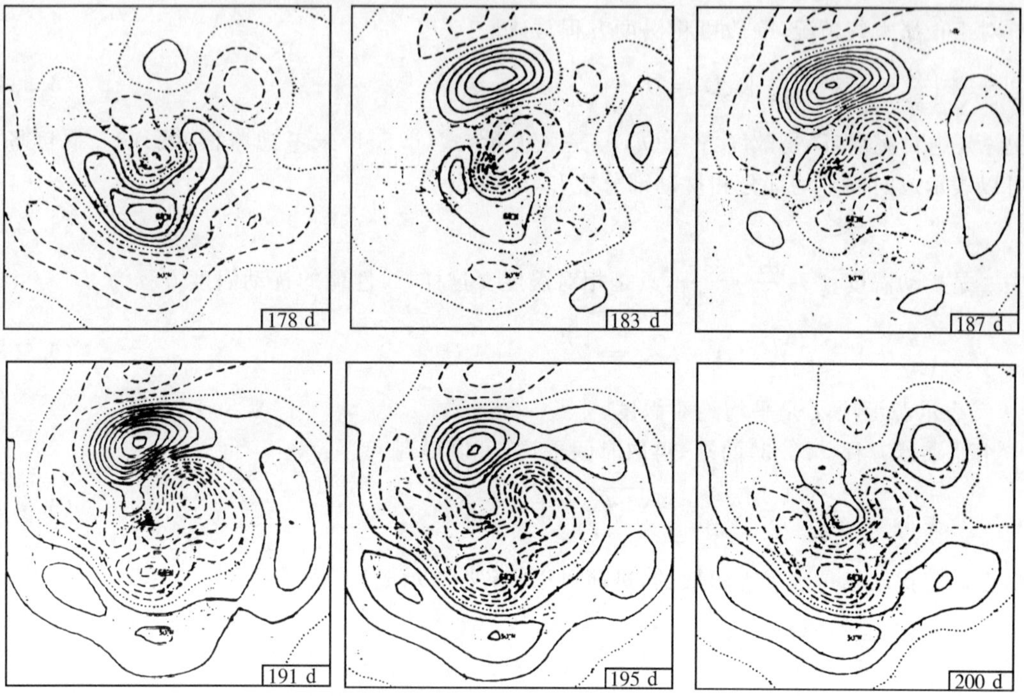


**图6.4.2** 周期为45 d的最不稳定模的流函数形势及其演变(引自Simmons等,1983)

可以看到,扰动在强不稳定地区(例如北太平洋和北大西洋)得到了极迅速的发展,并且通过能量频散在其他地区激发出新的扰动。这种正压模的不稳定对于时间尺度大于几个星期的大气低频变化来讲,有更大的贡献。通过时间平均气流的正压不稳定,某些异常型较有利于从

气候平均气流得到能量,使扰动发展,又频散到其他地区,因此长时期统计便会出现点相关图所示的特殊型。另一方面,气候基本态的正压不稳定,使得大气对异常的定态强迫的响应可以有较大的振幅,而正态模又将取近于"大圆"的波射线结构。这样,气候基本态的正压不稳定对遥相关型(波列)的形成有极重要的意义,是遥相关的重要动力学机制。

## 6.5 行星波的能量通量——EP 通量

Eliassen 和 Palm(1961)最早从能量学的角度研究了有切变的基本气流中大气波动的动力学性质,其后,许多学者(例如 Andrews 和 McIntyre,1976;Edmon 等,1980;Hoskins 等,1983;Plumb,1985)进行了更深入的研究,将原有概念作了极为有意义的推广。自 20 世纪 80 年代以来,EP 通量已成为大气环流变化,尤其是行星波活动和异常的重要诊断分析工具。从前面几节的讨论我们已经看到,行星波活动的异常必然造成大气环流的持续性异常。因此,这一节专门讨论 EP 通量问题。

### 6.5.1 正压大气情况

对于正压大气情况,一般可将涡度方程写成

$$\left(\frac{\partial}{\partial t}+\mathbf{V}\cdot\nabla\right)\zeta+\zeta D=0 \tag{6.5.1}$$

这里 $\zeta$ 是绝对涡度,$D$ 是散度,$\mathbf{V}=(u,v)$ 是风矢量,式(6.5.1)未考虑摩擦的影响。涡度场仍然可以表示成时间平均部分和扰动部分之和,即取

$$\zeta=\bar{\zeta}+\zeta' \tag{6.5.2}$$

其中 $\zeta'$ 是扰动涡度;$\zeta'=\dfrac{\partial v'}{\partial x}-\dfrac{\partial u'}{\partial y}$,只是相对涡度。这样,线性化的扰动涡度方程为

$$\left(\frac{\partial}{\partial t}+\mathbf{V}\cdot\nabla\right)\zeta'+\mathbf{V}\cdot\nabla\bar{\zeta}=\mathscr{D}' \tag{6.5.3}$$

其中 $\mathscr{D}'$ 表示源汇项,$\bar{\zeta}$ 是平均绝对涡度。

用 $\zeta'$ 乘以方程(6.5.3)两端,再取时间平均,可以得到

$$\left(\frac{\partial}{\partial t}+\mathbf{V}\cdot\nabla\right)\frac{1}{2}\overline{\zeta'^2}=-\overline{\mathbf{V}'\zeta'}\cdot\nabla\bar{\zeta}+\overline{\mathscr{D}'\zeta'} \tag{6.5.4}$$

这里已假定扰动场是水平无辐散的,进而可以将 $\overline{\mathbf{V}'\zeta'}$ 表示成

$$\overline{\mathbf{V}'\zeta'}=(-M_y+N_x,-M_x-N_y) \tag{6.5.5}$$

其中

$$\left.\begin{aligned}M&=\frac{1}{2}\overline{u'^2-v'^2}\\N&=\overline{u'v'}\end{aligned}\right\} \tag{6.5.6}$$

下标 $x$ 和 $y$ 分别表示对 $x$ 和对 $y$ 的微分。这样,方程(6.5.4)可以变成

$$\left(\frac{\partial}{\partial t}+\bar{\mathbf{V}}\cdot\nabla\right)\frac{1}{2}\overline{\zeta'^2}=(M_y-N_x)\bar{\zeta}_x+(M_x+N_y)\bar{\zeta}_y+\overline{\mathscr{D}'\zeta'}$$

$$=-(-M\overline{\zeta}_y+N\overline{\zeta}_x)_x-(-M\overline{\zeta}_x-N\overline{\zeta}_y)_y+\overline{\mathscr{D}'\zeta'} \tag{6.5.7}$$

取扰动流函数

$$\psi'=A\cos(kx+ly-\omega t) \tag{6.5.8}$$

由无源汇的线性化扰动涡度方程，我们不难求得频散关系

$$\omega=k\overline{u}+l\overline{v}-\frac{k\overline{\zeta}_y-l\overline{\zeta}_x}{k^2+l^2} \tag{6.5.9}$$

其中群速度 $\boldsymbol{C}_{\mathrm{g}}(C_{\mathrm{g}x},C_{\mathrm{g}y})$ 可写成

$$C_{\mathrm{g}x}=\frac{\mathrm{d}\omega}{\mathrm{d}k}=\overline{u}+\frac{(k^2-l^2)\overline{\zeta}_y-2kl\overline{\zeta}_x}{k^2+l^2} \tag{6.5.10}$$

$$C_{\mathrm{g}y}=\frac{\mathrm{d}\omega}{\mathrm{d}l}=\overline{v}+\frac{2kl\overline{\zeta}_y+(k^2-l^2)\overline{\zeta}_x}{k^2+l^2} \tag{6.5.11}$$

因为

$$\frac{1}{2}\overline{\zeta'^2}(\boldsymbol{C}_{\mathrm{g}}-\overline{\boldsymbol{V}})=(-M\overline{\zeta}_y+N\overline{\zeta}_x,-M\overline{\zeta}_x-N\overline{\zeta}_y) \tag{6.5.12}$$

这样，由方程(6.5.7)可得到

$$\left(\frac{1}{2}\overline{\zeta'^2}\right)_t+\nabla\cdot\left(\boldsymbol{C}_{\mathrm{g}}\frac{1}{2}\overline{\zeta'^2}\right)=\overline{\mathscr{D}'\zeta'} \tag{6.5.13}$$

可见在无源汇的情况下，涡度拟能沿群速度将是守恒的。

由式(6.5.5)取散度可以有

$$\nabla\cdot\overline{\boldsymbol{V}'\zeta'}=-2M_{xy}+N_{xx}-N_{yy} \tag{6.5.14}$$

对于大尺度大气运动来讲，上式中 $M$ 项一般比 $N$ 项更重要，而且 $N$ 项常有更大的 $x$ 方向的长度尺度。这样，在式(6.5.14)中可以近似地略去右端第2项，即有

$$\nabla\cdot\overline{\boldsymbol{V}'\zeta'}=-2M_{xy}-N_{yy}=(\nabla\cdot\boldsymbol{E})_y \tag{6.5.15}$$

这里

$$\boldsymbol{E}=(-2M,-N)=(\overline{v'^2-u'^2},-\overline{u'v'}) \tag{6.5.16}$$

它就是 Eliassen-Palm 通量。$-\boldsymbol{E}=(\overline{u'^2-v'^2},\ \overline{u'v'})$ 可以认为是有效西风动量通量，在 $\boldsymbol{E}$ 辐散的地方，就存在一种使平均西风气流趋于增大的平均水平环流的强迫；在 $\boldsymbol{E}$ 辐合的地方，就存在一种使平均西风气流趋于减小的平均水平环流强迫。

作为一个例子，图6.5.1给出了1979—1980年冬季北半球250 hPa上 $\boldsymbol{E}$ 和平均纬向风的分布情况。其中图6.5.1a是高通滤波的情况，反映时间尺度小于10 d的天气波的作用；图6.5.1b是低通滤波的情况，反映了大气低频涡旋的作用。对于天气波情况，在大西洋风暴路径上有 $\boldsymbol{E}$ 的明显辐散，涡旋活动将使那里的西风气流加强；同样在太平洋风暴路径上也将有西风加强，但要比大西洋弱一些。对于低频涡旋情况，太平洋急流区有很强的 $\boldsymbol{E}$ 的辐合(160°E附近)，而在其下游出现强的辐散，因此低频涡旋活动将使太平洋急流减弱，而使下游地区西风气流加强。

### 6.5.2　斜压大气情况

对于斜压大气情况，可以用位势涡度进行类似的分析。准地转位势涡度方程可写成

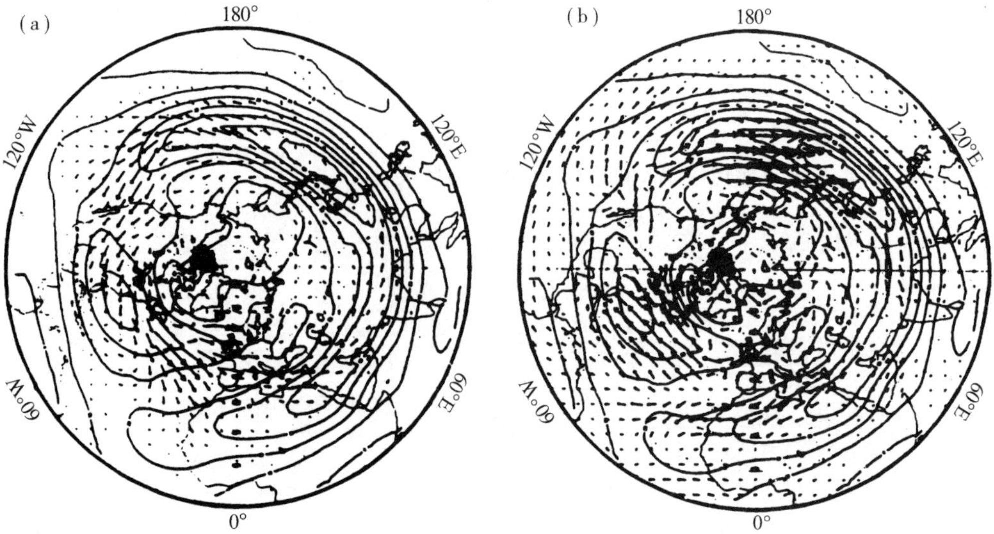


**图 6.5.1** 1979—1980 年冬季北半球 250 hPa 上 $\boldsymbol{E}$(箭头表示)和平均西风(等值线间隔为 10 m · s$^{-1}$)的分布(引自 Hoskins 等,1983)
(a) 高通涡旋情况;(b) 低通涡旋情况

$$\left(\frac{\partial}{\partial t}+\boldsymbol{V}\cdot\nabla\right)q=\mathscr{D} \tag{6.5.17}$$

其中 $q$ 是位势涡度,可写成

$$q=\zeta_{\mathrm{g}}+f\frac{\partial}{\partial p}\left(\frac{1}{S}\frac{\partial\phi}{\partial p}\right)$$

这里 $S$ 是静力稳定度参数,$\phi$ 是重力位势。

令扰动流函数为

$$\psi'=A\cos(kx+ly+mp-\omega t) \tag{6.5.18}$$

由扰动位势涡度方程可以得到频散关系

$$\omega=k\,\bar{u}+l\,\bar{v}-\left(k^2+l^2+\frac{f^2m^2}{S}\right)^{-1}\left(k\frac{\partial\,\bar{q}}{\partial y}-l\frac{\partial\,\bar{q}}{\partial x}\right) \tag{6.5.19}$$

其中 $\bar{q}$ 是平均位势涡度。按定义,群速度 $\boldsymbol{C}_{\mathrm{g}}$ 为

$$\boldsymbol{C}_{\mathrm{g}}=\left(\frac{\partial\omega}{\partial k},\frac{\partial\omega}{\partial l},\frac{\partial\omega}{\partial m}\right)$$

类似正压大气的情况,有

$$\frac{1}{2}\,\overline{q'^2}(\boldsymbol{C}_{\mathrm{g}}-\overline{\boldsymbol{V}})=|\nabla\bar{q}|\left(-\widetilde{M}-\frac{1}{2}\frac{1}{S}\left(\frac{\partial\phi'}{\partial p}\right)^2,-\widetilde{N},\frac{f}{S}\overline{v'\frac{\partial\phi'}{\partial p}}\right) \tag{6.5.20}$$

这里

$$\widetilde{M}=M\cos2\delta+N\sin2\delta,\ \widetilde{N}=-M\sin2\delta+N\cos2\delta$$

而 $\delta$ 是纬向到经向轴的角度。

可以求得扰动位涡拟能的方程为

$$\left(\frac{\partial}{\partial t}+\overline{\boldsymbol{V}}\cdot\nabla\right)\frac{1}{2}\,\overline{q'^2}+\overline{\boldsymbol{V}'q'}\cdot\nabla\bar{q}=\overline{\mathscr{D}'q'} \tag{6.5.21}$$

这里

$$\overline{\boldsymbol{V}'q'} = \boldsymbol{V}'\zeta_g + f\boldsymbol{V}'\left[\frac{\partial}{\partial p}\left(\frac{1}{S}\frac{\partial\phi'}{\partial p}\right)\right]$$
$$= \left[-\widetilde{M}_y + \widetilde{N}_x + f\frac{\partial}{\partial p}\left(\overline{\frac{u'}{S}\frac{\partial\phi'}{\partial p}}\right), -\widetilde{M}_x - \widetilde{N}_y + f\frac{\partial}{\partial p}\left(\overline{\frac{v'}{S}\frac{\partial\phi'}{\partial p}}\right)\right] +$$
$$\frac{1}{S}\left[\left(\frac{1}{2}\overline{\left(\frac{\partial\phi'}{\partial p}\right)^2}\right)_y - \left(\frac{1}{2}\overline{\left(\frac{\partial\phi'}{\partial p}\right)^2}\right)_x\right]$$

由(6.5.20)式即可得到

$$\overline{\boldsymbol{V}'q'} \cdot \nabla\bar{q} = \nabla_3 \cdot \left[(\boldsymbol{C}_g - \overline{\boldsymbol{V}})\frac{1}{2}\overline{q'^2}\right] \tag{6.5.22}$$

其中$\nabla_3$是三维梯度算子。由于$\overline{\boldsymbol{V}}$是水平无辐散的,将式(6.5.22)代入式(6.5.21)便得到涡动位涡拟能的守恒关系式

$$\frac{\partial}{\partial t}\left(\frac{1}{2}\overline{q'^2}\right) + \nabla_3 \cdot \left(\boldsymbol{C}_g\frac{1}{2}\overline{q'^2}\right) = \overline{\mathscr{D}'q'} \tag{6.5.23}$$

它同正压情况下的式(6.5.13)有类似的形式。在无源汇的情况下,扰动的位涡拟能将沿群速度方向保持守恒。

扰动对平均气流的反馈作用在平均位势涡度方程中是十分清楚的,因为

$$\left(\frac{\partial}{\partial t} + \overline{\boldsymbol{V}} \cdot \nabla\right)\bar{q} + \nabla \cdot \overline{\boldsymbol{V}'q'} = \overline{\mathscr{D}} \tag{6.5.24}$$

根据前面给出的$\overline{\boldsymbol{V}'q'}$的表达式,扰动项可写成

$$\nabla \cdot \overline{\boldsymbol{V}'q'} = \frac{\partial}{\partial y}\left[\nabla_3 \cdot \left(-2\widetilde{M}, -2\widetilde{N}, \frac{f}{S}\overline{v'\frac{\partial\phi'}{\partial p}}\right)\right] +$$
$$\frac{\partial}{\partial x}\left[\nabla_3 \cdot \left(\widetilde{N}, 0, \frac{f}{S}\overline{u'\frac{\partial\phi'}{\partial p}}\right)\right] \tag{6.5.25}$$

因为同热通量的$x$分量相联系的辐合一般小于同$y$分量相联系的辐合,因此,上式可近似写成

$$\nabla \cdot \overline{\boldsymbol{V}'q'} \approx \frac{\partial}{\partial y}\nabla_3 \cdot \boldsymbol{E} \tag{6.5.26}$$

这里$\boldsymbol{E}$是一个三维矢量,其表达式为

$$\boldsymbol{E} = \left(\overline{v'^2 - u'^2}, -\overline{u'v'}, \frac{f}{S}\overline{v'\frac{\partial\phi'}{\partial p}}\right)$$
$$= \left(\overline{v'^2 - u'^2}, -\overline{u'v'}, f\overline{v'\theta'}\Big/\left(\frac{\partial\bar{\theta}}{\partial p}\right)\right) \tag{6.5.27}$$

它就是三维 Eliassen-Palm 通量,其中$\theta'$和$\bar{\theta}$是扰动位温和平均位温。

显然,在正压大气的情况下,式(6.5.27)就退化成式(6.5.16);而在$(y,p)$二维平面的情况下,式(6.5.27)就变成式(4.5.5)的形式。

### 6.5.3 三维球面大气情况

对于球面大气,无辐散地转风为

$$\left.\begin{aligned} u &= -\frac{1}{a}\frac{\partial\psi}{\partial\varphi} \\ v &= \frac{1}{a\cos\varphi}\frac{\partial\psi}{\partial\lambda} \end{aligned}\right\} \tag{6.5.28}$$

准地转位势涡度可写成

$$q' = \frac{1}{a^2\cos^2\varphi}\frac{\partial^2\psi}{\partial\lambda^2} + \frac{1}{a^2\cos\varphi}\frac{\partial}{\partial\varphi}\left(\cos\varphi\frac{\partial\psi}{\partial\varphi}\right) + \frac{4\Omega^2}{p}\sin^2\varphi\frac{\partial}{\partial z}\left(\frac{p}{N^2}\frac{\lambda\psi}{\partial z}\right) \tag{6.5.29}$$

其中 $\Omega$ 是地球自转角速度；$N^2 = \dfrac{Rp^*}{H}\dfrac{\partial\bar{\theta}}{\partial z}$，是大气的浮力频率。

用 $v'$ 乘以式(6.5.29)，可得到

$$pv'q' = \frac{1}{\cos\varphi}\nabla\cdot\boldsymbol{B}^{(R)} \tag{6.5.30}$$

这里

$$\boldsymbol{B}^{(R)} = \begin{bmatrix} B_\lambda \\ B_\varphi \\ B_z \end{bmatrix} = p\cos\varphi\begin{bmatrix} {v'}^2 - D_e \\ -u'v' \\ 2\Omega\sin\varphi v'\theta' \bigg/ \left(\dfrac{\partial\bar{\theta}}{\partial z}\right) \end{bmatrix}$$

其中 $D_e$ 是波能量密度，定义为

$$D_e = \frac{1}{2}\left({u'}^2 + {v'}^2 + \frac{Rp^*{\theta'}^2}{H\partial\bar{\theta}/\partial z}\right)$$

根据扰动位势涡度方程

$$\frac{Dq'}{Dt} + v'\frac{\partial\,\bar{q}}{a\partial\varphi} = S' \tag{6.5.31}$$

不难得到如下关系式

$$\frac{DA}{Dt} + \nabla\cdot\boldsymbol{B}^{(R)} = C \tag{6.5.32}$$

这里

$$\frac{D}{Dt} = \frac{\partial}{\partial t} + U\frac{\partial}{a\cos\varphi\partial\lambda}$$

而

$$A = \frac{1}{2}p{q'}^2 a\cos^2\varphi\bigg/\left(\frac{\partial\,\bar{q}}{\partial\varphi}\right)$$

$$C = pS'q'a\cos^2\varphi\bigg/\left(\frac{\partial\,\bar{q}}{\partial\varphi}\right)$$

分别是波的作用密度和源汇。式(6.5.32)亦可改写成

$$\frac{\partial A}{\partial t} + \nabla\cdot\boldsymbol{F}_s = C_s \tag{6.5.33}$$

其能量密度通量 $\boldsymbol{F}_s$ 可写成

$$\boldsymbol{F}_s = p\cos\varphi\begin{bmatrix} \dfrac{1}{2a^2\cos^2\varphi}\left[\left(\dfrac{\partial\psi'}{\partial\lambda}\right)^2 - \psi'\dfrac{\partial^2\psi'}{\partial\lambda^2}\right] \\ \dfrac{1}{2a^2\cos\varphi}\left(\dfrac{\partial\psi'}{\partial\lambda}\dfrac{\partial\psi'}{\partial\varphi} - \psi'\dfrac{\partial^2\psi'}{\partial\lambda\partial\varphi}\right) \\ \dfrac{2\Omega^2\sin^2\varphi}{N^2 a\cos\varphi}\left(\dfrac{\partial\psi'}{\partial\lambda}\dfrac{\partial\psi'}{\partial z} - \psi'\dfrac{\partial^2\psi'}{\partial\lambda\partial z}\right) \end{bmatrix} \tag{6.5.34}$$

这种能量密度通量同EP通量有些不同,但在取纬向平均的情况下,$\boldsymbol{F}_s$就退化为EP通量。因此,可以说$\boldsymbol{F}_s$通量对于描写行星波的传播更为有效。能量密度通量$\boldsymbol{F}_s$有这样一些性质:(1)对于定常的守恒波,$\boldsymbol{F}_s$是无辐散的;(2)在西风条件下($U>0$),$A$是正定的,$\boldsymbol{F}_s$的辐合表示波作用量的集中,而$\boldsymbol{F}_s$的辐散表明波作用量的输出;(3)在近乎平面波的情况下,$\boldsymbol{F}_s$平行于群速度;(4)对于辐散的$\boldsymbol{F}_s$,波作用量的制造和消耗直接与非守恒影响有关。

图6.5.2给出了根据式(6.5.34)计算得到的北半球冬季行星波场在500 hPa和150 hPa上的能量密度通量$\boldsymbol{F}_s$的分布。其中箭头表示水平分量,曲线表示垂直分量。可以看到,$\boldsymbol{F}_s$的垂直分量是向上的;而水平分量则清楚地表明有分别由东亚跨越北太平洋和由东北美洲跨越北大西洋向赤道的两个主要波列(也有向东的弱波列)。显然,两个主要波列的三维图像不难由图6.5.2表现出来。

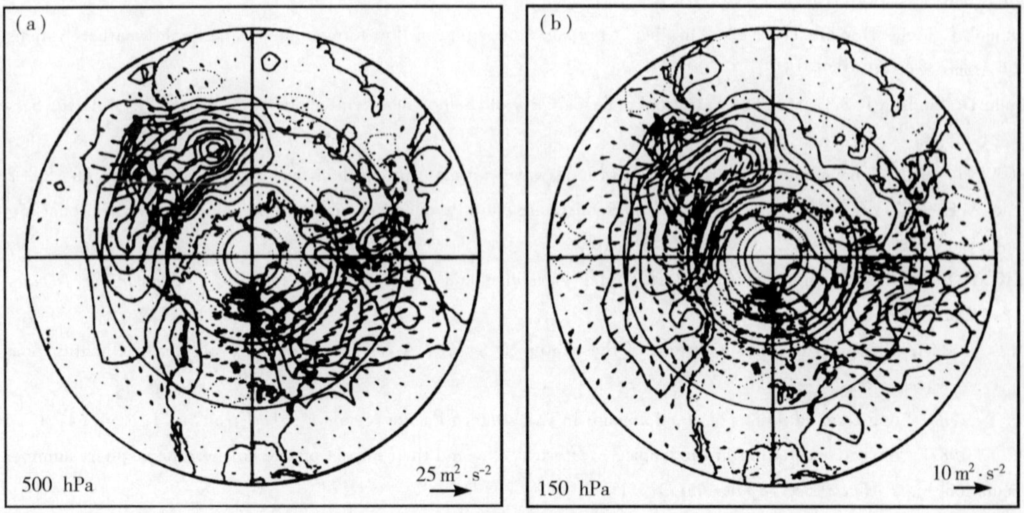


**图6.5.2** 北半球冬季行星波场的能量密度通量$\boldsymbol{F}_s$的分布(引自Plumb,1985)

(a) 500 hPa,等值线间隔为$4.12\times10^{-2}\ m^2\cdot s^{-2}$;(b) 150 hPa,等值线间隔为$0.75\times10^{-2}\ m^2\cdot s^{-2}$

(箭头表示水平分量,曲线表示垂直分量)

# 参考文献

黄荣辉,李维京,1988. 夏季热带西太平洋上空的热源异常对东亚上空副热带高压的响应及其物理机制[J]. 大气科学(特刊):107-116.

黄荣辉,孙凤英,1992. 北半球夏季遥相关型的年际变化及其数值模拟[J]. 大气科学,**16**:52-61.

李崇银等,1985. 动力气象学概论[M]. 北京:气象出版社.

李崇银,龙振夏,1992. 冬季黑潮增暖对我国东部汛期降水影响的数值模拟研究//气候变化若干问题研究[M]. 北京:科学出版社:145-156.

叶笃正,李崇银,王必魁,1988. 动力气象学[M]. 北京:科学出版社.

Andrews D G, McIntyre M E, 1976. Planetary waves in horizontal and vertical shear: The generalized Eliassen-Palm relation and the zonal acceleration[J]. *J Atmos Sci*, **33**: 2031-2048.

Bjerknes J, 1966. A possible response of the atmospheric Hadley circulation to equatorial anomalies of ocean temperature

[J]. *Tellus*, **18**: 820-829.

Bjerknes J, 1969. Atmospheric teleconnections from the equatorial Pacific[J]. *Mon Wea Rev*, **97**: 162-172.

Dole R M, 1983. Persistent anomalies of the extratropical northern hemisphere wintertime circulation: Geographical distribution and regional persistence characteristics[J]. *Mon Wea Rev*, **111**: 1567-1586.

Edmon H J, Hoskins B J, McIntyre M F, 1980. Eliassen-Palm cross-sections for the troposphere[J]. *J Atmos Sci*, **37**: 2600-2616.

Eliassen A, Palm E, 1961. On the transfer in mountain waves[J]. *Geophys Publ*, **22**(3): 1-23.

Frederiksen J S, 1983. A unified three dimensional instability theory of the onset of blocking and cyclogenesis, Ⅱ. Teleconnection patterns[J]. *J Atmos Sci*, **40**: 2593-2609.

Horel J D, Wallace J M, 1981. Planetary scale atmospheric phenomenon associated with the Southern Oscillation[J]. *Mon Wea Rev*, **109**: 813-829.

Hoskins B J, Karoly D J, 1981. The steady linear response of a spherical atmosphere to thermal and orographic forcing[J]. *J Atmos Sci*, **38**: 1179-1196.

Hoskins B J, James I, White G, 1983. The shape, propagation and mean-flow interaction of large-scale weather systems[J]. *J Atmos Sci*, **40**: 1595-1612.

Jacqmin D, Lindzen R S, 1985. The causation and sensitivity of the northern winter planetary waves[J]. *J Atmos Sci*, **42**: 724-745.

Klein W H, 1952. Some empirical characteristics of long waves on monthly mean charts[J]. *Mon Wea Rev*, **80**: 203-219

Kousky V E, Bell G D, 1992. Atlas of Southern Hemisphere 500 hPa teleconnection patterns derived from National Meteorological Center analysis[J]. *NOAA ATLAS*, No. 9.

Lau K M, 1992. East Asian summer monsoon rainfall variability and climate teleconnection[J]. *J Meteor Soc Japan*, **70**: 211-242.

Namias J, 1951. The great Pacific anticyclone of the winter 1948—50: A case study in the evolution of climatic anomalies [J]. *J Meteor*, **8**: 251-261.

Nitta T, 1986. Long-term variations of cloud amount in the western Pacific region[J]. *J Meteor Soc Japan*, **64**: 373-390.

Nitta T, 1987. Convective activities in the tropical western Pacific and their impact on the northern hemisphere summer circulation[J]. *J Meteor Soc Japan*, **65**: 373-390.

Nitta T, Maruyama T, Motoki T, 1986. Long-term variations of tropospheric circulations in the western Pacific region as derived from GMS cloud winds[J]. *J Meteor Soc Japan*, **64**: 895-911.

Plumb R A, 1985. On the three-dimensional propagation of stationary waves[J]. *J Atmos Sci*, **42**: 217-229.

Rogers G T, 1981. The north-Pacific oscillation[J]. *J Clim*, **1**: 68-83.

Simmons A J, Wallace J, Brastator G, 1983. Barotropic wave propagation and instability, and atmospheric teleconnection patterns[J]. *J Atmos Sci*, **40**: 1363-1392.

Shukla J, Wallace J M, 1983. Numerical simulation of the atmospheric response to equatorial Pacific sea surface temperature anomalies[J]. *J Atmos Sci*, **40**: 1613-1630.

Trenberth K E, Shea D J, 1987. On the evolution of the Southern Oscillation[J]. *Mon Wea Rev*, **115**: 3078-3096.

Van Loon H, Jeme R L, Labitzke K, 1973. Zonal harmonic standing waves[J]. *J Geophys Res*, **78**: 4463-4471.

Walker G T, Bliss E W, 1932. World weather V[J]. *Mem Roy Meteor Sci*, **4**: 53-84

Wallace J M, Gutzler D S, 1981. Teleconnections in the geopotential height field during the Northern Hemisphere winter [J]. *Mon Wea Rev*, **109**: 784-812.

Webster P J, 1982. Seasonality in the local and remote atmospheric response to sea surface temperature anomalies[J]. *J Atmos Sci*, **39**: 41-52.

Yeh T C, 1949. On energy dispersion in the atmosphere[J]. *J Meteor*, **6**: 1-16.

# 7 海气相互作用

海洋和大气同属地球流体，它们的运动规律有相当类似之处，同时，它们又是相互联系相互影响的，尤其是海洋和大气都是气候系统的成员，大尺度海气耦合相互作用对气候的形成及变化都有重要影响。因此，近代气候研究必须考虑海洋的存在及海气相互作用。在这一章里，我们将讨论海气相互作用，特别是大尺度海气相互作用的一些基本问题，包括其气候影响。

## 7.1 大尺度海气相互作用的基本特征

在相互制约的大气-海洋耦合系统中，海洋主要通过向大气输送热量，尤其是提供潜热，来影响大气运动；大气主要通过风应力向海洋提供动量，改变洋流及重新分配海洋的热含量。因此可以简单地认为，在大尺度海气相互作用中，海洋对大气的作用主要是热力的，而大气对海洋的作用主要是动力的。

### 7.1.1 海洋对大气的热力作用

大气和海洋运动的原动力都来自太阳辐射能，但因为海水反照率比较小，吸收到的太阳短波辐射能较多，而海面上空湿度一般较大，海洋上空的净长波辐射损失又不大。因此，海洋都有比较大的净辐射收入，热带地区海洋面积最大，因此热带海洋在热量贮存方面具有更重要的地位。图 7.1.1 给出了一年中到达大气顶的纬向平均能量分布，黑暗区表示陆地区域所占的量值，阴影区是海洋区域所占的量值。显然，热带海洋可得到最多的能量。图 7.1.2 给出了多年平均的全球年辐射平衡分布，一个极显著的特征是在海洋上，尤其在热带海洋上，有较大的辐射平衡值。因此，通过辐射过程，特别是对太阳短波辐射的吸收，在驱动地球大气系统的运动方面，海洋，特别是热带海洋，是极为重要的能量源地。一系列的分析研究已充分显示出热带海洋热状况的改变对全球气候变化的重要影响。因此，一个庞大的“热带海洋和全球大气”(TOGA)国际性观测研究计划在 20 世纪 80 年代至 90 年代开始实施，TOGA 计划的科学目标就是基于大尺度海气相互作用，搞清海洋(尤其是热带海洋)在全球气候变化中的作用和机制，为中短期气候预报提供科学依据。

人们通过一些观测研究已经发现，海洋热状况改变对大气环流及气候的影响，有几个关键海区尤为重要。其一是 El Nino 事件发生的赤道东太平洋海区；其二是海温最高的赤道西太平洋“暖池”区；另外，东北太平洋海区及北大西洋海区的热状况也被分别认为与北美和欧洲的天气气候变化有着明显的关系。

海洋向大气提供的热量有潜热和感热两种，但主要是通过蒸发过程提供潜热。既是“潜”

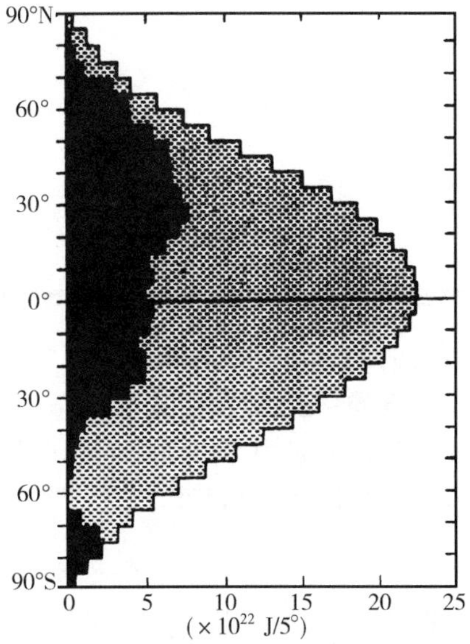


**图 7.1.1** 一年中到达大气顶的太阳辐射能的纬向平均分布

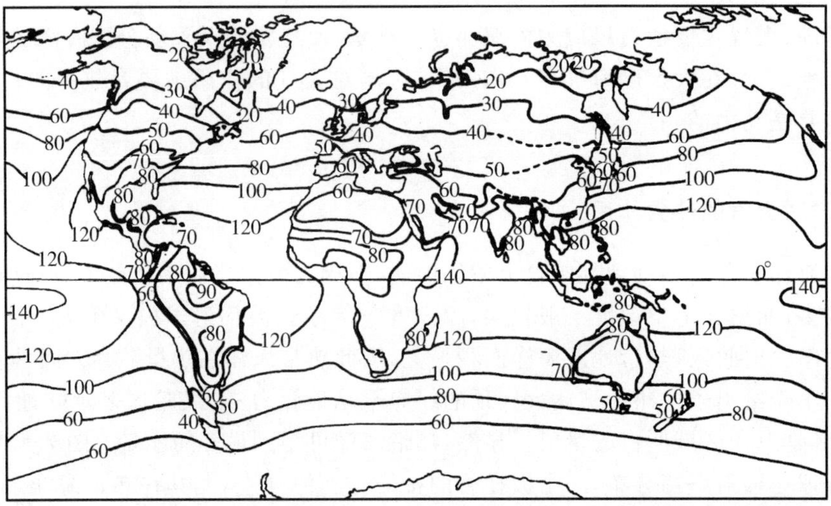

**图 7.1.2** 地球表面的年辐射平衡(引自 Budyko,1978)

(单位为 $kcal \cdot cm^{-2} \cdot a^{-1}$)

热,就不同于"显"热,它须有水汽的相变过程才能释放出潜热,对大气运动产生影响。要出现水汽相变而释放潜热,就要求水汽辐合上升而凝结,相应的大气环流条件必不可少。因此 ,海洋对大气的加热作用往往并不直接发生在最大蒸发区的上空。

大洋环流既影响海洋热含量的分布,也影响到海洋向大气的热量输送过程。低纬度海洋获得了较多的太阳辐射能,通过大洋环流可将其中一部分输送到中高纬度海洋,然后再提供给大气。因此,海洋向大气提供热量一般更具有全球尺度特征。

一般可以把由海洋向大气的潜热和感热输送写成

$$Q_L = L \cdot C_E \cdot (q_o - q_a) \cdot U \tag{7.1.1}$$

$$Q_S = C_H \cdot (T_o - T_a) \cdot U \tag{7.1.2}$$

这里 $L$ 是蒸发(凝结)潜热,$q_o$ 和 $q_a$ 分别是海表面和大气中的饱和比湿,$U$ 是距海面 10 m 处的风速,$T_o$ 和 $T_a$ 分别是海水表面和空气的温度,而 $C_E$ 和 $C_H$ 是交换函数。起初人们将 $C_E$ 和 $C_H$ 作为经验常数给出,取 $C_H = 0.97\times10^{-3}$,$C_E = 1.1\times10^{-3} \sim 1.6\times10^{-3}$。进一步的研究表明,将 $C_E$ 和 $C_H$ 取作常数往往带来较大的计算误差,因而提出了 $C_E$ 和 $C_H$ 的参数化表示方法(Liu 等,1979;Anderson 和 Smith,1981),考虑了分子压缩等因素的影响。图7.1.3是几种交换系数随 $Re$ 和 $U$ 的变化情况,其中 $U$ 是距海面高 10 m 处的风速,$Re$ 是 Reynolds 数,反映海面粗糙度的一种参数。

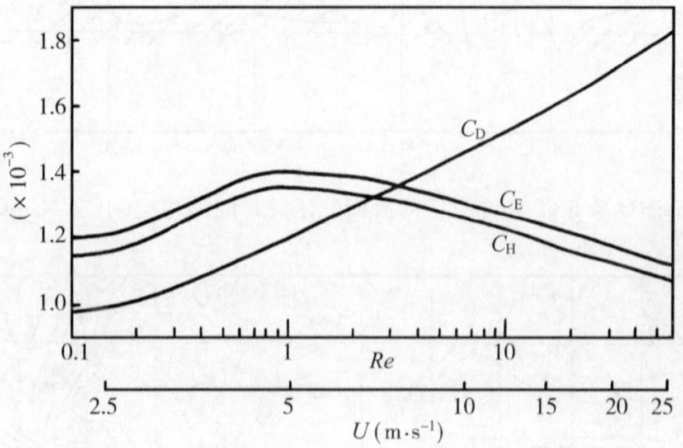


**图 7.1.3** 交换系数随 $Re$ 和 $U$ 的变化(引自 Liu 等,1979)

在公式(7.1.1)中,饱和比湿 $q_o$ 是海面温度(SST)的函数。因此,无论海洋向大气提供感热还是潜热都同 SST 有极为密切的关系。这样,海面温度和它的异常(SSTA)也就成为描写海洋对大气运动影响以及影响气候变化的重要物理量。

热带海洋积存了较多的能量,热带 SST 的异常必然对大气环流和气候有重要的影响。图4.4.1 给出了赤道东太平洋 SSTA 影响大气环流变化的示意图,充分显示了其全球效应。实际上,在中高纬度地区,SSTA 也对大气环流和气候变化有相当大的影响。图7.1.4是温带太平洋夏季 SSTA 同其后秋季海面气压异常间的相关系数分布。可以看到,在东北太平洋地区有一个负相关极值区,表明气压场的变化受到前期 SST 异常的重要影响。

### 7.1.2 风应力强迫

前面已经指出,大气对海洋的影响主要是风应力的动力作用。下面我们将简要讨论风应力对海洋强迫的基本特征。

观测事实表明,大洋表层环流的显著特点之一是:在北半球海区,环流沿顺时针方向流动;在南半球海区,环流沿逆时针方向流动。图7.1.5 是大洋环流基本形势图,南北半球太平洋环流的反向特征极其清楚。从图7.1.5 中还可以看到大洋环流的另一个重要特征,即所谓"西向强化"特征,最典型的是西北太平洋的近岸海区和北大西洋的西部海域,那里流线密集,流速较大,而大洋的其余部分海区,流线稀疏,流速较小。上述大洋环流的主要特征,正是风应力强迫海洋环流的结果,也只有考虑风应力的作用才能给出合理的动力学解释。

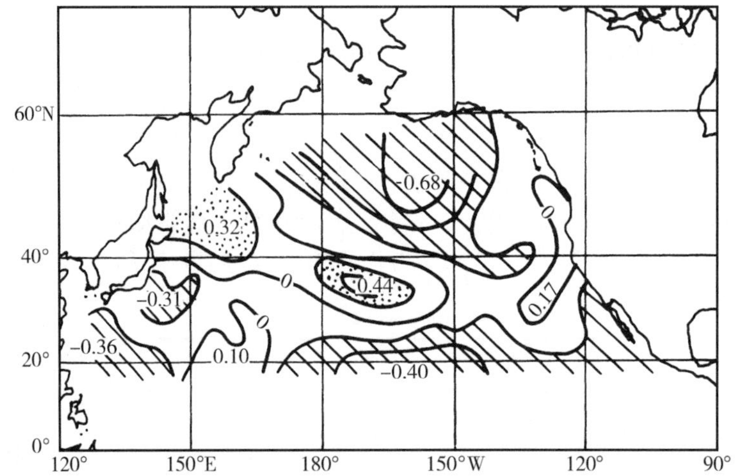


**图 7.1.4**　温带太平洋夏季 SST 异常与秋季海面气压异常间的相关(引自 Namias 和 Cayan,1981)

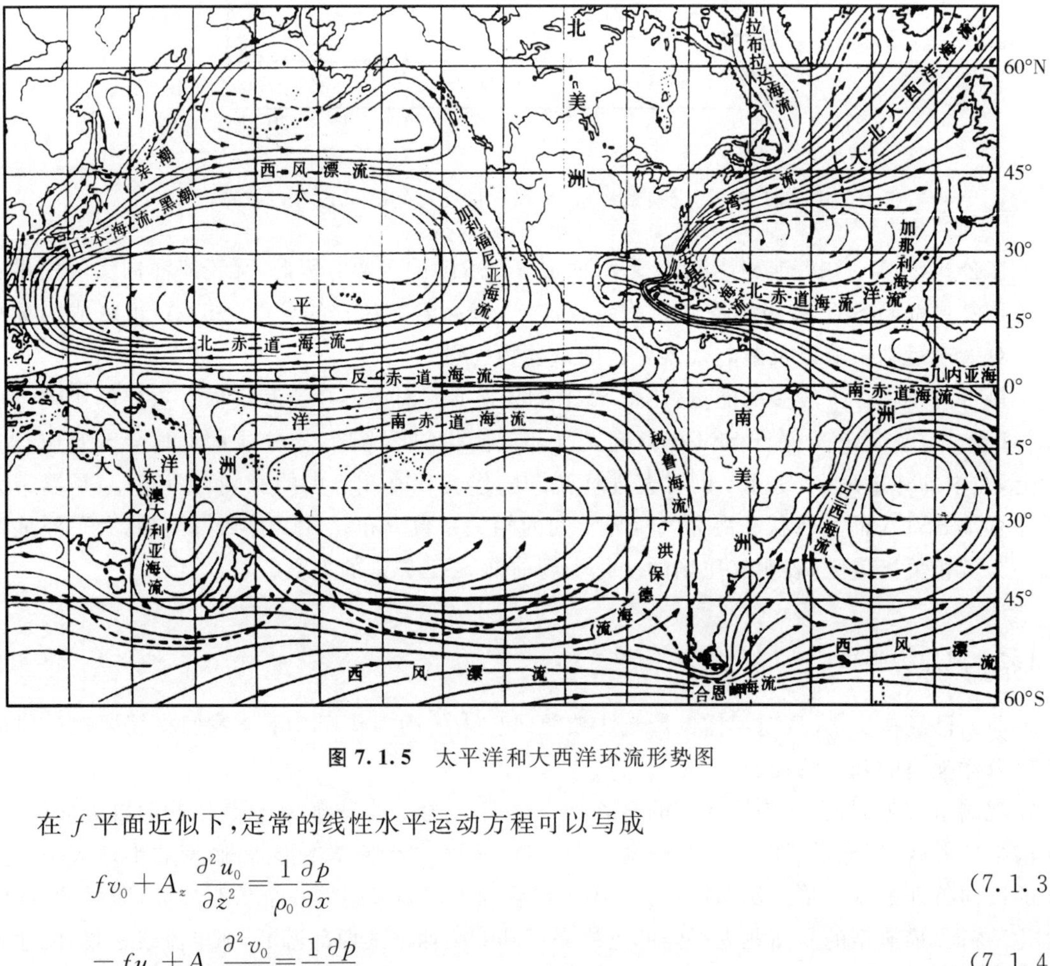


**图 7.1.5**　太平洋和大西洋环流形势图

在 $f$ 平面近似下,定常的线性水平运动方程可以写成

$$fv_0 + A_z \frac{\partial^2 u_0}{\partial z^2} = \frac{1}{\rho_0}\frac{\partial p}{\partial x} \tag{7.1.3}$$

$$-fu_0 + A_z \frac{\partial^2 v_0}{\partial z^2} = \frac{1}{\rho_0}\frac{\partial p}{\partial y} \tag{7.1.4}$$

它反映了 Coriolis 力、摩擦力和压力三者间的平衡。其中 $f$ 是 Coriolis 参数,$u_0$ 和 $v_0$ 分别是 $x$

方向和 $y$ 方向的海流速度，$A_z$ 是摩擦系数，$\rho_0$ 是海水密度，$p$ 是压力。

假定海洋无限深又无限宽广，而且海水是均匀的，海面呈水平，则$\partial p/\partial x=\partial p/\partial y=0$，地转流被消除，水平运动方程可变成

$$\left.\begin{aligned} fv_0+A_z\frac{\partial^2 u_0}{\partial z^2}=0 \\ -fu_0+A_z\frac{\partial^2 v_0}{\partial z^2}=0 \end{aligned}\right\} \tag{7.1.5}$$

这里 Ekman 方程，表示 Coriolis 力和摩擦力间的平衡。方程(7.1.5)的解可写成

$$\left.\begin{aligned} u_E=\pm V_0\cos\left(\frac{\pi}{4}+\frac{\pi}{D_E}z\right)e^{\frac{\pi}{D_E}z} \\ v_E=V_0\sin\left(\frac{\pi}{4}+\frac{\pi}{D_E}z\right)e^{\frac{\pi}{D_E}z} \end{aligned}\right\} \tag{7.1.6}$$

这里

$$V_0=\frac{\sqrt{2}\pi\tau_m}{\rho|f|D_E} \tag{7.1.7}$$

是海表 Ekman 流的流速量值。其中 $\tau_m$ 和 $|f|$ 分别是海表风应力和 $f$ 的量值；$D_E=\pi(2A_z/|f|)^{\frac{1}{2}}$，是 Ekman 层深度。

在式(7.1.6)中，对北半球需取“+”号，对南半球需取“−”号。对解式(7.1.6)的讨论如下：

(1)在海表面处，$z=0$，应有

$$u_0=\pm V_0\cos 45°$$
$$v_0=V_0\sin 45°$$

这表明，在南(北)半球，表面流与风向成 45°的夹角，并偏向风向的左(右)边。

(2) 在海表面以下，流速量值将随深度的增加而减小，流向则按顺时针(对北半球)或逆时针(对南半球)方向向右偏转。在 $z=-D_E$ 深处，流速量值只有表面流速量值的 0.04($e^{-\pi}$)倍，而流向与表面流向相反。若将各深度层的流速投影到平面上，其流速矢端便构成所谓 Ekman 螺线，同大气边界层情况有些相似。

关于风生海洋环流的上述 Ekman 理论是极为简单的，尤其是忽略了压力梯度的影响，其结果虽可说明海流相对风场的偏转，但局限性很大。在考虑压力梯度的情况下，线性定常水平运动方程可写成

$$\frac{1}{\rho_0}\frac{\partial p}{\partial x}=fv_0+\frac{1}{\rho_0}\frac{\partial \tau_x}{\partial z} \tag{7.1.8}$$

$$\frac{1}{\rho_0}\frac{\partial p}{\partial y}=-fu_0+\frac{1}{\rho_0}\frac{\partial \tau_y}{\partial z} \tag{7.1.9}$$

其中 $\tau_x$ 和 $\tau_y$ 是摩擦应力分量，分别表示为

$$\tau_x=\rho A_z\frac{\partial u_0}{\partial z},\quad \tau_y=\rho A_z\frac{\partial v_0}{\partial z}$$

对方程(7.1.8)和(7.1.9)在垂直方向进行积分，则可得到

$$\int_{-h}^{0}\frac{\partial p}{\partial x}dz=\int_{-h}^{0}\rho_0 fv_0\,dz+\tau_{x\eta}=fM_y+\tau_{x\eta} \tag{7.1.10}$$

$$\int_{-h}^{0}\frac{\partial p}{\partial y}dz=-\int_{-h}^{0}\rho_0 fu_0\,dz+\tau_{y\eta}=-fM_y+\tau_{y\eta} \tag{7.1.11}$$

将式(7.1.10)对 $y$ 进行微分,式(7.1.11)对 $x$ 进行微分,然后相减,可以得到

$$M_y \frac{\partial f}{\partial y}=\frac{\partial \tau_y}{\partial x}-\frac{\partial \tau_x}{\partial y} \tag{7.1.12}$$

这里已用到质量输送连续方程

$$\frac{\partial M_x}{\partial x}+\frac{\partial M_y}{\partial y}=0 \tag{7.1.13}$$

在式(7.1.12)中,$\partial\tau_y/\partial x-\partial\tau_x/\partial y$ 是风应力旋度的垂直分量,可以用符号 $\zeta_\tau$ 表示。这样,方程(7.1.12)可以写成

$$\beta M_y=\zeta_\tau \tag{7.1.14}$$

这里 $M_y$ 是受风影响的海洋层内的南北向质量总输送,包括 Ekman 风生输送 $M_{yE}=-\frac{\tau_x}{f}$,及地转输送 $M_{yg}=\frac{1}{f}\int_{-h}^{0}\frac{\partial p}{\partial x}\mathrm{d}z$。一般将方程(7.1.14)称为 Sverdrup 方程。

对于赤道信风区,$\partial\tau_y/\partial x$ 一般都很小,可以忽略不计。由于 $\beta=2\Omega\cos\varphi/R$,其中 $\Omega$ 和 $R$ 分别是地球的自转角速度的半径,由式(7.1.12)和(7.1.13)可以得到

$$\frac{\partial M_x}{\partial x}=-\frac{\partial M_y}{\partial y}\approx\frac{1}{2\Omega\cos\varphi}\left(R\frac{\partial^2\tau_x}{\partial y^2}+\frac{\partial\tau_x}{\partial y}+\tan\varphi\right)$$

对上式从 $x=0$(假定为海岸,$M_x=0$)起进行积分便可得到

$$\left.\begin{aligned}M_x&=\frac{x}{2\Omega\cos\varphi}\left(R\frac{\partial^2\bar{\tau}_x}{\partial y^2}+\frac{\partial\bar{\tau}_x}{\partial y}+\tan\varphi\right)\\M_y&=-\frac{R}{2\Omega\cos\varphi}\frac{\partial\bar{\tau}_x}{\partial y}\end{aligned}\right\} \tag{7.1.15}$$

这里 $x$ 值应为负,因从东往西;$\bar{\tau}_x$ 表示区间$(0,x)$内的平均应力。

图 7.1.6 给出了赤道东太平洋地区的纬向风廓线及相应的海流分布形势。可以看到,在15°N 以北和 2°N 以南的热带大气中,有$\partial^2\bar{\tau}_x/\partial y^2>0$,$M_x<0$(因 $x<0$),也就是说,在那里应有向西的海流(北赤道流和南赤道流);在 15°N 和 2°N 之间,有$\partial^2\bar{\tau}_x/\partial y^2<0$,则 $M_x>0$,即应有向东的海流(北赤道逆流)。可见,Sverdrup(1947)的理论可以大致解释赤道海流体系的存在,这种赤道流系包括北赤道流和南赤道流以及其间的北赤道逆流。

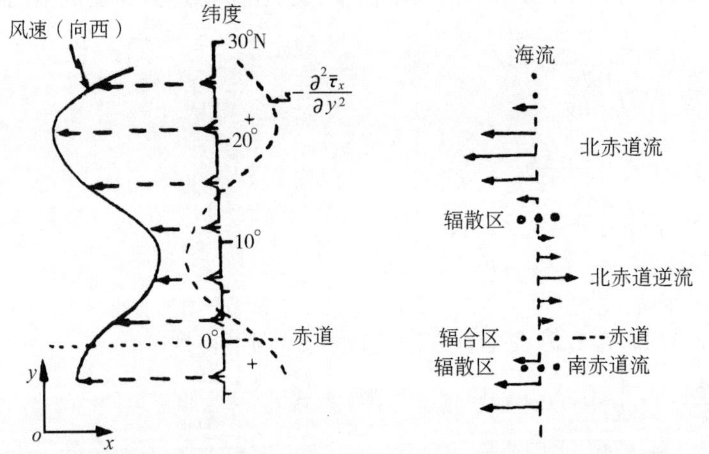


**图 7.1.6**　东太平洋低纬度地区的纬向风廓线(左)以及相应的海流(右)分布

关于西向强化问题,Coriolis 力随纬度的变化是其根本原因,也可认为是 $\beta$ 效应在海流中的表现。因为风应力使海水产生涡度,一般它可以由摩擦力来抵消。当 Coriolis 参数 $f$ 随纬度变化时,在大洋的西边就需要有较强的摩擦力以抵消那里的涡度。因此,为了产生较强的摩擦力,在那里就要有较大的流速。

### 7.1.3 海洋混合层

海洋是旋转地球上受重力作用的含盐水体,它的状态和运动既受地球转动和重力的作用,又受到太阳辐射和大气运动的影响。各个海域的海水温度、盐度和密度都有着显著差异,且因太阳辐射的加热作用,海洋上层的温度较高,密度较小,使海水有温度随深度下降而密度随深度增加的特性。但是,就其铅直分布而论却呈现出有规律的层次结构,且一般可分为混合层(或称上混合层)、跃层(或称温跃层)和深层(或称下均匀层)。处于海洋表面附近的混合层,其厚度约 100 m,由于风和波浪的搅拌作用,其温度、盐度和密度都是均匀的;在混合层之下,是一个厚度约 1 000~1 500 m 的跃层,该层海水的温度、盐度和密度随深度有明显的跃变现象;在跃层之下是海洋深层,在那里海水温度、盐度和密度又几乎处于均匀状态,故又称下均匀层。

无论从海气相互作用来讲,还是从海洋动力学来讲,海洋混合层都是十分重要的。因为通过大气和海洋混合层间热量、动量和质量的直接交换,就产生了海气相互作用。对于长期天气和气候的变化问题,都需要知道大气底部边界的情况,尤其是海面温度及海表热量平衡,这就需要知道海洋混合层的情况。海洋混合层的辐合辐散过程通过 Ekman 抽吸效应会影响深层海洋环流;而深层海洋对大气运动(气候)的影响,又要通过改变混合层的状况来实现;另外,太阳辐射能也是通过影响混合层而成为驱动整个海洋运动的重要原动力。因此,对于气候和大尺度大气环流变化来讲,海洋混合层是十分重要的。在研究海气相互作用及设计海气耦合模式的时候都必须考虑海洋混合层,简单起见,甚至可以用海洋混合层代表整层海洋的作用,有时就把这样的模式简称为"混合层"模式。

## 7.2 ENSO

ENSO 是厄尔尼诺(El Nino)和南方涛动(Southern Oscillation)的合称。因为许多研究都表明,赤道东太平洋海表水温异常事件(El Nino)同南方涛动(SO)之间有非常好的相关关系。当赤道东太平洋 SST 出现正(负)距平时,南方涛动指数往往是负(正)值,两者间的负相关系数在−0.57 到−0.75 之间,达到 99.9%的信度。图 7.2.1 给出了南方涛动指数 SOI 与赤道东太平洋 SST 异常的时间演变曲线,两者反相关关系表现得十分清楚。下面我们将会看到,El Nino 是指赤道东太平洋地区 SST 的持续异常增暖,可认为是一种海洋异常现象;而南方涛动是指印度洋地区和南太平洋地区气压的反向变化现象,是大尺度大气环流的异常。El Nino 和南方涛动间的紧密关系,是大尺度海气相互作用(特别是热带大尺度海气相互作用)的突出反映。因此,ENSO 也就成为大尺度海气相互作用以及气候变化问题研究的中心课题,受到国际科学界的广泛注意。

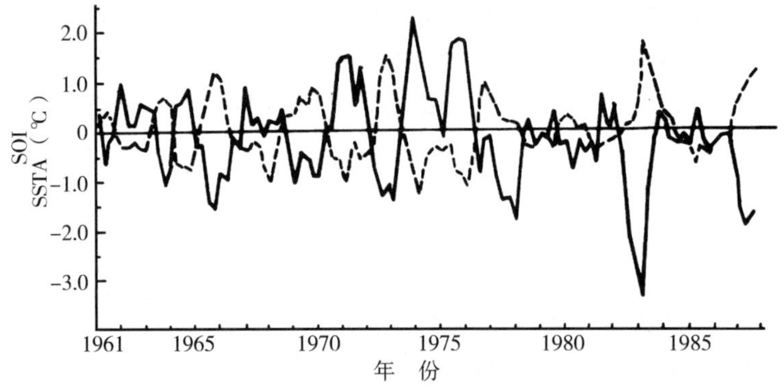


**图 7.2.1** 南方涛动指数(实线)和赤道东太平洋(0°～10°S,180°～90°W)海面温度异常(虚线)的时间演变

### 7.2.1 厄尔尼诺

厄尔尼诺(El Nino)是西班牙语,其本来的含意是"圣婴",现用来指发生在厄瓜多尔南部和秘鲁北部沿岸海面温度异常升高的现象。第一次直接记录 El Nino 事件是在 1795 年,圣诞节前后,秘鲁沿岸的海表水温持续异常升高,不仅给该地区各国和渔业生产带来严重损失,还造成洪水灾害,因此引起人们的普遍注意。后来的观测又发现,El Nino 事件出现时,不仅在秘鲁沿岸海域,甚至整个赤道东太平洋海区的 SST 都出现持续异常升高。因此,目前一般都用(0°～10°S,180°～90°W)区域的平均海面温度来代表赤道东太平洋的 SST。当赤道东太平洋 SST 持续出现较大的正距平时,即称为发生了 El Nino 事件;当赤道东太平洋 SST 持续出现较强的负距平时,则称发生了反 El Nino,现在又称 La Nina。图 7.2.2 分别给出了对应 El Nino 和 La Nina 情况下,赤道东太平洋 SST 距平的时间演变。对于 El Nino 事件,赤道东太平洋 SST 的激烈上升一般开始于春季,少数在夏、秋季,较大的正距平大约可持续 1 年或更长时间,最大 SST 正距平一般出现在 11～12 月间,平均达到 1℃以上,个别地区可出现 4℃的 SST 正距平。

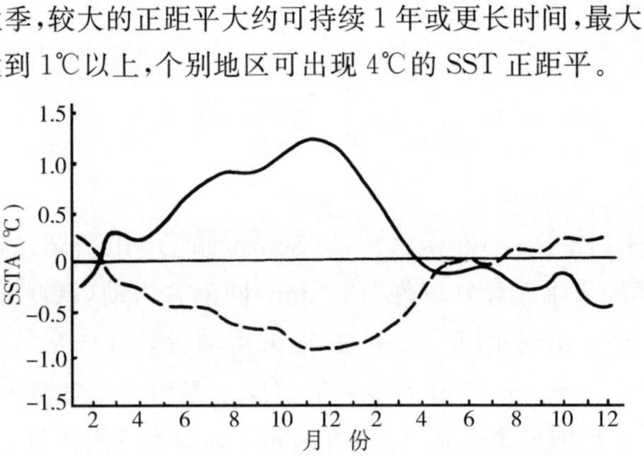


**图 7.2.2** 赤道东太平洋海面温度距平的时间演变(引自藏恒范、王绍武,1984)
(实线和虚线分别表示对 El Nino 和 La Nina 的合成)

根据多年 El Nino 事件的特征和演变,在 20 世纪 80 年代以前,人们认为 El Nino 事件的主要增暖区在赤道太平洋东部,最大振幅在秘鲁沿岸海域;事件开始于北半球春季,并在秘鲁沿岸海区先增暖,然后向西扩展。但是,1982—1983 年发生了 20 世纪以来最强的一次 El

Nino事件，并造成了极为严重的气候灾害。分析这次 El Nino 事件发现，同过去归纳的模型完全相反，主要增暖区在中东太平洋地区，而不是太平洋东部；事件开始于北半球的夏季，异常暖区是向东扩展。这样，人们又把 El Nino 事件的 SST 异常分为两类，其一主要在太平洋东部（秘鲁沿岸）增暖，并且暖区向西扩展；其二主要在赤道中东太平洋出现大范围增暖，并且暖区由西向东扩展（Rasmusson 和 Wallace，1983）。

根据 El Nino 发展时期赤道太平洋纬向温度廓线的分析，考虑到赤道冷水舌和暖池在各次 El Nino 事件中的相对贡献的不同，也有人认为存在三类不同的 El Nino 增暖（Fu 等，1986）。在三类不同类型的增暖中，最高海温区的位置和东西海温梯度都有明显的不同，与之相应的最强赤道对流区的位置和强度以及赤道西风向东伸展的程度都有显著差异。第一类是在赤道中东太平洋有大范围增暖，赤道冷舌和赤道暖池都有较大的贡献，赤道暖池向东扩展明显，赤道冷舌收缩也显著；强对流区和赤道西风的向东扩展十分突出。第二类的主要增暖区仅限于赤道太平洋 140°W 以东的南美附近海域，暖池仍然维持在西太平洋；主要强对流区也位于中西太平洋地区，赤道西风也无明显的向东扩展。第三类是整个赤道太平洋都增暖，特别是日界线以西的海区也增暖，赤道暖池的增强可能起着主要作用；与这种增暖类型相对应，赤道太平洋东西向海温梯度并未减小，印尼附近地区的对流活动仍然很强，东西向 Walker 环流也表现出加强的形势。

根据 El Nino 事件开始的时间，也可以将其分为春季型和秋季型，春季型多开始于 5 月，秋季型多开始于 7—8 月。另外，根据 El Nino 持续的时间还可以分为 1 年型（持续时间为 1 年）和持续型（持续 2 年时间）。一般地，秋季型也常为持续型，例如 1982—1983 年和 1986—1987 年的 El Nino 等。

关于历史上的 El Nino 年和 La Nina 年，各个研究者也有个别出入。根据 Angell（1981）给出的赤道东太平洋（0°～10°S，180°～90°W）海温的时间变化图（1860—1979 年）及 Rasmusson 和 Carpenter（1982）给出的海温资料（1921—1938 年，1950—1976 年），并考虑了王绍武（1985）的分析结果，在表 7.2.1 中分别给出了 1884—2016 年间的各次 El Nino 事件和 La Nina现象。从表中可以看到，不少 El Nino 事件持续了两年时间，其中第一年是爆发年，第二年是持续年，都应属于 El Nino 年。

**表 7.2.1** 1884—2000 年间的 El Nino 和 La Nina 事件

| | |
|---|---|
| El Nino | 1884，1888，1891，1896，1899，1902，1904—1905，1911，1913—1914，1918，1923，1925，1930，1935，1940—1941，1944—1945，1948，1951，1953，1957，1963，1965，1968—1969，1972，1976，1982—1983，1986—1987，1991，1993，1995，1997—1998，2003，2007，2010，2015—2016 |
| La Nina | 1886，1889，1892，1894，1898，1903，1906—1907，1909，1912，1916，1921，1924，1933，1937，1942，1946，1949，1954，1964，1967，1970，1973，1975，1988，1998—1999，2000，2008，2011—2012，2016 |

### 7.2.2 南方涛动

南方涛动是由 Walker 和 Bliss（1932）命名的，用它来描述热带东太平洋地区和热带印度洋地区气压场反相变化的跷跷板现象。当然在 20 世纪 20 年代，这种现象就已经被观测到。

“南方”是相对于北半球的变化而言,“涛动”意即振荡,因为这种跷跷板现象大约 3~7 年会重复发生。图 6.1.1 中作为一种典型的遥相关我们已给出了南方涛动的形势图,可见当印度洋地面气压出现负距平时,东太平洋及南美一带地区的地面气压会出现正距平;反之亦然。

为了描写南方涛动,一般都用南方涛动指数(SOI),它实际上是东太平洋与印度洋地面气压的差值。目前最常用的南方涛动指数是塔希堤[法]和达尔文[澳]之间的标准海平面气压差。SOI 为负数表示东太平洋气压低于印度洋气压,SOI 为正数表示东太平洋气压高于印度洋气压;而负 SOI 往往同赤道东太平洋 SST 的持续正异常相联系。

通过分析与 SOI 的关系,人们发现了许多同南方涛动有关的异常现象。例如在高 SOI 期,赤道东太平洋和秘鲁沿岸的 SST 相对偏冷,热带主要降水区位于印度尼西亚地区,沿赤道的 Walker 环流较强,经向 Hadley 环流偏弱,东南信风较强。相反,在低 SOI 期,东南信风较弱,赤道中太平洋有最强降水中心,Hadley 环流加强,而 Walker 环流减弱,赤道东太平洋 SST 增暖甚至出现 El Nino 事件。也正是上述这些联系,人们把负 SOI 同赤道东太平洋暖水事件及 El Nino 视为一种海气耦合系统出现异常的不同反映;而正 SOI、赤道东太平洋冷水事件和 La Nina 又是海气耦合系统出现另一种异常的不同反映。这样,80 年代初开始,人们便用缩略词 ENSO 来表示大尺度海气耦合系统的异常现象。

ENSO 既包含有高 SOI 和低 SOI 的特征,又包括赤道东太平洋的暖水事件(El Nino)和冷水事件(La Nina);而且这些现象和事件的发生又都有 3~7 年的准周期性。因此,近来人们又将 ENSO 叫做 ENSO 循环,即暖状态(包括 El Nino 和低 SOI 特征)和冷状态(包括 La Nina 和高 SOI 特征)的循环出现。

### 7.2.3 ENSO 循环的动力学机制

ENSO 的物理机制,早期用来说明 El Nino 事件的发生。在 20 世纪 70 年代提出的海洋学模型(Wyrtki,1975)具有一定的意义,它比较完整地描写了 El Nino 现象在赤道附近地区的海洋现象及演变。模型强调了前期信风增强而形成的能量积累的作用。在一般情况下,赤道太平洋的海面高度呈西高东低的形势,西太平洋的温跃层较深(约 200 m),而东太平洋温跃层较浅(约 50 m),这种结构正好同西暖东冷的平均海温分布相匹配。在偏东信风异常强的情况下,表面风应力将使表层暖水在西太平洋大量堆积,使那里海面更加增高,温跃层加厚;而东太平洋海面减低,温跃层变薄。这种情况使赤道东西太平洋海面坡度加大,积蓄着相当大的位能。在信风明显减弱的情况下,海洋位能释放,表层暖水向东回流,东太平洋海面升高,海面增暖,温跃层增厚,出现 El Nino 现象。

Wyrtki 的 El Nino 模型虽然指出了信风异常的重要作用,但并没有深入考虑大尺度海气相互作用。考虑大尺度海气相互作用,ENSO 可以认为是海气耦合系统中的一种振荡,它可以通过自身物理过程的变化和相互反馈而激发和驱动。为了揭露 ENSO 循环,各种海气耦合模式相继诞生,并取得了很好的结果(McCreary,1983;McCreary 和 Anderson,1984;Anderson 和 McCreary,1985;Cane 等,1986;Schopf 和 Suarez,1988;Battisti,1988)。这些研究都基于海气耦合模式,通过海洋不稳定过程激发的海洋 Kelvin 波和 Rossby 波的活动及相互影响,最终都得到了能与观测相比较的 ENSO 循环。下面就以 Anderson 和 McCreary(1985)的模式为例作简要的分析讨论。

在赤道 $\beta$ 平面近似下，海洋运动的控制方程可写成

$$\frac{\partial}{\partial t}(hu_0)+\frac{\partial}{\partial x}(hu_0u_0)+\frac{\partial}{\partial y}(hu_0v_0)-\beta yhv_0=-\frac{\partial P}{\partial x}+\tau_x+\upsilon_0\nabla^2(hu_0) \tag{7.2.1}$$

$$\frac{\partial}{\partial t}(hv_0)+\frac{\partial}{\partial x}(hu_0v_0)+\frac{\partial}{\partial y}(hv_0v_0)+\beta yhu_0=-\frac{\partial P}{\partial x}+\tau_y+\upsilon_0\nabla^2(hv_0) \tag{7.2.2}$$

$$\frac{\partial}{\partial t}(hT)+\frac{\partial}{\partial x}(hu_0T)+\frac{\partial}{\partial y}(hv_0T)=\frac{Q_s}{\rho_0c_p}-WT \tag{7.2.3}$$

$$\frac{\partial P}{\partial t}+\frac{\partial}{\partial x}(u_0P)+\frac{\partial}{\partial y}(v_0P)+P\left(\frac{\partial u_0}{\partial x}+\frac{\partial v_0}{\partial y}\right)=\rho_0\alpha g\delta-W\frac{\partial P}{\partial h} \tag{7.2.4}$$

其中 $P=\frac{1}{2}\rho_0\alpha gh^2T$，$\rho_0$ 是海水密度，$\alpha$ 是海水热膨胀系数，$h$ 是海洋混合层厚度，$u_0$ 和 $v_0$ 分别是海流的纬向和经向分量，$T$ 是海洋混合层温度，$\upsilon_0$ 是海洋水平涡旋黏性系数，$c_p$ 是海水比定压热容，$(\tau_x,\tau_y)$是海表风应力，$\beta$ 是 Coriolis 力随纬度的变化。参数 $\alpha$、$\beta$ 和 $\upsilon_0$ 一般取值分别为 $\alpha=0.000\,3\ ℃^{-1}$，$\beta=2.28\times10^{-11}\ \mathrm{m^{-1}\cdot s^{-1}}$，$\upsilon_0=2\times10^3\ \mathrm{m^2\cdot s^{-1}}$。

在方程(7.2.1)和(7.2.2)中，风应力项可表示成

$$(\tau_x,\tau_y)=\rho_a C_D(u_a,v_a) \tag{7.2.5}$$

其中 $\rho_a$ 是空气密度；$u_a$ 和 $v_a$ 是风速分量；$C_D$ 是拖曳系数，一般取为 $0.008\ \mathrm{m\cdot s^{-1}}$。在方程(7.2.3)和(7.2.4)中 $W$ 表示深层海水的上涌速度，因此，$WT$ 和 $W\partial P/\partial h$ 分别是热量和位能的消耗项。$Q_s$ 是进入海洋混合层的热通量，可表示成

$$Q_s=-\rho_0c_p\gamma_0(T-T^*) \tag{7.2.6}$$

这里 $\gamma_0$ 是海水热消散系数；$T^*$ 是大于 $T$ 的临界温度，可视为纬度的函数，并可取成

$$T^*=4+\frac{1}{2}(11.33-4)\left(1+\cos2\pi\frac{y}{y_b}\right) \tag{7.2.7}$$

其中 $y_b=9\,000$ km。将 $\delta$ 表示成 $\delta_0/h$，那么，参数 $W$、$\delta_0$ 和 $\gamma_0$ 一般可分别取值为 $4\times10^{-7}\ \mathrm{m\cdot s^{-1}}$、$4\times10^{-2}\ \mathrm{m^3\cdot ℃\cdot s^{-1}}$ 及 $3\times10^{-6}\ \mathrm{m\cdot s^{-1}}$。

为便于计算，方程(7.2.3)和(7.2.4)还可简化为

$$\frac{\partial h}{\partial t}+\frac{\partial}{\partial x}(hu_0)+\frac{\partial}{\partial y}(hv_0)=\frac{2\delta}{hT}-W+\gamma_0\frac{T-T^*}{T} \tag{7.2.8}$$

$$\frac{\partial T}{\partial t}+u_0\frac{\partial T}{\partial x}+v_0\frac{\partial T}{\partial y}=\frac{2}{h}\left[-\gamma_0(T-T^*)-\frac{\delta}{h}\right]+K_h\nabla^2T \tag{7.2.9}$$

其中 $K_h=\upsilon_0$，由于海温 $T$ 变化比较慢，上述简化还是可以接受的。

对于模式大气，其控制方程可写成

$$-\beta yv_a=-\frac{\partial\phi}{\partial x}-\varepsilon u_a \tag{7.2.10}$$

$$\beta yu_a=-\frac{\partial\phi}{\partial y}-\varepsilon v_a \tag{7.2.11}$$

$$\frac{\partial u_a}{\partial x}+\frac{\partial v_a}{\partial y}=\frac{Q}{C^2}-\varepsilon\frac{\phi}{C^2} \tag{7.2.12}$$

这里 $Q$ 是凝结潜热释放产生的强迫；$C$ 是 Kelvin 波的移速；$\phi$ 是重力位势；$u_a$ 和 $v_a$ 是大气中的风速分量；$\varepsilon$ 是 Newton 冷却系数。参数 $C$ 和 $\varepsilon$ 一般分别取值 $60\ \mathrm{m\cdot s^{-1}}$ 和 $3\times10^{-5}\ \mathrm{s^{-1}}$。凝结潜热的释放假定同海温有关，即可表示成

$$Q=Q_0\frac{T-T_c}{\overline{T}(0)-T_c}H(T-T_c) \tag{7.2.13}$$

其中 $Q_0$ 是振幅因子,$T_c$ 是一个临界值温度,$\overline{T}(0)$是赤道地区的 $\overline{T}$ 值,而

$$\overline{T}=\gamma_0 T^*/(\gamma_0+W)$$

对方程(7.2.1)、(7.2.2)和(7.2.8)~(7.2.12)进行数值积分,便可得到海温 $T$、混合层厚度 $h$ 和风应力等的时间演变特征。图 7.2.3 是一个数值积分结果,各种物理量和准周期变化(循环)表现得很清楚。而且振荡模的平均周期约 3.5 年;不稳定扰动在西部海域发展并向东传播,最后在东部边界消失。这些都同实际观测到的 ENSO 循环有一定的类似。

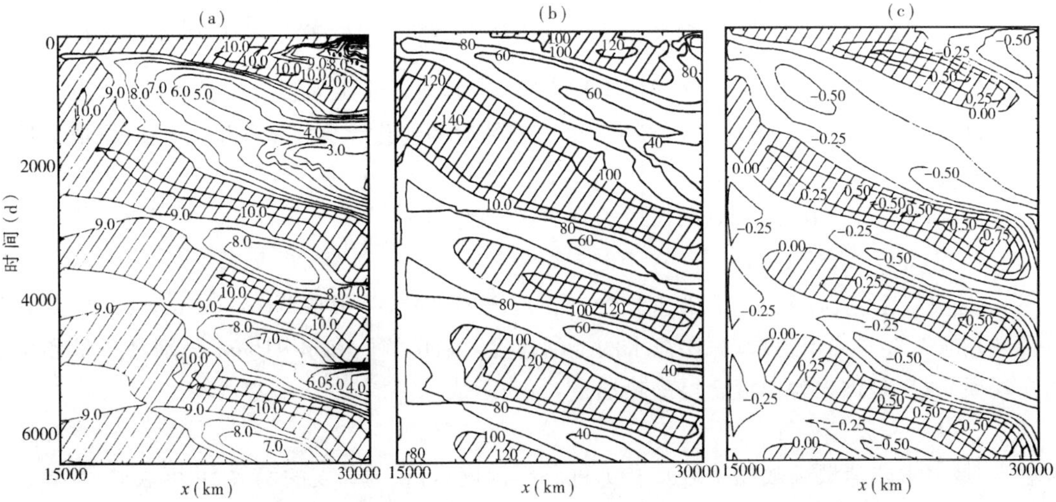


**图 7.2.3**　数值模拟得到的海表水温 $T$(a)、海洋混合层厚度 $h$(b)和海表风应力 $\tau_x$(c)的时间-纬向剖面图(引自 Anderson 和 McCreary,1985)

关于 ENSO 循环,从平衡态的角度可分别将 El Nino 和 La Nina 视为两种平衡态,在一定条件下,这两种平衡态的转换就构成了 ENSO 循环。基于已有的研究,考虑到太平洋海况特征和海气相互作用及其不稳定性,我们可以用一个概念模型(图 7.2.4)来说明 ENSO 循环的动力学机制。赤道西太平洋地区的 SST 一般都比较高,若因某些原因一旦那里信风出现异常(减弱),便可以激发产生出异常的暖性 Kelvin 波,并向东传播;由于海气耦合相互作用,这种异常的暖性 Kelvin 波在东传过程中可得到较强发展,最终导致 El Nino 事件。在上述暖性 Kelvin 波东传的同时,海气耦合相互作用还将激发产生一种向西传播的冷性 Rossby 波,它一方面可使西太平洋的 SST 降低,同时它在西岸反射而成为冷性 Kelvin 波。若这时信风出现异常(增强),冷性 Kelvin 波将在西太平洋持续产生和东传,并通过海气耦合不稳定而增幅,最后导致 La Nina 的发生。在冷性 Kelvin 波的东传过程中,海气耦合相互作用又可激发产生暖性 Rossby 波,它同暖性 Kelvin 波在赤道东太平洋海岸反射后的暖性 Rossby 波一起传到赤道西太平洋,一方面,使赤道西太平洋 SST 增加,另一方面,它在西岸反射而成暖性 Kelvin 波,这又为下一次循环准备了条件。

这里有两点需要强调,其一是 ENSO 循环的关键海域应是赤道中西太平洋而不是赤道东太平洋,尽管 SST 的异常信号以赤道东太平洋最强;其二是信风异常,特别是赤道中西太平洋地区的信风异常在 ENSO 循环中有着重要的作用(李崇银,1988b)。在 ESNO 循环机理中涉

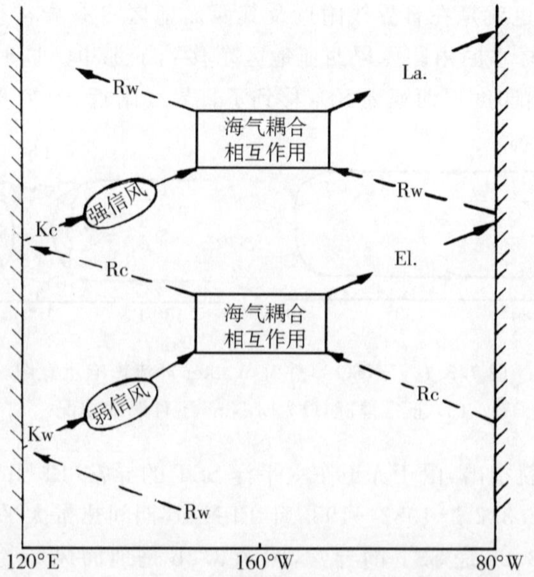


**图 7.2.4** ENSO 循环机理概念图
(El. ——El Nino；La. ——La Nina；Rw——暖性 Rossby 波；
Rc——冷性 Rossby 波；Kw——暖性 Kelvin 波；Kc——冷性 Kelvin 波)

及的海气耦合波及其不稳定的有关动力学问题，我们将在 7.7 中给予专门讨论。

最后还要指出，ENSO 循环的动力学机制还是一个仍在继续研究的问题，人们还没有对它了解得很清楚。上面的讨论只是近些年研究中较为合理的一些结果，因此有关 ENSO 的预报问题也尚处于研究试验阶段。

巢纪平的《厄尔尼谱和南方涛动动力学》一书，对 ENSO 动力学基本问题作了较系统的讨论，读者可参阅该书了解有关问题。

## 7.3 ENSO 对大气环流和气候的影响

20 世纪 70 年代以来，尤其是在 80 年代，有关 ENSO 对大气环流和气候异常影响的研究非常多。明显的结论是，ENSO 对大气环流以及全球许多地方的天气气候异常有重要的影响。在这一节里，我们将对一些比较重要的影响，特别是同中国气候异常有关的问题，进行简要的讨论。

### 7.3.1 ENSO 与大气环流异常

#### *7.3.1.1* ENSO 与热带大气环流异常

El Nino 期间的 SST 正距平持续出现在赤道东太平洋，因此，El Nino 事件对热带大气环流的影响最为直接。大家知道，在正常情况下，沿赤道存在一种东西向的 Walker 环流圈，其上升支位于主要积云对流活动区的印度尼西亚上空(图 7.3.1a)。在 El Nino 事件发生的情况下,主要增暖区的西边,也就是在日界线附近及其西面地区将有异常积云对流的强烈发展,因此在 El Nino 期间主要降水区由印度尼西亚地区东移到了那里。同时,Walker 环流也出现了明显的异常,其上升支由印度尼西亚地区东移到了日界线附近(图 7.3.1b)。

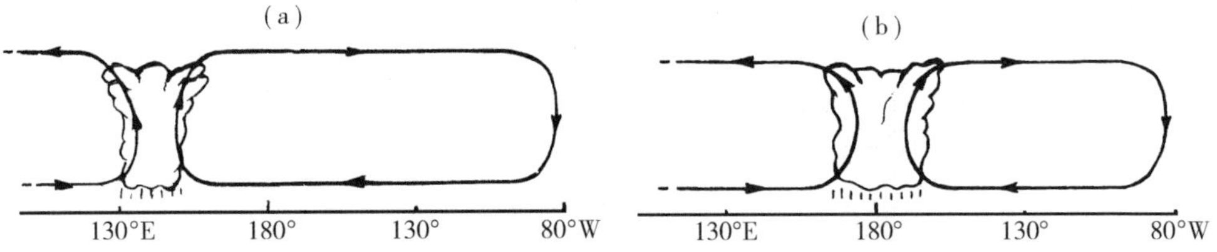


**图 7.3.1** ENSO 事件对 Walker 环流影响示意图

(a) 正常情况;(b) El Nino 事件时的情况

Bjerknes(1966)早就指出,由于赤道东太平洋 SST 的异常(El Nino 事件),大气中的 Hadley 环流将会将强。图 7.3.2 是 1982—1983 年 El Nino 期间热带太平洋地区 SST 和大气环流异常的情况,其中图 7.3.2a 是 SST 的异常,图 7.3.2b 是地面风场的异常,图 7.3.2c 是地面散度场的异常。由图 7.3.2b 可以清楚地看到,同赤道中东太平洋 SST 异常相伴,在赤道太平洋地区的北半球有明显的北风异常而在其南半球有明显的南风异常,特别是在中东太平洋更为显著。因此,同赤道东太平洋 SST 正异常相伴,将有 Hadley 环流的加强。或者说,El Nino 事件将导致 Hadley 环流的明显增强。

图 7.3.2c 中的粗虚线是正常情况下赤道辐合带(ITCZ)和南太平洋辐合带(SPCZ)的平均位置,图中点线表示 El Nino 情况下的主要辐合区,其辐合中心的连线也就是 El Nino 情况下的辐合带位置。两者相比较可以看到,辐合带的位置同 El Nino 也有明显关系,在 El Nino 事件时,辐合带的位置有向赤道推移的情况,尤其是 ITCZ 的向南推移更为清楚。为了进一步表明 ENSO 对 ITCZ 的影响,图 7.3.3 分别给出了 1967 年(El Nino 年)和 1976 年(La Nina 年)7—9 月 700 hPa 上 ITCZ 在 130°～150°E 地区的平均纬度位置(3 d 滑动平均结果)。显然,1967 年 7—9 月西太平洋 ITCZ 的平均纬度位置(3 个月平均为 15.6°N)要比 1976 年(3 个月平均为 10.3°N)高得多。这种 ENSO 对 ITCZ 位置的明显影响将直接同西太平洋台风活动有关。

ENSO 对西太平洋副热带高压的活动也有明显的影响,包括对副高位置和强度的影响。首先,同 El Nino 年 ITCZ 位置偏南相匹配,西太平洋副高的位置在 El Nino 年一般也偏南。对 1950—1979 年 500 hPa 高度距平的合成分析表明,在 El Nino 年夏季,500 hPa 高度距平图上,正距平出现在西太平洋地区的 25°N 以南,表明平均副高位置较正常偏南。为了更突出其位置差异,图 7.3.4 给出了 1950—1979 年间 El Nino 年和 La Nina 年平均的 7—9 月 500 hPa 高度差的分布。可以看到,在东亚和西北太平洋地区的 25°～48°N 其差值为负,25°N 以南差值为正,表明 El Nino 年西太平洋副高位置偏南,而 La Nina 年西太平洋副高位置偏北。对 130°～140°E 地区 500 hPa 副高脊线的月平均纬度位置所进行的对比分析也表明,在 El Nino 年西太平洋副高脊线位置较常年平均位置偏南,而在 La Nina 年西太平洋副高脊线位置较常年偏北(李崇银,1992)。

关于西太平洋副高在 El Nino 年是西伸的还是东退的,不同的研究者有不同的结果。有人指出在 El Nino 年副高有西伸的特征(陈烈庭,1977);而有人得到了相反的结论(符淙斌、滕

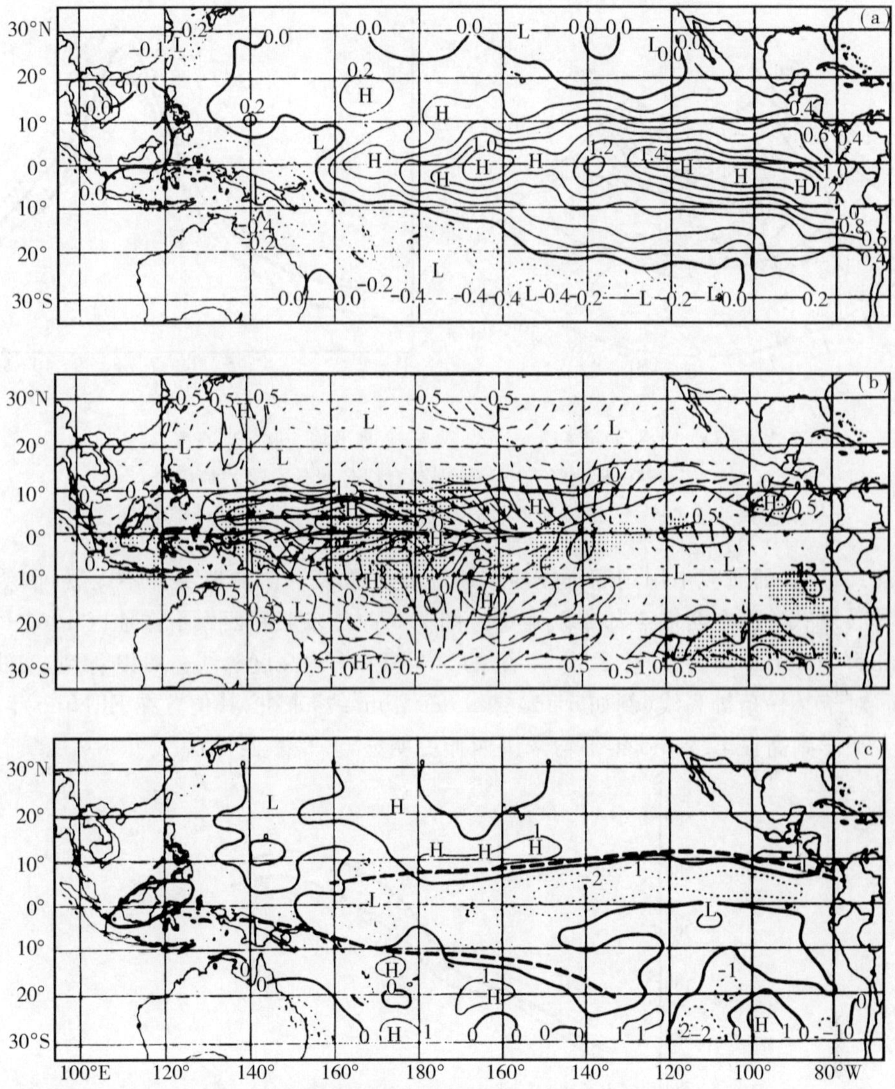


**图 7.3.2** El Nino 年 8—10 月平均的太平洋 SST(℃)异常(a)、地面风($m \cdot s^{-1}$)异常(b)和地面风散度($10^{-6}\,s^{-1}$)异常(c)(引自 Rasmusson 和 Carpenter,1982)

(图中粗虚线表示正常情况下 ITCZ 和 SPCZ 的位置)

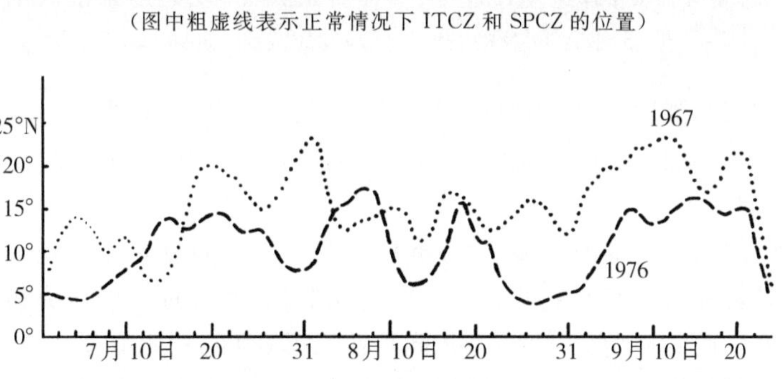


**图 7.3.3** 1967 年(点线)和 1976 年(虚线)7—9 月 700 hPa 上西太平洋地区(130°～150°E)ITCZ 的平均纬度位置随时间的变化

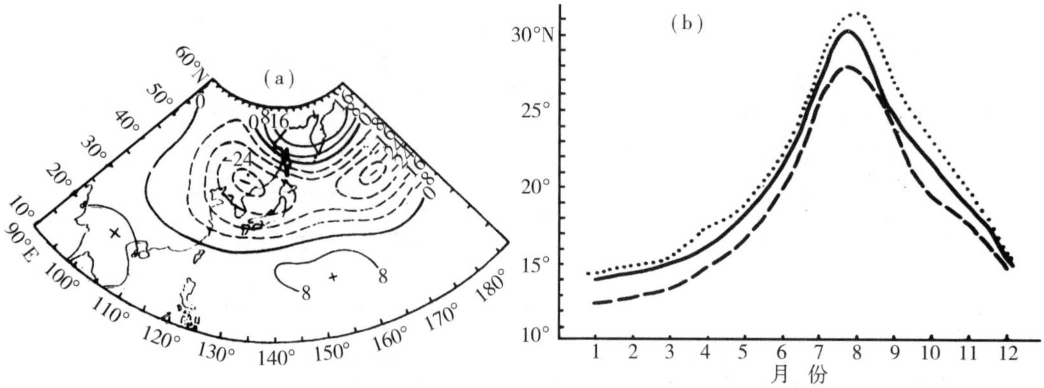


**图 7.3.4**　(a) El Nino 年和 La Nina 年 7—9 月平均 500 hPa 高度差(gpm);
(b) 130°～140°E 地区 500 hPa 副高脊线位置的月平均纬度值,
实线为多年平均,虚线和点线分别是 El Nino 年和 La Nina 年平均

星林,1988)。后者的研究中用副高脊线西端的经度位置表示西伸情况并不太妥,因为脊线的南北位置较好确定,而东西端点却难以确定。图 7.3.5 是东亚和西太平洋地区 1951—1980 年间 El Nino 年和 La Nina 年 6—8 月沿 30°N 的 500 hPa 平均高度廓线。可以看到,实线位于虚线的左面,对于某一条等高线(例如 5 860 或 5 880 gpm 线)来讲,其位置在 El Nino 年均偏西。因此,西太平洋副高在 El Nino 年平均来讲西伸更明显,多呈东西带状。

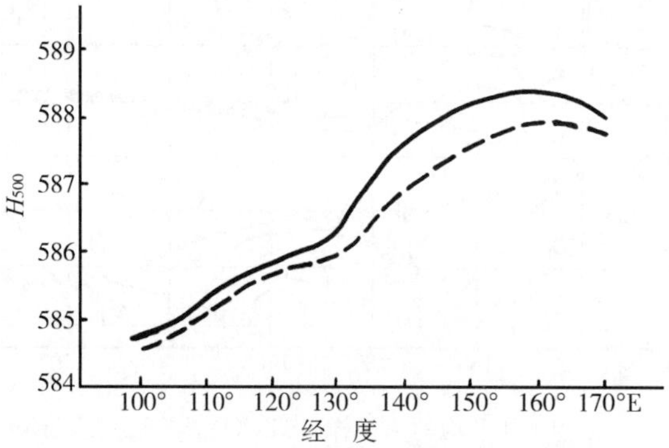


**图 7.3.5**　东亚和西太平洋地区 1951—1980 年间 El Nino 年(实线)和 La Nina 年(虚线)
6—8 月沿 30°N 的 500 hPa 高度廓线(单位:dagpm)

关于西太平洋副高强度(一般用面积指数表示)的分析研究表明,在 El Nino 年夏季西太平洋副高往往偏弱。但是,对于持续型 El Nino 事件,其第二年里西太平洋副高往往偏强,例如 1969、1983 和 1987 年。

热带平流层低层风场的准两年振荡(QBO)是大气环流的重要变化现象,与之相伴,不仅平流层的温度以及臭氧量等有明显的准两年周期性变化,而且近年的研究表明对流层大气环流和气候变化也有准两年周期变化现象,并同平流层 QBO 有一定联系。QBO 的平均周期约为 27 个月,东风位相和西风位相所占时间基本相近。近来的研究表明,El Nino 事件对 QBO 也有明显影响,El Nino 事件会使所在的西风位相或紧接着的西风位相(若 El Nino 在东风位相爆发)的持续时间缩短。表 7.3.1 是 1967—1988 年间新加坡和马里亚纳 30 hPa 上西风的平均持续时间,清楚地显示了 El Nino 对 QBO 的影响。

**表 7.3.1** 新加坡和马里亚纳 30 hPa 上西风的平均维持时间(引自李崇银、龙振夏,1992)

| | El Nino 情况(单位:mon) | 非 El Nino 情况(单位:mon) |
|---|---|---|
| 新 加 坡 | 10.3 | 17.2 |
| 马里亚纳 | 5.8 | 12.0 |

*7.3.1.2* ENSO 与中高纬度大气环流异常

El Nino 事件的发生不仅引起热带大气环流的明显异常,而且通过大气的遥响应,中高纬度大气环流也将出现明显的异常。图 4.4.1 是人们所归纳出的大气对 El Nino 事件遥响应的形势,表明 El Nino 容易在大气中激发出 PNA 型遥响应。图 7.3.6 是多个 El Nino 年冬季 700 hPa 高度异常的合成图,其中正负距平的分布表明,在太平洋和北美地区有明显的 PNA 型异常存在。资料分析和数值模拟都说明 El Nino 事件可以在中高纬度大气中引起 PNA 型异常环流。当然,正如前面已经指出的,这并不意味着 PNA 型的出现都仅是 El Nino 事件的影响。

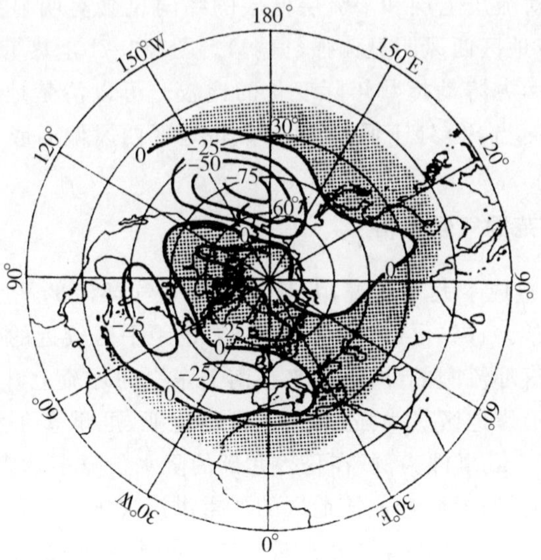


**图 7.3.6** El Nino 年冬季 700 hPa 高度异常的形势(引自 Van Loon 和 Rogers,1981)

同 El Nino 冬季 Hadley 环流和 Ferrel 环流都明显偏强相联系,在 El Nino 情况下,中纬度地区的纬向西风平均来讲也是偏强的。而在 La Nina 情况下,却有相反的变化发生。500 hPa环流异常的分析还表明,北半球极地涡旋的活动也同南方涛动有一定的关系。在 SOI 偏高的时候,500 hPa 上极涡偏强,阿留申高压偏弱;在 SOI 偏低的时候,极涡偏弱,阿留申高压偏强(Van Loon 等,1982)。

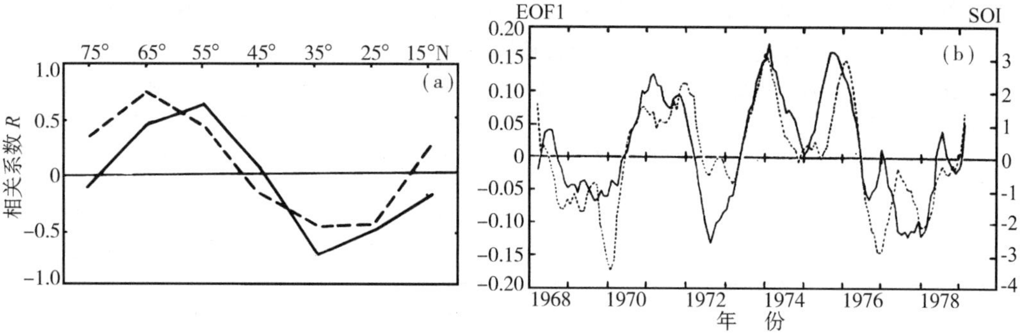


**图 7.3.7** ENSO 与对流层高层和平流层低层的风异常

(a)南方涛动指数与 200 hPa 纬向风的相关系数(实线)及与 30 hPa 纬向风的相关系数(虚线)(引自 Quiroz,1983);(b)5 个月滑动平均的南方涛动指数(实线)和热带 200 hPa 风场的 EOF1(虚线)的时间变化(引自 Arkin,1982)

ENSO 对平流层大气环流也有明显的影响,一般当 El Nino 事件发生时平流层的位势高度和温度都将偏高;平流层极夜急流偏弱,副热带西风偏强(Van Loon 等,1982)。图 7.3.7a 中给出的是南方涛动指数(8—10 月)同 200 hPa 纬向风异常(12 月至次年 2 月)以及与 30 hPa 纬向风异常(第二年 2—4 月)之间的相关系数。可以看到在 45°N 以北相关系数为正(最大正相关在 60°N 附近),而在 45°N 以南为负(最大负相关在 30°N 附近)。也就是说,在 El Nino 事件(La Nina)发生之后,对流层上层和平流层低层的纬向风会有明显变化,高纬度地区西风明显偏弱(偏强),而副热带地区西风明显偏强(偏弱)。图7.3.7b是热带地区风场的 EOF 展开的第 1 分量的年际变化与南方涛动指数年际变化的比较。可以清楚地看到,当 SO 处于高指数时,热带地区西风偏强,而当 SO 处于低指数时,热带地区西风偏弱或东风偏强。

### 7.3.2 ENSO 与全球大范围气候异常

由于 ENSO 的发生造成了大气环流,尤其是热带大气环流的严重持续异常,因而给全球范围带来明显的气候异常。首先可以注意到距 SST 正距平区较近的中南美太平洋沿岸地区,由于赤道地区东西向垂直环流圈的异常,原来在南美东岸的环流上升支西移到了南美西岸,因而积云对流活动在秘鲁沿岸地区极为强烈,造成哥伦比亚、厄瓜多尔和秘鲁等地的持续大雨。以 1982—1983 年的 El Nino 事件为例,在秘鲁北部的降水量竟多达多年平均量的 340 倍。巨大的降水量异常使河水流量猛增,造成该地区的严重洪涝灾害。表7.3.2是从一些资料中摘录的 1982—1983 年 El Nino 发生期间,中南美洲西岸一些国家所受到的严重经济损失的估计。可以看到厄瓜多尔损失 6.4 亿美元,玻利维亚 8 亿美元,而秘鲁高达 20 亿美元,足见 El Nino 事件可能造成的损失是多么惨重。

同上述洪涝灾害相反,El Nino 事件的发生又往往造成南亚、印度尼西亚和东南非洲的大范围干旱。图 7.3.8 是上述三个地区季风雨量的年际变化情况,用黑条标出了历次 El Nino 年。可以看到,在近百年的时间里,在绝大多数的 El Nino 年里,这三个地区的雨量都明显偏少。以印度地区为例,在 80 年里的 24 次 El Nino 事件中,就有 20 年该地区的降水量低于平均值;而且,最严重的干旱几乎都发生在 El Nino 年。

**表 7.3.2** 1982—1983 年 El Nino 事件给厄瓜多尔、秘鲁和玻利维亚造成的经济损失的估计

（单位：100 万美元）

| | 厄瓜多尔 | 秘鲁 | 玻利维亚 |
|---|---|---|---|
| 农业 | 233.8 | 649.0 | 716.0 |
| 渔业 | 117.2 | 105.9 | |
| 工业 | 54.6 | 479.3 | |
| 电力 | | 16.1 | |
| 采矿 | | 310.4 | |
| 交通和通讯 | 209.3 | 303.1 | 98.0 |
| 住房 | 6.3 | 70.0 | 17.8 |
| 卫生、供水、排污 | 10.7 | 57.1 | 4.7 |
| 教育 | 6.6 | 5.9 | |
| 其他 | 2.1 | | |
| **合　计** | **640.6** | **1 996.8** | **836.5** |

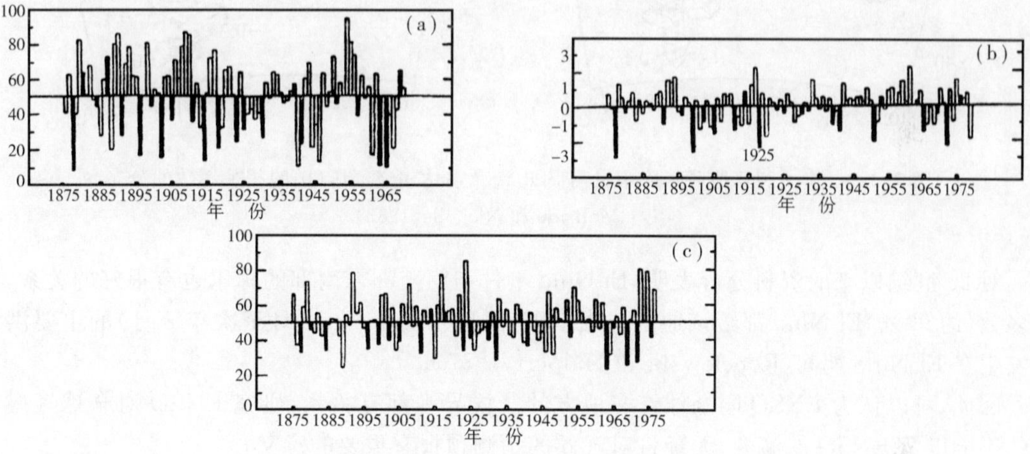


**图 7.3.8** 一些地区降水量与 El Nino 事件的关系（引自 U. S. TOGA Project office，1987）

(a) 印度尼西亚 6—11 月降水指数；(b) 印度 6—9 月降水指数；(c) 非洲东南部 11 月至次年 3 月降水指数

（El Nino 年用黑条表示）

El Nino 事件的发生使中高纬度西风加强，阿留申低压往往比正常时强（气压值低），因而常给北美西岸地区造成频繁的强风暴活动，使得暴风雨和风暴浪潮的影响较为严重。El Nino 事件在东北太平洋和北美地区引起的 PNA 型遥响应也必然造成北美大陆气候的异常。但是，由于所引起的 PNA 遥响应型在位相分布上并不十分固定，这种位相差异又会使得气候异常的情况不尽相同。例如，1976 年的 El Nino 事件造成了美国加利福尼亚南部的严重干旱；与之相反，1982—1983 年的 El Nino 事件却使加利福尼亚南部地区出现了多雨天气。可见，El Nino 事件确实将引起大范围的严重气候异常，但具体的影响需要针对每次 ENSO 事件的情况进行分析。

澳大利亚在 1982—1983 年发生了近百年来最严重的干旱，受旱面积超过澳大利亚总面积的一半，澳洲东部及北部几乎都发生了不同程度的干旱，有些地方的月降雨量还不到平均值的

30%。严重的干旱给澳大利亚经济也造成了巨大的损失,主要农产区的新南威尔士和维多利亚的小麦产量分别减少了70%~80%,全国总的损失达到40亿澳元。对于这次破记录的严重干旱,也被认为同1982—1983年的强El Nino事件有关,因为已有的研究表明南方涛动指数同澳大利亚的降水量有很好的正相关关系,特别是在澳大利亚东南部地区。图7.3.9是平均年降水量与SOI的相关系数(a)以及平均年降水量与达尔文气压的相关系数(b)的分布情况,其统计时间为1932—1974年。可以看到,澳大利亚的年降水量同SOI呈正相关,而同达尔文气压呈负相关,尤其是在澳大利亚东南部地区,相关系数很大。这表明澳大利亚的降水受到ENSO的严重影响,El Nino往往造成澳大利亚,特别是澳大利亚东南部地区的干旱。

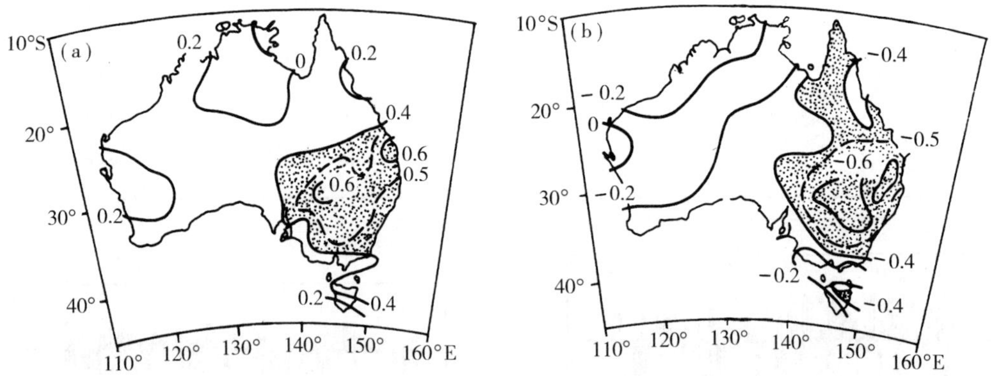


**图7.3.9** 澳大利亚地区年降雨量与SOI(a)及与达尔文气压(b)的相关系数的分布
(引自McBride和Nicholls,1983)

对20世纪以来的资料分析表明,El Nino事件与南美洲东南部的降水也有很好的关系,绝大多数(约90%)El Nino都给该地区造成多雨,而且几次夏季(11月至次年2月)的主要洪涝都发生在El Nino期间(Ropelewski和Halpert,1987)。

因此,可以认为ENSO同全球许多地方的气候异常都有关系,研究ENSO对全球气候异常的影响以及ENSO的演变,无疑将对气候的预测预报有重要的意义。

### 7.3.3 ENSO对中国夏季气候异常的影响

El Nino事件造成的大气环流异常,尤其是热带大气环流的异常,对中国夏季气候有重要的影响。例如,西太平洋副热带高压的异常既对西太平洋台风活动有重要影响,又直接同中国东部的汛期降水的变化有关。

#### *7.3.3.1* ENSO与西太平洋台风活动

台风是影响中国的主要灾害性天气系统之一,尤其是在夏半年,对中国天气气候影响很大。资料分析表明,西太平洋(包括中国南海)台风活动同ENSO有极明显的关系。平均而言,在El Nino年,西太平洋台风数较常年偏少,而在La Nina年,西太平洋台风数较常年明显偏多;并且在El Nino(La Nina)年,登陆中国大陆的台风数也偏少(多)(李崇银,1985; Li,1988)。表7.3.3中第一行给出的是根据80年(1900—1979年)资料的统计结果,在这80年中共有24个El Nino年和16个La Nina年。表中第二至第四行是30年(1950—1979年)的统计结果，其间有 8 个 El Nino 年和 7 个 La Nina 年。从表 7. 3. 3 可以清楚地看到，西太平洋和南海台风的数目，以及登陆中国大陆的台风数，都是在 El Nino 年偏少而在 La Nina 年偏多。

**表 7. 3. 3** 西太平洋台风活动与 ENSO

| | 多年平均 | El Nino 年平均 | La Nina 年平均 |
|---|---|---|---|
| 西太平洋(包括南海)台风总数 | 24.3 | 21.4 | 26.2 |
| 进入南海的西太平洋台风数 | 6.9 | 4.9 | 8.7 |
| 在南海生成的台风数 | 3.4 | 2.0 | 4.1 |
| 登陆中国大陆的台风数 | 6.2 | 5.2 | 7.4 |

由于大气和海洋热状况的年变化，使得台风活动也具有季节性，一般来讲，7—11 月是台风的多发季节。资料分析表明，在台风活动的季节性变化特征上还明显地显示出 ENSO 的影响。图 7. 3. 10 是西太平洋月平均台风数的时间分布，其中实线是多年平均的情况，点线和虚线分别表示 El Nino 年和 La Nina 年平均的逐月台风数。显然，台风异常(El Nino年偏少，La Nina 年偏多)也主要发生在 7—11 月。El Nino 事件多开始于春季，而台风异常的出现约落后 3～4 个月时间，这在一定意义上也反映了 ENSO 是导致西太平洋台风异常的重要原因。

在图 7. 3. 11 中给出了南海台风月平均发生数异常的百分比分布，El Nino 年和 La Nina 年也表现出明显的不同；南海台风发生数的异常主要出现在 10 月和 11 月。

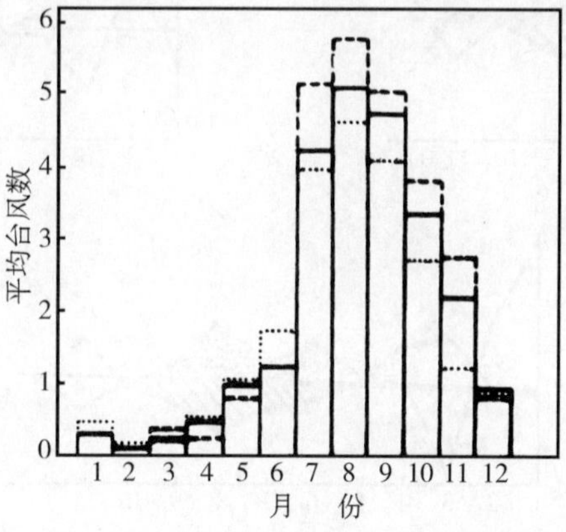


**图 7. 3. 10** 西太平洋台风的逐月发生数(引自李崇银，1987)

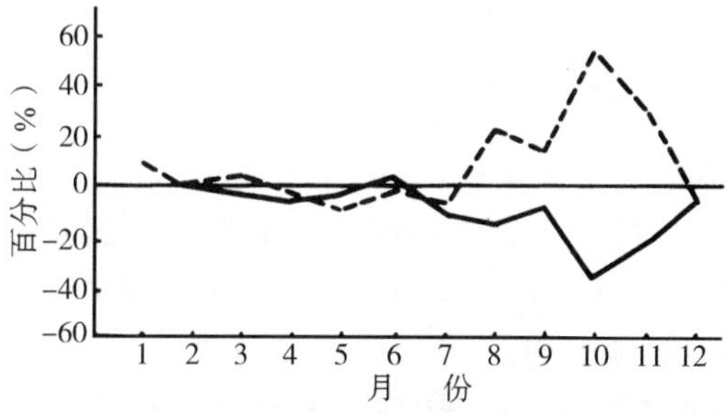


**图 7. 3. 11** 南海台风月平均发生数异常的百分比(1950—1979 年)

日本学者有关 ENSO 影响西太平洋台风活动的研究也有类似的结果，即在 El Nino 年西太平洋台风数偏少。同时，在 El Nino 年登陆日本的台风数偏多，这一结果同在 El Nino 年登陆中国大陆的台风数偏少正好相衔接。因为登陆中国大陆的台风少了，有较多的台风都转向去了日本。因此，ENSO 对台风路径也有一定影响，El Nino 年转向台风相对比较多。

基于台风形成的一些基本条件，资料分析表明在 El Nino 和 La Nina 情况下，西太平洋热带大气环流状况以及该地区海温状况都有明显差异。首先，前面已指出在 El Nino 情况下 Walker 环流将发生异常，使得西太平洋台风源区(130°～160°E)有异常的下沉运动，对流活动受到抑制，不利于台风的形成。其次，西太平洋台风中的相当多数是从辐合带中的低压或云团发展起来的，由于 El Nino 事件使得西太平洋副高位置偏南，热带辐合带的位置也偏南，这些都不利于台风的发展。第三，西太平洋台风的形成同西太平洋海水温度有一定关系，若海温低于 28℃，则台风难于在该海域形成。而在 El Nino 年，西太平洋都出现海温负距平，这当然对台风的形成不利。第四，根据台风发展的 CISK 机制，大气稳定度参数对扰动的不稳定发展有重要影响。而台风源区大气稳定度的计算表明，El Nino 年该地区稳定度偏大，因而对台风形成也不利。总之，El Nino 造成了种种不利于西太平洋台风形成的环境条件(李崇银，1987)，因而台风偏少。

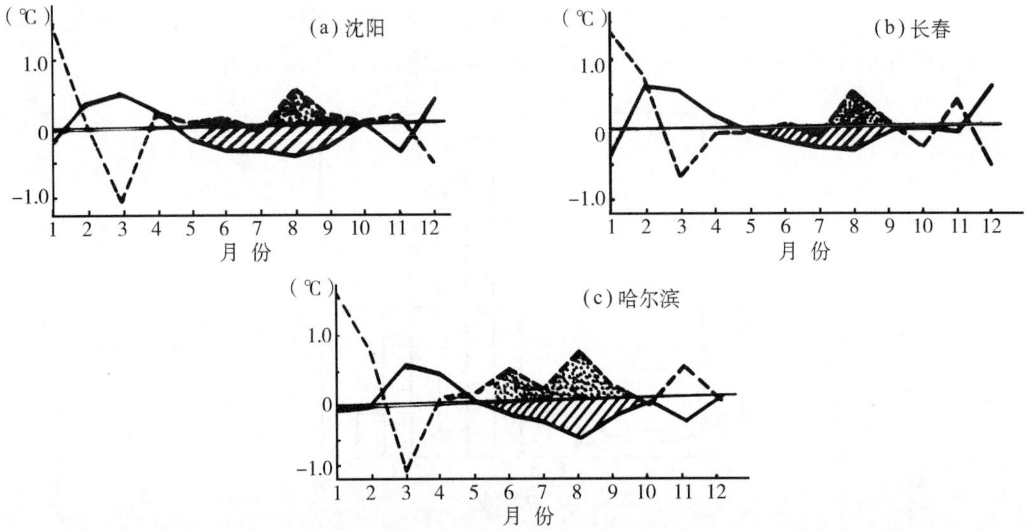


**图 7.3.12**　El Nino 年(实线)和 La Nina 年(虚线)平均的气温距平的年变化(引自李崇银，1989)

### *7.3.3.2*　ENSO 与中国东北低温

中国东北是我国的主要粮食产地之一，该地区纬度较高，作物生产期较短，因此夏季低温是一种重要的气候灾害。而资料分析表明中国东北的夏季低温同 ENSO 有密切的关系。图 7.3.12 是 1911—1984 年期间对 El Nino 年和 La Nina 年分别平均的沈阳、长春和哈尔滨气温距平的年变化情况。可以清楚地看到，在 El Nino 年夏季，三个地区气温均为持续负距平；而在 La Nina 年夏季，均为持续正距平。因此，可以认为，在 El Nino 年夏季，中国东北气温往往偏低；而在 La Nina 年夏季，中国东北气温多偏高。

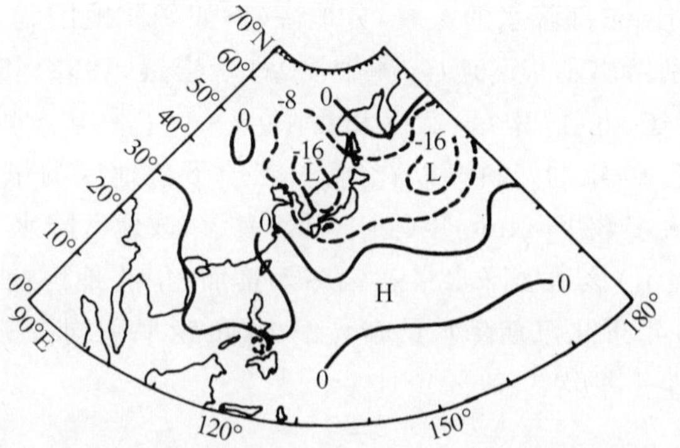


**图 7.3.13** El Nino 年 7—9 月平均 500 hPa 高度距平(gpm)的分布(引自李崇银,1989)

为什么 El Nino 年夏季中国东北地区(实际还包括朝鲜和日本海地区)比较容易出现低温天气呢？资料分析表明,东北夏季低温的发生同 El Nino 所造成的大气环流异常有密切关系。图 7.3.13 是 1951—1979 年期间 El Nino 年 7—9 月平均的东亚和西北太平洋地区 500 hPa 的高度距平分布。可以清楚地看到,在 El Nino 年夏季中国东北地区上空有一个负距平中心存在,因此在 El Nino 年夏季那里有比较频繁的低压槽活动,使东北地区气温较常年偏低。

影响中国东北夏季低温的原因也是多方面的,并非 El Nino(La Nina)年夏季东北都出现低(高)温,只是说 ENSO 是一个重要因素,它比较容易导致东北夏季的温度异常。图 7.3.14 是哈尔滨 7—9 月平均的温度距平的年际变化(1910—1980 年)。可以看到大多数 El Nino 年夏季(黑条表示)为气温负距平;而大多数 La Nina 年夏季(点条表示)气温为正距平。但是也有 El Nino 年夏季气温偏高和 La Nina 年夏季气温偏低的情况发生,也还有夏季低温(高温)而并没有 El Nino(La Nina)事件发生的情形。

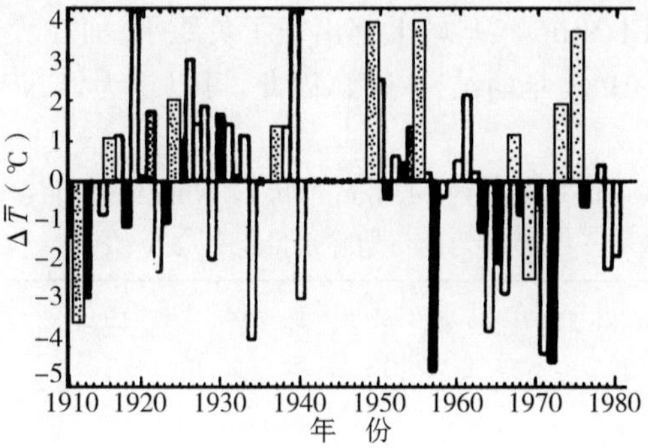


**图 7.3.14** 哈尔滨 7—9 月平均气温距平的年际变化(引自李崇银,1989)
(黑条和带阴影的条分别表示 El Nino 年和 La Nina 年)

*7.3.3.3* ENSO 与中国东部的汛期降水

关于 ENSO 对中国东部汛期降水的影响,已有研究认为在 El Nino(SOI 低)年我国大部分地区的降水量偏少,而 SOI 高的年份,出现多雨的可能性较大(Fu,1985;符淙斌、滕星林,1988)。但是,中国东部地域也很广阔,长江和黄河中下游地区的汛期降水又常有相反的变化情况。研究ENSO同中国东部降水的关系,分地区(例如华北地区和长江中下游地区)而论比较恰当。图7.3.15分别给出了华北地区14个测站(李崇银,1992)和长江中下游地区8个测站(上海、南京、合肥、安庆、九江、南昌、武汉和岳阳)6~8月平均降水量距平(%)的年际变化(1951—1988年)。从近40年的资料可以看到,长江中下游地区的汛期降水量同ENSO之间没有明显的关系,并非大多数El Nino年(图中黑条表示)该地区降水量就偏少,也不是大多数La Nina年(图中点条表示)该地区降水量就偏多。然而,华北地区的汛期降水量与ENSO却有较好的关系,El Nino年华北汛期降水量容易偏少(负距平平均占77%);La Nina年华北汛期降水量容易偏多(正距平平均占71%)。

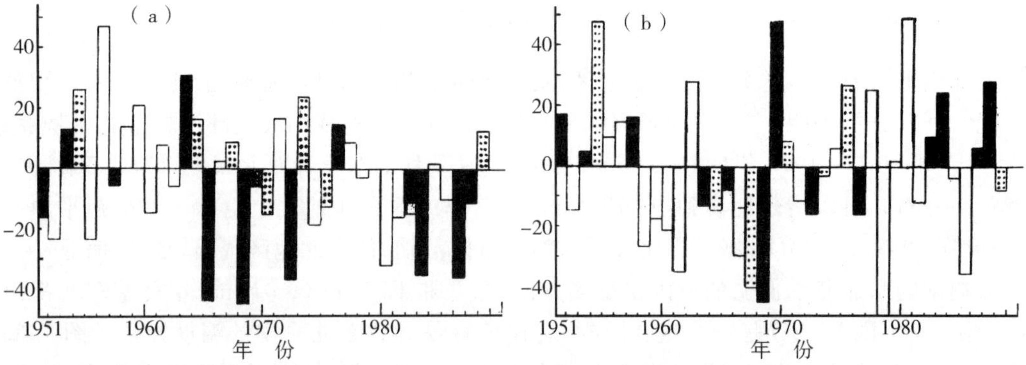


**图7.3.15** 华北地区(a)和长江中下游地区(b)汛期(6~8月)降水量距平(%)的年际变化

为了进一步确证华北汛期降水量同ENSO的关系,需要分析更长时间的资料,但1950年以前测站资料很少,这里只能用资料较多的北京、天津、济南和保定4个站进行分析。表7.3.4是1916—1950年间8个El Nino年和6个La Nina年上述4个测站平均的汛期降水量距平(%)。可以看到,在El Nino年基本上都出现了负距平;而在大部分La Nina年出现了正距平。这些结果同1951—1988年的结论一致,因此,可以认为,ENSO是影响华北地区汛期降水的重要因素之一。

**表7.3.4** 在1916—1950年间的El Nino年和La Nina年里,北京、天津、保定和济南4站平均的汛期降水量距平($\Delta R$/%)

| **El Nino年** | 1918 | 1922 | 1925 | 1930 | 1935 | 1940 | 1944 | 1948 | **平均** |
|---|---|---|---|---|---|---|---|---|---|
| $\Delta R$ | −20.0 | −1.7 | 37.1 | 13.2 | −16.0 | −18.3 | −0.0 | −13.8 | **−2.4** |
| **La Nina年** | 1916 | 1912 | 1924 | 1937 | 1942 | 1949 | | | **平均** |
| $\Delta R$ | −23.5 | 16.0 | 60.3 | 13.5 | −10.3 | 58.7 | | | **19.1** |

大家知道,降水天气(尤其是重大降水天气)的发生往往同一定的大气环流形势相联系。我国华北地区的夏季多雨常与500 hPa上西风带高压脊在日本地区同副热带高压"打通"而形成阻塞有关。前面已经指出,在El Nino年夏季西太平洋副高位置较常年偏南,不利于形成华北汛期多雨的环流形势。在La Nina年则相反,易于建立华北汛期多雨的环流形势。图7.3.16是El Nino年和La Nina年6—8月平均的沿40°N的500 hPa高度在100°~170°E范

围的经度变化情况。可以看到,El Nino 年夏季 500 hPa 高度在该区域明显低于 La Nina 年夏季,尤其是在 120°—135°E 地区。这意味着在 El Nino 年夏季在日本上空不利于高压脊形成,而 La Nina 年夏季那里有利于高压脊维持。这样的环流形势就有利于 El Nino(La Nina)年华北汛期降水量偏少(偏多)。

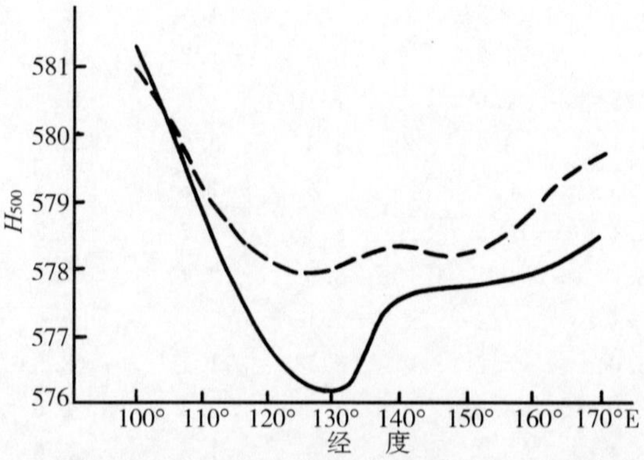


**图 7.3.16** 东亚和西北太平洋地区 1951—1980 年间 El Nino 年(实线)和 La Nina 年(虚线)6—8 月沿 40°N 的 500 hPa 平均高度廓线(单位:dagpm)

## 7.4 东亚冬季风异常与 ENSO

### 7.4.1 ENSO 对东亚冬季风的影响

在 7.3 节中我们主要讨论的是 ENSO 对东亚(尤其是中国)夏季天气气候的影响,那么 ENSO 对东亚冬季大气环流和天气气候,尤其是对东亚冬季风(寒潮)活动的影响又如何呢?

东亚寒潮的活动在大陆上以气温和气压的变化比较清楚,因此,我们首先针对 1910—1988 年间共计 20 次 El Nino 事件统计分析沈阳、北京、青岛、武汉、上海、福州和广州 7 个地方 El Nino 年 11 月到第二年 2 月的气温距平,其结果如表 7.4.1 所示。这里我们用 11 月至次年 2 月表示冬季情况,同一般以 12 月至次年 2 月表示冬季有所不同,因为在 El Nino 年 11 月往往在赤道东太平洋有最大 SST 正距平。从表 7.4.1 可以清楚地看到,除了 1944 年冬季没有观测资料外,对于过去的 19 次 El Nino 事件,其中有 14 次造成了中国东部地区气温的普遍偏高;有 5 次 El Nino 年冬季上述 7 个站中有 4 个以上出现温度负距平。可见,El Nino 事件对东亚寒潮活动有明显影响,El Nino 年冬季中国东部地区的气温多比常年偏高,较多情况下(约 74%)会出现暖冬。也就是说,在 El Nino 年冬季,东亚冬季风多偏弱(李崇银,1988b)

为了对比,对 La Nina 的情况也进行了分析,表 7.4.2 给出的是 1910—1988 年间 13 次 La Nina 现象出现的当年 11 月到次年 2 月上述 7 个站的温度距平值。从表 7.4.2 中资料完整的 10 次 La Nina 年冬季中国东部的气温距平值可以看到,其中 7 次其气温普遍为负距平。也就是说,同 El Nino 年冬季的情况相反,在 La Nina 年冬季,在大多数情况下(约 70%)中国东部地区的气温将比常年偏低。或者说,在 La Nina 年冬季,东亚冬季风往往偏强。

表 7.4.1 El Nino 年冬季(11 月至次年 2 月)地面气温距平(℃)

| 年份 \ 台站 | 沈阳 | 北京 | 青岛 | 武汉 | 上海 | 福州 | 广州 |
|---|---|---|---|---|---|---|---|
| 1911—1912 | 7.5 | 2.9* | −0.6 | 1.0 | 0.6 | 2.5 | −0.6+ |
| 1913—1914 | 4.7 | 4.3* | 2.2 | 4.5 | 2.2 | −1.8 | 1.5+ |
| 1918—1919 | −0.6 | −4.7* | −2.6 | −1.2 | 0.7 | 1.9 | 4.8 |
| 1923—1924 | 0.5 | 1.6 | 1.1 | 1.9 | 1.4 | 5.4 | 4.4 |
| 1925—1926 | 7.1 | 3.0 | 3.0 | 3.6 | 0.7 | 1.7 | 4.0 |
| 1930—1931 | −3.3 | 0.5 | −1.4 | −1.3 | −1.3 | 4.0 | 1.3 |
| 1935—1936 | −12.1 | −10.5 | −8.4 | −4.7 | −0.5 | 0.3 | 1.8 |
| 1940—1941 | (6.9) | 0.8 | 6.5 | (3.4) | 7.2 | 1.6 | 1.7 |
| 1944—1945 | — | −7.4 | −4.1 | — | — | — | — |
| 1948—1949 | (5.0) | 5.2 | 3.5 | 1.1 | (3.9) | 5.7** | 2.2 |
| 1951—1952 | 3.0 | 4.0 | 2.2 | 2.3 | 2.6 | 3.0 | 5.8 |
| 1953—1954 | 3.4 | 3.4 | 2.0 | 1.5 | 5.3 | 4.6 | 3.8 |
| 1957—1958 | 0.8 | 2.1 | 2.5 | 4.4 | 0.0 | −0.4 | −1.0 |
| 1963—1964 | −3.8 | −0.8 | −0.7 | −2.9 | 0.6 | 0.1 | −0.5 |
| 1965—1966 | 1.7 | 1.6 | 4.0 | 2.9 | 2.8 | 4.7 | 5.4 |
| 1968—1969 | 0.6 | −3.9 | −1.8 | −4.5 | 2.4 | 4.1 | 1.9 |
| 1972—1973 | 7.5 | 0.4 | 2.9 | 2.4 | 1.4 | 3.7 | 3.8 |
| 1976—1977 | −6.8 | −4.8 | −5.8 | −6.4 | −7.5 | −7.0 | −7.6 |
| 1982—1983 | 11.0 | 4.0 | 3.0 | 2.0 | 4.0 | 0.0 | −3.0 |
| 1987—1988 | 8.0 | 5.0 | 2.0 | 1.0 | 4.0 | 3.0 | 3.0 |

注:有括号者表示资料不全;有 * 者为天津资料;有 * * 者为沙县资料;有+者为香港资料。

表 7.4.2 La Nina 年冬季(11 月至次年 2 月)地面气温距平(℃)

| 年份 \ 台站 | 沈阳 | 北京 | 青岛 | 武汉 | 上海 | 福州 | 广州 |
|---|---|---|---|---|---|---|---|
| 1912—1913 | −8.7 | −6.4* | −6.3 | −2.9 | −1.4 | −3.7 | −0.7 |
| 1916—1917 | −4.4 | −3.4* | −6.1 | −3.6 | −3.8 | −3.5 | −2.5 |
| 1921—1922 | −1.5 | −1.4* | −0.9 | 1.2 | 2.4 | 7.7 | 4.1 |
| 1924—1925 | 0.3 | −4.2* | −3.0 | −0.9 | −4.8 | −5.1 | −5.1 |
| 1937—1938 | 1.1 | — | — | −0.5 | 0.1 | −0.3 | 0.7 |
| 1942—1943 | — | 1.6 | 1.4 | — | −0.2 | −4.1 | — |
| 1949—1950 | — | 1.4 | 2.8 | — | — | — | — |
| 1954—1955 | −6.4 | −0.4 | −0.2 | −2.7 | −0.8 | −0.8 | −0.9 |
| 1964—1965 | −4.1 | 2.5 | 4.1 | 3.5 | 1.5 | 1.4 | 2.5 |
| 1967—1968 | 0.5 | −8.9 | −8.4 | −7.1 | −8.5 | −6.0 | −5.4 |
| 1970—1971 | 1.3 | −1.8 | −1.4 | 0.2 | −2.8 | 0.0 | −1.5 |
| 1973—1974 | 2.9 | 1.9 | −1.0 | −0.6 | 0.0 | −5.1 | −4.1 |
| 1975—1976 | 9.0 | 4.6 | 2.3 | −0.6 | 0.1 | −2.6 | −3.4 |

注:有 * 者为天津资料。

ENSO 为何对东亚冬季风有明显影响呢？对大气环流所做的诊断分析表明，在 El Nino 事件情况下，赤道东太平洋的 SST 正距平不仅使北半球的平均 Hadley 环流加强，还明显使得中纬度的 Ferrel 反环流加强(吴正贤等，1990)。因此，在 35°～65°N，El Nino 年冬季将出现明显的南风异常及异常的向北热量输送，尤其是在对流层低层更明显(图7.4.1)。北半球中纬度地区纬向西风增强，以及对流层低层南风的增大，一般都不利于极地冷空气的向南爆发。对纬向平均状况有上述影响，对东亚地区的影响又如何呢？大气环流的异常分析表明，在大多数 El Nino(La Nina)年冬季的大气环流形势同样不利于(有利于)东亚寒潮的活动。作为一个例子，图 7.4.2 分别给出 1972—1973 年(El Nino 年)冬季及 1954—1955 年(La Nina 年)冬季(11 月至次年 2 月)东亚和西北太平洋地区的 500 hPa 高度距平(异常)的分布。显然，在 El Nino 年冬季东亚有明显的异常高空脊维持，高空锋区位置偏北，因而不利于寒潮向南爆发，东亚的冬季风也就偏弱。与之相反，在 La Nina 年东亚高空锋区位置偏南，有利于寒潮向南爆发，冬季风偏强。

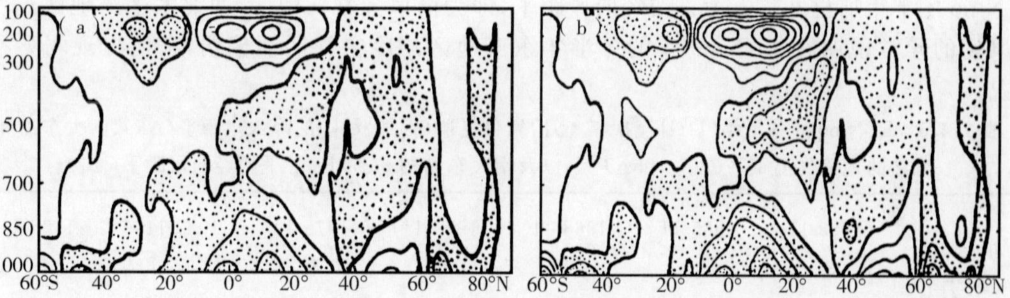


**图 7.4.1** 1982 年 12 月与 1980 年 12 月全球纬向平均的经向风之差(a)
和同时期纬向平均的经向温度输送值之差(b)(引自吴正贤等，1990)
(等值线间隔(a)图为 0.3 m·s$^{-1}$；(b)图为 100 km·s$^{-1}$。阴影区表示方向指向南)

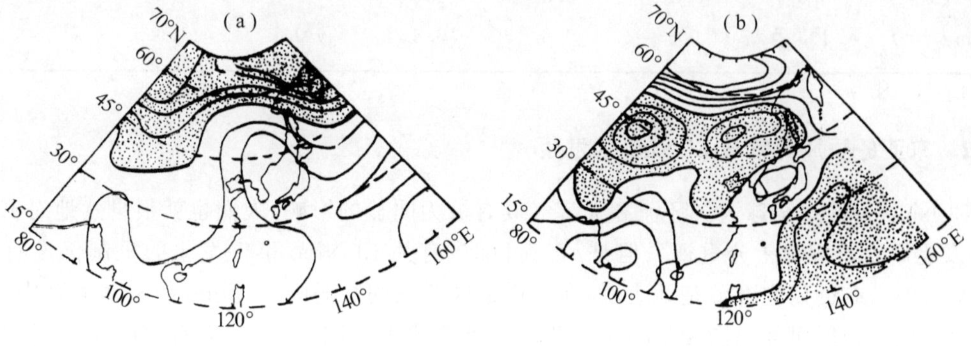


**图 7.4.2** 东亚及西北太平洋地区 500 hPa 位势高度距平的分布
(a) 1972—1973 年 El Nino 冬季情况；(b) 1954—1955 年 La Nina 冬季情况
(等值线间隔为 40 m，阴影区表示负距平)

上述分析表明 ENSO 对东亚冬季风有明显的影响。这种影响是赤道东太平洋 SST 正距平导致北半球大气环流的异常响应，产生了不利于东亚寒潮爆发的大气环流形势，结果是在 El Nino 年冬季东亚偏暖，东亚冬季风偏弱。而 La Nina 年冬季，环流形势相反，东亚冬季风偏强。

西太平洋一些岛屿上的观测资料同样可以清楚地反映东亚冬季风活动的情况,因为在赤道西太平洋地区的冬季多雨往往同强而频繁的东亚冬季风活动有关;而副热带地区冬季温度的负距平和北风异常无疑出同强东亚冬季风活动有关。表 7.4.3 中分别给出了El Nino年冬季西太平洋地区一些岛屿上气象要素的异常情况。其中第一行是北太平洋上特鲁克群岛[加罗林](7.28°N,151.51°E)在 El Nino 年冬半年(11 月至次年 4 月)的降水量距平值,可以看到自 60 年代以来的 7 次 El Nino 事件中,除 1986—1987 年的冬季有不大的降水量正距平之外,其他 6 次都出现了极大的降水量负距平。这一结果又从另一角度清楚地表明了 El Nino 事件对东亚冬季风的明显减弱作用。

表 7.4.3 中第二和第三行分别是西北太平洋上的南大东岛(25.50°N,131.14°E)和滩岛(26.14°N,127.41°E)在 El Nino 冬半年的地面气温距平。很明显,两个岛屿上的气温在 El Nino 年的冬半年都为正距平,比常年的气温偏高,与东亚大陆上的结果完全一致。表 7.4.3 中第四行给出的是 El Nino 年冬半年南大东岛上的 850 hPa 月平均经向风异常,可以看到在 El Nino 冬半年那里基本上为正的经向风距平,即为南风异常。因此,西北太平洋地区温度场和风场的异常说明在 El Nino 年的冬半年东亚地区的冷空气活动偏弱,东亚出现弱冬季风情况。

**表 7.4.3** El Nino 的冬半年(11 月至次年 4 月)特鲁克群岛[加罗林]的降水量距平($\Delta R$)、南大东岛和滩岛的地面气温距平($\Delta T_M$ 和 $\Delta T_N$),以及南大东岛的 850 hPa 月平均经向风距平($\Delta \overline{v}$)

| 时 间(年-月) | 1963-11 至 1964-04 | 1965-11 至 1966-04 | 1968-11 至 1969-04 | 1972-11 至 1973-04 | 1976-11 至 1977-04 | 1982-11 至 1983-04 | 1986-11 至 1987-04 |
|---|---|---|---|---|---|---|---|
| $\Delta R$(mm) | −412 | −497 | −285 | −610 | −289 | −457 | 139 |
| $\Delta T_M$(℃) | 1.5 | 3.4 | 2.0 | 5.4 | 0.7 | 3.1 | 2.1 |
| $\Delta T_N$(℃) | 5.8 | 6.3 | 5.8 | 5.9 | −2.5 | 4.2 | 2.9 |
| $\Delta \overline{v}$($m \cdot s^{-1}$) | 1.3 | 1.0 | 0.8 | 0.8 | −0.1 | 1.6 | 0.2 |

### 7.4.2 东亚冬季风异常与 El Nino 的发生

El Nino 事件对全球大气环流和天气气候有极为明显的影响,人们也就很自然地对 El Nino 的发生原因及规律十分重视。但是,直到目前,有关 El Nino 事件发生的机制仍没有完全搞清楚。但已有的研究都清楚地表明,在赤道地区信风的减弱同 El Nino 的密切关系中,太平洋赤道信风的减弱可能是激发 El Nino 事件的重要原因。同时,与信风有关的海面高度变化在赤道西太平洋还要先于赤道东太平洋地区,更要先于赤道东太平洋 SST 的异常升高。在 7.1 节有关大尺度海气相互作用的讨论中,也充分显示出赤道西太平洋地区西风异常的重要性。因此可以认为,El Nino 事件发生的前期征兆将在赤道中西太平洋地区,尤其是那里的西风异常。

赤道中西太平洋地区有 El Nino 事件发生的前期征兆,那么,什么样的大气或者海洋过程将导致这些征兆的发生呢?大家知道,在北半球的冬半年,东亚大槽(寒潮)的活动是最为强烈而频繁的,由它所引起的东亚冬季风的活动对东亚和西太平洋地区(包括赤道中西太平洋地区)的天气气候都有明显影响。因此,我们首先注意到了东亚寒潮和冬季风异常对 El Nino 事件发生的影响(李崇银、胡季,1987;李崇银,1988a)。观测资料的分析清楚地表明,在 El Nino 事件发生的前一年冬季,东亚及西北太平洋地区的 500 hPa 高度距平持续为负值(图 7.4.3)。这说明在 El Nino 事件发生前的冬半年有强而频繁的东亚大槽活动,在地面上蒙古冷高压必然偏强,东亚寒潮也比较强且频繁,东亚地区气温偏低。表 7.4.4 给出了自 1950 到 1980 年间 8 次 El Nino 事件发生之前的冬半年(11 月至次年 4 月)蒙古冷高压中心地区(105°～120°E,40°～60°N)的气压距平值和中国东部地区的气温距平值。可以看到除了 1965 年的一次 El Nino 之外,对于其他 7 次 El Nino 事件,在其发生前的冬半年,蒙古冷高压都明显比常年偏强(正距平),而中国东部地区气温都偏低(负距平),强冷空气活动异常频繁。特别是在强 El Nino 事件发生之前,例如 1951、1957、1968—1969 和 1972 年的 El Nino 发生之前,强冷空气活动更显得突出。

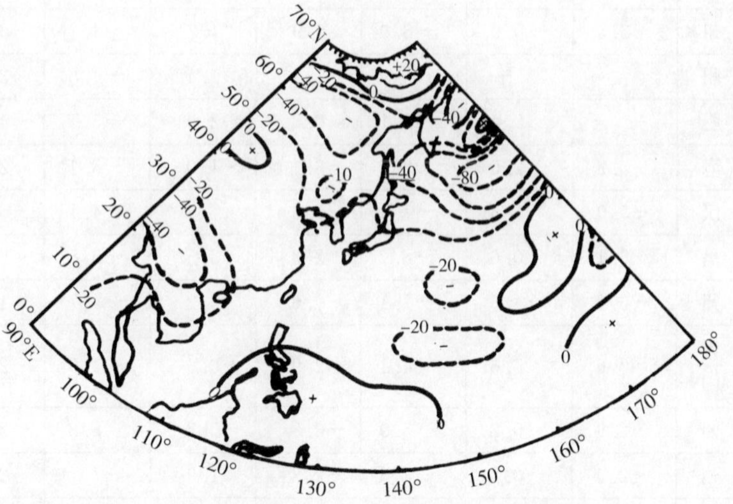

**图 7.4.3** El Nino 发生前的冬半年(10 月至次年 3 月)东亚和西北太平洋地区 500 hPa 平均高度距平(m)分布(1950—1980 年间 8 次 El Nino 事件的平均结果)

为了进一步说明强冬季风同热带中西太平洋地区的信风减弱和对流(降水)加强的关系,以及强冬季风与 El Nino 事件的关系,图 7.4.4 给出了西太平洋上石垣岛(24.20°N,124.10°E)和南大东岛平均的冬半年气温距平($\Delta T_s$)、特鲁克群岛(7.28°N,151.1°E)的冬半年降水量距平($\Delta R$)和冬半年 850 hPa 上月平均纬向风距平($\Delta \bar{u}_{850}$),以及赤道东太平洋(0°～10°S,180°～90°W)的海温距平(SSTA)的年际变化。可以清楚地看到,对于 1961—1987 年间(因资料关系只做了此段时间的分析)的每一次 El Nino 事件(在 SSTA 曲线上用阴影表示),在其前期都有 $\Delta T_s$ 的负距平(用字母 c 标出)。也就是说,在 El Nino 事件发生前的冬半年,东亚的冬季风明显偏强。同东亚强冬季风活动相对应,基本上都有 $\Delta R$ 和 $\Delta \bar{u}_{850}$ 的明显正距平出现。也就是说,在 El Nino 事件发生前的冬半年里,同东亚强冬季风活动相对应,赤道中西太平洋地区有异常强的对流活动和信风的弱异常发生。在 $\Delta T_s$ 曲线上 1973—1974 年冬季也有较强的负温度距平出现,这是 1973 年 La Nina 造成的东亚冬季风加强,因而没有其后的正 SST 与之对应,但 SSTA 负距平的回升却是很清楚的。

**表 7.4.4**　El Nino 发生前的冬半年(105°～120°E,40°～60°N)地区地面气压异常(Δ$p$)和中国东部地区的气温异常(Δ$T$)

| 时　间(年-月) | | 1950-11至1951-04 | 1952-11至1953-04 | 1956-11至1957-04 | 1962-11至1963-04 | 1964-11至1965-04 | 1967-11至1968-04 | 1971-11至1972-04 | 1975-11至1976-04 |
|---|---|---|---|---|---|---|---|---|---|
| Δ$P$(hPa) | | 4.3 | 12.0 | 21.4 | 2.3 | −2.4 | 12.0 | 6.8 | 5.8 |
| Δ$T$(℃) | 北　京 | −2.8 | −2.5 | −13.5 | 6.3 | 0.5 | −6.8 | 0.3 | 2.3 |
| | 太　原 | −8.1 | −6.2 | −8.2 | 0 | 2.0 | −0.1 | −2.2 | −0.9 |
| | 石家庄 | −5.1 | −5.2 | −13.0 | 3.7 | 2.2 | −3.4 | 2.7 | 2.9 |
| | 济　南 | −5.1 | −4.0 | −15.6 | −2.3 | 1.4 | −6.9 | −2.2 | 1.2 |
| | 青　岛 | −2.3 | −2.9 | −12.8 | −1.9 | 3.6 | −8.3 | −1.7 | 2.1 |
| | 郑　州 | −3.3 | −0.0 | −8.9 | −0.9 | 1.7 | −4.3 | −0.7 | −1.4 |
| | 徐　州 | — | — | — | −1.6 | 1.4 | −4.8 | −3.0 | −0.8 |
| | 合　肥 | — | 0.4 | −10.1 | 0.8 | 2.0 | −5.1 | −4.7 | −0.6 |
| | 上　海 | −3.2 | 2.6 | −7.7 | −3.1 | −1.0 | −8.1 | −2.0 | −0.7 |
| | 武　汉 | −5.0 | 1.6 | −7.1 | −1.6 | 1.5 | −4.1 | −5.0 | −2.6 |
| | 南　昌 | −6.1 | −0.6 | −8.2 | 3.3 | 3.5 | −5.8 | −2.8 | −3.1 |
| | 赣　州 | −6.3 | −1.6 | −7.1 | −0.6 | 2.2 | −4.7 | −1.7 | −5.7 |
| | 黄　岩海　门 | 0.6 | 1.6 | −4.1 | −2.9 | −0.6 | −7.5 | −2.6 | −3.7 |
| | 福　州 | −2.9 | 0.2 | −5.9 | −0.3 | −0.2 | −5.3 | −2.3 | −5.1 |
| | 广　州 | −2.9 | −0.8 | −4.6 | −2.8 | 1.9 | −7.1 | −2.0 | −6.4 |
| 平均 Δ$T$ | | −4.1 | −1.2 | −9.0 | −0.3 | 1.5 | −6.0 | −2.5 | −1.5 |

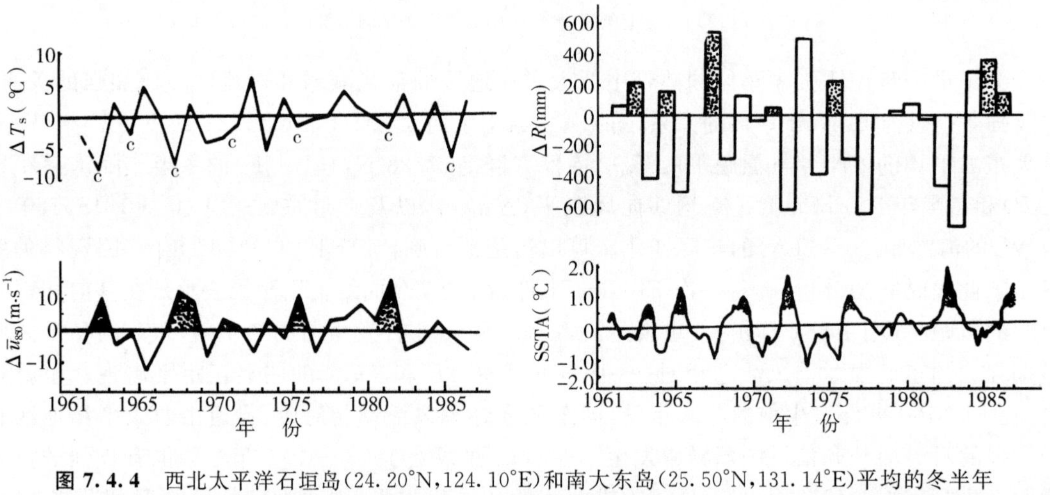


**图 7.4.4**　西北太平洋石垣岛(24.20°N,124.10°E)和南大东岛(25.50°N,131.14°E)平均的冬半年(11 月至次年 4 月)气温距平(Δ$T_s$)、特鲁克群岛(7.28°N,151.51°E)的冬半年降水量距平(Δ$R$)和冬半年 850 hPa 月平均纬向风距平(Δ$\overline{u}_{850}$)以及赤道东太平洋(0°～10°S,180°～90°W)海温异常(SSTA)的年变化(引自 Li,1990)

为了更清楚地说明在 El Nino 事件前西太平洋热带地区大气环流的异常情况，将图7.4.4中每次 El Nino 事件前的 $\Delta T_s$、$\Delta R$ 和 $\Delta \overline{u}_{850}$ 分别列于表 7.4.5 中。非常清楚地表明，El Nino 事件之前的冬半年，东亚冬季风都偏强，赤道中西太平洋地区信风偏弱而对流偏强。

**表 7.4.5**　图 7.4.4 中各次 El Nino 事件之前的 $\Delta T_s$、$\Delta R$ 和 $\Delta \overline{u}_{850}$ 之值

| 时间（年-月） | 1962-11 至 1963-04 | 1964-11 至 1965-04 | 1967-11 至 1968-04 | 1971-11 至 1972-04 | 1975-11 至 1976-04 | 1981-11 至 1982-04 | 1985-11 至 1986-04 |
|---|---|---|---|---|---|---|---|
| $\Delta T_s$(℃) | −8.3 | −2.7 | −7.7 | −1.5 | −1.5 | −2.2 | −4.4 |
| $\Delta R$ (mm) | 209 | 150 | 544 | 51 | 223 | −34 | 347 |
| $\Delta \overline{u}_{850}$ (m·s$^{-1}$) | 0.9 | −0.3 | 1.2 | 0.1 | 1.1 | 1.6 | −0.1 |

关于在 El Nino 事件发生前赤道中西太平洋地区信风减弱的事实(早于赤道东太平洋)还可从表 7.4.6 中看到。其中给出了 20 世纪 60—70 年代 4 次 El Nino 事件发生前的冬半年(12 月至次年 4 月)热带中西太平洋地区地面纬向风的月平均距平值。可以清楚地看到，在每次 El Nino 事件发生之前的冬半年里赤道中西太平洋地区的纬向风都出现正距平，信风持续减弱。

从上面大量资料分析的结果可以看出，在 El Nino 事件发生之前，赤道中西太平洋地区的大气环流已有极为明显的异常，其主要表现是信风明显减弱，对流活动和降水量明显增大。这些也就是 El Nino 事件发生前在中西太平洋赤道地区的前期征兆。因为信风的异常减弱将激发产生异常海洋 Kelvin 波；而对流活动的增强将激发强的热带大气 30～60 d 振荡(在后面将专门讨论 El Nino 与 30～60 d 大气振荡的相互影响)。这两个异常因素，通过海气耦合相互作用正是激发 El Nino 的重要机制。同时，上述发生在赤道中西太平洋地区的 El Nino 事件的前期征兆又是冬季频繁而强的东亚寒潮(强东亚冬季风)活动的结果。因而，东亚的强冬季风异常也是激发 El Nino 事件的一种重要原因。

**表 7.4.6**　El Nino 事件发生前的冬季(12 月至次年 4 月)热带中西太平洋地区地面纬向风(m·s$^{-1}$)的月平均距平值(引自李崇银，1988a)

| 时间(年-月) \ 经度 / 纬度 | 150°E 25°N | 150°E 0° | 180°E 25°N | 180°E 0° |
|---|---|---|---|---|
| 1962-12—1963-04 | 1.16 | 0.86 | 3.02 | 0.50 |
| 1964-12—1965-04 | 0.24 | 0.36 | 1.88 | 0.20 |
| 1967-12—1968-04 | 0.34 | 0.32 | −0.24 | 1.06 |
| 1971-12—1972-04 | −0.66 | 0.54 | 0.40 | 1.62 |
| **平　均** | **0.27** | **0.52** | **1.27** | **0.85** |

东亚冬季风或者说东亚寒潮活动会使赤道中西太平洋地区的信风减弱，也可以从每次寒潮过程的影响得到同样的结论。作为一个例子，图 7.4.5 给出了 1975—1976 年冬半年几次主要东亚冷空气活动的情况。图 7.4.5a 是上海地区候平均气压距平(实线)和地面气温距平(虚线)以及郑州地区的候平均气温距平(点线)的时间变化。由气压正距平和气温负距平可以认

为,这期间东亚地区有 7 次明显的冷空气活动(用字母 c 标出)。图 7.4.5b 是相应时间热带西太平洋地区(140°～150°E,5°～20°N)的 850 hPa 平均纬向风的时间变化,比较其演变特征可以清楚地看到,对应于每次冷空气活动,或者说对应于每次东亚冬季风的加强,在赤道西太平洋地区的偏东信风都有明显的削弱过程(箭头表示)。若冬半年有频繁的强冷空气活动,东亚冬季风异常强,那么赤道中西太平洋地区的信风将一次次地被削弱,平均而论在该冬半年信风必然异常偏弱。

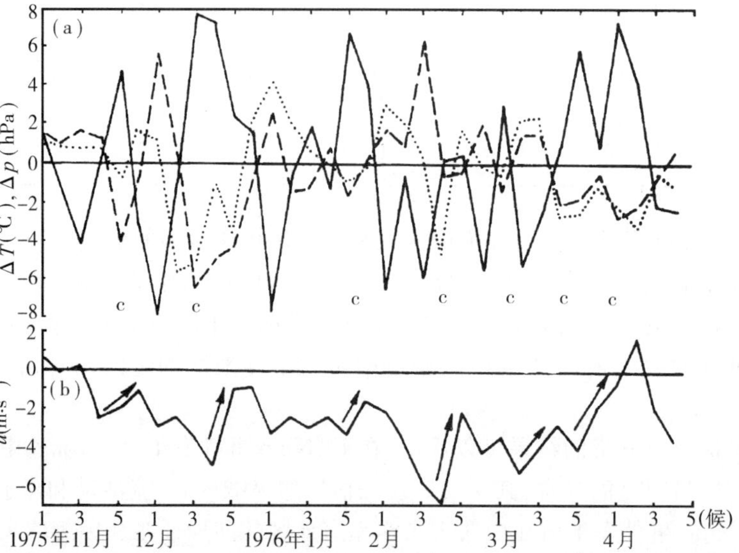


**图 7.4.5** 东亚较强冷空气活动(东亚冬季风加强)与西太平洋地区信风的减弱(引自 Li,1990)
(a) 上海气压距平(实践)和气温距平(虚线)以及郑州气温距平(点线)的时间变化;
(b) 西太平洋(140°～150°E,5°～20°N)地区 850 hPa 平均纬向风的时间变化

上面我们分别讨论了 El Nino 对东亚冬季风的影响,以及东亚冬季风异常对 El Nino 事件发生的激发作用。其结果充分表明东亚冬季风的异常与 El Nino 之间存在着相互作用关系。综合起来,可以用图 7.4.6 来表示这种相互作用。在 El Nino 事件之前的冬半年,东亚地区有频繁而强的寒潮活动;这种强冷空气活动造成了持续的强东亚冬季风,并且使得赤道中西太平洋地区的信风减弱,使该地区对流活动和降水异常加强。强的对流活动所导致的热带大气 30～60 d 振荡的异常增强,以及信风减弱所引起的赤道太平洋 Kelvin 波的异常,通过海气相互作用将激发产生 El Nino 事件。El Nino 事件发生之后,不仅使 Hadley 环流和 Ferrel 环流都加强。而且由于大气对赤道东太平洋地区 SST 异常的遥响应,北半球大气环流出现明显异常,中纬度西风加强,东亚锋区位置偏北。这些都不利于东亚冷空气的向南爆发,使得在 El Nino 年冬季东亚地区气温偏高,东亚冬季风偏弱。

### 7.4.3 东亚大槽的能量频散

从上面的讨论已经可以看到东亚寒潮(东亚大槽)的活动将明显地影响赤道中西太平洋地区的大气环流异常。下面我们将从动力学上分析,说明东亚大槽的活动是否会把扰动能量从

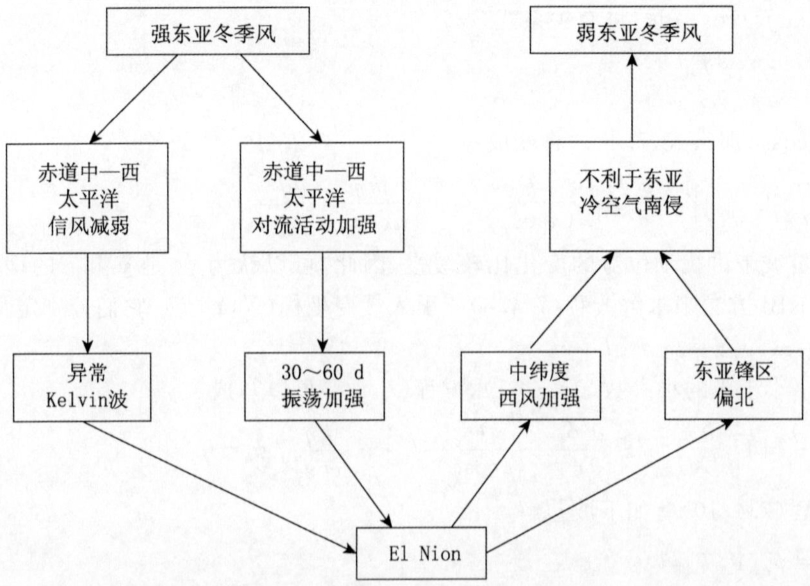


**图 7.4.6**　东亚冬季风与 El Nion 的相互关系(引自 Li,1990)

东亚中高纬度地区向东南方传送到赤道中西太平洋地区。

简单地可将球坐标的线性正压涡度方程写成

$$\frac{\partial q'}{\partial t}+\frac{\partial \bar{q}}{a\partial\varphi}v'+\bar{u}\,\frac{\partial q'}{a\cos\partial\lambda}=0 \tag{7.4.1}$$

这里 $\bar{u}$ 和 $v'$ 分别是平均纬向风和经向风扰动量,$q'$ 是扰动涡度,可写成

$$q'=\frac{1}{\cos\varphi}\left[\frac{\partial v'}{\partial\lambda}-\frac{\partial}{\partial\varphi}(u'\cos\varphi)\right] \tag{7.4.2}$$

这里 $\lambda$ 和 $\varphi$ 分别是经度和纬度,$a$ 是地球半径,$u'$ 是纬向风扰动量。球坐标下的基本气流的涡度 $\bar{q}$ 可以写成如下关系式

$$\frac{\partial\bar{q}}{\partial\varphi}=2\Omega\cos\varphi-\frac{\partial}{\partial\varphi}\left[\frac{1}{a\cos\varphi}\frac{\partial}{\partial\varphi}(\bar{u}\cos\varphi)\right] \tag{7.4.3}$$

对于大尺度大气运动,可以考虑准地转关系而引入位势 $\phi'$,方程(7.4.1)则可变为

$$\left(\frac{\partial}{\partial t}+\overline{U}\,\frac{\partial}{\partial\lambda}\right)\left\{\frac{1}{f}\left[\frac{f^2}{a\cos\varphi}\frac{\partial}{\partial\varphi}\left(\frac{\cos\varphi}{f^2}\frac{\partial\phi'}{a\partial\varphi}\right)+\frac{1}{a^2\cos^2\varphi}\frac{\partial^2\phi'}{\partial\lambda^2}\right]\right\}+\frac{\partial\bar{q}}{a\partial\varphi}\frac{1}{f}\frac{\partial\phi'}{a\cos\varphi\partial\lambda}=0 \tag{7.4.4}$$

其中

$$\overline{U}=\frac{\bar{u}}{a\cos\varphi} \tag{7.4.5}$$

由于方程(7.4.4)中的系数与 $\lambda$ 无关,我们可以取其解为

$$\phi'(\lambda,\varphi,t)=\mathrm{Re}\sum_{k=1}^{n}\phi_k(\varphi,t)\mathrm{e}^{\mathrm{i}k\lambda} \tag{7.4.6}$$

将式(7.4.6)代入式(7.4.4),即可得到

$$\left(\frac{\partial}{\partial t}+\overline{U}\,\frac{\partial}{\partial\lambda}\right)\left\{\frac{1}{f}\left[\frac{f^2}{\cos\varphi}\,\frac{\partial}{a\partial\varphi}\left(\frac{\cos\varphi}{f^2}\frac{\partial\phi_{\mathrm{k}}}{a\partial\varphi}\right)-\frac{k^2}{a^2\cos^2\varphi}\phi_k\right]\right\}+\frac{\mathrm{i}k}{af\cos\varphi}\,\frac{\partial\bar{q}}{a\partial\varphi}\phi_k=0 \tag{7.4.7}$$

若定义 $dy=(af^2/\cos\varphi)d\varphi$,将有关系式

$$\frac{\partial\overline{q}}{\partial y}=\frac{\cos\varphi}{af^2}\frac{\partial\overline{q}}{\partial\varphi}$$

再令 $\eta=f^2/\cos\varphi$,那么式(7.4.7)将变成

$$\left(\frac{\partial}{\partial t}+\overline{U}\frac{\partial}{\partial\lambda}\right)\left[\eta^2\frac{\partial^2\phi_k}{\partial y^2}-\frac{k^2}{(a\cos\varphi)^2}\phi_k\right]+\frac{\mathrm{i}k\eta}{a\cos\varphi}\phi_k\frac{\partial\overline{q}}{\partial y}=0 \tag{7.4.8}$$

对于行星波来讲扰动位势的变化比较缓慢,因此,可以认为 $\phi_k$ 是 $y$ 和 $t$ 的缓变函数。这样即可用 WKBJ 方法来求解方程(7.4.8)。引入缓变坐标$(X,Y,T)$,它们分别定义为

$$X=\varepsilon\lambda,\quad Y=\varepsilon y,\quad T=\varepsilon t \tag{7.4.9}$$

其中 $\varepsilon$ 是一个小于 1 的小参数$(0<\varepsilon\ll 1)$,方程(7.4.8)可以写成

$$\varepsilon\left(\frac{\partial}{\partial T}+\overline{U}\frac{\partial}{\partial X}\right)\left[\eta^2\varepsilon^2\frac{\partial^2\phi_k}{\partial Y^2}-\frac{k^2}{(a\cos\varphi)^2}\phi_k\right]+\frac{\mathrm{i}k\eta}{a\cos\varphi}\overline{q}_y\phi_k=0 \tag{7.4.10}$$

假定方程(7.4.10)有如下波包解

$$\phi_k=\hat{\phi}_k(Y,T)\mathrm{e}^{\mathrm{i}\theta(Y,T)/\varepsilon} \tag{7.4.11}$$

其中 $\theta$ 是相函数,并且有

$$\frac{\partial\theta}{\partial Y}=m(Y,T),\quad \frac{\partial\theta}{\partial T}=-\omega(Y,T) \tag{7.4.12}$$

将 $\phi_k$ 对小参数 $\varepsilon$ 作展开,即取

$$\phi_k(Y,T)=\hat{\phi}_0(Y,T)+\varepsilon\hat{\phi}_1(Y,T)+\varepsilon^2\hat{\phi}_2(Y,T)+\cdots \tag{7.4.13}$$

取 $\varepsilon$ 的零级近似,并假定 $k$ 和 $m$ 为常数,则可由方程(7.4.10)得到频率方程如下

$$\omega=\overline{U}k-\frac{af^2k\overline{q}_y}{a^2f^4m^2+k^2} \tag{7.4.14}$$

并由此还可得到群速度的分量

$$C_{gX}=\frac{\partial\omega}{\partial k}=\overline{U}+\frac{af^2(k^2-m^2a^2f^4)}{(k^2+m^2a^2f^4)^2}\overline{q}_y \tag{7.4.15}$$

$$C_{gY}=\frac{\partial\omega}{\partial m}=\frac{2\,kma^3f^6}{(k^2+m^2a^2f^4)^2}\overline{q}_y \tag{7.4.16}$$

一般来讲,基本气流的分布可以满足 $\overline{q}_y>0$。因此,对于导式波(槽),总有 $C_{gY}>0$,因为有 $km>0$,且一般有 $k>0$。$C_{gX}$ 的符号则将依赖于 $k^2-m^2a^2f^4$。如果 $k^2>m^2a^2f^4$,$C_{gX}>0$,则扰动能量将向东北方向传播;如果 $k^2<m^2a^2f^4$,并且其差值相当大,则有 $C_{gX}<0$,扰动能量可以向西北方向传播。通常,除了经向尺度非常短的行星波($m$ 很大)之外,$C_{gX}$应是正值,因此导式行星波将向东北方向频散能量。但是对于曳式波(槽),因为 $km<0$,$C_{gY}$是负的,$C_{gX}$ 的符号仍然依赖于 $k^2-m^2a^2f^4$。这样,除了经向尺度很小的行星波($m$ 很大)之外,曳式波的 $C_{gX}$一般是正值。也就是说,曳式波将向东南方向频散能量。

有关东亚寒潮活动的研究表明,强的寒潮往往同发展很深的东亚大槽相联系,而这种东亚大槽多为南北两支急流上高空槽的叠加,并为曳式结构。因此,同东亚强寒潮活动相联系的东亚大槽将直接把扰动能量向其东南方向频散。如果冬半年东亚地区有频繁的强高空槽活动,将有能量持续地向东南方向频散,也就会导致中西热带太平洋地区大气环流的持续异常,如观测所表明的,信风被削弱,对流活动增强。

东亚大槽(寒潮活动)可以将能量从亚洲大陆中高纬度地区传送到赤道中西太平洋地区,这可从相应的数值模拟中得到证实。在图 4.4.9 所示的东亚寒潮异常在模式中第 1～5 天所激发出的 500 hPa 位势高度场的响应形势的讨论中我们已经指出,其强迫响应首先是向东南方向形成一个二维 Rossby 波列结构。这种二维波列结构正是能量从亚洲大陆中高纬度地区向东南方向频散到赤道中西太平洋地区的反映。

### 7.4.4 El Nino (La Nina)的合成分析

为了进一步揭露 ENSO 的发生与东亚冬季风异常的关系,我们利用美国 NMC 的北半球 500 hPa 高度资料和海平面气压资料,以及美国综合大气-海洋资料集(COADS)的海温、海面风资料,分别对 1950—1989 年间的 10 次 El Nino 和 7 次 La Nina 进行合成分析。

图 7.4.7 分别给出了合成的 El Nino 爆发前一年到后一年的东亚地区(30°～40°N,100°～130°E)平均 500 hPa 位势高度距平、西伯利亚-蒙古地区(35°～50°N,80°～110°E)平均地面气压距平、东亚沿海地区(30°～40°N,120°～130°E)平均地面经向风速距平、赤道西太平洋地区(6°S～6°N,150°～160°E)平均纬向风速距平以及 Nino 3 区(6°S～6°N,150°～90°W)SSTA 的时间变化。图 7.4.7f 很好地表现了 El Nino 过程,它平均在春季爆发,在 11 月 SSTA 达最强;图 7.4.7a～d 从不同物理量表现了东亚冬季风的活动,因为东亚大槽的强弱、西伯利亚地面冷高压的强弱、东亚沿海地区的气温高低和北风强弱都能描写东亚冬季风(寒潮)的强弱。图 7.4.7 清楚地表明,在 El Nino 爆发前,赤道西太平洋地区已开始持续的西风异常;而在它们之前的冬半年里,东亚冬季风一直持续偏强(东亚大槽深,西伯利亚地面高压强,东亚沿海偏冷并有异常北风)。或者说在 El Nino 爆发前,东亚冬季风持续偏强,并导致赤道西太平洋地区出现西风异常。而在 El Nino 发生后的冬季,东亚冬季风却明显偏弱。

对于 La Nina 的合成结果如图 7.4.8 所示。很显然,与 El Nino 情况相类似,但符号相反。在 La Nina 爆发之前,东亚冬季风持续偏弱,并导致在赤道西太平洋地区出现东风异常。而在 La Nina 发生后的冬季,东亚冬季风却明显持续偏强。

上面的分析进一步清楚地说明了异常东亚冬季风与 ENSO 的相互作用关系。持续的强(弱)东亚冬季风对 El Nino(La Nina)有重要的激发作用;而 El Nino(La Nina)则会导致该年东亚冬季风的削弱(增强)。

### 7.4.5 强异常东亚冬季风激发 El Nino 的 CGCM 模拟

20 世纪 80 年代以来数值模拟已成为研究 ENSO 的重要工具之一,这里用一个海气耦合模式(CGC)进行数值模拟,进一步指出异常强东亚冬季风对 El Nino 的重要激发机制。

我们使用的 GGCM 中,海洋模式是中国科学院大气物理研究所发展的 14 层热带太平洋环流模式(IAP-OGCM),模式范围为(120°E～69°W,30°S～30°N),水平分辨率为 2°(经度)×1°(纬度),模式考虑了真实的热带太平洋海陆边界。这个 OGCM 的最大特点是海表面为自由面,海面高度是预报量;同时在海洋热力学变量的计算中引入了标准层结近似,减少了截断误差。有关这个 OGCM 模式及其对平均态的模拟结果可参阅张荣华(1995)。

将上述 OGCM 与二层全球大气环流模式(IAP-AGCM-2)相耦合,便是我们所使用的海气耦合模式(CGCM)。关于 IAP-AGCM-2 已有许多文章介绍过,美国能源部印制了该模式的版

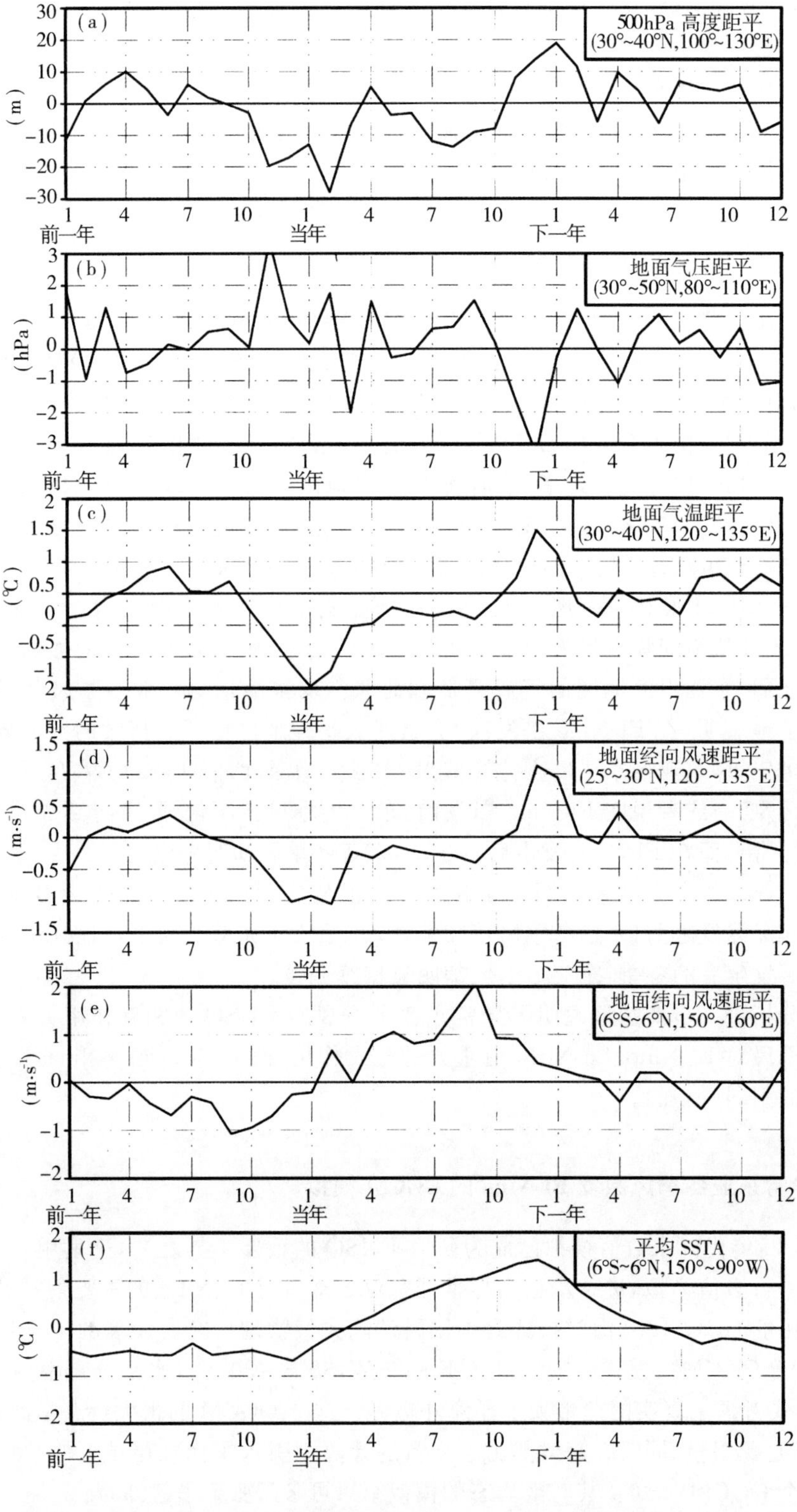


**图 7.4.7**　El Nino 发生与东亚冬季风异常的关系(引自穆明权、李崇银,1999)

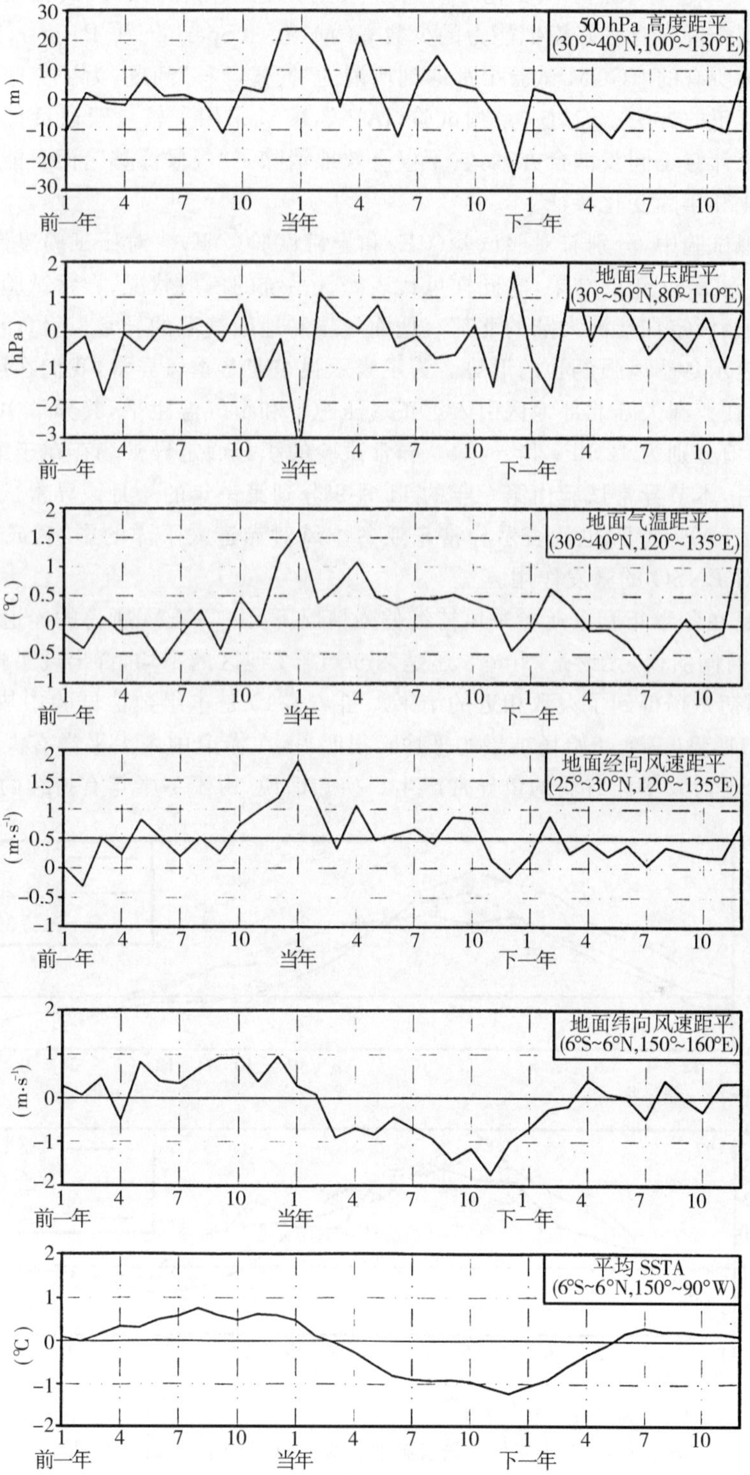


**图 7.4.8** 同图 7.4.7,但为 La Nina 情况(引自穆明权、李崇银,1999)

本(Zeng 等,1989),它对东亚季风变化的模拟已有很好的分析,在国际模式相互比较计划中该模式已被证明是全世界有较好模拟能力的少数 GCM 之一(Sperber 和 Palmer,1995)。

目前国际上所有的 CGCM 试验中都遇到所谓的"气候漂移"问题,为了克服"气候漂移"一般都采用通量订正的方法。经过一系列试验,IAP-CGCM 采用了较一般通量订正更好的海表面强迫量线性统计修正同步耦合方案,它不仅有效地消除了"气候漂移",而且能够使模式保持较好的季节变化和年际变化特征。

在数值模拟试验中,分别有对照试验(CE)和异常试验(AE)。对照试验是用 CGCM 模式积分的第 50 年到第 52 年的结果,它同样可代表海气系统的一般状况;异常试验则根据东亚冬季风发生的特征,假定在亚洲大陆的北部有地面气压和地面气温的异常,正(负)气压异常和负(正)气温异常表示冬季风强(弱)的形势。为了表示强东亚冬季风异常,我们在用 CGCM 做异常数值试验时,在亚洲大陆北部地区引入了正气压距平和负气温距平,其异常中心在贝加尔湖以南地区,中心值分别为 12 hPa 和−4℃。异常试验的积分假定异常场存在于第一年的 11 月到第二年的 4 月,本节异常试验由第一年的 11 月积分到第三年的 4 月。异常试验结果与对照试验结果的差值(AE−CE)也就表示异常东亚冬季风对赤道太平洋的影响,或者说反映了异常东亚冬季风对 ENSO 的激发作用。

图 7.4.9 是在冬半年有东亚冬季风持续偏强情况下,由 CGCM 所得的赤道中东太平洋地区 SST 异常的时间演变,无论是 Nino 3 还是 Nino 1+2 地区的平均,都出现了持续的正距平。而且,三个不同初始场得到了大致相近的结果。图 7.4.10 是本组数值试验中热带太平洋 SSTA 的水平分布形势(三个初始场结果的平均),很明显,在赤道中东太平洋有大片持续的正异常出现,而在赤道西太平洋有弱的负异常产生。换句话说,由于冬半年有持续的强东亚冬季风

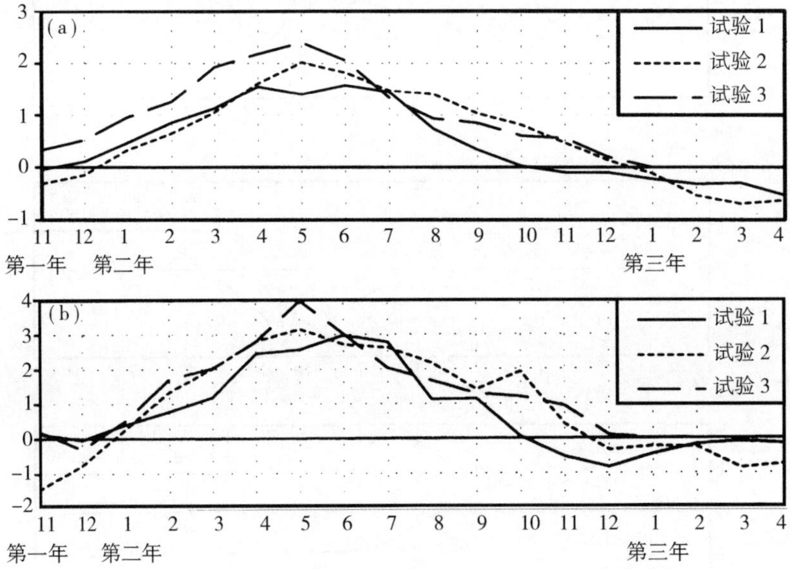


**图 7.4.9** 冬半年持续强东亚冬季风在 CGCM 中激发出的平均 SSTA(℃)的时间变化(引自李崇银、穆明权,1998)

(a) Nino 3 区;(b) Nino 1+2 区

(图中三条曲线分别表示用三个不同初始场的结果)

存在，通过海气耦合相互作用，在 CGCM 中很清楚地激发出了类似于 El Nino 事件时的赤道中东太平洋 SST 正异常。

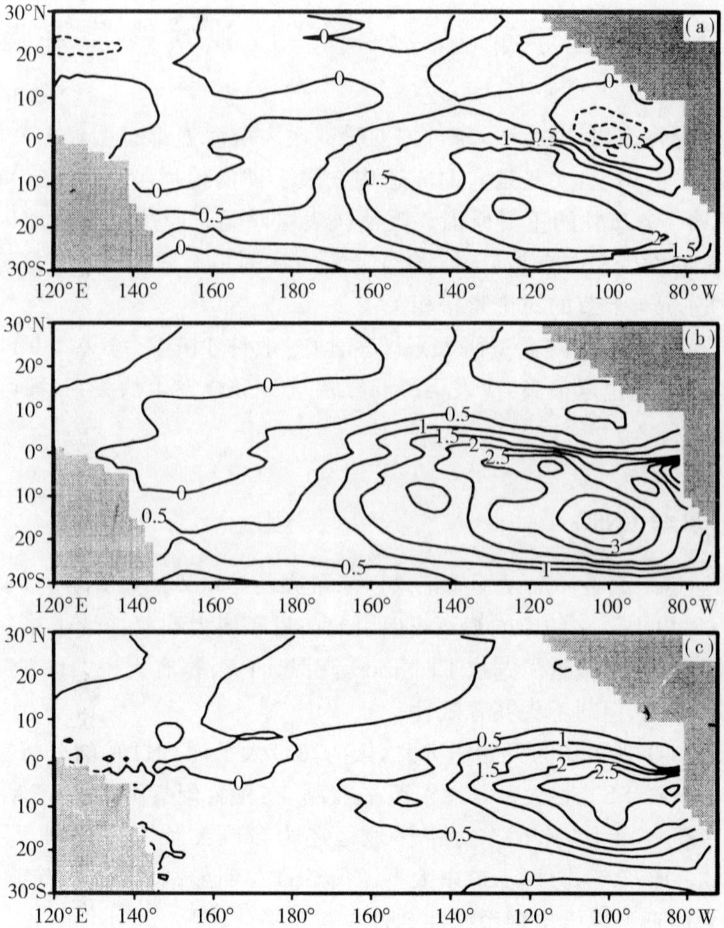

**图 7.4.10** 冬半年持续强东亚冬季风在 CGCM 中激发出的热带太平洋 SST 异常的空间分布(引自李崇银、穆明权，1998)

(a) 12 月至次年 2 月平均；(b) 3—5 月平均；(c) 5—8 月平均

(实线和虚线分别表示 SST 正异常和负异常(℃))

对于冬半年东亚冬季风持续偏弱的情况(亚洲大陆中高纬度地区地面气压为负距平，气温为正距平)，CGCM 数值模拟结果与图 7.4.9 和图 7.4.10 大致相反，赤道中东太平洋有持续 SST 负距平出现(图略)，引起了 La Nina 的发生，但不及强冬季风时显著。

显然，CGCM 很好地模拟了东亚冬季风异常对热带太平洋海洋(海面高度、SST 及海流等)的重要作用，数值试验结果极为清楚地表明持续强(弱)东亚冬季风有利于激发 El Nino (La Nina)事件。换句话说，数值模拟进一步证实了我们在资料诊断和理论分析中已得到的重要结果，即东亚冬季风异常是一个激发产生 ENSO 的重要机制。

数值模拟试验还清楚地表明，强(弱)东亚冬季风不仅在赤道西太平洋地区激发出持续的西(东)风异常,而且还在该地区激发了较强(弱)的对流活动和大气季节内振荡(图略)。这些也与资料分析结果十分一致。

## 7.5 ENSO 的发生与赤道西太平洋暖池次表层海温异常

本节的分析讨论将表明,El Nino 事件之前暖池次表层海温都有明显的持续升高;这种暖池次表层海温正距平的出现,尤其是它向赤道中东太平洋的传播与 El Nino 事件的爆发有直接关系,是导致 El Nino 事件的重要原因。暖池次表层海温正距平的东移原因在于赤道西太平洋地区西风异常的发生和向东扩展。对于 La Nina 则对应有暖池次表层海温负异常及其东传。显然,本节的分析与上节的讨论紧密相关。

本节将通过资料分析,揭露赤道西太平洋暖池(一般称 140°E~180°,10°S~10°N 海区为暖池,因该处平均海温为全球最高)次表层海温异常与 ENSO 发生的关系,探讨 ENSO 的发生机理。

### 7.5.1 1997—1998 年 ENSO

1997 年夏在赤道东太平洋爆发了有记录以来最强的一次 El Nino 事件,其最大海表水温(SST)异常达到 6℃以上。它的影响远不止因引起印尼和澳大利亚持续干旱而造成了长时间森林大火,许多新闻媒介都报道了这次 El Nino 所引起的灾情,有人说"1997 年人们是谈厄尔尼诺色变",虽有些夸张,但却不失其客观性。

1997 年 El Nino 事件可认为开始于 5 月,因为热带太平洋 SSTA 的分析表明,从 1997 年 5 月开始赤道东太平洋 SSTA 已为大片正距平控制,在秘鲁附近海域 SSTA 已超过 2℃(图 7.5.1c)。而在 1997 年 2 月,赤道东太平洋地区还为 SSTA 负距平控制,最大 SSTA 超过 −1℃(图 7.5.1a)。1997 年 3 月,赤道东太平洋负 SSTA 明显减弱,但仍有零星负距平区;但在厄瓜多尔和秘鲁附近海域已出现系统性 SSTA 正距平区(图 7.5.1b)。1997 年 4 月,厄瓜多尔附近海域的 SSTA 正距平区有所发展并向西扩展;同时赤道中太平洋出现了另一 SSTA 正距平区(图略)。1997 年 5 月,赤道中太平洋和厄瓜多尔附近海域的 SSTA 正距平都迅速加强,并分别向东和向西扩展而造成大片 SSTA 正距平区(图 7.5.1d),一次El Nino 事件随即爆发了。

1997 年 El Nino 事件的发生,是否有什么前兆可寻呢?资料分析发现,最为明显的是赤道西太平洋暖池次表层海温的异常及其活动。赤道太平洋海温异常的深度-经度剖面表明,1996 年 8 月到 1996 年 11 月,赤道西太平洋暖池次表层(100~200 m)一直偏暖(正距平超过 2°C),而赤道东太平洋次表层(50~100 m)却一直偏冷(负距平亦超过 −2℃),其异常的形势比较稳定(图略)。但是到 1996 年 12 月,赤道太平洋暖池次表层海温异常(SOTA)明显增强,正异常超过 3.5℃;而且海温异常的范围明显扩大且缓慢东传(图略)。到 1997 年 1 月,SOTA 已达 5℃以上,而且 2℃距平区已东扩到 160°W 以东(图 7.5.2a),随着暖池次表层海温正异常区的进一步东扩,赤道东太平洋次表层的海温负距平逐渐为正距平所代替;1997 年 3 月,不仅赤道西太平洋暖池次表层仍维持一个强海温正距平中心,而且在赤道东太平洋也出现了次表层海

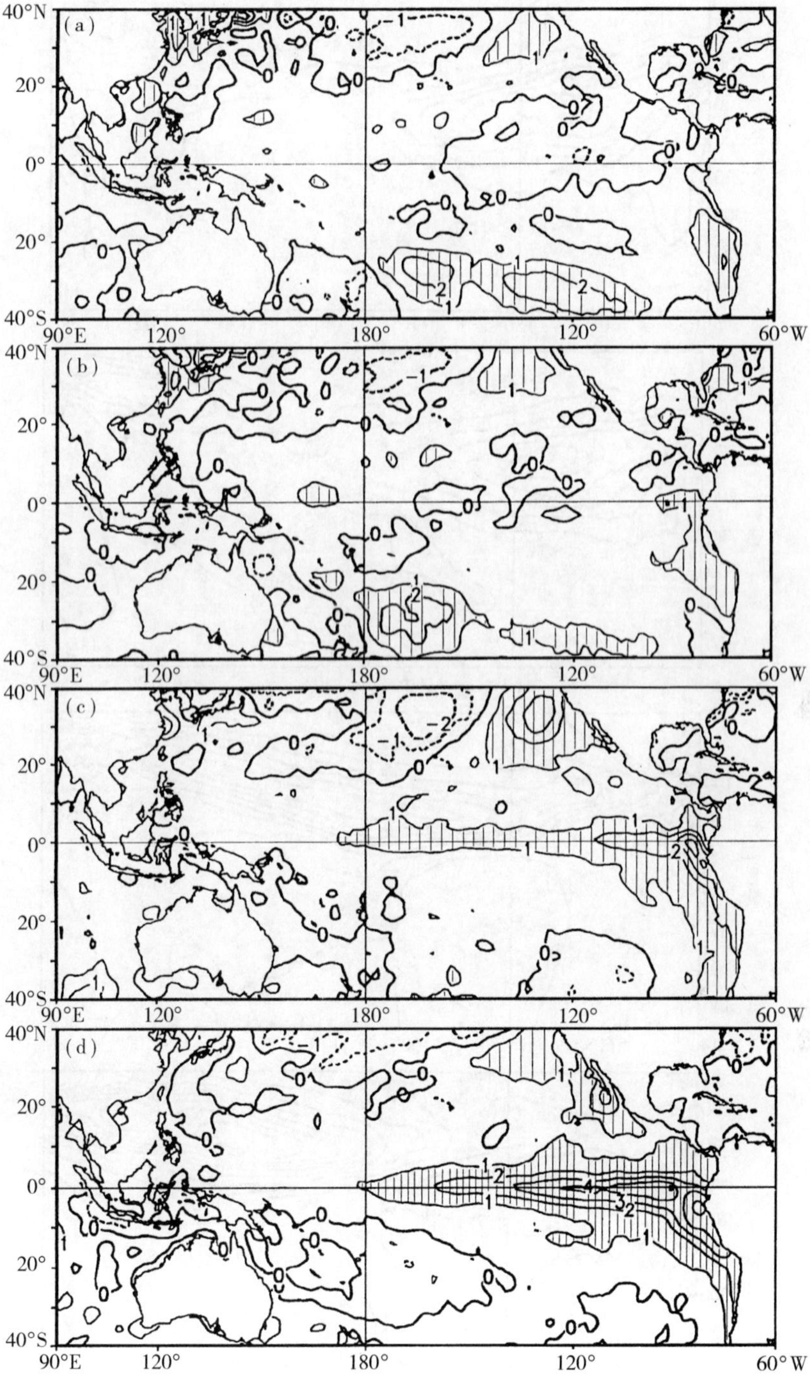


**图 7.5.1** 1997 年热带太平洋 SSTA 的分布和演变

(a) 2 月;(b) 3 月;(c) 5 月;(d) 7 月

(等值线间隔为±1℃)

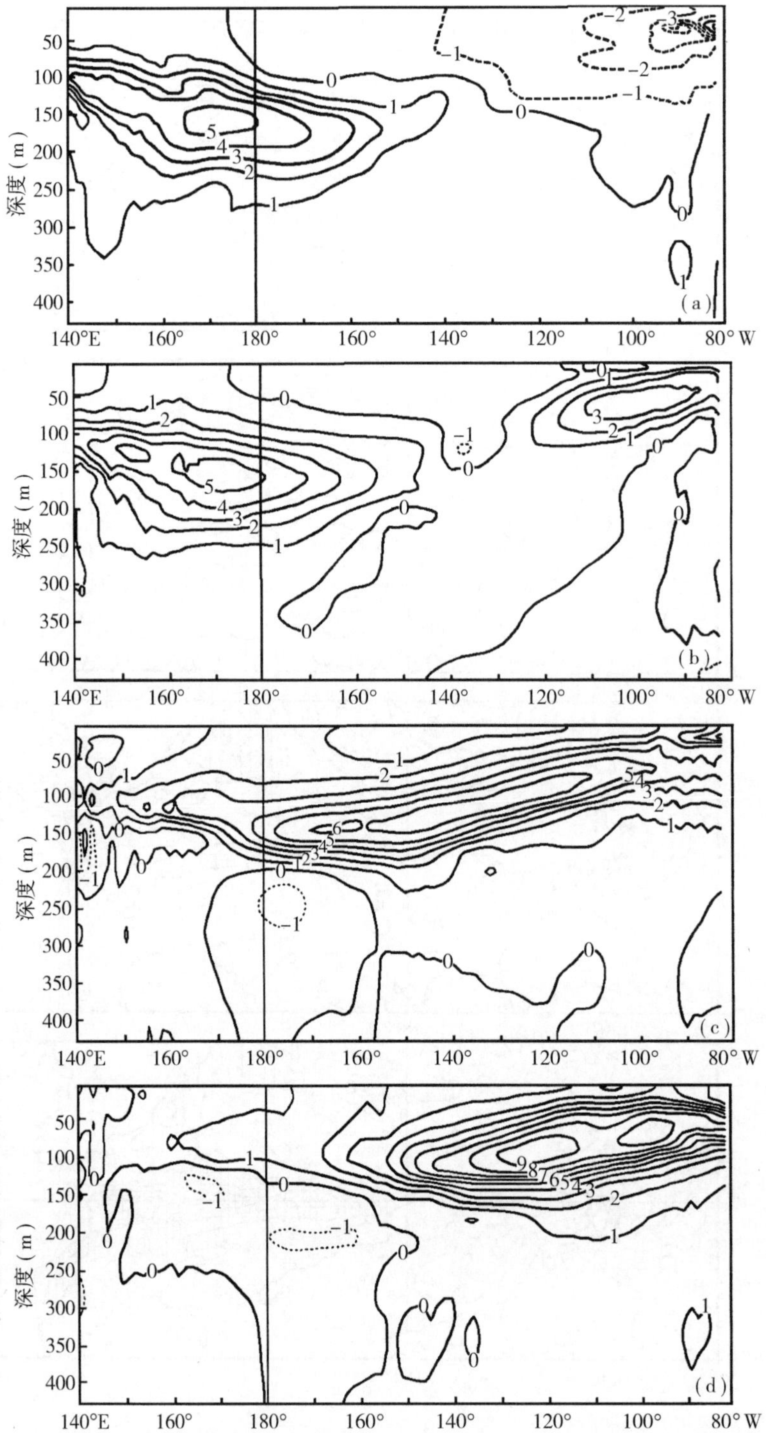

**图 7.5.2** 1997 年 1 月(a)、3 月(b)、5 月(c)和 7 月(d)平均的赤道太平洋海温异常的深度-经度剖面

(等值线间隔为±1℃)

温正距平中心(图 7.5.2b)。其后,暖池次表层的海温正距平区逐渐移到赤道东太平洋,5 月份,赤道太平洋次表层海温正距平(超过 6℃)中心已位于东太平洋,赤道西太平洋暖池次表层已开始出现海温负距平;同时赤道东太平洋次表层海温正距平逐渐扩展到海洋表面,导致海表水温出现明显正距平(图 7.5.2c),El Nino 事件爆发。El Nino 爆发后,赤道太平洋的海温(包括次表层和表面)就维持着东为正距平,西为负距平控制的形势(图 7.5.2d)。

从上述分析我们可以初步认为 1997 年 El Nino 事件的发生与太平洋暖池次表层海温异常有密切关系。暖池次表层海温正异常的出现及其向赤道东太平洋的扩展对这次 El Nino 事件的发生起了十分重要的作用。

当赤道东太平洋 SSTA 为很强的正距平时,西太平洋暖池次表层的海温出现了负距平,1998年 1 月暖池区负 SOTA 达到很强(－5℃),其后负 SOTA 沿温跃层向东传。1998 年 7 月,负 SOTA 到达赤道东太平洋,并扩展到海洋表面,从而出现负 SSTA,La Nina 也就由此开始(图略)。

也就是说,1997—1998 年的 ENSO 的发生与暖池次表层的海温异常有很好的关系,在 El Nino (La Nina)发生之前暖池地区已先期有正(负)SOTA 出现;当正(负)SOTA 东传到赤道东太平洋,因那里温跃层较浅,则会出现正(负)SSTA,从而爆发 El Nino(La Nina)。可见,暖池区 SOTA 的出现及其东传是 ENSO 发生的两个关键事情。

### 7.5.2 历次 ENSO 的分析

上一节的分析确实表明西太平洋暖池次表层海温正距平的出现及其向东扩展对 1997—1998 ENSO 的发生有重要作用。是否 ENSO 的发生都有上述关系呢？为揭示这个问题,下面我们讨论过去一些 ENSO 事件的情况。

图 7.5.3 分别给出了 1950—1993 年期间月平均西太平洋暖池区(10°S～10°N,140°E～180°)次表层(150～200 m)海温异常和 Nino 3 区(5°S～5°N,150°～90°W)SSTA 的时间变化。可以看到,在几乎所有 El Nino 事件(例如 1957,1963,1965,1968—1969,1972,1976,1982—1983,1986—1987 和 1991 年)发生之前,西太平洋暖池次表层的海温都有持续的明显正异常;而在 El Nino 事件爆发后,则变为 Nino 3 区 SST 为正距平和暖池次表层海温为负距平的形势。也就是说,近半个世纪以来的历次 El Nino 事件的爆发都同前期西太平洋暖池海温的持续正异常有关,一般暖池次表层的增暖要比 El Nino 早半年到两年时间。

在分析 1997 年 El Nino 事件时我们已经指出,赤道西太平洋暖池次表层增暖同 El Nino 的发生有密切关系;而且暖池次表层海温正距平区(亦可视为暖水团)的东移有极为重要的作用。暖池次表层海温正距平区在东移过程中随着温跃层的逐渐抬高而使得赤道东太平洋 SST 也出现正距平,最终导致 El Nino 的发生。有时西太平洋暖池次表层海温正距平持续时间不长就开始明显向东移动,那么 El Nino 事件的爆发与暖池次表层增暖间的时间差就比较短;有时西太平洋暖池次表层海温正距平持续很长时间才向东移动,那么 El Nino 事件的爆发与暖池次表层增暖间的时间差就比较长。这也说明了为什么暖池次表层增暖要比 El Nino 早,但却有半年到两年的不同时间跨度。

分析赤道太平洋次表层海温距平的时间-经度剖面,我们可以清楚地看到 El Nino 事件爆发与暖池次表层海温正距平及其东传的密切关系。由于赤道太平洋的温跃层在西太平洋要比

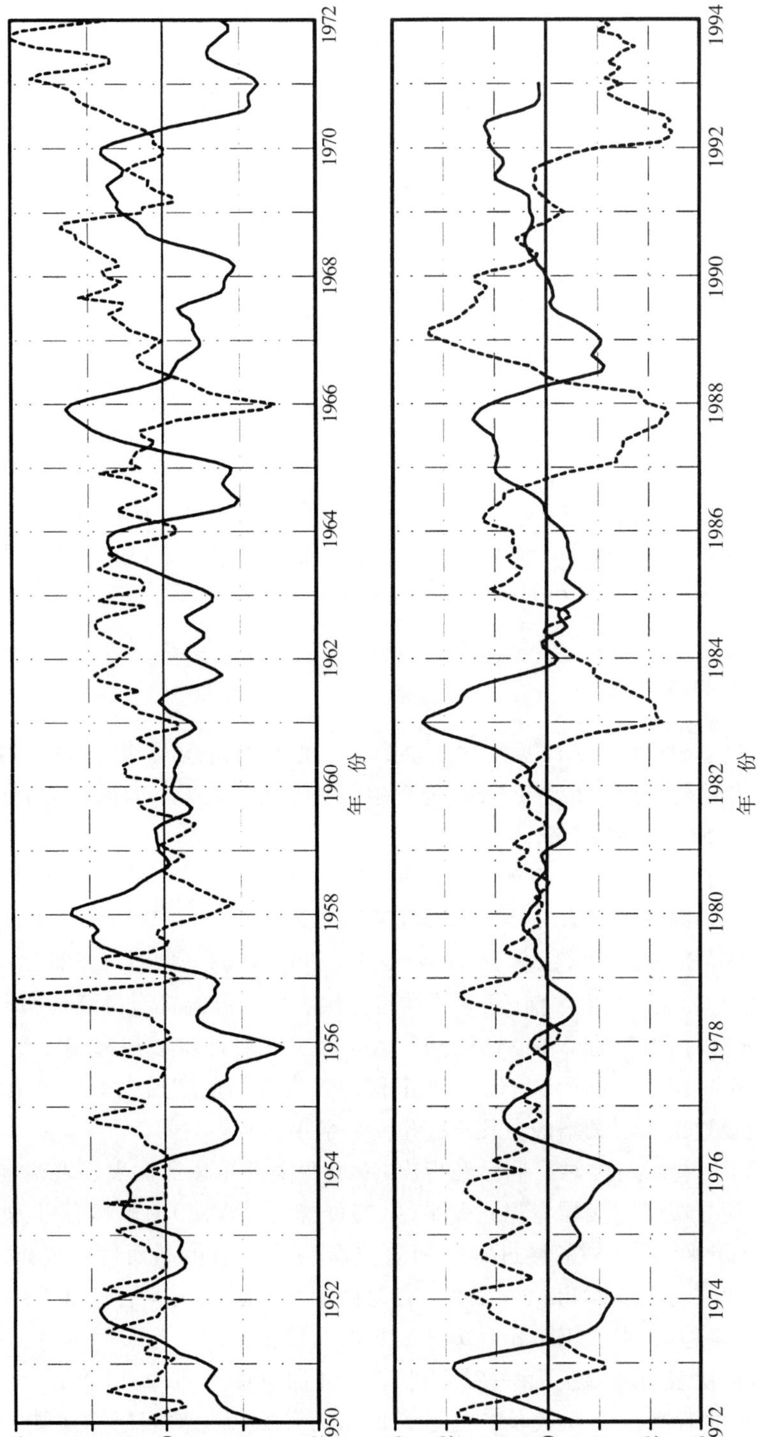


**图 7.5.3**　1950—1993 年期间月平均暖池区(10°S~10°N,140°E~180°)次表层(150~200 m)的海温距平(虚线,资料取自美国 JEDAC)及 Nino 3 区(5°S~5°N,150°~90°W)SST 距平(实线,资料取自 COADS)的时间变化

东太平洋深厚得多,赤道太平洋次表层海温最大异常出现的层次也不同;一般地,次表层最大海温异常在赤道西太平洋发生在 100～200 m,在赤道中东太平洋发生在 80～150 m,而在赤道东太平洋发生在 40～80 m。因此,在分析赤道太平洋次表层海温距平的时间-经度剖面时,需要取不同层次的值(例如我们在 140°E～180°范围取 120～160 m 的平均值,在 180°～140°W 范围取 80～120 m 的平均值,在 140°～120°W 范围取 60～80 m 的平均值,在 120°～80°W 范围取 40～60 m 的平均值)。

分析表明,各次 El Nino 都有相类似的特征,因篇幅关系,这里只给出两个例子。图7.5.4和图7.5.5分别给出了对应于 1972 年 El Nino 和 1986—1987 年 El Nino 的赤道太平洋次表层海温距平的时间-经度剖面。对于 1972 年 El Nino 事件(图 7.5.4),西太平洋暖池明显增暖开始于 1970 年 5 月,最大海温异常在 1971 年 8—10 月份(约 3℃以上),但直到 1972 年春季,暖池次表层海温正距平才明显东移并扩展到赤道中东太平洋,El Nino 事件也就在 1972 年 5 月爆发。这次 El Nino 事件之前,暖池次表层的增暖持续了比较长的时间,从暖池次表层明显增暖到 El Nino 的发生约为 2 年时间。对于 1986—1987 年 El Nino 事件(图 7.5.5),西太平洋暖池明显增暖开始于 1984 年 11 月,但直到 1986 年初夏暖池的海温正距平才明显东移,7 月才到达赤道东太平洋,El Nino 事件也就在 6—7 月份爆发。这次事件从暖池次表层明显增暖到 El Nino

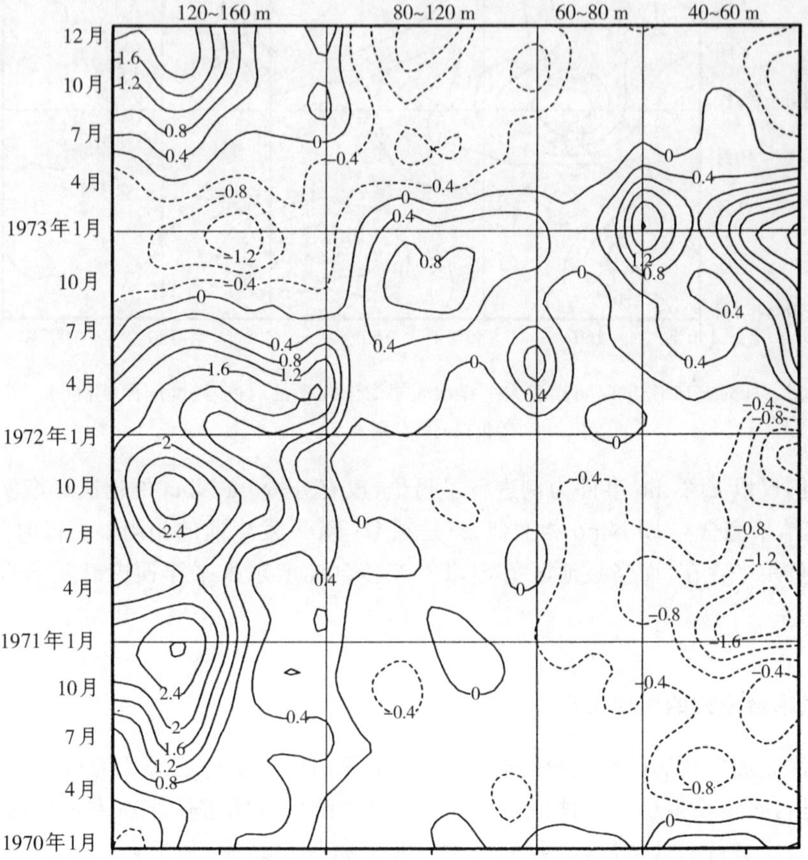


**图 7.5.4** 1970—1973 年期间赤道太平洋次表层海温距平的时间-经度剖面(引自 Li 等,1999)

(等值线间隔分别为±0.4℃)

爆发约为1年半时间。十分明显,无论暖池次表层海温异常持续多久,一旦次表层海温正距平向东传播到赤道中东太平洋,El Nino 事件便随即发生。

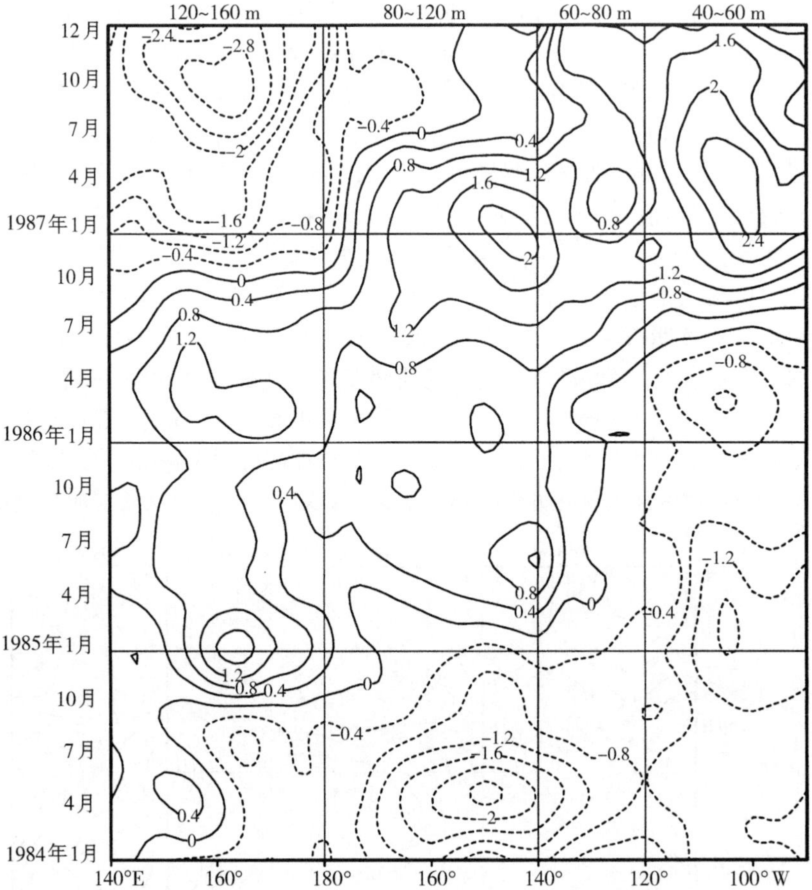


**图 7.5.5**　1984—1987 年期间赤道太平洋次表层海温距平的时间-经度剖面(引自 Li 等,1999)
(等值线间隔分别为±4℃)

上面我们仅以 El Nino 事件为例进行了讨论,没有分析 La Nina 的情况。事实上,分析 La Nina 例子其结果完全与 El Nino 相类似,只是在 La Nina 发生前的相当长一段时间,暖池次表层海温已有负距平存在,而当暖池区负 SOTA 东传到赤道东太平洋便会有负 SSTA,La Nina 也就发生。

### 7.5.3　海气耦合模式的模拟结果

由于海洋观测资料的限制,目前国际上一些重要的研究单位已采用海气耦合模式对 ENSO 的发生进行数值模拟研究及预报。根据中国科学院大气物理研究所发展的海气耦合模式(IAP-CGCM)所进行的数值试验,我们将进一步分析模拟结果,研究西太平洋暖池次表层海温异常对 ENSO 发生的重要作用。

赤道太平洋海表水温异常(SSTA)是反映 ENSO 循环的基本要素,为了描述 CGCM 模拟的 ENSO 现象,我们认为 SSTA 最大正异常高于 0.5℃为 El Nino 事件,而 SSTA 最大负异常

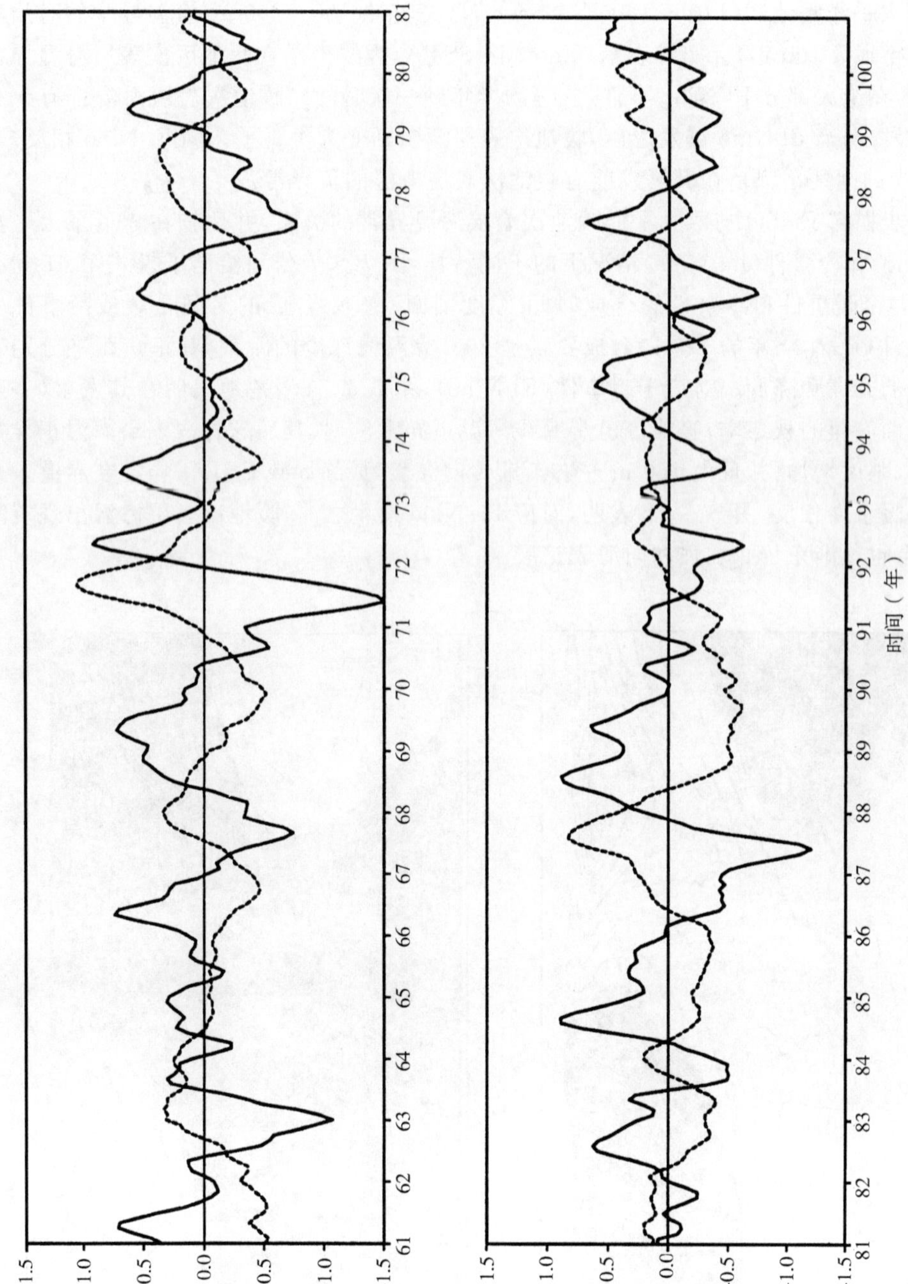


**图 7.5.6　模拟的 Nino 3 区平均 SSTA 和暖池区（140°E～180°，6°S～6°N）次表层（100～200 m）海温（SOTA）从模式第 61 年到第 100 年的时间变化（引自周广庆，李崇银，1999）**

（实线表示 Nino 3 区 SSTA；虚线表示暖池区次表层海温异常变化）

低于−0.5℃为La Nina,那么在模式第61年到100年期间有13次El Nino和12次La Nina。

十分有意思的是,同SSTA异常相对应,每次El Nino(La Nina)发生前都有次表层海温的正异常(负异常)在赤道西太平洋出现并向东传播与之相配合。图7.5.6给出了模拟的Nino 3区SSTA和西太平洋暖池区(140°~180°E,6°S~6°N)次表层(100~200 m)海温异常的时间演变(模式第61年到第100年)。实线表示Nino 3区SSTA,虚线表示在暖池区次表层海温异常变化。很显然,在绝大部分El Nino事件之前(约半年到一年时间),暖池次表层海温都有十分明显的正异常发生;当El Nino爆发之后,暖池次表层海温则变为负距平。同El Nino相反,与La Nina相对应的则几乎都是在其爆发前有暖池次表层海温的负异常。

为了进一步揭露ENSO与西太平洋暖池次表层海温异常的关系,并比较在赤道东太平洋暖事件(El Nino)和冷事件(La Nina)情况下的不同特征,图7.5.7分别给出了模式第61到第100年间对应各个暖事件和冷事件的合成时间-经度剖面。其中合成的时间是暖或冷事件发生前一年的1月到发生当年的12月;合成要素是20℃等温线深度的距平,其正负距平分别表示次表层海温的升高和降低。对应于暖事件(El Nino),图7.5.7a清楚地表明在其发生(一般在4—7月)之前一年的秋冬季,暖池区已有明显海温正异常出现,其后这种次表层海温正异常逐渐缓慢东移,强度增加,并且由150 m左右渐渐传向海表,最终导致SST正异常在赤道东太平洋发生。同暖事件相反,图7.5.7b表明,对应La Nina发生之前,暖池次表层海温出现负距平,这种负异常也逐渐东传并加强和向海表扩展。

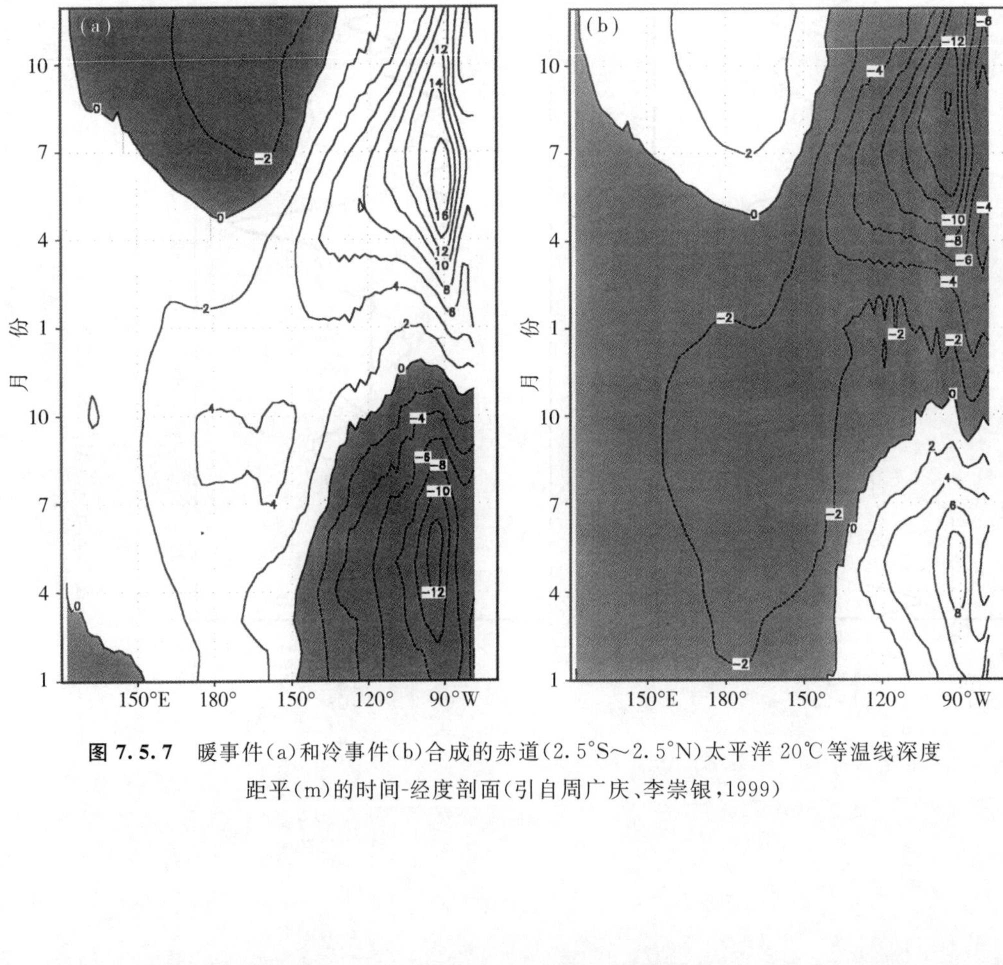


**图7.5.7** 暖事件(a)和冷事件(b)合成的赤道(2.5°S~2.5°N)太平洋20℃等温线深度距平(m)的时间-经度剖面(引自周广庆、李崇银,1999)

### 7.5.4 赤道西风异常与暖池次表层海温距平的东传

前面的分析已清楚地表明，El Nino(La Nina)与西太平洋暖池次表层的增暖(冷却)有密切关系，而且 El Nino(La Nina)的爆发直接与暖池次表层海温正(负)距平区东传到赤道中东太平洋有关。暖池次表层暖(冷)水的持续东传显然有其动力学机制，我们自然会想到异常海洋 Kelvin 波的作用。但异常海洋 Kelvin 波的产生直接与赤道西太平洋的大气西风异常有关。这可能正是为什么一些研究已经指出，El Nino 事件的发生往往伴随赤道中西太平洋地区的西风异常(西风爆发)。因此，这里我们将分析赤道太平洋西风异常与暖池次表层海温异常东移的关系。

为了比较，图 7.5.8 和图 7.5.9 分别给出了对应 1957 年 El Nino 和 1972 年 El Nino 的赤道太平洋(10°S～10°N)纬向风异常的时间-经度剖面(1986—1987 年 El Nino 也有类似情况，图略)。对于 1957 年 El Nino 事件，赤道西太平洋地区在 1956 年冬开始出现西风异常，1957 年 1 月已达 0.4 $m \cdot s^{-1}$，其后西风异常逐渐加强并向东传播；1957 年 6 月之后，赤道中东太平

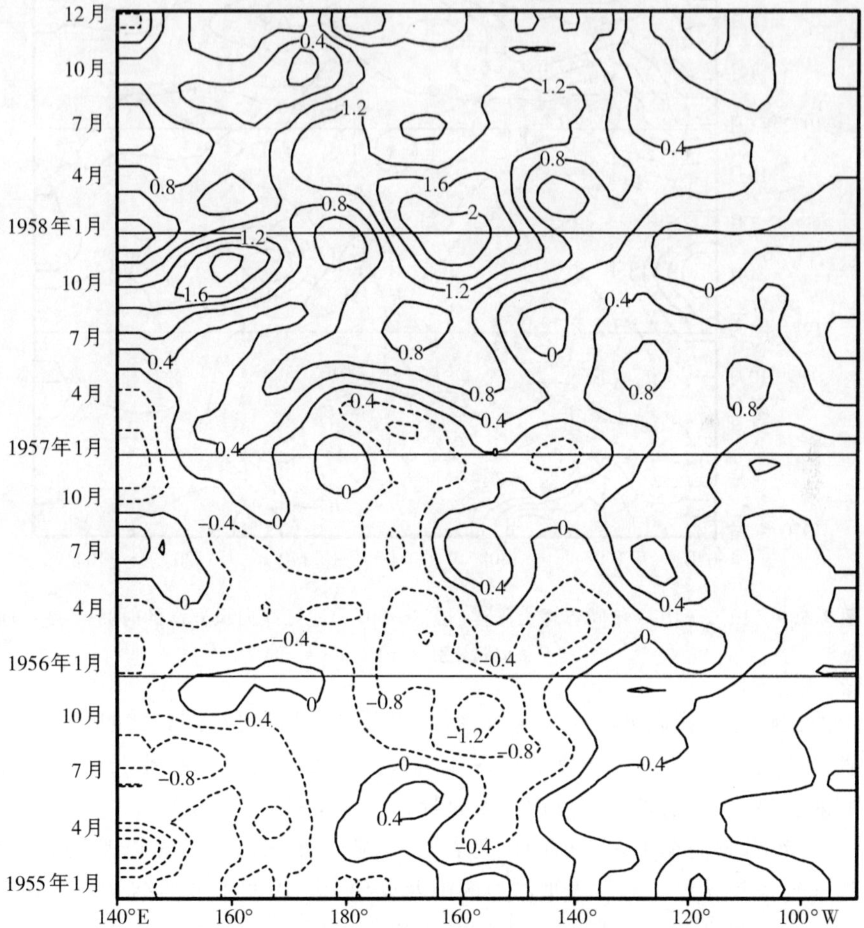


**图 7.5.8** 1955—1958 年间赤道太平洋(10°S～10°N)地区纬向风异常的时间-经度剖面

(等值线间隔分别为±0.4 $m \cdot s^{-1}$)

洋地区已有1 m·s$^{-1}$以上的西风异常。可以看到,赤道西太平洋地区西风异常的出现及东传正好与暖池次表层海温正距平的东移相一致,甚至西风异常常略早于暖池次表层增暖区的东移。对于 1972 年 El Nino 事件也有类似情况,1971 年冬开始在赤道西太平洋出现西风异常,1972 年 1 月已达0.5 m·s$^{-1}$以上,其后异常西风逐渐加强并向东扩展,1972 年 6 月以后赤道中东太平洋已有 1 m·s$^{-1}$以上的西风异常。比较图 7.5.9 和图 7.5.4 也可以发现赤道西太平洋西风异常的出现和东扩同样与暖池次表层海温正距平的东移直接相关,而且前者也略早于后者。

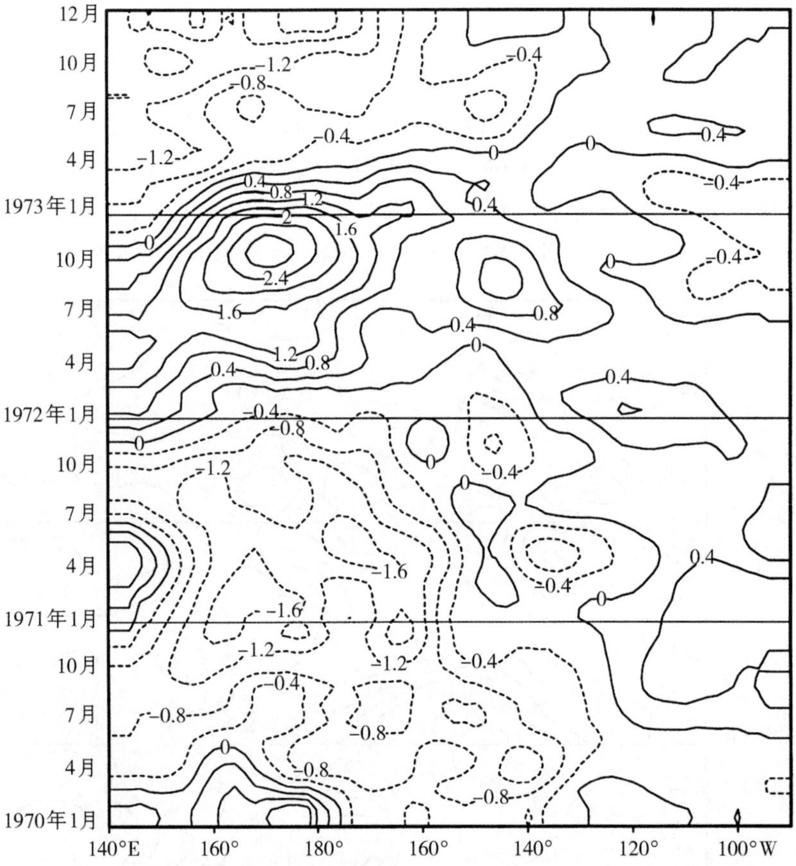


**图 7.5.9** 1970—1973 年间赤道太平洋(10°S～10°N)地区纬向风异常的时间-经度剖面

(等值线间隔分别为±0.4 m·s$^{-1}$)

从以上的比较分析我们可以初步认为,赤道西太平洋西风异常与暖池次表层海温正距平的东移有直接的关系,赤道西风异常的出现和向东扩展可能是引起暖池次表层海温正距平东传的重要原因。显然,其物理机制可能主要是异常海洋 Kelvin 波的作用。

上一节已指出,我们在十多年前的研究表明,东亚冬季风的异常可以激发 ENSO,其中一个重要的物理过程是导致赤道西太平洋地区的西风异常。因此本节的结果同上节是很好衔接的。为了进一步说明 SOTA 东传与赤道西太平洋地区纬向风异常的关系,图 7.5.10 给出了对 8 次 El Nino 事件的合成分析结果,图中 a～d 分别表示在 El Nino 事件发生年及前后一年期间 SOTA、赤道西太平洋(10°S～10°N,120°～160°E)纬向风异常、赤道东太平洋的 SOTA

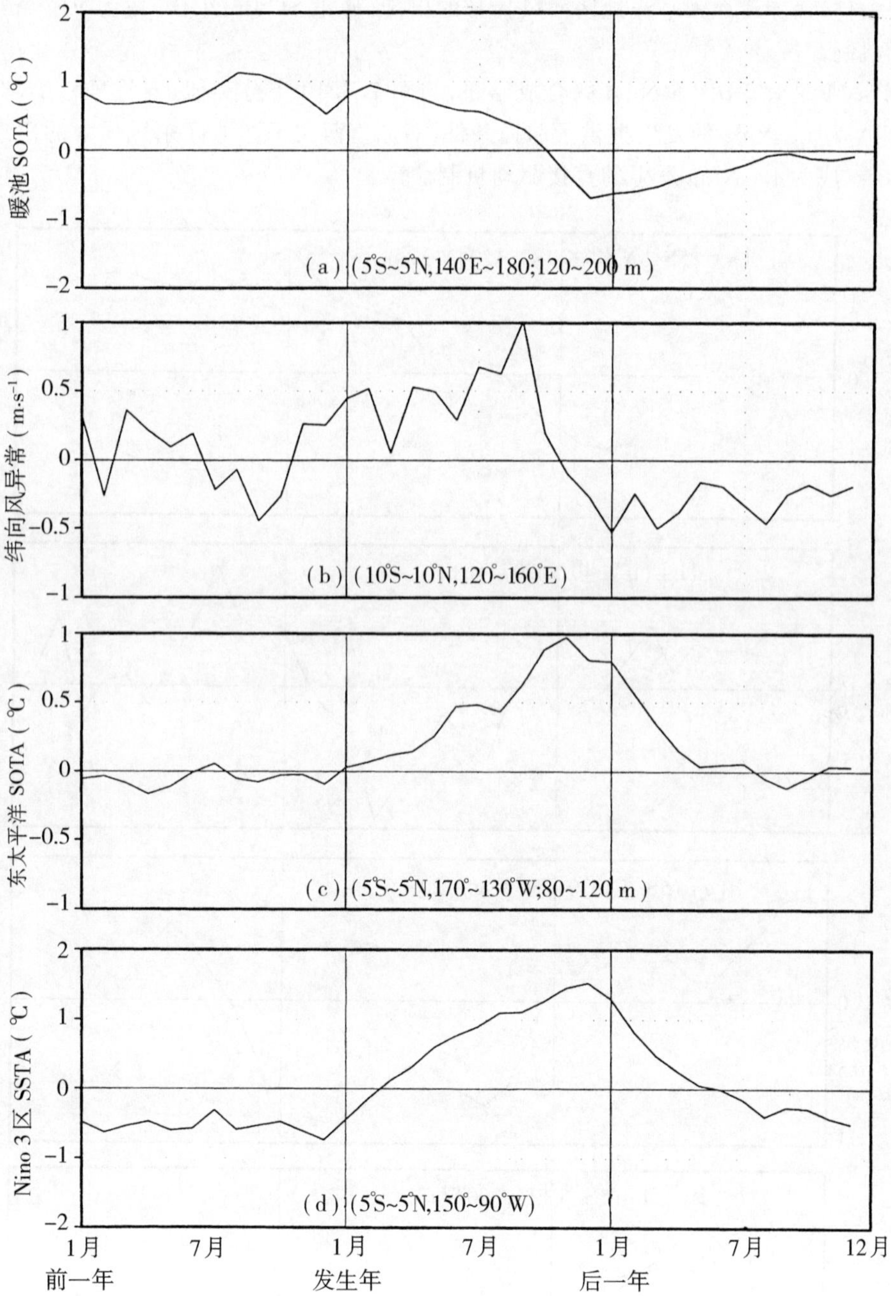


**图 7.5.10** El Nino 事件的合成分析结果

和 Nino 3 区的 SSTA。很显然，图 7.5.10d 给出了一次清楚的 El Nino 过程，El Nino 事件平均在春季爆发，在 11 月份达到最强；图 7.5.10c 表明赤道东太平洋次表层增温在年初，较 El Nino 爆发早约 2 个月；图 7.5.10b 表明赤道西太平洋西风异常在前一年冬已开始，比 SOTA 传到东太平洋要早；图 7.5.10a 表明在 El Nino 爆发的前一年都有暖池区的正 SOTA 存在，而在 El Nino 年冬，暖池区却为负 SOTA。也就是说，暖池区正 SOTA 为 El Nino 的发生早已提供了前提条件,而赤道西太平洋地区西风异常的出现,使正 SOTA 东传,成为 El Nino 发生的直接驱动机制。

图 7.5.11 是对 7 次 La Nina 的合成结果,与图 7.5.10 十分类似,但符号相反,即暖池区负的 SOTA 为 La Nina 的发生提供了前提条件,而赤道西太平洋地区东风异常的出现使得负 SOTA 东传,成为 La Nina 发生的直接驱动机制。

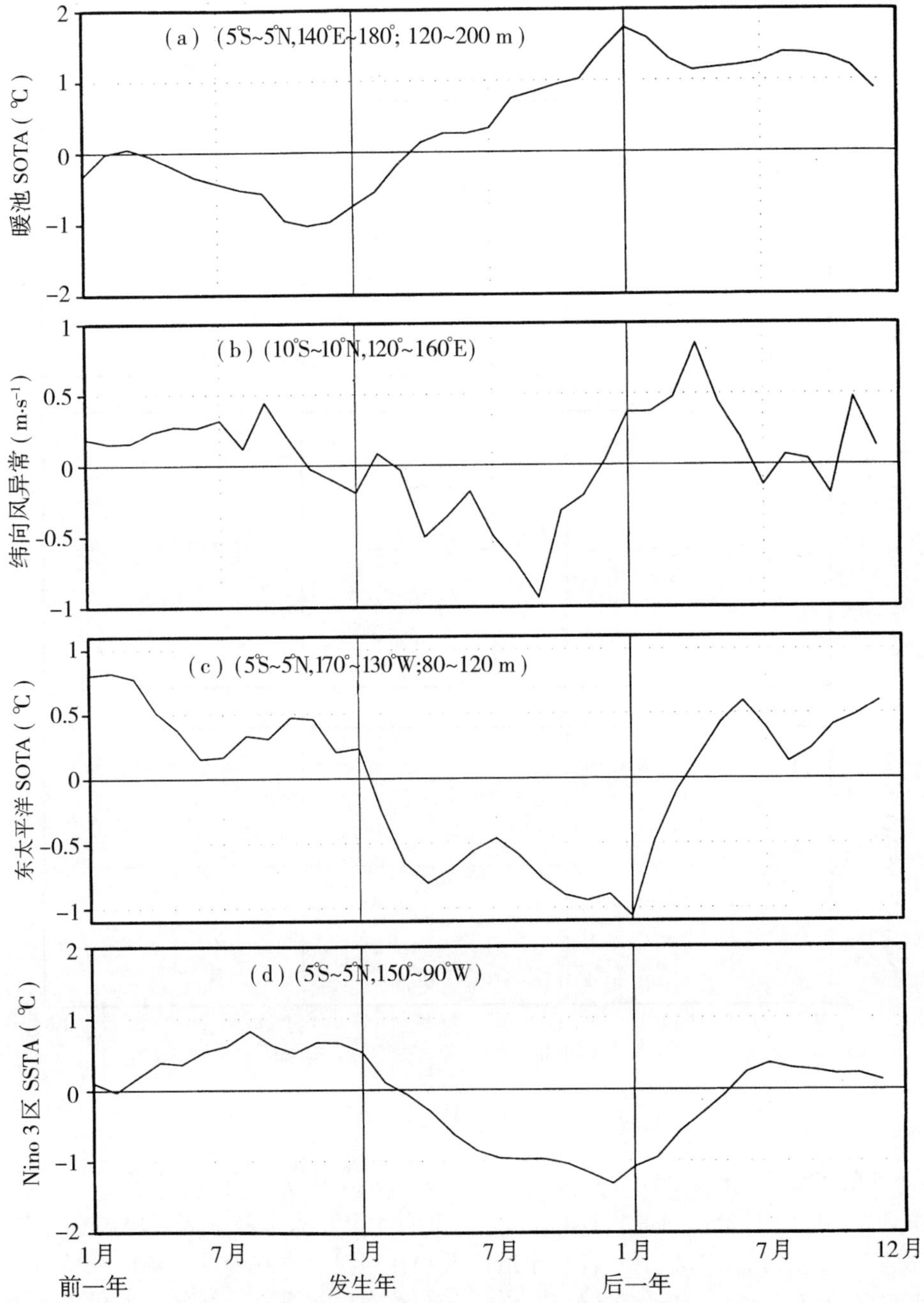


**图 7.5.11** 同图 7.5.10,但为 La Nina 的合成分析结果

# 7.6　El Nino与热带大气季节内振荡

前面已经讨论了 El Nino 事件对全球天气和气候异常有着极为明显的影响，那么 El Nino 同热带以至全球大气的季节内振荡系统的活动有什么关系没有呢？特别是一些研究已把大气季节内振荡和 ENSO 事件分别视为月、季和年际气候变化的重要机理之一。作为不同时间尺度气候变化的反映和重要原因，大气季节内振荡（尤其是热带大气季节内振荡）和 ENSO 之间的关系是一个重要的问题，深入研究两者间的关系，对进一步认识 ENSO 和大气季节内振荡的本质有重要的意义。可惜的是有关这方面的研究还比较少，只能根据近年来我们的研究结果进行分析讨论。

## 7.6.1　El Nino 对热带大气季节内振荡的影响

在第 4 章中我们已经指出，对欧洲中期天气数值预报中心的大气环流格点资料（1981—1988 年）的分析表明，热带大气季节内振荡有着极为清楚的年际变化特征。在 1981—1988 年期间，正好发生了两次 El Nino 事件，因而可以分析 El Nino 对热带大气季节内振荡的影响。图 7.6.1 给出了（10°N～10°S，140°～160°E）和（10°S～10°N，170°E～170°W）地区 200 hPa 上 30～60 d 振荡的纬向风平方的时间演变。由图可以看到，在 1982—1983 年和 1986—1987 年两次 El Nino 事件之前，该地区的 30～60 d 大气振荡异常偏强，这是下面我们要讨论的大气季节内振荡可能激发 El Nino 的事实依据之一。同时，图 7.6.1 还表明，在 El Nino 期间，热带大气 30～60 d 振荡的动能却相对偏弱。

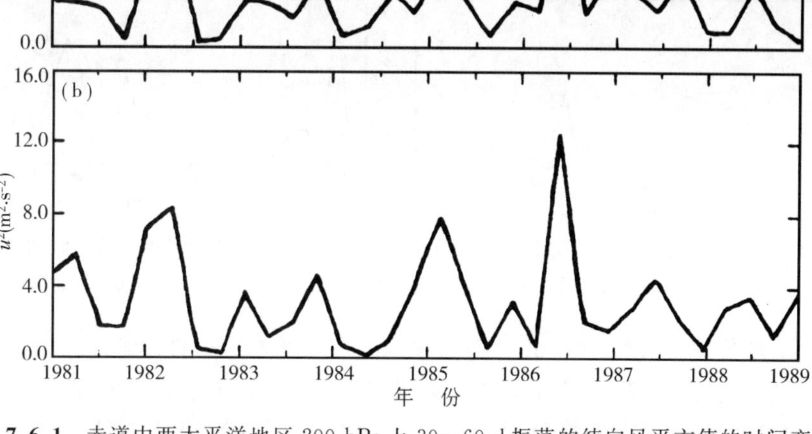


**图 7.6.1**　赤道中西太平洋地区 200 hPa 上 30～60 d 振荡的纬向风平方值的时间变化

(a)（10°S～10°N，140°～160°E）地区；(b)（10°S～10°N，170°E～170°W）地区

许多分析研究表明,热带地区的射出长波辐射(OLR)能较好地反映热带大气 30～60 d 振荡的活动,因此分析 OLR 资料随时间的变化,也将能表现热带大气季节内振荡同 ENSO 的关系。图 7.6.2 分别给出了 1982—1984 年赤道印度洋(5°S～5°N,50°～90°E)和赤道西太平洋(5°S～5°N,120°～160°E)地区 30～60 d 带通滤波的 OLR 值的时间变化。图中曲线清楚地表明,无论在赤道印度洋还是赤道西太平洋地区,OLR 的 30～60 d 振荡的强度在 1982 年 9 月之后及整个 1983 年都明显偏弱。这同样说明热带大气 30～60 d 振荡在El Nino期间被削弱的事实。

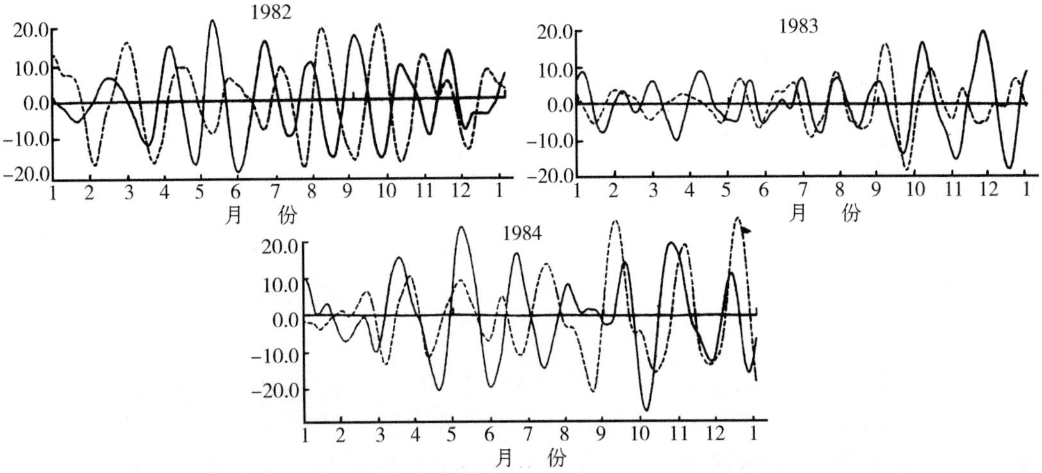


**图 7.6.2**　1982—1984 年间赤道印度洋(5°S～5°N,50°～90°E)及赤道西太平洋(5°S～5°N,120°～160°E)地区 OLR(W · $m^{-2}$)的 30～60 d 带通滤波值的时间变化

(图中实线和虚线分别表示赤道印度洋和赤道西太平洋地区的情况)

在图 7.6.3 中我们还给出了赤道中东太平洋地区 200 hPa 上 30～60 d 振荡的纬向风平方值的时间变化。显然,在 1982—1983 年和 1986—1987 年的两次 El Nino 期间,赤道中东太平洋地区的 30～60 d 振荡的动能也是相对较弱的,尽管这时期赤道东太平洋地区有海表水温的持续正异常。

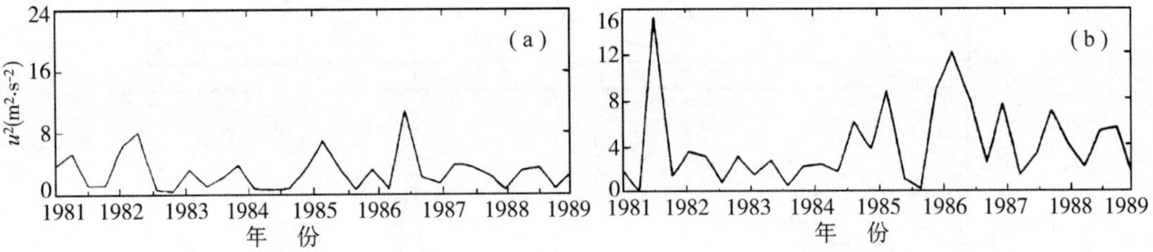


**图 7.6.3**　赤道中东太平洋地区 200 hPa 上 30～60 d 振荡的纬向风平方值的时间变化

(a) (10°S～10°N,160°E～160°W)地区;(b) (10°S～10°N,130°～110°W)地区

El Nino 事件使热带大气 30～60 d 振荡减弱的现象在 GCM 的数值模拟中也有类似的结果。图 7.6.4 是用澳大利亚联邦科学和工业研究组织大气研究部的全球大气环流谱模式(CSIRO-GCM4)所做的数值模拟结果。其中实线是模拟的对流层上部(约 300 hPa)热带(11.1°S～11.1°N)大气 30～60 d 振荡的动能在一般正常情况时的纬向分布。所谓一般正常

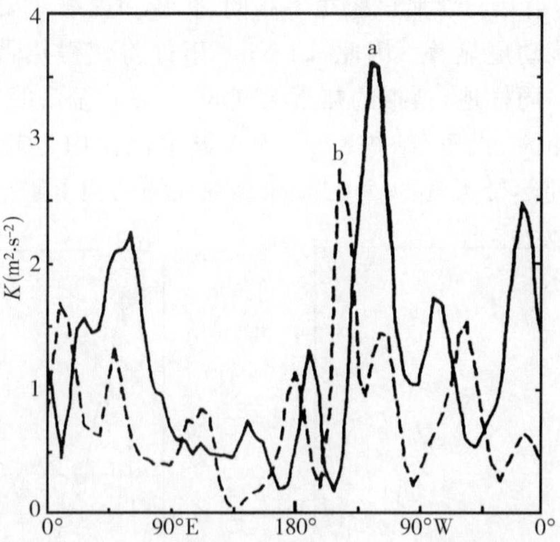


**图 7.6.4** GCM 数值模拟得到的对流层上部(约 300 hPa)热带(11.1°S～11.1°N)大气 30～60 d 振荡动能的纬向分布(引自 Li 和 Smith,1995)
(a) 对照试验(SST 用气候平均值);(b) 异常试验(SST 用 1983 年的值)

情况,指在数值计算中所用的 SST 是随时间变化的多年气候平均值。图中虚线表示在 El Nino条件下(数值计算中用 1983 年观测到的 SST)热带大气季节内振荡的能量分布。比较两种情况的结果我们可以看到,无论是扰动动能的极值还是其纬向平均值,在 El Nino 情况下热带大气季节内振荡的动能都比正常情况时明显偏小,表明 El Nino 事件的发生对热带大气季节内振荡有明显的减弱作用。

上述的观测资料分析结果和 GCM 数值模拟结果都一致表明,在 El Nino 期间,热带地区(尤期是西太平洋和印度洋地区)的 30～60 d 大气振荡有明显的减弱,说明了 El Nino 对热带大气 30～60 d 振荡有重要的影响。

为什么在 El Nino 期间热带大气季节内振荡会明显地减弱呢?对这个问题的完全解答要进行深入的动力学研究,但我们这里可以从大气运动的能谱角度给予初步解释。因为就时间域而论,我们可以粗略地把大气运动分为瞬变扰动(涡旋)、低频振荡(变化)和准定常运动三类。瞬变涡旋就是天气尺度扰动,其时间尺度为几天;低频变化包括准双周(10～20 d)振荡和大气季节内振荡;准定常运动的时间尺度可认为在 100 d 以上。由于同 El Nino 事件相伴随的赤道东太平洋 SST 异常及南方涛动指数(SOI)的异常都将持续 1 年以上,El Nino 无疑可视为一种准定常扰动。在 El Nino 期间热带大气季节内振荡的减弱是大气低频振荡能量大量转换成准定常扰动能量的结果,而 El Nino 事件的长时间维持正是有大量准定常能量的反映。我们最近的资料分析已充分表明,伴随 El Nino 事件的发生,30～60 d 低频振荡的动能有明显的突然减少;而准定常系统的动能有明显的突发增强,显示了一种可能的能量传送特征。

数值模拟试验的结果还清楚地表明,El Nino 不仅影响热带大气季节内振荡的强度,使其减弱;而且对热带大气季节内振荡的结构也有明显的影响,使其垂直结构趋于正压。图 7.6.5 是对照试验得到的热带大气季节内振荡的地面气压(实线)和对流层上部温度(虚线)的纬向分布。显然,实线和虚线主要表现为反相的性质,尤其是起主要作用的纬向 1 波的扰动。这些结果与第 4 章中我们已讨论过的热带大气季节内振荡的“斜压”垂直结构完全相符。但是

图 7.6.5中异常试验的结果却与对照试验很不相同,实线和虚线主要表现为一致的正压特征,尤其是对于纬向 1 波的扰动更显著。因此,El Nino 事件将使得热带大气 30～60 d 振荡在气压场结构上趋于正压性。同样地,模拟的热带大气 30～60 d 振荡的纬向风场在对照试验中也有对流层上层和下层反相的"斜压"结构特征;而在异常试验中也趋于正压结构特征(图略)。也就是说,El Nino 也将使热带大气 30～60 d 振荡在风场结构上趋于正压性。

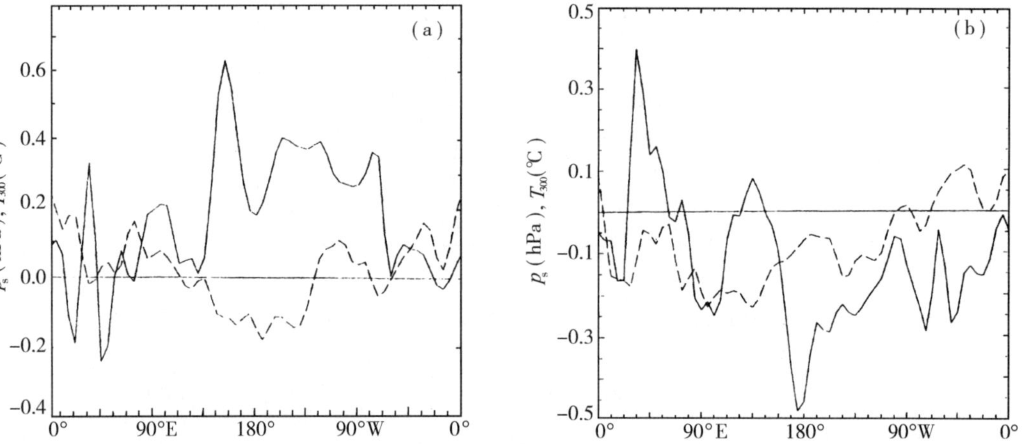


**图 7.6.5**　GCM 数值模拟得到的热带(11.1°S～11.1°N )大气 30～60 d 振荡的地面气压(实线)和对流层上部(300 hPa)温度(虚线)的纬向分布(引自 Li 和 Smith,1995)
(a) 对照试验(SST 用气候平均值);(b) 异常试验(SST 用 1983 年的值)

数值试验的结果与观测资料的分析十分类似。图 7.6.6 是基于观测资料的分析结果,图 7.6.6a是 1981 年夏季热带大气(0°～10°S 平均)30～60 d 带通滤波的位势高度场的经度分布,它可以代表正常年的情况。显然,无论是在 200 hPa 还是在 850 hPa,30～60 d 振荡的位势高度场(风场也有同样情况)主要表现为纬向 1 波;而比较 200 hPa 和 850 hPa 的分布,对流层高层和低层反相的"斜压"结构特征很清楚。这些完全反映了正常情况下热带大气 30～60 d 振荡的特征。图 7.6.6b 是 1982 年夏季的情况,这时赤道东太平洋已出现较强的 SST 正距平(El Nino),30～60 d 带通滤波的纬向风的经度分布表明,在 El Nino 情况下热带大气 30～60 d 振荡的垂直结构的"斜压"特征变得不明显,有取正压的倾向。

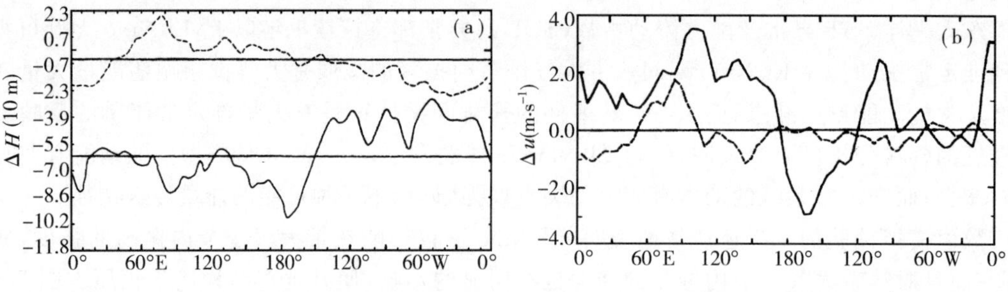


**图 7.6.6**　1981 年夏(a)和 1982 年夏(b)热带大气(0°～10°S 平均)30～60 d 振荡结构的比较
(实线和虚线分别表示 200 hPa 和 850 hPa 的情况)

为什么 El Nino 事件(赤道东太平洋 SST 持续偏高)会使得热带大气 30～60 d 振荡的垂直结构趋向正压性呢？如下的解释将是有道理的。对于大气运动来讲，可以将 SST 异常看成一种外强迫。而有关大气对外源强迫响应的一些研究表明，与积云对流加热(大气内部强迫)反馈不同，外源强迫比较有利于在大气中激发产生正压不稳定模(Hoskins 等，1983；Simmons 等，1983)。这种外源强迫所激发产生的正压不稳定模同已有的热带大气季节内振荡相叠加，可能是在 El Nino 情况下热带大气季节内振荡的结构趋于正压性的重要原因。

### 7.6.2　热带大气季节内振荡异常对 El Nino 事件的可能激发

基于对热带 OLR 资料的分析，有人提出了一种推测，即热带大气的 30～60 d 振荡通过海气耦合相互作用可能成为激发 El Nino 事件的因素(Lau 和 Peng，1986)。但证实这种推测的资料分析并不多。近年我们对 ECMWF 格点资料的分析结果清楚地表明，热带大气季节内振荡的年际变化同 El Nino 事件的发生有极密切的关系，在 El Nino 事件发生之前，赤道中西太平洋地区的大气季节内振荡有异常增强的现象。图 4.1.13b 和图 7.6.1 都清楚地表明，在 1982—1983 年和 1986—1987 年的 El Nino 发生之前，赤道中西太平洋地区的30～60 d 大气振荡动能都有异常增强的现象。虽然现在还没有热带大气季节内振荡直接激发 El Nino 事件的很确切的动力学研究结果，但可以认为，在海气耦合相互作用下大气季节内振荡的异常加强经过减频增幅很可能成为激发 El Nino 的重要机制之一。

在 El Nino 事件发生之前，赤道中西太平洋地区的大气季节内振荡如何得以加强呢？对赤道印度洋地区的资料所做的分析表明，赤道印度洋地区的 30～60 d 大气振荡并没有先于赤道中西太平洋地区明显加强的现象。分析东亚和西太平洋地区中高纬度 30～60 d 大气振荡的活动却发现，在赤道中西太平洋地区大气季节内振荡动能增强之前，东亚和西北太平洋中高纬度地区的 30～60 d 大气振荡的动能已先期有增强的现象；并且从不同纬度带其动能的时间演变看，动能有从东亚中高纬度地区向赤道中西太平洋地区传播的特征。图 7.6.7 是东亚大陆到中西太平洋地区不同纬度带 200 hPa 上 30～60 d 大气振荡的纬向风平方值的时间演变情况，它基本上可反映动能的演变特征。显然，在 El Nino 事件发生之前，有较强的 30～60 d 大气振荡动能在东亚和西北太平洋地区加强，并且这种较强的动能向赤道中西太平洋地区明显传播，使赤道中西太平洋地区出现异常强的 30～60 d 大气振荡。

在 7.4 节有关东亚冬季风异常对 El Nino 事件的可能激发的讨论中已经看到，冬半年东亚冬季风的强异常通过东亚寒潮活动的低频(30～60 d)振荡形式，沿 Rossby 波列可将中高纬度地区的扰动能量传送到赤道中西太平洋地区，并引起赤道中西太平洋地区大范围对流活动的加强和信风的减弱。而在第 4 章我们已经讨论了积云对流反馈激发热带大气季节内振荡的动力学机理，因此较强的积云对流活动必然引起较强的 30～60 d 大气振荡。

因此，本节关于 El Nino 事件发生前赤道中西太平洋地区 30～60 d 大气振荡异常增强及原因的分析结果，非常好地同东亚冬季风异常与 El Nino 发生的研究结果相衔接。将这些结果合在一起将能更全面、更充分地说明大气季节内振荡的活动和异常同 El Nino 事件发生的重要关系。这可简单地归结为：冬半年东亚中高纬度地区 30～60 d 大气振荡的异常加强，通过频繁而强的东亚寒潮(冬季风)活动，将扰动能量传送到赤道中西太平洋地区，使得该地区的 30～60 d 大气振荡强烈发展，并在海气相互作用下成为激发 El Nino 事件的重要机制之一。

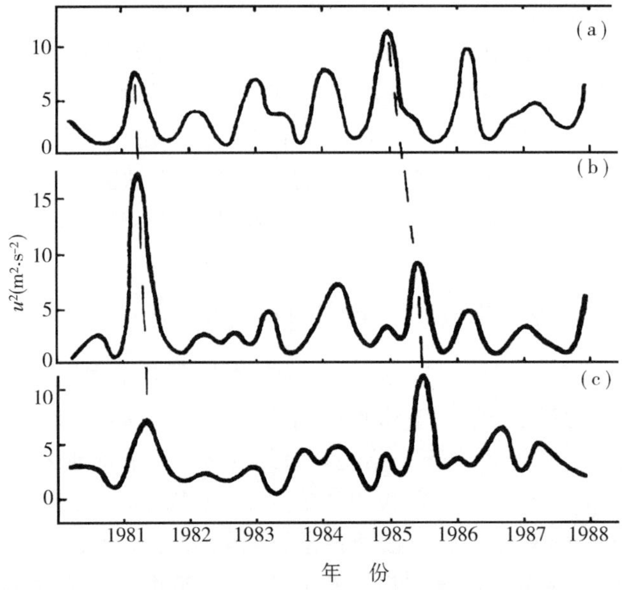


**图 7.6.7** 东亚—中西太平洋地区 200 hPa 上不同纬度带 30～60 d 大气振荡的纬向风平方值的时间演变
(a) (30°～50°N,80°～160°E);(b) (10°～°25°N,110°～180°E);(c) (10°S～10°N,110°～180°E)

从能量转换的角度看,除了东亚中高纬度地区的低频(30～60 d)扰动能量传送到赤道中西太平洋地区使那里 30～60 d 振荡能量加强外,在东亚寒潮向南爆发的过程中也有瞬变涡旋(天气尺度)扰动的能量向低频扰动能量转换的情况,也使得赤道中西太平洋地区 30～60 d 大气振荡的能量加强;其后,热带大气低频扰动能量向准定常扰动能量的转换便导致 El Nino 事件的发生。

### 7.6.3 热带大气季节内振荡激发 El Nino 的机制

大家知道,热带大气季节内振荡一般总是存在的,而且冬季和夏季的强度也差不多;相反,El Nino 事件并非年年都发生,有其 2～7 年的准周期特征。显然,对 El Nino 事件的激发作用并不是热带大气季节内振荡本身,很可能是它的年际异常,而资料分析也恰好表明热带大气季节内振荡的年际异常同 El Nino 的发生密切相关。这里将就热带大气季节内振荡激发 El Nino 的机制进行资料分析和动力学研究,对这个多年留下的问题给出初步理论解答。

#### *7.6.3.1* 热带大气低频动能的转换

前面已经指出,El Nino 可以认为是海气系统耦合作用的产物,为了分析热带大气季节内振荡如何对 El Nino 的发生起作用,针对 1982—1983 年和 1986—1987 年两次 El Nino 事件,我们计算并比较了大气季节内振荡和准定常系统(周期 $T$ 大于 90 d,包含 ENSO 模的活动)动能的时间变化。一个十分有意义的结果是:伴随 El Nino 事件的爆发,热带大气季节内振荡的动能都有极清楚的“突然”减小,而准定常系统的动能却有极明显的“突然”增大。在这里我们只给出 1986 年 El Nino 爆发前后的动能变化情况作为例子(图 7.6.8)。

1991 年的 El Nino 事件有些特殊。1991 年的春季开始在 Nino 3 和 Nino 4 海区就一直有

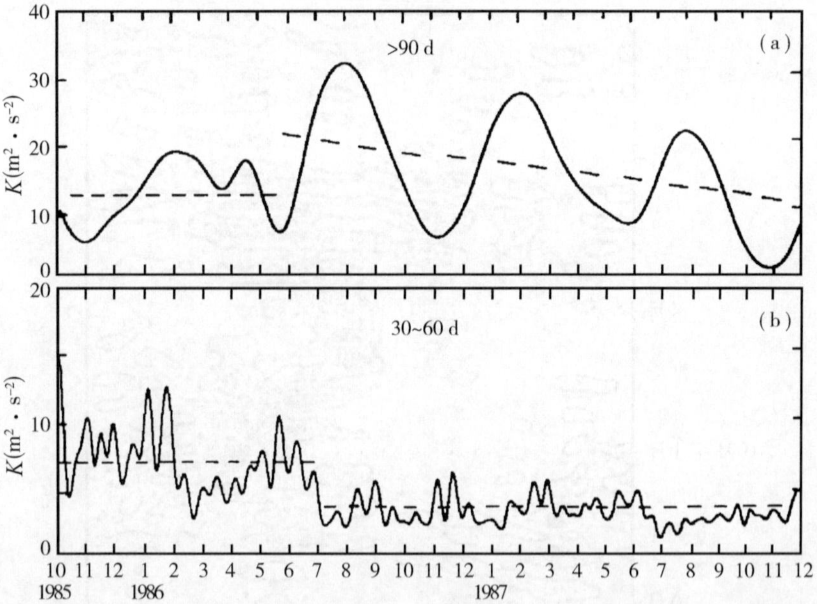


**图 7.6.8** 1986 年 El Nino 事件爆发前后，热带大气(10°S～10°N)200 hPa 上准定常系统(a)和季节内振荡(b)的纬向平均动能 $K$ ($m^2 \cdot s^{-2}$)的时间演变

明显的正 SSTA 存在(图略)，同这种 SSTA 变化形势相联系，热带大气季节内振荡的能量变化也十分有意思。图 7.6.9 给出的是 1989 年 10 月到 1991 年 10 月 200 hPa 上热带大气季节内振荡动能的时间-经度剖面。虽然图 7.6.9 中显示了热带大气季节内振荡的一定季节变化特征，但比较各年同月的数值仍可看到其年际异常。从 1990 年 5 月开始热带大气季节内振荡的动能有明显减小，但到 11 月份其减小已不清楚，甚至在 1991 年春其动能有些回升(相对 1986 年的持续减小，图略)，直到 1991 年夏季热带大气季节内振荡动能有再次明显减小。也就是说，伴随 1991 年 El Nino 事件的爆发，热带大气季节内振荡的动能也出现了明显减小。与之相反，热带大气准定常系统的动能在 1990 年初夏有"突然"增强，而 1991 年上半年更进一步增强，然后慢慢减小(图略)。

因此，资料分析很清楚地表明，在 El Nino 发生之前，热带大气季节内振荡的动能有异常增强；伴随 El Nino 事件的爆发，热带大气季节内振荡动能迅速减小，而准定常系统的动能却急速增强。这种不同时间尺度大气系统动能的一消一涨，反映了大气系统间能量的转换或传送特征。可以初步认为，当热带大气季节内振荡出现异常发展(年际异常)后，过剩的季节内振荡的扰动动能将被传送给准定常系统(通过尺度相互作用)，使其准定常系统强烈发展，在海气相互作用下激发产生 El Nino 事件。显然，在激发 El Nino 事件中，起关键作用的是热带大气季节内振荡的年际异常；准定常行星波作为中介系统，在不同尺度系统的能量传送中有重要的作用。

为了进一步说明热带大气季节内振荡的年际异常对激发产生 El Nino 的重要作用，下面我们将用简单的海气耦合模式从理论上进行讨论。相对于海气耦合系统中海洋对大气的加热作用及大气对海洋的风应力作用，大气季节内振荡的年际异常可视为对海气系统的大气外强迫。

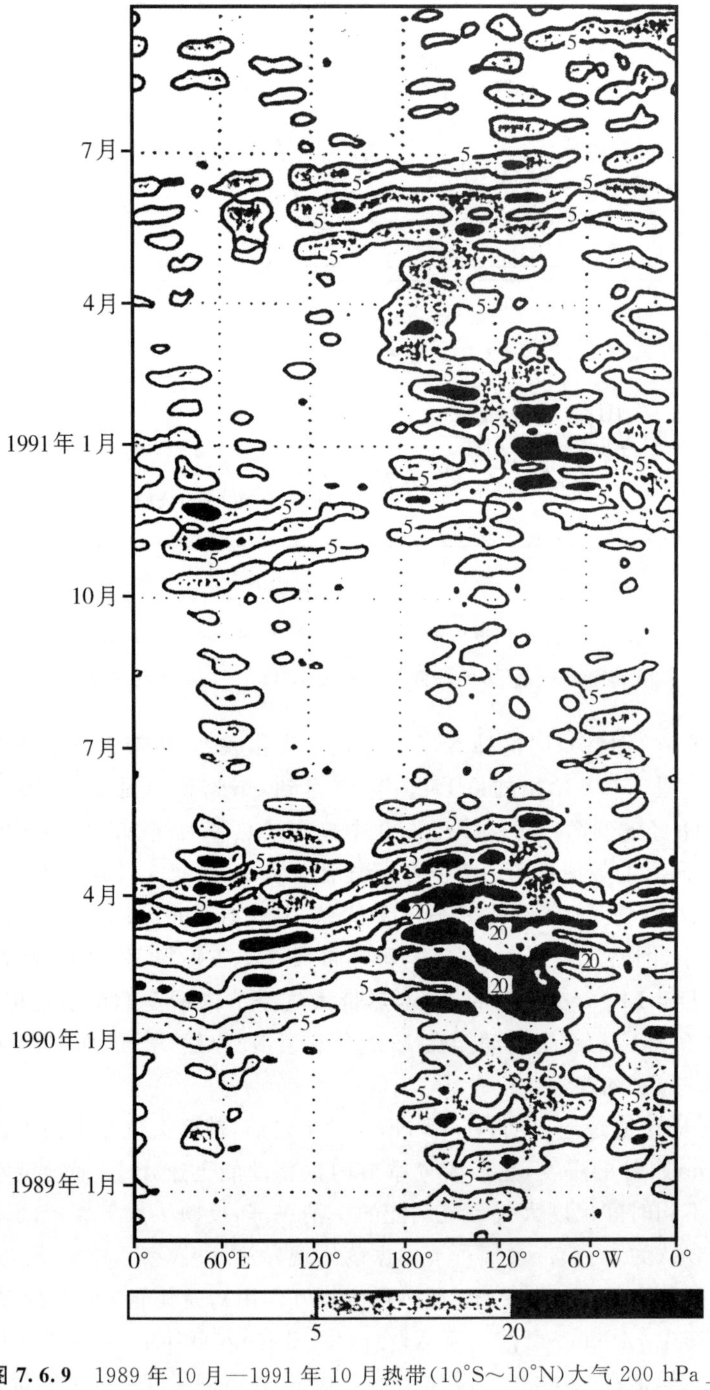


**图 7.6.9** 1989 年 10 月—1991 年 10 月热带(10°S～10°N)大气 200 hPa 上季节内振荡动能($m^2 \cdot s^{-2}$)的时间-经度剖面

*7.6.3.2 热带海气系统的非线性耦合振荡*

考虑到 ENSO 所反映出的海气相互作用的准周期特征,作为一级近似我们可以用海气系统的非线性耦合振荡来描写 ENSO 的动力学。简单地将大气运动方程写成

$$\frac{\partial U}{\partial t}+g\frac{\partial H}{\partial x}=-r_aU \tag{7.6.1}$$

$$\frac{\partial H}{\partial t}+D\frac{\partial U}{\partial x}=-\alpha_aH-Q \tag{7.6.2}$$

其中,$U$ 表示 $x$ 方向的风速;$D$ 表示大气的等效厚度,而 $H$ 是相对 $D$ 的偏差,$g$ 是重力加速度;$r_a$ 和 $\alpha_a$ 分别是大气中的 Rayleigh 摩擦系数和 Newton 冷却系数;$Q$ 是大气的非绝热加热率。

而对于海洋运动有方程

$$\frac{\partial u}{\partial t}+u\frac{\partial u}{\partial x}+g\frac{\partial h}{\partial x}=-r_ou+\tau_x \tag{7.6.3}$$

$$\frac{\partial h}{\partial t}+u\frac{\partial h}{\partial x}+(d+h)\frac{\partial u}{\partial x}=-\alpha_oh \tag{7.6.4}$$

其中,$\tau_x$ 表示风应力:$u$ 是 $x$ 方向的海流速度;$d$ 是海洋混合层的等效厚度,$h$ 是相对 $d$ 的偏差;$r_o$ 和 $\alpha_o$ 分别是海洋中的 Rayleigh 摩擦系数和 Newton 冷却系数。

根据已有研究,海气耦合相互作用项可以分别写成

$$Q=\eta(h-\kappa h^3) \tag{7.6.5}$$

$$\tau_x=\gamma U \tag{7.6.6}$$

其中,$Q$ 是海气间的热量交换,或者称海洋对大气的加热作用;$\tau_x$ 是大气对海洋的风应力作用。

如果略去 Rayleigh 摩擦和 Newton 冷却的作用,由上述方程可以得到如下耦合方程组

$$D\frac{\partial U}{\partial x}=-\eta(h-\kappa h^3)-F \tag{7.6.7}$$

$$\frac{\partial u}{\partial t}+u\frac{\partial u}{\partial x}+g\frac{\partial h}{\partial x}=\gamma U \tag{7.6.8}$$

$$\frac{\partial h}{\partial t}+u\frac{\partial h}{\partial x}+(d+h)\frac{\partial u}{\partial x}=0 \tag{7.6.9}$$

注意,式(7.6.7)右端的 $F$ 是另外加于海气系统的强迫项。

取时间尺度 $T=L/C_0$,其中 $L$ 和 $C_0$ 分别是海洋的宽度和海洋 Kelvin 波的相速度;令 $t'=t/T$,$x'=x/TC_0$,$(U',u')=(U,u)/C_0$,$(H',h')=g(H,h)/C_0^2$,由式(7.6.7)~(7.6.9)可得到无因次海气耦合方程

$$\frac{\partial U}{\partial x}=\eta_ch=\eta_c\kappa h^3-\eta_2F \tag{7.6.10}$$

$$\frac{\partial u}{\partial t}-\gamma_cU+u\frac{\partial u}{\partial x}+\frac{\partial h}{\partial x}=0 \tag{7.6.11}$$

$$\frac{\partial h}{\partial t}+\frac{\partial u}{\partial x}+\frac{\partial}{\partial x}(uh)=0 \tag{7.6.12}$$

其中 $\eta_c$,$\gamma_c$ 和 $\eta_2$ 都是一些特征参数;$F$ 是无因次外强迫。

经过一些数学推导,我们不难得到描写耦合系统扰动振幅($A_0$)的演变方程

$$\ddot{A}_0-k^2A_0+\frac{3}{4}\kappa k^2A_0^3-\mu F(T)=0 \tag{7.6.13}$$

在无外强迫的情况下,可以得到关于 $A_0$ 的平衡态解 $\overline{A}_0=\left(\frac{3}{4}\kappa\right)^{-1/2}$。若令 $A=A_0/\overline{A}_0$,由式(7.6.13)即可得到

$$\frac{\mathrm{d}^2A}{\mathrm{d}T^2}-k^2A+k^2A^3=\mu F(T)=\mu\cos\left(\frac{2\pi}{\omega}\right)t \tag{7.6.14}$$

这样我们可以用方程(7.6.14)来讨论海气耦合波振幅的时间变化。

对于无外强迫的情况，$\mu=0$，我们可得到一系列周期性振荡解，其周期依赖于耦合强度$\eta_c\gamma_c$。当耦合强度比较大($\gamma_c\eta_c\approx1\times10^{-10}\ \mathrm{s}^{-2}$)时，其振幅变化的周期接近3年；当耦合强度比较小时($\gamma_c\eta_c\approx1\times10^{-11}\ \mathrm{s}^{-2}$)，其振幅变化周期约为8年(图略)。

很显然，通过非线性海气耦合相互作用，海气耦合波的振幅变化在一般的参数情况下可出现同ENSO循环的平均周期相一致的特征。而且耦合强度比较大时，耦合波的周期更接近于ENSO的平均周期。因此，上面的结果与已有研究相一致，即海气耦合相互作用是产生ENSO的重要原因。但是，这种完全有规律的周期性振荡同实际ENSO循环还有不少差别，实际ENSO是准周期的(并无完全固定的周期)，其演变形势(振幅变化特征)也不一样。也就是说，海气耦合相互作用提供了产生ENSO的背景，但海气耦合振荡尚不能对ENSO循环作出完满的动力学解释。

*7.6.3.3　有外强迫的非线性海气耦合模*

上面的讨论表明，ENSO可以在海气耦合相互作用下产生，但海气耦合系统的自激耦合振荡还难于圆满地给出ENSO循环的特征。

同上节的情况不同，当海气耦合系统存在外强迫时，例如外强迫时间尺度分别为1年、2年和3年，计算得到的耦合模将被明显地改变，不仅波型有所差异，还出现准周期的特征；而且外强迫的影响越大($\mu$值越大)，上述变化越显著。作为一个例子，图7.6.10给出了外强迫周期($\omega$)近于2年的情况，其中各图分别表示有不同的外强迫强度。很显然，相对于原来的周期性振荡，在有2年周期性强迫的情况下，耦合波的型式不尽一样，并具有准周期特征，它更像观测到的赤道中东太平洋SSTA的时间演变形式。或者可以说，在有年际时间尺度的大气外强

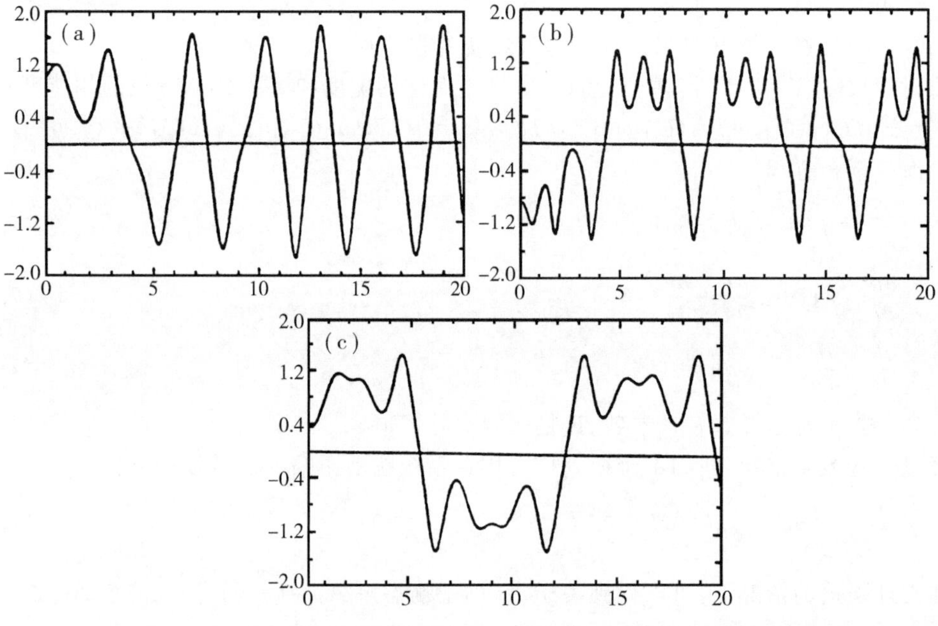


**图7.6.10**　有两年周期性外强迫情况下，海气耦合系统所产生的耦合模
(a)，(b)和(c)分别表示有不同强度外强迫的低频情况
横坐标是时间(年)，纵坐标是耦合模振幅

迫存在情况下，海气耦合系统可以产生一种类似于 ENSO 模的耦合波。

显然，在有外强迫存在的情况下，通过非线性海气相互作用，海气耦合系统的自激周期性振荡受到了极为明显的影响，出现了准周期振荡特征，而且扰动振幅的时间演变也有不同的形势。或者说由于大气外强迫的存在，海气耦合系统产生了一种比较类似于观测到的 ENSO 循环(SST 的演变形势)的耦合波。图 7.6.10 只给出了一种例子，对于其他年际时间尺度的外强迫(周期为 1 年或 3 年等)，其耦合模与图 7.6.10 所示有些小差异，但基本特征(准周期性和不同的波型特征)却是类似的。因此，简单的海气耦合模式结果明确告诉我们，除了热带海气耦合相互作用外，大气外强迫，尤其是年际时间尺度的外强迫，对于 ENSO 循环也有重要作用。而热带大气季节内振荡有极明显的年际异常，上述结果也就为热带大气季节内振荡的年际异常激发 El Nino 提供了一定动力学依据。

## 7.7　海气耦合波动力学

从上面的讨论可以清楚地看到，大气和海洋是相互作用的耦合系统，为了进一步认识海气耦合过程及作用，在这一节里再从海气耦合波的动力学性质进行分析。在热带海气耦合系统中既有 Kelvin 波又有 Rossby 波，对任何一类波的过分强调都是不全面的，下面将分别讨论耦合 Kelvin 波和耦合 Rossby 波。

### 7.7.1　耦合 Kelvin 波

在赤道附近地区，若经向风速较弱而被忽略的话，赤道 β 平面上的大气运动方程可写成

$$\frac{\partial u_a}{\partial t}+\overline{u}_a\frac{\partial \overline{u}_a}{\partial x}+g\frac{\partial H}{\partial x}=0 \tag{7.7.1}$$

$$\beta y u_a+g\frac{\partial H}{\partial y}=0 \tag{7.7.2}$$

$$\frac{\partial H}{\partial t}+\overline{u}_a\frac{\partial H}{\partial x}+D\frac{\partial u_a}{\partial x}=-Q \tag{7.7.3}$$

这里 $\overline{u}_a$ 是平均纬向风速，可视为常数；$u_a$ 是纬向风速扰动；$D$ 是大气等效厚度；$H$ 是厚度扰动；$Q$ 是大气热源。

类似地，可将海洋(混合层)的运动方程写成

$$\frac{\partial u_s}{\partial t}+g\frac{\partial h}{\partial x}=\tau_x \tag{7.7.4}$$

$$\beta y u_s+g\frac{\partial h}{\partial y}=0 \tag{7.7.5}$$

$$\frac{\partial h}{\partial t}+d\frac{\partial u_s}{\partial x}=0 \tag{7.7.6}$$

其中 $u_s$ 是纬向海流速度，$d$ 是等效海洋混合层深度，$h$ 是深度扰动，$\tau_x$ 是风应力。

前面已经指出，海洋对大气的影响主要是热力过程，即通过海温的变化对大气加热。简单起见，可以用海洋混合层厚度扰动来参数化大气加热项，即令

$$Q=\eta h \tag{7.7.7}$$

大气影响海洋的风应力可认为同风速成正比,即

$$\tau_x=\xi u_a \tag{7.7.8}$$

这里 $\eta$ 和 $\xi$ 就是描写海气耦合相互作用的加热参数和风应力参数。

由方程(7.7.1)～(7.7.6)不难得到以下 4 个方程:

$$\left(\frac{\partial}{\partial t}+\bar{u}_a\frac{\partial}{\partial x}\right)\frac{\partial u_a}{\partial y}-\beta y\frac{\partial u_a}{\partial x}=0 \tag{7.7.9}$$

$$\beta y\left(\frac{\partial}{\partial t}+\bar{u}_a\frac{\partial}{\partial x}\right)u_a-C_a^2\frac{\partial^2 u_a}{\partial x\partial y}=-g\eta\frac{\partial h}{\partial y} \tag{7.7.10}$$

$$\beta y\frac{\partial h}{\partial t}-C_s^2\frac{\partial^2 h}{\partial x\partial y}=0 \tag{7.7.11}$$

$$-g\frac{\partial^2 h}{\partial t\partial y}+\beta y g\frac{\partial h}{\partial x}=\beta y\xi u_a \tag{7.7.12}$$

其中 $C_a^2=gD,C_s^2=gd$;$C_a$ 和 $C_s$ 分别是大气中和海洋中的 Kelvin 波相速度。

假定对于 $u_a$ 和 $h$ 有谐波解

$$\left.\begin{aligned}u_a&=u_a(y)e^{i(kx-\sigma t)}\\h&=h(y)e^{i(kx-\sigma t)}\end{aligned}\right\} \tag{7.7.13}$$

在 $y$ 方向的分布用结构函数表示成

$$\left.\begin{aligned}u_a(y)&=u_{ac}\upsilon e^{-\frac{y^2}{2L_a^2}}\\h(y)&=h_c\upsilon e^{-\frac{y^2}{2L_s^2}}\end{aligned}\right\} \tag{7.7.14}$$

这里 $u_{ac}$ 和 $h_c$ 为振幅,$\upsilon$ 是比例系数,$L_a$ 和 $L_s$ 分别是大气和海洋运动的经向尺度,即

$$L_a^2=\frac{1}{\beta}\left(\frac{\sigma}{k}-\bar{u}_a\right)$$

$$L_s^2=\frac{kC_s^2}{\sigma\beta}$$

这样,由方程(7.7.9)～(7.7.12)可分别得到

$$\frac{\bar{u}_a k-\sigma}{L_a^2}-\beta k=0 \tag{7.7.15}$$

$$i\beta(\bar{u}_a k-\sigma)u_a+\frac{ikC_a^2u_a}{L_a^2}=\frac{g\eta h}{L_s^2} \tag{7.7.16}$$

$$-\beta\sigma+\frac{C_s^2k}{L_s^2}=0 \tag{7.7.17}$$

$$-\frac{igh\sigma}{L_s^2}+ig\beta kh=\beta\xi u_a \tag{7.7.18}$$

显然,关系式(7.7.15)和(7.7.17)分别就是前面有关运动经向尺度的表达式,故只需对式(7.7.16)和(7.7.18)进行讨论。经整理,这两式可写成

$$iC_s^2[k^2C_a^2-(\bar{u}_a k-\sigma)^2]u_a=g\eta\left(\frac{\sigma}{k}-\bar{u}_a\right)\sigma h \tag{7.7.19}$$

$$ig(k^2C_s^2-\sigma^2)h=\xi kC_s^2u_a \tag{7.7.20}$$

最后可得到频率关系式

$$\frac{[k^2C_a^2-(\bar{u}_a k-\sigma)^2](k^2C_s^2-\sigma^2)}{(\sigma-k\bar{u}_a)\sigma}=-\eta\xi \tag{7.7.21}$$

由上式可以看到，如果没有海气耦合相互作用，即 $\eta\xi=0$，那么将出现

$$\sigma=\pm kC_s \tag{7.7.22}$$

以及

$$\sigma=\pm k(\overline{u}_a+C_a) \tag{7.7.23}$$

因为只有取正号才能满足赤道地区对波的捕获条件，式(7.7.22)和(7.7.23)就分别表示了没有耦合作用时的海洋 Kelvin 波和大气 Kelvin 波。在这种情况下，两种 Kelvin 波都是稳定的。

在有海气耦合相互作用情况下，若令基本气流 $\overline{u}_a=0$，由式(7.7.21)可求得

$$\sigma=\sqrt{\frac{1}{2}\left[k^2(C_a^2+C_s^2)-\xi\eta\pm\sqrt{(\xi\eta)^2+k^4(C_a^2-C_s^2)^2-2\xi\eta k^2(C_a^2+C_s^2)}\right]} \tag{7.7.24}$$

很明显，在一定条件下，例如当耦合达到一定强度（$\xi\eta$ 足够大）时，其耦合波将可以变成不稳定。

根据类似(7.7.21)的关系式，Rennick 和 Haney(1986)取参数 $\overline{u}_a=-10\ \mathrm{m\cdot s^{-1}}$，$C_s=2\ \mathrm{m\cdot s^{-1}}$，其计算结果如图 7.7.1 所示。在一般加热和拖曳情况下，得到的耦合波为东传波，其位相速度较大地依赖于 $C_a$，但一般都小于 $C_a$；最不稳定的耦合波相应地有较小 $C_a$ 的行星尺度扰动。这在一定意义上可以说明为什么类似 ENSO 的异常事件都具有很大的空间尺度。

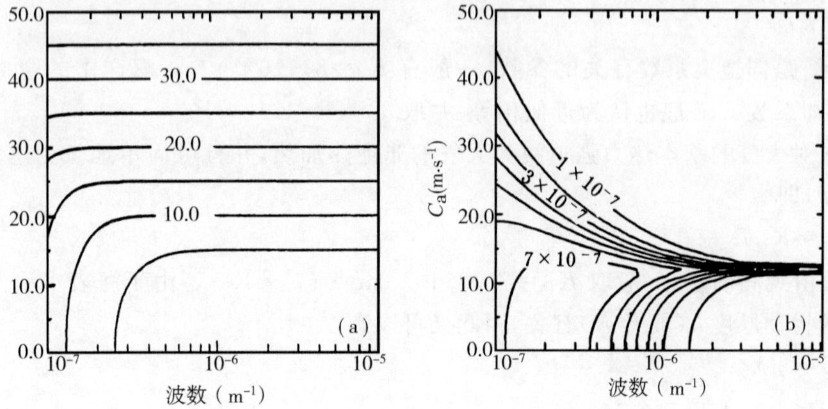


图 7.7.1　耦合 Kelvin 波的相速度(a)和增长率(b)(引自 Rennick 和 Haney，1986)

### 7.7.2　耦合 Rossby 波

上面我们讨论了经向速度为零的情况，在经向运动不能忽略的时候，在两层模式中，赤道 $\beta$ 平面的大气运动方程可简单地写成

$$\frac{\partial u_a}{\partial t}-\beta y v_a+\frac{\partial \phi}{\partial x}+Au_a=0 \tag{7.7.25}$$

$$\frac{\partial v_a}{\partial t}+\beta y u_a+\frac{\partial \phi}{\partial y}+Av_a=0 \tag{7.7.26}$$

$$\frac{\partial \phi}{\partial t}+C_a^2\left(\frac{\partial u_a}{\partial x}+\frac{\partial v_a}{\partial y}\right)+\varepsilon\phi=Q \tag{7.7.27}$$

其中 $u_a$ 和 $v_a$ 分别是两层模式斜压模的纬向风和经向风分量；$\phi$ 为两层模式中两层间的位势厚

度扰动；$C_a$ 是重力波的相速度，对于不同的大气 Rossby 变形半径($\lambda_a=\sqrt{C_a/\beta}$)，例如取 $\lambda_a=$ 1 170～1 650 km，$C_a$ 的值可为 30～60 m·s$^{-1}$。上式中 $A$ 和 $\varepsilon$ 分别表示摩擦系数和 Newton 冷却系数，一般可取 $A=5\times10^{-6}$ s$^{-1}$，简单起见又可认为 $\varepsilon=A$；$Q$ 是对大气的非绝热加热。

在海洋混合层不厚的情况下，局地热力平衡容易满足，其海洋的动力学方程可写成

$$\frac{\partial u_s}{\partial t}-\beta y v_s+\frac{\partial \phi_s}{\partial x}+a_s u_s=\frac{\tau_x}{\rho_s \bar{h}} \tag{7.7.28}$$

$$\frac{\partial v_s}{\partial t}+\beta y v_s+\frac{\partial \phi_s}{\partial y}+a_s v_s=\frac{\tau_y}{\rho_s \bar{h}} \tag{7.7.29}$$

$$\frac{\partial \phi_s}{\partial t}-C_s^2\left(\frac{\partial u_s}{\partial x}+\frac{\partial v_s}{\partial y}\right)+\varepsilon_s\phi_s=0 \tag{7.7.30}$$

上面各式中 $\phi_s=\alpha g\Delta Th$，其中 $\alpha$ 是海水热力膨胀系数，$g$ 是重力加速度，$\Delta \overline{T}$是混合层与深海间的温度差，$h$ 是混合层厚度的扰动量，混合层的平均厚度 $\bar{h}$ 可取为 70 m，$\Delta \overline{T}\approx14$ K，而一般有 $\alpha=2.0\times10^{-4}$ K$^{-1}$。海洋中的重力波速度 $C_s$ 可表示成 $C_s=(\alpha g\Delta \overline{T}\bar{h})^{1/2}$，并有 $C_s\approx1.4$ m·s$^{-1}$。而海洋 Rossby 变形半径为 $\lambda_s=(C_s/\beta)^{1/2}\approx250$ km。式(7.7.28)～(7.7.30)中 $\tau_x$ 和 $\tau_y$ 表示风应力，一般认为

$$\frac{(\tau_x,\tau_y)}{\rho_s h}=-K_s(u_a,v_a) \tag{7.7.31}$$

其中系数 $K_s$ 是同拖曳系数有关的参数，一般有 $K_s=8\times10^{-8}$ s$^{-1}$。海洋中的摩擦系数 $a_s$ 和 Newton 冷却系数 $\varepsilon_s$ 一般也认为近似相等，并取 $a_s=\varepsilon_s=1.16\times10^{-7}$ s$^{-1}$。

将海洋对大气的基本热力强迫视为大气的非绝热加热，并且可简单地认为这种加热正比于海面温度，即

$$Q=K_Q T \tag{7.7.32}$$

这里 $K_Q$ 可由观测确定，一般取 $K_Q=7.0\times10^{-3}$ m$^2$·s$^{-3}$·K$^{-1}$。由于海表水温 $T$ 直接与海洋混合层的扰动厚度 $h$(或者 $\phi_s$)有关，因此又可以有

$$Q=\eta_a\phi_s \tag{7.7.33}$$

其中 $\eta_a=\kappa K_Q/(\alpha g\Delta \overline{T})=0.107$ s$^{-1}$。

对方程(7.7.25)～(7.7.30)进行无量纲化，取水平空间尺度为 $\lambda_s=(C_s/\beta)^{1/2}$，时间尺度 $\tau=(C_s\beta)^{-1/2}=1.8\times10^5$ s，并令

$$(u_a^*,v_a^*,u_s^*,v_s^*)=\frac{1}{C_s}(u_s,v_a,u_a,v_s)$$

$$(\phi^*,\phi_s^*)=(\phi/C_s^2,\phi_s/C_s^2)$$

其中带 * 号的量为无因次量，在下面的书写中仍去掉 * 号，这样便得到

$$\frac{\partial u_a}{\partial t}-yv_a+\frac{\partial \phi}{\partial x}+A'u_a=0 \tag{7.7.34}$$

$$\frac{\partial v_a}{\partial t}+yu_a+\frac{\partial \phi}{\partial y}+A'v_a=0 \tag{7.7.35}$$

$$\frac{\partial \phi}{\partial t}+C^2\left(\frac{\partial u_a}{\partial x}+\frac{\partial v_a}{\partial y}\right)+\varepsilon'\phi=\eta'_a\phi_s \tag{7.7.36}$$

$$\frac{\partial u_s}{\partial t}-yv_s+\frac{\partial \phi_s}{\partial x}+a'_s u_s=-K'_s u_a \tag{7.7.37}$$

$$\frac{\partial v_s}{\partial t}+yu_s+\frac{\partial \phi_s}{\partial y}+a'_s\ v_s=-K'_s v_a \tag{7.7.38}$$

$$\frac{\partial \phi_s}{\partial t}+\left(\frac{\partial u_s}{\partial x}+\frac{\partial v_s}{\partial y}\right)+\varepsilon'_s\phi_s=0 \tag{7.7.39}$$

这里 $C^2=C_a^2/C_s^2$，$(A',\varepsilon',\eta'_a)=(A,\varepsilon,\eta_a)\cdot\tau$，$(K'_s,a'_s,\varepsilon'_s)=(K_s,a_s,\varepsilon_s)\cdot\tau$。

假定方程(7.7.34)～(7.7.39)中各个变量有形如

$$F(x,y,t)=F(y)\mathrm{e}^{\mathrm{i}(kx-\sigma t)}$$

的谐波解，其耦合系统变成

$$\left.\begin{aligned}
&A'u_a-yv_a+\mathrm{i}k\phi=\mathrm{i}\sigma u_a\\
&yu_a+A'v_a+\frac{\partial\phi}{\partial y}=\mathrm{i}\sigma v_a\\
&\mathrm{i}kC^2u_a+C^2\frac{\partial v_a}{\partial y}+\varepsilon'\phi-\eta'_a\phi_s=\mathrm{i}\sigma\phi\\
&K'_su_a+a'_su_s-yv_s+\mathrm{i}k\phi_s=\mathrm{i}\sigma u_s\\
&K'_sv_s+yu_s+a'_sv_s+\frac{\partial\phi_s}{\partial y}=\mathrm{i}\sigma v_s\\
&\mathrm{i}ku_s+\frac{\partial v_s}{\partial y}+\varepsilon'_s\phi_s=\mathrm{i}\sigma\phi_s
\end{aligned}\right\} \tag{7.7.40}$$

其边界条件为

$$(u_a,v_a,\phi,u_s,v_s,\phi_s)=0,\qquad 当\ y\to\pm\infty \tag{7.7.41}$$

对方程(7.7.40)进行数值求解，便可得到海气耦合波的一些特征。图 7.7.2 是耦合波的增长率和频率随波数 $k$ 变化的情况，既有 Kelvin 波，又有 Rossby 波。

从图 7.7.2 可以看到，对于波长比较长的一类 Kelvin 波，无因次波数达到 $k<0.26$，则其扰动是不稳定的，最不稳定的波为 $k=0.1$(相应于波长约 16 000 km)；耦合的 Rossby 波是阻尼波。图 7.7.2 中给出的频率表明，在波长比较长时移速为 $0.6C_s$，在波长较短时移速为 $C_s$，这样，耦合 Kelvin 波变成了频散波；同时，在耦合情况下，无论 Kelvin 波还是 Rossby 波其移速都较无耦合作用时慢，尤其是对于波长较长的扰动。

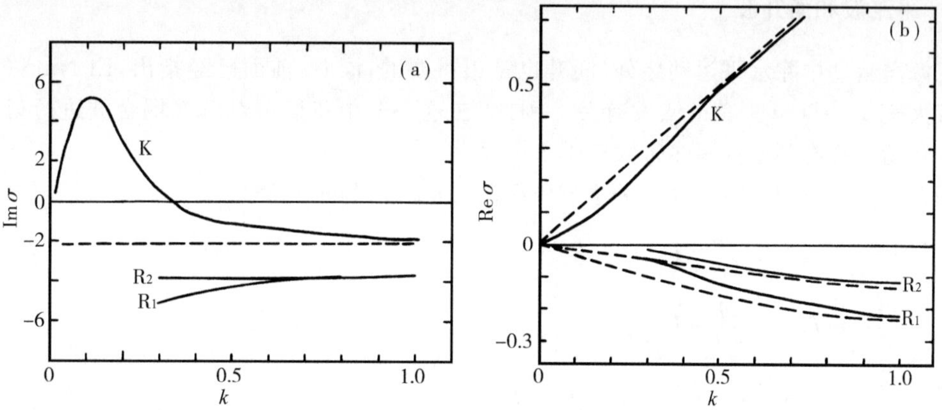


**图 7.7.2** 海气耦合波的增长率 Im$\sigma$(a)和频率 Re$\sigma$(b)随波数 $k$ 的变化(引自 Hirst，1986)
(图中虚线是无耦合时的情况，K 表示 Kelvin 波，$R_1$ 和 $R_2$ 分别为经向指数 $n$ 为 1 和 2 的 Rossby 波)

图 7.7.3 给出了海气耦合波的结构,对于海洋 Kelvin 波,其“脊”对应向东的海流;而其对大气的加热也位于波“脊”处,这样,西风会在加热区及其西边产生。其结果是西风位于向东的海流之上,扰动能量将从大气输送给海洋,Kelvin 波获得能量并发展。相反,如果向西的海流恰好同海洋 Rossby 波“脊”相配合,波“脊”处仍是对大气加热,那么西风将位于向西的海流之上,海洋 Rossby 波便失去能量而被削弱。

与图 7.7.3 所示的情况不同,若海洋 Kelvin 波“脊”的两边对大气有加热作用,东风会位于向东的海流之上,海洋 Kelvin 波将失去能量而被阻尼;若海洋 Rossby 波“脊”的西边对大气有加热(SST 高),东风就位于向西的海流之上,海洋 Rossby 波会从大气获得扰动能量而发展。这种 Rossby 波的不稳定情况在混合层厚度比较大的情况下容易发生,因为辐合作用有利于海洋对大气的加热在波“脊”的西边发生,东风往往位于向西的海流之上。

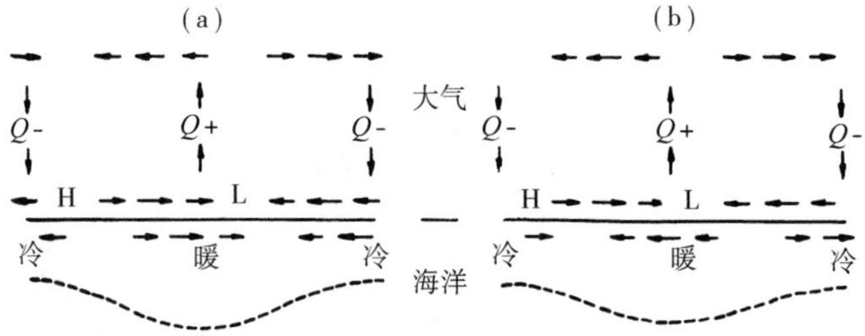


**图 7.7.3** 同 Kelvin 波和 Rossby 波($n=1$)相联系的赤道流体运动示意图(引自 Hirst,1986)
(a) 不稳定 Kelvin 波;(b) 阻尼 Rossby 波

从以上的简单讨论可以看到,通过海气耦合相互作用,Kelvin 型波和 Rossby 型波都可以变成不稳定增长波,有利于扰动的发展及异常形势的维持;海气耦合波的移动速度都要比无耦合时的波动移动慢。这些特征无疑对说明 ENSO 循环的被激发产生是有利的。另一方面,具体出现什么类型波动的不稳定并非完全由耦合作用所决定,还依赖于其他条件,这又可以同向东传播和向西传播的两类 ENSO 相联系。因此,海气耦合波的一些特征的初步研究已为 ENSO循环机制的揭露提供了一定依据。

### 7.7.3 平流波和涌升波

在海洋运动中除水平运动之外,涌升也是很重要的;同时,前面已经指出,El Nino 的发生同热带大气 30～60 d 振荡的激发有关。因此,在这一节中我们再对海气耦合波进行讨论,但其大气运动方程有利于描写热带大气季节内振荡。

用下述浅水方程描写大气中的季节内振荡(Lau 和 Shen,1988):

$$\frac{\partial u_a}{\partial t} - f v_a = \frac{\partial \theta}{\partial x} - D_m u_a \tag{7.7.42}$$

$$\frac{\partial v_a}{\partial t} + f u_a = \frac{\partial \theta}{\partial y} - D_m v_a \tag{7.7.43}$$

$$\frac{\partial \theta}{\partial t} - N^2 H_a^2 \left( \frac{\partial u_a}{\partial x} + \frac{\partial v_a}{\partial y} \right) = Q - D_T \theta \tag{7.7.44}$$

$$\frac{\partial q}{\partial t} - q_0 \left( \frac{\partial u_a}{\partial x} + \frac{\partial v_a}{\partial y} \right) = E - P \tag{7.7.45}$$

这里 $\theta$ 是用因子 $gH_a/\theta_a$ 尺度化的大气湿度扰动，而 $H_a$ 和 $\theta_a$ 分别是大气的平均动力厚度和温度，$N$ 是大气的浮力频率，$Q$ 是非绝热加热，$E$ 和 $P$ 分别表示蒸发和降水，$q$ 是大气中的水汽含量，$q_0$ 是背景湿度，$D_m$ 和 $D_T$ 分别是大气动量和温度阻尼系数。假定非绝热加热为潜热，它同降水量有如下关系

$$Q = \frac{g\rho_w LP}{\theta_a \rho_a c_p} \tag{7.7.46}$$

这里 $L$ 和 $c_p$ 分别是蒸发潜热和空气比定压热容。考虑到上式，则可将(7.7.44)改写成

$$\frac{\partial \theta}{\partial t} - [1 - \Lambda e(T_s)]C_a^2\left(\frac{\partial u_a}{\partial x} + \frac{\partial v_a}{\partial y}\right) = \Lambda\lambda C_a^2 E - D_T\theta \tag{7.7.47}$$

其中 $C_a^2 = NH_a$；$e(T_s) = \lambda q_s(T_s)$，这里 $q_s$ 是饱和比湿，直接同 SST 有关，而 $\lambda$ 是一个参数

$$\lambda = \frac{g\rho_w LP}{\theta_a \rho_a c_p C_a^2}$$

$\Lambda$ 为开关因子，即

$$\Lambda = \begin{cases} 1, & \text{在对流区} \\ 0, & \text{在非对流区} \end{cases} \tag{7.7.48}$$

考虑到对流(降水)区与非对流区 $q$ 与 $E$ 和 $P$ 的关系，也可以将(7.7.45)式改写成

$$(1-\Lambda)\frac{\partial q}{\partial t} + [\Lambda q_s + (1-\Lambda)q_0]\left(\frac{\partial u_a}{\partial x} + \frac{\partial v_a}{\partial y}\right) = E - P \tag{7.7.49}$$

将海洋运动的控制方程写成

$$\frac{\partial u_s}{\partial t} + \frac{\partial \phi_s}{\partial x} = \zeta u_a \tag{7.7.50}$$

$$\frac{\partial \phi_s}{\partial t} + C_s^2\frac{\partial u_s}{\partial x} = 0 \tag{7.7.51}$$

$$\frac{\partial T_s}{\partial t} - Gu_s = \frac{\partial B(\phi_s)}{\partial t} \tag{7.7.52}$$

这里 $G$ 表示太平洋平均的东西向海表温度梯度，$B(\phi_s)$ 是海水涌升对 SST 的影响函数。

由于蒸发过程既同海表水温有关，又同近地面风速有关，因而可以将蒸发参数化表示成

$$E = b_s T_s + b_a u_a \tag{7.7.53}$$

其中 $b_s$ 和 $b_a$ 分别为蒸发过程的海洋和大气参数。

这样，在上述的简单海气耦合系统(7.7.42)、(7.7.43)、(7.7.47)、(7.7.49)以及式(7.7.50)～(7.7.52)中，既包括了大气中的波动-CISK，也包括了海洋中的平流和涌升过程；同时，在海洋和大气界面上还有蒸发-SST反馈和蒸发-风反馈过程，以及风应力的作用。

假定在上述海气耦合系统中有形如 $e^{ik(x-Ct)}$ 的波动解，由上述系统的控制方程不难得到波动解的频散关系

$$(kC)^2 = \frac{1}{2}\{(kC_s)^2 + C_*^2k^2 \pm [(C_*^2k^2(1-e)^2 - (kC_s)^2)^2 + 4b_s\xi\lambda C_a^2 k(kC_s^2 B + \mathrm{i}G)]^{\frac{1}{2}}\} \tag{7.7.54}$$

其中 $kC_* = [(1-e)C_a^2k^2 + \mathrm{i}kb_a\lambda^2C_a^2]^{\frac{1}{2}}$。

在没有凝结反馈的情况下($e = 0$)，大气是无对流“干”大气，大气波动的相速度支配着表达式(7.7.54)的右端；而表示大气和海洋辐散重要性的比率 $C_a^2/C_s^2$ 这时可达到400～1 000。

在这种情况下,耦合作用是非常小的。由式(7.7.54)可近似得到两个根,即

$$(kC)^2 = \begin{cases} (kC_*)^2 \\ k^2 C_s^2 - \dfrac{\lambda C_s^2 b_s \xi k}{C_*^2 k^2}(\mathrm{i}G + kC_s^2 B) \end{cases} \tag{7.7.55}$$

显然,上式中第二个解相应于海气相互作用模,而第一个解只同大气参数有关,与耦合作用没什么关系,是叠加在耦合模上的快速大气模。

在有凝结反馈的情况下($e > 0$),为了简便,先不计蒸发 - 风反馈过程,即令 $b_a = 0$。由式(7.7.54)可以看到,SST 平流作用总是导致耦合波的不稳定,因为 $G$ 总出现在虚部;而涌升作用($B$)既可产生中性波也可产生不稳定波,这同波数有关。

对于单纯的平流波($B=0, G>0$),在 10 000 km 洋面距离内 SST 自西向东下降 4℃的情况下,耦合模式中的平流波的相速度和增长率分别如图 7.7.4a 和图 7.7.4b 所示。对于某一给定的 SST,实频率 $\omega_r$ 随波数近于线性增长,说明平流波的相速度近似为常数,是一种非频散波。但是曲线的斜率却又随 SST 的升高而变小,说明平流波的相速度随 SST 的升高而减小。在 SST 低于 27℃的情况下,平流波相速度的减率比较小,同仅有大气而无海洋时的状况相近。在 SST 高于 27℃时,相速减小很快,显示出海气强烈相互作用的效果。在虚频率图上(图 7.74b),平流波对所有波数都是不稳定的,对于 SST 低于 27℃的情况,不稳定有较明显的波数(波长)选择性;而对于 SST 为 28℃时,不仅增长率迅速增加,不稳定所对应的波数域也大为扩大。平流波可认为是潮湿大气中由于 SST 平流造成大气稳定性减小而引起的一种波动,这种不稳定波从太平洋西部传至太平洋东部约需 2 个月时间,水平尺度为1.0 万~1.2万 km,最不稳定波的 e 倍增时间约为 10~12 d。这些特征都同 ENSO 事件有些类似。可以认为,海气耦合作用产生的这种不稳定平流波在向东传播过程中由于海温不断上升(有反馈过程)而被增幅减速,最终可导致 ENSO 的发生。SST 对海气相互作用有重要影响,只有在 SST 超过 27℃的情况下,这种作用才迅速增大,因此西太平洋的高 SST 暖池对于海气相互作用,以及对 ENSO 都是重要的。

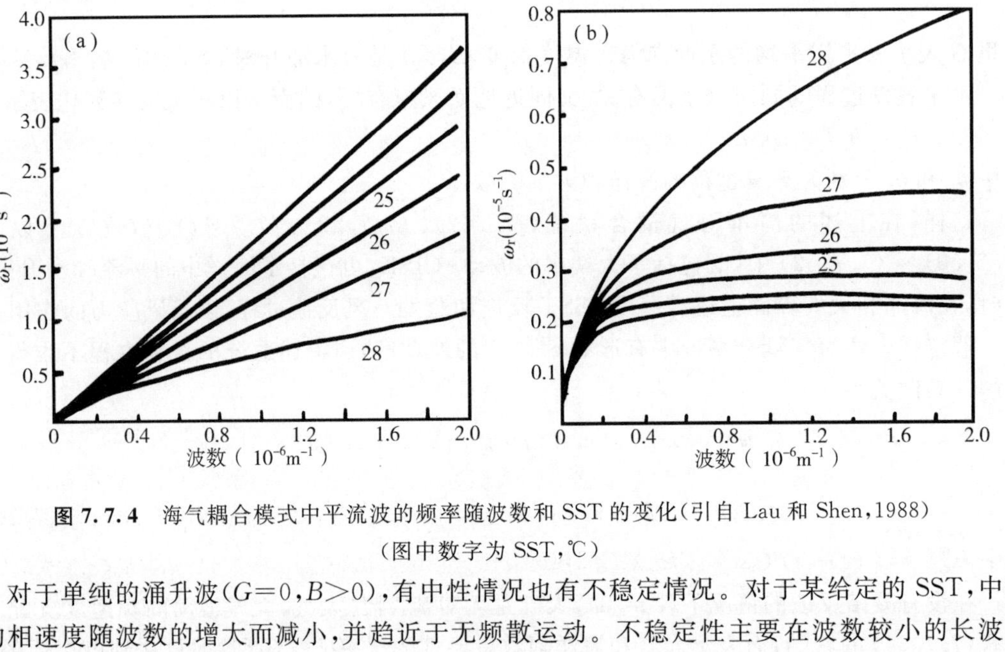


**图 7.7.4** 海气耦合模式中平流波的频率随波数和 SST 的变化(引自 Lau 和 Shen,1988)
(图中数字为 SST,℃)

对于单纯的涌升波($G=0, B>0$),有中性情况也有不稳定情况。对于某给定的 SST,中性波的相速度随波数的增大而减小,并趋近于无频散运动。不稳定性主要在波数较小的长波区

域,但是当 SST 升至 28℃时,不仅波的不稳定增长率显著增加,而且波长越短增长越快,即在高海温情况下,较小尺度的涌升波也可以变成不稳定的。涌升波可以认为是在海气相互作用下因稳定性减小而由海洋 Kelvin 波发展起来的。

上述的平流波和涌升波都是海气耦合系统中的 Kelvin 型波动,在它们共同存在的情况下($G>0,B>0$),对于某一种 SST 值,其平流波一般要比涌升波占优势。图 7.7.5 给出了平流波和涌升波的概念图像,虽然它们同在海气耦合系统中,却有不同的配置特征。对于平流波,最大 SST 正距平(暖区)和最大蒸发区相重合,但却位于最强对流区以东;蒸发和凝结都发生在暖空气区域。海洋的冷水区在大气强对流区以西,并与海洋温跃层区有一定位相差。显然,SST 正距平区相对于强对流区(大气暖区)的这种向东偏移,正是使得不稳定波东传的物理原因。同时,这种东西方向的错位,使得地面风和表层洋流之间,以及暖空气区和蒸发区之间都保持着正相关。这样,海气耦合系统的总能量处于增长状态,平流波得以不稳定发展。对于涌升波,因为相速 $C$ 是纯虚数,大气和海洋在流场($u_a$ 和 $u_s$)及温度场($\theta$ 和 $T_s$)都有相同的位相分布,没有东西向错位出现,波动应是静止的。但是,在一定条件下,例如因经向运动和 Kelvin 波相配合而引起的 $\beta$ 平面上的东西向不对称性,这种静止的涌升波实际上也将向东传播。

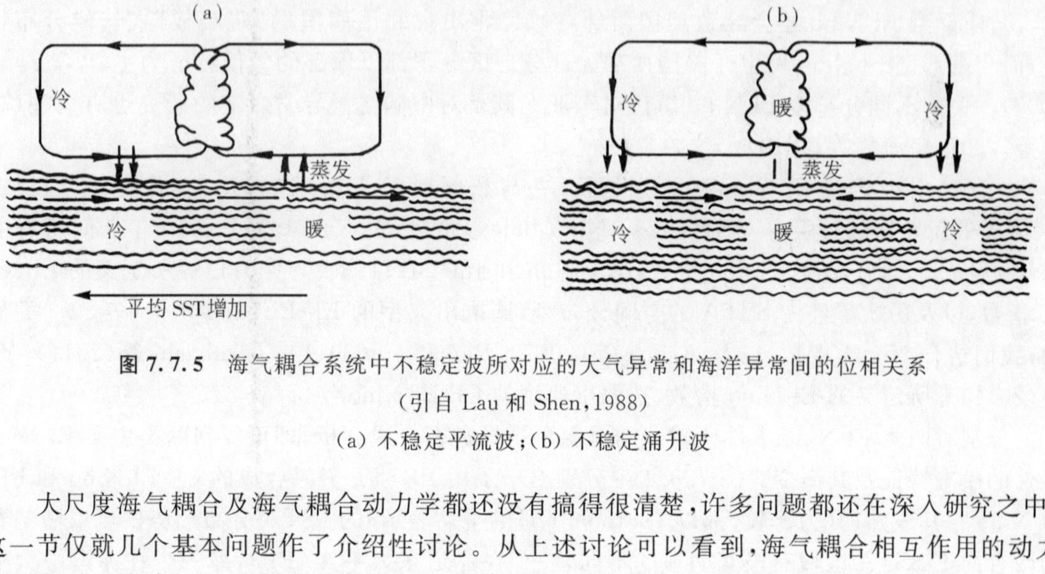


**图 7.7.5** 海气耦合系统中不稳定波所对应的大气异常和海洋异常间的位相关系
(引自 Lau 和 Shen,1988)
(a) 不稳定平流波;(b) 不稳定涌升波

大尺度海气耦合及海气耦合动力学都还没有搞得很清楚,许多问题都还在深入研究之中,这一节仅就几个基本问题作了介绍性讨论。从上述讨论可以看到,海气耦合相互作用的动力学研究对于搞清 ENSO 循环的机理是十分重要的;在热带大尺度海气相互作用中耦合 Kelvin 波和耦合 Rossby 波及它们的不稳定都是十分重要的。

## 7.8 中太平洋 El Nino 事件

早期的有关研究已经注意到 El Nino 事件的发生过程可以分为两类,一类主要先在太平洋东部(秘鲁沿岸)增暖再向西扩展;而另一类则主要先在赤道中太平洋出现大范围增暖再自西向东扩展(Rasmusson 等,1983; Fu 等,1986; Wang, 1995; 李崇银等,2000)。但是近些年的研究让人们进一步意识到在 ENSO 事件的发展过程中,受海表温度异常分布形态的影响,热带地区对流加热场的分布特征表现出显著的差异,由此带来的气候影响也与传统 ENSO 事件的影响有着明显的不同,从而提出应该依据海表温度异常的空间分布形态将 El Nino 分为不同类型来研究其发生机理及气候影响。这样,人们就将 2000 年以来较多发生的 El Nino 事件,它们最大海温正距平分布的区域不在传统定义 El Nino 事件的 Nino3 区,而是向西移动到赤道中太平洋(日界线附近),故称其为日界线 El Nino(Larkin 等, 2005)或 El Nino Modoki (Ashok 等,2007),或中部型 El Nino(Kao 等,2009);而将传统的海温正距平在赤道东太平洋的 El Nino 事件相应被称为典型 El Nino 或冷舌 El Nino,或东部型 El Nino(Kug 等,2009)。为便于理解和讨论,这里我们将用中部型和东部型的命名方式来区分主要的两类不同分布型 El Nino 事件,即东部型(EP-)El Nino 和中部型(CP-)El Nino。

### 7.8.1 中部型(CP)El Nino 事件的基本特征

Yeh 等(2009)发表在 Nature 杂志上的文章明确指出,尽管过去也有,但中部型 El Nino 事件在 20 世纪 90 年代后发生的频率显著增加。进而国外已有不少关于不同分布型 El Nino 事件对气候异常影响的研究,例如有研究指出中部型 El Nino 对南美、北美西海岸、甚至日本和新西兰气候的影响可能会与东部型 El Nino 的影响完全相反(Larkin 等,2005;Ashok 等,2007);中部型 El Nino 还会导致美国西部冬季经常出现北干南湿的“跷跷板”式气候分布特征,而当东部型 El Nino 发生时美国西部大部分地区冬季都以偏湿的气候特征为主(Weng 等,2007)。关于不同分布型 El Nino 事件对东亚尤其是对中国气候异常影响的研究也有一些(高辉等,2007;宗海峰等,2010)。

为了给出中部型 El Nino 的形态特征,并与东部型 El Nino 进行比较,首先,我们根据 NOAA 最新发布的新版本 ONI(Ocean Nino Index)指数,提取出 1951—2010 年期间所有的 ENSO 年份。然后,结合 Nino3 指数,参考 Ren 和 Jin(2011)、Yu 等(2011)等所定义的 El Nino 指数,以及历次事件中 SSTA 的空间分布型,选取出典型的 EP-El Nino 年份(表 1)。类似的,我们结合 Nino4 指数,以及 Ashok 等(2007)、Ren 和 Jin(2011)、Takahashi 等(2011)、Yu 等(2011)等所定义的 El Nino 指数,选取出典型的 CP-El Nino 年份(表 2)。

分别对两类 El Nino 事件所对应的海温距平场进行合成分析,即可得到两类主要 El Nino 事件的模态特征及其演变。图 7.8.1 中分别给出了用 ERSST 资料合成的 CP-El Nino 和 EP-El Nino 在其成熟期(为比较,都以 11、12 和 1 月的平均表示)的 SSTA 分布形势。可以清楚看到两者的正 SSTA 区域有极其明显的不同,一个在赤道东太平洋(EP),另一个在赤道中太平洋(CP);在强度上,EP-El Nino 要比 CP-El Nino 强很多。对比不同分布型 El Nino 事件的海

**表 7.8.1** 1950—2010 年间的典型 EP-El Nino 事件

| 序号 | 起始年月 | 结束年月 | 峰值月份 | 峰值 | 持续月时间 | 类型 |
|---|---|---|---|---|---|---|
| 1 | 1972.05 | 1973.03 | 1972.12 | 2.3 | 11 | EP Nino |
| 2 | 1976.09 | 1977.02 | 1976.10 | 0.8 | 6 | EP Nino |
| 3 | 1982.05 | 1983.06 | 1982.12 | 2.2 | 14 | EP Nino |
| 4 | 1986.09 | 1988.01 | 1987.08 | 1.7 | 17 | EP Nino |
| 5 | 1997.05 | 1998.04 | 1997.11 | 2.4 | 12 | EP Nino |

表 7.8.2 1950—2010 年间的典型 CP-El Nino 事件

| 序号 | 起始年月 | 结束年月 | 峰值月份 | 峰值 | 持续月时间 | 类型 |
|---|---|---|---|---|---|---|
| 1 | 1963.07 | 1964.02 | 1963.12 | 1.4 | 9 | CP Nino |
| 2 | 1994.10 | 1995.03 | 1994.12 | 1.3 | 7 | CP Nino |
| 3 | 2002.05 | 2003.03 | 2002.12 | 1.4 | 10 | CP Nino |
| 4 | 2004.07 | 2005.01 | 2004.10 | 0.8 | 7 | CP Nino |
| 5 | 2006.09 | 2007.01 | 2006.12 | 1 | 5 | CP Nino |
| 6 | 2009.07 | 2010.04 | 2009.12 | 1.7 | 10 | CP Nino |

温距平演变情况(图略),可以看出以下几个不同点和相同点,也就可以显示中部型 El Nino 的基本特征及其与东部(传统)型 El Nino 的差异:(1)从 El Nino 事件的持续时间和强度上来看,CP-El Nino 比 EP-El Nino 的持续时间短,CP-El Nino 不仅爆发偏晚,而且结束偏早;CP-El Nino 在强度上也比 EP-El Nino 要弱一些。(2)从海温增暖的发生地来看,对于 EP-El Nino 事件,超过 0.5℃的海温正距平是从赤道东太平洋南美沿岸开始发展,并不断地向赤道中太平洋扩展;而对于 CP-El Nino,超过 0.5℃的正海温距平并没有从赤道东太平洋南美沿岸开始发展,而是从赤道中太平洋(大约 180°～160°W 区域)开始发展,并有向东扩展的发展趋势。(3)从海温距平的东西分布来看,在 CP-El Nino 事件的发展过程中,整个赤道太平洋几乎均由正海温距平所控制,但 EP-El Nino 事件的发展过程中,赤道西太平洋海温明显偏低,整个赤道太平洋海温距平基本呈现西低东高的分布特征。(4)从海温距平的后期发展演和变来看,EP-El Nino 在次年春夏季都向其反位相的 La Nina 状态发展,而 CP-El Nino 不具有这样的循环演变特征,即 EP-El Nino 与 La Nina 相衔接可以被称为一次 ENSO 循环,而 CP-El Nino 只能被称为一次事件。

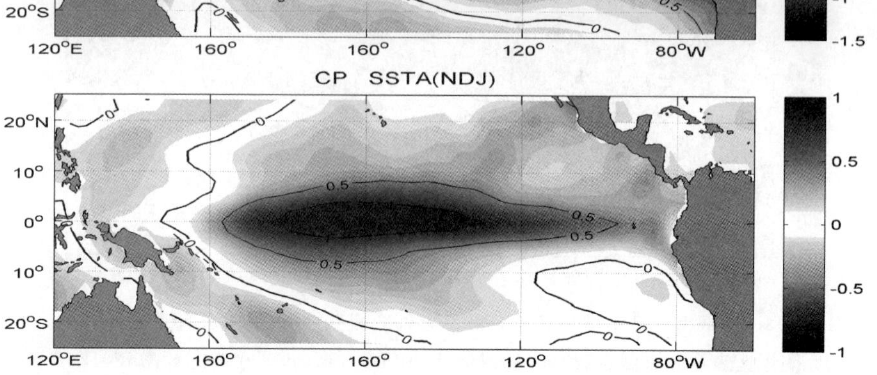


图 7.8.1 合成的 EP-El Nino(上)和 CP-El Nino(下)在成熟期(11 月至次年 1 月)的 SSTA(℃)分布特征

已有研究表明,El Nino 事件的发生往往会导致热带大气对流活动及 Walker 环流的异常,这里就进一步分析不同类型 El Nino 事件所对应的热带大气对流活动异常的特征(图 7.8.2)。由图可以看出 EP-El Nino 发展到盛期时,日界线以东的赤道中东太平洋大部分海区上空的对流活动都明显偏强,而暖池区及日界线以西上空的对流活动则明显偏弱(图 7.8.2a)。而 CP-El Nino 达到峰值时,较强的对流活动主要分布在日界线附近;另外在印度洋上空也有较强的对流活动,而东印度洋一海洋性大陆上空为 OLR 正距平所控制,对流活动较弱(图 7.8.2b)。也就是说,对比东部型和中部型 El Nino,随着赤道中东太平洋最大海温正距平的西移,对应就有较强的对流活动中心的西移,同时较弱的对流活动(OLR 正距平)中心也相应有所西移;而 CP-El Nino 对应的对流活动异常中心的强度较 EP-El Nino 明显偏弱。再进一步分析不同分布型 El Nino 所对应的 Walker 环流的异常分布情况(图 7.8.3)。对于 EP-El Nino,赤道中东太平洋上空为较强的异常上升运动,而在赤道东印度洋上空为异常的下沉运动所控制,从而在热带印度洋一太平洋形成一个异常的反 Walker 环流圈(图 7.8.3a),这也清楚地反映出典型的 El Nino 事件在发展达到盛期时热带大气的响应特征。CP-El Nino 对应的赤道上空异常 Walker 环流圈有明显不同(图 7.8.3b):第一,无论异常的上升运动还是下沉运动都不是特别强;第二,在赤道印度洋一太平洋上空形成两个异常反 Walker 环流圈,一个位于印度洋上空,另一个位于太平洋上空,共同的下沉支在暖池区上空;第三,赤道太平洋上空的异常上升运动比东部型 El Nino 对应的情况明显偏西,主要在日界线附近,这与海温距平的分布和对流活动中心的分布对应的很好。

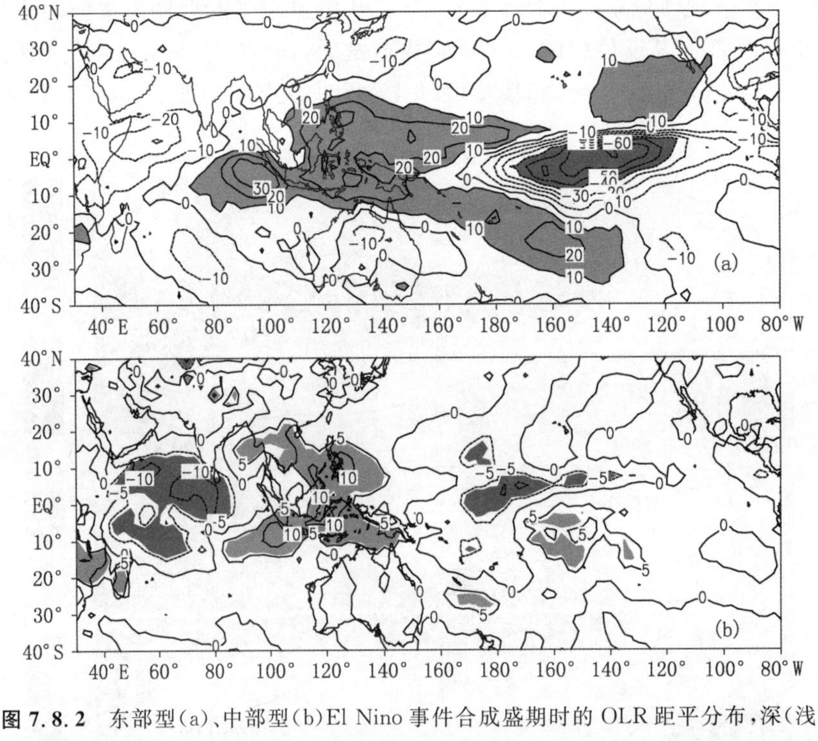


**图 7.8.2** 东部型(a)、中部型(b)El Nino 事件合成盛期时的 OLR 距平分布,深(浅)阴影区表示异常偏强(偏弱)的对流活动(单位:W/m$^2$)(引自袁媛等,2012)

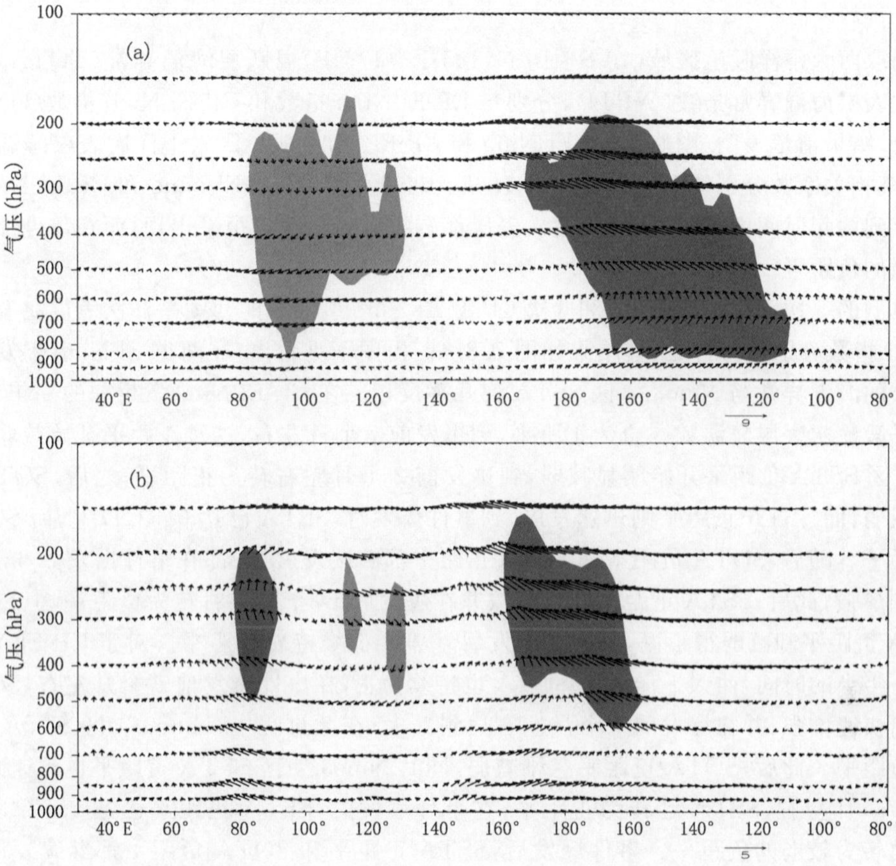


**图 7.8.3**　同图 7.7.2，但为 5°S～5°N 平均的 Walker 环流距平分布，深(浅)阴影区表示异常上升(下沉)运动(单位：m · $s^{-1}$，垂直速度已被放大 100 倍(引自袁媛等，2012)

通过以上分析可以看出，正是由于不同分布型 El Nino 所对应的最大海温正距平中心的位置不同，热带大气的响应也有明显的差异。CP-El Nino 达到峰值时，赤道太平洋上空的异常上升运动区较 EP-El Nino 的情况明显西移，较强的对流活动中心也明显西移；而且 CP-El Nino 对应在赤道印度洋－太平洋上空为两个异常的 Walker 环流圈，EP-El Nino 主要对应一个异常的 Walker 环流圈。由此也可以推断出印度洋的海温异常对太平洋不同分布型 El Nino 的响应可能也会有所不同，这一点还需要进一步深入研究。

### 7.8.2　中部型 El Nino 与西太平洋暖池次表层海温异常

前面我们已经指出，西太平洋暖池次表层海温正异常的出现及其沿赤道的东传扩展对 El Nino 事件的发生起着十分重要的作用。这里我们将进一步分析西太平洋暖池次表层海温正异常是否对 CP-El Nino 的发生也起着重要作用，对比 EP-El Nino 情况，又有何差异？在 CP-El Nino 事件被揭示之后，关于 CP-El Nino 是否与西太平洋暖池次表层海温异常有关系，已有少量研究。Kao 和 Yu(2009)认为 CP-ENSO 更多与局地次表层海温异常的演变相关，也有研究认为在所有 El Nino 事件的盛期之前 18 个月，赤道西南太平洋次表层均有暖异常出现，同我们前面的结果一致。下面就进一步着重分析研究 CP-El Nino 事件与暖池次表层海温异常的关系。

我们取西太平洋暖池区域(10°S～10°N,145°E～175°E)温跃层海温异常(TOTA)作为西太平洋次表层海温异常指数(WPTI),分别与 EP-El Nino 指数和 CP-El Nino 指数(ONI)作相关性分析,结果清楚表明(图略),EP-El Nino 和 CP-El Nino 都与西太平洋次表层海温异常密切相关,其相关系数分别达到－0.70 和－0.68。在绝大多数 EP-El Nino 和 CP-El Nino 爆发的前半年到两年时间内,西太平洋暖池次表层都有明显的温度正距平出现,而在事件爆发后却转为较强的负距平。

对典型的 5 次 EP 型 El Nino 和 6 次 CP 型 El Nino 事件中的西太平洋次表层海温异常指数和 ONI 指数分别进行合成,其结果如图 7.8.4。由图不难看出,在两类 El Nino 爆发前后暖池次表层的海温异常与 Nino3.4 区 SSTA 都几乎反相。在 EP-El Nino 发生前的一年半时间,西太平洋暖池次表层海温就一直为正距平,到爆发前 7 个月左右,这种正距平开始减弱;此时,Nino3.4 区 SSTA 负距平开始明显减弱,到爆发前 2 个月左右转为正距平;之后,SOTA 正距平急剧减弱,而 SSTA 正距平则迅速发展,到事件爆发时,SSTA 已达 0.5℃以上,而 SOTA 已转为负距平。随后,SOTA 负距平和 SSTA 正距平都继续发展,并都在事件爆发后 6－7 个月左右达到最强;此后,SSTA 正距平开始衰减并在爆发后 14 个月左右转为负距平,但在此过程中 SOTA 负距平却减弱得很慢,一直到爆发后一年半都维持着负距平。对于 CP-El Nino,其发生前一年半的时间,西太平洋暖池 SOTA 也持续为正,在事件爆发前 9 个月左右,SOTA 正距平开始快速增强,并在爆发前 5 个月左右达到最大;在此过程中,Nino3.4 区 SSTA 一直为较弱的负距平。此后,SOTA 正距平急剧减弱,同时 Nino3.4 区 SSTA 负距平也迅速减小,到爆发前 4 个月左右,SSTA 已转为正距平;在事件爆发时,SSTA 正距平已达 0.5℃以上,而 SOTA 也转为较弱的负距平。事件爆发后,SSTA 正距平和 SOTA 负距平都继续发展,并分别在事件爆发后 4 个月和 6 个月左右达到最强;此后,SSTA 正距平和 SOTA 负距平都开始减

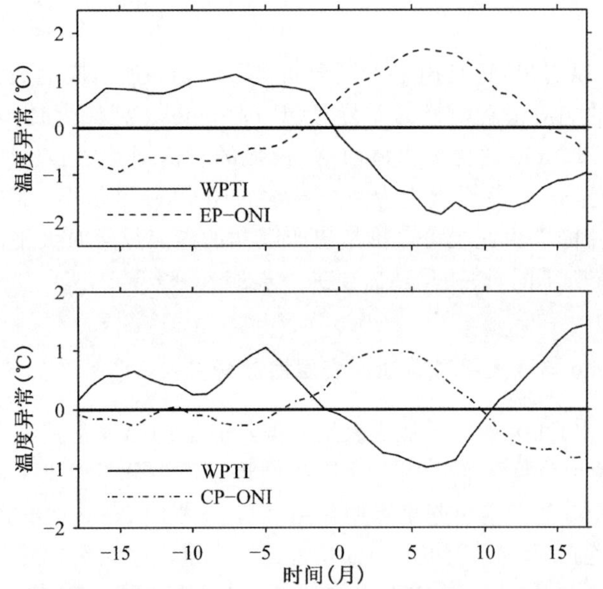


**图 7.8.4**　西太平洋暖池次表层海温异常与 EP/CP 型事件中 ONI 指数随时间的演变。(a)5 次 EP-El Nino 的合成;(b)6 次 CP-El Nino 的合成;0 时刻代表事件爆发月

弱,到爆发后 10 个月左右,SSTA 转为负距平,而 SOTA 也几乎同时转为正距平。由上述 SOTA 和 SSTA 的演变进程可以认为,两类 El Nino 事件与西太平洋次表层海温异常的关系总体上比较接近,都呈明显的负相关;但又有明显区别,即在 EP-El Nino 爆发前一年半到爆发后 14 个月左右,EP-El Nino 与 WPTI 都呈明显的同时负相关,在这之后,两者相关性快速减弱;而 CP-El Nino 与 WPTI 的同时相关性明显比 EP 型要弱,尤其是爆发前,在爆发后两者相关性却显著增加,并且存在明显的时滞性。

李崇银和穆明权(1999;2000)的研究清楚表明 El Nino 的发生源于赤道西太平洋暖池次表层海温异常的东传,但那时的研究并没有区分两类 El Nino 爆发前后赤道温跃层的结构及其海温异常有何异同。最近黎鑫和李崇银(2014)的研究将其作了对比分析。图 7.8.5 是他们给出的两类 El Nino 爆发前后温跃层深度的变化情况。在爆发前一年左右,EP-El Nino 对应的赤道西太平洋温跃层深度比 CP-El Nino 对应的温跃层要深一些,而在赤道东太平洋温跃层却比 CP-El Nino 略浅(图略)。到了 EP-El Nino 爆发前 9 月,赤道西太平温跃层开始抬升,而 CP-El Nino 爆发前 9 月在西太平洋温跃层还没有明显变化(图 7.8.5a);此后 EP-El Nino 对应的赤道西太平温跃层继续变浅,到爆发前 6 月,CP-El Nino 对应的赤道西太平温跃层也开始抬升(图略);到事件爆发时,两类 El Nino 在西太平洋的温跃层深度大体相当,而 EP-El Nino 的温跃层抬升已发展到中太平洋(图 7.8.5b);随后,CP-El Nino 的温跃层在西太平洋和中太平洋都有抬升,而 EP-El Nino 的温跃层则表现为在中西太平洋的抬升和在东太平洋的加深(图 7.8.5c);在爆发后 10～15 个月,EP-El Nino 的温跃层几乎在整个赤道太平洋都有抬升,而 CP-El Nino 的温跃层在西太平洋已开始明显加深(图 7.8.5d)。由上可知,两类 El Nino 的发展过程都存在温跃层变平现象,即有暖水释放过程。但是,两类 El Nino 事件发生发展过程

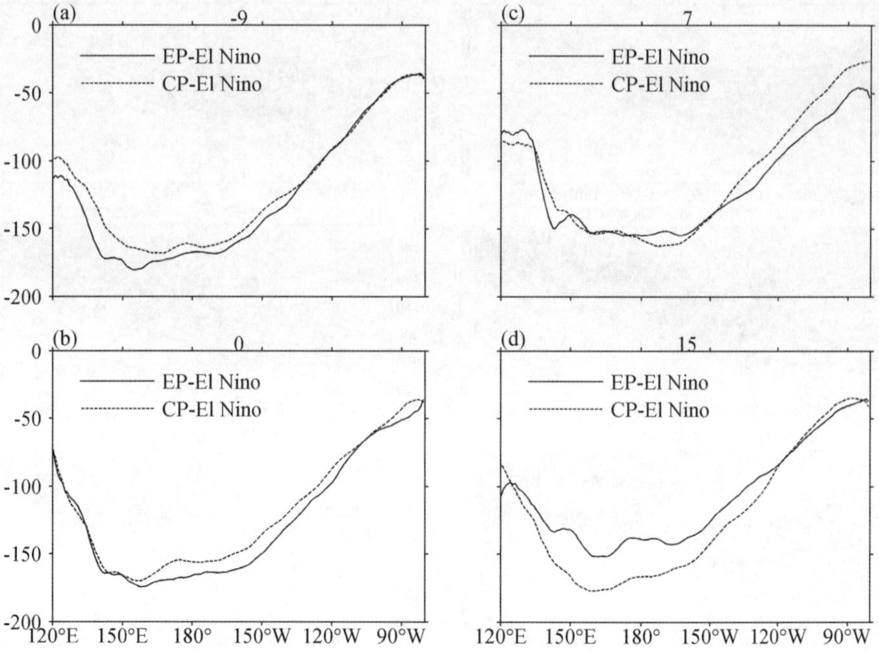


**图 7.8.5** EP-El Nino(实线)和 CP-El Nino(点线)爆发前后赤道太平洋温跃层深度(m)的变化(引自黎鑫和李崇银,2014)

中温跃层结构变化也存在较大差别:首先,CP-El Nino 爆发前的温跃层东西向梯度比 EP-El Nino 要小,即在中西太平洋温跃层比 EP-El Nino 明显要浅,而在东太平洋比 EP-El Nino 略深,这可能是导致 CP-El Nino 的次表层海温在中太平洋更容易影响到表层海温的原因,也是其传播速度更快的可能原因;其次,CP-El Nino 在整个暖水释放过程中,温跃层变平的幅度要比 EP-El Nino 小,这也是为什么 CP-El Nino 往往强度较小的缘故;再次,CP-El Nino 温跃层变平过程的时间比 EP-El Nino 明显要短,而且在 CP-El Nino 的整个生消过程中,110°W 以东的温跃层深度几乎没什么变化,这也在一定程度上表明 CP-El Nino 对赤道东太平洋尤其是冷舌区的海温没有太大影响。

图 7.8.6 给出了次表层海温的经度一深度剖面,可以进一步看到温跃层深度和次表层海温异常的变化情况。很显然两种 El Nino 发展过程中都伴随着暖水的向东传播,但二者在暖水聚集时间、强度、传播速度及空间结构上存在一定差别:EP-El Nino 爆发前一年半以上就开始有暖 SOTA 在赤道西太平洋暖池区聚集到爆发前 9 个月左右开始明显增强并东传;而 CP-El Nino 爆发前 9 个月暖 SOTA 才有明显聚集,到爆发前 6 月才开始明显东传。CP-El Nino 在西太平洋暖水传到中太平洋时就开始爆发,而 EP-El Nino 要传到东太平时才爆发;在 CP-

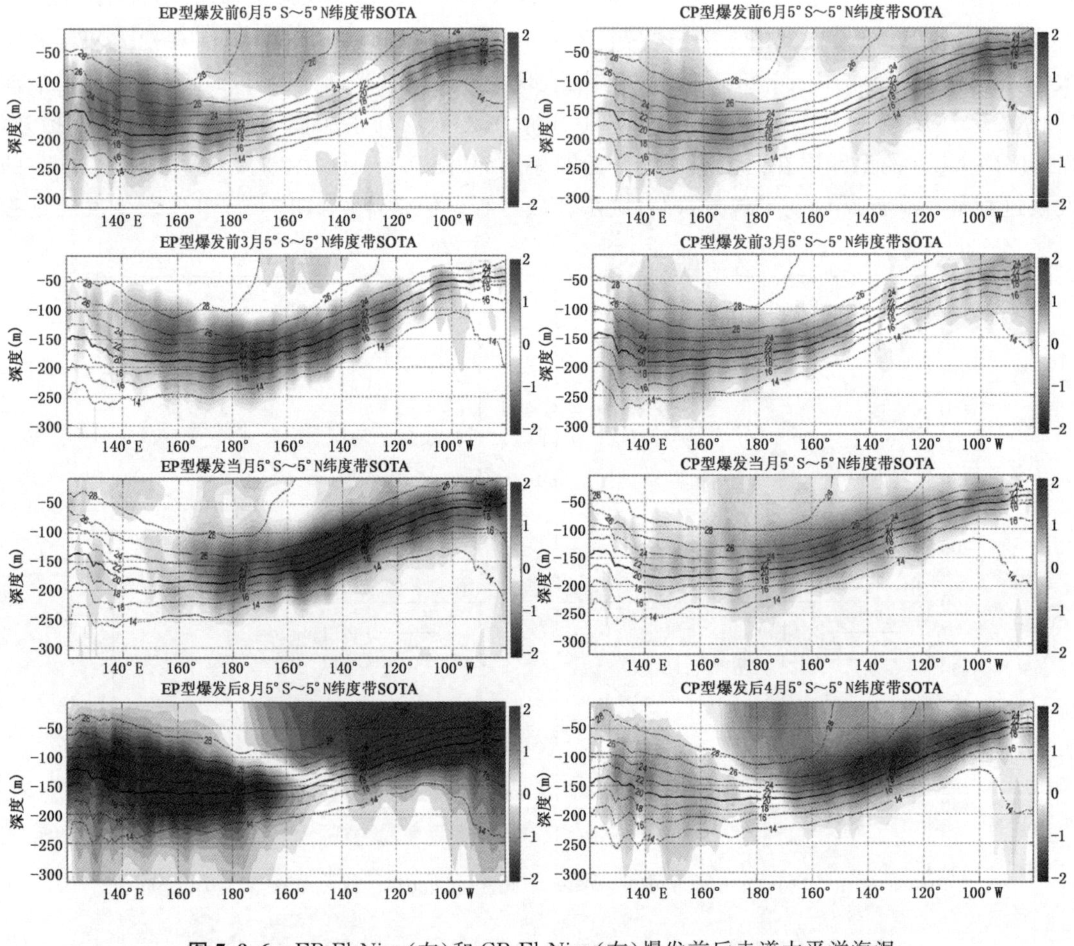


**图 7.8.6** EP-El Nino(左)和 CP-El Nino(右)爆发前后赤道太平洋海温异常的经度一深度剖面(引自黎鑫和李崇银,2014)

El Nino 爆发时，西太平洋还有暖异常存在，而 EP-El Nino 爆发时西太平洋已经有冷异常出现。EP-El Nino 爆发后 7～8 个月东太平洋次表层海温异常才能达到最大并且可持续到爆发后 14 个月左右，而 CP-El Nino 爆发后 4 个月就能发展到最强而仅仅可以持续到爆发后 9 个月左右。从等温线结构看，EP-El Nino 发展到最强时，几乎所有等温线都变平；而 CP-El Nino 发展到最强时，26℃和 28℃等温线反而变陡。从冷 SOTA 的形成和传播看，EP-El Nino 从爆发当月开始，西太平洋次表层就有负 SOTA 形成并逐渐发展、东传，到爆发后第 15 个月左右，负 SOTA 几乎控制了整个赤道太平洋。这说明强的 EP-El Nino 之后往往伴随有强的 EP 型 La Nina 生成；而 CP-El Nino 在爆发 1 个月之后，西太平洋次表层才有冷 SOTA 形成、东传，当冷 SOTA 传到东太平洋时，西太平洋已有暖 SOTA 出现，因而没有出现强大的冷 SOTA 控制整个赤道太平洋的情况。

已有研究表明 ENSO 的发生发展过程实际上是热带太平洋次表层海温异常的一种循环(李崇银和穆明权，1999；Li 和 Mu，2000；巢纪平等，2005；李崇银等，2008)；并且这种循环的传播路径是从赤道西太平洋出发沿赤道温跃层向东，到达东太平洋后折向北(南)，然后沿 10°N(10°S)纬度带向西，到达西太平洋后向赤道扩展汇聚，进而开始下一个循环(Li and Mu，2002；巢纪平等，2005；李崇银等，2008)。对比分析两类 El Nino 发生、发展及消亡过程中温跃层曲面上海温异常的传播演变(图 7.8.7)，可以看到两类 El Nino 事件的生消演变都与温跃层海温异常(SOTA)的传播紧密相连，且 SOTA 都存在明显的传播回路，即两类 El Nino 的生消演变的本质都是热带太平洋次表层海温异常的循环传播。但是，两类事件中，SOTA 的强度、传播路径和传播速度都明显不同。对于 EP-El Nino，暖 SOTA 从西太暖池出发沿赤道向东，其中心可达太平洋东岸，并发生明显的反射，形成很强的沿岸 Kelvin 波向北传播，在 8°～12°N 附近转为向西传播(在赤道以南西传的一支相对不明显)，到达西北太平洋后向赤道扩展汇聚；在暖 SOTA 沿 8°～12°N 向西传播的同时，已有冷 SOTA 沿赤道(5°S～5°N)向东扩展传播。对于 CP-El Nino1，暖 SOTA 从西太暖池出发沿赤道向东，中心只能到达 120°W 以西，一部分暖 SOTA 继续东传并到达东岸，与 EP 型走相似的路径，另一部分暖 SOTA 在中东太平洋加强并向西和向赤道两侧扩展，此后暖 SOTA 开始沿赤道两侧尤其是沿 6°S－10°S 向西传播，到达所罗门群岛以后向赤道聚集；而在暖 SOTA 西传的同时，也有冷 SOTA 沿赤道(5°S～5°N)东传。

图 7.8.8 分别给出了沿 8°～12°N 和 6°～10°S 纬度带的海温异常演变的剖面图，可以进一步显示 SOTA 的循环特征。在 EP-El Nino 爆发后，沿 8°～12°N 有暖 SOTA 向西传播的强信号，而沿 8°～12°S 纬度带暖 SOTA 的西传相对不是很显著。在 CP-El Nino 爆发后，在赤道(5°S～5°N)外区域开始有暖 SOTA 向西传播，少部分沿 5°N 及以北纬度带西传，大部分沿 5°S 以南纬度带西传，主要集中于 6°～10°S 纬度带传播；与此同时，西太平洋已有冷 SOTA 不断发展增强并沿赤道纬度带向东传播。这些分析表明，对于 EP-El Nino，其爆发后暖 SOTA 的西传主要在赤道以北 8°～12°N 纬度带；与 EP 型类似，CP-El Nino 爆发后也有暖 SOTA 沿上述两个纬度带西传，但沿 8°～12°S 纬度带的传播更明显。

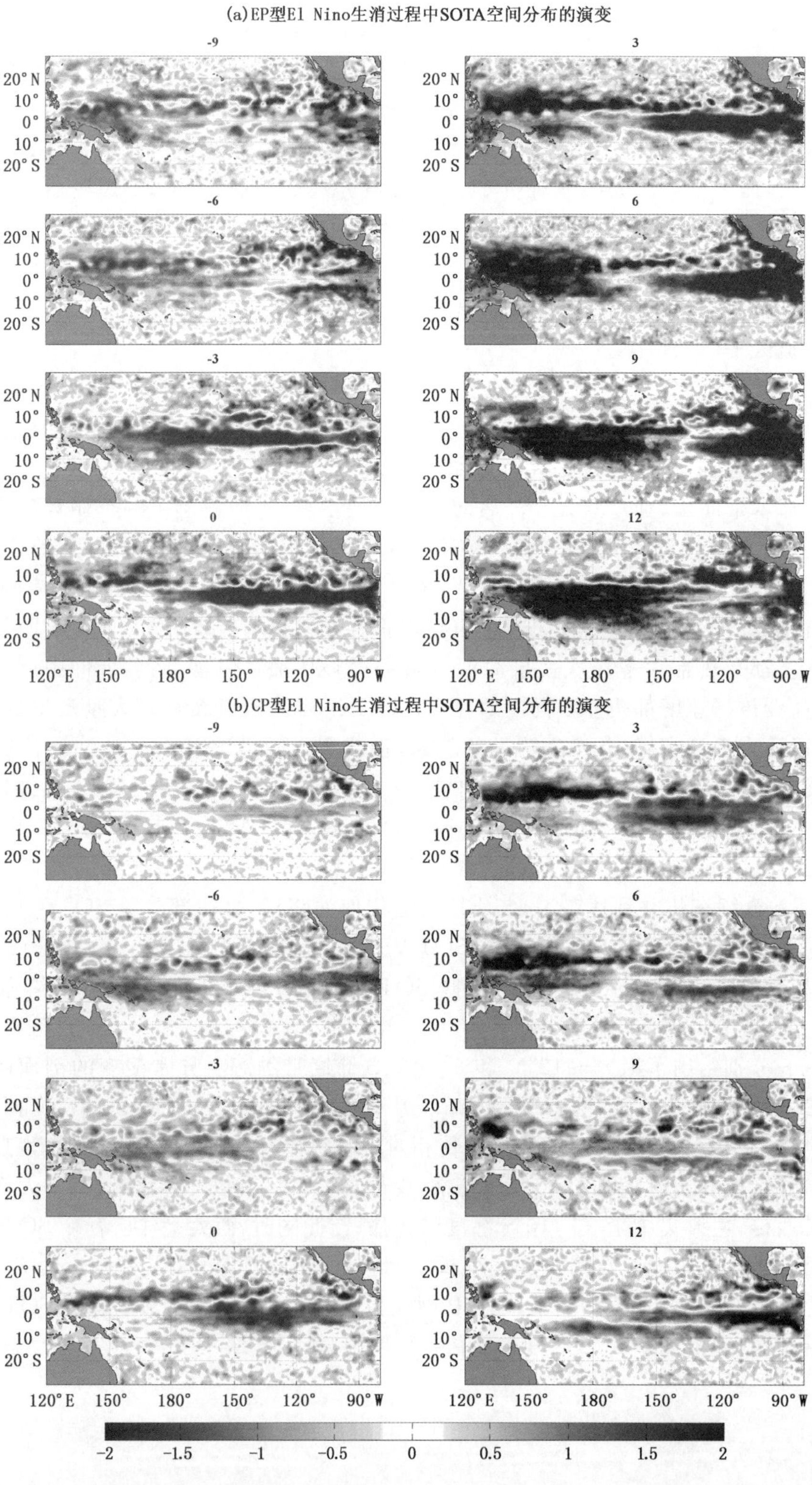


**图 7.8.7**　EP 型(a)和 CP 型(b)El Nino 生消过程中 SOTA 空间分布的演变(引自黎鑫和李崇银,2014)

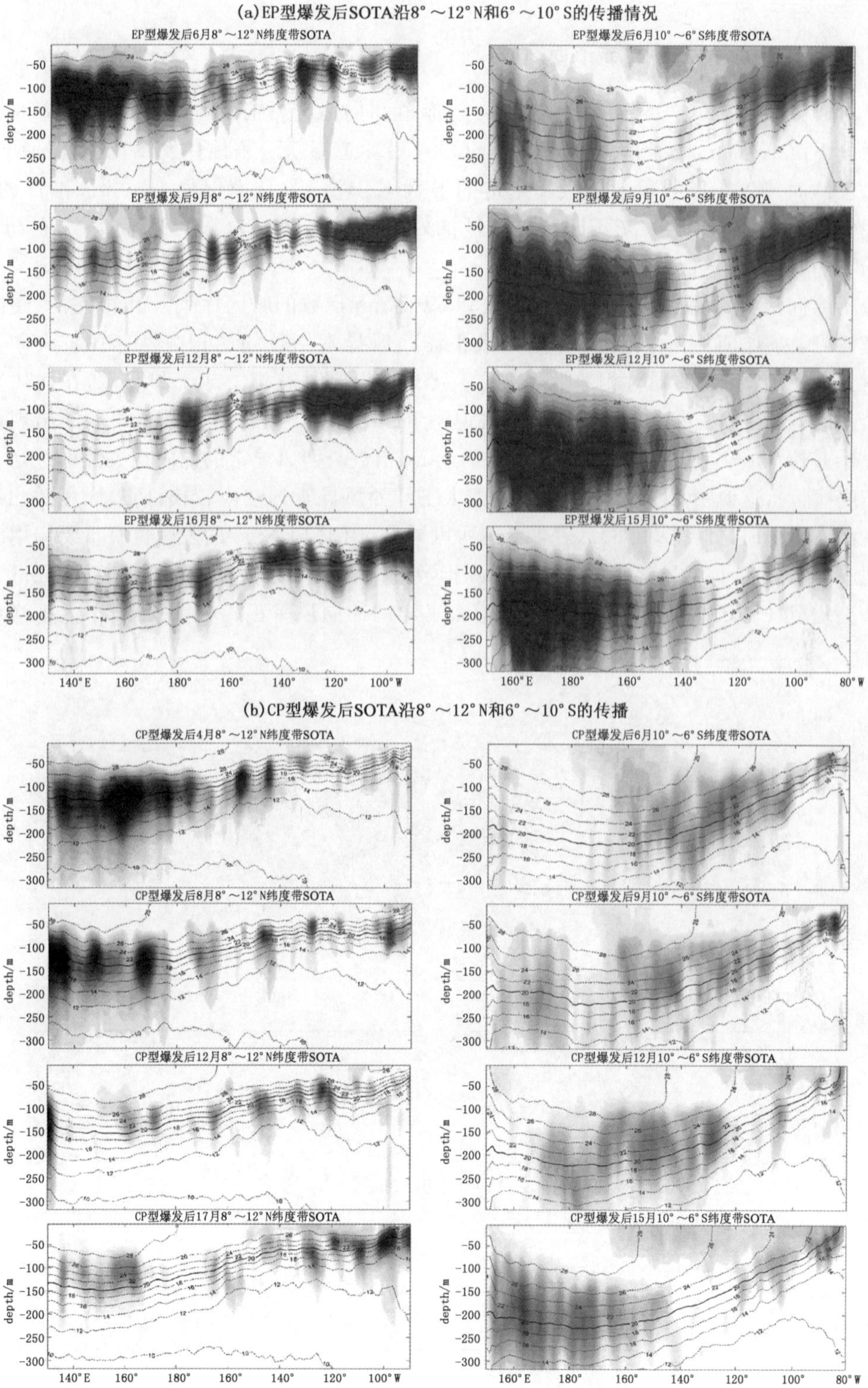


**图 7.8.8** EP 型(a)和 CP 型(b) El Nino 爆发后 SOTA 沿 8°N～12°N 和 6°S～10°S 纬度带的经度－深度剖面演变(引自黎鑫和李崇银,2014)

### 7.8.3　CP-El Nino 的发生与赤道西风异常

已有研究早就表明,ENSO 的发生发展与赤道纬向风异常有密切关系——赤道西风异常可以激发下沉 Kelvin 波,使暖池次表层暖 SOTA 沿赤道温跃层东传并发展,从而促使 El Nino 发生、发展,而赤道东风异常则能激发东传的上翻 Kelvin 波,从而促使 La Nina 事件的发生。这里我们进一步分析研究 CP-El Nino 事件的发生发展与西风异常的关系,以及它与 EP-El Nino 事件中纬向风异常结构演变的异同。

分析纬向风异常指数与 EP-Nino 指数和 CP-Nino 指数的时间序列及其相关性(图略),可以清楚看到,两类 El Nino 指数与赤道西太平洋西风异常指数间的相关性存在较大差异。西风异常与 EP-El Nino 的同时相关性极低(仅为 0.06);但时滞相关却十分明显,在西风异常超前 5 个月时,相关系数最高(达 0.41),这就说明 EP-El Nino 一般在赤道西太平洋出现西风异常后 5 个月爆发。与 EP-El Nino 不同,CP-El Nino 指数与西风异常的同时相关性可达 0.4(超过 99%信度检验),这说明 CP-El Nino 对赤道西太平洋西风异常的响应较快;而最大相关出现在西风异常超前 4 个月之时(达 0.62),表明赤道西风异常对 CP-El Nino 的发生也有重要作用。

进一步分析纬向风异常与两类 El Nino 指数的最大相关系数的空间分布(图 7.8.9),我们可以清楚看到 EP-El Nino 几乎与整个赤道太平洋的纬向风呈正相关,并且与中太平洋地区的

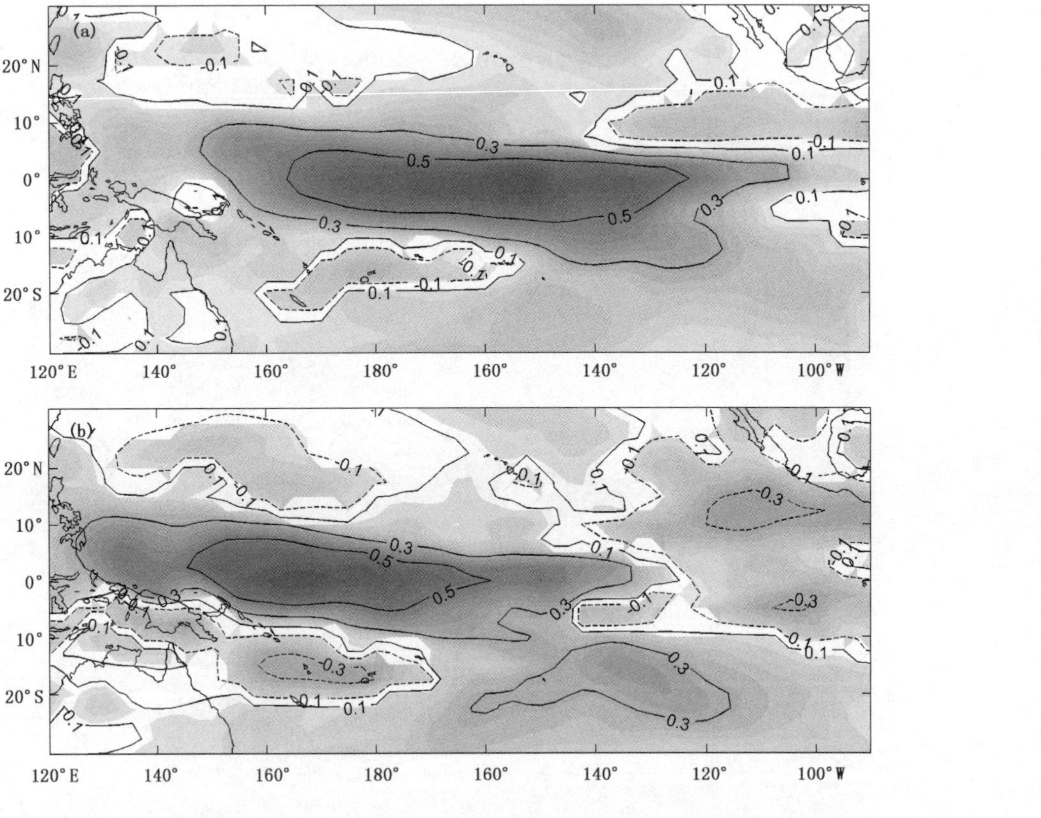


**图 7.8.9**　纬向风异常与 EP-Nino 指数(a)和 CP-Nino 指数(b)最大相关的空间分布(填色区表示通过 99%的信度检验)(引自黎鑫和李崇银,2014)

纬向风相关性最好，相关系数达 0.5 以上；而 CP-El Nino 则只与中西太平洋的纬向风呈正相关、与东太平洋的纬向风为负相关，其中最大正相关区主要位于赤道西太平洋，相关系数达 0.5 以上。上述结果表明，在一定程度上，CP-El Nino 与赤道西太平洋西风异常的关系要比 EP-El Nino 更好，并且对该地区西风异常的响应更快。也可以认为，一般情况下，EP-El Nino 更多的是对赤道中太平洋大范围异常西风的响应，而 CP-El Nino 则更多的是对赤道西太平洋地区异常西风的响应，并且需要有赤道东太平洋区域异常东风的配合。

进一步对两类 El Nino 事件爆发前后赤道纬向风异常进行合成，图 7.8.10 给出了纬向风异常的时间一经度剖面。由图可以清楚看到，EP-El Nino 在爆发前一年到一年半就开始有西风异常在赤道西太平洋建立并发展和向东扩展，这与李崇银和穆明权(1999)的研究结论是一致的。到 EP-El Nino 爆发当月，西风异常几乎已占据了整个赤道太平洋。此后，赤道中西太平洋的西风异常进一步加强，而 135°E 以西和 150°W 以东的西风异常却逐渐减弱，到 EP-El Nino 盛期前 1～2 个月，赤道中西太平洋的西风异常达到最强，而赤道西太平洋已出现明显东风异常。与 EP-El Nino 不同，CP-El Nino 在爆发前半年左右才有西风异常在赤道西太平洋建立和发展，当西风异常向东扩展到中太平洋时，CP-El Nino 就开始爆发。此后，西风异常中心向东移动并加强，但西风异常的范围却有所缩减；到爆发后 2 个月左右，异常中心强度达到最大；随即，CP-El Nino 进入强盛期。值得注意的是，在整个 CP-El Nino 发生发展直至消亡的过程中，赤道东太平洋都有稳定的东风异常存在，这可能是 CP-El Nino 的重要形成原因之一。

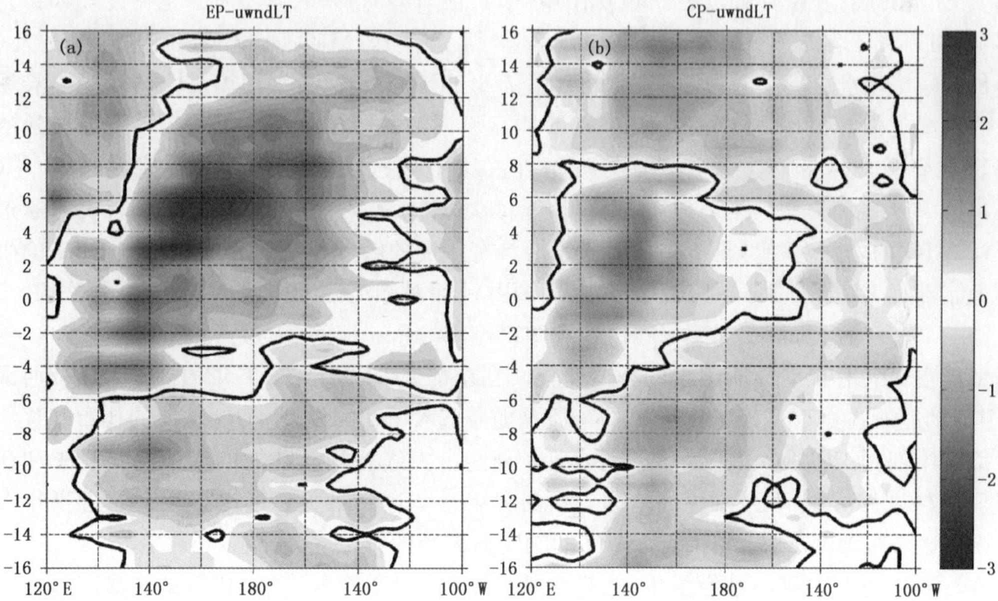


**图 7.8.10** EP-El Nino(a)和 CP-El Nino(b)爆发前后赤道(10°S～10°N)纬向风异常(m·s$^{-1}$)的时间一经度剖面(纵坐标 0 代表爆发当月，负表示爆发前，正表示爆发后)(引自黎鑫和李崇银，2014)

### 7.8.4 中太平洋 El Nino 与赤道西太平洋 MJO

在过去的研究中我们已经指出，El Nino(东太平洋型)与赤道西太平洋大气 MJO 存在相互作用关系,在 El Nino 爆发之前,赤道西太平洋大气 MJO 有显著增强;在 El Nino 达到成熟期之后,赤道西太平洋大气 MJO 却迅速减弱。中太平洋 El Nino 与赤道西太平洋大气 MJO 又有着什么样关系呢?对比了 1980—2012 年间东部型 El Nino 和中部型 El Nino 期间大气 MJO 活动的异同点,比较好地揭示了这个问题(袁媛等,2015)。

首先,从扰动动能的分析表明,与东部型 El Nino 类似,在中部型 El Nino 迅速发展前的春夏季,热带印度洋至西太平洋的低频扰动动能较强,且占大气总动能的比重较大,热带大气 MJO 扰动动能在春夏季有明显突然增强的特征,导致低层低频纬向西风和增强的低频对流活动东传显著。因此,无论是东部型 El Nino 还是中部型 El Nino,在迅速发展前的春夏季都与 MJO 能量的突然增长相联系的低频纬向西风和低频对流活动的增强和持续东传,可以认为,赤道西太平洋 MJO 能量的突然增长,是激发东部型 El Nino 和中部型 El Nino 爆发的重要共同因素。

图 7.8.11 给出了各季节 30～60 d 扰动动能(MJO 动能)所占大气总扰动动能的比重在东部型 El Nino 和中部型 El Nino 期间的空间分布。可以看到,在东部型 El Nino 发展年的春季,热带印度洋至西太平洋有较大的 MJO 动能,并且该区域特别是赤道西太平洋 MJO 活动的增强所占比重显著超过其他各季节,其中心值超过 50%(图 7.8.11a)。在夏季至冬季,热带地区 MJO 动能所占比重明显减小(图 2b～d);次年春季至夏季,热带西太平洋 MJO 动能基本小于 15%(图 7.8.11e～f)。这里的结果与已有研究相一致,赤道西太平洋 MJO 的增强对东部型 El Nino 的发展具有重要的触发作用(李崇银,1995;1996;李崇银,龙振夏,2001)。在中部型 El Nino 发展年春季,热带印度洋至西太平洋 MJO 动能所占比重也较大(图 7.8.11g),并且也在夏季和秋季明显减弱(图 7.8.11h～i),这与东部型 El Nino 当年春季至秋季的情况类似。但是,与东部型 El Nino 明显不同的是,在中部型 El Nino 发展成熟的冬季和次年春季,热带西太平洋 MJO 动能所占比重再次明显增加,中心值超过 30%(图 7.8.11j～k),次年夏季,热带地区 MJO 动能再次减小(图 7.8.11l)。因此可以认为,赤道西太平洋 MJO 的增强对中部型 El Nino 的发展具有重要的触发作用,但中部型 El Nino 的生成并不像东部型 El Nino 那样对 MJO 起削弱作用,反而对赤道西太平洋 MJO 起增强作用。

图 7.8.12 给出的是东部型 El Nino 和中部型 El Nino 期间,赤道西太平洋地区 30～60 d 扰动动能占大气总扰动动能比重的季节变化。在东部型 El Nino 发展年的春季,热带西太平洋 MJO 动能所占比重可以达到近 25%,但是随着 El Nino 的发展 MJO 动能的比重却逐渐减小。而在中部型 El Nino 发展年的春季 MJO 动能占大气总扰动动能的约 20%,夏季和秋季呈减弱的趋势;但是冬季开始再次增强,并在次年春季达到最大,其比重甚至超过当年春季的情况,这与东部型 El Nino 盛期 MJO 动能明显减小的特征完全不同。

在已有的研究中我们已经指出,赤道太平洋大气 MJO 的东传(尤其是在夏季)对 El Nino 的生成十分有利(李桂龙、李崇银,1998;杨辉、李崇银,2005),因为 MJO 的持续东传有利于赤道西太平洋西风异常的出现和向东扩展,并最终有利于 El Nino 的发生。分析中部型 El Nino 期间 850hPa 低频纬向风和低频对流活动(OLR)沿赤道传播的情况,可以看到中部型 El Nino 期间 MJO 沿赤道传播的特征与东部型 El Nino 有一定相似之处,也有不同的一些差异。

图 7.8.13 给出的是中部型 El Nino 期间热带地区(10°S～10°N) 850 hPa 30～60 d 纬向风的时间一经度剖面,很清楚,在中部型 El Nino 发展生成的春夏季,都存在低频纬向风的持续东传;与之相配合,强对流活动(OLR 异常)也持续东传(图略)。可见同东部型 El Nino 一

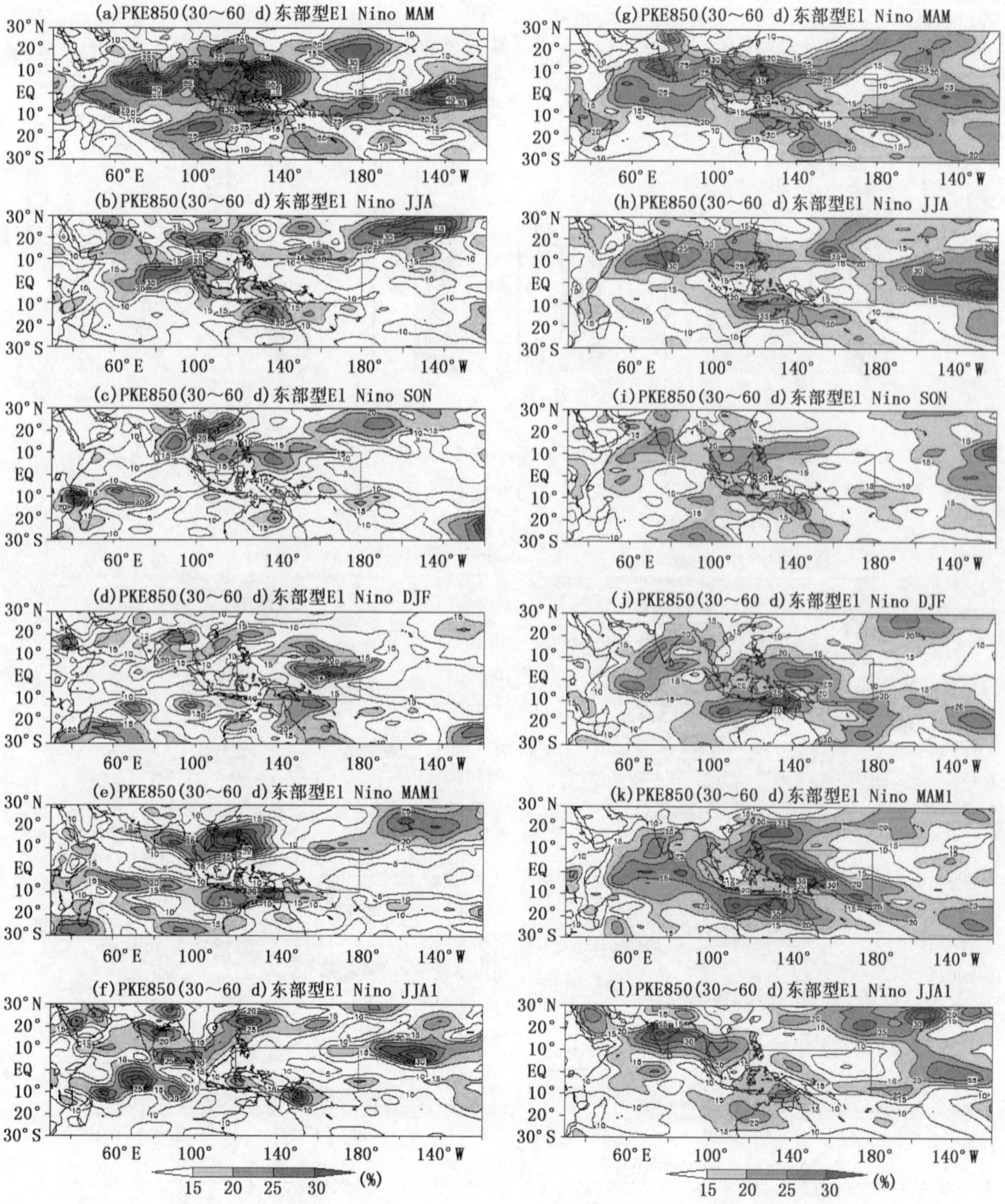


**图 7.8.11** 东部型 El Nino(左)和中部型 El Nino(右)分别合成的爆发当年春季至次年夏季 850hPa 上 30～60 d 扰动动能所占大气总动能的比重

样，春夏季赤道西太平洋 MJO 能量的突然增长所导致的低频纬向西风和低频对流活动的增强和持续东传，也是激发中部型 El Nino 爆发的重要因素。但是，在中部型 El Nino 发展成熟的冬季至次年春季，MJO 沿赤道传播的特征却表现出与东部型 El Nino 成熟期完全不同的特征。以 1991 年的中部型 El Nino 为例，在 1991 年 12 月—1992 年 5 月，El Nino 事件发展到峰值，海温正距平中心位于赤道中太平洋日界线附近，中心值高于 1.5℃。在这期间共发生 3 次低频纬向西风的持续东传，从热带西印度洋持续东传至赤道中东太平洋地区(图 7.8.13a)，也可以看到至少 3 次增强的低频对流活动的持续东传，从热带印度洋中部东传至赤道中东太

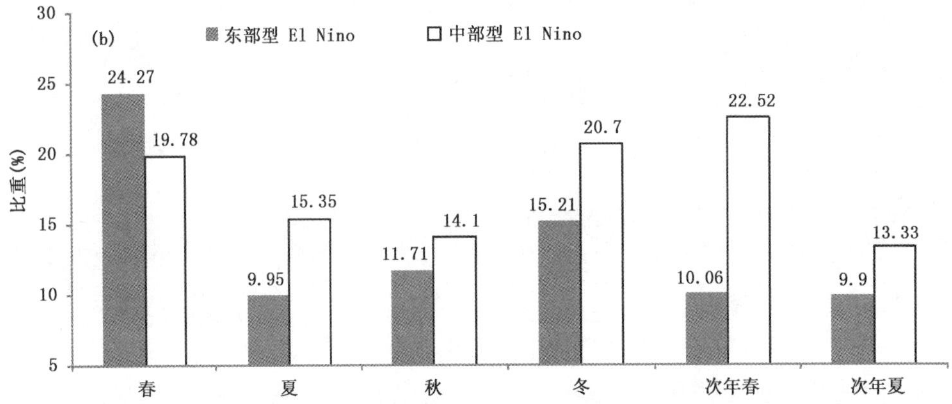


**图 7.8.12**　东部型 El Nino 和中部型 El Nino 期间赤道太平洋地区 30～60 d 扰动动能所占大气总扰动动能比重的季节变化

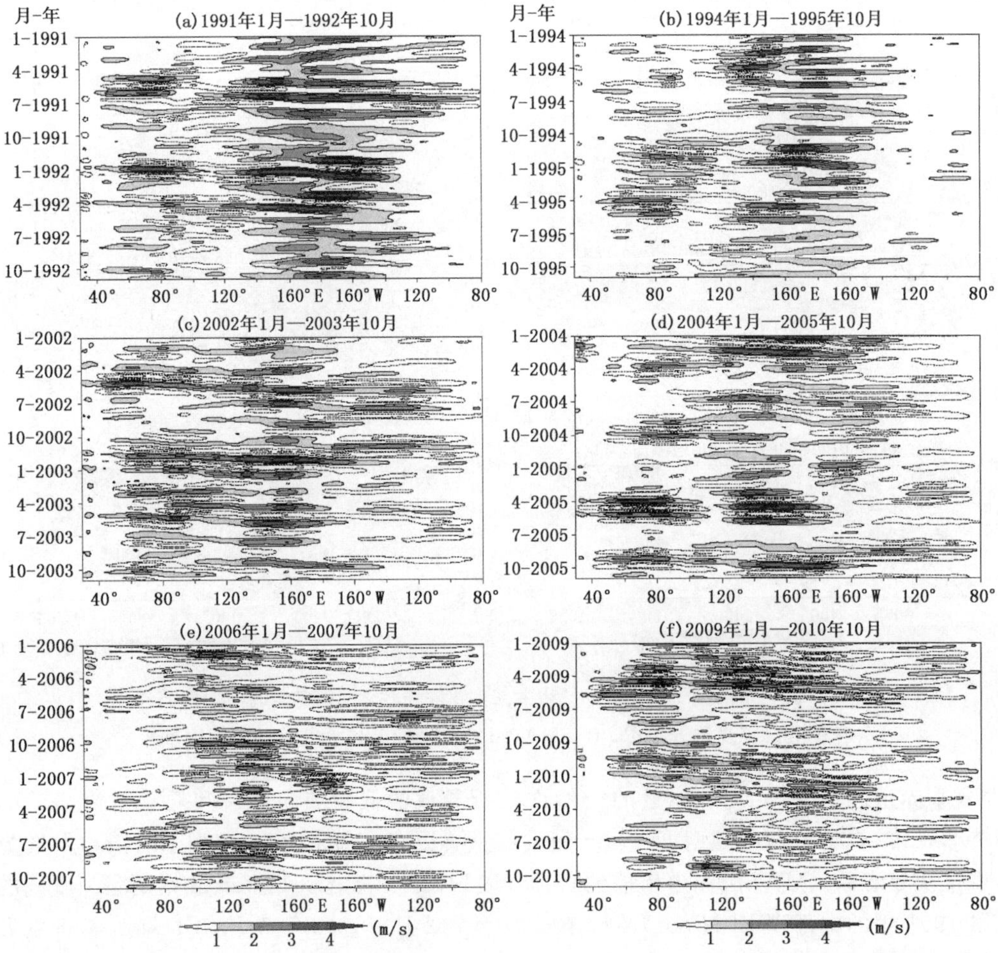


**图 7.8.13**　中部型 El Nino 期间热带地区(10°S～10°N) 850 hPa 30～60 d 纬向风的时间一经度剖面(黄色阴影区表示低频西风异常，基于 ERA-Interim 资料)

平洋。这几次 MJO 持续东传的强度甚至比 El Nino 成熟前的 3～7 月更加显著，且强度偏强。在其他各次中部型 El Nino 的盛期，我们都可以看到类似的特征：1994 年 11 月—1995 年 6 月期间低频纬向西风共发生 5 次持续性东传(图 7.8.13b)，增强的低频对流活动也有至少 6 次持续性东传；2002 年 10 月—2003 年 5 月期间低频纬向西风共发生 5 次持续性东传(图 7.8.13c)，增强的低频对流活动也有至少 2 次持续性东传；2005 年 3—5 月，低频纬向西风共发生 2 次持续性东传(图 7.8.13d)，增强的低频对流活动有至少 2 次持续性东传；2006 年 10 月至 2007 年 1 月，低频纬向西风共发生 3 次持续性东传(图 7.8.13e)，增强的低频对流活动有 3 次持续性东传；2009 年 10 月—2010 年 3 月，低频纬向西风共发生 3 次持续性东传(图 7.8.13f)，增强的低频对流活动也有 3 次持续性东传。并且，在几乎每一个中部型 El Nino 成熟期，东传 MJO 强度都显著强于中部型 El Nino 发展前的 MJO。这进一步证明了中部型 El Nino 的发展成熟不仅不会使得 MJO 活动减弱，反而有利于增强 MJO 扰动动能和 MJO 活动的持续东传。

### 7.8.5 CP-El Nino 的影响

国外研究已表明不同分布型 El Nino 事件对气候异常的影响，例如中部型 El Nino 对南美、北美西海岸、甚至日本和新西兰气候的影响可能会与东部型 El Nino 的影响完全相反(Larkin 等，2005；Ashok 等，2007)；中部型 El Nino 会导致美国西部冬季经常出现北干南湿的“跷跷板”式气候分布特征等(Yu and Zhou，2013)。然而，关于不同分布型 El Nino 事件对东亚尤其是对中国气候异常影响的研究目前还不多，有待很好研究。下面我们重点简要地讨论中部型 El Nino 对中国夏季降水的影响情况。

中国位于东亚季风区，东亚夏季风和冬季风的异常直接导致中国气候的异常，ENSO 正是通过大气环流以“遥相关”的形式影响到东亚季风系统的成员，并由此间接影响中国的气候异常。在 El Nino(La Nina)发生的次年夏季，菲律宾附近的对流活动偏强，副热带高压(副高)偏北偏强(偏弱)，从而导致长江流域和江南北部降水偏多(少)，而江淮流域降水偏少(多)(Huang 等，1989；金祖辉等，1999；陈文，2002)。中国国家气候中心的业务系统将中国夏季的主要雨带分为 3 种类型：Ⅰ类雨型(北方型)，主要的多雨带位于黄河流域及其以北地区，江淮流域大范围少雨，江南南部至华南为另一次要多雨区；Ⅱ类雨型(中间型)，主要多雨带位于黄河至长江之间，雨带中心一般在淮河流域一带，黄河以北及长江以南大部地区少雨；Ⅲ类雨型(南方型)，主要多雨带位于长江流域或江南一带，淮河以北大部及东南沿海地区少雨(赵汉光等，1988)。

图 7.8.14 给出的是 El Nino 次年夏季(6－8 月)中国降水异常的分布特征。可以看到，对于 EP-El Nino，其次年夏季中国东部地区长江流域及江南地区降水偏多的可能性较大，而东南沿海降水偏多的可能性较小(图 7.8.14a)，它比较类似于Ⅲ类雨型的分布特点。与之相应的是东亚夏季风偏弱，中国东部地区为较弱的西南风距平，长江流域为风场的辐合区，从而有利于西太平洋和南海的水汽输送到长江流域及江南地区(图 7.8.15a)；同时，西太平洋副高明显偏西，但强度和脊线位置都接近常年(图 7.8.15d)，因此降水主要在中国长江流域及江南地区。对于 CP-El Nino，其次年夏季中国长江和黄河之间降水偏多的可能性较大，而黄河以北和长江以南大部地区降水偏多的可能性较小(图 7.8.14b)，它非常类似于Ⅱ类雨型的分布特

征。在 850 hPa,中国东北至华北一带为东北风距平控制,而长江中下游地区为西南风距平控制,在中国东部沿海为一异常反气旋控制,这样的环流特征不仅使得江淮流域为低层风场的辐合区,而且有利于西太平洋水汽在江淮流域的汇合(图 7.8.15c),从而有利于中国江淮地区的降水偏多;同时在 500 hPa,西太平洋副热带高压明显偏强偏西,脊线位置明显偏北(图 7.8.15d),比东部型对应的副高情况更加显著,因此,主要的雨带也比东部型偏北,主要分布在长江和黄河之间的淮河流域。

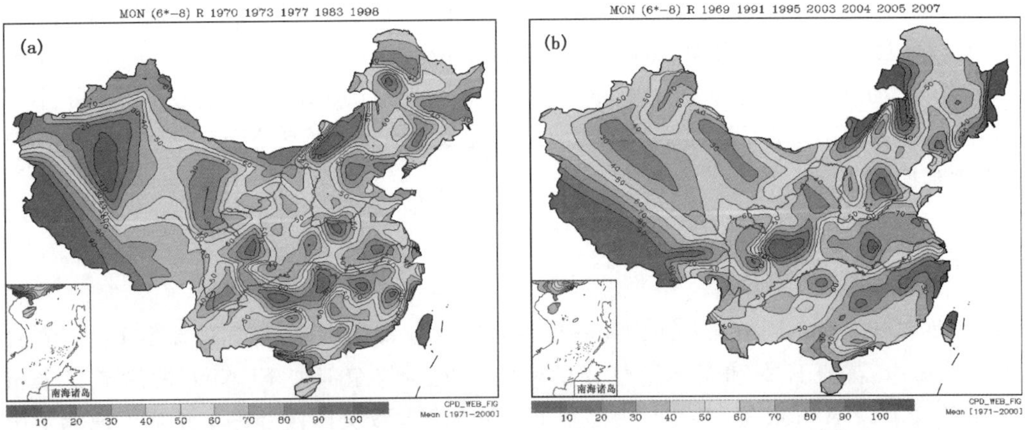


**图 7.8.14** 东部型(a)和中部型(b)El Nino 次年夏季 6—8 月中国降水偏多的概率(%)分布(引自袁媛等,2012)

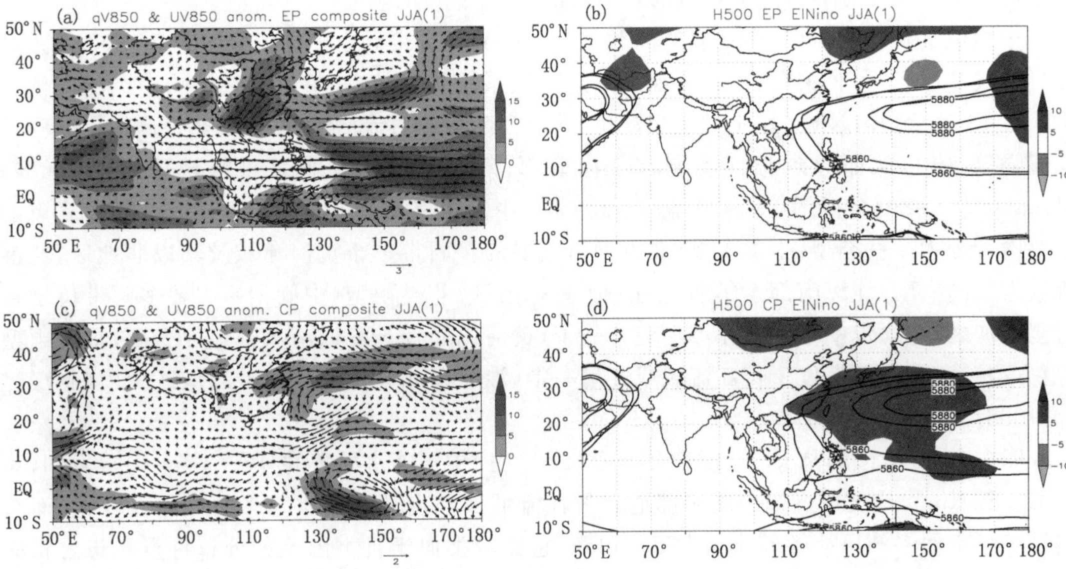


**图 7.8.15** 同图 7.7.9,但(a)、(c)为 850 hPa 风场距平(矢量箭头)及水汽输送距平(阴影),(b)、(d)为 500 hPa 高度场(等值线,实线为合成情况,虚线为 1971—2000 的气候值)及距平分布(阴影)。风场单位:m/s,水汽场单位:kg/ms,高度场单位:gpm(引自袁媛等,2012)

中部型 El Nino 对热带气旋(TC)生成和活动的影响也已引起人们的注意，Kim 等(2009)的研究表明，CP-El Nino 与大西洋 TC 的发生频率及其在墨西哥沿岸和中美洲登陆有更密切的关系；Lee 等(2010)进一步研究认为，大西洋暖池的存在可以较好解释在 CP-El Nino 年 TC 为何会增加。Chan 和 Tam(2010)的研究也表明，TC 频率与 CP-El Nino 指数有明显正相关，而加热所引起的异常环流起着重要作用。Kim 等(2010)的研究认为，两类 El Nino 对西北太平洋 TC 活动的不同影响在于存在着不同的热力因子和大尺度环流特征，因此相对于 EP-El Nino 情况，CP-El Nino 年的 TC 活动要明显偏西。

Wang Xin 等(2014)进一步研究了 EP-El Nino 和 CP-El Nino 对中国南海 TC 生成的影响，其结果表明，1965—2010 年间南海 TC 的生成与 CP-El Nino 有显著关系，特别是在南海 TC 的主要生成季节(8—11 月)里，而与 EP-El Nino 的关系不明显。图 7.8.16 分别给出的是不同月季南海 TC 频数与 EP-El Nino 和 CP-El Nino 指数的相关系数。很显然，南海 TC 的生成频数与 CP-El Nino 有明显的负相关，而与 EP-El Nino 看不出有明显关系，特别是在南海 TC 的主要生成季节。而且小波分析还表明南海 TC 的生成频数与 CP-El Nino 指数的相关主要在 4 年时间尺度(图 7.8.17)，与 El Nino 的活动周期相一致，进一步说明两者之间存在的相关关系。对应的环境场形势的分析表明，对应 CP-El Nino 的发生，南海地区有明显的 SSTA 负异常，对流层低层主要为反气旋，存在比较大的垂直风切变(图略)。这些环境场的异常特征都不利于 TC 的生成，因此在 CP-El Nino 年，南海 TC 频数明显偏少。

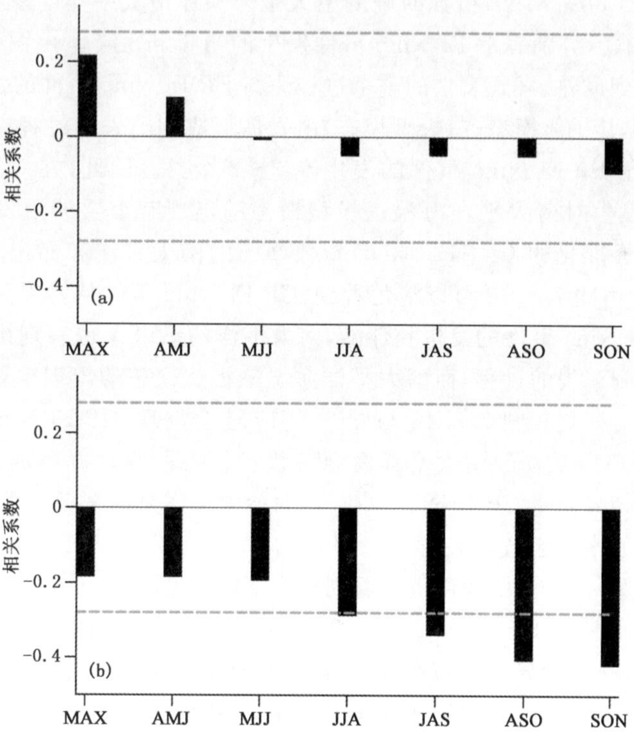


**图 7.8.16** 不同月季南海 TC 频数与 EP-El Nino(a)和 CP-El Nino(b)指数的相关系数演变(引自 Wang 等，2014)

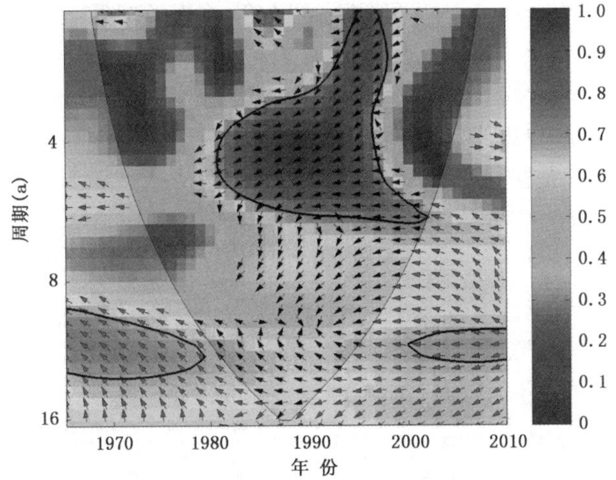


**图 7.8.17** 南海 TC 频数与 CP-El Nino 指数的小波分析结果。其中粗实线包围的区域表示信度超过 95%,向左箭头表示负相关(引自 Wang 等,2014)

关于 CP-El Nino 对其他地区气候的影响,这里不去讨论。下面将简要讨论不同类型 El Nino 对南太平洋海温异常主模态的影响,因为这个海温异常主模态不仅与 ENSO 和北太平洋 PDO 有密切关系,而且也与中国的气候变化存在一定联系(Li Gang 等,2014)。图 7.8.18 给出的是用标准化的 EP(-El Nino)指数回归的南太平洋和赤道太平洋的季节平均 SSTA 的分布特征,其中(—1)和(0)分别表示 El Nino 事件发生的当年和次年。由图可以清楚看到,EP-El Nino 事件从发展到成熟、再到衰亡的整个过程。与 EP-El Nino 事件的发生相伴随,南太平洋的 SSTA 也表现出其主要模态(三极型模态)由发展形成到消失的过程;而南太平洋海温三极型模态的出现要比 EP-El Nino 事件的发生晚 2～3 个月。因此,在一定意义上可以认为 EP-El Nino 事件的发生对南太平洋海温三极型模态的出现有重要的激发作用。类似地,图 7.8.19 给出的是用标准化的 CP(-El Nino)指数回归的南太平洋和赤道太平洋的季节平均 SSTA 的分布特征。由图 7.8.19 可以清楚看到,CP-El Nino 事件从发展到成熟、再到衰亡的整个过程。与 CP-El Nino 事件的发生相伴随,南太平洋的 SSTA 也表现出其主要模态(三极型模态)由发展形成到消失的过程;而南太平洋海温三极型模态的出现也要比 CP-El Nino 事件的发生晚 2～3 个月。比较图 7.8.18 与图 7.8.19 还会发现,CP-El Nino 事件的强度要比 EP-El Nino 事件弱,但所激发的南太平洋海温三极型模态的强度并不弱,甚至还偏强一点。可见无论是 EP-El Nino 还是 CP-El Nino 事件都对南太平洋海温三极型模态的形成有重要作用,CP-El Nino 事件的作用甚至更明显。

在图 7.8.18 和图 7.8.19 中我们可以看到对应不同类型的 El Nino 事件,南太平洋 SSTA 的演变有些不一样;而针对 EP-El Nino 和 CP-El Nino 事件,分析比较它们所对应的气压场、表面风场和海表净加热场的异常分布特征,可以发现彼此都存在一定的差异。但最终都同样可以对南太平洋海温三极型模态的形成起重要作用,其更深入的物理过程还需进一步研究。

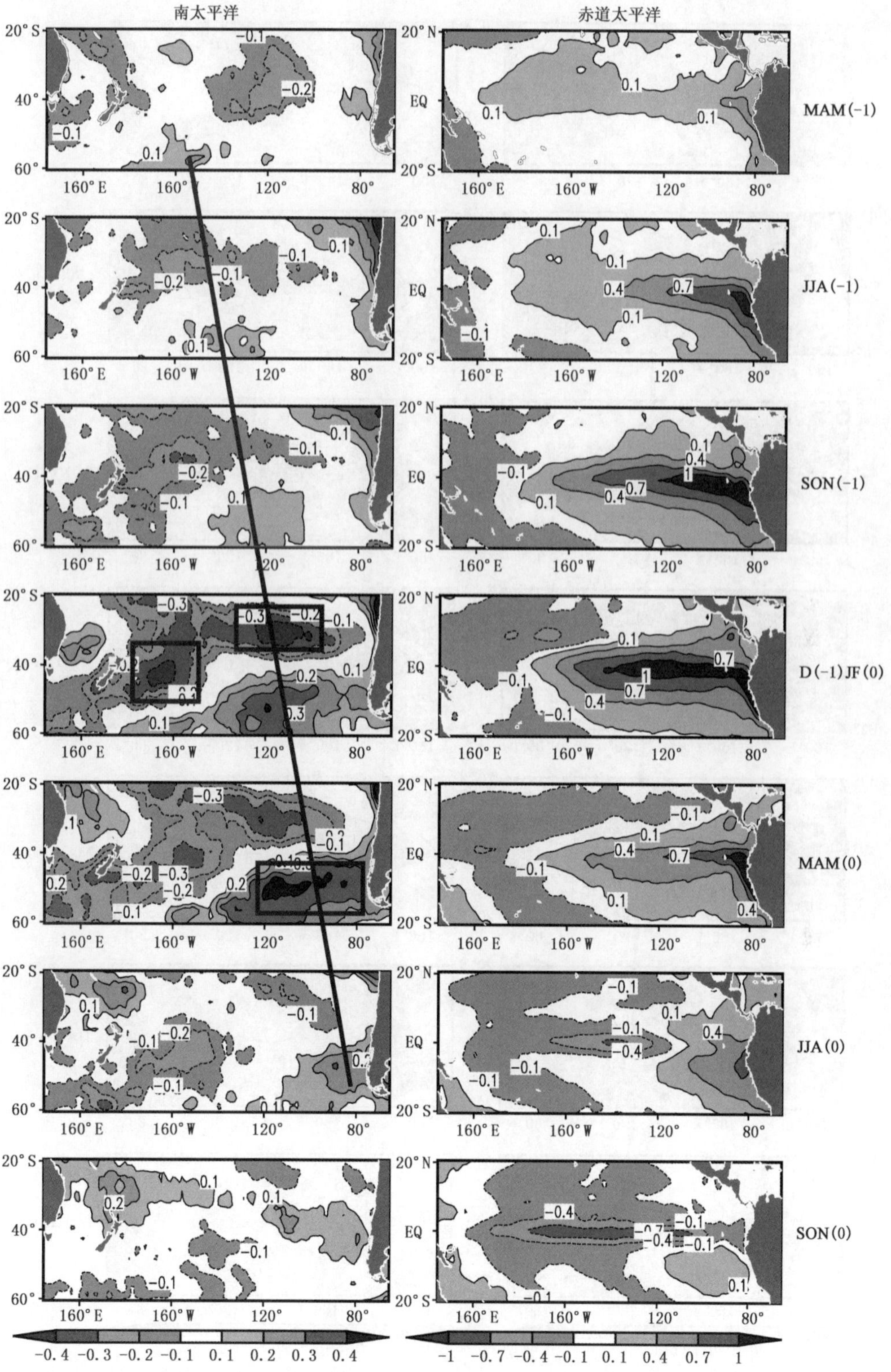


**图 7.8.18** 用标准化的 EP(-El Nino)指数回归的南太平洋(左)和赤道太平洋(右)的季节平均 SSTA(℃)的分布特征(引自 Li Gang 等,2013)

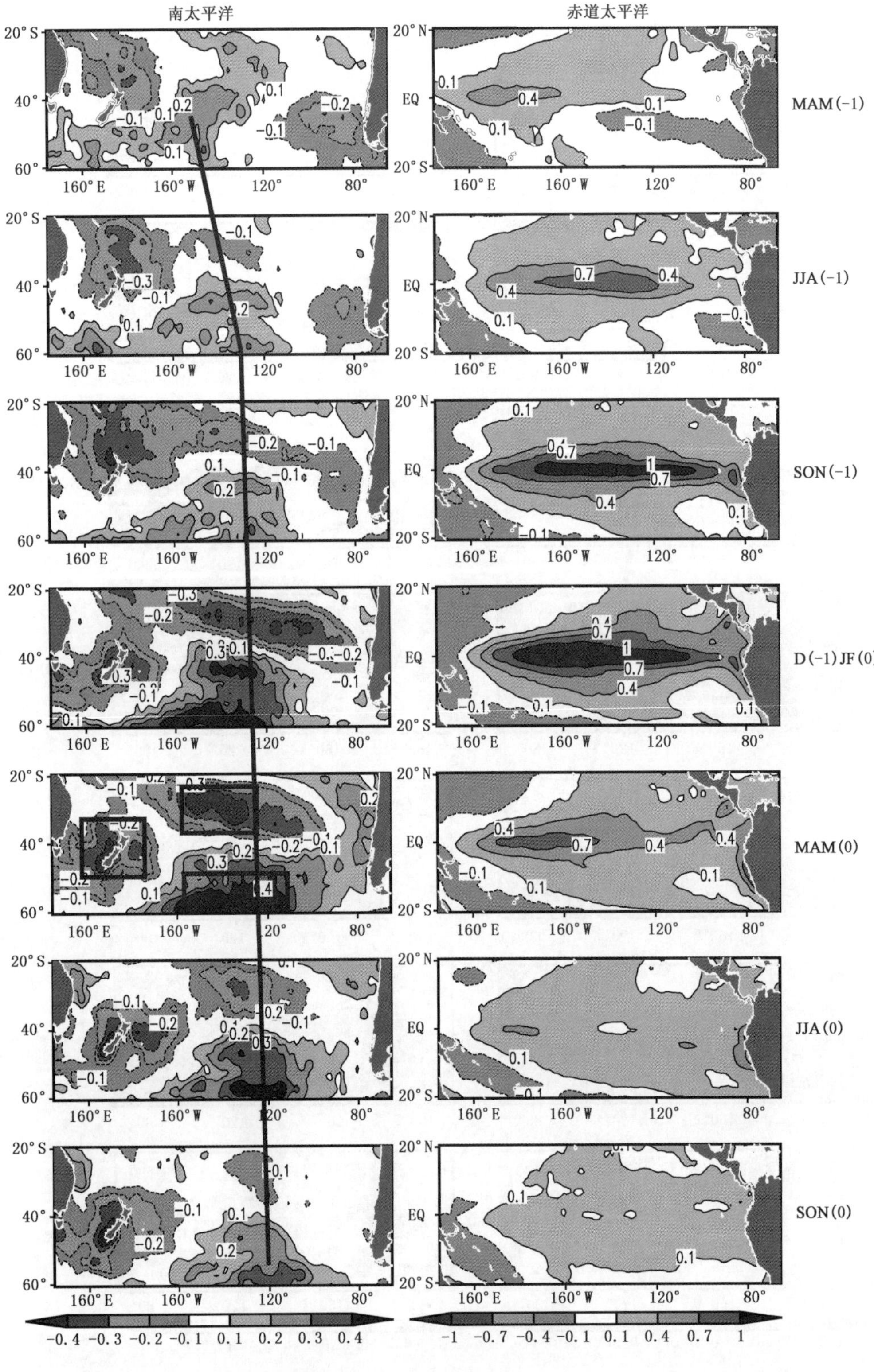


**图 7.8.19**　用标准化的 CP(-El Nino)指数回归的南太平洋(左)和赤道太平洋(右)的季节平均 SSTA(℃)的分布特征(引自 Li Gang 等,2013)

# 参考文献


巢纪平，1992. 厄尔尼诺和南方涛动动力学[M]. 北京：气象出版社.

巢纪平，巢清尘，刘琳，2005. 热带太平洋的ENSO事件和印度洋的DIPOLE事件[J]. 气象学报，**63**(5)：595-602.

陈烈庭，1977. 东太平洋赤道地区海水温度异常对热带大气环流及我国汛期降水的影响[J]. 大气科学，**1**：1-12

陈文，2002. El Nino和La Nina事件对东亚冬、夏季风循环的影响[J]. 大气科学，**26**：595-610.

符淙斌，腾星林，1988. 我国夏季的气候异常与埃尔尼诺/南方涛动现象的关系[J]. 大气科学，**12**(特刊或S1)：133-141.

高辉，王永光，2007. ENSO对中国夏季降水可预测性变化的研究[J]. 气象学报，**65**(1)：131-137.

金祖辉，陶诗言，1999. ENSO循环与中国东部地区夏季和冬季降水关系的研究[J]. 大气科学，**23**(6)：663-672.

黎鑫，李崇银，2014. 两类El Niño的发生与赤道太平洋次表层海温异常[J]. 科学通报，**59**(21)：2098-2107.

李崇银，1985. 厄尔尼诺与西太平洋台风活动[J]. 科学通报，**30**：1087-1089.

李崇银，1987. 厄尔尼诺影响西太平洋台风活动的研究[J]. 气象学报，**45**：229-236.

李崇银，1988a. 频繁强东亚大槽活动与El Nino的发生[J]. 中国科学B辑：化学，**18**：667-674.

李崇银，1988b. 中国东部地区的暖冬与厄尔尼诺[J]. 科学通报，**33**：283-286.

李崇银，1989. El Nino事件与中国东部气温异常[J]. 热带气象，**5**：210-219.

李崇银，1992. 华北地区汛期降水的一个分析研究[J]. 气象学报，**50**：41-49.

李崇银，胡季，1987. 东亚大气环流与厄尔尼诺相互影响的一个分析研究[J]. 大气科学，**11**：359-364.

李崇银，龙振夏，1992. 准两年振荡及其对东亚大气环流和气候的影响[J]. 大气科学，**16**：167-176.

李崇银，龙振夏，2001. 热带大气季节内振荡的异常与1997年El Niño事件的发生[J]. 大气科学，**25**：589-595.

李崇银，穆明权，1998. 异常东亚冬季风激发ENSO的数值模拟研究[J]. 大气科学，**22**：482-490.

李崇银，穆明权，1999. 厄尔尼诺的发生与赤道西太平洋暖池次表层海温异常[J]. 大气科学，**23**(5)：513-521.

李崇银，1995. 热带大气季节内振荡的几个基本问题[J]. 热带气象学报，**11**：276-288.

李崇银，1996. El Niño对热带大气季节内振荡的影响[J]. 自然科学进展，**6**：27-33.

李崇银，穆明权，2000. 东亚冬季风—暖池状况—ENSO循环的关系[J]. 科学通报，**45**(7)：678-685.

李崇银，穆明权，2002. ENSO—赤道西太平洋异常纬向风所驱动的热带太平洋次表层海温距平的循环[J]，地球科学进展，**17**：631-638.

李崇银，穆穆，等，2008. ENSO机理及其预测研究[J]. 大气科学，**34**(4)：761-78.

李桂龙，李崇银，1998. 大气季节内振荡的活动与El Nino[J]. 热带气象学报，**14**：54-62.

穆明权，李崇银，1999. 东亚冬季风年际变化的ENSO信息，I. 观测资料分析[J]. 大气科学，**23**：276-285.

王绍武，1985. 1860—1979年间的厄尔尼诺现象[J]. 科学通报，**30**：52-56.

吴正贤，李崇银，陈彪，吴国雄，1990. 1982—1983年冬季厄尔尼诺期间大气环流异常的诊断分析[J]. 热带气象，**6**：253-264.

杨辉，李崇银，2005. 热带大气季节内振荡的传播及影响因子研究[J]. 气候与环境研究，**10**：145-156.

袁媛，李崇银，凌健，2015. 不同分布型El Nino期间MJO活动的差异[J]. 中国科学，**45**(3)：318-334.

袁媛，杨辉，李崇银，2012. 不同分布型厄尔尼诺事件对中国次年夏季降水的可能影响[J]. 气象学报，**70**：467-478.

臧恒范，王绍武，1984. 赤道东太平洋水温对低纬大气环流的影响[J]. 海洋学报，**6**：16-24.

张荣华，1995. 一个自由表面热带太平洋环流模式及其应用[J]. 中国科学(B)，**25**：204-210.

赵汉光，张先恭，丁一汇，1988. 厄尔尼诺与我国气候异常[J]. 长期天气预报研究通讯，第8805号(43)：21-42.

周广庆，李崇银，1999. 西太平洋暖池次表层海温异常与ENSO关系的CGCM模拟结果[J]. 气候与环境研究，**4**：346-352.

宗海峰，陈烈庭，张庆云，2010. ENSO与中国夏季降水年际变化关系的不稳定性特征[J]. 大气科学，**34**(1)：184-192.

Anderson D L T, McCreary J P, 1985. Slowly, propagating disturbances in a coupled ocean-atmosphere model[J]. *J Atmos Sci*, **42**: 615-628.

Anderson R J, Smith S D, 1981. Evaporation coefficient for the sea surface from eddy flux measurements[J]. *J Geophys Res*, **86**: 449-456.

Angell J K, 1981. Comparison of variations in atmospheric quantities with sea surface temperature variations in the equatorial eastern Pacific[J]. *Mon Wea Rev*, **109**: 230-243.

Arkin P A, 1982. The relationship between interannual variability in 200 mb tropical wind field and the Southern Oscillation [J]. *Mon Wea Rev*, **110**: 1393-1404.

Ashok K, Behera S K, Rao S A, et al., 2007. El Nino Modoki and its possible teleconnection[J]. *J Geophys Res*, **112**: C11007. Doi: 10.1029/2006JC003798.

Battisti D S, 1988. Dynamics and thermodynamics of a warming event in a coupled tropical atmosphere-ocean model[J]. *J Atmos Sci*, **45**: 2889-2919.

Bjerknes J, 1966. A possible response of the atmospheric Hadley circulation to equatorial anomalies of ocean temperature [J]. *Tellus*, **18**: 820-829.

Bjerknes J, 1969. Atmospheric teleconnections from the equatorial Pacific[J]. *Mon Wea Rev*, **97**: 163-172.

Budyko M I, 1978. The heat balance of the Earth[M]. *Climatic Change*: 85-113. Cambridge University Press.

Cane M A, Zebiak S E, Dolan S C, 1986. Experimental forecasts of El Nino[J]. *Nature*, **321**: 827-832.

Chen W Y, 1982. Fluctuations in Northern Hemisphere 700 mb height field associated with the Southern Oscillation[J]. *Mon Wea Rev*, **110**: 808-823.

Ekman V W, 1905. On the influence of the earth's rotation on ocean currents[J]. *Arkiv for Matematik*, Astronomisch Fysik, A, **11**:52.

Fu C B, Diaz H, Fletcher J, 1986. Characteristics of the response of sea surface temperature in the central Pacific associated with the warm episodes of the Southern Oscillation[J]. *Mon Wea Rev*, **114**: 1716-1738.

Fu C, 1985. *Proceedings of International Conference on Monsoons in the Far East Asia*[C]. Tokyo Japan.

Fu C, Fletcher J, Diaz H, 1986. Characteristics of the response of sea surface temperatrue in the central Pacific associated with warm episodes of the Southrn Oscillation[J]. *Mon Wea Rev*, **114**: 1716-1738.

Hirst A C, 1986. Unstable and damped equatorial modes in simple coupled ocean atmosphere models[J]. *J Atmos Sci*, **43**: 606-630.

Horel J D, Wallace J M, 1981. Planetary-scale atmospheric phenomena associated with the Southern Oscillation[J]. *Mon Wea Rev*, **109**: 813-829.

Hoskins B J, James I, White G, 1983. The shape, propagation and mean flow interaction of large-scale weather systems[J]. *J Atmos Sci.*, **40**: 1595-1612.

Huang R H, Wu Y F, 1989. The influence of ENSO on the summer climate change in China and its mechanism[J]. *Adv Atmos Sci*, **6**: 21-32.

Kao H Y, Yu J Y, 2009. Contrasting Eastern-Pacific and Central-Pacific types of ENSO[J]. *J Climate*, **22**: 615-632.

Kim J H, Ho C H, Chu P S, 2010. Dipolar redistribution of summertime tropical cyclone genesis between the Philippine Sea and the north South China Sea and its possible mechanisms [J]. *J Geophys Res*, **115**: D06104. Doi: 10.1029/2009JD012196.

Kinter J L, Shukla H J, Marx L, Schneider E K, 1988. A simulation of the winter and summer circulations with the NMC Global spectral model[J]. *J Atmos Sci*, **45**: 2486-2522.

Kug J-S, Jin F-F, An S-I, 2009. Two types of El Nino events: Cold tongue El Nino and warm pool El Nino[J]. *J Climate*, **22**: 1499-1515.

Larkin N K, Harrison D E, 2005. Global seasonal temperature and precipitation anomalies during El Nino autumn and winter [J]. *Geophys Res Lett*, **32**: L13705. Doi: 10.1029/2005GL022738.

Lau K M, Peng L, 1986. The 40-50 day oscillation and the El Nino/Southern Oscillation: A new perspective[J]. *Bull Amer Meteor Soc*, **67**: 533-534.

Lau K M, Shen S, 1988. On the dynamics of intraseasonal oscillations and ENSO[J]. *J Atmos Sci*, **45**: 1781-1797.

Lee T, McPhaden M J, 2010. Increasing intensity of El Niño in the central-equatorial Pacific[J]. *Geophysical Research Let-*

*ters*, **37**(14):L14603.

Li Chongyin, 1988. Actions of typhoon over the western Pacific (including the South China Sea) and El Nino[J]. *Adv Atmos Sci*, **5**: 107-116.

Li Chongyin, 1990. Interaction between anomalous winter monsoon in East Asia and El Nino events[J]. *Adv Atmos Sci*, **7**: 36-46.

Li Chongyin, Smith I, 1995. Numerical simulation of the tropical intraseasonal oscillation and the effect of warm SSTs[J]. *Acta Meteor Sinica*, **9**: 1-12.

Li Chongyin, Mu Mingquan, Zhou Guangqing, 1999. The variation of warm pool in the equatorial western Pacific and its impacts to climate[J]. *Adv Atmos Sci*, **16**: 378-394.

Li Chongyin, Mu Mingquan, 2000. Relationship between East-Asian winter monsoon, warm pool situation and ENSO cycle [J]. *Chinese Science Bulletin*, **45**: 1448-1455.

Li G, Li C-Y, Tan Y-K, Bai T, 2013. Impacts of central Pacific and eastern Pacific types of ENSO on sea surface temperature variability over the South Pacific[J]. *Theor Appl Climatol.*, **111**. DOI 10. 1007/s00704-013-0840-1.

Li Gang, Li Chongyin, Tan Yanke, Wang Xin, 2014. Observed relationship of boreal winter South Pacific tripole SSTA with eastern China rainfall during the following spring[J]. *Journal of Climate*, **27**: 8094-8106. DOI:10. 1175/JCLI-D-14-00074. 1.

Liu W T, Katsaros K B, Businger J A, 1979. Bulk parameterizations of air-sea exchanges of energy and water vapour including the molecular constraints at the interface[J]. *J Atmos Sci*, **36**: 1722-1735.

McBride J L, N Nicholls, 1983. Seasonal relationships between Australian rainfall and the Southern Oscillation[J]. *Mon Wea Rev*, **111**: 1998-2004.

McCreary J P, 1983. A model of tropical ocean-atmosphere interaction[J]. *Mon Wea Rev*, **111**: 370-387.

McCreary J P, Anderson D L T, 1984. A simple model of El Nino and the Southern Osillation[J]. *Mon Wea Rev*, **112**: 934-946.

Namias J, Cayan D R, 1981. Large-scale air-sea interactions and short-period climatic fluctuations[J]. *Science*, **214**: 868-876.

Quiroz R A, 1983. Relationships among the stratospheric and tropospheric zonal flow and the Southern Oscillation[J]. *Mon Wea Rev*, **111**, 143-154.

Rasmusson E M, Wallace J M, 1983. Meteorological aspects of El Nino/Southern Oscillation[J]. *Science*, **222**: 1195-1202.

Rasmusson E M, Carpenter T H, 1982. Variations in tropical sea surface temperature and surface wind fields associated with the Southern Oscillation/El Nino[J]. *Mon Wea Rev*, **110**: 354-384.

Rasmusson E M, Carpenter T H, 1983. The relationship between eastern equatorial Pacific sea surface temperatures and rainfall over India and Sri Lanka[J]. *Mon Wea Rev*, **111**: 517-528.

Ren H L, Jin F F, 2011. Nino indices for two types of ENSO [J]. *Geophys Res Lett*, **38**: L04704. Doi: 10. 1029/2010GL046031.

Rennick M A, Haney R L, 1986. Stable and unstable air-sea interactions in the equatorial region[J]. *J Atmos Sci*, **43**: 2937-2943.

Ropelewski C F, Halpert M S, 1987. Global and regional scale precipitation patterns associated with the El Nino/Southern Oscillation[J]. *Mon Wea Rev*, **115**: 1606-1626.

Schopf P S, Suarez M J, 1988. Vacillations in a coupled ocean-atmosphere model[J]. *J Atmos Sci*, **45**: 549-567.

Simmons A J, Wallace J, Brastator G, 1983. Barotropic wave propagation and instability, and atmospheric teleconnection patterns[J]. *J Atmos Sci*, **40**: 1363-1392.

Sperber K R, Palmer T N, 1995. Interannual tropical rainfall variability in general circulation model simulations associated with the atmospheric model intercomparision project, PCMDI Report.

Sverdrup H U, 1947. Wind-driven currents in a baroclinic ocean with application to the equatorial currents of the eastern Pacific[J]. *Proceedings of the National Academy of Sciences of the U. S. A.*, **33**: 318-326.

Takahashi K, Montecinos A, Goubanova K, Dewitte B, 2011. ENSO regimes: Reinterpreting the canonical and Modoki El

Nino [J]. *Geophysical Research Letters*, **38**(10).

U S TOGA Project Office, 1987. *The Tropical Oceans and the Global Atmosphere (TOGA) Program.*

Van Loon H, Madden R A, 1981. The southern oscillation, Part I: Global associations with pressure and temperature in northern winter[J]. *Mon Wea Rev*, **109**: 1150-1162.

Van Loon H, Zerefos C S, Repapis C C, 1982. The southern oscillation in the stratosphere[J]. *Mon Wea Rev*, **110**: 225-229.

Van Loon H, Shea D J, 1987. The southern oscillation, part Ⅵ: Anomalies of sea level pressure on the Southern Hemisphere and of Pacific sea surface temperature during the development of a warm event[J]. *Mon Wea Rev*, **115**: 370-379.

Van Loon H, Rogers J C, 1981. The southern oscillation, Part II: Associations with changes in the middle troposphere in the northern winter[J]. *Mon Wea Rev*, **109**: 1163-1168.

Van Loon H, Labitzke K, 1987. The Southern oscillation, Part V: The anomalies in the lower stratosphere of the Northern Hemisphere in winter and a comparison with the quasi-biennial oscillation[J]. *Mon Wea Rev*, **115**: 357-369.

Walker G T, Bliss E W, 1932. World weather[J], V. *Mem Roy Meteor Soc*, **4**: 53-84.

Wang B,1995. Interdecadal changes in El Nino onset in the last four decades[J]. *J Climate*, **8**: 267-285.

Wang X, Zhou W, Li C, Wang D,2014. Comparison of the impact of two types of El Nino on tropical cyclone genesis over the South China Sea[J]. *Int J Climatol*,**34**:2651-2660. Doi: 10. 1002/joc. 3865.

Weng H Y, Ashok K, Behera S K, et al. , 2007. Impacts of recent El Nino Modoki on dry/wet conditions in the Pacific Rim during boreal summer[J]. *Climate Dyn*, **29**: 113-129.

Wyrtki K, 1975. El Nino—the dynamic response of the equatorial Pacific Ocean to atmospheric forcing[J]. *J Phys Oceanogr*, **5**: 572-584.

Yamagata T Y, Masumoto Y, 1989. A simple ocean-atmosphere coupled model for the origin of a warm El Nino Southern Oscillation event[J]. *Phil Trans R Soc Lond*, **329**: 229-236.

Yeh S W, Kug J S, Dewitte B, et al. , 2009. El Nino in a changing climate[J]. *Nature*, **461**: 511-514.

Yu J Y, Kao H Y, Lee T, Kim S T,2011. Subsurface ocean temperature indices for Central-Pacific and Eastern-Pacific types of El Nino and La Nina events[J]. *Theoretical and applied climatology*, **103**(3-4):337-344.

Yu J Y, Zou Y,2013. The enhanced drying effect of Central-Pacific El Nino on US winter[J]. *Environmental Research Letters*, **8**(1):014019.

Zeng Qingcun, Zhang Xuehong, Liang Xinzhong, et al. , 1989. *Documentation of IAP Two-Level Atmospheric General Circulation Model*, TRO-$ $ , DOE/ER/6034-HI, United States Department of Energy.

# 8 陆气相互作用

陆地约占地球表面的1/3,同海洋一样,陆面也是气候系统的组成部分,而陆面过程对气候也有明显的影响。尤其是人类就生活在大陆上,地面状况和气候变化直接影响着人们的生存环境和各种活动,特别是农业生产和交通运输。同时,人类活动所造成的陆地表面状况的改变,反过来又引起了局部地区以至大范围的气候变化。近些年来的一系列观测资料已经充分表明,大面积砍伐森林、在干旱区和半干旱区的大面积垦荒种植等,已不断破坏着地球表面的生态平衡,造成了难以逆转的自然环境恶化,尤其是气候的恶化。例如非洲撒哈拉地区的持续干旱,以及全球范围的土地沙漠化危害已经成为巨大的社会问题。因此,人们普遍重视气候变化,尤其是人类活动和土地利用同气候变化的关系。发生在陆地表面的各种过程与气候的相互作用,也逐渐成为重要的科学研究领域。

陆面过程主要包括地面上的热力过程(包括辐射及热交换过程)、动量交换过程(例如摩擦及植被的阻挡等)、水文过程(包括降水、蒸发和蒸腾、径流等)、地表与大气间的物质交换过程,以及地表以下的热量和水分输送过程。以上诸过程一方面受到大气环流和气候的影响,同时又对大气运动和气候变化有重要的反作用。

人们虽然早就知道不同的地表状况与不同的气候类型有关,但探讨地表过程与不同时间尺度气候变化间的相互作用和影响,还只是近些年的事情。一些定量关系以及过程的参数化都还不是很清楚,有待进行外场观测研究。因此,在世界气候研究计划中,"陆面过程和气候研究计划"(RPLSP)及"水文大气外场试验计划"(HAPEX)都是在外场观测实验的基础上,研究在气候模式中对陆面热交换过程参数化的方法。

在这一章里,我们将主要讨论陆气相互作用的几个基本问题,尤其是对气候变化有重要影响的几个基本因素的作用。

## 8.1 生物-地球物理反馈

在3.3节里我们已经指出,不同地表状况的反照率有很大的差异,例如,雪面的反照率为60%~90%,整平的耕地的反照率为15%~30%,有植被的地面反照率为10%~20%。反照率的不同使得地面获得的太阳辐射也不同;地面辐射平衡受到影响,气候也将发生变化。

Charney在1975年首先提出了一种沙漠化的理论机制。针对撒哈拉地区的情况,他认为在Hadley环流下沉气流的背景下,那里本来就少雨,而过度的放牧使地面反照率增大,使其比四周反射掉更多的太阳辐射;而天空少云和地面温度高又造成更多的红外放射。这样,就导致该地区与周围相比是一个辐射热汇,净辐射小;为了维持热力平衡,该地区的空气必然被压缩下沉,从而加强了Hadley环流的下沉支。更强的下沉气流加剧了干旱,使植被进一步退化,造成土地沙漠化。这是一种通过辐射过程而自己加剧其干旱化的自感反馈,也称其为生物-地球物理反馈。

在考虑涡旋黏性的情况下,大气经圈环流的运动方程可以简单地写成

$$-f\bar{\rho}v = \frac{\partial}{\partial z}\left(\bar{\rho}\nu\frac{\partial u}{\partial z}\right) \tag{8.1.1}$$

其中$\bar{\rho}$是水平平均密度值,$\nu$ 是黏性系数,$u$ 和 $v$ 分别是纬向和经向风速。纬向风随高度的变化可以用热成风关系来表示,即

$$f\frac{\partial u}{\partial z} = -\frac{g}{\overline{T}}\frac{\partial T}{\partial y} \tag{8.1.2}$$

这里 $T$ 和 $\overline{T}$ 分别是温度及其平均值

根据质量连续方程

$$\frac{\partial(\bar{\rho}v)}{\partial y} + \frac{\partial(\bar{\rho}w)}{\partial z} = 0 \tag{8.1.3}$$

可以引入质量流函数 $\psi$,并且由式(8.1.1)可得到

$$\psi \equiv \int_0^z \bar{\rho}v\,\mathrm{d}z = -\frac{\bar{\rho}\nu}{f}\frac{\partial u}{\partial z} \tag{8.1.4}$$

进一步可有

$$\psi = \frac{g\bar{\rho}\nu}{f^2\overline{T}}\frac{\partial T}{\partial y} \tag{8.1.5}$$

及

$$-\frac{\partial\psi}{\partial y} = \bar{\rho}w = -\frac{g\bar{\rho}\nu}{f^2\overline{T}}\frac{\partial^2 T}{\partial y^2} \tag{8.1.6}$$

这是描写边界层顶温度梯度引起垂直环流的动力学公式。

另一方面,在线性化情况下的热力学第一定律可写成

$$c_p\frac{N^2}{g}\bar{\rho}w = -\frac{1}{\overline{T}}\frac{\partial F}{\partial z} \tag{8.1.7}$$

其中 $c_p$ 是比定压热容,$F$ 是陆面辐射净通量,而 $N^2$ 是静力稳定度参数,即

$$N^2 \equiv \frac{g}{\overline{T}}\left(\frac{\partial\overline{T}}{\partial z} + \frac{g}{c_p}\right)$$

考虑大气吸收介质为水汽,其密度分布同厚度有关系式:

$$\rho_{\mathrm{w}} = \rho_{\mathrm{w}0}\mathrm{e}^{-\frac{z}{h}} \tag{8.1.8}$$

其中 $h$ 是主要水汽层的厚度。若令 $\tau$ 是水汽的光学厚度,那么应有

$$\mathrm{d}\tau = k\rho_{\mathrm{w}}\mathrm{d}z \tag{8.1.9}$$

和

$$\tau = \tau_\infty(1 - \mathrm{e}^{-\frac{z}{h}}) \tag{8.1.10}$$

这里 $\tau_\infty = hk\rho_{\mathrm{w}0}$;$k$ 是水汽的吸收系数,简单地可取作常数。

根据第 3 章讨论过的辐射传输概念,在地面的辐射传输方程可写成

$$\left.\begin{aligned}&\frac{\partial F^{\uparrow}}{\partial \tau}=B-F^{\uparrow}\\&\frac{\partial F^{\downarrow}}{\partial \tau}=F^{\downarrow}-B\\&F=F^{\uparrow}-F^{\downarrow}\end{aligned}\right\}\tag{8.1.11}$$

其中 $F^{\uparrow}$ 和 $F^{\downarrow}$ 分别为向上和向下的辐射通量，而 $B=\sigma T^4$ 表示黑体辐射，由式(8.1.11)还可以得到

$$\left.\begin{aligned}&\frac{\partial F}{\partial \tau}-F=2(B-F^{\uparrow})\\&\frac{\partial F}{\partial \tau}+F=2(B-F^{\downarrow})\end{aligned}\right\}\tag{8.1.12}$$

$$\frac{\partial^2 F}{\partial \tau^2}-F=2\frac{\partial B}{\partial \tau}=8\sigma\overline{T}^3\frac{\partial T}{\partial \tau}\tag{8.1.13}$$

再由前面的(8.1.6)和(8.1.7)两式可得

$$c_p\bar{\rho}v\frac{N^2}{f^2}\frac{\partial^2 T}{\partial y^2}=\frac{\partial F}{\partial z}\tag{8.1.14}$$

上式对 $z$ 取积分，可得到

$$c_p\bar{\rho}vh\frac{N^2}{f^2}\frac{\partial^2 T}{\partial y^2}=(\tau_{\infty}-\tau)\frac{\partial F}{\partial \tau}\tag{8.1.15}$$

这样，(8.1.13)和(8.1.15)两式分别描写了辐射通量与温度以及辐射通量与温度水平分的关系。而地面的净辐射通量直接与地面反照率 $A$ 有关，即 $F=(1-A)S$，$S$ 是向下的太阳辐射通量。当地面反照率改变之后，地面辐射通量就要改变，地面的温度分布也跟着改变，在摩擦力作用下，将产生一个附加的垂直运动，即

$$w=-\frac{gv}{\overline{T}f^2}\frac{\partial^2 T}{\partial y^2}\tag{8.1.16}$$

在北非副热带环流背景下，取相应的大气参数，分别计算反照率为14%和35%情况下的温度偏差和质量流函数，如图8.1.1所示。可以看到，地面反照率由14%增加到35%时，无论是大气的温度分布还是流函数场都发生了明显的变化。特别是地面反照率的这种改变使得最大下沉运动在冬、夏都增加约2 mm·s$^{-1}$。反照率增大所引起的下沉运动的增大必然对降水产生影响。

图8.1.2给出了用戈达德空间研究所的大气环流模式(GISS-GCM)计算得到的非洲18°N以北地区有不同反照率时的降水量。可以看到，由于地面反照率由14%增大到35%，其降水量减少了约40%，可见上述生物-地球物理反馈的影响是相当重要的。

用数值模拟方法还可以研究不同性质的气候区里地面反照率变化所造成的影响。Charney等(1997)用GISS-GCM模拟研究了几个不同地区地面反照率改变对降水量的影响，他们共进行了三组6个模拟试验，各个试验的不同地面反照率参数如表8.1.1所示。其中沙漠地区、沙漠边界地区和潮湿地区分别如图8.1.3所示。试验1和试验2a的结果将反映沙漠地区反照率变化的影响；试验2a和试验3a的结果将反映沙漠边界地区反照率变化的影响；试验2a和试验4的结果将反映潮湿地区反照率变化的影响。同时，试验中还考虑了陆面的过量蒸发和微量蒸发两类情况。

在沙漠地区数值模拟和观测得到的7月份的降水率如表8.1.2所示，同图8.1.2的结果一样，地面反照率的增大使降水量明显减少。

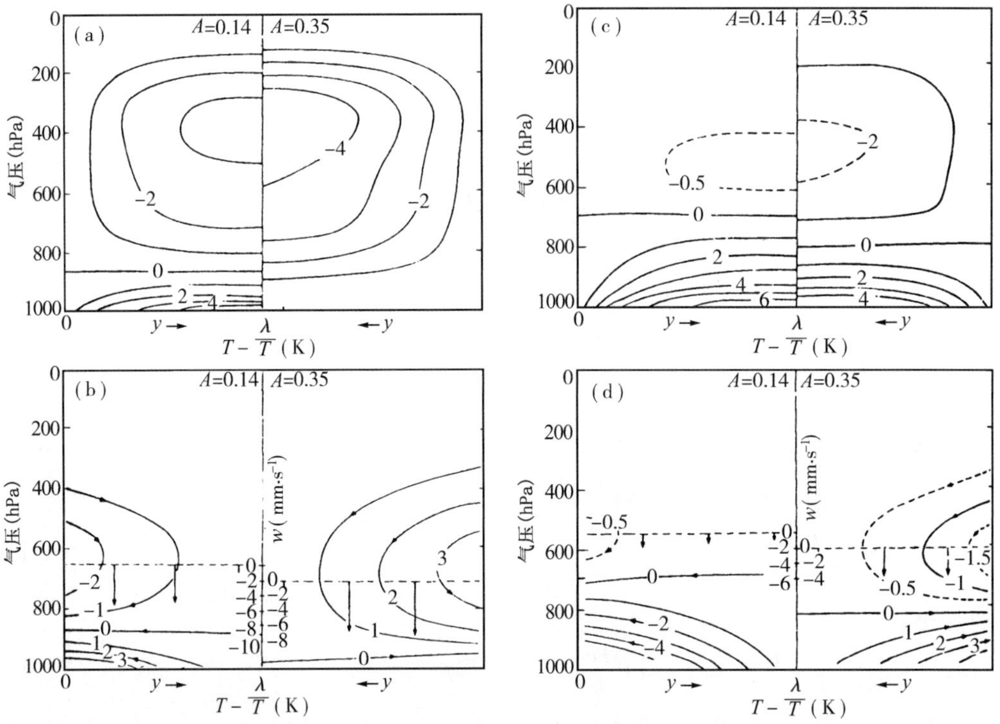


**图 8.1.1**　地面反照率分别为 14%和 35%时，撒哈拉地区冬季的温度偏差(a)和质量流函数(b)与夏季的温度偏差(c)和质量流函数(d)的计算值(引自 Charney,1975)

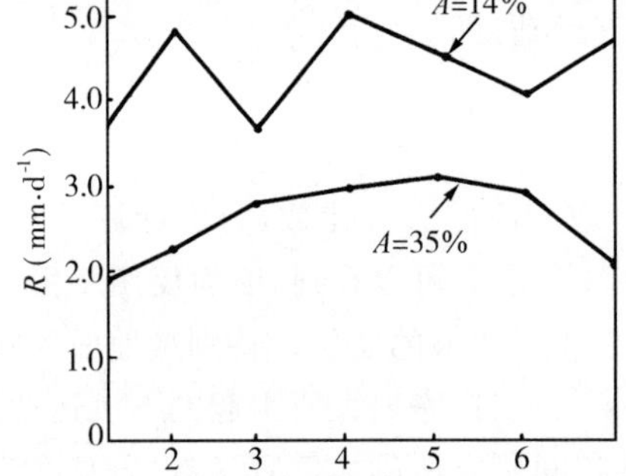


**图 8.1.2**　地面反照率分别为 14%和 35%时，计算得到的非洲 18°N 以北地区的降水量(mm · $d^{-1}$)(引自 Charney,1975)

**表 8.1.1**　各个模拟试验的下垫面参数

| 试验编号 | 反照率(*A*) | | | | | | 陆面蒸发 |
|---|---|---|---|---|---|---|---|
| | 陆地 | 海洋 | 冰雪 | 沙漠区 | 边界区 | 潮湿区 | |
| 1 | 0.14 | 0.07 | 0.7 | 0.14 | 0.14 | 0.14 | 过量 |
| 2a | 0.14 | 0.07 | 0.7 | 0.35 | 0.14 | 0.14 | 过量 |
| 2b | 0.14 | 0.07 | 0.7 | 0.35 | 0.14 | 0.14 | 微量 |
| 3a | 0.14 | 0.07 | 0.7 | 0.35 | 0.35 | 0.14 | 过量 |
| 3b | 0.14 | 0.07 | 0.7 | 0.35 | 0.35 | 0.14 | 微量 |
| 4 | 0.14 | 0.07 | 0.7 | 0.35 | 0.14 | 0.35 | 过量 |

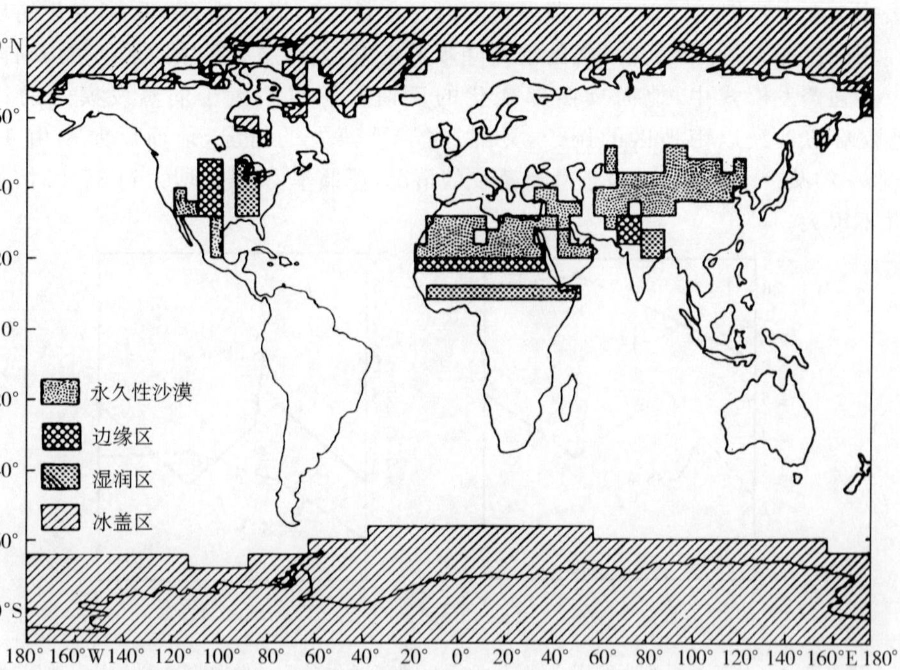


**图 8.1.3** 数值模拟试验所选取的有代表性的不同地区(引自 Charney 等,1977)

**表 8.1.2** 数值模拟和观测得到的 7 月份沙漠地区的降水率($mm \cdot d^{-1}$)

| 地 区 | 数值模拟($A=0.14$) | 数值模拟($A=0.35$) | 观测 |
|---|---|---|---|
| 撒哈拉和阿拉伯沙漠 | 4.21 | 2.63 | 0.18 |
| 中东沙漠 | 4.75 | 1.09 | 0.46 |
| 亚洲中部和东部沙漠 | 3.40 | 1.96 | 1.24 |
| 美国西部沙漠 | 2.37 | 1.01 | 0.47 |

由表 8.1.2 的结果可以看到,当反照率由 14%增大到 35%之后,4 个沙漠区的平均降水率约减少了 54%。显然反照率的改变在沙漠地区有重要影响。表 8.1.3 是在沙漠边界区和潮湿季风区的情况,同样,地面反照率的变化也使得降水率明显减少,只是平均来讲不及沙漠地区的影响那么大,其降水率平均分别减少约 47%和 29%。

**表 8.1.3** 在沙漠边界地区和潮湿季风区的地面反照率变化对降水率和蒸发($mm \cdot d^{-1}$)的影响

| 地 区 | | 观 测 | 过量蒸发情况 | | 微量蒸发情况 | |
|---|---|---|---|---|---|---|
| | | | $A=0.14$ | $A=0.35$ | $A=0.14$ | $A=0.35$ |
| 边界地区 | 撒哈拉沙漠以南 | 1.2(0.9) | 7.4(3.7) | 4.0(2.8) | 4.0(0.14) | 2.7(0.34) |
| | 印度西北部 | 2.7(1.9) | 4.9(4.1) | 2.3(3.6) | 2.1(0.10) | 2.4(0.26) |
| | 美国西部平原 | 1.9(2.3) | 3.7(4.2) | 2.2(3.2) | 0.8(0.00) | 0.4(0.10) |
| 潮湿季风区 | 非洲中部 | 5.1(2.2) | 5.0(4.3) | 1.9(3.6) | 3.1(0.18) | |
| | 孟加拉 | 7.9(3.1) | 8.0(3.9) | 8.0(3.7) | 4.6(0.38) | |
| | 密西西比河流域 | 2.3(2.8) | 4.4(5.1) | 3.3(3.5) | 1.2(0.08) | |

* 表内括号中的数值为蒸发率。

在表 8.1.3 中我们还可以看到,蒸发模式对降水量(率)以及地面反照率变化的反馈都有影响。在相同反照率条件下,蒸发强的模式降水量也大,表明局地区域的水汽供应对降水有重要作用。在强蒸发模式中,地面反照率变化的反馈作用也略大于弱蒸发模式的结果。图 8.1.4 是撒哈拉沙漠以南地区的例子,显然,对于强蒸发的情况,地面反照率由 14%增大 35%,降水率约减少了 50%;而对于微量蒸发的情况,反照率由 14%增大到 35%时,降水率的减少却并不很大。

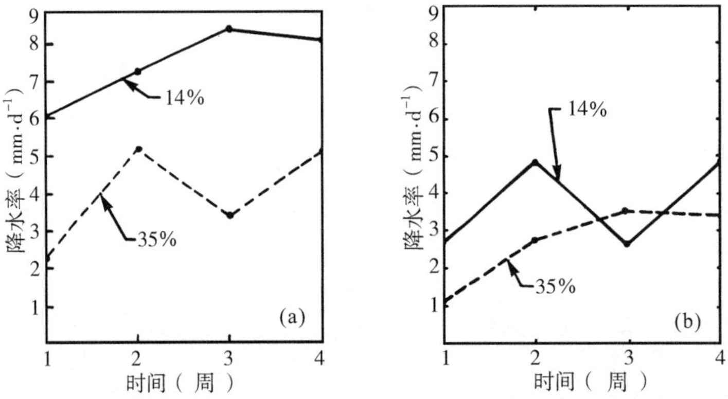


**图 8.1.4** 对于不同的蒸发模式情况,地面反照率变化对 7 月份撒哈拉沙漠以南地区降水率(mm · $d^{-1}$)的影响(引自 Charney 等 1977)

(a) 过量蒸发情况;(b) 微量蒸发情况

利用 NCAR 大气环流模式,Chervin(1979)进行了改变北非地面反照率的数值模拟试验。在一个异常试验中,将 7.5°N 以北的整个北非地区的地面反照率全改为 0.45;而控制试验中该区域的地面反照率有不同分布,撒哈拉北部为 0.35,南部边界区为 0.08。数值试验积分了 120 d,图 8.1.5 是最后 60 d 平均的大气环流和气候异常的情况,其中图 8.1.5a、b、c 和 d 分别表示 3 km 高度上的垂直速度、降水率、地面温度和土壤湿度异常的分布,其阴影区表示可信度达到 95%。首先,地面反照率的改变造成了各种气象要素的极为显著的异常,不仅在反照率改变的地区内有异常,而且在反照率改变区域之外,尤其是在其南面的广大区域也有明显的异常发生。其次,北非地面反照率的增加造成了约 2 mm · $s^{-1}$ 的垂直上升速度的减小,降水率约减少了 4 mm · $d^{-1}$,土壤湿度的存贮减少了约 50 mm,地面温度降低了约 0.2 ℃。这个数值模拟试验再一次表明,地面反照率的增加对该地区及其邻近地区的大气环流和气候变化都有很重要的影响,而且这种影响是多方面的。

## 8.2 土壤温度和湿度的反馈

不同的气候带和不同的气候时段,相应地都有土壤温度和湿度的一定分布,因此,也可以说土壤的温度和湿度是气候状态的属性之一。然而有关研究已清楚地表明,土壤的温度和湿度又对气候有显著的反馈作用。土壤的热容量比空气的大得多,土壤的热状况及其变化将对大气的陆面下边界条件起重要作用。土壤湿度会改变地表的蒸发,从而会影响地气间的水分

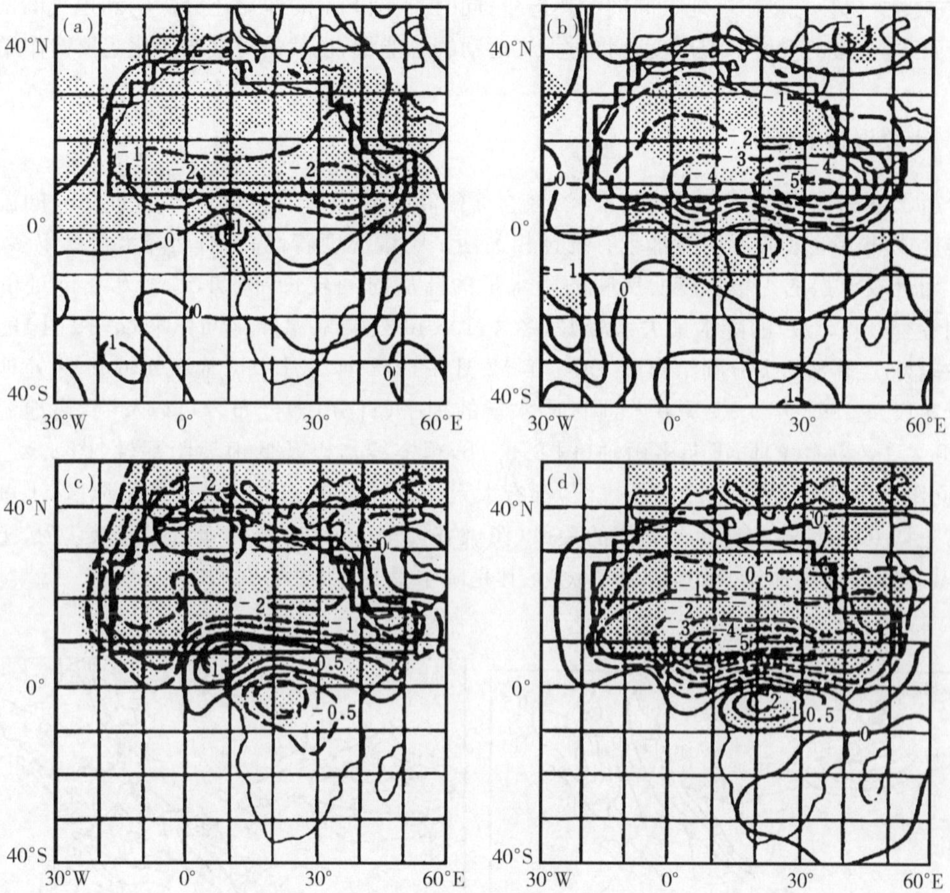


**图 8.1.5** 北非地区地面反照率增大所造成的气象要素异常的数值模拟试验结果(引自 Chervin,1979)
(a) 3 km 高度上的垂直风速异常(mm·s$^{-1}$),(b) 降水率异常(mm·d$^{-1}$);
(c) 地面温度异常(℃);(d) 土壤湿度异常(cm)

交换以及大气中的潜热释放。这些过程同大气运动相互影响,对气候变化造成一定的反馈。

在不考虑地气间动力相互作用的情况下,大气总能量方程(2.2.38)可写成

$$\frac{\partial}{\partial t}\iiint_V \overline{\rho E}\,\mathrm{d}V = \iint_T \overline{F}_{\mathrm{rad}}\,\mathrm{d}x\mathrm{d}y + \iint_S (-\overline{F}_{\mathrm{rad}} + \overline{F}_{\mathrm{SH}} + \overline{F}_{\mathrm{LH}})\,\mathrm{d}x\mathrm{d}y \tag{8.2.1}$$

其中等号右边第一项表示在大气顶的积分,在那里感热通量($F_{\mathrm{SH}}$)和潜热通量($F_{\mathrm{LH}}$)都为零,只有辐射能通量($F_{\mathrm{rad}}$);上式等号右边第二项是在地表的积分,其中地面的辐射通量已在 3.3.3 节中讨论过,而地面的感热通量和潜热通量可分别写成

$$F_{\mathrm{SH}} = \rho_s c_p C_D |V_s| (T_* - T_s) \tag{8.2.2}$$

$$F_{\mathrm{LH}} = \rho_s L_v C_D |V_s| (q_* - q_s) \tag{8.2.3}$$

这里 $\rho_s$,$T_s$ 和 $q_s$ 分别是地面空气的密度、温度和比湿;$V_s$ 是地面风速;$T_*$ 和 $q_*$ 是表层土壤的温度和比湿;$c_p$ 是空气比定压热容;$C_D$ 是空气传输系数;$L_v$ 是蒸发潜热。

由式(8.2.2)和(8.2.3)可以清楚地看到,土壤的温度变化可以直接影响地气间的感热通量,

土壤的湿度变化会直接影响地气间的潜热通量；同时，$T_*$ 和 $q_*$ 的变化还会影响到地气间的辐射通量。因此，土壤的温度和湿度变化将对大气运动的总能量，也就是对气候变化起反馈作用。

### 8.2.1　土壤温度的影响

分析土壤的温度与降水量的关系，汤懋苍等(1986)发现深层土壤(0.8～3.2 m)的温度与相应地区或邻近地区的后期降水量有统计相关性。土壤温度若偏高，后期降水量就偏多，反之亦然。而且较深层的土壤温度所反映的降水量的滞后时间较长，例如，冬季 0.8 m 处的地温异常同春季(3—5 月)的降水量关系较好，冬季 1.6 m 处的地温异常与汛期(4—9 月)的降水量关系较好。图 8.2.1 分别给出了 1977 年 12 月—1978 年 2 月中国地区 1.6 m 深处地温的距平分布以及 1978 年 4—9 月中国地区降水量的距平(百分比)分布。可以看到，高地温距平轴(图 8.2.1a，粗实线)同汛期多雨轴(图 8.2.1b，粗实线)，以及低地温距平轴(图 8.2.1a，粗虚线)同汛期少雨轴(图 8.2.1b，粗虚线)都有大致相近的位置分布。对于美国地区，土壤温度的异常也同其后期降水量存在类似的关系(汤懋苍和 Reiter，1986)。因此，可以认为，土壤温度(尤其是较深层的地温)对其后期气候(尤其是降水量)有明显的影响。

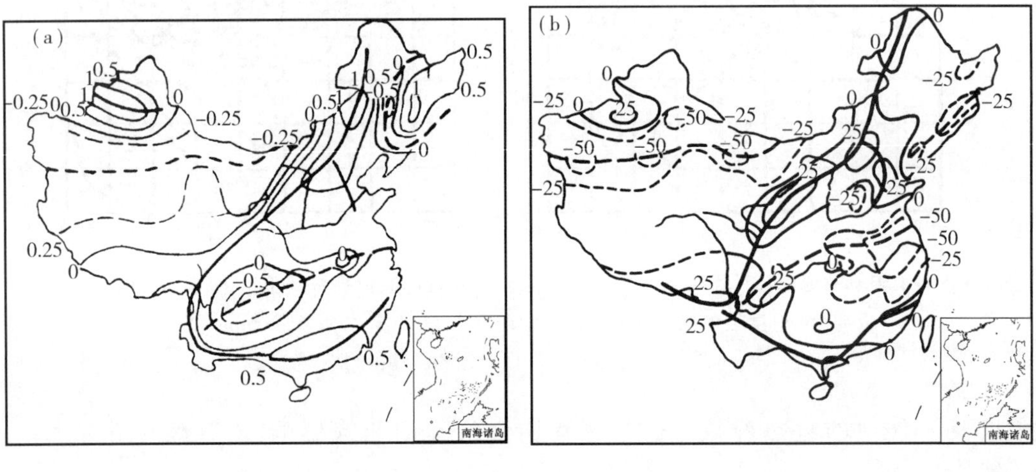


**图 8.2.1**　冬季 1.6 m 深处地温距平(a)与次年 4—9 月降水量距平百分比(b)的分布(汤懋苍等，1986)

关于土壤温度异常的数值模拟试验(王万秋，1991)表明，区域性的持续土壤温度异常可以对短期气候产生明显的影响。数值试验用 IAP-GCM(第 9 章将对此模式进行讨论)对 7 月份的情况作了模拟，土壤温度(6 cm 深处)异常的分布如图 8.2.2a 所示。数值模拟中如果在该区域土壤的温度异常只在初始时刻存在，那么这种异常的影响只持续 1 d 左右便基本消失。如果在该区域土壤的温度异常持续 1 个月，那么这种异常将会对大气环流和气候有一定的影响。图 8.2.2b 是该区域土壤温度持续异常所产生的第 10～30 d 的平均降水率的改变，可以看到，区域性土壤温度的异常(增加)在该区域内造成了降水量的明显增大，其最大增值为 3 mm · $d^{-1}$，而该区域的模式气候值仅为 5～7 mm · $d^{-1}$，足见影响是显著的。同时，在土壤温度异常区的南面出现了一个降水明显减小的区域，其范围同土壤温度异常区相当。图 8.2.2c 是模拟第 10～30 d 的平均地面空气温度的异常，可见在土壤温度异常区及其南面出现了较大范围的气温增高，而且以其南部地区气温增加更大。土壤异常区南面气温增加更大的原因主要是那里降水减少、太阳辐射和下沉运动造成的。模拟中各个物理量变化的分析表明，在土壤温度异常区，由于地面向上感热输送增加，使大气下层增温，地面气压下降，对流层低层辐合加强，降水增加；同时，上述辐合在其南部诱发出异常辐散和下沉，降水减少，气温增高。

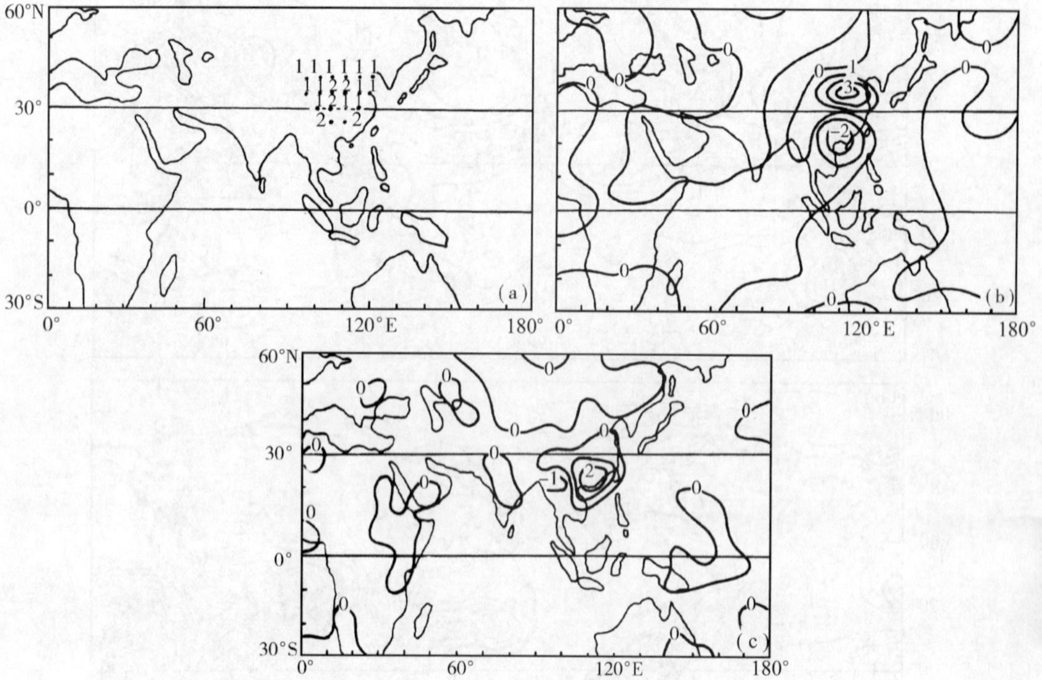


**图 8.2.2** 区域性土壤温度异常对短期气候的影响(引自王万秋，1991)

(a) 土壤温度异常(℃)的分布；(b) 模拟第 10～30 d 的降水异常($mm \cdot d^{-1}$)；

(c) 模拟第 10～30 d 的地面气温异常(℃)

### 8.2.2 土壤湿度的影响

土壤湿度除了会直接影响地气间的潜热通量之外，还对辐射、感热通量及大气的稳定度造成影响。一般来讲，土壤湿度偏低，则会使地面温度增加，射出长波辐射也增加；同时，比较干的土壤其反射率较大，导致地面吸收的太阳辐射减小。这样，地面失去的热量比较多，地面温度将降低。这里虽存在着自反馈过程，但土壤湿度的影响是很明显的。另外，土壤湿度直接联系着蒸发，较潮湿的土壤有利于增加大气的含水量，而且使大气稳定度降低，有利于降水发生。

全球性土壤湿度的变化将引起极为显著的气候效应，这已为 Shukla 和 Mintz(1982)的数值模拟试验所证明。他们用 GLAS(戈达德空间飞行中心大气科学实验室)的大气环流模式对两个极端情况进行了模拟试验，一个试验假定全球陆地土壤完全湿润，另一个试验假定全球陆地土壤完全变干。对上述两种极端情况，以 6 月 15 日的观测资料作为相同的初值而进行数值积分。图 8.2.3 是两种土壤情况下模拟的全球降水率的分布，阴影区表示降水率大于 $2\ mm \cdot d^{-1}$。可以看到两图有十分明显的差异，在干土情况下，除个别地区外，全部大陆上几乎日降水量都小于 2 mm；而在湿土情况下，大陆上的日降水量都大于 2 mm。同降水分布相

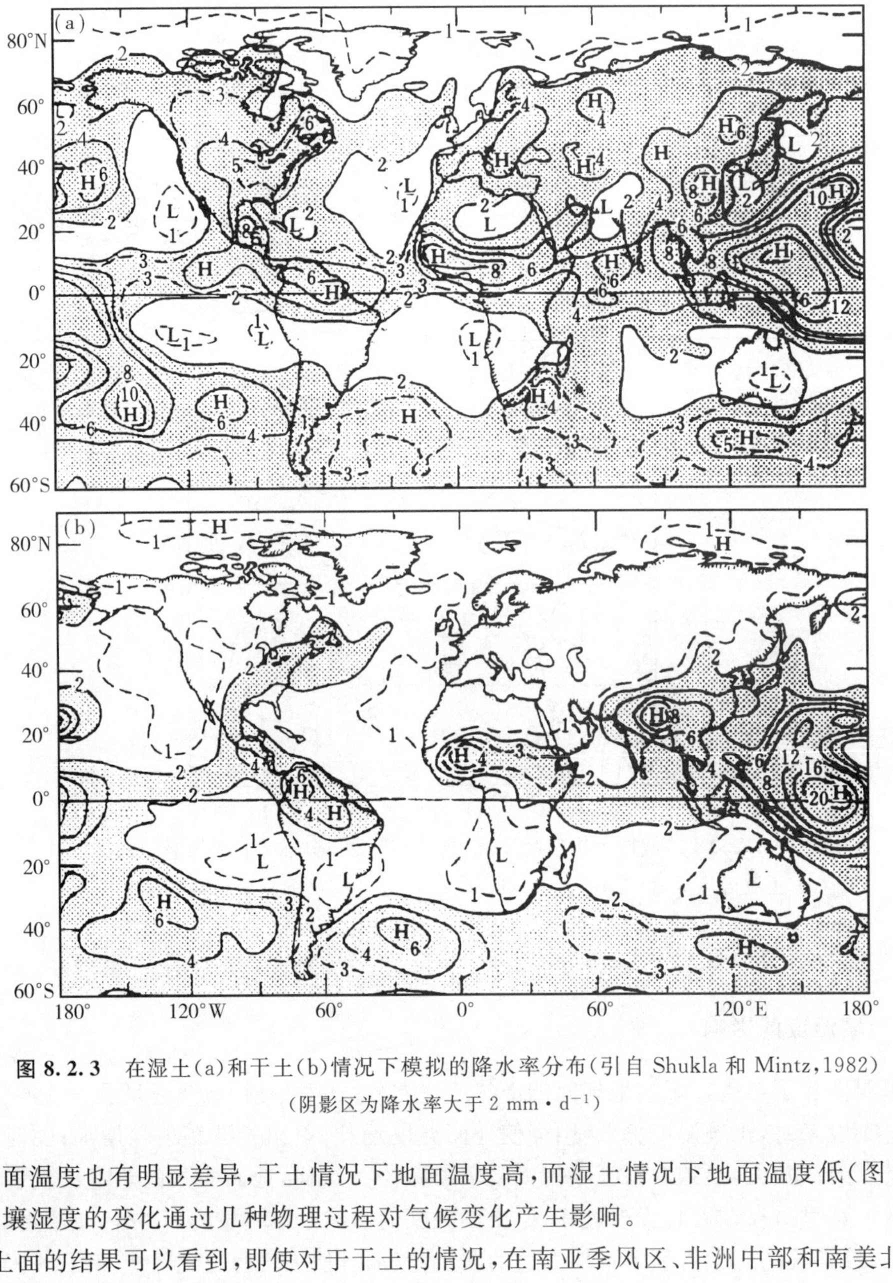


**图 8.2.3**　在湿土(a)和干土(b)情况下模拟的降水率分布(引自 Shukla 和 Mintz,1982)

(阴影区为降水率大于 2 mm·$d^{-1}$)

对应,地面温度也有明显差异,干土情况下地面温度高,而湿土情况下地面温度低(图 8.2.4)。因此,土壤湿度的变化通过几种物理过程对气候变化产生影响。

从上面的结果可以看到,即使对于干土的情况,在南亚季风区、非洲中部和南美北部仍有较强的降水,这是 ITCZ 活动和夏季风造成的大量水汽水平输送的结果。这些地区已无陆面蒸发,但大量水汽输送仍造成了较大降水。由此也可以看到大气环流的作用以及对不同土壤湿度异常地区的不同影响。对于这一点,Yeh 等(1984)的模拟试验更能说明问题。他们分别假定在 15°S～15°N、0°～30°N 和 30°～60°N 三个纬度带内陆地的土壤湿度达到饱和(相当于在初始时刻都有灌溉的情况),利用简化的 GFDL 大气环流模式所做的模拟结果表明,这种大面积的土壤湿度改变对大气环流和气候所产生的影响都明显超过 2 个月以上。不同试验结果的差异也是明显的,30°～60°N 纬带土壤湿度改变的影响延续时间最长,约 5 个月;15°S～15°N纬

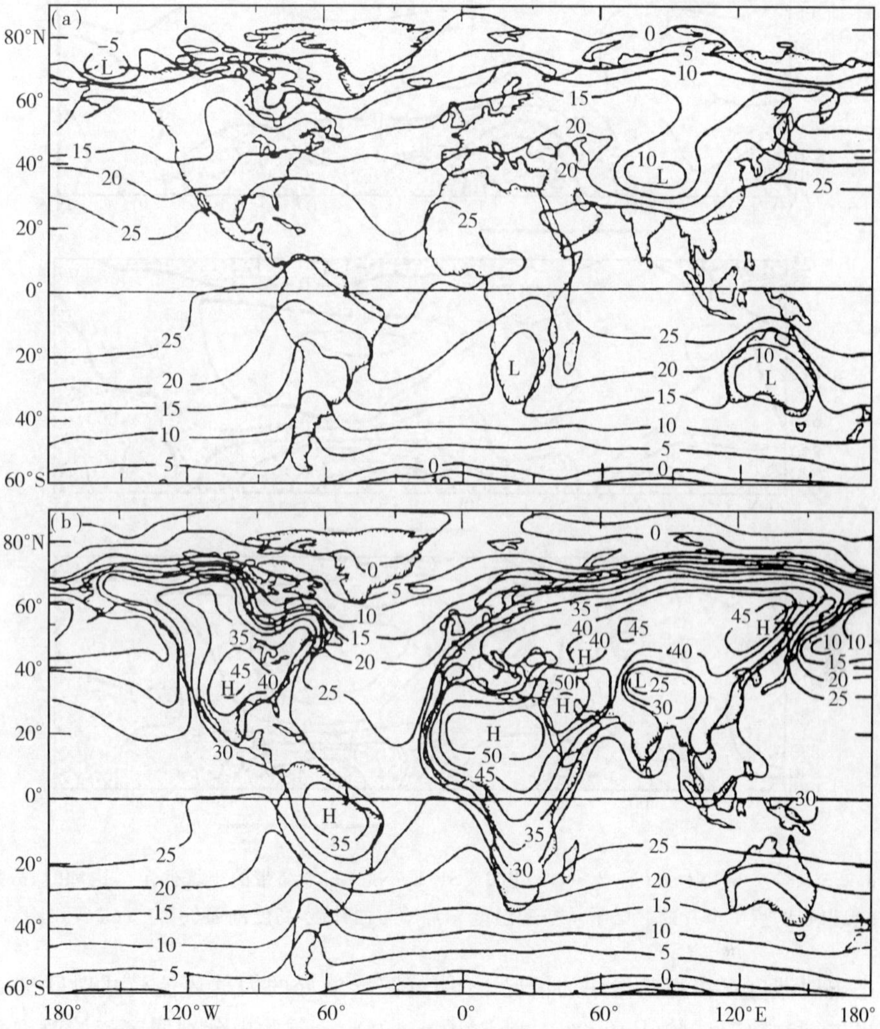


**图 8.2.4** 在湿土(a)和干土(b)情况下模拟的地面温度(℃)分布(引自 Shukla 和 Mintz,1982)

带土壤湿度改变的影响时间最短,约 2 个月。就各个纬带土壤湿度的改变所造成的降水来看,以 30°～60°N 为最强,极值达 4 mm·d$^{-1}$,而 0°～30°N 最弱,极值只有 0.5 mm·d$^{-1}$。可见由于所处地理位置不同,土壤湿度改变的气候效应也不一样。图 8.2.5 是模拟得到的第二个月的纬向平均空气温度异常的纬度-高度剖面,显然,土壤湿度的改变不仅对相应地区的大气状态有极大的影响,对流层低层温度异常达到 5℃左右;而且对全球范围的大气环流和气候都有重要影响。

在上述数值模拟试验中,土壤的湿度并不随时间变化,或者说不包括其相互作用过程。事实上因降水和蒸发的改变,土壤湿度也在变化,简单地可用公式

$$\frac{\partial W}{\partial t} = P - E \tag{8.2.4}$$

来描写土壤湿度($W$)的变化,其中 $P$ 和 $E$ 是降水率和蒸发率。

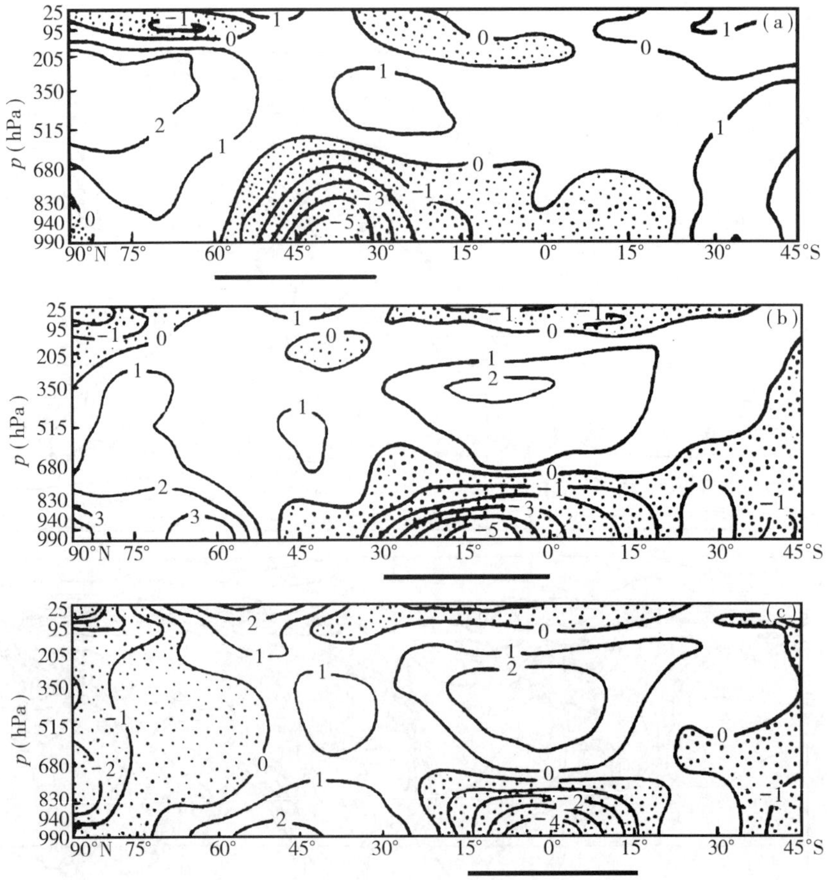


**图 8.2.5**　30°～60°N(a)、0°～30°N(b)和 15°S～15°N(c)三个纬带的土壤假定为饱和时，分别模拟得到的后 1 个月的纬向平均空气湿度异常(℃)的纬度-高度剖面(引自 Yeh 等，1984)

在考虑土壤湿度存在相互作用的情况下，用英国气象局的大气环流模式对欧洲有限区域湿度异常也进行过数值试验(Rowntree 和 Bolton，1983)。试验中分别假定初始时刻大部欧洲地区土壤湿度为零(干土)和 15 cm(湿土)，前者比控制试验(湿度为 5 cm)干，而后者比控制试验潮湿。图 8.2.6 是用 330 km 格距的中分辨率模式模拟得到的降水情况，图 8.2.6a 和 8.2.6b 分别是土壤湿异常和干异常情况下，第 21～50 天平均的降水分布；图 8.2.6c 是两种情况降水的差的分布。一个极为突出的现象是不仅在土壤湿度异常的区域内有明显的降水变化，而且在异常区域以外的地区也出现了相当大的降水变化。同样，其他气象要素场(例如湿度、气压和空气比湿等)也在相当大的空间范围出现了变化。因此，局地区域的土壤湿度异常也对大气环流和气候变化有重要影响。

需要特别指出，在 8.1 和 8.2 节里我们分别讨论了地面反照率、土壤温度和湿度对大气环流和气候变化的重要影响。在这些影响中还存在着地面反照率、土壤温度和土壤湿度间的相互作用，地面反照率同土壤湿度间有较强的负反馈，土壤湿度和土壤温度间也有负反馈，地面反照率同土壤温度间有弱的正反馈。大气环流和气候的变化就在几种反馈机制间进行着，使得地面状况对气候的影响问题变得相当复杂，特别是地面状况还要包括植被的情况。

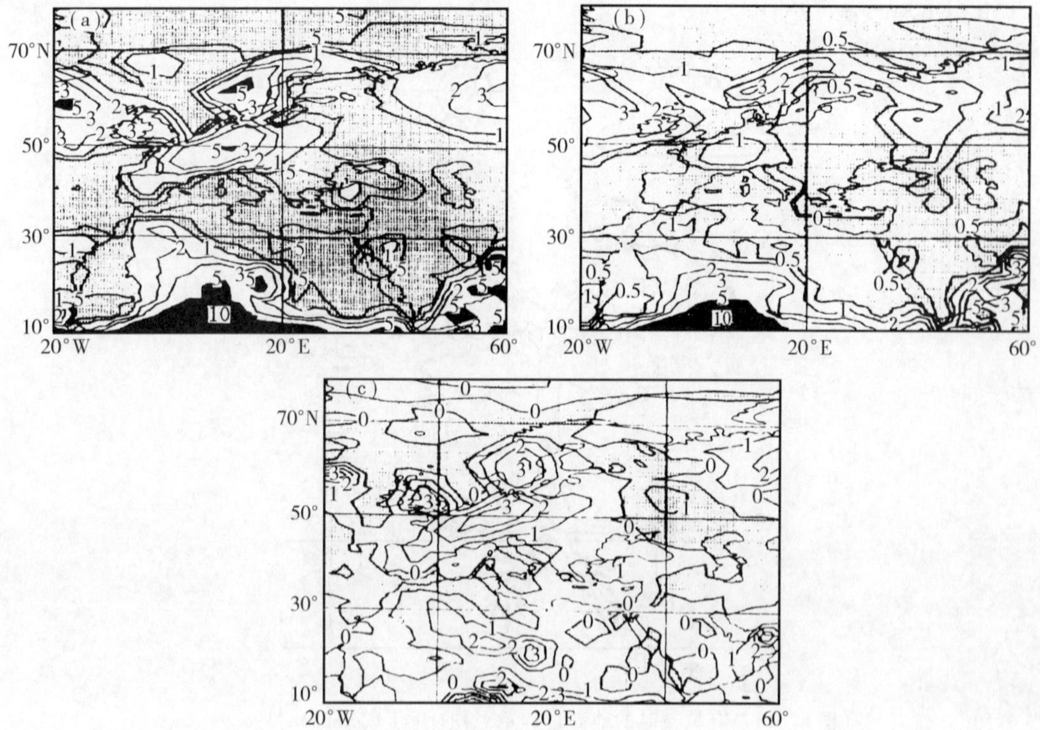

图 8.2.6 欧洲地区土壤湿度异常试验中，第 21～50 天平均的降水分布（$mm \cdot d^{-1}$）
（引自 Rowntree 和 Bolton，1983）
（a）湿异常情况；（b）干异常情况；（c）湿异常与干异常的差

## 8.3 植被

陆地表面大部分由各类植被所覆盖，不同的植被有其自身的物理和生物特性，从而使地表过程变得更为复杂，但概括起来可以用图 8.3.1 来示意说明有植被时的地面过程。当降水落到植被表面时，一部分可被植被表面截留，然后被再蒸发到大气中；其余部分滴落到地面后，部分渗入土壤，部分成为径流；渗入土壤的水分还可以有部分渗透到更深层而成为地下水。植物的根可以将土壤中的水吸到茎和叶上，通过蒸腾作用还会有一部分回到大气中。另外，植物冠层的反射和散射作用对大气及地面的辐射过程也有极明显的影响。因此，如何合理地描写大气与植被、植被与土壤之间的水分和热量交换以及植被的物理和生物特征，是极为重要的。

### 8.3.1 植被反照率

从前面的讨论可以清楚地看到，地面反照率对气候及其变化有非常重要的影响，而通过对辐射的反射和散射，植被又直接影响着地面反照率。关于植被的反照率，粗略地可以对不同种类的作物给出大致的数值，如第 3 章中表 3.3.1 所示；精细的数值计算植被反照率的方法也已有人提出(Dickinson,1983)。

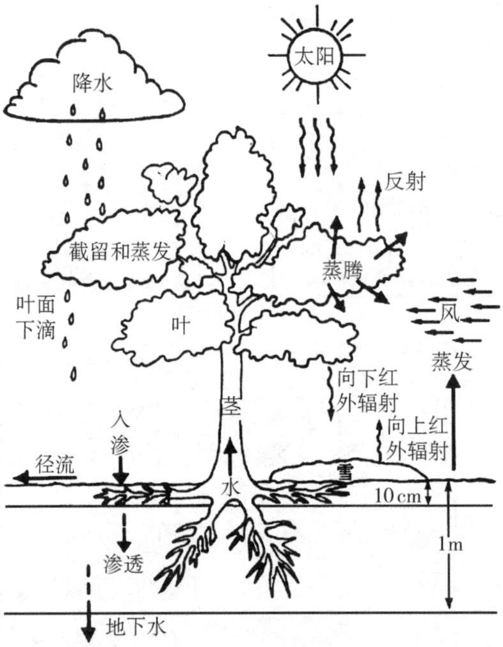


**图 8.3.1** 有植被时的地面过程示意图(引自 Dickinson,1984)

在有无限光程厚度,而叶面在空间有任意分布但取向一致的情况下,植物冠层的"单次散射"反照率可以近似写成

$$a_c^{ss}(\mu) = \omega\int_0^1 \mu^1 \Gamma(\mu,\mu')f(\mu,\mu')\mathrm{d}\mu' \tag{8.3.1}$$

这里

$$f(\mu,\mu') = [\mu G(\mu') + \mu' G(\mu)]^{-1} \tag{8.3.2}$$

而 $\Gamma(\mu,\mu')=G(\mu)G(\mu')P(\mu,\mu')$,是一个规范化的参数;$P(\mu,\mu')$是散射相函数,表示在 $\mu'$ 方向单位叶面的散射通量的相对份额;$G(\mu)$是叶面在光束方向的投影,$\mu=\cos\theta$。为便于理解公式(8.3.1),图 8.3.2 给出了单次散射近似的示意情况,其中 $L$ 是冠层的厚度,$\mathrm{d}L$ 是植物冠层厚度元。

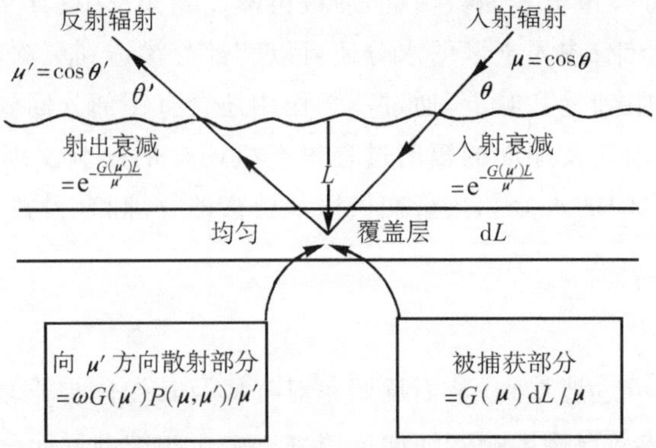


**图 8.3.2** 单次散射反照率计算示意图

方程(8.3.1)很好地描写了植物冠层对光辐射的拦截作用,$f(\mu,\mu')$表示由于吸收作用对散射的相对减弱。对于近红外辐射,需要考虑多次散射的情况,若用 $I^{\uparrow}$ 和 $I^{\downarrow}$ 分别表示向上和向下的辐射通量,在一个均匀冠层元 $\mathrm{d}L$ 处的通量变化可写成

$$-\bar{\mu}\frac{\mathrm{d}I^{\uparrow}}{\mathrm{d}L}+[1-(1-\beta)\omega]I^{\uparrow}-\omega\beta I^{\downarrow}=\omega\bar{\mu}k\beta_0\mathrm{e}^{-kL} \tag{8.3.3}$$

$$\bar{\mu}\frac{\mathrm{d}I^{\downarrow}}{\mathrm{d}L}+[1-(1-\beta)\omega]I^{\downarrow}-\omega\beta I^{\uparrow}=\omega\bar{\mu}k(1-\beta_0)\mathrm{e}^{-kL} \tag{8.3.4}$$

这里 $\beta$ 和 $\beta_0$ 分别为对漫射光和入射光的向上散射参数；$k=G(\mu)/\mu$;$\bar{\mu}=\int_0^1\frac{\tau\mu'}{G(\mu')}\mathrm{d}\mu'$；而

$$\omega\beta=0.5[\rho+\tau+(\rho-\tau)\cos^2\phi_{\mathrm{L}}] \tag{8.3.5}$$

其中 $\rho$ 和 $\tau$ 分别为叶面的反射率和透射率。对于水平叶面,$\omega\beta=\rho$;对于叶面取向在各个方向有相同概率的情况,$\omega\beta=\frac{2}{3}\rho+\frac{1}{3}\tau$。上述各式中,$\omega$ 是一个散射参数,参数 $\omega$ 和 $\rho$ 及 $\tau$ 的关系如表 8.3.1 如示。

**图 8.3.1** 树叶对太阳光束的散射参数(引自 Dickinson,1983)

| | 可见光 | 近红外 |
|---|---|---|
| 散射参数($\omega$) | 0.15～0.20 | 0.80～0.85 |
| 反射率($\rho$) | $0.6\omega$ | $0.7\omega$ |
| 透射率($\tau$) | $0.4\omega$ | $0.3\omega$ |

在单次散射近似和半无限森林冠层情况下($L=0,\omega\to0$),求解方程(8.3.3)和(8.3.4)可以得到

$$I_0^{\uparrow}=\frac{\omega\bar{\mu}k\beta_0}{1+\bar{\mu}k} \tag{8.3.6}$$

这就是单次散射反照率。因此亦可以从这里给出入射光的向上散射参数

$$\beta_0=\frac{1+\bar{\mu}k}{\omega\bar{\mu}k}a_{\mathrm{c}}^{\mathrm{ss}}(\mu) \tag{8.3.7}$$

在可以得到反射系数和透射系数的情况下,直接求解常系数微分方程(3.3.3)和(3.3.4)可以得到反照率

$$a_{\mathrm{c}}(\mu)=\frac{\omega\bar{\mu}k}{(\alpha+\mu k)(1+C)}[1+(2\beta_0-1)C] \tag{8.3.8}$$

其中

$$\alpha=(1-\omega)^{\frac{1}{2}}(1-\omega+2\beta\omega)^{\frac{1}{2}}$$

$$C=\frac{1-\omega}{\alpha}$$

显然,当 $\omega\to0$ 时,有 $\alpha\to1,C\to1$,(8.3.8)式蜕变为式(8.3.6)。式(8.3.8)是一个分析森林冠层对太阳近红外辐射反照率的有用公式。对于白天平均的冠层反照率的计算,可以取 $\bar{\mu}=k=2\beta_0=2\beta=1$,这样(8.3.8)式还可简化成

$$a_{\mathrm{c}}\approx\frac{\omega}{[1+(1-\omega)^{1/2}]^2} \tag{8.3.9}$$

上面分析的植物冠层的反照率假定了树叶的位置有任意分布,即在任一个无限小的空间层里,树叶分布都同其他层中树叶的分布无关。但实际上森林中树叶的分布存在一定的相关性,例如树叶在某一层处于相同的高度,对于这样形式的森林冠层,反照率可变为

$$a_c = \frac{\omega}{1+(1-\omega^2)^{1/2}} \tag{8.3.10}$$

一般地,植物冠层的反照率同这样一些因素有关:(1)入射太阳辐射的光谱成分,一般情况下,由低太阳到高太阳,其可见光通量与近红外通量之比由 0.9 变到 1.1,相应的反照率将减小 0.02～0.03;(2)入射太阳光的天顶角,天顶角越高,反照率就越大;(3)单个树叶的光学性质,主要是树叶在可见光和近红外的反射和吸收性质;(4)冠层的结构,主要是冠层水平分布的均匀性;(5)植物叶面的取向,取向规律不同,对太阳天顶角的依赖也就不同。

### 8.3.2 植被蒸腾

植被对地面热量平衡的影响,除了反照率的重要作用之外,植被的蒸腾所造成的大气边界层温度和湿度的变化也是十分重要的。这里讨论植被蒸腾对潜热通量的影响。

在有植被的情况下,其感热和水汽通量可以分别写成

$$F_H = \rho_a c_p \hat{r}_H^{-1}(T_1 - T_a) \tag{8.3.11}$$

$$W_E = \rho_a \hat{r}_E^{-1}(q_1 - q_a) \tag{8.3.12}$$

其中 $\hat{r}_H^{-1}=C_{DH}V$,$\hat{r}_E^{-1}=C_{DE}V$,$T_1$ 和 $q_1$ 分别是植物冠层的温度和水汽含量。如果蒸腾植被的相对面积为 $S_e$,那么冠面向外的水通量应为

$$W_E = \rho_a r_S^{-1} S_c[q_S(T_1)q_1] \tag{8.3.13}$$

这里 $r_S$ 表示叶面气孔对水分蒸腾的阻滞作用,$q_S(T_1)$是叶面饱和比湿。

由式(8.3·12)和(8.3.13)中消去 $q_1$,则有

$$W_E = \rho_a S_c \frac{q_S(T_1) - q_a}{r_E - r_S} \tag{8.3.14}$$

这里 $r_E=\hat{r}_E S_c$。由于叶面饱和比湿同空气湿度(饱和比)及叶面与空气间的温差有关,即

$$q_S(T_1) = B_e^{-1} L_v^{-1} c_p (T_1 - T_a) + q_S(T_a) \tag{8.3.15}$$

其中 $B_e^{-1}=L_v c_p^{-1}\dfrac{\partial q}{\partial T}$,$L_v$ 是蒸发潜热。

根据冠面上的能量平衡应有

$$F_H + L_v W_E = F_{Rn} \tag{8.3.16}$$

这里 $F_{Rn}$是叶面上吸收到的净辐射,即

$$F_{Rn} = F_{Sb}^{\downarrow}(1-a_c) + \varepsilon(\overline{F_{IR}^{\downarrow}} - \overline{\sigma T_1^4}) - F'_{IRn} \tag{8.3.17}$$

而 $F_{Sb}^{\uparrow}$是入射太阳辐射通量;$a_c$ 是冠面反照率;$\varepsilon$ 是放射率;$F_{IR}^{\downarrow}$是向下的红外辐射通量;$F'_{IRn}$ 是冠面上的净红外冷却的日变化,一般可写成 $F'_{IRn}=4\sigma\varepsilon\,\overline{T_1^3}(T_1-\overline{T}_1)$。

根据以上分析,最后可得到冠面上的潜热通量为

$$F_E = L_v W_E = \frac{F_{Rn} + \hat{r}_H^{-1} B_e L_v \rho_a \Delta q}{1+\overline{B}_e} \tag{8.3.18}$$

这里 $\overline{B}_e=r_H^{-1}B_e(r_E+r_S)$,是对于饱和空气的植被 Bowen 比;$\Delta q=q_S(T_a)-q_a$,$r_H=S_c\hat{r}_H$。一般情况下,$r_H=15S_c\ \mathrm{s\cdot m^{-1}}$,而对于发展较好的植被有 $S_c=5$,因此,可以有 $r_H=75\ \mathrm{s\cdot m^{-1}}$。

$r_S$ 通常比 $r_H$ 大 2～3 倍，而 $r_E$ 近似等于 $r_H$。

### 8.3.3 砍伐热带森林对气候的影响

热带雨林是气候系统的重要组成部分，因此，热带森林被大量砍伐而对气候造成的影响已引起科学家的广泛重视。砍伐森林严重影响了植被状况，不仅改变了地面反照率，而且改变了地面的水文条件和地表粗糙度等，造成地面的热量通量和动量通量的异常，直接引起气候的变化。

利用戈达德空间研究所的大气环流模式(GISS-GCM)，对南美巴西亚马孙热带雨林变成草原所进行的数值模拟表明(Henderson-Sellers 和 Gornitz，1984)，地面粗糙度、土壤含水量以及地面反照率的改变使得降水减少了 0.5～0.7 $mm \cdot d^{-1}$，蒸发和天空云量也有明显减少。

Dickinson 和 Henderson-Sellers(1988)利用包括“生物圈-大气传输方案”(BATS)的 NCAR 公用气候模式(CCM)对热带森林砍伐做了进一步的数值模拟研究。他们将图 8.3.3 中阴影所示的南美热带雨林改为草原，其陆面过程按 BATS 方案进行处理。控制试验和异常试验分别积分了 13 个月，图 8.3.4 是数值积分的第二个 1 月的地面气温、土壤温度、总降水和总蒸发量的异常(异常试验与控制试验之差)。它清楚地表明热带雨林被砍伐后对气候将造成极为严重的影响，地面空气温度和土壤温度的异常会达到 4～5℃，降水量的异常达到 0.5～1.0 $mm \cdot d^{-1}$。而且其异常并不只发生在森林砍伐区，在离森林砍伐区比较远的中高纬度地区也有明显异常。

热带雨林的破坏通过其陆面过程的改变造成陆气间热量和动量交换的变化，局地大气环流，尤其是辐合辐散及垂直运动场发生变化，热带辐合带的活动也跟着发生变化，Hadley 环流和 Walker 环流也出现异常，从而导致森林砍伐区以外也出现明显的气候异常。

数值模拟试验也清楚地说明陆气过程的合理参数化和处理方法是极为重要的，不同的方案会出现不同的结果，有时差别还十分突出。因此，研究合理而精细的描写陆气过程的方案，无论对于大气环流模式的改进还是对于气候变化的分析都是十分重要的。

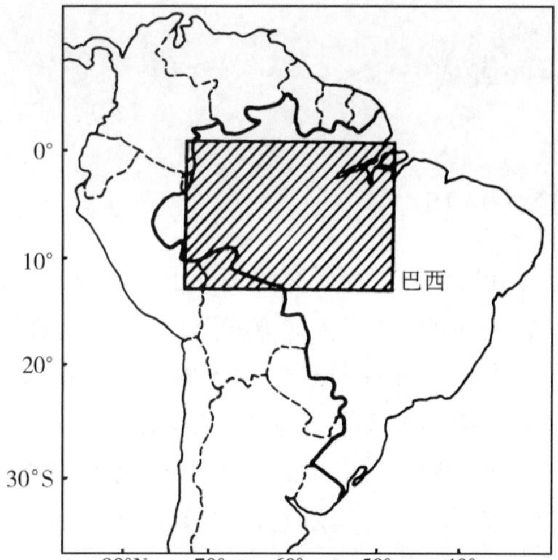


**图 8.3.3** 数值模拟中将热带雨林改为草原的区域(阴影)

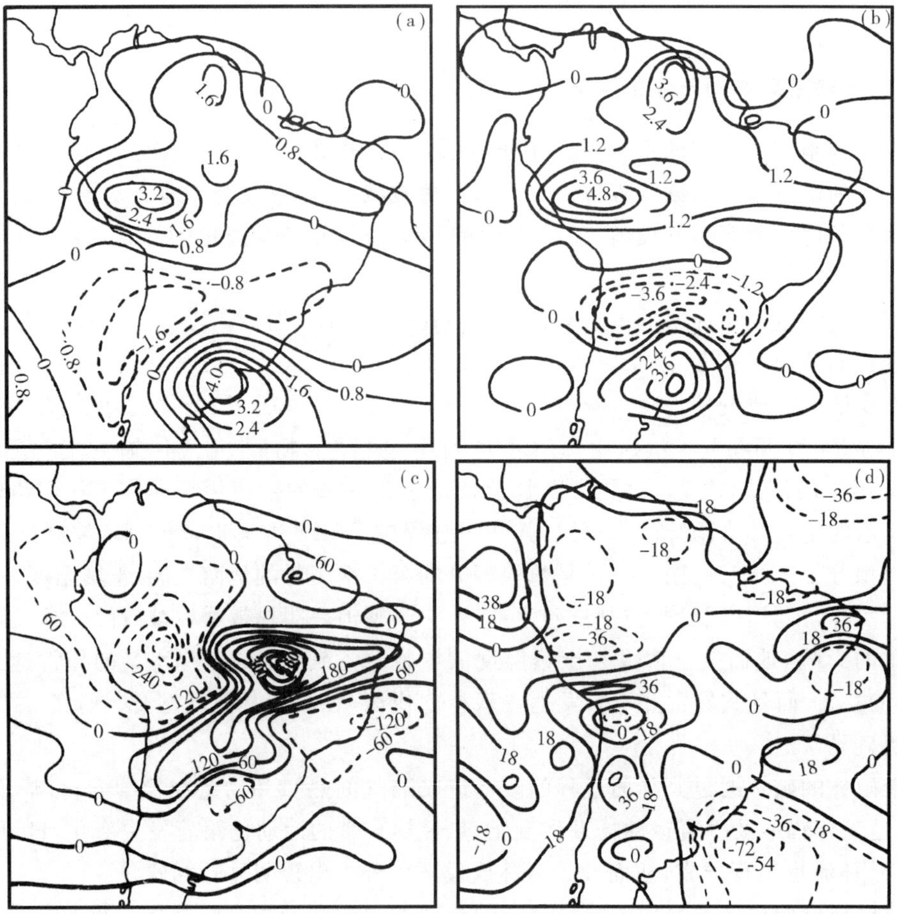


**图 8.3.4**　模拟的第二个 1 月的地面空气温度(℃)(a)、土壤温度(℃)(b)、月总降水量(mm)(c)和月总蒸发量(mm)(d)的异常(引自 Dickinson 和 Henderson-Sellers,1988)

# 8.4　陆气相互作用模式

## 8.4.1　生物圈-大气传输方案(BATS)

在前面已讨论的有关陆气相互作用过程研究的基础上,为了在大气环流和气候模式中应用,Dickinson 等(1986)提出了一个“生物圈-大气传输方案”(BATS),并在 NCAR 的公用气候模式中实现。这个 BATS 包括了较完整的植被系列和各种土壤参数,可以广泛地描写大气边界层-植被-土壤耦合系统。有关植被的能量和湿度平衡包括:植被对降水的拦截以及其后的再蒸发和从叶面的下滴、植物根系对水的向上抽吸、上层和整层土壤中的湿度分布、气孔阻力和蒸腾等。

由于 BATS 是一个比较复杂的模式,其示意图如图 8.4.1 所示,有大气边界层与植被的相互作用,也有植被与土壤的相互作用,还有土壤内部的相互作用。这里将不对 BATS 模式的具体结构及其控制方程作进一步介绍,读者可参阅 Dickinson 等(1986)的原文。

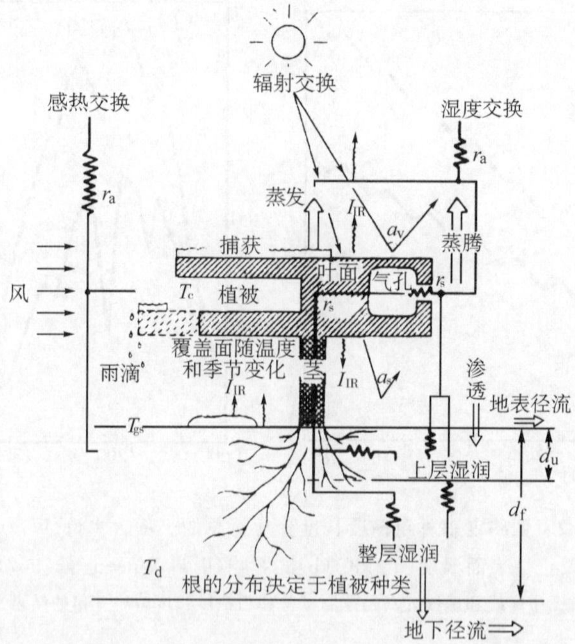


**图 8.4.1** BATS 示意图

（$r_a$ 是空气动力学阻力，$r_s$ 是粗边界层的空气动力学阻力，$T_c$、$T_{gs}$ 和 $T_d$ 分别是植被、土壤表面和深层的温度，$d_u$ 和 $d_f$ 是上层和整层土壤厚度）

用包含 BATS 和 NCAR-CCM 所做的敏感性试验给出了一些很有意义的结果（Wilson 等，1987），除控制试验外，进行了不同土壤和植被特征的多种数值模拟，且都完成了 10 d 的数值积分。这里仅给出对不同粗糙度和不同森林覆盖情况的数值模拟结果。

图 8.4.2 是针对低纬度森林但有不同粗糙度长度的模拟结果。无论对于整个土壤的含水量，还是对于地表土壤温度，粗糙度长度变化后都有很清楚的影响。低纬度森林的粗糙度长度变小后，湿度和能量通量将减小，土壤的湿度和温度也随之增加。这是因为传输系数 $C_D$ 与参数 $f_c$ 成正比，而

$$f_c = \left(\ln \frac{z_1}{z_0}\right)^{-2} \tag{8.4.1}$$

这里 $z_1=10.0$ m，$z_0$ 是粗糙度长度。若 $z_0$ 减小，$f_c$ 减小，自然传输系数 $C_D$ 就减小。

这个试验表明，低纬度森林粗糙度长度减小 5 倍之后，那里整层土壤的含水量将增加3 cm 左右，而土壤表面温度将增加 3℃左右（中午），足见影响还是相当明显的。

图 8.4.3 是将在低纬度森林区和松林区（高纬度）的土壤成分分别变成沙土后，对土壤总含水量的不同影响。对于低纬度森林，控制试验的土壤总含水量随时间略有增加，第 1 天约 60 cm，第 10 天约 65 cm。变成沙土后，土壤的总含水量却随时间减少，第 1 天约 30 cm，第 10 天约 23 cm，且第 1 天减少最厉害。对于高纬度松林，控制试验和变成沙土的试验都显示出土壤总含水量随时间有减少的趋势，但变成沙土后这种减少趋势更严重。

一系列敏感性试验表明，土壤构造的改变会有极为重要的影响；而一个区域的土壤湿度和土壤特征的变化的影响要比平均值变化的影响更为显著。

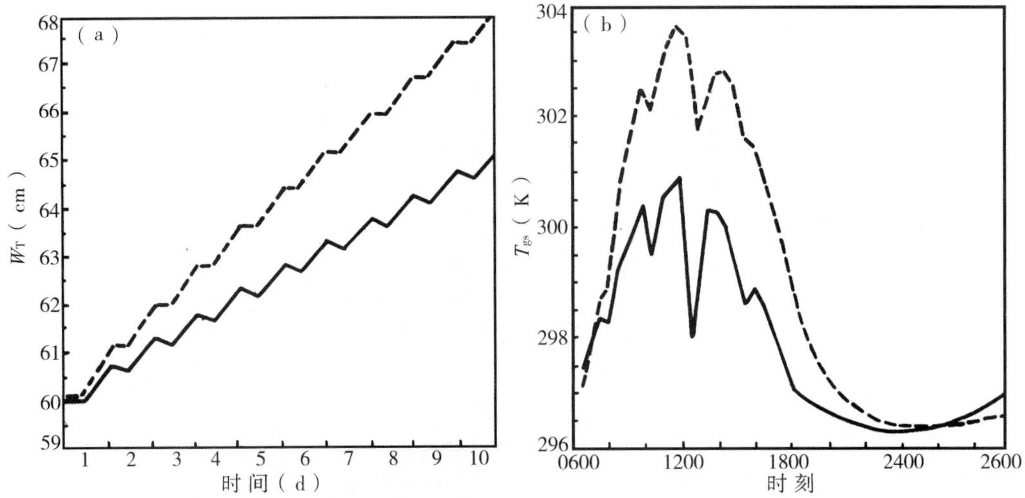


**图 8.4.2**　低纬度森林粗糙度长度变化对总的土壤含水量($W_T$/cm)(a)及土壤表面温度($T_{gs}$/K)(b)的影响(引自 Wilson 等,1987)

(图中实线和虚线分别是控制试验和粗糙度长度减小 5 倍的结果)

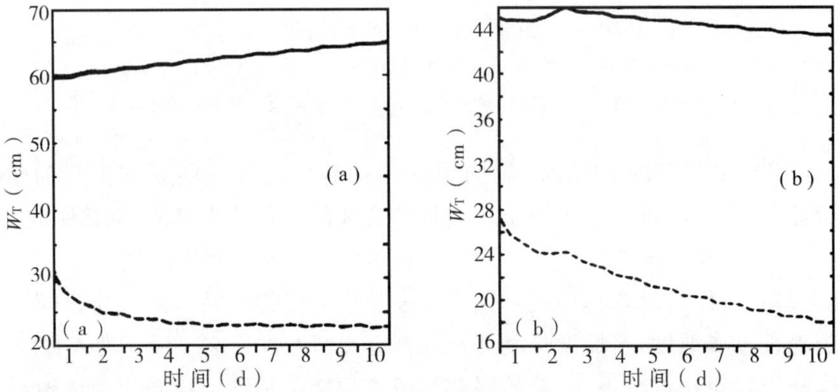


**图 8.4.3**　低纬度森林区(a)和高纬度松林区(b)变成沙土后,土壤总含水量($W_T$/cm)的变化(引自 Wilson 等,1987),

(图中实线和虚线分别为控制试验和变为沙土后的试验结果)

### 8.4.2　简单生物圈模式(SiB)

为了在大气环流模式中反映陆气相互作用的各种过程,并且计算不至于太复杂,Sellers 等(1986)提出了一个简单生物圈模式。它包括三个土壤层和两个植被层,试图能精确地描写地面感热和潜热能日变化及植被的作用,比如阻力、蒸腾和对热通量的影响等。在大气环流模式中,SiB 同大气的衔接是通过对辐射、感热、潜热和动量通量的作用。当然同一般的 GCM 相比较,引入 SiB 之后在处理地面反照率、地面能量和土壤湿度等方面都要复杂得多,而且需要更多的环境参数。但是,数值模拟试验表明,SiB 可以得到很好的地面感热、潜热和辐射量等的模拟计算结果(Sellers 和 Doroman,1987;Sellers,1989)。

我们知道，对于一个高分辨率的 GCM 来说，陆面上会有几千个格点块，而每个格点块有几万平方千米的面积，一个格点块的陆面特征是用这个区域的平均值来描写的，尽管在这个区域内存在着物理特性的明显差异。因此，要很真实地描写很细的陆面过程是十分困难的，考虑到计算机和可用地面资料的限制，地面-植被模式应尽可能地简单。而且，模式中参数太多反而不利于确认最主要的物理机制。这样，Xue 等(1991)在分析 SiB 的基础上，确定了一些主要参数，提出了一个简化的简单生物圈模式(SSiB)。这个 SSiB 涉及 7 个控制方程，其模式参数由原来的 44 个减少成 21 个，图 8.4.4 是 SSiB 的示意图。

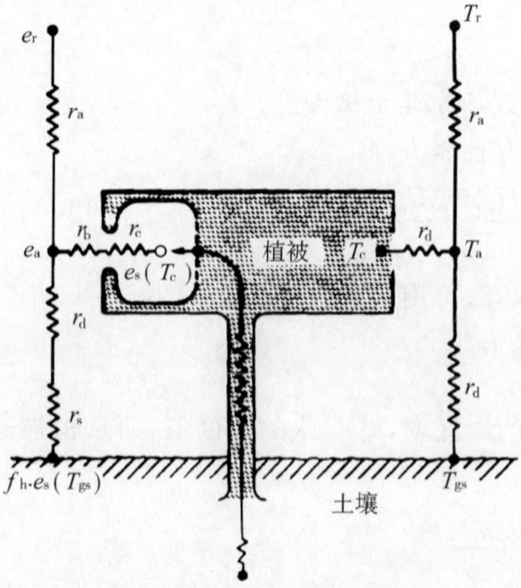


**图 8.4.4** 简化的简单生物圈模式(SSiB)示意图

($T_r$ 和 $e_r$ 分别是在参考高度的空气温度和水汽压；$T_a$ 和 $e_a$ 分别是植被区空气的温度和水汽压；$T_{gs}$是土壤的温度；$r_a$，$r_b$，$r_c$ 和 $r_d$ 分别是植被中空气与参考层空气间的、粗边界层的、植被内的以及植被空气与地面的空气动力学阻力；$T_c$ 是植被温度；$f_h$ 是土壤表面的相对湿度)

关于植被温度 $T_c$ 的控制方程为

$$C_c \frac{\partial T_c}{\partial t} = R_{nc} - H_c - \lambda E_c \tag{8.4.2}$$

其中 $C_c$ 是植被的热容量；$R_{nc}$，$H_c$ 和 $\lambda E_c$ 分别是植被的净辐射通量、感热通量和潜热通量，

$$R_{nc} = F_c - 2\sigma T_c^4 S_c \delta_t + \sigma T_{gs}^4 S_c \delta_t$$

$$H_c = \frac{2(T_c - T_a)}{r_b} \rho_a c_p$$

$$\lambda E_c = [e_s(T_c) - e_a] \frac{\rho_a c_p}{\gamma} \left( \frac{W_c}{r_b} + \frac{1 - W_c}{r_b + r_c} \right)$$

这里 $F_c$ 是植被吸收的短波和长波辐射，$\sigma$ 是 Stefan-Boltzmann 常数，$S_c$ 是植被覆盖份额，$\delta_t$ 是透射比，$\rho_a$ 是空气密度，$W_c$ 和 $e_s(T_c)$是植被的湿化度和饱和水汽压，$\gamma$ 是湿度常数，$\lambda$ 是汽化潜热。

关于地面温度 $T_{gs}$的控制方程为

$$C_{gs} \frac{\partial T_{gs}}{\partial t} = R_{ngs} - H_{gs} - \lambda E_{gs} - \frac{2\pi C_{gs}}{\tau}(T_{gs} - T_d) \tag{8.4.3}$$

其中 $R_{ngs}$，$H_{gs}$和 $\lambda E_{gs}$分别是土壤表面的净辐射通量、感热通量和潜热通量；$C_{gs}$是土壤有效热

容量,并且

$$R_{ngs}=F_{gs}-\sigma T_{gs}^{4}+\sigma T_{c}^{4}S_{c}\delta_{t}$$

$$H_{gs}=\frac{T_{gs}-T_{a}}{r_{d}}\rho_{a}c_{p}$$

$$\lambda E_{gs}=[f_{h}e_{s}(T_{gs})-e_{a}]\frac{\rho_{a}c_{p}}{\lambda}\frac{1}{r_{s}+r_{d}}$$

这里 $F_{gs}$ 是地面吸收的短波和长波辐射,$\tau$ 是白天时间长度,$T_{d}$ 是深层土壤温度,$r_{s}$ 是地面阻力,且可写成

$$r_{s}=a_{s}(1-W_{1}^{b_{s}})$$

其中 $a_{s}$ 和 $b_{s}$ 分别为经验常数,$W_{1}$ 是土壤湿度。

关于深层土壤温度 $T_{d}$ 有控制方程

$$C_{gs}\frac{\partial T_{d}}{\partial t}=\frac{2(R_{ngs}-H_{gs}-\lambda E_{gs})}{\sqrt{365\pi}} \tag{8.4.4}$$

关于植被对水的截获积存,可用如下方程表示

$$\frac{\partial M_{c}}{\partial t}=P_{c}-D_{c}-\frac{E_{wc}}{\rho_{w}} \tag{8.4.5}$$

其中 $P_{c}$ 是降水量,$D_{c}$ 是水的渗漏率,$\rho_{w}$ 是水的密度值,而从植被冠面的蒸发率可由如下关系式得到

$$\lambda E_{wc}=\frac{e(T_{c})-e_{a}}{r_{b}}\frac{\rho_{a}c_{p}}{\gamma}$$

关于三个土壤层的湿度分别有如下控制方程

$$\frac{\partial W_{1}}{\partial t}=\frac{1}{\theta_{s}D_{1}}\left[P_{1}-Q_{12}-\frac{1}{P_{w}}(E_{gs}+b_{1}E_{dc})\right] \tag{8.4.6}$$

$$\frac{\partial W_{2}}{\partial t}=\frac{1}{\theta_{2}D_{2}}\left(Q_{12}-Q_{23}-\frac{1}{P_{w}}b_{2}E_{dc}\right) \tag{8.4.7}$$

$$\frac{\partial W_{3}}{\partial t}=\frac{1}{\theta_{3}D_{3}}(Q_{23}-Q_{3}) \tag{8.4.8}$$

这里 $\theta_{s}$ 是容积土壤湿度,$D_{i}$ 是第 $i$ 层土壤的厚度,$Q_{ij}$ 是 $i$ 层和 $j$ 层土壤间的水输送,而土壤蒸腾可由如下关系确定

$$\lambda E_{dc}=\frac{e(T_{c})-e_{a}}{r_{c}+r_{b}}\frac{\rho_{a}c_{p}}{\gamma}(1-W_{c})$$

因子 $b_{i}$ 有表达式

$$b_{i}=\frac{l(i)}{\sum l(i)}$$

其中 $l(i)$ 是在第 $i$ 层里植物根的长度。

另外,植被中空气的温度和水汽压可以由如下能量平衡关系确定

$$H_{c}+H_{gs}=\frac{T_{a}-T_{r}}{r_{a}}\rho_{a}c_{p}$$

$$\lambda E_{c}+\lambda E_{gs}=\frac{e_{a}-e_{r}}{r_{a}}\frac{\rho_{a}c_{p}}{\gamma}$$

将上述 SSiB 引入 COLA 的 GCM(由 NMC 全球谱模式改进而成,见 Kinter 等(1988),其

数值模拟表明,用 SSiB 与用 SiB 的结果相当接近,都能较好地模拟出大气环流的主要特征。图 8.4.5 分别给出了采用 SiB 和 SiBB 所模拟的 1983 年 7 月 10—25 日期间的总降水量以及两者之差的分布。显然,两种方案的差异并不大,而且都对降水分布的全球特征(例如在 ITCZ 位置及亚洲季风区的较强降水等)给出了相当好的结果。

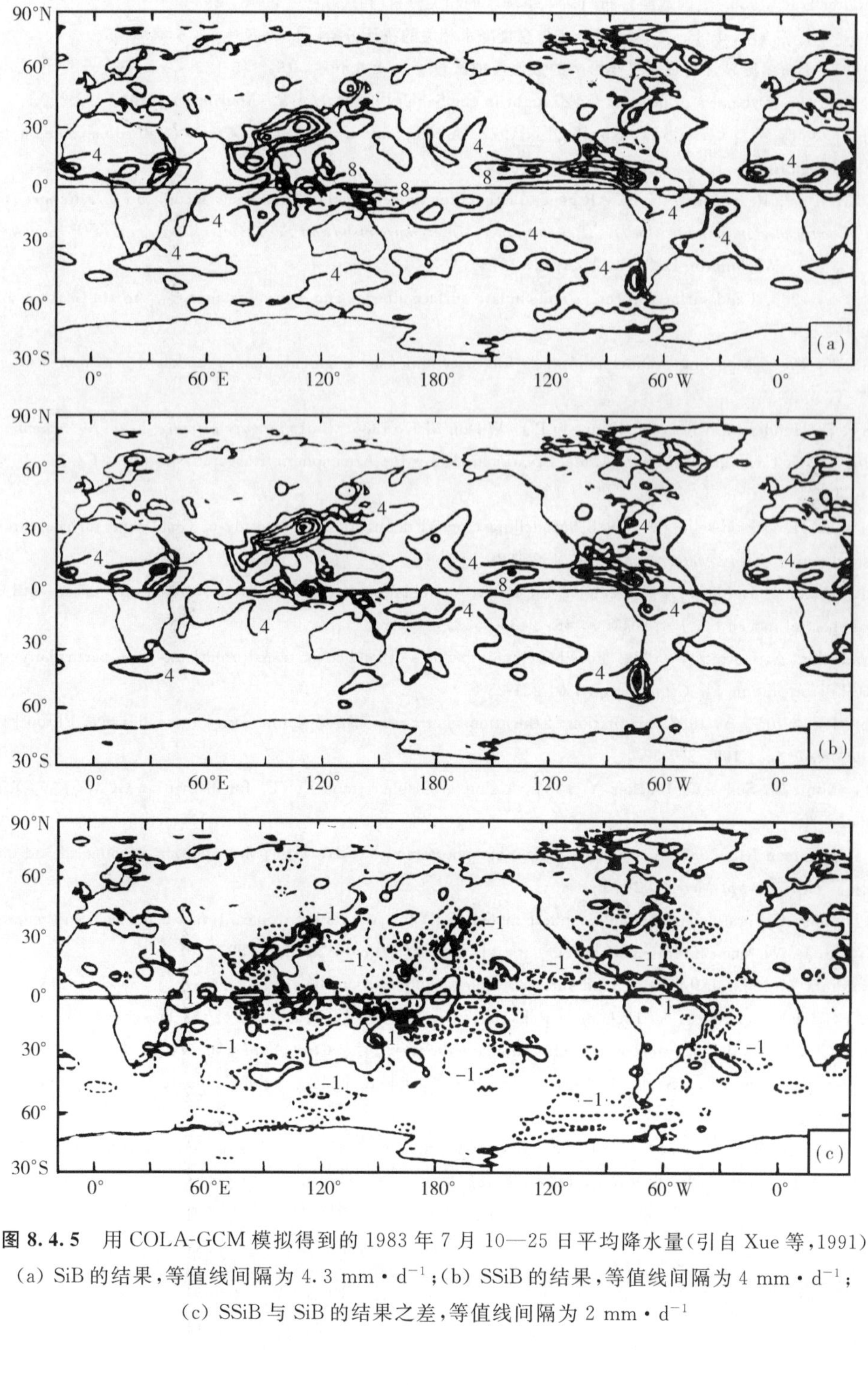


**图 8.4.5** 用 COLA-GCM 模拟得到的 1983 年 7 月 10—25 日平均降水量(引自 Xue 等,1991)

(a) SiB 的结果,等值线间隔为 4.3 mm · $d^{-1}$;(b) SSiB 的结果,等值线间隔为 4 mm · $d^{-1}$;

(c) SSiB 与 SiB 的结果之差,等值线间隔为 2 mm · $d^{-1}$

# 参考文献


汤懋苍，Reiter E R，1986. 美国地温分布与后一季降水的相关分析[J]. 高原气象，**5**：293-307.

汤懋苍，尹建华，蔡洁萍，1986. 冬季地温分布与春夏降水相关的统计分析[J]. 高原气象，**5**：40-52.

王万秋，1991. 土壤温湿异常对短期气候影响的数值模拟试验[J]. 大气科学，**15**：115-122.

Charney J G，1975. Dynamics of deserts and drought in the Sahel[J]. *Quart J RoyMeteor Soc*，**101**：193-202.

Charney J G，Quirk W J，Chow S H，Kornfield J，1977. A comparative study of the effects of albedo change on drought in semi-arid regions[J]. *J Atmos Sci*，**34**：1366-1385.

Chervin R M，1979. Response of the NCAR general circulation model to changed land surface albedo[C]. *Report of the JOC Study Conference on Climate Models：Performance，Intercomparison and Sensitivity Studies*，*GARP Publ. Series*，**22**(1)：563-581，Washington D. C.，3-7，April，1978.

Dickinson R E，1983. Land surface processes and climate-surface albedos and energy balance[J]. *Adv in Geophys*，**25**. Academic Press.

Dickinson R E，1984. Modeling evapotranspiration for three-dimensional global climate models[J]. *Geophys Monograph*，**29**：58-72.

Dickinson R E，Henderson-Sellers H，Kennedy P J，Wilson M F，1986. *Biosphere-atmosphere Transfer Scheme (BATS) for the NCAR Community Climate Model*，National Center for Atmospheric Research，Boulder，Co. Tech Note/TN-275+STR.

Dickinson R E，Henderson-sellers A，1988. Modelling tropical deforestation：A study of GCM land-surface parameterizations[J]. *Quart J Roy Meteor Soc*，**114**：439-462.

Kinter J L，Shukla H J，Marx L，Schneider E K，1988. A simulation of the winter and summer circulation with the NMC global spectral model[J]. *J Atmos Sci*，**45**：2486-2522.

Henderson-Sellers A，Gornitz V，1984. Possible climate impacts of land cover transformations，with particular emphasis on tropical deforestation[J]. *Clim Change*，**6**：231-258.

Rowntree P R，Bolton J A，1983. Simulation of the atmospheric response to soil moisture anomalies over Europe[J]. *Quart J Roy Meteor Soc*，**109**：501-526.

Sellers P J，Mintz Y，Sud Y C，Dalcher A，1986. A simple biosphere model (SiB) for use within GCMs[J]. *J Atmos Sci*，**43**：505-531.

Sellers P J，Doroman J L，1987. Testing the simple biosphere model (SiB) with point micrometeorological and biophysical data[J]. *J Clim Appl Meteor*，**26**：622-651.

Sellers P J，1989. Calibrating the simple biosphere model (SiB) for Amazonian tropical forest using field and remote sensing data，Part Ⅰ：Average calibration with field data[J]. *J Appl Meteor*，**28**：727-759.

Shukla J，Mintz Y，1982. Influence of land-surface evapotranspiration on the earth's climate[J]. *Science*，**215**：1498-1501.

Wilson M F，Henderson-Sellers A，Dickenson R E，Kennedy P J，1987. Sensitivity of the biosphere-atmosphere transfer scheme (BATS) to the inclusion of variable soil characteristics[J]. *J Clim Appl Meteor*，**26**：341-362.

Xue Y，Sellers P J，Kinter J L，Shukla J，1991. A simplified biosphere model for global climate studies[J]. *J Clim*，**4**：345-364.

Yeh T C，Wetherald R T，Manabe S，1984. The effect of soil moisture on the short-term climate and hydrology change-a numerical experiment[J]. *Mon Wea Rev*，**112**：474-485.

# 9 气候数值模拟(一)——大气环流模式(GCM)

在用数值预报模式成功地进行短期和中期天气预报的同时,人们也十分自然地想到能够用比较完善和细微地描写地气系统各种物理过程的大气环流模式(GCM—general circulation model)来模拟研究和预测大气环流和气候的变化。为了与逐渐发展起来的大洋环流模式(OGCM—oceanic general circulation model)相区别,目前已用 AGCM 来表示大气环流模式,但有时仍沿用 GCM。

第一个大气环流数值模式是 Phillips(1956)用"准地转"方程构造的,并用它进行了大气环流的首次数值模拟。20 世纪 60 年代,人们开始用"初始方程"模式模拟大气环流及其演变(Smagorinsky,1963;Mintz,1965),并且逐渐在数值模式中引进了大气边界层、平流层以及水汽过程等(Smagorinsky 等,1965;Manabe 等,1965; Manabe,1969)。70 年代,AGCM 的设计和数值模拟已基本成熟(GARP,1974),并且开始进行气候数值模拟试验(GARP,1979)。在这一章里,我们将对 AGCM 的一般设计和性质,以及它对气候和气候变化基本特征的模拟结果进行讨论;同时还将论及耦合模式(CGCM—coupled atmospheric-oceanic GCM)和跨季度气候变化的数值预报试验问题。

## 9.1 模式基本结构

### 9.1.1 模式方程组

经过几十年的试验研究,各类 GCM 所用的模式方程组已基本定型,各种模式在控制方程的写法上有所差异,计算格式设计也就有所不同,对结果也有一定的影响,但不会出现重大的原则性差别。目前一般仍采用 Phillips(1957)最先提出的 $\sigma$ 坐标,因为下边界地形面与 $\sigma$ 面一致,有利于对地形进行处理。一般 $\sigma$ 坐标定义为

$$\sigma=\frac{p}{p_s} \tag{9.1.1}$$

其中 $p_s$ 是地面气压。在 $\sigma$ 坐标系中,控制方程组可写成

$$\frac{\mathrm{d}u}{\mathrm{d}t}-\left(f+\frac{u\tan\varphi}{a}\right)v=-\frac{1}{a\cos\varphi}\left(\frac{\partial\varphi}{\partial\lambda}+RT\,\frac{\partial\ln p_s}{\partial\lambda}\right)+F_u \tag{9.1.2}$$

$$\frac{\mathrm{d}v}{\mathrm{d}t}+\left(f+\frac{v\tan\varphi}{a}\right)u=-\frac{1}{a}\left(\frac{\partial\phi}{\partial\varphi}+RT\,\frac{\partial\ln p_s}{\partial\varphi}\right)+F_v \tag{9.1.3}$$

$$\frac{\mathrm{d}\ln\theta}{\mathrm{d}t}=\frac{Q}{c_pT} \tag{9.1.4}$$

$$\frac{\partial\phi}{\partial\sigma}=-\frac{RT}{\sigma} \tag{9.1.5}$$

$$\frac{\partial p_s}{\partial t}+\frac{\partial p_s u}{a\cos\varphi\partial\lambda}+\frac{\partial p_s v}{a\partial\varphi}+\frac{\partial p_s\dot{\sigma}}{\partial\sigma}=0 \tag{9.1.6}$$

$$\frac{\mathrm{d}q}{\mathrm{d}t}=E-C+F_q=S \tag{9.1.7}$$

以上方程组中 $u$ 和 $v$ 分别是纬向和经向速度;$\lambda$ 和 $\varphi$ 分别是经度和纬度;$a$ 是地球半径;$f$ 是 Coriolis 参数;$R$ 是气体常数;$T$ 是温度;$\phi$ 是重力位势;$\theta$ 是位温,其与温度 $T$ 有关系式 $\theta=T\left(\frac{1\,000}{p}\right)^{R_d/c_p}$;$c_p$ 是空气比定压热容;$Q$ 是包括辐射、感热和潜热在内的非绝热加热;$q$ 是空气比湿;$E$ 和 $C$ 是蒸发和凝结降水;$F_u$,$F_v$ 和 $F_q$ 分别是动量和水汽耗散。方程中算子

$$\frac{\mathrm{d}}{\mathrm{d}t}=u\frac{\partial}{a\cos\varphi\partial\lambda}+v\frac{\partial}{a\partial\varphi}+\dot{\sigma}\frac{\partial}{\partial\sigma}$$

而 $\dot{\sigma}=\frac{\mathrm{d}\sigma}{\mathrm{d}t}$ 是 $\sigma$ 坐标系的垂直速度,它与 $p$ 坐标系的垂直速度 $\omega(=\frac{\mathrm{d}p}{\mathrm{d}t})$ 有如下关系式

$$\omega=p_s\dot{\sigma}+\sigma\left[\frac{\partial p_s}{\partial t}+\frac{1}{a\cos\varphi}\left(u\frac{\partial p_s}{\partial\lambda}+v\cos\varphi\frac{\partial p_s}{\partial\varphi}\right)\right] \tag{9.1.8}$$

利用上下边界条件

$$\left.\begin{aligned}&\text{当 }\sigma=0\text{ 时,}\quad \dot{\sigma}=0\\&\text{当 }\sigma=1\text{ 时,}\quad \dot{\sigma}=0\end{aligned}\right\} \tag{9.1.9}$$

并对(9.1.6)式进行积分,可得到 $\sigma$ 坐标系的地面气压倾向方程

$$\frac{\partial p_s}{\partial t}=-\int_0^1\left(\frac{\partial p_s u}{a\cos\varphi\partial\lambda}+\frac{\partial p_s v}{a\partial\varphi}\right)\mathrm{d}\sigma \tag{9.1.10}$$

上述方程组是 GCM 的一般控制方程,不同的模式设计中采取了一些小的变化,例如 ECMWF 的模式中引进了位势涡度($\pi$)和单位空气质量动能($K$)两个中间变量,即

$$\pi=\frac{1}{p_s}\left\{f+\frac{1}{a\cos\varphi}\left[\frac{\partial v}{\partial\lambda}-\frac{\partial}{\partial\varphi}(u\cos\varphi)\right]\right\} \tag{9.1.11}$$

$$K=\frac{1}{2}(u^2+v^2) \tag{9.1.12}$$

这样,控制方程组将写成

$$\frac{\partial u}{\partial t}-\pi p_s v+\frac{1}{a\cos\varphi}\frac{\partial}{\partial\lambda}(\phi+K)+\frac{RT}{a\cos\varphi}\frac{\partial}{\partial\lambda}(\ln p_s)+\dot{\sigma}\frac{\partial u}{\partial\sigma}=F_u \tag{9.1.13}$$

$$\frac{\partial v}{\partial t}+\pi p_s u+\frac{1}{a}\frac{\partial}{\partial\varphi}(\phi+K)+\frac{RT}{a}\frac{\partial}{\partial\varphi}(\ln p_s)+\dot{\sigma}\frac{\partial v}{\partial\sigma}=F_v \tag{9.1.14}$$

$$\frac{\partial T}{\partial t}+\frac{1}{p_s}\left[\frac{1}{a\cos\varphi}\left(p_s u\frac{\partial T}{\partial\lambda}+p_s v\cos\varphi\frac{\partial T}{\partial\varphi}\right)+p_s\dot{\sigma}\frac{\partial T}{\partial\sigma}-\frac{\kappa T\omega}{\sigma}\right]=Q \tag{9.1.15}$$

$$\frac{\partial\phi}{\partial\ln\sigma}=-RT \tag{9.1.16}$$

$$\frac{\partial p_s}{\partial t}+\frac{1}{a\cos\varphi}\left[\frac{\partial}{\partial\lambda}(p_s u)+\frac{\partial}{\partial\varphi}(p_s v\cos\varphi)\right]+\frac{\partial}{\partial\sigma}(p_s\dot{\sigma})=0 \tag{9.1.17}$$

$$\frac{\partial q}{\partial t}+\frac{1}{p_s}\left[\frac{1}{a\cos\varphi}\left(p_s u\frac{\partial q}{\partial\lambda}+p_s v\cos\varphi\frac{\partial q}{\partial\varphi}\right)+p_s\dot{\sigma}\frac{\partial q}{\partial\sigma}\right]=S \tag{9.1.18}$$

这里 $S$ 是水汽源汇,$\kappa=R/c_p$。当确定了 $\sigma$、$\omega$ 和非绝热加热项($F_u$、$F_v$ 和 $S$ 可以用一定的办法描

写)之后,由(9.1.13)~(9.1.18)式便可求出 $p_s$、$u$、$v$、$T$ 和 $q$ 的时间变化,也就作出了它们的预报值。

为了减少在山脉地区的计算误差,基于曾庆存(1979)提出的标准层结扣除法,IAP-GCM中的大气温度、重力位势和地面气压只是其偏差量,即将"标准大气"的上述变量去掉。令

$$A'=A-\widetilde{A} \tag{9.1.19}$$

这里 $A$ 表示温度 $T$、位势 $\phi$ 和地面气压 $p_s$ 引入变量替换

$$\boldsymbol{G}=P\boldsymbol{V},\ \Pi=PRT',\ M=P\rho_a q \tag{9.1.20}$$

其中 $\mathbf{V}$ 是风矢量,$\rho_a$ 是空气密度,而

$$P=\sqrt{p_s-p_t} \tag{9.1.21}$$

这里 $p_s$ 和 $p_t$ 分别是大气底和大气顶的气压值。取类似 $\sigma$ 的垂直坐标

$$\zeta=\frac{p-p_t}{p_s-p_t} \tag{9.1.22}$$

模式方程组可写成(Zeng 等,1990a);

$$\frac{\partial \boldsymbol{G}}{\partial t}+\mathscr{L}(\boldsymbol{G})=-P\nabla\phi'-\frac{\Pi\xi}{P^2}\nabla p_s-f^*\boldsymbol{k}\times\mathbf{V}+D \tag{9.1.23}$$

$$\frac{\partial \Pi}{\partial t}+\mathscr{L}(\boldsymbol{\Pi})=\frac{c^2\xi}{P\zeta}\left[P^2\dot{\zeta}+\left(\frac{\partial p'_s}{\partial t}+\frac{1}{P}\boldsymbol{G}\cdot\nabla p'_s\right)\right]+P\frac{R}{c_p}\dot{H}+D_n \tag{9.1.24}$$

$$\frac{\partial M}{\partial t}+\mathscr{L}(M)=P\dot{Q}+D_m \tag{9.1.25}$$

$$\frac{\partial p'_s}{\partial t}=-\nabla_3 P\mathbf{V}_3 \tag{9.1.26}$$

$$\Pi\xi=-P\zeta\frac{\partial\phi'}{\partial\zeta} \tag{9.1.27}$$

其中 $\dot{\zeta}=\mathrm{d}\zeta/\mathrm{d}t$ 是垂直速度;$D$,$D_n$ 和 $D_m$ 分别为动量、热量和水汽扩散顶;$H$ 是非绝热加热率;$\dot{Q}$ 是湿度的额外增加率;而

$$f^*=2\Omega\cos\theta+\frac{v_\lambda}{a}\cot\theta \tag{9.1.28}$$

$$\xi=\frac{\zeta(p_s-p_t)}{p_t+\zeta(p_s-p_t)} \tag{9.1.29}$$

$$\boldsymbol{G}_3=P\mathbf{V}_3,\quad \mathbf{V}_3=\mathbf{V}+k\dot{\zeta} \tag{9.1.30}$$

$$\mathbf{V}_3\cdot\nabla_3 F=\mathbf{V}\cdot\nabla F+\dot{\zeta}\frac{\partial F}{\partial\zeta} \tag{9.1.31}$$

$$\nabla=\frac{\partial}{a\partial\theta}+\frac{\partial}{a\sin\theta\partial\lambda},\quad \nabla_3 F=\frac{1}{a\sin\theta}\left(\frac{\partial V_\lambda F}{\partial\lambda}+\frac{\partial V_\theta F\sin\theta}{\partial\theta}\right)+\frac{\partial\dot{\zeta}F}{\partial\zeta} \tag{9.1.32}$$

$$\mathscr{L}(A)\equiv\frac{1}{2}[\mathbf{V}_3\cdot\nabla_3 A+\nabla_3\cdot(\mathbf{V}_3 A)] \tag{9.1.33}$$

$$c^2=\frac{R^2}{g}(\widetilde{T}+T')\left(\frac{g}{c_p}+\frac{\mathrm{d}\widetilde{T}}{\mathrm{d}z}\right)=c_0^2+\frac{RT'}{g}\left(\frac{g}{c_p}+\frac{\mathrm{d}\widetilde{T}}{\mathrm{d}z}\right) \tag{9.1.34}$$

这里 $c_0^2$ 是标准大气层结参数,为一常数,$\mathrm{d}\widetilde{T}/\mathrm{d}z$ 是标准大气的垂直温度递减率。以上式中的 $a$ 是地球半径,$\Omega$ 是地球自转频率,$\theta$ 是余纬,$\lambda$ 是经度。

上述模式方程的垂直边界条件为

$$\left.\begin{aligned}\dot{\zeta}\big|_{\zeta=0,1} &= 0\\ \phi'\big|_{\zeta=1} &= \frac{R\widetilde{T}_s}{\widetilde{p}_s}p'_s\end{aligned}\right\}\tag{9.1.35}$$

适当的大气标准状态的引入使得热力学变量(温度、位势和地面气压)相对于标准状态的偏差才是预报量,这不仅有助于减少模式的计算误差,尤其是在山脉地区起伏地形的截断误差;同时还比较便于定义模式的有效位能和构造出保证有效能量守恒的计算格式。这种标准大气扣除法不仅在 IAP-GCM 中使用证明是成功的,而且在其他模式中使用也表明可以取得更好的结果。图 9.1.1 是标准(参考)大气引入 ECMWF 模式的试验结果,横坐标是预报的时间(d),纵坐标是引入参考大气和未引入参考大气的 ECMWF 模式预报的全球温带对流层平均的 1 000～200 hPa 高度场距平相关的差值。表 9.1.1 是各种试验的模式情况,ECMWF 表示未引入参考大气的情况;PS、RPL 和 TTRPL3 都是引入参考大气的情况,但它们之间又有些不同,例如地面气压倾向的表示、为保证计算稳定性而取的时间平均参数($\beta_{DT}$)、半隐式差分格式的选取等。

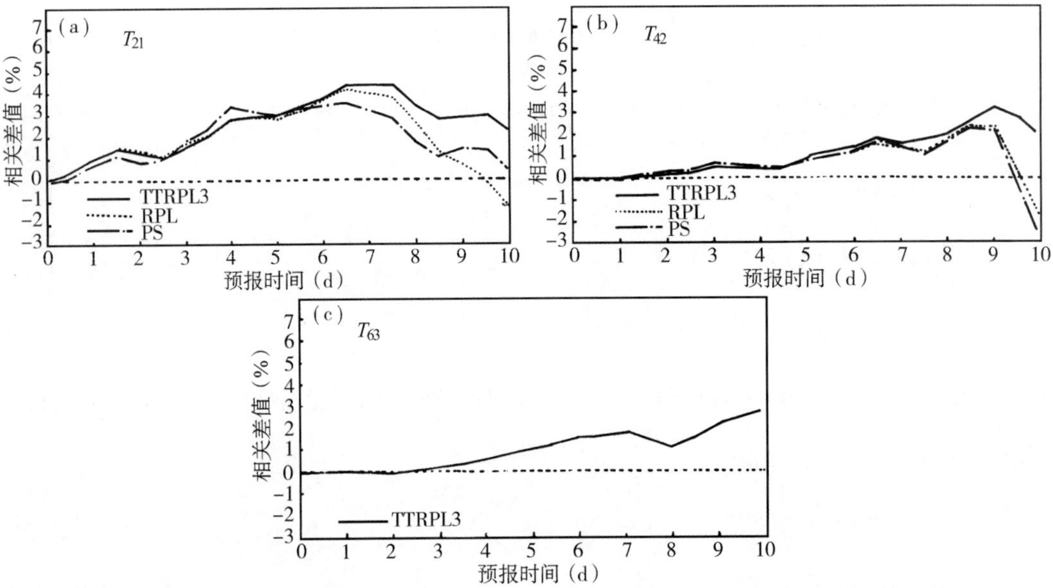


**图 9.1.1**　在各类 ECMWF 模式中引入参考大气后预报的对流层(1 000～200 hPa)高度场的距平相关与未引入参考大气的结果之差值(全球温带地区平均)(引自 Chen 和 Simmons,1990)

**表 9.1.1**　图 9.1.1 所示各种试验的模式差别

| 模式标示 | 是否引入参考大气 | 地面气压倾向 | $\beta_{DT}$ | 半隐式格式 |
|---|---|---|---|---|
| ECMWF | 否 | $\partial \ln p_s/\partial t$ | 0.75 | 业务格式 |
| PS | 是 | $\partial p_s/\partial t$ | 2.00 | 业务格式 |
| RPL | 是 | $\partial \ln p_s/\partial t$ | 2.00 | 业务格式 |
| TTRPL3 | 是 | $\partial \ln p_s/\partial t$ | 0.75 | B 格式 |

从图 9.1.1 可以看到,对于 ECMWF 全球谱模式,无论是用 $T_{21}$、$T_{42}$ 还是 $T_{63}$,引入参考大

气之后,预报高度场的距平相关系数都明显增高,表明在 ECMWF 模式中引入参考大气也是有一定好处的。

### 9.1.2　垂直分层

前面已指出人们较多用 $\sigma$ 坐标作为模式的垂直坐标,但是也有些模式采用 $\sigma$-$p$ 混合坐标,在低层为 $\sigma$ 坐标,而在高层(尤其是在平流层)采用 $p$ 坐标。这种混合坐标的使用对于研究平流层环流有利。

为了描写大气斜压过程,GCM 至少需要两个模式层,即两层模式。随着计算机的发展,大部分 GCM 已发展为 9 层以至 18 层或更多层次。层次越多,垂直分辨率也越高,可以更好地描写大气中的物理过程。关于模式垂直分辨率的增加有两点要注意,其一是要与水平分辨率相协调。如果模式的水平分辨率不够高,只提高垂直分辨率、增加层次,并不能达到预期的结果。其二是增加垂直分辨率要与提高模式厚度同时考虑,因为研究表明模式预报水平的提高与模式层所描写的最大高度有关(Mechoso 等,1986;骆美霞等,1993)。即使模式的垂直分辨率比较高,但所有模式层都在对流层,其结果并不会很好;而如果模式层能包括平流层,模拟效果就有明显改进。这是因为大气行星波的活动在平流层是十分显著和重要的,而行星波的活动对大气环流的中长期演变有重要影响。因此,包含了平流层的描写行星波活动的模式层对模式的预报效果有直接影响。

大气与地球表面间的感热和潜热交换对于大气环流的演变有十分重要的影响,要很好地描写这些交换过程,就必须对行星边界层的状况有很好的了解。因此,需要在行星边界层里有足够的模式层,至少 2～3 层。

### 9.1.3　水平离散化——格点模式

对于模式控制方程组在水平面上的离散化一般有两种不同的方法,即有限差分方法和谱方法。前者是在网格点上描写变量,用格点上变量的差分形式代替微分方程,最后构成计算程序。这种方法构造出的模式就称为格点模式,NCAR 和 ECMWF 等的早期大气环流模式都曾是格点模式,前面提到的 IAP-GCM 仍采用格点有限差分方法。谱方法是将预报变量用球谐函数展开,根据球谐函数的正交性质,微分方程变成由球谐系数组成的可进行数值求解的预报方程。这种方法构造出的模式称为谱模式,目前的大部分 GCM 都是谱模式。

在格点模式中,变量在网格点上的分布一般采取图 9.1.2 所示的形式,它是 Arakawa (1966)的 C 格式,这种网格有较好的重力波频散性质,并且可以避免计算过程中产生的二倍格距波。

令 $\Delta\sigma_k=\sigma_{k+\frac{1}{2}}-\sigma_{k-\frac{1}{2}}$,$\Delta\lambda_i=\lambda_{i+\frac{1}{2}}-\lambda_{i-\frac{1}{2}}$ 和 $\Delta\varphi_j=\varphi_{j+\frac{1}{2}}-\varphi_{j-\frac{1}{2}}$ 分别为垂直方向、纬向和经向的格点距离,再引用如下符号

$$\Delta_x A(x)=A\left(x+\frac{\Delta x}{2}\right)-A\left(x-\frac{\Delta x}{2}\right)$$

$$\delta_x A(x)=\frac{\Delta_x A(x)}{\Delta x}$$

$$\overline{A}^x(x)=\frac{1}{2}\left[A\left(x+\frac{\Delta x}{2}\right)+A\left(x-\frac{\Delta x}{2}\right)\right]$$

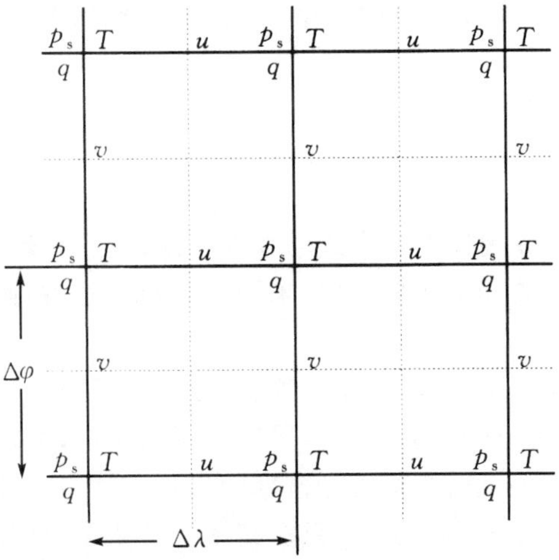


**图 9.1.2**　格点模式中变量的水平分布形式

$$\overline{A}^{\lambda\varphi}=\frac{1}{4}\left[A\left(\lambda+\frac{\Delta\lambda}{2},\varphi+\frac{\Delta\varphi}{2}\right)+A\left(\lambda-\frac{\Delta\lambda}{2},\varphi+\frac{\Delta\varphi}{2}\right)+A\left(\lambda+\frac{\Delta\lambda}{2},\varphi-\frac{\Delta\varphi}{2}\right)+A\left(\lambda-\frac{\Delta\lambda}{2},\varphi-\frac{\Delta\varphi}{2}\right)\right]$$

上面各式中 $x$ 表示 $\lambda$ 或 $\varphi$。这样,微分方程(9.1.13)～(9.1.18)的差分形式分别为

$$\frac{\partial u}{\partial t}-\frac{1}{\cos\varphi}[\pi V\cos\varphi]+\frac{1}{a\cos\varphi}\delta_\lambda(\bar{\phi}^\sigma+K)+\frac{R\,\overline{T}^\lambda}{a\cos\varphi}\delta_\lambda(\ln p_s)+\frac{1}{\overline{p_s}^\lambda}\frac{\overline{\overline{p_s\ \dot{\sigma}}^\lambda\ \Delta_\sigma u}^\sigma}{\Delta_\sigma\sigma}=F_u \tag{9.1.36}$$

$$\frac{\partial v}{\partial t}+[\pi U]+\frac{1}{a}\delta_\varphi(\bar{\phi}^\sigma+K)+\frac{R\,\overline{T}^\varphi}{a}\delta_\varphi(\ln p_s)+\frac{1}{\overline{p_s}^\varphi}\frac{\overline{\overline{p_s\ \dot{\sigma}}^\varphi\ \Delta_\sigma v}^\sigma}{\Delta_\sigma\sigma}=F_v \tag{9.1.37}$$

$$\frac{\partial T}{\partial t}+\frac{1}{p_s}\left[\frac{1}{a\cos\varphi}\left(\overline{U\delta_\lambda(T)}^\lambda+\overline{V\cos\delta_\varphi(T)}^\varphi\right)+\frac{\overline{p_s\ \dot{\sigma}\Delta_\sigma T}^\sigma}{\Delta_\sigma\sigma}-\frac{\kappa T\omega}{\sigma}\right]=Q \tag{9.1.38}$$

$$\phi_{k+\frac{1}{2}}=\phi_s+\sum_{l=k+1}^{m}kT_l(\Delta_\sigma\ln\sigma)_l \tag{9.1.39}$$

$$\frac{\partial p_s}{\partial t}+\frac{1}{a\cos\varphi}[\delta_\lambda U+\delta_\varphi(V\cos\varphi)]+\frac{\Delta_\sigma(p_s\dot{\sigma})}{\Delta_\sigma\sigma}=0 \tag{9.1.40}$$

$$\frac{\partial q}{\partial t}+\frac{1}{p_s}\left[\frac{1}{a\cos\varphi}\left(\overline{U\delta_\lambda q}^\lambda+\overline{V\cos\varphi\delta_\varphi q}^\varphi\right)+\frac{\overline{p_s\ \dot{\sigma}\Delta_\sigma q}^\sigma}{\Delta_\sigma\sigma}\right]=S \tag{9.1.41}$$

在以上方程中

$$U=\overline{p_s}^\lambda u,\qquad V=\overline{p_s}^\varphi v$$

$$K=\frac{1}{2}\left(\overline{u^2}^\lambda+\frac{1}{\cos\varphi}\overline{v^2\cos\varphi}^\varphi\right)$$

$$\pi=\frac{1}{\overline{p_s a\cos\varphi}^{\lambda\varphi}}\left[a\,\overline{f\cos\varphi}^\varphi+\delta_\lambda v-\delta_\varphi(u\cos\varphi)\right]$$

$$[\pi V\cos\varphi]=\overline{V\cos\varphi}^{\lambda\varphi}\,\overline{\pi}^\varphi$$

$$[\pi U]=\overline{U}^{\lambda\varphi}\,\overline{\pi}^\varphi$$

$$\frac{\kappa T\omega}{\sigma}=\frac{\kappa T}{\sigma}\overline{\sigma\frac{\partial p_s}{\partial t}+p_s\dot{\sigma}}^{\sigma}+\frac{\kappa}{a\cos\varphi}\left[\overline{U\,\overline{T}^{\lambda}\delta_{\lambda}(\ln p_s)}^{\lambda}+\overline{V\cos\varphi\,\overline{T}^{\varphi}\delta_{\varphi}(\ln p_s)}^{\varphi}\right]$$

方程(9.1.39)中 $m$ 是模式的总层数，而

$$\sum_{k=1}^{m}\Delta\sigma_k=1$$

差分方程(9.1.36)～(9.1.41)是有二阶精度的的格式，这种模式可使得总质量守恒，平流过程中 $p_sT^2$、$p_sq^2$ 和全位能分别守恒，水平平流项位涡拟能($p_s\pi^2$)和位涡守恒。虽然在总能量形式上不守恒，但动能和位能之间的转换是正确合理的。

在南北极点及其附近需要进行特殊的处理，这里不再讨论，不难从专门文章中找到有关介绍。同时，由于经线向极地的辐合变密，往往还采用与纬度有关的空间滤波算子进行滤波处理(Arakawa 和 Lamb，1976)。

### 9.1.4　谱模式

为了方便，谱模式的控制方程一般都用涡度和散度方程代替动量方程，并且为了有利于标量的谱展开，又令

$$U=u\cos\varphi,V=v\cos\varphi \tag{9.1.42}$$

再用流函数和势函数表示，则有

$$U=-(1-\sin^2\varphi)\frac{\partial\psi}{a\cos\varphi\partial\varphi}+\frac{\partial\chi}{a\partial\lambda} \tag{9.1.43}$$

$$V=\frac{\partial\psi}{a\partial\lambda}+(1-\sin^2\varphi)\frac{\partial\chi}{a\cos\varphi\partial\varphi} \tag{9.1.44}$$

涡度和散度可分别写成(Bourke，1974)：

$$\zeta=\frac{1}{a(1-\sin^2\varphi)}\left[\frac{\partial V}{\partial\lambda}-(1-\sin^2\varphi)\frac{\partial U}{\cos\varphi\partial\varphi}\right]=\nabla^2\psi \tag{9.1.45}$$

$$D=\frac{1}{a(1-\sin^2\varphi)}\left[\frac{\partial U}{\partial\lambda}+(1-\sin^2\varphi)\frac{\partial V}{\cos\varphi\partial\varphi}\right]=\nabla^2\chi \tag{9.1.46}$$

这样，涡度方程和散度方程为

$$\frac{\partial}{\partial t}\nabla^2\psi=\frac{1}{a(1-\sin^2\varphi)}\frac{\partial A_1}{\partial\lambda}-\frac{\partial A_2}{a\cos\varphi\partial\varphi}-2\Omega\left(\sin\varphi\nabla^2\chi+\frac{V}{a}\right) \tag{9.1.47}$$

$$\frac{\partial}{\partial t}\nabla^2\chi=\frac{1}{a(1-\sin^2\varphi)}\frac{\partial A_2}{\partial\lambda}+\frac{\partial A_1}{a\cos\varphi\partial\varphi}+2\Omega\left(\sin\varphi\nabla^2\psi-\frac{U}{a}\right)-\nabla^2(E+\phi'+RT_0\ln p_s) \tag{9.1.48}$$

其中 $\phi=\phi_0+\phi'$，$T=T_0+T'$，$\phi_0$ 和 $T_0$ 是位势高度和温度的标准值(只是高度的函数)；$\Omega$ 是地球自转角速度；而

$$A_1=-U\nabla^2\psi-\dot{\sigma}\frac{\partial V}{\partial\sigma}-(1-\sin^2\varphi)RT'\frac{\partial\ln p_s}{a\cos\varphi\partial\varphi}$$

$$A_2=V\nabla^2\psi-\dot{\sigma}\frac{\partial U}{\partial\sigma}-RT'\frac{\partial\ln p_s}{a\partial\lambda}$$

$$E=\frac{U^2+V^2}{2(1-\sin^2\varphi)}$$

$\dot{\sigma}=\mathrm{d}\sigma/\mathrm{d}t$,是 $\sigma$ 坐标下的垂直速度。

连续方程可写成

$$\frac{\partial}{\partial t}\ln p_s+\mathbf{V}\cdot\nabla\ln p_s+\nabla\cdot\mathbf{V}+\frac{\partial\dot{\sigma}}{\partial\sigma}=0$$

对 $\sigma$ 取积分,则有

$$\frac{\partial}{\partial t}\ln p_s=\overline{\mathbf{V}}\cdot\nabla\ln p_s+\overline{\nabla^2\chi}\tag{9.1.49}$$

这里 $\overline{A}=\int_1^0 A\mathrm{d}\sigma$。将 $T=T_0+T'$ 引入热力学方程则可得到

$$\frac{\partial T'}{\partial t}=-\frac{1}{a(1-\sin^2\varphi)}\frac{\partial}{\partial\lambda}(UT')-\frac{\partial(VT')}{a\cos\varphi\partial\varphi}+T'\nabla^2\chi+s\dot{\sigma}+\frac{RT}{c_p}[\overline{\nabla^2\chi}+(V+\overline{V})\cdot\nabla\ln p_s]\tag{9.1.50}$$

还有静力方程

$$\frac{\partial\phi}{\partial\sigma}=-\frac{RT}{\sigma}\tag{9.1.51}$$

而 $s=\frac{RT}{\sigma c_p}-\frac{\partial T}{\partial\sigma}$ 是静力稳定性参数。

方程(9.1.47)~(9.1.51)构成了闭合的基本方程组,为简单起见,方程中没有非绝热加热项和扩散项。在垂直方向仍用差分表示,上述方程组可写在各层上,而对于每一层的变量都用球谐函数展开,即可取

$$\psi=a^2\sum\sum\psi_l^m Y_l^m\tag{9.1.52}$$

$$\chi=a^2\sum\sum\chi_l^m Y_l^m\tag{9.1.53}$$

$$T=\sum\sum T_l^m Y_l^m\tag{9.1.54}$$

$$\ln p_s=\sum\sum \mathrm{P}_l^m Y_l^m\tag{9.1.55}$$

$$\phi=a^2\sum\sum\phi_l^m Y_l^m\tag{9.1.56}$$

$$U=\sum\sum{}' U_l^m Y_l^m\tag{9.1.57}$$

$$V=\sum\sum{}' V_l^m Y_l^m\tag{9.1.58}$$

其中 $\sum\sum$ 表示 $\sum_{m=-J}^{J}\sum_{l=|m|}^{|m|+J}$,而 $\sum\sum{}'$ 表示 $\sum_{m=-J}^{J}\sum_{l=|m|}^{|m|+J+1}$;$Y_l^m$ 是球函数,亦可写成 $P_l^m\mathrm{e}^{\mathrm{i}m\lambda}$,$P_l^m(\sin\varphi)$ 为连带 Legendre 多项式。将式(9.1.52)~(9.1.58)代入方程(9.1.47)~(9.1.51),再用共轭 $Y_l^{m*}(=P_l^m\mathrm{e}^{-\mathrm{i}m\lambda})$ 乘方程的两边,并对全球积分,最后可得到谱系数方程

$$-C_l\frac{\mathrm{d}\psi_l^m}{\mathrm{d}t}=\Psi_l^m+2\Omega\left(C_{l-1}\varepsilon_l^m\chi_{l-1}^m+C_{l+1}\varepsilon_{l+1}^m\chi_{l+1}^m-V_l^m\right)\tag{9.1.59}$$

$$-C_l\frac{\mathrm{d}\chi_l^m}{\mathrm{d}t}=X_l^m-2\Omega(C_{l-1}\varepsilon_l^m\Psi_{l-1}^m+C_{l+1}\varepsilon_{l+1}^m\Psi_{l+1}^m+U_l^m)+C_l\left(\phi_l^m+\frac{RT}{a^2}\mathrm{P}_l^m\right)\tag{9.1.60}$$

$$\frac{\mathrm{d}P_l^m}{\mathrm{d}t}=Z_l^m-C_l\overline{\chi_l^m}\tag{9.1.61}$$

$$\frac{\mathrm{d}T_l^m}{\mathrm{d}t}=H_l^m \tag{9.1.62}$$

$$\frac{\mathrm{d}\phi_l^m}{\partial\sigma}=-\frac{R}{a^2\sigma}T_l^m \tag{9.1.63}$$

这里 $C_l=l(1+l)$,而

$$\Psi_l^m=\frac{1}{4\pi}\int_0^{2\pi}\int_{-1}^{1}\left\{\frac{1}{a(1-\sin^2\varphi)}\frac{\partial A_1}{\partial\lambda}-\frac{\partial A_2}{a\cos\varphi\partial\varphi}\right\}Y_l^{m*}\cos\varphi\mathrm{d}\varphi\mathrm{d}\lambda$$

$$X_l^m=\frac{1}{4\pi}\int_0^{2\pi}\int_{-1}^{1}\left\{\frac{1}{a(1-\sin^2\varphi)}\frac{\partial A_2}{\partial\lambda}+\frac{\partial A_1}{a\cos\varphi\partial\varphi}-\nabla^2E\right\}Y_l^{m*}\cos\varphi\mathrm{d}\varphi\mathrm{d}\lambda$$

$$H_l^m=\frac{1}{4\pi}\int_0^{2\pi}\int_{-1}^{1}\left\{-\frac{1}{a(1-\sin^2\varphi)}\frac{\partial UT'}{\partial\lambda}-\frac{\partial VT'}{a\cos\varphi\partial\varphi}+T'\nabla^2\chi+\dot{s\sigma}+\right.$$
$$\left.\frac{RT}{c_p}\left[\overline{\nabla^2}\chi+(\boldsymbol{V}+\overline{\boldsymbol{V}})\cdot\nabla\ln p_s\right]\right\}Y_l^{m*}\cos\varphi\mathrm{d}\varphi\mathrm{d}\lambda$$

$$Z_l^m=\frac{1}{4\pi}\int_0^{2\pi}\int_{-1}^{1}(\overline{\boldsymbol{V}}\cdot\nabla\ln p_s)Y_l^{m*}\cos\varphi\mathrm{d}\varphi\mathrm{d}\lambda$$

显然,在谱模式中的预报量是谱系数,要用方程(9.1.59)～(9.1.63)对各个谱系数进行预报,计算 $\Psi_l^m$、$X_l^m$、$H_l^m$ 和 $Z_l^m$ 还是十分复杂的。在进行球谐函数展开时一般都要取谱截断,即用有限项来表示。通常用 15 或 21 个谐波表示低分辨率模式($T_{15}$,$T_{21}$),气候模拟因需要长时间积分,目前还是用这种低分辨率模式;高分辨率的谱模式(例如 $T_{63}$,$T_{106}$)目前还主要用于数值天气预报。谱截断一般采用两种方法,即菱形截断和三角截断。前面的例子用的就是菱形截断。因为有 $L=|m|+J$;而三角截断应有 $L=J$。对于短期天气预报来讲,两种截断方法给出的预报精度是相近的,而对于中期数值预报,三角截断似乎更好一些。

对于相近分辨率的谱模式和格点模式的数值模拟结果的比较(Manabe 等,1979)表明,一般情况下谱模式要略好一些。因此,目前绝大多数 GCM 都采用谱方法,当然,因其计算量较大,所以需要高速电子计算机的保证。

## 9.2 主要物理过程及其参数化

从第 2 章关于气候系统的讨论中我们已经看到,气候系统是极其复杂的,包括着许多相互作用问题。要模拟甚至预测气候及气候变化,在气候模式中必须尽量包含这些过程,并且越精细的描写越好。但是,我们对各种过程及其相互作用的了解,目前还不能说已经很充分,有的尚在深入研究之中。在这一节里将分两个主要部分对其进行简要的讨论。

### 9.2.1 辐射强迫及反馈

我们知道,气候系统的基本能量来自其对太阳辐射的吸收;同时,气候系统对长波辐射的吸收和放射在能量平衡和交换中也起着重要作用。因此,辐射是气候系统中十分重要的过程;而且同辐射过程相联系,还存在一些反馈过程。例如温室气体反馈、雪冰反馈和云反馈等,这样就更增加了辐射过程的重要性。

作为一种温室气体,大气中 $CO_2$ 浓度的增加将引起全球变暖是人们都十分关注的问题,世界各国科学家对此进行了许多研究,在第 13 章里我们将专门讨论这个问题。这里要指出的是伴随着 $CO_2$ 的温室效应,通过辐射过程还将出现温室气体反馈,主要是大气中水汽的辐射反馈。因为 $CO_2$ 浓度增加所引起的温度增加将有利于大气中的蒸发过程,从而使大气中水蒸汽的含量增加。水蒸汽在大气中也有温室作用,即 $CO_2$ 的增加导致了另一温室气体的含量增加,将使增暖的幅度更大。已有研究表明(Cess,1989;Cess 等,1989),如果单纯的 $CO_2$ 浓度增加造成的全球平均增暖为 1.2℃的话,考虑了水蒸汽的反馈之后,全球平均增暖将变成 1.9℃,即可放大 1.6 倍。因此,考虑温室气体的这种反馈是十分必要的。在气候系统中可能还不止水汽一种温室气体反馈,因为 $CO_2$ 浓度增加的温室效应将使平流层温度降低,而平流层臭氧的光化反应同温度也有一定关系,$CO_2$ 浓度增加造成的平流层温度的降低也要影响到平流层臭氧的生成。

雪和冰在气候系统中通过反照率反馈起着重要的作用,冰雪覆盖的减少将削弱反射作用,使得吸收的太阳辐射更多,又会使冰雪覆盖面进一步缩小。这样一种冰雪-反照率反馈过程在有关 $CO_2$ 浓度增加的气候效应的模拟中反映得十分清楚,因为所造成的增暖在冬季极区被明显地放大了。然而在实际上并没有观测到极区有更明显的增暖,虽然在全球中纬度和热带都观测到近百年来温度明显增高的趋势。这里显然存在着需要研究搞清楚的问题,一方面可能是大气环流模式中所考虑的冰雪-反照率反馈同实际情况有很大的差异,模式未能真实地描写实际过程。另一方面也可能存在另外的过程对冰雪-反照率反馈有重要影响,而模式又没能包含这种过程。但无论怎样都表明,我们对冰雪-反照率反馈及与其相关的过程还没有完全搞清楚,有待进一步研究。

平均来讲,到达大气顶的太阳辐射能为 340 $W \cdot m^{-2}$,气候系统将吸收 240 $W \cdot m^{-2}$,反射掉 100 $W \cdot m^{-2}$,通过放射红外辐射失去 240 $W \cdot m^{-2}$ 能量,从而处于辐射平衡状态。考虑云层的影响(同晴空相比较)时,全球气候系统所受到的红外辐射强迫为 31 $W \cdot m^{-2}$,受到的太阳辐射强迫为 $-44$ $W \cdot m^{-2}$,净辐射强迫为 $-13$ $W \cdot m^{-2}$。因此,云层通过辐射过程将对气候系统起冷却作用。

云层虽然在气候系统中起净冷却作用,但是,对于温室气体浓度增加而导致全球增暖的过程,并不一定起到抵消作用。因为云辐射强迫是一种积分效果,非常复杂地依赖于云量、云的垂直分布、云的光学厚度甚至云滴的分布(Wigley,1989)。首先看一下云量的影响,如果全球增暖使云量减少的话,这种云量减少会使地球更有效地放射红外辐射,从而产生一种负的气候反馈机制。但是,云量的减少在另一方面使得反射掉的太阳辐射减少,增加气候系统所吸收的太阳辐射,又会产生正的气候反馈机制。到底云量的减少产生哪种反馈,尚难以简单地确定。其次,我们看一下云的高度的影响,如果全球增暖使得大气中较高的地方有云生成而取代较低地方的已有云层,其结果因较高处的较冷云层放射的红外辐射少而加强温室效应,出现正反馈过程。显然,云的垂直分布及其变化对气候变化也会有反馈作用。云的光学性质同云的含水量关系极大,因此云水含量对辐射及气候的影响也是明显的。一般可以认为全球增暖将会增加大气中及云中的水含量,这种云水量的增加虽要吸收更多的太阳辐射,却又要放射更多的红外辐射,若再考虑其反射作用,那么云水含量的增加到底起到何种反馈作用也是相当复杂的(Schlesinger 和 Roeckiner,1988)。

另外,随季节和纬度的变化,云层的结构和性质都有明显不同,因而云的气候反馈就更为复杂。如何恰当地考虑和处理云-辐射-气候反馈,还是一个亟待研究解决的问题。

### 9.2.2 次网格尺度过程及其参数化

无论用格点(差分)模式还是用谱模式所描写的气候系统或大气环流中的过程都有相当大的空间尺度,这是模式分辨率所决定的。然而在大气或气候系统中还存在着许多空间尺度比较小的过程,例如地气系统间的热量和动量交换、积云对流等,它们在大气环流和气候变化中起着重要的作用,但用大尺度网格量又无法直接描写它们。一种用大尺度变量表示小尺度(次网格尺度)过程的总体(统计)影响的方法,即参数化方法,已广泛用于各种GCM之中。这种方法并不去研究小尺度运动过程本身,而是从宏观上研究这种小尺度运动与大尺度运动的相互关系和影响。这里我们主要讨论积云对流、大气边界层和陆面过程参数化的问题。

#### *9.2.2.1 积云对流*

大家知道,积云对流是大气运动的重要能量来源,尤其是对于热带大气的运动。因此,如何处理这类小尺度运动和考虑它的作用,一直是GCM中的重要问题和内容。已有的处理办法可归纳为三种格式,其一是所谓湿对流调整(MCA),其二是郭氏参数化方案,其三是Arakawa和Schubert参数化方案。

湿对流调整是处理积云对流产生及相应的潜热和感热输送过程的简单方法,其物理依据在于:大气层结不稳定将激发产生对流,而随之层结也趋向中性。因此,可以在保持湿静态能量($E$)不变的条件下,对条件不稳定层结作对流调整,使调整后的大气层结呈中性状态;在这种调整过程中自然地就包括了积云对流过程的发生。对流调整的关键是确定气压 $p_R$,以满足湿静态能量在调整前后相等,即

$$E^*(\ln p_0-\ln p_R)\approx\int_{\ln p_s}^{\ln p_0}E\mathrm{d}\ln p \tag{9.2.1}$$

这里 $E^*$ 是调整后的湿静态能量;$E=gz+c_pT+Lq_s$,为调整前的静态能量,$L$ 是潜热,$q_s$ 是饱和比湿。当 $p_R$ 值确定后,其相应的湿静态能量就是调整后的 $E^*$。再由湿绝热过程可以得到调整后的参数 $T^*$、$Z^*$ 和 $q_s^*$ 的分布。因为对于湿绝热过程有:

湿静态能表达式

$$c_pT_s^*+gZ^*+Lq_s^*=E^* \tag{9.2.2}$$

静力方程

$$\frac{\partial}{\partial p}gZ^*=-RT_s^*/p \tag{9.2.3}$$

饱和水汽压 $e_s^*$ 和露点温度的关系式

$$e_s^*=6.11\mathrm{e}^{25.22(1-\frac{273}{T_s^*})}\left(\frac{273}{T_s^*}\right)^{5.31} \tag{9.2.4}$$

饱和比湿和饱和水汽压的关系式

$$q_s^*=0.621e_s^*(p-0.379e_s^*) \tag{9.2.5}$$

在已经知道 $E^*$ 的情况下,即可由(9.2.2)~(9.2.5)式求解出相对任一 $p$ 值的 $T_s^*$、$Z^*$、$q_s^*$ 和 $e_s^*$。同时,有了调整后的温度 $T_s^*$ 的分布,就得到积云对流加热量

$$Q_c=\begin{cases}\dfrac{1}{\Delta t}c_p(T_s^*-T_s), & \text{若 } T_s^*>T_s\\ 0, & \text{若 } T_s^*\leqslant T_s\end{cases} \tag{9.2.6}$$

其中 $\Delta t$ 为对流调整过程的时间,一般常取 $\Delta t$ 小于 1 h;下标 s 表示饱和状态,而一般假定相对湿度达到 80%即认为饱和。

郭氏参数化方案(Kuo,1965;1974)用简单的云模式来表示积云对流,而积云对流对大气的加热以云内温度与环境温度的差来表示。这一参数化方案最初假定:在低层有辐合的不稳定层结大气中总会发生积云对流;在积云中,空气作湿绝热上升运动;单个云体的生命史很短,因此某个积云的存在是瞬时的,将迅速与四周空气混合;水汽凝结后便立即通过降水而走掉,不存在再蒸发。后来在修改方案中除保持原基本概念外,还考虑了积云中下沉气流的绝热加热和上升气流的绝热冷却;以及水平混合作用和小尺度对流对感热、动量的垂直输送作用。截面积为 $a$、厚度为 $p_b-p_t$ 的积云对流对大气的加热可以表示为

$$aQ_c=\frac{g(1-b)LM_t(T_c-\overline{T})\pi}{c_p(p_b-p_t)\langle T_c-\overline{T}\rangle} \tag{9.2.7}$$

其中 $T_c$ 是云内温度;$\overline{T}$ 是环境空气温度;"$\langle\ \ \rangle$"表示对整个云层平均,即

$$\langle T_c-\overline{T}\rangle=\frac{1}{p_b-p_t}\int_{p_t}^{p_b}(T_c-\overline{T})\mathrm{d}p \tag{9.2.8}$$

$M_t$ 是单位截面的垂直气柱内的水汽辐合量,即

$$M_t=-\frac{1}{g}\int_0^{p_s}(\nabla\cdot\mathbf{V}q)\mathrm{d}p+\rho_0C_D\mid\mathbf{V}_0\mid(q_*-q_0) \tag{9.2.9}$$

这里 $q_*$ 为地面空气比湿,$q_0$ 和 $|\mathbf{V}_0|$ 是接近地面的某一高度上的比湿和风速,$\rho_0$ 和 $C_D$ 是密度和交换系数。由于空气柱内的水汽不可能全部凝结,若存在于空气中的水汽为 $bM_t$,则 $(1-b)M_t$ 就是凝结并生成云的水汽量,因而 $b$ 是一个空气湿化参数。在郭氏参数化方案中,$b$ 是很重要的参数,简单地可认为

$$bM_t=\frac{1}{g}\int_0^{p_s}\frac{\partial q}{\partial t}\mathrm{d}p \tag{9.2.10}$$

其中 $p_s$ 是地面气压。上面所有公式中的变量都是大尺度变量,它们描写了积云对流过程及其影响。这里我们没有详细讨论(9.2.7)式的推导,有兴趣者除参阅 Kuo(1965;1974)的原文外,亦可参阅有关书籍(叶笃正等,1988)。

Arakawa-Schubert 方案(1974)有两个重要特征,其一是准平衡封闭假定,认为云体将足够迅速地对大尺度气流的变化作出反应,以至云做功函数(指每一类云所确定的积云浮力的积分量度)的改变非常之小;其二是认为卷出过程很重要,而这种过程同云的尺度有关,因而要考虑云尺度谱。在 $z$ 坐标系中,热力学方程可以写成

$$\frac{\partial\bar{\theta}}{\partial t}+\overline{\mathbf{V}}\cdot\nabla\bar{\theta}+\overline{w}\frac{\partial\bar{\theta}}{\partial z}=\frac{\pi}{c_p}\overline{Q}-\left[\overline{\mathbf{V}'\cdot\nabla\theta'}+\overline{w'\frac{\partial\theta'}{\partial z}}\right] \tag{9.2.11}$$

这里带"—"的量表示平均值,"′"表示对平均值的偏差;$\theta$ 是位温,$\overline{Q}$ 为加热率;$\pi=(P/p)^{R/c_p}$。根据连续方程的准 Boussinesq 形式,式(9.2.11)右端的最后两项可改写成

$$\left[\overline{\mathbf{V}'\cdot\nabla\theta'}+\overline{w'\frac{\partial\theta'}{\partial z}}\right]\approx\frac{1}{\rho}\left[\nabla\cdot\overline{\rho\mathbf{V}'\theta'}+\frac{\partial}{\partial z}\overline{\rho w'\theta'}\right] \tag{9.2.12}$$

设积云内及其周围环境的位温分别为 $\theta_c$ 和 $\bar{\theta}$,积云的卷出率为 $D$,则云内热量辐散可表示为

$$\frac{1}{\rho}\nabla\cdot\overline{\rho\mathbf{V}'\theta'}\approx D(\theta_c-\theta) \tag{9.2.13}$$

设积云的百分比云量为 $a$,云内垂直速度为 $w_c$,那么云的垂直质量通量 $M_c$ 可写成

$$M_c = \rho a w_c \tag{9.2.14}$$

(9.2.12)式右端第二项又可表示成

$$\frac{1}{\rho}\frac{\partial}{\partial z}\overline{\rho w'\theta'} \approx -\frac{M_c}{\rho}\frac{\partial\bar{\theta}}{\partial z} + \frac{1}{\rho}\frac{\partial}{\partial z}(M_c\theta_c) - \frac{\theta^*}{\rho}\frac{\partial M_c}{\partial z} \tag{9.2.15}$$

这里对卷入有 $\theta^* = \bar{\theta}$,对卷出则有 $\theta^* = \theta_c$。在只考虑积云对流的凝结加热和蒸发的情况下,

$$\overline{Q} \approx -L\frac{\partial q_c}{\partial z}a w_c - Le \tag{9.2.16}$$

其中 $q_c$ 是云内比湿,$e$ 是云滴的蒸发量。若令凝结效率 $c_w = \frac{\partial q_c}{\partial z}\frac{M_c}{\rho}$,则有

$$\overline{Q} = L(c_w - e) \tag{9.2.17}$$

因为凝结潜热释放和云内热量的辐散会迅速平衡,即

$$\frac{L\pi}{c_p}c_w = \frac{1}{\rho}\frac{\partial}{\partial z}(M_c\theta_c) - \frac{1}{\rho}\frac{\partial M_c}{\partial z}\theta^* \tag{9.2.18}$$

最后,可以将(9.2.11)式写成

$$\frac{\partial\bar{\theta}}{\partial t} + \overline{\mathbf{V}}\cdot\nabla\bar{\theta} + \overline{w}\frac{\partial\bar{\theta}}{\partial z} = \frac{\partial\bar{\theta}}{\partial z}\frac{M_c}{\rho} + D(\theta_c - \bar{\theta}) - \frac{L\pi}{c_p}e \tag{9.2.19}$$

类似地,可以得到关于混合比的方程如下

$$\frac{\partial\bar{q}}{\partial t} + \overline{\mathbf{V}}\cdot\nabla\bar{q} + \overline{w}\frac{\partial\bar{q}}{\partial z} = \frac{\partial\bar{q}}{\partial z}\frac{M_c}{\rho} + D(q_c - \bar{q}) + e \tag{9.2.20}$$

显然,式(9.2.19)和(9.2.20)两式右端分别给出了积云对流加热和湿度变化的参数表达式。其中第一项是积云对流所引起的云外下沉补偿效应,因一般有 $\partial\bar{\theta}/\partial z > 0$,$\partial\bar{q}/\partial z < 0$,则当 $M_c > \rho\overline{w}$ 时,云外的补偿下沉会引起变暖变干。第二项表示云的卷出作用($D>0$),云内暖湿空气卷出可以使周围空气变暖和变湿。第三项表示云内卷出的液态水在云外的再蒸发,从而使周围空气变湿和变冷。这一参数化方案的关键问题是如何确定积云动量通量 $M_c$,同时因为不同尺度的积云有不同的卷夹率,需对积云对流过程作分类处理。

#### 9.2.2.2 大气边界层

气候系统所吸收的大部分太阳辐射是被地表吸收的,然后通过大气边界层用不同的形式传输给大气,从而驱动大气环流。因此,大气边界层对于大气环流和气候演变是十分重要的。大气边界层在地球表面以上厚度约为 1～2 km,它是大气的重要动量汇及热量和水汽的源,这里的动量、热量和水汽的垂直通量最大。边界层过程同大尺度大气运动有重要的相互作用,一方面大尺度运动决定边界层的稳定度,为它提供扰动动能,推动边界层过程,也决定着边界层的厚度;另一方面,边界层过程可以影响大气环流的状态。

在定常情况下,行星边界层中描写动量、热量和水汽通量的方程可分别写成

$$\frac{\mathrm{d}}{\mathrm{d}z}\left(\frac{\tau_x}{\rho}\right) = -f(\hat{v} - \hat{v}_g) \tag{9.2.21}$$

$$\frac{\mathrm{d}}{\mathrm{d}z}\left(\frac{\tau_y}{\rho}\right) = f(\hat{u} - \hat{u}_g) \tag{9.2.22}$$

$$\frac{\mathrm{d}}{\mathrm{d}z}H_T = -\frac{\hat{\theta}}{\hat{T}}\frac{\mathrm{d}\overline{R}_z}{\mathrm{d}z} - \frac{\hat{\theta}}{\hat{T}}\bar{\rho}L\delta\hat{q} \tag{9.2.23}$$

$$\frac{\mathrm{d}}{\mathrm{d}z}H_q=\bar{\rho}\delta\hat{q} \tag{9.2.24}$$

上述方程中 $\rho,\theta,T$ 和 $q$ 分别表示边界层大气的密度、位温、温度和比湿；$f$ 是 Coriolis 参数；$u$ 和 $v$ 分别是纬向和经向速度分量，有下标 g 则表示地转风速；$\tau_x$ 和 $\tau_y$ 是应力分量，即

$$\tau_x=-\overline{\rho u''w''},\quad \tau_y=-\overline{\rho v''w''} \tag{9.2.25}$$

$H_T$ 和 $H_q$ 分别是感热和水汽通量，即

$$H_T=c_p\overline{\rho w''\theta''},\quad H_q=\overline{\rho w''q''} \tag{9.2.26}$$

这里引入了对任一要素 $\Psi$ 的时间算术平均和加权(考虑密度)平均，它们分别为

$$\overline{\Psi}(t)=\frac{1}{2\Delta t}\int_{-\Delta t}^{\Delta t}\Psi(t+\tau)\mathrm{d}\tau \tag{9.2.27}$$

$$\widehat{\Psi}(t)=\frac{1}{2\Delta t}\int_{-\Delta t}^{\Delta t}\rho\Psi(t+\tau)\mathrm{d}\tau \tag{9.2.28}$$

任何一个变量又可分为平均值和脉动值两部分，并且还可用两种形式表示为

$$\Psi=\overline{\Psi}+\Psi' \tag{9.2.29}$$

$$\Psi=\widehat{\Psi}+\Psi'' \tag{9.2.30}$$

还存在如下关系：

$$\left.\begin{aligned}&\overline{\Psi'}=0,\quad \widehat{\Psi''}=0\\&\overline{\rho\Psi}=\bar{\rho}\,\widehat{\Psi}\\&\widehat{\Psi}-\overline{\Psi}=\widehat{\Psi'}=-\overline{\Psi''}\end{aligned}\right\} \tag{9.2.31}$$

对于方程(9.2.21)～(9.2.24)，一般有边界条件：

当 $z=Z_0$ 时，

$$\left.\begin{aligned}&\tau_x=(\tau_x)_0,\quad \tau_y=(\tau_y)_0\\&H_T=(H_T)_0,\quad H_q=(H_q)_0,\quad \hat{u}=\hat{v}=0\end{aligned}\right\} \tag{9.2.32}$$

当 $z=Z_\mathrm{b}$ 时，

$$\left.\begin{aligned}&\tau_x=(\tau_x)_\mathrm{b},\quad \tau_y=(\tau_y)_\mathrm{b}\\&H_T=(H_T)_\mathrm{b},\quad H_q=(H_q)_\mathrm{b}\\&\hat{u}=(\hat{u}_\mathrm{g})_\mathrm{b},\quad \hat{v}=(\hat{v}_\mathrm{g})_\mathrm{b}\end{aligned}\right\} \tag{9.2.33}$$

其中 $Z_0$ 是粗糙度；$Z_\mathrm{b}$ 是边界层上界高度，通常是变化的。

为了描写大气边界层过程及其作用，多采用所谓混合层模式，混合层(ML)的基本特征是其内的位温和比湿随高度不变；混合层顶位温急剧增大形成逆温，比湿急剧减少。通过混合层，自由大气和地球表面之间的动量、热量和水汽交换将分两步进行。第一步是地表与大气边界层间的输送，并且它们在边界层内充分混合；第二步是边界层空气穿过逆温层进入自由大气，其中有部分空气在通过湍流过程进入逆温层后还会被卷夹到混合层内。在混合层顶一般主要有三种输送过程同自由大气相联系：其一是积云输送，积云对流活动可从混合层吸出空气，并将其重新分布在自由大气各层，从而自由大气可受到混合层及地表的影响，但同时混合层的深度和特性也由于这种过程而受到控制。第二是大尺度辐合，由于 Ekman 抽吸等作用，混合层辐合的空气上升而进入自由大气。第三是剩余层(RL)的作用，由于日变化，混合层在白天较厚而夜间较薄，白天混合层高度与夜间混合层高度相差的层次就是所谓剩余层(图

9.2.1)。这样,剩余层既同混合层有相互作用,又同自由大气有相互作用,尤其是通过平流作用,剩余层空气可直接进入自由大气并与之混合。

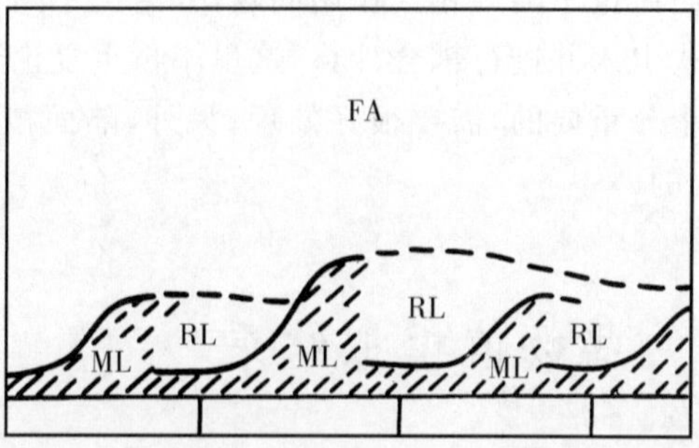


**图 9.2.1** 自由大气(FA)、剩余层(RL)和混合层(ML)

如果用两个模式层来描写大气边界层,它们分别表示混合层和剩余层,在 $\sigma(=(p-p_t)/P)$ 坐标系中,控制方程可分别简略地写成(Stull,1977):

$$\frac{\partial u}{\partial t}=\cdots+\begin{cases}-gC_D\rho\dfrac{|\boldsymbol{V}|}{P}u+\dfrac{J_*(1-a)}{P}\Delta u, & \text{对 ML}\\[2ex] -\dfrac{1}{P}\dot{\sigma}_m a\Delta u, & \text{对 RL}\end{cases}\tag{9.2.34}$$

$$\frac{\partial v}{\partial t}=\cdots+\begin{cases}-gC_D\rho\dfrac{|\boldsymbol{V}|}{P}v+\dfrac{J_*(1-a)}{P}\Delta v, & \text{对 ML}\\[2ex] -\dfrac{1}{P}\dot{\sigma}_m a\Delta v, & \text{对 RL}\end{cases}\tag{9.2.35}$$

$$\frac{\partial \theta}{\partial t}=\cdots+\begin{cases}\dfrac{g\rho}{P}(w'\theta')_0+\dfrac{J_*(1-a)}{P}\Delta \theta, & \text{对 ML}\\[2ex] -\dfrac{1}{P}\dot{\sigma}_m a\Delta \theta, & \text{对 RL}\end{cases}\tag{9.2.36}$$

$$\frac{\partial q}{\partial t}=\cdots+\begin{cases}\dfrac{g\rho}{P}(w'q')_0+\dfrac{J_*(1-a)}{P}\Delta q, & \text{对 ML}\\[2ex] -\dfrac{1}{P}\dot{\sigma}_m a\Delta q, & \text{对 RL}\end{cases}\tag{9.2.37}$$

$$\frac{\partial P}{\partial t}=\cdots+\begin{cases}J_*(1-a)-\dot{\sigma}_m a, & \text{对 ML}\\ -J_*(1-a)+(\dot{\sigma}_m-\dot{\sigma}_R)a, & \text{对 RL}\end{cases}\tag{9.2.38}$$

以上分别为动量、热量、水汽和连续性方程,其中 $P=p_s-p_t$,$p_s$ 和 $p_t$ 分别是地面和模式顶的气压;$\Delta\Psi$ 表示变量 $\Psi$ 在 RL 与 ML 间的差值,若 RL 因卷夹而消失在 ML 之中,$\Delta\Psi$ 就表示 FA 与 ML 间的差值,不用对 RL 求解;$J_*$ 为卷夹速度;$\dot{\sigma}_m$ 和 $\dot{\sigma}_R$ 分别为 ML 顶和 RL 顶处的垂直速度;$a$ 是积云的覆盖率。由(9.2.38)式还可得到混合层厚度 $P_m$ 的预报方程

$$\frac{\partial P_m}{\partial t}=-\text{散度项}-\dot{\sigma}_m a+J_*(1-a)\tag{9.2.39}$$

其中 $P_m=p_s-p_{mt}$,$p_{mt}$是混合层顶之气压。可见卷夹作用使混合层厚度增加,云的抽吸和大尺度辐散使混合层厚度变薄。

#### 9.2.2.3 陆面过程

在第 8 章里我们已专门讨论了陆气相互作用问题，并给出了陆气相互作用模式，在气候模式中目前已开始将陆气模式引入并进行耦合计算，这里不再重复论述。我们只要强调指出，土壤湿度及地表的水平衡是十分重要的，需要很好处理；另外，陆面植被的种类及其分布都十分复杂，其处理也是十分重要的。

## 9.3 气候状态的一些数值模拟结果

由于 GCM 可以较好地描写气候系统及其变化的主要物理过程，对于气候及其变化具有一定的模拟能力，因此，随着计算机技术的发展，世界各国都用 GCM 对气候进行了数值模拟研究，并取得了较好的结果。这里我们将给出一些模式的结果及其与观测的比较，从而可以看到气候数值模拟的前景。

### 9.3.1 海平面气压场

海平面气压场的形势不仅能很好地反映近地面层大气环流的特征，而且同许多气候状态有关。因此，好的 GCM 应该模拟出海平面气压场的基本分布形势和变化。

从纬向平均的海平面气压廓线来看，各个模式虽然彼此存在差异，但都还是能够模拟出海平面气压的基本纬度分布特征(图略)，特别是南极槽、赤道浅槽和副热带的脊。但即使对于纬向平均的海平面气压廓线来讲，数值模拟也还存在一些问题，平均来讲对高纬度地区的模拟较差，尤其是低分辨率模式对南极槽的模拟不好，不仅强度不够，位置也有差异。同时，对北半球冬季副热带脊的模拟大都偏强。

图 9.3.1 分别给出了用 UKHI-GCM 模拟得到的冬季(12 月至次年 2 月)和夏季(6—8 月)全球海平面气压场，为了方便比较，图中也给出了相应的观测海平面气压的分布。首先，在冬季和夏季海平面气压场的主要差别，尤其是北半球的主要高压中心冬季位于大陆，夏季位于大洋，都可以从模式结果看到。IAP-GCM 虽然分辨率比较低，但由于在其设计和构造模式时采用了一些独特的办法，例如用了“标准大气”扣除法，计算变量(气压、风场和温度)都是偏差量，不仅克服了在地形区域出现大的截断误差，而且有利于保留基本气候信息；计算格式能保证有效能量守恒。这样，使得低分辨率的 IAP-GCM 也得到了较好的气候模拟效果。图 9.3.2a 是用 IAP-GCM 模拟的 7 月全球海平面气压的分布，同观测相比较(图 9.3.2b)，基本形势十分相似，尤其是北半球两个大洋上的高压和亚洲大陆上的低压都模拟得相当成功。当然还不能说 GCM 对地面气压的模拟就很好了，实际上还存在不少不足之处。例如在图 9.3.1 中，无论冬季的西伯利亚高压还是夏季的两个大洋高压的强度都模拟得不够，位置也偏南；在图 9.3.2 中，南半球的模拟效果相对要差一些，尤其是南太平洋和澳大利亚地区。

除了海平面气压的分布形势，海平面气压的变率特征也是很重要的。观测资料的分析表明，海平面气压的日变率的极大值区出现在东大西洋和东北太平洋地区以及 60°S 纬度带。上述分布特征都可以在 GCM 中得到相当好的模拟结果，并且可进一步表明用 GCM 能成功地模

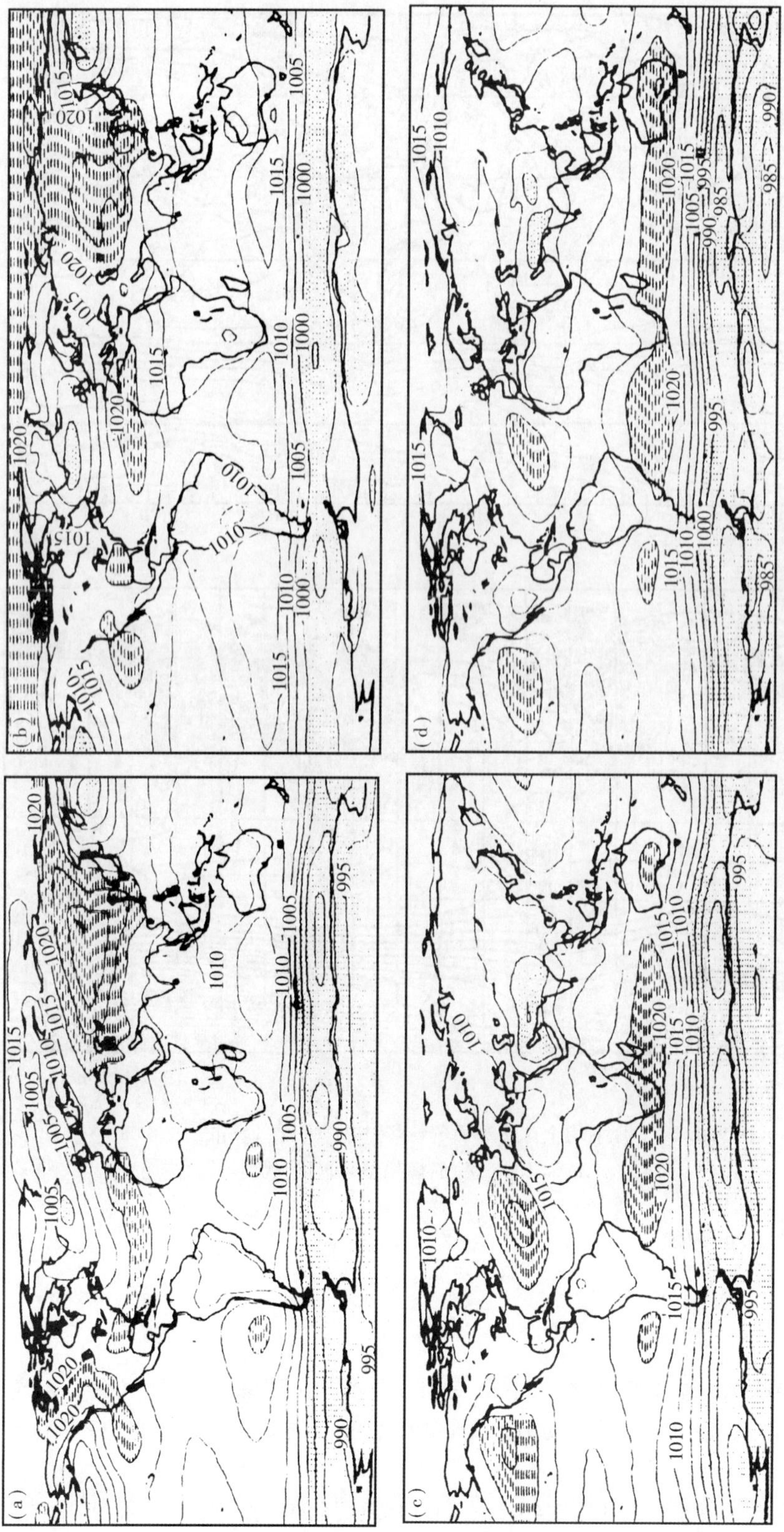


**图 9.3.1**　全球海平面气压(hPa)的观测和用 UKHI-GCM 的数值模拟结果(引自 Gates 等,1990)

(a)12月至次年2月观测场;(b)12月至次年2月模拟场;(c)6—8 月观测场;(d)6—8 月模拟场

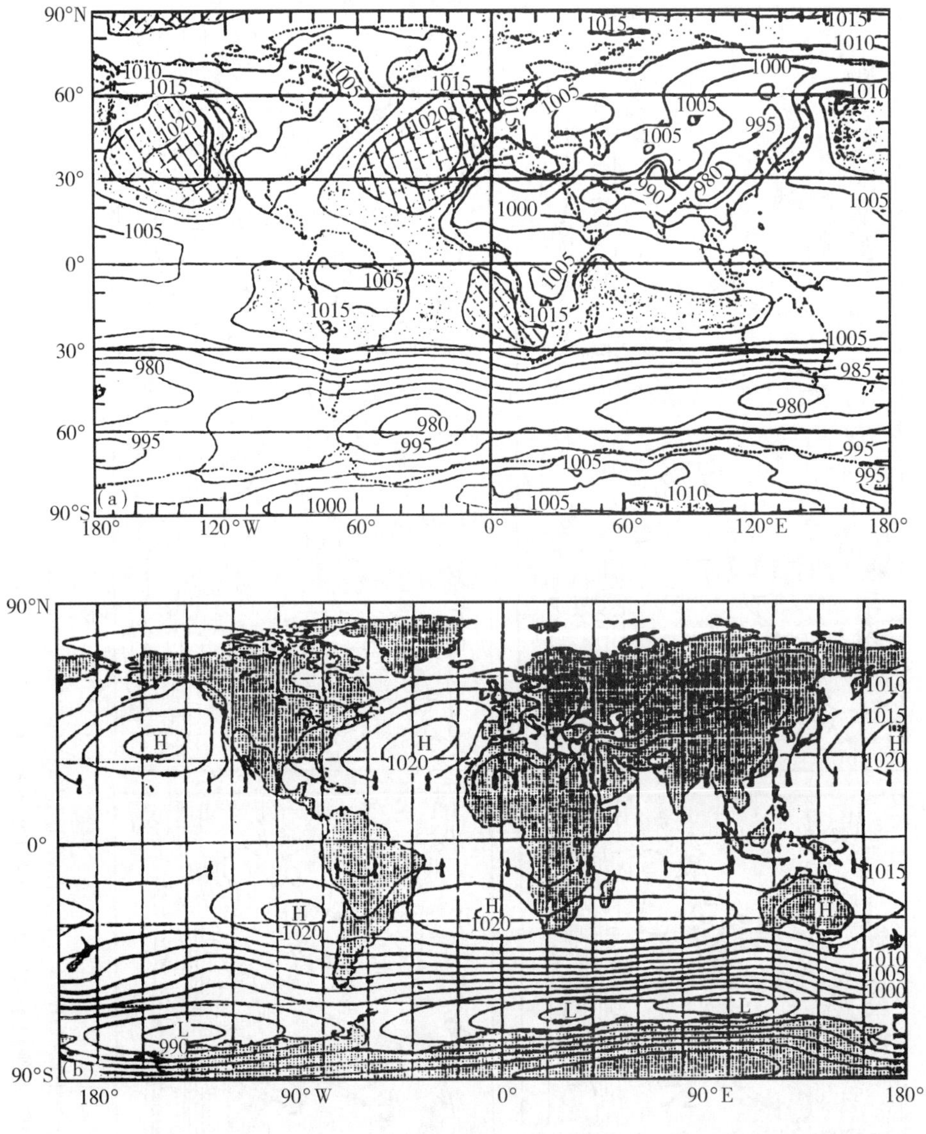


**图 9.3.2**　7 月平均全球海平面气压场(hPa)(引自 Zeng 等,1990a)

(a) IAP-GCM(2 层)的模拟结果;(b) 观测场

拟中纬度的风暴活动路径。

## 9.3.2　风场

风场是气候状态的基本特征之一,它既受到气压场和温度场的制约,又会影响气压场和温度场,而且在气候系统中有重要的动力作用,例如对海洋的影响等。因此,GCM 的气候模拟在风场上也应有较好的结果。

图 9.3.3 给出了冬季(12 月至次年 2 月)平均纬向风的纬度-高度剖面,其中图 9.3.3a 是 ECMWF 资料的分析结果,图 9.3.3b 是用 GFHI 模式的模拟结果。比较两个剖面图可以发

现,实际大气中南北半球中纬度对流层上部的最大纬向风中心(西风急流)以及赤道附近地区的东风气流,都能很好地由 GCM 模拟出来。当然一些不足也是明显的,例如南半球急流偏强,位置偏南;北半球急流偏弱,位置也偏南;平流层低层模拟较差等。比较一些模式的结果还可以看到,对北半球风场的模拟一般较好一些,尤其是用高分辨率模式;对南半球的模拟效果稍差一些,尤其是南半球的夏季风场。各种数值模拟试验还发现,重力波拖曳作用的引入对风场模拟结果有一定的改进作用。

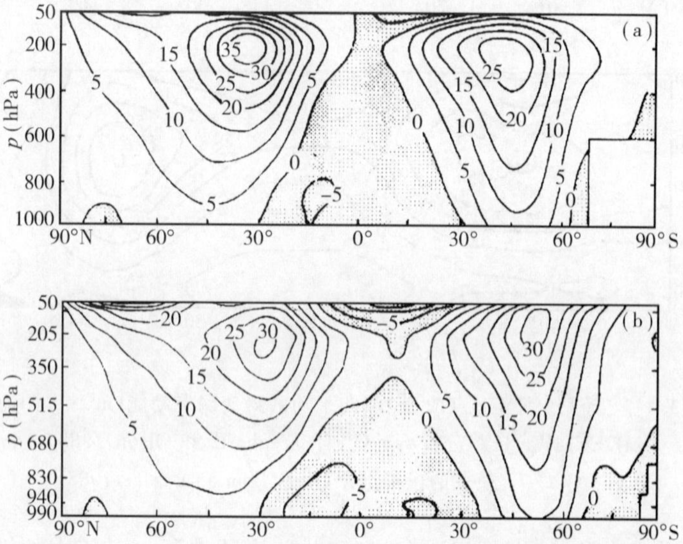


**图 9.3.3** 纬向平均的 12 月至次年 2 月纬向风($m \cdot s^{-1}$)的纬度-高度剖面(引自 Gates 等,1990)
(a) ECMWF 的观测资料分析结果;(b) GFHI 的模拟结果

大家知道,涡旋活动对大气环流及气候变化有十分重要的影响,因此,除了平均气流外,涡旋部分的模拟也是十分重要的。对于大气中涡旋的强度,一般可以用涡旋动能(EKE)来量度。现有一些模式所模拟的大气涡旋的动能都偏小,其中对瞬变部分的模拟尤为差一些。大气中的 EKE 在 GCM 数值模拟中较差的原因主要不在于模式的分辨率如何,而是对物理过程的处理。图 9.3.4 给出了大气中 EKE 的观测资料分析结果和 CCC 模拟结果的比较,显然,南北半球模拟得到的 EKE 都比观测值要小,尤其是在中纬度地区的对流层中上部。当然,在对流层上部,两个半球的中纬度地区都有一个 EKE 极值中心,数值模拟描写得还比较好。

### 9.3.3 温度场

同气压场一样,GCM 对大气温度场分布的基本特征也能较好地模拟。图 9.3.5 是几个主要 GCM 模拟的地面空气温度的纬向平均廓线与观测资料的比较。可以看到,无论冬季还是夏季,地面气温以赤道地区最高和随纬度降低的特征,以及冬季极区比夏季极区温度低得多、冬半球温度梯度比夏半球大得多等特征,数值模拟结果同实际大气温度分布都比较接近。但是,在热带和中纬度地区模拟的地面气温多比实际大气温度偏低也是明显的。在高纬度地区,尤其是南半球极区,各种模式的结果差异较大,有较大的模式依赖性。图 9.3.6 给出了用 GISS 模式模拟的 12～2 月平均的地面气温与观测之间的差值分布,显然,两个半球的近极地

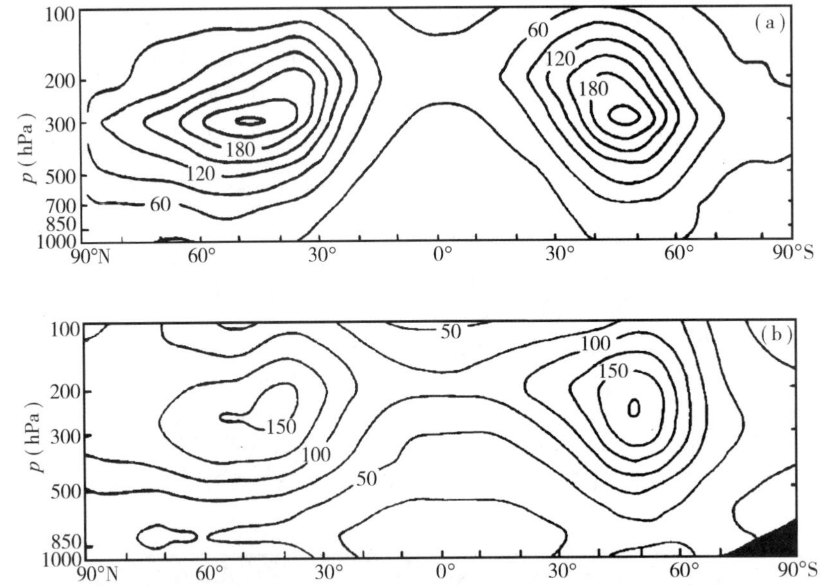


**图 9.3.4**　冬季(12 月至次年 2 月)纬向平均的瞬变涡旋动能($m^2 \cdot s^{-2}$)的分布

(a) ECMWF 资料分析结果(引自 Trenberth 和 Olson,1988);

(b) CCC $T_{30}$ 模式的模拟结果(引自 Boer 和 Lazare,1988)

区模拟误差最大;欧亚大陆(特别是亚洲大陆)和北美大陆地区也有较大的模拟误差。这些结果表明陆面过程及冰雪覆盖边界的处理对于大气温度场的模拟结果有重要的影响。

就整个对流层大气而言,温度的模拟结果一般都比观测值低一些,最大的误差出现在高纬度的对流层上部和平流层低层,往往比实际观测温度低 10℃以上。一些研究表明,除了物理过程的数值处理(参数化)之外,模式分辨率对模拟误差也有一定的影响。

### 9.3.4　降水量

降水量虽然是由许多因素决定的,但它在对气候变化的影响方面有特别重要的作用,因此也是气候模拟的重要内容。尽管降水量的直接观测还是有限的,但根据卫星云图(特别是 OLR 资料)的估计和一些海上船舶的观测,综合得到的观测(估计)资料已有较好的可靠性。

图 9.3.7 给出了各种模式得到的纬向平均的降水量分布与观测资料的比较。显然,热带有最大降水,而副热带地区为相对干旱带的观测结果,在数值模拟中都很好地表现出来了,尽管各个模式之间以及模拟与观测之间都存在一定的差异。从图 9.3.7 中还可以看到一个特征,就是在高纬度地区,所有的模拟都得到了比实际观测多的降水量。这种降水量普遍偏多可能是陆气相互作用过程,尤其是蒸发的处理尚需改进的例证。

从降雨量的全球分布也可以看到主要的降雨带和中心基本上都可以成功地模拟出来,然而一些区域性误差仍是存在的。图 9.3.8 中三个高分辨率模式的结果表明,热带多雨带以及赤道西太平洋和南亚地区、非洲中部和中美洲地区几个主要降水中心,数值模拟结果同观测都有一定的一致性。非洲北部、东北太平洋以及南半球的几个少雨区(南美中部、南非地区和澳

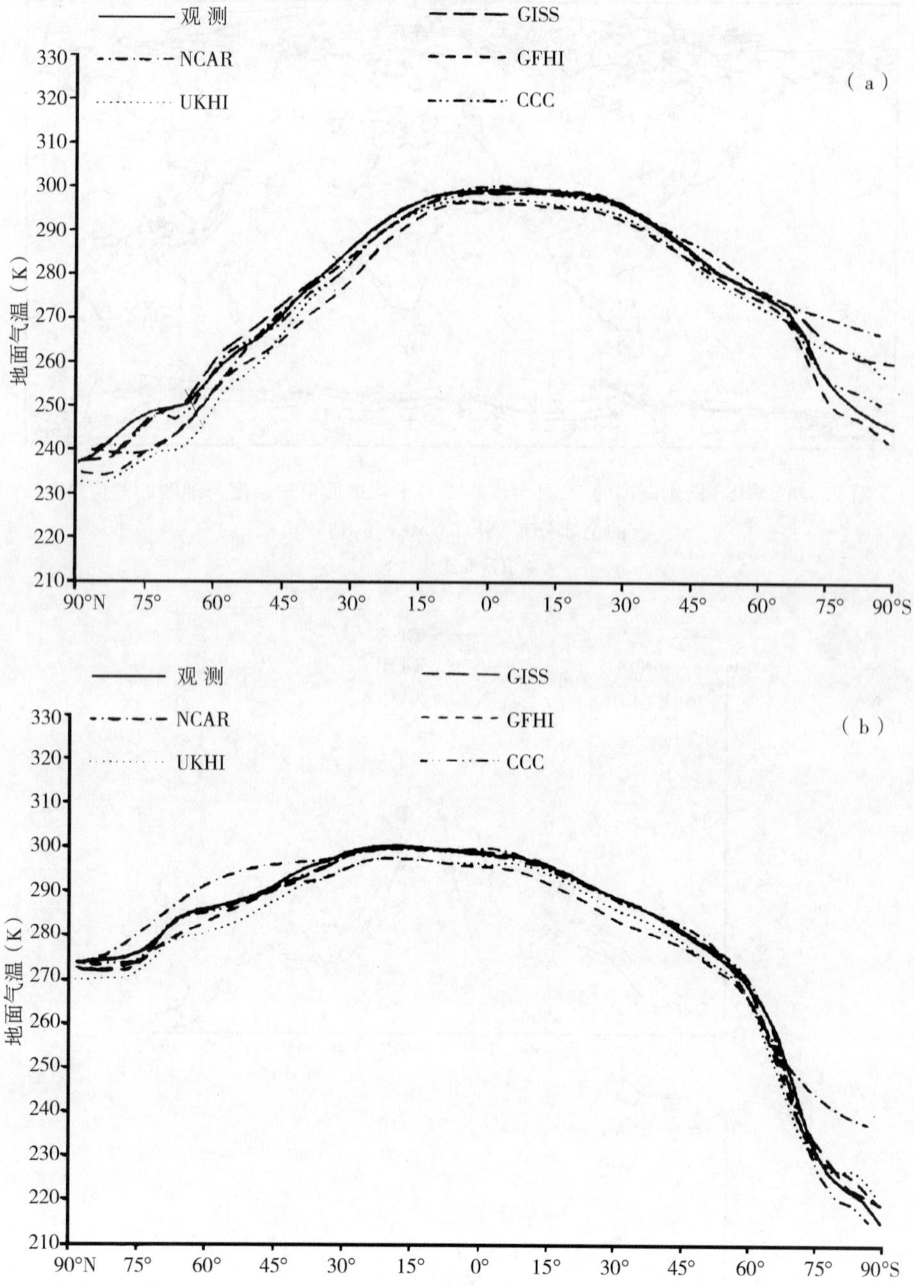


**图 9.3.5** 各种模式模拟的纬向平均地面空气温度(K)与观测资料的比较(引自 Gates 等,1990)
(a) 12 月至次年 2 月平均;(b) 6—8 月平均

洲地区)也相当一致。从全球最主要的降水区(南亚季风区和西太平洋)的模拟来看,虽然各种模式都模拟出来了,但细致的比较发现它们同观测都有不同形式和不同程度的误差;非洲中部地区的降水也有类似的问题。可见,在 GCM 中如何更好地模拟季风的活动,仍然需要进一步研究。

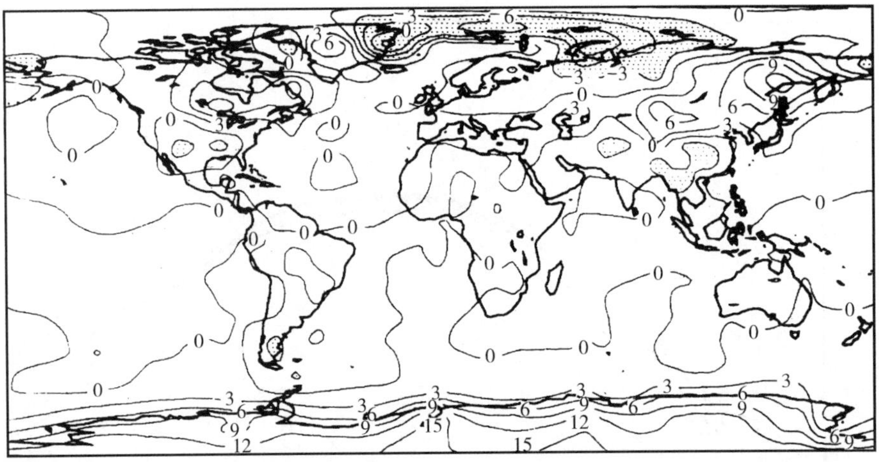

**图 9.3.6**　GISS 模式模拟的 12 月至次年 2 月平均地面空气温度与观测的差值(K)的全球分布(引自 Gates 等,1990)

(等值线间距为 3 K)

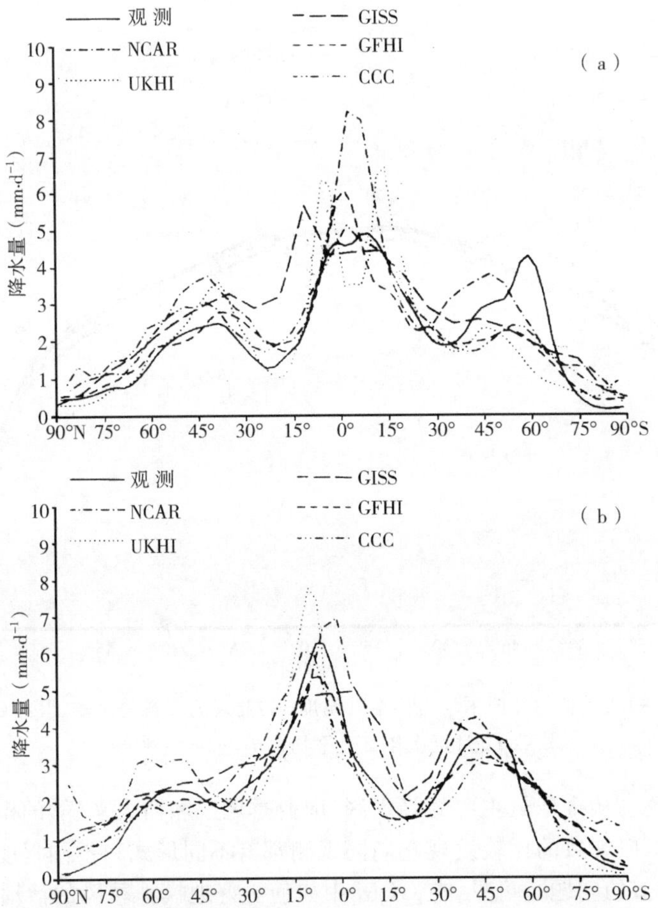


**图 9.3.7**　各种模式模拟的纬向平均降水量(mm · $d^{-1}$)与观测的比较(引自 Gates 等,1990)

(a) 12 月至次年 2 月平均;(b) 6—8 月平均

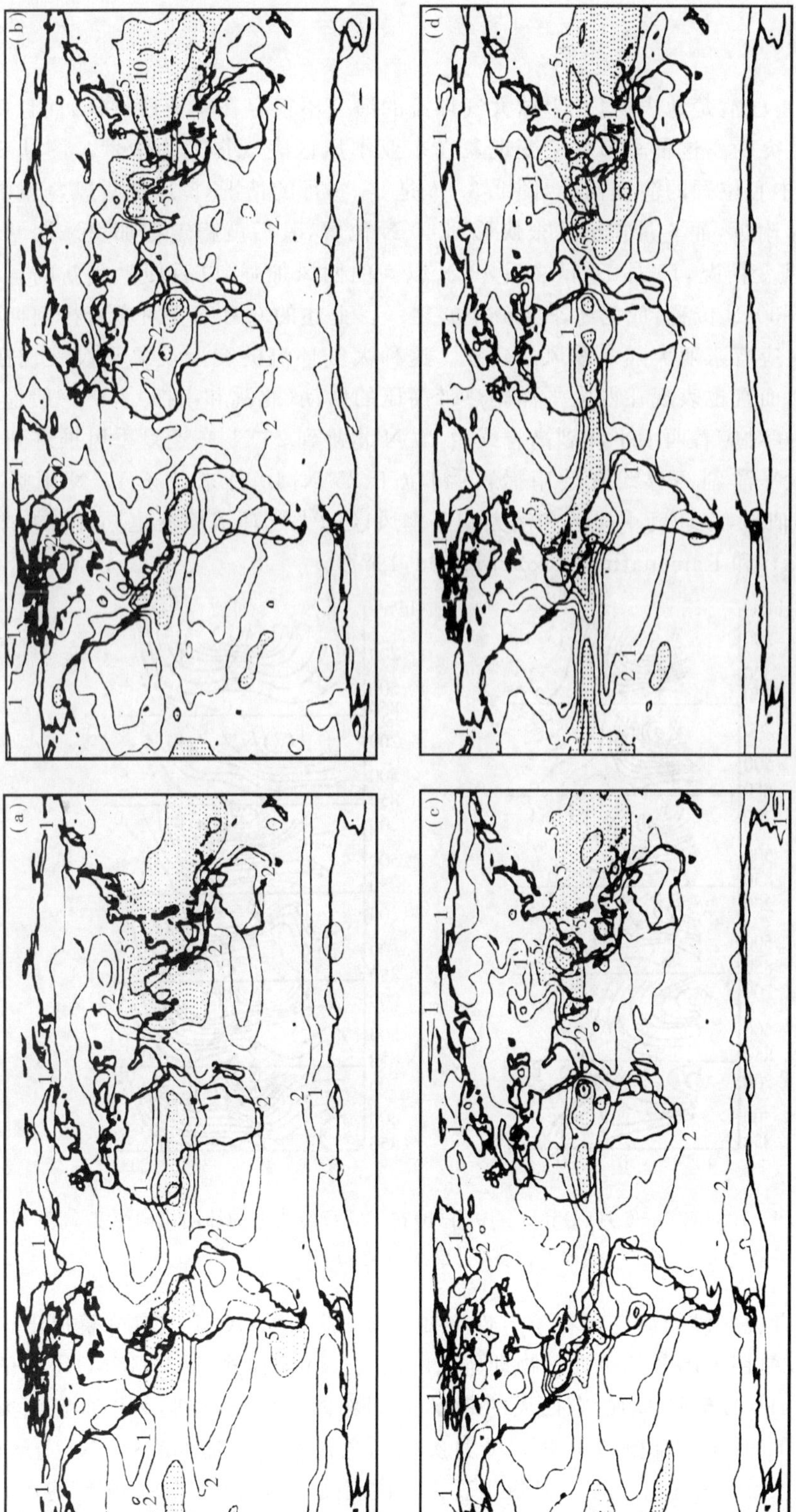


**图 9.3.8**　6—8 月平均降水量(mm · $d^{-1}$)的全球分布(引自 Gates 等,1990)

(a)观测场;(b)CCC 模拟结果;(c)GFHI 模拟结果;(d)UKHI 模拟结果

### 9.3.5 季节转换

许多资料分析已清楚地表明,北半球大气环流的演变不仅存在季节性特征,而且有明显的突变,称为季节性突变。这种季节性突变现象在东亚季风区表现得尤为清楚。图 9.3.9 是东亚上空西风急流中心位置的演变情况,图 9.3.9a 是 5—6 月的情况,5 月份西风急流中心比较稳定地位于 35°N 附近,而 6 月初突然很快移到 40°N 位置,其后就稳定在那里。图 9.3.9b 为 9—10 月的急流演变情况,10 月 15 日之后 40°N 以南的西风加强,以后便生成新的急流中心,最后南移到 25°～30°N 位置,成为冬季急流中心之一。上述的 6 月突变对应着梅雨期的到来,而 10 月突变则对应着东亚大陆冬季风的建立。这种大气环流的突变现象不仅表现在西风急流位置的演变上,而且也表现在西太平洋副热带高压的活动(北跳和南撤)上。一般地,长江流域梅雨的爆发正好对应着西太平洋副高脊线由 20°N 北跳到 25°N,东亚夏季风推进到 30°N 附近;而 9 月初西太平洋副高脊线开始南撤,下旬位于 25°N,10 月末位于 17°N 附近(Tao 和 Chen,1987)。类似地,在印度季风区和澳大利亚季风区的大气环流演变也同样存在季节突变现象(Krishnamurti 和 Ramanathan,1982;McBrid,1987)。

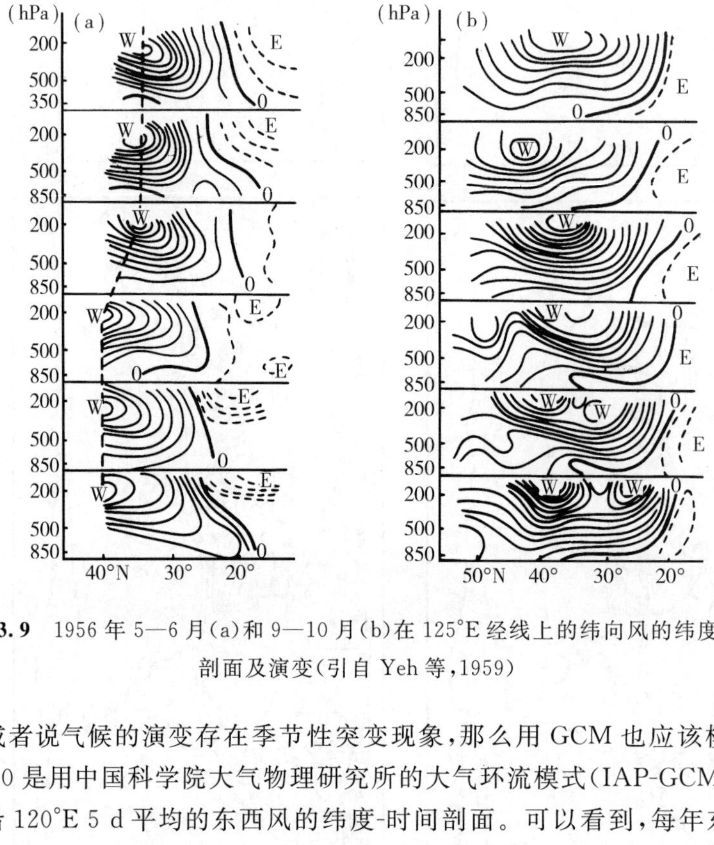


**图 9.3.9** 1956 年 5—6 月(a)和 9—10 月(b)在 125°E 经线上的纬向风的纬度-高度剖面及演变(引自 Yeh 等,1959)

大气环流或者说气候的演变存在季节性突变现象,那么用 GCM 也应该模拟出这种变化特征。图 9.3.10 是用中国科学院大气物理研究所的大气环流模式(IAP-GCM)得到的连续两年 400 hPa 上沿 120°E 5 d 平均的东西风的纬度-时间剖面。可以看到,每年东亚西风急流中心位置的 6 月和 10 月突变都模拟出来了,6 月突变前急流平均纬度约在 35°N,盛夏在 40°～45°N 之间,其间突变发生在 6 月;10 月份出现再一次突变,急流位置移到 30°N 附近。上述两年中突变的具体时间和强度并不完全一致,这同实际大气环流季节突变的年际差异也是相符的。

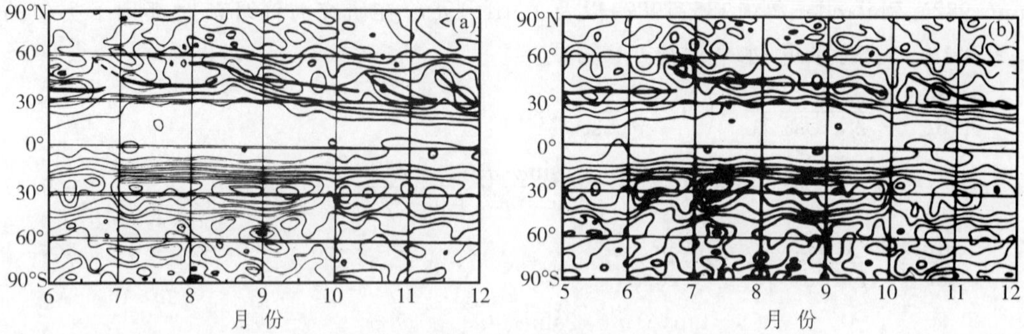


**图 9.3.10**　用 IAP-GCM(2 层)模拟得到的 400 hPa 上沿 120°E 5 d 平均的东西风的纬度-时间剖面(引自曾庆存等,1988)

(a) 第一模式年;(b) 第二模式年

(图中粗实线为西风急流轴)

资料分析和数值模拟结果都说明上述大气环流的季节突变同大气中的热源(汇)的演变,尤其是对流凝结加热有密切的关系,当然同海陆分布和地形影响也有关。在 6—7 月间全球各纬带平均的加热率也有突变现象,其最大值带可以从 5°N 跃跳到 20°N 附近。GCM 能较好地描写大气热源(汇)及其变化,也就可以较好地模拟出大气环流和气候的季节转换特征。

## 9.4　海气耦合模式(CGCM)

海洋的热状态,以至海洋环流都对气候及气候变化有明显的影响。因此,对于气候变化问题,尤其是年际时间尺度以上的气候变化问题,必须用大洋环流模式同大气环流模式一道来研究和解决。近些年来大洋环流模式和海气耦合模式的发展,正是来自气候研究的推动。本节将首先简单介绍大洋环流模式(OGCM),然后讨论海气耦合模式的问题。

### 9.4.1　大洋环流模式简介

有关海洋环流的数值模拟开始于 20 世纪 50 年代初(Munk,1950;Sarkisyan,1954),虽然当时只计算了风吹海洋表层环流。随着计算理论和工具的发展,自 70 年代以来大洋环流模式才逐渐发展起来,并得到了成功的应用。Bryan(1969)做了大洋环流模式的开创性研究工作,后来的许多模式都是在他的基础上发展起来的,并形成了大洋环流模式的一个重要体系。这类模式的最主要特点是仿效数值天气预报中的整层无辐散模式,在海洋表面人为地加了一个"刚盖",从而滤掉表面波动,海流分为正压无辐散分量和斜压分量两部分,比完全的原始方程容易求解,也比较节省计算时间。但是因为有整层无辐散假定,模式不能模拟海面的起伏。另一类大洋环流模式把海洋表面作为自由面处理,海面高度是模式的一个预报量。这类模式的最早研究是 Crowley(1969)完成的,IAP-OGCM 属于这类模式,但有许多新的发展(Zeng,1983;张学洪、曾庆存,1988;张荣华,1989)。

下面我们基于 Han(1984)的工作介绍第一类大洋环流模式,Bryan 等(1975)、Hasselmann(1982)、Philander 等(1985;1987)以及 Latif(1987)在研究海洋环流时都用了类似的模式。在$(\lambda,\varphi,z)$坐标系里,水平运动方程写成

$$\frac{\mathrm{d}u}{\mathrm{d}t}=-\frac{1}{\rho_0 a\cos\varphi}\frac{\partial p}{\partial\lambda}+\left(2\Omega+\frac{u}{a\cos\varphi}\right)v\sin\varphi+A_{\mathrm{m}}\left\{\nabla^2 u+\frac{(1-\tan^2\varphi)u}{a^2}-\frac{2\sin\varphi}{a^2\cos^2\varphi}\frac{\partial v}{\partial\lambda}\right\}+\kappa\frac{\partial^2 u}{\partial z^2} \tag{9.4.1}$$

$$\frac{\mathrm{d}v}{\mathrm{d}t}=-\frac{1}{\rho_0 a}\frac{\partial p}{\partial\varphi}-\left(2\Omega+\frac{u}{a\cos\varphi}\right)u\sin\varphi+A_{\mathrm{m}}\left\{\nabla^2 v+\frac{(1-\tan^2\varphi)v}{a^2}-\frac{2\sin\varphi}{a^2\cos^2\varphi}\frac{\partial u}{\partial\lambda}\right\}+\kappa\frac{\partial^2 v}{\partial z^2} \tag{9.4.2}$$

其中 $u$ 和 $v$ 是海流的纬向和经向速度分量;$\Omega$ 是地球自转角速度;$a$ 是地球半径;$\rho_0$ 是海洋参考密度;$p$ 是压力;$\kappa$ 和 $A_{\mathrm{m}}$ 分别是垂直和水平方向的涡旋扩散系数;而

$$\frac{\mathrm{d}}{\mathrm{d}t}=\frac{\partial}{\partial t}+\frac{u}{a\cos\varphi}\frac{\partial}{\partial\lambda}+\frac{v}{a}\frac{\partial}{\partial\varphi}+w\frac{\partial}{\partial z}$$

这里 $w$ 为海流的垂直速度分量。静力方程和连续方程写成

$$\frac{\partial p}{\partial z}=-\rho g \tag{9.4.3}$$

$$\frac{\partial w}{\partial z}+\frac{1}{a\cos\varphi}\left[\frac{\partial u}{\partial\lambda}+\frac{\partial}{\partial\varphi}(v\cos\varphi)\right]=0 \tag{9.4.4}$$

热力学方程和盐度守恒方程为

$$\frac{\mathrm{d}T}{\mathrm{d}t}=A_{\mathrm{H}}\nabla^2 T+\frac{\partial}{\partial z}\left(\frac{\kappa}{\delta}\frac{\partial T}{\partial z}\right) \tag{9.4.5}$$

$$\frac{\mathrm{d}S}{\mathrm{d}t}=A_{\mathrm{H}}\nabla^2 S+\frac{\partial}{\partial z}\left(\frac{\kappa}{\delta}\frac{\partial S}{\partial z}\right) \tag{9.4.6}$$

这里 $T$ 和 $S$ 分别是温度和盐度($\mathrm{g\cdot kg^{-1}}$);$A_{\mathrm{H}}$ 和 $\kappa$ 是水平和垂直方向的涡旋扩散系数;而参数 $\delta$ 定义为

$$\delta\equiv\begin{cases}0, & \text{当}\dfrac{\partial\rho}{\partial z}>0\\[2mm] 1, & \text{当}\dfrac{\partial\rho}{\partial z}\leqslant 0\end{cases} \tag{9.4.7}$$

注意,$\rho=\rho(T,S,p)$,即密度是温度、盐度和压力的函数。

方程(9.4.1)~(9.4.6)就是海洋环流的基本控制方程组(未计外强迫),其底边界条件为:

$$\left.\begin{aligned}&\frac{\partial}{\partial z}(u,v)=0\\&\frac{\partial}{\partial z}(T,S)=0\\&w=-\mathbf{V}\cdot\nabla H\end{aligned}\right\},\quad \text{在 } z=-H \text{ 处} \tag{9.4.8}$$

其中 $H(\lambda,\varphi)$是模式海洋的深度。侧边界条件为:

$$\left.\begin{aligned}&\frac{\partial}{\partial n}(T,S)=0\\&u=v=0\end{aligned}\right\},\quad \text{在侧边界} \tag{9.4.9}$$

在上边界上,热量和动量的垂直通量给定为:

$$\left.\begin{aligned}&\kappa\frac{\partial T}{\partial z}=\frac{1}{\rho_0 c}D(T_A-T_S)\\&\kappa\frac{\partial \mathbf{V}}{\partial z}=\frac{1}{\rho_0 c}\boldsymbol{\tau}\\&w=0\end{aligned}\right\},\quad \text{在 } z=0 \text{ 处} \tag{9.4.10}$$

这里 $c$ 是海水的比热容，$T_A$ 是大气等效温度，$T_S$ 是海面温度，$D$ 是比例常数，$\boldsymbol{\tau}$ 是海面风应力。

根据“刚盖”近似，流场应满足条件

$$\frac{\partial}{\partial\lambda}\int_{-H}^{0}u\,\mathrm{d}z+\frac{\partial}{\partial\varphi}\int_{-H}^{0}v\cos\varphi\,\mathrm{d}z=0 \tag{9.4.11}$$

把海流分为两部分，即正压部分(垂直平均运动)和斜压部分。对(9.4.1)和(9.4.2)式取垂直平均可得到

$$\frac{\partial\hat{u}}{\partial t}=-\frac{1}{\rho_0 a\cos\varphi}\frac{\partial\hat{p}}{\partial\lambda}+\hat{F}+\frac{\tau_0^{\lambda}}{\rho_0 H} \tag{9.4.12}$$

$$\frac{\partial\hat{v}}{\partial t}=-\frac{1}{\rho_0 a}\frac{\partial\hat{p}}{\partial\varphi}+\hat{G}+\frac{\tau_0^{\varphi}}{\rho_0 H} \tag{9.4.13}$$

其中变量 $A$ 的垂直平均为 $\hat{A}=\frac{1}{H}\int_{-H}^{0}A\,\mathrm{d}z$；$\tau_0^{\lambda}$ 和 $\tau_0^{\varphi}$ 分别是风应力的纬向和经向分量；而

$$F=\left(2\Omega+\frac{u}{a\cos\varphi}\right)v\sin\varphi-\frac{1}{\rho_0 a\cos\varphi}\frac{\partial}{\partial\lambda}(p-\hat{p})-\frac{u}{a\cos\varphi}\frac{\partial u}{\partial\lambda}-\frac{v}{a}\frac{\partial u}{\partial\varphi}-$$
$$w\frac{\partial u}{\partial z}+A_m\left\{\nabla^2 u+\frac{(1-\tan^2\varphi)u}{a^2}-\frac{2\sin\varphi}{a^2\cos^2\varphi}\frac{\partial v}{\partial\lambda}\right\}$$

$$G=-\left(2\Omega+\frac{u}{a\cos\varphi}\right)u\sin\varphi-\frac{1}{\rho_0 a}\frac{\partial}{\partial\varphi}(p-\hat{p})-\frac{u}{a\cos\varphi}\frac{\partial v}{\partial\lambda}-\frac{v}{a}\frac{\partial v}{\partial\varphi}-$$
$$w\frac{\partial v}{\partial z}+A_m\left\{\nabla^2 v+\frac{(1-\tan^2\varphi)v}{a^2}+\frac{2\sin\varphi}{a^2\cos^2\varphi}\frac{\partial u}{\partial\lambda}\right\}$$

根据条件(9.4.11)可以引入流函数 $\psi$，即

$$\left.\begin{aligned}&\hat{u}=-\frac{1}{aH}\frac{\partial\psi}{\partial\varphi}\\&\hat{v}=\frac{1}{a\cos\varphi}\frac{\partial\psi}{\partial\lambda}\end{aligned}\right\} \tag{9.4.14}$$

这样由(9.4.12)和(9.4.13)式可得到关于 $\psi$ 的单一变量方程

$$\frac{\partial}{\partial t}\left[\frac{\partial}{\partial\lambda}\left(\frac{1}{Ha\cos\varphi}\frac{\partial\psi}{\partial\lambda}\right)+\frac{\partial}{\partial\varphi}\left(\frac{1}{aH}\frac{\partial\psi}{\partial\varphi}\cos\varphi\right)\right]=\frac{\partial}{\partial\lambda}\left(\hat{G}+\frac{\tau_0^{\varphi}}{\rho_0 H}\right)-\frac{\partial}{\partial\varphi}\left[\left(\hat{F}+\frac{\tau_0^{\lambda}}{\rho_0 H}\right)\cos\varphi\right] \tag{9.4.15}$$

这是一个椭圆方程，作为边值问题可以求解出 $\partial\psi/\partial t$，从而可以预报海流的正压部分。

从方程(9.4.1)和(9.4.2)中分别减去(9.4.12)和(9.4.13)式，即可得到关于斜压流的预报方程

$$\frac{\partial u'}{\partial t}=F'+\kappa\frac{\partial^2 u'}{\partial z^2}-\frac{\tau_0^{\lambda}}{\rho_0 H} \tag{9.4.16}$$

$$\frac{\partial v'}{\partial t}=G'+\kappa\frac{\partial^2 v'}{\partial z^2}-\frac{\tau_0^{\varphi}}{\rho_0 H} \tag{9.4.17}$$

这里 $F'$ 和 $G'$ 都将依赖于压力偏差量 $p'$，而 $p'$ 仅由密度 $\rho$ 决定

$$p' = \int_z^0 \rho g \,\mathrm{d}\xi - \frac{1}{H}\int_{-H}^0 \left(\int_{z'}^0 \rho g \,\mathrm{d}\xi\right)\mathrm{d}z' \tag{9.4.18}$$

这样,变量 $\psi, u', v', T$ 和 $S$ 可以分别由方程(9.4.15),(9.4.16),(9.4.17),(9.4.5)和(9.4.6)进行预报;而变量 $w, \rho$ 和 $p'$ 可以由诊断关系式(9.4.4),$\rho=\rho(T、S、p)$和(9.4.18)给出。

一般对上述模式都用格点方法进行计算格式的设计,在垂直方向取若干层,各个变量的安排如图 9.4.1 所示。在由观测资料确定了一些模式参数之后,例如取 $\rho_0=1\ 029\ \mathrm{kg\cdot m^{-3}}$,$c=3\ 901\ \mathrm{J\cdot kg^{-1}\cdot K^{-1}}$,$A_{\mathrm{m}}=8\times10^5\ \mathrm{m^2\cdot s^{-1}}$,$A_{\mathrm{H}}=2\times10^3\ \mathrm{m^2\cdot s^{-1}}$,$\kappa=1\times10^{-4}\ \mathrm{m^2\cdot s^{-1}}$,有了风应力资料,即可计算出大洋环流。

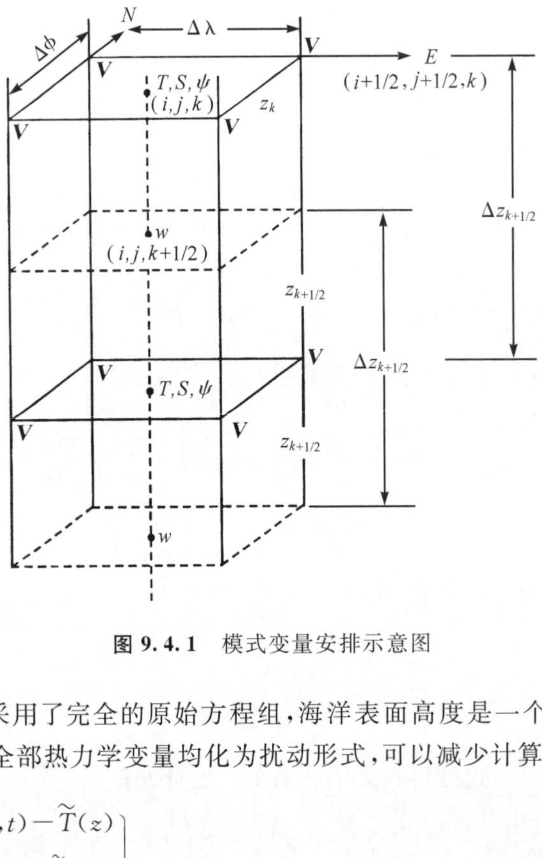


**图 9.4.1**　模式变量安排示意图

IAP-OGCM 不仅采用了完全的原始方程组,海洋表面高度是一个预报因素,而且引入了一个"标准"海洋状态,全部热力学变量均化为扰动形式,可以减少计算误差。定义

$$\left.\begin{aligned} T' &= T(\theta,\lambda,z,t)-\widetilde{T}(z) \\ S' &= S(\theta,\lambda,z,t)-\widetilde{S}(z) \\ \rho' &= \rho(\theta,\lambda,z,t)-\widetilde{\rho}(z) \\ p' &= p(\theta,\lambda,z,t)-\widetilde{p}(z) \end{aligned}\right\} \tag{9.4.19}$$

其中 $\widetilde{T}(z)$、$\widetilde{S}(z)$和 $\widetilde{p}(z)$分别是海水温度、盐度和压力的某种标准垂直分布,可由观测资料确定。由于一般有近似关系

$$\rho'/\rho_0 = -\alpha_{\mathrm{T}} T' + \alpha_{\mathrm{S}} S' \tag{9.4.20}$$

而 $\alpha_{\mathrm{T}}=\alpha_{\mathrm{T}}(z)$和 $\alpha_{\mathrm{S}}=\alpha_{\mathrm{S}}(z)$是已知函数,$\rho_0$ 是海水参考密度,因此,总可以找到标准分布$\widetilde{T}(z)$、$\widetilde{S}(z)$和 $\widetilde{p}(z)$的分布。$\widetilde{p}(z)$可以通过静力关系和海平面上压力的连续条件,即

$$\left.\begin{aligned}&\frac{\partial\tilde{p}}{\partial t}=-\tilde{\rho}g\\&\tilde{p}(0)=\tilde{p}_s\end{aligned}\right\}\tag{9.4.21}$$

来求得。这里 $\tilde{p}_s=\tilde{p}(\theta,\lambda)$ 是标准海平面气压。

这样,控制方程组可写成

$$\frac{\mathrm{d}\boldsymbol{V}}{\mathrm{d}t}=-\frac{1}{\rho_0}\nabla p'-f^*\boldsymbol{k}\times\boldsymbol{V}+\frac{\partial}{\partial z}\left(K_m\frac{\partial\boldsymbol{V}}{\partial z}\right)+A_mD\tag{9.4.22}$$

$$\frac{\mathrm{d}T'}{\mathrm{d}t}=-w\frac{\mathrm{d}\tilde{T}}{\mathrm{d}z}+\frac{\partial}{\partial z}\left(K_H\frac{\partial T'}{\partial z}\right)+A_H\Delta T'+\frac{\mathrm{d}}{\mathrm{d}z}\left(K_H\frac{\mathrm{d}\tilde{T}}{\mathrm{d}z}\right)\tag{9.4.23}$$

$$\frac{\mathrm{d}S'}{\mathrm{d}t}=-w\frac{\mathrm{d}\tilde{S}}{\mathrm{d}z}+\frac{\partial}{\partial z}\left(K_H\frac{\partial S'}{\partial z}\right)+A_H\Delta S'+\frac{\mathrm{d}}{\mathrm{d}z}\left(K_H\frac{\mathrm{d}\tilde{S}}{\mathrm{d}z}\right)\tag{9.4.24}$$

$$\frac{\partial w}{\partial z}+\frac{1}{a\sin\theta}\left(\frac{\partial v\sin\theta}{\partial\theta}+\frac{\partial u}{\partial\lambda}\right)=0\tag{9.4.25}$$

$$\frac{\partial p'}{\partial z}=-\rho' g\tag{9.4.26}$$

其中 $u$ 和 $v$ 分别是 $\lambda$ 方向和 $\theta$(余纬)方向的速度分量;$f^*=2\Omega\cos\theta+u\cot\theta/a$;$K_m$ 和 $A_m$ 分别是垂直和水平方向的涡旋黏性系数;$K_H$ 和 $A_H$ 分别是垂直和水平方向的扩散系数。$D$ 的表达式为

$$D=\Delta\boldsymbol{V}+\frac{1-\cot^2\theta}{a^2}\boldsymbol{V}+\frac{2\cot\theta}{a^2\sin\theta}\boldsymbol{k}\times\frac{\partial\boldsymbol{V}}{\partial\lambda}$$

其中 $\boldsymbol{k}$ 是单位矢量。

在海洋表面和海洋底部的边界条件可以分别写成

$$\left.\begin{aligned}&w=\delta\frac{\mathrm{d}z_0}{\mathrm{d}t}\\&p'=p'_s+\rho_0gz_0\\&K_m\frac{\partial\boldsymbol{V}}{\partial z}=\frac{1}{\rho_0}\boldsymbol{\tau}\\&\rho_0c_pK_H\frac{\partial T'}{\partial z}=F\\&\frac{\rho_0}{S_0}K_H\frac{\partial S'}{\partial z}=G\end{aligned}\right\},\qquad 在\ z=\delta' z_0\ 处\tag{9.4.27}$$

和

$$\left.\begin{aligned}&w=-\boldsymbol{V}\cdot\nabla H\\&\frac{\partial\boldsymbol{V}}{\partial z}=0\\&\frac{\partial T'}{\partial z}=-\frac{\partial\tilde{T}}{\partial z}\\&\frac{\partial S'}{\partial z}=-\frac{\partial\tilde{S}}{\partial z}\end{aligned}\right\},\qquad 在\ z=-H\ 处\tag{9.4.28}$$

这里 $p'_s=p_s-\tilde{p}_s$;$\boldsymbol{\tau}$ 是风应力;$c_p$ 是海水比定压热容;$S_0$ 是参考盐度;$\delta$ 和 $\delta'$ 为小于或等于 1 的参数,若取 $\delta=\delta'=0$,则变成"刚盖"近似的情况。在海面的向下热通 $F$ 量和水分通量 $G$ 可分别写成

$$F=Q_0-(Q_I+Q_S+Q_L) \tag{9.4.29}$$

$$G=\rho_0(E-P-R) \tag{9.4.30}$$

其中 $Q_0$ 是向下太阳辐射通量，$Q_I$ 是向上红外辐射通量，$Q_S$ 和 $Q_L$ 分别是感热和潜热通量；$E$、$P$ 和 $R$ 分别是表面的蒸发、降水和径流率。为了简单，$F$ 和 $G$ 亦可以用参数化方法表示。

水平侧边界条件为

$$\left.\begin{aligned}&\mathbf{V}\cdot\boldsymbol{n}=0\\&\frac{\partial T'}{\partial n}=0\\&\frac{\partial S'}{\partial n}=0\end{aligned}\right\} \tag{9.4.31}$$

其中 $\boldsymbol{n}$ 是垂直侧边界的单位矢量。

引入新的垂直坐标

$$\sigma=-\frac{\delta' z_0-z}{z_0+H} \tag{9.4.32}$$

令

$$P=\sqrt{g(\delta' z_0+H)}$$

用如下新变量

$$\left.\begin{aligned}&\boldsymbol{U}=P\mathbf{V},\quad W=P\dot{\sigma}=P\frac{\mathrm{d}\sigma}{\mathrm{d}t}\\&\Phi=PT',\quad \Theta=\frac{Pg'_a}{N}\end{aligned}\right\} \tag{9.4.33}$$

这里 $g'_a$ 为 Archimedes 浮力，定义为

$$g'_a=-g\frac{\rho'}{\rho_0}=g(\alpha_T T'-\alpha_S S') \tag{9.4.34}$$

其预报方程为

$$\frac{\mathrm{d}g'_a}{\mathrm{d}t}=-N^2 w+\frac{\partial}{\partial z}\left(K_H\frac{\partial g'}{\partial z}\right)+A_H\Delta g'_a+R_g \tag{9.4.35}$$

上式中

$$N^2=g\left(\alpha_T\frac{\partial\widetilde{T}}{\partial z}-\alpha_S\frac{\partial\widetilde{S}}{\partial z}\right)$$

$$R_g=g\left[\alpha_T\frac{\mathrm{d}}{\mathrm{d}z}\left(K_H\frac{\mathrm{d}\widetilde{T}}{\mathrm{d}z}\right)-\alpha_S\frac{\mathrm{d}}{\mathrm{d}z}\left(K_H\frac{\mathrm{d}\widetilde{S}}{\mathrm{d}z}\right)\right]$$

将式(9.4.33)代入方程(9.4.22)、(9.4.23)、(9.4.35)、(9.4.25)、(9.4.26)和(9.4.20)即得到含新变量的方程组如下：

$$\frac{\partial\boldsymbol{U}}{\partial t}=-\mathscr{L}(\boldsymbol{U})-\left[\frac{P}{\rho_0}\nabla p'-\sigma N\Theta\nabla H\right]-f^*\boldsymbol{k}\times\boldsymbol{U}+ A_m D+\frac{1}{H}\frac{\partial}{\partial\sigma}\left(K_m\frac{\partial\boldsymbol{U}}{\partial\sigma}\right) \tag{9.4.36}$$

$$\frac{\partial\Phi}{\partial t}=-\mathscr{L}(\Phi)-\frac{\mathrm{d}\widetilde{T}}{\mathrm{d}z}\left[HW+P(1+\sigma)\frac{\partial z_0}{\partial\sigma}+\sigma\boldsymbol{U}\cdot\nabla H\right]+ A_H P\Delta T'+\frac{1}{H^2}\frac{\partial}{\partial\sigma}\left(K_H\frac{\partial T'}{\partial\sigma}\right)+PR_T \tag{9.4.37}$$

$$\frac{\partial\Theta}{\partial t}=-\mathscr{L}(\Theta)-\left(N+\frac{\Theta}{P}R_N\right)\left[HW+P(1+\sigma)\frac{\partial z_0}{\partial\sigma}+\sigma\boldsymbol{U}\cdot\nabla H\right]+$$

$$A_{\mathrm{H}}\frac{P}{N}\Delta g'_{\mathrm{a}}+\frac{1}{H^2}\frac{P}{N}\frac{\partial}{\partial\sigma}\left(K_{\mathrm{H}}\frac{\partial g'_{\mathrm{a}}}{\partial\sigma}\right)+\frac{P}{N}R_{\mathrm{g}} \tag{9.4.38}$$

$$\frac{\partial z_0}{\partial t}+\nabla\cdot P\boldsymbol{U}+\frac{\partial PW}{\partial\sigma}=0 \tag{9.4.39}$$

$$\frac{\partial p'}{\partial\sigma}=\frac{P}{C_0}\Theta \tag{9.4.40}$$

$$S'=\frac{C_0}{\alpha_{\mathrm{S}}P}\left(\frac{\alpha_{\mathrm{T}}}{C_0}\Phi-\Theta\right) \tag{9.4.41}$$

其中 $C_0=g/N$ 是内重力波速度，而

$$R_T=\frac{\mathrm{d}}{\mathrm{d}z}\left(K_{\mathrm{H}}\frac{\mathrm{d}\widetilde{T}}{\mathrm{d}z}\right)$$

$$R_N=\frac{\mathrm{dln}N}{\mathrm{d}z}$$

$$\mathscr{L}(F)=\frac{1}{2a\sin\theta}\left[\alpha_1\left(v\sin\theta\frac{\partial F}{\partial\theta}+\frac{\partial v\sin\theta F}{\partial\theta}\right)+\alpha_2\left(u\frac{\partial F}{\partial\lambda}+\frac{\partial uF}{\partial\lambda}\right)\right]+$$

$$\frac{\alpha_3}{2}\left(\dot{\sigma}\frac{\partial F}{\partial\sigma}+\frac{\partial\dot{\sigma}F}{\partial\sigma}\right)$$

这里 $\alpha_1$，$\alpha_2$ 和 $\alpha_3$ 是灵活性参数，一般为 1，但也可取不同的值。

IAP-OGCM 的 4 层太平洋模式的结构如图 9.4.2 所示，它同图 9.4.1 的结构略有不同，不仅有 $z_0$ 所示的海面起伏，而且水平差分用 C 网格形式。

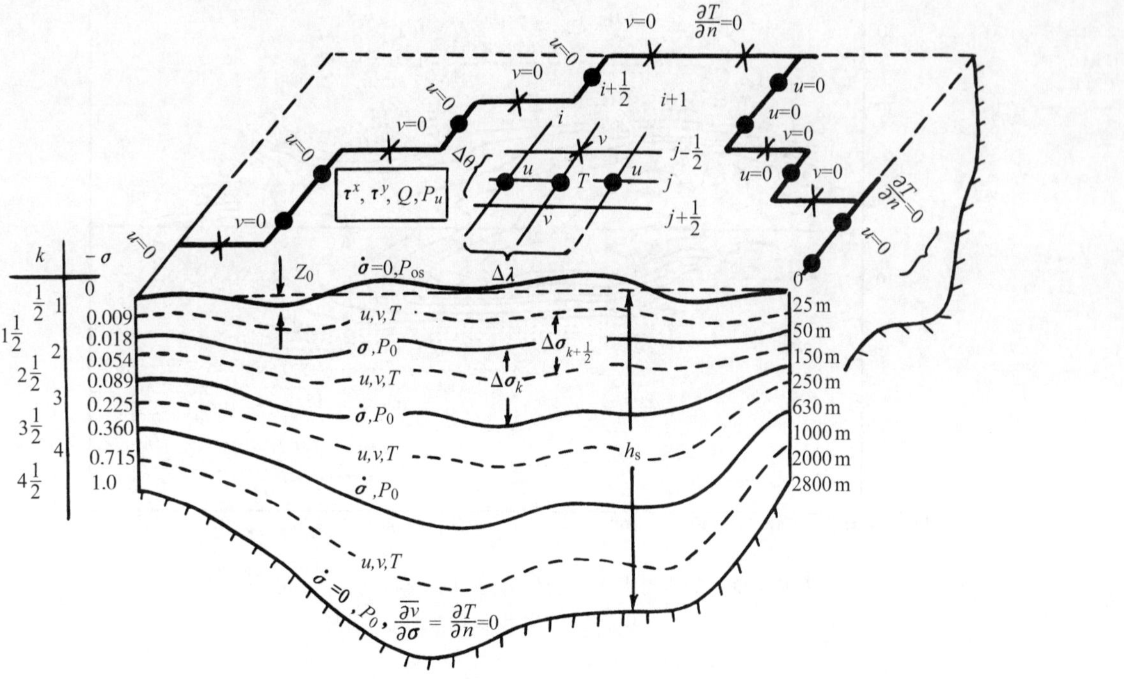


图 9.4.2 IAP-OGCM 的结构形式

图 9.4.3 是 IAP 4 层太平洋模式模拟得到的年平均太平洋海洋表层温度分布与观测的比较。显然，太平洋海洋表层温度分布的基本特征模拟得很成功，西太平洋暖池的强度和位置也同实际情况相当一致。主要不足是赤道东太平洋的冷舌西伸有些不够。

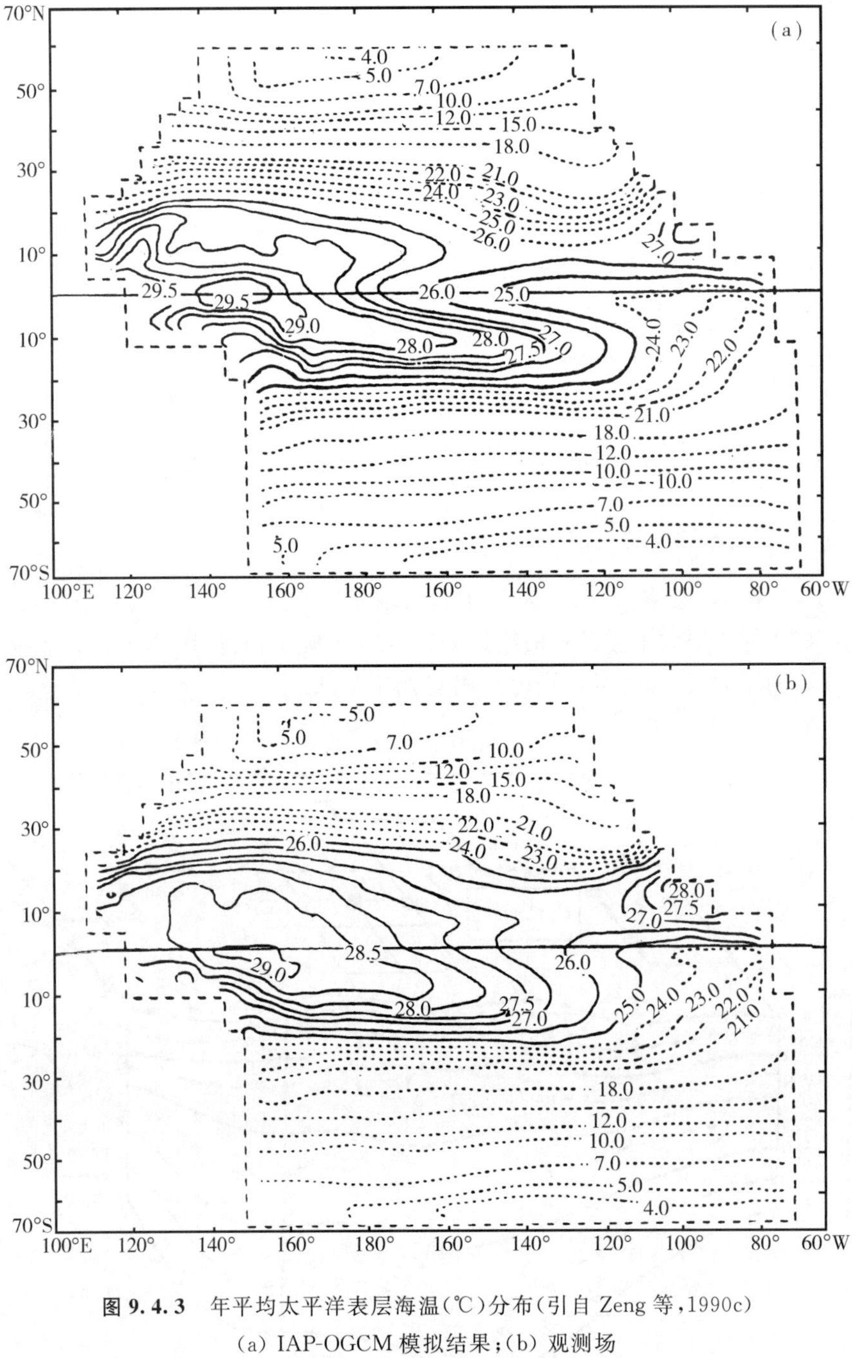


**图 9.4.3**　年平均太平洋表层海温(℃)分布(引自 Zeng 等,1990c)

(a) IAP-OGCM 模拟结果;(b) 观测场

图 9.4.4 是 IAP 4 层太平洋模式模拟得到的海面纬向平均热通量随季节的变化及其与观测的比较。可以看到沿赤道的全年正通量带和其强度的时间演变都与实际观测相似，只是模

拟的强度略大一些。南北半球热通量的时间演变形势与观测也十分类似,在 30°纬度带,北半球在 6—8 月有最大正通量,而在 11 和 12 月有最大负通量;而南半球相反,在 6 和 7 月有最大负通量,在 11 和 12 月有最大正通量。

可以说,用 OGCM 目前已能够基本上模拟出大洋环流的大致状况及其变化。用 OGCM 来研究大洋环流及其变化,进而预报它们,已逐渐成为现实。

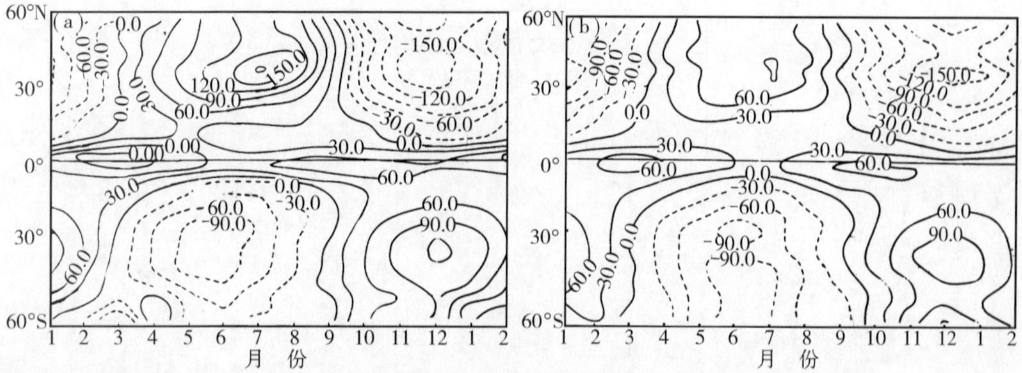


**图 9.4.4** 太平洋纬向平均热通量(W · m$^{-2}$)的季节变化特征 (引自 Zeng 等,1990c)
(a) IAP-OGCM 模拟场;(b) 观测场

### 9.4.2 海气耦合问题

在第 7 章里我们已经指出,大气对海洋的作用主要为动力过程,即通过风应力而影响海洋状态;海洋对大气的作用主要是热力过程,即通过热量输送影响大气运动。显然,这种海气相互作用是十分密切的,时时在相互影响。耦合模式就是要通过一定的方法把大气环流模式和海洋模式有机地结合在一起,使上述两种过程在模式中都得到很好的描写。模式大气和海洋状态在不断随时间演变,而大气的变化将影响海洋,海洋的变化又影响大气。

最早的海气耦合模式中,海洋是简单地被处理成特征不明显的水体,只作为一个有基本能量平衡的海洋,它虽然与大气有相互作用,但既没有季节性热存贮,也没有水平和垂直热输送(Manabe 和 Wetherald,1975;Washington 和 Meehl,1983)。后来,人们用海洋混合层来代替整个海洋,将大气环流模式与混合层海洋相耦合,其混合层海洋是厚度约 50 m 的薄层,热存贮有季节变化,但没有水平和垂直热输送(Manabe 和 Stouffer,1980;Washington 和 Meehl,1984);或者在其混合层海洋中包含有水平热输送,但却是由观测到的海温计算得到而被引入的,不存在与海温和海冰的反馈作用(Wilson 和 Mitchell,1987)。近些年来,海气耦合模式已发展成用多层大气环流模式与多层海洋环流模式相耦合(Bryan 等,1988;Washington 和 Meehl,1989;曾庆存等,1990),海洋的描写更完善,有混合层,也有深海的状态。

海气耦合模式的耦合方法一般可以分为同时(同步)耦合和非同时(同步)耦合两类。在前一类耦合中,大气对海洋的作用以及海洋对大气的作用是同时进行的,即大气模式提供的风应力、降水量与蒸发量的差值和海气界面的能量平衡,将成为每天(或几天)海洋环流演变的条件;而海洋模式提供的海面温度和海冰资料也将成为每天(或几天)大气环流演变的条件。大气环流和海洋环流都同时受到彼此变化的影响,其耦合方式可简单地用图 9.4.5 表示。在非同时耦合中,海洋模式所提供的海面温度和海冰等信息将在大气环流演变的一定时段(例如半个月或1个月)内保持不变,而大气环流模式所得到的风应力等信息在取某一段时间(半个月或1个月)的平均值后而提供给海洋,从而又得到海洋的新的状态信息。或者说,在大气环流模式计算了若干时间步之后,才计算一次海洋环流模式。由于海洋状态的变化相对大气演变要缓慢一些,这种非同时耦合也是可行的方法,而且它可以节省计算时间。

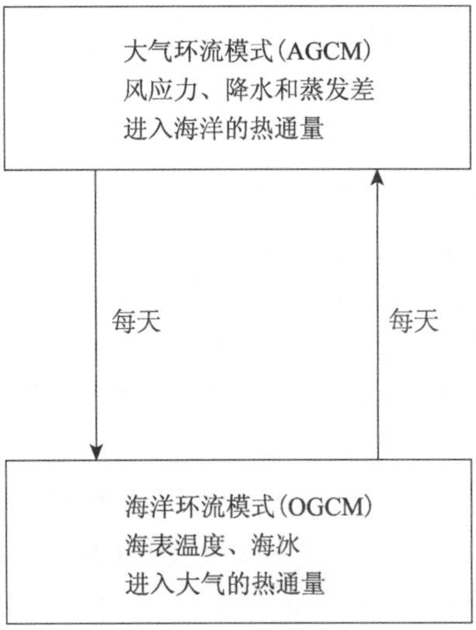


**图 9.4.5**　大气环流和海洋环流同时耦合示意图

早期的海气耦合模式的模拟结果并不令人满意,存在许多问题,其模拟误差的产生主要是海洋模式的问题。非常有意思的是混合层海洋耦合模式的结果比多层海洋(OGCM)耦合模式的结果还要好一些,虽然后者应该更好地描写了海洋特征。图9.4.6分别给出了观测的、混合层海洋耦合模式(MIX)模拟的和多层海洋耦合模式(COUP)模拟的冬季热带印度洋和太平洋的海表温度分布,通过比较可以看到,MIX 模式模拟结果,SST 略高于观测值,但其分布形势与观测较接近;COUP 模式的模拟结果,SST 要低于观测值,而且高海温区位置明显偏南约17个纬度。不仅对于 SST 的模拟,且对于大气的模拟也有类似的情况,例如降水量的分布,MIX 模式的模拟结果有比观测更强的降水,COUP 模式的模拟结果其降水量比观测要弱;但就降水区的分布而论,MIX 模式模拟结果更好一些(图 9.4.7)。较完善的模式得到的结果比简单的模式得到的结果还差,说明 OGCM 还没有很好地反映海洋的特性和状态,尤其是在与大气环流模式耦合的情况下。

海气耦合模式中还存在着一个严重问题是所谓的"气候漂移",它是耦合模式结果的一种系统性误差。在单独使用 AGCM(OGCM)进行数值模拟时,一般都用气候平均的海洋状况(大气状况)作为边界条件,所得到的模拟结果与基本气候(海候)形势比较一致。但是,在海气耦合情况下,不再存在给定的海候(气候)状况,海洋和大气状态都在变化,而且是相互影响的,其模拟结果就出现同基本气候(海候)场的系统性误差,即"气候漂移"。为了消除海气耦合模式模拟结果的"气候漂移"现象,目前一般采用 Latif(1987)提出的通量或距平订正方法,即对海气相互作用项引入一定的基本气候信息进行订正。例如把模式得到的变量 $F_s$ 相对于其统计平均的模拟量$\langle F_s\rangle$的偏差 $\Delta F_s=F_s-\langle F_s\rangle$作为距平预测值,并将它加到观测的气候(海候)

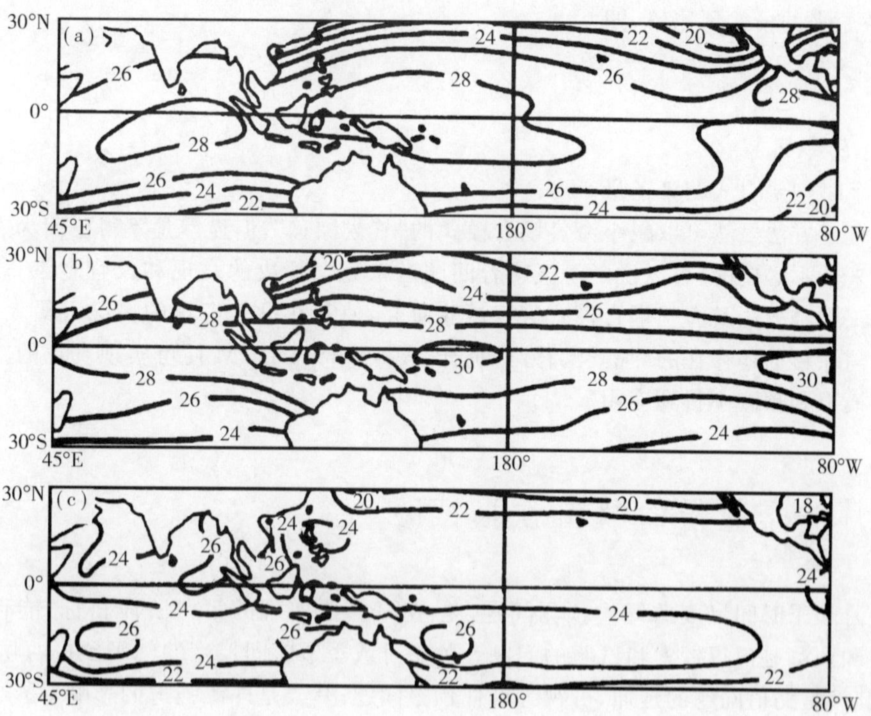


**图 9.4.6** 冬季(12 月至次年 2 月)海表温度(℃)分布(引自 Meehl,1989)

(a) 观测场;(b) MIX 模式模拟结果;(c) COUP 模式模拟结果

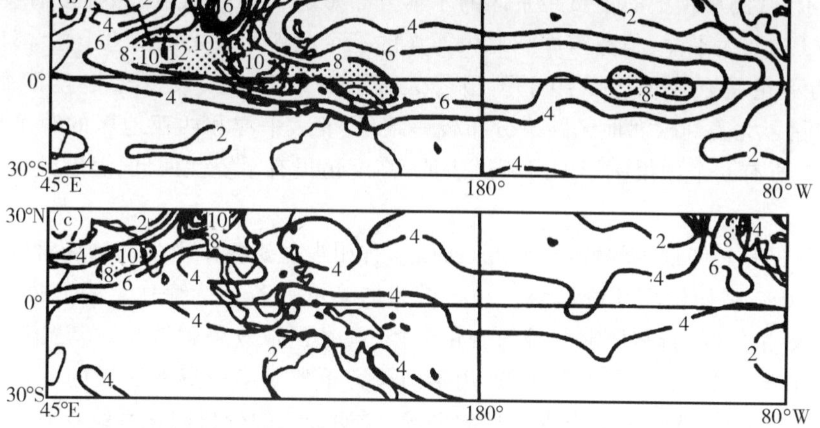


**图 9.4.7** 夏季(6—8 月)降水量(mm · $d^{-1}$)分布(引自 Meehl,1989)

(a) 观测场;(b) MIX 模式模拟结果;(c) COUP 模式模拟结果

场上,代替原来的模式预测值,即

$$F=\langle F_0\rangle+\Delta F_s=F_s+\Delta F \tag{9.4.42}$$

其中

$$\Delta F=\langle F_0\rangle-\langle F_s\rangle \tag{9.4.43}$$

就是在每个时刻要引入的订正量。

上述订正方法虽然可以减小海气耦合模式的“气候漂移”,但显然是不得已而为之,因为这种方法本来是不必要的,可以说是海气耦合问题尚未完全解决的表现和权宜之策。目前人们正在对海气耦合方法及海气耦合模式进行试验研究,使其在没有订正的情况下最大限度地减小或完全消除目前还存在的“气候漂移”。那样,AGCM 和 OGCM 便可实现真正的耦合,并在实际气候模拟和预测中得到应用。

## 9.5 月—季气候的数值预报试验

解决月和季时间尺度的气候预测问题,是 WCRP 要实现的第一阶段目标,能否用 GCM 进行预报和预测是值得探索和试验的问题。关于月或季节时间尺度的气候预报的物理基础有两方面,其一是初值问题的延伸,可视为延伸预报问题;其二是外源强迫的影响,必须考虑海面和陆面过程及其异常的影响。

### 9.5.1 月预报试验

Miyakoda 等(1986)用 GFDL 的 N48L9-E 模式进行了月预报数值试验,试验中取 1977—1983 年 8 个 1 月份的例子,其中 7 个例子用 1 月 1 日作预报初始场,另一个用 1979 年 1 月 16 日为预报初始场。8 个预报结果的 10～30 d 平均 500 hPa 高度距平场的比较分析表明,对不同的个例,预报效果很不一样,较好的 1977 年 1 月个例,其预报与观测的相关系数平均达 0.62,而较差的 1979 年 1 月个例的相关系数只有 0.28。对于前者,500 hPa 高度距平分布如图 9.5.1 所示,观测和预报的正负距平区的基本分布形势大体一致,虽然强度有些差异,但极区的正距平区和北太平洋、美洲东岸和北大西洋的三个负距平中心在预报图上都比较清楚地存在;主要的不足是东亚地区负距平预报得太强。对于后者,500 hPa 高度距平分布如图 9.5.2 所示,除了北美到欧洲地区距平分布较一致外,北太平洋和西亚地区的距平预报与观测基本反相。对所有 8 个预报例子的分析还表明,高度预报有系统性偏低、温度预报有系统性偏冷的现象。

由于月预报有延伸预报的性质,因此,初始场有相当重要的作用。初始场对结果的影响包括两个方面,其一是初始场环流形势对预报效果的影响。若是持续稳定的形势,例如阻塞形势,其月预报效果较好,若是稳定性差的变化形势,其月预报效果就较差。其二是初值处理对预报效果的影响。用同一个预报模式,若用不同研究单位对某一资料所做的分析结果为初始场分别进行预报试验,其结果会出现明显的差异,说明资料的分析同化系统在月预报中也是不能忽视的。

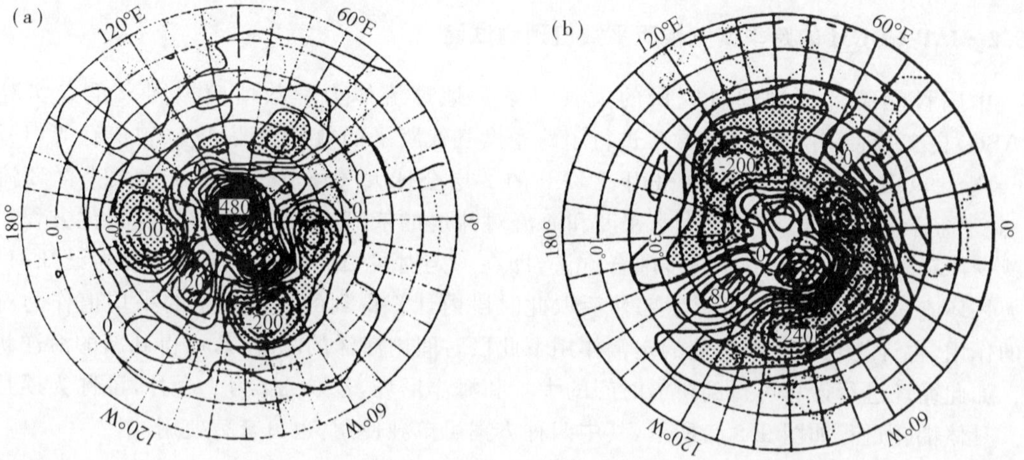


**图 9.5.1** 1977 年 1 月 1 日个例的 10～30 d 平均的 500 hPa 高度距平场(引自 Miyakoda 等,1986)

(a) 观测场;(b) 预报场

(等值线间隔为 40 m,有斜线和小点的区域分别表示距平超过＋80 m 和－80 m)

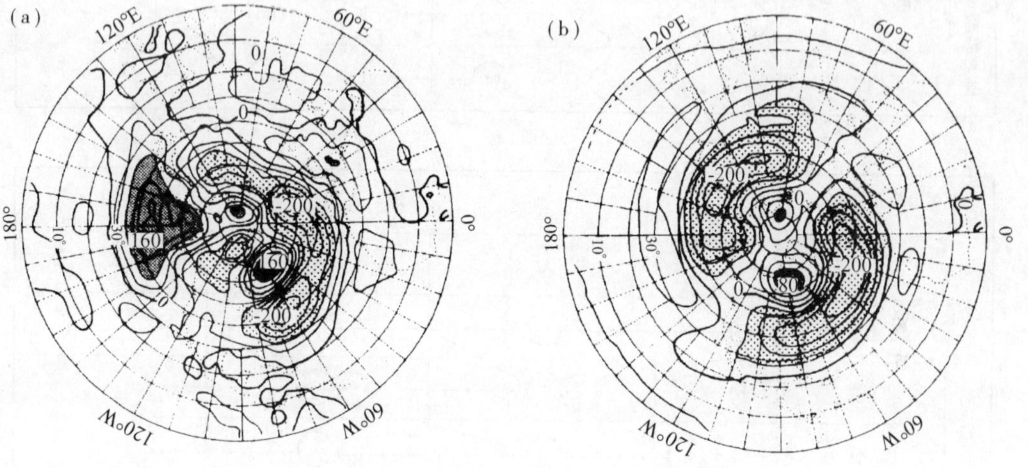


**图 9.5.2** 同图 9.5.1,但表示 1979 年 1 月 16 日个例情况

月预报试验明显地存在模式的气候漂移问题,随着预报时效的增长,时间积分也就变长,漂移问题可能更突出。因此,如何克服气候漂移,还是一个值得很好研究的问题,虽已有一些试验结果,但问题尚未很好地解决。

上面讨论的月预报试验没有考虑异常边界强迫的影响,对于时间尺度在月以上的气候变化来讲,外强迫的影响是十分重要的,恰当地考虑和处理外强迫,将是预报成功的关键之一。

### 9.5.2 IAP-CGCM的跨季度气候距平数值预测试验

中国科学院大气物理研究所的大气科学和地球流体力学数值模拟国家重点实验室(LASG)自1989年开始已连续数年进行了跨季度气候距平的数值预测试验(曾庆存等,1990;Zeng等,1990b)。在预测试验中采用了IAP的2层全球大气环流模式和4层太平洋环流模式,对于海洋环流模式,略去了海水密度和海流对盐度的依赖,即没有引进盐度变化方程。为了减少计算时间,试验中用非同步耦合方法,即在一定时段 $\Delta t_c$ 内把海洋状态视为已知,只计算大气环流(包括地表过程)的演变;然后取此时段内计算得到的大气变量的平均值作为对海洋的作用,再计算在大气平均值的定常作用下此段时间内海洋的响应,从而得到新的海洋状况场。如此循环进行计算可得到所需时间的大气和海洋形势,若取 $\Delta t_c$ 为1个月,可称为逐月耦合。具体耦合过程如图9.5.3所示,其中两种方案可单独使用,也可交替使用。

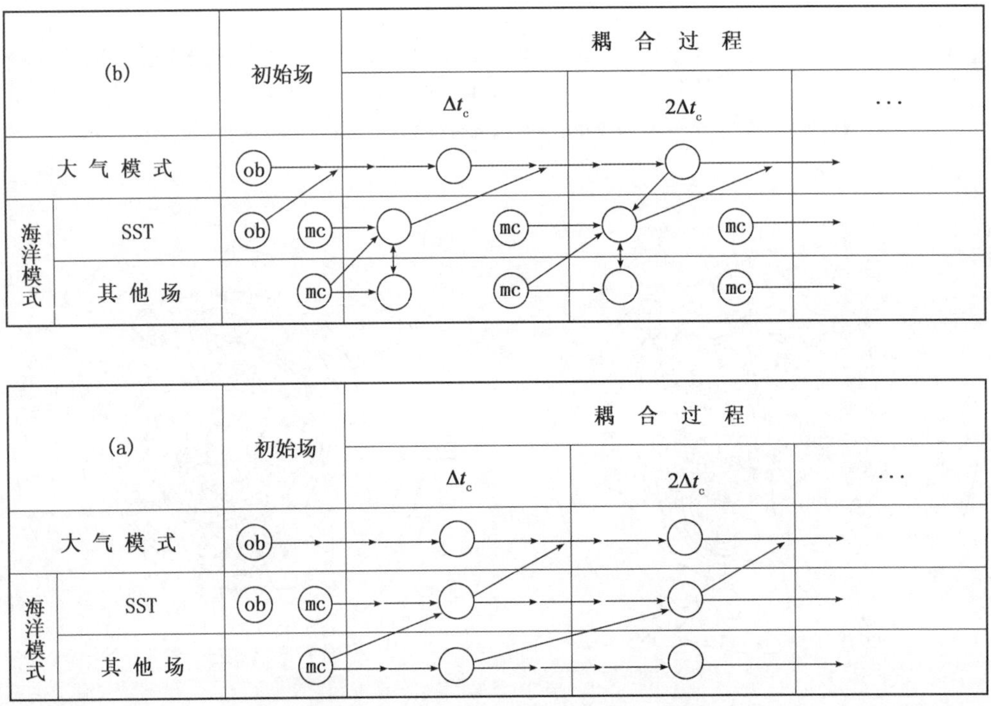


**图9.5.3** 大气-海洋耦合积分过程示意图

(a)海洋模式有后效耦合;(b)海洋模式无后效耦合

(图中字母“ob”和“mc”分别表示实测场和模式计算的海候场)

在耦合模式中往往没有对交界面层进行细微的描写,而是用经验公式对其作参数化处理后分别加到大气最低层和大洋表层的方程组中去。在IAP-CGCM中是通过压强 $p$、动量通量 $\boldsymbol{\tau}$ 以及能流(决定感热通量 $H_s$)等的连续性处理,以避免出现虚假的边界扰动。在统一的 $\sigma$ 垂直坐标下,$\sigma\to O^+$ 和 $\sigma\to O^-$ 可分别表示由大气和海洋趋向交界面的情况,而带下标“as”“os”的量分别表示在交界面上的大气和海洋变量。这样则有

$$\boldsymbol{\tau}|_{\sigma\to O^-}=\boldsymbol{\tau}|_{\sigma\to O^+}\equiv\boldsymbol{\tau}_s=\rho_{as}C_D(\mathbf{V}_{as}-\mathbf{V}_{os})\cdot|\mathbf{V}_{as}-\mathbf{V}_{os}|$$

$$\approx \rho_{as} C_D \cdot \mathbf{V}_{as} \cdot |\mathbf{V}_{as}| \tag{9.5.1}$$

$$H|_{\sigma\to 0^-} - S_s + R_s + L \cdot E_s \equiv H|_{\sigma\to 0^+} \equiv H_s$$

$$= \rho_{as} C_h C_{pa} (T_{as} - T_{os}) |\mathbf{V}_{as}| \tag{9.5.2}$$

$$p|_{\sigma\to 0^-} = p_{os} \equiv p_{as} + (\rho_{os} - \rho_{as}) g Z_0 \tag{9.5.3}$$

其中 $\rho$、$T$ 和 $\mathbf{V}$ 分别为密度、温度和速度，$Z_0$ 是海面高度偏差，$S_s$ 和 $R_s$ 分别是海洋表面的向下太阳辐射通量和向上红外辐射通量，$L \cdot E_s$ 是蒸发潜热，$C_D$ 是拖曳系数，$C_h$ 是热力拖曳系数。

作为一则个例，看一下对 1989 年夏季的跨季度预测试验结果。我们知道，1988 年出现了 La Nina，直到 1989 年 1 月赤道东太平洋海温仍为稳定的负距平，但从 1989 年 3—4 月开始赤道东太平洋的海温负距平逐渐减弱并出现弱的正距平中心，是 La Nina 减弱和结束的过程。从 1989 年 1 月开始进行的跨季度预测取得了令人鼓舞的成功，La Nina 的减弱和结束过程预测得相当成功，进而对中国夏季降水的预报也很有参考价值。图 9.5.4b 是以 1989 年 1 月为初始场预测得到的 1989 年 4 月的月平均 SSTA，同 4 月观测到的 SSTA(图 9.5.4a)相比较，虽然预测的 SST 负距平区偏窄，但明显的减弱是很清楚的，与实况比较相符。图 9.5.5b 是用 1989 年 1 月为初始场预测得到的 1989 年 7 月的月平均 SSTA，同 7 月观测到的 SSTA(图 9.5.5a)相比较，海温负距平已非常弱，赤道东太平洋已出现分散的海温正距平的情况预测得相当好。也就是说用 IAP-CGCM 对 1989 年由冬到夏赤道太平洋海温的巨大变化做出了相当成功的半年时间的预测，与实际演变相当接近。

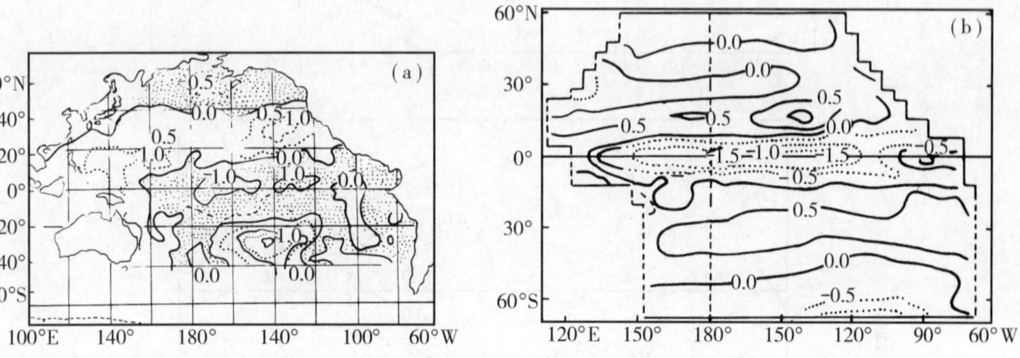


**图 9.5.4**　1989 年 4 月月平均 SSTA(℃)(引自曾庆存等，1990)

(a) 实况；(b) CGCM 预测结果

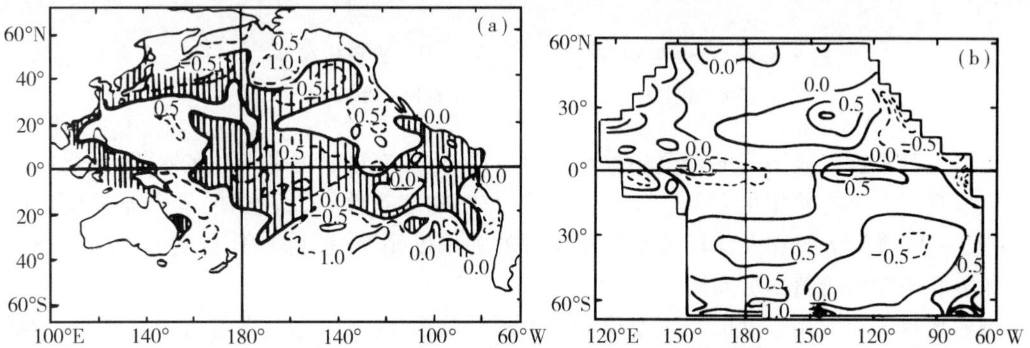


**图 9.5.5**　同图 9.5.4，但为 1989 年 7 月的情况

由于模式对赤道东太平洋海温的演变预测得比较好，预报 La Nina 在 1989 年 6—7 月结束与实际情况相当符合。因此，基于 1989 年 1 月的初始场，预测得到的中国汛期(6—8 月)降水量也与当年实况较为接近。图 9.5.6 给出了 1989 年 6—8 月降水量距平的实况分布和预测结果，可以看到，以江淮流域为中心的多雨带以及以内蒙古为主并向东伸至东北、向西伸到新疆一带的少雨区都基本上预测出来了。但是预测图中东北地区的负距平区范围太大而强度偏强和江淮流域的多雨带范围太大而强度太弱都是明显的不足之处。

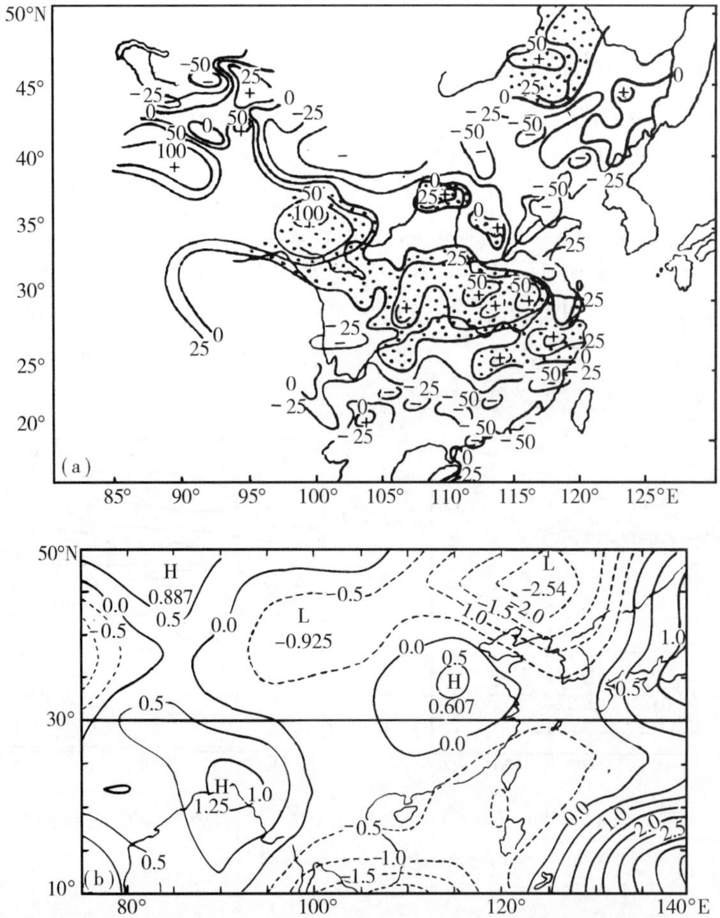


**图 9.5.6**　1989 年 6—8 月降水量距平图(引自曾庆存等，1990)

(a) 实况(距平百分比)；(b) CGCM 预测结果(mm · d$^{-1}$)

可以说跨季度气候距平的预测还处于试验阶段，远没有达到业务应用的水平，但已有的试验研究展现了一个有希望的前景。对于海温等大气外部条件有大范围的较强异常变化的情况，用 CGCM 进行大气和大洋环流及气候异常的跨季度预测是可能的，甚至可以给出降水量距平的有相当参考价值的分布图。

当然要得到有实用意义的月—季或跨季度预测结果，还有许多问题有待深入研究。例如，这样的预测都要用到 CGCM，而采用更合理的耦合方案，仍需要进行试验研究；同时，目前的海气耦合模式都明显地存在系统性误差，或者说气候漂移，因此，如何较好地消除气候漂移也是一个重要问题。对于月—季或跨季度的气候预测来讲,初始场的状况也有相当大的影响,对各种观测资料进行四维同化,以便得到较完整而真实的初始场也是很重要的。月—季或跨季度的气候变化还受到陆面过程,尤其是海冰和雪盖的重要影响,因此进一步研究耦合模式中包括海冰及主要陆面过程是十分必要的。可以预料,要不了很长时间,人类一定可以对月—季或跨季度的气候变化做出较为可靠的数值预报或预测。

## 参考文献


骆美霞,张道明,徐飞亚,1993. 全球谱模式不同垂直分层对数值预报影响的敏感性试验[J]. 大气科学,**7**:563-575.

叶笃正,李崇银,王必魁,1988. 动力气象学[M]. 北京:科学出版社.

曾庆存,1979. 数值天气预报的数学物理基础(第一卷)[J]. 北京:科学出版社.

曾庆存,梁信忠,张明华,1988. 季风和大气环流季节突变的数值模拟[J]. 大气科学,(特刊):22-42.

曾庆存,袁重光,王万秋,张荣华,1990. 跨季度气候距平数值预测试验[J]. 大气科学,**14**:10-25.

张荣华,1989. 大洋环流模式的设计及太平洋大尺度环流数值模拟研究[D]. 中国科学院大气物理研究所博士论文.

张学洪,曾庆存,1988. 大洋环流数值模式的计算设计[J]. 大气科学,(特刊):149-165.

Arakawa A, 1966. Computational design for long-term numerical integration of the equations of atmospheric motion[J]. *J Comput Phys*, **1**: 119-143.

Arakawa A, Schubert W H, 1974. Interaction of cumulus cloud ensemble with the large-scale environment, Part I[J]. *J Atmos Sci*, **31**: 674-701.

Arakawa A, Lamb V R, 1976. Computational design of the basic dynamical processes of the UCLA general circulation model [J]. *Methods in Comput Phys*, **17**: 174-264.

Boer G J, Lazare M, 1988. Some results concerning the effect of horizontal resolution and gravity-wave drag on simulated climate[J]. *J Clim*, **1**: 789-806.

Bourke W, 1974. A multi-level spectral model, I. Formation and hemispheric integration[J]. *Mon Wea Rev*, **102**: 687-701.

Bryan K, 1969. A numerical method for the study of the circulation of the world ocean[J]. *J Comput Phys*, **4**: 347-376.

Bryan K, Manabe S, Pacanowski R C, 1975. A global ocean atmosphere climate model, Part Ⅱ: The oceanic circulation[J]. *J Phys Oceanogr*, **5**: 30-46.

Bryan K, Manabe S, Spelman M J, 1988. Interhemispheric asymmetry in the transient response of a coupled ocean-atmosphere model to a $CO_2$ forcing[J]. *J Phys Oceanogr*, **18**: 851-867.

Cess R D, 1989. Gauging water vapour feedback[J]. *Nature*, **342**: 736-737.

Cess R D, Potter G L, Blanchet J P, Bore G J, Ghan S J, 1989. Interpretation of cloud climate feedback as produced by 14 atmospheric general circulation models[J]. *Science*, **245**: 513-516.

Chen Jiabin, Simmons A J, 1990. Sensitivity of medium-range weather forecasts to the use of reference atmosphere[J]. *Adv Atmos Sci*, **7**: 275-293.

Crowley W P, 1969. A global numerical ocean model, Part I[J]. *J Comput Phys*, **4**: 111-147.

GARP, 1974. *Modelling for the First GARP Global Experiment*. GARP Publication Series No. 14, WMO/ICSU, Geneva.

GARP, 1979. *Report of the JOC Study Conference on Climate Models, Performance, Intercomparison and Sensitivity Studies*. GARP Publication Series No. 22, WMO/ICSU, Geneva.

Gates W L, Rowntree P R, Zeng Q, 1990. Validation of climate models[M]. *Climate Change*, 93-130. Cambridge University Press.

Han Y J, 1984. A numerical world ocean general circulation model, Part Ⅰ: Basic design and barotropic experiment, Part Ⅱ: A baroclinic experiments[J]. *Dyn Atmos Oceans*, **8**: 107-172.

Hasselmann K, 1982. An ocean model for climate variability studies[J]. *Prog Oceanogr*, **11**: 69-92.

Kuo H L, 1965. On formation and intensification of tropical cyclones through latent heat release by cumulus convection[J]. *J Atmos Sci*, **22**: 40-63.

Kuo H L, 1974. Further studies of the parameterization of the influence of cumulus convection on large scale flow[J]. *J Atmos Sci*, **31**: 1232-1240.

Krishnamurti T N, Ramanathan Y, 1982. Sensitivity of monsoon onset to differential heating[J]. *J Atmos Sci*, **39**: 1290-1306.

Latif M, 1987. Tropical oceanic circulation experiments[J]. *J Phys Oceanogr*, **17**: 246-263.

Manabe S, Smagorinski J, Stricker R F, 1965. Simulated climatology of a general circulation model with a hydrologic cycle [J]. *Mon Wea Rev*, **93**: 769-798.

Manabe S, 1969. Climate and the ocean circulation: I. The atmospheric circulation and hydrology of the earth's surface[J]. *Mon Wea Rev*, **97**: 739-774.

Manabe S, Wetherald R T, 1975. The effects of doubling the $CO_2$ concentration on the climate of a general circulation model [J]. *J Atmos Sci.*, **32**: 3-15.

Manabe S, Hahn D G, Holloway J L, 1979. *Climate Simulation with GFDL Spectral Models of the Atmosphere: Effect of Spectral Truncation*. GARP Publication Series, No. 22:41-94.

Manabe S, Stouffer R J, 1980. Sensitivity of a global climate model to an increase of $CO_2$ concentration in the atmosphere [J]. *J Geophys Res.*, **85**: 5529-5554.

McBrid J L, 1987. The Australian summer monsoon. *Monsoon Meteorology* [M]. Oxford University Press:203-232.

Mechoso C R, Suarez M J, Yamazaki K, Kitch A, Arakawa A, 1986. Numerical forecasts of tropospheric and stratospheric events during the winter of 1979: Sensitivity to the model's horizontal resolution and vertical extent[J]. *Adv in Geophys*, **29**: 375-413.

Meehl G A, 1989. The coupled ocean-atmosphere modeling problem in the tropical Pacific and Asian monsoon regions[J]. *J Clim*, **2**: 1146-1163.

Mintz Y, 1965. Very long-term global integration of the primitive equations of atmospheric motion[C]. *WMO Tech. Note*, No. 66, 141-155, Geneva.

Miyakoda K, Shukla J, Ploshay J, 1986. One-month forecast experiments—without anomaly boundary forcings[J]. *Mon Wea Rev*, **114**: 2363-2401.

Munk W H, 1950. On the wind-driven ocean circulation[J]. *J Meteor*, **7**: 781-800.

Philander S G H, Seigel A D, 1985. Simulation of El Nino of 1982—1983. *Coupled Ocean-Atmospheric Model*[M]:517-541. Elsever.

Philander S G H, Hurlin W J, Seigel A D, 1987. Simulation of the seasonal cycle of the tropical Pacific Ocean[J]. *J Phys Oceanogr*, **17**: 1986-2002.

Phillips N A, 1956. The general circulation of the atmosphere: A numerieal experiment[J]. *Quart J Roy Meteor Soc*, **82**: 123-164.

Phillips N A, 1957. A coordinate system having some special advantages for numerical forecasting[J]. *J Meteor*, **14**: 184-185.

Sarkisyan A S, 1954. Calculation of the stationary wind-driven currents in an ocean[J]. *Izv Akad Nauk*, USSR, Ser. Geofiz., **6**: 554-561.

Schlesinger M E, Roeckner E, 1988. Negative or positive cloud optical depth feedback[J]. *Nature*, **335**: 303-304.

Smagorinsky J, 1963. General circulation experiments with the primitive equations, I. The basic experiment[J]. *Mon Wea Rev*, **91**: 99-164.

Smagorinsky J, Manabe S, Holloway J L, 1965. Numerical results from a 9-level circulation model of the atmosphere[J]. *Mon Wea Rev*, **93**: 727-768.

Stull R B, 1977. A planetary boundary layer parameterization for use in global forecast models[C], Third Conference on NWP, April 26-28.

Tao S Y, Chen L X, 1987. A review of recent research on the East Asian summer monsoon in China. *Monsoon Meteorology*

[M],60-92. Oxford University Press.

Trenberth K E, Olson J G, 1988. ECMWF global analyses 1979—86: Circulation statistic and data evaluation[C]. *NCAR Technical Note*, NCAR/TN-300+STR.

Washington W M, Meehl G A, 1983. General circulation model experiments on the climate effects due to a doubling and quadrupling of carbon dioxide concentrations[J]. *J Geophys Res*, **88**: 6600-6610.

Washington W M, Meehl G A, 1984. Seasonal cycle experiment on the climate sensitivity due to a doubling of $CO_2$ with an atmospheric general circulation model coupled to a simple mixed-layer ocean model[J]. *J Geophys Res*, **89**: 9425-9503.

Washington W M, Meehl G A, 1989. Climate sensitivity due to increased $CO_2$: Experiments with a coupled atmosphere and ocean general circulation model[J]. *Clim Dyn*, **4**: 1-38.

Wigley T M L, 1989. Possible climate change due to $SO_2$-derived cloud condensation nuclei[J]. *Nature*, **339**:365-367.

Wilson C A, Mitchell J F B, 1987. A doubled $CO_2$ climate sensitivity experiment with a global climate model including a simple ocean[J]. *J Geophys Res*, **92**: 13315-13343.

Yeh T C, Tao S, Li M, 1959. The abrupt change of circulation over the Northern Hemisphere during June and October. *The Atmosphere and the Sea in Motion*[M]. New York Rockefeller Institute Press in Association with Oxford University Press:249-267.

Zeng Qingcun, 1983. Some numerical ocean-atmosphere coupling models[C]. *Proceedings of the First International Symposium on the Integrated Global Ocean Monitoring*, Tallinn, USSR, Oct. 2-10.

Zeng Qingcun, Yuan Chongguang, Zhang Xuehong, Liang Xinzhong, Bao Ning, Wang Wanqiu, Lu Xianchi, 1990a. IAP-GCM and its application to the climate studies[C]. *Climate Change, Dynamics and Modelling*. Beijing: China Meteorological Press:303-330.

Zeng Qingcun, Yuan Chongguang, Wang Wanqiu, Zhang Ronghua, 1990b. Experiments and problems of seasonal and extraseasonal predictions by using coupled GCM[M]// *Climate Change, Dynamics and Modelling*. Beijing: China Meteorological Press:373-378.

Zeng Qingcun, Zhang Xuehong, Yuan Chongguang, Zhang Ronghua, Bao Ning, Liang Xinzhong, 1990c, IAP oceanic general circulation models[M]// *Climate Change Dynamics and Modelling*. Beijing: China Meteorological Press:331-372.

# 10 气候数值模拟(二)——简化模式

在第 9 章里我们讨论了用于气候数值模拟的大气环流模式及其一些模拟结果。显然,环流模式是一种研究气候及其变化的很好的工具,并且对气候变化已取得相当好的模拟结果。但是GCM 的基本出发点在于完善地描写气候系统的各种过程,模式必然是极为复杂的。GCM 的复杂性一方面要求用大量时间作计算,必须用巨型电子计算机,每研究一个问题都要花费大量计算时间和费用,即使在发达国家也是问题,对发展中国家往往是不大可能的事情。GCM 的复杂性还不便用于理论分析,因为相互关系和相互作用太多,并不利于对某种主要物理或化学过程的作用进行单独讨论。因此,在 GCM 研究和发展的同时,也发展了各种简化模式。简化模式针对气候系统中几个基本关系和过程,用较简单的方程组来描写气候变化的最基本特征。归纳起来简化模式主要有能量平衡模式、辐射 - 对流模式和统计动力模式;另外还将介绍亦可视为简化模式的滤波模式。

## 10.1 能量平衡模式(EBM)

一切运动都需要消耗能量,地球大气的运动也不例外。地球大气运动的最基本能源是太阳辐射,但大气获得的太阳辐射能在赤道地区要比极地大得多,从而存在着由赤道向极地的能量输送过程;另一方面,地球大气也同其他任何物体一样要放射红外辐射能。因此,作为一级近似,可以从辐射收支平衡的角度来建立模式并研究地球气候的形成和变化,也就产生了所谓能量平衡模式(Budyko, 1969; Sellers, 1969)。

就长时间平均而论,地球大气系统是处于全球能量平衡状态的。也就是说,一个在宇宙空间的观测者所看到的,应该是进入地气系统的辐射量同地气系统放射出去的辐射量处于平衡。进入地气系统的辐射能,其中约 70% 是由地面吸收的,因此,地面状况,尤其是地面反照率,对于地气系统获得能量并驱动气候系统有重要作用。地气系统的射出辐射量主要取决于地面温度以及大气辐射过程。

### 10.1.1 零维能量平衡模式

最简单的能量平衡模式是所谓零维模式。它把地球看成空间的一个点,在其能量平衡条件下,应有全球平均有效温度 $T_e$。若 $S$ 为太阳常数($\sim 1\,370\ \mathrm{W \cdot m^{-2}}$),$R$ 为地球半径,单位时间内地球所接收到的太阳辐射能应为 $\pi R^2 S$。由于地球的总面积为 $4\pi R^2$,单位时间单位面积的能

量接收率应为 $S/4$;但是,因为地球只能真正得到一部分进入的能量,其余的要被反射回宇宙空间,那么所能得到的能量值应为$(1-\alpha)S/4$。这里 $\alpha$ 是地球的行星反照率。另一方面,地球要以有效平均温度 $T_e$ 向外发射红外辐射能,即$\sigma T_e^4$,这里$\sigma$是Stefen-Boltzmann常数。在全球能量平衡条件下,应有关系式

$$(1-\alpha)\frac{S}{4}=\sigma T_e^4 \tag{10.1.1}$$

这样,如果已经知道太阳常数$S$和行星反照率的数值,我们即可由(10.1.1)式求得全球平均有效温度 $T_e$。例如,对地球来讲,$S\approx 1\,370\ \mathrm{W\cdot m^{-2}}$,$\alpha\approx 0.3$,则可以得到 $T_e\approx 255\ \mathrm{K}$,这同地球平均温度的测量值很接近。同样,我们还可以计算其他行星的有效温度,以金星为例,因 $S\approx 2\,619\ \mathrm{W\cdot m^{-2}}$,$\alpha\approx 0.7$,金星的有效平均温度应该是 242 K 左右。

上面的讨论尚未考虑大气中的辐射过程,而实际上,大气成分(例如 $CO_2$ 和水汽等)不仅吸收辐射能,还要发射长波辐射,其总效果是使温度增加,即温室作用。那么,在考虑这种温室增值作用后,地球表面的温度应该比有效辐射温度高,即有关系式

$$T_s=T_e+\Delta T \tag{10.1.2}$$

这里$\Delta T$为已知的温室作用增温量,一般认为$\Delta T=33\ \mathrm{K}$。因此,考虑了大气辐射过程后,地面温度 $T_s=288\ \mathrm{K}$。

考虑了大气辐射特性之后,在地球大气顶进入的辐射量$R^{\downarrow}$仍可认为是$(1-\alpha)S/4$;而从大气顶发射出去的辐射量应为

$$R^{\uparrow}=\varepsilon\tau_a\sigma T_s^4 \tag{10.1.3}$$

其中 $\tau_a$ 是大气红外传输率,$\varepsilon$ 为一比例参数。这样,零维能量平衡模式又可写成:

$$(1-\alpha)\frac{S}{4}=\varepsilon\tau_a\sigma T_s^4 \tag{10.1.4}$$

取 $S=1\,370\ \mathrm{W\cdot m^{-2}}$,$\alpha=0.3$,$\varepsilon\tau_a=0.62$,以及$\sigma=5.67\times10^{-8}\ \mathrm{W\cdot m^{-2}\cdot K^{-4}}$,即可求得地面温度 $T_s=287\ \mathrm{K}$,它同目前全球平均地面温度的观测值非常一致。

如果进入的和射出的辐射量不平衡,那么地球温度将发生变化,变化率 $\partial T_s/\partial t$ 可以表示成:

$$\frac{\partial T_s}{\partial t}=\frac{1}{c}\left[\frac{S}{4}(1-\alpha)-\varepsilon\tau_a\sigma T_s^4\right] \tag{10.1.5}$$

这里 $c$ 是地球的总热容量。由于地球表面的 70% 为海洋覆盖,而水的热容量要比大气大 4 倍,因此一般可以用地球全为水覆盖时的热容量 $c$ 来表示,即可取 $c=1.05\times10^{23}\ \mathrm{J\cdot m^{-2}\cdot K^{-1}}$。

### 10.1.2 一维能量平衡模式

上面的讨论是把地球视为一个点,未考虑水平方向的差异。下面的讨论将引入地球气候系统的主要空间差异 —— 纬度变化特征,即讨论一维能量平衡模式。若将(10.1.4)式写到某一个纬度带($\varphi$),可以有:

$$S_\varphi[1-\alpha(T_\varphi)]=R^{\uparrow}(T_\varphi)+F(T_\varphi) \tag{10.1.6}$$

这里 $F(T_\varphi)$ 是附加顶,表示向邻近的更冷的纬度带的能量输送,$S_\varphi$ 和 $T_\varphi$ 都随纬度变化。显然,一维能量平衡模式是零维能量平衡模式的扩展。

方程(10.1.6)中的每一项都是预报量 $T_\varphi$ 的函数,不能简单地求出温度值来。但是,引入

一些处理,可以对其进行简化。关于反照率 $\alpha$,一般取如下简单形式,即

$$\alpha_\varphi \equiv \alpha(T_\varphi) = \begin{cases} 0.6, & T_\varphi \leqslant T_c \\ 0.3, & T_\varphi > T_c \end{cases} \tag{10.1.7}$$

这里 $T_c$ 是雪线温度($T_c$ 为 $-10$℃ 或 0℃),表示在积雪区反照率明显增大。关于射出的辐射量,可以取如下近似:

$$R_\varphi \equiv R^{\uparrow}(T_\varphi) = A + BT_\varphi \tag{10.1.8}$$

其中 $A$ 和 $B$ 均为经验常数。关于纬度附加项,可以简化写成

$$F_\varphi \equiv F(T_\varphi) = K_0(T_\varphi - \overline{T}) \tag{10.1.9}$$

这里 $\overline{T}$ 是全球平均温度,可视为已知;而 $K_0$ 为经验常数。

通过这些简化处理,将表达式(10.1.8)和(10.1.9)代入方程(10.1.6),不难求得关系式

$$T_\varphi = \frac{S_\varphi(1-\alpha_\varphi) + K_0\overline{T} - A}{B + K_0} \tag{10.1.10}$$

再利用逐次迭代法,即可得到各个纬度带的温度 $T_\varphi$。

表 10.1.1给出了Budyko (1969) 的结果,他取太阳常数 $S = 1\ 370\ \mathrm{W \cdot m^{-2}}$,$A = 204\ \mathrm{W \cdot m^{-2}}$,$B = 2.17\ \mathrm{W \cdot m^{-2} \cdot K^{-1}}$,$K_0 = 3.81\ \mathrm{W \cdot m^{-2} \cdot K^{-1}}$,雪线温度 $T_c = -10$℃。显然,表 10.1.1 的结果同大气纬向平均温度大体一致。

**表 10.1.1**　能量平衡模式得到的大气平均温度分布(引自 Budyko,1969)

| 纬　度 | 温　度(℃) | 反　照　率 |
|---|---|---|
| 85° | −13.5 | 0.62 |
| 75° | −12.9 | 0.62 |
| 65° | −4.8 | 0.45 |
| 55° | 1.8 | 0.40 |
| 45° | 8.5 | 0.36 |
| 35° | 16.0 | 0.31 |
| 25° | 22.3 | 0.27 |
| 15° | 26.9 | 0.25 |
| 5° | 27.7 | 0.25 |

由于模式中引入了经验常数,不同研究者又取值各异,其结果也就有些差别。例如,对于 $K_0$,Budyko 取 $K_0 = 3.81$,而 Warren 和 Schneider(1979) 用 $K_0 = 3.74$;Budyko 曾取 $A = 202\ \mathrm{W \cdot m^{-2}}$,$B = 1.45\ \mathrm{W \cdot m^{-2} \cdot K^{-1}}$,而 Cess(1976) 建议取 $A = 212\ \mathrm{W \cdot m^{-2}}$,$B = 1.60\ \mathrm{W \cdot m^{-2} \cdot K^{-1}}$。

### 10.1.3　气候系统的参数化

反照率是能量平衡模式中的重要参数,表征它的基本思想是当温度足够低而有雪或冰形成的时候,反照率应变得比较大。一般可将反照率表示成

$$\begin{cases} \alpha(T_\varphi) = b(\varphi) - 0.009T_\varphi, & T_\varphi < 283\ \mathrm{K} \\ \alpha(T_\varphi) = b(\varphi) - 0.009 \times 283, & T_\varphi \geqslant 283\ \mathrm{K} \end{cases} \tag{10.1.11}$$

这里 $b(\varphi)$ 是随纬度变化的经验常数,可视为不受温度影响的“自由冰”反照率。当“自由冰”被长年冰盖层代替时,其行星反照率会减少许多。这似乎可以用来解释“昏暗的太阳加热了早期地球”这个难以置信的情况,因为大约在 40 亿年前,太阳辐射能只有现在的 70%,而当时地球并未被冰冻得十分厉害。

虽然地面反照率极大地依赖于温度,而行星反照率既受云的影响又是纬度的函数,但实际气候系统中并不发生对太阳常数的变化极为敏感的情况。可是在温度和反照率相耦合的模式中却往往会出现对太阳常数变化极敏感的问题。因此,在模式中很好地处理反照率的参数化是十分重要的。反照率参数化的基本假定是行星反照率和地面反照率间有非常紧密的联系。

地球不断地放射红外辐射,其中一部分将被大气吸收,而大气也会放射红外辐射到达地面。参数化也在于估计这种温室影响,其方法之一是比较射出长波辐射和地面温度,从而确定它们之间的线性关系。例如,可以将射出长波辐射的公式(10.1.8)适当地改写成

$$R_\varphi = \sigma T_\varphi^4 [1 - m_\varphi \tanh(19 T_\varphi^6 \times 10^{-16})] \tag{10.1.12}$$

其中 $m_\varphi$ 是表示大气浑浊度的参数。

(10.1.9)式给出了最简单的热量传输形式,更细微一些可分别考虑不同的传输机制,即把热通量散度写成

$$\nabla \cdot F = \frac{1}{\cos\varphi} \frac{\partial}{\partial y} [\cos\varphi (F_o + F_a + F_q)] \tag{10.1.13}$$

上式右端三项分别表示由于海洋、大气和水汽引起的热量输送。而

$$\left.\begin{aligned} F_o &= -K_s \frac{\partial T}{\partial y} \\ F_a &= -K_a \frac{\partial T}{\partial y} + \langle u \rangle T \\ F_q &= -K \frac{\partial q(T)}{\partial y} + \langle u \rangle q(T) \end{aligned}\right\} \tag{10.1.14}$$

其中 $K_s$、$K_a$ 和 $K_q$ 分别为海洋、大气和水汽潜热的输送系数,它们都是纬度的函数;$q(T)$ 是水汽混合比;$\langle u \rangle$ 是纬向平均风速。

## 10.2 盒型模式

盒型模式实际上也是一种能量平衡模式,由于它的特殊形式和结构,我们对它单独进行讨论。

### 10.2.1 海洋-大气盒型模式

假定海洋-大气系统可以用 4 个“盒”表示,其中两个盒表示大气(在陆地和海洋上各一个),另一个表示海洋混合层,再一个表示较深的扩散海洋。图 10.2.1 是这种盒型模式的示意图。

对于海洋混合层,加热率可用如下方程描写:

$$c_m \frac{\mathrm{d}\Delta T}{\mathrm{d}t} = \Delta Q - \lambda(\Delta T) - \Delta F \tag{10.2.1}$$

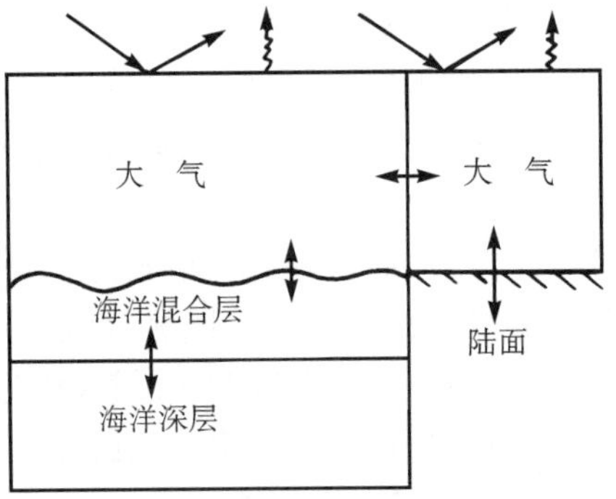


**图 10.2.1**　盒型模式示意图

其中 $\Delta T$ 是等深度混合层的温度差，$\Delta Q$ 是海洋表面的热力强迫，$\lambda$ 是混合层对气候的反馈参数，$\Delta F$ 是混合层向深层海洋的能量泄漏，$c_m$ 是混合层的热容量。(10.2.1) 式说明海洋混合层的温度变化是其上表面的加热与混合层的失热间不平衡的结果。

深层海洋中只有热扩散过程，其加热率可写成：

$$\frac{\partial \Delta T_0}{\partial t} = K \frac{\partial^2 \Delta T_0}{\partial z^2} \tag{10.2.2}$$

在两层海洋的交界面上，上下层的温度变化应是连续的，即

$$\Delta T_0(0, t) = \Delta T(t) \tag{10.2.3}$$

这样，混合层的向下能量泄漏可用下式表示：

$$\Delta F = -\gamma \rho c K \left(\frac{\partial \Delta T_0}{\partial z}\right)_{z=0} \tag{10.2.4}$$

其中 $\gamma$ 是通用参数，其值为 $0.72 \sim 0.75$；$\rho$ 是海水密度；$c$ 是特定(比) 热容量。

如果假定深层海洋为无限深度，那么(10.2.4) 式可以改写成

$$\Delta F = \gamma \mu \rho c h \Delta T (\tau_d t)^{-\frac{1}{2}} \tag{10.2.5}$$

这里 $\mu$ 是协调系数，$h$ 是混合层厚度，$\tau_d (= \pi h^2 / K)$ 表示混合层和深海间交换的特征时间。

将式(10.2.5) 代入式(10.2.1)，可以得到一个常微分方程，即

$$\gamma \frac{d\Delta T}{dt} + \Delta T \left[\frac{1}{\tau_f} + \frac{\mu \gamma}{(\tau_d t)^{1/2}}\right] = \frac{\Delta Q}{\rho c h} \tag{10.2.6}$$

其中 $\tau_f = \rho c h / \lambda$，若取 $\Delta Q$ 为指定的函数形式，由式(10.2.6)，我们不难求得 $\Delta T$ 的解析解。

因 $\Delta Q$ 是海洋表面的热力强迫，所以，利用方程(10.2.6)，我们可以较方便地讨论大气中 $CO_2$ 含量加倍后的温度变化。一般地，$\Delta Q$ 可以有两种强迫形式，即瞬时(固定) 强迫

$$\Delta Q = a \tag{10.2.7}$$

及逐渐增加的强迫

$$\Delta Q = b \pm e^{\omega t} \tag{10.2.8}$$

这里，参数 $b$ 和 $\omega$ 可以根据已有的关于大气中 $CO_2$ 含量变化和温度变化的观测资料来确定。例如，根据 1850—1980 年间的观测，$CO_2$ 含量变化可表示成

$$C(t) = C_0 e^{Bte^{\omega t}} \tag{10.2.9}$$

其中 $C(t)$ 是某年的 $CO_2$ 含量，$C_0$ 是 1850 年 $CO_2$ 的初始含量(270 ppmv)。根据 1958 和 1980 年 $CO_2$ 含量的观测值 315 和 338 ppmv，由(10.2.9) 式即可求得参数 $B$ 和 $\omega$。而参数 $b$ 可以用下式

求得,即

$$b = \frac{B\Delta Q_{2CO_2}}{\ln 2} \tag{10.2.10}$$

其中,$\Delta Q_{2CO_2}$ 是 $CO_2$ 含量加倍后的热力强迫,可以简单地用 $CO_2$ 含量加倍后的温度变化来表示,即

$$\Delta Q_{2CO_2} = \lambda(\Delta T_{2CO_2}) \tag{10.2.11}$$

当然,这里假定了混合层温度的增加等于 $CO_2$ 含量增加所引起的大气温度的增加。

### 10.2.2 耦合的大气-陆地-海洋盒型模式

考虑到陆地和海洋以及南半球和北半球间的不同,同时将海洋分为混合层、中间层和深层三部分,一种耦合的大气-陆地-海洋盒型模式在盒型平流扩散模式(BADM)的基础上被设计出来了(Harvey 和 Schneider, 1985)。模式结构示意图如图 10.2.2 所示,它表明这个模式亦可认为是一个半球平均模式,既包括辐射过程,也有大气与陆面和海面间的热交换,以及海洋内部的热交换,还有在极区海水向深海的注入过程。

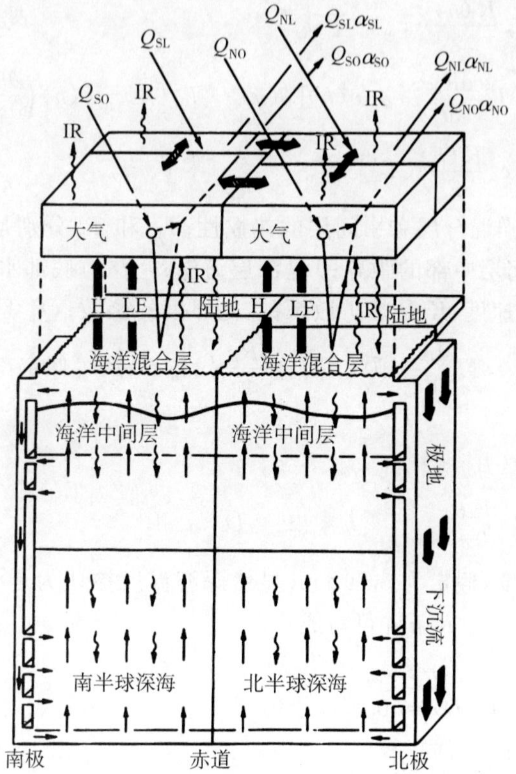


**图 10.2.2 一个复杂盒型模式示意图**

(图中字母 $Q$ 表示太阳辐射,$\alpha$ 是行星反照率,IR 是长波辐射,H 和 LE 分别是感热和潜热通量,

$K$ 是热力扩散系数,$w$ 是平流速度;下标 N 和 S 分别表示北半球和南半球的值,

下标 L 和 O 分别表示陆地和海洋的量;海洋中的直线箭头表示平流,波状箭头表示扩散)

对于任何半球的大气状态，除了辐射过程和感热、潜热交换外，陆地和海洋以及南北半球间的相互作用也有影响。因此，可以将大气温度的控制方程写成

$$R_a \frac{\partial T_a(i,j)}{\partial t} = Q_a + L^{\uparrow} - L^{\downarrow} - L_o + H + LE + (-1)^j K_1(ij)[T_a(i1) - T_a(i2)] + (-1)^i K_2(\overline{T}_N - \overline{T}_S), \quad i = 1,2; \quad j = 1,2 \tag{10.2.12}$$

这里 $i$ 表示南北半球的指数，$j$ 表示陆地或海洋的指数，$R_a$ 是每平方米的大气热惯性，$T_a(ij)$ 是由 $ij$ 所指的某部分大气的温度，$Q_a$ 是大气吸收的短波辐射，$L^{\uparrow}$ 是地面放射的向上长波辐射，$L^{\downarrow}$ 是大气向地面放射的向下长波辐射，$L_o$ 是地气系统的射出长波辐射，$K_1(ij)$ 是陆地和海洋间的热交换系数，$K_2$ 是南北半球间的热交换系数，$\overline{T}_S$ 和 $\overline{T}_N$ 是南北半球各自的平均大气温度。

根据已有的研究(Manabe 和 Wetherald, 1980)，年平均海洋混合层的厚度为 70.0 m，其季节性变化的幅度为平均值的 30%，北半球最大混合层出现在 2 月 15 日，南半球最大混合层出现在 8 月 15 日。假定在混合层和海洋深层间还存在一个较薄的中间层(平均为 50 m)，它的厚度变化正好同混合层相反，从而使混合层和中间层的总厚度保持为 120 m 不变。混合层和海洋中间层的温度控制方程分别为

$$\frac{d}{dt}(R_m T_m) = Q_m + L^{\uparrow} - L^{\downarrow} - H - LE + T_n \frac{dR_m}{dt} + c_p w(h)(T_n - \theta_b) - c_p \frac{K(h)}{\Delta_m}(T_m - T_n) \tag{10.2.13}$$

$$\frac{d}{dt}(R_n T_n) = -T_n \frac{dR_m}{dt} + c_p w(h)[\theta(h) - T_n] + c_p K(h)\left(\frac{\partial \theta}{\partial z}\right)_{z=h} + c_p \frac{K(h)}{\Delta_m}(T_m - T_n) \tag{10.2.14}$$

这里 $R_m$ 和 $R_n$ 分别是海洋混合层和中间层的热惯性；$T_m$ 和 $T_n$ 分别是混合层和中间层的海水温度；$\Delta_m$ 是混合层到中间层中部的距离；$\theta$ 是深层海温；$\theta_b$ 深海底部水温；$h$ 是混合层和中间层的总厚度；$w$ 是上翻平流速度；$K$ 是热扩散系数，是厚度的函数；$Q_m$ 是混合层表面吸收的短波辐射。在计算中若 $\frac{dR_m}{dt} < 0$，$T_n \frac{dR_m}{dt}$ 项就用 $T_m \frac{dR_m}{dt}$ 代替，一般可假定南极地区的 $\theta_b$ 为 $-0.5$℃，北极地区的 $\theta_b$ 为 2.5℃。

深海水温的控制方程为

$$\frac{\partial \theta}{\partial t} = \frac{\partial}{\partial z} K \frac{\partial \theta}{\partial z} + \frac{\partial w\theta}{\partial z}, \qquad h < z < D \tag{10.2.15}$$

这里 $D$ 是深海底部的深度，假定为 3 792 m。显然深海温度被认为是水平均匀的，只有垂直平流和扩散对其有影响。上下边界条件可写成

$$\left.\begin{aligned} &\theta(h) = T_n \\ &\theta(D) = \theta_b, \qquad K(D) = 0 \end{aligned}\right\} \tag{10.2.16}$$

陆地表面的控制方程可写成

$$R_L \frac{dT_L}{dt} = Q_L + L^{\downarrow} - L^{\uparrow} - H - LE \tag{10.2.17}$$

这里 $R_L$ 是陆地的热惯性，$T_L$ 是陆地表面温度，$Q_L$ 是陆面吸收的短波辐射。陆地的热惯性一般可以用深 1.7 m 的水层的热惯性代替。

利用上述复杂的盒型模式可以讨论地气系统对外源强迫的响应情况，例如太阳常数变化

以及 $CO_2$ 浓度增加后地气系统的温度变化。图 10.2.3 是假定太阳常数增加 2% 后，南北半球陆面、海面和大气温度的变化趋势。可以看到由于太阳常数的增加，南北半球地气系统的温度将逐年增加，到 100 年左右的时间，温度平均将增加 2.0 ~ 2.5℃。

如果大气中 $CO_2$ 浓度的时间变化有关系式

$$1.443\ln r_c = 7.03 \times 10^{-5} t^2 \tag{10.2.18}$$

其中 $r_c$ 是 $CO_2$ 浓度对 300 ppmv 的比值，$t$ 是自 1925 年以后的年数。(10.2.18) 式表明在 1925 年之后的 120 年里，大气中的 $CO_2$ 浓度将加倍。图 10.2.4 则是大气中 $CO_2$ 浓度自 1925 年开始按(10.2.18) 式增加的情况下，地气系统温度的响应形势。可以看到，$CO_2$ 浓度加倍将导致地气系统的全球平均温度升高 2℃ 左右。图中两条实线是对向下长波辐射进行不同处理而得到的两个不同混合层的温度值。

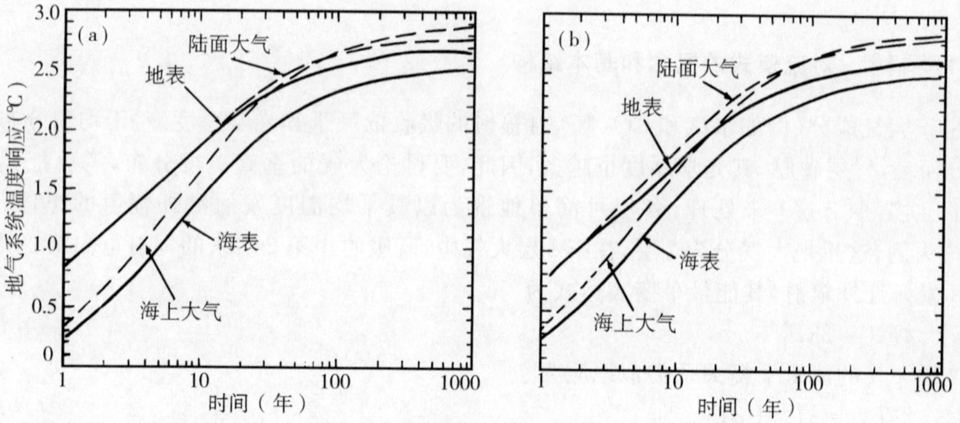


**图 10.2.3**　地气系统年平均温度对太阳常数增加 2% 的响应(引自 Harvey 和 Schneider, 1985)

(a) 北半球；(b) 南半球

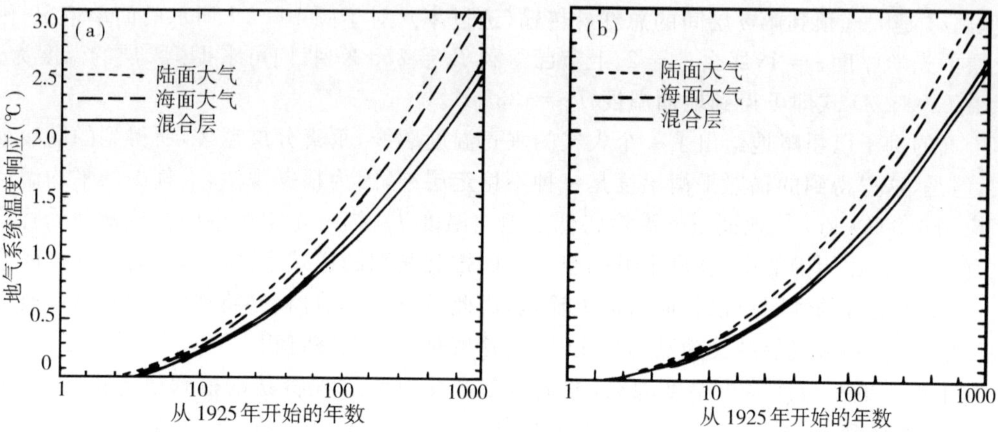


**图 10.2.4**　地气系统年平均温度对大气 $CO_2$ 浓度增加的响应(引自 Harvey 和 Schneider, 1985)

(a) 北半球；(b) 南半球

# 10.3 辐射 - 对流模式(RCM)

在10.2节里我们已经提到了温室效应的重要性,而这种效应却是因温室气体吸收地球表面的向上红外辐射所致。如果没有温室气体存在,或者大气无吸收特性,那么地面温度就等于行星有效辐射温度。实际上,温室气体的存在和吸收作用不仅影响地面温度,还通过其对辐射能的吸收和放射而对大气温度产生重要影响,并使大气温度具有垂直分布的特征。要了解气候及其变化,就需要知道大气温度垂直分布的规律性和机理,一种能描写大气温度垂直分布的数值模式也就自然地被提出了,这就是所谓的辐射 - 对流模式(RCM)。它也是一种一维模式,同上节讨论过的一维模式不同,它描写垂直方向的变化而不是纬度变化。

### 10.3.1 辐射 - 对流模式的概念和基本结构

由于大气成分(例如水汽和$CO_2$等)对辐射的吸收依赖于其光学厚度,对于均匀分布的气体成分而言,气层越厚,其光学厚度也越大,因此,要讨论大气的垂直温度分布,需要把大气分成若干层(至少2层)来处理。各层可简单地视为以其平均温度发射红外辐射的黑体。以图10.3.1为例,这里把大气分为2层,在第1层大气中,既吸收由第2层来的辐射也向第2层和外层空间发射红外辐射,其能量平衡表达式为

$$\sigma T_2^4 = 2\sigma T_1^4 \tag{10.3.1}$$

而第2层大气的能量平衡关系类似地应为

$$2\sigma T_2^4 = \sigma T_g^4 + \sigma T_1^4 \tag{10.3.2}$$

由于下层大气的辐射全部被第1层大气所吸收,因此$\sigma T_1^4$就是行星放射辐射$\sigma T_e^4$,$T_1$就等于行星有效温度$T_e$。一般地,第$n$层的温度同有效温度间将有如下关系:

$$T^4(n) = \tau_a(n) T_e^4 \tag{10.3.3}$$

这里$\tau_a(n)$是大气顶到第$n$层间的总红外传输(透过率)。对于图10.3.1所示的简单情况,因为每一层的光学厚度$\tau = 1$,那么$\tau_a = 2$。上节已得到$T_e = 255$ K,我们可求得第2层的温度为303 K,再由(10.3.2)式即可得到地面温度$T_g = 335$ K。

上面的例子已粗略地给出了一个大气的垂直温度廓线,垂直分层越多,所得到的廓线就越精细。但是,这里得到的辐射平衡温度是一种不稳定层结,因为根据观测,大气中的平均温度递减率应为6.5℃·km$^{-1}$,地面空气温度将低于地面温度$T_g$。当一个空气微团在近地面受扰后将会上升,而且会比周围的空气暖(上升的空气微团按观测到的递减率降温),这时空气微团会继续上升。由于上升的气团可以将能量向上输送,因此,这种对流过程必将使大气混合,并改变大气温度廓线,直到大气层结变为动力稳定状况。这就是对流调整过程。

基于辐射平衡而计算出温度廓线,并通过参数化对流过程将其调整到稳定状态,这就是RCM的基本概念。

辐射对流模式一般为一个包含大气和地面的柱,用以代表地气系统的全球平均状态。在使用RCM时,为了大气分层方便,通常采用$\sigma$作垂直坐标,取

$$\sigma = \frac{p - p_T}{p_s - p_T} \tag{10.3.4}$$

其中 $p_T$ 和 $p_s$ 分别为大气顶和地面的气压值。图 10.3.2 是一个辐射 - 对流模式中大气垂直分层的例子，在这个 3 层模式中，其模式顶($\sigma = 0$) 有进入的太阳辐射、向外的红外辐射和反射太阳辐射；在模式底($\sigma = 1$) 为地面辐射平衡；在各层间有辐射通量及对流调整过程。

在研究大气辐射过程的变化对气候的可能影响时，一般采用辐射 - 对流模式比较方便。

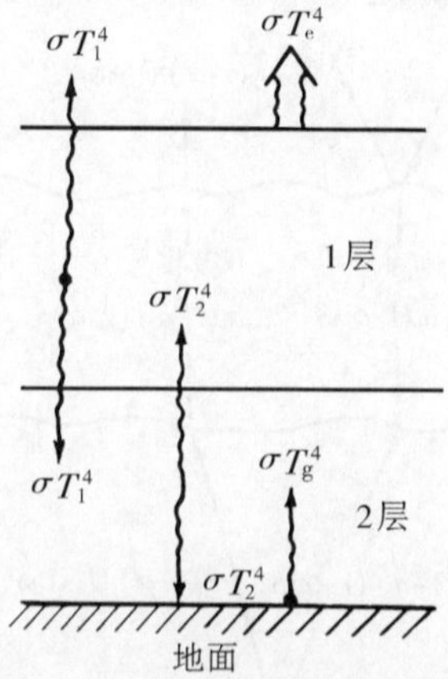


**图 10.3.1** 两层模式中的红外辐射通量

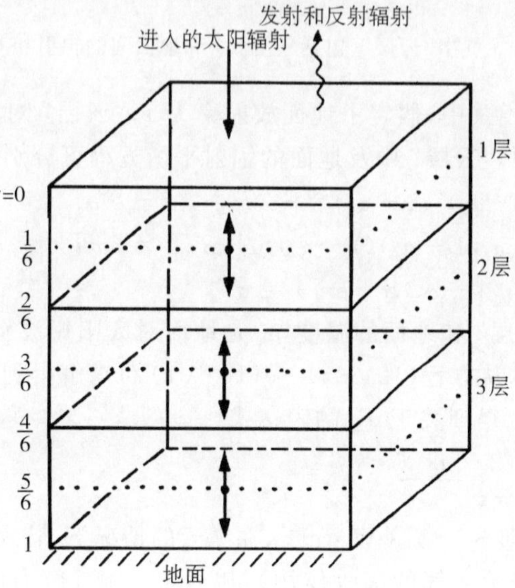


**图 10.3.2** 辐射 - 对流模式的垂直结构

### 10.3.2 辐射过程

在气候模式中考虑大气辐射过程，最简单的就是把云和气溶胶视为均匀覆盖地面的一个特殊气层，此气层有其自身的辐射性质，对短波辐射的吸收率为 $a_c$，反射率为 $\alpha_c$；红外放射率为 $\varepsilon$。这样，由于此气层的存在，它同地面之间就有辐射相互作用。图 10.3.3 给出了这种辐射相互作用的示意图，若到达“云层”顶的太阳短波辐射为 $S$，它的一部分被“云层”反射，$\alpha_c S$；一部分被“云层”吸收,$a_c(1-\alpha_c)S$;透过“云层”的部分则为$(1-a_c)(1-\alpha_c)S$。透过“云层”的太阳短波辐射仅部分被地面吸收,余下部分又反射回大气,并再被“云层”吸收一部分,还会有部分辐射透过“云层”回到上层空间去。另一方面,“云层”和地面又都要放射和吸收红外辐射。

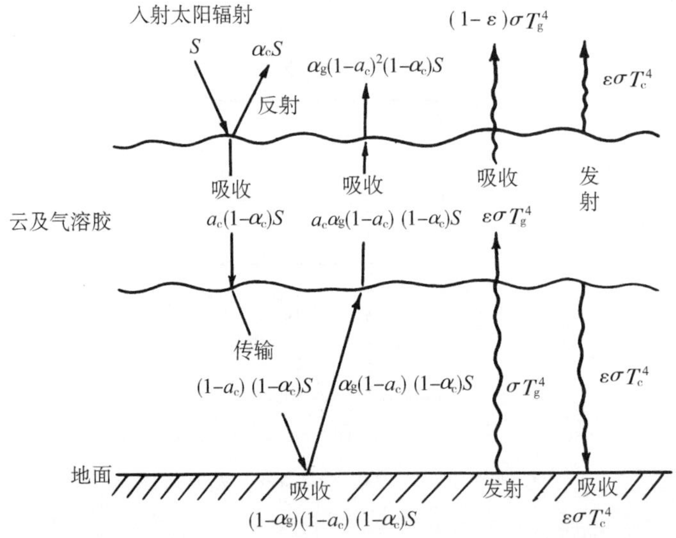


**图 10.3.3**　大气中“云层”(包括气溶胶)和地面间的辐射相互作用示意图

在图 10.3.3 所示的模式中,假定了地面放射率为 1;“云层”对向上传输的短波辐射并无反射作用。这样,在大气顶,“云层”中及地面的辐射平衡方程可分别写成如下形式:

$$S=\alpha_c S+\alpha_g(1-a_c)^2(1-\alpha_c)S+\varepsilon\sigma T_c^4+(1-\varepsilon)\sigma T_g^4 \tag{10.3.5}$$

$$a_c(1-\alpha_c)S+a_c\alpha_g(1-a_c)(1-\alpha_c)S+\varepsilon\sigma T_g^4=2\varepsilon\sigma T_c^4 \tag{10.3.6}$$

$$(1-\alpha_g)(1-a_c)(1-\alpha_c)S+\varepsilon\sigma T_c^4=\sigma T_g^4 \tag{10.3.7}$$

这里 $T_c$ 和 $T_g$ 分别为“云层”和地面的温度,$\alpha_g$ 是地面对太阳短波辐射的反射率。在给出参数 $\alpha_c$、$\alpha_g$、$a_c$ 和 $\varepsilon$ 的数值之后,从方程(10.3.5)～(10.3.7)可求解得到温度分布。实际上由上述 3 个方程消去 $T_c$ 及 $\alpha_g$,可以得到关于 $T_g$ 的表达式

$$\sigma T_g^4=\frac{(1-\alpha_c)(2-a_c)S}{2-\varepsilon} \tag{10.3.8}$$

取 $S$ 为太阳常数的 1/4,即 $S=343\ \mathrm{W\cdot m^{-2}}$,在无云的情况下,若 $\alpha_c=0.08$(考虑大气分子的散射作用),$a_c=0.15$(表示大气的吸收作用),以及 $\varepsilon=0.14$,由(10.3.8)式可以计算得到 $T_g=283$ K,其值很接近于全球平均的地面温度 288 K。

如果模式中考虑了火山爆发所形成的“火山灰云”的存在,可以取 $\alpha_c=0.12$,$a_c=0.18$ 及 $\varepsilon=0.43$。这样,可以得到 $T_g=280$ K,可见由于火山灰在大气中的存在,会使全球平均气温降低。如果假定大气中的云层是由水滴组成的,其辐射特性有所不同,其 $\alpha_c$、$a_c$ 和 $\varepsilon$ 都将增大。例如应取 $\alpha_c=0.3$, $a_c=0.20$,$\varepsilon=0.9$,在部分云盖情况下,将得到地面温度 $T_g=288$ K。显然,云的温室作用要比火山灰存在的影响更大。

这里仅简单地考虑了大气中的辐射过程,在 RCM 中也可以更精细地对辐射过程进行处理,例如考虑不同大气成分在不同波长范围的吸收等。在第 3 章中,我们已经讨论了大气辐射的一些基本内容,根据需要,不难将其引入气候数值模式。

### 10.3.3　对流调整

正如前面已经提到的，按上述方法计算得到的辐射温度廓线 $T(z)$ 是不稳定的，其在对流层低层有较大的递减率，明显超过标准大气的温度递减率（$\gamma_c = 6.5$ ℃ · $km^{-1}$）。在实际大气中，自由对流或强迫对流以及大尺度涡旋的垂直热量输送过程，都会对温度垂直分布造成影响，改变大气层结。依据这种概念，可以用对流过程来对计算得到的不稳定的辐射温度廓线进行修正，以得到较合理的温度递减率和地面温度。这种修正处理就是所谓对流调整，它不在于计算对流，而是通过数值计算，在其时间演变中限制递减率超过 $\gamma_c$，最终得到合理的温度廓线。

一个完善的 RCM 一般需要满足这样一些条件：在大气顶，进入的太阳辐射应等于射出的红外辐射；维持一个给定的大气相对湿度分布；任意两层间没有温度不连续现象出现；任意两层间的温度递减率均不超过 $\gamma_c$。

包括辐射温度计算和对流调整的 RCM，可以用 10.3.4 给出的框图表示，亦可以通过数学公式来描写，即

$$T_i(z, t+\Delta t) = T_i(z, t) + \frac{\Delta t}{\rho c_p}\left(\frac{dF_r}{dz} + \frac{dF_c}{dz}\right) \tag{10.3.9}$$

这里 $c_p$ 是比定压热容，$\rho$ 是大气密度，$dF_r/dz$ 和 $dF_c/dz$ 分别是净辐射通量散度和对流通量散度。(10.3.9) 式表明，在 $t+\Delta t$ 时刻，第 $i$ 层（高度为 $z$）的温度 $T_i(z, t+\Delta t)$ 是前一计算时刻该层温度及在该层的净辐射能通量和"对流"热通量共同影响的函数。

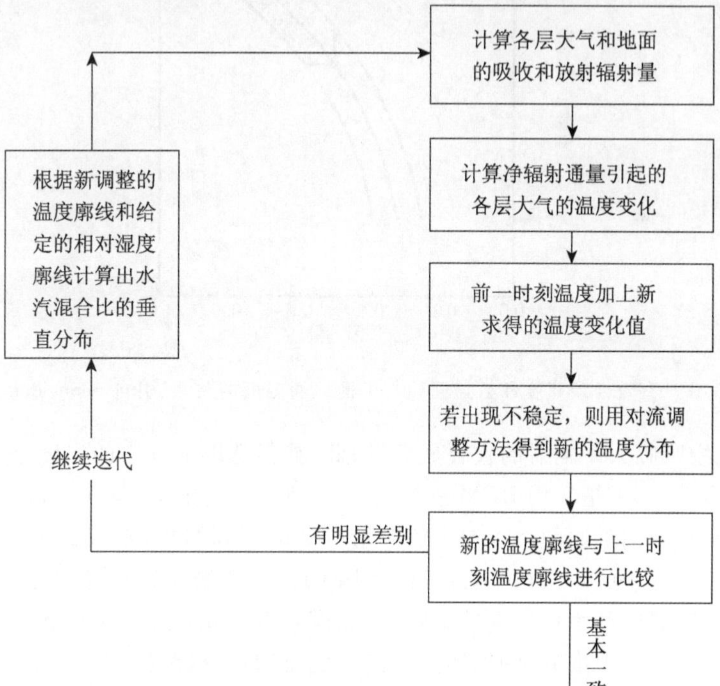


**图 10.3.4**　一个典型 RCM 的结构框图

### 10.3.4　模式敏感性问题

由于 RCM 中既有辐射过程又需要对流过程,大气参量无疑将对模式结果造成影响。在实际应用中,大气湿度分布、云(云量及云高)以及大气温度递减率的选取都是需要很好考虑的。作为一个例子,下面看看模式对云的敏感性。

地气系统对太阳辐射的吸收同系统的反照率很有关系,而地气系统的反照率又同云的状况密切相连。图 10.3.5 给出了由一个 RCM 得到的云量及云高同地面温度间的关系。可以看到云况的影响是很明显的,若增加 8% 的云量(给定云顶高度和云的反照度),全球平均地面温度将下降 2 K;而如果把云顶高度抬高 0.5 km(给定云量和反照率),全球平均温度却会升高 2 K。由于云况变化对地面净加热量的影响依赖于很多因素,例如局地云量、云高、云的反照率、地面反照率、平均太阳高度角以及局地垂直温度分布等,企图给出云变化对地面温度影响的一般性简单结论是很困难的。可以说云对地面温度反馈的问题目前还远未搞清楚。

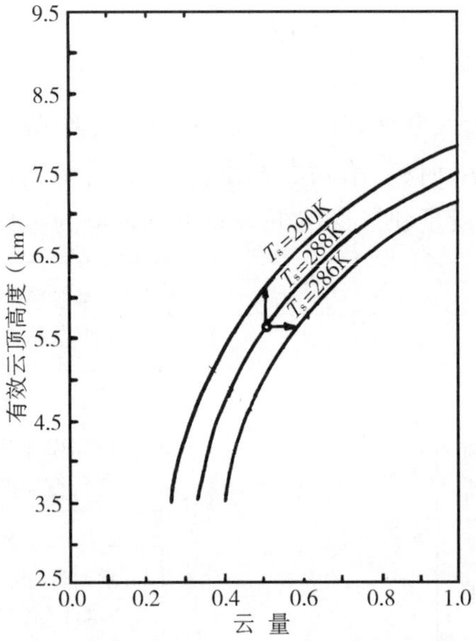


**图 10.3.5**　有效云顶高度和云盖面积与平衡地面温度的关系(引自 Schneider, 1972)

水汽是大气中吸收太阳辐射的重要成分,因此,如何选取大气中的湿度分布也将对模式结果有明显影响。表 10.3.1 是在用 RCM 进行大气中 $CO_2$ 含量加倍(从 300 ppmv 到 600 ppmv)的气候影响试验时,采用不同的大气湿度假定所得到的不同结果。在模式 1 的情况下,由于绝对湿度是固定的,大气中的水汽量不会改变,当因 $CO_2$ 含量增加导致温度升高时,大气相对湿度将减小,模式中不可能产生任何反馈影响。但在模式 2 的情况下,由于相对湿度是实际水汽压与饱和水汽压之比,当温度升高时,实际水汽压也要增加,以维持相对湿度不变,即大气中会附加地面蒸发产生的水汽量。这相当于引入了一种正反馈机制,使增温更大一些。上述两个模式结果的差异也表明了蒸发对辐射交换的作用以及它在气候模拟中的重要性。

**表 10.3.1**　$CO_2$ 含量加倍引起平衡地面温度增加的敏感性试验(引自 Hansen 等,1981)

| 模　式　情　况　(RCM) | 温度增量($\Delta T$/K) |
|---|---|
| 1. 固定绝对湿度,$\gamma_c = 6.5\ K \cdot km^{-1}$,固定云高 | 1.22 |
| 2. 固定相对湿度,$\gamma_c = 6.5\ K \cdot km^{-1}$,固定云高 | 1.94 |

大气中一般总有水汽存在,空气质点应按湿绝热递减率,而不是依标准递减率($\gamma_c = 6.5\ K \cdot km^{-1}$)上升。湿绝热递减率可以由下式计算:

$$\gamma_m(T,p) = \gamma_d \frac{1+\varepsilon L(T)e_s(T)/(pRT)}{1+\varepsilon^2 L^2(T)e_s(T)/(c_p pRT)} \tag{10.3.10}$$

其中 $p$ 和 $T$ 分别为空气的压力和温度,$\varepsilon = 0.622$ 是水汽和干空气的分子重量比,$L$ 是凝结潜热,$e_s$ 是饱和水汽压,$R$ 是气体常数,$c_p$ 是比定压热容。而凝结潜热又可以用经验公式

$$L(T) = 2\,510 - 2.38(T-273) \tag{10.3.11}$$

计算出来。

在辐射-对流模式中采用递减率$\gamma_c$ 和$\gamma_m$ 会出现多少差别呢?表10.3.2给出了采用不同温度递减率时 RCM 得到的地面温度,其中分别考虑了有2层云和有3层云的情况。可以看到,用常值递减率 $\gamma_c = 6.5\ K \cdot km^{-1}$ 所得到的地面温度要比用湿绝热递减率 $\gamma_m$ 时所得到的地面温度低2 K左右。足见温度递减率的影响也是很明显的。

**表 10.3.2**　用不同温度递减率时,由 RCM 所得到的地面温度(引自 Hummel 和 Kuhn, 1981a)

| | 云顶高度(hPa) | 云底高度(hPa) | 云　量 | 云反照率 | 地面温度(K) | |
|---|---|---|---|---|---|---|
| | | | | | $\gamma=\gamma_m$ | $\gamma=\gamma_c$ |
| 二层云 | 650 | 650 | 0.079 | 0.480 | 271.83 | 270.17 |
| | 650 | 800 | 0.320 | 0.690 | | |
| 三层云 | 300 | 300 | 0.181 | 0.210 | 283.30 | 280.87 |
| | 650 | 650 | 0.079 | 0.480 | | |
| | 650 | 800 | 0.320 | 0.690 | | |

在研究 $CO_2$ 含量增加的气候效应时,如果采用不同的温度递减率,其结果也有差别,一般是采用湿绝热递减率时,增温要小一些,如表10.3.3所示。

**表 10.3.3**　在不同 $CO_2$ 含量情况下,用不同温度递减率时,由 RCM 得到的地面温度(引自 Hummel 和 Kuhn, 1981a)

| 温度递减率 | $CO_2$ 含量(ppmv) | 地面温度(K) | |
|---|---|---|---|
| | | 云高在 500 hPa | 云高在 800 hPa |
| $\gamma_c$ | 300 | 291.14 | 282.87 |
| | 600 | 293.08 | 284.69 |
| $\gamma_m$ | 300 | 289.79 | 282.52 |
| | 600 | 290.58 | 284.05 |

# 10.4　辐射 - 对流模式的发展

由于云对辐射过程有重要影响,从而也对气候有影响,近年来,云 - 气候反馈已成为重要的研究课题。RCM 是研究云 - 气候反馈的一种有效工具,在 RCM 中同时考虑云的预报方法,也就成为 RCM 的重要发展。下面将简要介绍两种发展的辐射 - 对流模式。

## 10.4.1　云量和云高的预报

对于任意一高度层($i$),其云量可以用 $C_i$ 表示,而在模式中 $C_i$ 可以根据该层的液态水混合比 $W$ 来计算。因为云量的多少总是同该层大气中液态水的含量成正比,而且根据观测资料的分析,其间有一个合适的比例常数。这样,$C_i$ 不难表示成

$$C_i = \frac{W}{w_c} \tag{10.4.1}$$

这里 $w_c = 5.5 \times 10^{-4}$。

大气中某一时刻液态水的含量(混合比)$W$,一般由三部分决定,第一部分是上一时刻已有的量,第二部分是上一时刻到现在的一段时间内通过蒸发凝结所新增加的量,第三部分是通过降水过程而损失的量。因此可以将 $W$ 表示成

$$W = W_0 + \frac{H_c}{(1+B)L} - 1.25 \times 10^{-4} W_0 \tag{10.4.2}$$

上式右边中第一项 $W_0$ 是上一时刻的含量;第二项为凝结增量;第三项是降水损失量,为根据观测资料得到的经验关系式。第二项中 $H_c$ 是进入某层的净对流通量;$L$ 是蒸发潜热;$B$ 是大气的 Bowen 比,即感热通量($H_S$)与潜热通量($H_L$)的比值($B = H_S/H_L$),它一般是纬度的函数,简单地亦可取作常数。总对流通量 $H_c$ 与潜热通量间有如下关系式:

$$\frac{H_c}{1+B} = \frac{H_c}{1+H_S/H_L} = H_c \frac{H_L}{H_L + H_S} = H_L \tag{10.4.3}$$

在辐射 - 对流模式中,对流调整计算的同时可以得到净对流通量 $H_c$,由(10.4.2)式即可得到某时刻某大气层的液态水含量,进而也就知道该层的云量,云高也可同时得知。大气中的云量最多只能是1,即布满整个天空。因此,若模式计算结果出现 $\sum C_i > 1$ 的时候,也需要进行调整,使得总云量满足关系式 $\sum C_i \leqslant 1$。

包含云预报方法的 RCM 的结果表明,当地面温度降低时,减少云量和增加卷云的相对量,将起到温室效应的作用,使地面温度升高。因此,包含云预报的 RCM 的结果也可以对“弱的太阳辐射加热了早期地球”提供一种可能的解释。

图 10.4.1 给出了早期地球大气 - 水圈的三种可能状态。第一种情况是太阳光度很低,恰似前寒武纪初期($\sim 4.0 \times 10^9$ 年前)的情况,太阳通量只有当前值的 80%;然而大气中 $CO_2$ 含量很高(1 650 ppmv),地面反照率相当于全球为海洋的情况(0.05)。尽管入射的太阳辐射通量很低,计算得到的地面温度却为 277 K,远在冰冻温度以上。第二种情况假定有大块的陆地出现,地面反照率将变得比较大,例如为 0.10,计算得到的地面温度将要低一些,为 274 K。第三

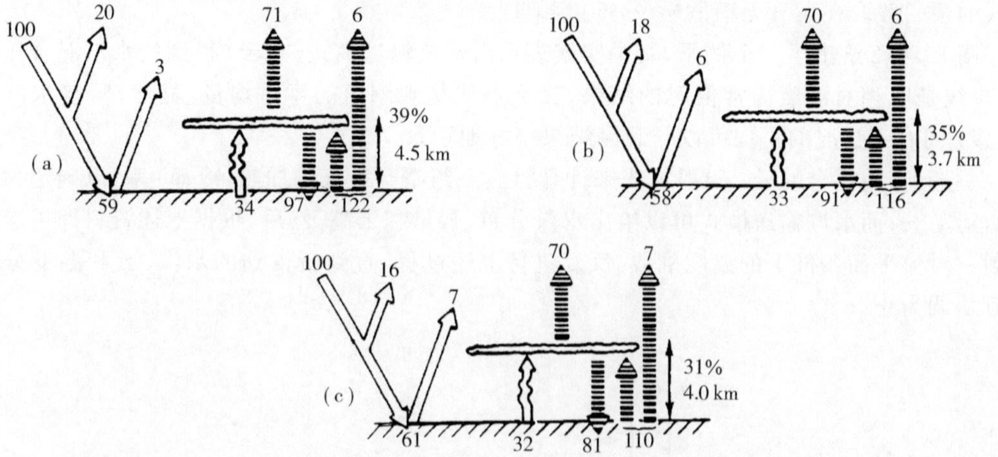


**图 10.4.1**　早期地球大气－水圈的三种可能状况示意图

(其中实箭头和虚箭头分别表示短波和长波辐射通量；摆动箭头表示对流热通量)

种情况，假定伴随大量的矽酸盐类在地球表面被风化，大气中的 $CO_2$ 含量被降低到低于当今的值(330 ppmv)，全球平均地面温度将进一步降低到 270 K。

## 10.4.2　水汽输送

这里讨论一种把水汽输送过程耦合于 RCM 的模式。在此模式中，当温度廓线改变以适应辐射加热(冷却)和潜热加热时，允许水汽分布变化以适应大尺度垂直速度场和涡旋扩散的变化；只要大气达到饱和及有潜热释放的地方，云即可形成；云的总覆盖面虽然可固定为 50%，但云的层数、高度和厚度都是计算量；无论在晴空或有云条件下，水汽分布也是计算量。

一般地，在 RCM 中相对湿度 $R(p)$ 的分布都被假定成固定不变，并用如下形式描写：

$$R(p) = R(p_0)\left(\frac{p/p_0 - b}{1-b}\right)^{\alpha} \tag{10.4.4}$$

这里 $b$ 和 $\alpha$ 均为常数，$p_0$ 是地面气压，地面上的相对湿度 $R(p_0)$ 一般为 0.75 ～ 0.77。由(10.4.4)式所给出的水汽分布一般要比实际大气中的水汽量少，与此对应，年平均降水量约为 1.7 cm，也比实际大气中的观测值(2.6 cm)少。

在有云大气中，相对湿度并不近似于表达式(10.4.4)，云中相对湿度应是 100%，云层以下，相对湿度再减少到地面值。因此，采用两种相对湿度分布更合适，其一相对于晴空；其二相对于有云情况。对于晴空条件，可直接用表达式(10.4.4)，并可取 $b = 0.02$，$\alpha = 1$；若所得到的 $R(p)$ 小于 0，则可用 $3\times10^{-6}$ g·kg$^{-1}$ 代替其混合比。对于有云的情况，需要用水汽输送模式，当计算的水汽含量超过饱和值时，就认为有云生成。水汽输送过程可表示为

$$\frac{\partial^2 q}{\partial z^2} = \left[\frac{w}{K_z} + \frac{1}{H_\rho(z)}\right]\frac{\partial q}{\partial z} \tag{10.4.5}$$

其中 $q$ 为水汽混合比，$w$ 为大尺度垂直速度，$K_z$ 为平均涡旋交换系数，$H_\rho(z)$ 是大气密度标高。这里所说的大尺度垂直速度就是为保持静力平衡而需要的垂直速度，一般量级为 0.003 ～ 0.006 m·s$^{-1}$。一般可用数值求解方法对方程(10.4.5)进行求解，为保证计算结果的合理性，

常用大气的平均 $w$ 和 $K_z$ 值。在地面上,混合比 $q(p_0)$ 可由地面相对湿度和温度给出,水汽输送模式的顶一般取在大气无辐散层(~ 500 hPa)。

图 10.4.2 给出了一个例子,其中实线表示由水汽输送模式(有云)得到的水汽混合比的分布,虚线是取相对湿度为常值时的结果,交叉点线是观测值的年平均量。显然,晴空水汽分布(虚线)同有云情况的平均可以与观测结果很好地一致。

一般地,用耦合的云-辐射模式来计算得到一组晴空大气的加热(冷却)率,以确定大尺度垂直运动 $w$;而水汽输送模式可以给出水汽分布、云量和云高。然后,根据上述资料即可求得在辐射-对流平衡条件下的温度廓线。反复进行上述过程,直到所得到的水汽、云和温度分布都达到协调为止。

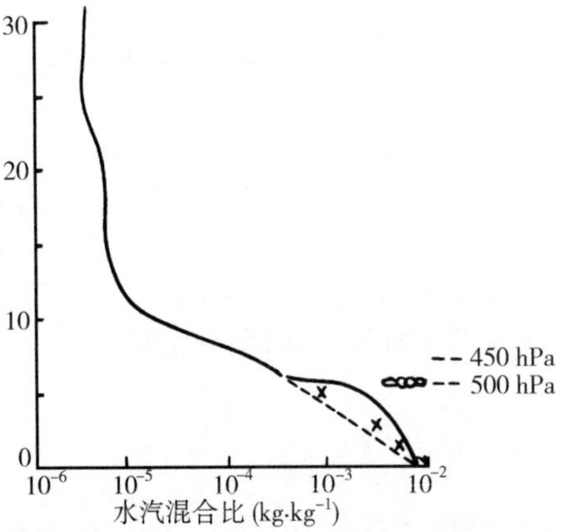


**图 10.4.2** 有水汽输送的 RCM 所得到的水汽混合比分布(引自 Hummel 和 Kuhn, 1981b)

(实线表示有云情况;虚线表示取不变相对湿度的情况;× 表示观测值的年平均)

在有水汽输送的 RCM 中,模拟结果对地面相对湿度有一定的敏感性。因为若降低地面相对湿度,大气中的水汽量将减少,由水汽所产生的红外冷却率和太阳辐射加热都要减弱。为了维持辐射通量的平衡,净的射出红外辐射通量需增大,而地面温度将降低。表 10.4.1 给出了地面相对湿度与 RCM 模拟结果的关系。

**表 10.4.1** 地面相对湿度对 RCM 结果的影响(引自 Hummel 和 Kuhn, 1981b)

| 地面相对湿度(%) | 地面温度(K) | 云厚 (hPa) | |
|---|---|---|---|
| | | 云顶 | 云底 |
| 50 | 288.73 | 晴空 | |
| 67 | 289.39 | 500 | 500 |
| 77 | 289.61 | 500 | 500 |
| 90 | 291.06 | 500 | 650 |

# 10.5　二维统计动力模式(SDM)

前面讨论的一维能量平衡模式仅考虑了气候系统的纬度分布特征，辐射－对流模式又只能描写系统的垂直分布性质。实际大气运动的基本环流特征是既有纬度变化也有垂直分布特征，如图10.5.1所示，纬向平均的大气环流存在着热带Hadley环流、中纬度地区的Ferrel环流和高纬度极地环流。描写和讨论气候的变化，都需要考虑大气环流的这些基本特征。这一节将讨论另一种气候模式，它同时考虑气候系统的纬度和垂直分布特征，当然同三维模式相比它忽略了纬向不均匀性。用二维模式研究气候及气候变化的问题可以有两个突出的好处，其一是模式较为简单，对气候问题的长时间积分来讲比较经济；其二是可以较简化地描写气候系统的突出特性，便于分析和抓住重要因素。

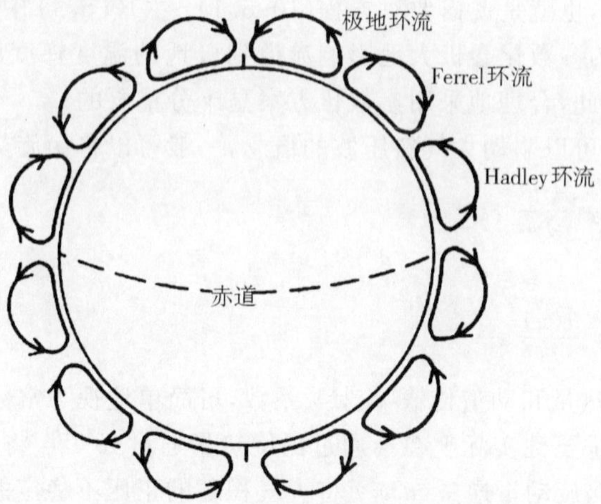


图 10.5.1　地球大气经圈环流示意图

## 10.5.1　二维统计动力模式的基本方程

在动力气象学中，一般可将纬向平均的运动方程组(其纬向平均量用〈 〉表示)写成如下形式(叶笃正等，1988)：

$$\frac{\partial\langle u\rangle}{\partial t}-f\langle v\rangle+\frac{\partial\langle u'v'\rangle}{\partial y}=F \tag{10.5.1}$$

$$f\langle u\rangle+R\langle T\rangle\frac{\partial\ln\langle p\rangle}{\partial y}=0 \tag{10.5.2}$$

$$\frac{\partial\ln\langle p\rangle}{\partial z}=-\frac{g}{R\langle T\rangle} \tag{10.5.3}$$

$$\frac{\partial\langle T\rangle}{\partial t}+\frac{\partial\langle v'T'\rangle}{\partial y}+\frac{\partial\langle w'T'\rangle}{\partial z}+\langle w\rangle\left(\frac{g}{\langle\rho\rangle c_p}+\frac{\partial\langle T\rangle}{\partial z}\right)=\frac{Q}{\langle\rho\rangle c_p} \tag{10.5.4}$$

$$\frac{\partial\langle\rho\rangle\langle v\rangle}{\partial y}+\frac{\partial\langle\rho\rangle\langle w\rangle}{\partial z}=0 \tag{10.5.5}$$

这里 $Q$ 是纬向平均的非绝热加热量,$F$ 为摩擦项,带撇的项表示涡旋热量或动量输送。其余符号取一般气象意义。

静力方程(10.5.3)还可写成

$$\frac{1}{\langle p\rangle}\frac{\partial\langle p\rangle}{\partial z}=-\frac{g}{R\langle T\rangle} \tag{10.5.6}$$

再利用气体状态方程$\langle\rho\rangle=\langle p\rangle/R\langle T\rangle$,则有

$$\frac{\partial\langle p\rangle}{\partial z}=-g\langle\rho\rangle \tag{10.5.7}$$

从热力学方程(10.5.4)可以看到,纬向平均温度的变化除了加热(冷却)项外,还有经向和垂直输送项,而且包括平均经圈环流和涡旋输送两种过程。对于二维气候模式来讲,在计算过程中并得不到涡旋量,也就是说需要对方程(10.5.1)~(10.5.4)中的涡旋输送项进行参数化。由于涡旋输送过程的参数化会极大地影响赤道到极地的温度梯度以及纬向风场的垂直分布,尤其是急流强度,因此,合理地采用参数化方案是十分重要的。

基于经向温度梯度可以驱动大气斜压波的概念,一般可以将涡旋热通量表示成

$$\langle v'T'\rangle=-K_T\frac{\partial\langle T\rangle}{\partial y} \tag{10.5.8}$$

把涡旋动量通量表示成

$$\langle u'v'\rangle=-K_m\frac{\partial\langle u\rangle}{\partial y} \tag{10.5.9}$$

这里 $K_T$ 和 $K_m$ 分别是热量和动量传输(交换)系数,可简单地视为常数,亦可将其视为温度梯度的函数。涡旋输送的重要性实际上在于通过涡旋热量通量$\langle v'T'\rangle$将大气积蓄的斜压不稳定能量释放出来;而通过涡旋动量通量$\langle u'v'\rangle$将大气积蓄的正压不稳定能量释放出来。这些能量的释放,必然对大气环流和气候变化发生重要作用。

大气中的大型槽脊(涡旋)是大气环流的重要组成部分,它的形成和活动是在太阳辐射和地球自转强迫下的大气环流所要求的(叶笃正、朱抱真,1958)。它对大气环流基本风系的形成和维持起着重要作用,当然也对气候变化有重要影响。另一方面,大型涡旋的形成和活动又受大气环流基本风系或者说气候基本态的操纵。因此,大尺度涡旋过程和气候基本态有着相互作用的关系,研究气候变化必须考虑大型涡旋活动的影响,而大型涡旋和大气环流基本风系或大气气候基本态间的关系又是很值得深入研究的课题。

### 10.5.2 二维统计动力模式的基本物理过程

要模拟好气候及其变化,必须在模式中很好地描写大气中的基本物理过程,例如,辐射过程、对流过程、云和降水过程等。

需要特别指出,在纬向平均模式中垂直运动的描写或参数化应尤其给予特别注意。因为在任何一个纬度带都会有各种下垫面类型和大气状况,从而导致不同的大气稳定度。而模式所得到的平均垂直速度难以表示出这些差异,往往给出的是稳定情况,实际上其中有许多对流活动。因此,一定的差别条件和关于有无降水的"开关"是需要采用的。

另外,一个完善的二维统计动力模式在考虑热量和动量输送的同时,也经常包括水汽的垂直和水平涡旋输送过程。这些过程的引入无疑对在模式中更好地描写云、对流和降水过程有重要作用。在一个统计动力模式中(Saltzman,1979),热量通量表示成

$$\widetilde{(v'\theta')_0} = -k\frac{\partial\widetilde{\theta_0}}{a\partial\varphi} \tag{10.5.10}$$

$$\widetilde{(\omega'\theta')_0} = k\left(\frac{\partial\theta_0}{\partial p}\right)^{-1}\left(\frac{\partial\widetilde{\theta_0}}{a\partial\varphi}\right)^2 \tag{10.5.11}$$

上面两式中 $\theta$ 是位温,$\omega$ 是 $p$ 坐标下的垂直速度,$a$ 是地球半径,$\varphi$ 是纬度。而

$$k = \widetilde{\left[\left(\frac{\partial\theta_0}{a\partial\varphi}\right)^2\left(\frac{\partial\theta_0}{\partial p}\right)^{-1}\right]}\cdot\left[\frac{g4^\kappa}{2c_p}\sum_{n=1}^{4}\widetilde{\mu_u}^{(T)}\widetilde{H}^{(n)}_{(\mathrm{OA})} - (\widetilde{\omega_0\theta_0})\right] \tag{10.5.12}$$

这里 $\kappa = R/c_p$,$H_A^{(1)}$、$H_A^{(2)}$、$H_A^{(3)}$ 和 $H_A^4$ 分别表示大气中由于短波辐射、长波辐射、对流和蒸发过程所产生的非绝热加热,$\mu_u$ 是垂直分布函数;动量通量表示成

$$\widetilde{(u'v')_0} = T\,\widetilde{(v'^2)_0}\cos\varphi\frac{\mathrm{d}\lambda}{\mathrm{d}\varphi} \tag{10.5.13}$$

其中

$$T = \widetilde{\left[C_1\widetilde{u_0}^2 - \left(f+\frac{\tan\varphi}{a}u_0\right)\widetilde{u_0v_0}\right]}\widetilde{\left[\widetilde{(v'^2)_0}\cos^2\varphi\frac{\mathrm{d}\lambda}{\mathrm{d}\varphi}\frac{\partial(\widetilde{u_0}/\cos\varphi)}{a\partial\varphi}\right]}^{-1} \tag{10.5.14}$$

$$\lambda = \frac{\widetilde{u_0}}{a\cos\varphi} - a\cos\varphi\left[\beta - \frac{\partial}{a^2\partial\varphi}\left(\frac{\partial u_0\cos\varphi}{\cos\varphi\partial\varphi}\right)\right]\hat{n}^{-2} \tag{10.5.15}$$

$$\widetilde{(v'^2)_0} = A\frac{\partial\widetilde{\theta_0}}{a\partial\varphi} \tag{10.5.16}$$

$$A = k\widetilde{\left[\left(\frac{\partial\theta_0}{a\partial\varphi}\right)^2\right]}\cdot\widetilde{\left[C_2\left(\frac{\partial\theta_0}{a\partial\varphi}\right)\left(-\rho\theta_0\frac{\partial\widetilde{\theta_0}}{\partial p}\right)\right]}^{-1} \tag{10.5.17}$$

而 $C_1$ 和 $C_2$ 为经验常数,$f$ 为 Coriolis 参数,$\beta$ 为 $f$ 随纬度的变化($\beta = \frac{1}{a}\frac{\partial f}{\partial\varphi}$),$\rho$ 是空气密度;水汽通量表示成

$$\widetilde{(v'\varepsilon')_0} = -B\,\widetilde{(v'^2)_0}\frac{\partial\varepsilon_0}{a\partial\varphi} \tag{10.5.18}$$

这里 $B$ 是经验常数,$\varepsilon$ 为水汽混合比。

在表达式(10.5.10)~(10.5.18)中,一些符号和上下标分别定义为:

| | |
|---|---|
| $\Psi' = \Psi - \overline{\Psi}$ | 表示对时间平均的偏差 |
| $\langle\Psi\rangle = \frac{1}{2\pi}\int_0^{2\pi}\Psi\mathrm{d}\lambda$ | 纬向平均 |
| $\Psi_0 = \langle\overline{\Psi}\rangle$ | 纬向和时间平均 |
| $\{\Psi\} = \frac{1}{2}\int_{-\pi/2}^{\pi/2}\Psi\cos\varphi\mathrm{d}\varphi$ | 区域权重经向平均 |
| $\widetilde{\Psi} = \{\langle\Psi\rangle\}$ | |
| $\widetilde{\widetilde{\Psi}} = \frac{1}{p_s}\int_0^{p_s}\Psi\mathrm{d}p$ | 质量权重垂直平均 |

$$\widetilde{\Psi}^{T} = \left(\frac{p_s}{2}\right)^{-1}\int_0^{p_s/2}\Psi \mathrm{d}p$$

图 10.5.2 ～ 10.5.4 分别给出了计算得到的热量通量、动量通量和水汽通量的纬度分布，观测到的涡旋输送同相应的计算值比较，其分布特征是相当类似的，说明参数化是比较成功的。

代替在一维 RCM 中的简单对流调整，将对流调整时的递减率标准用一个表达式给出，此公式是保证大气稳定度的相对湿度"门槛"的函数。例如，借助于(10.3.10)式，不难构造出递减率的一种表达式。在纬向平均模式中，虽然对流降水是主要的，但只要有混合比超过饱和值的情况出现，大气中就还存在大尺度降水过程。由于纬向平均的相对湿度一般较难达到饱和值，为反映大尺度降水过程，可以假定相对湿度超过 80% 即出现降水。

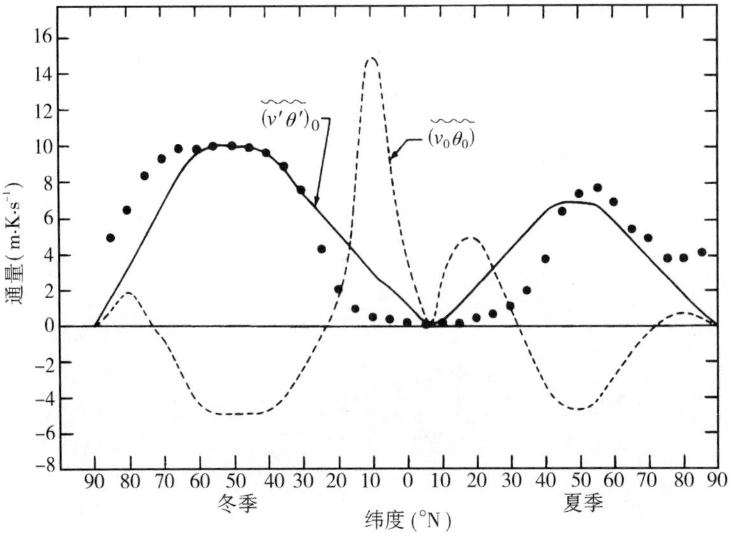


**图 10.5.2** 垂直平均的热量通量的平均纬向分布(引自 Saltzman，1979)

(实线表示涡旋通量$\widetilde{(v'\theta')}_0$，虚线表示平均经圈环流通量$\widetilde{(v_0\theta_0)}$，点线是观测的$\widetilde{(v'\theta')}_0$)

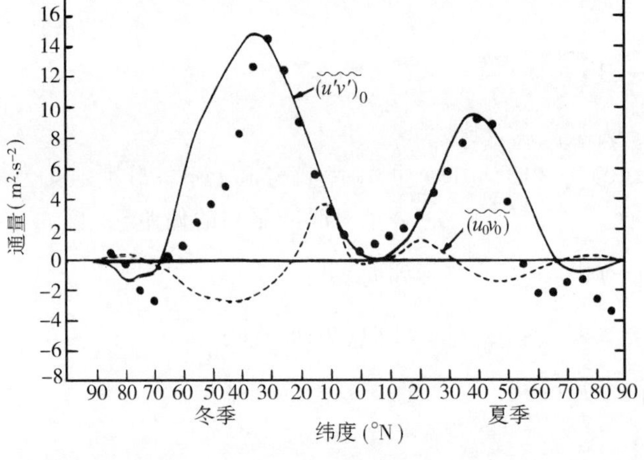


**图 10.5.3** 同图 10.5.2，但表示动量通量$\widetilde{(u'v')}_0$

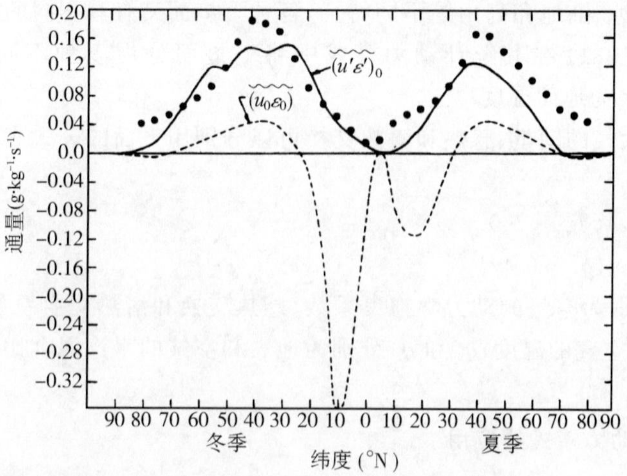


**图 10.5.4**　同图 10.5.2,但表示水汽通量($\widetilde{\widetilde{v\varepsilon}}$)。

在垂直方向上,云层一般被认为是任意分布的,因此,总云量 $C$ 可以表示成

$$C = 1 - \prod_{i=1}^{n}(1 - C_i) \tag{10.5.19}$$

这里 $C_i$ 是某一层的云量,$n$ 是模式的分层数。

在二维模式中,太阳辐射的计算可类似于前面的讨论,它既包括空气分子、云和气溶胶的散射,又包括水汽、$O_3$、气溶胶和云的吸收。长波红外辐射包括云、水汽、$CO_2$ 和其他大气成分的吸收和放射。进入大气顶的太阳辐射值,一般取 24 h 的平均值。

**表 10.5.1**　一个统计动力模式的下垫面特征

| | 反照率 | 密度 | 热容量 | 热传导率 | 大气与地面间的相互作用系数 | | | 径流系数 |
|---|---|---|---|---|---|---|---|---|
| | | | | | 拖曳 | 热力 | 蒸发 | |
| 海洋 | 由公式计算 | 1 015.0 | 4 184.0 | — | $1.1\times10^{-3}$ | $1.8\times10^{-3}$ | $1.1\times10^{-3}$ | — |
| 雪 | 0.7($T<273.2$ K)<br>0.55 | 400.0 | 878.6 | 1 536.0 | $2.2\times10^{-3}$ | $2.2\times10^{-3}$ | $2.2\times10^{-3}$ | 0.50 |
| 冰 | 0.7($T<273.2$ K)<br>0.55 | 917.0 | 2 008.0 | 8 054.0 | $2.2\times10^{-3}$ | $2.2\times10^{-3}$ | $2.2\times10^{-3}$ | 0.25 |
| 冻土带 | 0.15($\psi_s<0.25$)<br>0.30($\psi_s<0.70$) | 1 600.0 | 836.0 | 8 786.0 | $4.3\times10^{-3}$ | $4.3\times10^{-3}$ | $4.3\times10^{-3}$ | 0.25 |
| 未开垦土地 | 0.10($\psi_s<0.25$)<br>0.25($\psi_s<0.70$) | 1 600.0 | 836.0 | 8 786.0 | $4.3\times10^{-3}$ | $4.3\times10^{-3}$ | $4.3\times10^{-3}$ | 0.25 |

注:表中密度、热容量、热传导率的单位分别为 $kg\cdot m^{-3}$,$J\cdot kg^{-1}\cdot K^{-1}$,$W\cdot m^{-1}\cdot K^{-1}$。

关于地面状况的参数化,最简单的是取纬向平均的反照率和热容量;更真实一些的,可认为地面包括海洋、海冰、陆地和高山等不同特征,各种下垫面又有其不同的热力和辐射特征。例如,MacCracken 等(1981) 在其统计动力模式中将下垫面分为 5 种不同类型,其特征如表 10.5.1 所示。其中 $\psi_s$ 为地面湿度。

模式中地面对大气的动量、感热和潜热交换可以分别用下面的公式表示:

$$H_D = \rho C_D u^2 \tag{10.5.20}$$

$$H_S = \rho c_p c_S u(T_s - T_a) \tag{10.5.21}$$

$$H_L = \rho L c_L u(q_s - q_a) \tag{10.5.22}$$

其中 $C_D$,$c_S$ 和 $c_L$ 分别为空气的动力学拖曳系数、感热交换和潜热交换系数;$u$ 为地面风速;$T_s$ 和 $T_a$ 分别为地表和空气的温度;$q_s$ 和 $q_a$ 分别为地表和空气的水汽混合比。

### 10.5.3　二维统计动力模式的应用

二维统计动力模式的突出特点是比较经济,而且又能较好地给出地气系统的一些基本特征,对于研究气候形成及气候变化比较适用。图 10.5.5 是各类模式的动力学可靠性(相对于 GCM) 和计算机要求。显然,在一定的条件下使用二维统计动力模式是合适的,特别是对于一些小扰动或缓变过程对气候的影响问题,需要对其进行长时间积分,采用二维统计模式就更有效。

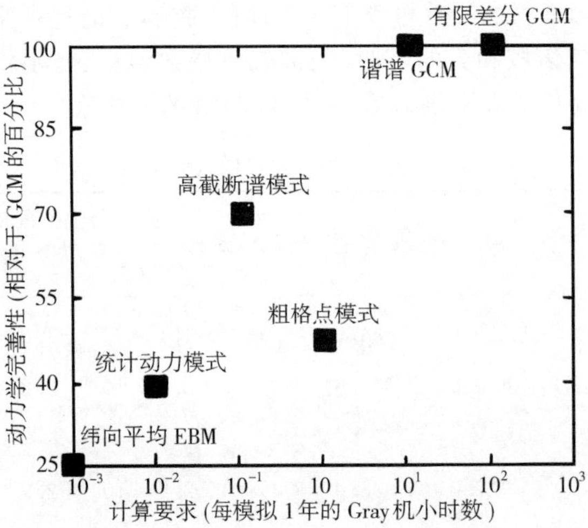


**图 10.5.5**　大气模式的动力学可靠性及其对计算设备的要求(引自 Semtner, 1984)

图 10.5.6 是用一个二维统计动力模式模拟得到的年及纬向平均的经向质量通量流函数同观测结果的比较。可以看到,实际大气中的三个经圈环流的特征在二维统计动力模式中描写得相当成功,尤其是在对流层中。

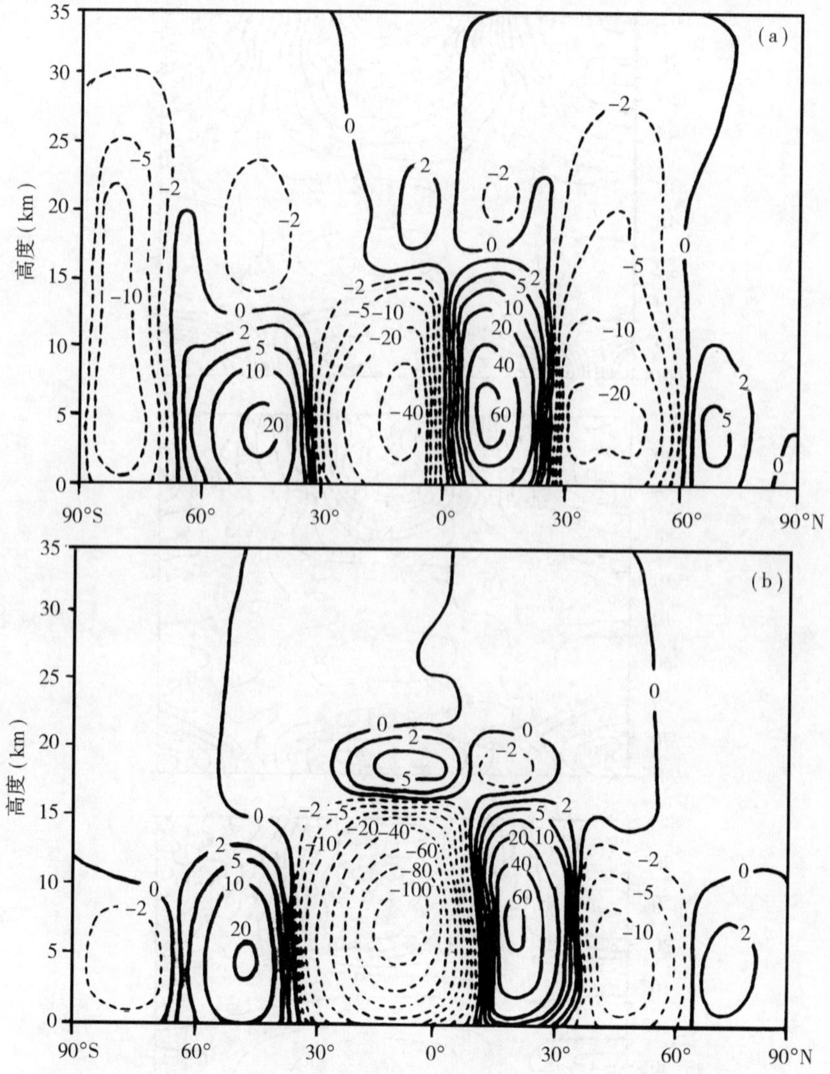


**图 10.5.6**　观测(a)和二维统计动力模式模拟(b)的年及纬向平均经向质量流函数($10^9$ kg · $s^{-1}$)的分布(引自 MacCracken 和 Ghan,1987)

为了更清楚地了解二维统计动力模式的模拟能力,下面给出用 Lawrence Livermore 实验室模式(LLM)得到的两个模拟结果及其比较。图 10.5.7 是二维 LLM 和 2 层 GCM 模拟结果同观测资料的比较。对于所观测到的地面空气温度的纬向平均季节异常(对年平均的差值),二维统计动力模式与 2 层 GCM 一样给出了十分相似的模拟结果。图 10.5.8 给出了纬向平均降水量的结果,图中有 GCM 及 LLM 的模拟结果,也有观测资料的统计分析。尽管对纬向平均降水量的模拟有不小的差异(由于大洋、高原等处观测资料的缺乏,观测结果也并非十分准确),但总的分布形势还是很类似的。

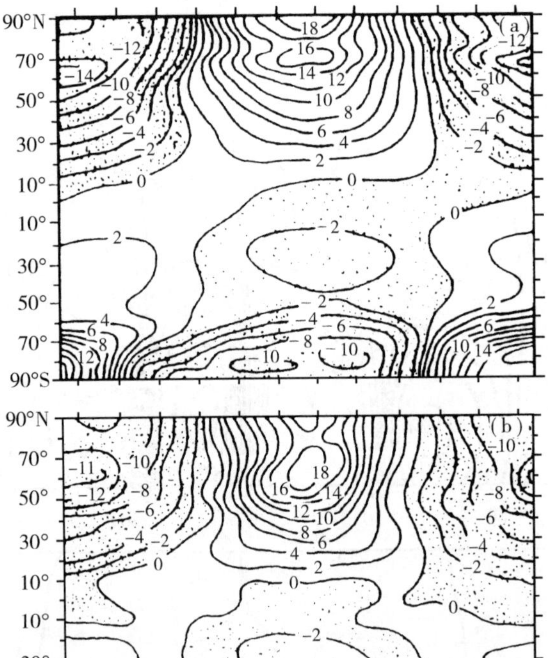


**图 10.5.7**　地面空气温度的纬向平均季节异常(相对年平均值的差)(引自 Potter 和 Gates，1984)

(a) 观测场；(b)LLM 模拟结果；(c)OSU-GCM 模拟结果

(阴影区表示负值)

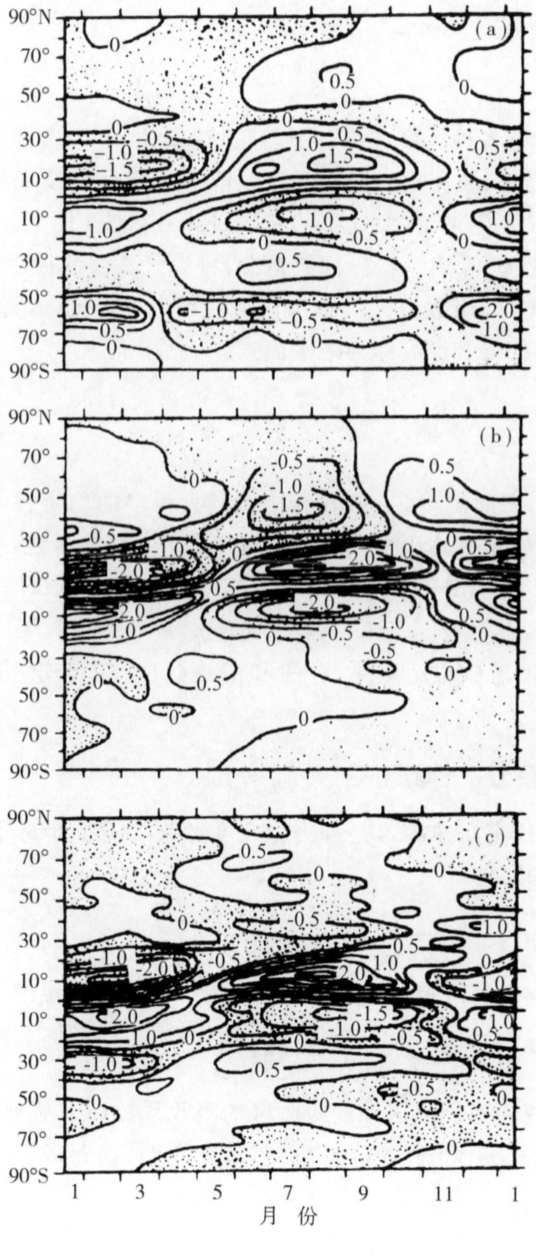


**图 10.5.8**　纬向平均降水量异常分布(引自 Potter 和 Adler,1979)
(a) 观测场;(b) LLM 模拟结果;(c) OSU-GCM 模拟结果

# 10.6 滤波模式

我们知道,大气运动有各种尺度,数值天气预报在20世纪50年代的成功在于滤去了对天气变化不重要的“噪声”(如声波和重力波),而只保留了天气尺度波和行星波。那么,对于一个月或更长时间尺度的气候变化来讲,大气中的长波(Rossby 波)因其演变周期为 7 d 天左右,亦可视为是干扰气候变化的“噪声”,根据滤波概念,将大气长波滤掉后的长期天气和气候数值预报模式就称为滤波模式(长期数值天气预报研究小组,1979;Chao 等,1982)。这种模式预报的是月平均距平场,一定意义上也可称为距平模式。

## 10.6.1 基本方程

下垫面温度,尤其是海面温度,一般具有比大气大得多的稳定性,因此,对于较长时间尺度的大气运动来讲,其状态将基本上向下垫面温度场适应。换句话说,在已知下垫面温度场之后,将可得到一定形势的 500 hPa 高度场。这里我们就先看一下 500 hPa 高度距平的变化与地表温度的关系。

若将大气热源分为辐射($Q_R$)、感热($Q_S$)和潜热($Q_L$)三部分,那么热力学第一定律可写成

$$\rho c_p\left(\frac{\mathrm{d}T}{\mathrm{d}t}-s\omega\right)=Q_R+Q_s+Q_L \tag{10.6.1}$$

其中$\rho$是空气密度,$c_p$是比定压热容,$s$是静力稳定度参数,$\omega$是$p$坐标下的垂直速度。而辐射加热 $Q_R$ 可以写成(Kuo,1986):

$$\frac{1}{\rho c_p}Q_R=\frac{\partial}{\partial p}\left(K_R\frac{\partial T}{\partial p}\right)-\frac{1}{\tau_R}(T-T_e)+\frac{k}{\rho c_p}S_0 \tag{10.6.2}$$

这里 $S_0$ 是太阳辐射,$k$ 是大气对短波辐射的吸收系数,$T_e$ 是环境温度,而

$$K_R=\frac{8r\sigma\overline{T}^3}{c_p k_s}\rho g^2,\qquad \tau_R=\frac{\rho c_p}{8(1-r)\sigma\overline{T}^3 k_w}$$

其中 $k_s$ 和 $k_w$ 分别是大气在强吸收区和弱吸收区的吸收系数,$r$ 是强吸收区黑体辐射占总黑体辐射的比例(%),$\sigma$ 是 Stefan-Boltzmann 常数。感热交换 $Q_S$ 可写成

$$\frac{1}{\rho c_p}Q_S=\frac{\partial}{\partial p}\left(K_p\frac{\partial T}{\partial p}\right) \tag{10.6.3}$$

这里 $K_p=\rho^2 g^2 K_T$,$K_T$ 是热交换系数。潜热交换可以用饱和比湿参数化,即

$$\frac{1}{\rho c_p}Q_L=-\frac{L}{c_p}\frac{\mathrm{d}q_s}{\mathrm{d}t}\approx-\frac{L}{c_p}\frac{\partial q_s}{\partial z}w_b \tag{10.6.4}$$

其中 $q_s$ 是饱和比湿,$L$ 是凝结潜热,$w_b$ 是边界层的垂直速度,一般按边界层理论可以有

$$w_b=h_E\alpha\zeta_g \tag{10.6.5}$$

这里 $h_E$ 是边界层厚度,$\zeta_g$ 是边界层顶的地转涡度(叶笃正等,1988)。这样可以得到

$$\frac{1}{\rho c_p}Q_L\approx\overline{T}_*\zeta_g \tag{10.6.6}$$

而

$$\overline{T}_* = \frac{L}{c_p}\gamma \frac{\mathrm{d}\ln\bar{e}_s}{\mathrm{d}T}h_E q_s, \qquad \gamma = -\frac{\partial T}{\partial z}$$

将式(10.6.2)、(10.6.3)和(10.6.6)代入式(10.6.1),热力学方程可变成

$$\frac{\mathrm{d}T}{\mathrm{d}t} - s\omega = \frac{\partial}{\partial p}K\frac{\partial T}{\partial p} - \frac{1}{\tau_R}(T - T_e) + \overline{T}_*\zeta_g + \frac{k}{\rho c_p}S_0 \tag{10.6.7}$$

这里 $K = K_p + K_R$。同时,大气运动的涡度方程为

$$\frac{\mathrm{d}}{\mathrm{d}t}(\zeta + f) = f\frac{\partial\omega}{\partial p} \tag{10.6.8}$$

其中 $f$ 是 Coriolis 参数,$\zeta$ 是大气运动的相对涡度。

假定月平均气候过程满足如下方程:

$$\left(\frac{\partial}{\partial t} + \bar{u}\frac{\partial}{\partial x} + \bar{v}\frac{\partial}{\partial y}\right)(\bar{\zeta} + f) = f\frac{\partial\bar{\omega}}{\partial p} \tag{10.6.9}$$

$$\left(\frac{\partial}{\partial t} + \bar{u}\frac{\partial}{\partial x} + \bar{v}\frac{\partial}{\partial y}\right)\overline{T} - s\bar{\omega} = \frac{\partial}{\partial p}K\frac{\partial\overline{T}}{\partial p} + \overline{T}_*\bar{\zeta}_g + \frac{k}{\rho c_p}S_0 \tag{10.6.10}$$

将式(10.6.8)和(10.6.7)中的大气运动量分解成平均量的扰动量两部分,即

$$A = \overline{A} + A'$$

则由(10.6.7) ~ (10.6.10)4 个方程,可得到描写扰动(也就是距平量)的方程:

$$\frac{\mathrm{d}\Delta\phi'}{\mathrm{d}t} + \bar{\beta}_y\frac{\partial\phi'}{\partial x} - \bar{\beta}_x\frac{\partial\phi'}{\partial y} = f^2\frac{\partial\omega'}{\partial p} \tag{10.6.11}$$

$$\left[\frac{\mathrm{d}}{\mathrm{d}t} - \frac{\partial}{\partial p}\left(K\frac{\partial}{\partial p}\right)\right]\frac{\partial\phi'}{\partial p} - \left(\frac{\partial\bar{u}}{\partial p}\frac{\partial\phi'}{\partial x} + \frac{\partial\bar{v}}{\partial p}\frac{\partial\phi'}{\partial y}\right) + \frac{1}{\tau_R}\frac{\partial\phi'}{\partial p} = -\frac{R}{p}s\omega' - \frac{k\overline{T}_*}{pf}\Delta\phi'_0 \tag{10.6.12}$$

这里对距平量已引入了地转关系和静力平衡关系,即用了

$$\left.\begin{aligned} u' &= -\frac{1}{f}\frac{\partial\phi'}{\partial y}, \quad v' = \frac{1}{f}\frac{\partial\phi'}{\partial x} \\ \zeta' &= \frac{\partial u'}{\partial x} - \frac{\partial v'}{\partial y} = \frac{1}{f}\Delta\phi', \quad T' = -\frac{p}{R}\frac{\partial\phi'}{\partial p} \end{aligned}\right\} \tag{10.6.13}$$

同时,$\phi'_0$ 表示边界层顶的位势距平,而

$$\bar{\beta}_x = \frac{\partial(\bar{\zeta} + f)}{\partial x}, \quad \bar{\beta}_y = \frac{\partial(\bar{\zeta} + f)}{\partial y}$$

$$\frac{\mathrm{d}}{\mathrm{d}t} = \frac{\partial}{\partial t} + (\bar{u} + u')\frac{\partial}{\partial x} + (\bar{v} + v')\frac{\partial}{\partial y}$$

由(10.6.11)和(10.6.12)两式消去 $\omega'$,则可得到仅含距平变量 $\phi'$ 的方程

$$\begin{aligned} \frac{\mathrm{d}}{\mathrm{d}t}\Delta\phi' + \bar{\beta}_y\frac{\partial\phi'}{\partial x} - \bar{\beta}_x\frac{\partial\phi'}{\partial y} = \frac{f^2 p}{Rs\tau_R}\frac{\partial^2\phi'}{\partial p^2} + \frac{f^2 p}{sR}\frac{\partial^2}{\partial p^2}\left(K\frac{\partial^2\phi'}{\partial p^2}\right) - \\ \frac{f^2 p}{Rs}\frac{\partial}{\partial p}\left[\frac{\mathrm{d}}{\mathrm{d}t}\left(\frac{\partial\phi'}{\partial p}\right) - \left(\frac{\partial\bar{u}}{\partial p}\frac{\partial\phi'}{\partial x} + \frac{\partial\bar{v}}{\partial p}\frac{\partial\phi'}{\partial y}\right)\right] + G_1\Delta\phi'_0 \end{aligned} \tag{10.6.14}$$

其中

$$G_1 = -f\frac{\partial}{\partial p}\left(\frac{\overline{T}_*}{s}\right)$$

对于方程(10.6.14),假定下边界条件为

$$\omega' = 0, \qquad 在\ p = p_0(海平面气压)处 \tag{10.6.15}$$

同时在海平面上参考温度 $T_e$ 可以取成地表温度 $T_s$,由于 $T_s = \overline{T}_s + T'_s$,如果在海平面上取 $\overline{T} = \overline{T}_s$,那么由(10.6.14)式可以得到下边界上($p = p_0$ 处)的方程

$$\left[\frac{\mathrm{d}}{\mathrm{d}t} - \frac{\partial}{\partial p}\left(K\frac{\partial}{\partial p}\right)\right]\frac{\partial \phi'}{\partial p} - \left(\frac{\partial \bar{u}}{\partial p}\frac{\partial \phi'}{\partial x} + \frac{\partial \bar{v}}{\partial p}\frac{\partial \phi'}{\partial y}\right) = -\frac{1}{\tau_R}\left(\frac{\partial \phi'}{\partial p} - \frac{R}{p_0}T'_s\right) \tag{10.6.16}$$

另外,在上边界(在 $p = 0$ hPa 处)有

$$\phi' = \frac{\partial \phi'}{\partial p} = \frac{\partial^2 \phi'}{\partial p^2} = \frac{\partial^3 \phi'}{\partial p^3} = 0 \tag{10.6.17}$$

为了简单,仅考虑有一个位势高度层的情况,即将(10.6.14)式用于500 hPa,并用垂直差分代替微分,且设 $\Delta\phi'_0 = b(\Delta\phi')$,再考虑边界条件(10.6.16)和(10.6.17),则500 hPa上位势高度的控制方程可写成

$$\frac{\partial \Delta\phi'}{\partial t} + (\bar{u} + u')\frac{\partial \Delta\phi'}{\partial x} + (\bar{v} + v')\frac{\partial \Delta\phi'}{\partial y} + \bar{\beta}_y\frac{\partial \phi'}{\partial x} - \bar{\beta}_x\frac{\partial \phi'}{\partial y} - b\overline{G}_1\Delta\phi' = FT'_s \tag{10.6.18}$$

这里 $\overline{G}_1$ 是 $G_1$ 的整层平均值,而

$$F = \frac{f^3}{sp_0^2\tau_R}$$

方程(10.6.18)表明500 hPa上位势高度距平的变化除了大气内部过程之外,主要将由地表温度距平所决定。也就是说,在已知地表温度距平的情况下,可以计算出500 hPa位势高度的演变情况。

下面讨论如何对地表温度距平进行预报。因地表温度相对较稳定,对于月时间尺度可以略去大气运动过程的直接影响,仅考虑热传导作用。在有海洋存在的条件下,海洋的流动(平流)也有影响,因此地表温度变化可写成

$$\frac{\partial T_s}{\partial t} + \delta\frac{\partial(\psi_s, T_s)}{\partial(x,y)} = K_s\frac{\partial^2 T_s}{\partial z^2} \tag{10.6.19}$$

其中 $\delta$ 是开关函数,对于海洋有 $\delta = 1$,对于陆地有 $\delta = 0$;$\psi_s$ 是洋流的流函数。

设多年平均地表温度的变化满足方程

$$\frac{\partial \overline{T}_s}{\partial t} + \delta\frac{\partial(\overline{\psi}_s, \overline{T}_s)}{\partial(x,y)} = K_s\frac{\partial^2 \overline{T}_s}{\partial z^2} \tag{10.6.20}$$

而对于距平值有

$$\frac{\partial^2 T'_s}{\partial t^2} - \frac{1}{K_s}\frac{\partial T'_s}{\partial t} = \frac{\delta}{K_s}\left[\frac{\partial(\overline{\psi}_s, T'_s)}{\partial(x,y)} + \frac{\partial(\psi'_s, \overline{T}_s + T'_s)}{\partial(x,y)}\right] \tag{10.6.21}$$

这里 $\overline{\psi}_s$ 可以由洋流的气候月平均值算出,而距平量 $\psi'_s$ 假定是由大气风场引起的,可根据风吹流理论推算出来。

考虑地气交界面上的热量平衡,经过一些推演,可以得到某局地点$(i,j)$的地表温度预报方程如下:

$$T'^{t+\Delta t}_{sij}(0) = DT'^{t}_{sij}(0) - DK_s\Delta t\left[\frac{\rho c_p K_T\sqrt{K\tau_R}}{\rho_s c_{ps} K_s\sqrt{K_s\Delta t}}\widetilde{H}_{2ij} + \widetilde{H}_{1ij}\right] - D\sqrt{K_s\Delta t}\,\frac{bS_0 h_E}{w_0\rho_s c_{ps}K_s}\zeta'_{ij} \tag{10.6.22}$$

这里$\Delta t$是时间步长,一般取其为大于10 d;$D$是海洋混合层的深度;$\rho_s$和$c_{ps}$分别是海洋的密度和比定压热容;$K_s$为海洋热交换系数;$\zeta'$是500 hPa涡度距平;$\widetilde{H}_2$是$H_2$在边界层中对高度的平均值,$\widetilde{H}_1$是$H_1$在海洋混合层的平均值,而

$$H_1 = \frac{\delta}{K_s}\left[\frac{\partial(\bar{\psi}_s, T'_s)}{\partial(x,y)} + \frac{\partial(\psi'_s, \bar{T}_s + T'_s)}{\partial(x,y)}\right]$$

$$H_2 = \frac{1}{K}\left[\frac{\partial(\bar{\psi} + \psi', T')}{\partial(x,y)} + \frac{\partial(\psi', \bar{T})}{\partial(x,y)}\right]$$

由于方程(10.6.22)中$\zeta'$可表示成$\frac{1}{f}\Delta\phi'$,方程(10.6.18)和(10.6.22)可以联合求解得到地面温度距平$T'_s$和500 hPa高度距平$\phi'$。同时,取方程(10.6.18)的平衡关系

$$(\bar{u}+u')\frac{\partial\Delta\phi'}{\partial x} + (\bar{v}+v')\frac{\partial\Delta\phi'}{\partial y} + \bar{\beta}_y\frac{\partial\phi'}{\partial x} - \bar{\beta}_x\frac{\partial\phi'}{\partial y} - b\bar{G}_1\Delta\phi' = FT'_s \tag{10.6.23}$$

也可以与方程(10.6.22)闭合。这样也可以由$t$时刻的$\phi'$和$T'_s$及其他气候参数,由式(10.66.22)求得下一个月的地表温度距平$T'_s(t+\Delta t)$;然后用式(10.6.23)得到$\phi'(t+\Delta t)$,即下一个月的500 hPa高度距平。

### 10.6.2 预报试验

利用一般的大气和海洋参数,用上述模式对1965年每个月的500 hPa北半球高度距平进行了预报试验。表10.6.1给出预报的月平均500 hPa高度距平场与观测到的月平均高度距平场间的相关系数,12个月的相关系数平均为0.49。为了比较,在表10.6.1中还同时给出了两个相邻月间500 hPa高度距平的持续性相关系数($r'$)。可以看到,500 hPa高度距平场的持续性相关系数一般是比较小的,而模式预报的500 hPa高度距平场与观测间的相关系数都比持续性相关系数大得多。这说明用上述滤波模式进行月平均距平场的预报有一定的效果。

预报试验的距平场的分布形势怎样呢?图10.6.1分别给出了1965年9月月平均地表温度距平的预报图和实况图。可以看到,尽管位置有一些差异,主要的正负距平区域还是预报得不错的,尤其是美国北部地区的负距平中心、欧亚大陆中纬度地区的正距平带都对应得比较好。图10.6.2分别给出了1965年9月月平均500 hPa高度距平的预报图和实况图,两者相比可以看到从中太平洋到大西洋而跨越美洲的正负距平"波列"式分布特征、乌拉尔山东侧的负距平中心都预报得相当好;主要不足是东北欧地区的正距平未完全预报出来,从而也就使英国上空的负距平中心预报得偏东了一些。

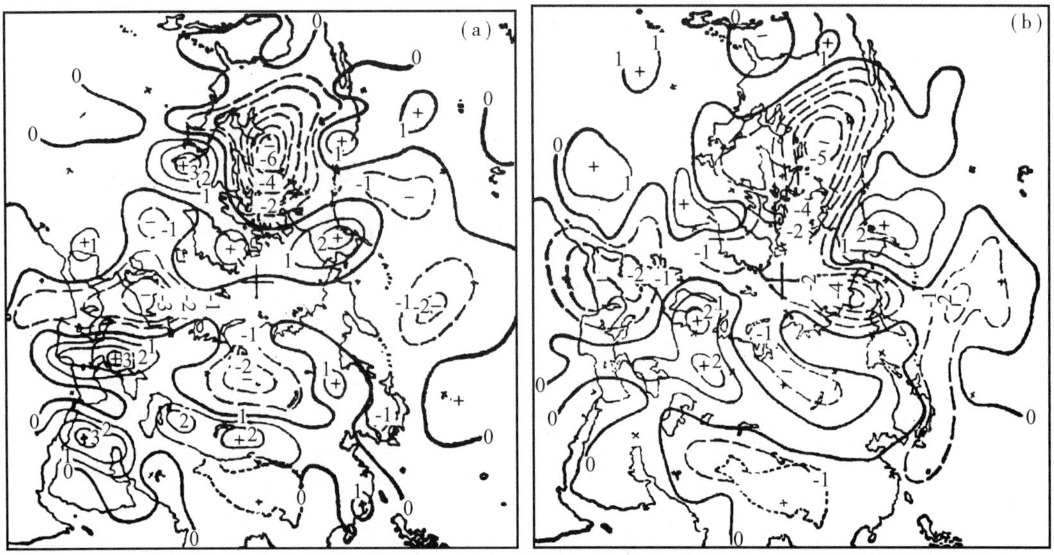


图 10.6.1　1965 年 9 月平均地表温度距平预报(a) 和实况(b) 分布
(引自长期数值天气预报研究小组,1979)

表 10.6.1　500 hPa 距平场的相关系数值(引自 Chao 等,1982)
($r$ 表示预报与实况间的相关,$r'$ 表示相邻两个月(实况) 的持续相关)

| 月份 | 1 | 2 | 3 | 4 | 5 | 6 | 7 | 8 | 9 | 10 | 11 | 12 |
|---|---|---|---|---|---|---|---|---|---|---|---|---|
| $r$ | 0.22 | 0.41 | 0.79 | 0.55 | 0.56 | 0.41 | 0.63 | 0.41 | 0.45 | 0.74 | 0.34 | 0.34 |
| 月份 | 12 月至次年 1 | 1—2 | 2—3 | 3—4 | 4—5 | 5—6 | 6—7 | 7—8 | 8—9 | 9—10 | 10—11 | 11—12 |
| $r'$ | −0.21 | 0.07 | −0.10 | 0.17 | −0.01 | 0.18 | 0.21 | 0.49 | 0.24 | −0.33 | 0.02 | 0.36 |

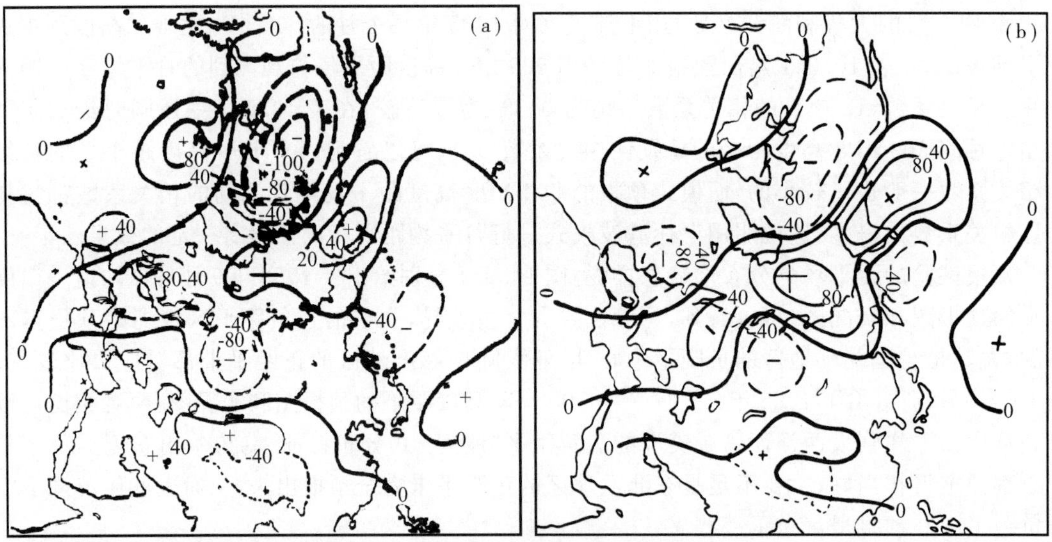


图 10.6.2　1965 年 9 月平均 500 hPa 高度距平预报(a) 和实况(b) 分布
(引自长期数值天气预报研究小组,1979)

本节讨论的滤波模式主要基于大气对下垫面状态变化的适应，而认为大气长波一类的扰动对气候变化的影响可以滤掉。这种距平预报方法也是可以采用的，尤其是计算机条件较差的情况下。但模式中的一些简化假定有进一步研究的必要，同时，不少研究已表明瞬变涡旋对大气环流的持续性异常有重要的作用，完全滤掉长波也可能是有问题的。好在上面的滤波模式并没有真正把长波滤去，仍然含有大气长波变化的一些信息。

## 参考文献


长期数值天气预报研究小组，1979. 长期数值天气预报的滤波方法[J]. 中国科学，(1)：75-84.

叶笃正，李崇银，王必魁，1988. 动力气象学[M]. 北京：科学出版社.

叶笃正，朱抱真，1958. 大气环流若干基本问题[M]. 北京：科学出版社.

Budyko M I, 1969. The effect of solar radiation variations on the climate of the Earth[J]. *Tellus*, **21**: 611-619.

Cess R D, 1976. Climate change, a reappraisal of atmospheric feedback mechanisms employing zonal climatology[J]. *J Atmos Sci*, **33**: 1831-1843.

Chao J P, Guo Y, Xin R, 1982. A theory and method of long-range numerical weather forecasts[J]. *J Meteor Soc Japan*, **60**: 282-291.

Hansen J E, Johnson D, Lacis A, Lebedeff S, Lee P, Rind D, Russell G, 1981. Climate impact of increasing atmosphere $CO_2$[J]. *Science*, **213**: 957-966.

Harvey L D D, Schneider S H, 1985. Transient climate response to external forcing on $10^0$—$10^4$ yr time scales: Part: Ⅰ, Part Ⅱ[J]. *J. Geophys. Res.*, **90**: 2191-2205, 2207-2222.

Holloway T L Jr, Manabe S, 1971. Simulation of climate by a global general circulation model, I. Hydrologic cycle and heat balance[J]. *Mon Wea Rev.*, **99**: 335-369.

Hummel J R, Kuhn W R, 1981a. Comparison of radiative-convective models with constant and pressure-dependent lapse rate [J]. *Tellus*, **33**: 254-261.

Hummel J R, Kuhn W R, 1981b. An atmospheric radiative-convective model with interactive water vapour transport and cloud development[J]. *Tellus*, **33**: 372-381.

Kuo H L, 1986. On a simplified radiative-conductive heat transfer equation[C]. *Scientific Report No.* 14, The Planetary Circulation, Project. University of Chicago.

MacCracken M G, Ellis J S, Ellsaesser H W, Luther F M, Potter G L, 1981. The Livermore statistical dynamical model [J]. *Lawrence Livermore National Laboratory Report*, UCID-19060.

MacCracken M G, Ghan S J, 1987. Design and use of zonally-averaged climate models[C]. *Physically-Based Modelling and Simulation of Climate and Climate Change*, Part II, 755-809. Schlesinger.

Manabe S, Wetherald R T, 1980. On the distribution of climate change resulting from on increase in $CO_2$ content of the atmosphere[J]. *J Atmos Sci*, **37**: 99-118.

Ohring G, Adler S, 1978. Some experiments with a zonally averaged climate model[J]. *J Atmos Sci*, **35**: 186-205.

Potter G L, Adler S, 1979. Performance of the Lowrence Livermore Laboratory zonal atmospheric model[J]. *GARP Publication Series*, No. 22. Vol. Ⅱ, 995-1001, WMO, Geneva.

Potter G L, Mitchell C S, Walton J, Ellsaesser H W, 1981. Climate change and cloud feedback: The possible radiative effects of latitudinal redistribution[J]. *J Atmos Sci*, **38**: 489-493.

Potter G L, Cess R D, 1984. Background tropospheric aerosols: Incorporation within a statistical dynamical climate-model [C]. *J Geophys Res*, **89**: 9521-9526.

Potter G L, Gates W L, 1984. A preliminary intercomparison of the seasonal response of two atmospheric climate models [J]. *Mon Wea Rev*, **112**: 909-917.

Ramanathan V, Coakley J A, 1979. Climate modelling through radiative-convective models[J]. *Rev Geophys Spacephys*, **16**: 465-489.

Saltzman B, 1979. Equilibrium climatic zonation deduced from a statistical dynamical model[C]. *GARP Publication Series*, No. 22. Vol. Ⅱ:803-841.

Schneider S H, 1972. Cloudiness as a global climatic feedback mechanism: The effects on the radiation balance and surface temperature of variations in cloudiness[J]. *J Atmos Sci*, **29**: 1413-1422.

Sellers W D, 1969. A global climatic model based on the energy balance of the Earth-atmosphere system[J]. *J Appl Meteor*, **8**: 392-400.

Sellers W D, 1976. A two-dimensional global climate model[J]. *Mon Wea Rev*, **194**: 233-248.

Semtner A J Jr, 1984. Development of efficient, dynamical ocean-atmospheric models for climate studies[J]. *J Clim Appl Meteor*, **23**: 353-374.

Warren S G, Schneider S H, 1979. Seasonal simulation as a test for uncertainness in the parameterization of a Budyko-Sellers zonal climate model[J]. *J Atmos Sci*, **36**: 1377-1391.

# 11 十年及年代际气候变化

随着社会的发展和科学的进步，人们不仅需要了解和预测季节和年际时间尺度的气候变化，而且也十分关注更长时间尺度，尤其是十年及年代际时间尺度气候的变化和预测程度。因此，自20世纪90年代以来，世界上已开始研究十年及更长时间的气候变化问题，特别是1995年提出的CLIVAR计划中年代到世纪时间尺度气候变化及可预报性占着十分重要的地位。因资料的关系，这里我们仅以十年及年代际气候变化及相关问题作为本章的内容。

## 11.1 科学背景

十年及年代际时间尺度的气候变化可以导致持续的干旱或洪水，使重大天气现象的发生和分布维持多年异常；它也可以影响短期事件的特征，如El Nino的发生频率、持续时间和强度。这些气候的长期变化对社会、经济和政治的影响有可能大大超过短期变化的影响。例如，它可严重影响到农业、能源、渔业、保险业、运输等各个经济领域；而且，水源、水质、空气质量、人类健康和自然生态环境也会因之受到重大影响。20世纪70年代到80年代非洲持续20年之久的干旱，使许多国家出现严重的粮食危机，甚至上百万人处于饥荒之中；还有美国20世纪30年代影响范围广且持续时间长的干旱，这些都是给人类社会带来巨大影响的气候年代际变化的著名例子。除了气候的自然变化外，人类活动也在逐渐地影响着气候的长期变化，特别是工业生产和人类生活造成的大气中温室气体含量的急剧增加所引起的全球增暖，其时间尺度也以年代际为主。

因此，研究十年及年代际气候变化及其可预报性成为社会经济持续发展、避免或减轻自然灾害，以及为较长时期的社会和经济发展规划提供科学依据的迫切需要。可以说是社会的需求为十年及年代际气候变化研究创造了发展前景。

另一方面，科学的发展也使十年及年代际气候变化的研究在目前成为可能。首先，对季节—年际时间尺度气候变化及其可预报性的研究已有一定的经验，尤其是目前对年际变化重要信号的ENSO循环的预测得到了一定的可喜效果，从而人们认为经过努力也一定可以了解十年及年代际时间尺度气候变化的规律，并给出可供使用的预测结果。其次，科学的进步，尤其是大气科学、海洋科学和计算机科学的进步，不仅为研究提供了大量的观测和可代用资料，而且数值模式（特别是耦合模式CGCM）输出的长期积分结果可以作为气候长期变化的系统资料。第三，在长期科学研究中已逐渐形成了一些研究长期气候变化的现代科学方法和工具，例如滤波方法、子波分析方法和数值模拟等。这样，各种资料的综合使用，以及新的研究手段，必将为十年及年代际气候变化研究提供重要保证。

十年到世纪时间尺度的气候变化及可预报性（DecCen）是国际CLIVAR计划的三大内容

之一,其中应该说主要是十年及年代际气候变化问题。由于有关十年及年代际气候变化的较早系统性研究是从北大西洋和北太平洋热状况的变化开始的(Desex 和 Blackmon,1993;Kushnir,1994;Trenberth 和 Hurrell,1994;Graham,1994),因此,在 CLIVAR-DecCen 计划中将重点放在了解耦合气候系统的十年及更长时间尺度变化的物理过程,而海洋过程被认为在这些时间尺度上是非常重要的,而人们对其又知之甚少。在这里,海洋过程既涉及海洋表面也涉及海洋深层的各种时空尺度。

CLIVAR-DecCen 所提出的科学问题包括:

(1)在大气-海洋-海平面-海冰系统中,十年到更长时间尺度变化的特征分布型是什么?

这类研究问题集中在改进对器测数据和古气候记录的分析上,以便能利用现存耦合模式的研究结果,联系水分循环和外部强迫作用因素,明确在大气海洋和冰盖系统中的变化型。在这里,还要考虑在几十年气候记录中可能存在的人为改变因素。

(2)海洋-大气-冰-陆地系统中各部分是如何反作用于其他各部分的变化的?

研究解决这个问题的目的是勾画出气候系统的单个组成部分的作用。由于气候记录的短缺,解决这个问题的办法大部分要采用模式模拟,通过模拟,可以把气候各个分量的作用独立出来。当然通过古气候记录分析也可以得到这类关系的重要统计结果。

(3)气候系统中十年到更长时间尺度变化现象的物理机制是什么?

这一类问题旨在了解十年到更长时间尺度过程的物理机制,诸如海洋本身内部的变化情况及其对大气的作用,以及可能导致气候突变的条件是什么等。模式模拟是一个很重要的研究工具,但是对过去气候变化的分析也同样重要。

(4)十年到更长时间尺度的可预报程度是多少?

假定我们已经很好地了解了十年到更长时间尺度变化的物理机制,而且有了气候指标的统计基础,那么就有可能研究气候变化的可预报程度和特殊气候型的可持续性状态。

## 11.2 十年及年代际气候变化的特征型

一些研究表明气候变化有明显的十年及年代际变化,以气温为例,IPCC 报告给出的 1861—1989 年期间南北半球和全球海陆表面气温距平(相对 1951—1980 年)的时间演变如图 11.2.1 所示。可以看到全球气温有极明显的升高,但在升高的趋势里仍存在高低起伏现象,就全球而言,20 世纪 30 年代和 40 年代,60 年代初和 1973 之后气温相对更高,而在 1950 年前后和 1964—1972 年期间气温相对偏低,准十年及年代际变化相当清楚。同样,降水量也存在明显的准十年及年代际变化特征,前面图 1.1.5 所给出的中国华北夏季降水量的变化已清楚地表明了其准十年振荡特征。对于非洲萨赫勒地区平均降水量的分析表明,其降水量的高频变化并不明显,而以 7 年或更长时间尺度的变化为显著。干季和湿季都趋于维持 10～20 年时间(图 11.2.2),这种年代际变化特征在以前的世纪中也都存在。

虽然气候变化在全球范围都有十年及年代际时间尺度特征,但并非全球都一致升高或降低,而是在不同地区有其不同的形势,从而在较大范围,甚至在半球或全球尺度上形成一些特殊的分布,亦即特征型。

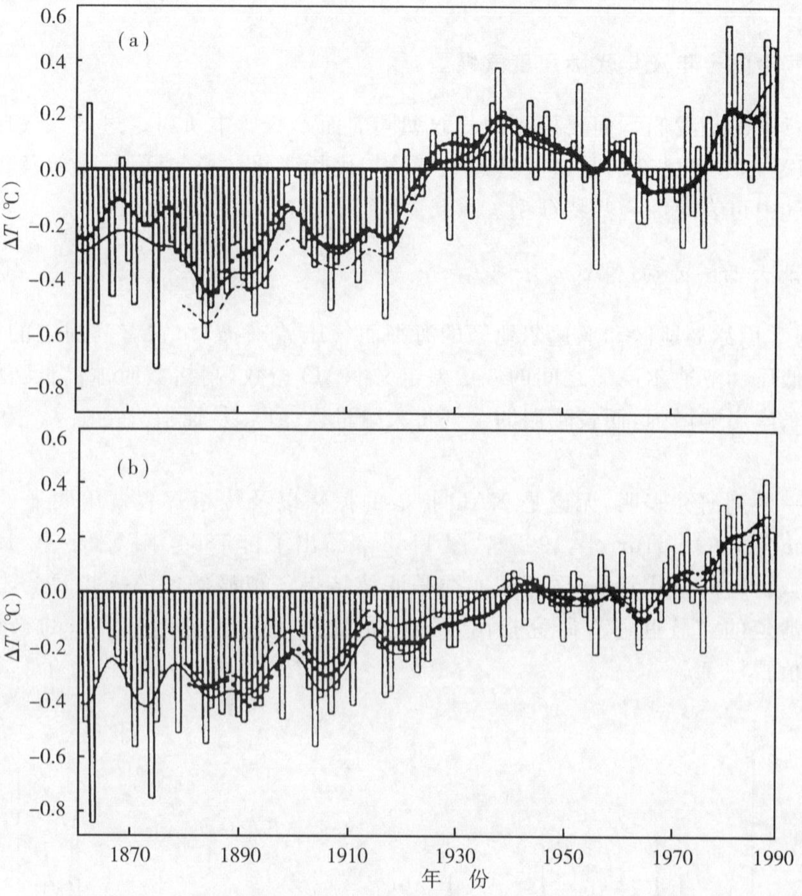


**图 11.2.1**　海陆资料相结合给出的 1861—1989 年间海(b)和陆(a)表面气温距平(℃)的时间变化(引自 IPCC,1995)

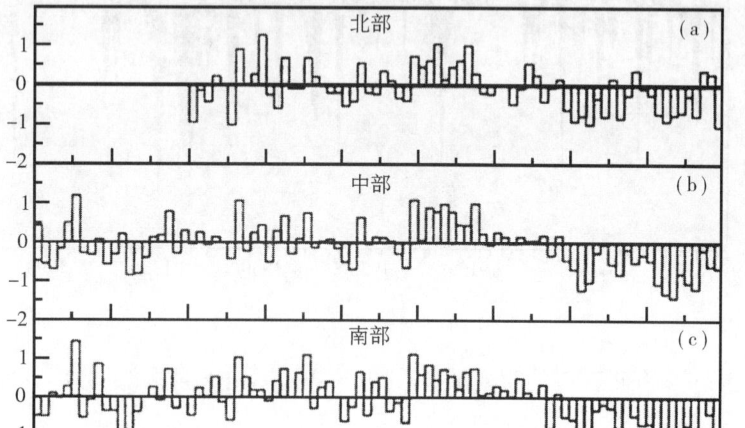


**图 11.2.2**　萨赫勒地区平均标准化降水量的时间变化(引自 Nickolson,1995)

### 11.2.1　大气中的十年及年代际尺度气候型

十分有意思的是我们下面要谈到的气候型同前面第 6 章中所讨论过的大气环流遥相关型完全一样，只是本节要讨论的是这些型的十年及年代际变化。换句话说，十年及年代际尺度气候变化在大气中可表现为一些特征型。

#### *11.2.1.1*　北大西洋涛动(NAO)型

NAO 通常用冰岛地区和亚速尔地区的海平面气压差来描写，它有其固定的基本空间型。一般用冰岛低压和亚速尔高压之间的气压差定义 NAO 指数，高指数时冰岛低压强，北冰洋冷气团对北美东岸影响增强，而较暖湿的空气将大量进入西欧，从而对大范围天气气候造成严重的持续影响。

近来的一系列研究表明，无论是 NAO 指数的振幅以及位相都表现出明显的年代际变化特征(Wallace 等，1992；Hurrell，1995)。图 11.2.3 给出了自 1864 年以来冬季(12 月至次年 3 月)NAO 指数的时间变化特征，图中粗实线是滤波结果。很显然，NAO 指数的十年及年代际变化是十分清楚的。最近还有研究指出，NAO 指数的年代际变化有增强的趋势(Jones 等，1997)，十分值得注意。

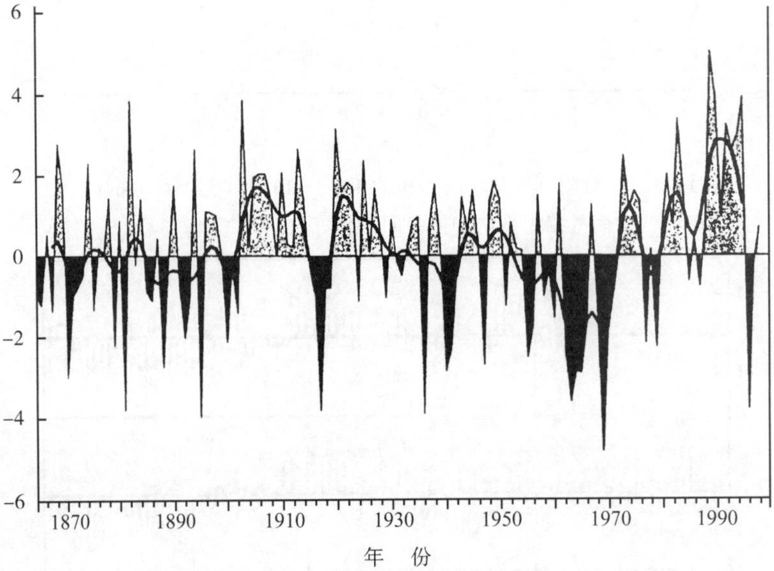


**图 11.2.3**　1864 年以来冬季(12 月至次年 3 月)NAO 指数的时间变化(引自 Hurrell，1995)

为了避免局地性，我们用较大范围的气压差，即(25°～40°N，10°～50°W)地区与(50°～65°N，10°～50°W)地区的气压差作为 NAO 指数。图 11.2.4 是 NAO 指数的时间变化及其子波分析结果，十分清楚的是，自 20 世纪 60 年代中期以来，不仅 NAO 指数振幅增大了，而且十年及年代际变化确实变得更显著。

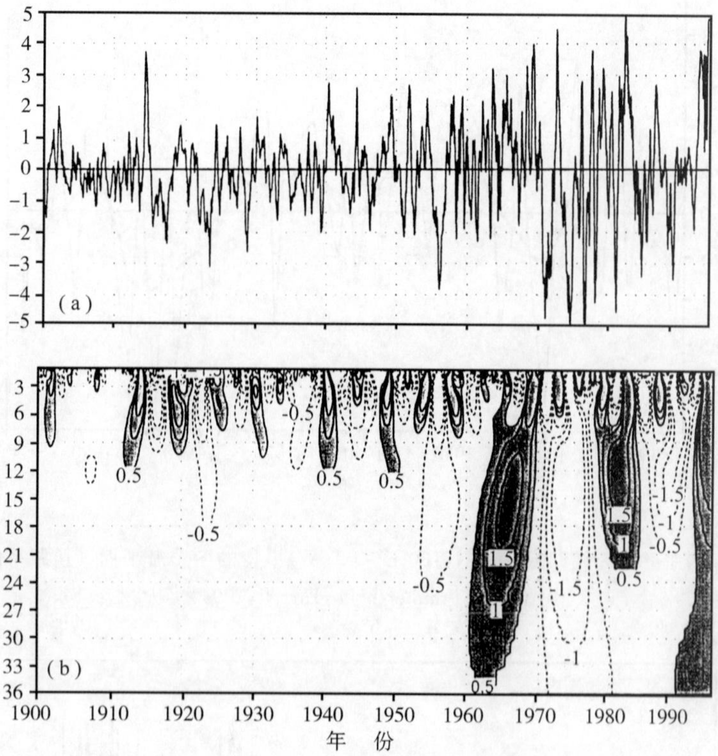


**图 11.2.4** NAO 指数的时间变化(a)及子波分析(b)结果(引自李崇银、李桂龙,1997)

*11.2.1.2* 太平洋—北美(PNA)型

我们知道 PNA 型遥相关反映了热带太平洋地区与中纬度地区的重要相互作用,一般有四个异常中心,分别位于夏威夷附近、北太平洋地区、加拿大的艾伯塔地区和美国的湾流海岸地区;并且由其高度异常可定义 PNA 指数。近来的一些研究表明 PNA 指数也有极清楚的十年及年代际变化特征,图 11.2.5 给出的是(160°E～140°W,30°～60°N)地区平均的冬季(11 月至次年 3 月)海平面气压异常(距平)的时间变化,它在一定程度上可反映 PNA 指数的变化。很显然。年代际变化特征在图中是十分清楚的。

*11.2.1.3* 北太平洋涛动(NPO)型

北太平洋中高纬度与热带地区的大气南北向跷跷板式变化是 NPO 遥相关。NPO 指数与 NAO 指数一样也表现出明显的十年及年代际变化特征。我们用(25°～40°N,130°～170°E)地区与(50°～65°N,130°～170°E)地区平均的海平面气压差表示 NPO 指数,其时间变化和子波分析结果如图 11.2.6 所示。同 NAO 指数一样,20 世纪 60 年代之后 NPO 指数的振幅也明显增强,而十年及年代际变化十分清楚,且自 60 年代后准十年振荡明显增强。

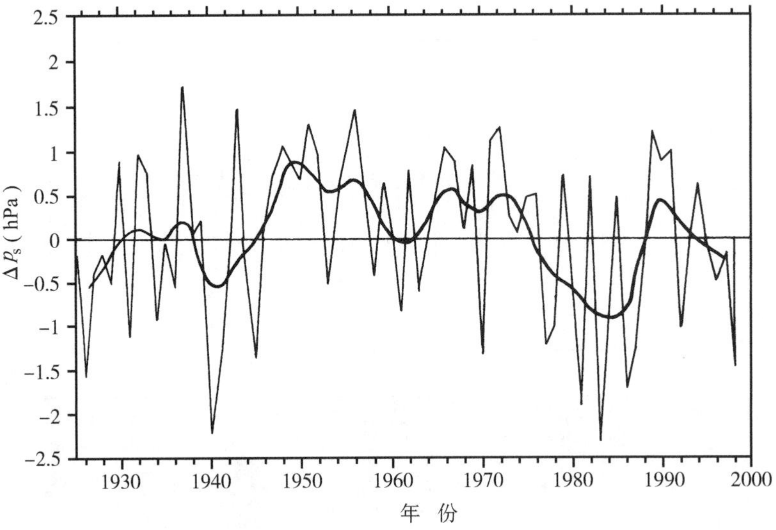


**图 11.2.5**　北太平洋区域(30°～60°N,160°E～140°W)平均的冬季海平面气压距平的时间变化(引自 Trenberth 和 Hurrell,1994)

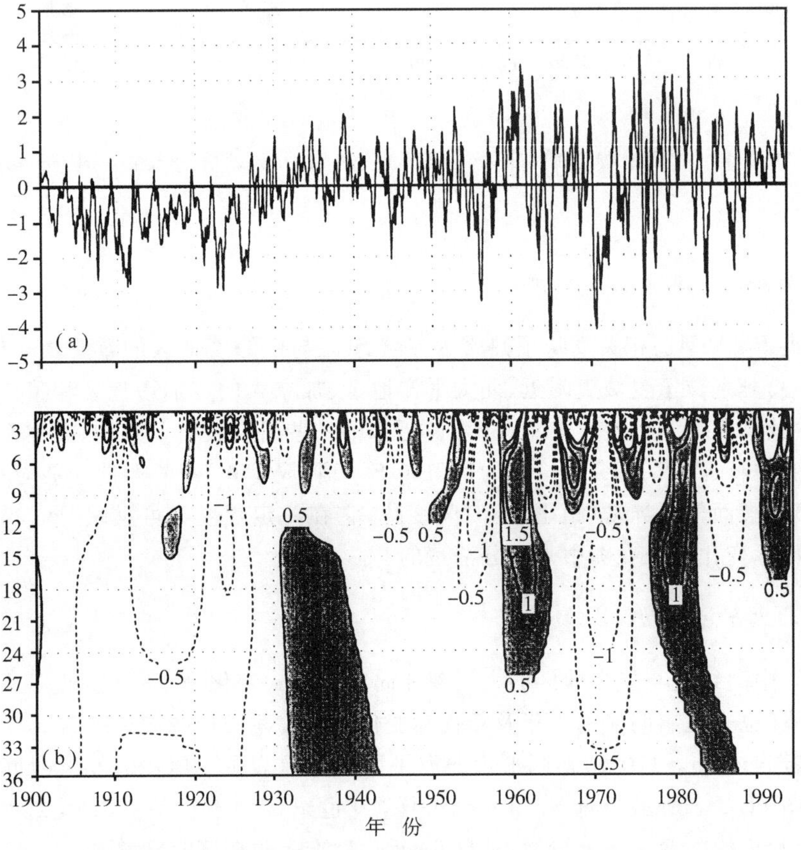


**图 11.2.6**　NPO 指数的时间变化(a)及子波分析(b)结果(引自李崇银、李桂龙,1999)

### 11.2.2 气候系统耦合型

这里讨论的耦合型主要是大气和海洋耦合相互作用所反映出的十年及年代际变化特征型。

#### *11.2.2.1* 热带大西洋偶极子

很多研究表明热带大西洋海表温度异常(SSTA)与北非的土壤湿度、反照率、地表粗糙度都有强相关;非洲和巴西的热带降雨大部分也可归因于SSTA。而热带大西洋在SST变化上表现出稳定的结构。由经验正交函数分析得到的SST主分量经常表现为热带北大西洋是个暖池,而热带南大西洋则对应是个冷池,反之亦然。两中心的活动在十年尺度上是一致的,但在较短的时间尺度上它们的变化是各自独立的(Houghton和Tourre,1992)。许多人简单地把它称做热带大西洋SST十年变化,但这种现象有时还是被称为热带大西洋偶极子。

有关这种热带大西洋偶极子气候振荡的物理机制虽尚不是很清楚,但海气耦合模式所得到的热带大西洋十年时间尺度振荡的结构十分类似观测到的偶极子(Chang等,1997),说明它可能是一种海气耦合模态。另外,也有研究表明热带大西洋偶极子还同热带太平洋的变化有一定关系。

图11.2.7给出的是与巴西东北部和非洲西部降水有强相关的大西洋SST的EOF分量的空间分布以及3—5月平均的SST的EOF分量和上述两地降水异常的时间变化。很清楚,在大西洋的赤道两侧SSTA有完全相反的符号,显示了偶极子特征;而其时间变化既与巴西东北部和西非降水有很好的关系,又具有十分明显的十年及年代际变化特征。

#### *11.2.2.2* 北大西洋变化

Kushnir(1994)考查了北大西洋海平面气压(SLP)、SST和海表风速的观测记录中的多年代际变化特征,发现在20世纪有两个冷、暖期,每个时期都超过了十年。在暖期,南格陵兰附近SST呈正异常,而沿美国东北海岸SST呈负异常,同时的SLP和风异常表明冰岛低压的位置偏南,副热带信风减弱,NAO也减弱。Kushnir认为观测记录中这些多年代际的变化受到大尺度的大洋环流和大气间海盆尺度的相互作用的控制。准十年循环中SST和风异常的空间关系与海气耦合的理论是一致的。在北大西洋,还有一件非常瞩目的事件,即始于1968年拉布拉多海的盐度异常事件,人们称之为极端盐度异常(GSA)。通过上层和深层水体间的交换,GSA可在更长时间尺度上影响大气和海洋温盐环流(THC)的变化。

#### *11.2.2.3* 太平洋十年尺度类ENSO型

Tanimoto等(1993)和Zhang等(1997)的研究把全球SST场的EOF主分量的时间变化分为两部分:一部分与ENSO变化一致,主要反映了年际变化;另一部分是线性独立的“剩余”部分(即全球EOF减ENSO),主要表现出十年到世纪时间尺度的变化,其空间分布如图11.2.8所示。两部分在全球SST、SLP和风场上表现出相似的空间信号,但剩余型的SST场不像年际型那样在东太平洋被限定在赤道附近,它的影响范围大一些,且在北太平洋有较强的温度异常信号。而且剩余型非常类似被Mantua等(1997)称之为太平洋年代际振荡(PDO)的北太平洋SST的EOF主分量场。

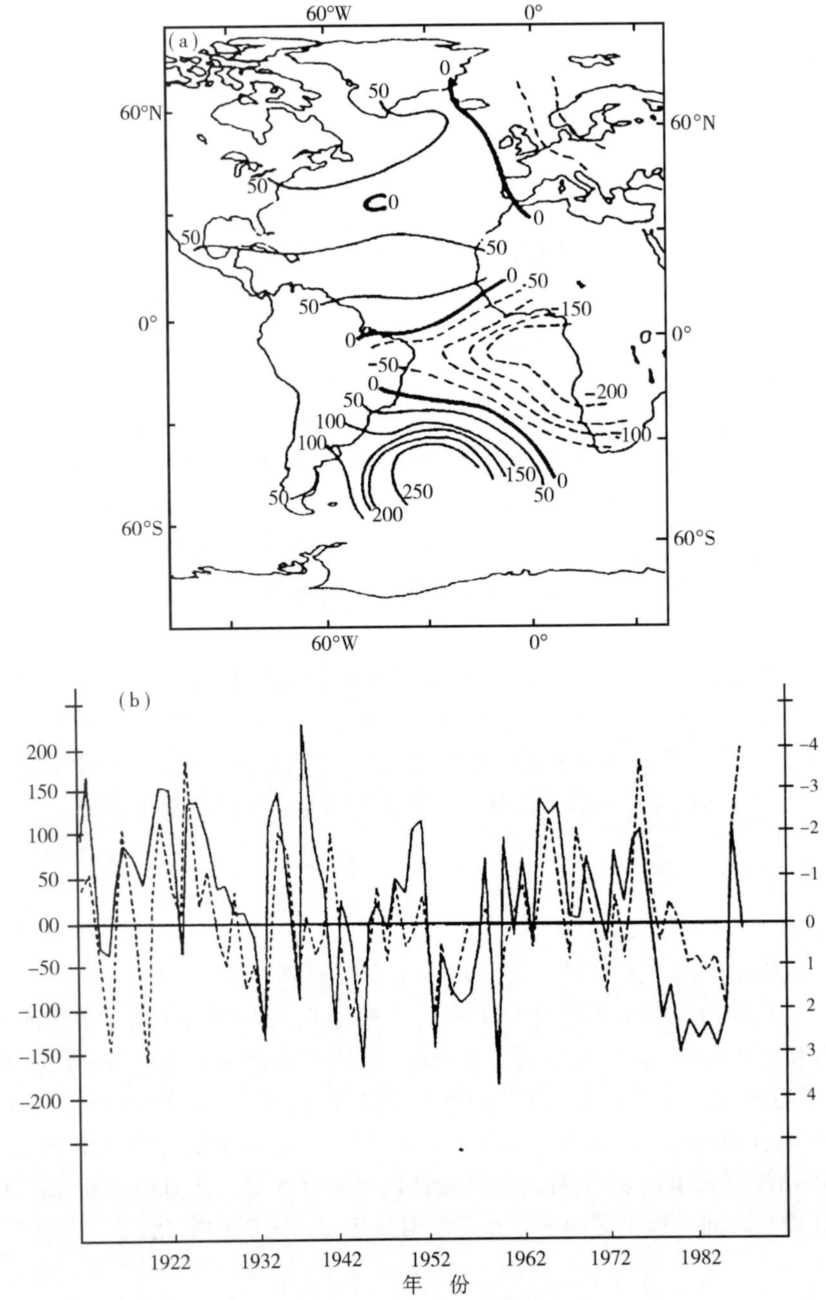


**图 11.2.7** 同巴西东北部和西非降水关系密切的大西洋 SST 的 EOF 分量的空间分布(a),以及 3—5 月平均 SST 的 EOF 分量(实践)及上述地区降水量异常(虚线)的时间变化(b)
(引自 Ward 和 Folland,1991)

这种类 ENSO 型的 SST 与北太平洋中纬大气及海洋的异常看来是遥相关的;类 ENSO 型年代际异常穿越热带,与热带大西洋和印度洋 SST 同步的变化也是遥相关的。近年来类 ENSO 型由于其巨大的空间影响力和与短时间尺度的 ENSO 现象有明显关系而得到了广泛的关注。但是,ENSO 模是年际气候变化的主要信号,为什么年代际气候变化仍是类 ENSO 模?尚有待深入研究。

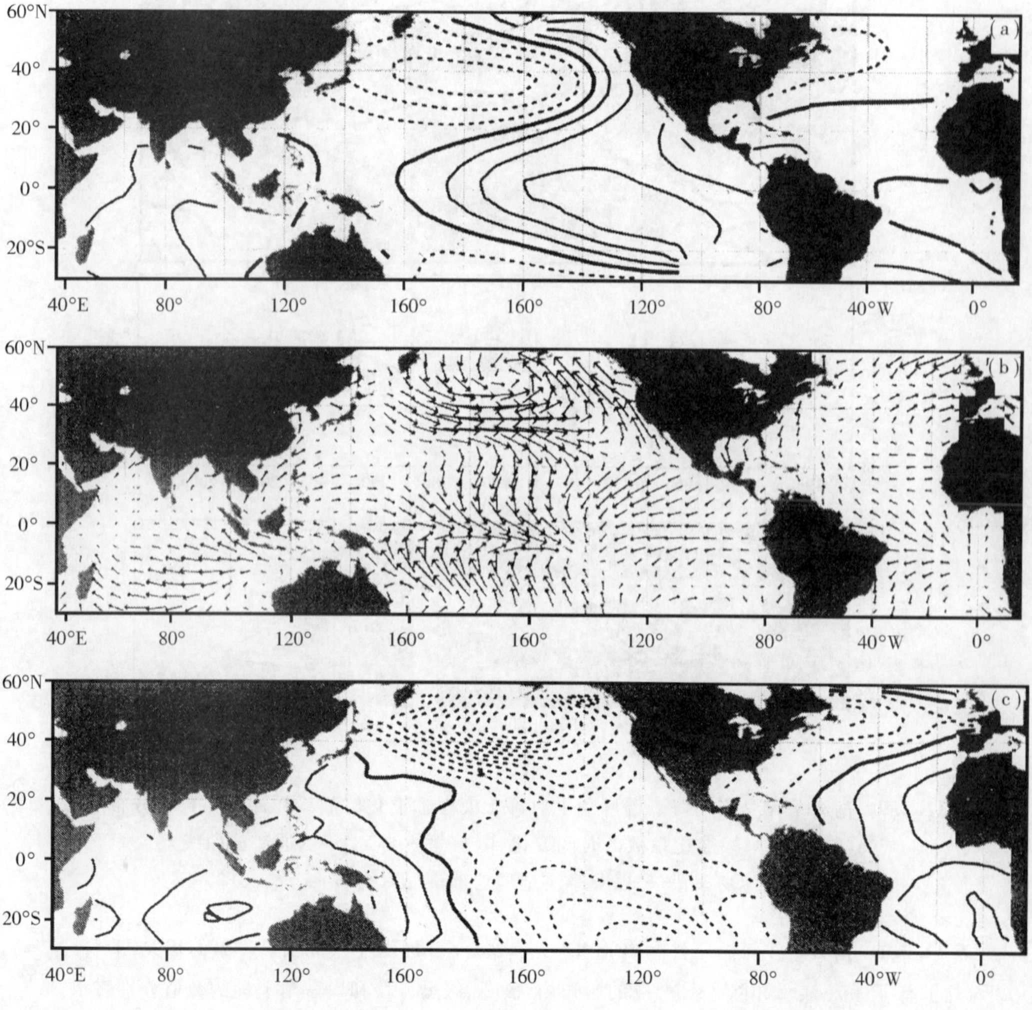


**图 11.2.8** 类 ENSO 的 SST 型(a)、风应力场(b)和海平面气压场(c)分布图(引自 Zhang 等,1997)

*11.2.2.4* 南太平洋海温年代际模态(SPDO)

我们的研究指出,年代和年代际变化是海温变化的重要时间尺度之一,而且它们对气候特别是年代际气候的变化有重要影响(Li 等,2006)。除前面提到北太平洋海温异常存在北太平洋年代际振荡(PDO)之外,南太平洋海温异常是否也存在年代际振荡模态呢?因资料的原因,过去没有很好揭示。前几年我们通过资料分析表明,无论是用南太平洋的海温资料还是用整个太平洋的海温资料,其 EOF 分析以及回归分析的结果都表明,在南太平洋存在一种三极子模态(图 11.2.9a),其系数变化主要表现为年代际时间尺度特征(Li Gang 等,2012;2014)。也就是说,南太平洋海温异常也存在年代际变化模态(可称其为 SPDO);进一步分析表明,这种 SPDO 模与 ENSO 及北太平洋的 PDO 还有密切的关系(参见表 11.2.1),而且对中国的降水也有一定的影响(Li Gang 等, 2014)。

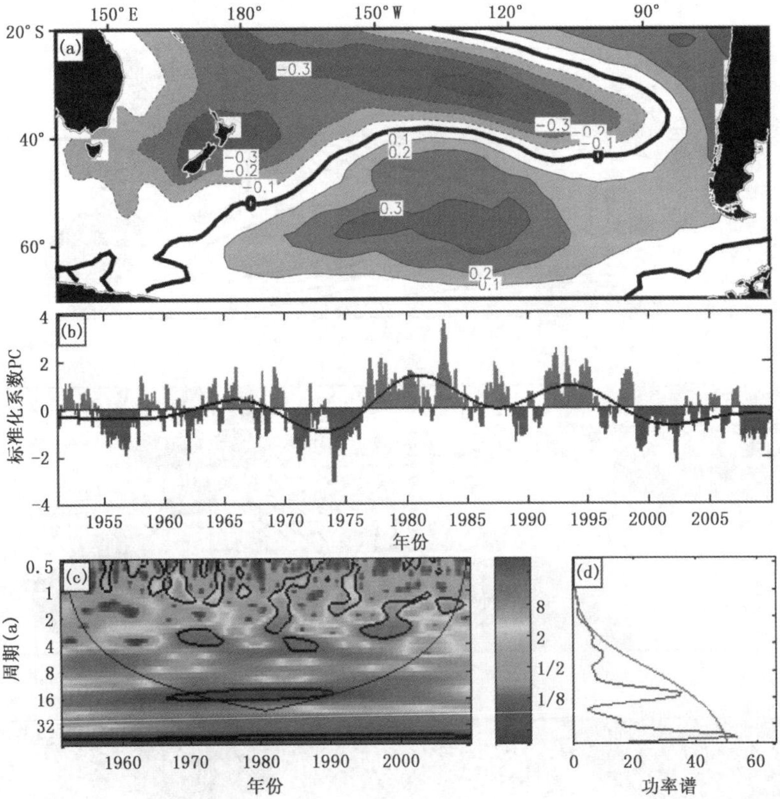


**图 11.2.9** 南太平洋月平均海表温度距平对第 1 模态标准化时间系数回归系数的分布形态(a,单位:℃)、标准化系数的时间变化(b,粗黑线为 11 年低通滤波曲线)、小波局地功率谱(c)以及小波全局功率谱(d)(引自 Li 等,2012)

**表 11.2.1** 南太平洋海温年代际模(SPDO)与北太平洋海温年代际模(PDO)的相关(系数)。这里有下标 re 表示扣除了 ENSO 的影响;有黑园点、黑方块和黑三角上标的数值分别表示其信度超过 99%、95%和 90%(引自 Li 等,2012)

| | PDO | $PDO_{re}$ | SPDO | $SPDO_{re}$ |
|---|---|---|---|---|
| PDO | 1.0 | — | — | — |
| $PDO_{re}$ | 0.88● | 1.0 | — | — |
| SPDO | 0.46● | 0.22■ | 1.0 | — |
| $SPDO_{re}$ | 0.16▲ | 0.20■ | 0.62● | 1.0 |

### 11.2.2.5 南印度洋偶极子(SIOD)

在印度洋,除了赤道地区海温存在一个东西向偶极子模态(IOD)之外,南印度洋还存在一个东北一西南向偶极子模态(如图 11.2.10 所示),称之为南印度洋偶极子(SIOD)。进一步分析表明,南印度洋偶极子可以一年四季都有,但一般在 10 月份最强,且以年代际时间尺度为主要特征;它的出现和变化不仅影响周围地区的天气气候,也对中国的天气气候有一定影响(贾小龙等,2005)。

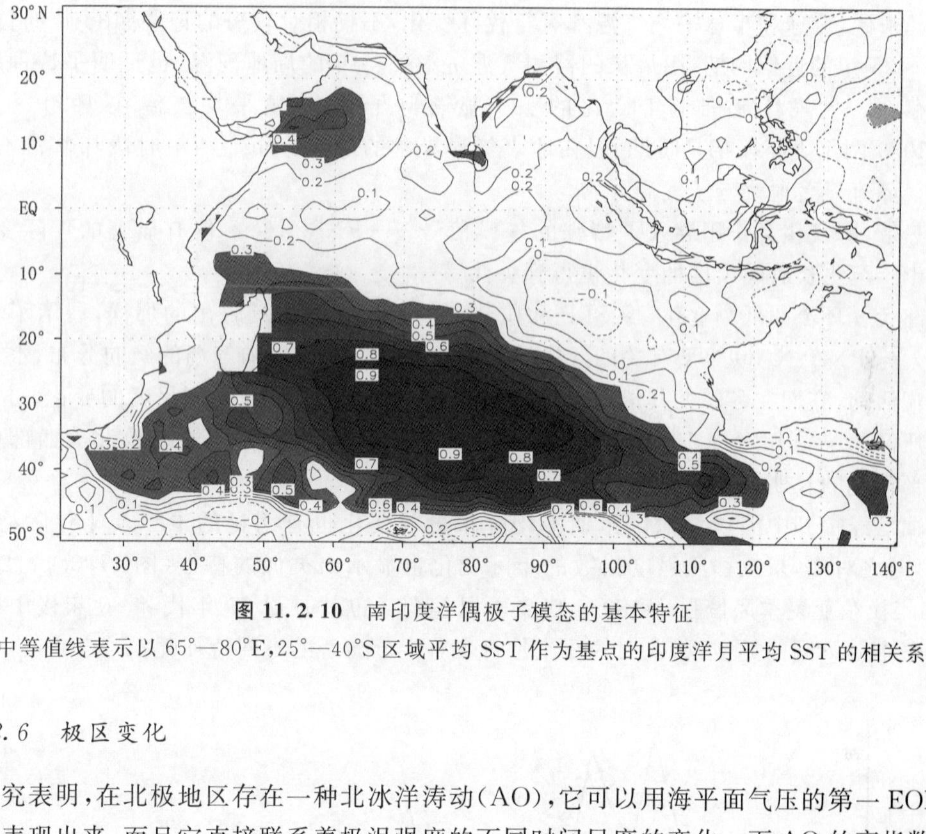


**图 11.2.10** 南印度洋偶极子模态的基本特征

(图中等值线表示以 65°—80°E,25°—40°S 区域平均 SST 作为基点的印度洋月平均 SST 的相关系数)

### 11.2.2.6 极区变化

研究表明,在北极地区存在一种北冰洋涛动(AO),它可以用海平面气压的第一 EOF 分量很好地表现出来,而且它直接联系着极涡强度的不同时间尺度的变化。而 AO 的高指数(强西风)对应在 40°N 以北的欧亚地区有温和的冬季温度。北极地区的大气环流或者 AO 的变化大趋势被发现同 NAO 在过去 30 年里有很好的相关(Walsh 等,1996;Thampson 和 Wallace,1998)。为了更好地描写北极地区的大尺度十年趋势(变化),用将范围扩展到北大西洋的 AO 会更为合适。

人们对于南极地区气候变化问题的了解比北极更少,但近年来有关南极绕极波(ACW)的研究已引起人们极大的兴趣,因为它与沿南极锋的月平均气候异常有十分一致的变化(White 和 Peterson,1996)。并且,ACW 的时间变化同 ENSO 和印度洋季风有很好的相关关系,尽管其物理机制尚不清楚。

# 11.3 大气环流年代际变化特征及机制

## 11.3.1 大气环流的年代际变化

大气是气候系统中反应最快的成员,其环流或运动系统是最活跃的,它的运动在时间和空间尺度上都很广。

总起来说,全球和半球平均气温都有年代际变化,不仅相对较短的记录(135 年的长度)表现有 15～25 年的近似周期,用最长的器测气温资料(335 年的局地气温)也证明了这种周期性变化的存在。大气环流准十年变化的一个显著例子是:全球平均气温在 1950—1959 和 1980—1989 两个十年段都是暖期,但在地表气温异常的地理分布上两个时段却非常不同,这说明大气环流显著地改变了气温异常。

在热带,海气相互作用导致了特殊的气候信号——ENSO,它不仅有显著的年际变化,近年来其十年至更长时间尺度的变化也得到关注。

中纬大气环流的低频变化,像 SLP 和位势高度的异常分布反映出的那样,展示了不同的空间型。与 PNA、NAO 等型有关的气压波动调整着其影响区域内气温的经向分布、水分的平流和对流活动,它们在冬季尤其清楚。这些遥相关型有十年和更长时间尺度的变化。例如,阿留申低压区的冬季 SLP 在 1977—1988 年间一直维持在较低的水平,这导致北美西部偏暖而北美东部偏冷的长期气候特征。

前面已经提到中国华北地区汛期平均降水量的变化也有明显的十年及年代际特征(图 1.1.5),与之对应,东亚季风强度指数的年际变化也显示出类似的特征(图 11.3.1),20 世纪 50—60 年代东亚夏季风偏强,而 80 年代夏季风偏弱。也就是说 50 年代和 80 年代中国季风气候有着十分不同的类型,那么大气环流是否也有十分显著的不同特征呢?

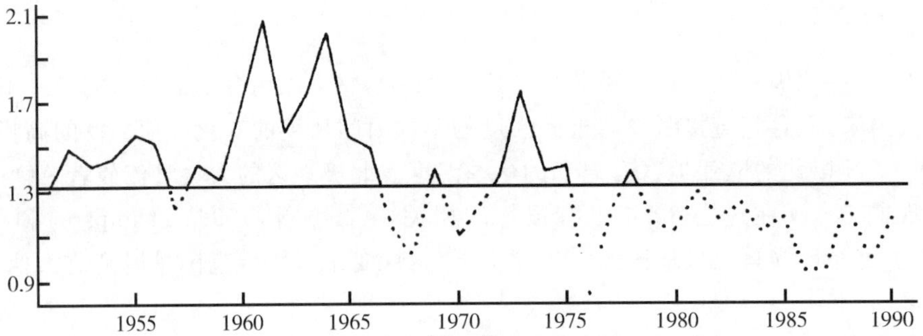


**图 11.3.1** 1951—1990 年东亚夏季风强度指数的年际变化(引自黄荣辉等,1997)

我们以 1953—1962 年代表 20 世纪 50 年代,而用 1980—1989 年代表 80 年代,比较分析两段时期 500 hPa 夏季的平均环流形势,可以看到两者存在极其明显的差异,特别是在西北太平洋到中国大陆地区。在 500 hPa 高度距平图上(图 11.3.2),北太平洋到中国大陆在 80 年代(图 11.3.2b)存在一大片负距平区,显然西太平洋副高偏南;而贝加尔湖以西为较强正距平,那里的异常高空脊有利于引导西北气流侵袭中国大陆。在50年代(图11.3.2a),500 hPa高度距平在北太平洋到中国大陆地区为明显的正距平带,西太平洋副高明显偏强偏北。50年代由于有较强的西太平洋副高,中高纬度对流层上层以纬向西风为主,加之中国大陆有异常地面低压系统,从而夏季风比较活跃,有利于夏季降水,尤其是华北地区;相反,在80年代,西太平洋副高偏东偏弱,中高纬度对流层上层有系统性西北气流,加之中国大陆有异常地面高气压系统,从而夏季风比较弱,不利于华北地区夏季降水。

图11.3.3a、b分别给出了50年代和80年代夏季平均的地面气压异常(距平)的分布形势。正负距平场分布的最显著差别是:北极地区50年代为负距平,表明极地低涡比较强,而80年代北极地区为正距平,表明极涡比较弱;在50°N以南的65°~100°E地区,50年代为一明显的负距平中心,而80年代却平均为异常高压控制。在50年代,平均来讲东亚大陆为异常低气压控制,南方暖湿气流活跃,有利于夏季降水,因此华北及全国普遍多雨(图略);而80年代却相反,东亚大陆有异常高压,从东亚到西北太平洋地区气压都偏高,不利于中国东部地区的夏季降水。

### 11.3.2　大气环流十年及年代际变化的机制

控制大气环流变化的有三个主要因子:外强迫(太阳、火山、人类活动);大气与气候系统其他成员(海洋、陆地、冰雪圈、生物圈)间的相互作用;大气内部相互作用(瞬变和瞬变、瞬变与平均以及其他非线性相互作用)。

#### *11.3.2.1*　外强迫

大气环流与辐射外强迫间的关系还未完全明确。一些研究试图把大气环流变化与太阳周期性活动(如11年和22年周期)联系起来。卫星观测(只有一个半太阳黑子周期那么长)表明太阳黑子活动极大期的太阳辐射只比太阳黑子活动极小期的强一点(约1 $W \cdot m^{-2}$)。但因低层大气只吸收一小部分太阳辐射,除非气候系统中存在正反馈,否则难以看到这样的弱信号能影响气候,所以这种机制并未得到完全证实。

火山爆发向对流层和平流层底部释放大量的气溶胶。平流层的气溶胶存在时间长一些,且因为受平流层风的影响而使之分布于全球。这些气溶胶导致一系列的辐射过程,包括对太阳和陆地辐射的吸收,而这些又对气候有重要影响。然而许多研究表明,单个的强烈火山爆发只会影响大气较短的时间(1~2年)。

有人分析了全球气温与大气中$CO_2$浓度在年代际尺度上的相关,认为$CO_2$在气候的年代际变化研究中也有意义,但还未找到合理的机制。

#### *11.3.2.2*　大气与气候系统其他成员间的相互作用

许多复杂的大气内部相互作用和大气与其他气候系统成员间的作用,会引起许多反馈,或放大或减弱外强迫的影响。如大气环流决定着水汽、云、有辐射活性的气体、气溶胶的垂直和水平分布。因为这些成分的垂直和纬向分布影响地球的辐射强迫,大气环流的变化将直接影响着全球平均气温及其水平和垂直分布。气温的变化反过来又影响风的分布和其辐合形势,导致蒸发和大气中水汽含量及其分布的变化,最终又将改变辐射强迫。

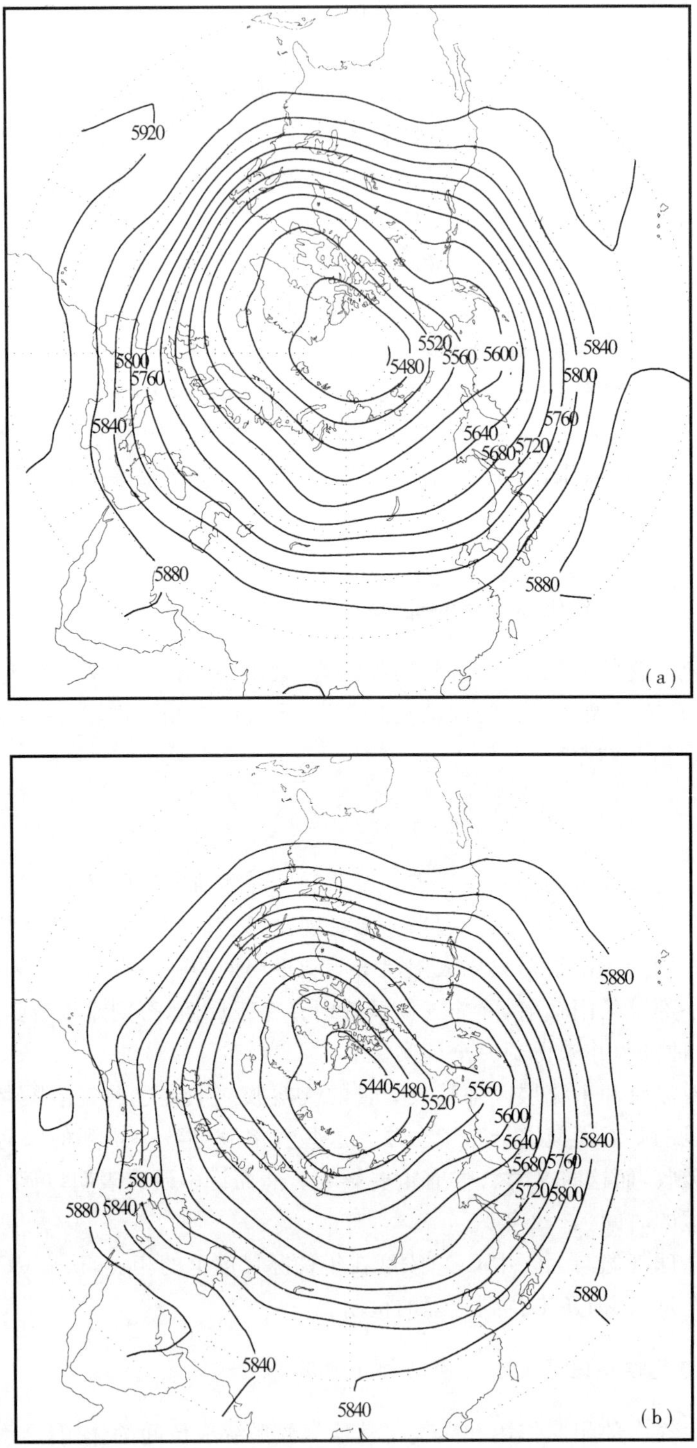


**图 11.3.2** 夏季平均的 500 hPa 位势高度距平(gpm)的分布形势(引自李崇银等,1999)
(a) 20 世纪 50 年代(1953—1962 年);(b) 80 年代(1980—1989 年)

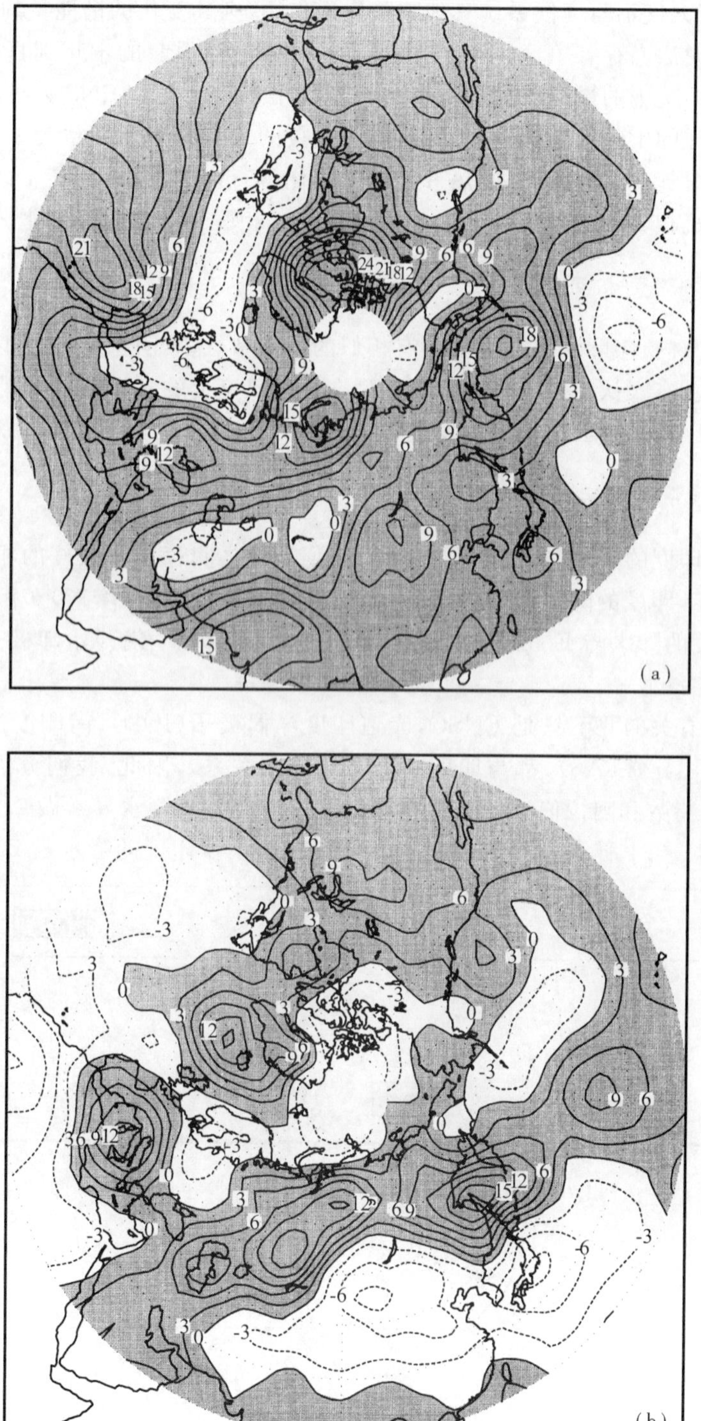


**图 11.3.3**　夏季平均的地面气压距平(hPa)的分布形势(引自李崇银等,1999)

(a) 20 世纪 50 年代(1953—1962 年),(b) 80 年代(1980—1989 年)

一般认为,若大气不与气候系统其他成员发生作用,则其变化的谱能量的增加不会超过一年。虽然对这种说法尚存有争论,但大气环流不因外强迫而引起的十年到百年变化最可能是由于大气与气候系统中的慢成分相互作用。如海气相互作用引发 ENSO,可能再通过遥相关引发中纬度太平洋的十年变化。近来,中纬地区直接的海气相互作用也为人们所注意。Latif (1998)把年代际海气变化分为四种:热带年代际变化;热带和温带共同产生的年代际变化;中纬与风生大洋环流相联系的年代际变化;中纬与 THC 相联系的年代际变化。

*11.3.2.3*　大气内部的相互作用

大气中的季节内、年际和年代际变化有相似的空间型,这表明至少有一些型与大气内部变化的基本模有关。有人认为这些普通的空间型在时间尺度上的多样性可归因于大气边界条件的变化会影响一个或多个天气系统的发生频率。

*11.3.2.4*　气候系统相互作用的年代际变化

大家都熟知印度的降水,特别是夏季降水与 ENSO 之间存在着很好的相关关系,即在 El Nino(La Nina)年,印度的降水量偏少(多),因而其稻谷也就减产(增产)。但是,2002 年有研究表明,上述印度的降水与 ENSO 之间的关系在 20 世纪 90 年代开始却极其不明显(Chang 等, 2002)。

与印度降水有关的并不只是 ENSO,赤道印度洋偶极子(IOD)、南印度洋偶极子(SIOD)和阿拉伯海的海温异常(AS),都与印度的降水有密切关系。因此,我们分别就 Nino3 指数、IOD 指数、SIOD 指数和阿拉伯海的海温异常指数(AS)与印度降水异常做 21 年的滑动相关计算,其结果如图 11.3.4 所示。图中的曲线清楚地表明,不仅印度的降水与 ENSO 之间的相关

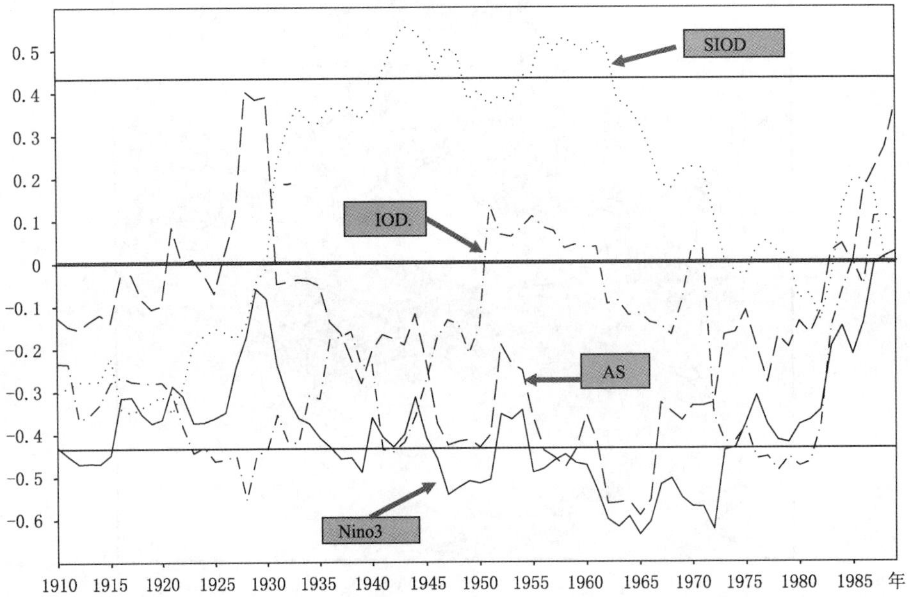


**图 11.3.4**　印度降水量与 Nino3 指数、赤道印度洋偶极子(IOD)指数、南印度洋偶极子(SIOD)指数和阿拉伯海的海温异常(AS)指数之间 21 年的滑动相关系数的时间变化。图中两条水平细实线表示 95%的信度 (引自 Wang 等, 2006)

关系存在年代际变化，印度的降水与赤道印度洋偶极子（IOD）、南印度洋偶极子（SIOD）和阿拉伯海的海温异常之间的相关关系也都存在着明显的年代际变化。在某一段时期，其相关关系很好；而在另外一段时期，其相关关系却很不明显。

前面我们已经讲了，东亚冬季风异常与ENSO有着明显的关系，往往在El Nino（La Nina）年冬季，东亚冬季风就偏弱（偏强）。而其后的研究却又表明（Zhou等，2006），东亚冬季风活动异常与ENSO的关系也还存在着年代际变化特征（图略）。另外，印度洋的IOD与太平洋的ENSO存在着一定的关系，即El Nino（La Nina）往往与IOD正位相（负位相）相联系。而进一步的研究又发现，印度洋的IOD与太平洋ENSO的关系也存在着年代际变化特征（Yuan和Li，2008）。

因此，我们可以认为气候系统间相互作用的年代际变化，也是年代际气候变化的一种机制。

## 11.4 大洋状况的年代际变化特征及机制

### 11.4.1 海洋在年代际气候变化中的作用

海洋在地球气候的形成和变化中起着举足轻重的作用，被认为是气候系统的最重要的组成部分之一。海洋的表层直接影响气候，因为海洋过程通过海气界面的交换影响着大气。而循环系统如风生环流和THC又把表层水和深层水联系起来，所以深层水也可以影响气候。最终我们要知道的是表层循环和THC系统如何单独及共同影响海洋表层；海洋内部特征又是如何影响海洋表层。

海洋通过三种途径参与气候系统：与大气、冰雪交换热量、水汽、$CO_2$；在热量、水、$CO_2$进入大气前，长时间地把它们存储在海洋深层；通过大尺度大洋环流（包括表层和深层）对热量、淡水、$CO_2$重新分配，从而影响这些成分在大气中的分布。因此，海洋通过这三种途径直接或间接地影响气候及其变化。

### 11.4.2 海洋年代际时间尺度变化

海洋年代际到世纪时间尺度的变化可以从对单站记录、分散的多站记录的分析中得到，也可以从对珊瑚、海底沉积物、冰核、海边树木等代用资料的分析得到。但可惜的是这些资料的时间长度有限，而且资料分散，不完整。相比较而言，几个大洋中大西洋的资料时间较长、密度较大，尤其是北大西洋，因此，人们对大西洋的研究相对多一些。

#### *11.4.2.1* 大西洋

（1）海温

众所周知，大西洋SST在十年到世纪时间尺度上的变化是连续的，与NAO长期变化一致的冷、暖期的时间尺度是多年代际的。在热带大西洋，南北偶极子的振荡周期近似为10年。近来，有一点越来越明确了，北大西洋的变化与热带偶极子的变化是同步的，一种大西洋海盆宽度的振荡也许是存在的(图 11.4.1)。

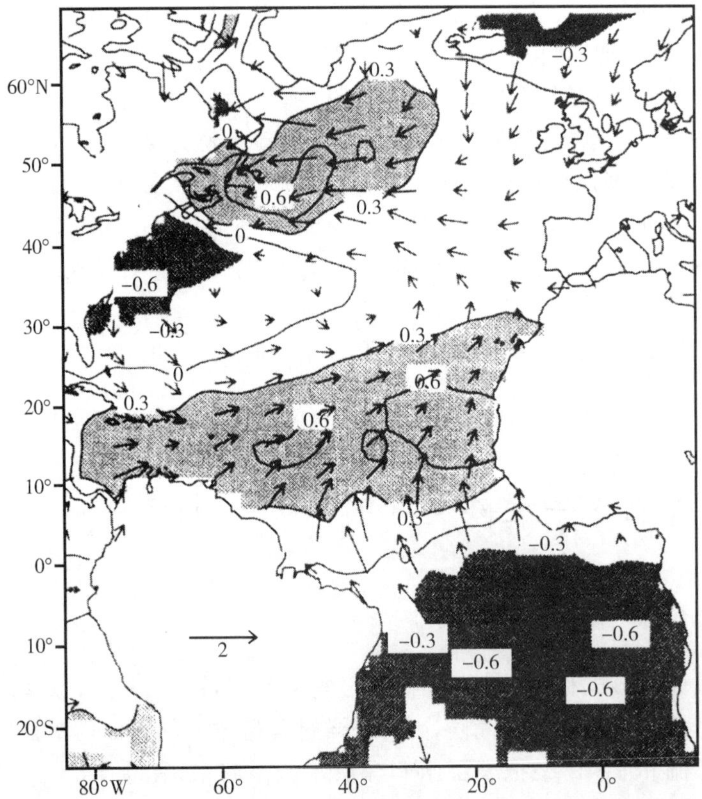


**图 11.4.1** 热带偶极子指数(定义为 10°～20°N 和 15°～5°S 区域间 SST 的差)高的6 年(1969,1970,1978,1980,1981,1982 年)和指数低的 5 年(1972,1973,1984,1985,1986 年)平均的 SST(℃)和风速($m \cdot s^{-1}$)异常之差(引自 Xie 和 Tanimoto,1998)

自 20 世纪 70 年代以来,百慕大附近上层海水的热容量有所增加,THC 也相应地移动了(Joyce 和 Robbins,1996)。这些观测反映了上层水团的性质的多年代际变化,这是对动力(风强迫和 THC)及热力(表面浮力通量和相关的对流)变化的反应。

(2) 盐度

因为盐度并不是常规观测量,所以估计海表盐度的年代际变化要比 SST 的难。然而有一个著名的已被观测到的有几乎 20 年生命史的低盐事件,即已提到的 GSA。它首先在 1968 年于拉布拉多海被观测到,并于 1971 年达到盛期。GSA 从拉布拉多海向东移出,进入亚极地涡旋南部再溶入冷的亚热带涡旋,并在 20 世纪 80 年代早期于格陵兰和拉布拉多海附近再次出现。

(3) 温盐环流

人们通过反复的剖面调查和站点的时间序列观测,记录了拉布拉多海盆中水柱的年代际变化。显示出 1992 年的对流要比 1966 年的强,且要深得多。拉布拉多海温的时间序列也揭示了历史上它的年代际变化特征(图 11.4.2)。图中也有 NAO 的时间演变,总的来说,它的变化与拉布拉多海的年代际过程是反相的。

(4) 海冰

分析北冰洋、格陵兰和冰岛海上冰盖近 90 年的海冰密度和冰的边界资料,已发现海冰面

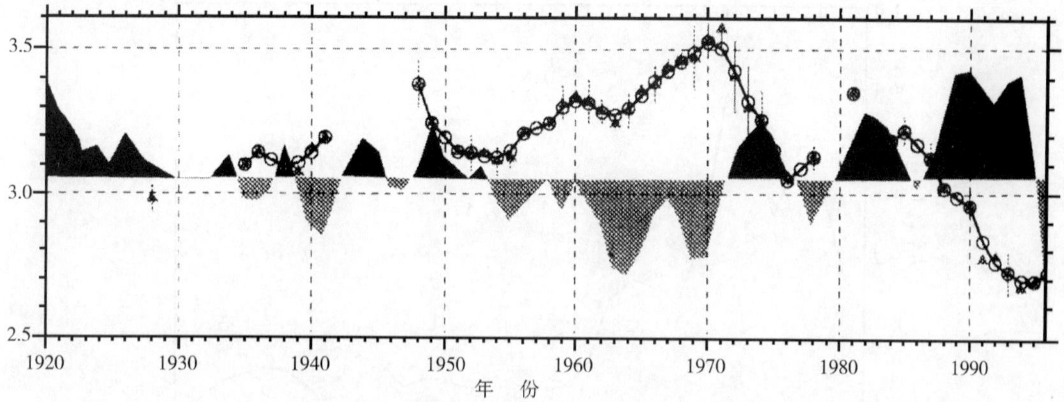


**图 11.4.2** 低通滤波后的 NAO 指数(阴影部分)和拉布拉多海水的位温(从海表到海底 2 000 m 的平均位温,用圈点线表示)的时间变化(引自 McCartney 等,1997)

积的十年尺度变化,尤其在格陵兰和冰岛海,并认为这种起伏变化与北冰洋的其他过程在一个"负反馈圈"中相联系。Mysak(1995)后来又研究了这种自维持的气候振荡的证据,并提供了加强其结论的新证据;还认为北极圈与较低纬度在年代际变化间有联系。

有人研究了一些海域的物理量交换和输送的年代际变化,不仅说明年代际变化对局地、区域和全球有各种不同影响,也说明了海洋年代际变化的重要性。

*11.4.2.2* 太平洋

(1) 海温

太平洋主要的 SST 变化已在前面提到。图 11.2.2 中太平洋 SST 的年代际型与 PNA 型在年代际时间尺度上有强相关,它可能是一个更大的包括印度洋甚至大西洋西北部的型的一部分。年代际型比 ENSO 型在热带有更宽的经向 SST 异常分布,且中纬的 SST 比 ENSO 型明显要强一些。分析表明,年代际型在热带和中纬有大小相当的强异常,且其影响面积要比年际变化的大。因为这种模态在中纬的表现特别强,所以称之为 PDO,即太平洋年代际振荡。PDO 指数与北太平洋气压指数协同变化,当北太平洋水温低时,阿留申低压深厚,PNA 型变强。次表层水温有年际至年代际变化,且随水的深度加深,十年际变化越来越明显。人们认为海水从高纬冷池沉入北太平洋亚热带涡旋的时间尺度为十年或更大。

分析太平洋 SST 的年际变化确实可以发现,因在赤道太平洋 SST 有极强的年际模(ENSO),太平洋中高纬度的 SST 更显示出年代际变化的信号。作为例子,图 11.4.3 和 11.4.4 分别给出了热带西太平洋(7.5°～17.5°N,132.5°～167.5°E)和北太平洋(37.5°～47.5°N,152.5°E～142.5°W)的 SSTA 的年际变化曲线及其功率谱。可以看到在热带西太平洋存在两个谱峰,分别对应着 ENSO 模和准十年谱;而在北太平洋,SST 的变化只有一个强谱峰,即准十年谱。

关于太平洋海温的年代际变化,张荣华和 Levitus 做了很好的研究工作,他们分析 1961—1990 年间太平洋海温的变化,发现海盆尺度有准十年暖期(DWP)和准十年冷期(DCP)存在,而且它们分别有次表层海温异常的南北跷跷板式变化,图 11.4.5a 和 b 分别是 DWP 和 DCP 的基本型。同时,资料分析也清楚地表明,太平洋海温的准十年变化型有沿北太平洋顺时针旋转的特征。图 11.4.6 是 250 m 深层的海温距平分布的时间变化,距平区(尤其是正距平中心)

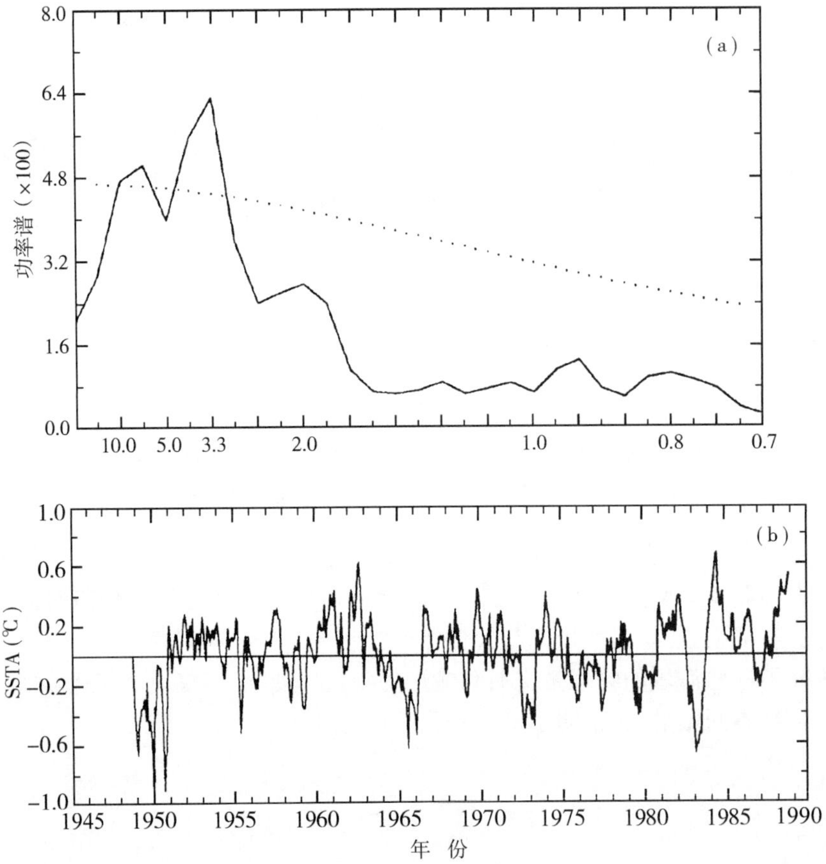


**图 11.4.3**　热带西太平洋 SSTA 的年际变化(b)及其功率谱(a)(引自 Li,1998)

的顺时针旋转特征非常明显。

印度尼西亚海是太平洋和印度洋之间惟一的暖水通路。从印度洋 1900 年以后的资料分析中发现有明显的 SST 异常的年代际变化,并有人怀疑这种信号是太平洋通过印尼海传过来的(Reason 等,1996)。

(2) 大洋环流

北太平洋副热带涡旋也有年代际变化。从 1970 年到 80 年代,黑潮和北赤道洋流输送逐渐增强,这表明风应力强迫增强了;而 1978—1982 年间的副热带涡旋比 1939—1942 年间的要强,也证明了风应力强迫的增强。有人总结了 1976—1988 年间北太平洋大气和海洋的年代际变化证据,认为变化的可能原因在于北太平洋年代际时间尺度的变化与热带太平洋和印度洋的变化之间的密切联系以及 El Nino 和 La Nina 事件的强度和频率的变化。示踪法的结果表明沉入北太平洋东部亚热带涡旋的海水被输送到热带太平洋的时间尺度可以是年代际的,而且可以在与 ENSO 有关的暖池和冷池下部找到这些海水。

因为太平洋的 THC 较大西洋的浅,强度也不如大西洋的大,而且资料也不很充足,所以人们对它不如对大西洋 THC 那样关注,所做的研究也少得多。

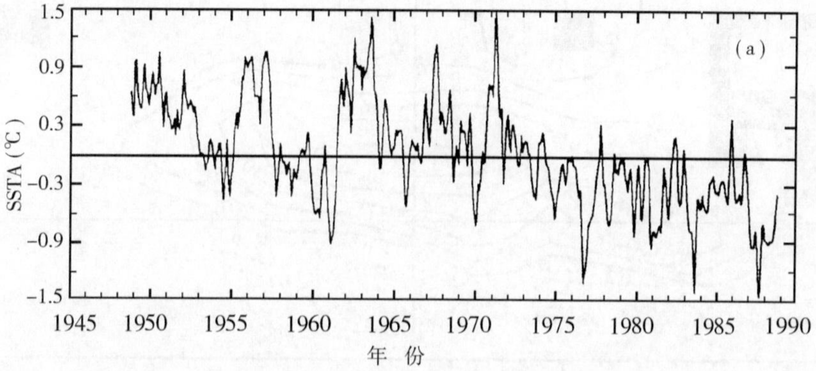


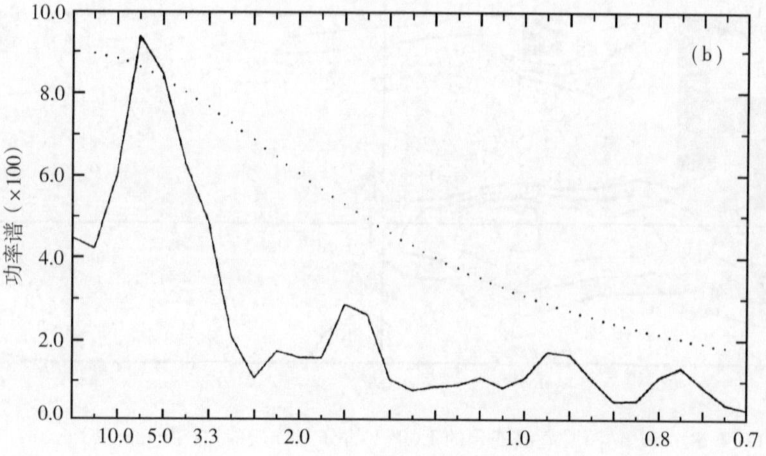


**图 14.4.4** 北太平洋 SSTA 的年际变化(a)及其功率谱(b)(引自 Li,1998)

*11.4.2.3* 南太平洋和南印度洋

以南太平洋和南印度洋为主的全球尺度南大洋环流的存在，为各大洋间气候异常的热量和水分输送提供了一个海上通道。其深层还充满了极冷的大洋底水，对全球温跃层以下的海水起到冷却作用。还通过冷的、低盐极地表层水的下沉作用，决定着南半球温跃层的结构。所以南大洋水团的形成和运动以及大洋间水团交流的变化都会对气候产生一定影响。

南半球中高纬水文和气象资料相对缺乏，但从有限的资料还是可以得到其年代际时间尺度变化的证据。南极绕极波是在 SST、SLP、海冰和表面风应力上都有表现的一种行波扰动，它的主要周期是年际的，但在相对短的记录时段还是显出长时间尺度变化的成分。尽管有人认为它是局地现象，但不少人还是认为它是全球性的，并与 ENSO 有关(White 和 Peterson,1996)。南极绕极波可能会影响中层和深层水的形成，从而改变副热带涡旋和 THC 的特性，并影响低纬，扩大其影响的时空尺度。

### 11.4.3 海洋十年及年代际时间尺度变化的机制

海洋在气候变化中的参与既可以是被动的，即只对大气强迫有响应；也可以是主动的，即

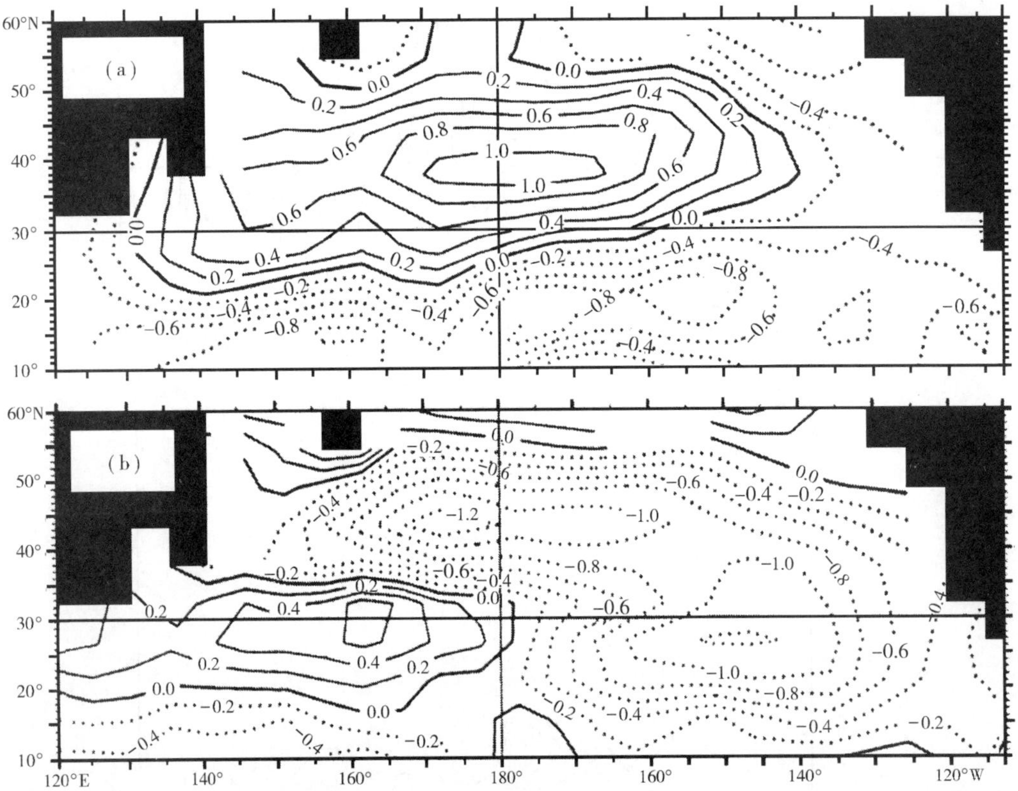


图 11.4.5　250 m 深层海温变化的 EOF-1 的分布特征(引自 Zhang 和 Levitus,1997)

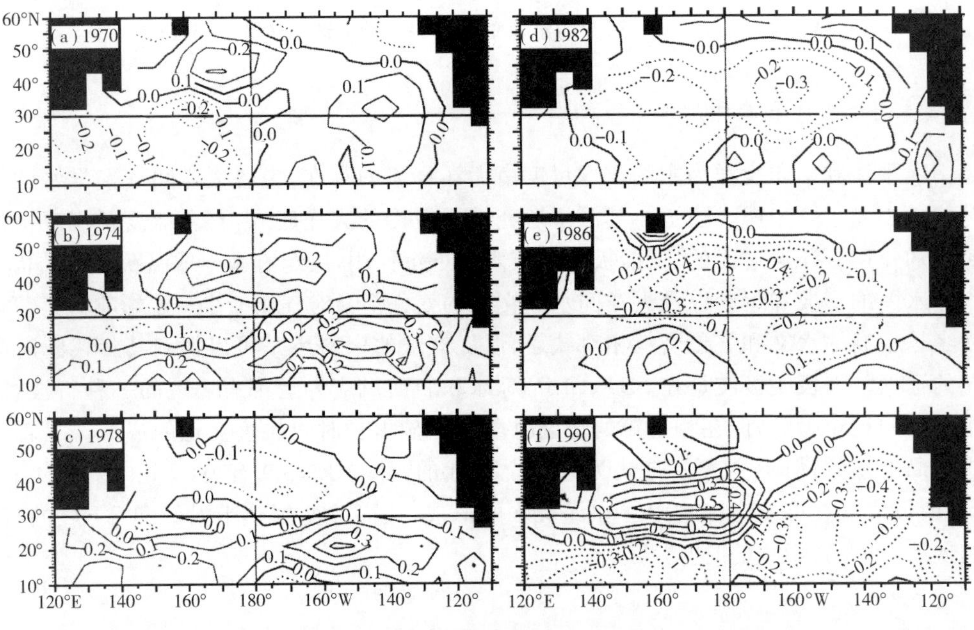


图 11.4.6　北太平洋 250 m 深层海温异常的水平分布(引自 Zhang 和 Levitus,1997)
(等值线间隔为±0.1℃)

通过海气交换、潜没过程和对热量、水分、$CO_2$ 的再分配而影响大气。

#### 11.4.3.1 全球海洋过程

与大气相比，巨大的热量、动能和化学容量使得海洋成为慢变元素，可以对有快速反应能力的大气进行慢调整。在季节和年际时间尺度上，海洋对大气变化的响应基本上是同相的，这反映了在短时间尺度上热量收支的局地平衡，海洋可近似看做是被动的。然而对于更长的时间尺度来说，情况就不是这样了，海洋的异常输送改变了热平衡，进而影响大气变化的位相甚至方向。

海面温度和深层水温有着巨大差异的 THC 及风生环流都从赤道向极地输送着热量，它们的变化会产生长时间尺度的影响。还有一种伴随着热量侧向再分布的洋盆尺度的影响对较长时间尺度的变化也很重要。对短时间尺度来说，局地表面热量的存储主要由垂直辐散来平衡；而对长时间尺度来说，海面温度变化的速率代表着一种侧向平流和辐散之间的平衡。

海洋热输送的能力是很显著的。在 24°N，海洋与大气净的经向输送量大致相当，而海洋输送的效率大约是大气的两倍。另外，调查研究表明，在这一纬度热量的经向输送，大西洋要比北太平洋的效率高约 3 倍。

#### 11.4.3.2 淡水和碳的输送

海洋补充了大气对水汽的经向输送，是水循环中的重要因素。海洋是大气中水汽的主要源地，因此，不同的海洋状况通过蒸发和凝结会对气候及其变化产生影响。不同大洋的净水通量有着显著不同。例如，北太平洋比北大西洋接收的降水多得多，因此，北太平洋是个较淡的大洋，不利于深水的形成和强的 THC 的维持，这就限制了它通过大量深水运输热量的能力。相反，较咸的大西洋同时拥有深层水和中层水的发源地，维持着有力的 THC，使得更多的经向热量输送成为可能。

海洋是碳的大储存库，调节着 $CO_2$ 的变化和全球碳分配。通过影响大气 $CO_2$ 的浓度，海洋间接影响地球的辐射收支和气候系统的能量平衡。海洋通过两种方式吸收 $CO_2$，即溶解吸收和生物吸收。

#### 11.4.3.3 局地海洋过程

海洋在年代际气候变化中的作用包括三个局地机制。首先，海洋对强迫史作了完整的记录，沿表层或 THC 的路径向下越深，记录就越久远。随着带有气候信息的水下沉，其后又返回水面，THC 暂时储存了气候状况并影响到将来气候变化的演变，这可以理解为海洋的记忆能力。其次，在一些地区，混合层的水文状况潜入 THC，这个过程重组了垂直分层，改变了平流场和平流作用区的物理性质及分布，从而调整了海洋的热量、水分、$CO_2$ 分布。这种混合层水的潜没在海洋影响气候变化中很重要。第三是使次表层水重新进入混合层的过程，它使得在经过一段时间的潜没，THC 储存的物理属性如热量等通过混合层重又进入海气交换。这些都是海洋主动去影响大气的一些重要过程。

#### 11.4.3.4 内部海洋变化机制

在海洋模式中，有一些纯的、无大气参与的海洋内部的相互作用也显示出年代际变化。单纯海洋机制大多包括到达海水源地并且改变了海水密度的异常，从而这些异常也影响了深层水形成的速度。例如,有人提出了这类年代际变化的纯平流机制(Weaver 和 Sarachik,1991)。还有一些气候变化机制包括了耦合的海洋和大气,但海洋在其中扮演了主要角色。例如,Chang 等(1997)对热带大西洋的 SST 偶极子年代际振荡提出了一个热力机制:由风引起的潜热异常可以引发并维持跨赤道 SST 偶极子的热通量异常;这种正反馈必须由跨赤道海流引起的热平流的负反馈来抵消。

## 11.5　中国气候的十年及年代际变化

同全球气候变化相似,中国的气候变化也有其多时间尺度特征,而十年及年代际变化也是非常重要的。而且十年及年代际气候特征往往形成一种相对稳定的气候阶段;由一个气候阶段变为另一个气候阶段却经常以突变的形式进行。因此,可以说气候突变是十年及年代际气候变化的重要特征,中国的气候变化也是这样。

### 11.5.1　中国气候突变

在第 1 章里我们已经指出,气候往往发生较为快速的剧烈变化,即突变。突变可以大致分为均值突变、变率突变和趋势突变三类,它们也常常以混合方式同时出现。

许多研究已经指出,北半球气候在 20 世纪 60 年代有着极为清楚的突变,中国气候的突变也很显著。图 1.1.5 所示的华北地区汛期降水的演变就清楚地表明在 60 年代初发生了由持续正距平到持续负距平的突变现象。同样,中国气温的变化也明显反映出在 60 年代中期有一次突变过程,由偏暖变为偏冷。作为一个例子,图 11.5.1 给出的是中国 369 个测站平均最低温度的时间变化情况。一般都认为最低温度可以较好地反映全球增暖的特征,确实,图 11.5.1 有着极清楚的持续增暖趋势,在 1950—1990 年期间增温约 0.6～0.7℃。同时,图 11.5.1 还清楚地表明,中国气温(最高气温变化也有类似特征)在 60 年代中期有由相对较高向相对较低的变化。

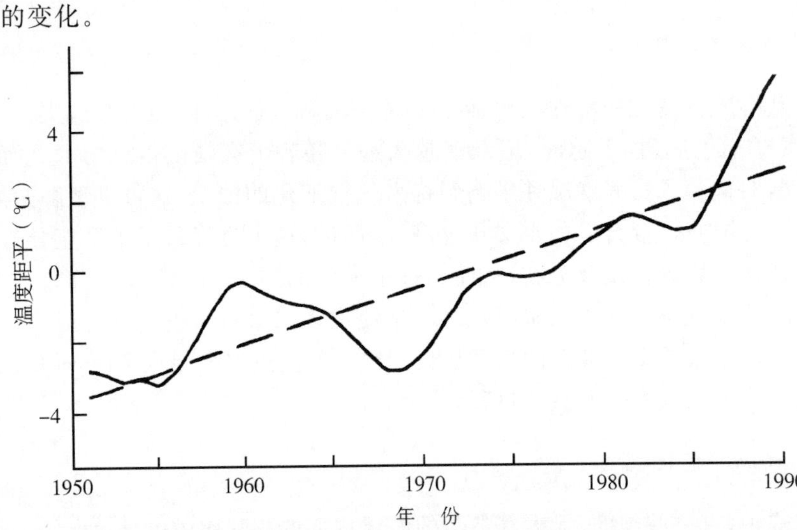


**图 11.5.1**　中国年平均最低温度距平(实线)和趋势(虚线)的时间变化特征(9 年滑动平均结果)

为了表现中国东部地区长时间以来旱涝发生的情况，人们常使用旱涝等级资料，以方便观测资料与历史文献记录相衔接。图 11.5.2 给出的是 1880 年以来，中国东部 10 年滑动平均的旱涝指数的变化曲线及其线性拟合，其中图 11.5.2a 是整个东部的情况，图 11.5.2b 和 11.5.2c 分别是长江以北和长江以南的情况。可以清楚地看到干旱趋势是上升的，表明中国东部干旱在逐年加剧；同时，各个曲线都表明在 20 世纪 20 年代有着突变现象，干旱指数急剧地由较小值变为较大值。

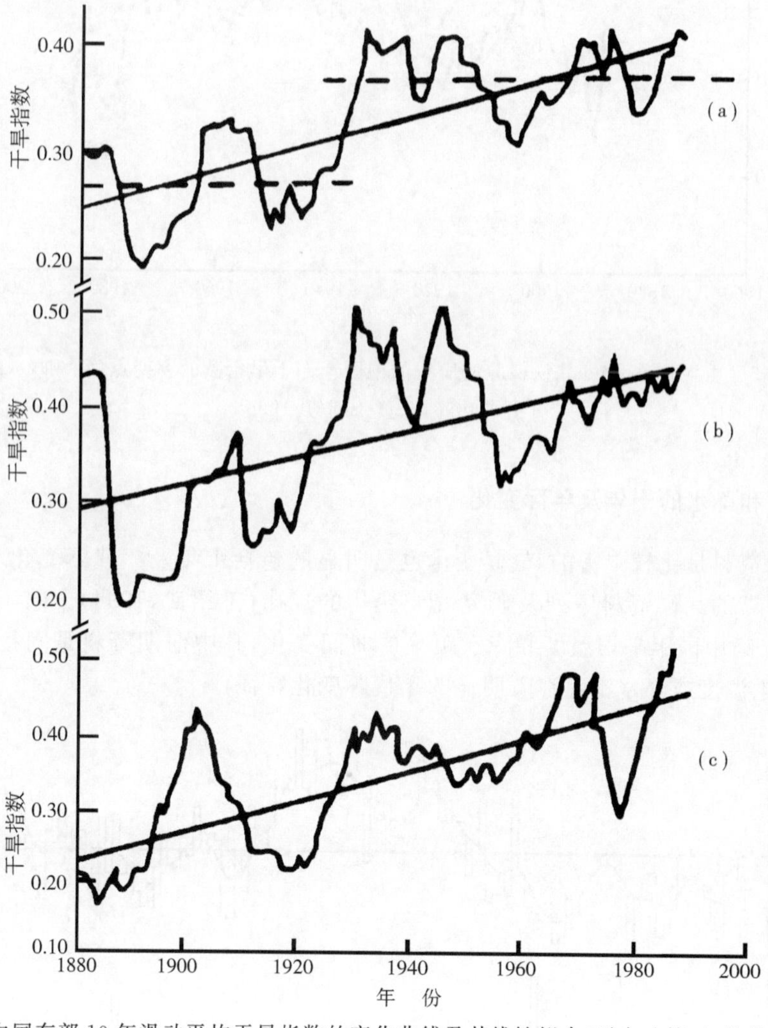


**图 11.5.2**　中国东部 10 年滑动平均干旱指数的变化曲线及其线性拟合(引自叶笃正、黄荣辉等，1996)
(a) 整个东部；(b) 东部长江以北；(c) 东部长江以南

为了定量地监测气候变化中的突变现象，可以应用 Mann-Kendall 秩统计检验方法(Grossens 和 Berger，1987)。图 11.5.3 是对 1887—1986 年间中国东部干旱指数进行 Mann-Kendall 秩检验的结果，曲线 $C_1$ 和 $C_2$ 的交点位于 5%信度区，从该点的时序排列，可以算得时间在 1922 年。也就是说，我国东部的干旱指数在 1922 年左右有一次急剧的增长，表明了中国东部气候变化的强信号，或气候突变现象发生在 1922 年左右。

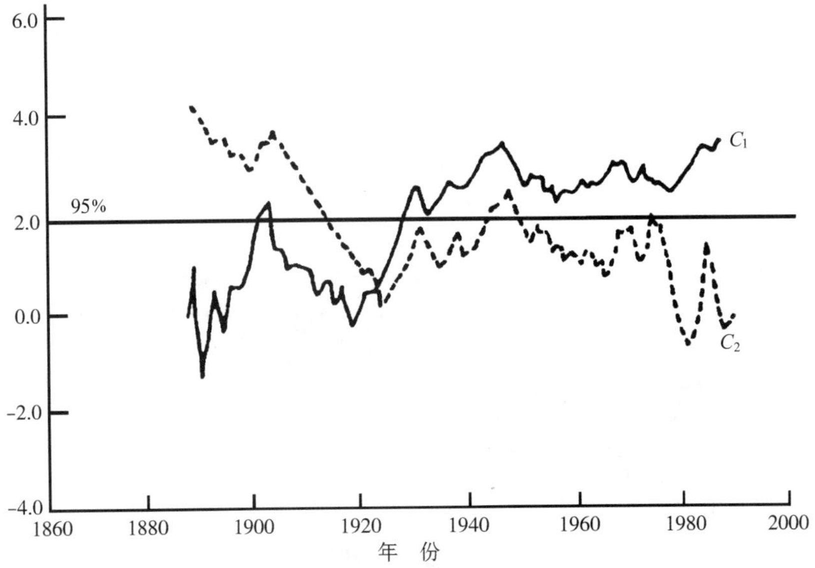


**图 11.5.3**　由 Mann-Kendall 秩检验法所得的中国东部干旱指数的突变点($C_1$ 和 $C_2$ 的交点)
(引自叶笃正、黄荣辉等,1996)

### 11.5.2　温度和降水的十年及年际变化

中国气候资料是比较丰富的,气候变化也是明显的包括十年及年代际变化。中国学者一直注意建立可靠的气候资料序列及研究气候变化的规律(王绍武,1994)。图 11.5.4 给出了 1880—1996 年间中国年平均温度和降水距平的时间变化,其中前期资料是间接推断得到的。可以看到,无论温度或降水都存在着明显的年代际变化特征。

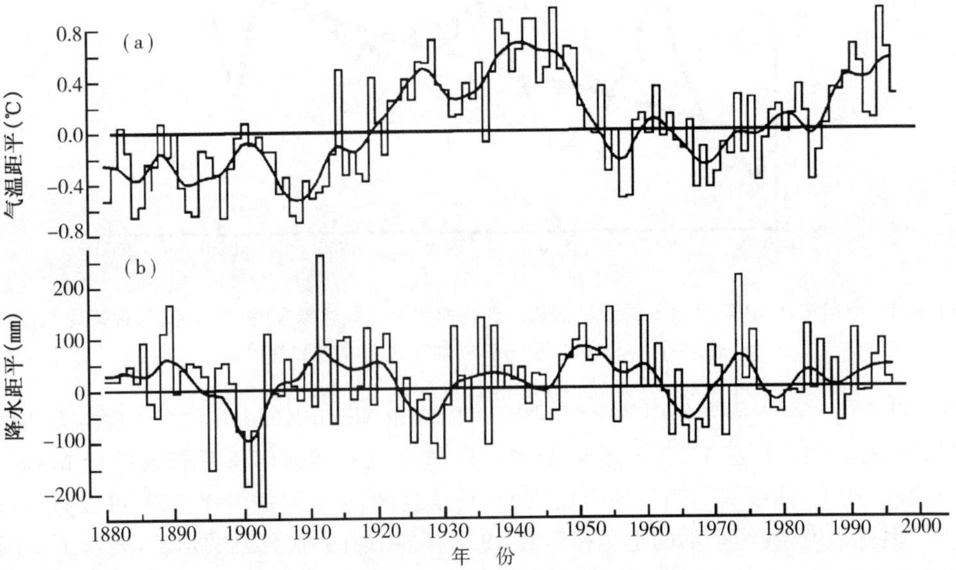


**图 11.5.4**　中国年平均气温距平(a)和降水距平(b)的时间变化(引自王绍武,1998)

从较长时间的仪器观测结果也可以看到清楚的十年及年代际气候变化特征。图 11.5.5 是北京、天津、保定和济南四个测站平均的夏季(6—8 月)降水距平(%)的时间变化及其功率谱,十年及年代际变化特征(主要周期为 11 年左右)十分明显。

前面已经指出,气候的十年及年代际变化与大气环流变化有密切关系,同中国气候变化有直接关系的东亚大槽和西太平洋副高强度会如何变化呢?图 11.5.6 和 11.5.7 分别给出了东亚大槽和西太平洋副高强度的时间变化及其子波分析结果。它们不仅都有极清楚的十年及年代际变化,而且在年代际时间尺度上有一致的变化,强(弱)东亚大槽与强(弱)西太平洋副高相对应。与图 11.5.4 相比较,还可以看到,对应强(弱)西太平洋副高,中国地区气温持续偏高(低)的特征。

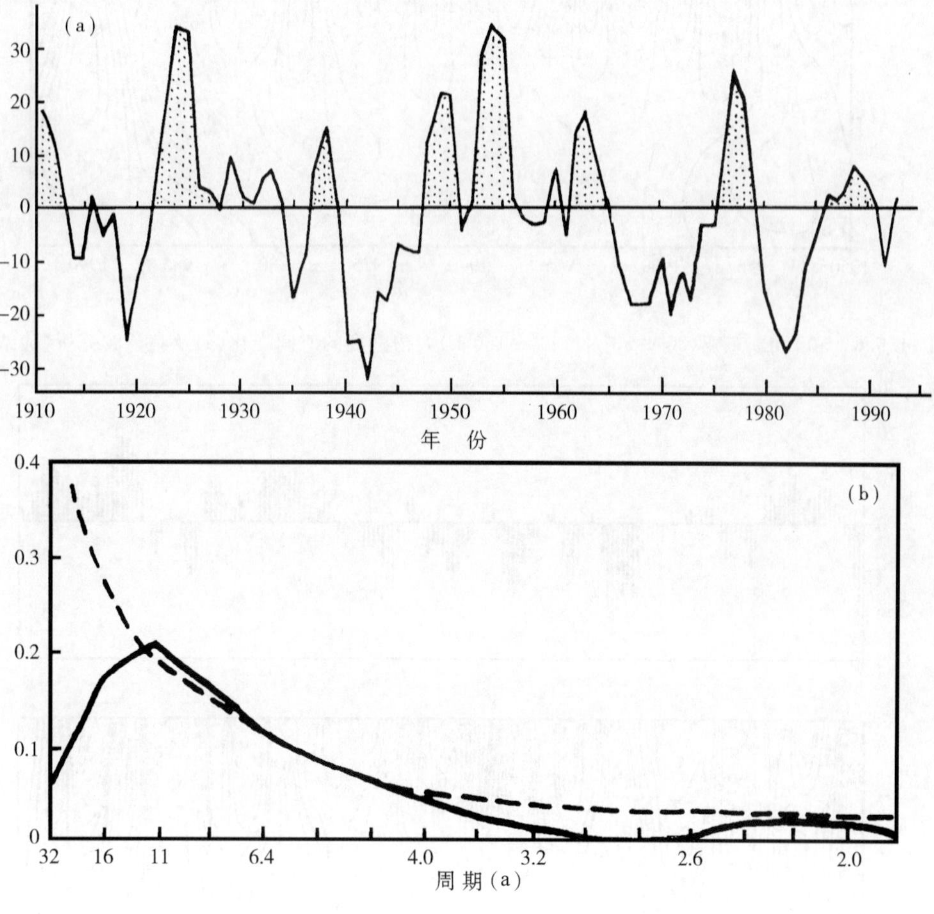


**图 11.5.5** 北京、天津、保定和济南四个测站平均的汛期(6—8 月)降水距平的时间变化(a)及其功率谱(b)(引自 Li,1998)

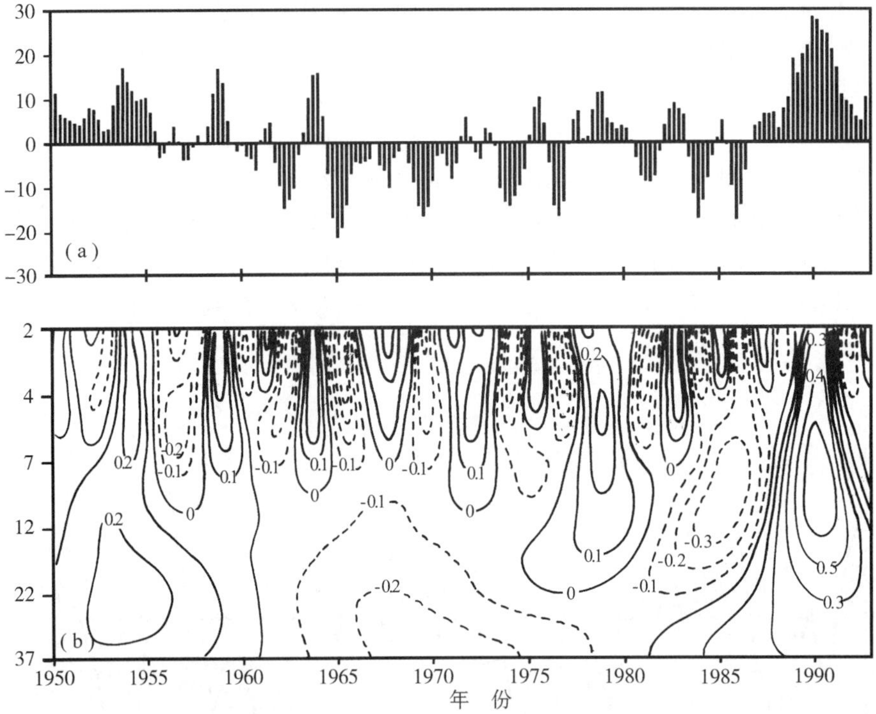

图 11.5.6　500 hPa 东亚(30°～50°N,120°～150°E)大槽强度的时间变化(a)及其子波分析(b)结果

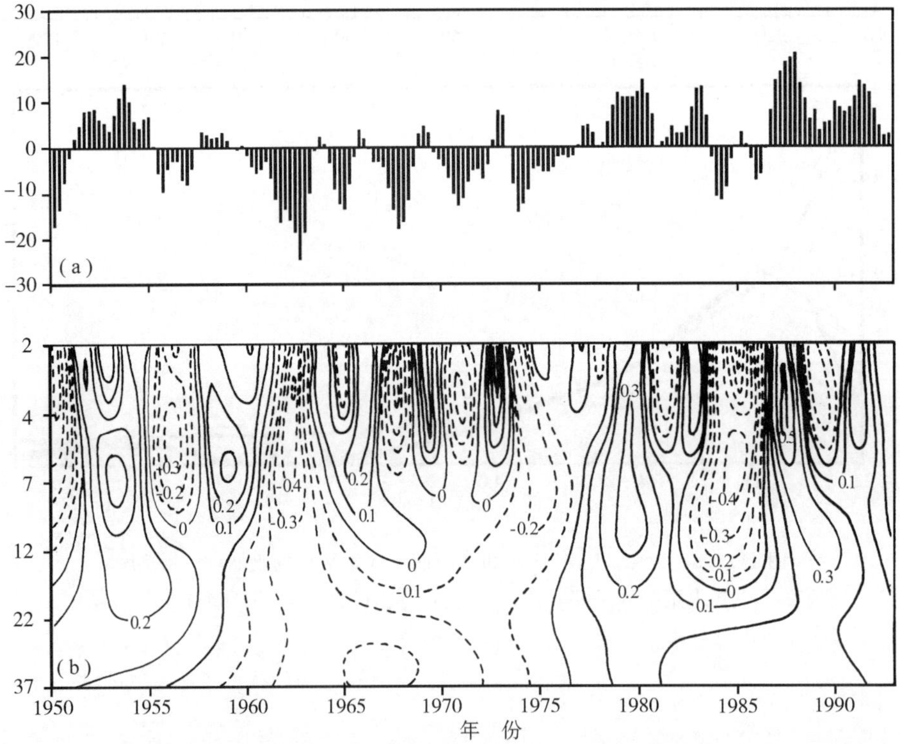

图 11.5.7　500 hPa 东亚(20°～35°N,120°～160°E)副热带高压强度的时间变化(a)及其子波分析(b)结果

## 11.6　尚需特别注意研究的几个问题

由以上的讨论可以看出，近些年来，国际上关于年代际气候变化的研究取得了很大进展，但是，这些研究还只是初步的，还有许多问题尚待进一步研究，尤其是以下几个问题：

(1)关于年代际变化的时间、空间型及机制：各种型的寿命及它们的时间、空间变化是怎样的？描写已知型的最好方式是什么？是否还有其他令人感兴趣的型存在？产生、维持和改变这些型的机制又是什么？

近来的资料分析还发现地球自转速度(日长)的变化也存在极清楚的十年及年代际变化，通过改变大气及海洋运动的角动量，无疑也会影响到大气和海洋的运动状况。但是有关日长的变化会对气候系统及其变化有多大影响，目前尚不清楚。

(2)自然的十年到世纪时间尺度的变化与观测到的全球变暖的关系：为检测人类活动引起的变化，关于自然变化我们需知道些什么？由于自然和人类引起的变化掺杂在一起，各种耦合和相互作用使气候变化变得很复杂，而且目前观测资料的长度有限，各部分引起的变化很难予以准确地量化，所以这一问题还不清楚。

(3)关于自然和人类强迫的变化如何影响气候的十年及更长时间尺度的变化：它们通过什么机制来影响以及它们影响的程度如何？例如：温室气体在年代际时间尺度上如何变化？这与气候变化有何联系？器测和古气候记录中，年代际变化在多大程度上与太阳能输出的变化相关，气候对太阳辐射变化响应的机制又如何？

(4)气候系统组成部分间的相互作用在产生和维持十年到世纪时间尺度变化中的作用是什么？

在 CLIVAR 计划中，DecCen 比 GOALS 计划更强调海洋的作用，但说到底，海洋、大气和陆面过程在十年及年代际变化中的作用及其相对重要性都需要很好地研究；认识彼此间的相互作用如何是更难一些的问题。

(5)关于十年及年代际时间尺度气候变化的可预报性：这有赖于气候系统各成员的可预报性及其对它们间相互作用的认识。

总之，气候年代际时间尺度的变化还存在着许多需要解决的问题，这些问题正吸引着各国各领域学者的注意。目前国际上正在实行 CLIVAR 计划，它被视为 21 世纪的气候变化及其可预报性的研究计划，可以预言，通过 CLIVAR 计划的实施，人们对于十年及年代际气候变化的认识将会更加深入，并将会在一定程度上了解其可预报性。

## 参考文献

黄荣辉，郭其蕴，孙安健，1997. 中国气候灾害分布图集[M]. 北京：海洋出版社.

贾小龙，李崇银，2005. 南印度洋海温偶极子型振荡及其气候影响[J]. 地球物理学报，**48**：1238-1249.

李崇银，李桂龙，1999. 北大西洋涛动和北太平洋涛动的演变与 20 世纪 60 年代的气候突变[J]. 科学通报，**44**：1765-1769.

李崇银，李桂龙，龙振夏，1999. 中国气候年代际变化的大气环流形势对比分析[J]. 应用气象学报，**10**（增刑）：1-8.

王绍武，1994. 近百年气候变化与变率的诊断研究[J]. 气象学报，**52**：261-273.

王绍武，1998. 近百年中国年气温序列的建立[J]. 应用气象学报，**9**：392-401.

严中伟，1999. 华北降水年代际振荡及其与全球温度变化的联系[J]. 应用气象学报，**10**（增刊）：16-22.

严中伟，季劲钧，叶笃正，1990. 60年代北半球夏季气候跃变[J]. 中国科学(B)，(1)：97-103.

叶笃正，黄荣辉等，1996. 长江黄河流域旱涝规律和成因研究[M]. 济南：山东科学技术出版社.

Chang C P, Harr P, Ju J, 2001. Possible roles of Atlantic circulations on the weakening Indian Monsoon rainfall—ENSO relationship[J]. *J Climate*, **14**: 2376-2380.

Chang P, Ji L, Li H, 1997. A decadal climate variation in the tropical Atlantic Ocean from thermodynamic air-sea interactions[J]. *Nature*, **385**: 516-518.

Deser C, Blackmon M L, 1993. Surface climate variations over the North Atlantic Ocean during winter: 1900—1989[J]. *J Climate*, **6**: 1743-1753.

Graham N E, 1994. Decadal-scale climate variability in the tropical and North Pacific during the 1970s and 1980s: Observations and model results[J]. *Climate Dynamics*, **9**: 135-162.

Houghton R W, Tourre Y, 1992. Characteristics of low frequency sea surface temperature fluctuation in the tropical Atlantic [J]. *J Climate*, **5**: 765-771.

Hurrell J W, 1995. Decadal trends in the North Atlantic Oscillation: Regional temperature and precipitation[J]. *Science*, **269**: 676-679.

IPCC, 1995. *Climate Change—The IPCC Scientific Assessment* [M]. Houghton J T and Callendar B A (eds.). Cambridge University Press.

Jones P D, Jonsson T, Wheeler D, 1997. Extension to the North Atlantic Oscillation using early instrumental pressure observations from Gibraltar and SW Iceland[J]. *Int J Climate*, **17**: 1433-1450.

Joyce T M, Robbins P, 1996. The long-term hydrographic record at Bermuda[J]. *J Climate*, **9**: 3121-3131.

Kwshnir Y, 1994. Interdecadal variations in the North Atlantic sea-surface temperature and associated atmospheric conditions[J]. *J Climate*, **7**: 141-157.

Latif M, Barnett T P, 1996. Decadal climate variability over the North Pacific and North America: Dynamics and predictability[J]. *J Climate*, **9**: 2407-2423.

Latif M, 1998. Dynamics of interdecadal variability in coupled ocean-atmosphere models[J]. *J Climate*, **11**: 602-624.

Levitus S, 1989. Interpentadal variability of temperature and salinity at intermediate depths of the North Atlantic Ocean, 1970—1974 versus 1955—1959[J]. *J Geophys Res*, **94**: 6091-6131.

Li Chongyin, 1998. The quasi-decadal oscillation of air-sea system in the northwestern Pacific region[J]. *Adv Atmos Sci*, **15**: 31-40.

Li Chongyin, Zhou W, Jia X L, Wang X, 2006. Decadal/interdecadal variations of the Ocean temperature and its impacts on the climate[J]. *Adv Atmos Sci*, **23**(6): 964-981.

Li G, Li C Y, Tan Y K, Bai T, 2012. Seasonal Evolution of Dominant Modes in South Pacific SST and Relationship with ENSO[J]. *Adv Atmos Sci*, **29**: 1238-1248. Doi: 10.1007/s00376—012—1191—z.

Li Gang, Li Chongyin, Tan Yanke, Wang Xin, 2014. Observed relationship of boreal winter South Pacific tripole SSTA with eastern China rainfall during the following spring[J]. *Journal of Climate*[J]. **27**: 8094-8106. DOI:10. 1175/JCLI—D—14—00074. 1.

Li Gang, Li Chongyin, Tan Yanke, 2014. The interdecadal changes of the South Pacific sea surface temperature in the mid—1990s and their connections with ENSO[J]. *Adv Atoms Sci*, **31** (1): 66-84. Doi:10. 1007/s00376—013—2280—3.

Mantua N J, Hare S R, Zhong Y, et al, 1997. A Pacific interdecadal climate oscillation with impacts on salmon production [J]. *Bull Amer Meteor Soc*, **78**: 1069-1079.

McCartney M S, Gurry R G, Bezedk H F, 1997. The interdecadal warming and cooling of Labrador Sea Water[J]. *ACCP Notes* Ⅳ: 1-11.

Mysak L A, 1995. Decadal-scale variability of ice cover and climate in the Arctic ocean and Greenland and Iceland seas[M].

*Natural Climate Variability on Decadal-to-Century Time Scales*. Washington, D. C. : National Research Council, National Academy Press.

Nicholso S E, 1995. Variability of African rainfall on interannual and decadal time scales[M]. *Natural Climate Variability on Decadal-to-Century Time Scales*, 32-43. Washington D. C. : National Research Council, National Academy Press.

Reason C J C, Allan R J, Lindesay J A, 1996. Evidence for the influence of remote forcing on interdecadal variability in the southern Indian Ocean[J]. *J Geophys Res*, **101**: 11867-11882.

Tanimoto Y N, Iwasaka K Hanawa, Toba Y, 1993. Characteristic variations of sea surface temperature with multiple time scales in the North Pacific[J]. *J Climate*, **6**: 1153-1160.

Thompson D W J, Wallace J M, 1998. The Arctic Oscillation signature in the wintertime geopotential height and temperature fields[J]. *Geophys Res Lett*, **25**: 1297-1300.

Trenberth K E, Hurrelle J W, 1994. Decadal atmosphere-ocean variations in the Pacific[J]. *Climate Dynamics*, **9**: 303-319.

Wallace J M, Smith C, Bretherton C S, 1992. Singular value decomposition of wintertime sea surface temperature and 500-mb height anomalies[J]. *J Climate*, **5**: 561-576.

Walsh J E, Chapman W L, Shy T L, 1996. Recent decrease of sea level pressure in the central Arctic[J]. *J Climate*, **9**: 480-486.

Wang Xin, Li Chongyin, 2006. Interdecadal variation of the relationship between Indian rainfall and SSTA modes in the Indian Ocean[J]. *Inte. J Climate*, **26**: 595-606.

Ward M N, Folland C K, 1991. Prediction of seasonal rainfall in the north Nordeste of Brazil using eigenvectors of sea surface temperature[J]. *Int J Climate*, **11**: 711-743.

WCRP, 1995. CLIVAR Science Plan: A Study of Climate Variability and Predictability[C], Report No. 89, World Climate Research Programme, Geneva: 157.

Weaver A J, Sarachik E S, 1991. Evidence for decadal variability in an ocean general circulation model: An advective mechanism[J]. *Atmos-Ocean*, **29**: 197-231.

White W B, Peterson R, 1996. An Antarctic Circumpolar Wave in surface pressure, wind, temperature and sea ice extent [J]. *Nature*, **380**: 699-702.

Xie S-P, Tanimoto Y, 1998. A Pan-Atlantic decadal climate oscillation[J]. *Geophys Res Lett*, **25**: 2185-2188.

Yuan Yuan, Li Chongyin, 2008. Decadal variability of the IOD—ENSO relationship[J]. *Chinese Science Bulletin*, **53** (11): 1745-1752.

Zhang R H, Levitus S, 1997. Structure and cycle of decadal variability of upper-ocean temperature in the North Pacific[J]. *J Climate*, **10**: 710-727.

Zhang Y, Wallace J M, Battisti D S, 1997. ENSO-like decade-to-century scale variability: 1900—1993[J]. *J Climate*, **10**: 1004-1020.

Zhou W, Wang X, Zhou T J, et al, 2007. Interdecadal variability of the relationship between the East Asian winter monsoon and ENSO[J]. *Meteorol Atmos Phys*. Doi: 10. 1007/s00703-007-0263-6.

# 12 气候的可预报性问题

气候变化及其原因都十分复杂，气候变化的信号又同气候“噪声”混在一起，而且“噪声”还会随时间增长，这就存在着能不能预报未来气候的问题，或者说能够在多大程度上预报未来的气候。这也可以认为是气候的可预报性问题。

## 12.1 大气运动的可预报性

严格来讲，可预报性应该是人们对大气运动预报的可能程度。这里的“程度”一词既包含人们往往最注意的预报时效，同时也包括预报的空间范围。因为只有对一定的空间尺度而论，预报时效才有较完善的意义。

从流体运动来讲，在湍流流体（大气涡旋相对基本风系亦可视为湍流）的黏性足够小的情况下，随着时间的推移，流体中的湍流可接近于 Markov（随机）过程。也就是说，湍流的概率分布并不取决于它早先的状态，这时初始状态对其后已不再存在影响。换句话说，这时初始场问题（预报）已变得没有意义，预报将失效。这样的时间就是预报的时效，也可称其为可预报性的极限。

关于大气运动的可预报性问题，人们已从统计学和动力学（模拟试验）的角度进行了不少研究。在这一节里将就几个问题作简要的分析讨论。

### 12.1.1 可预报性与运动的周期性

根据对可预报性问题的一些理论研究，在不十分严谨的情况下，可以认为，周期性变化的系统是完全可预报的；而非周期性变化系统是不完全可预报的，若对时效特别长而论则是完全不可预报的。

根据统计学原理，考虑等时间间隔的离散序列 $x(t)$ 和 $y(t)$，其预报量 $y(t_1)$ 具有一个先验（气候性的）概率分布；若给定了一种前提状态，还应有一个后验概率分布。当且仅当先验概率分布和后验概率分布恒等的时候，把 $y(t_1)$ 称为不可预报的；若这两种概率之间有一定的差别，则称之为部分可预报的；当且仅当后验概率退化成必然事件时，$y(t_1)$ 才被称之为完全可预报的。通常，人们往往考虑平均的情况，那么如果先验和后验的概率分布的平均值相等，则 $y(t_1)$ 称为平均不可预报的；如果它们的平均值存在差别，则是部分地平均可预报的。

周期性是运动再出现的特性。一个时间序列的谱函数若为一非减函数，它可以分解为具有不同性质的三个非减函数的和，若其中一个是阶梯函数，它将对应着有限的可数的线谱，其相应的序列被定义为周期的。对一个绝对连续函数，其导数是谱密度的函数，它所对应的序列则定义为非周期的。另一方面，从序列的协方差来看，当滞后接近于零时，协方差不趋于零，则为周期性分量；反之，若协方差趋近于零，则为非周期性分量。

Lorenz(1973)研究了可预报性与周期性的关系问题。以线性预报为例，令 $y(t)$ 表示任一要预报的时间序列，$x_1(t),\cdots,x_M(t)$ 表示预报因子的各个序列，那么可以有方程

$$\hat{y}(t+\tau)=\sum_{i=1}^{M}a_i x_i(t) \tag{12.1.1}$$

其中 $\tau$ 是预报的时效，$\hat{y}$ 是 $y$ 是预报值，$a$ 是一个使预报均方误差达最小的系数，并且满足线性方程

$$\sum_{j=1}^{M}a_j\overline{x_i(t)x_j(t)}=\overline{x_i(t)y(t+\tau)},\qquad i=1,\cdots,M \tag{12.1.2}$$

这里横线表示对时间 $t$ 取平均。

一般地，物理系统总不能被完全观测，所观测的只是有限个因变量，并且只在有限区域和有限时段内。这样，就存在着有限个不同的观测状态，可用 $S_1,\cdots,S_M$ 表示之。令 $x_1(t),\cdots,x_M(t)$ 是上述状态的特征函数，则当观测状态为 $S_i$ 时，$x_i(t)=1$，否则 $x_i(t)=0$。对于确定的一个 $i$ 值，在任何时刻 $t$ 都有 $x_i(t)=1$，那么

$$\sum_{i=1}^{M}x_i(t)\equiv 1 \tag{12.1.3}$$

方程(12.1.1)中出现的常数项也就可以去掉。由于系统状态 $S_i$ 有先验概率 $P_i$，则

$$\overline{x_i}=P_i \tag{12.1.4}$$

而且有

$$\overline{x_i^2}=P_i \tag{12.1.5}$$

考虑到两种状态不会同时发生，

$$\overline{x_i x_j}=0,\qquad i\neq j \tag{12.1.6}$$

最后对预报量将有关系式

$$\overline{x_i(t)y(t+\tau)}=P_i\overline{y}_s(\tau) \tag{12.1.7}$$

其中 $\overline{y}_s(\tau)$ 是对在滞后 $\tau$ 时间后状态 $S_i$ 发生的时段内 $y(t)$ 的后验平均。

将式(12.1.5)～(12.1.7)代入(12.1.2)可得到

$$a_i=\overline{y}_s(\tau) \tag{12.1.8}$$

若令 $t$ 时刻系统的状态为 $S_i$，考虑到在 $i\neq I$ 时有 $x_i=1$ 和 $x_i=0$，则由(12.1.1)式可得到预报量

$$\hat{y}(t+\tau)=\overline{y}_I(\tau) \tag{12.1.9}$$

如果个别状态 $S_1$ 在滞后 $\tau$ 时段后经常有同样的 $y$ 值(周期性)，则预报是完全的。如果产生不同的 $y$ 值，而(12.1.9)使均方差减到最小，$\overline{y}_I(t)$ 是事件发生的后验概率，那么(12.1.9)将构成一个最优预报估计。

如果序列 $y(t)$ 是非周期变化的，在无限滞后的情况下，$y(t)$ 序列的协方差趋近于零。因此，

$$\lim_{\tau\to\infty}[\overline{x_i(t)y(t+\tau)}-\overline{x}\overline{y}]=0 \tag{12.1.10}$$

由式(12.1.4)和(12.1.8)有

$$\lim_{\tau\to\infty}\overline{y}_I(\tau)=\overline{y} \tag{12.1.11}$$

这样,无限范围的先验概率和后验概率是相等的,无论在作预报时其状态 $S_i$ 是否占有优势,$y(t)$都是平均不可预报的。

因此,一个非周期地变化着的物理系统,对其没有完全的观测,则它在任何范围都将是不完全可预报的,如果范围无限大,它就是完全不可预报的。

### 12.1.2 可预报性与空间尺度

已有的一些研究表明,动力学不稳定和非线性相互作用产生了对大气流型的确定性预报的限制,即出现了可预报性极限。用 GCM 进行的数值模拟试验结果又表明,中纬度地区确定性可预报性的极限对天气尺度约为两个星期,对行星尺度约为四个星期。也就是说,确定性可预报性的极限同空间尺度有密切关系,对于一星期的时间来讲,大气环流的细微结构是不可预报的,但一些大尺度分量却仍是可预报的。

从数值模拟试验的结果可以清楚地看到可预报性同空间尺度的关系。作为例子,图 12.1.1 给出用 GLAS 气候模式对 6 个控制试验和 6 个扰动试验的平均结果(Shukla,1981)。图 12.1.1a 是在 40°～60°N 平均 500 hPa 位势高度的 0～4 波分量的均方根误差随时间的变化,图 12.1.1b 是相应的 5～12 波分量的均方根误差随时间的变化。比较两图的时间演变形势,它们的差异是十分明显的。如果把随机误差的增长曲线与持续性误差曲线相交的位置作为确定性可预报性的极限,那么对天气尺度(5～12 波)来讲,两星期之后即失去了完全可预报性;然而对于行星尺度(0～4 波)来讲,理论的可预报性可以超过一个月。

谈到数值模拟试验结果清楚地表明可预报性同空间尺度有关时,人们自然会问,这是不是由于模式分辨率的影响呢? 有关研究给出了否定的回答。图 12.1.2 是用 ECMWF 的谱模式在不同的水平分辨率($T_{21}$、$T_{40}$ 和 $T_{63}$)情况下分别对 1977 年 1 月 1 日和 1979 年 1 月 16 日为初值所做的数值预报的结果。一般可用 10 d 平均的 500 hPa 高度异常的相关(相关系数大于 60%为可用预报)来判断预报的好坏,那么图 12.1.2 表明,增加分辨率并不完全有利于提高长期预报精度,低分辨率模式有时也可以达到较好的效果。因为对以 1979 年 1 月 16 日为初值的预报来讲,高分辨率模式($T_{63}$)的可预报极限达到了 15 d 左右,而低分辨率模式($T_{21}$)的可预报极限只达到 10 d 左右。然而对于以 1977 年 1 月 1 日为初值的预报来讲,低分辨率模式

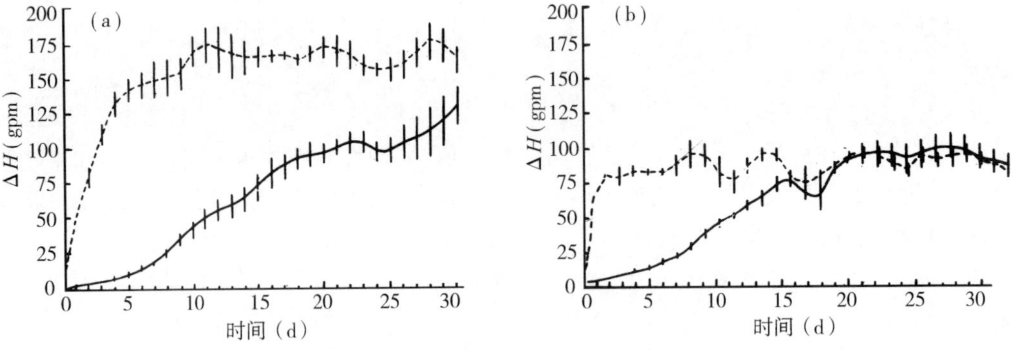


**图 12.1.1** 40°～60°N 平均 500 hPa 位势高度(gpm)的数值模拟均方根误差随时间的变化

(a) 对 0～4 波的平均;(b) 对 5～12 波的平均

(图中虚线表示平均持续性(预报)误差;垂直短线是误差的标准偏差)

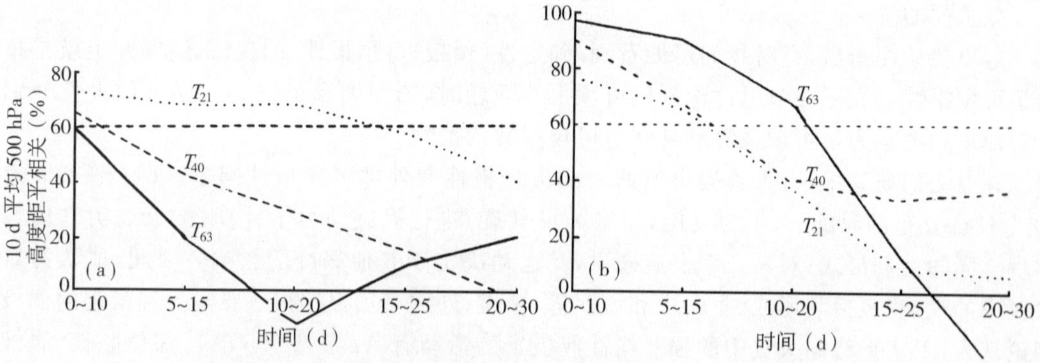


**图 12.1.2** 不同分辨率模式（$T_{21}$，$T_{40}$ 和 $T_{63}$）数值预报的 10 d 平均 500 hPa 高度异常相关曲线（引自 Simmons，1983）

(a) 以 1977 年 1 月 1 日为初值；(b) 以 1979 年 1 月 16 日为初值

（$T_{21}$）的可预报极限却达到了近 20 d，而高分辨率模式（$T_{63}$）却还不到 10 d。

一般来讲，低分辨率模式只有较大尺度的误差，高分辨率模式有小尺度的误差。用高分辨率模式可以较好地描写小尺度运动，使小尺度预报的时间增长；然而小尺度的误差也会使得大尺度运动出现误差，稍大尺度的误差又会造成更大尺度的误差，这样下去，随着时间的增长，误差会逐渐波及到大尺度。同样，若先在大尺度上出现误差，也会在小尺度引起误差，最后在全域出现误差。这种误差的传递特性，可能是在长期预报中可预报性同模式分辨率关系不是很大的原因。

### 12.1.3 可预报性的若干提法

自从 20 世纪 60 年代 Lorenz(1963a；1969)提出大气的可预报性问题，已有许多人从不同的角度和针对不同的对象研究了可预报性(Leith 和 Kraichnan，1972；Charney 和 Shukla，1981；Lorenz，1982；Shukla，1983；Lorenz，1984)。在这些研究中出现了各种有关大气可预报性的提法，其中有的提法有相同的意义，而有的虽有不同的含义，却又容易产生混淆。在这一节里我们专门对大气可预报性的各种提法进行分析讨论，并给予合理的归并。

动力学可预报性和外(边界)强迫可预报性是人们提得比较多的说法，从一系列的研究结果来看，它们也是大气可预报性的两种基本分类。动力学可预报性就是早期最引起人们注意的小的误差随时间增长，最后导致预报失效的问题。前面已经指出，引起误差增长、导致确定性预报失效的主要原因是动力学不稳定和非线性相互作用。因此将这种可预报性称为动力学可预报性还是比较合适的。

数值模拟试验已经表明，在固定边界条件下，初始条件对于一个月以上的时间尺度已没有可预报性，更长时间的可预报性主要依赖于缓慢改变的边界条件。同时，随着外强迫(例如海温异常和大气中 $CO_2$ 含量增加等)对大气环流和气候异常的影响问题的突出，所谓外(边界)强迫可预报性问题也就自然地产生了。最早的有关 $CO_2$ 含量加倍的气候效应(辐射强迫异常)的数值模拟研究(Manabe 和 Wetherald，1975)以及大气对海温异常强迫响应的数值模拟结果(Shukla 和 Wallace，1983)都十分清楚地表明，大气对外强迫的响应是造成一定形势的大气环流和气候异常的重要原因。对于长期天气和气候的变化及预测来讲，外强迫可预报性具有十分重要的意义。

这里要顺便指出,有时我们可能看到"确定性(预报)可预报性"的提法,这实际上就是指动力学可预报性。在下一节里讨论气候可预报性问题时,第一类和第二类气候可预报性分别属于上面提到的动力学可预报性和外强迫可预报性的范畴。

在过去的研究中,有人曾提出所谓内部可预报性和外部可预报性问题。Leith(1983a)用20个任意分布的涡旋(一半为气旋,一半为反气旋)进行涡旋动力学计算,结果表明它们各自出现不同的运动形式,对某一个涡旋来讲,其运动决定于其他涡旋的影响。因此,他认为对于大气中的气旋(包括其形成、生命史和填塞等)来讲,外部可预报性很重要。大气阻塞的偶极子理论认为,阻塞形势同大气中的强非线性偶极子的活动有关(参见5.5节)。而对三个偶极子的演变所做的试验表明,纯偶极子随时间没有什么明显变化;有小浮漂的偶极子已有变形,但仍大致保持着原来的基本形态;有大浮漂的偶极子经过一段时间却完全不能维持原有形态(图12.1.3)。可见偶极子的结构对演变起重要作用,进而可认为对于阻塞形势来讲,内部可预报性更为重要。

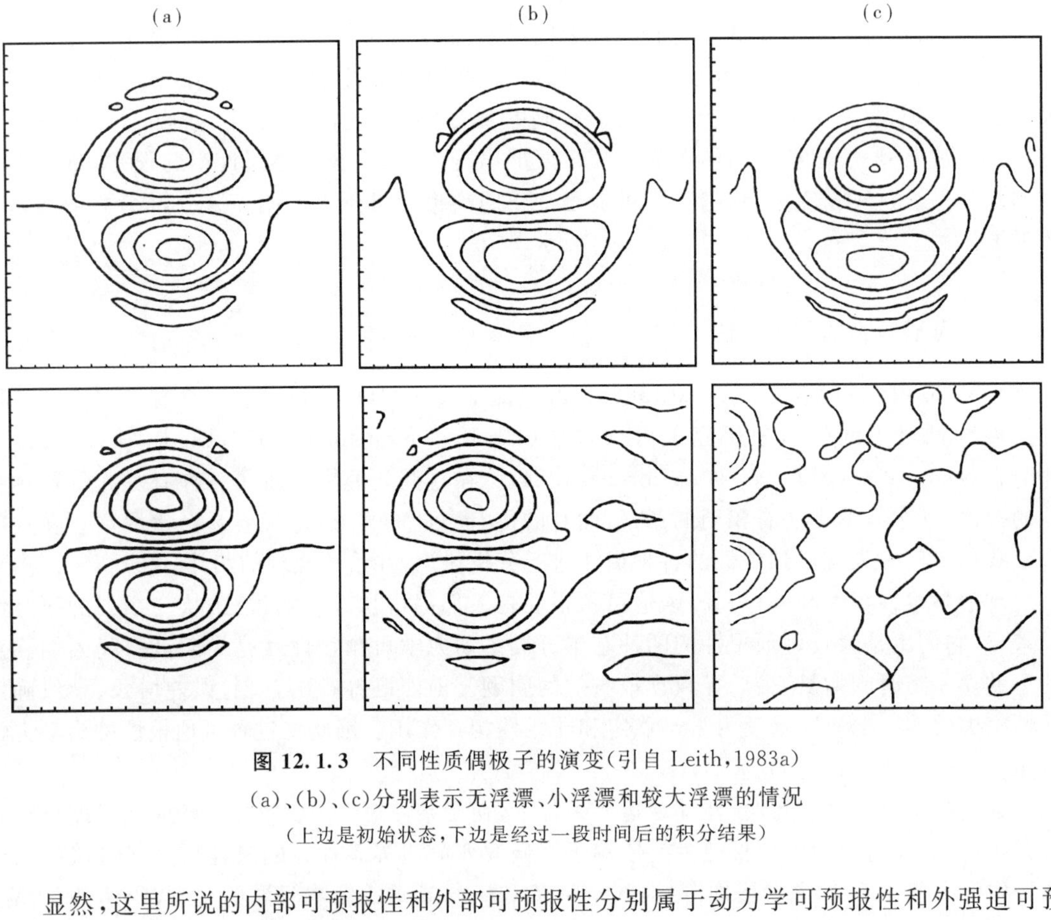


**图 12.1.3** 不同性质偶极子的演变(引自 Leith,1983a)

(a)、(b)、(c)分别表示无浮漂、小浮漂和较大浮漂的情况

(上边是初始状态,下边是经过一段时间后的积分结果)

显然,这里所说的内部可预报性和外部可预报性分别属于动力学可预报性和外强迫可预报性,不用内部和外部可预报性的提法更为恰当。

国外在讨论大气运动的可预报性时还提出过所谓经典可预报性分析(classical predictability analysis)和量子可预报性分析(quantum predictability analysis)的问题(Leith,1983b),

这并不是可预报性问题的本身，而是对其研究方法的一种说法。实际上可以认为上述两种提法都是针对动力学可预报性的研究，因为所谓经典可预报性研究，在于确定小误差随时间增长的平均速度，并认为这种误差增长率可以根据观测资料进行估计，也可以用模式做模拟试验。另一方面，把准稳定状态之间的相互转换称之为可预报性的量子理论，并把解释大气环流阻塞形势的多平衡态理论和偶极子理论作为量子理论的两种不同方法，同其物理本质不太相宜。尽管大气是一个非线性系统，其非线性过程（包括多平衡态及其转换、强非线性的偶极子活动等）同可预报性有重要关系，但是把可预报性就据此而分为经典理论和量子理论还是值得讨论的问题。

总之，从大量的研究来看，把大气可预报性分为动力学可预报性和外强迫可预报性能较好地反映其物理本质，是较为恰当的。前面已经指出，动力学可预报性问题是动力学不稳定和非线性相互作用所导致预报失效而产生的；外强迫可预报性问题不仅有外强迫源与大气系统间的相互作用，同样也包括大气中的非线性相互作用。在研究方法上，既可以通过对观测资料的统计分析来确定可预报性，也可以用模式进行数值模拟试验，当然，后者以其客观和方便而愈来愈受到重视。

由于大气可预报性同运动的时间尺度和空间范围（包括地理位置）有密切关系，在大气可预报性问题中出现所谓气候可预报性、行星尺度和天气尺度可预报性以及所谓局地可预报性和总体可预报性，都是自然而合理的。在对可预报性进行模式研究的时候，还会出现所谓平均可预报性和瞬时可预报性的问题。前者是模式的系统误差，或气候漂移问题；后者则是初始状态的动力学结构对可预报性的影响问题（Shukla，1985）。

## 12.2 气候的可预报性

Lorenz（1975）把气候的可预报性分为两类，第一类可预报性是初始误差（扰动）随时间的增长问题，直接与大气统计性质的预报有关，主要表现为按时间顺序预报气候状态的可能程度；第二类可预报性是指外强迫发生变化后，气候变化的模拟和预报能力。

### 12.2.1 第一类气候可预报性

第一类气候可预报性实际上就是关于确定性预报的时效问题，因为预报时效总会存在极限，超过这个极限时，因误差太大预报将毫无意义。由于在确定初始状态时不可避免地会产生误差，而这些误差又必然随时间增长，尤其是这些误差还会向低频谱段传播，从而使局地性小范围的误差变为全局性误差，气候状态因此而发生改变，预报只在某时段内（时效极限）是确定性的。这与一般的确定性“短期”或“中期”天气预报相类似，预报误差达到一定程度后，预报成为无用的或无意义的。这里我们利用 NCAR 大气环流模式的数值试验结果来看一下初始误差随模式积分时间的增长情况（图 12.2.1）。试验中仅在 13.5 km 高度层上分别引进纬向风的小扰动（振幅为 1 $m \cdot s^{-1}$和 3 $m \cdot s^{-1}$），试验得到的纬向风和温度的全球均方根误差都随时间明显增大，尤其是在积分的初始阶段。在 13.5 km 高度纬向风出现 1 $m \cdot s^{-1}$的误差应该是很小的，但 15 d 之后全球均方根纬向风误差已超过 4.0 $m \cdot s^{-1}$，全球均方根温度误差也超过

2.0℃,充分显示了微小误差随时间的急速增长。显然,即便使用较完善的模式,并有较好的初始场,非常微小的误差也使预报存在时效极限,更何况是一般的观测资料,加之预报模式又不能完全符合实际大气的演变。这样就不仅存在可预报性的上界问题,还有模式和资料对其影响的问题。

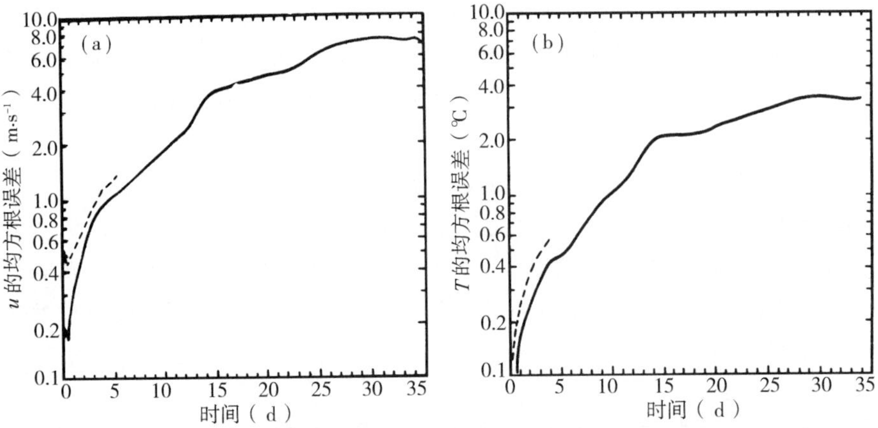


**图 12.2.1**　NCAR 大气环流模式试验中,13.5 km 高度层纬向风误差所引起的纬向风(a)和温度(b)的全球(包括 6 个模式层)均方根误差增长(引自 Williamson 和 Kasahara,1971)

(图中实线和虚线分别是初始误差为 1 m·s$^{-1}$和 3 m·s$^{-1}$的情况)

图 12.2.2 是以 500 hPa 高度的均方根误差表示的不同预报方法所做预报的误差示意图,图中分别显示了持续性预报、气候推测、现用模式预报和理想化模式预报的误差增长情况。虽然是对天气预报的可预报性而言的,但也可作为第一类气候可预报性的图示。可以看到模式预报一般会优于持续性预报和气候性推测,而现用模式预报与可预报性的理论极限之间还有一段差距。图 12.2.3 给出的是预报误差能量谱随着时间的增长情况,可以看到,随着时间的推移,初始观测误差逐渐增大,而且误差由大波数(小尺度)转向小波数(大尺度)。

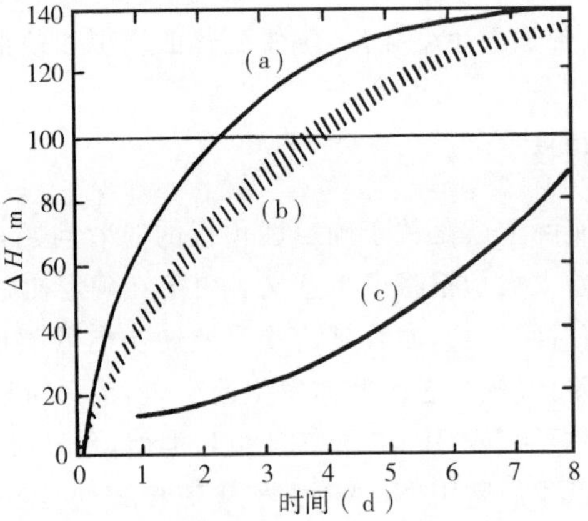


**图 12.2.2**　500 hPa 高度的均方根误差的增长示意图

(a) 持续性预报;(b) 现有模式预报;(c) 理想化模式预报

关于误差随时间增长的第一类气候可预报性问题,也有人将其称为动力学可预报性

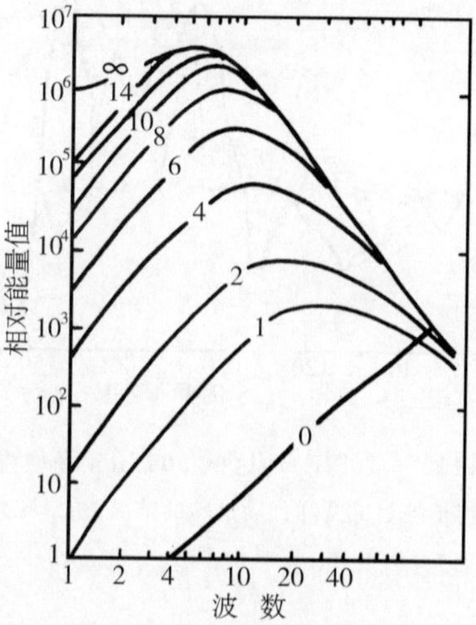


**图 12.2.3** 预报误差能量谱随时间的增长率(引自 Somerville,1976)
(图中的数值表示预报时间(d))

(Shukla,1981)。图 12.2.4 和 12.2.5 分别给出了用 GLAS 气候模式所作的数值试验结果,试验中分别用了 1975 年 1 月 1 日和 1976 年 1 月 1 日作初始条件,以便看一下不同气候基本态的影响。除了控制试验外,针对初始场各有两个扰动试验,它们是在所有 9 层的 $u$ 和 $v$ 分量上加进随机扰动后的积分结果,加进的两个扰动场各不相同,但都保持着平均为零的 Gauss 分布及相同的标准偏差(3 m·s$^{-1}$)。无论图 12.2.4 所示的(22°～38°N,10°W～45°E)地区平均的海平面气压随时间的变化,还是图 12.2.5 所示的(38°～58°N,110°～165°E)地区 500 hPa 平均温度随时间的变化,都清楚地表明,同控制试验相比较,初始的随机扰动都造成了模拟的误差,而且误差随时间明显增长。同时,初始随机误差所引起的模拟误差的增大并不是线性的,非线性演变特征十分清楚。1975 年 1 月 1 日和 1976 年 1 月 1 日两类初始场的结果相比较,尽管细节不同,但扰动误差随时间增大的特征是一致的;同样,随机误差的分布不同,所得到的误差演变虽有不同,但都是随时间增大的,增长率也差不多。

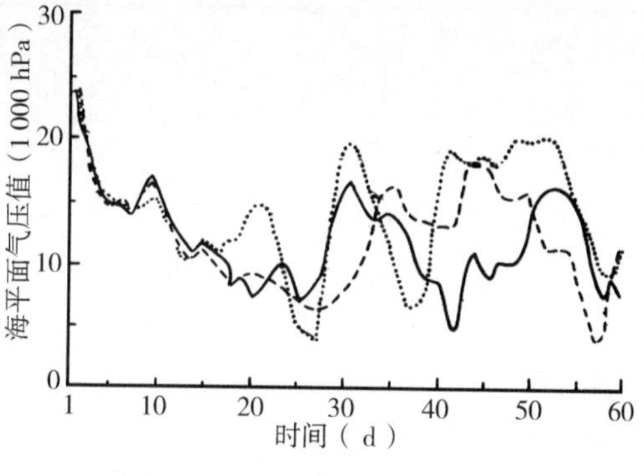


**图 12.2.4** 在(22°～38°N,10°W～45°E)地区的平均海平面气压值随积分时间的变化
(图中实线和虚线分别是控制试验和扰动试验的结果,初始场为 1975 年 1 月 1 日)

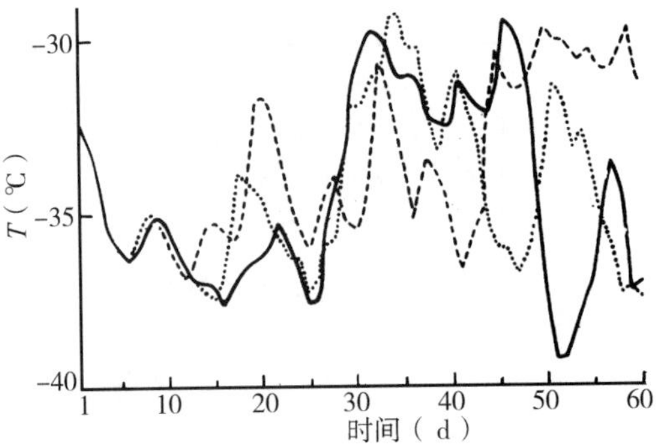


**图 12.2.5**　在(38°～58°N,110°～165°E)地区的 500 hPa 平均温度($T$)随积分时间的变化

(图中实线和虚线分别是控制试验和扰动试验的结果,初始场为 1976 年 1 月 1 日)

### 12.2.2　第二类气候可预报性

大气是一个开放系统,同外界存在着能量及其他交换。如果把外界的各种影响看成外强迫的话,气候状态则是大气运动与外强迫共同作用的产物。由于外强迫的改变,尤其是一些持续性的外强迫异常,必然使大气环流和气候状态发生变化。怎样估计以及在多大程度上可以较好地估计出这种异常外强迫的影响,将是第二类气候可预报性问题。对于这个问题,一般都用数值模拟的办法进行数值试验,看模式大气对外强迫源的响应及其敏感性。用两层全球大气环流模式,Gates(1976)对 18 000 年前的 7 月气候状态进行了数值模拟,18 000 年前冰期的平均地面边界条件和现在的平均地面边界条件如表 12.2.1 所示,可以看到有很大的差异存在。这样的不同外界条件是否对应着不同的数值模拟气候态呢? 图 12.2.6 是模拟试验得到的纬向平均的降水率和蒸发率的分布,显然,冰期和现在虽然有类似的纬向基本特征,例如降水率在赤道附近地区最强,而在副热带地区存在相对弱区,但两种气候态的差异也很清楚,尤其是在热带地区。

**表 12.2.1**　冰期(18 000 年前)和现在的区域平均地面边界条件

| 变　量 | 冰　期 | | 现　在 | | 全球差 |
|---|---|---|---|---|---|
| | 北半球 | 南半球 | 北半球 | 南半球 | (冰期－现在) |
| 冰盖面积($10^6$ km$^2$) | 31.7 | 17.2 | 4.3 | 13.1 | 31.5 |
| 海冰面积($10^6$ km$^2$) | 9.7 | 34.5 | 10.4 | 19.8 | 14.0 |
| 陆地面积($10^6$ km$^2$) | 84.5 | 37.3 | 97.6 | 35.6 | －11.4 |
| 海面和湖面($10^6$ km$^2$) | 129.1 | 166.0 | 142.7 | 186.5 | －34.1 |
| 海面温度(℃) | 22.2 | 15.8 | 23.0 | 16.9 | －1.0 |
| 地表反照率 | | | | | |
| 　海面 | 0.062 | 0.063 | 0.065 | 0.064 | 0.002 |
| 　非海面 | 0.331 | 0.568 | 0.184 | 0.410 | 0.152 |
| 　整个下垫面 | 0.195 | 0.240 | 0.118 | 0.157 | 0.080 |
| 地面海拔高度(m) | 963 | 892 | 737 | 915 | 152 |

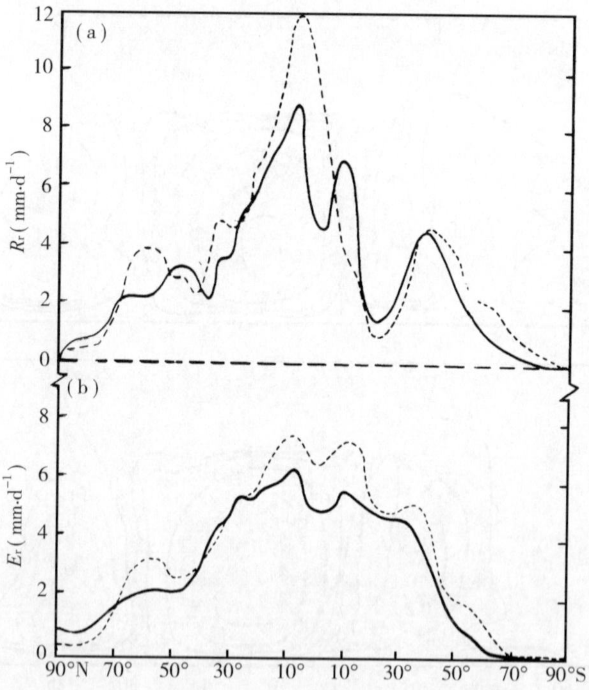


**图 12.2.6** 数值模拟得到的冰期(18 000 年前)和现在的 7 月纬向平均降水率 $R_r$(a)和蒸发率 $E_r$(b)的分布(引自 Gates,1976)

(实线和虚线分别表示冰期和现在的情况)

类似地,Manabe 和 Hahn(1977)用 GFDL 的 11 层初始方程全球格点模式也进行了冰期的热带气候数值模拟。在模拟试验中,18 000 年前的地球轨道参数、海岸线、地形、地面反照率和海面温度均取了与现在不同的数值。图 12.2.7 是平均经向环流的流函数模拟结果,显然在冰期和现在都模拟出了存在着三个经圈环流的特征,但其位置和强度存在一定的差异,特别是在冰期有比现在更强的 Hadley 环流。

如果比较一下上述两个关于冰期气候的数值模拟结果,就会发现它们存在着不小的差异,甚至有矛盾的地方,这从图 12.2.6 和 12.2.7 也可以看到。在图 12.2.6 中,在 0°～15°N 地区,冰期的降水率明显低于现在,表明在那里现在有比冰期大得多的上升运动;然而在图 12.2.7 中,那里冰期有比现在更强的上升运动。这种不同的甚至矛盾的结果,一方面是边界条件的不尽相同产生的,同时模式的影响也是十分重要的。我们在这里同时给出两个模式对冰期气候的数值模拟情况,其重要目的之一也就在于指出,完善的数值模式对于研究第二类气候可预报性是十分重要的。

尽管两个数值模拟研究的结果并不一致,但有一点仍是值得注意和重视的,即改用冰期的下垫面边界条件,都能够模拟出与现在很不相同的冰期气候状态。换句话说,模式气候对外强迫的改变是敏感的,可以用数值模拟的方法研究外强迫异常对气候的影响,即第二类气候可预报性。

一般地,我们可以把长期气候变化粗略地分成两部分,即自然变化和某种外强迫源的影响。自然变化部分实际上也是各种各样的条件(包括外界条件)共同决定的,因其复杂性,自然变化的规律可能难于掌握。但是,如果能够搞清楚某种外强迫(例如大气中 $CO_2$ 含量加倍)所

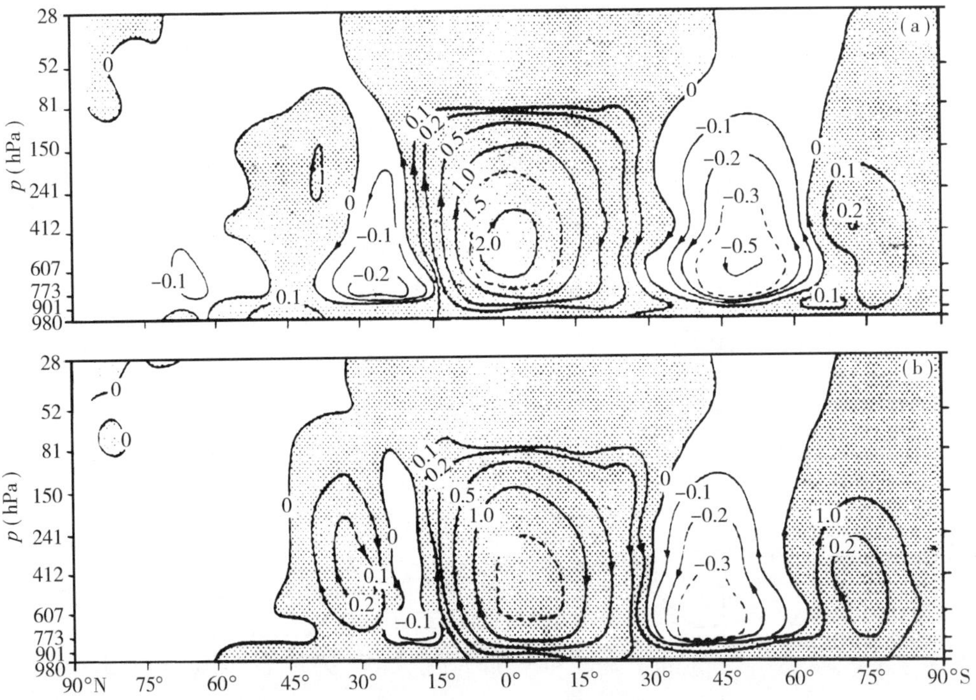


**图 12.2.7** 平均经圈环流的流函数($10^{13}$g·$s^{-1}$)模拟结果(引自 Manabe 和 Hahn,1977)
(a)和(b)分别是冰期(18 000 年前)和现在条件的模拟形势

能造成的影响,那么,对于气候变化及其预报也是十分有意义的。这也正是第二类气候可预报性研究的主要目的。

关于大气对外源强迫的响应问题,我们已经在第 4 章里进行过讨论,并指出外源强迫总会在大气中激发产生一定的遥响应。但是,长期以来,人们一直都认为大气的"记忆"较差,外强迫的影响会在较短的时间内消失。现在看来,情况并非完全如此。在有关大气对海面温度异常的强迫响应的数值模拟试验中,我们发现,大气对外强迫的响应主要是低频遥响应,由于这是通过大气自身动力学过程而产生了准周期振荡型响应,从而使得外强迫的影响可以持续很长的时间,或者说大气的"记忆"(不妨称之为"动力学记忆")实际上并不是很短。另一方面,虽然已有的数值模拟试验表明遥响应主要是 30～60 d 周期的低频遥响应(肖子牛、李崇银,1992;李崇银、龙振夏,1992;李崇银、肖子牛,1993),但是在不同形式的外源强迫作用下,并不排除也会出现以甚低频振荡为主的遥响应。而且这将对大气的"动力学记忆"有更大的意义。图 4.4.8 给出了东亚"寒潮"异常(相当于一种外强迫源)在澳大利亚地区所激发的遥响应的情况,无论是降水率还是纬向风,到 8 个月之后,外强迫影响的振幅仍同开始阶段差不多,足见其影响的持续性,而这种持续性是由准周期振荡所支持的。同样,从冬季黑潮地区 SST 异常所引起的响应场的动能演变中(图 4.4.10),我们也可以发现,在扰动去掉半年之后,三个不同纬度带的 850 hPa 响应场的动能仍然很强,而且动能的时间演变存在着明显的低频振荡特征。

上面的分析表明,在考虑了大气对外强迫的低频遥响应特征之后,大气的所谓"记忆"无疑将比经典的"记忆"要长得多,并且外强迫造成的影响又存在准周期的演变性质。这些对于认识外强迫的影响有重要意义,将使第二类气候可预报性有更加喜人的前景。

# 12.3 非线性动力系统与可预报性

自从 Lorenz(1963b)在一个简单的确定性非线性耗散系统中发现混沌现象以来,特别是从 20 世纪 70 年代中期开始,非线性动力系统的研究进入了一个新的时代,在数学、物理、化学、生物学和地学等各个领域都进行了广泛的研究。人们已经发现,随着系统参数的变化,非线性动力系统的解不仅有稳定与不稳定的差别,而且还会在某些奇异点出现所谓分岔和突变现象;甚至原来的周期解会变成非周期解,最后完全成为混沌状态。从前面已有的讨论可以清楚地看到,气候系统是极其复杂的,气候及其变化实际上是一个非线性耗散系统的状态和行为,气候的可预报性问题也就可以从研究非线性耗散动力系统的性质找到某些答案。因为正如前面所指出的,周期性变化是完全可预报的,而非周期现象是不完全可预报的,对于范围无限大的情况则是完全不可预报的。

## 12.3.1 非线性动力系统的基本性质

大气运动和气候变化都是极其复杂的,要认识它们并考虑它们的可预报性,首先就要看一看描写这些复杂现象的非线性动力系统的基本性质,由于篇幅关系,这里只能联系大气运动作简要讨论,读者要深入了解,可参阅一些专门著作(例如 Velo,1987;刘式达、刘式适,1989 等)。

### *12.3.1.1* 平衡态及其稳定性

作为一个物理学问题,大气的运动亦可简单地用二阶非线性常微分方程描写,即

$$\frac{\mathrm{d}^2 x}{\mathrm{d}t^2}=f(x,\dot{x}) \tag{12.3.1}$$

期中 $f(x,\dot{x})$是作用于空气质点上的力;$\dot{x}=\mathrm{d}x/\mathrm{d}t$ 是质点的速度。显然,质点的空间位置 $x$ 和速度 $\dot{x}$ 就刻画出了这个运动系统的状态,$x$ 和 $\dot{x}$ 所组成的平面也就是相平面。

若令 $y=\dot{x}$,则(12.3.1)式可化为常微分方程

$$\dot{y}=f(x,y) \tag{12.3.2}$$

其解 $x(t)$和 $y(t)$将在相平面$(x,y)$上形成一簇轨线。一般地,可以由(12.3.2)式写出如下方程组

$$\left.\begin{aligned}\dot{x}&=F(x,y)\\ \dot{y}&=G(x,y)\end{aligned}\right\} \tag{12.3.3}$$

因为速度 $\dot{x}$ 和加速度 $\dot{y}$ 都为零的质点将处于静止状态,那么,在相平面上的某点,例如$(x_0,y_0)$,若有 $F(x_0,y_0)=G(x_0,y_0)=0$,则该点就是奇点,也称平衡点。在那里,运动质点处于平衡[状]态。

系统的平衡态相当于相平面中的奇点(平衡点),也就是未受到扰动的状态。假定系统受到扰动,离开平衡态$(x_0,y_0)$一个距离 $\delta x$ 和$\delta y$,即有

$$x=x_0+\delta x,\quad y=y_0+\delta y \tag{12.3.4}$$

由(12.3.3)式可得到线性扰动方程组

$$\begin{bmatrix}\delta\dot{x}\\ \delta\dot{y}\end{bmatrix}=\begin{bmatrix}\frac{\partial F}{\partial x} & \frac{\partial F}{\partial y}\\ \frac{\partial G}{\partial x} & \frac{\partial G}{\partial y}\end{bmatrix}_{(x_0,y_0)}\begin{bmatrix}\delta x\\ \delta y\end{bmatrix}\tag{12.3.5}$$

这里

$$\begin{bmatrix}\frac{\partial F}{\partial x} & \frac{\partial F}{\partial y}\\ \frac{\partial G}{\partial x} & \frac{\partial G}{\partial y}\end{bmatrix}_{(x_0,y_0)}\equiv J$$

可称为 Jacobi 矩阵,它有特征值 $\lambda$。

线性方程组(12.3.5)的解可写成 $e^{\lambda t}$ 的形式,若特征值的实部小于零,即 $\mathrm{Re}\lambda<0$,那么 $\delta x$ 和 $\delta y$ 随时间减小,平衡态是稳定的;若至少有一个特征值 $\mathrm{Re}\lambda>0$,则平衡态是不稳定的。在相平面上,对应于发散型轨线的奇点是不稳定的,对应于辐合型轨线的奇点是稳定的。

*12.3.1.2* 吸引子

类似于上面的讨论,对于三维自治动力系统

$$\left.\begin{aligned}\dot{x}&=f_1(x,y,Z)\\ \dot{y}&=f_2(x,y,Z)\\ \dot{Z}&=f_3(x,y,Z)\end{aligned}\right\}\tag{12.3.6}$$

也有平衡点使得 $f_1(x_0,y_0,Z_0)=f_2(x_0,y_0,Z_0)=f_3(x_0,y_0,Z_0)=0$;而且其 Jacobi 矩阵的三个特征值的实部也会有都为负或都为正的情况,对于三个特征值都为负值的情况,其平衡点就叫做吸引子;对三个特征值都为正的情况,其平衡点叫做排斥子。

一般可以将吸引子归纳分为四类,即定常吸引子、周期吸引子、准周期吸引子和奇异吸引子(混沌吸引子)。图 12.3.1 反映了随时间衰减的系统状态变化的定常吸引子的特征。对于一个对流系统,其二维控制方程和边界条件可分别写成

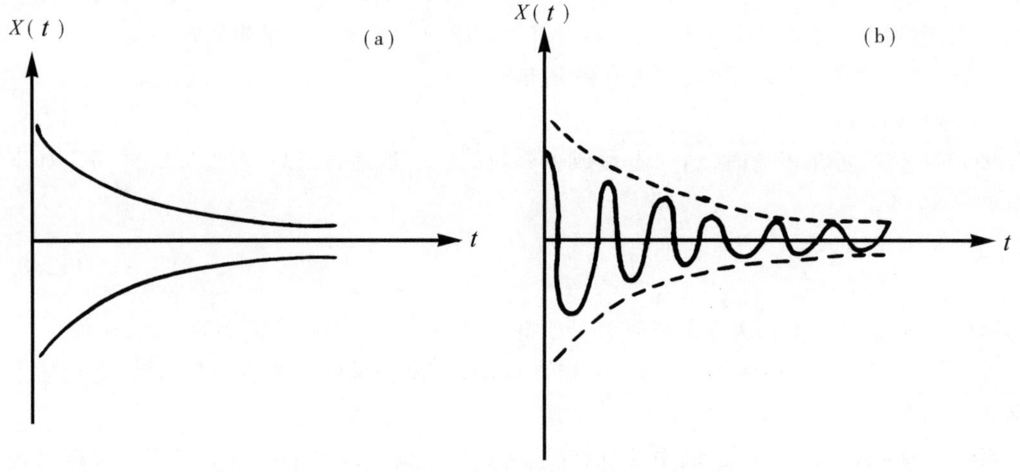


**图 12.3.1** 定常吸引子结点(a)和焦点(b)状态随时间的变化

$$\frac{\partial \Delta\psi}{\partial t}=-\mathrm{J}(\psi,\Delta\psi)+\sigma\frac{\partial\theta}{\partial x}+\sigma\Delta^2\psi \tag{12.3.7}$$

$$\frac{\partial\theta}{\partial t}=-\mathrm{J}(\psi,\theta)+R\frac{\partial\psi}{\partial x}+\Delta\theta \tag{12.3.8}$$

(在以上两式中,有条件:$t>0,0<x<\frac{2\pi}{a},0<Z<\pi$)

和

$$\left.\begin{array}{ll}\psi=\Delta\psi=\frac{\partial\theta}{\partial x}=0, & \text{当 } x=0 \text{ 及 }\frac{2\pi}{a}\\ \psi=\Delta\psi=\theta=0, & \text{当 } Z=0 \text{ 及 } \pi\end{array}\right\} \tag{12.3.9}$$

这里 $\psi$ 和 $\theta$ 分别是流函数和温度偏差,$R$ 和 $\sigma$ 分别是 Rayleigh 数和 Prandtl 数,$a$ 是对流体的尺度参数,$\Delta\equiv\frac{\partial^2}{\partial x^2}+\frac{\partial^2}{\partial Z^2}$。

将 $\psi$ 和 $\theta$ 作 Fourier 展开,即令

$$\psi=\sum\psi_{mn}(t)\sin amx\sin nZ$$
$$\theta=\sum\theta_{mn}(t)\cos amx\sin nZ$$

并考虑到边界条件(12.3.9),我们可得到关于 $\psi_{mn}$ 和 $\theta_{mn}$ 的演化方程组。这里不去具体求解,只给出在($\psi_{11}$,$\theta_{11}$)相平面上对应的四种吸引子的相轨迹(图 12.3.2),它们分别是定常吸引子、周期吸引子、准周期吸引子和奇异吸引子(Lorenz 吸引子)。

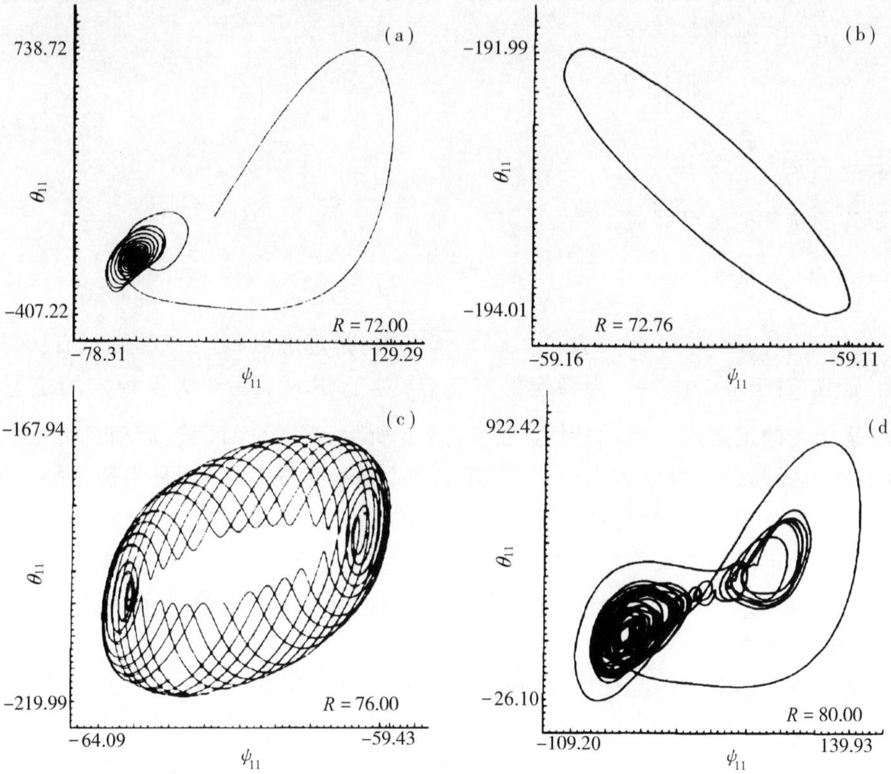


**图 12.3.2** 四类吸引子的相轨线(引自 Yang,1986)

(a) 定常吸引子;(b) 周期吸引子;(c) 准周期吸引子;(d) 奇异吸引子

### 12.3.1.3　分岔和突变

对于一个非线性系统,分岔和突变也是极为重要的特性。下面我们用最简单的大气运动来讨论这个问题。

在讨论大气大尺度水平惯性运动的非线性稳定性的时候,我们曾得到如下方程组(李崇银,1986):

$$\left.\begin{aligned} v&=\frac{\mathrm{d}\xi}{\mathrm{d}t} \\ \frac{\mathrm{d}v}{\mathrm{d}t}&=f\left[\alpha+\mu\xi+\frac{1}{2}\beta\xi^2+\frac{1}{6}\gamma\xi^3+\cdots\right] \end{aligned}\right\} \tag{12.3.10}$$

其中

$$\alpha=\bar{u}(y_0)-u(y_0)$$

$$\mu=-\left(f-\frac{\partial\bar{u}}{\partial y}\right)$$

$$\beta=\frac{\partial^2\ \bar{u}}{\partial y^2}$$

$$\gamma=\frac{\partial^3\ \bar{u}}{\partial y^3}$$

$$\xi=\delta y$$

如果基本气流的涡度在经向呈线性分布,$\beta=0$;而在初位置时刻($y_0$)纬向气流与地转纬向气流完全一样,$\alpha=0$,则有方程组

$$\left.\begin{aligned} v&=\frac{\mathrm{d}\xi}{\mathrm{d}t} \\ \frac{\mathrm{d}v}{\mathrm{d}t}&=f\left(\mu+\frac{1}{6}\gamma\xi^2\right)\xi \end{aligned}\right\} \tag{12.3.11}$$

其 Jacobi 矩阵的特征值 $\lambda$ 可写成

$$\lambda=f\mu+\frac{1}{2}f\gamma\xi^2 \tag{12.3.12}$$

对于 $\gamma<0$ 的情况,若 $\mu>0$,则 $\xi=0$ 及 $\xi=\pm\sqrt{-6\mu/\gamma}$均是定态点;若 $\mu<0$,则只有$\xi=0$是定态点。而且很显然,对于 $\mu<0$,$\xi=0$ 为稳定的定态点;对于 $\mu>0$,$\xi=0$ 为不稳定的定态点,$\xi=\pm\sqrt{-6\mu/\gamma}$是稳定的定态点。运动特性如图 12.3.3 所示,在 $\mu<0$ 区域,运动只有一个稳定的定态;而在 $\mu>0$ 区域,运动可以有三个定态,其中两个是稳定的,另一个是不稳定的。因此,惯性稳定度参数 $\mu$ 由负变成正时,运动在 $\xi=0$ 处出现失稳,发生一种超临界分岔,运动由一个稳定态变成为两个稳定态和一个不稳定态。

图 12.3.3 所示的一类分岔也称为叉型分岔,不同的非线性系统可以存在不同的分岔,例如切分岔和 Hopf 分岔等。

如果基本气流在南北方向为非线性分布,可令 $\beta=0$,而 $\gamma\neq0$,由(12.3.10)式可得到:

$$\left.\begin{aligned} \frac{\mathrm{d}\xi}{\mathrm{d}t}&=v \\ \frac{\mathrm{d}v}{\mathrm{d}t}&=f\alpha+f\mu\xi+\frac{1}{6}f\gamma\xi^3 \end{aligned}\right\} \tag{12.3.13}$$

为简便起见，取 $\mu=3,\gamma=-6$，运动稳定性问题可以退化为求解方程

$$-\xi^2+3\xi+\alpha=0 \tag{12.3.14}$$

显然，当 $\alpha=-2$ 时，$\xi=-2$ 及 $\xi=1$ 是定态点；$\alpha=2$ 时，$\xi=2$ 及 $\xi=1$ 是定态点。在 $|\alpha|>2$ 的区域，(12.3.14)有一个实根，表明运动只有一个定态；而在 $|\alpha|<2$ 的区域，(12.3.14)有三个实根，即运动有三种定态。而且对于 $|\xi|>1$，其运动为稳定态，对于 $|\xi|<1$，其运动为不稳定态。对于上述情况，运动特性可由图 12.3.4 所示，其中曲线 $BC$ 表示不稳定的状态，$AB$ 和 $CD$ 都是稳定的定态。当 $\alpha$ 由负值逐渐变为正值时，运动处于稳定的定态(曲线 $AB$)，但当 $\alpha$ 为某一特殊值时(图 12.3.4 中 $\alpha=2$)，运动发生突变，由定态点 $B$ 跃变到定态点 $D$；相反地，当 $\alpha$ 由正值逐渐变为负值时，运动亦会有突变，由定态点 $C$ 跃变到定态点 $A$。图 12.3.4 表示的突变特征，一般称之为尖形突变。

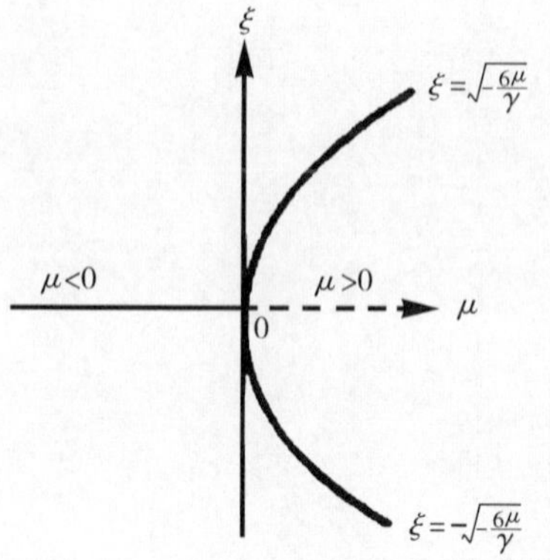


**图 12.3.3** 非线性水平运动的分岔

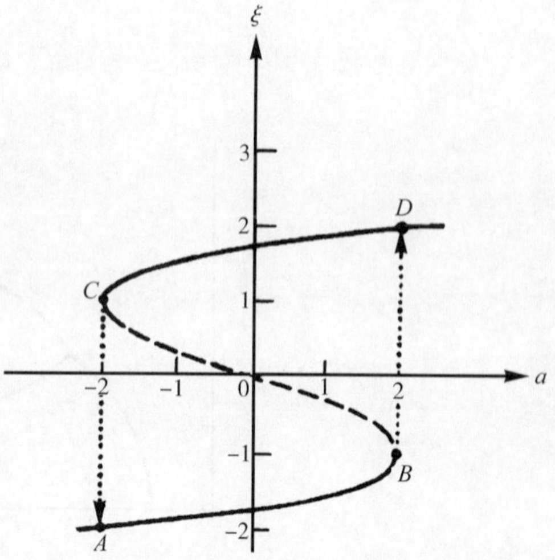


**图 12.3.4** 非线性水平运动的突变

*12.3.1.4* 混沌

1963 年，气象学家 Lorenz 从流体力学方程出发，通过低阶截谱而得到三个一阶常微分方程组。虽然这个方程是确定性的，带有控制参数 Rayleigh 数，但是当 Rayleigh 数大于 24.74 之后，数值计算的解出现了非周期的混乱结果，也就是出现了所谓 Lorenz 吸引子。它表明微小的扰动可以被"放大"并影响到宏观行为，出现非周期的不规则振荡，导致在一个确定性系统中，解的长期行为的不确定性。后来，在许多力学、化学和生物系统中都发现有非常类似的由周期运动变为非周期不规则运动的情形。1978 年，Feigenbaum 在研究中不仅发现了通过倍分岔达到混沌的过程，而且有一个普适常数(后来就称其为 Feigenbaum 常数)，达到这个普适常数，就会产生倍周期分岔，并进而产生混沌。图 12.3.5 是 Lorenz 系统(对流方程)的数值解 $Y$ 随时间($\Delta t$)的变化情况，图 12.3.6 是由分岔到倍周期分岔再到混沌的示意图，由此我们可以直观地看到由一个定常解演变为混沌解的情形。

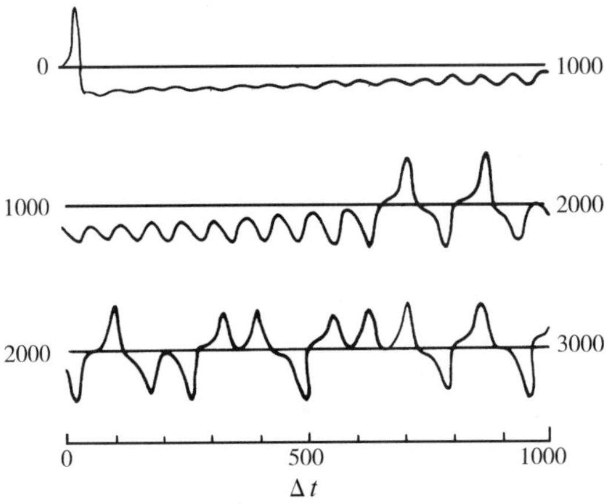


**图 12.3.5**　对流方程的数值解 $Y$ 随时间($\Delta t$)的变化(引自 Lorenz,1963b)

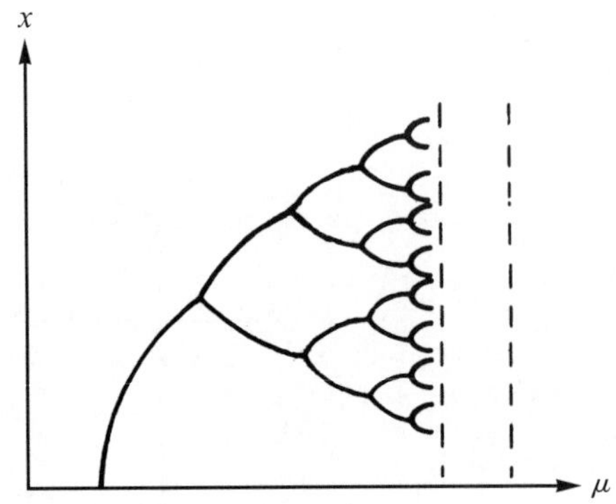


**图 12.3.6**　分岔——倍周期分岔——混沌(模型 $x_{n+1}=\mu x_n(1-x_n)$ 的一维映射)

### 12.3.2　气候变化的非线性特征

气候变化同其他大气运动和演变一样是极其复杂的,非线性相互作用和非线性演变是其基本性质。大家都有这样的经验,在日常的天气或气候预报中,预报员很难从过去的历史资料中找到同现时很一致的天气或气候形势,也就是说,要重复出现某种天气或气候形势是很困难的事情,更不要说周期性地重复出现。这表明气候变化和天气变化一样是非线性系统的行为,要预报是相当困难的。

在第 4 章里我们已经讨论过大气中的各种非线性相互作用激发产生大气季节内振荡的问题,包括基本气流与波动的相互作用、波和波的相互作用、多平衡态及其转换、孤立子和偶极子的作用等,同样也包括外强迫(例如地形强迫)波与大气自由波的非线性共振相互作用对大气低频波的激发。我们知道,大气季节内振荡是短期(月和季)气候变化的主要表现和机制,因此,那些讨论无疑从另一个侧面反映了气候变化的非线性特征。

根据由相空间轨线估计气候吸引子维数的方法(Fraedrich,1986),确定出气候吸引子的分数维,可以定量地从一个侧面表征出气候演变的非线性特征。取 79 年(1911—1989 年)

**表 12.3.1**　几种资料序列给出的气候吸引子的分数维(引自 Liu 和 Zheng,1990)

| 序列 | 时间滞后 | 距离阈 | 嵌入维数 | | | | | | |
|---|---|---|---|---|---|---|---|---|---|
| | | | 4 | 6 | 8 | 10 | 12 | 14 | 16 |
| A | 3 | 0.1 | 2.97 | 2.97 | 2.97 | 2.97 | 2.96 | 2.97 | 2.96 |
| | 3 | 1.0 | 3.98 | 3.98 | 3.99 | 3.97 | 3.98 | 3.97 | 3.99 |
| | 4 | 3.0 | 4.63 | 4.62 | 4.64 | 4.63 | 4.62 | 4.66 | 4.63 |
| | 4 | 4.0 | 4.73 | 4.77 | 4.65 | 4.78 | 4.65 | 4.61 | 4.66 |
| B | 3 | 0.1 | 2.57 | 2.70 | 2.70 | 2.66 | 2.68 | 2.70 | 2.68 |
| | 3 | 1.0 | 3.62 | 3.86 | 3.87 | 3.66 | 3.76 | 3.75 | 3.80 |
| | 4 | 3.0 | 4.22 | 4.35 | 4.33 | 4.56 | 4.55 | 4.46 | 4.47 |
| | 4 | 4.0 | 4.53 | 4.44 | 4.23 | 4.35 | 4.56 | 4.51 | 4.55 |
| C | 3 | 0.1 | 2.21 | 2.34 | 2.54 | 2.48 | 2.49 | 2.33 | 2.46 |
| | 4 | 3.5 | 4.01 | 4.55 | 4.33 | 4.28 | 4.53 | 4.23 | 4.36 |
| | 3 | 4.0 | 3.87 | 4.02 | 4.35 | 4.22 | 4.32 | 4.39 | 3.76 |

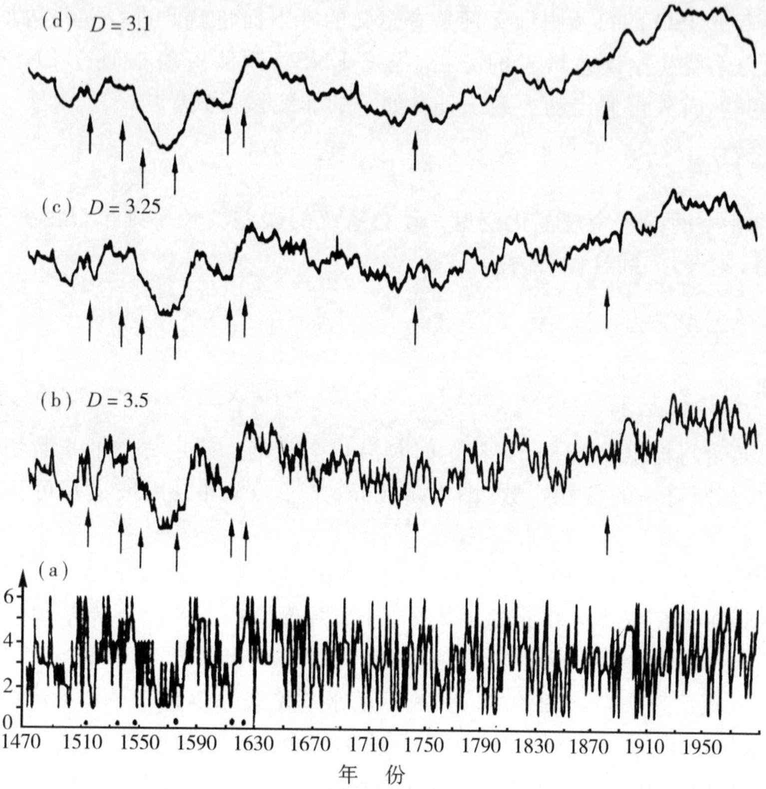


**图 12.3.7**　对气候资料序列 B 用不同分数维 $D$ 进行过滤的结果(引自 Liu 和 Zheng,1990)
(a) 原资料序列;(b) $D=3.5$ 的过滤结果;(c) $D=3.25$ 的过滤结果;(d) $D=3.1$ 的过滤结果

中国主要地区年平均温度资料(A)、519 年(1470—1988 年)中国主要地区的年降水量资料(B)和 265 年(1724—1988 年)北京 7 月的降水资料(C),分别对其进行 3～16 嵌入维的处理,便可在较合理的参数范围确定出它们各自的气候吸引子的分数维来,表 12.3.1 给出了 A、B 和 C 三个序列在不同情况下的分数维估计结果。可以看到,这些资料序列都显示出其气候吸引子的分数维在 2.2～4.8 之间(取不同时间滞后和不同的距离阈)。这些结果清楚地表明,气候变化显示了相当复杂的非线性系统的行为。

图 12.3.7 是用不同分数维($D$)过滤资料序列 B 所得到的各种结果。显然,分数维 $D$ 的值越小,资料序列将变得越平滑。因此,对于不同形势的气候演变,尤其是不同时间尺度的气候变化,其吸引子的分数维差别很大,在气候变化的研究方法上可采用不同的途径。

### 12.3.3 ENSO 的可预报性探索

在第 7 章里已经讨论了 ENSO 这一重要的由大尺度海气相互作用产生的大气和海洋异常现象,当然也是年际时间尺度气候异常(变化)的重要表现。关于 ENSO 循环的动力学机制虽有一些研究,但尚未真正搞清楚,对于 ENSO 的预报更是尚未解决的问题。从多年平均来讲,ENSO 的周期虽可以说为 3.5 年左右,但它并没有固定的周期,短可以为 2 年,而长可到 7 年;另外,ENSO 的发生同海气间的非线性相互作用有密切关系。因此,从非线性动力系统行为的分析来探索 ENSO 的可预报性无疑是有意义的。下面将就此进行一些初步讨论。

基于对动力系统初始误差增长的分析,根据 ENSO 观测资料来研究 ENSO 的可预报性(Fraedrich,1988),首先可假定动力系统具有如下的非线性形式:

$$\frac{\mathrm{d}x_i}{\mathrm{d}t}=f_i(x_i,\cdots,x_n),\qquad i=1,2,\cdots,n \tag{12.3.15}$$

这里 $x_i$ 是 $n$ 维相空间的 $n$ 个规范化变量。动力系统的误差增长率则可以由关于微小偏差 $\delta x$ 的一系列($i=1,2,\cdots,n$)线性微分方程

$$\frac{\mathrm{d}\delta x_i}{\mathrm{d}t}=\sum_{j=1}^{n}A(i,j)\delta x_j \tag{12.3.16}$$

来决定。其中 $A(i,j)=\left.\frac{\partial f_i}{\partial x_i}\right|_{(x_1,\cdots,x_n)}$ 是(12.3.15)式中函数 $f_i(x_1,\cdots,x_n)$ 的 Jacobi 矩阵;而 $A(i,j)$ 的特征向量将提供误差 $\delta x_i$ 在给定时刻沿相空间某一确定方向的指数增长率。取相当长时间的平均,其所有正的特性指数,即 Lyapunov 指数 $\lambda_i$,可以用来描写可预报性。因为 $\lambda_i$ 之和

$$K=\sum\lambda_i,\qquad \lambda_i>0 \tag{12.3.17}$$

可以表示相空间一个无穷小体积元的平均扩展率,其倒数($1/K$)被称为系统的平均可预报时间尺度。

对于一个观测系列来讲,(12.3.17)式表示的平均增长率等价于单位时间内的平均信息产生量,即所谓 Kolmogoroff 熵。但是这样的系统不完全与动力系统(12.3.15)一样,例如由某一状态变量的时间序列(某要素的观测)构成的系统

$$x_i=x(t_0+i\Delta t),\qquad i=1,2,\cdots,N \tag{12.3.18}$$

其中 $t_0$ 是观测的起始时刻,$\Delta t$ 是观测时间间隔,$N$ 表示序列的长度。

状态时间序列(12.3.18)式包含着原系统变量的痕迹,因此若引入一个时间滞后 $\tau$,便可

构造一个 $m$ 维相空间 $R^m$，并在此空间中恢复原来的动力系统，即

$$x_m(t_i)=\{x(t_i),x(t_i+\tau),\cdots,x[t_i+(m-1)\tau]\} \tag{12.3.19}$$

而且已经证明(Taken,1981)，只要嵌入维数 $m$ 足够大，使得能容纳所有吸引子，重建的系统(12.3.19)就可保留原来动力系统的几何性质。同时，通过计算时间序列的全部成对独立变量的累积数分布 $C_m(l)$，可以确定系统的可预报性。而

$$C_m(l)=\frac{1}{N}\sum\Theta[l-r_{ij}(m)],\qquad N\to\infty,\quad l\to 0 \tag{12.3.20}$$

其中 $\Theta(y)$ 是 Heaviside 函数，当 $y>0$ 或 $<0$ 时，$\Theta(y)=0$ 或 1；

$$r_{ij}(m)=|x_m(t_i)-x_m(t_j)| \tag{12.3.21}$$

是吸引子上相点 $x_m(t_i)$ 和 $x_m(t_j)$ 之间的距离。也有人称 $C_m(l)$ 为关联函数，描写相空间 $R^m$ 中的吸引子上两点之间距离小于 $l$ 的概率。对于足够大的 $m$，当 $N\to\infty$，$l\to 0$ 时，$C_m(l)$ 可以近似表示成

$$C_m(l)\sim l^{D_2}\mathrm{e}^{-m\tau K_2} \tag{12.3.22}$$

其中 $K_2$ 是 Kolmogoroff 二阶熵。这样，我们便可以由关联函数求得吸引子的维数 $D_2$ 和可预报性 $1/K_2$，因为

$$D_2\sim\frac{\ln C_m(l)}{\ln l} \tag{12.3.23}$$

$$K_2\sim\frac{1}{\tau}\frac{\ln C_m}{C_{m+1}} \tag{12.3.24}$$

这里的参数 $D_2$ 和 $K_2$ 就是研究系统行为和可预报性问题的两个常用量。

100 年(1884—1983 年)的南方涛动指数(SOI)资料序列($\tau=1$ 年)因满足 Gauss 分布，按上述概念可求得其关联函数为

$$C_m(x)=\mathrm{prob}\{|x_m(t_i)-x_m(t_j)|^2\leqslant x^2\}=P(x^2|_m) \tag{12.3.25}$$

而对应的 Kolmogoroff 熵和关联维数分别是

$$\left.\begin{aligned}K_2&=\frac{1}{\tau}\ln\frac{P(x^2|_m)}{P(x^2|_{m+1})}=\infty\\ D_2&=\frac{\mathrm{d}\ln P(x^2|_m)}{\mathrm{d}\ln x}=m,\qquad \text{当 } l=x\to 0 \text{ 时}\end{aligned}\right\} \tag{12.3.26}$$

这里 prob$\{y\}$ 表示 $y$ 的概率。

很不幸，按照上述系统和分析，ENSO 的可预报性趋近于零，难以对其进行预报。但是对于描写南方涛动指数的另外序列，例如用 8 个测站的气压进行加权平均，这样一个系统的关联函数分布曲线如图 12.3.8 所示。可以看到，对于随机过程，吸引子的维数是随嵌入维数的增加而增加的，对于 $D_2\approx m=20$，有较小的可预报性时间尺度(1～2 年)；然而对于较大间隔的情况(例如 $\ln l>3.5$)，可以有 $D_2\approx 4\sim 5$，其可预报性时间尺度($1/K_2$)可达 15 年。这样看来，预报像 ENSO 这样的复杂系统的行为也是可能的。

ENSO 不仅在 SOI 上有明显的反映，单独的达尔文月平均气压距平(DP)、达尔文与塔希提之间月平均气压距平的差值(DTP)对 ENSO 也有清楚的指示意义。但这种月平均资料无疑包含着相对 ENSO 来讲比较高频的成分(噪声)，为此还可以分别进行 3 个月、6 个月或 9 个月的加权滑动平均，以消除一定的噪声。对 DP 系列来讲，滑动平均后即有 3 个新序列 DP3、DP6 和 DP9。按照前面对 SOI 序列的同样办法，可以求得 DP、DP3、DP6、DP9 和 DTP 五个系

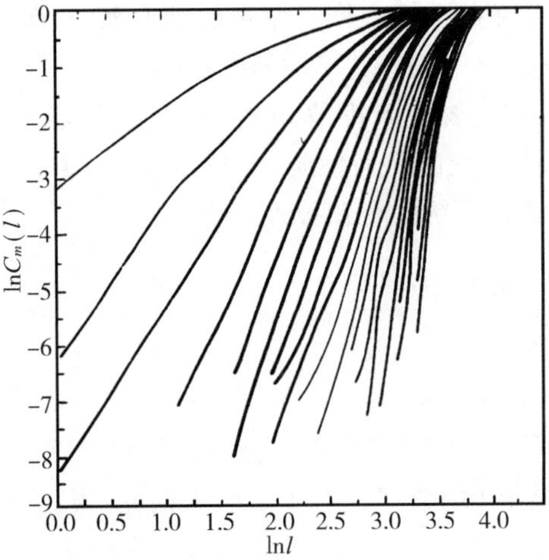


**图 12.3.8** 由 8 个站的气压的加权平均(1884—1983 年)表示的 SOI 序列的累积分布函数($\tau$=3 年,$|t_i-t_j|>5$ 年)形式(引自 Fraedrich,1988)

**表 12.3.2** 系统的维数、熵和可预报尺度(引自杨培才、陈烈庭,1990)

| 系 统 | 关联维数($D_2$) | 饱和嵌入维数($m_\infty$) | 平均可预报性 | |
|---|---|---|---|---|
| | | | $K_2$ | $T_p$(mon) |
| DP | 6.8±0.1 | 15 | 0.089±0.002 | 11 |
| DP3 | 6.2±0.1 | 15 | 0.036±0.001 | 28 |
| DP6 | 5.7±0.1 | 14 | 0.030±0.001 | 33 |
| DP9 | 5.5±0.1 | 14 | 0.048±0.001 | 21 |
| DTP | 6.6±0.1 | 15 | 0.066±0.001 | 15 |

统的关联维数 $D_2$、饱和嵌入维数 $m_\infty$ 和平均可预报性 $T_p(1/K_2)$,它们分别列于表 12.3.2 中。

由表 12.3.2 可见,各个系统的关联维数都在 5~7 之间,且非整数,表明与 ENSO 相伴的气压变化时间序列描写了一个具有有限个自由度的混沌系统,而且是十分复杂的非线性系统。显然,对 DP 和 DTP 来讲,可预报时间尺度只有 1 年左右;对于 DP3、DP6 和 DP9 来讲,可预报时间尺度为 2 年左右。

上述分析表明,ENSO 可视为一个复杂的非线性动力系统的行为,要预报它是相当困难的;同时,即使是这样的混沌系统,仍有其统计特性可以利用,也存在一定的可预报性。

# 参考文献


李崇银,1986. 大气水平运动的稳定性[J]. 大气科学,**10**:240-249.

李崇银,龙振夏,1992. 冬季黑潮增暖对我国东部汛期降水影响的数值模拟研究[C]// 气候变化若干问题研究. 北京:科学出版社:145-156.

李崇银,肖子牛,1993. 大气对外强迫低频遥响应的数值模拟——Ⅱ. 对欧亚中纬度“寒潮”异常的响应[J]. 大气科学,**17**:

523-531.

刘式达，刘式适，1989. 非线性动力学和复杂现象[M]. 北京：气象出版社.

肖子牛，李崇银，1992. 大气对外强迫低频遥响应的数值模拟，Ⅰ. 对赤道东太平洋 SSTA 的响应[J]. 大气科学，**16**：707-717.

杨培才，陈烈庭，1990. 厄尔尼诺/南方涛动的可预报性[J]. 大气科学，**14**：64-71.

Charney J G，Shukla J，1981. Predictability of monsoons. *Monsoon Dynamics*[M]. Cambridge University Press：99-109.

Feigenbaum J J，1978. Quantitative universality for a class of nonlinear transformations[J]. *J Statist Phys*，**19**：25-52.

Fraedrich K，1986. Estimating the dimensions of weather and climate attractors[J]. *J Atmos Sci*，**43**：419-432.

Fraedrich K，1988. El Nino/Southern Oscillation predictability[J]. *Mon Wea Rev*，**116**：1001-1012.

Gates W L，1976. The numerical simulation of ice-age climate with a global general circulation model[J]. *J Atmos Sci*，**33**：1844-1873.

Leith C E，Kraichnan R H，1972. Predictability of turbulent flows[J]. *J Atmos Sci*，**29**：1041-1058.

Leith C E，1983a. Predictability of coherent structures. *Long-Range Forecasting Research Publications*. Series No. 1[C]：136-141，WMO.

Leith C E，1983b. Predictability in theory and practice. *Large-Scale Dynamical Processes in the Atmosphere* [M]. Academic Press：365-383.

Liu Shida，Zheng Zuguang，1990. Some nonlinear characters of the climate. *Annual Report of the LASG*[C]：176-183.

Lorenz E N，1963a. The predictability of hydrodynamic flow. *Trans. New York Acad. Sci.*，Series No. 2[C]：409-432.

Lorenz E N，1963b. Deterministic nonperiodic flow[J]. *J Atmos Sci*，**20**：130-141.

Lorenz，E N，1969. Atmospheric predictability as revealed by naturally occurring analogues[J]. *J Atmos Sci*，**26**：636-646.

Lorenz E N，1973. Predictability and periodicity：Review and prospect. *Third Conference on Probability and Statistics in Atmospheric Science*[C]：1-4.

Lorenz E N，1975. Climate predictability，Appendix 2. 1 in *GARP Publ. Ser.*，No. 16，WMO Geneva[C]：265.

Lorenz E N，1982. Atmospheric predictability experiments with a large numerical model[J]. *Tellus*，**34**：505-513.

Lorenz，E N，1984. Some aspects of atmospheric predictability. *Problems and Prospects in Longer and Medium Range Weather Forecasting*[M]，1-20. Springer-Verlag.

Manabe S，Wetherald R T，1975. The effects of doubling the $CO_2$ concentration on the climate of a general circulation model [J]. *J Atmos Sci*，**32**：3-15.

Manabe S，Hahn D G，1977. Simulation of the tropical climate of an ice-age[J]. *J Geophys Res*，**83**：3889-3911.

Shukla J，1981. Dynamical predictability of monthly means[J]. *J Atmos Sci*，**38**：2547-2572.

Shukla J，1983. On physical basis and feasibility of monthly and seasonal prediction with a large GCM. *Long-Range Forecasting Research Publications*，Series No. 1[C]：142-153，WMO.

Shukla J，1985. Predictability[J]. *Adv in Geophys*，**28**：87-122.

Shukla J，Wallace J M，1983. Numerical simulation of the atmospheric response to equatorial Pacific sea surface temperature anomalies[J]. *J Atmos Sci*，**40**：1613-1630.

Simmons A J，1983. Dynamical prediction：Some results from operational forecasting and research experiments at ECMWF. *Long-Range Forecasting Research Publications*[C]，Series No. 1：187-206，WMO.

Somerville R C J，1976. Atmospheric metapredictability. *Weather Forecasting and Weather Forecasts：Models，Systems and Users*[C]：682-696.

Taken F，1981. Detecting strange attractors in turbulence. *Dynamical Systems and Turbulence*[M]：366-381. Springer-Verlag.

Velo G，1987. *Regular and Chaotic Motion in Dynamical System*[M]. Plenum.

Williamson D，Kasahara A，1971. Adaptation of meteorological variables forced by updating[J]. *J Atmos Sci*，**28**：1313-1328.

Yang Peicai，1986. Some dynamical features of high-dimensional Lorenz system. *Proceedings of International Summer Colloquium on Nonlinear Dynamics of the Atmosphere* [M]. Beijing：Science Press：139-153.

# 13 人类活动与气候变化

人类生活在一定的气候条件之下，而人类活动却又不断地改变乃至破坏人类自身赖以生存的环境，包括气候。尤其是工农业生产、城市的扩展和人口的增长所造成的大气中 $CO_2$、$CH_4$ 等微量和痕量气体含量的增加，给全球气候造成了严重的影响。因此，人类活动对气候的影响问题已成为当代气候研究的最重要课题之一。

## 13.1 温室气体和气溶胶

地球气候主要是地气系统吸收进入其中的太阳辐射能而在辐射平衡条件下形成的，辐射能的吸收和放射都同大气成分有关，因此，大气中的化学成分及其变化必将改变大气的辐射平衡，从而影响气候变化。大气中的一些微量和痕量气体，如二氧化碳($CO_2$)、甲烷($CH_4$)、氯氟化合物(CFC-11 和 CFC-12 等)及一氧化二氮($N_2O$)等，可以通过温室效应使得地球大气温度升高，人们就把它们称为温室气体。大气中温室气体的含量变化虽然也有自然的原因，但人类活动对其有极重要的影响，有的温室气体(如 $CFC_S$)完全是人类活动的产物。人类活动改变大气中温室气体的含量，是其影响气候变化的主要途径。表 13.1.1 是工业化以来大气中几种主要温室气体的演变情况，从中可以清楚地看到它们每年都在增加的事实。

**表 13.1.1** 人类活动对大气中几种主要温室气体的影响(引自 Watson 等，1990)

| | $CO_2$ | $CH_4$ | CFC-11 | CFC-12 | $N_2O$ |
|---|---|---|---|---|---|
| 工业化前(1750—1800 年)含量 | 280 ppmv | 0.8 ppmv | 0 | 0 | 288 ppmv |
| 现在(1990 年)含量 | 353 ppmv | 1.72 ppmv | 280 pptv | 484 pptv | 310 ppbv |
| 现在年增加率 | 1.8 ppmv (0.5%) | 0.015 ppmv (0.99%) | 9.5 pptv (4%) | 17 pptv (4%) | 0.8 ppbv (0.25%) |
| 在大气中的寿命(年) | 50～200 | 10 | 65 | 130 | 150 |

注：ppmv＝$10^{-6}$体积分数

ppbv＝$10^{-9}$体积分数

pptv＝$10^{-12}$体积分数

### 13.1.1 大气中的 $CO_2$

$CO_2$ 是大气中的重要吸收气体，既能吸收太阳短波辐射，又能吸收和发射长波辐射(见第 3 章)。大气中的 $CO_2$ 含量比较均匀，尤其是在对流层。海洋是 $CO_2$ 最重要的贮藏器，大气和海洋间的交换对大气 $CO_2$ 的含量起到重要的控制作用;同时地球表面的森林是大气 $CO_2$ 的另一重要汇。自 1958 年开始在夏威夷的冒纳罗亚火山进行的观测表明,在过去 30 年里大气中的 $CO_2$ 含量增加了近 70 ppmv,年平均增长率约为 0.4%(图 13.1.1)。人们普遍认为大气中 $CO_2$ 含量的增加是大量燃烧矿物燃料(煤和石油等)以及大量砍伐森林造成的,因为在工业化之前的很长一段时间里大气中 $CO_2$ 的浓度大致稳定在 280±10 ppmv。图 13.1.2 是过去 250 年里大气 $CO_2$ 浓度的变化,显然,在 1800 年之后 $CO_2$ 浓度开始明显增加,而且增加速度越来越快。

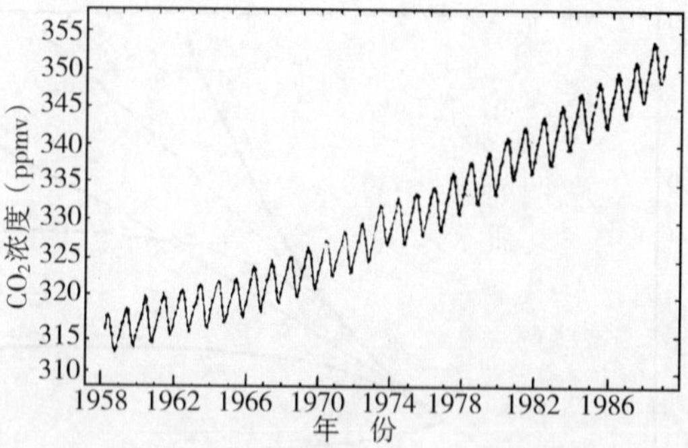


**图 13.1.1** 在冒纳罗亚火山观测到的大气中 $CO_2$ 月平均浓度的变化(引自 Keeling 等,1989)

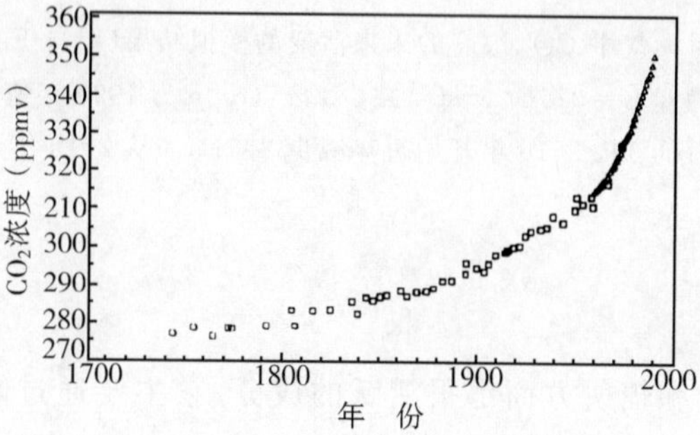


**图 13.1.2** 过去 250 年里大气中 $CO_2$ 浓度随时间的变化(引自 Watson 等,1990)

(图中"□"表示根据南极冰核所确定的值;"△"表示在冒纳罗亚火山的直接观测值)

我们知道,历史上大气中 $CO_2$ 的浓度也曾有增加和减少的情况,我们把它看成是自然界碳循环的长期起伏现象。那为什么又认为近百多年来大气中 $CO_2$ 浓度的增加主要是人类活动的影响呢?首先,冰核资料的分析清楚地表明,自然变化的最大强度是在 1 000 年内平均约 280 ppmv,比近 100 年内变化 10 ppmv 要小。而近 150 年来的观测资料表明 $CO_2$ 浓度的增加超过 70 ppmv,是从未见过的变化速度;同时,像现在这样的 353 ppmv 的 $CO_2$ 高浓度,在过去 160 000 年间也从未出现过。第二,近期观测到的 $CO_2$ 浓度的增加率同有关矿物燃料燃烧和土地利用的变化情况有很好的关系;而且观测还表明 $CO_2$ 浓度的南北半球差值已由 1960 年的 1 ppmv 增加到 1985 年的 3 ppmv,这也正好同北半球是主要矿物燃料的源地,并且产量在逐年增加的事实相符。

对于未来大气中 $CO_2$ 浓度的变化趋势,人们做了敏感性研究,图 13.1.3 是其计算结果。图中 1990 年以前的浓度是观测值,情况 a 表示从 1990 年开始停止一切人为的 $CO_2$ 排放,那

么由于海洋对 $CO_2$ 的吸收作用,大气中 $CO_2$ 浓度将缓慢降低,2050 年为 331 ppmv,2100 年为 324 ppmv。情况 b 是从 1990 年开始,$CO_2$ 排放量每年减少 2%,大气中 $CO_2$ 浓度增加比较缓慢,2050 年约为 390~400 ppmv。情况 c 表示按 1990 年的排放量继续等值排放 $CO_2$,大气中 $CO_2$ 浓度近乎直线增长,2050 年达到 450 ppmv,2100 年达到 520 ppmv。情况 d 表示 1990 年之后按每年增加 2%排放 $CO_2$,大气中 $CO_2$ 浓度增加非常快,2050 年即达到 575 ppmv,2100 年达到 1 330 ppmv。图中的 b′和 c′表示类似 b 和 c 的情况,但在时间上不是以 1990 年为起始时刻而是以 2010 年为起始时刻。

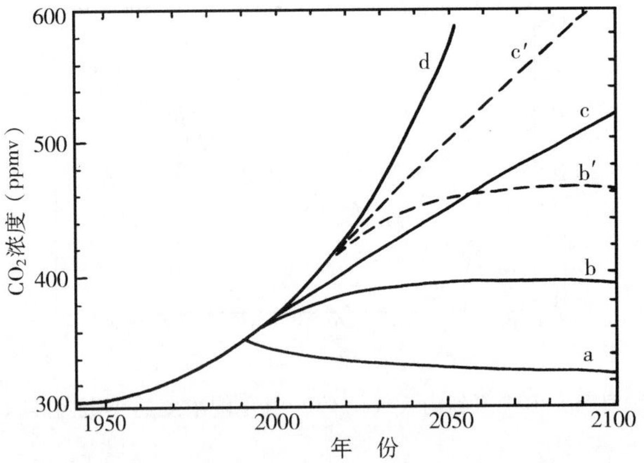


**图 13.1.3** 碳循环模式对大气中 $CO_2$ 浓度的未来演变的模拟结果(引自 Enting 和 Pearman,1987)
(a) 排放量 $p=0$;(b) $p$ 每年减少 2%;(c) $p$ 为 1990 年值不变;
(d) $p$ 每年增加 2%;(b′)从 2010 年开始每年减少 2%;(c′)从 2010 年开始每年同量排放

### 13.1.2 大气中的 $CH_4$

$CH_4$ 是大气中在化学和辐射方面都很活跃的成分,它主要通过缺氧过程而生成,在对流层主要通过与氢氧基(OH)的反应而被清除,这种反应过程是平流层水汽的重要源。因为

$$CH_4+OH \xrightarrow{k} CH_3+H_2O \tag{13.1.1}$$

其中 $k=5.5\times10^{-12}e^{-1\,900/T}$ 是反应速度常数,与温度有关。生物活动是大气中 $CH_4$ 的主要来源,但其过程十分复杂,包括在厌氧微生物作用下有机物的分解以及在某些特殊细菌作用下 $H_2$ 和 $CO_2$ 的化学反应。归纳起来可写成

$$CH_3CH_2OH+H_2O \xrightarrow[\text{无氧环境}]{\text{微生物}} CH_3COO^-+H^++2H_2 \tag{13.1.2}$$

$$4H_2+CO_2 \xrightarrow[\text{无氧环境}]{\text{某些细菌}} CH_4+2H_2O \tag{13.1.3}$$

目前认为与人类活动有关的大气 $CH_4$ 的生物源主要是水稻田和食草家畜。

大气中 $CH_4$ 浓度的增加直到 20 世纪 80 年代才引起人们的注意,自 1983 年开始,WMO 在全球设立了 23 个本底站对 $CH_4$ 的浓度变化进行连续观测。所有观测都得到了十分类似的 $CH_4$ 浓度的季节变化和长期趋势特征,作为一个例子,图 13.1.4 给出了在莫尔德贝[加](76°N)的观测结果。显然,$CH_4$ 浓度的季节变化很明显,秋末有极大值,而春夏有极小值;同

时，随时间有明显增大的趋势。1985 年 7 月开始在中国甘肃省民勤沙漠地区所进行的观测更明显地显示了大气中 $CH_4$ 浓度的增加趋势(图 13.1.5)。事实上，大气中的 $CH_4$ 浓度在过去 200 年以来已经有明显增加的趋势，只是近些年增加得更快。图 13.1.6 是结合冰核资料分析的结果，$CH_4$ 浓度的长期变化反映得很清楚。

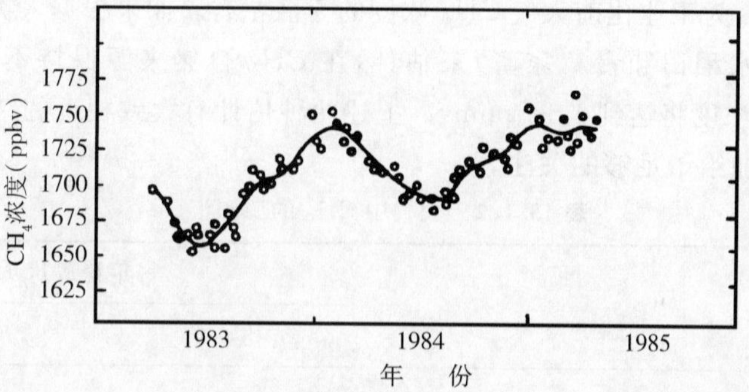


**图 13.1.4**　在莫尔德贝[加]观测的 $CH_4$ 浓度的变化(引自 Steele 等，1987)

(实线为平滑曲线)

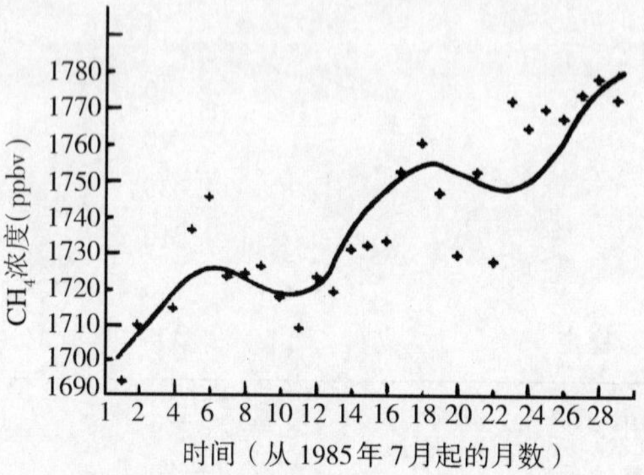


**图 13.1.5**　在中国民勤沙漠地区观测的大气 $CH_4$ 浓度的变化(引自王明星，1989)

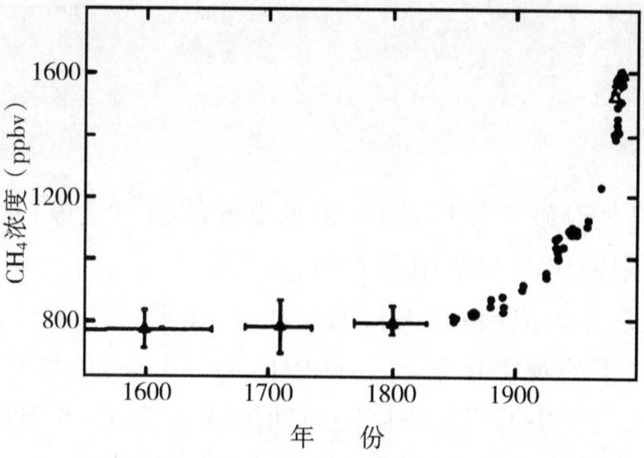


**图 13.1.6**　过去几个世纪以来大气中 $CH_4$ 浓度的变化(引自 Watson 等，1990)

表 13.1.2 给出了大气中 $CH_4$ 的各种源以及清除它的两种汇，显然，自然的水草地和水稻田虽是两类产生大气 $CH_4$ 的主要源地，但其他一些因素也有重要作用，而对 $CH_4$ 的汇来讲，

大气中的 OH 却起着控制性作用。

尽管在表 13.1.2 中给出了 $CH_4$ 的源和汇，但对它们具体的物理和化学过程的了解都很不够，因此对未来大气中 $CH_4$ 浓度的演变给出确切的数值还比较困难。大致可以根据已有观测，在保持现有增长率情况下推测出到 2000 年大气 $CH_4$ 浓度将达到 2.13 ppmv，而到 2050 年将达到 3.54 ppmv，为工业化前大气 $CH_4$ 浓度的 5 倍左右。如果根据人类活动引起 $CH_4$ 增加的两类主要因素(水稻田和食草家畜)来估计，在 $CH_4$ 自然来源保持不变的情况下，则到 2000 年大气 $CH_4$ 的浓度将达到 1.94 ppmv。上述两种估计有大致相近的结果，表明必须对大气中 $CH_4$ 的急速增加给予足够的关注。

**表 13.1.2**　大气中 $CH_4$ 的源和汇

| | | 每年释放量(Tg) | |
|---|---|---|---|
| | | 平　均 | 量值范围 |
| **源** | 天然湿地(沼泽、苔原等) | 115 | 100～200 |
| | 水稻田 | 110 | 25～170 |
| | 动物肠道发酸物 | 80 | 65～100 |
| | 沼气池等 | 45 | 25～50 |
| | 生物氧化(燃烧) | 40 | 20～80 |
| | 白蚁 | 40 | 10～100 |
| | 填埋的废碴 | 40 | 20～70 |
| | 煤炭开采 | 35 | 19～50 |
| | 海洋 | 10 | 5～20 |
| | 池塘 | 5 | 1～25 |
| | $CH_4$ 水合物的不稳定 | 5 | 0～100 |
| **汇** | 土壤的清除作用 | －30 | －(15～45) |
| | 与大气中 OH 基的反应 | －500 | －(400～600) |
| **净增量** | | 44 | 40～48 |

### 13.1.3　大气中的卤烃

卤烃不仅对平流层臭氧有破坏作用，同时也是重要的温室气体，它们对环境的影响十分严重，因此许多国家已开始限制生产和使用氟利昂。

卤烃在大气中(特别是在对流层)有很长的生命史，主要产生于工业化国家，因此北半球的浓度要高于南半球。近些年的观测已表明大气中卤烃(CFCs)的浓度在不断增加，图 13.1.7 是在格里姆角[澳]测量的大气中 CFCs 浓度随时间的变化情况，各类卤烃成分都明显增多。

表 13.1.3 给出的是大气中各类卤烃的气体混合比及其浓度增加的情况。除了甲基氯化物($CH_3Cl$)是由海洋释放及生物氧化(燃烧)产生，甲基溴化物($CH_3Br$)由海藻产生，目前尚未发现它们有增加的迹象之外，一些来自工业生产及其产品使用的卤烃，其浓度都有明显的增加。例如用作喷雾剂的 CFC-11($CCl_3F$)、CFC-12($CCl_2F_2$)和 CFC-114($C_2Cl_2F_4$)；用作冷冻剂

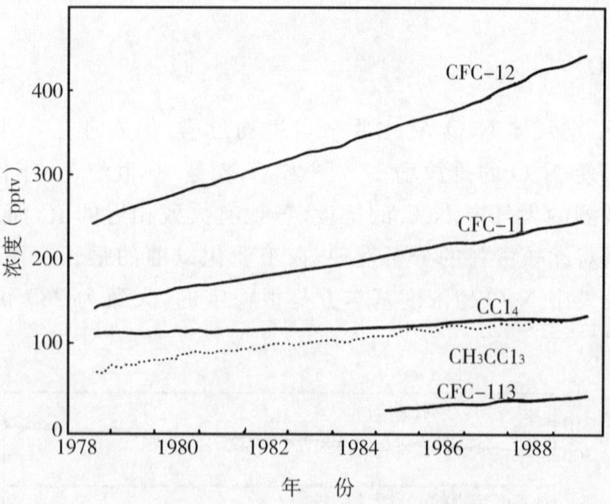


图 13.1.7 在格里姆角观测到的大气卤烃浓度的变化（引自 Watson 等，1990）

的 CFC-12、CFC-114 和 HCFC-22（$CHClF_2$）；用作泡沫起泡剂的 CFC-11 和 CFC-12；用作溶解剂的 CFC-113（$C_2Cl_3F_3$）、甲基氯仿（$CH_3CCl_3$）和四氯化碳（$CCl_4$）；以及作为阻火剂的聚四氟乙烯 1211 和 1301。目前，主要卤烃的释放量大致为 CFC-11 每年约 $350\times10^9$ g，CFC-12 每年约 $450\times10^9$ g，CFC-113 每年约 $150\times10^9$ g，HCFC-22 每年约 $140\times10^9$ g。

表 13.1.3 大气中的卤烃浓度及其变化趋势（引自 Watson 等，1990）

| 卤烃类别 | 混合比（pptv） | 年增加率 | | 生命史（年） |
|---|---|---|---|---|
| | | （pptv） | （%） | |
| $CCl_3F$ (CFC-11) | 280 | 9.5 | 4 | 65 |
| $CCl_2F_2$ (CFC-12) | 484 | 16.5 | 4 | 130 |
| $CClF_3$ (CFC-13) | 5 | | | 400 |
| $C_2Cl_3F_3$ (CFC-113) | 60 | 4～5 | 10 | 90 |
| $C_2Cl_2F_4$ (CFC-114) | 15 | | | 200 |
| $C_2ClF_5$ (CFC-115) | 5 | | | 400 |
| $CCl_4$ | 146 | 2.0 | 1.5 | 50 |
| $CHClF_2$ (HCFC-22) | 122 | 7 | 7 | 15 |
| $CH_3Cl$ | 600 | | | 1.5 |
| $CH_3CCl_3$ | 158 | 6.0 | 4 | 7 |
| $CBrClF_2$ (halon 1211) | 1.7 | 0.2 | 12 | 25 |
| $CBrF_3$ (halon 1301) | 2.0 | 0.3 | 15 | 110 |
| $CH_3Br$ | 10～15 | | | 1.5 |

对于大部分卤烃，在对流层尚未发现明显的清除机制，只是在平流层可因光化作用而分解。因此，在大气中释放和清除的平衡是一个严重的问题，只有减少释放量才会阻止其含量的增加，而且需要大幅度减少释放量，例如 CFC-11、CFC-12 和 CFC-113 需分别减少 70%～75%、75%～80%和 85%～90%。

### 13.1.4　大气中的 $N_2O$

大气中还有一种温室气体 $N_2O$,它主要来自生物过程,但农业生产中使用的化学肥料可增加生物脱硝过程,而使 $N_2O$ 的排放增多。图 13.1.8 是 20 世纪 70 年代后期以来在全球不同地方由 NOAA 所观测的大气中 $N_2O$ 的浓度,各地有大致相近的值,而且每年都有 0.2%～0.3%的增加率。根据对冰核资料的分析发现,在工业化以前的很长一段时间,除了在小冰期有很少的减少之外,大气中 $N_2O$ 的浓度基本上是很稳定的,大致为 285 ppbv;在 1700 年之后其浓度才有了明显增加。

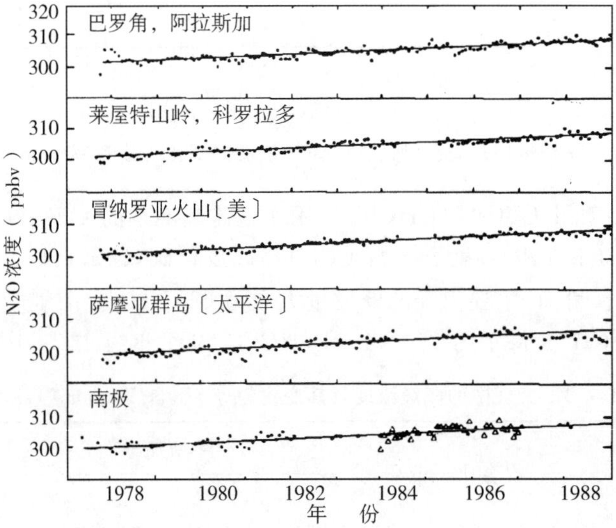


**图 13.1.8**　大气中 $N_2O$ 浓度的一些观测资料(引自 Elkins 和 Rossen,1989)

大气中的光化学分解是 $N_2O$ 的主要损失过程,它们主要发生在平流层;土壤对对流层的 $N_2O$ 也有一定的吸收作用。海洋虽然是大气中 $N_2O$ 的重要来源,但不是最主要的,新近的观测资料表明,从海洋放出的 $N_2O$ 要比早期的估计明显偏少,尤其是在 El Nino 期间因海水上翻被抑制,$N_2O$ 的海洋通量更偏少(Cline 等,1987;Butler 等,1990)。20 世纪 80 年代后期的一系列研究表明大气中的 $N_2O$ 主要来自好气性土壤的脱氮作用,特别是热带森林区的土壤(Keller 等,1986;Matson 和 Vitousek,1987)。另外,矿物燃料的燃烧和生物的氧化过程也可以产生相当数量的 $N_2O$,并排放到大气中(Hao 等,1987;Muzio 和 Kramlich,1988; Griffith 等,1990;Winstead 等,1990)。

根据已有的研究,平流层的光化学过程可以清除掉大气中的 $N_2O$ 约 7～13 Tg/a;而大气中通过各种方式产生的 $N_2O$ 将达到 10～17.5 Tg/a。即每年将净增 4.4～10.5 Tg 的 $N_2O$,它们也是人类活动所引起的。

从上面的讨论可以看到,由于人类活动的影响,大气中的几种主要温室气体的浓度都在不断增加,有的成分增加得还相当快。下面的讨论我们将看到,这些温室气体浓度的增加会给全球气候带来严重的影响。因此,如何控制温室气体的排放量是人类保护生存环境的重要问题之一。

### 13.1.5　气溶胶

气溶胶在气候系统中起着十分重要的作用，它不仅通过对太阳辐射和红外辐射的吸收和散射直接影响气候，而且还通过改变云的微物理过程和性质而间接地影响气候。虽然人们已经注意到了气溶胶的重要性。然而不少问题尚未搞清楚，在本书里将不设专门的章节对其讨论，这里只作简要介绍。关于气溶胶对气候的影响，读者可以从2.7节关于火山爆发以及13.4节关于核冬天的分析讨论中得到答案，因为火山爆发和核战争可以使大气中的气溶胶突然增加，并改变气溶胶的一些性质。

一般来讲，气溶胶在对流层的生命史是几天或几个星期，但由于各种过程不断地产生新的气溶胶，因此，大气中气溶胶的含量一直是比较高的。同时，对格陵兰冰核资料的分析表明，自工业化以来大气气溶胶的浓度也是在增加的。当对流层的气溶胶被输送到平流层之后，它们会在那里存在数年时间，从而会对地球气候产生持续的影响。气溶胶对气候系统的影响十分复杂，它对气候变化所起的作用目前尚未完全搞清楚。气溶胶浓度的增加可以导致地表和低层大气增温，也可使地表和低层大气降温，具体影响依赖于气溶胶的光学特性、气溶胶所处的位置及下垫面的状况等因素。一般可以把此问题归结为估计地表有效反射率的变化，因为气溶胶对辐射过程的影响主要取决于它的一次散射反照率 $r_s$ 和散射不对称因子 $g_s$，前者反映气溶胶的散射消光能力，后者反映其前向散射能量的大小。因此，若 $r_s$ 增大而 $g_s$ 减小，就意味着地表有效反射率增加，地表和低层大气将会降温；反之，若 $r_s$ 减小而 $g_s$ 增加，则有效反射率减小，地表和低层大气可能增温。

假定入射的太阳辐射为 $F_0$，有一个透过率为 $t$、反射率为 $r$ 的气溶胶层存在，则由反照率为 $\alpha$ 的地面反射回外空间的辐射应为（Coakley 和 Cess，1985）：

$$F_r=rF_0+t^2\alpha(1+\alpha r+\alpha^2r^2+\cdots)F_0=[r+t^2\alpha/(1-\alpha r)]F_0 \tag{13.1.4}$$

被气溶胶吸收的辐射为

$$F_a=[1-r-t^2\alpha/(1-\alpha r)]F_0 \tag{13.1.5}$$

气溶胶层的透过率和反射率可分别写成

$$t=e^{-\tau}+(1-e^{-\tau})g_sr_s \tag{13.1.6}$$

$$r=(1-e^{-\tau})(1-g_s)r_s \tag{13.1.7}$$

其中 $\tau$ 是气溶胶层的光学厚度。

在没有气溶胶层的情况下，地表反射的辐射为 $\alpha F_0$，吸收的辐射为 $(1-\alpha)F_0$。由(13.1.4)式可以看到，只要

$$\alpha>r+t^2\alpha/(1-\alpha r) \tag{13.1.8}$$

则有气溶胶层存在的情况下地表将增温。一般情况下应有 $0<\alpha<1$，可以由(13.1.8)式推算出不同情况下气溶胶层的影响。对于在已有气溶胶层的基础上增加气溶胶含量所引起的辐射效应可以类似地进行估计，这时代替关系式(13.1.8)的应为

$$r_0+t_0^2\alpha/(1-\alpha r_0)>r_1+t_1^2\alpha/(1-\alpha r_1) \tag{13.1.9}$$

这是气溶胶含量变化导致地表增温的条件。

上面的讨论尚未考虑不同气溶胶的不同光学特性，也没有考虑气溶胶对地表红外辐射的作用以及气溶胶本身的放射辐射。若考虑了上述这些气溶胶的全部辐射特性，再考虑气溶胶

分布的不均匀性,那么,气溶胶的气候影响将是十分复杂的问题。作为一个例子,表 13.1.4 给出了数值模式估计的气溶胶对气候的影响情况,显然,气溶胶层的气候效应也是十分明显的。

**表 13.1.4**　气溶胶层对气候的影响(引自 MacCracken 和 Luther,1985)

| 气溶胶层位置 | $r_s$ | $\tau$ | 对地表温度的影响(℃) | 对平流层温度的影响(℃) |
|---|---|---|---|---|
| 均匀分布 | 0.90 | 0.2 | −2.3 | — |
| 均匀分布 | 0.99 | 0.2 | −3.4 | — |
| 低　层 | 0.90 | 0.26 | −1.0 | — |
| 平流层 | 1.00 | 0.03 | −1.1 | — |
| 平流层 | 0.993 | 0.128 | −1.4 | 1.9 |
| 对流层 | 0.96 | 0.2 | −3.0 | — |
| 对流层 | 0.08 | 0.16 | −3.3 | — |

大气中的 $SO_2$ 既是重要的气溶胶成分,又是主要的成酸要素,对环境的影响(酸雨)十分严重,因而也引起人们的注意。已有的研究表明,关于大气中的 $SO_2$,人为排放比自然排放要多得多,特别是在工业化地区(Galloway 等,1984;Langner 和 Rodhe,1990),而且工业化以来 $SO_2$ 浓度在不断增加(Ryaboshapko,1983)。表 13.1.5 是全球排放的气态硫化物的估计量,可以看到,每年的气态硫化物通量以 $SO_2$ 为最多,而且以人类活动的排放量为最多。如何减少人类活动向大气中排放的 $SO_2$,从而减少酸雨及缓解其对气候的影响,也是人类面临的一个重要问题。

**表 13.1.5**　全球每年排放的气态硫化物的估计量(引自 Andreae,1989)

| 排放源 | 年通量(Tg) |
|---|---|
| 人类活动(主要是矿物燃料燃烧生成的 $SO_2$) | 80 |
| 生物氧化($SO_2$) | 7 |
| 海洋(DMS) | 40 |
| 土壤和植物($H_2S$,DMS) | 10 |
| 火山活动($H_2S$,$SO_2$) | 10 |
| **总　计** | **147** |

注:DMS 为二甲基硫。

## 13.2　大气中 $CO_2$ 浓度增加的气候效应

在 1.2 节中我们已经讨论了有关大气中 $CO_2$ 含量的变化可能引起古气候变化的问题,给出了 16 万年以来地面温度变化与 $CO_2$ 含量的关系,实际上还可以从更远古的时期(12 000 万年)以来的地球温度(包括海温和地面温度)变化看到类似的关系(图 13.2.1)。正是因为地球气候的历史变化表明气候状况与 $CO_2$ 浓度有关,所以,人们也更重视目前大气中 $CO_2$ 浓度增加的气候效应。

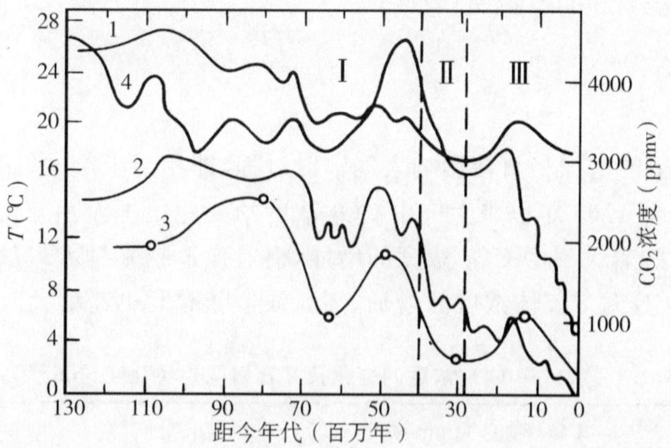


**图 13.2.1** 估计得到的 12 000 万年以来低纬度海面温度(曲线 1)、高纬度海面温度(曲线 2)及俄罗斯平原地面空气温度(曲线 4)与大气中 $CO_2$ 浓度(曲线 3)的关系（引自 MacCracken,1990）

我们已经指出,$CO_2$ 的气候效应主要是通过其对辐射过程的影响,这里试作简要说明。根据第 3 章所讨论的大气辐射问题,某一层大气温度的变化是由到达该层的辐射通量的散度所决定的,即有

$$\rho c_p \frac{\mathrm{d}T}{\mathrm{d}t}=\frac{\mathrm{d}}{\mathrm{d}z}(F^{\downarrow}-F^{\uparrow}) \tag{13.2.1}$$

其中 $\rho$ 和 $c_p$ 分别是大气密度和比定压热容,$T$ 是温度,$F^{\uparrow}$ 和 $F^{\downarrow}$ 分别是到达该大气层的向上和向下的辐射通量。要维持该层大气为某温度,上下通量的散度应不变化,即

$$F^{\downarrow}-F^{\uparrow}=c\ (\text{常数}) \tag{13.2.2}$$

简单地可以假定大气是灰体,其吸收系数可以用一个与波长无关的平均有效吸收系数来代替,密度也可以用等效吸收物质的密度来代替。由辐射传输方程不难得到关系式

$$\left.\begin{aligned}\frac{\mathrm{d}F^{\uparrow}}{\mathrm{d}x}&=F^{\uparrow}-\pi B\\ -\frac{\mathrm{d}F^{\downarrow}}{\mathrm{d}x}&=F^{\downarrow}-\pi B\end{aligned}\right\} \tag{13.2.3}$$

其中 $x$ 是大层薄层 $\mathrm{d}z$ 的等效光学厚度,$B$ 是灰体发射的辐射强度。这里已考虑了辐射通量在各方向的积分。若令 $F^{\uparrow}+F^{\downarrow}=J$,那么可以有

$$\left.\begin{aligned}\frac{\mathrm{d}J}{\mathrm{d}x}&=0\\ \frac{\mathrm{d}c}{\mathrm{d}x}&=J-2\pi B=0\end{aligned}\right\} \tag{13.2.4}$$

由此可以得到

$$\left.\begin{aligned}J&=2\pi B\\ B&=\frac{c}{2\pi}x+c_1\end{aligned}\right\} \tag{13.2.5}$$

其中 $c_1$ 仍为常数。对于地球表面的大气来讲,$B=\sigma\varepsilon T_s^4$,$\varepsilon$ 是灰体发射率,$T_s$ 是地表辐射亮度温度,而这里 $x$ 变为整层大气的光学厚度 $x_0$。可见地表辐射亮度温度与大气等效光学厚度的 1/4 次方成正比,而任何吸收气体含量的增加都使大气的有效光学厚度增加,从而也就使得地

表辐射温度增高。这就是所谓“温室”效应。

### 13.2.1　辐射强迫

大气中 $CO_2$ 含量的增加将直接影响大气辐射过程，即相当于给大气系统增加了一种辐射强迫。表 13.2.1 是自 1765 年以来大气中 $CO_2$ 浓度的变化情况及由于 $CO_2$ 浓度增加所造成的辐射强迫。显然，随着大气中 $CO_2$ 浓度的增加，辐射强迫越来越大。从图 13.2.2 可以更清楚地看到，由于 $CO_2$ 等温室气体浓度的增加，辐射强迫随时间迅速增大。

**表 13.2.1**　大气中 $CO_2$ 浓度的变化及其辐射强迫（引自 Shine 等，1990）

| 年份 | $CO_2$ 浓度（ppmv） | 年份 | 辐射强迫（$W \cdot m^{-2}$） |
|---|---|---|---|
| 1765 | 279.00 | 1765—1900 | 0.37 |
| 1900 | 295.72 | 1765—1960 | 0.79 |
| 1960 | 316.24 | 1765—1970 | 0.96 |
| 1970 | 324.76 | 1765—1980 | 1.20 |
| 1980 | 337.32 | 1765—1990 | 1.50 |
| 1990 | 353.93 | | |

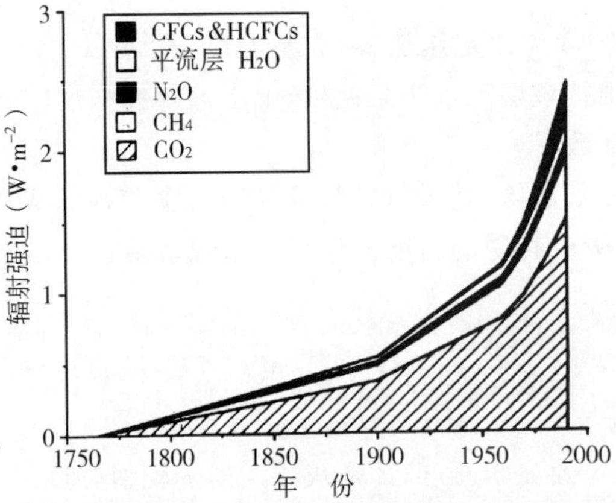


**图 13.2.2**　在 1765—1990 年间大气中温室气体浓度增加所引起的辐射强迫的变化（引自 Shine 等，1990）

就当前来看，大气中 $CO_2$ 浓度增加所产生的辐射强迫仍然是主要的，也就是说大气中 $CO_2$ 的温室效应在所有温室气体中占着最主要的地位。图 13.2.3 是就 1980—1990 年的情况计算得到的各种温室气体浓度增加所造成的气候强迫占总强迫的百分比，其中 $CO_2$ 的影响占了一半以上。也正因为如此，人们都十分重视大气中 $CO_2$ 浓度的增加及人类活动对 $CO_2$ 的排放问题。

从 13.1 节的分析我们可以看到，如果对 $CO_2$ 的排放不加限制的话，到 21 世纪中期大气中 $CO_2$ 的浓度将达到 20 世纪 70 年代的两倍，这种情况下将对大气系统产生怎样的影响是大家十分关心的问题。图 13.2.4 是用辐射模式计算得到的大气 $CO_2$ 浓度加倍后地面-对流层系统增加的辐射加热率的纬度分布。对于整个地球对流层系统来讲，$CO_2$ 浓度加倍后所引起

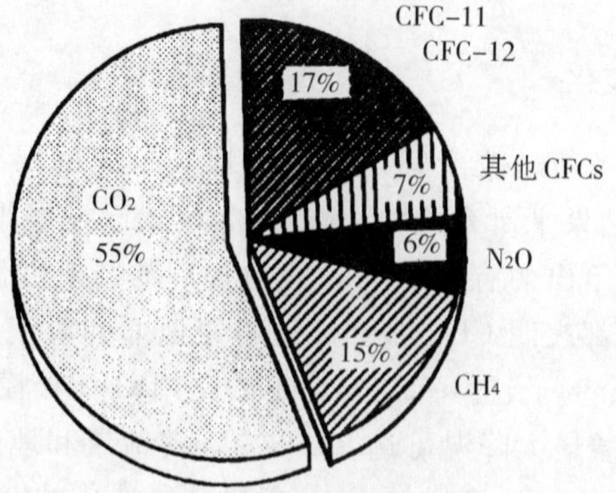


图 13.2.3 1980—1990 年间各种温室气体对辐射强迫变化的贡献百分比
(引自 Houghton 等,1990)

的异常辐射强迫是赤道地区大于极区;在高纬度地区,北半球大于南半球;有明显的季节差异,在 20°纬带以北,夏季的辐射强迫明显大于冬季。如果把对地面的辐射强迫同对对流层的辐射强迫分别计算则可以发现两者有很大的不同。在地面,异常辐射强迫在高纬度地区要大于低纬度地区;在对流层,异常辐射强迫在高纬度地区要小于低纬度地区(图 13.2.5)。因此异常辐射强迫的垂直分布是随纬度变化的,在赤道地区对流层的辐射强迫要比在地面大 1 倍多,而在极区对流层的辐射强迫要比地面小 1 倍多。

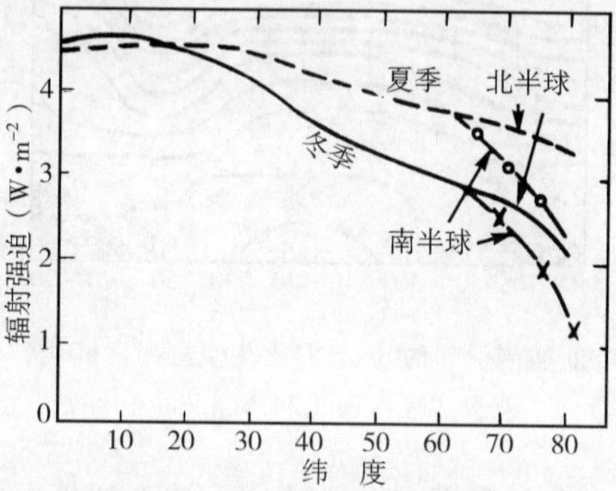


图 13.2.4 大气中 $CO_2$ 浓度加倍给地面-对流层系统造成的辐射强迫 (引自 Ramanathan,1979)

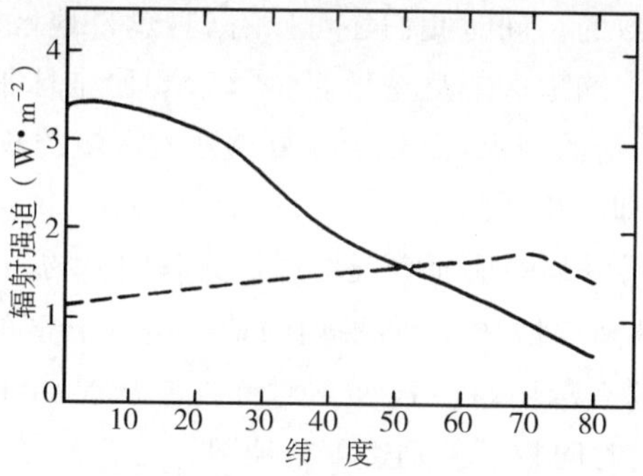


图 13.2.5 大气中 $CO_2$ 浓度加倍给地面(虚线)和对流层(实线)造成的辐射强迫
(引自 Ramanathan,1979)

### 13.2.2 地气系统的温度变化

大气中 $CO_2$ 浓度增加将通过改变辐射强迫使地气系统的温度发生变化，现在人们都以 $CO_2$ 浓度加倍的数值模拟结果来研究这种影响，因为模式已发展得可以相当好地模拟出气候演变的基本特征，数值模式给出的有关 $CO_2$ 浓度增加后的结果也就可以相信了。

首先，所有的模式结果都表明 $CO_2$ 浓度加倍将使地面和对流层大气温度增加，而使平流层空气温度降低。作为一个例子，图 13.2.6 给出的是用 GFDL 模式得到的结果，对流层和地面增暖可达到 7℃，而平流层最大降温可达 8℃以上。对流层和地面的增暖当然是温室效应的结果，而平流层降温则是因 $CO_2$ 浓度增加后，辐射冷却所造成的。

其次，所有模式的模拟结果都表明，$CO_2$ 浓度加倍在高纬度的增暖较强，尤其是在晚秋和冬季。从图 13.2.6 可以清楚地看到高纬度地区增暖大于低纬度地区的特征，图 13.2.7 更可以反映这种增暖的纬度变化特征及其季节演变。高纬度地区增暖较强是由于海冰地区有"温度-反照率"反馈的结果，增温使反照率减小，得到更多的太阳辐射，温度更要增加。当然，秋冬季节高纬度地区增暖更强一些也同这种反馈过程(包括雪盖)有关。

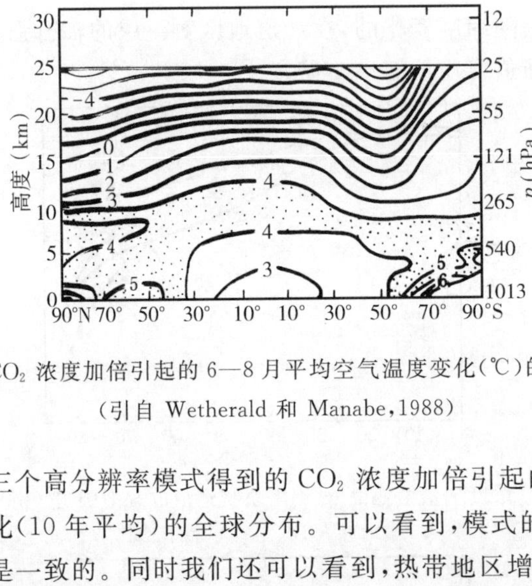


**图 13.2.6** $CO_2$ 浓度加倍引起的 6—8 月平均空气温度变化(℃)的纬向平均分布
(引自 Wetherald 和 Manabe,1988)

图 13.2.8 给出了三个高分辨率模式得到的 $CO_2$ 浓度加倍引起的冬季(12 月至次年 2 月平均)地面空气温度变化(10 年平均)的全球分布。可以看到，模式的不同给结果带来了一定的差异，但基本特征还是一致的。同时我们还可以看到，热带地区增温比较小，空间和时间变化也比较小；北半球中纬度大陆地区的夏季增暖(图略)要比全球平均值大。热带地区增温较小是由于较强的蒸发冷却平衡的结果，而北半球夏季陆地区域的较强增温则是相反的过程，即增温减少了蒸发，是蒸发冷却减小所致。

大气中 $CO_2$ 浓度增加所引起的地面空气增温还具有明显的南北半球的不对称性，假定大气中 $CO_2$ 浓度按每年 1%的速率增加，纬向平均的地面空气温度的变化如图 13.2.9 所示，南北半球的不对称性随时间越来越明显。这种不对称性主要是由于下边界条件的不同所造成的，因其中存在着反馈过程，时间越长差别也就越明显。

在 13.1 节里我们已经指出，海洋是大气中 $CO_2$ 的重要汇，进一步的研究表明还远不止于此，海洋的存在及其运动对大气中 $CO_2$ 浓度增加所引起的全球增暖有重要的作用。首先，由

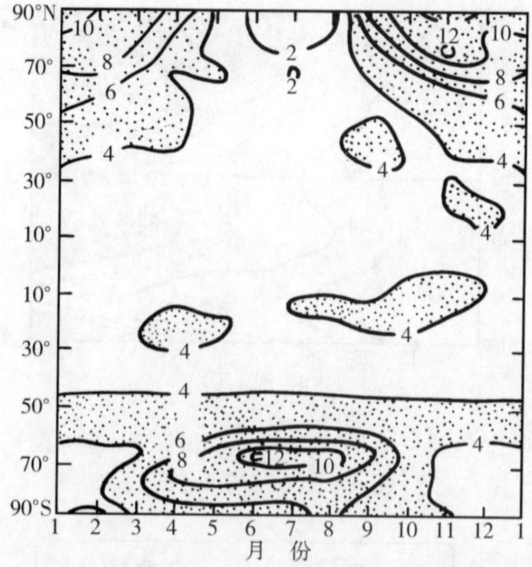


**图 13.2.7** $CO_2$ 浓度加倍引起的地面温度增加的纬向平均值(℃)的时间演变

(引自 Schlesinger 和 Mitchell,1987)

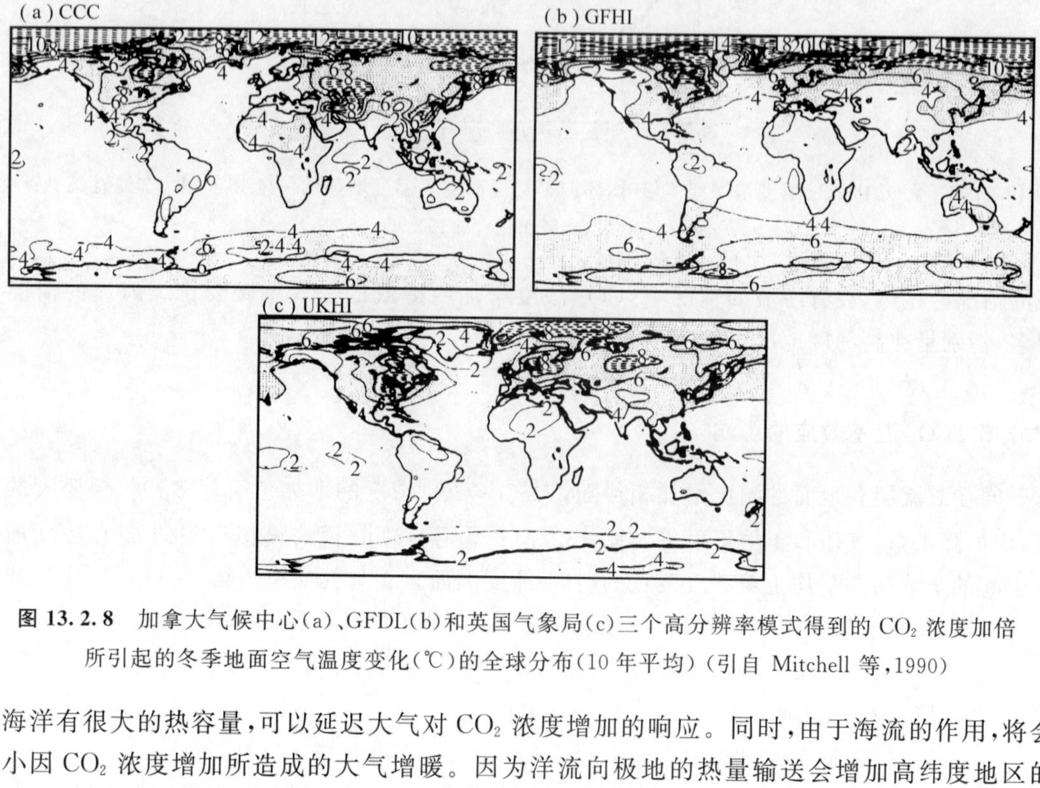


**图 13.2.8** 加拿大气候中心(a)、GFDL(b)和英国气象局(c)三个高分辨率模式得到的 $CO_2$ 浓度加倍所引起的冬季地面空气温度变化(℃)的全球分布(10 年平均)(引自 Mitchell 等,1990)

于海洋有很大的热容量,可以延迟大气对 $CO_2$ 浓度增加的响应。同时,由于海流的作用,将会减小因 $CO_2$ 浓度增加所造成的大气增暖。因为洋流向极地的热量输送会增加高纬度地区的温度,从而使海冰和雪盖面积缩小,由 $CO_2$ 浓度增加所造成的平均行星反照率的改变也就减弱(尤其是在高纬度地区),最终使温度-反照率反馈作用减弱。图 13.2.10 是假定大气中 $CO_2$ 浓度增加到 4 倍时,由模式计算得到的纬向平均地面空气温度变化的纬度分布。其中实线表示海气模式比较接近实际的情况;虚线表示在海气模式中海洋被视为深68 m 的均匀不流动水

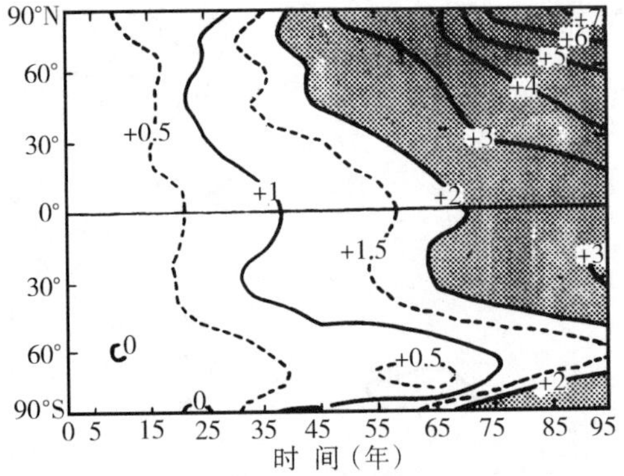


**图 13.2.9** 大气中 $CO_2$ 浓度增加所引起的地面空气温度变化的纬向平均值(℃)的时间演变
(引自 Stouffer 等,1989)

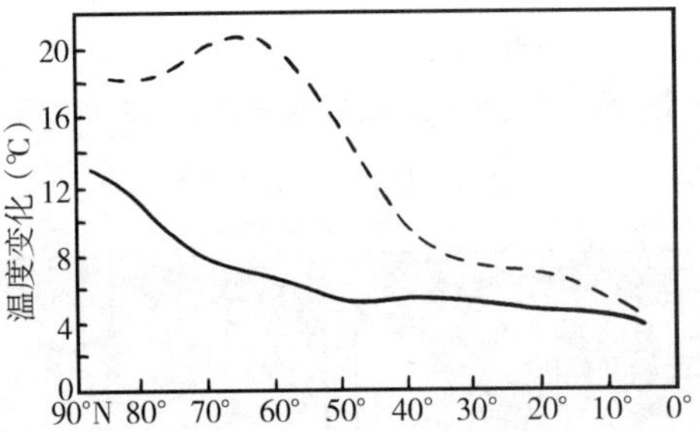


**图 13.2.10** 大气中 $CO_2$ 浓度增加到 4 倍时,纬向平均地面空气温度增加的纬度分布(虚、实线意义见正文)
(引自 Manabe,1983)

域的情况。显然,在有海流的情况下,$CO_2$ 浓度增加所造成的大气增暖要比无海流的情况小很多,特别是在高纬度地区。

### 13.2.3 $CO_2$ 温室效应的影响

同在对流层和地面的温度增加相伴随,大气中 $CO_2$ 浓度的增加也引起多种气象要素的变化,例如降水量、气压和土壤湿度等。图 13.2.11 是用 GFDL 模式模拟得到的 $CO_2$ 浓度加倍所引起的全球纬向平均土壤湿度变化的时间-纬度剖面。它与其他模式结果类似,在北半球高纬度地区,冬季土壤湿度明显增加,而在北半球中纬度地区(尤其是夏季),土壤湿度明显减少。降水量对 $CO_2$ 浓度增加的响应表现为在高纬度和热带地区,全年降水量将增加;而在中纬度地区,冬季降水量将增加,但夏季降水量平均来说会减少。

$CO_2$ 的温室效应在全球的分布也是极不均匀的,表现出某些区域性特征。表 13.2.2 给出了由三个高分辨率模式得到的在不加任何控制情况下排放 $CO_2$,到 2030 年时因 $CO_2$ 含量增加所造成的几个主要地区(计算结果较为可靠)的地面空气温度、降水量和土壤湿度改变的“最佳”估计值(与工业化前相比较)。可以看到在不同地区及不同季节,其影响也是很不一样的,甚至是相反的作用。

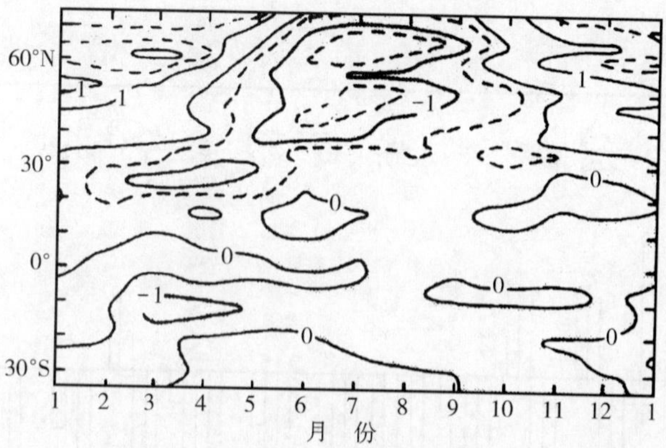


**图 13.2.11** 大气中 $CO_2$ 浓度加倍所引起的土壤湿度变化(cm)的时间-纬度剖面
(引自 Manabe 和 Wetherald,1987)

**表 13.2.2** 在不加控制地排放 $CO_2$ 的情况下,模拟得到的 2030 年几个主要地区地面空气温度、降水量和土壤湿度变化的"最佳"估计(引自 Mitchell 等,1990)

| 地区 | 模式 | 温度(℃) 6—8月 | 温度(℃) 12月至次年2月 | 降水量(%) 6—8月 | 降水量(%) 12月至次年2月 | 土壤湿度(%) 6—8月 | 土壤湿度(%) 12月至次年2月 |
|---|---|---|---|---|---|---|---|
| 北美中部 | CCC | 2 | 4 | −5 | 0 | −15 | −10 |
| (35°～50°N, | GFHI | 2 | 2 | −5 | 15 | −15 | 15 |
| 80°～105°W) | UKHI | 3 | 4 | −10 | 10 | −20 | −10 |
| 南亚 | CCC | 1 | 1 | 5 | −5 | 5 | 0 |
| (5°～30°N, | GFHI | 1 | 2 | 10 | 0 | 10 | −5 |
| 70°～105°E) | UKHI | 2 | 2 | 15 | 15 | 5 | 0 |
| 萨哈勒 | CCC | 2 | 2 | 5 | −10 | −5 | 0 |
| (10°～20°N, | GFHI | 1 | 2 | 5 | −5 | 0 | 5 |
| 20°W～40°E) | UKHI | 2 | 1 | 0 | 0 | −10 | 10 |
| 南欧 | CCC | 2 | 2 | −15 | 5 | −15 | 0 |
| (35°～50°N, | GFHI | 2 | 2 | −5 | 10 | −15 | 5 |
| 10°W～45°E) | UKHI | 3 | 2 | −15 | 0 | −25 | −5 |
| 澳洲 | CCC | 2 | 1 | 0 | 15 | 5 | 45 |
| (12°～45°S, | GFHI | 2 | 2 | 0 | 5 | −10 | −5 |
| 110°～155°E) | UKHI | 2 | 2 | 0 | 10 | 0 | 5 |

由于大气中 $CO_2$ 浓度增加对温度、降水和土壤湿度都有明显的影响,对农业生产也必然造成影响,因为农作物的生长同它们都有极为密切的关系。作为一个例子,图 13.2.12 是 $CO_2$ 浓度加倍后美国加利福尼亚地区各种农作物平均产量的变化情况(同 1985 年相比较)。可以看到,$CO_2$ 浓度增加引起的气候效应对农业生产的影响是很明显的,对加利福尼亚州来讲,大

部分农作物将会减产。

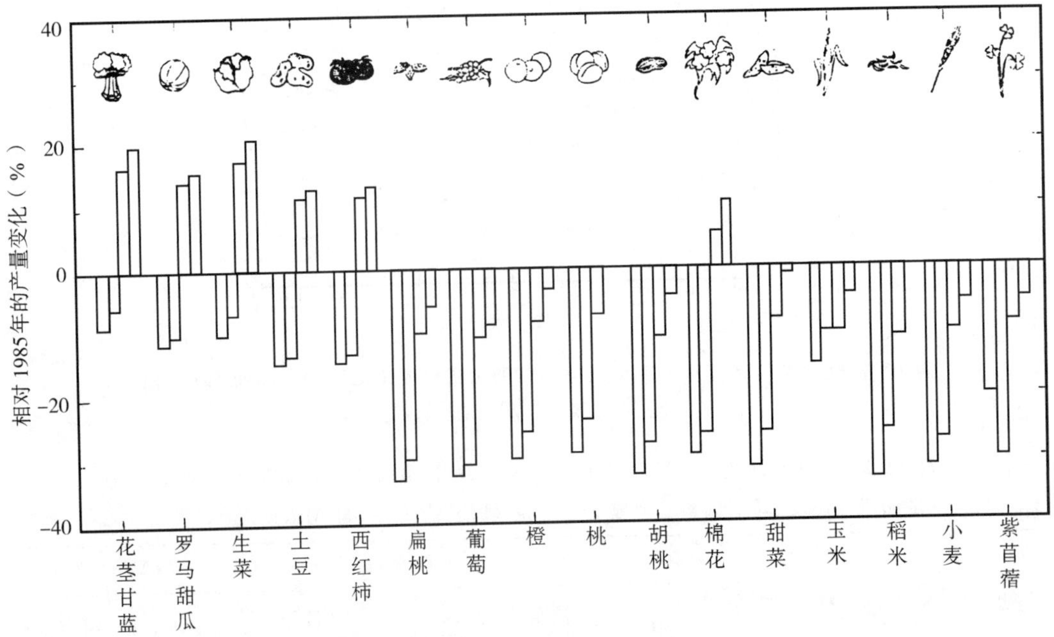


**图 13.2.12**　$CO_2$ 浓度加倍对美国加利福尼亚州各种农作物平均产量的影响(引自 Dudek,1989)

(图中给出了对 4 种样本的估计结果)

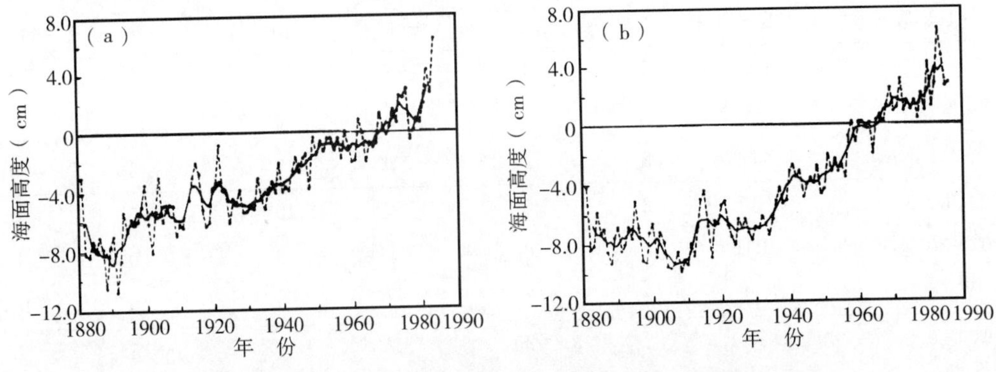


**图 13.2.13**　最近一个世纪以来全球平均海平面升高的趋势

(a) Gornitz 和 Lebedeff (1987) 的结果;(b) Barnett (1988) 的结果

(图中零线是 1951—1970 年的平均值,实线是 5 年滑动平均的结果)

对流层大气和地面温度的升高还必然引起海平面的上升,因为在过去 100 年以来,在全球气温升高的同时,也清楚地观测到了全球海平面在上升。图 13.2.13 是不同作者给出的全球平均海平面高度变化的情况,其零线是 1951—1970 年的平均值。可以看到,在近一个世纪里全球海平面上升的趋势是十分清楚的。对于海平面升高的原因,人们主要认为是 $CO_2$ 浓度增加引起全球温度上升(尤其是在高纬度地区),从而造成海冰融化的结果;当然也有海洋热膨胀的影响。

如果对温室气体的排放不加任何控制,那么全球海平面升高将是十分厉害的,图 13.2.14

是对未来海平面升高给出的三种估计，到2030年海平面将比1990年高8～29 cm，最好的估计是18 cm；到2070年海平面将比1990年高出21～71 cm，最好的估计为44 cm。显然，这样大程度的全球平均海平面的升高所造成的影响是严重的，因为它可以使一些岛屿不复存在，使一些河口发生倒灌，使一些沿海城市受到威胁。

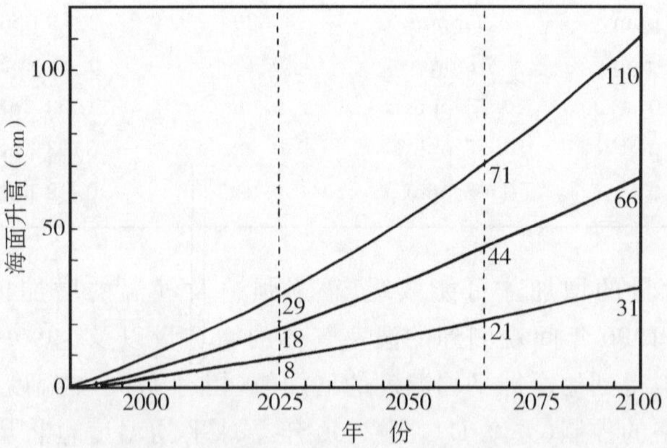


**图13.2.14**　在温室气体排放无控制的情况下，1990—2100年间全球平均海平面上升趋势的估计（引自Warrick和Oerlemans，1990）

## 13.3　其他温室气体的气候效应

除了$CO_2$之外，大气中的其他温室气体也有重要的气候效应，而且从前面的讨论已经看到，大气中的其他温室气体的浓度变化比$CO_2$要快得多，因此其他温室气体浓度的增加对未来气候的影响更值得重视。在研究其他温室气体的气候效应时，由于它们的空间分布、光谱特性以及对气候影响的机理都与$CO_2$相同，在许多简单模式中可以通过比较其他温室气体与$CO_2$的吸收光谱强度来确定其他温室气体的影响；而在三维大气环流模式中则可以把其他温室气体折合成等效量的$CO_2$来处理。

为了同$CO_2$浓度增加的气候效应进行比较，表13.3.1给出了由于各种温室气体浓度增加的温室效应在2000年和2030年时的温度变化情况。可以看到其中氯氟烃化合物的浓度增加得最快，其产生的气候效应（增温）的速度也最大。当然，这里的浓度变化及其增温幅度都有相当的不确定性，但仍不失一定的定性意义。到2000年，其他温室气体的总气候效应可能同$CO_2$的温室效应相同，而到2030年，其他温室气体气候效应的总和就可能超过$CO_2$的作用。

政府间气候变化专门委员会（IPCC）为了估计温室气体的气候效应，把未来温室气体的排放分成了四种情况，即不加任何限制的排放情况（A）、低排放情况（方案B）、控制性政策下的排放（方案C）和强控制性政策下的排放（方案D）。图13.3.1是上述几种排放情况下，大气$CO_2$、$CH_4$和CFC-11浓度的变化。表13.3.2是各种排放情况下，各种温室气体的辐射强迫及变化情况。可以清楚地看到，如果对排放不加任何限制，大气中各种温室气体的浓度及其所产生的辐射强迫都将以很快的速度增加，必然对气候造成严重的影响。只有在严格控制排放

**表 13.3.1**　主要温室气体浓度的变化及其对全球平均地表温度的影响

| 温室气体 | 工业化前浓度 | 2000 年 | | 2030 年 | |
|---|---|---|---|---|---|
| | | 浓度 | $\Delta T$(℃) | 浓度 | $\Delta T$(℃) |
| $CO_2$ | 280 ppmv | 380 ppmv | 0.96 | 470 ppmv | 1.19 |
| $CH_4$ | 0.7 ppmv | 2.1 ppmv | 0.30 | 2.94 ppmv | 0.42 |
| $N_2O$ | 0.21 ppmv | 0.31 ppmv | 0.12 | 0.33 ppmv | 0.13 |
| CFC-11 | 0 | 0.14 ppbv | 0.06 | 1.03 ppbv | 0.15 |
| CFC-12 | 0 | 0.55 ppbv | 0.08 | 0.93 ppbv | 0.14 |
| CFC-113 | 0 | 0.08 ppbv | 0.01 | 0.32 ppbv | 0.05 |

的情况下,温室气体含量的增加才可能减缓,辐射强迫及气温的增加也才可能少一些。图 13.3.2 是根据 1850—1990 年间观测到的温室气体的增加量以及 1990—2100 年间预计的温室气体的增加量所模拟得到的全球平均温度的增加值(相对 1765 年温度)。可以看到,即使对温室气体的排放有严格的控制(方案 D),到 2100 年全球平均温度也将增加 2℃左右,仍是不小的数值。

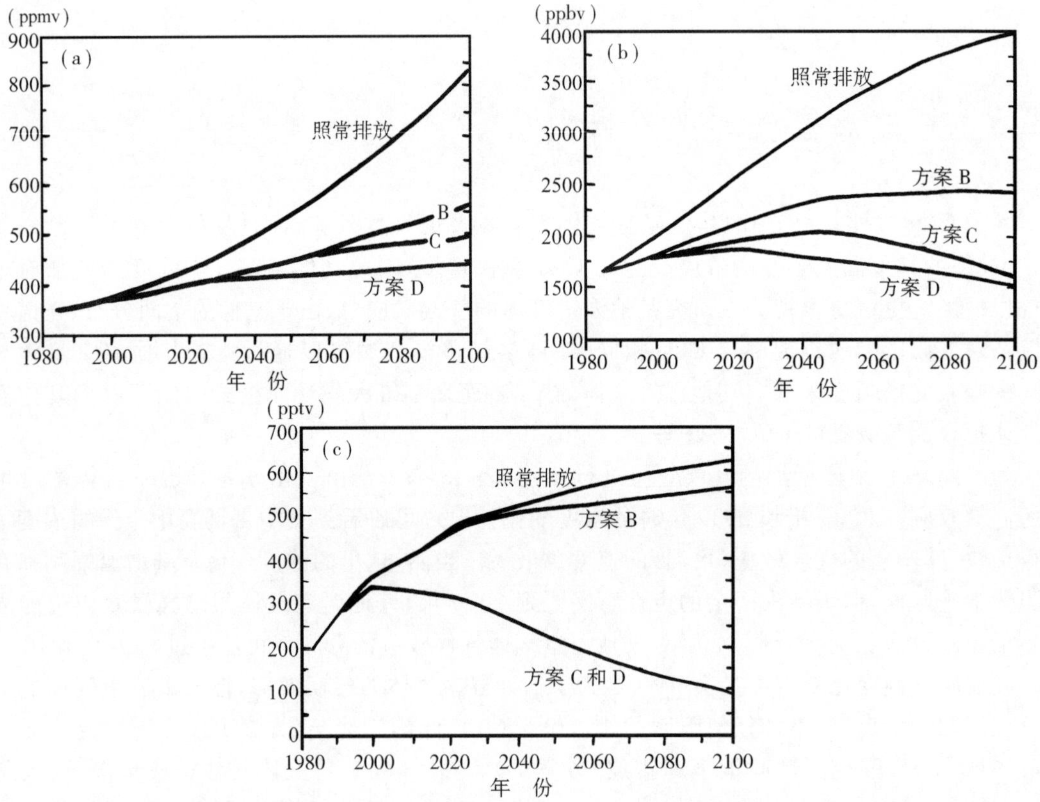


**图 13.3.1**　大气 $CO_2$(a)、$CH_4$(b) 和 CFC-11 (c) 的浓度变化 (引自 Houghton 等,1990)

表 13.3.2 四种政策性排放情况下辐射强迫($W \cdot m^{-2}$)的变化(引自 Shine 等,1990)

方案 A(无限制排放)

| 年份 | 总和 | $CO_2$ | $CH_4$ | 平流层 $H_2O$ | $N_2O$ | CFC-11 | CFC-12 | HCFC-22 |
|---|---|---|---|---|---|---|---|---|
| 1765—2000 | 2.95 | 1.85 | 0.51 | 0.18 | 0.12 | 0.08 | 0.17 | 0.04 |
| 1765—2025 | 4.59 | 2.88 | 0.72 | 0.25 | 0.21 | 0.11 | 0.25 | 0.17 |
| 1765—2050 | 6.49 | 4.15 | 0.90 | 0.31 | 0.31 | 0.12 | 0.30 | 0.39 |
| 1765—2075 | 8.28 | 5.49 | 1.02 | 0.35 | 0.40 | 0.13 | 0.35 | 0.55 |
| 1765—2100 | 9.90 | 6.84 | 1.09 | 0.38 | 0.47 | 0.14 | 0.39 | 0.59 |

方案 B(低排放)

| 年份 | 总和 | $CO_2$ | $CH_4$ | 平流层 $H_2O$ | $N_2O$ | CFC-11 | CFC-12 | HCFC-22 |
|---|---|---|---|---|---|---|---|---|
| 1765—2000 | 2.77 | 1.75 | 0.45 | 0.16 | 0.11 | 0.08 | 0.17 | 0.04 |
| 1765—2025 | 3.80 | 2.35 | 0.56 | 0.19 | 0.18 | 0.10 | 0.24 | 0.17 |
| 1765—2050 | 4.87 | 2.97 | 0.65 | 0.22 | 0.23 | 0.11 | 0.29 | 0.39 |
| 1765—2075 | 5.84 | 3.69 | 0.66 | 0.23 | 0.28 | 0.12 | 0.33 | 0.53 |
| 1765—2100 | 6.68 | 4.43 | 0.66 | 0.23 | 0.33 | 0.12 | 0.36 | 0.56 |

方案 C(政策性控制)

| 年份 | 总和 | $CO_2$ | $CH_4$ | 平流层 $H_2O$ | $N_2O$ | CFC-11 | CFC-12 | HCFC-22 |
|---|---|---|---|---|---|---|---|---|
| 1765—2000 | 2.74 | 1.75 | 0.44 | 0.15 | 0.11 | 0.08 | 0.17 | 0.05 |
| 1765—2025 | 3.63 | 2.34 | 0.51 | 0.17 | 0.17 | 0.07 | 0.17 | 0.20 |
| 1765—2050 | 4.49 | 2.96 | 0.53 | 0.18 | 0.22 | 0.05 | 0.14 | 0.41 |
| 1765—2075 | 5.00 | 3.42 | 0.47 | 0.16 | 0.25 | 0.03 | 0.12 | 0.55 |
| 1765—2100 | 5.07 | 3.62 | 0.37 | 0.13 | 0.27 | 0.02 | 0.10 | 0.57 |

方案 D(强政策性控制)

| 年份 | 总和 | $CO_2$ | $CH_4$ | 平流层 $H_2O$ | $N_2O$ | CFC-11 | CFC-12 | HCFC-22 |
|---|---|---|---|---|---|---|---|---|
| 1765—2000 | 2.74 | 1.75 | 0.44 | 0.15 | 0.11 | 0.08 | 0.17 | 0.04 |
| 1765—2025 | 3.52 | 2.29 | 0.47 | 0.16 | 0.17 | 0.07 | 0.17 | 0.20 |
| 1765—2050 | 3.99 | 2.60 | 0.43 | 0.15 | 0.21 | 0.05 | 0.14 | 0.40 |
| 1765—2075 | 4.22 | 2.77 | 0.39 | 0.13 | 0.24 | 0.03 | 0.12 | 0.53 |
| 1765—2100 | 4.30 | 2.90 | 0.34 | 0.12 | 0.26 | 0.02 | 0.10 | 0.56 |

从前面(包括 13.2 节)的讨论中我们看到,人类活动引起的大气中 $CO_2$ 和其他温室气体的浓度增加的气候效应,将造成全球平均温度的明显升高,并影响全球气候和环境。但同时也要指出,目前仍有一些学者对有关温室效应的结果,尤其是关于人类活动的影响问题仍有不同的看法,至少他们认为是有关结果夸大了人类活动的影响以及温室气体的作用。归纳起来,如下三方面的问题是值得进一步考虑和研究的。其一是认为近百年来地球大气温度的上升主要

不是人类活动的影响,而是气候的自然变化,因为在历史上曾有过冰河期,也有过温暖期。看来自然变化和人类活动的影响两方面都存在,人类活动的影响有可能加重自然变化的幅度,但如何区分出两类过程各自的影响有多大,仍是一个较困难的问题。其二是认为根据有关温室效应的研究,高纬度地区的增温应该最明显,然而已有的观测并没有发现在高纬度地区出现明显的温度升高现象。这不但牵涉到对气候资料的分析问题,也有对气候过程的研究问题。如果高纬度地区确实没有观测到明显增温,而全球平均温度又是不断在升高,其中必然存在一种气候过程对温室效应的分布起作用。其三是认为即使有温室效应存在,气候系统本身也可以进行调整,使得气候达到准平衡状态。并认为海气相互作用以及大气中的云物理和化学过程会对大气中温室气体含量的变化及其气候效应产生调节作用,使得气候系统的变化(尤其是温度)不会很大。

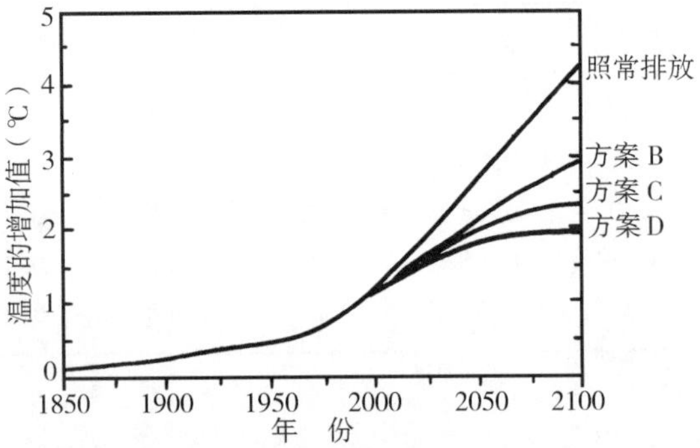


**图 13.3.2**　基于 1850—1990 年间观测到的以及 1990—2100 年间预计的温室气体浓度的增加量,模拟得到的全球平均温度的增加值(与 1765 年相比较)(引自 Houghton 等,1990)

因此,大气中温室气体浓度的变化及其气候效应的一些结果是经过许多研究得到的,有一定的可信度,然而也尚须做进一步的深入研究方能最终确定。这也充分显示了气候变化及其动力学问题的复杂性和困难程度。

## 13.4　"核冬天"

由于大量的核试验,特别是如果发生一场核战争,核爆炸所产生的物质除因放射性而祸及整个地球外,还会对地球气候造成严重影响。因为核爆炸会产生大量的 $NO_x$ 物质,例如在 1964 年中到 1967 年初的两年半时间内,由于在大气层中的核试验,北半球平流层大气中的 $NO_2$ 分子含量就高达 $1.0\times10^{17}\ cm^{-3}$,最高时为 $2.0\times10^{17}\ cm^{-3}$,比平常含量高出了许多倍。同时,核试验,尤其是核战争,还会在大气中形成严重的烟尘。这些物质的存在将使得大气中的直接太阳辐射被严重削弱,从而造成地面气温的降低,形成所谓"核冬天"。在地面气温降低的同时,$NO_x$ 含量在平流层中上层的增加,却导致那里的温度可增高数度;而且随着时间的推迟,平流层中上层的 $NO_x$ 还会被大气动力学过程输送到下层,造成 26～45 km 高度上温度的增加。

图 13.4.1 给出了核爆炸与地气系统温度变化的关系。其中放射性同位素 $Sr^{90}$ 的含量可表示核爆炸的情况;极区地面空气温度和 700 hPa 温度以及 20°～55°N 的 SST 的变化,可以

反映核爆炸对气候的影响。从图 13.4.1 可以看到，1961 年以后 $Sr^{90}$ 的含量有极明显的增加，1963 年中达到最大值；与之对应，在其间及其后，对流层低层气温和海面温度都明显降低。例如，1966 年中期的空气温度同其平均值相比下降了 1℃之多。因此，核爆炸通过大气辐射过程而影响气候变化是很明显的。

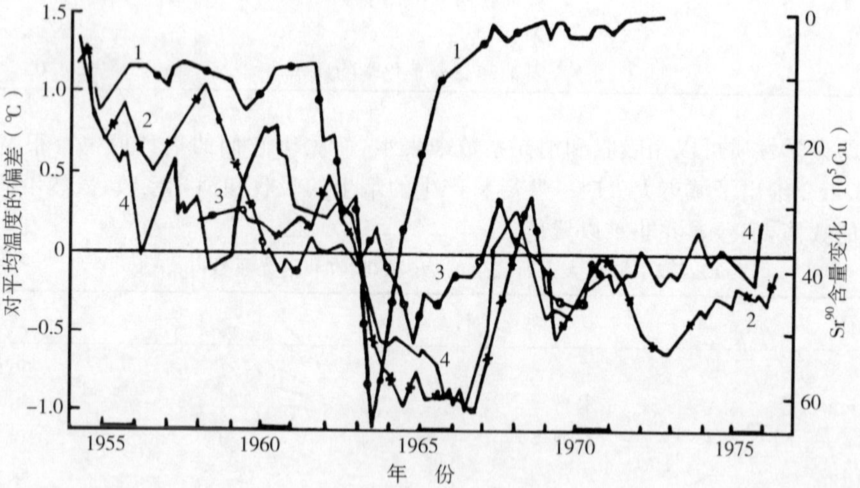


**图 13.4.1** 核爆炸与极区空气温度和北半球中纬度海面温度(SST)的时间变化的关系

(引自 Kondratyev，1988)

(曲线 1：北半球大气中 $Sr^{90}$ 含量；曲线 2：70°N 地区 700 hPa 空气温度(×2)；

曲线 3：太平洋 20°～55°N 平均 SST；曲线 4：北半球极区地面气温(12 个月滑动平均))

根据已有的研究结果，核战争中核爆炸所产生的烟尘对气候的影响一般取决于烟尘的数量及其光学性质。而烟尘的数量及其光学性质可以用平均光学厚度来概括。我们可以认为，某物质的消光厚度 $\tau_e$ 是其散射光学厚度和吸收光学厚度之和，即可写成

$$\tau_e=(k_s+k_a)S/A \tag{13.4.1}$$

这里 $k_s$和 $k_a$分别为烟尘的散射和吸收($m^2 \cdot g^{-1}$)，$S$ 为烟尘量(g)，$A$ 是烟云覆盖的面积(取北半球的一半为 $1.28\times10^{14}$ $m^2$)。一般地，烟尘量又可以用如下公式计算

$$S=\varepsilon F(1-f_r) \tag{13.4.2}$$

其中 $\varepsilon$ 是烟尘释放因子(每燃烧 1 g 燃料所产生的烟尘克数)，同燃烧物质有关；$F$ 是燃料储量；$f_r$ 是降水过程所带走的烟尘百分比。因为核战争中烟尘的产生主要不是核爆炸本身，核爆炸所引起的城市及森林大火等将是烟尘的主要来源。对于核战争造成的城市大火，一般估计 $\tau_e=6$，若加上地面爆炸和荒野燃烧等作用，核战争中 $\tau_e$ 可以达到 8。

燃料储量的估计是一个很大的问题，其经验公式为

$$F=FL\times f_b\times A_i\times SF \tag{13.4.3}$$

这里 $FL$ 是爆炸区域内平均单位面积的燃料储量($g \cdot m^{-2}$)，$f_b$ 是大火所烧掉的燃料比例，$A_i$ 是着火面积($m^2$)，$SF$ 是大火的面积传播系数。许多研究者认为 $FL$ 的平均值为40 $kg \cdot m^{-2}$，$f_b$=40％～80％，而 $A_i\times SF$ 可以取 2～4。

关于烟尘释放因子，不同研究者给出了不同的数值，表 13.4.1 是 Penner (1986)引用的数值。

**表 13.4.1** 烟尘释放因子(占燃料的百分数)

| 研究者 | 燃料 | ε(%) |
|---|---|---|
| Turco 等 | | 2.7 |
| Crutzen 等 | 木材 | 1.5 |
| | 石油和高分子化学物质 | 7.0 |
| NRC | 木材 | 3.0 |
| | 石油和高分子化学物质 | 6.0 |

烟尘的光学性质可以用吸收和消光系数来表示,而关于它们的估计值也有很宽的变化范围。表 13.4.2 给出了城市大火时一些燃料产生的烟尘的吸收和消光系数,虽然不同研究者采用了不同的数值,但差异并非难以置信。

**表 13.4.2** 城市大火所产生的烟尘的吸收和消光系数($m^2 \cdot g^{-1}$)

| 研究者 | 燃料 | $k_a$ | $k_e$ |
|---|---|---|---|
| Turco 等 | | 2.9 | 5.8 |
| Crutzen 等 | 木材 | 3.3 | 6.8 |
| | 石油等 | 7.0 | 10.5 |
| NRC | | 2.0 | 5.5 |
| Penner 和 Porch | 木材,无凝结 | 1.5 | 6.6 |
| | 石油等,无凝结 | 5.6 | 9.5 |
| | 木材,凝结之后 | 1.3 | 4.0 |
| | 石油等,凝结之后 | 1.8 | 4.0 |

烟尘,尤其是其中较大的粒子,在大气中起凝结核的作用,因此大气中的凝结过程也会影响烟尘的光学性质。如果条件有利,大气中的凝结物可发生降水过程,从而可以将部分烟尘从大气中排除。由于降水过程所带走的烟尘的百分比 $f_r$ 如表 13.4.3 所示,但因 $f_r$ 同烟尘光学性质间的关系尚不很清楚,这些数值也仅是初步的估计。

**表 13.4.3** 降水过程所带走的烟尘的百分比值 $f_r$

| 研究者 | Turco 等 | | Crutzen 等 | NRC | Penner 等 |
|---|---|---|---|---|---|
| | (郊外大火) | (城市烈火) | | | |
| $f_r$(%) | 25 | 50 | 30 | 50 | 50 |

关于核战争对气候所造成的严重影响,目前已完全可以通过数值模拟试验的办法进行研究。例如有人利用一个包括光化学过程的二维数值模式对两类模拟核战争的后果进行了数值试验。其中第一类战争假定有一些 1 百万吨级的核弹头爆炸,其总能量为 5 750 百万吨当量,这些核爆炸将在对流层产生 $5.7\times10^{35}$ 个 NO 分子。第二类战争假定有 1 000 个百万吨级和 500 个千万吨级的核弹头在 20°～60°N 爆炸,其总能量为 10 000 百万吨当量,爆炸所产生的物质可达到 18 km 左右的高空。

同时,由于核战争,北半球将发生 $10^6$ $km^2$ 面积的森林大火,并产生$(1.3\sim2.5)\times10^{15}$ g 的碳进入大气层,其中会有$(2.0\sim4.0)\times10^{14}$ g 碳成为亚微米粒子气溶胶,这种气溶胶可以含

40%～75%的碳。假定所发生的森林大火将持续两个月之久，而气溶胶的生命史为5～10 d，气溶胶的浓度为0.1～0.5 g·cm$^{-2}$。这样，太阳辐射将被严重削减，仅相当于夏天月亮的辐射量，因而大部分北半球地区将长时间处于黑暗之中，气温也变得很低。

日照的灾难性减少，以及黑色气溶胶的沉降，不仅将极大地影响植物的生长，也将对北半球海洋造成严重影响。另外，森林大火除了会产生$7\times10^{17}$ g的$CO_2$之外，还会产生(2.0～4.0)$\times10^{14}$g的CO，从而使大气中的CO含量增加1倍，对地球上生物的生存造成威胁。

在第一类核战争的条件下，核爆炸和森林大火产生的$NO_x$将使得对流层中的光化学过程发生根本变化，臭氧含量将由30 ppbv增加到160 ppbv；乙烷和过氧乙酰硝酸酯(PAN)在大气中的含量将分别由50 ppbv和0.1 ppbv增加到100 ppbv和1～10 ppbv，从而使大气酸度大大增加。对流层臭氧量的增加和降水酸度的增加都会严重影响植物的正常生长。

在第二类核战争的条件下，进入大气层的$NO_x$将比第一类核战争条件下增加20倍之多，而且由于爆炸的产生物可达到平流层，因此，将极大地影响臭氧层，使臭氧含量大为减少。假定核战争发生在6月11日，而核爆炸在30°～70°N范围，臭氧含量的最大减少将发生在$NO_x$进入大气层的2到2.5个月之后，臭氧量仅为原来的35%～70%。使大气状态恢复到平常情况将需要3年时间，足见影响的严重和持久。

表13.4.4给出了10 000百万吨当量核战争对北半球生物圈的长期影响。可以看到，由于太阳辐射被削弱，地面空气温度最大降到－43℃，“核冬天”持续时间可达数月之久。

**表13.4.4** 一场10 000百万吨当量的核战争对北半球生物圈的长期影响(引自Kondratyev，1988)
(表中$Y_i$表示其正常值)

| 参数 | 变化值 | 可能变化范围 | 影响的持续时间 | 影响地区 |
|---|---|---|---|---|
| 总的太阳辐射通量 | $Y_i\times0.01$ | $Y_i\times(0.003\sim0.03)$ | 1.5 mon | 北半球中纬度 |
| | $Y_i\times0.05$ | $Y_i\times(0.01\sim0.15)$ | 3 mon | 北半球中纬度 |
| | $Y_i\times0.25$ | $Y_i\times(0.1\sim0.7)$ | 5 mon | 北半球 |
| | $Y_i\times0.50$ | $Y_i\times(0.3\sim1.0)$ | 8 mon | 北半球 |
| 地面空气温度 | －43℃ | －53～－23℃ | 4 mon | 北半球中纬度 |
| | －23℃ | －33～－3℃ | 9 mon | 北半球 |
| | －3℃ | －13～－7℃ | 1 a | 北半球 |
| 太阳紫外辐射 | $Y_i\times4$ | $Y_i\times(2\sim8)$ | 1 a | 北半球 |
| | $Y_i\times3$ | $Y_i\times(1\sim5)$ | 3 a | 北半球 |
| 放射性沉降物的剂量 | ≥500 Rad | 3倍 | 1 h～1 d | 30%的北半球中纬 |
| | ≥100 Rad | 3倍 | 1 d～1 mon | 50%的北半球中纬 |
| | ≥10 Rad | 3倍 | 1 mon | 50%的北半球中纬 |
| 放射性同位素含量 | | | | |
| $I^{131}$ | $4\times10^5$ MCi | — | 8 d | 北半球中纬度 |
| $Ru^{106}$ | $1\times10^4$ MCi | — | 1 a | 北半球 |
| $Sr^{90}$ | 400 MCi | — | 30 a | 北半球 |
| $Cs^{137}$ | 650 MCi | — | 30 a | 北半球 |

核战争情况下,太阳辐射通量的严重削弱必定同大气光学性质的巨大改变有关。图 13.4.2 是不同类型核战争情况下北半球大气平均光学厚度的时间演变特征。为了同强烈火山爆发的情况相比较,图 13.4.2 还给出了 1982 年 4 月 4 日墨西哥埃尔奇冲火山大爆发的模拟情况。可以看到,核战争对大气光学性质的影响要比埃尔奇冲火山爆发的影响严重得多。同大的火山爆发差不多,一场核战争的影响也将持续近 1 年的时间。图 13.4.2 中的曲线 14 虽仅有 100 百万吨当量的核爆炸,它造成的严重大气污染却极大地影响着大气光学厚度。这是由于其假定核爆炸发生在城市,城市的燃烧产生了大量煤烟气溶胶所致。

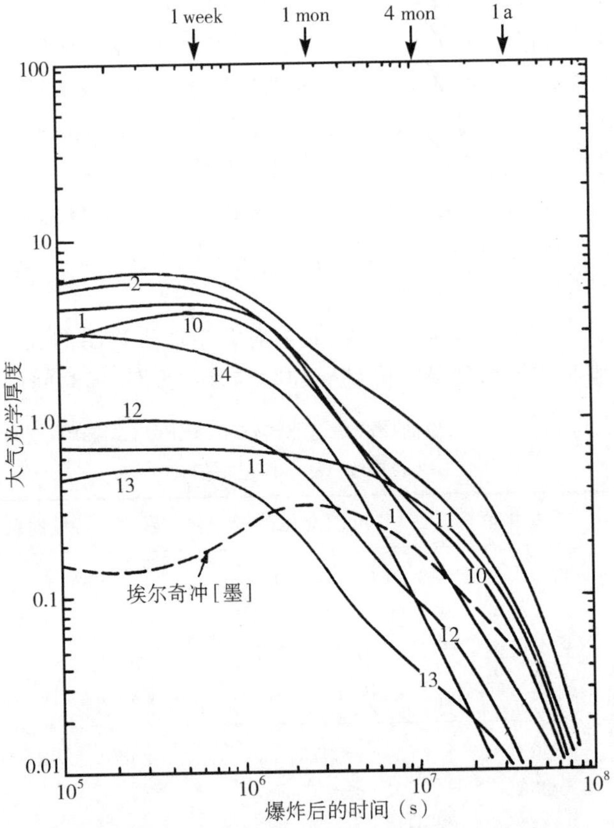


**图 13.4.2**　不同类型核战争情况下北半球大气平均光学厚度($\lambda=0.55\ \mu m$)的时间演变以及墨西哥埃尔奇冲火山爆发的模拟结果(引自 Kondratyev,1988)

(1. 基准线,500 Mt;2. 大气中低威力爆炸,5 000 Mt;9. 相互攻击,10 000 Mt;10. 相互攻击,3 000 Mt;11. 核武器还击,3 000 Mt;12. 相互攻击,1 000 Mt;13. 南半球,300 Mt;14:攻击城市,100 Mt)

不同类型的核战争爆发后,北半球平均陆面气温的时间演变如图 13.4.3 所示。可以看到,对于模拟战争"9"和"2",其地面温度在 30 天内下降了 40℃,足见影响之严重。同影响高层大气光学厚度一样,煤烟气溶胶对地面气温也有相当强的影响;而比较曲线 14 和曲线 4,我们可以估计出煤烟气溶胶和粉尘气溶胶的不同影响。煤烟气溶胶主要决定了前 2~3 个月的温度变化,而其后 6 个月的温度变化主要决定于粉尘气溶胶的作用。

在对流层,尤其是地面温度降低的同时,核战争所产生的物质在平流层的增加将导致平流层温度的极大增加。以图 13.4.2 中曲线 2 所示的情况为例(在地面爆炸 5 000 百万吨当量核弹头)，在地面及对流层气温降低的稍后一些时间，平流层出现了强烈增温，平流层低层增温最大值超过 80 K(图 13.4.4)。这种平流层增温是由于高空粉尘和烟云对太阳辐射的吸收造成的。

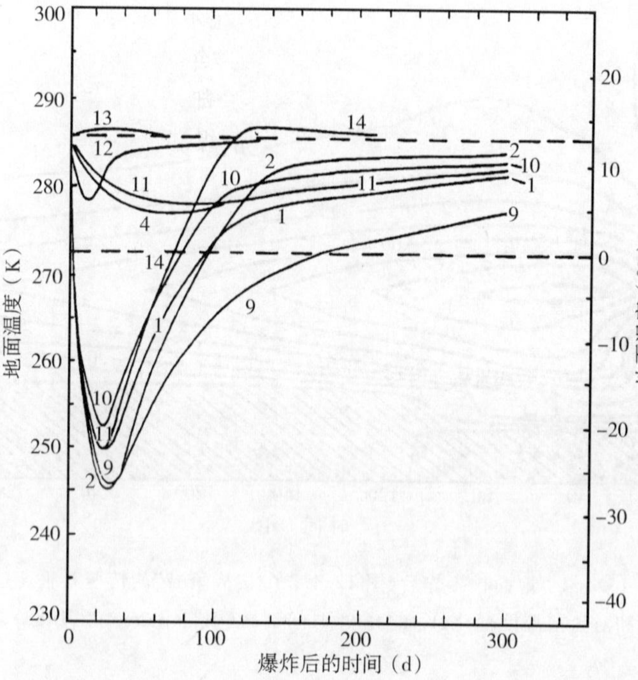


**图 13.4.3** 不同类型核战争爆发对北半球平均陆面气温的影响（引自 Kondratyev,1988）

（图中曲线 4 和曲线 11 表示不包括火灾的结果。1. 基准线，5 000 Mt；2. 大气中低威力爆炸，5 000 Mt；4. 基准线，只有尘土；9. 相互攻击，10 000 Mt；10. 相互攻击，5 000 Mt；11. 核武器还击，3 000 Mt；12. 相互攻击，1 000 Mt；13. 南半球，300 Mt；14. 攻击城市，100 Mt）

利用 NCAR 的 GCM，Covey 等(1984)也做了核战争影响的数值模拟试验，其结果同上述一维辐射-对流模式的结果基本一致。假定核战争的规模为 6 500 百万吨当量的核爆炸，30°～70°N 被 $2\times10^{14}$ g 烟尘覆盖，而烟尘分布在 1～10 km 的高度，战争爆发后 10～20 d 平均的纬向平均温度变化(K)的垂直分布如图 13.4.5 所示，在 60°N 地区，地面温度降低了10 K以上，而在 60°N 的对流层上层(300 hPa 附近)有超过 80 K 的增温。虽然强烈增温层的高度与图 13.4.4 有所不同，但温度变化的趋势还是类似的。

在初始时刻以及烟尘进入大气层之后地面温度的水平分布情况(模拟结果)如图 13.4.6 所示。可以清楚地看到，在核爆炸的烟尘进入大气层之后，北半球陆面气温，尤其是北美和亚洲大陆的地面气温有极为明显的降低。由于海洋的存在，这种降温被明显地缓和了，由可能的 30～40℃变成了 15～20℃，在大洋地区降温更要小一些。

从以上的讨论可以看到，人类的一类特殊活动——核试验和核战争——对气候的影响既是严重的，也是持久的。核爆炸的放射性对其附近的生物界无疑是场灾难，而核爆炸所产生的烟尘扩散到大气中，通过影响太阳辐射导致所谓“核冬天”的发生，其严重影响具有全球尺度特征，同样是一种灾难。因此，全人类都应该反对核试验，防止核战争的爆发。

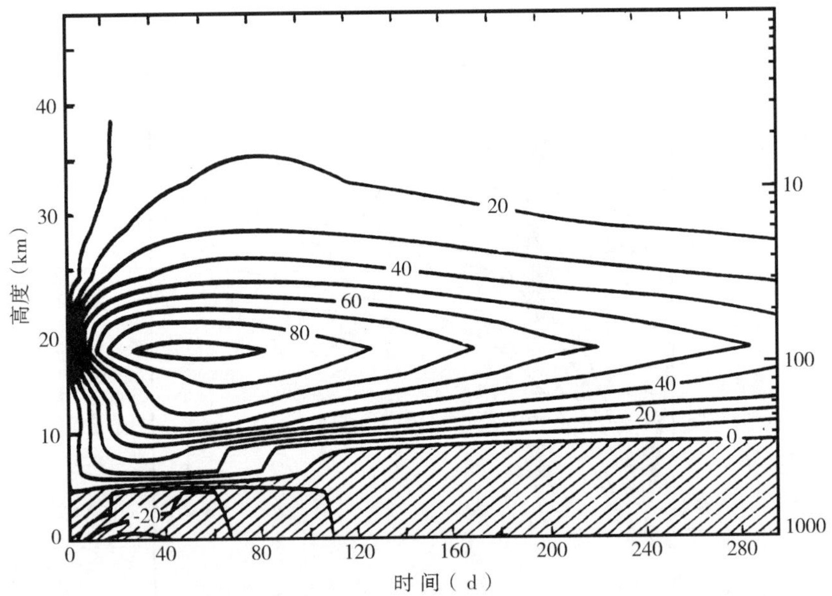


**图 13.4.4** 地面核爆炸后(图 12.4.2 中核战争"2"的情况),平流层和对流层温度变化(K)的高度-时间剖面(引自 Turco 等,1983)

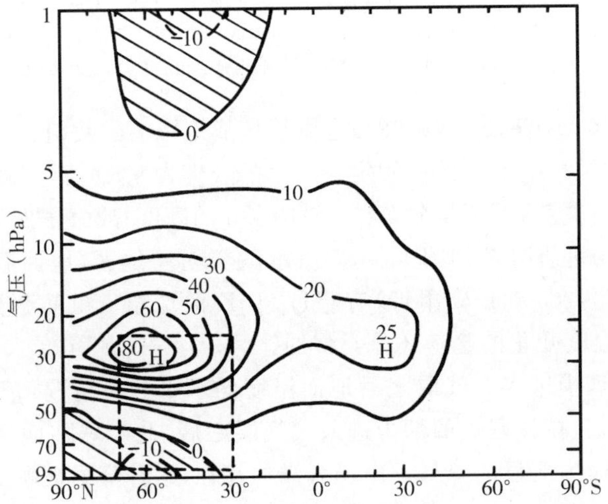


**图 13.4.5** 核战争爆发后 10～20 d 平均的纬向平均温度变化(K)的垂直分布的 GCM 模拟结果(引自 Covey 等,1984)

(虚线所围的矩形区表示核爆炸烟尘所分布的空间)

**图 13.4.6**　初始时刻以及核爆炸烟尘进入大气层之后地面温度的水平分布（引自 Covey 等,1984）
(a) $t=0$;(b) $t=2$ d;(c) $t=10$ d
(图中曲线间隔为 10 K,$T<270$ K 的区域为阴影区;核战争被假定发生在夏季)

## 13.5　大气中的臭氧及臭氧洞

臭氧是大气中的重要微量气体,对于地球气候和环境以至生物的生存都有着特别的作用,这里将给予专门讨论。

### 13.5.1　大气臭氧及其分布

直到 19 世纪末和 20 世纪初人们才从光谱分析和对比中确定了大气中臭氧的存在,其后的一系列观测表明,大气中的臭氧主要分布在 10～50 km 层,其中以 20～28 km 层有最大含量,习惯上称其为臭氧层。如果把单位截面大气柱内的臭氧含量订正到标准状况,其厚度(即总含量)是很小的,一般在 0.25～0.45 cm 之间,平均为 0.347 cm。大气中臭氧的含量虽然不多,但在两方面却起着不可代替的重要作用。其一是臭氧对太阳紫外辐射有强烈吸收作用,使得到达地面的对地球生物有杀伤的短波辐射保持在较低的强度,从而对地球生物和人类有保护作用。因此,也有人称平流层的臭氧层为臭氧保护层。其二是臭氧的紫外辐射吸收是平流层的主要加热源,是它导致平流层温度的向上递增现象。

主要集中于 10～50 km 大气层中的臭氧,其密度和混合比从地面向上都先随高度增加,达到极大值后再随高度减少。在中纬度地区,平均来讲臭氧密度在 22～25 km 高度有极大值,混合比在 35 km 附近有最大值,年平均的密度和混合比的垂直分布如图 13.5.1 所示。同时,由赤道到极地,臭氧层的高度(特别是极大值高度)明显随纬度的增加而降低。

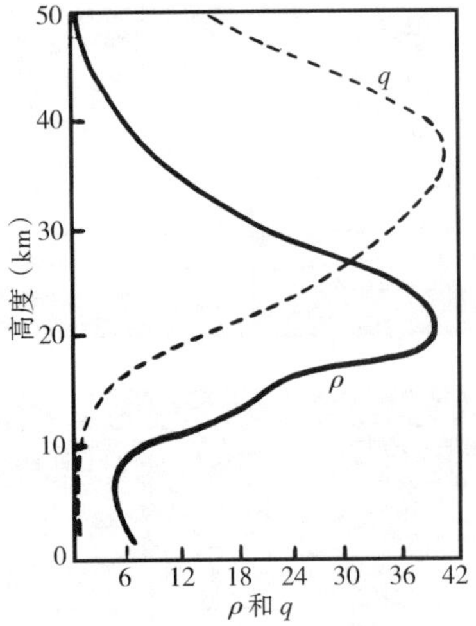


**图 13.5.1**　中纬度地区大气臭氧的平均垂直分布(引自 NOAA 等,1976)
(其中 $\rho$ 的单位是 $10^{-8}$ kg·m$^{-3}$,混合比 $q$ 的单位是 $10^{-6}$ kg·kg$^{-1}$)

大量观测事实表明,大气中的臭氧总量在地球上的分布是不均匀的,随纬度的变化特别明显。同时它还有清楚的年变化,一般在春季最大,秋季最小。图 13.5.2 是北半球臭氧总量的平均时间-纬度剖面,可以看到由赤道向极地臭氧总量是递增的,一般到 70°N 附近总含量达最大值;再向极地,除个别月份外其总量反而减少。

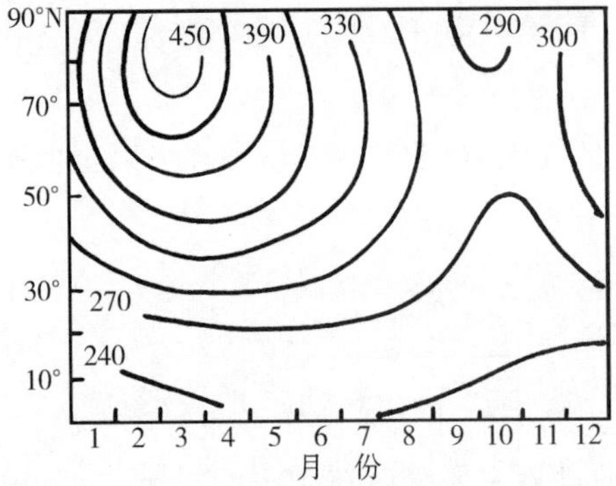


**图 13.5.2**　北半球臭氧总量($10^{-3}$ cm)的平均时间-纬度剖面

大气臭氧层的存在已为光化学理论所解释,在高层大气中受太阳紫外辐射的影响,分子氧可分解为原子氧,而原子氧和分子氧通过第三碰撞体的作用可合成臭氧;同时,臭氧吸收太阳紫外辐射又可以发生分解。在平流层有如下主要光化学反应:

$$O_2 + h\nu\ (\lambda < 0.24\ \mu m) \rightarrow O + O \tag{13.5.1}$$

$$O + O_2 + M \rightarrow O_3 + M \tag{13.5.2}$$

$$O_3 + h\nu\ (\lambda < 0.32\ \mu m) \rightarrow O_2 + O \tag{13.5.3}$$

$$O_3 + O^* \rightarrow 2O_2 \tag{13.5.4}$$

其中 $h\nu$ 是光量子;M 表示为了能量和动量守恒所需的第三碰撞体,主要是氮分子 $N_2$;$O^*$ 表示处于激发状态的氧原子。

虽然目前光化学理论已有了很大发展，影响臭氧生存的光化学反应还有许多，但上述(13.5.1～13.5.4)式仍被认为是平流层臭氧的最基本的光化反应式。根据这些反应式，可以求得光化平衡条件下臭氧含量随高度的分布，即在不同高度上可按下式计算出臭氧的密度($n_3$)：

$$n_3(z)=\frac{k_{12}}{k_{13}}n_2 n_M \frac{Q_2}{Q_2+Q_3} \tag{13.5.5}$$

这里 $n_2$ 和 $n_M$ 分别是各高度上氧分子和氮分子的密度；$Q_2$ 和 $Q_3$ 分别表示单位时间和单位体积内氧分子和臭氧分子所吸收的光量子数；$k_{12}$ 和 $k_{13}$ 称为反应常数，同大气状态(例如温度)有关，可由实验测定。

根据光化平衡计算出的大气臭氧分布在垂直廓线上大致同实际观测一致，但也有不小的差异，尤其是光化理论指出的臭氧总量在夏季最大，冬季较小；而且在所有季节其最大含量都出现在赤道地区，向极地逐渐减少。这些与实际观测的不一致，显然说明对于臭氧的分布和变化除光化过程外，还存在另外的大气过程的影响。

由于在 50 km 高空臭氧的半恢复期约为 1 h，而在 20 km 高空臭氧的半恢复期约为 1 年以上。一般可以认为在 30 km 以上的平流层中臭氧处于光化平衡状况，含量的变化不大；而在 25 km 以下的平流层和对流层中，臭氧具有一定保守性，其含量的空间分布有较大变化，受到大气动力学过程的严重影响。图 13.5.3 给出了在阿斯彭德尔(38°S)和诺威尔(47°N)观测到的 10 hPa 和 40 hPa 高度上臭氧含量的逐月变化情况。在 10 hPa 高度的臭氧含量都是夏季有极大值，冬季有极小值，表明光化学过程起着主要作用；但在 40 hPa 高度，臭氧含量却在冬末春初有极大值，夏末秋初有极小值，说明大气动力学过程起重要作用。

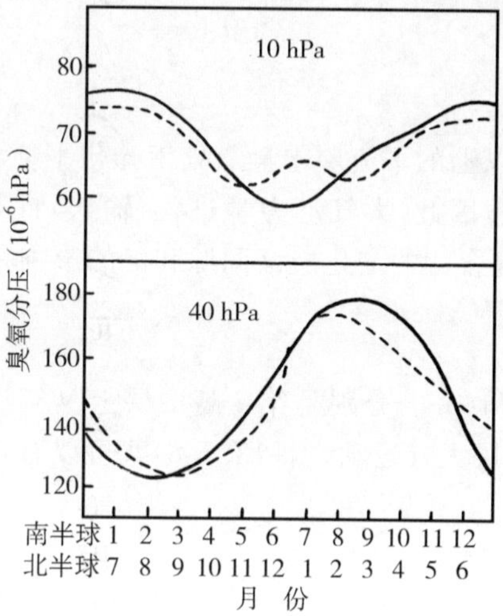


**图 13.5.3** 在阿斯彭德尔(实线)和诺威尔(虚线)的 10 hPa 和 40 hPa 高度观测到的臭氧量的年变化(引自 Grasnick，1977)

过去一般都认为平流层是臭氧的源，而对流层臭氧主要来自平流层的输送，它到达地面后即被破坏。但是，80 年代以来的观测表明，不仅在污染的城市大气中有产生臭氧的光化学过程，就是在自然的干净的对流层大气中也有产生臭氧的光化学过程。这些光化学过程主要是碳氧化合物和氮氧化物的反应，即

$$\left.\begin{array}{l} CO+OH+O_2 \rightarrow CO_2+H_2O \\ NO+HO_2 \rightarrow NO_2+OH \\ NO_2+O_2+h\nu \rightarrow NO+O_3 \end{array}\right\} \tag{13.5.6}$$

$$\left.\begin{array}{l} NMHC+OH+O_2 \rightarrow RO_2 \\ RO_2+NO+O_2 \rightarrow NO_2+HO_2+CARB \\ H_2O+NO \rightarrow NO_2+OH \\ NO_2+O_2+h\nu \rightarrow NO+O_3 \end{array}\right\} \tag{13.5.7}$$

其中 NMHC 是碳氢化合物，R 表示 C-H 自由基，CARB 表示稳定的大分子碳氢化合物。模式计算表明，整个对流层气柱内冬季的臭氧光化学产生率与平流层向对流层的输送量相当，而夏季对流层气柱的臭氧光化产生率相当于平流层输送量的 12 倍(Liu 等，1980)。因此，对流层臭氧的光化学过程也是十分重要的，包括云中的化学过程(Lelieveld 和 Crutzen，1990)。

对流层臭氧的生命史约几星期，其含量同纬度、经度、高度和季节的改变都有关系。在北半球中纬度地区，近地面的臭氧月平均浓度为 30～50 ppbv，以春季和夏季最高；而在对流层中层其浓度达 60～65 ppbv，也以春季和夏季最高。在北半球的其他纬度带，对流层臭氧浓度却以冬季和春季浓度最高(Logan，1985；Levy 等，1985)。

对流层臭氧被认为是另一种温室气体，它在热带和副热带的对流层上部有特别重要的作用。在热带地区的干季，由于生物氧化(燃烧)使得臭氧源增强，而在湿季臭氧汇将增强(Fishman 等，1990；Krichhoff，1990)。一系列的观测表明，北半球中纬度地区对流层臭氧含量在以每年 1%～2% 的速度增加，尤其是在欧洲和日本地区(Feister 和 Warmbt，1987；WMO，1989)。对流层臭氧的温室效应及其影响也是需要进一步研究的问题。

### 13.5.2 臭氧量的变化

前面已经指出，在 30 km 以上的平流层中臭氧处于光化平衡状态，含量变化不大，大气臭氧又主要分布于 20～28 km 层，因此，大气动力学过程(输送)将对臭氧变化有十分重要的作用。对于某一气块而言，臭氧混合比的变化应该同源和汇的影响相一致，其守恒方程可以写成

$$\frac{d}{dt}[q_i+(q_i)_0]=S \tag{13.5.8}$$

其中 S 表示臭氧的源和汇；$q_i$ 和 $(q_i)_0$ 分别是第 $i$ 高度层上臭氧混合比的扰动量和水平平均值。对于准水平无辐散的平流层大气运动，由(13.5.8)式可以有

$$\frac{\partial}{\partial t}q_i+\frac{\partial}{\partial x}(uq_i)+\frac{\partial}{\partial y}(vq_i)+w\frac{\partial}{\partial z}(q_i)_0 \approx S \tag{13.5.9}$$

取纬向平均，则

$$\frac{\partial}{\partial t}\bar{q}_i+\frac{\partial}{\partial y}\langle v'q_i\rangle+\overline{w}\frac{\partial}{\partial z}(q_i)_0 \approx \overline{S} \tag{13.5.10}$$

可见纬向平均的臭氧含量的变化受三个因素的影响，其一是净源或汇，它主要反映光化学过程的影响，包括辐射变化和光化学物质的作用；其二是水平涡旋输送，即 $\langle v'q_i\rangle$ 项；其三是平均经圈环流的输送。当然上述后两种过程都是大气环流动力学过程。一般总是通过垂直运动造成的空气交换把臭氧从 25～30 km 层输送到平流层低层和对流层，再通过大型环流的输送，形成臭氧垂直和水平分布的差异和变化。

大气中的臭氧含量和大气环流有密切的相互影响关系。大气环流的垂直交换和水平输送影响着臭氧含量的分布和变化，许多观测都表明臭氧的分布同大气中的大型槽脊活动关系很明显。因为高空槽前一般盛行偏南风，且有上升运动，空气来自南方及对流层低层，臭氧浓度偏低；在高空槽后部一般盛行偏北气流，且有下沉运动，空气来自北方和对流层上层或平流层，臭氧浓度自然就偏高。另一方面，大气中臭氧浓度的分布和变化通过辐射加热又影响大气（尤其是平流层大气）的热状态，进而对大气环流和动力学过程产生影响。

20 世纪 70 年代中期以来的大量观测已清楚地表明，全球平均（单个测站的测值也一样）臭氧量有十分清楚的减少趋势。图 13.5.4 是地面观测和卫星测量得到的全球平均臭氧量的变化情况，除了有明显的年际变化（准两年振荡）外，长期逐渐减少的趋势也很清楚。一般认为大气中臭氧量的减少是人类活动的排放物通过光化学作用对臭氧破坏的结果，这主要有两个方面，其一是超音速飞机在平流层飞行的影响；其二是人类使用的冷冻剂的影响（李崇银，1982；叶笃正等，1988）。

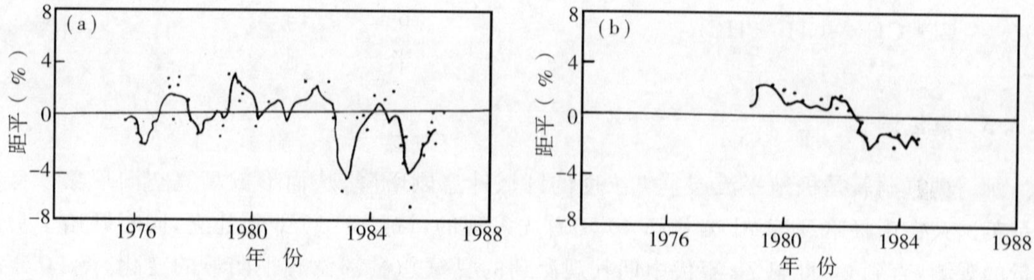


**图 13.5.4**　全球平均臭氧总量的年际变化（引自魏鼎文等，1989）

(a)地面观测；(b)卫星观测

超音速飞机在平流层飞行时排放的主要物质是氮的氧化物（NO 和 $NO_2$ 等）、水蒸汽和氢氧基，它们不但参加光化反应引起臭氧的分解破坏，而且可以同氧原子作用使其减少，从而造成臭氧量的减少。这就是所谓 O-H-N 系统的光化学影响（Crutzen，1971），其主要光化学反应有

$$NO+O_3 \rightarrow NO_2+O_2 \tag{13.5.11}$$

$$NO_2+O_3 \rightarrow NO_3+O_2 \tag{13.5.12}$$

$$NO+O+M \rightarrow M+NO_2 \tag{13.5.13}$$

$$NO_2+O+M \rightarrow M+NO_3 \tag{13.5.14}$$

$$NO_2+O \rightarrow NO+O_2 \tag{13.5.15}$$

$$HNO_3+h\nu \rightarrow OH+NO_2 \tag{13.5.16}$$

$$O+OH \rightarrow H+O_2 \tag{13.5.17}$$

$$O_3+OH \rightarrow H_2O+O_2 \tag{13.5.18}$$

一个关于 NO 影响的模式计算清楚地表明，超音速飞机排放的物质对平流层臭氧有显著的破坏作用，而且在 20 km 高度上飞行所造成的破坏要比在 16 km 高度上的飞行大 2 倍左右。

人类生活中使用的冷冻剂主要是氯氟烃化合物，尤其是氟利昂（$CF_2Cl_2$ 和 $CFCl_3$），它们在对流层相当稳定，但当其扩散到平流层中受到太阳紫外辐射的照射时，便发生光化学反应，分解出氯原子，引起臭氧的破坏。其主要反应式有

$$\mathrm{CF_2Cl_2} + h\nu \rightarrow \mathrm{CF_2Cl} + \mathrm{Cl} \tag{13.5.19}$$

$$\mathrm{CFCl_3} + h\nu \rightarrow \mathrm{CFCl_2} + \mathrm{Cl} \tag{13.5.20}$$

$$\mathrm{CF_2Cl_2} + h\nu \rightarrow \mathrm{CF_2Cl} + \mathrm{Cl} \tag{13.5.21}$$

$$\mathrm{CCl_4} + h\nu \rightarrow \mathrm{CCl_3} + \mathrm{Cl} \tag{13.5.22}$$

$$\mathrm{Cl} + \mathrm{O_3} \rightarrow \mathrm{ClO} + \mathrm{O_2} \tag{13.5.23}$$

$$\mathrm{ClO} + \mathrm{O} \rightarrow \mathrm{Cl} + \mathrm{O_2} \tag{13.5.24}$$

根据上述机制对平流层臭氧变化进行的模式预测表明,如果氟利昂的产量稳定在1974年的生产水平(每年分别为 $0.3\times10^6$ t 和 $0.4\times10^6$ t),则平流层臭氧总量将在50年内减少10%(Wofsy 等,1975)。10多年的观测虽然表明臭氧量有所减少,但没有估计的那么严重,因为氯原子在平流层中还会同其他物质作用,从而缓解了它对臭氧的破坏。主要反应式有

$$\mathrm{Cl} + \mathrm{H_2O} \rightarrow \mathrm{O_2} + \mathrm{HCl} \tag{13.5.25}$$

$$\mathrm{Cl} + \mathrm{NO_2} + \mathrm{M} \rightarrow \mathrm{ClNO_2} + \mathrm{M} \tag{13.5.26}$$

$$\mathrm{Cl} + \mathrm{CH_4} \rightarrow \mathrm{CH_3} + \mathrm{HCl} \tag{13.5.27}$$

### 13.5.3　臭氧洞

所谓臭氧洞就是极地平流层臭氧浓度的区域性急剧下降,从而形成臭氧空洞现象。臭氧洞是英国人在南极哈利湾站[英](75°40′S)首先发现的,该站于1956年建立,同年开始了臭氧总量的观测,直到20世纪70年代中期其观测到的臭氧总量都没有很明显的变化,但70年代中期以来,10月份的臭氧总量差不多下降了40%。后来的卫星观测也证实了南极臭氧洞的存在,并发现臭氧总量减少的区域对应着极地涡旋的范围。图13.5.5给出了用卫星上的臭氧总量图示分光计(TOMS)得到的1991年10月5日和11月14日南极地区的臭氧分布。图13.5.5a(10月5日)是南极臭氧洞最深的时候,其中心的臭氧量仅为108 Dobson单位,是臭

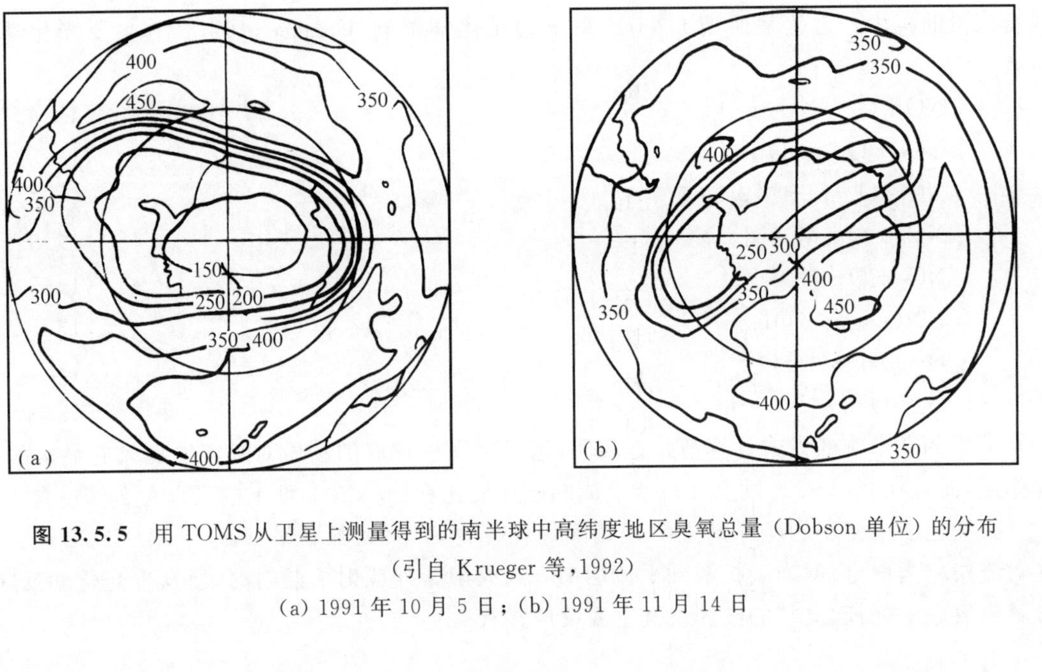


**图 13.5.5**　用 TOMS 从卫星上测量得到的南半球中高纬度地区臭氧总量(Dobson 单位)的分布
(引自 Krueger 等,1992)
(a) 1991年10月5日;(b) 1991年11月14日

氧量的最低记录，围绕南极存在一个很大很深的臭氧洞。在一个多月之后的 11 月 14 日（图 13.5.5b），南极地区臭氧量已明显增加，臭氧洞已明显填塞，其中心的臭氧量已达到 250 Dobson 单位。图 13.5.5 中还可以发现一个有意思的现象，在南极臭氧洞明显的时候，南半球中纬度地区的臭氧量比较高，400 Dobson 单位的范围很大，最高量在 450 Dobson 单位以上（图 13.5.5a），而在南极臭氧洞填塞之后，南半球中纬度地区的臭氧量相对要少一些（图 13.5.5b）。

图 13.5.6 是 1986 年 10 月南极臭氧洞的 TOMS 照片，深色区域为臭氧洞，图中的不同灰度表示了臭氧总量由 170（臭氧洞中心）到 500 Dobson 单位的变化。与图 13.5.5 所示的情况类似，与南极臭氧洞相伴随，在离极区稍远一些的地区，臭氧量比较高，图 12.5.5a 的最小值与图 13.5.6 的最小值相比较，图 12.5.5a 所示的臭氧洞更深（臭氧总量更低），表明由 1986 到 1991 年，南极臭氧的破坏变得更为严重了。

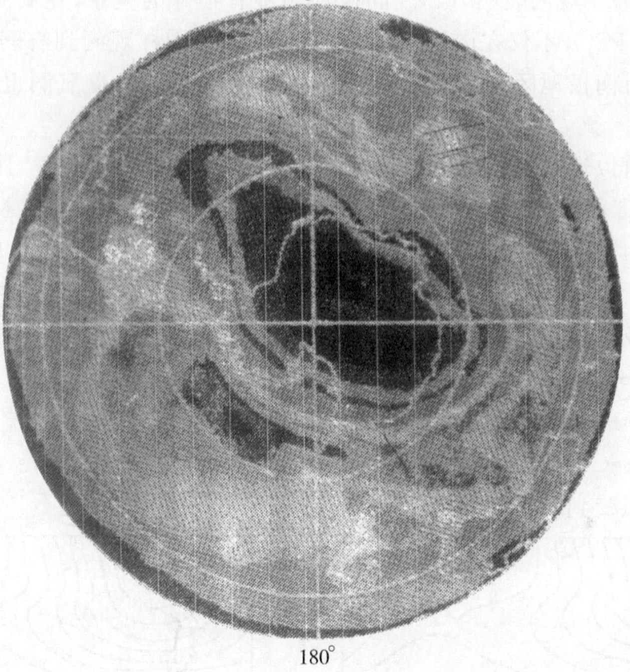


**图 13.5.6**　1986 年 10 月 10 日南极臭氧洞的 TOMS 照片（引自 Krueger，1986）
（其中深色的范围为臭氧洞区；各种灰度表示了臭氧总量由 170 到 500 Dobson 单位的分布）

南极臭氧洞出现后，为了揭示其产生原因而对南极大气物理状态和大气成分进行了综合观测，结果表明南极地区臭氧的破坏和臭氧洞的出现有其复杂原因，归纳起来可以认为是人类活动排放物在特殊条件下的一种特殊影响。首先，造成臭氧破坏的直接原因是人类活动排放的物质引起的化学反应，尤其是氯和溴的耦合化学反应，也称接触反应循环（Anderson 等，1989；Solomon，1990）。其主要反应式有

$$ClO + BrO \rightarrow ClOO + Br \tag{13.5.28}$$

$$\rightarrow BrCl + O_2 \tag{13.5.29}$$

$$ClOO + M \rightarrow Cl + O_2 + M \tag{13.5.30}$$

$$BrCl + h\nu \rightarrow Br + Cl \tag{13.5.31}$$

$$Cl + O_3 \rightarrow ClO + O_2 \tag{13.5.32}$$

$$Br + O_3 \rightarrow BrO + O_2 \tag{13.5.33}$$

$$NO_2 + ClO + M \rightarrow ClONO_2 + M \tag{13.5.34}$$

$$ClONO_2 + h\nu \rightarrow Cl + NO_3 \tag{13.5.35}$$

另一方面，上述化学反应的进行又要求比较特别的条件，这些条件只有在极区，尤其是南极地区才能达到。因为由于极地涡旋的活动以及黑夜的影响造成的极区的局地极端低温，南极平流层温度可达−84℃以下，从而可在南极地区形成特有的极地平流层冰晶云（PSCs），这种PSCs对上述化学反应起催化作用，造成臭氧的严重破坏，甚至出现臭氧洞。

观测分析还发现，极地平流层PSCs有两类，第一类PSCs是由晶状硝酸三水化合物（NAT）组成，有时也有硝酸-水化物（NAM）；第二类PSCs则是由水冰组成的（Fahey等，1989；Turco等，1989）。观测表明，PSCs同极地涡旋有很好的关系，在涡旋的核区，存在明显的PSCs。臭氧洞和PSCs不仅在南极存在，在北极地区也同样观测到有弱的臭氧洞和PSCs。但因为北极地区没有南极地区那么冷，PSCs相对较少，因此北极臭氧洞也就没有南极臭氧洞那么厉害。

数值模拟试验可以清楚地反映ClO的重要作用，图13.5.7a是对应“1990年”大气条件的臭氧总量的时间-纬度剖面，可以看到，在南极地区的春季（10月份）臭氧量很少，出现了臭氧洞特征。但是对于“1960年”的情况（图13.5.7b），虽然南极地区春季臭氧量也比较少，然而尚未出现臭氧洞特征。“1990年”和“1960年”的主要差异是前者在南极地区有可利用的ClO，使得前面提到的化学反应比较频繁，尤其是这样一些反应：

$$ClO + ClO + M \rightarrow ClOOCl + M \tag{13.5.36}$$

$$ClOOCl + h\nu \rightarrow ClOO + Cl \tag{13.5.37}$$

$$ClOO + h\nu \rightarrow Cl + O_2 \tag{13.5.38}$$

大量的氯原子使臭氧受到较大破坏。

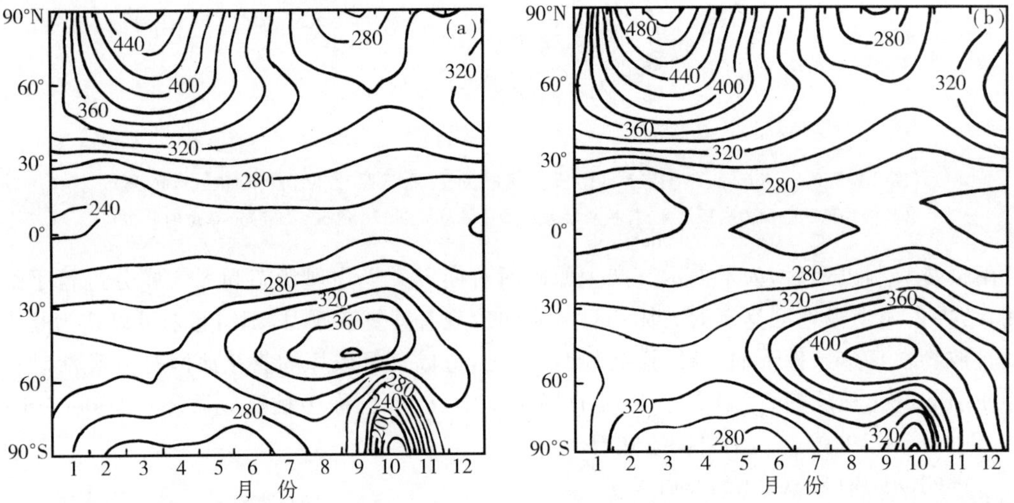


**图13.5.7**　臭氧总量（Dobson单位）的时间-纬度剖面的模拟结果（引自Pitari等，1992）
（a）对应“1990年”的情况；（b）对应“1960年”的情况

关于臭氧洞出现的原因,上面主要讨论了化学过程的作用,包括人类活动(氯系物质的排放)和大气环流的作用(极区 PSCs 的形成)。但是在臭氧洞出现期极地以外地区臭氧量相对增加的事实表明,大气环流的输送过程对臭氧洞的形成也有一定的作用。另外,平流层臭氧的生消都直接同太阳紫外辐射有关,因而大气辐射过程也会对臭氧洞有一定的影响。因此,可以认为臭氧洞是大气动力学、大气化学和大气辐射共同作用的产物,不只是一个局地大气化学和大气动力学过程的结果,还包括全球气象因素(例如动力学输送)的影响。要很好地认识并预测臭氧洞的出现,需要用耦合的动力-化学-辐射模式对其进行研究(Tung 和 Yang,1988 等)。

# 参考文献


李崇银,1982. 大气中的臭氧[J]. 气象,(10):42-45.

王明星,1989. 大气 $CH_4$ 浓度长期变化趋势的研究[J]. 科学通报,**34**:684-687.

魏鼎文,郭世昌,赵延亮,1989. 1963—1985 北半球大气臭氧总量时空变化图集[M]. 北京:科学出版社.

叶笃正,李崇银,王必魁,1988. 动力气象学[M]. 北京:科学出版社.

Anderson J G, Brune W H, Lloyd S A, Tochey D W, 1989. Kinetics of $O_3$ destruction by ClO and BrO within the Antarctic vortex: An analysis based on in situ ER-2 data[J]. *J Geophys Res*, **94**: 11480-11520.

Andreae M O, 1989. The global biogeochemical sulphur cycle[M]. Review A. *Trace Gases and the Biosphere*. University of Arizona Press.

Barnett T P, 1988. Global sea level change. *Climate Variations over the Past Century and the Greenhouse Effect*[C]. NC-PO.

Butler J H, Elkins J W, Thompson T M, Egan K B, 1990. Tropospheric and dissolved $N_2O$ of the West Pacific and East Indian oceans during the El Nino-Southern Oscillation event of 1987[J]. *J Geophys Rev*, **95**: 17321-17336.

Cline J D, Wisegarver D P, Kelly-Hansen K, 1987. Nitrous oxide and vertical mixing in the equatorial Pacific during the 1982—1983 El Nino[J]. *Deep-Sea Res*, **34**: 857-873.

Coakley J A Jr, Cess R D, 1985. The effect of atmospheric aerosols on climate change[J]. *J Atmos Sci*, **42**: 1677-1692.

Covey C, Schneider H S, Thompson S L, 1984. Global atmospheric effects of massive smoke injections from a nuclear war: Results from general circulation model simulations[J]. *Nature*, **308**: No. 5954, 21-25.

Crutzen P J, 1971. Ozone production rates in an oxygen-hydrogen-nitrogen oxide atmosphere[J]. *J Geophys Res*, **76**: 7311-7327.

Dudek M, 1989. *Prospects for Future Climate*[M]. Lewis Publishers, INC.

Elkins J W, Rossen R, 1989. Summary Report 1988: *Geophysical Monitoring for Climate Change*[C]. NOAA ERL, Boulder, CO.

Enting I G, Pearman G I, 1987. Description of a one-dimensional carbon cycle model calibrated using techniques of constrained inversion[J]. *Tellus*, **39B**: 459-476.

Fahey D W, Kelly K K, Ferry G V, Poole L R, Wilson J C, Murphy D M, Loewenstein M, Chai K R, 1989. In situ measurements of total reactive nitrogen, total water and aerosol in a polar stratospheric cloud in the Antarctic[J]. *J Geophys Res*, **94**: 11299-11315.

Feister U, Warmbt W, 1987. Long-term measurements of surface ozone in the German Democratic Republic[J]. *J Atoms Chem*, **5**: 1-21.

Fishman J, Watson C E, Larsen J C, Logan J A, 1990. The distribution of tropospheric ozone obtained from satellite data [J]. *J Geophys Res*, **95**: 3599-3617.

Galloway J N, Likens G E, Hawley M E, 1984. Acid deposition: Natural versus anthropogenic sources[J]. *Science*, **226**: 829-831.

Gornitz V, Lebedeff S, 1987. Global sea level changes during the past century. *Sea-Level Fluctuation and Coastal Evolution* [C]. SEPM Special Publication No. 41.

Grasnick K H, 1977. *Proceedings of the Joint Symposium on Atmospheric Ozone*[C]. Vol. 1-3, Berlin.

Griffith D W T, Mankin W G, Coffey M T, Ward D E, Riebau A, 1990. FTIR remote sensing of biomass burning emissions of $CO_2$, CO, $CH_4$, $CH_2O$, NO, $NO_2$, $NH_3$ and $N_2O$. *Chapman Conference on Global Biomass Burning: Atmospheric, Climatic, and Biospheric Implications*[C]. Williamsburgh, Virginia, USA, March 19-23, Levine J S, Editor.

Hao W M, Wofsy S C, McElroy M B, Beer J M, Togan M A, 1987. Sources of atmospheric nitrous oxide from combustion [J]. *J Geophys Res*, **92**: 3098-3104.

Houghton J T, Jenkins G J, Ephraums J J, 1990. *Climate Change*[M]. Cambridge University Press.

Keller M, Kaplan W A, Wofsy S C, 1986. Emissions of $N_2O$, $CH_4$ and $CO_2$ from tropical soils[J]. *J Geophys Res*, **91**: 11791-11802.

Keeling C D, Bacastow R B, Carter A F, Piper S C, Whorf T P, Heimann M, Mook W G, Roeloffzen H, 1989. A three-dimensional model of atmospheric $CO_2$ transport based on observed wind: I. Analysis of observational data. In: *Aspects of Climate Variability in the Pacific and the Western America*[C]. D H Peterson (ed.). *Geophysical Monograph*, **55**: 165-236. Washington D. C.: AGU.

Kondratyev K Y, 1988. *Climate Shocks*[M]. Translated by Kostrava A P. John Wiley & Sons.

Krichhoff V W J H, 1990. Ozone measurements in Amazonia: Dry versus wet season[J]. *J Geophys Res*, **95**: 7521-7532.

Krueger A, 1986. The total ozone distribution over the Southern Hemisphere on October 10. 1986[J]. *Geophys Res Lett*, **13**: No. 12, Cover.

Krueger A, Schoeberl M, Newman P, Stolarski R, 1992. The 1991 Antarctic ozone hole: TOMS observations[J]. *Geophys Res Lett*, **19**: 1215-1218.

Langner J, Rodhe H, 1990. Anthropogenic impact on the global distribution of atmospheric sulphate. *Proceedings of First International Conference on Global and Regional Atmospheric Chemistry*[C]. Beijing, 3—10, May 1989.

Lelieveld J, Crutzen P J, 1990. Influence of cloud photochemical processes on tropospheric ozone[J]. *Nature*, **343**: 227-233.

Levy H, Mahlman H J D, Moxim W J, Liu S C, 1985. Tropospheric ozone: The role of transport[J]. *J Geophys Res*, **90**: 3753-3772.

Liu S C, Kley D, McFarlland M, Mahlman J D, Levy H, 1980. On the origin of tropospheric ozone[J]. *J Geophys Res*, **85**: 7546-7552.

Logan J A, 1985. Tropospheric ozone: Seasonal behavior, trends, and anthropogenic influence[J]. *J Geophys Res*, **90**: 10463-10482.

MacCracken M C, Luther F M, 1985. *Projecting the Climatic Effects of Increasing Carbon Dioxide*[C]. Washington D. C.: DOE/ER 0237, US. Department of Energy.

MacCracken M C, 1990. *Prospects for Future Climate*[M]. Lewis Publishers, INC.

Manabe S, 1983. Oceanic influence on climate studies with mathematical model of the joint ocean-atmosphere system[C]. *WCRP Publication Series*. No. 1. 1-28.

Manabe S, Wetherald R T, 1987. Large scale changes of soil wetness induced by an increase in atmospheric carbon dioxide [J]. *J Atmos Sci*, **44**: 1211-1235.

Matson P A, Vitousek P M, 1987. Cross-system comparisons of soil nitrogen transformations and nitrous oxide flux in tropical forest ecosystems[C]. *Global Biogeochem. Cycles*, **1**: 163-170.

Mitchell J F B, Manabe S, Meleshko V, Tohioka T, 1990. Equilibrium climate change and its implications for the future. *Climate Change*[M]. Cambridge University Press:131-172.

Muzio L J, Kramlich J C, 1988. An artifact in the measurement of $N_2O$ from combustion sources[J]. *Gephys Res Letters*, **15**: 1369-1372.

NOAA, NASA, AFD, 1976. *U. S. Standard Atmosphere*[C]. Supplements.

Penner J E, 1986. Uncertainties in the smoke source term for "nuclear winter" studies[J]. *Nature*, **324**: 222-226.

Pitari G, Visconti G, Verdecchia M, 1992. Global ozone depletion and the Antarctic ozone hole[J]. *J Geophys Res*, **97**: 8075-8082.

Ramanathan V, 1979. Zonal and seasonal radiative effects of a doubling of atmospheric carbon dioxide concentration[C]. *GARP Publication Series*, **22**(2):934-946.

Ryaboshapko A G, 1983. The atmospheric sulphur cycle. *The Global Biogeochemical Sulphur Cycle*[C], SCOPE 19, 203-296.

Schlesinger M E, Mitchell J F B, 1987. Climate model simulations of the equilibrium climatic response to increased carbon dioxide[J]. *Rev of Geophys*, **25**: 760-798.

Shine K P, Derwent R G, Wuebbles D J, Morcrette J J, 1990. Radiative forcing of climate[J]. *Climate Change*. Cambridge University Press:41-68.

Solomon S, 1990. Progress towards a quantitative understanding of Antarctic ozone depletion[J]. *Nature*, **347**: 347-354.

Steele L P, Fraser P J, Rasmussen R A, et al, 1987. The global disrtribution of methane in the troposphere[J]. *J Atmos Chem*, **5**: 125-171.

Stouffer R J, Manabe S, Bryan K, 1989. On the climate change induced by a gradual increase of atmospheric carbon dioxide [J]. *Nature*, **342**: 660-662.

Teller E, 1984. Widespread after-effects of nuclear war[J]. *Nature*, **310**(5979):621-624.

Tung K K, Yang H, 1988. Dynamical component of seasonal and year-to-year changes in Antarctic and global ozone[J]. *J Geophys Res*, **93**: 12537-12559.

Turco R P, Toon O B, Ackerman T P, Pollack J B, Sagan C, 1983. Nuclear winter: Global consequences of multiple nuclear explosions[J]. *Science*, **222**(4630):1283-1292.

Turco R P, Toon O B, Hamill P, 1989. Heterogeneous hysicochemistry of the polar ozone hole[J]. *J Geophys Res*, **94**: 16493-16510.

Warrick R, Oerlemans J, 1990. Sea level rise[J]. *Climate Change*. Cambridge University Press:257-281.

Watson R T, Rodhe H, Oeschger H, Siegenthaler U, 1990. Greenhouse gases and aerosols[J]. *Climate Change*. Cambridge University Press:1-40.

Wetherald R T, Manabe S, 1988. Cloud feedback processed in a general circulation model[J]. *J Atmos Sci*, **45**: 1397-1415.

Winstead E L, Hoffman K G, Coffer W R, Levine J S, 1990. Nitrous oxide emissions from biomass burning. *Chapman Conference on Global Biomass Burning, Atmospheric, Climatic, and Biospheric Implications*[M]. Williamsburgh, Virginia, USA, March 19-23, J. S. Levine, Editor.

WMO, 1989. *Report of the NASA/WMO Ozone Trends Panel, Global Ozone Research and Monitoring Project*[C]. Report 18. Geneva.

Wofsy S C, McElroy M B, Sze N D, 1975. Freon consumption: Implications for atmospheric ozone[J]. *Science*, **187**: 535-537.

# 附录：本书部分英文缩写

| | |
|---|---|
| ACW | 南极绕极波 |
| AGCM | 大气环流模式 |
| AO | 北冰洋涛动 |
| ASA | 澳大利亚-南非低频遥相关[波列] |
| BADM | 盒型平流扩散模式 |
| BATS | 生物圈大气传输方案 |
| CCC | 加拿大气候中心[气候模式] |
| CCM | 公用气候模式(NCAR) |
| CFCs | 氯氟烃化合物(卤烃) |
| CGCM | 耦合(大气-海洋)环流模式 |
| CISK | 第二类条件不稳定 |
| CLIVAR | 气候变化及可预报性研究计划 |
| COADS | 综合海洋-大气资料集 |
| COLA | 海洋-陆地-大气相互作用研究中心[美] |
| CSIRO | 联邦科学和工业研究组织[澳] |
| DCP | (准)十年冷期 |
| Dec-Cen | 十年到世纪（时间）尺度气候变化计划(CLIVAR) |
| DMS | 二甲基硫 |
| DWP | (准)十年暖期 |
| EA | 东大西洋型遥相关 |
| EBM | 能量平衡模式 |
| ECMWF | 欧洲中期数值天气预报中心 |
| EKE | 涡旋动能 |
| ENSO | 厄尔尼诺/南方涛动 |
| EOF | 经验正交函数 |
| EP | Eliassen-Palm 通量 |
| EU | 欧亚型遥相关[波列] |
| EUP | 欧亚-太平洋型遥相关[波列]，也称 EAP 波列 |
| GARP | 全球大气研究计划 |
| GCM | 大气环流模式 |
| GEWEX | 全球能量和水循环试验 |
| GFDL | 地球流体动力学实验室[美] |
| GFHI | 地球流体动力学实验室高分辨率气候模式 |
| GISS | 戈达德空间科学研究所[美] |
| GLAS | 戈达德空间飞行中心大气科学实验室[美] |
| GOALS | 全球海洋-大气-陆面系统计划 (CLIVAR) |
| GSA | 极端盐度异常 |
| GWE | 全球天气试验 |
| HAPEX | 水文大气外场试验(计划) |
| IA | 孤立异常型遥相关(南半球) |
| IAP(CAS) | (中国科学院)大气物理研究所 |
| ICSU | 国际科学联盟理事会 |
| IPCC | 政府间气候变化专门委员会 |
| ISCCP | 国际卫星云气候学计划 |
| ISLSCP | 国际卫星陆面气候学计划 |
| ITCZ | 热带辐合带[赤道辐合带] |
| LASG | 大气科学和地球流体力学数值模拟国家重点实验室[中] |
| LFO | 低频振荡 |
| LLM | 洛伦兹利弗莫尔国家实验室模式 |
| MCA | 湿对流调整 |
| MCi | 兆居里(放射性强度) |
| MD/ZE | 经向偶极，纬向狭长型遥相关(南半球) |
| MONEX | 季风试验 |
| NAM | 硝酸-水化合物 |
| NAO | 北大西洋涛动 |
| NAT | 晶状硝酸三水化合物 |
| NCAR | 美国国家大气研究中心 |
| NCEP | 美国国家环境预报中心 |
| NMC | 美国国家气象中心 |
| NOAA | 美国国家海洋大气局 |
| $NO_x$ | 各种氮氧化物 |
| NPO | 北太平洋涛动 |
| OGCM | 大洋环流模式 |
| OLR | 射出长波辐射 |
| OSU | 俄勒冈州立大学[美] |
| PAN | 过氧乙酰硝酸脂 |
| PDO | 太平洋年代际振荡 |
| PJ | 太平洋-日本遥相关[波列] |
| PNA | 太平洋-北美遥相关[波列] |
| PSCs | 极地平流层冰晶云 |
| QBO | 准两年振荡 |
| RCM | 辐射-对流模式 |
| RPLSP | 陆面过程和气候研究计划 |
| RSA | 环南美洲低频遥相关[波列] |
| SDM | 统计动力模式 |
| SiB | 简单生物圈模式 |
| SIPICE | 海冰预测国际气候试验 |
| SLP | 海面平均气压 |
| SO | 南方涛动 |

| | |
|---|---|
| SOI | 南方涛动指数 |
| SOTA | 次表层海温异常 |
| SPCZ | 南太平洋辐合带 |
| SSiB | 简化的简单生物圈模式 |
| SST | 海面温度 |
| SSTA | 海表温度异常 |
| THC | 温盐环流 |
| TOGA | 热带海洋和全球大气(计划) |
| TOMS | 臭氧总量图示分光计 |
| UKMO | 英国气象局 |
| UKHI | 英国气象局高分辨率气候模式 |
| WA | 西太平洋型遥相关 |
| WCDP | 世界气候资料计划 |
| WCP | 世界气候计划 |
| WCRP | 世界气候研究计划 |
| WKBJ | G. Wentzel，H. Kraners 和 L. Brillouinu，以及 G. B. Jeffreys 提出的求解二阶微分方程的一种方法，也称 WKB 方法 |
| WMO | 世界气象组织 |
| WOCE | 世界海洋环流试验 |
| WP | 西太平洋型遥相关 |
| W3 | 3(或 4)波型遥相关(南半球) |